Astronomischer Jahresbericht

Gegründet von Walter F. Wislicenus

Mit Unterstützung der Astronomischen Gesellschaft

herausgegeben vom

Astronomischen Rechen-Institut

in Heidelberg

52. Band

Die Literatur des Jahres 1952

In Kommission bei

Walter de Gruyter & Co.

vormals G. J. Göschen'sche Verlagshandlung — J. Guttentag, Verlagsbuchhandlung — Georg Reimer — Karl J. Trübner — Veit & Comp.

Berlin 1955

Archiv-Nr. 180155

Gedruckt mit Unterstützung der
Deutschen Forschungsgemeinschaft

Druck G. Braun (vorm. G. Braunsche Hofbuchdruckerei und Verlag) G.m.b.H.
Karlsruhe in Baden

Printed in Germany

Auflage 600 — Mai 1955

Vorwort

Mit dem vorliegenden 52. Band des Astronomischen Jahresberichtes (AJB) wird der Fachwelt die Übersicht der astronomischen Literatur und ihrer Grenzgebiete aus dem Jahre 1952 übergeben. Der Band enthält auch vereinzelte Nachträge aus früheren Jahren.

Die Gliederung des gesamten Stoffes ist bis auf geringfügige Änderungen dieselbe, wie sie bereits im Astronomischen Jahresbericht Band 48 zur Anwendung gekommen ist. Lediglich sind in § 123 die Arbeiten über Sternassoziationen unter diesem Zwischentitel zusammengefaßt.

Die Schriftleitung des Astronomischen Jahresberichtes oblag Herrn Prof. Dr. K. Heinemann. An der Bearbeitung war Herr Dr. habil. W. Lohmann beteiligt. Die Mitarbeiter von Instituten und Sternwarten des In- und Auslandes, welche die astronomische Literatur ihres Landes bearbeitet, sonstige Beiträge oder eine Anzahl von Referaten geliefert haben, sind in dem Verzeichnis auf S. IV namentlich aufgeführt.

Den Autoren, Gesellschaften, Instituten und Sternwarten sei an dieser Stelle für die Zusendung ihrer Veröffentlichungen herzlichst gedankt.

Ferner sei hier den Förderern des Astronomischen Jahresberichtes, allen Mitarbeitern und der Deutschen Forschungsgemeinschaft, welche zur Intensivierung der Arbeiten eine Sachbeihilfe zur Verfügung gestellt hatte, der verbindlichste Dank ausgesprochen. Außerdem hat die Deutsche Forschungsgemeinschaft den Druck dieses Bandes durch einen Zuschuß ermöglicht.

Heidelberg, den 16. Dezember 1954

Astronomisches Rechen-Institut

Inhaltsverzeichnis

Fünfter Teil: Theoretische Astronomie

Sechster Teil: Theoretische Astrophysik

Siebenter Teil: Sonne

Achter Teil: Planeten und Monde

Neunter Teil: Kometen. Meteore. Meteorite. Zodiakallicht

Zehnter Teil: Sterne

Elfter Teil: Doppelsterne

Zwölfter Teil: Veränderliche Sterne. Novae

Dreizehnter Teil: Sternsysteme. Nebel. Interstellarer Raum

Vierzehnter Teil: Geodäsie. Nautik

Übersicht über die referierten Zeitschriften

Unter Zeitschriften sind nicht nur alle periodisch erscheinenden Schriften verstanden, sondern im weiteren Sinne auch alle zwanglos erscheinenden Veröffentlichungen von Sternwarten, Instituten und Gesellschaften.

Die durchgesehenen Zeitschriften sind in den folgenden Abschnitten IV—V zusammengestellt.

Einzelne Zeitschriftennummern, die nicht direkt eingesehen werden konnten, sind durch einen Stern (*) kenntlich gemacht.

Die im Astronomischen Jahresbericht angewandten Abkürzungen sind in den Abschnitten I—III gegeben.

I. Allgemeine Abkürzungen

Abh.	Abhandlungen
Abstr.	Abstrakt, abstract
Acad.	Académie, Academy
Accad.	Accadémia
Akad.	Akademie
Ann.	Annalen, Annales, Annals
Astr.	Astronomie usw.
Astrophys.	Astrophysik usw.
Beob.	Beobachtungen
Ber.	Berichte
Bol.	Boletin
Bull.	Bulletin
bzw.	beziehungsweise
Circ.	Circular, Zirkular
Cl.	Classe
Commun.	Communications
Comun.	Comunicazioni
Contr.	Contributions usw.
Desgl.	Desgleichen
Diss.	Dissertation
Geod.	Geodäsie usw.
Ges.	Gesellschaft
Inst.	Institut usw.
J.	Journal
Kl.	Klasse
Math.	Mathematik usw.
Medd.	Meddelanden, Meddelelser
Mém.	Mémoires
Mem.	Memoirs, Memorie
Mitt.	Mitteilungen
Nachr.	Nachrichten
(NF)	Neue Folge
(NR)	Neue Reihe
(NS)	Neue Serie
Obs.	Observatorium
Oss.	Osservatorio, Osservazioni
Phil.	Philosophical
Phys.	Physik usw.
Proc.	Proceedings
Pubbl.	Pubblicazioni
Publ.	Publikationen, Publications
Rech.	Recherches
Ref.	Referat
Rend.	Rendiconti
Repr.	Reprint
Res.	Research
Rev.	Revue, Review
Ric.	Ricerche
Sci.	Science usw.
Ser.	Serie, Series
Sér.	Série
Sitzber.	Sitzungsberichte
Soc.	Società, Société, Society
Sternw.	Sternwarte
Suppl.	Supplement
T.	Tidskrift, Tidsskrift, Tijdschrift
Trans.	Transactions
Univ.	Universität usw.
Veröff.	Veröffentlichungen
Vgl.	Vergleiche
VJS	Vierteljahrsschrift
Wetensch.	Wetenschappen
Wiss.	Wissenschaften
Z.	Zeitschrift

II. Spezielle Abkürzungen

S. 204/205: Zeichenerklärungen und Abkürzungen der Sternwarten im Nachweis der Beobachtungen und Berechnungen Kleiner Planeten, Ref. 7538.

Dieselben Abkürzungen der Sternwarten sind auch im Nachweis der Beobachtungen von Kometen § 81 angewendet.

S. 343: Abkürzungen für den Nachweis der Beobachtungen und Bearbeitungen Veränderlicher, Ref. 11244.

Für die Abkürzungen der Namen der Sternbilder gelten die in Harvard Bulletin 771 gegebenen.

S. 362: Abkürzungen zu den Beobachtungen einzelner Novae, § 113.

Ref. AAS . . .	vgl. Ref. 1102	Ref. ASP	vgl. Ref. 1103
AAVSO. . . .	vgl. Nr. 161	Ref. L'AFAS	vgl. Ref. 1160
Ref. AG . . .	vgl. Ref. 1105	Ref. Soc. Astr. Italiana	vgl. Ref. 1118

III. Abkürzungen von Zeitschriften

Die Nummern beziehen sich auf den ausführlichen Titel der Zeitschriften und Veröffentlichungen in Liste IV S. X und Liste V S. XVI.

	Nr.
AA(a), AA(b), AA(c)	3
AJ	41
AJ UdSSR	42
AJB	Ref. 701
AN	66
Ann d'Astrophys	8
ApJ	43
Ark Astr	12
Astr Circ UdSSR	126
BA	24
BAA Circ	29
BAAH	Ref. 416
BAB	331
BAC	22
BAF	—
BAN	23
BIA	239
BSAF	13
Bull hor	26
CR	32
DAN	17
DOB	33
Gaz astr	37
Harv Ann	157
Harv Bull	158
Harv Card	163
Harv Circ	—
Harv Repr	159
JBAA	46
JO	51
J RAS Canada	54
Kop Akt Medd	228
LOB	—
McDC	185
Mem BAA	58
Mem SA It	60
MN ASSA	75
MN	77
MN Geophys Suppl	78
MPC	174
MVS	302
NAT	112
NAZ	68
NAZvM	69
Obs	79
PAT	111
Publ ASP	92
RH	100
TAB	316
UAI Circ	227
UC	—
Union Circ	—
VS Bull	116
ZfA	121
ZfMG	125

IV. Zeitschriften und Veröffentlichungen von Gesellschaften

1. Abhandlungen der Deutschen Akademie der Wissenschaften zu Berlin. Klasse für Mathematik und allgemeine Naturwissenschaften. — Jahrgang **1951** Nr. 3, Jahrgang **1952** Nr. 1.
2. Physics Abstracts. Section A of Science Abstracts (Physics). Edited and issued monthly by the Institution of Electrical Engineers, London. — Vol. **55** Nr. 649—660.
3. Acta Astronomica. Krakau. — AA(a) Vol. **5** S. 51—114, AA(c) Vol. **5** S. 1—32.
4. Geochimica et Cosmochimica Acta. Pergamon Press Ltd., London. — Vol. **2** Nr. 2—6.
5. Actas de la Academia Nacional de Ciencias Exactas, Físicas y Naturales de Lima. — Vol. **15**.
6. Annalen der Physik. Johann Ambrosius Barth, Leipzig. — 6. Folge Band **10** und Band **11** Heft 1—3 = Band **445** und **446** der ganzen Reihe.
7. Wissenschaftliche Annalen. Berlin, Akademie-Verlag. — **1.** Jahrgang Nr. 1—9.
8. Annales d'Astrophysique. Paris. — Tome **15** Nr. 1—4.
9. Annales Françaises de Chronométrie. Besançon. — Année **22** Trimestre 1—4.
10. Annales de Physique. Masson et Cie, Editeurs. Paris. — Sér. 12 Tome **7** Nr. 1—12.
11. Anzeiger. Österreichische Akademie der Wissenschaften. Mathematisch-naturwissenschaftliche Klasse. Wien. — **89.** Jahrgang Nr. 1—15.
12. Arkiv för Astronomi. Utgivet av K. Svenska Vetenskapsakademien Stockholm. — Band **1** Häfte 3.
13. L'Astronomie. Revue Mensuelle d'Astronomie, de Météorologie et de Physique du Globe. Bulletin de la Société Astronomique de France. Paris. — **66**e année, Jan.—Déc. 1952.
14. Astrophysica Norvegica. Edited by the Institute of Theoretical Astrophysics, University of Oslo. — Vol. **5** Nr. 2.
15. Atti della Accademia Nazionale dei Lincei. Anno CCCXLIX, 1952. Serie Ottava. Rendiconti. Classe di Scienze fisiche, matematiche e naturali. Roma. — Vol. **12** und **13**.
16. Atti della Accademia Nazionale dei Lincei. Anno CCCXLIX, 1952. Memorie. Classe di Scienze fisiche, matematiche e naturali. Roma. — Serie 8, Volume **3**.
17. Berichte (Doklady) der Akademie der Wissenschaften der UdSSR. Moskau-Leningrad. — Tom **82**—**87**, jeweils Heft 1—6.
18. Physikalische Berichte. Herausgegeben im Auftrag der Physikalischen Gesellschaft Württemberg/Baden/Pfalz. Akademie-Verlag, Stuttgart und Berlin. — Band **31** Heft 1—12.

19. Physikalische Blätter. Physik Verlag, Mosbach (Baden). — **8.** Jahrgang Heft 1—12.

20. Boletin de la Academia de Ciencias Fisicas, Matematicas y Naturales. Caracas. — Ano **18** — Tomo **15** — Nr. **46, 47, 48.**

21. Bulletin de la Classe des Sciences. Académie royale de Belgique. 5e Série. Bruxelles. — Tome **38.**

22. Bulletin of the Central Astronomical Institute of Czechoslovakia (früher Bulletin of the Astronomical Institutes of Czechoslovakia). Naturwiss. Verlag, Prag. — Vol. **3** Nr. 1—6.

23. Bulletin of the Astronomical Institutes of the Netherlands. Haarlem. — Vol. **11** Nr. 432—440.

24. Bulletin Astronomique. Publié par l'Observatoire de Paris. — Tome **16** Fasc. 3—4.

25. Bulletin der Astronomisch-Geodätischen Gesellschaft der UdSSR. Verlag der Akademie der Wissenschaften der UdSSR. Moskau-Leningrad. — Nr. **11** (18).

26. Bulletin horaire du Bureau International de l'Heure. Observatoire de Paris. — 3me Série Nr. **4**—6. Série E Nr. **4**—6.

27. Časopis Ústředního ústavu astronomického. Naturwiss. Verlag, Prag. — Band **2** Nr. 1—6 (tschechisch).

28. Ciel et Terre. Bulletin mensuel de la Société Belge d'Astronomie, de Météorologie et de Physique du Globe. Uccle-Brüssel. — Année **68** Nr. 1—12.

29. British Astronomical Association Circular. London. — Nr. 329—338.

30. Coelum. Periodico Bimestrale per la Divulgazione dell'Astronomia. Bologna. — Vol. **20** Nr. 1—12.

31. Sterrekundig Colloquium van de Nederlandse Astronomen-Club. Gravenhage. — Nr. **10—11.**

32. Comptes Rendus hebdomadaires des Séances de l'Académie des Sciences. Paris. — Tome **234—235.**

33. Documentation des Observateurs. Institut d'Astrophysique de Paris. — 5e année Nr. 1—12.

34. Endeavour. Eine Vierteljahres-Übersicht von Fortschritten der Wissenschaften im Dienste der Menschheit, London. — Band **11** Nr. 41—44.

35. Ergebnisse der exakten Naturwissenschaften. Springer-Verlag, Göttingen-Berlin-Heidelberg. - Band **25** und **26.**

36. Extraits d'Astronomie et de Géophysique du Centre National de la Recherche Scientifique. (Continuation de la Bibliographie Mensuelle de l'Astronomie) Paris. — Vol. **13** Nr. 1—12.

37. Gazette astronomique. Bulletin de la Société d'Astronomie d'Anvers. — Année **34** Nr. 1—12. Gesamtnummer 385—396.

38. Glasnik. Societas Scientiarum Naturalium Croatica. Periodicum Mathematico-Physicum et Astronomicum, Zagreb. — Ser. (2) T. **7** Nr. 1—4.

39. Heelal. Tijdschrift van de Vereniging voor Sterrenkunde, Meteorologie, Geophysica en aanverwante Wetenschappen. Antwerpen. — Jaargang **8** Afl. 1—6.

40. Hemel en Dampkring. J. B. Wolters, Groningen. — **50.** Jaargang Afl. 1—12.

41. The Astronomical Journal. Yale Univ. Office, New Haven. — Vol. **56** Nr. 7—8. Vol. **57** Nr. 1—6. Gesamtnummer 1195—1202.

42. Astronomisches Journal. Akademie der Wissenschaften der UdSSR. Moskau-Leningrad. — Tom **29** Nr. 1—6.

43. The Astrophysical Journal. Chicago. — Vol. **115** Nr. 1—3. Vol. **116** Nr. 1—3.

44. The Irish Astronomical Journal. Armagh. — Vol. **2** Nr. 1—4.

45. Journal of Atmospheric and Terrestrial Physics. Butterworth-Springer Ltd., London. — Vol. **2** Nr. 2—6.

46. Journal of the British Astronomical Association. Oxford. — Vol. **62** Nr. 2—8. Vol. **63** Nr. 1.

47. Journal of the British Interplanetary Society. London. — Vol. **11** Nr. 1—6 und Annual Report 1952.

48. Journal of Calendar Reform. Published by the World Calendar Association, Inc. New York. — Vol. **22** Quarter 1—4.

49. Journal of Geophysical Research. The continuation of Terrestrial Magnetism and Atmospheric Electricity. The Johns Hopkins Press, Baltimore. — Vol. **57** Nr. 1—4.

50. The Journal of the Institute of Navigation. London. — Vol. **5** Nr. 1—4.

51. Journal des Observateurs. Publié avec le concours du Centre National de la Recherche Scientifique. Marseille. — Vol. **35** Nr. 1—12.

52. Journal of the Optical Society of America. Published for the Optical Society of America by American Institute of Physics. — Vol. **42** Nr. 1—12.

53. Le Journal de Physique et Le Radium. Publication de la Société Française de Physique. Paris. — Tome **13** Nr. 1—12.

54. The Journal of the Royal Astronomical Society of Canada. Toronto. — Vol. **46** Nr. 1—6. Gesamtnummer 394—399.

55. Leaflet. Astronomical Society of the Pacific. San Francisco. — Nr. 250—260, 1950. Nr. 261—272, 1951. Nr. 273—284.

56. Astronomical News Letter. Issued and distributed by the Harvard College Observatory, Cambridge, Mass. for the Committee for the Distribution of Astronomical Literature of the American Astronomical Society. — Nr. **59—67**.

57. Mededeling. Werkgroep Meteoren v. d. Ned. Vereniging voor Weer- en Sterrenkunde. — Nr. 22—**26**.

58. Memoirs of the British Astronomical Association. Oxford. — Vol. **37** Part 2.

59. Memorias y Revista de la Academia Nacional de Ciencias (antigua Sociedad Científica Antonio Alzate) Mexico. — Tomo **57** Nr. 1—2.

Memorie siehe auch Atti.

60. Memorie della Società Astronomica Italiana. Nuova Serie. Pavia. — Vol. **23** Nr. 1—4.

61. De Meteoor. Organ van de Werkgroep Meteoren van de Nederlandse Vereniging voor Weer- en Sterrenkunde. Utrecht. — 8e Jaargang Nr. 1—4.

62. Der Meteorbeobachter. Mitteilungsblatt der Meteorbeobachtungsgruppe München. — **1952** Nr. 1—7. Erscheinen eingestellt.

63. Meteoritika. Sammlung von Aufsätzen unter Redaktion von W. G. Fessenkow. Verlag der Akademie der Wissenschaften der UdSSR, Moskau-Leningrad. — Nr. **10**.

64. Mitteilungen der Astronomischen Gesellschaft. — **1951.**

65. Mitteilungen für Planetenbeobachter. Planetensektion der Sternfreunde, Berlin. — **5.** Jahrgang Nr. 1—7.

66. Astronomische Nachrichten. Im Auftrage der Deutschen Akademie der Wissenschaften zu Berlin. — Band **280** Heft 4—6. Band **281** Heft 1.

67. Nachrichten der Akademie der Wissenschaften in Göttingen. Mathematisch-Physikalische Klasse. IIa. Mathematisch-Physikalisch-Chemische Abteilung. — Jahrgang **1952** Nr. 1—12.

68. Nachrichtenblatt der Astronomischen Zentralstelle. Astronomisches Rechen-Institut, Heidelberg. — Jahrgang **6** Nr. 1—12.

69. Nachrichtenblatt der Astronomischen Zentralstelle. Vorläufige Mitteilung. Astronomisches Rechen-Institut, Heidelberg. — Nr. 138—171.

70. Astronomischer Nachrichtendienst der Archenhold-Sternwarte zu Berlin-Treptow. — **4.** Jahrgang Nr. 1—26. (Wird nur auszugsweise referiert).

71. Nature. A Weekly Journal of Science. Macmillan and Co., London; The Macmillan Company, New York. — Vol. **169** Nr. 4288—4313. Vol. **170** Nr. 4314—4339.

72. La Nature. Revue des Sciences et de leurs Applications. Masson et Cie, Editeurs, Paris. — Vol. **80** Nr. 1—12.

73. Die Naturwissenschaften. Springer-Verlag, Berlin-Göttingen-Heidelberg. — **39.** Jahrgang Heft 1—12.

74*. Navigation. Los Angeles, Cal. — Vol. **3** Nr. 3—6.

75. Monthly Notes of the Astronomical Society of South Africa. Cape Town. — Vol. **11** Nr. 1—11.

76. Occasional Notes. Royal Astronomical Society. London. — Vol. **2** Nr. 14.

77. Monthly Notices of the Royal Astronomical Society. London. — Vol. **112** Nr. 1—6.

78. Monthly Notices of the Royal Astronomical Society. Geophysical Supplement. London. — Vol. **6** Nr. 5—6.

79. The Observatory. Oxford. — Vol. **72** Nr. 866—871.

80. Optik. Zeitschrift für das gesamte Gebiet der Licht- und Elektronenoptik. Stuttgart. — Band **9** Heft 1—12.

81. Orion. Zeitschrift der Schweizerischen Astronomischen Gesellschaft. Bulletin de la Société Astronomique de Suisse. Genève bzw. Schaffhausen. — Band **3** Nr. 34—36. Band **4** Nr. 37.

82. Photographie und Forschung. Die Contax-Photographie in der Wissenschaft. Hausmitteilungen der Zeiß Ikon AG., Stuttgart. — Band **5** Heft 1—4.

83. Photographie und Wissenschaft. Agfa-Mitteilungen für wissenschaftliche Institute und Forschungsstätten. Agfa-Leverkusen, Bayerwerk. — Jahrgang **1** Heft 1—2.

84. Physica. Herausgegeben von der Stiftung Physica in Amsterdam. — Deel **18** Nr. 1—12.

85. Priroda (Natur). Populäres naturwissenschaftliches Journal der Akademie der Wissenschaften der UdSSR. Moskau-Leningrad. — Tom **41** Nr. 1—12.

86. Proceedings of the American Academy of Arts and Sciences. Cambridge, Mass. — Vol. **81** Nr. 5.

87. Proceedings of the National Academy of Sciences of the United States of America. Washington. — Vol. **38** Nr. 1—12.

88. The Proceedings of the Physical Society. Section A, Section B. London. — Vol. **65** Part 1—12.

89. Proceedings of the Royal Society. Series A. Mathematical and Physical Sciences. London. — Vol. **210—215** Nr. 1102—1123.

90. Proceedings of the Section of Sciences. Koninklijke Nederlandse Akademie van Wetenschappen. Series B. Physical Sciences. Amsterdam. — Vol. **55**.

91. Publications of the Astronomical Society of Japan. Tokyo. — Vol. **3** Nr. 3—4. Vol. **4** Nr. 1—3.

92. Publications of the Astronomical Society of the Pacific. San Francisco. — Vol. **64** Nr. 376—381.

Rendiconti siehe Atti.

93. Annual Report of the Board of Regents of The Smithsonian Institution showing the operations, expenditures, and condition of the Institution for the year ended June 30, 1951 = Publication 4062.

94. The Science Reports of the Tôhoku University. First Series (Physics, Chemistry, Astronomy). Sendai, Japan. — Vol. **35** Nr. 4. Vol. **36** Nr. 1—4.

95*. Hydrographic Review. (Erscheint auch als Revue Hydrographique, Monte Carlo, Monaco). — Vol. **29** Nr. 1—2.

96. Mathematical Reviews. Published by the American Mathematical Society. Lancaster, Penn. — Vol. **13** Nr. 1—11.

97. The Physical Review. Series 2. Published for the American Physical Society by the American Institute of Physics. Lancaster Pa. and New York. — Vol. **85—88**, je 6 Hefte.

98. The Review of Scientific Instruments, New Series. Published monthly by the American Institute of Physics. Lancaster, Pa., and New York, N.Y. — Vol. **23** Nr. 1—12.

99. Reviews of Modern Physics. Published for the American Physical Society by the American Institute of Physics. Lancaster and New York. — Vol **24** Nr. 1—4.

100. Říše hvězd. Herausgegeben von der Tschechoslowakischen Astronomischen Gesellschaft in Prag. — Band **33** Nr. 1—10 (tschechisch, Inhalt auch in russischer und englischer Sprache).

101. Naturwissenschaftliche Rundschau. Wissenschaftliche Verlagsgesellschaft m. b. H., Stuttgart. — Jahrgang **5** Heft 1—12.

102. Scientia. Internationale Zeitschrift für wissenschaftliche Synthese. Bologna. — Vol. **87** Nr. 1—12.

103. Sitzungsberichte der Deutschen Akademie der Wissenschaften zu Berlin. Mathematisch-naturwissenschaftliche Klasse. Akademie-Verlag, Berlin. — Jahrgang **1952** Nr. 1—4.

104. Sitzungsberichte der mathematisch-naturwissenschaftlichen Klasse der Bayerischen Akademie der Wissenschaften zu München. — Jahrgang **1951**.

105. Sitzungsberichte. Österreichische Akademie der Wissenschaften. Mathematisch-naturwissenschaftliche Klasse, Abteilung IIa. Wien. — Band **161** Heft 1—10.

106. Sky and Telescope. Harvard College Observatory, Cambridge, Mass. — Vol. 11 Nr. 3—12. Vol. 12 Nr. 1—2.

107. Southern Stars. The Journal of the Royal Astronomical Society of New Zealand. – Vol. 15 Nr. 5—7. Gesamtnummer 109—111.

108. Die Sterne. Monatsschrift über alle Gebiete der Himmelskunde. Verlag Johann Ambrosius Barth, Leipzig. — 28. Jahrgang Heft 1—12.

109. Sternenwelt. Populäre Zeitschrift für Astronomie und ihre Geschichte. Manz-Verlag, Abt. Sternenwelt. München. — 4. Jahrgang Heft 1—12.

110. The Strolling Astronomer. Association of Lunar and Planetary Observers. Las Cruces, New Mexico. — Vol. 6 Nr. 1—12.

111. Populär Astronomisk Tidskrift. Stockholm. — Årgång 33 Häfte 1—4.

112. Nordisk Astronomisk Tidsskrift. Kopenhagen. — 1952 Nr. 1—4.

113*. Universitas. Zeitschrift für Wissenschaft, Kunst und Literatur. Stuttgart. — Jahrgang 7.

114. Urania. Revista de Astronomia y Ciencias Afines. Organo Oficial de la Sociedad Astronómica de España y América y de la Unión Nacional de Astronomía y Ciencias Afines. Barcelona. — Año 37 Nr. 229—232.

115. Urania. Populært astronomisk Tidsskrift. Kopenhagen. — Aargang 9 Nr. 1—12.

116. Veränderliche Sterne. Bulletin, herausgegeben vom Astronomischen Rat der Akademie der Wissenschaften der UdSSR. Moskau-Leningrad. — Tom 8 Nr. 6 (78). Tom 9 Nr. 1—2 (79—80).

117. Physikalische Verhandlungen. Physik Verlag, Mosbach (Baden). — 3. Jahrgang Heft 1—9.

118. Vesmír. Naturwissenschaftlicher Verlag, Prag. — Band 31 Nr. 1—10 (tschechisch).

119. Vierteljahrsschrift der Naturforschenden Gesellschaft Zürich. Verlag Gebr. Fretz AG., Zürich. — Jahrgang 97 Heft 1—4.

120. Weltraumfahrt. Beiträge zur Weltraumforschung und Astronautik. Umschau-Verlag, Frankfurt am Main. — Jahrgang 1952 Heft 1—4.

121. Zeitschrift für Astrophysik. Springer-Verlag, Berlin-Göttingen-Heidelberg. — Band 30 Heft 2—4. Band 31 Heft 1—3.

122. Deutsche Hydrographische Zeitschrift. Deutsches Hydrographisches Institut Hamburg. — Band 5 Heft 1—6.

123. Zeitschrift für Naturforschung. Verlag der Zeitschrift für Naturforschung, Tübingen. — Band 7a Heft 1—12.

124. Zeitschrift für Physik. Springer-Verlag, Berlin-Göttingen-Heidelberg. — Band 131 Heft 1—4. Band 132 Heft 1—5.

125. Zentralblatt für Mathematik und ihre Grenzgebiete. Springer-Verlag, Berlin-Göttingen-Heidelberg. — Band 41 Heft 1—12. Band 42 Heft 1—10. Band 43 Heft 1—10. Band 44 Heft 1—10. Band 45 Heft 1—3.

126. Astronomisches Zirkular. Herausgegeben vom Büro der Astronomischen Mitteilungen der Akademie der Wissenschaften der UdSSR. Kasan. — Nr. 122—132.

V. Veröffentlichungen von Sternwarten und Instituten

Die unten genannten Sternwarten sind in dem Verzeichnis der Veröffentlichungen von Sternwarten und Instituten unter dem Ort (rechte Spalte dieser Tabelle) aufgeführt.

Name der Sternwarte	Ort
Agassiz Station	Oak Ridge
Allegheny Observatory	Pittsburgh
Carter Observatory	Wellington, N. Z.
Observatorio de Cartuja	Granada
Commonwealth Scientific and Industrial Research Organization, Australia	Sydney
Dearborn Observatory of Northwestern University	Evanston, Ill.
Dominion Observatory	Ottawa
Dominion Astrophysical Observatory	Victoria, Canada
David Dunlap Observatory, University of Toronto	Richmond Hill
Dunsink Observatory	Dublin
Observatorio del Ebro	Tortosa
Engelhardt Observatorium	Kasan
Observatorio Fabra	Barcelona
Flower Astronomical Observatory	Upper Darby, Penn.
Harvard College Observatory	Cambridge, Mass.
Kapteyn Astronomical Laboratory	Groningen
Kwasan Observatory	Kyoto
Lick Observatory	Mount Hamilton
Goethe Link Observatory of Indiana University	Bloomington
Lowell Observatory	Flagstaff, Ariz.
Leander McCormick Observatory of the University of Virginia	Charlottesville
McDonald Observatory	Fort Davis, Tex.
McMath-Hulbert Observatory	Lake Angelus, Pontiac, Mich.
Nizamia Observatory	Hyderabad
Observatory of the University of Michigan	Ann Arbor
Astronomical Observatory, University of Minnesota	Minneapolis
Perkins Observatory	Delaware, Ohio
Radcliffe Observatory	Pretoria
Remeis-Sternwarte	Bamberg
Rutherfurd Observatory	New York
Smithsonian Institution	Washington
Sproul Observatory	Swarthmore, Penn.
Staatliches Astronomisches Sternberg-Institut	Moskau
Union Observatory	Johannesburg
United States Naval Observatory	Washington
Vassar College Observatory	Poughkeepsie, N. Y.
Warner and Swasey Observatory	Cleveland, Ohio
Washburn Observatory of the University of Wisconsin	Madison
Astronomical Observatory of Yale University	New Haven, Conn.
Yerkes Observatory	Williams Bay, Wis.

Abastumani

127. Bulletin des Astrophysikalischen Observatoriums Abastumani auf dem Kanobili.
Nr. **12**: E. K. Charadse, Katalog der Farbenindizes von 14000 Sternen und Untersuchung der Absorption des Lichts in der Galaxis aus den Farbenexzessen der Sterne. Ref. **9404**.

Amsterdam

128. Circular of the Astronomical Institute of the University of Amsterdam.
Nr. **4** : A. Pannekoek, The astronomical system of Herakleides. Ref. **1426**.
5a: S. G. M. Haug, The visual continuous spectrum and the thickness of a prominence. Ref. **6202**.
5b: D. Koelbloed, On the thickness of prominences in the line of sight. Ref. **6201**.
6 : R. O. Redman, H. Zanstra, The continuous spectrum of a prominence observed at the total solar eclipse of 1952 February 25. Ref. **6211**.

Arcetri

129. Osservazioni e Memorie dell' Osservatorio Astrofisico di Arcetri.
Nr. **67**: G. Righini, G. Godoli, Ricerche statistiche sul ciclo dei flocculi. I — Correlazione fra l'attività delle macchie e quella dei flocculi. Vgl. AJB **51** Ref. **6638**.
M. Hack, Ricerche spettrofotometriche sulla Cefeide S Sagittae. Vgl. AJB **51** Ref. **11149**.
G. Righini, G. Godoli, Ricerche statistiche sul ciclo dei flocculi. II — Migrazione in latitudine dei flocculi. Vgl. AJB **51** Ref. **6639**.
M. C. Ballario, Brillamenti cromosferici osservati alla torre solare di Arcetri nel 1950. Vgl. AJB **51** Ref. **6660**.
M. Hack, Lo spettro di ζ Tauri. Vgl. AJB **51** Ref. **9522**.
G. Godoli, Sul ciclo delle protuberanze. Vgl. AJB **51** Ref. **6613**.
G. Abetti, Osservazioni di protuberanze e della cromosfera solare eseguite nel 1950. Vgl. AJB **51** Ref. **6660**.
G. Righini, V. Barocas, Studio fotometrico dello spettrografo della torre solare. Vgl. AJB **51** Ref. **6420**.
G. Righini, V. Barocas, Sull'intensità delle righe del Ti in diversi punti del raggio solare. Vgl. AJB **51** Ref. **6421**.
M. G. Fracastoro, Osservazioni di Zeta Aurigae in occasione dell'eclisse del 1950. Ref. **11108**.
M. C. Ballario, Misure fotometriche e curve di luce di brillamenti osservati a Meudon. Correlazione fra le osservazioni di Arcetri e Meudon. Ref. **6605**.

Armagh

130. Armagh Observatory Leaflet.
Nr. **11**: E. J. Öpik, Life and its evolution from an astronomical viewpoint. Ref. **628**.
12: E. M. Lindsay, Armagh Observatory in 1951. Ref. **1101**.
13: E. J. Öpik, The destiny of life. Ref. **629**.
14: E. J. Öpik, The ice ages. Ref. **7213**.
15: E. J. Öpik, Collisions with heavenly bodies. Ref. **7020**.

Asiago

131. Contributi dell'Osservatorio Astrofisico dell'Università di Padova in Asiago.

Nr. 23: G. Righini, G. Mannino, Studio fotometrico del potere risolutivo dell'astrospettrografo dell'Osservatorio di Asiago. Ref. 1202.
G. Mannino, Aberrazione cromatica degli obiettivi; tabelle della dispersione lineare; tabelle della curvatura delle righe spettrali. Ref. 2030.

24: G. Righini, G. Mannino, Ricerche spettrofotometriche sulle stelle Be. I. Studio della stella φ Persei. Ref. 9553.

25: G. Mannino, Ricerche spettrofotometriche sulle variabili del tipo β Canis Majoris. I. Lo spettro della stella γ Ursae Minoris. Ref. 9536.

26: S. Taffara, Osservazioni fotometriche di Z Draconis. Ref. 11138.

Athen

132. National Observatory of Athens — Greece. Bulletin of the Astronomical Institute. Year: 1952.

Nr. 1: Solar observations. Ref. 6337.
Occultations of stars by the moon. Ref. 7354.
Variable star observations. Ref. 11244.
J. E. Focas, Apparition and evolution of dark matter in the south tropical zone of Jupiter in 1946. Ref. 7602.
J. E. Focas, Mars in 1952. Ref. 7402.

Bamberg

133. Kleine Veröffentlichungen der Remeis-Sternwarte.

Nr. 7: E. Zinner, Zur Erklärung des Lichtwechsels der vermißten Sterne. Ref. 111133.
E. Zinner, Die Brieger Rathausuhr. Nicht referiert.
E. Zinner, Ältere Beobachtungen von Sonnenflecken. Ref. 6333.
E. Zinner, Der «Sternseher» und die «Sternseherin» im Fichtelgebirge. Nicht referiert.
E. Zinner, Gerbert und das Sehrohr. Ref. 1446.
E. Zinner, Die astronomischen Vorlagen des Sternenmantels Kaiser Heinrichs. Ref. 1447.
E. Zinner, Die Würzburger Sternkunde im Mittelalter. Ref. 1448.
E. Zinner, Der deutsche Volkskalender des 15. Jahrhunderts. Ref. 3309.

Belgrad

134. Bulletin de l'Observatoire Astronomique de Belgrade.

8—13: § 23, 62, 63, 73, 75, 81, 111.

135. Bulletin de l'Observatoire Astronomique de Beograd.

16 1—4: V. V. Michkovitch, Rapport annuel, présenté à l'Académie des Sciences Serbe, sur l'état et l'activité de l'Observatoire en 1951. Ref. 1101.
Z. Brkić, L. Mitić, D. Šaletić, B. Ševarlić, Observations à la lunette zénithale (de 100 mm) du Service de latitude de l'Observatoire. Ref. 13203.
M. Protitch, Observations photographiques de petites planètes et de la comète Schaumasse. Ref. 7538, § 81.

Prédictions for 1954 of occultations of stars by the moon visible at Belgrade. Ref. 7353.
Occultations d'étoiles par la Lune observées en 1951. Ref. 7354.
M. Simić, M. Protitch, Activité des taches solaires au cours de l'année 1951. Ref. 6337.

Bergedorf

Siehe unter Hamburg.

Berkeley

136. Berkeley Reprint.

Nr. **15**: O. Struve, Notes on stellar spectra, II. Ref. **9566**.
16: D. H. McNamara, The spectrum and velocity-curve of ν Eridani. Ref. 111107.
17: J. G. Phillips, A study of the structure of the 7054 band of TiO in the spectrum of Beta Pegasi. Ref. 111117.
18: J. G. Phillips, Note on the identification of the ground state of the TiO molecule. Ref. 236.
19: O. Struve, Notes on stellar spectra, III. Ref. **9566**.
20: O. Struve, Notes on stellar spectra, IV. Ref. **9566**.
21: M. F. Walker, A new short-period variable star, HD 199908. Ref. 11174.
22: R. D. Levee, Variations in the spectrum of Sigma Scorpii. Ref. 11163.
23: S.-S. Huang, On the absorption lines formed in stellar atmospheres. Ref. 5115.
24: O. Struve, The present state of our knowledge of the β Canis Majoris or β Cephei stars. Ref. **9565**.
25: S.-S. Huang, On the curve-of-growth method. Ref. 5117.
26: O. Struve, D. H. McNamara, R. P. Kraft, S. M. Kung, A. D. Williams, The radial velocity of 16 Lacertae. Ref. 111121.
27: M. F. Walker, A photoelectric study of 16 Lacertae. Ref. 111127.
28: S.-S. Huang, Some formulae for the emergent intensities by the Laplace transformation. Ref. 5116.
29: S.-S. Huang, O. Struve, The curve of line-width correlation and Doppler velocities in stellar atmospheres. I. Delta Canis Majoris. Ref. 5118.
30: O. Struve, D. H. McNamara, S. M. Kung, R. P. Kraft, A. D. Williams, The radial velocity of ν Eridani. Ref. 111122.
31: M. F. Walker, Photoelectric observations of ν Eridani. Ref. 111128.
32: M. F. Walker, A search for stars of the β Canis Majoris type. Ref. **9573**.
33: H. F. Weaver, Notes on the spectrum of Gamma Ursae Minoris. Ref. **9574**.
34—36: Vgl. AJB **53**.
37: O. Struve, Notes on stellar spectra, V. Ref. **9566**.
38—52: Vgl. AJB **53**.
53: L. E. Cunningham, Comet notes. Ref. 8165.

Berlin

137. Berliner Astronomisches Jahrbuch für 1954. 179. Jahrgang. Herausgeber: Astronomisches Recheninstitut der Deutschen Akademie der Wissenschaften zu Berlin und Astronomisches Recheninstitut zu Heidelberg. Ref. 401.

138. Mitteilung aus dem Astronomischen Recheninstitut der Deutschen Akademie der Wissenschaften zu Berlin.
K. H. Hintze, Über die Genauigkeit bei der Berechnung spezieller Störungen nach der Methode von Numerow. Ref. 4220.

139. Mitteilungen der Archenhold-Sternwarte Berlin-Treptow.
Nr. 24: E. Mädlow, Zwölf Jahre Jupiter-Beobachtungen, 1938—1949. Ref. 7608.
25: E. Mädlow, Strömungs- und Rotationsverhältnisse auf Jupiter 1950. Ref. 7606.
26: D. Wattenberg, Jahresbericht der Archenhold-Sternwarte 1951. Ref. 1101.
27: I. Nickel, G. Schirdewahn, Bericht über die Auswertung von Sonnenbeobachtungen 1951. Ref. 6321.
28: G. Libuda, H. Mielke, Die Mars-Opposition 1952. Ref. 7402.

140. Astronomischer Nachrichtendienst der Archenhold-Sternwarte zu Berlin-Treptow. 4. Jahrgang Nr. 1—26.

Bern

141. Veröffentlichungen des Astronomischen Instituts der Universität Bern.
Nr. 10: R. Kurth, Über Leuchtkraft und Aufbau der Kugelsternhaufen. Ref. 12136.
11: R. Kurth, Das Anfangswertproblem der Stellardynamik. Ref. 4409.
12: R. Kurth, Zum Ergodenproblem. Nicht referiert.

Bjurakan

142. Mitteilungen (Soobschtschenija) des Observatoriums Bjurakan.
Nr. 10: R. A. Saakjan, Die Entdeckungswahrscheinlichkeit der Bedeckungsveränderlichen. Ref. 11132.

Bloomington

143. Publications of the Goethe Link Observatory of Indiana University.
Nr. 4: R. LaFara, A photoelectric study of U Pegasi in two colors. Ref. 11116.
5: J. Cuffey, The lunar eclipse of September 26, 1950. Ref. 7345.
6: Vgl. AJB 51 Ref. 2213.
7: J. B. Irwin, The determination of a spectroscopic binary orbit. Ref. 10204.
8: J. B. Irwin, The determination of a light-time orbit. Ref. 11112.
9: M. H. Wrubel, On the decay of a primeval stellar magnetic field. Ref. 9814.

144. Goethe Link Observatory of Indiana University. Reprint.
Nr. 5: J. B. Irwin, Optimum location of a photoelectric observatory. Ref. 1240.

Bologna

145. Pubblicazioni dell'Osservatorio Astronomico Universitario di Bologna.
5 17: G. Horn-d'Arturo, L'aggiustamento dello specchio a tasselli effettuato dal centro di curvatura. Ref. 1204.
18: L. Rosino, Ricerche sugli ammassi globulari. VII. Ventotto nuove variabili nell'ammasso globulare M 54 = NGC 6715. Ref. 12141.

19: L. Rosino, L'inviluppo nebulare attorno alla Nova Persei 1901. Ref. 11328.
20: L. Rosino, Ricerche sugli ammassi globulari. VIII. Stelle variabili e distanza dell'ammasso globulare NGC 1904 = M 79. Ref. 12142.
21: L. Rosino, A. Betti, Osservazioni fotografiche di variabili poco note o peculiari. II. (N Lyr 1919, N Ser 1948, N Cyg 1948, N Sge 1913 e T CrB). Ref. **1204**, § **113**.

Bonn

146. Veröffentlichungen der Universitäts-Sternwarte zu Bonn.
Nr. **39**: H. Geffers, Untersuchungen über das System 70 Ophiuchi. Ref. **10104**.

Bordeaux

147. Observatoire de l'Université de Bordeaux (Floirac). Série A.
Nr. **5**: M. Mendes, Application des transformations canoniques à la résolution du problème des deux corps. Ref. **4232**.
J. Dubois, F. Poumeyrol, L'éclipse partielle de Lune des 10—11 février 1952. Ref. **7346**.

148. Publications de l'Observatoire de Bordeaux. Nouvelle Série.
Nr. 11: M. Mendes, Equations de Lagrange et équations canoniques. Ref. 116.
P. Parcelier, Etude d'un multiplicateur de fréquence donnant un courant à mille périodes à partir de garde-temps pendulaires. Ref. 2326.
M. Mendes, Sur un système d'équations aux différentielles totales généralisant les équations canoniques. Ref. 117.
M. Mendes, Sur des équations se ramenant à la forme canonique. Ref. 118.

149. Rapport présenté au Conseil de l'Université. Ref. 1101.

Breslau

Siehe unter Wrocław.

Brno

150. Contributions from the Astronomical Institute of the Masaryk University Brno, Czechoslovakia.
1 9: V. Vanýsek, The photometrical parameters of new and old comets. Ref. 8016.
10: L. Perek, The eclipsing variable UV Leonis. Ref. **11128**.
11: V. Vanýsek, J. Schirokij, Photometrische Parameter der Kometen 1946 c (Giacobini-Zinner) und 1948 d (Pajdušáková-Mrkos). Ref. 8108.

Bruxelles

151. Université de Bruxelles. Institut d'Astronomie.
(1) Nr. **12**: J. van Mieghem, Seasonal fluctuations of the earth's rotation and the general circulation of the atmosphere. Ref. **13115**.

152. Université de Bruxelles. Institut d'Astronomie.
(2) Nr. **73**: J.-F. Cox, Sur les fluctuations saisonnières de la rotation de la terre. Ref. **13104**.

74: F. H. van den Dungen, J. F. Cox, J. van Mieghem, Sur la période annuelle de la fréquence des séismes. Nicht referiert.
75: F. H. van den Dungen, J. F. Cox, J. van Mieghem, Sur une question mise au concours, en 1752, par l'Académie Royale des Sciences et Belles-Lettres de Berlin. Ref. **1412**.
76: F. H. van den Dungen, J. F. Cox, J. van Mieghem, Sur la redistribution des masses d'air au-dessus des océans. Ref. **7231**.
77: E. Schatzman, L'évolution de la matière dans l'univers. Ref. **5426**.
78: F. H. van den Dungen, J. F. Cox, J. van Mieghem, Les fluctuations saisonnières de la rotation du globe terrestre et la circulation atmosphérique générale. Ref. **13106**.
79: F. H. van den Dungen, J. F. Cox, J. van Mieghem, Fluctuations de la rotation de la terre et séismicité. Ref. **13105**.
80: F. H. van den Dungen, J. F. Cox, J. van Mieghem, Sur le transfert, de la sphère céleste à l'atome, de l'attribut permettant d'établir l'échelle des temps la plus uniforme. Ref. **1413**.
81: J. F. Cox, J. Lemmens, Sur la réalisation d'un réfracteur zénithal. Ref. **2209**.
82: P. J. Melchior, Sur les fluctuations à longue période de la vitesse de rotation de la Terre et les caractéristiques du mouvement chandlérien du pôle. Ref. **13114**.

Budapest-Szabadsághegy

153. Mitteilungen der Sternwarte der ungarischen Akademie der Wissenschaften.

Nr. 27: J. Balázs, L. Detre, Untersuchungen über die Perioden- und Lichtkurvenänderungen von kurzperiodischen δ Cephei-Sternen. VII. Die Perioden von RW Draconis. Ref. **11150**.
28: I. Izsák, Three new variable stars in the globular cluster M 15. Ref. **12132**.
29: L. Detre, T. Herczeg, Photoelectric observations of the 1950 eclipse of Zeta Aurigae. Ref. **11107**.
30: J. Balázs, Notes on BT Lyrae and on two new variables near M 56. Ref. **12123**.
J. Balázs, Bemerkung über ST Draconis. Ref. **11244**.
31: I. Guman, Beobachtungen von AI Andromedae und AV Vulpeculae. Ref. **11244**.
M. Lovas, Bemerkung über ZZ Persei. Ref. **11244**.

Cambridge, Engl.

154. Contributions from the Cambridge Observatories.

Nr. 10: E. H. Linfoot, E. Wolf, On telescopic star images. Ref. **2029**.
11: P. B. Fellgett, F. B. Schmeidler, On the sharpening of observational data with special application to the darkening of the solar limb. Ref. **6405**.
12: H. von Klüber, Remarks on Hale's determination of the general magnetic field of the sun. Ref. **6116**.
13: D. E. Blackwell, A comparison of the intensities of infra-red and violet radiation from the solar corona at the eclipse of 1952 February 25. Ref. **6211**.

155. Cambridge Observatories Reprints.

Nr. 3: A. H. Jarrett, H. von Klüber, Production of a high resolving power by means of multilayer coatings. Ref. **2219**.
4: K. G. Budden, G. G. Yates, A search for radio echoes of long delay. Ref. **7281**.

5: H. von Klüber, Comparison of photographs of the corona obtained at the eclipse of 1952, February 25 with simultaneous observations by Lyot coronagraphs. Ref. **6211**.

156. University of Cambridge. Report of the Observatories Syndicate for the year ending 1952 September 30. Ref. **1101**.

Cambridge, Mass.

157. Annals of Harvard College Observatory.

118 1: C. Payne-Gaposchkin, Variable stars in Milton field 27. Ref. **11225**.
2: S. Gaposchkin, Variable stars in Milton field 26. Ref. **11205**.
3: C. Payne-Gaposchkin, Variable stars in Milton field 25. Ref. **11226**.
4: S. Gaposchkin, Variable stars in Milton field 24. Ref. **11206**.
5: C. Payne-Gaposchkin, Variable stars in Milton field 23. Ref. **11227**.
6: S. Gaposchkin, Variable stars in Milton field 22. Ref. **11207**.
7: C. Payne-Gaposchkin, Variable stars in Milton field 21. Ref. **11228**.
8: S. Gaposchkin, Variable stars in Milton field 20. Ref. **11208**.
9: C. Payne-Gaposchkin, Variable stars in Milton field 19. Ref. **11229**.
10: S. Gaposchkin, Variable stars in Milton field 18. Ref. **11209**.
11: C. Payne-Gaposchkin, Variable stars in Milton field 17. Ref. **11230**.
12: S. Gaposchkin, Variable stars in Milton field 16. Ref. **11210**.
13: C. Payne-Gaposchkin, Variable stars in Milton field 15. Ref. **11231**.
14: S. Gaposchkin, Variable stars in Milton field 14. Ref. **11211**.
15: C. Payne-Gaposchkin, Variable stars in Milton field 13. Ref. **11232**.
16: S. Gaposchkin, Variable stars in Milton field 12. Ref. **11212**.
17: C. Payne-Gaposchkin, Variable stars in Milton field 11. Ref. **11233**.
18: S. Gaposchkin, Variable stars in Milton field 10. Ref. **11213**.
19: C. Payne-Gaposchkin, Variable stars in Milton field 9. Ref. **11234**.
20: S. Gaposchkin, Variable stars in Milton field 8. Ref. **11214**.
21: C. Payne-Gaposchkin, Variable stars in Milton field 7. Ref. **11235**.
22: S. Gaposchkin, Variable stars in Milton field 6. Ref. **11215**.
23: C. Payne-Gaposchkin, Variable stars in Milton field 5. Ref. **11236**.
24: S. Gaposchkin, Variable stars in Milton field 4. Ref. **11216**.
25: C. Payne-Gaposchkin, Variable stars in Milton field 3. Ref. **11237**.
26: S. Gaposchkin, Variable stars in Milton field 2. Ref. **11217**.
27: C. Payne-Gaposchkin, Variable stars in Milton field 1. Ref. **11238**.

158. Harvard College Observatory Bulletin.

Nr. **921**: V. McKibben Nail, New variables and periods in the Large Magellanic Cloud. Ref. **12414**.

D. Hoffleit, Zwicky's Nova Aquilae, 1951. Ref. **11307**.
D. Hoffleit, Wachmann's forgotten flare star. Ref. **11195**.

D. Hoffleit, Early spectra on Eggen's short-period variable Ref. 11159.
U. van Wijk, A photoelectric magnitude sequence in the Large Magellanic Cloud. Ref. 12429.
C. A. Whitney, The spectrum of Eta Carinae in 1893. Ref. 11311.
J. M. Newkirk, Galactic orbits of fifty cluster type variables. Ref. 12363.
H. Zirin, The growth and evolution of interstellar dust. Ref. 5323.
H. Zirin, On the polarization of starlight. Ref. 12537.
C. A. Whitney, The light curve of Nova Aquilae, 1952. Ref. 11308.

159. Harvard Reprint.

Nr. **357**: J. H. Kiewiet de Jonge, Three-star position tables for air navigation. Ref. 13318.
358: Vgl. AJB 51 Ref. 12426.
359: H. Shapley, V. McKibben Nail, Magellanic Clouds. III. Differential absorption within the Large Cloud. Ref. 12422.
360: H. Shapley, V. McKibben Nail, Magellanic Clouds. IV. On the period frequency anomalies. Ref. 12423.
361: F. L. Whipple, S. El-Din Hamid, On the origin of the Taurid meteor streams. Vgl. AJB 51 Ref. 8289.
362: I. King, A note on the concept of effective wave length. Ref. 9413.
363: F. W. Wright, Selecting the moon's limb. Ref. 7327.
364: C. Payne-Gaposchkin, Variable stars and galactic structure. Ref. 11004.
365: W. J. Luyten, New white dwarfs in the southern hemisphere: Second list. Ref. 9716.
366: G. R. Burbidge, E. M. Burbidge, The equation of transfer and the residual intensities in spectrum lines. Ref. 5106.
367: H. Shapley, A. B. Hearn, Galactic and extragalactic studies, XXII. Extent of the galaxy in the anticenter octant. Ref. 12334.
368: Vgl. AJB 53.
369: H. J. Bok, Obituary notice. Ref. 1001.
370: E. M. Lindsay, Meteorology at the Boyden Station of the Harvard Observatory. Ref. 1203.
371: M. W. Mayall, Variable star notes. Ref. 11221.

160. Harvard Reprint Series II.

Nr. **40**: F. L. Whipple, Results of rocket and meteor research. Ref. 13434.
41: C. Payne-Gaposchkin, «Worlds in collision». Ref. 630.
42: B. J. Bok, Studies of the southern Milky Way. Ref. 12303.
43: D. Hoffleit, Bibliography on meteoritic dust with brief abstracts. Ref. 8306.
44: L. G. Jacchia, A comparative analysis of atmospheric densities from meteor decelerations observed in Massachusetts and New Mexico. Ref. 7238.
45: B. J. Bok, U. van Wijk, Photoelectric colors of B stars in five regions of the southern Milky Way. Ref. 9402.
46: I. King, Effective extinction values in wide-band photometry. Ref. 7268.

161. Harvard College Observatory. The American Association of Variable Star Observers. Quarterly Report.

Nr. **9—15**: M. W. Mayall, Observations of variable stars. Ref. 11244, § 113.

162. Annual Report of the Director of the Astronomical Observatory of Harvard College for the year ending September 30, 1951. Ref. 1101.

163. Harvard College Observatory. Announcement Card 1164—1201.

Canberra

164. Report of the Commonwealth Astronomer for the year 1951. Ref. 1101.

Cape

165. Annals of the Cape Observatory.
   15: J. Jackson, Stellar parallaxes (3rd, 4th and 5th series) determined in the years 1931—1938 with the Victoria telescope of the Royal Observatory, Cape of Good Hope. Ref. **9305**.
   16: Vgl. AJB **51** Ref. **9306**.
166. Report of Her Majesty's Astronomer at the Cape of Good Hope to the Secretary of the Admiralty for the year 1951. Ref. 1101.

Capodimonte

Siehe unter Napoli.

Castel Gandolfo

167. Specola Astronomica Vaticana. Ricerche Astronomiche.
   2 15: J. de Kort, Photometric orbit of V 546 Cygni. Ref. **11113**.
   16: J. de Kort, In memoriam Father Johan Stein. Ref. **1001**.
   17: J. Junkes, Ein Vorschlag zur empirischen Reduktion von Spektralverteilungen. Ref. **9532**.
168. Specola Astronomica Vaticana. Miscellanea Astronomica.
   3 106: W. J. Miller, Galileo's visits to Rome. Ref. **1031**.
169. Laboratorio Astrofisico della Specola Vaticana. Ricerche Spettroscopiche.
   2 1: E. Salpeter, Spektroskopische Chlorbestimmung in Steinmeteoriten. Ref. **8313**.

Catania

170*. Osservatorio Astrofisico di Catania. Contributi.
   Nr. **73**: E. de Caro, Sulla variazione degli elementi orbitali nel moto relativo di due astri di masse variabili. Nicht eingegangen.
   74: L. Taffara, L'attività del Sole nell'anno 1951. Ref. **6337**, **6654**.

Charkow

171. Publikationen (Trudy) des Astronomischen Observatoriums der Gorkij-Staatsuniversität Charkow.
   2 (**10**): N. P. Barabaschew, A. T. Tschekirda, Über die Änderung des Farbenindex der Venus. Ref. **7109**.
   N. P. Barabaschew, A. T. Tschekirda, Über die Helligkeitsverteilung auf der Saturnscheibe und über die Helligkeit seines Ringes. Ref. **7703**.
   G. M. Bashenow, Überblick über die vaterländischen Arbeiten zur Theorie der Bahnbestimmung der Planeten und Kometen. Ref. **7504**.
   W. N. Lebedinez, Jupiterphotometrie. Ref. **7605**.
   G. M. Bashenow, Einige Ergänzungen zu der in den Publikationen des Astronomischen Observatoriums der Gorkij-Staatsuniversität Charkow Band IX (I) veröffentlichten Arbeit «Vorausberechnung der größten gegenseitigen Annäherungen von Planeten». Ref. **4501**.

W. A. Fedorez, Photographische Photometrie der Mondoberfläche. Ref. 7306.

172. Zirkular des Astronomischen Observatoriums der Gorkij-Staatsuniversität Charkow.

Nr. **9**: N. P. Barabaschew, A. T. Tschekirda, Spektralphotometrie des Mars im roten, gelben, grünen und blauen Licht. Ref. 7406.
K. N. Kusmenko, W. C. Plushnikow, Beobachtungen von Sternbedeckungen im Jahre 1951. Ref. 7354.
Chronik. Ref. 1101.

10: N. P. Barabaschew, Über die Möglichkeit, Reflexe des Sonnenlichts in den «Meeren» des Mars wahrzunehmen. Ref. 7407.
Chronik. Ref. 1101.

Chicago

173. Argonne National Laboratory.

Nr. **4771**: G. Keller, R. E. Meyerott, The ionization of gas mixtures in stellar interiors. Ref. 5207.

4856: G. Keller, R. E. Meyerott, The ionization of gas mixtures in stellar interiors. II. The average number of electrons occupying various shells. Ref. 5208.

Cincinnati

174. Minor Planet Circulars Nr. 709—850. Ref. 7538.

Coimbra

175. Efemérides Astronómicas para o ano de 1953. Ref. 402.

Córdoba

176. Observatorio de Córdoba. Tirada Aparte.

Nr. **48**: J. Sahade, J. L. Dessy, The spectroscopic binary Boss 4496. Ref. 10209.

49: J. Sahade, Spectrographic observations of the eclipsing variable X Carinae. Ref. 11133.

50: M. Dartayet, J. L. Dessy, Studies of variables in the Magellanic Clouds. I. Twenty new faint variables in a region in the Small Cloud. Ref. 11189.

51: D. C. Frau, Occultations of stars by the moon observed during 1951. Ref. 7354.

52: J. Bobone, Photographic observations of comets. § 81.

53: J. Sahade, The spectrum of CPD —60° 3278. Ref. 9558.

54: J. Sahade, J. L. Dessy, The spectrum of Nova Scorpii 1950 II on August 16, 1950. Ref. 11334.

55: J. Sahade, The spectrum of the eclipsing variable R Arae. Ref. 11134.

56: J. Sahade, The spectrum of S Velorum. Ref. 11135.

57: J. Sahade, J. Albarracín, Radial velocities of Z Sculptoris, ξ Phoenicis, and β Crucis. Ref. 9215.

Delaware

177. Contributions from the Perkins Observatory.

Nr. **32**: P. C. Keenan, L. W. Schroeder, An infrared system of band of VO in M-type stars. Ref. 9533.

33: A. Slettebak, The shell spectrum of Omicron Andromedae. Ref. **9560**.
A. Slettebak, The spectrum of 29 Cygni. Ref. **9561**.
A. Slettebak, The spectrum of the high-velocity A-type star HD 161817. Ref. **9562**.

Dorpat

Siehe unter Tartu.

Dublin

178. Contributions from the Dunsink Observatory.
Nr. **3**: M. F. Conway, A study of the profile of the hydrogen $H\alpha$ line in the spectra of solar prominences. Ref. **6616**.
4: H. E. Butler, Observations of stellar scintillation. Ref. 72155.
5: F. J. O'Connor, Solar eclipses visible in Ireland between A. D. 400 and A. D. 1000. Ref. 1425.

179. Dunsink Observatory Reprints.
Nr. **5**: A. N. Argue, H. E. Butler, Simultaneous photoelectric recordings with two telescopes. Ref. **11001**.

Edinburgh

180. Publications of the Royal Observatory, Edinburgh.
1 5: M. A. Ellison, A photometric survey of solar flares, plages and prominences in $H\alpha$ light. Ref. **6623**.

181. Communications from the Royal Observatory, Edinburgh.
Nr. **3**: M. T. Conway, Studies of $H\alpha$ line profiles in prominences. Ref. **6615**.
4: M. A. Ellison, H. Seddon, Some experiments on the scintillation of stars and planets. Ref. 72158.
5: M. J. Smyth, Notes on the 931—A photomultiplier. Ref. 2237.

Eva Peron

182. Publicaciones del Observatorio Astronómico de la Ciudad Eva Peron. Serie Astronomica.
29 1: S. J. Slaucitajs, Un método gráfico para la compensación de observaciones mediante una recta. Ref. 2413.

183. Publicaciones del Observatorio Astronómico de la Ciudad Eva Peron. Serie Circular.
Nr. **11**: Comunicaciones del Departamento de Astrofísica.
Declaración del Consejo Nacional de Investigaciones Técnicas y Científicas sobre la misión de la ciencia y la técnica en la Argentina Justicialista. Resolución adoptada en la sesión del 8 de abril de 1952. Ref. 1168.
C. O. R. Jaschek, Estudios para la ubicación de un nuevo observatorio. Ref. 1241.
C. O. R. Jaschek, Fotometría fotográfica de AI Velorum. Ref. 11244.
C. O. R. Jaschek, El número de cúmulos globulares en nuestra galaxia. Ref. 12133.
H. A. Hartmann, Curva de crecimiento de α Bootis, K_2 pec. Ref. **9526**.
12: M. Itzigsohn, P. Sconzo, Observaciones y calculos de planetitas. Ref. 7538.

184. Publicaciones del Observatorio Astronómico de la Ciudad Eva Peron. Serie Especial.

Nr. **16**: G. O. Wallbrecher, Misión y Tareas de la Dirección General de Observatorios Astronómicos Nacionales, en cumplimiento del Segundo Plan Quinquenal (1953—1957). Ref. 1249.

17: S. J. Slaucitajs, Sobre el perfeccionamiento en las determinaciones de tiempo y de las ascensiones rectas de las estrellas respectivamente. Ref. 3128.

Fort Davis

185. Contributions from the McDonald Observatory, University of Texas.

Nr. **202**: H. G. Horak, A spectrographic study of RZ Cassiopeiae. Ref. 11109.

203: Vgl. AJB **51** Ref. **9510**.

204: T. Page, Radial velocities and masses of double galaxies. Ref. 12418.

205: Vgl. AJB **51** Ref. 12108.

206: P. Swings, T. Page, The spectra of comets 1950b (Minkowski) and 1951a (Pajdusakova). Ref. 8152.

207: L. Gratton, Studies of the spectra of K giants. I. A table of wave lengths and identifications of spectral lines in the region $\lambda\lambda$ 4000—5000. Ref. **9522**.

208: H. L. Johnson, On magnitude systems. Ref. **9412**.

209: B. Iriarte, A photoelectric light-curve of DY Peg. Ref. **11161**.

210: E. M. Burbidge, The spectrum of Chi Ophiuchi. Ref. 11185.

211: P. Swings, P. D. Jose, The spectrum of Nova DQ Herculis (1934) in 1950. Ref. 11319.

212: W. P. Bidelman, HD 160641, a hydrogen-deficient O-type star. Ref. **9507**.

213: W. A. Hiltner, On the accuracy of Johnson's colors and magnitudes of the Pleiades. Ref. 12112.

214: H. L. Johnson, Praesepe: magnitudes and colors. Ref. 12113.

Freiburg i. Br.

186. Veröffentlichungen des Fraunhofer-Instituts Freiburg i. Br.

Sonnen-Zirkular für den Monat Oktober 1951—September 1952. § **63, 66, 67, 72, 127**.

187. Mitteilungen aus dem Fraunhofer-Institut, Freiburg i. Br.

Nr. **4**: H. Wille, Eine photoelektrische Methode zur Messung kleiner Polarisationsgrade. Ref. 2415.

5: A. Behr, H. Siedentopf, Sonnenüberwachung. Ref. **6008**.

6: M. Roggenhausen, Die Sichtbarkeitsfunktion der Sonnenflecken. Ref. **6326**.

7: A. Behr, H. Siedentopf, Zur Statistik von Sonneneruptionen. Ref. **6607**.

8: Vgl. AJB **51** Ref. **6708**.

9: K. O. Kiepenheuer, Emission of corpuscles from the sun. Ref. **6505**.

Genf

188. Publications de l'Observatoire de Genève.

(A) **5** 9 (43): G. Tiercy, A propos de l'éclipse totale de soleil du 25 février 1952. Ref. **6211**.

10 (44): G. Tiercy, Réflexions sur le régime thermique des hauts plateaux terrestres. Nicht referiert.

189. Publications de l'Observatoire de Genève.
G. Tiercy, Résultats des observations de chronomètres en 1951. Ref. **2337**.

Georgetown, Wash.

190. Georgetown Observatory Monograph.
Nr. **1**: Photographic Atlas of the Southern Milky Way (gal. long. 210°—320°). With introduction. Ref. **12340**.
2: P. C. Schauer, The determination of geodetic positions and distances by means of a solar eclipse. Ref. **6211**.

191. Georgetown Observatory Reprint.
Nr. **17**: A. A. Goldstein, C.-E. Fröberg, A collision path from the earth to the moon in the restricted problem of three bodies. Ref. **4212**.

Glasgow

192. Glasgow University Observatory Reprint.
Nr. **30**: The University of Glasgow. The Department of Astronomy. Ref. **1101**.
31: T. R .Tannahill, Star-streaming from the proper motions of the Boss General Catalogue. Ref. **12372**.
32: A. E. Roy, Models for unmixed stars. Ref. **5220**.

Göttingen

193. Veröffentlichungen der Universitätssternwarte zu Göttingen.
Nr. **102**: S. Günther, Eine differentielle Methode zur Bestimmung von Farbenindizes mit Schmidtspiegeln. (Untersuchungen an Farbenindizes III.). Ref. **9410**.
103: S. Günther, Das kurzwellige Farbenhelligkeitsdiagramm der Plejaden und der Praesepe. (Untersuchungen an Farbenindizes IV.). Ref. **12109**.

Granada

194. Boletin Mensual del Observatorio de Cartuja, Granada. Observaciones astronómicas y sísmicas.
Enero a Diciembre de 1950. Ref. **6337**.
Enero a Diciembre de 1951. Ref. **6337**.

Greenwich

195. Observations made at the Royal Observatory, Greenwich in the year 1938 in astronomy, magnetism and meteorology. Vgl. AJB **51**.

196. Observations of colour temperatures of stars. Vol. **2**: Relative gradients. Ref. **9606**.

197. Greenwich photo-heliographic results 1939. Ref. **6337**, **6654**.

198. Greenwich photo-heliographic results 1940. Ref. **6337**, **6654**.

198a. Greenwich photo-heliographic results 1945. Ref. **6337**, **6654**.

199. Observations of lunar occultations for the years 1943 to 1947. Appendix to Greenwich observations 1939. Ref. **7351**.

200. Report of the Astronomer Royal to the Board of Visitors of the Royal Greenwich Observatory. Ref. **1101**.

201. The Nautical Almanac and Astronomical Ephemeris for the Year 1953. Ref. 403.
202. Apparent Places of Fundamental Stars 1953. Ref. 414.
203. The Abridged Nautical Almanac for the Year 1953. Ref. 422.
204. The Air Almanac 1953. Ref. 426.
205. The Star Almanac for Land Surveyors for the Year 1953. Ref. 428.

Groningen

206. P. J. van Rhijn, Durchmusterung of selected areas of the special plan. Vol. I containing the areas 1 to 29. Vol. II containing the areas 30—46. Ref. 9116, 9117.

Hamburg

207. Mitteilungen der Hamburger Sternwarte in Bergedorf.
- 9 82: W. Fricke, Dynamische Begründun der Geschwindigkeitsverteilung im Sternsystem. Ref. 4405.
- 83: M. Beyer, Der Lichtwechsel des langperiodischen δ Lyrae-Sterns BM Cassiopeiae. Ref. 11180.
- 84: M. Beyer, Visuelle Helligkeitsbeobachtungen von Neuen Sternen. Ref. 11302.
- 85: J. v. d. Heide, Untersuchungen an Zeitbestimmungen. Ref. 9104.
- 21 222: P. Wellmann, Zur Analyse der Be-Spektren I. Die Häufigkeit der He I-Zustände unter Bedingungen, die vom thermodynamischen Gleichgewicht abweichen. Ref. 5137.
- 223: P. Wellmann, Zur Analyse der Be-Spektren II. Die Emission einer ausgedehnten Atmosphäre geringer Dichte. Ref. 5138.
- 224: P. Wellmann, Zur Analyse der Be-Spektren III. Das Spektrum von γ Cassiopeiae. Ref. 111130.
- 225: K. Wurm, O. Singer, Optische Dicke und He II — H-Linienintensitäten in planetarischen Nebeln. Ref. 12239.
- 22 226: W. Becker, Dreifarben-Photometrie von h und χ Persei. Ref. 12106.
- 227: G. Thiessen, Lichtelektrische Messungen des solaren Magnetfeldes. Ref. 6119.
- 228: G. Thiessen, Ein magnetisch bedingter Polarisationseffekt an Resonanzlinien im Sternspektrum. I. Ref. 5134.
- 229: P. Wellmann, Lichtkurve und Maximumspektrum des U Geminorum-Veränderlichen SW Ursae maioris. Ref. 111131.
- 230: W. Becker, Trennung von Riesen- und Zwergsternen mit Hilfe der Dreifarben-Photometrie. Ref. 9701.

208. Zweiter Katalog der Astronomischen Gesellschaft. Band 5. Ref. 9128.
209. Jahresbericht der Hamburger Sternwarte in Bergedorf für das Jahr 1951. Ref. 1101.
210. Deutsches Hydrographisches Institut. Jahresbericht Nr. 6, 1951. Ref. 1101.
211. Nautisches Jahrbuch oder Ephemeriden und Tafeln für das Jahr 1953. Ref. 418.

Haute-Provence

212. Publications de l'Observatoire de Haute-Provence.
- 2 28: D. Barbier, J. Dufay, D. Williams, Recherches sur l'émission de la raie verte de la lumière du ciel nocturne. Vgl. AJB 51 Ref. 7288.

29: Vgl. AJB **51** Ref. **9511**.
30: R. Hardie, Photomètre infrarouge astronomique. Résultats préliminaires. Ref. 2216.
31: E. M. Burbidge, G. R. Burbidge, S. K. Wang, Rapid changes in line intensities in the spectrum of Gamma Cassiopeiae. Ref. 11184.
32: P. Berthier, Intensité relative des deux composantes du doublet du sodium dans la lumière du ciel nocturne. Ref. 7299.
33: H. Andrillat, Températures électroniques et degrés d'excitation des nébuleuses gazeuses. Ref. 12203.
34: G. Courtès, Etudes de détail en lumière monochromatique Hα. Noyaux d'émission dans la nébuleuse M 51. Ref. 12406.
35: M. Bloch, Tcheng Mao-Lin, Evolution du spectre de AG Pegasi. Ref. 11183.
36: Tcheng Mao-Lin, M. Bloch, Le spectre de RY Scuti. Ref. 11139.
37: M. Néant, J. Bigay, Déterminations de magnitudes infra-rouge avec une cellule au sulfure de plomb. Ref. 9416.
38: Tcheng Mao-Lin, M. Bloch, Le spectre de AG Pegasi. Ref. 111124.
39: Y. Andrillat, Etude spectrale d'étoiles de Wolf-Rayet dans le proche infrarouge. Ref. 9502.
40: G. Courtès, Etude de la raie 6548 Å du doublet [N II] dans la nébuleuse d'Orion. Ref. 12205.
41: F. Lenouvel, Mesures des fluctuations d'un photomultiplicateur. Ref. 227.
42: J. Dufay, J.-H. Bigay, P. Berthier, Photographie directe du centre de la voie lactée dans le proche infrarouge. Ref. 12304.
43: A. Couder, Application d'une déformation thermique intentionnelle à l'exécution d'une surface parabolique. Ref. 2010.

Heidelberg

Astronomisches Rechen-Institut

213. Astronomischer Jahresbericht. 49. Band. Die Literatur des Jahres 1949. Ref. 701.
214. Veröffentlichungen des Astronomischen Rechen-Instituts zu Heidelberg.
Nr. 4: H. Nowacki, Verbesserung von Ort und Eigenbewegung von 61 Cygni. Ref. 9114.
215. Astronomische Grundlagen für den Kalender 1954. Ref. 415.
216. Nachrichtenblatt der Astronomischen Zentralstelle. **6**. Jahrgang Nr. 1—12. Vorläufige Mitteilung Nr. 138—171.

Badische Landessternwarte

217. Mitteilungen der Badischen Landessternwarte Heidelberg-Königstuhl.
Nr. 87: G. R. Miczaika, Radialgeschwindigkeitsmessungen von γ Bootis. Ref. 9213.
88: G. R. Miczaika, Über die Radialgeschwindigkeitskurve von δ Orionis. Ref. 9214.
89: G. R. Miczaika, The light-variability of 16 Lacertae. Ref. 111114.
90: K. Bahner, G. R. Miczaika, Über das Farben-Helligkeits-Diagramm des Coma Berenices-Sternhaufens. Ref. 12101.

Helsinki

218. Sonderdrucke des Astronomischen Observatoriums Helsinki.
P. Kustaanheimo, B. Qvist, Some remarks on Sendai Astronomiaj raportoj nro 23. Ref. **4121**.
J. Tuominen, On the dependence of the systematic drift of sunspots in heliographic latitude on phase in the 22-year cycle of the sun. Ref. **6331**.
P. Kustaanheimo. On the fundamental prime of a finite world. Ref. **4120**.
P. Kustaanheimo, B. Qvist, On differentiation in Galois fields. Ref. **112**.

Helwan

219. Royal Observatory. Bulletin.
Nr. **42**: M. R. Madwar, Preliminary notice on the total solar eclipse of 25th February 1952. Ref. **6211**.
43: S. El-Din Hamid, A. S. Asaad, The total eclipse of the sun on February 25, 1952 (Prediction for the Sudan). Ref. **6211**.

Hyderabad

220. Nizamia Observatory. Reprint.
Nr. **11**: A. Ali, Observations of comet and minor planet Vesta made with the 15 inch Grubb refractor of Nizamiah Observatory, Hyderabad-Deccan, India. § **75**, **81**.
12: A. Ali, Stars with large proper motions in the Hyderabad Astrographic Zones +36° to +39°. (Final list). Ref. **9201**.
13: Occultations of stars by the moon observed at the Nizamiah Observatory, Hyderabad, during the year 1951. Ref. **7354**.
14: A. Ali, Atmosphere of the sun. Ref. **6004**.

Istanbul

221. Publications of the Istanbul University Observatory.
Nr. **44**: E. Tüzemen, Observations des taches solaires en 1951. Ref. **6337**.
45: M. Hotinli, Fourth preliminary report on the solar foreshortening and asymmetry observations of the AAVSO. Ref. **6309**.
46: M. Dizer, Quelques propriétés des groupes de taches solaires. Ref. **6304**.

Jena

222. Mitteilungen der Universitäts-Sternwarte zu Jena.
8 12/3: W. Kühn, Adiabatische und polytrope Pulsationen der δ Cephei-Sterne. Ref. **5209**.

Kasan

223. Bulletin des Astronomischen Engelhardt-Observatoriums der Lenin-Staatsuniversität Kasan.
Nr. **28**: N. I. Tschudowitschew, Katalog der relativen photometrischen und spektroskopischen Elemente von Bedeckungsveränderlichen. Ref. **11241**.
S. T. Chabibullin, Über die Orientierung des Gesichtsfeldes eines Zölostaten mit einem Zusatzspiegel und über die Bestimmung der Einrichtung seiner Achse. Ref. **2106**.

Kiel

224. Sonderdruck der Sternwarte Kiel.
K. H. Böhm, Die Rotationsgeschwindigkeiten der Sterne. Ref. **9803**.
A. Unsöld, Turbulenz und Temperatur der Sonnenchromosphäre. Ref. **6652**.
H. H. Voigt, Quantitative Analyse des cB2-Übergiganten 55 Cygni. Ref. **9572**.
G. Traving, Experimentelle Untersuchungen über die systematischen Fehler von Äquivalentbreiten. Ref. **2511**.
H. Diercks, K. Hunger, Über die Bestimmung von Sterndurchmessern aus den Beugungserscheinungen bei Sternbedeckungen. Ref. **9703**.

Kiew

225. Zirkulare des Astronomischen Observatoriums der Schewtschenko-Staatsuniversität Kiew. Nr. **55—60**. Ref. **6337**, **6654**.

København

226. Publikationer og mindre Meddelelser fra Københavns Observatorium.
Nr. **157**: A. V. Nielsen, Summary of observations of variable stars, made chiefly during the years 1943.5—48.5 by members of the Scandinavian Astronomical Society («Astronomisk Selskab»). Ref. **11223**.
158: H. Q. Rasmusen, On the original orbit of comet 1899 I. Ref. 8123.
159: P. Pedersen, Stabilitätsuntersuchungen im restringierten Vierkörperproblem. Ref. **4241**.
160: M. Rudkjøbing, On the internal constitution of relativistically degenerate stars. Ref. **5221**.
227. Union Astronomique Internationale. Circulaire Nr. 1340—1386.
228. Aktuelle Meddelelser fra Astronomisk Selskab Nr. 347—354.

Kodaikanal

229. Kodaikanal Observatory Bulletin.
Nr. **132**: A. K. Das, Summary of prominence observations for the first half of 1950. Ref. **6654**.
133: R. Ananthakrishnan, A note on the observations of sunspots recorded at Kodaikanal from 1903 to 1950. Ref. **6301**.
134: A. K. Das, Summary of prominence observations for the second half of 1950. Ref. **6654**.
230. Kodaikanal. Sonderdrucke.
R. Ananthakrishnan, Prominence activity and the sunspot cycle. Ref. **6602**.
B. N. Bhargava, A new early-morning ionospheric phenomenon. Ref. 7278.
231. Annual Report of the Kodaikanal Observatory for the year 1951. Ref. **1101**.

Kraków

232. Rocznik Astronomiczny Obserwatorjum Krakowskiego 1952. Supplemento Internationale Nr. **23**. Ref. **417**, **7351**, **11008**.

Krim

233. Mitteilungen (Iswestija) des Astrophysikalischen Observatoriums auf der Krim.

8: G. A. Schajn, W. F. Hase, Über die vorzugsweise Orientierung der Fasern und anderer Strukturdetails in Gasnebeln. Ref. **12225**.
W. F. Hase, G. A. Schajn, Zwei neue Fasernebel bei o^2 und o^1 Cygni. Ref. **12211**.
E. R. Mustel, A. B. Sewerny, Untersuchung von Spektren der großen chromosphärischen Eruption auf der Sonne vom 5. August 1949. Ref. **6635**.
I. S. Schklowskij, Über die Natur des Polarlichts. Ref. **72148**.
G. A. Schajn, W. F. Hase, Struktur und Masse der diffusen Gasnebel NGC 6523, 6618 und 2237. Ref. **12226**.
O. N. Mitropolskaja, Herleitung der Wachstumskurve und Untersuchung der physikalischen Bedingungen in den Sonnenfackeln. Ref. **6318**.
G. S. Iwanow-Cholodny, Versuch Protuberanzen in der infraroten Heliumlinie λ 10830 zu photographieren. Ref. **6626**.
G. A. Monin, Ein Spektroregistrator von Radialgeschwindigkeiten. Ref. **2231**.
I. M. Kopylow, Die absoluten Größen galaktischer Haufen. Ref. **12114**.
P. F. Schajn, Beobachtungen Kleiner Planeten in Simeis 1951. Ref. **7538**.
G. S. Iwanow-Cholodny, I. I. Nasarowa, S. B. Pikelner, W. W. Suchanowa, W. L. Chochlowa, Beobachtungen am Spektrohelioskop 1950. Ref. **6654**.

9: A. B. Sewerny, Über die von chromosphärischen Eruptionen ausgestrahlte Gesamtenergie. Ref. **6646**.
G. A. Schajn, W. F. Hase, Über die Massen gasförmiger Objekte in einigen außergalaktischen Nebeln. Ref. **12419**.
E. R. Mustel, Über die physikalische Natur der Kalziumflocculi. Ref. **6636**.
W. B. Nikonow, E. K. Nikonowa, Das Sternelektrophotometer des Astrophysikalischen Observatoriums auf der Krim und die Methoden zur Berechnung der Lichtschwächung in der Erdatmosphäre bei lichtelektrischen Beobachtungen veränderlicher Sterne. Ref. **1218**.
W. F. Hase, G. A. Schajn, Dritte Liste diffuser Emissionsnebel. Ref. **12212**.
P. P. Dobronrawin, Einige Fragen zur Praxis der stellaren Spektralphotometrie. Ref. **2212**.
L. S. Galkin, Eine zweidimensionale Klassifikation von Sternspektren sehr kleiner Dispersion. Ref. **9521**.
I. M. Kopylow, Entfernungen und Leuchtkräfte einiger Novae. Ref. **11303**.
G. A. Schajn, W. F. Hase, Ein neues System dünnfaseriger Nebel im Sternbild Auriga. Ref. **12227**.
S. W. Nekrassowa, Lichtelektrische Beobachtungen von DD Lacertae. Ref. **11244**.
W. B. Nikonow, E. K. Nikonowa, Lichtelektrische Beobachtungen des β Cephei-Veränderlichen BW Vulpeculae. Ref. **11244**.
P. F. Schajn, Beobachtungen Kleiner Planeten. Ref. **7538**.

Kyoto

234. Contributions from the Institute of Astrophysics, Kyoto University.

Nr. 18: I. Kawaguchi, On the population of the hydrogen atoms in the second state in the solar chromosphere. Ref. 6627.
19: S. Miyamoto, On the radiation field of Be-stars. I. Vgl. AJB **49** Ref. 5125.
20: S. Miyamoto, On the radiation field of Be-stars. II. Ref. 5125.
21: T. Saigusa, Zanstra effect on the radiation field in the planetary nebulae with different optical thicknesses. Ref. 5314.
22: K. Araki, On the absolute intensity of the chromospheric lines. Ref. 6603.
23: S. Miyamoto, On the radiation field of Be-stars. III. Theoretical Balmer decrement. Ref. 5126.
24: S. Miyamoto, On the emission spectra of Wolf-Rayet stars. Ref. 9547.
25: I. Kawaguchi, On the excitation and ionization temperature of the hydrogen in the chromosphere. Ref. 6628.
26: S. Ueno, On the continuous spectrum of the stellar atmospheres. Ref. 5135.
27: S. Miyamoto, Radiation pressure and stability of the atmospheres of early-type stars. Ref. 5127.

235. Kwasan Observatory Reprints.
Nr. 4: S. Fujinami, The conspicuous mountains and depressions on the lunar profile, as observed in the beaded eclipse. Ref. 7308.

Leiden

236. Annalen van de Sterrewacht te Leiden.
20 10: C. J. van Houten, Improved elements of 84 southern Cepheids. Ref. 11220.
11: P. T. Oosterhoff, J. A. Horikx, Discussion of 43 variable stars in a region around CPD —31° 5547. Ref. 11224, 11244.

Lembang, Java

237. Bosscha Observatory Lembang, Indonesia. Contributions.
G. B. van Albada, On a generalization of the integral of angular momentum and its significance for stellar dynamics. Ref. 4401.

Leningrad

238. Publikationen (Trudy) des Instituts für Theoretische Astronomie.
Nr. 1: G. A. Merman, Eine neue Klasse periodischer Lösungen im eingeschränkten Dreikörperproblem und im Hillschen Problem. Ref. 4235.
D. W. Sagrebin, Theorie des regularisierten Geoids. Ref. 13119.
2: W. F. Proskurin, Theorie der Bewegung von Ceres. Erster Teil. Ref. 7516.
3: I. Shongolowitsch, Das äußere Gravitationsfeld der Erde und die mit ihm verbundenen fundamentalen Konstanten. Ref. 13123.

239. Bulletin des Instituts für Theoretische Astronomie.
5 2 (65): N. B. Jelenewskaja, Entwicklung der Störungsfunktion in eine Fourierreihe unter Einbeziehung der Neigung. Teil I. Entwicklung der Störungsfunktion im räumlichen kreisförmigen eingeschränkten Dreikörperproblem mittels der Newcombschen Methode. Ref. 4222.
W. F. Shewershejew, Die Bahn des Fayeschen Kometen nach Beobachtungen 1932—1933 und 1939—1940. Ref. 8107.

3 (66): N. S. Samojlowa-Jachontowa, S. G. Makower, Berechnung der speziellen Störungen Kleiner Planeten mit Lochkartenmaschinen. Ref. 7520.

4 (67): G. A. Merman, Über den Konvergenzradius der Hillschen Reihen. Ref. 4233.

E. A. Mitrofanowa, Über die Verbesserung der Mondephemeride. Ref. 7313.

N. A. Bochan, Versuch einer numerischen Integration der Bewegungsgleichungen Kleiner Planeten mit Lochkartenmaschinen bei einem vorgegebenen System von Anfangsbedingungen. Ref. 7505.

A. W. Purzchwanidse, Eine Näherungsformel zur Berechnung des Verhältnisses Sektor zu Dreieck. Ref. 4508.

S. M. Warsar, Eine graphische Methode zur Bestimmung des Oppositionsdatums Kleiner Planeten. Ref. 7523.

S. M. Warsar, Absolute Störungen und Elemente der Kleinen Planeten vom Minerva-Typ. Ref. 7524.

F. B. Chanina, Neue Elemente des Kleinen Planeten 175 Andromache. Ref. 7538.

S. M. Warsar, Bestimmung neuer Elemente der Kleinen Planeten 689 Zita und 939 Isberga. Ref. 7538.

M. E. Towstik, Verbesserung der Elemente des Planeten 1004 Belopolskya. Ref. 7538.

S. G. Makower, Genäherte Bahnverbesserung für fünf Kleine Planeten vom Hecuba-Typ. Ref. 7538.

240. Ephemeriden Kleiner Planeten für das Jahr 1953. Ref. 7501.

241. Ephemerides for the determination of time correction by equal altitudes (Zinger's method) for 1947. Ref. 3014.

Liège

242. Institut d'Astrophysique. Collection in 4° de Spectroscopie et Astrophysique.

Nr. 32: A. H. Delsemme, P. Swings, Hydrates de gaz dans les noyaux cométaires et les grains interstellaires. Ref. 8003.

33: J. Grandjean, Le spectre de Nova (RT) Serpentis 1909 en 1950. Ref. 11340.

34: J. Duchesne, Hybridization and molecular structure. Ref. 211.

35: A. H. Nielsen, M. Migeotte, Abundance and vertical distribution of telluric methane from measurements at 3580 meters elevation. Ref. 7247.

36: P. Swings, J. W. Swensson, Les spectres de treize nébuleuses planétaires et de leurs noyaux. Ref. 12232.

37: C. F. Knuckles, J. W. Swensson, The spectrum of lightning in the region λ 6159—λ 7157. Nicht referiert.

38: A. Monfils, I. Ottelet, B. Rosen, Utilisation de la cathode creuse en spectroanalyse. Ref. 230.

39: J. Duchesne, Nuclear quadrupole coupling constants and molecular vibrations. Ref. 212.

243. Institut d'Astrophysique. Collection de Mémoires in 8°.

Nr. 338: L'Etude Optique de l'Atmosphère Terrestre. Communications présentées au Colloque international tenu à l'Institut d'Astrophysique de l'Université de Liège les 3 et 4 septembre 1951. Ref. 1165.

339: P. Swings, T. Page, The spectra of comets 1950b (Minkowski) and 1951a (Pajdusakova). Ref. 8152.

340: M. Migeotte, L. Neven, High-dispersion solar spectrograms between 15 μ and 24 μ. Ref. **6416**.
341: P. Swings, Identification et signification astronomique des raies interdites du fer et d'autres métaux. Ref. **9567**.
342: P. Swings, Rapport sur le colloque international annuel organisé par l'Institut d'Astrophysique de l'Université de Liège. Ref. 1156.
343: D. Crespin, J. W. Swensson, Le spectre ultraviolet de l'étoile supergéante 3 Puppis. Ref. **9516**.
344: P. Ledoux, Note sur l'asymétrie des courbes de vitesse radiale des Céphéides. Ref. **5212**.
345: M. Migeotte, A. H. Nielsen, Comparaison de spectres solaires enregistrés au Mont Wilson (Etats-Unis) et au Jungfraujoch (Suisse). Ref. **6417**.
346: P. Swings, P. D. Jose, The spectrum of Nova DQ Herculis (1934) in 1950. Ref. **11319**.
347: J. Swensson, Des raies interdites du fer neutre et du nickel ionisé sont-elles présentes dans le spectre solaire? Ref. **6428**.
348: D. Crespin, Sur l'abondance du deutérium dans l'atmosphère solaire. Ref. **6403**.
349: Vgl. AJB **53**.
350: P. Ledoux, Note sur les périodes de pulsation d'étoiles à grande concentration massique et le problème des céphéides. Ref. 5213.
351: M. Migeotte, L. Neven, E. Vigroux, Structure fine de la bande d'absorption de l'ozone à 9.6 μ observée dans le spectre solaire et en laboratoire. Ref. **7245**.

London

244. Communications from the University of London Observatory.
Nr. **8**: E. M. Burbidge, G. R. Burbidge, S. K. Wang, Rapid changes in line intensities in the spectrum of Gamma Cassiopeiae. Ref. **11184**.

Los Angeles

245. University of California. Astronomical Papers.
1 13: S. Herrick, Jupiter IX and Jupiter XII. Ref. **7617**.
2 1: S. Herrick, The mean longitude or mean anomaly in perturbations by variation of constants. Ref. **4219**.

Lund

246. Meddelande från Lunds Astronomiska Observatorium.
(1) Nr. **179**: B.-A. Lindblad, A radar investigation of the Delta Aquarid meteor shower of 1950. Ref. 8252.
180: E. Holmberg, On the masses and luminosities of extragalactic nebulae. Ref. 12410.

Lwow (Lemberg)

247. Zirkular des Astronomischen Observatoriums der Franko-Staatsuniversität Lwow. Nr. 20—21. Ref. **6337**, **6654**.

Lyon

248. Publications de l'Observatoire de Lyon.
3 19: H. Andrillat, Etude spectrophotométrique de nébuleuses gazeuses. Application à la détermination de la température électronique de certaines d'entre elles. Ref. 12202.

Madrid

249. Boletin Astronómico del Observatorio de Madrid.

4 5: E. Gullón, Protuberancias solares. Resumen de las observaciones realizadas durante el ano 1951. Ref. **6654.**
E. Gullón, Altura de la cromosfera en 1951. Ref. **6654.**
E. Gullón, Observaciones de manchas solares. (Números relativos de Wolf.) Ref. **6337.**
R. Carrasco, Observaciones fotográficas de pequenos planetas. (Posiciones exactas.) Ref. **7538.**

250. Universidad de Madrid. — Facultad de Ciencias. Seminario de Astronomia y Geodesia. Publicación.

Nr. **11**: L. Siegrist, Orbita provisional del sistema visual Σ 2052. Ref. **10125.**
12: Efemérides de 88 asteroides para la oposición de 1953. Ref. **7502.**
13: J. Pensado, Orbita de ADS 9380 = Σ 1879. Ref. **10125.**
14: F. A. Pérez, Aplicaciones del radar a la Geodesia. Nicht referiert.
15: J. Pensado, Órbita de ADS 11897 = Σ 2438. Ref. **10125.**
16: B. Rodríguez-Salinas, Sobre varias formas de proceder en la determinación de períodos de las mareas y predicción de las mismas en un cierto lugar. Ref. **4312.**

Manchester

251. Astronomical Contributions from the University of Manchester. Series I. Jodrell Bank Annals.

(1) 1 1: G. S. Hawkins, M. Almond, Radio echo observations of the daytime meteor streams in 1951. Ref. **8237.**
2: M. Almond, K. Bullough, G. S. Hawkins, Radio echo observations of the daytime meteor streams in 1952. Ref. **8233.**
M. Almond, The orbit of the δ Aquarid meteor stream. Ref. **8252.**
K. Burrows, C. G. Little, Simultaneous observations of radio star scintillations on two widely spaced frequencies. Ref. **12607.**

252. Astronomical Contributions from the University of Manchester. Series II. Jodrell Bank Reprint.

(2) 2 57: J. S. Greenhow, Characteristics of radio echos from meteor trails. III. The behaviour of the electron trails after formation. Ref. **8211.**
58: M. Almond, J. G. Davies, A. C. B. Lovell, The velocity distribution of sporadic meteors. II. Ref. **8201.**
59: T. R. Kaiser, R. L. Closs, Theory of radio reflections from meteor trails. I. Ref. **8214.**
60: G. S. Hawkins, M. Almond, Radio echo observations of the major night-time meteor streams. Ref. **8238.**
61: R. Hanbury Brown, C. Hazard, Extra-galactic radio-frequency radiation. Ref. **12606.**
62: Vgl. AJB **51** Ref. **2119.**
63: A. Maxwell, Possible identification of a solar M-region with a coronal region of intense radio emission. Ref. **6524.**
64: Vgl. AJB **51** Ref. **1101.**
65: Report on Jodrell Bank to the Royal Astronomical Society council for 1951. Ref. **1101.**
66: A. C. B. Lovell, The radio astronomer's universe. Ref. **12619.**
67: J. A. Clegg, The velocity distribution of sporadic meteors. III. Calculation of the theoretical distributions. Ref. **8205.**

68: A. Maxwell, C. G. Little, A radio-astronomical investigation of winds in the upper atmosphere. Nicht referiert.
69: J. S. Greenhow, A radio echo method for the investigation of atmospheric winds at altitudes of 80 to 100 km. Nicht referiert.
70: Vgl. AJB **53**.
71: J. S. Greenhow, G. S. Hawkins, Ionizing and luminous efficiencies of meteors. Ref. **8210**.
72: R. Hanbury Brown, C. Hazard, Radio-frequency radiation from Tycho Brahe's supernova (A. D. 1572). Ref. **11345**.
73: C. G. Little, A. Maxwell, Scintillation of radio stars during aurorae and magnetic storms. Ref. **72161**.
74: A. C. B. Lovell, Britain's giant radio telescope. Ref. **1221**.
75: Vgl. AJB **53**.
76: R. Hanbury Brown, R. C. Jennison, M. K. Das Gupta, Apparent angular sizes of discrete radio sources. Ref. **12605**.
77: Vgl. AJB **53**.
78: A. C. B. Lovell, The radio telescope, a new tool of astronomical research. Ref. **2121**.

253. Astronomical Contributions from the University of Manchester. Series III.
(3) Nr. **4**: B. Miles, W. H. Ramsey, On the internal structures of Jupiter and Saturn. Ref. **5216**.
5: G. L. Camm, Self-gravitating star systems. II. Ref. **4402**.
6: F. D. Kahn, On some possible mechanisms of radio stars. I. The Crab nebula. Ref. **12614**.
7: F. D. Kahn, On the formation of interstellar dust. Ref. **5306**.

Milano-Merate

254. Contributi dell'Osservatorio Astronomico di Milano-Merate. Nuova Serie.
Nr. **37**: F. Zagar, Su un caso particolare del problema di più corpi e sue conseguenze astronomiche. Ref. **4263**.
38: F. Zagar, Sulla espansione dell'universo. Ref. **4142**.
39: M. Cavedon, Ricerche sul problema dei tre corpi. Ref. **4205**.

255. Pubblicazioni dell'Osservatorio Astronomico di Milano-Merate. Nuova Serie.
Nr. **6**: M. Campa, Deduzione matematica delle temperature estreme a Milano (Brera) da 111 anni di osservazioni (1838—1948). Nicht referiert.

Moskau

256. Publikationen (Trudy) des Staatlichen Astronomischen Sternberg-Instituts.
Nr. 21: N. D. Moissejew, Über einige grundlegende, vereinfachte, durch Übermittelung des nichteingeschränkten Dreikörperproblems erhaltene Darstellungen der Himmelsmechanik. Teil 1. Ref. **4238**.
G. N. Duboschin, Über die Stabilität der Kepler-Bewegung im Sinne von A. M. Ljapunow. Ref. **4210**.
A. A. Orlow, Über die periodischen Bahnen großer Neigung im eingeschränkten Dreikörperproblem. Teil 2. Ref. **4240**.
P. T. Resnikowskij, Die gravitative Interpretation der inneren Variante des einmal-übermittelten eingeschränkten elliptischen Dreikörperproblems. Ref. **4244**.
P. T. Resnikowskij, Entwicklung der Störungsfunktion der inneren Variante des einmal-übermittelten ebenen eingeschränkten kreisförmigen Dreikörperproblems in Lagrangesche Elemente. Ref. **4245**.

W. T. Kondurar, Das Problem der Bewegung zweier Ellipsoide unter Einwirkung der gegenseitigen Anziehung. Teil 3 und 4. Ref. 4223.
P. T. Resnikowskij, Die Entwicklung der Störungsfunktion der einfachsten übermittelten Varianten des ebenen eingeschränkten elliptischen Dreikörperproblems. Ref. 4246.

257. Mitteilungen (Soobschtschenija) des Staatlichen Astronomischen Sternberg-Instituts.
Nr. 80: J. N. Lipskij, Bestimmung der Polarisation der Mondaureole. Ref. 7274.
J. I. Beljajew, Das monochromatische Interferenzlichtfilter. Ref. 2203.
81: N. M. Artjuchina, Die Eigenbewegungen von 152 Sternen in der Umgebung des galaktischen Nordpols. Ref. 9203.
A. M. Losinskij, Die Eigenbewegungen von neun veränderlichen Sternen. Ref. 9207.
M. I. Uranowa, Über die Eigenbewegungen von Sternen in der Umgebung von SY Cygni. Ref. 9210.
82: J. P. Gorelow, Eine differentielle Methode zur Untersuchung der Zapfen eines Passageninstruments. Ref. 2402.
E. J. Bugoslawskaja, Untersuchung des Objektivs eines weitwinkligen Astrographen. Ref. 2009.
W. W. Podobed, Die Bestimmung genauer Örter Kleiner Planeten mittels eines weitwinkligen Astrographen. Ref. 2409.

258. Akademie der Wissenschaften der UdSSR und Staatliches Astronomisches Sternberg-Institut.
B. W. Kukarkin, P. P. Parenago, J. I. Jefremow, P. N. Cholopow, Vierter Nachtrag zur ersten Ausgabe des Generalkatalogs Veränderlicher Sterne. Ref. 11003.

259. Astronomisches Jahrbuch der UdSSR für das Jahr 1955. Ref. 407.

Mount Hamilton

260. Publications of the Lick Observatory.
20: S. L. McDonald, A. O. Leuschner, Tables of general perturbations for a group of minor planets which includes the group one-half with applications to thirty-four cases. Ref. 4231.

261. Contributions from the Lick Observatory.
(2) Nr. 38: G. E. Kron, Developments in the practical use of photocells for measuring faint light. Ref. 2222.
39: J. Stebbins, G. E. Kron, J. L. Smith, Six-color photometry of stars. VII. Light-curves of Eta Aquilae. Ref. 11172.
40: G. E. Kron, A photoelectric study of the dwarf M eclipsing variable YY Geminorum. Ref. 11114.
41: G. H. Herbig, J. H. Moore, The Cepheid variable S Sagittae. I. The radial-velocity variation. Ref. 11156.
42: G. H. Herbig, The Cepheid variable S Sagittae. II. The emission lines. Ref. 11157.
43: K. L. Franklin, The spectroscopic orbit of 26 Aquilae. Ref. 10203.
44: H. F. Weaver, Spectral-type, magnitude, and color-index relations in the galactic star cluster in Coma Berenices. Ref. 12121.

Mount Stromlo

Siehe unter Canberra.

Mount Wilson and Mount Palomar

262. Mount Wilson and Palomar Observatories. Annual report of the director. Ref. 1101.

München

263. Veröffentlichungen der Sternwarte München.
 4 6: H. Bucerius, Determinierung der klassischen Mechanik durch zeitliche Randwerte. Ref. 4203.
 7: F. Schmeidler, Intermediäre Bahnen zur Annäherung an das Dreikörperproblem. Ref. 4250.
 8: W. Strohmeier, A. Güttler, Zur Frage der Existenz des Baxendell-Nebels NGC 7088. Ref. 12005.
 9: P. Labitzke, Rektaszensionsbeobachtungen von Planeten am gebrochenen Passageninstrument. Ref. 7401, 7538, 7601, 7701, 7806.
 10: F. Schmeidler, Deklinationsbeobachtungen von Planeten am Vertikalkreis. Ref. 7401, 7538, 7601, 7701, 7801, 7806.

264. Mitteilungen der Sternwarte München.
 1 5: A. Güttler, Über die Materie der interstellaren Körner. Ref. 12512.
 6: W. Strohmeier, Photometrie der Präsepe-Umgebung mit kurzbrennweitigen Schmidt-Spiegeln. Ref. 12119.
 7: A. Güttler, Die Miesche Theorie der Beugung durch dielektrische Kugeln mit absorbierendem Kern und ihre Bedeutung für Probleme der interstellaren Materie und des atmosphärischen Aerosols. Ref. 5305.

Münster

265. Mitteilungen der Universitäts-Sternwarte Münster.
 Nr. 2: O. Günther, Verbesserte Helligkeiten von 229 Sternen im System der RHP mit Beitrag zur Prüfung der Skala der RHP. Ref. 9409.

Napoli

266*. Osservatorio Astronomico di Capodimonte-Napoli. Contributi astronomici. Serie II.
 3 16: A. Colacevich, Risultati preliminari relativi allo spettro della corona esterna ottenuti nell'eclisse totale di sole del 25. II. 1952. Ref. 6211.
 4 11: A. Colacevich, Il fotometro fotoelettrico dell'Osservatorio di Capodimonte. Elementi provvisori di V 451 Oph. Ref. 1206.

267*. Osservatorio Astronomico di Capodimonte-Napoli. Collezione Miscellanea.
 1 2: A. Colacevich, Odierni indirizzi ottici nella costruzione di grandi strumenti per l'astronomia. Ref. 2107.
 3: T. Nicolini, Osservazioni occasionali della eclisse solare del 25. febbr. 1952. Ref. 3207.
 4: A. Colacevich, La materia interstellare. Ref. 12506.
 5: T. Nicolini, Periodicità solare ed epoche di Wolf-Wolfer. Ref. 6322.
 6: A. Colacevich, Fotometria stellare a Capodimonte. Ref. 1206.

Neuchâtel

268. Rapport du directeur de l'Observatoire Cantonal de Neuchâtel. Ref. 1101.

New York

269. Contributions from the Rutherfurd Observatory of Columbia University.
Nr. **32**: S. J. Hill, J. Schilt, Photographic magnitudes of 55.700 stars in the zones +10° to +20° and +30° to +50°. Ref. **9411**.

Odessa

270. Mitteilungen (Iswestija) des Astronomischen Observatoriums der Metschnikow-Staatsuniversität Odessa.
2 2: E. L. Schodo, Bestimmung der Örter Kleiner Planeten am Astronomischen Observatorium Odessa in den Jahren 1948—1950. Ref. **7538**.
I. I. Putilin, Die Masse des Asteroidenringes. Ref. **7518**.
W. W. Konin, Über die Entstehung des periodischen Fehlers der Mikrometerschraube. Ref. **2220**.
W. B. Balassoglo, Beobachtungen von Protuberanzen. Ref. **6654**.
E. L. Schodo, Sonnenfleckenbeobachtungen am Astronomischen Observatorium Odessa von 1924 bis 1929. Ref. **6337**.
E. L. Schodo, Die Rotation der Sonnenphotosphäre aus Fleckenbeobachtungen. Ref. **6106**.
A. E. Prichodko, Photometrie von Vergleichssternen für Veränderliche. Ref. **11240**.
B. A. Ustinow, O. K. Odynskaja, VY Serpentis. Ref. **11244**.
W. P. Zessewitsch, O. K. Odynskaja, BR Aquarii. Ref. **11244**.
W. P. Zessewitsch, AS Aurigae. Ref. **11244**.
W. P. Zessewitsch, AT Serpentis. Ref. **11244**.
W. P. Zessewitsch, CR Serpentis. Ref. **11244**.
W. P. Zessewitsch, CW Serpentis. Ref. **11244**.
W. P. Zessewitsch, KK Cassiopeiae. Ref. **11244**.
W. P. Zessewitsch, DW Cassiopeiae. Ref. **11244**.
W. P. Zessewitsch, IX Cassiopeiae. Ref. **11244**.
W. P. Zessewitsch, VX Herculis. Ref. **11244**.
W. P. Zessewitsch, V 439 Ophiuchi. Ref. **11244**.

Oslo

271. Institute of Theoretical Astrophysics, University of Oslo. Astrophysica Norvegica.
5 2: A. Eliassen, Slow thermally or frictionally controlled meridional circulations in a circular vortex. Nicht referiert.
272. The Institute of Theoretical Astrophysics Blindern, Norway. Reprint.
Nr. **2**: G. Gjellestad, Magneto-hydrodynamic oscillations of a star. Ref. **5206**.
273. The Institute of Theoretical Astrophysics Blindern-Oslo. Report.
Nr. **1**: G. Gjellestad, Magneto-hydrodynamic oscillations of a star, Part 1. Ref. **5205**.
274. Institutt for Teoretisk Astrofysikk Blindern-Oslo. Småtrykk.
Nr. **2**: A. Eliassen, Bedre værvarsler? Nicht referiert.

Ottawa

275. Publications of the Dominion Observatory Ottawa.
15 2: W. S. McClenahan, Results of observations made with the reversible meridian circle 1923—1935. Ref. **6001**, **7101**, **7107**, **9111**.

276. Contributions from the Dominion Observatory Ottawa.
2 11: J. A. Rottenberg, Theoretical line profiles for stars of P Cygni type. Ref. 5131.

Oxford

277. Communications from the University Observatory, Oxford.
Nr. 32: I. W. Busbridge, On emission lines in stellar spectra. Ref. 5107.
33: H. H. Plaskett, The Oxford solar spectroscope. Ref. 1228.
34: H. H. Plaskett, Motions in the sun at the photospheric level. I. Methods. Ref. 6426.
35: T. D. Kinman, Motions in the sun at the photospheric level. II. The Evershed effect in sunspot Mt. Wilson No. 9987. Ref. 6310.
36: M. G. Adam, Interferometric measurements of wave-lengths. I. Development of the method of circular channels and its application at 5080 Å and 6020 Å. Ref. 201.

Paris

278. Contributions de l'Institut d'Astrophysique de Paris. Série A.
(A) Nr. 100: A. Régnier, E. Schatzman, J.-P. Vigier, Sur la répartition statistique des mouvements des particules en mécanique quantique. Ref. 237.
101: D. Barbier, L'altitude des couches émettrices du ciel nocturne. Ref. 7298.
102: Vgl. AJB 51 Ref. 7311.
103: Vgl. AJB 51 Ref. 11147.
104: H. Mineur, R. Peyturaux, Exploitation numérique de l'équation intégrale d'assombrissement au bord solaire. Ref. 6419.
105: M. Mayot, Le calcul des perturbations en mécanique quantique. Ref. 228.
106: H. Mineur, Le temps. Etude d'un concept fondamental de la science. Ref. 3121.
107: E. Schatzman, Les vitesses d'agitation dans les atmosphères des géantes rouges. Ref. 5133.
108: M. Laffineur, R. Michard, J.-C. Pecker, M. d'Azambuja, A. Dollfus, I. Atanasijević, Observations combinées de l'éclipse totale de Soleil du 25 février 1952 à Khartoum (Soudan) et de l'éclipse partielle au radio-télescope de l'Observatoire de Meudon. Ref. 6211.
109: R. Canavaggia, J.-C. Pecker, Variation de la température effective et du rayon d'une Céphéide. Ref. 11151.
110: H. Mineur, Sur les points singuliers des systèmes canoniques admettant un nombre d'intégrales premières uniformes en involution égal à celui des degrés de liberté. Ref. 122.
111: J.-C. Pecker, H. van Regemorter, Détermination d'un modèle d'atmosphère stellaire à partir de l'intensité des raies d'absorption. Ref. 5130.
112: D. Chalonge, P. Guérin, M. Servigne, Réalisation d'une source luminescente étalon secondaire de répartition énergétique. Ref. 207.
113: E. Vigroux, Absorption de l'ozone à 18° au-dessous de 3130 Å. Ref. 7257.
E. Vigroux, Absorption de l'ozone dans le domaine spectral situé au-dessous de 3130 Å. Effet de la température. Ref. 7258.

114: E. Vigroux, Mesures absolues des coefficients d'absorption de l'ozone dans la région des bandes de Huggins, à 18°. Ref. **7255**.
E. Vigroux, Absorption de l'ozone dans la région des bandes de Huggins. Influence de la température. Ref. **7256**.
115: J. Bouzitat, Intégration numérique approchée par la méthode de Gauss généralisée et extension de cette méthode. Ref. **105**.
116: H. Berthod-Zaborowski, Calcul des intégrales de la forme $\int_0^1 F(x)\, Lx\, dx$. Ref. **103**.
117: M. Mayot, Sur le calcul numérique de certaines expressions qui se présentent sous une forme indéterminée. Ref. **113**.
M. Mayot, Note sur la méthode d'intégration de Tchebyscheff. Ref. **114**.
118: R. Michard, Nouvelles observations photométriques des taches solaires. Ref. **6316**.
119: D. Chalonge, L. Divan, Sur la classification des étoiles des premiers types spectraux. Ref. **9513**.
120: M. Mayot, Sur les variations séculaires des nœuds et inclinaisons des planètes. Ref. **4230**.
121: E. Vigroux, Absorption de l'ozone dans le spectre visible. Ref. **7259**.
122: I. Atanasijević, Mesures du rayonnement de la voie lactée sur 255 Mc/s. Ref. **12602**.
123: D. Chalonge, P. Guérin, S. Taffara, Sur la répartition de l'énergie dans les spectres continus des étoiles des premiers types spectraux. Ref. **9514**.
124: A.-M. Fringant, Etude du spectre continu de quelques étoiles à atmosphère étendue. Ref. **9519**.
125: L. Divan, Etude de deux étoiles très rougies dans le Sagittaire. Ref. **12508**.
126: H. Berthod-Zaborowski, M. Mayot, H. Mineur, Etude numérique du mouvement séculaire de l'axe terrestre. Ref. **13101**.
127: J. Berger, Sur la classification de quelques groupes stellaires. Ref. **9505**.
128: J. Berger, D. Chalonge, L. Divan, A.-M. Fringant, Mesure spectrophotométrique des rayons stellaires. Application à deux naines blanches. Ref. **9506**.
129: L. Divan, Comparaison des lois de variation de l'absorption interstellaire avec la longueur d'onde dans trois régions différentes de la galaxie. Ref. **12509**.
130: D. Barbier, Comparaison des spectres cométaires et de la haute atmosphère terrestre. Vgl. AJB **53**.
131: E. Schatzman, La structure et l'évolution des noyaux cométaires. Vgl. AJB **53**.
132: J.-C. Pecker, Tables pour le calcul des raies d'absorption dans les spectres stellaires. I. Des fonctions intégro-exponentielles d'ordre impair. Ref. **5129**.
133: P. Dumézil-Curien, Relation entre période, type spectral moyen et déphasage chez les Céphéides. Ref. **11152**.
134: P. Dumézil-Curien, Ondes de compression dans une atmosphère en équilibre radiatif. Ref. **5110**.
135: H. Mineur, Sur les zéros des relations période-luminosité des Céphéides et des RR Lyrae. Ref. **11165**.
136: R. Rigollet, Données sur l'organisation du système des petites planètes. Ref. **7519**.

279. Contributions de l'Institut d'Astrophysique de Paris. Série B.

(B) Nr. **77**: B. Kwal, Sur le rayonnement électromagnétique, produit par les chocs d'électrons dans un milieu très fortement ionisé. Ref. **5309**.

78: Vgl. AJB **51** Ref. **5118**.

79: H. Mineur, Tentatives de calcul numérique des intégrales doubles. Ref. **121**.

80: D. Barbier, Sur la détermination de la grandeur de la discontinuité de Balmer par les méthodes de la photométrie à travers des filtres. Ref. **9503**.

81: E. Schatzman, Remarques sur l'évolution des étoiles. II. Sur une cause possible de l'éjection de matière. Ref. **5225**.

82: Recherches sur les spectres continus stellaires:
D. Chalonge, I. Introduction. Ref. **9511**.
A. Baillet, D. Chalonge, J. Cojan, II. Spectrographe stellaire à optique de quartz et à chassis oscillant. Ref. **2201**.
D. Chalonge, M. Servigne, III. Source luminescente à spectre continu pour le domaine λ 3000—λ 6500 Å. Ref. **2206**.
M. Laffineur, IV. Redresseur régulateur pour l'alimentation du tube à mercure en courant continu. Ref. **2225**.

83: D. Chalonge, L. Divan, Recherches sur les spectres continus stellaires. V. Etude du spectre continu de 150 étoiles entre 3150 et 4600 Å. Ref. **9512**.

84: L. Divan, Recherches sur les spectres continus stellaires. VI. Remarques sur les propriétés absorbantes de la matière interstellaire. Ref. **12507**.

85: D. Barbier, Solution approchée d'un problème de transfert et son application à la détermination des corrections de diffusion dans les mesures photométriques de la lumière du ciel nocturne. Ref. **5103**.

86: R. Canavaggia, J.-C. Pecker, Les géantes jaunes. I. Modèles d'atmosphères. Ref. **5108**.

87: R. Peyturaux, Contribution à l'étude du fond continu du spectre solaire dans le proche infra-rouge. Ref. **6113**.

88: H. Mineur, Recherche d'une influence possible de la lune sur les précipitations atmosphériques. Ref. **72174**.

89: E. Schatzman, La température interne des naines blanches. Ref. **5226**.

90: J.-C. Pecker, H. van Regemorter, La mesure de la largeur équivalente d'une raie spectrale. L'influence du pouvoir de résolution. Ref. **6425**.

91: M. Mayot, Tables de fonctions intervenant dans le calcul des corrections de diffusion dans la photométrie de la lumière du ciel nocturne. Ref. **5122**.

92: H. Mineur, R. Peyturaux, Exploitation numérique de l'équation intégrale d'assombrissement au bord solaire pour obtenir la fonction source. Ref. **6110**.

280. Observatoire de Paris. Section d'Astrophysique à Meudon.

1 9: L. d'Azambuja, R. Servajean, Cartes synoptiques de la chromosphère solaire et catalogue des filaments de la couche supérieure. Ref. **6654**.

281. Observatoire de Paris. Section d'Astrophysique de Meudon.

F. Baldet, G. de Obaldia, Catalogue général des orbites de comètes de l'an —466 à 1952. Ref. **8101**.

282. T. Weimer, Atlas de profils lunaires. Ref. **7324**.

283. Connaissance des Temps ou des mouvements célestes, à l'usage des astronomes et des navigateurs, pour l'an 1953. Ref. **408**.

284. Ephémérides Nautiques ou extrait de la Connaissance des Temps pour l'an 1953. Ref. 423.

Perth

285. Astrographic Catalogue 1900.0. Perth Section. Dec. −31° to −41°.
3: Ref. **9123**.

Potsdam

286. Mitteilungen des Astrophysikalischen Observatoriums Potsdam.
Nr. **33**: H. Daene, Über einen lichtelektrischen Relaisschreiber hoher Empfindlichkeit. Ref. 2210.
34: H. Schneller, H. Daene, Lichtelektrische Beobachtungen und Systemkonstanten des Bedeckungsveränderlichen DO Cassiopeiae. Ref. 11136.

Prag

287. Contributions from the Astronomical Institute of the Charles University Prague.
Nr. **4**: W. W. Heinrich, On certain functional solutions of the satellite problem of three bodies. Ref. 4217.

288. Publications de l'Institut Central d'Astronomie.
Nr. **22**: J. Kleczek, Catalogue de l'activité des éruptions chromosphériques. (Première partie). Ref. **6654**.

Pretoria

289. Communications from the Radcliffe Observatory, Pretoria.
Nr. **19**: D. S. Evans, Surface photometry of southern elliptical nebulae. Vgl. AJB **51** Ref. **12416**.
20: D. S. Evans, Surface photometry of southern elliptical nebulae. II. Ref. 12408.

Princeton

290. Contributions from the Princeton University Observatory.
Nr. **26**: H. N. Russell, J. E. Merrill, The determination of the elements of eclipsing binaries. Ref. **11131**.

Pulkowo

291. Publikationen (Trudy) des Astronomischen Hauptobservatoriums Pulkowo.
(2) **69**: A. S. Wassiljew, Die Breite von Pulkowo in den Jahren 1917—1941 nach Beobachtungen am Passageninstrument im ersten Vertikal. Ref. 13234.

292. Mitteilungen (Iswestija) des Astronomischen Hauptobservatoriums Pulkowo.
19 1 (148): L. L. Matkewitsch. (Nekrolog). Ref. **1001**.
W. A. Jelistratow, Über die Veränderungen $\Delta\delta_\delta$ des Meridiankreises des Astronomischen Hauptobservatoriums. Ref. 2504.
N. W. Fatschichin, Bestimmung der absoluten Eigenbewegungen von Sternen in Anschluß an außergalaktische Nebel. Ref. **9206**.
J. E. Gordon, Bestimmung der Präzessionskonstanten aus einem Vergleich der Kataloge von Skjellerup 1865.0 und Morin-Kondratjew 1900.0. Ref. **3108**.

N. I. Idelson, C. I. Pommer, Bestimmung der Nutationskonstanten aus zwei Beobachtungsreihen am Passageninstrument im ersten Vertikal in Pulkowo. Ref. 3114.
S. W. Romanskaja, Vorläufige Werte der Breitenschwankungen von Pulkowo von 1948.8 bis 1950.9 nach Beobachtungen am Pulkowoer Zenitteleskop. Ref. 13228.
B. A. Orlow, Untersuchung der Uhren der Nikolajewer Abteilung des Astronomischen Hauptobservatoriums. Ref. 2325.
W. I. Sacharow, Über die jahreszeitlichen Fehler in der Bestimmung des Azimuts der Miren des großen Passageninstruments des Observatoriums Pulkowo. Ref. 2509.
N. W. Fatschichin, Bestimmung der Eigenbewegung des kugelförmigen Sternhaufens M 13. Ref. 12129.

2 (149): W. Krat, Über die Entwicklung der Sterne. II. Ref. 5417.
W. P. Wjasanizyn, Intensitäten und Gradienten chromosphärischer Linien. Ref. 6204.
W. N. Sujkow, Spektralphotometrie von Protuberanzen während der Sonnenfinsternis des Jahres 1941. Ref. 6203.
A. W. Markow, Über die physikalischen Eigenschaften der Mondoberfläche und ihre möglichen Veränderungen. Ref. 7312.
L. A. Mitrofanowa, Die Wachstumskurve für die Sonne aus Laboratoriumsintensitäten des Fe I. Ref. 6421.
N. F. Kuprewitsch, Ein lichtelektrisches Spektralphotometer für die Sonne mit erhöhter Registriergeschwindigkeit. Ref. 2224.

Richmond Hill

293. Publications of the David Dunlap Observatory, University of Toron to.

1 26: R. J. Northcott, T. A. Matthews, P.-H. Nadeau, The orbits of three spectroscopic binaries, H. D. 164898, H. D. 208835 and H. D. 40372. Ref. 10211.

2 1: R. L. Baglow, Two-colour photometric studies of the eclipsing binary systems TW Draconis, Z Herculis and RS Vulpeculae. Ref. 11101.

294. Communications from the David Dunlap Observatory.

Nr. 28: R. J. Northcott, K. O. Wright, A spectrographic study of the double-lined binary system H. D. 27483. Ref. 10211.

29: I. Halliday, A new determination of the orbit of H. D. 224085. Ref. 10211.

30: R. F. Rodgers, The frequency and characteristics of binary systems among bright-line B-type stars. Ref. 10005.

Riga

295. Publikationen (Trudy) des Instituts für Physik.

Nr. 3: J. J. Ikaunieks, Der Dichtegradient der Kohlenstoffsterne in der galaktischen Ebene. Ref. 12310.
I. A. Kurzemniece, Der Bedeckungsveränderliche UX Herculis. Ref. 11244.
M. A. Dīriķis, I. A. Kurzemniece, Verbesserung der Bahnelemente des Kleinen Planeten (1177) Gonnessia. Ref. 7538.

4: J. J. Ikaunieks, Die räumliche Verteilung und Kinematik der Kohlenstoffsterne. Ref. 12311.

Rio de Janeiro

296. Almanaque Náutico para 1953. Ref. 409.

Roma

297. Osservatorio Astronomico Roma — Monte Mario. Contributi Scientifici.

Nr. **171**: L. Gialanella, Il Sole è una stella pulsante? Ref. **6103**.

172: G. Armellini-Conti, Posizioni di pianeti e pianetini ed occultazioni lunari osservate nel 1951. Ref. **7601**, **7701**, **7801**, **7354**.

173: L. Gialanella, Osservazioni meridiane dell' ascensione retta di Mercurio e Venere. Ref. **7101**, **7107**.

174: G. Armellini, Discorso pronunciato dal Prof. G. Armellini per le onoranze a V. Volterra il 25—11—1950 nella Sala Maggiore del Comune di Ancona. Ref. **1006**.

175: M. Cimino, Fotografie ed impressioni sull' eclisse totale di Sole del 25 febbraio 1952 osservata a Kartum dalla missione dell' Osservatorio Astronomico di Roma. Ref. **6211**.

176: M. A. Giannuzzi, Orbita di δ Cygni. Ref. **10125**.

177: M. Cimino, La spedizione scientifica dell'Osservatorio Astronomico di Roma a Khartoum (Sudan) per l'eclisse totale di Sole del 25 febbraio 1952. Risultati generali delle osservazioni. Ref. **6211**.

178: M. A. Giannuzzi, Risultati di un quinquennio di misure sopra la radiazione solare integrale e filtrata eseguite all' Osservatorio di Monte Mario (Roma). Ref. **6502**.

179: M. Cimino, T. Fortini, Area, posizione eliografica e classifica delle macchie solari durante il 2° semestre 1951, secondo i rilievi fotografici giornalieri dell'Osservatorio Astronomico di Roma. Ref. **6337**.

180: M. Cimino, Sulla variazione del profilo di alcune righe spettrali dal centro al lembo del Sole. II. Ref. **6402**.

181: M. A. Giannuzzi, Relazione tra l'umidità atmosferica assoluta ed il coefficiente di trasmissione della radiazione solare, secondo le misure eseguite all'Osservatorio di Roma dal 1935 al 1950. Ref. **7266**.

San Fernando

298. Almanaque Nautico año 1953. Ref. **410**.

299. Almanaque Nautico para uso de los navegantes año 1953. Ref. **424**.

Sendai

300. Sendai Astronomiaj Raportoj.

2 14 (26): H. Nariai, On Hoyle's continuous creation theory. Ref. **4128**.

15 (27): S. Kikuchi, The distribution function of velocities of the stellar system in steady state. Ref. **4407**.

16 (28): Z. Hitotuyanagi, On the continuous radiation of δ Cephei. Ref. **5111**.

17 (29): Z. Hitotuyanagi, H. Inaba, Curves of growth for δ Cephei. Ref. **5112**.

Sonneberg

301. Veröffentlichungen der Sternwarte in Sonneberg.

2 1: E. Ahnert-Rohlfs, Zur Struktur und Entstehung des Perseidenstroms. Ref. **5501**.

302. Mitteilungen über veränderliche Sterne Nr. 130—160. Ref. **11244**.

Stalinabad

303. Bulletin des Astronomischen Observatoriums Stalinabad.

Nr. 1: A. W. Solowjow, Photographische Untersuchung von DK Lacertae. Ref. 11322.
O. W. Dobrowolskij, Die Diffusion der Meteorspuren. Ref. 8206.
L. A. Katassjow, Über die Anwendung der Meschtscherskijschen Gleichung in der Theorie der Bewegung eines meteorischen Körpers in der Atmosphäre. Ref. 8216.

2: A. M. Bacharew, Das Spektrum eines Meteors des Perseidenstroms vom 10. August 1950. Ref. 8261.
A. W. Solowjow, Unterlagen über 6 veränderliche Sterne. Ref. 11244.
A. K. Susslow, Neue Bestimmung der Lunarkonstanten. Ref. 7319.
Tätigkeitsbericht des Astronomischen Observatoriums Stalinabad der Tadshikischen Abteilung der Akademie der Wissenschaften der UdSSR. Ref. 1101.

3: A. W. Solowjow, Über die Anomalien der Lichtkurve von TW Capricorni. Ref. 11244.
A. M. Bacharew, O. W. Dobrowolskij, Höhen und Radianten teleskopischer Meteore in den Jahren 1947—1948. Ref. 8267.

4: A. A. Wassiljewa, Das Dreifachsystem RT Persei. Ref. 11244.
A. J. Filin, FM Aquilae. Ref. 11244.
A. W. Solowjow, AL Virginis. Ref. 11244.
O. P. Wassiljanowskaja, Über die Beobachtungen des Kleinen Planeten Vesta. Ref. 7533.

5: O. W. Dobrowolskij, Zur Theorie der Kometenformen. Teil I. Ref. 8004.
G. E. Jerleksowa, Bestimmung des Sonnenapex relativ zu den interstellaren Kalziumwolken. Ref. 12358.
G. E. Jerleksowa, Der kurzperiodische Cepheid KVVS 4154. Ref. 11244.

6: O. W. Dobrowolskij, Über die Wirkungssphäre des Kometenkerns. Ref. 8005.
O. W. Dobrowolskij, Die mit der Bewegung eines meteorischen Körpers verbundene Stoßwelle. Ref. 8207.
A. M. Bacharew, Über die Breite des Gegenscheins und der Lichtbrücke. Ref. 8403.
G. E. Jerleksowa, V 499 Scorpii. Ref. 11244.
A. J. Filin, V 477 Cygni. Ref. 11244.

St. Andrews

304. Reprints from the Observatory. University of St. Andrews.

Nr. 1: E. Finlay-Freundlich, Schmidt-Cassegrain telescope at Dundee. Vgl. AJB **50** Ref. 1218.

2: Nicht eingegangen.

3: E. Finlay-Freundlich, On the measurement of the relativistic light deflection. Vgl. AJB **51** Ref. 4116.

4: Vgl. AJB **53**.

5: E. Finlay-Freundlich, University Observatory, St. Andrews. Ref. 1101.

6: Nicht eingegangen.

7: A. H. Jarrett, H. von Klüber, Production of a high resolving power by means of multilayer coatings. Ref. 2219.

8: D. A. Jackson, K. Kuhn, A. H. Jarrett, Silver films and dielectric multiple films in interferometry. Ref. 2250.

Stockholm

305. Stockholms Observatorium. Meddelande.

Nr. **73**: B. Lindblad, A. Elvius, A diffraction corona near the centre of the spiral nebula NGC 4216. Ref. **12412**.

74: Y. Öhman, L. O. Lodén, Sunspot areas, flares and filaments observed at the Stockholm Observatory in the years 1950 and 1951. Ref. **6337**, **6654**.

306. Stockholms Observatoriums Årsberättelse för året 1951. Ref. **1101**.

Strasbourg

307. Annales de l'Observatoire de Strasbourg.

5 4: P. Muller, Colorimétrie de 51 étoiles doubles. Ref. **10111**.

Swarthmore

308. Reprints of articles published by the Sproul Observatory.

Nr. **77**: S. L. Lippincott, Astrometric observations of white dwarfs. Ref. **9711**.

78: L. Binnendijk, The space distribution of interstellar material in the Milky Way. Ref. **12503**.

79: S. L. Lippincott, Search for flares of dM stars on the Sproul astrometric program. Ref. **111104**.

Sydney

309. Sydney Observatory. Astrographic Catalogue 1900.0.

30: Sydney Section R. A. 6^h to 12^h, Dec. $-58°$ to $-60°$. Ref. **9124**.

310. Sydney Observatory Papers.

Nr. **17**: W. H. Robertson, Occultations observed at Sydney Observatory during 1950. Ref. **7354**.

18: W. H. Robertson, K. P. Sims, Occultations observed at Sydney Observatory during 1951. Ref. **7354**.

311. Commonwealth Scientific and Industrial Research Organization, Australia, Division of Radiophysics.

R. N. Bracewell, W. C. Bain, An explanation of radio propagation at 16 kc/sec in terms of two layers below E layer. Ref. **7279**.

R. N. Bracewell, Theory of formation of an ionospheric layer below E layer based on eclipse and solar flare effects at 16 kc/sec. Ref. **7280**.

W. N. Christiansen, J. V. Hindman, A preliminary survey of 1420 Mc/s. line emission from galactic hydrogen. Ref. **12608**.

B. Y. Mills, The positions of six discrete sources of cosmic radio radiation. Ref. **12623**.

R. Bracewell, Radio stars or radio nebulae? Ref. **12604**.

B. Y. Mills, The distribution of the discrete sources of cosmic radio radiation. Ref. **12622**.

J. P. Wild, The radio-frequency line spectrum of atomic hydrogen and its applications in astronomy. Ref. **6532**.

F. J. Kerr, On the possibility of obtaining radar echoes from the sun and planets. Ref. **6011**.

W. N. Christiansen, J. V. Hindman, 21 cm. line radiation from galactic hydrogen. Ref. **12609**.

N. R. Labrum, E. K. Bigg, Observations on radio-frequency oscillations in low-pressure electrical discharges. Ref. 224.
A. P. Mitra, Study of the ionosphere by extraterrestrial radio waves. Ref. 7286.
B. Y. Mills, Apparent angular sizes of discrete radio sources. Ref. 12605.

Tacubaya

Siehe unter Tonantzintla.

Tartu

312. Publikationen (Publikazii) des Astronomischen Observatoriums Tartu.

32 1: G. G. Kusmin, Die Eigenbewegungen der galaktoäquatorialen A- und K-Sterne senkrecht zur galaktischen Ebene und die dynamische Dichte der Galaxis. Ref. 12359.
G. A. Shelnin, Über die Struvesche Basis im Rayon des Dörfchens Simun der ESSR. Ref. 13006.

2: A. J. Kipper, Theorie der Zweifachstrahlung der Lichtquanten für das Wasserstoffatom. Ref. 222.
J. J. Nut, Über das Alter der Planeten des Sonnensystems. Ref. 5515.
J. J. Nut, Eine abgewandelte Formel für die Spektralserien des Wasserstoffatoms. Ref. 235.
W. G. Rijwes, Die Änderung der Intensität der Diffusion der Gase aus dem Kern eines Kometen in Abhängigkeit von der Entfernung des Kometen von der Sonne. Ref. 8014.
W. G. Rijwes, Der Phasenkoeffizient als Maß der Rauheit der Oberfläche eines Kleinen Planeten. Ref. 7531.

3: C. P. Keres, Das Axiomensystem der Geometrie des Raumes und der Zeit. I. Ref. 4119.

4: G. G. Kusmin, Über die Massenverteilung in der Galaxis. Ref. 12315.
J. E. Ejnasto, Die kinematische Teilung der Hauptreihe in zwei Teile. Ref. 9704.
W. G. Rijwes, Photometrische Beobachtungen von Kleinen Planeten. Ref. 7532.
Beobachtungen der Örter von Asteroiden und Kometen am Astronomischen Observatorium Tartu. Ref. 7538, § 81.

Taschkent

313. Publikationen (Trudy) des Astronomischen Observatoriums Taschkent.

(2) 2: L. L. Matkewitsch, G. D. Dshaljalow, Katalog der Rektaszensionen von 643 schwachen Sternen im System des FK3, beobachtet am Meridiankreis des Astronomischen Observatoriums Taschkent. Ref. 9110.

Teramo

314. Osservatorio Astronomico »Vincenzo Cerulli« Collurania-Teramo. Note e Comunicazioni.

Nr. 32: G. Peisino, Rapporti fenomenici fra sole e terra. Ref. 6821.

315. G. Peisino, Elenco delle pubblicazioni delle Specola di Collurania dall' epoca della fondazione (1892) al 31 Dicembre 1951. Ref. 709.

Tokyo

316. Tokyo Astronomical Bulletin. Second Series.

Nr. **42**: H. Hirose, K. Tomita, Photographic observations made with the Brashear Astrograph (28). Ref. **7538**, **7812**, § **81**.

43: S. Nakano, H. Yasuda, R. Fukaya, Meridian observations of the right ascension of minor planets during the year 1951. Ref. **7538**.

44: K. Tuzi, The observation of right ascensions of equatorial stars. Ref. **9120**.

45: K. Tuzi, Meridian observation of right ascension of equatorial stars made with Repsold Transit Instrument. Preliminary result No. 1. Ref. **9121**.

46: M. Notuki, Preliminary result of the coronal observation at Mt. Norikura. Ref. **6726**.

47: F. Arata, T. Takase, An annular eclipse of the sun, December 14, 1955. Ref. **6214**.

48: S. Habara, Y. Otoguro, An annular eclipse of the sun, April 29 and 30, 1957. Ref. **6215**.

49: S. Kaho, Photographic observations of variable stars (2). Ref. **11244**.

50: S. Nakano, H. Yasuda, R. Fukaya, Meridian observations of the right ascensions of the moon and planets during the year 1951. Ref. **7107**, **7301**, **7401**, **7601**, **7701**, **7801**, **7806**.

51: H. Hirose, K. Tomita, Photographic observations made with the Brashear Astrograph (29). § **81**.

52: S. Habara, Y. Otoguro, Occultation observations in Japan during 1950. Ref. **7354**.

317. Tokyo Astronomical Observatory Reprints.

Nr. **94**: Y. Hagihara, On the stability of the satellite systems. Ref. **4216**.

95: W. Unno, On the radiation pressure in a planetary nebula. II. Ref. **5318**.

96: W. Unno, On the radiation pressure in a planetary nebula. III. Problem of He II. Ref. **5319**.

97: Y. Kozai, Preliminary studies on the motion of asteroid Thule (279). Ref. **4504**.

98: W. Unno, K. Takakubo, On the internal motions in planetary nebulae. Ref. **5320**.

99: T. Hatanaka, F. Moriyama, On some features of noise storms. Ref. **6522**.

100: Y. Fujita, Spectrophotometry of Chi Cygni. Ref. **11193**.

101: W. Unno, Note on the Zanstra redistribution in planetary nebulae. Ref. **5321**.

102: N. Sekiguchi, Effects of the viscosity of the earth's core on the rotation of the earth. Ref. **13121**.

103: N. Sekiguchi, Effects of the short period oceanic tides on the rotation of the deformable earth. Ref. **13122**.

318. Tokyo Astronomical Observatory. Bulletin of Solar Phenomena.

3 4: October—December 1951. Ref. **6337**, **6533**, **6654**.

4 1—3: January—September 1952. Ref. **6337**, **6533**, **6654**.

319. Nautical Almanac 1953. Ref. **411**.

320. Japanese Ephemeris 1953. Ref. **412**.

321. Abridged Nautical Almanac 1953. Ref. **425**.

Tonantzintla y Tacubaya

322. Boletin de los Observatorios Tonantzintla y Tacubaya.

Nr. **1**: G. Haro, Nuevas nebulosas planetarias y objetos con emisión en la región del centro galáctico. Ref. **12210**.

2: L. Münch, Lista de estrellas «B» de luminosidad baja e intermedia. Ref. **9719**.

3: E. Mendoza, E. Chavira, Velocidades radiales de estrellas supergigantes alrededor del sistema h y χ de Perseo. Ref. **12116**.

4: R. Toscano, Nuevo método para determinar el tiempo sin que entre como dato la latitud. Ref. **3134**.

5: L. Münch, Estrellas peculiares en el ecuador galactico del sur. Ref. **9548**.

Guillermina González, Graciela González, Estrellas de alta luminosidad en las vecindades de las constelaciones del Cisne y Cefeo. Ref. **9709**.

D. Taboada, Novas Haro en Sagitario y Escorpion. § **113**.

Tortosa

323. Publicaciones del Observatorio del Ebro. Miscelánea.

Nr. **8**: J. O. Cardús, Sobre la ley de las fases en las corrientes telúricas. Ref. **72164**.

9: C. Gaibar-Puertas, Contribución al estudio del geomagnetismo pirenaico. Nicht referiert.

10: C. Gaibar-Puertas, Increase of the earth's mean magnetization. Ref. **7209**.

11: J. O. Cardús, Influencia de la posición heliográfica de las fulguraciones cromosféricas en la producción de corchetes geomagnéticos. Ref. **6807**.

324. Boletin del Observatorio del Ebro.

37: Heliofisica 1949. Ref. **6337**.

Toulouse

325. Annales de l'Observatoire Astronomique et Météorologique de Toulouse.

21: Congrès de l'Association Française pour l'Avancement des Sciences de Toulouse 1950. Ref. **1160**.

P. Prêtre, Eléments des planètes: Alger CF = 1950 V.A., Alger CG = 1950 W.A. Vgl. AJB **51** Ref. **7562**.

E. Paloque, Résumé des observations météorologiques faites à l'Observatoire de Toulouse de 1932 à 1951 suivi de quelques notes sur la sécheresse des années 1942 à 1950. Nicht referiert.

R. Bouigue, Binaires spectroscopiques. Ref. **10202**.

H. Berthomieu, Sur la distorsion optique de l'objectif astrographique à grand champ de l'Observatoire de Toulouse. Ref. **2005**.

R. Bouigue, Nouvelle machine à mesurer les spectres. Ref. **2205**.

326. Observatoire de l'Université de Toulouse. Rapport annuel 1948—1949, 1949—1950. Ref. **1101**.

327. Observatoire de l'Université de Toulouse.

Mouvements propres des étoiles des Catalogues Photographiques de Toulouse. Ref. **9211**.

Trieste

328. Osservatorio Astronomico di Trieste.

Nr. **248**: Annuario Astronomico per l'anno 1953. Ref. **445**.
249: G. Romano, Osservazioni fotografiche della variabile semiregolare TX Draconis. Ref. **111119**, § **112**.
250: B. Cester, Gli orologi solari e la misura del tempo. Ref. **2345**.

Tübingen

329. Mitteilungen des Astronomischen Instituts der Universität Tübingen.
Nr. **1**: G. Elwert, Das kontinuierliche Emissionsspektrum der Sonnenkorona im fernen Ultraviolett und bei weichen Röntgenstrahlen. Ref. **6706**.
2: G. Elwert, J. Reinert, W. Mitlacher, Zur Frage des Einflusses von Meterwellen auf Keimungs- und Wachstumsvorgänge bei Pflanzen. Nicht referiert.
3: A. Reule, Zur thermischen Emission der Sonnenkorona im Wellenlängenbereich zehn Zentimeter bis zehn Meter. Ref. **6718**.
4: G. Elwert, Über die Ionisations- und Rekombinationsprozesse in einem Plasma und die Ionisationsformel der Sonnenkorona. Ref. **6707**.
5: G. Elwert, Verallgemeinerte Ionisationsformel eines Plasmas. Ref. **5005**.

Uccle

330. Annales de l'Observatoire Royal de Belgique. Troisième Série.
6 1: J. Warzée, Méthode numérique pour étudier la distribution, dans l'espace, des étoiles ayant une fonction des luminosités de la forme $\varphi(M) = \frac{1}{\sigma\sqrt{2\pi}} e^{-\frac{(M-M_0)^2}{2\sigma^2}}$. Ref. **4420**.
2: G. Becq, L. de Clerck, Sur la discordance R—D. III. Détermination de la latitude d'Uccle et de ses variations dues au mouvement du pôle instantané autour du pôle moyen. Ref. **13202**.
G. Becq, L. de Clerck, Projet d'un catalogue fondamental en δ basé sur les observations simultanées R et D. Ref. **9101**.

331. Bulletin Astronomique de l'Observatoire Royal de Belgique à Uccle.
4 6: S. Arend, F. Rigaux, Observations photographiques de petites planètes et de la Comète Wolf-Harrington (1951 k) à l'astrographe double de 40 cm. Ref. **7538**, § **81**.
Observations de l'éclipse partielle de Lune du 5 août 1952. Ref. **7347**.
A. Schmitt, Orbite elliptique de l'asteroide 1952 EA. Ref. **7538**.
A. Schmitt, Orbite elliptique de l'asteroide 1952 HA. Ref. **7538**.
A. Schmitt, Méthode de détermination rigoureuse des cosinus directeurs dans le calcul des orbites. Ref. **4509**.
A. Schmitt, Méthode de réduction de la position d'un astre errant par rattachement à *n* étoiles de référence, dont le centre de gravité est choisi voisin de l'astre. Ref. **2410**.
A. Schmitt, Comète Schaumasse 1951 l. § **81**.
S. Arend, Comète Arend (1951 j). § **81**.
E. Vandekerkhove, Gradients et raies de γ Cassiopeiae (1949—1950). Ref. **111125**.
D. de Smet-de Potter, Sur la magnitude absolue de la petite planète 8 Flora. Ref. **7537**.

332. Communications de l'Observatoire Royal de Belgique.

Nr. **36**: P. J. Melchior, Sur une nouvelle méthode d'analyse du mouvement du pôle à la surface de la terre. Ref. **13218**.

37: G. Coutrez, Observations des taches solaires en 1951. Ref. **6337**.

38: D. de Smet-de Potter, Magnitudes et indices de couleur de la petite planète 5 Astrée. Ref. **7537**.

39: Rapport sur les travaux scientifiques effectués pendant l'année 1951. Ref. **1101**.

40: M. Migeotte, L. Neven, Récents progrès dans l'observation du spectre infra-rouge du soleil à la station scientifique du Jungfraujoch (Suisse). Ref. **6418**.

41: R. Coutrez, Applications récentes de l'électronique à l'astronomie. Ref. **2207**.

42: J. Verbaandert, L'horloge à quartz des laboratoires radioélectriques. Son installation dans les nouveaux services horaires de l'Observatoire Royal de Belgique à Uccle. Ref. **2338**.

43: C. de Jager, L. Neven, The interpretation of the observed hydrogen lines in the infrared solar spectrum. I, II. Ref. **6414**.

44: P. J. Melchior, Nouvelles recherches théoriques sur les marées de l'écorce et les variations des latitudes. Ref. **4309**.

45: E. Vandekerkhove, Sur la variation de l'indice de couleur et du gradient des nébuleuses extra-galactiques. Ref. **12426**.

46: P. Sanders, Mesures gravimétriques pendulaires en Belgique et au Congo Belge. Nicht referiert.

47: P. Sanders, Etat actuel des mesures gravimétriques en Belgique et au Congo Belge. Nicht referiert.

48: P. Sanders, Liaison gravimétrique Belgique-Congo belge. Nicht referiert.

49: Vgl. AJB **53**.

50: P. J. Melchior, Variations d'azimut dues aux déplacements du pôle instantané de rotation observées à Uccle en 1951 et 1952. Ref. **13220**.

51: E. Vandekerkhove, Quelques aspects récents du spectre de γ Cassiopeiae. Ref. **111126**.

333. Observations des taches solaires. Rotation 1315—1328. Ref. **6337**.

Uppsala

334. Uppsala Astronomiska Observatoriums Annaler.

3 5: C. Schalén, Spectrophotometry with a Schmidt telescope. A study of different colour-equivalents and the law of space-reddening. Ref. **9559**.

6: Vgl. AJB **51** Ref. **9561**.

7: A. Velghe, Contribution théorique à l'étude des nébuleuses obscures. Ref. **5322**.

335. Uppsala Astronomiska Observatorium. Meddelande.

Nr. **105**: C. Schalén, The intensity distribution in the spectrum of P Cygni. Ref. **11314**.

Utrecht

336. Recherches Astronomiques de l'Observatoire d'Utrecht.

13 1: C. de Jager, The hydrogen spectrum of the sun. Ref. **6415**.

Victoria

337. Publications of the Dominion Astrophysical Observatory Victoria, B. C.

9 2: A. B. Underhill, A spectrophotometric study of the shell star ζ Tauri. Ref. **9570.**

3: K. O. Wright, Wave-lengths for radial-velocity determinations based on measures of one hundred F- to M-type stars. Ref. **9220.**

4: R. M. Petrie, D. M. Laidler, The spectroscopic orbits of H. D. 100018 (A.D.S. 8189). Ref. **10208.**

5: K. O. Wright, A spectrographic study of the eclipsing binary 32 Cygni. Ref. **11141.**

6: A. B. Underhill, The radial-velocity variations of ζ Tauri. Ref. **9218.**

338. Contributions from the Dominion Astrophysical Observatory Victoria, B.C.

Nr. **24**: A. McKellar, G. J. Odgers, L. H. Aller, D. B. McLaughlin, Large-scale motions of ionized calcium in the atmosphere of a giant star. Ref. **11121.**

25: R. J. Northcott, K. O. Wright, A spectrographic study of the double-lined binary system H.D. 27483. Ref. **10211.**

26: T. S. Jacobsen, On the spectrum of the green flash at sunset. Ref. **72170.**

27: Symposium on emission-line objects. Presented at the joint meeting of American Astronomical Society — Astronomical Society of the Pacific, June, 1952, Victoria, B. C. In honour of P. W. Merrill.
C. S. Beals, J. A. Rottenberg, Celestial emission-line objects of early type. Ref. **9504.**
P. W. Merrill, Emission lines in the spectra of long-period variable stars. Ref. **111113.**
G. H. Herbig, Emission-line stars in galactic nebulosities. Ref. **9528.**

28: Vgl. AJB **53.**

29: A. McKellar, R. M. Petrie, Intensity and radial-velocity measurements on the spectrum of Zeta Aurigae at recent eclipses. Ref. **11120.**

Washington

339. The American Ephemeris and Nautical Almanac for the Year 1954. Ref. **413.** Desgl. 1955.

340. Astronomical Papers prepared for the use of the American Ephemeris and Nautical Almanac.

13 3: H. R. Morgan, Catalog of 5268 standard stars, 1950.0 based on the normal system N30. Ref. **9112.**

341. Publications of the United States Naval Observatory. Second Series.

16 3: C. B. Watts, F. P. Scott, A. N. Adams, Results of observations made with the six-inch transit circle 1941—1949. Observations of the sun, moon, and planets. Catalog of 5216 stars for 1950.0. Corrections to GC and FK3. Ref. **6001, 7101, 7107, 7301, 7401, 7601, 7701, 7801, 7806, 9122.**

342. United States Naval Observatory Circular.

Nr. **34—36**: L. T. Day, Positions, areas, and counts of sunspots August, 1951—April, 1952. Ref. **6337.**

37: Solar summary for 1950. Ref. **6337.**

38: Solar summary for 1951. Ref. **6337.**

39: L. T. Day, Positions, areas, and counts of sunspots May—August, 1952. Ref. **6337**.
40: Annular and partial solar eclipses in 1955, 1956, 1957. Non-central total eclipse of 1957. Ref. **6217**.

343. Smithsonian Institution. Publication.
4063: W. O. Roberts, Stormy weather on the sun. Ref. **6014**.
4088: C. G. Abbot, Periodicities in the solar-constant measures. Ref. **6501**.
4090: C. G. Abbot, Important interferences with normals in weather records, associated with sunspot frequency. Ref. **6802**.

344. Circular of the National Bureau of Standards 488, Section 2.
C. E. Moore, An Ultraviolet Multiplet Table. The Spectra of Chromium, Manganese, Iron, Cobalt, Nickel, Copper, Zinc, Gallium, Germanium, Arsenic, Selenium, Bromine, Krypton, Rubidium, Strontium, Yttrium, Zirconium, and Niobium. Ref. 232.

Wellington

345. Carter Observatory Reprint.
Nr. **18**: I. L. Thomsen, The reduction of New Zealand sunspot numbers. Ref. **6337**.

346. Astronomical Bulletin.
Nr. **37**: Report of the Carter Observatory Board for the year ended 1952, March 31. Ref. **1101**.

Wendelstein

347. Forschungsberichte der Kommission Observatorium Wendelstein der Bayerischen Akademie der Wissenschaften.
Nr. **1**: R. Müller, Die Beobachtung der monochromatischen Korona (λ 5303 Å) in den Jahren 1946—1951. Verfahren und Ergebnisse. Ref. **6712**.
2: W. Petri, Physikalische Ergebnisse der visuellen Koronaphotometrie. Ref. **6714**.
3: R. Müller, Visuelle Photometrie der Protuberanzenemissionen b_1—b_4. Ref. **6633**.
4: R. Müller, Beobachtung der Koronaemission λ 5303 Å um die Zeit der Sonnenfinsternis vom 25. Februar 1952. Ref. **6713**.
5: W. Petri, Monochromatische Fluktuationen der inneren Sonnenkorona. Ref. **6717**.

Wien

348. Mitteilungen der Universitäts-Sternwarte Wien.
5 13: E. Senftl, Definitive Bahnbestimmung des Kometen 1930 V (Forbes). Vgl. AJB **51** Ref. **8134**.
14: E. Schrutka-Rechtenstamm, Definitive Bahnbestimmung des Kometen 1932 I (Houghton-Ensor). Vgl. AJB **51** Ref. **8135**.
15: H. Eichhorn, Die Genauigkeit einer Kreisbahnbestimmung. Vgl. AJB **51** Ref. **4508**.
16: I. Nikoloff, Photographische Positionen am Normal-Astrographen. Ref. **7538**, **7806**, **7812**.
6 1: G. Schrutka-Rechtenstamm, Über die Sonnenfinsternis vom 25. Februar 1952, beobachtet auf der Kanzelhöhe. Ref. **6211**.

2: J. Hopmann, Bahnbestimmung des Doppelsternes ADS 5559 = 38 Gem = Σ 982. Ref. **10125**.
3: J. Hopmann, Selenodätische Untersuchungen. Ref. **7309**.
4: K. Ferrari d'Occhieppo, Die Häufigkeitsfunktion der Sternmassen. Ref. **9707**.
5: H. Krumpholz, Beobachtungen von Kometen und von (433) Eros. Ref. **7538**, **§ 81**.

Wrocław (Breslau)

349. Contributions from the Wrocław Astronomical Observatory.
Nr. **6**: A. Opolski, On the three possible characterizations of the distribution of intensities of stellar radiation. Ref. **9602**.
7: J. Mergentaler, On the correlation between the mean period of classical Cepheids and the mean star space-density in the milky way. Ref. **11164**.
8: S. Ꝗinger-Kosibowa, Influence of absorption lines in stellar spectra upon the isophotal and effective wave-lengths. Ref. **9417**.

Zagreb

350. Astronomical Observatory of the Croat Society of Natural Sciences. Quarterly Bulletin.
Nr. 1: Z. Britvić, Observations of the sunspots. Ref. **6337**.
Z. Britvić, Problem der Maxima und der Anstiegsdauer der zyklischen Kurven der Sonnenflecken. Ref. **6302**.

Zürich

351. Publikationen der Eidgenössischen Sternwarte Zürich.
10 1: M. Waldmeier, Heliographische Karten der Photosphäre für das Jahr 1951. Ref. **6337**.
352. Astronomische Mitteilungen der Eidgenössischen Sternwarte Zürich.
Nr. **179**: M. Waldmeier, Variationen der Koronatemperatur. Ref. **6722**.
180: M. Waldmeier, Die Sonnenaktivität im Jahre 1951. Ref. **6337**.
353. Quarterly Bulletin on Solar Activity Nr. **93—96**. Ref. **6337**, **6533**, **6654**, **6726**.
354. Tätigkeitsbericht der Eidgenössischen Sternwarte Zürich für das Jahr 1951. Ref. 1101.

Erster Teil

Allgemeines

§ 1

Mathematisches

101. **T. Banachiewicz,** Methoden der astronomischen Rechnungen. Kraków, Nakładem Państwowego Wydawnictwa Naukowego, 1952. 129 S. Maschinenschriftvervielfältigung (polnisch). — In der Einleitung werden einige praktische Hinweise für die logarithmische Rechnung, wie sie in der Astronomie häufig vorkommt, gegeben. Der zweite Teil ist eine Einführung in die Krakovianentheorie (Definitionen, Eigenschaften, Multiplikation, Wurzelziehen, Division, Umkehrung der Krakovianen). Im dritten Teil wird die Auflösung von Beobachtungsgleichungen nach der Methode der Kleinsten Quadrate mit dem Krakovianenkalkül behandelt und durch zahlreiche Beispiele illustriert. Der Schluß enthält eine Anleitung für den Gebrauch des Rechenschiebers und des Arithmometers. T. L.

102. **T. Banachiewicz,** Mr. Hausbrandt's least squares formula. AA(a) **5** 114. — Gegeben seien zu $2n+1$ gleichabständigen Argumentwerten x_i $(i = -n, \ldots, +n)$ Funktionswerte y_i, die nach der Methode der Kleinsten Quadrate durch eine Parabel zweiter Ordnung $y = \alpha_0 + \alpha_1 x + \alpha_2 x^2$ dargestellt seien. Dann gilt für die erste Ableitung die in der Originalarbeit angegebene Formel. Böh.

103. **H. Berthod-Zaborowski,** Calcul des intégrales de la forme $\int_0^1 F(x)\ Lx\ dx$. Contr. Inst. d'Astrophys. Paris (A) Nr. **116**, 2 S.

104. **A. E. H. Bleksley,** Infinity. MN ASSA **11** 103—106, mit 1 Fig.

105. **J. Bouzitat,** Intégration numérique approchée par la méthode de Gauss généralisée et extension de cette méthode. Contr. Inst. d'Astrophys. Paris (A) Nr. **115**, 49 S.

106. **W. Gleissberg,** Zur Anordnung zufälliger Fehler. Phys. Verhandlungen **3** 163. — Ref. AG.

107. **E. Gotthardt,** Die Bedeutung des Matrizenkalküls für die Ausgleichungsrechnung. Deutsche Geod. Kommission Bayer. Akad. Wiss. (A) Heft **3** S. 31—35.

108. **W. Großmann,** Grundzüge der Ausgleichsrechnung nach der Methode der Kleinsten Quadrate. Hannover, 1952. Manuskript-Druck. 260 S.

109. **D. R. Hartree,** Numerical analysis. Oxford, Clarendon Press, 1952. 14 + 287 S. Preis **$** 6.00. — Besprechung in Math. Rev. **14** 690—691 (P. W. Ketchum).

110. **T. Kochmański,** Algèbre nucléaire. AA(a) **5** 51—110. — Schreibt man das Polynom $y = a_0 + a_1 x + a_2 x^2 + \ldots + a_n x^n$ in der Krakovianenform und weiter in den Symbolen der «Kernalgebra» $y = \underline{\mathbf{x}} \cdot \mathbf{a}$, so wird **a** als der «Kern» des Polynoms (bzw. in Erweiterung der Potenzreihe) bezeichnet. Verf. definiert

die Rechenregeln für diese «Kerne» und gibt Vorschriften für ihre Ausführung. Weiterhin wird die Differentiation und Integration einer Potenzreihe in der Symbolik der «Kerne» behandelt. Zahlreiche Beispiele zeigen die Anwendbarkeit der Methode und ihre numerische Auswertung. Den Schluß bilden Genauigkeitsbetrachtungen. Böh.

111. **R. Kurth,** Zur Schwarzschildschen Integralgleichung. ZfA **31** 115—120. — Ref. in Phys. Abstracts (A) **56** 183. — Es wird bewiesen: Die Gleichung besitzt zwar im Sinne der reinen Mathematik höchstens eine Lösung, aber nicht notwendig auch eindeutige numerische Näherungslösungen. Ferner liefert die Beweismethode unmittelbar die unerläßliche und hinreichende Bedingung für die Existenz einer Lösung überhaupt und ein einfaches Verfahren für die numerische Rechnung. Verf.

112. **P. Kustaanheimo, B. Qvist,** On differentiation in Galois fields. Ann. Acad. Sci. Fennicæ (A) I. Math.-Phys. Nr. **137,** 11 S. = Sonderdruck Astr. Obs. Helsinki.

113. **M. Mayot,** Sur le calcul numérique de certaines expressions qui se présentent sous une forme indéterminée. Contr. Inst. d'Astrophys. Paris (A) Nr. **117,** 10 S.

114. **M. Mayot,** Note sur la méthode d'intégration de Tchebyscheff. Contr. Inst. d'Astrophys. Paris (A) Nr. **117,** 10 S. mit einer Tabelle.

115. **J. Meffroy,** Sur une généralisation des équations canoniques. BA **16** 213—219. — Es sei $F(x_1, \ldots, x_n; y_1, \ldots, y_n; z_1, \ldots, z_n; u_1, \ldots, u_n)$ eine Funktion der Veränderlichen x_i, y_i, z_i, u_i $(i = 1, 2, \ldots, n)$, und es bestehe das System von Differentialgleichungen: $\frac{dx_i}{dt} = \frac{\partial F}{\partial y_i} + \frac{\partial F}{\partial z_i} + \frac{\partial F}{\partial u_i}$, $\frac{dy_i}{dt} = -\frac{\partial F}{\partial x_i} + \frac{\partial F}{\partial z_i} + \frac{\partial F}{\partial u_i}$, $\frac{dz_i}{dt} = -\frac{\partial F}{\partial x_i} - \frac{\partial F}{\partial y_i} + \frac{\partial F}{\partial u_i}$, $\frac{du_i}{dt} = -\frac{\partial F}{\partial x_i} - \frac{\partial F}{\partial y_i} - \frac{\partial F}{\partial z_i}$. Es wird eine notwendige und hinreichende Bedingung angegeben, unter der eine Transformation der Veränderlichen $x = x(x', y', z', u'), \ldots, u = u(x', y', z', u')$ kanonisch ist. Böh.

116. **M. Mendes,** Equations de Lagrange et équations canoniques. CR **233** 1574—1575, 1951 = Publ. Obs. Univ. Bordeaux (NS) Nr. **11.**

117. **M. Mendes,** Sur un système d'équations aux différentielles totales généralisant les équations canoniques. CR **234** 1665—1667 = Publ. Obs. Univ. Bordeaux (NS) Nr. **11.**

118. **M. Mendes,** Sur des équations se ramenant à la forme canonique. CR **235** 408—409 = Publ. Obs. Univ. Bordeaux (NS) Nr. **11.** — Es wird bewiesen, daß die von Meffroy (BA **16** 213, vgl. Ref. 115) untersuchten Systeme von Differentialgleichungen durch lineare Transformationen der Veränderlichen auf die übliche kanonische Form gebracht werden können. Böh.

119. **F. D. Miller,** Rank correlation in astronomical statistics. AJ **57** 163. — Ref. AAS.

120. **H. Mineur,** Techniques de calcul numérique à l'usage des mathématiciens, astronomes, physiciens et ingénieurs. Suivi de quatre notes par: H. Berthod-Zaborowski, J. Bouzitat, et M. Mayot. Paris et Liège, Librairie Polytechnique Ch. Béranger, 1952. 22 + 605 S. Preis 7300 frs. — Besprechung in Math. Rev. **15** 557.

121. **H. Mineur,** Tentatives de calcul numérique des intégrales doubles. Ann d'Astrophys **15** 54—70, mit 5 Fig. = Contr. Inst. d'Astrophys. Paris (B) Nr. **79.** — Verf. versucht, das Gaußsche Näherungsverfahren zur numerischen Auswertung einfacher Integrale auf Doppelintegrale zu übertragen. Die zu

integrierende Funktion wird durch ein Polynom n-ten Grades approximiert, und für $n = 1$ bis $n = 7$ werden Lösungen des Problems angegeben unter Beschränkung der beiden unabhängigen Variablen auf den Bereich zwischen den Grenzen $+1$ und -1. Kdr.

122. **H. Mineur,** Sur les points singuliers des systèmes canoniques admettant un nombre d'intégrales premières uniformes en involution égal à celui des degrés de liberté. CR **234** 1844—1846 = Contr. Inst. d'Astrophys. Paris (A) Nr. **110**.

123. **A. Otrębski,** A supplementary remark to the note of Dr. Piotrowski. AA (a) **5** 113. — Es wird bewiesen, daß die zusätzlichen Koeffizienten und Unbekannten der Arbeit von Piotrowski (vgl. Ref. 124) die Koeffizienten und die negativen Korrelaten von Bedingungsgleichungen für die Widersprüche der Ausgleichung des ursprünglich gegebenen Systems sind. Böh.

124. **S. L. Piotrowski,** Least squares solution without normal equations. AA (a) **5** 111—112. — Anstatt ein System n linearer Bedingungsgleichungen mit m Unbekannten nach der Methode der Kleinsten Quadrate durch Bildung der Normalgleichungen und deren Auflösung zu lösen, kann man das System auf die übliche Weise behandeln, wenn man den m Unbekannten noch $n—m$ weitere zufügt; die Koeffizienten dieser zusätzlichen Unbekannten in jeder Bedingungsgleichung werden angegeben. Böh.

§ 2

Physikalisches

201. **M. G. Adam,** Interferometric measurements of wave-lengths. I. Development of the method of circular channels and its application at 5080 Å and 6020 Å. MN **112** 546—569, mit 6 Fig. und 2 Tafeln = Commun. Univ. Obs. Oxford Nr. **36**. — Die vor einiger Zeit von Treanor (MN **109** 389, AJB **49** Ref. **2236**) beschriebene interferometrische Anordnung zur genauen Messung von Wellenlängen wurde weiter entwickelt und benutzt, um absolute Wellenlängen im Spektrum von Sonne und Laboratoriumslichtquellen zu messen. Bei dieser Anordnung befindet sich das Interferometer hinter der Fokalebene des Spektroskops; sie ermöglicht den unmittelbaren Vergleich primärer Standardlinien mit irgendeinem Teil des Spektrums, wobei das Licht von Sonne und Standardquelle gleichzeitig durch denselben optischen Weg läuft. Wellenlängen werden zunächst für eine Reihe von Fe- und Mn-Linien der Sonne und eines Vakuumbogens in der Umgebung von λ 5080 und λ 6020 gemessen. Die «Rotverschiebung» der solaren Linien beträgt im Bereich der kürzeren Wellenlängen 0.0093 Å und der längeren 0.0065 Å. Dieses Ergebnis kann nicht erklärt werden durch die kombinierte Wirkung von relativistischen Gravitationseffekten und Störungen der Energieniveaus der Atome durch Stöße. Micz.

202. **A. Baños jr., R. K. Golden,** The electromagnetic field of a rotating uniformly magnetized sphere. J. appl. Phys. **23** 1294—1299. — Ref. in Phys. Abstracts (A) **56** 172—173.

203. **A. M. Bass, W. S. Benedict,** A new infrared band system of FeO. ApJ **116** 652—653, mit 1 Fig. — Verf. berichten über ein neues im Infraroten (0.7 μ—1.4 μ) gelegenes Bandensystem des FeO; die Wellenlängen und -zahlen von 66 Banden werden mitgeteilt. Einige nichtidentifizierte Linien des Sonnenspektrums gehören vielleicht diesem System des FeO an; das System spielt unter Umständen auch eine Rolle in den Spektren von Sternen späten Typs. Micz.

204. **D. R. Bates,** Relative transition probabilities in band systems of diatomic molecules. MN **112** 614—636. — Für die obigen Übergangswahrscheinlichkeiten wird eine Näherungsformel abgeleitet, deren Glieder für eine Anzahl der eingehenden Parameter tabuliert werden. Die Tafeln gestatten eine schnelle Berechnung der Übergangswahrscheinlichkeiten mit für viele Zwecke ausreichender Genauigkeit. Ihre Anwendung wird an zwei Beispielen erläutert. Kdr.

205. **D. Bijl,** Note on thermal radiation at low temperatures. Phil. Mag. **43** 1342—1344. — Ref. in Phys. Abstracts (A) **56** 308.

206. **P. W. Bridgman,** The resistance of 72 elements, alloys and compounds to 100 000 kg/cm². Proc. American Acad. Arts and Sci. **81** Nr. 4 S. 165—251, mit 13 Fig.

207. **D. Chalonge, P. Guérin, M. Servigne,** Réalisation d'une source luminescente étalon secondaire de répartition énergétique. CR **234** 1443—1445 = Contr. Inst. d'Astrophys. Paris (A) Nr. **112.** — Eine Mischung lumineszenter Pulver wird nach Bestrahlung von einer Quecksilberlampe als sekundäre und in guter Annäherung als unveränderliche Lichtquelle verwandt. Bertaud

208. **S. Chandrasekhar,** On turbulence caused by thermal instability. Philos. Trans. Roy. Soc. London (A) **244** 357—384. — Ref. in Math. Rev. **14** 328.

209. **S. M. Dancoff,** Existerer neutrinoen i virkeligheden? Urania Kopenhagen **9** 95—99. — Übersetzt aus Bull. Atomic Sci. Juni 1952.

210. **G. N. Duboschin,** Grundlagen der Theorie der Stabilität der Bewegung. Moskau, Verlag der Staatsuniversität, 1952. 312 S. Preis 8 R. 30 Kop. (russisch).

211. **J. Duchesne,** Hybridization and molecular structure. J. Chemical Phys. **20** 540 = Inst. d'Astrophys. Univ. Liège Coll. 4⁰ Nr. **34.**

212. **J. Duchesne,** Nuclear quadrupole coupling constants and molecular vibrations. J. Chemical Phys. **20** 1804—1805 = Inst. d'Astrophys. Univ. Liège Coll. 4⁰ Nr. **39.**

213. **F. B. Estabrook,** Absolute oscillator strengths of Chromium. ApJ **115** 571—572. — Angabe verbesserter *f*-Werte des Cr auf Grund neuer Dampfdruckmessungen. Kdr.

214. **R. H. Garstang,** Line strengths in intermediate coupling for O II, Ne II, S II, and A II. AJ **57** 11. — Ref. AAS.

215. **R. H. Garstang,** Multiplet intensities for the lines $^4S—^2D$ of S II, O II, and N I. ApJ **115** 506—508. — Neuberechnung (S II) bzw. Verbesserung (O II und N I) der theoretischen Werte für Übergangswahrscheinlichkeiten und Intensitätsverhältnisse. Kdr.

216. **L. C. Green, M. M. Mulder, P. C. Milner, E. Krawitz, D. Mace,** Superposition of configurations and the ground state of He I. AJ **57** 11—12. — Ref. AAS.

* * **A. Güttler,** Die Miesche Theorie der Beugung durch dielektrische Kugeln mit absorbierendem Kern und ihre Bedeutung für Probleme der interstellaren Materie und des atmosphärischen Aerosols. Vgl. Ref. **5305.**

217. **N. Hansson,** An attempt to a photographic calibration of a tungsten ribbon lamp. Ark Astr **1** 223—247, mit 4 Fig. — Verf. beschreibt ausführlich die Eichung einer Wolfram-Bandlampe mit Hilfe einer photographischen Methode. Es wird eine Tabelle für das Emissionsvermögen von Wolfram bei verschiedenen Temperaturen im Wellenlängenbereich zwischen 9000 und 3600 Å gegeben. Groth

218. **H. L. Helfer,** Magneto-hydrodynamic shocks. AJ **57** 12—13. — Ref. AAS.

219. **L. Herman, R. Herman,** Spectre de la molécule d'azote dans l'infrarouge photographique. Vgl. Ref. **1165**, daselbst S. 303—304. — Betrachtungen über die Bandensysteme des Stickstoffmoleküls im nahen Infrarot. U. Be.

220. **H. E. Ives,** Derivation of the mass-energy relation. J. Optical Soc. America **42** 540—543.

221. **H. Jeffreys,** Problems of thermal instability in a sphere. MN Geophys. Suppl. **6** 272—277. — Ref. in Math. Rev. **14** 94.

222. **A. J. Kipper,** Theorie der Zweifachstrahlung der Lichtquanten für das Wasserstoffatom. Publ. Astr. Obs. Tartu **32** 63—93, mit 1 Abb. (russisch). — Ref. in Irish AJ **2** 86—87.

223. **A. Kühl,** Über den Leistungsumfang der Theorie des Lichtsinns und die Möglichkeit ihrer Erweiterung. Phys. Verhandlungen **3** 163—164. — Ref. AG.

224. **N. R. Labrum, E. K. Bigg,** Observations on radio-frequency oscillations in low-pressure electrical discharges. Proc. Phys. Soc. (B) **65** 356—368, mit 5 Fig. = Commonwealth Sci. Industrial Res. Organization, Australia, Division Radiophys. — Die Radiostrahlung von Niederdruckentladungsröhren wird bei 200 MHz und unterhalb 2 MHz beobachtet und untersucht. Auch bei niederen Frequenzen werden kohärente Schwingungen beobachtet. Letztere werden für die Schichtung der positiven Entladungssäule verantwortlich gemacht. Labs

225. **L. Lansau, E. Lifshitz,** The Classical Theory of Fields. Cambridge, Mass., Addison-Wesley Press, 1951. 354 S. Preis $ 7.50. — Übersetzung aus dem Russischen von M. Hammermesh. — Besprechung in J RAS Canada **47** 96.

226. **P. Lee, G. L. Weissler,** Absolute absorption of the H_2 continuum. ApJ **115** 570—571, mit 1 Fig. — Vorläufige Mitteilung über neue Absorptionsmessungen im H_2-Spektrum und Versuch, damit das H_2-Ionisationskontinuum festzulegen. Kdr.

227. **F. Lenouvel,** Mesures des fluctuations d'un photomultiplicateur. CR **234** 2594—2596, mit 4 Fig. = Publ. Obs. Haute-Provence **2** Nr. 41.

228. **M. Mayot,** Le calcul des perturbations en mécanique quantique. CR **234** 920—921 = Contr. Inst. d'Astrophys. Paris (A) Nr. **105**.

229. **E. Menzel, W. Kleinn,** The resolving power for the combination of photographic plate and objective. Optik **4** 481—485 (deutsch). — Ref. in Phys. Abstracts (A) **56** 613.

230. **A. Monfils, I. Ottelet, B. Rosen,** Utilisation de la cathode creuse en spectroanalyse. Inst. d'Astrophys. Univ. Liège Coll. 4^0 Nr. **38**, 2 S. mit 4 Fig.

231. **C. E. Moore,** Atomic Energy Levels as derived from the analyses of optical spectra. Volume **2**. The spectra of Chromium, Manganese, Iron, Cobalt, Nickel, Copper, Zinc, Gallium, Germanium, Arsenic, Selenium, Bromine, Krypton, Rubidium, Strontium, Yttrium, Zirconium, and Niobium. Circ. National Bureau of Standards **467**. Washington, 1952. 31 + 230 S. mit Ergänzungen und Verbesserungen zu Vol. **1**, S. 229—230.

232. **C. E. Moore,** An Ultraviolet Multiplet Table. The Spectra of Chromium, Manganese, Iron, Cobalt, Nickel, Copper, Zinc, Gallium,

Germanium, Arsenic, Selenium, Bromine, Krypton, Rubidium, Strontium, Yttrium, Zirconium, and Niobium. Circ. National Bureau of Standards 488, Section 2. Washington, 1952. 5+115 S. — Besprechung in J. Optical Soc. America **42** 861.

233. **C. E. Moore,** Atomic spectra for the astrophysicist. Science **113** 669—673, 1951. — Ref. in Phys. Ber. **32** 560.

234. **R. W. Nicholls,** The analysis of molecular excitation processes. Vgl. Ref. 1165, daselbst S. 305—316, mit 1 Fig. — Am Beispiel eines N_2-Bandensystems wird die Methode der «excitation kinetics» (Molekülanregung) besprochen. U. Be.

235. **J. J. Nut,** Eine abgewandelte Formel für die Spektralserien des Wasserstoffatoms. Publ. Astr. Obs. Tartu **32** 107—115 (russisch).

236. **J. G. Phillips,** Note on the identification of the ground state of the TiO molecule. ApJ **115** 567—568 = Berkeley Repr. Nr. **18.** — Aus Intensitätsmessungen der Banden in TiO-Emissionsspektren geht hervor, daß wahrscheinlich der $X^3\,\Pi$-Zustand als Grundzustand des TiO-Moleküls anzusehen ist. Kdr.

237. **A. Régnier, E. Schatzman, J.-P. Vigier,** Sur la répartition statistique des mouvements des particules en mécanique quantique. CR **234** 410—412 = Contr. Inst. d'Astrophys. Paris (A) Nr. **100.**

238. **V. Ronchi,** Storia della Luce. Bologna, Fondazione «Giorgio Ronchi», Zanichelli, 1952. 2. Auflage. — Besprechung in Mem SA It (NS) **23** 247 (G. Abetti).

239. **B. Rosen,** Quelques remarques sur l'énergie de dissociation de NO. Vgl. Ref. **1165**, daselbst S. 317—319, mit 1 Fig. — Die bisher ungeklärte Dissoziationsenergie des NO-Moleküls wird mit 5.29 eV angegeben. U. Be.

240. **A. N. Saidel, W. K. Prokofjew, S. M. Rajskij,** Tafeln der Spektrallinien. Moskau-Leningrad, Staatsverlag für technisch-theoretische Literatur, 1952. 560 S. Preis 25 R. 40 Kop. (russisch). — Der erste Teil des Buches enthält ein nach Wellenlängen geordnetes Verzeichnis von 41 468 Linien von 60 Elementen, der zweite Teil nach Elementen geordnet 23 392 Linien von 93 Elementen, und der dritte Hilfstafeln. Loh.

241. **W. W. Sobolew,** Neue Methode in der Theorie der Streuung des Lichts. Ref. Univ. Leningrad Wiss. Session 1951/52 S. 22 (russisch).

* * **G. Traving,** Experimentelle Untersuchungen über die systematischen Fehler von Äquivalentbreiten. Vgl. Ref. **2511.**

242. **E. Trefftz, L. Biermann,** Wellenfunktionen und Oszillatorenstärken des Calciumions Ca II: Die Zustände $4\,s$, $4\,p$ und $3\,d$. ZfA **30** 275—281, mit 1 Abb. — Die von Hartree berechneten Zustände des Ca II $4\,s$, $4\,p$ und $3\,d$ werden erneut unter Berücksichtigung der Rumpfpolarisation berechnet. Dadurch wird der Fehler in der Energie, der bei der SCF-Methode mit Austausch übrigbleibt, für die Zustände $4\,s$ und $4\,p$ praktisch kompensiert und bei $3\,d$ herabgesetzt. Die neuen Wellenfunktionen sind gegen die Hartreeschen etwas nach innen verschoben, die Oszillatorenstärken um etwa 10% kleiner. Es ist $4\,s - 4\,p : f = 1.10$, $3\,d - 4\,p : f = 0.092$. Verf.

243. **G. L. Weissler,** On the absolute absorption of radiation by molecular nitrogen and oxygen between 300 Å and 1300 Å. Vgl. Ref. **1165**, daselbst S. 281—294, mit 5 Fig. — Laboratoriumsmäßige Untersuchung der absoluten Absorption von N_2 und O_2 im UV zwischen 1300 und 300 Å. Eine ausführliche Diskussion schließt sich an. U. Be.

244. **A. A. Wyller,** Vibrational transition probabilities for the C_2 Swan bands. AJ **57** 169. — Ref. AAS.

245. Units and standards of measurement employed at the National Physical Laboratory. II. Light: Photometry, colorimetry, and radiometry. J. Optical Soc. America **42** 858—861.

246. N. P. L. colour temperature scale. Nature **170** 783—784.

247. The ether again. Sky and Telescope **11** 82.

248. Temperature 0.0015° Kelvin. Sky and Telescope **11** 299.

Lichtgeschwindigkeit

249. **L. Essen,** The velocity of light. Sci. Progr. **40** 54—70. — Ref. in Phys. Abstracts (A) **55** 768.

250. **J. F. Mulligan,** Some recent determinations of the velocity of light. Amer. J. Phys. **20** 165—172. — Ref. in Phys. Abstracts (A) **55** 415—416.

251. **D. H. Rank, R. P. Ruth, K. L. Vander Sluis,** Precision determination of the velocity of light derived from a band spectrum method. J. Optical Soc. America **42** 693—698, mit 3 Fig. — Ref. in Phys. Abstracts (A) **56** 28. — c = 299 776 ± 6 km/sec.

252. **D. H. Rank, R. P. Ruth, K. L. Vander Sluis,** The velocity of light determined by the band spectrum method. Phys. Rev. (2) **86** 799. — Mit einem Infrarot-Gitterspektrographen und einem Absorptionsrohr vom Whiteschen Typ wurden die vom Grundzustand ausgehenden Rotationsschwingungsbanden 103 und 004 des HCN-Moleküls untersucht. Die sehr empfindliche spektroskopische Methode der Bestimmung von B und D ergab B (infrarot) = 1.47830 ± 0.000025 cm^{-1}. Die Beobachtung des gleichen Überganges im Kurzwellengebiet durch die Gruppe Townes (Phys. Rev. **86** 798) ergab B (kurzwellig) = 44 315.9 ± 0.25 MHz. Daraus ergibt sich als vorläufiger Wert für die Lichtgeschwindigkeit c = B (kurzwellig) / B (infrarot) = 299 776 ± 7 km/sec. Die Messungen werden fortgesetzt. Temesváry

253. **U. Stille,** Neuere Bestimmungen der Vakuumlichtgeschwindigkeit. Phys. Blätter **8** 507—509.

254. Velocity of light. Sky and Telescope **11** 296.

§ 3

Rechentafeln, Funktionstafeln, Rechenmaschinen

301. **C. Attwood,** Advanced Five-Figure Mathematical Tables. London, Macmillan and Co., Ltd., 1951. 5 + 69 S. Preis 4 s. 6 d. net. — Besprechung in Nature **170** 641 (J. H. Pearce), Proc. Phys. Soc. (A) **65** 678.

302. **P. Hustinx,** Logarithmentafels. Haarlem, H. Stam, 1950. Preis f. 1.50. — Besprechung in Hemel en Dampkring **50** 113 (G. Pels).

303. **A. J. Thompson,** Logarithmetica Brittannica, being a standard table of logarithms to twenty decimal places. Part II. Numbers 20,000 to 30,000 together with general introduction. Cambridge, University Press, 1952. 213 S. Preis 45 s. bzw. $ 8.50. — Besprechung in Math. Rev. **14** 798 (R. C. Archibald).

Rechenmaschinen

304. **A. Auerbach,** The Elecom 100 general purpose computer. Proc. Association for Computing Machinery, Pittsburgh, 1952 S. 47—51.

305. **L. Biermann,** «Denkende» Maschinen? Nachrichten für Dokumentation **3** Heft 1, 1 S. — Diskussionsbeitrag auf der Tagung der Deutschen Gesellschaft für Dokumentation in Frankfurt im Jahre 1951 zur Frage über die Charakterisierung der programmgesteuerten und ähnlicher Maschinen. Der Bezeichnung «automatische logisch-mathematische Maschinen» wird der Vorzug gegeben.

306. **H. Billing, W. Hopmann,** Die Göttinger elektronischen Rechenmaschinen G 1 und G 2. Phys. Verhandlungen **3** 70 (Ref.).

307. **L. Couffignal,** Les machines à penser. Paris, Les Editions de Minuit, 1952. 158 S. mit 4 Tafeln. — Besprechung in Math. Rev. **14** 1021 (H. H. Goldstine).

308. **H.-J. Dreyer,** Grundgedanken und Entwicklungsstand des Darmstädter Rechenautomaten. Phys. Verhandlungen **3** 69 (Ref.).

309. **B. M. Gordon, R. N. Nicola,** Special-purpose digital data-processing computers. Proc. Association for Computing Machinery, Pittsburgh, 1952 S. 33—45.

310. **G. T. Hunter,** Modern computing machines. J. Franklin Inst. **253** 567—583.

311. **G. H. Jowett,** A simply constructed adding machine. Math. Gaz. **36** 267—269.

312. **G. A. Korn, T. M. Korn,** Electronic Analog Computers. New York; London, McGraw-Hill, 1952. 378 S. Preis $ 7.00 bzw. 59 s. 6 d. — Besprechung in Proc. Phys. Soc. (B) **66** 340—341 (A. D. Booth), Science **116** 371—372.

313. **J. H. Levin,** Construction and use of subroutines for the SEAC. Proc. Association for Computing Machinery, Pittsburgh, 1952 S. 173—180.

314. **H. Rutishauser,** Automatische Rechenplanfertigung bei programmgesteuerten Rechenmaschinen. Mitt. Inst. angew. Math. Zürich Nr. **3**, 45 S. — Besprechung in Math. Rev. **15** 64.

315. **H. Rutishauser,** Automatische Rechenplanfertigung bei programmgesteuerten Rechenmaschinen. Z. angew. Math. Physik **3** 312—313.

316. **A. P. Speiser,** Rechengeräte mit linearen Potentiometern. Z. angew. Math. Physik **3** 449—460.

317. **K. Schwidefsky,** Programmgesteuerte Rechenmaschinen. Z. Vermessungswesen **77** 104.

318. **H. Stucken,** Das programmgesteuerte Rechengerät Z 5. Phys. Verhandlungen **3** 69—70 (Ref.).

319. **R. A. Wallace,** The maze solving computer. Proc. Association for Computing Machinery, Pittsburgh, 1952 S. 119—125.

320. **F. A. Willers,** Mathematische Maschinen und Instrumente. Berlin, Akademie-Verlag, 1951. 318 S. mit 258 Abb. Preis DM 34. — Besprechung in Österreichische Z. f. Vermessungswesen **40** 156—157 (J. Mitter), Phys. Blätter **8** 189 (H. Wundt).

321. **F. C. Williams, T. Kilburn, G. C. Tootill,** Universal high-speed digital computers: a small-scale experimental machine. Proc. Inst. Elec. Engrs. Part II **98** 13—28, 1951.

322. **K. Zuse,** Programmgesteuerte Rechenmaschinen in Deutschland. Z. angewandte Math. und Mechanik **30** 292—293, 1950.

323. **K. Zuse,** Der Programmator. Phys. Verhandlungen **3** 69 (Ref.).

324. Neue Rechenmaschinen in USA. Phys. Blätter 8 416.

325. Review of Electronic Digital Computers, joint AIEE-IRE Computer Conference. (Papers and discussions presented at the joint AIEE-IRE computer conference, Philadelphia, Dec. 10—12, 1951). New York, American Institute of Electrical Engineers, 1952. 114 S. Preis $ 3,50.

§ 4

Astronomische Jahrbücher, Ephemeriden, Kalender

401. Berliner Astronomisches Jahrbuch für 1954. Herausgeber: Astronomisches Recheninstitut der Deutschen Akademie der Wissenschaften zu Berlin und Astronomisches Recheninstitut zu Heidelberg. Berlin, Akademie-Verlag, 1952. 179. Jahrgang. 8 + 128 + 458* S. Preis 12.— DM.

402. Efemérides Astronómicas para o ano de 1953. Observatório Astronómico da Universidade de Coimbra. Coimbra, 1952. 15 + 235 S.

403. The Nautical Almanac and Astronomical Ephemeris for the Year 1953 for the meridian of the Royal Observatory at Greenwich. Published by order of the Lords Commissioners of the Admiralty. London, Her Majesty's Stationery Office, 1952. 8 + 556 S. Preis 18 s. 6 d. net.

404. **F. Gondolatsch,** Bericht über das Astronomisch-Geodätische Jahrbuch. Deutsche Geod. Kommission Bayer. Akad. Wiss. (A) Heft **3** S. 53—54.

405. **A. Kopff,** Das Astronomisch-Geodätische Jahrbuch. Mitt. AG **1951** 11—12. — Ref. AG.

406. **A. Kopff,** Das Astronomisch-Geodätische Jahrbuch. Zeitschrift f. Vermessungswesen **77.** Jahrgang Heft 2, 2 S.

407. Astronomisches Jahrbuch der UdSSR für das Jahr 1955. Unter Redaktion von A. M. Gishizkij herausgegeben vom Institut für theoretische Astronomie der Akademie der Wissenschaften der UdSSR. Moskau-Leningrad, Verlag Akad. Wiss. UdSSR, 1952. 562 S. mit 3 Karten und einer Beilage über die in Orten der UdSSR beobachtbaren Sternbedeckungen im Jahr 1954. 35 S. Preis 61 R. 35 Kop. (russisch).

408. Connaissance des Temps ou des mouvements célestes, à l'usage des astronomes et des navigateurs, pour l'an 1953, publiée par Le Bureau des Longitudes. Paris, Gauthier-Villars, 1952. 32 + 637 S.

409. Almanaque Náutico para 1953. Rio de Janeiro, Marinha do Brasil, Hidrografia e Navegação. 301 S. mit zwei Sternkarten.

410. Almanaque Náutico año 1953, publicado de orden de la superioridad por el Instituto y Observatorio de Marina de San Fernando (Cádiz) para el meridiano de Greenwich. Imprenta del Observatorio de Marina, 1952. Vol. **162.** 16 + 535 S. Preis 45 bzw. 60 Pesetas.

411. Nautical Almanac 1953. Tokyo, Maritime Safety Agency. Pub. No. 681. 4 + 460 S. mit 3 Karten.

412. Japanese Ephemeris 1953. Tokyo, Maritime Safety Agency. Pub. No. 684. 6 + 549 S.

413. The American Ephemeris and Nautical Almanac for the Year 1954. Washington, United States Government Printing Office, 1952. 17 + 656 S. Preis $ 3.75.
Desgl. für 1955. 17 + 640 S. Preis $ 3.75.

414. Apparent Places of Fundamental Stars 1953. Containing the 1535 stars in the Third Fundamental Catalogue (FK 3) of the Berliner Jahrbuch. Produced by international co-operation under the auspices of the International Astronomical Union. Published by order of the Lords Commissioners of the Admiralty. London, Her Majesty's Stationery Office, 1952. 39 + 538 S.

415. Astronomische Grundlagen für den Kalender 1954. Herausgegeben vom Astronomischen Rechen-Institut in Heidelberg. Karlsruhe, Verlag G. Braun, 1952. 68 S. Nicht im Handel. Preis 8.— DM.

416. The Handbook of the British Astronomical Association 1953. Thirty-second year of publication, 1952 November. 60 S. Preis 5 s.

417. Rocznik Astronomiczny Obserwatorjum Krakowskiego 1952. Supplemento Internationale Nr. **23**. Kraków 1952. 8 + 96 S. — Bedeckungsveränderliche, Präzessionsgrößen, Schiefe der Ekliptik, Sternbedeckungen.

418. Nautisches Jahrbuch oder Ephemeriden und Tafeln für das Jahr 1953 zur Bestimmung der Zeit, Länge und Breite zur See nach astronomischen Beobachtungen. Herausgegeben vom Deutschen Hydrographischen Institut. Hamburg, 1952. **102**. Jahrgang. 39 S. und Ephemeriden für 1953.

419. **H. C. Freiesleben**, Die neue Form des Nautischen Jahrbuchs. Deutsche Hydrographische Z. **5** 1—5. — Betrifft den 102. Jahrgang.

420. **H. C. Freiesleben**, Die heutige Form nautischer Ephemeriden. Mitt. AG **1951** 12. — Ref. AG.

421. **G. Kuester**, **G. Clausen**, **H. C. Freiesleben**, Änderung des Nautischen Jahrbuchs. Hansa **89** 1408.

422. The Abridged Nautical Almanac for the year 1953. Published by Order of the Lords Commissioners of the Admiralty. London, Her Majesty's Stationery Office, 1952. 410 + 32 S. Preis 8 s. 6 d. net.

423. Ephémérides Nautiques ou extrait de la Connaissance des Temps pour l'an 1953. Ouvrage publié par Le Bureau des Longitudes spécialement à l'usage des marins. Paris, Gauthier-Villars, 1952. 130 S. mit 2 Sternkarten.

424. Almanaque Náutico para uso de los navegantes año 1953, publicado de orden de la superioridad por el Instituto y Observatorio de Marina de San Fernando (Cádiz) para el meridiano de Greenwich. Imprenta del Observatorio de Marina, 1952. 2 + 414 S. Preis 50 Pesetas.

425. Abridged Nautical Almanac 1953. Tokyo, Maritime Safety Agency. Pub. No. 683. 4 + 230 S. mit 3 Karten.

426. The Air Almanac 1953. London, Her Majesty's Stationery Office; Washington, United States Naval Observatory, 1952. January–April. 242 S., A 1 — A 60 mit 2 Sternkarten. Preis 10 s. 0 d.
Desgl. May–August, S. 241—488, A 1 — A 60 mit 2 Sternkarten. Preis 10 s. 0 d.
Desgl. September—December, S. 487—732, A 1 — A 60 mit 2 Sternkarten. Preis 10 s. 0 d.

427. The revised Air Almanac. Obs **72** 247.

428. The Star Almanac for Land Surveyors for the Year 1953. Prepared by H. M. Nautical Almanac Office. Published by order of the Lords Commissioners of the Admiralty. London, Her Majesty's Stationery Office, 1952. 14 + 70 S. Preis 3 s. 6 d. net.

429. Almanacco Astronomico della Rivista Coelum per l'anno comune 1953 edito dall' Osservatorio astronomico universitario di Bologna. Bologna, Tipografia Compositori, 1952. 64 S. Preis 400 Lire.

430. Annuaire de l'Observatoire Royal de Belgique. Jaarboek van de Koninklijke Sterrenwacht van België 1953. Bruxelles, M. Hayez, 1952. 120e année. 211 S.

431. Osservatorio Astrofisico di Catania. Annuario 1953. Catania, Tip. Zuccarello & Izzi, 1952. 52 S. — Kalenderdaten und Planetenephemeriden.

432. Annuaire Astronomique et Météorologique Camille Flammarion pour 1952. Publié par l'Observatoire de Juvisy. 88e année. 391 S. mit Fig., Karten und Diagrammen.

433. Kurzer astronomischer Kalender für das Jahr 1953. Zusammengestellt von S. W. Drosdow und S. I. Seleschnikow. Kiew, Verlag Akad. Wiss. Ukrain. Sowjetrepublik, 1952. 72 S. Preis 2 R. 25 Kop. (russisch).

434. Anuario del Observatorio Astronómico de Madrid para 1953. Madrid, Talleres del Instituto Geográfico, 1952. 393 S.

435. Osservatorio Astronomico di Brera in Milano. Anno 1953. Articoli generali del calendario. Milano, U. Hoepli, 1952. 20 S. — Kalenderdaten, Sonnen- und Mondephemeriden, Finsternisse.

436. Astronomischer Kalender für das Jahr 1952. Herausgegeben von S. N. Sredinskij. Minsk, Staatsverlag Weißruss. Sowjetrepublik, 1952. Preis 75 Kop. (weißrussisch).

437. Astronomischer Kalender, Veränderlicher Teil 1952. Herausgegeben von K. K. Dubrowskij. Moskau-Leningrad, Staatsverlag für technisch-theoretische Literatur, 1952. 210 S. mit Abb. Preis 4 R. (russisch). — Enthält neben dem eigentlichen Kalendarium einige populäre Aufsätze.

438. Astronomischer Schulkalender. Herausgegeben von S. A. Schorygin. Moskau, Lehr-pädagogischer Verlag des Ministeriums für Erziehung der Russ. Sowjetrepublik, 1952. 79 S. mit 1 Tafel. Preis 1 R. 60 Kop. (russisch).

439. Osservatorio Astronomico di Padova. Elementi astronomici per l'anno 1953. 6 S. — Kalenderdaten, Auf- und Untergangszeiten des Mondes.

440. Annuaire pour l'an 1953, publié par Le Bureau des Longitudes, avec un supplément pour l'an 1954. Paris, Gauthier-Villars, 1952. 8 + 562 + A 32 + B 11 + C 56 S.

441. Anuário para o ano de 1953. Publicado pelo Observatório Nacional Rio de Janeiro, 1952. Ano **69**. 5 + 290 S.

442. Anuario del Observatorio Astronomico Nacional de la Universidad de Chile (Santiago) para el año 1950. Santiago, 1949. 9 + 131 S.
Desgl. für 1951. 12 + 121 S.
Desgl. für 1952. 161 S.
Desgl. für 1953. 132 S.

443. Kalender des Astronomischen Observatoriums Tartu für das Jahr 1952. Herausgegeben von T. Rootsmjae. Tallin, Estnischer Staatsverlag, 1952. 96 S. mit Abb. und 1 Sternkarte. Preis 3 R. 80 Kop. (estnisch).

444. Kalender für das Jahr 1953. Zusammengestellt an der Sternwarte Tartu. Tallin, Estnischer Staatsverlag, 1952. 92 S. mit Abb. und Karten. Preis 3 R. 70 Kop. (estnisch).

445. Osservatorio Astronomico di Trieste. Annuario Astronomico per l'anno 1953 con le carte del cielo. Bologna, 1952. Pubbl. e Ristampe Oss. Astr. Trieste Nr. **248.** 64 S. — Kalenderdaten, Auf- und Untergangszeiten von Sonne, Mond und Planeten, Finsternisse und Sternbedeckungen, Planetenephemeriden und Daten für Veränderliche. F. Z.

446. Bošković Almanah 1952. Hrvatskog Prirodoslovnog Društva. Zagreb, 1952. 290 S. — Enthält neben dem Kalendarium Aufsätze von S. Hondl, V. Niče, D. Nikolić, J. Atanasijević und M. B. Protić.

447. **P. Ahnert,** Kalender für Sternfreunde 1952. Leipzig, Verlag J. A. Barth, 1952. 160 S. mit 62 Abb. Preis brosch. DM 4.50.

448. **Z. Bochníček, H. Slouka,** Hvězdné večery 1952. Prag, Osvěta. 232 S. mit 44 Abb. Preis 82 Kčs. — Populäres Sternbüchlein für das Jahr 1952. J. B.

449. **V. Guth, F. Link, J. Bouška,** Hvězdářská ročenka na rok 1953. Prag, Naturwiss. Verlag. 120 S. mit 23 Abb. Preis 64 Kčs. — Tschechisches astronomisches Jahrbuch.

450. **R. Henseling,** Sternbüchlein 1952. **40.** Jahrgang. Murnau vor München, Verlag Sebastian Lux. Mit 18 Abb. und 12 Sternkarten und Tafeln. Preis DM 1.50.

451. **R. Naef,** Der Sternenhimmel 1953. Kleines astronomisches Jahrbuch für Sternfreunde für alle Tage des Jahres zum Beobachten von bloßem Auge, mittels Feldstecher und Fernrohr, herausgegeben unter dem Patronat der Schweizerischen Astronomischen Gesellschaft. Aarau, Verlag H. R. Sauerländer & Co., 1952. **13.** Jahrgang. 106 S. Preis Fr. 6.95.

452. **J. J. Raimond jr.,** Sterrengids 1953. Groningen-Djakarta, J. B. Wolters' Uitgeversmaatschappij N. V., 1952. 64 S. mit 37 Fig. und 12 Sternkarten. Preis f 2.90.

453. Standard dates for ephemerides. NAZ **6** 41, UAI Circ 1376. — 1953 Jan. 3 — Dez. 29.

§ 5

Wissenschaftliche und populäre Bücher zur gesamten Astronomie

501. **T. A. Agekjan,** Das Sternenall. Leningrad, Verlag Shdanow-Staatsuniv., 1952. 175 S. mit 41 Abb. Preis 3 R. 45 Kop. (russisch).

502. **D. Alter, C. H. Cleminshaw,** Pictorial Astronomy. New York, Thomas Y. Crowell Co., 1952. 296 S. Preis $ 4.50. — Besprechung in Sky and Telescope **11** 280, **12** 76—77 (J. H. Karle), Strolling Astronomer **6** 146—147 (W. H. Haas).

503. **G. Armellini,** I fondamenti scientifici della Astronomia. Milano, Ulrico Hoepli, 1952. 2. verbesserte und erweiterte Auflage. 15 + 345 S. mit 48 Fig. Preis Lire 2.000. — Besprechung in Coelum **20** 89, Mem SA It (NS) **23** 248 (F. Zagar).

504. **R. H. Baker,** An Introduction to Astronomy. New York, D. Van Nostrand, 1952. 4. Auflage. 306 S. Preis $ 4.00. — Besprechung in Sky and Telescope **11** 280, **12** 132—134 (W. W. Benjamin).

505. **E. A. Beet,** The Sky and its Mysteries. London, G. Bell & Sons, 1952. 238 S. mit 14 Tafeln. Preis 15 s. — Besprechung in JBAA **63** 154—155, J. British Interplanetary Soc. **12** 96 (A. C. Clarke).

506. **R. Brandt,** Himmelswunder im Feldstecher. Leipzig, J. A. Barth, 1952. 3. verbesserte Auflage. 4 + 108 S. mit 76 Abb. und 1 Tafel. Preis DM 3.60. — Besprechung in Hemel en Dampkring **51** 126 (A. G. H. Kemp), JBAA **63** 81—82, Sterne **29** 31 (W. Oberender), Sternenwelt **5** 35.

507. **G. Cecchini,** Il Cielo. Lucie e Ombre nell'Universo. Torino, Unione Tipografico Editrice Torinese, 1952. Zwei Bände zu 20 + 16 + 1148 S. mit 847 Fig. und 14 Tafeln. Preis Lire 13.500. — Besprechung in Coelum **21** 58—59, Mem SA It (NS) **24** 97—98 (G. Abetti). — Handbuch zur gesamten Astronomie. Der erste Band behandelt die sphärische Astronomie und das Planetensystem, der zweite Band die Sterne und Sternsysteme. F. Z.

508. **C. A. Chant,** Notre Univers Merveilleux. Quebec, published by La Société Royale d'Astronomie du Canada, 1952. Übersetzung von P.-H. Nadeau. 281 S. Preis $ 3.00. — Besprechung in J RAS Canada **46** 110—111.

509. **U. Clarke,** The Heavens Are Telling. New York, Acorn House, 1951. 128 S. Preis $ 2.95. — Vgl. AJB **51** Ref. 509. — Weitere Besprechung in Sky and Telescope **12** 18 (C. T. Weaver).

510. **P. Collinder,** Världar i rymden. Vgl. AJB **51** Ref. 510. — Weitere Besprechung in NAT **1952** 37.

511. **P. Couderc,** La connaissance de l'univers. BSAF **66** 69—72.

512. **A. Dauvillier,** La physique cosmique. Paris, E. Flammarion. 246 S. — Besprechung in BSAF **66** 84—85.

513. **M. Davidson,** From Atoms to Stars. London, Hutchinson's Scientific and Technical Publications; New York, Macmillan Co., 1952. Third edition, revised and enlarged. 280 S. Preis 18 s. net. — Besprechung in Irish AJ **2** 30, JBAA **62** 208, Nature **170** 596 (F. M. Holborn), Sky and Telescope **11** 147, 307.

514. **E. J. Dijksterhuis,** De mechanisering van het wereldbeeld. Amsterdam, J. M. Meulenhoff, 1950. 590 S. mit 47 Fig. Preis f. 16.50. — Besprechung in Hemel en Dampkring **50** 138 (K. Cuypers).

515. **D. S. Evans,** Teach Yourself Astronomy. London, English Universities Press, Ltd., 1952. 9 + 182 S. mit 52 Diagrammen und 8 Tafeln. Preis 6 s. — Besprechung in JBAA **64** 408—409 (D. W. Dewhirst), Obs **74** 87.

516. **K. Ferrari d'Occhieppo,** Kunde vom Weltall. Wunen, Verlag Herold, 1952. 272 S. mit 13 Fig. und 8 Tafeln. Preis DM 17.00. — Besprechung in Hemel en Dampkring **50** 155 (J. J. Raimond jr.), Obs **73** 31—32 (H. K. J. Eichhorn), Sternenwelt **4** 236 (W. Sandner).

517. **A. Ferretti-Torricelli,** Dalla Terra alla Galassia. Brescia, «La Scuola», 1951. 72 S. Preis Lire 130. — Besprechung in Coelum **20** 28, Heelal **8** 51.

518. **A. Ferretti-Torricelli,** Guardare il cielo quale si mostra. Milano, U. Hoepli, 1952. 32 S. mit 24 Tafeln. Preis Lire 200. — Besprechung in Coelum **20** 58.

519. **W. G. Fessenkow,** Dnešní představy o vesmíru. Prag, Osvěta. 316 S. mit 42 Abb. Preis 80 Kčs. — Die heutigen Vorstellungen über das Weltall. Übersetzung aus dem Russischen. Vgl. AJB **49** Ref. 519.

520. **V. A. Firsoff,** Our Neighbour Worlds. London, Hutchinson's Scientific and Technical Publications; New York, Philosophical Library, 1952. 336 S. mit 26 Fig. Preis 25 s. — Besprechung in JBAA **63** 153—154, J. British Interplane-

tary Soc. **12** 94—96 (H. P. Wilkins), Mitt. Planetenbeobachter **6** 30, Sky and Telescope **12** 76, 216—217 (J. A. Hynek), 296, Strolling Astronomer **8** 72—73 (J. T. Carle), Vega Nr. **4** S. 16.

521. **J. Gauzit,** Les grands problèmes de l'Astronomie. Paris, Dunod, 1951. 174 S. mit 15 Fig. und 16 Tafeln. — Besprechung in Ann. Guébhard-Séverine **29** 140—141 (E. Guyot), Heelal **8** 50.

522. **J. C. Hickey,** Introducing the Universe. London, Eyre & Spottiswoode, 1952. 159 S. Preis 10s. 6d. — Besprechung in JBAA **63** 43.

523. **J. A. Hynek,** Astrophysics—A Topical Symposium. Vgl. AJB **51** Ref. 517. — Weitere Besprechung in Coelum **20** 149—150, Phys. Blätter **10** 90 (H. Lambrecht), Proc. Phys. Soc. (B) **66** 343 (C. W. Allen), Sternenwelt **5** 33—34 (M. Waldmeier).

524. **M. Iwanowskij,** Die Erforschung ferner Welten. Moskau-Leningrad, Staatsverlag für Jugendliteratur, 1951. 416 S. (russisch). — Besprechung in AJ UdSSR **29** 231—233 (P. P. Dobronrawin).

525. **M. Iwanowskij,** Cesty ke hvězdám. Prag, Mladá fronta. 220 S. mit 65 Abb. Preis 64 Kčs. — Wege zu den Sternen. Übersetzung aus dem Russischen. Vgl. AJB **50** Ref. 523.

526. **H. Spencer Jones,** General Astronomy. Vgl. AJB **51** Ref. 518. — Weitere Besprechung in Heelal 8 49 (M. Daisomont), Proc. Phys. Soc. (B) **65** 392 (R. O. Redman), Sky and Telescope **12** 17—18 (J. A. Hynek).

527. **P. van de Kamp,** Basic Astronomy. New York, Random House, 1952. 15 + 400 S. mit 32 Tafeln. Preis $ 3.75. — Besprechung in BSAF **66** 405, JBAA **63** 44—45, J RAS Canada **47** 34—35, Obs **72** 247—248, Publ ASP **65** 56—57 (M. P. Savedoff), Sky and Telescope **11** 227, **12** 16 (K. A. Strand).

528. **A. G. H. Kemp,** Sterrenwereld en prismakijker. Hemel en Dampkring **50** 47—52.

529. **H. Kienle,** Der gestirnte Himmel über dir. Aufsätze und Vorträge vom Wesen astronomischer Forschung. Wiesbaden, Verlag für angewandte Wissenschaften, 1952. 2. unveränderte Auflage. 252 S. mit 2 Fig. Preis DM 9.80. — Besprechung in Coelum **20** 124, Sternenwelt **4** 155 (W. Sandner).

530. **H. Kienle,** Atome, Sterne, Weltsysteme. Wiesbaden, Verlag für angewandte Wissenschaften, 1952. 51 S. Preis DM 4.80. — Besprechung in Sternenwelt **4** 195, Weltraumfahrt **1952** 129 (H. K. Kaiser).

531. **W. S. Krogdahl,** The Astronomical Universe. New York, The Macmillan Co., 1952. 17 + 599 S. mit 6 Sternkarten. Preis $ 6.25. — Besprechung in J RAS Canada **46** 170—171, Publ ASP **64** 327 (G. Münch), Sky and Telescope **11** 174, 306—307 (M. S. Davis).

532. **P. J. M. Lenz,** Die Himmel rühmen ..., Bilder vom Weltall. Innsbruck-Wien, Tyrolia-Verlag, 1950. 6./7. Auflage. 662 S. mit 8 Tafeln. — Besprechung in Sternenwelt **4** 75—76 (W. Petri).

533. **W. Malsch,** Astronomische Abende. Karlsruhe, Verlag Malsch & Vogel, 1952. 205 S. mit Fig. und 20 Tafeln. — Inhalt: 1. Grundlegende Begriffe. 2. Lebensbilder von Astronomen. 3. Die Welt der Planeten. 4. Der Aufbau des Weltalls.

534. **L. Mattersdorf,** Insight into Astronomy. New York, Lantern Press, Inc.; Cambridge, Sky Publishing Corporation, 1952. 223 S. Preis $ 3.50. — Besprechung in JBAA **63** 81, J RAS Canada **47** 35, Sky and Telescope **12** 18, 104 (R. R. LaPelle), Strolling Astronomer **6** 176 (W. H. Haas).

535. **C. S. Mundt,** Looking at the Stars. Dubuque, Iowa, W. C. Brown Co., 1952. 57 S. Preis $ 1.50. — Besprechung in Publ ASP **64** 146 (T. Cragg), Sky and Telescope **11** 147, 199—200 (C. H. LeRoy).

536. **A. A. Nijland,** De bouw van het Heelal. Vgl. AJB **50** Ref. 535. — Weitere Besprechung in Heelal 8 32.

537. **A. Niklitschek,** In den Tiefen des Weltenraumes. Linz a. d. Donau, Brücken-Verlag, 1950. 136 S. mit vielen Abb. und 5 Tafeln. Preis DM 6.50. — Besprechung in Sternenwelt **4** 34.

538. **N. G. Nowikowa,** «Ungewöhnliche» Himmelserscheinungen. Moskau, Technischer Staatsverlag, 1952. 3. Auflage. 64 S. mit Abb. und Karten. Preis 1 R. (russisch). — Auch in weiteren regionalen Ausgaben und Landessprachen der UdSSR erschienen.

539. **N. G. Nowikowa,** Neobvyklé úkazy na obloze. Prag, Naše vojsko. 56 S. mit 22 Abb. Preis 9 Kčs. — Ungewöhnliche Himmelserscheinungen. Übersetzung aus dem Russischen. Vgl. Ref. 538.

540. **C. Payne-Gaposchkin,** Stars in the Making. Cambridge, Harvard University Press, 1952. 12 + 160 S. mit 67 Tafeln. Preis $ 4.25. — Besprechung in J RAS Canada **48** 28—29, Publ ASP **65** 54—55 (A. J. Deutsch), Sky and Telescope **12** 76, 161 (M. Schwarzschild).

541. **J. I. Perelman,** Unterhaltende Astronomie. Vgl. AJB **49** Ref. 540. — Auch in weiteren regionalen Ausgaben und Landessprachen der UdSSR erschienen.

542. **I. F. Polak,** Lehrbuch der allgemeinen Astronomie. Moskau-Leningrad, Staatsverlag für technisch-theoretische Literatur, 1951. Sechste, verbesserte Auflage. 387 S. (russisch). — Besprechung in AJ UdSSR **29** 103—106 (K. A. Kulikow).

543. **P. I. Popow,** Astronomie. Lehrbuch für Studenten der geographischen Fakultäten pädagogischer Institute. Moskau, Lehr-pädagogischer Staatsverlag des Ministeriums für Bildungswesen der Russ. Sowjetrepublik, 1952. 120 S. mit 35 Abb. Preis 2 R. 40 Kop. (russisch). — Inhalt: Allgemeine methodische Hinweise, S. 5—10; Einleitung S. 11—14; Grundlagen der sphärischen Astronomie, S. 15—72; Der Bau des Sonnensystems und die Bewegung der Planeten, S. 73—84; Die wichtigsten Mitglieder des Sonnensystems und ihre physikalische Natur, S. 85—100; Die Sterne und ihre physikalische Natur, S. 101—111; Kosmogonie, S. 112—114. Loh.

544. **P. I. Popow,** Allgemein zugängliche praktische Astronomie. Erewan, Ajpetrat, 1952. 208 S. mit Abb. und Karten. Preis 3 R. 80 Kop. (armenisch).

545. **P. I. Popow,** Kontrollarbeiten zur Astronomie. Moskau, Lehr-pädagogischer Verlag, 1952. Preis 35 Kop. (russisch). — Für Studenten und Hörer der geographischen Fakultäten pädagogischer Institute gedacht.

546. **J. C. Rademaker,** Geheimen tussen hemel en aarde (sterrekunde voor iedereen). Leiden, L. Stafleu. 161 S. Preis f. 5.50. — Besprechung in Hemel en Dampkring **50** 218 (W. J. Claas).

547. **H. A. Rey,** The Stars: A New Way to See Them. Boston, Houghton Mifflin, 1952. 143 S. Preis $ 4.00. — Besprechung in Sky and Telescope **11** 147, 256 (C. H. LeRoy).

548. **J. Robinson,** The Universe We Live In. New York, Thomas Y. Crowell Co., Ward & Lock, 1952. 252 S. Preis $ 4.50. — Besprechung in Publ ASP **65** 55—56 (A. R. Sandage), Southern Stars **15** 139—140 (R. F. Joyce), Sky and Telescope **12** 76, 189 (J. B. Irwin), Strolling Astronomer **7** 35—36 (W. H. Haas).

549. **I. Ruud,** Stjernerne og Universet. Populær astronomi. Oslo, J. W. Cappelens Forlag, 1951. Preis Kr. 17.80. — Besprechung in Urania Kopenhagen **9** 10 (C. L. Janssen).

550. **E. Rybka,** Astronomia dla Klasy XI. Warszawa, Panstwowe Zakłady Wydawnictw Szkolnych, 1951. — Besprechung in AJ UdSSR **29** 233—237 (M. E. Nabokow).

551. **W. A. Schischakow,** Methodische Hilfsmittel für den Lehrer der Astronomie an der Mittelschule. Moskau, Lehr-pädagogischer Staatsverlag des Ministeriums für Bildungswesen der Russ. Sowjetrepublik, 1952. 152 S. mit 14 Abb. Preis 2 R. 50 Kop. (russisch). — Verf. teilt seine Erfahrung im praktischen Aufbau eines astronomischen Kurses in der 10. Klasse auf Grund der heutigen Richtlinien und des Lehrbuches von Prof. Woronzow-Weljaminow mit. Loh.

552. **H. Schmeiser,** Das ABC des Weltbaues. Graz, Verlag Ulrich Moser, 8 + 80 S. mit 30 Abb. und 4 Tafeln. Preis DM 1.80. — Besprechung in Sternenwelt **4** 196 (W. Sandner).

553. **G. B. Shdanow,** Strahlen aus den Tiefen des Weltraumes. Kiew, Technischer Staatsverlag Ukrain. Sowjetrepublik, 1952. 116 S. mit Abb. Preis 1 R. 85 Kop. (ukrainisch).

554. **H. Siedentopf,** Die physikalische Erforschung des Weltalls. Köln und Opladen, Westdeutscher Verlag (Friedrich Middelhauve). 38 S. Preis DM 2.75. — Besprechung in Sternenwelt **4** 76 (W. Sandner).

555. **N. W. Siukajew,** Der Bau des Weltalls. Dsaudshikau, Staatsverlag der nord-ossetischen autonomen Sowjetrepublik, 1952. 280 S. mit Abb. und Karten. Preis 6 R. 60 Kop. (ossetisch).

556. **E. F. Skworzow,** Astronomie. Moskau, Lehr-pädagogischer Verlag, 1952. 302 S. mit 171 Abb. Preis 8 R. 20 Kop. (russisch).

557. **W. M. Smart,** Astronomy. Oxford, University Press, 1952. 2. Auflage. 160 S. mit 28 Fig. und 24 Tafeln. Preis 9 s. 6 d. — Besprechung in JBAA **63** 43—44, Obs **72** 246.

558. **W. Stein,** Das kleine Sternenbuch für Sternfreunde, Segler und Seeleute. Vgl. AJB **49** Ref. 561. — Weitere Besprechung in Nachrichtenblatt VdS **3** 26 (H. B. Brenske).

559. **K. Stumpff,** Das Uhrwerk des Himmels. Stuttgart, Franckh'sche Verlagshandlung, 1952. 134 S. mit 50 Abb. Preis DM 4.90, in Halbleinen DM 5.80.

560. **Z. Švestka, M. Kopecký, F. Link, B. Valníček, J. Kleczek,** O vesmíru. Prag, Osvěta. 80 S. mit 1 Abb. Preis 15 Kčs. — Inhalt: Sterne, Sonne, Gibt es Leben auf anderen Planeten, Anfang und Ende des Weltalls, Besondere Himmelserscheinungen. J. B.

561. **O. Thomas,** Himmel und Weltall. Vgl. AJB **51** Ref. 556. — Weitere Besprechung in Coelum **20** 151, Gaz astr **35** 76—78, Irish AJ **2** 30, Orion Schaffhausen **4** 155, Z. Naturforschung **8a** 220 (H. Siedentopf).

562. **F. Trommsdorff,** Erde und Weltall. Eine kleine Astrophysik für jedermann. Hildesheim, Friedrich M. Hörbold-Verlag K. G., 1951. Miniatur-Bibliothek. 92 S. mit 16 Abb. Preis DM 0.45. — Besprechung in Sternenwelt **5** 36 (W. Sandner).

563. **Å. Wallenquist,** Den moderna astronomin och dess världsbild. Stockholm, Forum, 1951. — Besprechung in PAT **33** 76—77.

564. **M. A. Waschakidse,** Sterne und Nebel. Tiflis, Verlag Akad. Wiss. Georg. Sowjetrepublik, 1952. 54 S. mit Abb. Preis 75 Kop. (georgisch).

565. **H. Werner,** Orientierung im Gelände nach Gestirnen. Stuttgart, Piscator Verlag, 1952. 4. Auflage. 80 S. mit 40 Abb. Preis DM 6.00. — Besprechung in Naturwiss. Rundschau **5** 172, Optik **9** 46 (M. Haase), Sternenwelt **4** 116.

566. **W. Widmann,** Astronomie, leicht wie noch nie. Stuttgart, Franckh'sche Verlagshandlung, 1951. 84 S. mit 39 Abb. Preis DM 1.80. — Besprechung in Sterne **29** 120 (S. Günther), Sternenwelt **4** 196 (A. Robl).

567. **W. Widmann, K. Schütte,** Welcher Stern ist das? Stuttgart, Franckh'sche Verlagshandlung, 1952. 154 S. mit 100 Abb. Preis kart. DM 5.80. — Besprechung in Heelal **8** 51, Sternenwelt **4** 154.

568. **P. W. Wojnilowitsch, I. F. Schewljakow,** Erde und Sonne. Moskau, Staatlicher Kultur- und Volksbildungsverlag, 1952. 80 S. mit Abb. Preis 1 R. 25 Kop. (russisch).

569. **B. A. Woronzow-Weljaminow,** Skizzen über das Weltall. Moskau, Technischer Staatsverlag, 1952. 2. Auflage. 528 S. mit Abb. Preis 9 R. 45 Kop. (russisch).

570. **B. A. Woronzow-Weljaminow,** Die Welt der Sterne. Moskau, Kriegsverlag, 1952. 86 S. mit Abb. Preis 1 R. 45 Kop. (russisch).

571. **H. S. Zim, R. H. Baker,** Stars. New York, Simon and Schuster. 155 S. mit 150 Fig. Preis $ 1.00. — Besprechung in Strolling Astronomer **6** 59 (W. H. Haas).

§ 6

Schriften allgemeiner Art

601. **C. W. Allen,** The framework of astronomy. An inaugural lecture delivered at University College London 1 May 1952. London, 1952. 17 S.

602. **G. A. Aristow,** Um die materialistische Weltanschauung in der Astronomie. Moskau, Verlag «Snanie», 1952. 32 S. Preis 60 Kop. (russisch).

603. **E. Ayres, C. A. Scarlott,** Energy Sources — The Wealth of the World. New York, McGraw-Hill Book Co., Inc., 1952. 344 S. Preis $ 5. — Besprechung in Sky and Telescope **11** 200 (H. Shapley).

604. **N. P. Barabaschew,** Der Kampf mit dem Idealismus auf dem Gebiet der kosmogonischen und kosmologischen Hypothesen. Charkow, Verlag der Gorkij-Staatsuniversität, 1952. 120 S. mit Abb. und 8 Tafeln. Preis 3 R. (russisch). — Inhalt: Vorläufige Bemerkungen aus der Geschichte der ursprünglichen Kosmogonien, S. 5—22; Welchen Bedingungen muß eine wissenschaftlich begründete kosmogonische Hypothese genügen, S. 23—25; Die Grunderkenntnisse über das Weltall, S. 26—57; Über die Bildung der Nebel und Sterne, S. 58—72; Die kosmogonischen Hypothesen über die Entstehung des Sonnensystems, S. 73—119. Loh.

605. **B. J. Bok,** The southern sky. Scientific American **1952** July, 11 S. mit 15 Fig. — Enthält die ersten Aufnahmen mit dem neuen ADH-(Armagh-Dunsink-Harvard) Teleskop.

606. **R. Böker,** Die Entstehung der Sternsphäre Arats. Berlin, Akademie-Verlag, 1952. 68 S. — Berichte über die Verhandlungen der Sächsischen Akademie der Wissenschaften zu Leipzig. Mathem.-naturwiss. Kl. **99** Heft 5. — Ref. in Sterne **29** 124—125.

607. **J. C. Corn,** Nothing new under the sun. Sky and Telescope **11** 159—161, mit 6 Fig.

608. **P. Couderc,** L'Astrologie. Vgl. AJB **51** Ref. **610**. — Weitere Besprechung in Ann d'Astrophys **15** 71 (D. Barbier), BSAF **66** 172—173, Coelum **20** 27, Gaz astr **34** 35—36, JBAA **63** 45, Orion Schaffhausen **3** 374.

609. **R. Ebertin,** Astrologie. 1. Bändchen. Hildesheim, Friedrich M. Hörbold-Verlag K. G., 1951. — Miniatur-Bibliothek. 58 S. Preis DM 0.45. — Besprechung in Sternenwelt **5** 36 (W. Sandner).

610. **G. F. Hartlaub,** Bewußtsein auf anderen Sternen? Vgl. AJB **51** Ref. **622**. — Weitere Besprechung in Sternenwelt **4** 116 (W. Sandner).

611. **H. Hirschfeld,** De mysterieuze bekoring van de sterrenhemel. Hemel en Dampkring **50** 9—11.

612. **C. L. Janssen,** Stjernetyderhumbug. Urania Kopenhagen **9** 38—40.

613. **J. Jeans,** Het Heelal, zijn bouw en zijn vraagstukken. 's Gravenhage, H. P. Leopolds U. M. 287 S. mit 24 Fig. und 32 Tafeln. Preis f. 11.50. — Besprechung in Hemel en Dampkring **50** 114 (A. J. M. Wanders).

614. **P. I. N. Jøker,** En astrobotanisk have. Urania Kopenhagen **9** 66—68.

615. **H. Spencer Jones,** Life on Other Worlds. London, English Universities Press, Ltd., 1952. 2. Auflage. 8 + 259 S. mit 17 Tafeln. Preis 12s. 6d. net. — Besprechung in Heelal 8 49, JBAA **62** 237—238, Obs **72** 161 (H. Seddon).

616. **C. K. Jørgensen,** Lamb-effekten. Urania Kopenhagen **9** 24—26.

617. **C. K. Jørgensen,** Fysikkens grundbegreber. Urania Kopenhagen **9** 29—32.

618. **A. G. H. Kemp,** Nieuwe waarnemingen van hemellichten overdag. Hemel en Dampkring **50** 129—130.

619. **H. E. Landsberg,** Advances in Geophysics, I. New York, Academic Press, Inc., 1952. 362 S. Preis $ 7.80. — Besprechung in Sky and Telescope **12** 217 (J. Ashbrook).

620. **G. de Lorenzo,** Instabilità ed inentità del mondo. Rend. Accad. Sci. fis. mat. Napoli (4) **19** 10—28. — Fortsetzung früherer Betrachtungen zur antiken und modernen Weltanschauung.

621. **G. de Lorenzo,** Concezioni cosmiche di Leopardi. Rend. Accad. Sci. fis. mat. Napoli (4) **19** 179—190. — Weitere Fortsetzung früherer Aufsätze über antike und moderne Weltanschauung.

622. **G. Y. Loveridge,** Sterne als Steckenpferd. Amateur-Astronomen in Rhode Island. Sternenwelt **4** 16—17, mit 2 Abb.

623. **W. A. Mesenzew,** Rätsel der Natur (atmosphärische und Himmels-Erscheinungen). Moskau, «Moskowskij Rabotschij», 1952. 104 S. mit Abb. Preis 1 R. 55 Kop. (russisch).

624. **G. I. Naan,** Der Kampf des Materialismus und Idealismus in der modernen Kosmologie. Nachr. Akad. Wiss. Estn. Sowjetrepublik **1952** S. 81—89 (russisch).

625. **E. Nadjoshdin,** Wissenschaft und Religion über den Bau des Weltalls. Gorno-Altajsk, 1952. 20 S. (altajisch).

626. **M. Neurath,** Let's Look at the Sky. London, Max Parrish, 1952. 36 S. Preis 7s. 6d. — Besprechung in JBAA **63** 46.

627. **L. E. Nielsen,** Astronomien og Skolen. Urania Kopenhagen **9** 45—47.

628. **E. J. Öpik,** Life and its evolution from an astronomical viewpoint. Irish AJ **2** 9—20 = Armagh Obs. Leaflet Nr. **11**. — Nach einer Kritik der von Minnaert behaupteten Analogie von Himmelskörpern und lebenden Organismen beschäftigt sich Verf. mit der Entwicklung des Lebens und der Entstehung der Arten unter Ablehnung des Darwinismus. Ausgehend von den Untersuchungen des Botanikers J. Small wird die für die Entstehung einer Art notwendige Zeit abgeschätzt; die gleiche Größenordnung ergibt sich aus der Wahrscheinlichkeit der durch die kosmische Strahlung hervorgerufenen Mutationen. Aus dem kosmogonischen Entwicklungsgang der Sonne wird gefolgert, daß die gegenwärtige Lebensform auf unserem Planeten die einzige und letzte sein dürfte. T. L.

629. **E. J. Öpik,** The destiny of life. Irish AJ **2** 65—70 = Armagh Obs. Leaflet Nr. **13**. — Ein rasches Anwachsen der Leuchtkraft der Sonne würde das Ende allen Lebens auf der Erde bedeuten. Dies soll in etwa tausend Millionen Jahren eintreten, wie Verf. auf Grund der inneren Struktur der Sonne errechnet. Sodann werden die Möglichkeiten der künftigen Entwicklung der Menschheit erörtert. T. L.

630. **C. Payne-Gaposchkin,** «Worlds in collision». Proc. American Phil. Soc. **96** 519—525 = Harv Repr (2) Nr. **41**. — Betrifft eine umfassende Stellungnahme zu dem in AJB **50** Ref. **646** zitierten Buch von Velikovsky.

631. **J. H. Pruett,** Terminology talks. Sky and Telescope **11** 59, 88, 97, 108, 141, 168, 193, 225, 242, 281, 304, mit 5 Fig.

632. **L. Raunich,** Esiste la vita sopra gli altri astri? Coelum **20** 69—72.

633. **L. Raunich,** Le possibilità di vita sugli altri astri. Coelum **20** 97—100.

634. **L. Reiners,** Steht es in den Sternen? Eine wissenschaftliche Untersuchung über Wahrheit und Irrtum der Astrologie. Vgl. AJB **51** Ref. **648**. — Besprechung in Orion Schaffhausen **3** 409—410.

635. **L. Rosino,** L'uomo e l'universo. II. La terra. Coelum **20** 2—5. — Vgl. I. Teil AJB **51** Ref. **650**. Im zweiten Teil werden die Fortschritte über unser Wissen von der Bewegung und Form der Erde behandelt. F. Z.

636. **W. W. Scharonow,** Gibt es Leben auf den Planeten? Moskau, Kriegsverlag, 1952. 47 S. mit Abb. Preis 60 Kop. (russisch). — Auch in weiteren regionalen Ausgaben und Landessprachen der UdSSR erschienen.

637. **G. I. Sherechow,** Wissenschaft und Religion über den Bau des Weltalls. Ufa, Baschkirischer Staatsverlag, 1952. **44** S. mit Abb. Preis 1 R. 30 Kop. (baschkirisch).

638. **G. Silva,** Chi vive negli astri? Dalla Terra alla Luna, Radio Italiana, ILTE, Torino, 1—12. — Radiobericht über das Leben auf den Sternen. F. Z.

639. **P. Sizaire,** Le ciel et la mer. BSAF **66** 1—19, mit 10 Fig.

640. **H. Slouka,** First evening with the stars. RH **33** 64—65 (tschechisch).

641. **E. Strogowa,** Wie Entdeckungen gemacht werden. Moskau-Leningrad, Staatsverlag für Jugendliteratur, 1952. 238 S. — Besprechung in AJ UdSSR **29** 742—744 (J. Perel, russisch).

642. **N. N. Sytinskaja,** Gibt es Leben auf andern Planeten? Moskau, Staatlicher Kultur- und Volksbildungsverlag, 1952. 64 S. mit Abb. Preis 1 R. (russisch).

643. **N. N. Sytinskaja,** Gibt es Leben auf den Himmelskörpern? Tiflis, 1952. 112 S. mit Abb. Preis 1 R. 25 Kop. (georgisch).

644. **O. Thomas,** Atlas der Sternbilder. Salzburg, «Das Bergland-Buch», 1952. 2. Auflage. 155 S. mit 90 Tafeln. — Besprechung in Coelum **21** 22—23, Irish AJ **2** 152, Orion Schaffhausen **4** 154, Sternenwelt **5** 155.

645. **I. L. Thomsen,** Names of the navigational stars. Southern Stars **15** 86—88.

646. **M. Unold,** Frauen — unter die Sterne versetzt. Sternbilder, mit den Augen des Künstlers gesehen. Sternenwelt **4** 77—80, mit 3 Abb.

647. **I. Velikovsky,** Welten im Zusammenstoß. Stuttgart, W. Kohlhammer. 403 S. Preis DM 15.60. Übersetzung aus dem Englischen. — Vgl. AJB **51** Ref. 665. — Besprechung in Sternenwelt **4** 35—36 unter dem Titel: Ein nahrhafter Komet (W. Petri).

648. **E. J. Webb,** The Names of the Stars. London, Nisbet and Co., Ltd., 1952. 206 S. Preis 15 s. — Besprechung in Sky and Telescope **12** 188, 268 (G. A. Davis jr.).

649. **H. Werner,** Astronomische Dokumentation einst und jetzt. Naturwiss. Rundschau **5** 142—144, mit 5 Abb.

650. **H. Werner,** Klassische Sternbilder am Himmel der Tschuktschen. Z. Ethnologie **77** 139—141, mit 4 Abb.

651. **J. L. White,** Daylight observations. JBAA **62** 232—236.

652. The Mystery of Other Worlds Revealed. Herausgegeben von L. Mallan. New York, Fawcett Publications, Inc., 1952. 144 S. Preis 75 c. — Besprechung in J. British Interplanetary Soc. **12** 141—142 (A. C. Clarke).

653. Astronomy. Filmstrip No. Gumperts 2, Educational Productions Ltd. Preis 15 s. including notes. — Besprechung in Obs **72** 80—81.

654. Was ist Astrobotanik? Astr. Nachr. Berlin-Treptow **4** 6—7.

655. J. Herschels Bemerkungen über die Tagessichtbarkeit von Sternen in tiefen Schächten. Sterne **28** 154—155.

656. Fachwissen des Sternfreundes. Sternenwelt **4** 32—33, 69—71, 113—115, 150—153, 189—191, 229—231, mit 15 Abb. — Betrifft Mond- und Sonnenfinsternisse, Mondlibrationen, Sternbedeckungen, System der Jupitermonde, Sonnenfinsternisse, Schattenphänomene bei Mondfinsternissen, Trabanten des Neptun, Eigenbewegungen der Fixsterne, Stern-Spektroskopie.

657. Schüler und Astronomie. Sternenwelt **4** 133. — Ref. zu der in AJB **51** Ref. 657 zitierten Arbeit.

658. Papst Pius XII. über moderne naturwissenschaftliche Gotteserkenntnis. Sternenwelt **4** 145—146. — Behandelt die Gottesbeweise im Lichte der modernen Naturwissenschaft.

659. Astronomien i Dagliglivets Sprog. Urania Kopenhagen **9** 33—34.

§ 7

Bibliographie, Neuausgaben, Gesamtausgaben, Lexika, Sammelwerke, Festschriften

701. Astronomischer Jahresbericht. Mit Unterstützung der Astronomischen Gesellschaft herausgegeben vom Astronomischen Rechen-Institut in Heidelberg. Berlin, in Kommission bei W. de Gruyter & Co., 1952. **49.** Band. 50 + 420 S. Die Literatur des Jahres 1949. Preis 56.— DM. Schriftleitung K. Heinemann unter Mitwirkung von W. Lohmann.

702. Astronomical News Letter. Issued and distributed by the Harvard College Observatory, Cambridge, Mass. for the Committee for the Distribution of Astronomical Literature of the American Astronomical Society. — Nr. **59—67.**

703. Extraits d'Astronomie et de Géophysique du Centre National de la Recherche Scientifique. (Continuation de la Bibliographie Mensuelle de l'Astronomie) Paris. — Vol. **13** Nr. 1—12.

704. **J. G. Perel,** Literaturanzeiger der in der UdSSR erschienenen astronomischen Veröffentlichungen. AJ UdSSR **30** 118—120, 245—248, 374—376, 475—478, 572—576, 679—684 (russisch).

705. **S. A. Schorygin,** Literaturanzeiger der in der UdSSR erschienenen astronomischen Veröffentlichungen. Nr. **76—81.** AJ UdSSR **29** 112—119, 238—244, 374—380, 510—515, 624—628, 763—768 (russisch).

* * **D. Hoffleit,** Bibliography on meteoritic dust with brief abstracts. Vgl. Ref. 8306.

706. Bibliography of extraterrestrial radio noise by M. E. Stahr. Issued as part of the report of Commission V to the IXth General Assembly of the International Scientific Radio Union. Published by Cornell University Ithaca, N. Y., 1950. Radio Astronomy Report Nr. **11.** 6 + 129 S.

707. Bibliography of extraterrestrial radio noise, supplement for 1950 by M. Stahr-Carpenter. Issued as part of the report of Commission V to the Xth General Assembly of the International Scientific Radio Union. Published by Cornell University Ithaca, N. Y., 1952. Radio Astronomy Report Nr. **12.** 4 + 63 S.

708. **D. Kotsakis,** Allgemeine astronomische Bibliographie der Periode 1881—1898. Sonderdruck aus «Deltion» des Milit. Geod. Instituts Athen, 1952. 9 S. (griechisch). — Enthält alle in griechisch erschienenen Bücher für den Zeitraum 1881—1898 als Zusatz der Bibliographie von Houzeau-Lancaster und zum Astronomischen Jahresbericht. Verf.

709. **G. Peisino,** Elenco delle pubblicazione della Specola di Collurania dall' epoca della fondazione (1892) al 31 Dicembre 1951. Oss. Astr. Collurania-Teramo, 5 S.

710. Publications in astronomy from the University of Manchester. Nature **170** 143.

711. Jodrell Bank Annals: A new astronomical journal. Nature **170** 188.

712. **J. Humphries,** Abstracts. J. British Interplanetary Soc. **11** 47—53, 135—139, 198—203, 235—239, 293—296. — Enthält Titel und Referate von Arbeiten zu astronautischen und verwandten Problemen.

713. Bibliographie. Ann. Françaises Chronométrie (2) **22** 46—74, 134—178, 261—295, 369—407. — Enthält die Titel von Arbeiten mit kurzen Besprechungen aus dem Gebiet der Chronometrie.

714. **R. Baillaud,** Essai d'une Bibliographie générale de la Chronométrie. Ann. Françaises Chronométrie (2) **22** 45—46.

715. **P. Tardi, G. Laclavère,** Bibliographie Géodésique Internationale. Paris, Assoc. de Géodésie de l'Union géod. et géophys. internat., 1952. Tome **5** mit der Literatur 1941—1945. 506 S.

716. **W. E. Scott,** List of recent publications. J. Geophys. Res. **57** 149—155, 318—322, 435—438, 543—546. — Enthält die Titel von Arbeiten aus den Gebieten des Erdmagnetismus, der Erdelektrizität, kosmischen Strahlung, Hochatmosphäre, Erdkruste und des Erdinnern.

717. Mathematical Reviews. Published by the American Mathematical Society, Lancaster, Penn. — Vol. **13** Nr. 1—11.

718. Zentralblatt für Mathematik und ihre Grenzgebiete. Springer-Verlag, Berlin-Göttingen-Heidelberg. Geleitet von H. L. Schmid. — Band **41** Heft 1—12. Band **42** Heft 1—10. Band **43** Heft 1—10. Band **44** Heft 1—10. Band **45** Heft 1—3.

719. Physics Abstracts. Section A of Science Abstracts (Physics). Edited and issued monthly by the Institution of Electrical Engineers, London. — Vol. **55** Nr. 649—660.

720. Physikalische Berichte. Herausgegeben im Auftrag der Physikalischen Gesellschaft Württemberg/Baden/Pfalz von M. Schön. Akademie-Verlag, Stuttgart und Berlin. — Band **31** Heft 1—12.

721. Boletin del Centro de Documentacion Cientifica y Technica. Mexico. Tomo **1** Nr. 7, Julio 1952, S. 1165—1409. — Die Arbeiten aus dem Gebiet der Astronomie bzw. Astrophysik sind auf den Seiten 1174—1176 nachgewiesen.

722. Bibliographie der Veröffentlichungen der Akademie der Wissenschaften der Kasachischen Sowjetrepublik. Bücher und Aufsätze der Jahre 1946—1950. Alma-Ata, Verlag Akad. Wiss. Kasach. Sowjetrepublik, 1952. 148 S. Preis 5 R. (russisch).

723. Catalogo VII. Libri riguardanti l'Astronomia, la Meteorologia, la Cronologia, la Fisica, la Matematica, la Radiotelegrafia, la Relatività etc. Pubblicato in occasione del Congresso Internazionale di Astronomia. Roma, Libreria Nardecchia, 1952. 62 S.

724. Viaggi interplanetari. Bibliografia delle ricerche sulla propulsione a reazione e sul volo extraplanetare. Coelum **19** 85—88, 117—120, 149—152, 181—184 (1951), **20** 29—32, 61—64, 93—96, 125—128, 157—160, 187—190.

725. Ptolemy, The Almagest. Chicago—London—Toronto, Encyclopaedia Britannica, Inc., 1952. Great Books of the Western World Nr. 16 S. VII—XIV und 1—478. Herausgegeben von R. Hutchins, übersetzt von R. C. Taliaferro. — Besprechung in Isis **44** 278—280 (W. D. Stahlman).

726. Aristoteles: Vom Himmel, Von der Seele, Von der Dichtkunst. Eingeleitet und neu übertragen von O. Gigon. Zürich, Artemis-Verlag, 1950. 440 S. — Besprechung in Sternenwelt **5** 116 (W. Petri).

727. N. Kopernikus, De revolutionibus orbium caelestium. München, R. Oldenbourg, 1949. 476 S. mit 144 Abb. Preis DM 38.50. — Vgl. AJB **49** Ref. 715. — Weitere Besprechung in Phys. Blätter **8** 43—44 (H. Schimank).

728. N. Copernicus, On the revolutions of the heavenly spheres. Chicago–London–Toronto, Encyclopaedia Britannica, Inc., 1952. Great Books of the Western World Nr. 16 S. 497—838. Übersetzt von C. G. Wallis.

729. J. Kepler, Epitome of Copernican astronomy. Books IV and V. Chicago–London–Toronto, Encyclopaedia Britannica, Inc., 1952. Great Books of the Western World Nr. 16 S. 839—1004. Übersetzt von C. G. Wallis.

730. Johannes Kepler, Gesammelte Werke. Band **13—15**. Vgl. AJB **49** Ref. 718/19, AJB **51** Ref. 719. — Weitere Besprechung in Coelum **20** 152—153, Gaz astr **35** 30—33 (A. Dermul), Sterne **28** 78—79.

731. J. Kepler, The harmonies of the world. Chicago–London–Toronto, Encyclopaedia Britannica, Inc., 1952. Great Books of the Western World Nr. 16 S. 1005—1085. Übersetzt von C. G. Wallis.

732. **M. Caspar,** Bibliographia Kepleriana. Ein Führer durch das gedruckte Schrifttum von Johannes Kepler. Mit 80 Faksimile. Im Auftrag der Bayerischen Akademie der Wissenschaften unter Mitwirkung von L. Rothenfelder. München, C. H. Beck'sche Verlagsbuchhandlung, 1936. 158 S. Preis DM 27. — Besprechung in Gaz astr **34** 14—17 (A. Dermul).

733. **Al-Bitruji, F. J. Carmody,** De Motibus Celorum. Berkeley, University of California Press, 1952. 180 S. Preis $ 2.75. - Besprechung in Sky and Telescope **12** 242.

734. **F. J. Neubauer,** Some old books in the Lick Observatory library. Leaflet ASP Nr. 255, 8 S. mit 1 Fig., 1950.

735. Große Sowjetische Enzyklopädie. Zweite Auflage. Enthält in den ersten Bänden folgende Artikel: S. N. Blashko, A. A. Belopolskij, **4** 462—464; B. A. Woronzow-Weljaminow, Astrophysik, **3** 327—337; A. N. Deutsch, Astrophotographie, **3** 337—340; M. S. Swerew, Astrometrie, **3** 292—294; K. A. Kulikow, Astronomische Instrumente, **3** 295—303; P. G. Kulikowskij, Astronomische Observatorien, **3** 304—308; K. F. Ogorodnikow, Astronomie, **3** 311—326; S. W. Orlow, F. A. Bredichin, **6** 70—72; W. P. Schtscheglow, G. Bruno, **6** 175—177; W. A. Ambarzumjan, Das Weltall, **9** 290—297; A. A. Michajlow, Die Zeit (in der Astronomie), **9** 272—275 (russisch). Loh.

736. Landolt-Börnstein, Zahlenwerte und Funktionen aus Physik, Chemie, Astronomie, Geophysik und Technik. III. Band. Astronomie und Geophysik. Herausgegeben von J. Bartels und P. ten Bruggencate. Berlin, Göttingen, Heidelberg, Springer-Verlag, 1952. 18 + 795 S. Preis 248.– DM. — Besprechung in AN **281** 45 (J. Wempe), Ann d'Astrophys **15** 199 (D. Barbier), Mitt. AG **1951** 68—69 (H. Kienle).

737. Physikalisches Wörterbuch. Herausgegeben von W. H. Westphal. Berlin-Göttingen-Heidelberg, Springer-Verlag, 1952. 6 + 833 + 795 S. mit 1595 Fig. — Enthält 10500 Stichworte.

738. **W. Lohmann,** Eine kleine Statistik des astronomischen Schrifttums. Phys. Blätter **8** 547—550.

739. **P. N. Wymenez,** Der internationale Bücheraustausch der sowjetischen Astronomen. AJ UdSSR **29** 99—100 (russisch). — Ref. in Astr. News Letter Nr. **63** S. 5, Sternenwelt **4** 186.

Zweiter Teil

Tätigkeit. Geschichte

§ 10

Personalien, Biographie, Briefwechsel

1001. Nekrologe und Todesanzeigen

1949

L. L. Matkewitsch, 1878—1949 Dez. 24. Mitt. Astr. Hauptobs. Pulkowo **19** Nr. 1 (148) S. 1—5, mit Bild (russisch). — Ref. in Astr. News Letter Nr. **68** S. 1.

1950

I. Bonsdorff, 1879—1950 Okt. 17. Irish AJ **2** 58.

J. C. W. Herschel, 1869 Mai 22 — 1950 Juni 15. JBAA **62** 80.

1951

R. G. Aitken, 1864 Dez. 31 — 1951 Okt. 29. Irish AJ **2** 27, JBAA **62** 117—118 (J. Jackson), JO **35** 25—26, J RAS Canada **46** 28, MN **112** 271—273 (W. H. van den Bos), Publ ASP **64** 5—10, mit Bild (H. M. Jeffers), Sternenwelt **4** 178—179, mit Bild (W. Rabe), Urania Kopenhagen **9** 59.

D. Cameron-Swan, 1863 Apr. 22 — 1951 Aug. 19. MN ASSA **11** 2—3, MN **112** 274—276 (R. H. Stoy).

L. de Clerck, 1900 Juni 2 — 1951 Dez. 25. Heelal **8** 1—2, mit Bild (A. Velghe).

T. H. Close, † 1951 Mai 12. MN **112** 276 (H. Wright).

W. A. Cogshell, 1874 Febr. 8—1951 Okt. 5. Publ ASP **64** 48, Sky and Telescope **11** **161**, mit Bild (J. C. Duncan).

A. T. DeLury, 1864—1951. J RAS Canada **46** 28—29.

H. Harting, 1868 Febr. 15—1951 Sept. 21. AN **280** 147—148 (G. Hartwig), Sterne **28** 74—76, mit Bild (G. Hartwig).

F. C. P. Henroteau, † 1951 Mai 9. J. Optical Soc. America **42** 589.

H. Kolbow, 1879 April 16—1951 Aug. 22. Sternenwelt **4** 27—28 (A. Edler v. Querfurth).

C. O. Lampland, 1873 Dez. 29—1951 Dez. 14. Irish AJ **2** 27, J RAS Canada **46** 120, Publ ASP **64** 48, 293—296, mit Bild (J. C. Duncan), Sky and Telescope **11** 82.

H. Menze, † 1951 April 4. Sterne **28** 40—41 (G. Schindler).

H. Pain, 1873 März 24—1951 Sept. 2. MN **112** 276 (M. Davidson).

J. S. Paraskevopoulos, 1889 Juni 20—1951 März 15. MN **112** 277—279 = Harv Repr Nr. **369** (B. J. Bok).

C. D. Perrine, † 1951 Juni 21. MN **112** 273—274 (H. Spencer Jones).

H. Pistor, 1875 Sept. 6—1951 Okt. 1. Sterne **28** 41 (C. Hoffmeister).

C. L. Poor, 1866 Jan. 18—1951 Sept. 27. MN **112** 279—280 (S. A. Mitchell), Publ ASP **64** 48.

R. Schorr, 1867 Aug. 20 — 1951 Sept. 21. AN **280** 145—147 (A. Schwaßmann), Irish AJ **2** 58, Mitt. AG **1951** 3—5 (O. Heckmann), Sterne **28** 76—77, mit Bild (W. Dieckvoss).

J. W. Stein, 1871 Febr. 27—1951 Dez. 27. AN **280** 182, Coelum **20** 58—59, Hemel en Dampkring **50** 20, 101, mit Bild (J. J. Raimond jr.), Irish AJ **2** 27 (H. A. Brück), J RAS Canada **46** 168, Mem SA It (NS) **23** 243—245, mit Bild (J. de Kort), NAT **1952** 78, Obs **72** 119—120 (H. A. Brück), Sky and Telescope **11** 112, Specola Astr. Vaticana Ric. Astr. **2** 371—374, mit Bild (J. de Kort).

1952

W. A. Albizkij, † 1952 Juni 15. Astr Circ UdSSR Nr. 127 S. 19 (russisch).

H. J. S. Bell, † 1952 Juli. MN ASSA **11** 102.

J. H. J. Burtt, 1875 Juli 12—1952 Juni 14. JBAA **62** 297.

P. Doig, 1882—1952 Okt. 13. BAA Circ Nr. 337, Nature **170** 781, Obs **72** 212.

A. Gandillon, 1865—1952 Juli 22. Orion Schaffhausen **4** 27—29, mit Bild.

W. Gyllenberg, 1886 April 5 — 1952 Juli 25. NAT **1952** 116—118, mit Bild, PAT **33** 149—150, mit Bild (N. Ambolt).

W. Hall, † 1952 Mai 1. JBAA **62** 297—298.

J. C. Hickey, † 1952 April 3. Sky and Telescope **11** 191.

L. Jürgens, † 1952 März 31. Astr. Nachr. Berlin—Treptow **4** 21.

J. Kater, † 1952 März 4. Hemel en Dampkring **50** 76.

B. Lyot, 1897 Febr. 27—1952 April 2. Ann d'Astrophys **15** 75—78, mit Bild (A. Danjon), BSAF **66** 125, CR **234** 1501—1505 (A. Chevalier), Irish AJ **2** 58, J. Atmosph. Terr. Phys. **2** 259—260, J. Optical Soc. America **42** 501, J RAS Canada **46** 120, K. Nederl. Akad. Wetensch. Amsterdam **61** Nr. 7 S. 125—127, NAT **1952** 78, Nature **169** 776—777 (R. O. Redman), Obs **72** 157—159, 241—242 (H. P. Wilkins), Orion Schaffhausen **3** 437, PAT **33** 159—160, mit Bild (Y. Öhman), Publ ASP **64** 149—150, Sky and Telescope **11** 186, 193, mit Bild (D. H. Menzel), Sterne **28** 249, **29** 29—30 (R. Brandt), Urania Barcelona **37** 258—262, mit Bild (A. Romañá), Urania Kopenhagen **9** 61.

A. C. Maury, 1866—1952 Jan. 8. Irish AJ **2** 58, NAT **1952** 78, Publ ASP **64** 150.

F. J. Neubauer, † 1952 Sept. 16. Sky and Telescope **12** 40.

E. von der Pahlen, 1882 Juli 4—1952 Juli 18. AN **281** 48, Orion Schaffhausen **4** 26—27 (M. Schürer), ZfA **31** 97—98, mit Bild.

J. H. Pitman, 1890—1952 Sept. 23. J RAS Canada **46** 253 (P. van de Kamp), Obs **72** 212, Publ ASP **64** 331, Sky and Telescope **12** 8.

H. Rechlin, † 1952 Nov. 16. Astr. Nachr. Berlin-Treptow **4** 100 (D. Wattenberg).

A. Schlegel, 1920—1952 Aug. 11. Orion Schaffhausen **4** 29.

V. Serra Orvay, 1870—1952 Mai 24. Urania Barcelona **37** 262—263, mit Bild.

E. F. Skworzow, † 1952 Febr. 11. Astr Circ UdSSR Nr. 124 S. 20 (russisch).

R. H. Tucker, 1860—1952 März 31. Publ ASP **64** 150.

L. Volta, † 1952 Okt. 7. Mem SA It (NS) **23** 89.

1002. **Personalien**

J. G. Baker erhielt die Magellansche Medaille der American Philosophical Society. Sky and Telescope **11** 218.

V. Bappu erhielt die Donohoe Kometen-Medaille. Publ ASP **64** 40.

B. J. Bok erhielt die Donohoe Kometen-Medaille. Publ ASP **64** 40.

I. S. Bowen erhielt die Frederic Ives-Medaille für 1952. J. Optical Soc. America **42** 789—794, mit Bild.

S. Chandrasekhar erhielt die Catherine Wolfe Bruce-Goldmedaille für 1952. J RAS Canada **46** 119—120, Publ ASP **64** 46, 55—61, mit Bild (O. Struve), 82, 97, Sky and Telescope **11** 118.

C. T. Elvey, Direktor des Geophysikalischen Instituts der Universität von Alaska. Publ ASP **64** 83.

H. J. Gramatzki, 70. Geburtstag. Astr. Nachr. Berlin-Treptow **4** 69, Mitt. Planetenbeobachter **5** Nr. 5 S. 1, Sterne **28** 226—227 (E. Mädlow).

R. G. Harrington erhielt die Donohoe Kometen-Medaille. Publ ASP **64** 40.

J. F. Heard, Direktor des David Dunlap Observatory als Nachfolger von F. S. Hogg. J RAS Canada **46** 207.

J. Jackson erhielt die Goldmedaille der Royal Astronomical Society. BAA Circ Nr. 330, JBAA **62** 292—294, MN **112** 345—357 (H. Dingle), MN ASSA **11** 11, Publ ASP **64** 83.

E. L. Johnson erhielt die Donohoe Kometen-Medaille. Publ ASP **64** 40.

A. Kopff, 70. Geburtstag. Phys. Blätter **8** 78—79 (F. Gondolatsch).

B. Lyot erhielt posthum die Henry Draper Goldmedaille der National Academy of Sciences. BSAF **66** 314, Sky and Telescope **11** 191.

A. B. Meinel erhielt die Adolph Lomb-Medaille. J. Optical Soc. America **42** 986, mit einer Skizze von Meinel.

D. H. Menzel, Direktor der Harvard-Sternwarte als Nachfolger von H. Shapley. NAT **1952** 153, Sky and Telescope **12** 8.

P. W. Merrill trat 1952 Sept. 1 in den Ruhestand. Publ ASP **64** 274, Sky and Telescope **11** 299.

R. L. Minkowski erhielt die Donohoe Kometen-Medaille. Publ ASP **64** 40.

H. R. Morgan erhielt die James Craig Watson-Medaille. Sky and Telescope **11** 191.

G. Newkirk erhielt die Donohoe Kometen-Medaille. Publ ASP **64** 40.

D. J. K. O'Connell, Direktor der Sternwarte Castel Gandolfo als Nachfolger von J. Stein. Hemel en Dampkring **50** 214.

A. Pannekoek, 50jähriges Doktorjubiläum. Hemel en Dampkring **50** 133 (J. J. Raimond jr.).

P. F. Schajn erhielt die Donohoe Kometen-Medaille. Publ ASP **64** 40.

R. D. Schaldach erhielt die Donohoe Kometen-Medaille. Publ ASP **64** 40.

E. Schoenberg, 70. Geburtstag. Sternenwelt **4** 197—198, mit Bild.

B. M. Schtschigolew, 60. Geburtstag. Astr Circ UdSSR Nr. 122 S. 14—15 (W. Arsentjew, russisch).

A. Stauß, 80. Geburtstag. Sterne **28** 228 (O. Nögel).

J. P. Strong, Direktor des New Laboratory of Astrophysics and Physical Meteorology. Publ ASP **64** 274.

A. G. Wilson erhielt die Donohoe Kometen-Medaille. Publ ASP **64** 40.

1003. **G. Abetti,** Keplero. Vgl. AJB **51** Ref. **1003.** — Weitere Besprechung in Ciel et Terre **68** 292, Coelum **20** 56.

1004. **R. G. Aitken,** «The name on the office door». A tribute to Jose Costa. Leaflet ASP Nr. 268, 8 S. mit 1 Bild und 1 Fig., 1951.

1005. **A. Alberti-Poja,** La meridiana della Chiesa di S. Maria degli Angeli a Roma, l'astronomo Bianchini e la Pasqua. Rom, F. lli Palombi, 1948. 169 S. mit 24 Tafeln. Preis Lire 2000. — Besprechung in Coelum **20** 124. — Enthält eine Lebensbeschreibung von Bianchini, eine Abhandlung über das Osterfest und eine Studie über zwei Gnomon, welche Bianchini 1702 in Rom konstruiert hatte. F. Z.

1006. **G. Armellini,** Discorso pronunciato dal Prof. G. Armellini per le onoranze a V. Volterra il 25 – 11 – 1950 nella Sala Maggiore del Comune di Ancona. Oss. Astr. Roma-Monte Mario Contr. Sci. Nr. **174,** 26 S.

1007. **L. d'Azambuja,** L'œuvre de Bernard Lyot. BSAF **66** 265—277, mit Bild und 6 Fig.

1008. **C. Baumgardt,** Johannes Kepler: Life and Letters. London, Victor Gollancz, Ltd., 1952. 209 S. Preis 12 s. 6 d. — Besprechung in JBAA **63** 46.

1009. **W. Brunner,** Pioniere der Weltallforschung. Vgl. AJB **51** Ref. **1014.** — Weitere Besprechung in Orion Schaffhausen **3** 371—372.

1010. **M. Caspar,** Johannes Kepler. Vgl. AJB **48** Ref. **1008.** — Weitere Besprechung in Gaz astr **35** 75—76, PAT **33** 79.

1011. **J. Dick,** Zwei unbekannte Entwürfe Gottfried Schadows zu einem Kopernikus-Denkmal. Sterne **28** 177—181, mit 3 Abb.

1012. **E. Ehrlich Levinger,** Galileo: First Observer of Marvellous Things. New York, Julian Messner, 1952. 180 S. Preis $ 2.75. — Besprechung in Sky and Telescope **12** 242, 269 (R. Hayner Cresson).

1013. **D. S. Evans,** Two items of astronomical africana. I. Lacaille writes to his friend de la Condamine. II. Observations at the Cape by Sir John Herschel. Quarterly Bull. South African Library **7** 3—9.

1014. **W. Federau,** Nikolaus Kopernikus. Nürnberg, Olympia-Verlag, 1949. 180 S. mit einer Bildtafel. Preis DM 0.70. — Besprechung in Sternenwelt **4** 156 (A. Robl).

1015. **M. G. Gros,** Antide Janvier. Éléments biographiques à l'occasion du Bi-centenaire de sa naissance 1751—1951. Ann. Françaises Chronométrie (2) **22** 23—44, mit Bild.

1016. **Z. Harsany,** Und sie bewegt sich doch. Ein Roman um Galileo Galilei, aus dem Ungarischen übertragen und bearbeitet von J. P. Toth und A. Luther. Wien-Stuttgart-Berlin, Paul Neff Verlag, 1951. 760 S. Preis DM 19.80. — Besprechung in Sternenwelt **4** 156 (W. Jahn).

1017. **S. Herrick,** Tycho Brahe. Navigation Los Angeles **3** 108—109.

1018. **E. D. Herschel,** Notice complémentaire sur la Famille Herschel. Orion Schaffhausen **3** 433—436.

1019. **D. Hoffleit,** Antonia C. Maury. Sky and Telescope **11** 106, mit Bild.

1020. **E. J. Holmyard,** British Scientists. New York, Philosophical Library, 1951. 88 S. Preis $ 2.75. — Besprechung in Sky and Telescope **11** 93—94 (C. Payne-Gaposchkin).

1021. **S. Hondl,** Boskovicev dalekozor s vodom. Bošković Almanah 1952 S. 187—227, mit 8 Fig.

1022. **P. Humbert,** Sur les traces de Galilée. BSAF **66** 381—388, mit 2 Fig.

1023. **T. N. Kary-Nijasow,** Ulugbek — der große usbekische Astronom des 15. Jahrhunderts. Priroda **41** Nr. 10 S. 77—82, mit 3 Abb. (russisch).

1024. **A. Koyré,** La mécanique céleste de J. A. Borelli. Rev. Hist. Sci. Appl. **5** 101—138.

1025. **K. Ledersteger,** Zum 350. Todestage Tycho Brahes. Österreichische Z. f. Vermessungswesen **39** 151—152, mit 1 Abb., 1951. — Kurzer Abriß des Lebens und der wissenschaftlichen Leistung Tycho Brahes. Es wird darauf hingewiesen, daß er bereits vor Snellius das Prinzip der Triangulierung gefunden hat. T. L.

1026. **W. Lindemann,** Der alte Refraktor. Ein Denkmal in Bilk. Sternenwelt **4** 206—209, mit 3 Abb. — Dem Gedenken von J. Benzenberg, F. Brünnow, R. und W. Luther.

1027. **H. A. Lloyd,** George Graham. Horloger et astronome. Ann. Françaises Chronométrie (2) **22** 305—321, mit 15 Fig.

1028. **K. Lundmark,** Astronomiska upptäckter I. Harriers bokförlag, 1950. 223 S. Preis 8.75 Schwed. Kr. — Besprechung in NAT **1952** 36.

1029. **K. Lundmark,** Astronomiska upptäckter II. Harriers bokförlag, 1951. 190 S. Preis 8.75 Schwed. Kr. — Besprechung in NAT **1952** **36.**

1030. **K. Lundmark,** Heinrich Louis d'Arrest. (1822—1875). Astrometriker och nebulosaforskare. NAT **1952** 1—11, 41—53, mit 8 Fig. — Lebensbeschreibung mit einem Bericht über d'Arrests Katalogisierung und spektralanalytische Untersuchungen von Nebeln. Ra.

1031. **W. J. Miller,** Galileo's visits to Rome. Sky and Telescope **11** 211—213, 221, 246—248, mit 6 Fig. = Specola Astr. Vaticana Misc. Astr. **3** Articoli Nr. 106.

1032. **E. A. Milne,** Sir James Jeans. Mit einem Gedenkwort von S. C. Roberts. Cambridge University Press, 1952. 16 + 176 S. mit 7 Fig. und 2 Tafeln. Preis $ 4.00 bzw. 21 s. net. — Besprechung in Irish AJ **2** 152, JBAA **63** 191—192, Obs **73** 29 (F. J. M. Stratton), Proc. Phys. Soc. (A) **66** 417—419, Proc. Phys. Soc. (B) **66** 336—338 (R. Whiddington), Publ ASP **65** 97 (P. W. Merrill), Sky and Telescope **12** 134, **13** 20 (C. Payne-Gaposchkin).

1033. **A. Morosow,** Michail Wassiljewitsch Lomonossow. Leningrad, Verlag für Zeitungen, Zeitschriften und Bücher, 1952. 2. vervollständigte und verbesserte Auflage. 856 S. (russisch). — Besprechung in Priroda **43** Nr. 1 S. 118—121 (russisch).

1034. **A. N. Neate,** The grave of the late T. W. Webb. Obs **72** 76.

1035. **D. Nikolić,** Marin Getaldić, Daničić-Hodierna i jedno pismo italijanskog naučnika Burrattinija francuskom astronomu Boulliau-u. Bošković Almanah 1952 S. 242—253, mit 1 Tafel.

1036. **N. V. E. Nordenmark,** Kring-Tycho Brahe-jubileet 1901. PAT **33** 15—22. — Es wird über die 1901 ausgeführte Freilegung der Ruinen Stjärneborgs und über frühere Pläne zur Erhaltung der Ruinen berichtet. Ra.

1037. **W. Norlind,** Tycho Brahe. Mannen och verket. Efter Gassendi översatt med Kommentar. Vgl. AJB **51** Ref. **1040.** — Weitere Besprechung in BSAF **66** 406, Ciel et Terre **68** 90—91 (F. Palmer), PAT **33** 78.

1038. **J. G. Perel,** Hervorragende russische Astronomen. Moskau-Leningrad, GTTI, 1951. 216 S. (russisch). — Besprechung in AJ UdSSR **29** 106—110 (S. N. Korytnikow).

1039. **J. G. Perel,** Pjotr Borissowitsch Inochodzew — ein russischer Gelehrter und der erste russische Historiker der Astronomie. AJ UdSSR **29** 363—368, mit Bild (russisch).

1040. **J. G. Perel,** Matwej Matwejewitsch Gussew. AJ UdSSR **29** 490—494, mit 2 Abb. (russisch).

1041. **G. Revzin,** Mikuláš Koperník. Prag, Osvěta. 256 S. mit 19 Abb. Preis 86 Kčs.

1042. **H. Sawyer Hogg,** Galileo and the surface of the moon. J RAS Canada **46** 30—34, mit 1 Fig.

* * **H. Sawyer Hogg,** The introduction of the Copernican system to England. I. Robert Recorde and the Castle of Knowledge. II. John Dee and the circle at Mortlake. III. Thomas Digges and a perfit description of the caelestiall orbes. IV. Thomas Harriot, Sir Walter Raleigh's surveyor and topographer. Vgl. Ref. **1315.**

1043. **W. F. T. Schirach,** Jan Lourens Bestbier. MN ASSA **11** 32—33.

1044. **F. Schmeidler,** Kepler in seinen Briefen. Zur Herausgabe seines Briefwechsels 1590—1607. Sternenwelt **4** 171—174, mit 3 Abb.

1045. **H. Sponsel,** Kopernikus — Kampf und Sieg. Schloß Bleckede a. d. Elbe, Otto Meißners Verlag. Preis DM 4.80. — Besprechung in Sternenwelt **4** 156 (A. Robl).

1046. **S. Steiner,** La mentalité des contemporains de Galilée, Copernic et autres savants, et les temps modernes. Orion Schaffhausen **4** 24—25.

1047. **E. Thys,** Tycho Brahe. Heelal 8 3—7.

1048. **A. W. Toptschijew,** M. W. Lomonossow — ein großer russischer Gelehrter. Priroda **41** Nr. 2 S. 3—17 (russisch).

1049. **W. L. Tschenakal,** Alexej Iwanowitsch Kolotoschin, der Meister der astronomischen Instrumente M. W. Lomonossows. AJ UdSSR **29** 602—621, mit 1 Abb. und 4 Tafeln (russisch).

1050. **W. Voss,** H. C. Schumacher and the observatory at Altona. J RAS Canada **46** 22—23. — Übersetzung aus Sternenwelt, vgl. AJB **51** Ref. **1056.**

1051. **S. I. Wawilow,** Isaac Newton. Vgl. AJB **51** Ref. **1057.** — Weitere Besprechung in Phys. Blätter **10** 475—476 (E. Ullrich).

1052. **F. Zagar,** Saluto al Prof. Volta. Soc. Astr. Italiana, Atti del Convegno astr. di Milano-Merate Settembre **1951** S. 17—18. — Ansprache an Prof. Volta zu seinem Rücktritt.

1053. **G. Zimmermann,** Jäger am Himmelszelt. Zum 150. Geburtstag von Hermann Goldschmidt. Sternenwelt **4** 132—133, mit 1 Abb.

1054. Les inventeurs célèbres. — La Galerie des hommes célèbres. Paris, Editions d'Art Lucien Mazenot. — Besprechung in BSAF **66** 407—409. Berichtigung S. 453.

1055. En souvenir de Camille Flammarion. BSAF **66** 449—451.

1056. Nel tricentenario dalla nascita di Amanzio Moroncelli. Coelum **20** 83—84.

1057. A chapter in the life of Kepler. JBAA **62** 87—88.

1058. The Cassini family. JBAA **62** 184.

1059. Newcombs første møde med Barnard. NAT **1952** 75—76.

§ 11

Tätigkeitsberichte von Instituten und Gesellschaften, Tagungen

1101. **Tätigkeitsberichte von Instituten**

Ann Arbor, Mich. The Observatories of the University of Michigan. AJ **57** 177—184. L. Goldberg, R. R. McMath.

Armagh. Observatory. Irish AJ **2** 33—34 = Armagh Obs. Leaflet Nr. **12.** E. M. Lindsay. MN **112** 294—295. E. M. Lindsay.

Babelsberg. Mitt. AG **1951** 33—34. W. Grotrian.

Bamberg. Mitt. AG **1951** 34—35. E. Zinner.

Barcelona. Observatorio Fabra. Urania Barcelona **37** 59.

Belgrad. Observatoire Astronomique. Bull. Obs. Astr. Beograd **16** Nr. 1—4 S. 1—9. Rapport annuel, présenté à l'Académie des Sciences Serbe, sur l'état et l'activité de l'Observatoire en 1951. V. V. Michkovitch.

Berlin. Astronomisches Recheninstitut. Mitt. AG **1951** 35—36. A. Kahrstedt.

Berlin-Treptow. Archenhold-Sternwarte. Mitt. Archenhold-Sternw. Nr. **26**, 8 S. mit 13 Abb. D. Wattenberg.

Bloemfontein. South Africa. Lamont-Hussey Observatory. Vgl. Ann Arbor.

Bloomington, Ind. Goethe Link Observatory. AJ **57** 174—175. F. K. Edmondson.

Bonn. Mitt. AG **1951** 36—38. F. Becker.

Bordeaux. Observatoire. Rapport présenté au Conseil de l'Université. Année scolaire 1950—1951. Bordeaux, 1952. 4 S. P. Sémirot.

Cambridge, Engl. Cavendish Laboratory. MN **112** 298—300. L. Bragg.

Cambridge, Engl. University of Cambridge. Report of the Observatories Syndicate for the year ending 1952 September 30. 3 S. MN **112** 295—297. R. O. Redman.

Cambridge, Mass. 106. annual report of the director of the Astronomical Observatory of Harvard College for the year ending September 30, 1951. Cambridge, Mass. Published by the University, 9 S. H. Shapley.

Canberra. Commonwealth Observatory. Report of the Commonwealth Astronomer for the year 1951. 5 S. Maschinenschriftvervielfältigung. R. v. d. R. Woolley.

Cape of Good Hope. Royal Observatory. MN **112** 289—294. R. H. Stoy. Ferner: Report of Her Majesty's Astronomer at the Cape of Good Hope to the Secretary of the Admiralty for the year 1951. 20 Schreibmaschinenseiten. R. H. Stoy.

Charkow. Astronomisches Observatorium der Gorkij-Staatsuniversität. Circ. Astr. Obs. Gorkij-Staatsuniv. Charkow Nr. **9** S. 30, Nr. **10** S. 7 (russisch).

Charlottesville, Va. Leander McCormick Observatory. AJ **57** 175—177. H. L. Alden.

Christchurch, N. Z. Geophysical Observatory. MN **112** 328. J. W. Beagley.

Cleveland, Ohio. Warner and Swasey Observatory. AJ **57** 192—193. J. J. Nassau.

Columbus, Ohio. McMillin Observatory. AJ **57** 185—187. J. A. Hynek.

Delaware, Ohio. Perkins Observatory. AJ **57** 185—187. G. Keller.

Delaware, Ohio. Wesleyan Student Observatory. AJ **57** 185—187. J. E. Merrill.

Dublin. Dunsink Observatory. Irish AJ **2** 2—3. H. A. Brück. MN **112** 308—309. H. A. Brück.

Edinburgh. Royal Observatory. MN **112** 285—289. W. M. H. Greaves.

Evanston, Ill. Dearborn Observatory. AJ **57** 172—173. K. A. Strand.

Exeter. Norman Lockyer Observatory of the University College of the South West. MN **112** 308. D. L. Edwards.

Fort Davis, Tex. McDonald Observatory. Vgl. Williams Bay.

Frankfurt a. M. Mitt. AG **1951** 38—39. K. Schiller.

Freiburg i. Br. Fraunhofer-Institut. Mitt. AG **1951** 39—43. K. O. Kiepenheuer.

Glasgow. University Observatory. MN **112** 301. W. M. Smart. Ferner: The University of Glasgow. The Department of Astronomy. Glasgow Univ. Gazette Nr. **13**, 2 S. mit 1 Tafel = Glasgow Univ. Obs. Repr. Nr. **30**.

Göttingen. Universitäts-Sternwarte. Mitt. AG **1951** 43—46. P. ten Bruggencate.

Göttingen. Max-Planck-Institut für Physik. Abteilungen für Astrophysik und für theoretische Physik. Mitt. AG **1951** 46—48. L. Biermann, C. F. v. Weizsäcker.

Granada. Observatorio de Cartuja. Urania Barcelona **37** 59—60.

Greenwich. Royal Greenwich Observatory. Report of the Astronomer Royal to the Board of Visitors of the Royal Greenwich Observatory. 30 S. H. Spencer Jones. — 1951 Mai 1—1952 April 30. Ferner: MN **112** 281—285. H. Spencer Jones. Nature **170** 1111.

Hamburg-Bergedorf. Mitt. AG **1951** 48—53 = Jahresbericht der Hamburger Sternwarte in Bergedorf für das Jahr 1951. 11 S. O. Heckmann.

Hamburg. Deutsches Hydrographisches Institut. Jahresbericht Nr. **6**, 1951. 72 S. mit 12 Anlagen. T. Stocks, G. Böhnecke.

Heidelberg. Astronomisches Rechen-Institut. Mitt. AG **1951** 55—56. A. Kopff.

Heidelberg. Landessternwarte. Mitt. AG **1951** 53—55. H. Kienle.

Hyderabad. Nizamiah Observatory. MN **112** 320—321. A. Ali.

Ithaca, N. Y. Fuertes Observatory, Cornell University. AJ **57** 173—174. R. W. Shaw.

Jena. Mitt. AG **1951** 56—57. H. Lambrecht.

Johannesburg. Union Observatory. MN **112** 318. W. H. van den Bos.

Kiel. Mitt. AG **1951** 57—58. A. Unsöld.

Kodaikanal. Solar Physics Observatory. MN **112** 321—324. A. K. Das. Ferner: Annual report of the Kodaikanal Observatory for the year 1951. 9 S. A. K. Das.

Lake Angelus, Pontiac, Mich. McMath-Hulbert Observatory. Vgl. Ann Arbor.

Liverpool. Liverpool Observatory and Tidal Institute. Annual report 1951. 16 S. mit 3 Abb. A. T. Doodson.

London. Imperial College Observatory, South Kensington. MN **112** 301. R. W. B. Pearse.

London. University of London Observatory. MN **112** 301—302. C. W. Allen.

Madrid. Observatorio Astronómico Nacional. Sección solar. Seminario de Astronomía y Geodesia de la Universidad de Madrid. Sección de Asteroides. Urania Barcelona **37** 60—62.

Manchester. Jodrell Bank Experimental Station, University of Manchester. MN **112** 302—305 = Astr. Contr. Univ. Manchester (2) Jodrell Bank Repr. Nr. **65**. A. C. B. Lovell.

Mount Palomar. Vgl. Mount Wilson.

Mount Stromlo. Commonwealth Observatory. MN **112** 324. R. v. d. R. Woolley.

Mount Wilson, Mount Palomar. Annual report of the director. Carnegie Inst. Washington Year Book Nr. **51**, for the year 1951—1952, S. 3—33. I. S. Bowen. Carnegie Institution of Washington and the California Institute of Technology. AJ **57** 184—185. I. S. Bowen.

München. Mitt. AG **1951** 58—61. E. Schoenberg.

Münster. Mitt. AG **1951** 61. J. Hellerich.

Neuchâtel. Rapport du directeur de l'Observatoire Cantonal de Neuchâtel à la Commission de l'Observatoire sur l'exercice 1951, suivi du rapport spécial sur les concours des chronomètres et des pendules observés en 1951. 30 S. mit 4 Anhängen. E. Guyot.

New Haven, Conn. Yale University Observatory. AJ **57** 193—196. D. Brouwer.

Ottawa. Dominion Observatory. MN **112** 309—312. C. S. Beals.

Oxford. University Observatory. MN **112** 305—306. H. H. Plaskett.

Paris. Bureau International de l'Heure. Bull hor (3) Nr. 6 S. 165—176. A. Danjon.

Perth. Observatory. MN **112** 327—328. H. S. Spigl.

Pittsburgh, Pa. Allegheny Observatory. AJ **57** 170—171. N. E. Wagman.

Potsdam. Astrophysikalisches Observatorium. Mitt. AG **1951** 62—64. W. Grotrian.

Pretoria. Radcliffe Observatory. MN **112** 318—320. A. D. Thackeray.

Princeton, N. J. Princeton University Observatory. AJ **57** 187—188. L. Spitzer jr.

Richmond Hill. David Dunlap Observatory, University of Toronto. AJ **57** 171—172, MN **112** 312—313. J. F. Heard. J RAS Canada **46** 207—208.

Riverview, N. S. W. Riverview College Observatory. MN **112** 325. D. J. K. O'Connell.

San Fernando. Observatorio de Marina. Urania Barcelona **37** 62.

Santiago. Observatorio Astronómico de la Universidad. Urania Barcelona **37** 62—63.

Sonneberg. Mitt. AG **1951** 64—66. C. Hoffmeister.

Stalinabad. Astronomisches Observatorium. Bull. Astr. Obs. Stalinabad Nr. **2** S. 26—32 (russisch).

St. Andrews. University Observatory. MN **112** 306—308 = Repr. Obs. Univ. St. Andrews Nr. **5**. E. Finlay-Freundlich.

Stockholm. Stockholms Observatoriums Årsberättelse för året 1951. K. Svenska Vet. Årsbok för år 1952 S. 139—148. B. Lindblad.

Swarthmore, Pa. Sproul Observatory. AJ **57** 188—189. P. van de Kamp.

Sydney. Observatory. MN **112** 325. H. Wood.

Sydney. Radiophysics Laboratory. MN **112** 325—327. E. G. Bowen.

Tortosa. Observatorio de Física Cósmica del Ebro. Urania Barcelona **37** 63—64.

Toulouse. Observatoire de l'Université de Toulouse. Rapport annuel 1948—1949. 9 S. Desgl. 1949—1950. 9 S. E. Paloque.

Tübingen. Mitt. AG **1951** 66—67. H. Siedentopf.

Uccle. Observatoire Royal de Belgique. Rapport sur les travaux scientifiques effectués pendant l'année 1951. Commun. Obs. Roy. Belgique Nr. **39**, 16 S. P. Bourgeois.

Upper Darby and Wynnewood, Pa. Flower and Cook Observatories. AJ **57** 173. C. P. Olivier.

Valencia. Observatorio Astronómico de la Universidad. Urania Barcelona **37** 64.

Victoria, B. C. Dominion Astrophysical Observatory, Victoria, B. C. J RAS Canada **46** 250—251, MN **112** 313—318. R. M. Petrie.

Washington, D. C. United States Coast and Geodetic Survey. AJ **57** 189. R. F. A. Studds.

Washington, D. C. United States Naval Observatory. AJ **57** 189—192. F. A. Graf.

Washington, D. C. The Smithsonian Institution. Report on the Astrophysical Observatory. Annual Report Smithsonian Inst. for 1951 S. 117—122. L. B. Aldrich.

Wellington, N. Z. Carter Observatory. Report of the Carter Observatory Board for the year ended 1952, March 31. Carter Obs. Astr. Bull. Nr. **37**, 11 S. R. C. Hayes. MN **112** 328—329. I. L. Thomsen.

Wellington, N. Z. Seismological Observatory. MN **112** 329. R. C. Hayes.

Williams Bay, Wis. Yerkes Observatory. AJ **57** 196—206. B. Strömgren.

Wynnewood, Pa. Vgl. Upper Darby.

Zürich. Eidgenössische Sternwarte. Tätigkeitsbericht für das Jahr 1951. 7 S. mit 1 Abb. M. Waldmeier.

* * Tätigkeitsberichte von Privat- und Volkssternwarten siehe unter § **12**.

1102. American Astronomical Society

AJ **57** 1—2. Symposium: The H-R diagram. Introductory remarks to the symposium. H. N. Russell.

AJ **57** 207—210. Constitution of the American Astronomical Society.

J RAS Canada **46** 20—21. Eighty-sixth meeting of the American Astronomical Society. J. F. Heard.

J RAS Canada **46** 129—132, mit 3 Fig. The joint American Astronomical Society—Astronomical Society of the Pacific meeting at Victoria, B. C., June 25—28, 1952. R. M. Petrie.

Phys. Blätter 8 82—83. Neue Ergebnisse der astronomischen Forschung in den Vereinigten Staaten. — Besprechung von Vorträgen auch über ein paar allgemeiner interessierende Forschungsergebnisse.

Publ ASP **64** 142—143. Victoria meeting of the A. A. S. and the A. S. P.

Publ ASP **64** 215—219, mit 2 Fig. The Victoria astronomical meeting. J. C. Duncan.

Sky and Telescope **11** 90—91. Members and guests at the 86th meeting of the American Astronomical Society, Case Institute of Technology, Cleveland, Ohio, December 27, 1951.

Sky and Telescope **11** 239—242, mit 3 Fig. Astronomers meet at Victoria. C. M. Huffer. — 1952 Juni 25—28.

Die kurzen Berichte über die auf den Versammlungen gehaltenen Vorträge sind durch «Ref. AAS» gekennzeichnet.

1103. **Astronomical Society of the Pacific**

J RAS Canada **46** 129—132, mit 3 Fig. The joint American Astronomical Society—Astronomical Society of the Pacific meeting at Victoria, B. C., June 25—28, 1952. R. M. Petrie.

Publ ASP **64** 49—52. Minutes of the meeting of the Board of Directors, October 9, 1951. S. Einarsson.

Publ ASP **64** 52. Minutes of the special meeting of the directors, November 24, 1951.

Publ ASP **64** 52—53. Minutes of the adjourned meeting of the directors, November 27, 1951. S. Einarsson.

Publ ASP **64** 84. Joint meeting of the American Astronomical Society and the Astronomical Society of the Pacific.

Publ ASP **64** 85—88. Minutes of the sixty-third annual meeting of the Astronomical Society of the Pacific, January 9, 1952. S. Einarsson.

Publ ASP **64** 89—90. Minutes of the meeting of the newly elected Board of Directors, January 9, 1952. S. Einarsson.

Publ ASP **64** 91—95. Annual report of the secretary-treasurer for the year ending December 31, 1951.

Publ ASP **64** 142—143. Victoria meeting of the A. A. S. and the A. S. P.

Publ ASP **64** 215—219, mit 2 Fig. The Victoria astronomical meeting. J. C. Duncan.

Sky and Telescope **11** 239—242, mit 3 Fig. Astronomers meet at Victoria. C. M. Huffer. — 1952 Juni 25—28.

Die kurzen Berichte über die auf den Versammlungen gehaltenen Vorträge sind durch «Ref. ASP» gekennzeichnet.

1104. **Astronomical Society of South Africa**

MN ASSA **11** 76—78. Report of the Council for the Session 1951—1952.

1105. **Astronomische Gesellschaft**

Astr. Nachr. Berlin-Treptow **4** 83—86. Die Tagung der Astronomischen Gesellschaft in München 1952. E. Mädlow.

Mitt. AG **1951** 6—8. Bericht über die Versammlung der Astronomischen Gesellschaft in Recklinghausen, 23. bis 27. August 1951. H. Haffner.

Mitt. AG **1951** 8—11. Eröffnungsansprache zur AG-Tagung in Recklinghausen. F. Becker.

Mitt. Planetenbeobachter **5** Nr. 5 S. 1. Tagung der Astronomischen Gesellschaft in München.

Mitt. Planetenbeobachter **5** Nr. 6 S. 1—2. Die Tagung der Astronomischen Gesellschaft.

Naturwiss. Rundschau **5** 36. Tagung der Astronomischen Gesellschaft. H. C.

Freiesleben. — Bericht über die Tagung in Recklinghausen vom 23. bis 27. August 1952.

Phys. Blätter 8 468. Versammlung der Astronomischen Gesellschaft in München. H. Haffner.

Phys. Verhandlungen 3 157—166. Astronomentagung in München. — Die auf der Tagung gehaltenen Vorträge sind in den entsprechenden Paragraphen aufgeführt und mit «Ref. AG» gekennzeichnet.

Sky and Telescope 11 266. Astronomische Gesellschaft.

Sterne 28 207—208. Versammlung der Astronomischen Gesellschaft in München. N. Richter.

Sterne 28 214—218. Die Versammlung der Astronomischen Gesellschaft in München vom 22. bis 26. September 1952. N. Richter, H. Straßl.

Sternenwelt 4 215—216, mit 1 Abb. Die Tagung der Astronomischen Gesellschaft in München. F. Schmeidler.

Die kurzen Berichte über die auf der Versammlung gehaltenen Vorträge sind durch «Ref. AG» gekennzeichnet.

1106. Astronomisch-Geodätische Gesellschaft der UdSSR

Bote Akad. Wiss. UdSSR 22 Nr. 1 S. 52—54 (russisch). In der Astronomisch-Geodätischen Gesellschaft. A. S. Tschebotarjow.

Bull. Astr.-Geod. Ges. UdSSR Nr. 11 (18) S. 31—37 (russisch). Die Arbeit der Abteilungen der Astronomisch-Geodätischen Gesellschaft der UdSSR im Jahr 1950. — Berichte der Moskauer, Leningrader, Kiewer und Kujbyschewer Abteilungen.

1107. British Astronomical Association

The British Astronomical Association, its nature, aims and methods. Notes supplementary to the edition of 1948. 1952 October, S. 46—48. Preis 3d. — Vgl. AJB 48 Ref. 1110.

JBAA 62 249—269. Report of the council on the work of the session 1951 July 1 to 1952 June 30, to be presented to members of the Association at the annual general meeting 1952 October 29. — Enthält unter anderem die Berichte folgender Sektionen: Solar Section (D. W. Dewhirst), Lunar Section (H. P. Wilkins), Mercury and Venus Section (H. McEwen), Mars Section (P. M. Ryves), Jupiter Section (A. F. O'D. Alexander), Saturn Section (M. B. B. Heath), Comet Section (G. Merton), Meteor Section (J. P. M. Prentice), Aurora and Zodiacal Light Section (J. Paton, D. A. Maclean), Variable Star Section (W. M. Lindley), Methods of Observation Section (W. H. Steavenson), Computing Section (J. G. Porter), Historical Section (H. Kelly).

JBAA 63 1—31, mit 7 Fig. und 4 Tafeln. Report of the annual general meeting of the Association.

1108. British Interplanetary Society

J. British Interplanetary Soc. 11 41—42. Sixth annual general meeting.

J. British Interplanetary Soc. 11 306—313. Seventh annual general meeting. A. C. Clarke.

Nature 170 346—347. British Interplanetary Society.

1109. Deutsche Gesellschaft für Chronometrie

Phys. Blätter 8 520—521. Tagung der Deutschen Gesellschaft für Chronometrie in Hamburg. L. Meyding.

1110. International Astronomical Union

AJ 57 211. Constitution of the American Section of the International Astronomical Union.

AJ UdSSR **29** Heft 5 S. I—IV (russisch). Über die internationale Zusammenarbeit der Wissenschaftler. — Übersetzung in Astr. News Letter Nr. **68** S. 7—11.

AJ UdSSR **29** 745—760, mit 2 Tafeln (russisch). Die achte internationale astronomische Tagung. P. Kulikowskij.

Astr Circ UdSSR Nr. 130 S. 16—19 (russisch). Die achte Tagung der Internationalen Astronomischen Union.

Bote Akad. Wiss. UdSSR Nr. **11** S. 110—113 (russisch). Die achte Tagung der Internationalen Astronomischen Union. B. W. Kukarkin.

BSAF **66** 457—462, mit 3 Fig. Le congrès de Rome. A. Danjon.

Bull. géod. (NS) Nr. **26** S. 476. Italie. — Assemblée générale de l'Union Astronomique Internationale.

Ciel et Terre **68** 216—217. Huitième Assemblée Générale de l'Union Astronomique Internationale. M. Nicolet.

Coelum **20** 155. L'VIII assemblea generale dell'Unione Astronomica Internazionale a Roma.

Coelum **20** 161—177, mit 2 Tafeln. L'ottava assemblea dell'Unione Astronomica Internazionale in Roma. — Übersicht über die Vorträge auf der 8. Versammlung der UAI in Rom.

CR **235** 673. — Bericht über die Tagung in Rom von A. Danjon.

Gaz astr **34** 41—47, 69—82. La VIIIe assemblée de l'Union astronomique internationale (Rome, 4—13 septembre 1952). A. Dermul.

Glasnik Mat.-Fiz. Astr. (2) **7** 249. Osmi kongres internacionalne astronomske unije (I.A.U.) (Rim 4.—13. IX. 1952).

Hemel en Dampkring **50** 178. De Internationale Astronomische Unie.

J RAS Canada **46** 217—221. Eighth general assembly of the International Astronomical Union. A. V. Douglas.

La Ricerca Scientifica **22** 2041—2077. Congresso mondiale di Astronomia. VIII Assemblea generale dell'Unione Astronomica Internazionale. — Bericht mit Wiedergabe der Ansprache des Papstes. Zusammenfassung der Ergebnisse.

La Ricerca Scientifica **22** 2070—2077. Ottava assemblea generale dell'Unione Astronomica Internazionale. G. Abetti, F. Zagar.

Meteor **8** 23. Internationale bijeenkomsten van sterrenkundigen.

Mitteilungen der Vereinigung der Freunde der Studentenschaft der Universität Heidelberg Ruperto-Carola Nr. 7/8 Dezember 1952 S. 121. Tagung der Internationalen Astronomischen Union in Rom. A. Kopff.

NAT **1952** 105—109, mit 2 Fig. Den Internationale Astronomiske Unions kongres i Rom, September 1952.

NAT **1952** 138—141. Spredte træk fra kommissionsmøder under sidste UAI-kongres. A. V. Nielsen.

Nature **170** 786—787. International Astronomical Union. F. J. M. Stratton.

Obs **72** 169—181. International Astronomical Union. Meeting of the Eighth General Assembly at Rome, 1952 September 4—13.

Phys. Blätter **8** 433—439. Gott und Weltall. Ansprache Seiner Heiligkeit Papst Pius des Zwölften vor dem Internationalen Astronomischen Kongreß in Rom am 7. September 1952.

Phys. Blätter **8** 465—467. Weltkongreß der Internationalen Astronomischen Union in Rom 4. bis 13. September 1952. H. Kienle.

Sky and Telescope **11** 162. IAU symposia in Rome.

Sky and Telescope **11** 217. Notes on the IAU meeting in Rome.

Sky and Telescope **12** 2, 14—15, mit 2 Fig. Opening address IAU Rome meeting. B. Lindblad, President, IAU.

Sky and Telescope **12** 3—5, 14, 37—39, mit 18 Fig. Report from Rome. O. Struve.

Sterne **28** 207. Weltkongreß der Astronomen in Rom. N. Richter.

Sterne **28** 210—213. Eindrücke von der Tagung der Internationalen Astronomischen Union 1952 in Rom. H. Schmidt.

Urania Kopenhagen **9** 109—117. Astronomkongressen i Rom. C. L. Janssen.

Urania Kopenhagen **9** 125—133. Hans Hellighed Pave Pius XII's Tale i Anledning af den internationale Astronomkongres den 7. September 1952.

Wiss. Ann. **1** 591—593. VIII. Tagung der Internationalen Astronomischen Union in Rom vom 4. bis 13. September 1952. W. Grotrian.

VIII. General Assembly of the International Astronomical Union, Rome. Symposium on Stellar Evolution: B. Lindblad, On the evolution of stellar systems, S. 1; J. H. Oort, Expanding motions in groups of early-type stars, S. 3; W. Baade, Basic facts of stellar evolution, S. 6; F. Hoyle, The role of accretion in stellar evolution, S. 8; J. L. Greenstein, M. Schwarzschild, The chemical composition of the stars and its relation to stellar evolution, S. 14; E. Schatzman, Stellar evolution and white dwarfs, S. 16; Symposium on Astrometric Problems of Faint Stars: D. Brouwer, The Yale photographic zone program, S. I; R. H. Stoy, Report from the Cape Observatory, S. VIII; A. Kopff, Bildung eines Fundamentalkatalogs schwacher Sterne $(FK)_S$, S. XII; J. Larink, On the Bergedorf Catalogue of faint stars, S. XIX; E. Rybka, On the organization of meridian observations of the catalogue of faint stars, S. XXVI; J. H. Oort, Purpose and requirements for proper motions of faint stars, S. XXXIII.

1111. Internationale Astronautische Föderation

Bol. di Geodesia e Scienze affini **11** 461—464. III. Congresso astronautico internazionale. P. Gallina. — Bericht über den in Stuttgart gehaltenen dritten internationalen Kongreß über Raumfahrt.

J. British Interplanetary Soc. **11** 315—320, mit 5 Fig. Third International Astronautical Congress, Stuttgart, 1952.

Mitt. Planetenbeobachter **5** Nr. 5 S. 2. Internationaler astronautischer Kongreß in Stuttgart. E. Mädlow.

Nature **170** 1053—1054. Third international congress on astronautics. J. Humphries.

Orion Schaffhausen **3** 375. Gründung einer Internationalen Astronautischen Föderation.

1112. The Nantucket Maria Mitchell Association

Fiftieth annual report for the year ending January 31, 1952. Memorial House, Nantucket, Mass. 47 S. mit einem Bild von Maria Mitchell.

1113. Nederlandse Vereniging voor Weer- en Sterrenkunde

Hemel en Dampkring **50** 78—80. Nederlandse Vereniging voor Weer- en Sterrenkunde. — Jahresbericht 1951.

Hemel en Dampkring **50** 118—120 = Werkgroep Meteoren Med. **26**. — Bericht über das Jahr 1951.

1114. Royal Astronomical Society

MN **112** 249—270. Annual general meeting of 1952 February 8.

Obs **72** 49—55. Anniversary meeting and annual general meeting of the Royal Astronomical Society.

1115. Royal Astronomical Society of Canada

J RAS Canada **46** 57—77. Minutes of the annual meeting of the Royal Astronomical Society of Canada.

1116. Royal Astronomical Society of New Zealand

Southern Stars **15** 105—113, 117—119. Report of the Council for the year ended 30th September, 1952; Reports of Sections for the year ended 1952, September 30.

1117. Schweizerische Astronomische Gesellschaft

Orion Schaffhausen **3** 438—439. Bericht über die Generalversammlung der Schweizerischen Astronomischen Gesellschaft in Bern am 10./11. Mai 1952. E. Maier.

1118. Società Astronomica Italiana

Atti del Convegno Astronomico di Milano-Merate, Settembre 1951. Pavia, Verlag M. Ponzio, 1952. La riunione di Milano e Merate e l'assemblea generale dei Soci per l'anno 1951 (S. 3—6). L. Volta, Soluto ai convenuti (S. 7—8). F. Zagar, Relazione letta per l'inaugurazione del convegno della Società Astronomica Italiana a Milano e Merate il 29—30 Settembre 1951 (S. 9—12). F. Zagar, Per l'inaugurazione del nuovo reparto all'Osservatorio di Merate (S. 13—16). F. Zagar, Saluto al Prof. Volta (S. 17—18). G. Abetti, Ricerche e problemi dell'Astronomia Italiana (S. 19—28). A. Colacevich, La materia interstellare (S. 29—46). L. Carnera, Problemi fondamentali urgenti di Astrometria (S. 47—57).

Mem SA It (NS) **23** 339—345. XI Convegno Volta (14—19 Settembre 1952). G. Righini. — Kurzer Bericht. Über die gehaltenen Vorträge vgl. AJB **53**.

Sternenwelt **4** 209—214. Physik der Sonne. M. Waldmeier. — Bericht über die Volta-Tagung in Florenz vom 18. bis 19. September 1952.

1119. Société Astronomique de France

BSAF **66** 287—294. Assemblée générale annuelle de la Société Astronomique de France. A. Hamon.

BSAF **66** 303—307. La vie de la Société Astronomique de France. G. C. Flammarion.

1120. Société Belge d'Astronomie, de Météorologie et de Physique du Globe

Ciel et Terre **68** 93—99. Assemblée générale statutaire du 8 mars 1952. E. Hoge, P. Bourgeois.

1121. Société Chronométrique de France

Ann. Françaises Chronométrie (2) **22** 130—133. Assemblée générale du 24 novembre 1951. — Tagung in Paris.

Ann. Françaises Chronométrie (2) **22** 347—352, mit 1 Abb. Assemblée générale de la Société Chronométrique de France. Annecy, 17, 18, 19 mai 1952.

1122. Svenska Astronomiska Sällskapet

PAT **33** 63—65. — Jahresbericht für 1951.

1123. **G. Abetti,** Relazione sull' XI Convegno Volta (14—19 settembre 1952). Rend. Accad. Nazionale Lincei, Cl. Sci. fis., mat., nat. (8) **13** 308—309.

1124. **E. Ahnert, P. Ahnert,** Astronomische Fragen auf der Deutschen Physikertagung in Berlin. Sterne **28** 218—226. — Enthält: K. O. Kiepenheuer, Neuere Ergebnisse der Physik der Sonne. E. F. Freundlich, Über den gegenwärtigen Stand der Prüfungen der allgemeinen Relativitätstheorie. H. Siedentopf, Bericht über Radioastronomie. W. Baade, Bericht über die Identifizierung der stärksten Radioquellen in Cassiopeja und Cygnus. K. Larché, Über Xenon-Hochdruckbögen sehr hoher Leuchtdichte. H. Barth, Das Auflösungsvermögen eines Gitterspektrographen.

1125. **C. de Bièvre,** Société d'Astronomie d'Anvers. Trente-deuxième rapport 1951. Anvers, 1952. 11 S.

1126. **W. A. Bronstein,** Tagung der Kommission für Kometen und Meteore. Bull. Astr.-Geod. Ges. UdSSR Nr. 11 (18) S. 37—39 (russisch).

1127. **E. Buchar,** Cosmogonical conference in Moscow. RH **33** 173—176 (tschechisch).

1128. **E. S. Burxer,** Tätigkeitsbericht des Meteoritenkomitees der Akademie der Wissenschaften der Ukrainischen Sowjetrepublik für das Jahr 1950. Meteoritika Nr. **10** S. 114—116 (russisch).

1129. **E. K. Charadse,** Die Arbeiten der georgischen Astronomen. Priroda **41** Nr. 11 S. 67 (russisch).

1130. **P. N. Cholopow,** Die zweite Unionskonferenz über Kosmogonie (Mai 1952). Bote Akad. Wiss. UdSSR Nr. 8 S. 99—105 (russisch).

1131. **T. Cragg,** Convention of Western Amateur Astronomers. Publ ASP **64** 322—323.

1132. **A. Dermul,** Le 6e congrès des astronomes-amateurs. Gaz astr **34** 21—26.

1133. **P. P. Dobronrawin,** Neue astronomische Untersuchungen sowjetischer Gelehrter. (Zu den Ergebnissen der Konferenz über Fragen der Stellarkosmogonie in der UdSSR). Priroda **11** Nr. 12 S. 75—79 (russisch). — Bericht über die Tagung vom 19.—22. Mai 1952 in Moskau.

1134. **W. W. Fedynskij, K. P. Stanjukowitsch,** Die vierte Tagung der Kommission für Kometen und Meteore und der Kommission für Kleine Planeten. Astr Circ UdSSR Nr. 127 S. 14—16 (russisch). — Kiew 1951 Dez. 6—8.

1135. **H. Gerstner,** Astronomie-Ausstellung in Weimar. Sterne **28** 157—158.

1136. **J. Herrmann,** L'exposition astronomique «Du und das Weltall». Gaz astr **34** 27—29.

1137. **J. Herrmann,** Du und das Weltall. Astronomische Ausstellung in Reutlingen. Sterne **28** 158—160.

1138. **J. Hunaerts,** La physique des comètes. Ciel et Terre **68** 212—215. — Bericht über das Kolloquium in Lüttich vom 19. bis 20. September 1952.

1139. **I. A. Judin,** Über die Arbeiten der Ural-Meteoritenkommission für das Jahr 1950. Meteoritika Nr. **10** S. 117—119 (russisch).

1140. **F. Kettlewell,** The fourth convention of Western Amateur Astronomers. Strolling Astronomer **6** 142—143.

1141. **B. W. Kukarkin,** Konferenz über Fragen der Sternassoziationen und der Verteilung der heißen Riesen. Astr Circ UdSSR Nr. 122 S. 13—14 (russisch). — Fand vom 12. bis 16. 11. 1951 am Astr. Obs. Bjurakan statt.

1142. **P. Kulikowskij,** Der dritte polnische Astronomenkongreß. AJ UdSSR **29** 505 (russisch). — Fand vom 10. bis 12. November 1951 in Thorn statt.

1143. **E. Mädlow,** Vereinigung der Sternfreunde. Mitt. Planetenbeobachter **5** Nr. 7 S. 1—2. — Ziele der Vereinigung.

1144. **A. Margraf,** Internationale Tagung der Planetenbeobachter. Orion Schaffhausen **3** 375.

1145. **L. Michiels, J. Storms,** Travaux d'observation à l'Observatoire de M. C. de Bièvre. Gaz astr **34** 30—32, mit 4 Fig.

1146. **I. A. Parschin,** Beratung über die Frage der photometrischen Beobachtungen der Kleinen Planeten. Astr Circ UdSSR Nr. 132 S. 20 (russisch).

1147. **Z. Pěkný,** Zweite meteoritische Konferenz in Moskau. Časopis **2** 1—4 (tschechisch).

1148. **Plumeyer,** Die bisherige Tätigkeit der Astronomischen Arbeitsgemeinschaft in Burg bei Magdeburg. Sterne **28** 251—252, mit 2 Abb.

1149. **A. Robl,** Du und das Weltall. Eine sehenswerte Ausstellung. Sternenwelt **4** 100—102.

1150. **G. D. Roth, H. Oberndorfer,** Le congrès international des observateurs planétaires, Munich, 12—15 août 1951. Gaz astr **34** 7—8.

1151. **G. D. Roth,** Planetensektion der Sternfreunde, Germany. J RAS Canada **46** 167.

1152. **W. S. Safronow,** Tagung über stellarkosmogonische Fragen. AJ UdSSR **29** 498—505 (russisch).

1153. **W. W. Scharonow,** Beratung über die Beobachtungsmethodik bei Mondfinsternissen. Astr Circ UdSSR Nr. 132 S. 19—20 (russisch).

1154. **W. A. Schischakow,** Der fünfte astronomische Schülerwettbewerb. Bull. Astr.-Geod. Ges. UdSSR Nr. **11** (18) S. 39—41 (russisch).

1155. **K. Stanjukowitsch, W. Fedynskij,** Die vierte Vollsitzung der Kometen- und Meteorkommission und der Kommission für Kleine Planeten des Astronomischen Rates der Akademie der Wissenschaften der UdSSR. AJ UdSSR **29** 505—508 (russisch). — Fand vom 6. bis 8. Dezember 1951 in Kiew statt.

1156. **P. Swings,** Rapport sur le colloque international annuel organisé par l'Institut d'Astrophysique de l'Université de Liège. Bull. Cl. Sci. Acad. roy. Belgique (5) **38** 232—233 = Inst. d'Astrophys. Univ. Liège Mém. 8⁰ Nr. **342.** — 1951 Sept. 3—4.

1157. Zu neuen Erfolgen der sowjetischen Astronomie. AJ UdSSR **29** 3—4 (russisch). — Ref. in Astr. News Letter Nr. **63** S. 1.

1158. Resolution of the Presidium of the Astronomical Council of the Academy of Sciences of the USSR, January 22, 1952. AJ UdSSR **29** 101—102 (russisch mit englischer und französischer Übersetzung). — Ref. in Astr. News Letter Nr. **63** S. 5. — Stellungnahme zur Absage der IAU-Tagung in Leningrad.

1159. Auf den ersten Platz in der Wissenschaft der Welt. AJ UdSSR **29** 629—632 (russisch).

1160. Congrès de l'Association Française pour l'Avancement des Sciences de Toulouse 1950. Ann. Obs. Astr. Mét. Toulouse **21** 1—15, mit 1 Tafel. — Die kurzen Berichte über die auf der Versammlung gehaltenen astronomischen Vorträge sind durch «Ref. L'AFAS» gekennzeichnet.

1161. Entschließung der Konferenz über Fragen der Stellarkosmogonie vom 19.—22. Mai 1952. Astr Circ UdSSR Nr. 127 S. 16—19 (russisch).

1162. Diskussion über die Möglichkeit des Lebens auf anderen Planeten im September 1952 in Alma Ata. Bote Akad. Wiss. Kasach. Sowjetrepublik Nr. **11** S. 55—92 (russisch). — Enthält Beiträge zahlreicher Autoren.

1163. Sull'attività di alcuni Osservatori americani. Coelum **20** 49—52.

1164. Riunione di astrofili a Venezia. Coelum **20** 147—149.

1165. L'Etude Optique de l'Atmosphère Terrestre. Communications présentées au colloque international tenu à l'Institut d'Astrophysique de l'Université de Liège les 3 et 4 septembre 1951. Avec une introduction de P. Swings. Extrait des Mémoires in –8° de la Société Royale des Sciences de Liège. Quatrième Série, Tome **12**, 319 S. mit Abb. Louvain, Imprimerie Ceuterick, 1952 = Inst. d'Astrophys. Univ. Liège Mém. 8° Nr. **338**. — Besprechung in Ann d'Astrophys **15** 73—74 (F. E. Roach), J RAS Canada **46** 170. — Die einzelnen Beiträge sind in den entsprechenden Paragraphen aufgeführt.

1166. Hayden planetarium symposium on space travel. J. British Interplanetary Soc. **11** 3—9, mit 2 Fig.

1167. Die Arbeiten der dritten Meteoritenkonferenz. Protokoll der dritten Meteoritenkonferenz. Meteoritika Nr. **10** S. 5—25 (russisch).

1168. Declaración del Consejo Nacional de Investigaciones Técnicas y Científicas sobre la misión de la ciencia y la técnica en la Argentina Justicialista. Resolución adoptada en la sesión del 8 de abril de 1952. Publ. Obs. Astr. Ciudad Eva Peron Circ. Nr. **11** S. 3—4.

1169. A budget for astronomy. Sky and Telescope **11** 54, 57.

1170. Convention at München. Sky and Telescope **11** 60.

1171. Conference on abundance of the elements. Sky and Telescope **12** 8.

§ 12

Sternwarten, Planetarien

1201. Ann Arbor

Sky and Telescope **11** Nr. 4 Titelbild und S. 78. Photographs of water colors of the four University of Michigan research observatories.

Sky and Telescope **11** 78, 81. The University of Michigan Observatories.

1202. Asiago

G. Righini, G. Mannino, Studio fotometrico del potere risolutivo dell' astrospettrografo dell' Osservatorio di Asiago. Mem SA It (NS) **23** 3—17, mit 4 Fig. = Contr. Oss. Astrofis. Asiago Nr. **23**. — Die Halbwertsbreiten einiger scharfer Cd- und Fe-Emissionslinien wurden auf Aufnahmen mit dem Spektrographen von Asiago gemessen, um daraus das effektive Auflösungsvermögen abzuleiten. Das erhaltene Auflösungsvermögen ergibt sich manchmal größer als das theoretische. Änderung des Auflösungsvermögens mit der Spaltbreite. Die Ergebnisse werden durch Messungen an Absorptionslinien einiger Sternspektren bestätigt. F. Z.

S. Taffara, L'Observatoire de l'Université de Padoue, à Asiago. BSAF **66** 246—249, mit 3 Fig.

Coelum **20** 80—83. L'astrospettrografo dell'Osservatorio Astrofisico di Asiago. — Beschreibung des Spektrographen.

1203. Bloemfontein

E. M. Lindsay, Meteorology at the Boyden Station of the Harvard Observatory. Irish AJ **2** 99—107, mit 5 Fig. = Harv Repr Nr. **370**.

1204. Bologna

L. Rosino, A. Betti, Osservazioni fotografiche della Nova ricorrente T Coronae Borealis. Mem SA It (NS) **23** 115—117 = Pubbl. Oss. Astr. Univ. Bologna **5** Nr. 21. — Beschreibung eines neuen Astrographen der Sternwarte Bologna, Öffnung 142 mm. Photographische Größen der Nova T CrB (vgl. § **113**). F. Z.

G. Horn-d'Arturo, Lo specchio a tasselli dell' Osservatorio astronomico universitario di Bologna. Coelum **20** 65—68, mit 4 Fig.

G. Horn-d'Arturo, L'aggiustamento dello specchio a tasselli effettuato dal centro di curvatura. Pubbl. Oss. Astr. Univ. Bologna **5** Nr. 17, 8 S. mit 2 Fig. und 2 Tafeln. — Ref. in PAT **34** 72—74, mit 1 Fig. — Verf. beschreibt das neue Mosaik-Teleskop der Sternwarte Bologna, seine Justierung und Prüfung. Der Spiegel besteht aus 37 gleichgroßen hexagonalen Einzelspiegeln, sein Öffnungsverhältnis beträgt 1.40 m:10.41 m. Mit 61 Einzelspiegeln kann eine Öffnung von 1.80 m erreicht werden. Loh.

1205. Cape of Good Hope

T. Mackenzie, Historic determinations of the longitude of the Cape. Vgl. Ref. 1419.

1206. Capodimonte

A. Colacevich, Il fotometro fotoelettrico dell' Osservatorio di Capodimonte. Elementi provvisori di V 451 Oph. Mem SA It (NS) **23** 225—232, mit 5 Fig. = Oss. Astr. Capodimonte-Napoli Contr. Astr. (2) **4** Nr. 11. — Beschreibung eines photoelektrischen Photometers mit Vervielfacher vom Typ 1 P 21. Vgl. auch § **112**. F. Z.

A. Colacevich, Fotometria stellare a Capodimonte. Rend. Accad. Sci. fis. mat. Napoli (4) **19** 174—178 = Oss. Astr. Capodimonte-Napoli, Collezione Miscellanea **1** Nr. 6. — Bericht über ein in Capodimonte gebautes und mit einem Vervielfacher ausgerüstetes Photometer nach G. E. Kron. F. Z.

1207. Capri

Y. Öhman, Solobservatoriet på Capri. PAT **33** 81—97, mit 18 Fig. — Bericht über die von der Sternwarte Stockholm eingerichtete Station für Sonnenbeobachtungen auf Capri. Ra.

1208. Castel Gandolfo

J. W. Stein, J. Junkes, Die Vatikanische Sternwarte in Vergangenheit und Gegenwart. Specola Vaticana, 1952. 72 S. mit 23 Tafeln. — Entwicklung und Tätigkeit der Vatikan-Sternwarte.

J. M. Vinter Hansen, Vatikan-Observatoriet. NAT **1952** 98—104, mit 4 Fig.

1209. Edinburgh

Irish AJ **2** 85. The 24 (16)-inch Schmidt telescope of the Royal Observatory, Edinburgh.

Obs **72** 60—62, mit 2 Tafeln. The 24—16-inch Schmidt telescope, Royal Observatory, Edinburgh.

1210. Fort Davis

M. Rudkjøbing, Indtryk fra et ophold på McDonald-Observatoriet. NAT **1952** 53—58, mit 2 Fig.

1211. Georgetown

C. C. Kiess, F. J. Heyden, The National Bureau of Standards — Georgetown Observatory solar spectrograph. J. Optical Soc. America **42** 876. — Ref. Optical Soc. America.

1212. **Gran Sasso**

PAT **33** 74—75, mit 1 Fig. Ett nytt italienskt observatorium.

Sternenwelt **4** 63, mit 1 Abb. Eine Sternwarte auf dem Gran Sasso. — Ref. der in AJB **51** Ref. **1212** zitierten Arbeit von M. Cimino.

1213. **Granada**

A. Due Rojo, La precipitación atmosférica en el Observatorio de Cartuja (1902—1951). Urania Barcelona **37** 31—42, mit 7 Fig.

1214. **Greenwich**

W. M. Witchell, The story of the Greenwich transit circle. Occasional Notes **2** 147—159, mit 1 Tafel. — Ref. in Obs **73** 121—122. — In chronologischer Reihenfolge wird die Geschichte des unter der Leitung von Airy 1848 bis 51 gebauten und über ein Jahrhundert lang benutzten Greenwicher Meridiankreises dargestellt, wobei sowohl instrumentelle als auch beobachtungstechnische Probleme und die im Laufe der Zeit vorgenommenen Änderungen ausführlich besprochen worden. Auch über die internationalen Verhandlungen zur Festlegung des Nullmeridians wird berichtet. Den Schluß bildet eine Zusammenstellung der mit dem Instrument beobachteten Sternkataloge. Bo.

1215. **Irkutsk**

L. A. Kedrowa, Der Aufbau des Astronomischen Observatoriums der Shdanow-Staatsuniversität Irkutsk. Astr Circ UdSSR Nr. 128 S. 17—18 (russisch).

1216. **Jungfraujoch**

Nature **170** 186—187. Twenty years of work at the Jungfraujoch.

1217. **Kodaikanal**

A. K. Das, Kodaikanal Observatory. Nature **170** 55—56.

E. Pettit, Kodaikanal Observatory 1901—1951. Publ ASP **64** 328.

1218. **Krim**

W. B. Nikonow, E. K. Nikonowa, Das Sternelektrophotometer des Astrophysikalischen Observatoriums auf der Krim und die Methoden zur Berechnung der Lichtschwächung in der Erdatmosphäre bei lichtelektrischen Beobachtungen veränderlicher Sterne. Mitt. Astrophys. Obs. Krim **9** 41—51, mit 3 Abb. (russisch). — Ref. in Astr. News Letter Nr. **71** S. 3, Sterne **29** 202—204, mit 1 Abb. — Verf. beschreiben Konstruktion und Arbeitsweise des am 20 cm-Meniskusteleskop montierten und mit einem sowjetischen FEU-17 Vervielfacher ausgestatteten Photometers. Um den Einfluß der Extinktion gebührend berücksichtigen zu können, wird ein entsprechendes Verfahren ausgearbeitet, wonach es auch möglich ist, die Helligkeiten auf den atmosphärelosen Zustand zu reduzieren. Loh.

1219. **Kvistaberg**

Å. Wallenquist, Det nya fotoelektriska instrumentet på Kvistabergs Observatorium. PAT **33** 23—32, mit 12 Fig. — Bericht über ein neues mit einem photoelektrischen Photometer ausgerüstetes 40/200 cm Cassegrain-Spiegelteleskop an der Filiale der Sternwarte Uppsala bei Kvistaberg. Ra.

1220. **Lake Angelus**

R. R. McMath, Solar research at the McMath-Hulbert Observatory. Publ ASP **64** 151—164, mit 2 Fig. und 4 Tafeln.

1221. Manchester

A. C. B. Lovell, Britain's giant radio telescope. London Calling 1952 Aug. 21, 2 S. mit 6 Fig. = Astr. Contr. Univ. Manchester (2) Jodrell Bank Repr. Nr. **74**.
H. Steyskal, Neues Radio-Teleskop. Phys. Blätter 8 517.
BAA Circ Nr. 333. Large radio telescope planned.
BSAF **66** 190. Astronomie de demain. Un radio-télescope géant.
Irish AJ **2** 54—55. A new giant radio telescope.
JBAA **62** 301—302. The 120-inch telescope.
Nature **169** 726. New radio-telescope for the University of Manchester.
Sternenwelt **4** 214. Riesenspiegel für Radio-Astronomie.

1222. Milano-Merate

L. Bassoli Romagnoli, Un poema astronomico dimenticato. Coelum **20** 140—142. — Astronomisches Gedicht aus dem Jahre 1774 anläßlich der Gründung der Mailänder Sternwarte. F. Z.
F. Zagar, Per l'inaugurazione del nuovo reparto all' Osservatorio di Merate. Soc. Astr. Italiana, Atti del Convegno Astr. di Milano-Merate Settembre **1951** S. 13—16.

1223. Mount Hamilton

W. W. Baustian, Completion of dome for Lick 120-inch reflector. Publ ASP **64** 122—127, mit 7 Fig. — Ref. in Sky and Telescope **11** 249.
F. J. Neubauer, Some old books in the Lick Observatory library. Vgl. Ref. 734.
C. A. Wirtanen, The program of the 20-inch astrographic camera. Leaflet ASP Nr. 264, 8 S. mit 1 Fig., 1951. — Übersetzungen befinden sich in NAT **1952** 18—24, mit 2 Fig., Urania Kopenhagen **9** 13—19.
J RAS Canada **46** 212. The Lick 120-inch reflector.
NAT **1952** 113. Lick-Observatoriets nye kuppel-bygning.

1224. Mount Palomar

D. Alter, C. H. Cleminshaw, Palomar Observatory. Los Angeles, Griffith Observatory, 1952. 76 S. Preis 90 cents. — Besprechung in Sky and Telescope **11** 174, 227 (P. C. Keenan).
I. S. Bowen, The spectrographic equipment of the 200-inch Hale telescope. ApJ **116** 1—7, mit 2 Fig. — Ref. in Phys. Abstracts (A) **56** 285—286. — Nach einer einleitenden Untersuchung über die die Lichtstärke von Sternspektrographen bestimmenden Faktoren werden die neuen Spektrographen des 5-m Reflektors auf dem Mt. Palomar beschrieben. Der Coudé-Spektrograph mit 12′ Kollimatoröffnung besitzt fünf Kameras mit Brennweiten zwischen 144″ und 8.4″. Die Dispersion liegt zwischen 2.3 und 40 Å pro mm. Als lichtbrechendes Element wird eine Kombination von vier Gittern benutzt. Die Kameras sind vom Schmidt-Typ; die Korrektionsplatten befinden sich nahezu in Kontakt mit dem Gitter, so daß sie vom Licht zweimal durchsetzt werden. Durch diese Anordnung wird die Vignettierung stark verringert. Die Kamera mit der kürzesten Brennweite (f: 0.7) besitzt zusätzlich eine aplanatische Fläche. Für sehr lichtschwache Objekte wird ein kleiner im Prime-Fokus zu betreibender Spektrograph mit Kamerabrennweiten von 1.4′ und 2.8′ (f: 0.47 und f: 0.95) benutzt, der mit zwei verschiedenen Gittern (7500 bzw. 15000 Linien/Zoll) Dispersionen von 430, 210 und 105 Å/mm zu erreichen gestattet. Micz.
I. S. Bowen, Optical problems at the Palomar Observatory. J. Optical Soc. America **42** 795—800, mit 5 Fig. — Ref. in Phys. Abstracts (A) **56** 85. — 1. Die kräftige Durchbiegung des 200-inch Spiegels erfordert ein neuartiges Auflagersystem, um eine einwandfreie Spiegelform in allen Fernrohrlagen zu gewährleisten. Die optische Prüfung des Spiegels in der Montierung wird kurz beschrieben

und der Korrektionszustand (Hartmann-Konstante 0.19) angegeben. 2. Eine von F. E. Ross berechnete Linse im primären Fokus vergrößert das nutzbare Feld des Spiegels auf 6′. 3. Eine Möglichkeit zur Aufdampfung eines Aluminiumbelages wurde von J. Strong geschaffen. 4. Die spektrographische Ausrüstung des Instruments wird beschrieben. Labs

I. S. Bowen, Some new tools of the astronomer. Obs **72** 129—137, mit 2 Tafeln. Halley Lecture for 1952. — Teilweise Wiedergabe in Southern Stars **15** 114—116 unter dem Titel: The 200-inch Hale telescope. — Nach einleitenden Bemerkungen zur Geschichte der Spiegelteleskope wird das Hale-Teleskop mit seinen Zusatzgeräten eingehend beschrieben. Die Programmarbeiten des Palomar-Observatoriums werden kurz erläutert. O. G.

M. G. Fracastoro, Il programma cosmologico dei telescopi di Monte Palomar. Coelum **20** 178—180.

R. G. Harrington, The 48-inch Schmidt-type telescope at Palomar Observatory. Publ ASP **64** 275—281, mit 4 Tafeln. — Ref. in PAT **34** 70—72, mit 1 Fig. — Die Beschreibung enthält hauptsächlich technische Angaben über Kuppel, Montierung, Fernrohr, Presse zum Durchbiegen der Platten, Leitrohre, Einrichtungen zum Einstellen nach Koordinaten und Nachführung. O. G.

G. Hartwig, Neue Himmelsaufnahmen von der Mount-Palomar-Sternwarte. Sterne **28** 1—6, mit 6 Abb.

J. J. Raimond jr., De Hale Telescope voltooid. Hemel en Dampkring **50** 201—205, mit 2 Fig.

H. Wright, Palomar, The World's Largest Telescope. New York, Macmillan, 1952. 12 + 188 S. Preis $ 3.75. — Besprechung in Coelum **21** 58, J RAS Canada **46** 111—112, Sky and Telescope **11** 147, 256 (P. C. Keenan).

Heelal **8** 39—43, mit 5 Fig. Mount Palomar . . . een ontgoocheling?

Publ ASP **64** 46. The story of Palomar.

1225. Mount Stromlo

O. J. Eggen, Fire damage at the Australian Commonwealth Observatory. Publ ASP **64** 62—66, mit 2 Fig.

A. R. Hogg, Fire damage at the Australian Commonwealth Observatory. J RAS Canada **46** 118—119.

K. G. Kron, Searching southern skies. Vgl. Ref. **1243**.

NAT **1952** 77. Observatoriebrand i Canberra.

Sky and Telescope **11** 137. Fire at Mt. Stromlo.

1226. Napoli

R. Barbatelli, Determinazione del passo del micrometro in declinazione del cerchio meridiano di Repsold. Nota II. Rend. Accad. Nazionale Lincei, Cl. Sci. fis., mat., nat. (8) **12** 84—86. — Ableitung des Schraubenwertes des Deklinationsmikrometers am Repsoldschen Meridiankreis in Neapel aus Beobachtungen eines künstlichen Sternes. F. Z.

1227. Oak Ridge

Harv Card 1175. The George R. Agassiz Station of the Harvard Observatory. — Umbenennung der Beobachtungsstation.

Publ ASP **64** 82. Harvard College Observatory. — Benennung des Observatory in Oak Ridge in Agassiz Station.

1228. Oxford

H. H. Plaskett, The Oxford solar spectroscope. MN **112** 177—194, mit 8 Fig. und 1 Tafel = Commun. Univ. Obs. Oxford Nr. **33**. — Der zum Sonnenteleskop der Sternwarte Cambridge gehörende Drei-Prismen-Spektrograph wird beschrieben. Er arbeitet in Autokollimation. Seine Öffnung beträgt 15.2 cm, die Brennweite 8.96 m. Die Dispersion ändert sich von 2.8 Å/mm bei λ 4000 auf 0.5 Å/mm bei λ 6500. Die Untersuchung der Apparatefunktion mit Hilfe der Kr-Linie λ 4319.6 erbrachte ein nach Rot asymmetrisches Profil mit 0.048 Å Halbwertsbreite. Das praktische Auflösungsvermögen erreicht mit 93000 bei der erwähnten Wellenlänge weniger als ein Drittel des theoretischen. Die Asymmetrie der Apparatefunktion bewirkt Verschiebungen der Linien, die von der Äquivalentbreite abhängen. Für die Apparatefunktion senkrecht zur Dispersionsrichtung wird 0.167 mm als Halbwertsbreite gefunden; die Details der Spektren sehr feiner Strukturelemente der Sonnenoberfläche gehen daher verloren. Doch können Spektren der Granulen erhalten werden. Micz.

1229. Pittsburgh

T. M. Lauterbach, The Allegheny Observatory of the University of Pittsburgh. (Sonderdruck ohne nähere Angaben.) 11 S. mit 13 Abb.

Nature **170** 1008. Allegheny Observatory, University of Pittsburgh.

1230. Potsdam

W. Grotrian, 30 Jahre Forschungsarbeit im Einsteinturm in Potsdam. Wiss. Ann. **1** 79—93, mit 12 Abb.

W. Uhink, Der Zeitdienst im Geodätischen Institut Potsdam. AN **281** 41—42.

1231. Pretoria

J RAS Canada **46** 27. Work at Radcliffe Observatory.

Leaflet ASP Nr. 272, 8 S. mit 1 Fig., 1951. The Radcliffe Observatory at Pretoria.

1232. Sacramento Peak

J. W. Evans, The solar flare recorder of the Sacramento Peak Station of the Harvard College Observatory. Science **114** 539—544, 1951. — Ref. in Phys. Ber. **31** 1624—1625: Beschreibung einer vollständig automatisch arbeitenden Kamera, die die Sonne laufend im Lichte von Hα durch ein Interferenzfilter (Durchlaßbreite 1.25 Å) photographiert. Die Nachführung des Instruments wird photoelektrisch besorgt. Das Instrument ist auf dem Sacramento Peak in Neu Mexiko seit März 1951 in Betrieb und registrierte z. B. bis zum September 252 Eruptionen. Ein ähnliches Gerät ist in Boulder (Col.) in Verwendung.

Kiepenheuer

1233. Sonneberg

R. Brandt, Eine Kuppel wird gehoben. Sterne **28** 72, mit 1 Abb.

1234. St. Andrews

B. M. Middlehurst, Das neue Schmidt-Cassegrain-Teleskop der Sternwarte St. Andrews. Sternenwelt **4** 17—20, mit 3 Abb.

1235. Swarthmore

P. van de Kamp, Neuere Arbeiten am Sproul Observatory. Mitt. AG **1951** 16—17. — Ref. AG.

1236. Taschkent

W. P. Schtscheglow, Aus der Vergangenheit der russischen Wissenschaft. Ausschnitte aus der Geschichte des Astronomischen Observatoriums Taschkent. Tätigkeit des Observatoriums von seiner Gründung bis zur Großen Sozialistischen Oktoberrevolution. AJ UdSSR **29** 476—489, mit 6 Abb. (russisch).

1237. **Victoria**
Sky and Telescope **11** 62. Dominion Astrophysical Observatory.

1238. **S. L. Hess, J. B. Irwin,** Cloudiness in relation to choice of astronomical sites. Science **115** 655—656. — Ref. in Phys. Ber. **32** 1276.

1239. **C. Hoffmeister,** Plan einer Forschungsreise nach Südwestafrika. Wiss. Ann. **1** 62—63.

1240. **J. B. Irwin,** Optimum location of a photoelectric observatory. Science **115** 223—226, mit 1 Fig. = Goethe Link Obs. Indiana Univ. Repr. Nr. **5**. — Ref. in Phys. Ber. **32** 448—449. — Kurze Erörterung der klimatischen Verhältnisse im südlichen Teil der USA.

1241. **C. O. R. Jaschek,** Estudios para la ubicación de un nuevo observatorio. Publ. Obs. Astr. Ciudad Eva Peron Circ. Nr. **11** S. 5—13, mit 1 Fig. (mit englischer Zusammenfassung). — Um die Eignung eines bei $\lambda = 4^h\,29^m\,52^s$ (W) und $\varphi = -29^\circ\,09'\,22''$ gelegenen Ortes in 1000 m Höhe unweit des Dorfes Chilecito für eine Sternwarte zu untersuchen, wurden dort von 1943 bis 1945 meteorologische und astronomische Beobachtungen durchgeführt und hier darüber berichtet. Loh.

1242. **J. Klepešta,** Astrophotography in Czechoslovakia. RH **33** 114—116, 133—134 (tschechisch).

1243. **K. G. Kron,** Searching southern skies. Publ ASP **64** 165—172, mit 6 Fig. — Der Bericht über einen längeren Aufenthalt der Familie Kron und von O. J. Eggen in Canberra enthält neben kurzen Angaben über die dabei am Observatorium auf dem Mount Stromlo durchgeführten Beobachtungen vor allem Schilderungen von der Reise und den Lebensverhältnissen. O. G.

1244. **N. V. E. Nordenmark,** Tycho Brahe-observatorierna på Ven. PAT **33** 1—14, mit 14 Fig. — Kurze Beschreibung von Uraniborg und ein Bericht über die 1951 nach der Freilegung ausgeführte Überdachung der Ruinen von Stjärneborg. Ra.

1245. **J. M. Ramberg,** Astronomiska studier i Sydafrika. PAT **33** 122—142, mit 18 Fig. — Bericht über die Sternwarten in Südafrika, besonders über den Aufenthalt des Verf. an der Harvard Boyden Station und über schwedische Pläne zur Einrichtung einer Filialsternwarte in Südafrika. Ra.

1246. **N. Richter,** Astronomische Forschungsreise von Prof. C. Hoffmeister nach Südwestafrika. Sterne **28** 161. — Aufgaben der Reise.

1247. **N. J. Stevns,** Nyt fra Australia. Urania Kopenhagen **9** 26—27, 105.

1248. **H. Straßl,** La astronomía en Alemania desde la última guerra. Urania Barcelona **37** 11—20.

1249. **G. O. Wallbrecher,** Misión y Tareas de la Dirección General de Observatorios Astronómicos Nacionales, en cumplimiento del Segundo Plan Quinquenal (1953—1957). Publ. Obs. Astr. Ciudad Eva Peron (Especial) Nr. **16**, 62 S. mit 7 Fig.

1250. **Å. Wallenquist,** Kupolbyggnader och observationspaviljonger. PAT **33** 143—148, mit 8 Fig. — Es wird über die Konstruktion einfacher Beobachtungspavillons berichtet. Ra.

1251. Laboratory of Astrophysics established at Johns Hopkins. J. Optical Soc. America **42** 689, mit 1 Skizze des Direktors J. D. Strong.

1252. Optimum location of a photoelectric observatory. Sky and Telescope **11** 166.

1253. **Privat- und Volkssternwarten**

BSAF **66** 31—34, mit 1 Fig. Plan de l'Observatoire des Coutures. M. Walbaum.

JBAA **62** 227—230, mit 4 Fig und 1 Tafel. Observatory of R. A. McIntosh, at Auckland, New Zealand. R. A. McIntosh, W. H. Steavenson.

J RAS Canada **46** 252. Mr. Bawtenheimer's Observatory.

MN **112** 329. Godlee Observatory, College of Technology, Manchester.

MN **112** 329. The Observatory of Hampstead Scientific Society. M. Davis-Scourfield, H. Wildey.

MN **112** 330. Mr. R. Barker's Observatory, Cheshunt, Hertfordshire.

MN **112** 330. Dr. J. L. Haughton's Observatory, Charmouth, Dorset.

MN **112** 330. Mr. M. B. B. Heath's Observatory, Kingsteignton, S. Devon.

MN **112** 330. Mr. F. M. Holborn's Observatory, Peaslake, Surrey.

MN **112** 330. Mr. P. A. Moore's Observatory, East Grinstead, Sussex.

MN **112** 330. Mr. F. J. Seller's Observatory, Muswell Hill, London.

MN **112** 331. Dr. W. H. Steavenson's Observatory, Cambridge.

MN **112** 331. Mr. H. Wildey's Observatory, Hampstead, London.

MN **112** 331. Mr. H. P. Wilkins' Observatory, Bexleyheath, Kent.

Naturwiss. Rundschau **5** 115, mit 1 Abb. Die Stuttgarter Volkssternwarte.

PAT **33** 74, mit 2 Fig. Ett nytt amatörobservatorium i Finland.

Sky and Telescope **11** 57—58, mit 3 Fig. The observatory key. H. M. Hequembourg.

Sky and Telescope **11** 60, mit 1 Fig. Astronomy in Peru.

Sky and Telescope **11** 197, mit 2 Fig. The Campbell Observatory.

Sky and Telescope **11** 282—285, mit 8 Fig. und Titelbild. The Haggart Observatory at Oregon City. H. P. Haggart.

Sterne **28** 42—43, mit 1 Abb. Die Volkssternwarte in Recklinghausen. V. Dahlkamp.

Sterne **28** 43—45, mit 2 Abb. Die Volkssternwarte Leipzig. U. Güntzel-Lingner.

Sterne **28** 64—69. 30 Jahre Bautzener Schulsternwarte. J. Franz.

Sterne **28** 77—78. VHS-Volkssternwarte Bochum. H. Kaminski.

Sterne **28** 124, mit 1 Abb. Privatsternwarte H. J. Nitschmann, Bautzen. H. J. Nitschmann.

Sterne **28** 124—125. Die Sternwarte auf der Kleist-Schule zu Berlin-Wilmersdorf. D. Gudzent.

Sterne **28** 251. 30 Jahre Volkssternwarte Frantz, Dresden. A. Frantz.

Sternenwelt **4** 58, mit 2 Abb. Eine neue Privatsternwarte in Kopenhagen. H. K. Kaiser.

Urania Kopenhagen **9** 69—72. Beretning om Uraniaobservatoriets Drift i Finansaaret 1951—52. C. L. Janssen.

Urania Kopenhagen **9** 106. Australske amatører. P. R. Stevns.

Planetarien

1254. **G. W. Bunton,** A universe indoors. Leaflet ASP Nr. 262, 8 S. mit 1 Fig., 1951.

1255. **A. Hamon,** Le planétarium. BSAF **66** 286. — Einweihung des Zeiss-Planetariums im Palais de la Découverte, Paris.

1256. **W. G. Hassler,** Nashville Planetarium. Sky and Telescope **11** 167, mit 3 Fig.

1257. **H. Michel,** Propos sur le planetarium. Ciel et Terre **68** 208—211.

1258. **L. E. Salanave,** San Francisco Planetarium. Sky and Telescope **12** 31—34, mit 9 Fig.

1259. **W. Stein,** Das Olbers-Planetarium in Bremen. Sterne **28** 160, mit 1 Abb., Sternenwelt **4** 93—94, mit 1 Abb.

1260. A new planetarium for Uruguay. Sky and Telescope **11** 59.

1261. Olbers Planetarium. Sky and Telescope **11** 274.

1262. Morrison Planetarium opens. Sky and Telescope **12** 10.

§ 13

Geschichte und Fortschritte der Astronomie

1301. **G. Abetti,** Arabic astronomy and the early history of science. Leaflet ASP Nr. 260, 8 S., 1950.

1302. **G. Abetti,** The History of Astronomy. New York, Schuman; London, Sidgwick & Jackson, 1952. 338 S. Preis $ 6.00 bzw. 25s. — Übersetzung aus dem Italienischen von B. B. Abetti. — Besprechung in J. British Interplanetary Soc. **13** 361 (P. Moore), Math. Rev. **14** 343 (D. J. Struik), Sky and Telescope **12** 76, 132 (J. W. Streeter).

1303. **A. Barangé,** La astronomía medieval. Urania Barcelona **37** 92—107, mit 4 Fig. — Verf. behandelt die Astronomie des Mittelalters, insbesondere das astronomische Vermächtnis des ausgehenden römischen Kaiserreichs, die «dunkle Zeit» (500—1000), die Astronomie im Orient (750—1200), ihr Vordringen nach dem Westen (1000—1300) und die Zeit der Scholastik (1200—1400). Gü.

1304. **F. Becker,** Geschichte der Astronomie. Bonn, E. Rothacker, Athenäum-Verlag, 1951. 95 S. Preis DM 4.50. — Besprechung in Phys. Blätter **8** 285—286 (H. Schimank).

1305. **F. Boll,** Kleine Schriften zur Sternkunde des Altertums. Herausgegeben und eingeleitet von V. Stegemann. Leipzig, Koehler & Amelang, 1950. 28 + 450 + 39 S. mit 61 Abb. Preis DM 22.50. — Vgl. AJB **51** Ref. **1303**. Weitere Besprechung in Deutsche Literaturzeitung **73** 50—53 (A. Scherer).

1306. **H. A. Calahan,** The Sky and the Sailor. A History of Celestial Navigation. New York, 1952. 262 S.

1307. **H. Chatley,** The Chinese astronomy of Huai Nan-Tzu. Obs **72** 84—85. — Huai Nan-Tzu hat 139 v. Chr. die Schrift Hung Lieh verfaßt, die in mehreren Teilübersetzungen vorliegt. Das 3. Buch hat rein astronomischen Inhalt, der kurz angegeben wird. Von Jupiter und Saturn werden tägliche Bewegung und Umlaufzeit genannt. Für Venus finden sich die Zeitwerte der einzelnen Sichtbarkeitsphasen und für Merkur die Umlaufszeit. Über Mars sind nur einige allgemein gehaltene Angaben vorhanden. Verschiedene Perioden der Lunisolar-Bewegung kommen im Hung Lieh ausführlich zur Darstellung. Große Bedeutung wird einem Zyklus von 4383 Tagen beigemessen, der mit T'ai Yin oder Jupiterzyklus in Beziehung steht. U. Baehr

1308. **H. Dingle,** The Scientific Adventure: Essays in the History and Philosophy of Science. London, Pitman, 1952. 9 + 372 S. mit 1 Tafel und 5 Fig. Preis 30s. — Besprechung in Obs **73** 120—121.

1309. **G. A. Gurew,** Das Weltsystem von den ältesten Zeiten bis zu unseren Tagen. Moskowskij Rabotschij, 1950. 393 S. mit Abb. — Besprechung in AJ UdSSR **29** 495—497 (J. G. Perel, russisch).

1310. **R. W. Kunizkij,** Die Entwicklung der Anschauungen über den Bau des Sonnensystems. Kurzer historischer Überblick. Moskau,

Technischer Staatsverlag, 1952. 5. Auflage. 80 S. mit Abb. Preis 1 R. 20 Kop. (russisch). — Besprechung in AJ UdSSR **30** 368—369 (J. G. Perel, russisch).

1311. **A. v. Mörl,** Die große Weltordnung. Band III: Die Wiedergeburt der Wissenschaft. Innsbruck, Universitätsverlag Wagner, 1952. 471 S. — Besprechung in Sternenwelt **5** 116.

1312. **O. Neugebauer,** The Exact Sciences in Antiquity. Kopenhagen, Ejnar Munksgaard; Oxford, University Press, 1951; Princeton, University Press, 1952. 9 + 191 S. mit 14 Tafeln. Preis $ 5.00. — Besprechung in J. Hist. Med. Allied Sci. **8** 97—100 (W. D. Stahlman), Sky and Telescope **11** 174, 227 (C. Payne-Gaposchkin).

1313. **O. Neugebauer,** Tamil astronomy. — A study in the history of astronomy in India. Osiris **10** 252—276. — Ref. in ZfMG **47** 3—4: Im Jahre 1825 hat J. Warren ein umfangreiches Werk «Kala Sankalita» über indische Zeitrechnung und Astronomie veröffentlicht, das er auf Grund von Eingeborenenmitteilungen in elf Jahren zusammengetragen hatte. Ein kurzes Kapitel davon (15 von 500 S.), das sich mit der Vorausberechnung von Mondfinsternissen befaßt, wird vom Verf. erstmalig eingehend untersucht. Der Gewährsmann Warrens, ein Kalendermacher aus Pondicherry, war ohne jede Kenntnis astronomischer Theorien imstande, eine solche Finsternis mit Hilfe von mnemotechnisch gelernten Formeln, die früher wohl in Tabellen niedergelegt waren, aus dem Gedächtnis heraus und unter Durchführung von Einzelrechnungen nach Abakusart (mit auf dem Boden niedergelegten Steinchen oder Muscheln) mit großer Genauigkeit zu berechnen, wobei der Fehler für den Eintritt der Finsternis nur vier Minuten beträgt. Verf. gelingt es, die einem von Warren mitgeteilten Zahlenbeispiel zugrunde liegende Theorie in fast allen Punkten aufzuklären. Noch erstaunlicher ist es, daß eine bis zur babylonischen Astronomie der Seleukidenzeit zurückgehende Tradition sich so offenbart. K. Vogel (gekürzt)

1314. **C. Pedretti,** Leonardo da Vinci e gli astronomi del suo tempo. Coelum **20** 133—139. — Bericht über die astronomischen Werke, die Tätigkeit von Leonardo da Vinci und seine Beziehungen zu den Astronomen seiner Zeit. F. Z.

1315. **H. Sawyer Hogg,** The introduction of the Copernican system to England. I. Robert Recorde and the Castle of Knowledge. II. John Dee and the circle at Mortlake. III. Thomas Digges and a perfit description of the caelestiall orbes. IV. Thomas Harriot, Sir Walter Raleigh's surveyor and topographer. J RAS Canada **46** 113—117, 158—164, 195—201, 239—244, mit 3 Fig.

1316. **H. Slouka** u. a., Astronomie v Československu od nejstarších dob do dneška. Prag, Osvěta. 346 S. mit 400 Abb. Preis 198 Kčs. — Besprechung in Coelum **21** 91. — Geschichte der tschechoslowakischen Astronomie vom 15. Jahrhundert bis zur Gegenwart. J. B.

1317. **G. de Vaucouleurs,** L'esprit de l'homme à la conquête de l'Univers, ou l'Astronomie des Pyramides au Mont Palomar. Vgl. AJB **51** Ref. **664**. — Weitere Besprechung in BSAF **66** 316, Ciel et Terre **68** 53 (H. Michel), Gaz astr **34** 62—63, Orion Schaffhausen **3** 373.

1318. **B. L. van der Waerden,** Babylonian astronomy. III. The earliest astronomical computations. J. Near Eastern Studies **10** 20—34, 1951. — Ref. in ZfMG **45** 145: Verf. behandelt die frühesten Rechnungsmethoden der babylonischen Astronomen. Er zeigt, wie sie lernten, Probleme, wie Länge von Tag und Nacht, Anaphora, Mondaufgang und -untergang, mit sehr einfachen Methoden zu meistern, die später auch die Griechen entlehnten. Verf. berichtigt Irrtümer seiner Vorgänger, fördert die Forschung, weist aber auch auf Lücken hin, die nur geschlossen werden können, wenn neue Keilschrifttexte auftauchen. Schaumberger

1319. **E. Zinner,** Astronomie, Geschichte ihrer Probleme. Vgl. AJB **51** Ref. **1327**. — Weitere Besprechung in Coelum **21** 23—24, Mitt. AG **1951** 68 (S. Temesváry), NAT **1952** 35—36, Orion Schaffhausen **4** 113—114, PAT **33** 78—79, Sterne **29** 126—127 (H. Schneller), Sternenwelt **4** 115—116 (H. U. Sandig).

1320. Astronomy in England during the fourteenth century. Nature **169** 779.

Fortschritte der Astronomie

1321. **G. Abetti,** Ricerche e problemi dell'astronomia italiana. Soc. Astr. Italiana, Atti del Convegno astr. di Milano-Merate Settembre **1951** S. 19—28.

1322. **G. Abetti,** Astronomia negli S. U. e il telescopio Hale di M. Palomar. Rend. Seminario mat. e fis. Milano **22** 60—62. — Bericht über die Astronomie in USA.

1323. **F. Armenter de Monasterio,** Avances realizados en la investigación astronómica durante el año 1951. Urania Barcelona **37** 169—191, mit 3 Fig.

1324. **N. P. Barabaschew,** Die Errungenschaften der sowjetischen Astronomie auf dem Gebiet der Erforschung der Natur der Planeten. Kiew, Ges. zur Verbreitung politischer und wiss. Kenntnisse, 1952. 43 S. mit Abb. Preis 80 Kop. (ukrainisch).

1325. **J. Cabannes,** Les progrès récents de l'astronomie. BSAF **66** 295—302.

1326. **E. Connor,** Astronomy in the news: 1950. Leaflet ASP Nr. 261, 8 S., 1951.

1327. **W. G. Fessenkow,** Fortschritte der Meteoritik seit 1950. Meteoritika Nr. **10** S. 26—36 (russisch).

1328. **G. H. Herbig,** Some advances in observational astronomy in the pacific area during 1949. Leaflet ASP Nr. 250, 8 S., 1950.

1329. **P. Swings,** Astrophysics: 1951. Leaflet ASP Nr. 273, 11 S. — Übersetzung in NAT **1952** 91—97.

1330. Astronomical highlights of 1952. Sky and Telescope **12** 45.

§ 14

Geschichtliche Untersuchungen über Spezialgebiete

1401. **L. Arbey,** Le premier thermomètre de Lavoisier de l'Observatoire de Paris. BSAF **66** 80—82.

1402. **A. Benhamouda,** Les noms Arabes des Etoiles. Extrait, sous le titre «Etoiles et Constellations» des Annales de l'Institut d'Etudes Orientales T. 9. Alger, 1951. 134 S. — Besprechung in Ciel et Terre **68** 144.

1403. **W. Bröcker,** Griechische Gedanken über die Grenze der Welt im Raum. Studium generale **5** 325—328. — Ref. in ZfMG **47** 1: Die Vorstellung griechischer Philosophen, daß es neben der endlichen Welt, die mit der Fixsternsphäre abschließt, noch endlich viele andere Welten gäbe, wird von Aristoteles wegen des Begriffes des Unendlichen abgelehnt. Für ihn ist die Welt endlich, außerhalb unserer Welt gibt es nichts, nicht einmal einen leeren Raum. Verf. entwickelt die Theorie des Aristoteles vom Unendlichen und untersucht dessen Scheinbeweis für die Endlichkeit der Welt (de caelo I/8). Daß eine endliche Welt nicht mit dem Prinzip der Geometrie verträglich ist, das die beliebige Verlängerung einer Strecke fordert, sieht auch Aristoteles. Er zieht aber nicht — wie Kant — die Folgerung, daß die Welt potentiell unendlich ist (ein aktual unendlich ist a priori ausgeschlossen), sondern er verändert das Prinzip der Geometrie dadurch, daß er als größte Länge überhaupt den Himmelsdurchmesser postuliert. Gedanken über den Widerspruch dieser Lehre mit der der Geometer scheint er sich nicht gemacht zu haben. Verf. meint, daß Aristoteles den Raum der Geometer in einen reellen und einen imaginären Teil, den außerhalb unserer Welt bloß vorgestellten Raum, sich aufgespalten denkt. K. Vogel

1404. **H. von Bronsart,** Rosa Ursina. Sternenwelt **4** 123—125, mit 3 Abb.

1405. **F. J. Carmody,** The planetary theory of Ibn Rushd. Osiris **10** 556—586. — Ref. in ZfMG **47** 3: Verf. untersucht die bisher wenig behandelte Planetentheorie des Aristoteleskommentators Ibn-Rušd (Averroes, 1126—1198), der die Epizykelntheorie des Ptolemaios ablehnt und mit einem verbesserten System homozentrischer Sphären wieder zu Aristotelischen Gedanken zurückkehrt. Inhaltlich stimmt dabei Ibn-Rušd mit seinem Zeitgenossen Al-Biṭrūjī überein, der im Gegensatz zu jenem auch das Mathematische beherrscht. Beide gehen wohl auf mündliche Lehren Ibn-Ṭufails zurück. Hervorzuheben ist, daß keine materielle Berührung mehr zwischen den einzelnen Sphären, auf denen sich die Himmelskörper befinden, angenommen wird, mit der die äußere Sphäre, das primum mobile, die andern in Bewegung hält, sondern daß die Wirkung über die Zwischenräume hinweg erfolgt. Und zwar geschieht dies aus einem metaphysischen «desiderium» des inneren Körpers heraus, dem äußeren (nach Geschwindigkeit oder Energie?) angeglichen zu werden («isti celi moventur in desiderio ad motum supremi, et per illud appetunt assimilari»). K. Vogel

1406. **S. L. Chapin,** Early ideas about comets 1650—1700. Leaflet ASP Nr. 278, 8 S.

1407. **G. C. Chase,** History of mechanical computing machinery. Proc. Association for Computing Machinery, Pittsburgh, 1952 S. 1—28.

1408. **M. Daisomont,** Un opticien d'il y a 300 ans. Orion Schaffhausen **3** 388—397, mit 2 Fig.

1409. **G. A. Davis jr.,** The meaning of Alphecca. Sky and Telescope **11** 111. — Nach Ansicht der im Mittelalter maßgebenden Autoren für arabische Sternnamen hat Al-Fakka allgemein die Bedeutung von Gefäß, Schüssel oder Napf. Idler war auf dem richtigen Wege zur Deutung des Wortes, da er auf den Sinn des Wurzelwortes: «Die zerbrochene Schüssel» hinweist. Spätere Bearbeiter haben diesen richtigen Ansatz offenbar nicht weiter verfolgt. Der richtige Sinn ergibt sich aus einer zum Hauptwort Fakka zugehörigen seltenen Verbalform. Al-Fakka heißt danach «Der Schwache», weil er nicht die Kraft hat, zu verhindern, daß sein Kreis von Sternen zerbrochen wird. U. Baehr

1410. **A. N. Deutsch,** Die erste Bestimmung der Parallaxe von α Lyrae von W. J. Struve. AJ UdSSR **29** 597—601 und Ref. Univ. Leningrad Wiss. Session 1951/52, S. 39 (russisch).

1411. **A. D. Dubjago,** N. I. Lobatschewskijs Reise nach Pensa zur Beobachtung der Sonnenfinsternis im Jahre 1842. Nichteuklid. Geom. Lobatschewskijs 1826—1951 S. 87—98 (russisch). — Ref. in ZfMG **47** 245: Am 8. 7. 1842 hat Lobatschewskij, der auch mit der Astronomie engen Kontakt besaß, eine Sonnenfinsternisexpedition nach Pensa, zusammen mit Ljapunow und Knorr, unternommen und darüber später berichtet. Der Bericht ist wertvoll durch einige astronomische und physikalische Bemerkungen, die später jedoch nicht weiter ausgearbeitet worden sind. So mutet Lobatschewskij zum Beispiel in seinem Zweifel an der damals absolut herrschenden Wellentheorie des Lichtes durchaus modern an. W. Burau

1412. **F. H. van den Dungen, J. F. Cox, J. van Mieghem,** Sur une question mise au concours, en 1752, par l'Académie Royale des Sciences et Belles-Lettres de Berlin. Ciel et Terre **68** 61—64 = Inst. Astr. Bruxelles (2) Nr. **75**.

1413. **F. H. van den Dungen, J. F. Cox, J. van Mieghem,** Sur le transfert, de la sphère céleste à l'atome, de l'attribut permettant d'établir l'échelle des temps la plus uniforme. Bull. Cl. Sci. Acad. roy. Belgique (5) **38** 783—786 = Inst. Astr. Bruxelles (2) Nr. **80**. — Über Ansichten des Aristoteles.

1414. **F. Fischer,** An astronomical relic from stone age. RH **33** 134—137, mit 1 Abb. (tschechisch).

1415. **R. Giacomelli,** Un'erronea spiegazione del ventennale ritardo con cui Newton enunciò la legge di gravitazione universale. Rend. Accad. Nazionale Lincei, Cl. Sci. fis., mat., nat. (8) **13** 386—390.

1416. **H. E. Houghton,** Sir John Herschel's Cape observations. MN ASSA **11** 4—6, 13—15.

1417. **E. S. Kennedy,** A fifteenth-century planetary computer: al Kāshī's «Ṭabaq al-Manāṭeq» II. Longitudes, distances and equations of the planets. Isis **43** 42—50. — Ref. in ZfMG **47** 3: In Fortführung einer früheren Abhandlung, in der Verf. die Handhabung der «Platte der Zonen» al-Kāšī's zur Bestimmung der wahren Längen von Sonne und Mond untersuchte (Vgl. ZfMG **37** 290), wird jetzt die Verwendung dieses astronomischen Instrumentes zur Lösung desselben Problems für Planeten behandelt. Verf. stellt eine fortlaufende Tradition von Proklos über al-Kāšī bis ins 16. Jahrhundert fest. K. Vogel

* * **A. B. Kiprenskij,** Der Erforscher der «Himmelssteine». Vgl. Ref. 8307.

1418. **A. Lawton,** Zodiacs old and new. Obs **72** 74—75. — Hinweis auf die in dem Buch von Bullinger «The Witness of the Stars» (1893) vertretene Auffassung, daß die Sphinx Anfang (Virgo) und Ende (Leo) des Tierkreises symbolisiert. O. G.

1419. **T. Mackenzie,** Historic determinations of the longitude of the Cape. MN ASSA **11** 34—35, 43—49.

1420. **O. S. Marshall,** Alhazen and the telescope. Leaflet ASP Nr. 251, 8 S., 1950.

1421. **M. Du Martheray,** La carte lunaire de Cassini. Découverte d'un exemplaire original. Orion Schaffhausen **3** 441—443, mit 1 Fig.

1422. **H. Mortensen,** Rundetaarn og den astronomiske Samling. Urania Kopenhagen **9** 84—88, mit 3 Fig.

1423. **G. Nebbia,** Aspetti storici del volo interplanetario. Coelum **20** 129—132.

1424. **N. V. E. Nordenmark,** Laurentius Paulinus Gothus föreläsningar vid Uppsala universitet 1599 över Copernicus hypotes. Ark Astr **1** 261—299, mit 18 Fig. = Uppsala Astr. Obs. Medd. Nr. **104**. — Laurentius Paulinus Gothus (1565—1646) war 1595—1600 Professor der Astronomie an der Universität Uppsala. Die jetzt veröffentlichten Aufzeichnungen von Gothus sind an den Rand der Seiten und in übrigen textfreien Stellen eines der Universitätsbibliothek Uppsala gehörenden Exemplares von G. Purbachij Theoricae novae planetarum, Basel 1573, geschrieben. Der lateinische Originaltext wird

jetzt mit einer gleichlaufenden schwedischen Übersetzung gegeben. Die Vorlesungen von Gothus im Jahre 1599 haben offenbar einen Vergleich zwischen den Weltsystemen von Ptolemäus, Kopernikus und Tycho Brahe umfaßt.
Ra.

1425. **F. J. O'Connor,** Solar eclipses visible in Ireland between A. D. 400 and A. D. 1000. Proc. Roy. Irish Acad. (A) **55** 61—72 = Contr. Dunsink Obs. Nr. 5.

1426. **A. Pannekoek,** The astronomical system of Herakleides. Proc. Section Sci. K. Nederl. Akad. Wetensch. (B) **55** 33—41 = Circ. Astr. Inst. Univ. Amsterdam Nr. 4. — In der neueren und neuesten Literatur wird behauptet, daß der griechische Philosoph Heraklit bereits die Bewegung der Erde um die Sonne gelehrt hat. Aus den dieser Behauptung zu Grunde liegenden Texten geht aber nur die Rotation der Erde um ihre Achse hervor. In einer bekannten Schrift von Chalcidius wird Heraklit als Urheber der Lehre genannt, daß Venus eine Bahn um die Sonne beschreibt. Aber auch diese Handschrift kann nicht so gedeutet werden, daß Heraklit die Translationsbewegung der Erde um die Sonne bekannt war. Dasselbe gilt für die Figuren in den verschiedenen Chalcidius-Texten. Auch hier ist die Ausdeutung einer der Figuren im genannten Sinne, was übrigens nur durch gewisse Umformungen möglich ist, unzulässig.
U. Baehr

1427. **E. R. Paterson,** The pardonable errors of Christopher Columbus. Sky and Telescope **11** 295—296, mit 4 Fig.

1428. **B. Polák,** Astronomical orientation of egyptian temples and pyramids. RH **33** 150—155, 177—180, 209—223, mit 18 Abb. (tschechisch).

1429. **D. J. Price,** Chaucer's astronomy. Nature **170** 474—475. — Ref. in Sky and Telescope **12** 74.

1430. **E. Rosen,** When did Galileo make his first telescope? Centaurus **2** 44—51, 1951.

1431. **E. Rosen,** Galileo on the distance between the earth and the moon. Isis **43** 344—348.

1432. **E. Rosen,** Galileo and the telescope. Sci. Monthly **72** 180—182, 1951.

1433. **W. Sandner,** Eine historische Meteorbeobachtung. Meteorbeobachter **2** Nr. 4/5 S. 7.

1434. **R. Savelli,** Geminiano Montanari e la legge fotometrica fondamentale. Cesalpinia Sett. **1952** S. 1—14, mit 1 Tafel. — Gegenüberstellung der Ansichten Montanaris und Grimaldis über die Natur und das Verhalten des Lichtes.
F. Z.

1435. **H. Sawyer Hogg,** Out of old books. J RAS Canada **46** 30—34, 113—117, 158—164, 195—201, 239—244, mit 4 Fig.

1436. **W. W. Scharonow,** Die «Lomonossow-Erscheinung» und ihre Bedeutung für die Astronomie. AJ UdSSR **29** 728—737, mit 3 Abb. (russisch). — Betrifft die 1761 von Lomonossow entdeckte Aufhellung der Venus bei einem Vorübergang vor der Sonne und die Erklärung als venusatmosphärischer Effekt.
Loh.

1437. **W. D. Stahlman,** On the date of a comet ascribed to A. D. 1238. Isis **43** 348—351, mit 2 Fig. — Eine von Thorndike veröffentlichte Sammlung lateinischer Abhandlungen über Kometen enthält unter anderem die Erwähnung einer in Spanien gegen 1238 n. Chr. erschienenen Arbeit. Da in dieser Arbeit die genauen astronomischen Begleitumstände einer Kometenerscheinung mitgeteilt werden, ist es möglich, das Erscheinungsjahr des Kometen zu bestimmen. Hierfür sind zwei Konjunktionen von Mars und Jupiter in den Jahren 1238 und 1240 im Steinbock und im Widder ausschlaggebend. In Verbindung mit weiteren astronomischen Daten ergibt sich, daß der Komet im November oder Dezember 1240 erschienen ist. Die Identifizierung des Kometen in der Kometographie von Pingré ist möglich. U. Baehr

1438. **M. F. Subbotin,** Die Arbeiten Mohammed Nassireddins über die Theorie der Sonnen- und Planetenbewegung (13. Jahrhundert). Nachr. Akad. Wiss. Aserbajdsh. Sowjetrepublik Nr. **5** S. 51—58 (russisch mit aserbajdshanischer Zusammenfassung).

1439. **E. G. R. Taylor,** The navigating manual of Columbus. J. Inst. Navigation **5** 42—54. — Astronomische Kenntnisse und Ortsbestimmungen des Kolumbus.

1440. **L. Thorndike,** Prediction of eclipses in the fourteenth century. Isis **42** 301—302, 1951.

1441. **S. Vasilevskis,** Meridian astronomy. Leaflet ASP Nr. 274, 8 S. — Eine Übersetzung findet sich in Urania Kopenhagen **9** 99—105, 118—119.

1442. **M. Waldmeier,** Die Entdeckung der solar-terrestrischen Beziehungen im Jahre 1852. Sternenwelt **4** 163—166, mit 1 Abb.

1443. **H. Werner,** Die Verstirnung von Motiven des Osiris-Mythos. Internat. Archiv für Ethnographie **46** 147—162, mit 2 Abb. — Die Untersuchung führt zu dem Ergebnis: die Lebensverhältnisse eines Volkes sind entscheidend für die Aufnahme von Sternbildmotiven. Gleiche Sternbilder bei verschiedenen Völkern deuten auf gleiche Lebensverhältnisse hin. Sind diese verschieden, so wurde ein zugetragenes Sternbildmotiv entweder abgelehnt oder assimiliert (S. 156). So findet man bei den verschiedensten, über den ganzen Erdball verbreiteten Völkern bestimmte Symbole der Nahrung und Ernährung, die je nach der Lebensweise des Volkes ihren Niederschlag am Sternhimmel gefunden haben und die auf den Nahrungsbringer Osiris (= Orion) des Ursprungslandes Ägypten zurückgehen. Bei der Verstirnung des Symbols fiel die Wahl naturgemäß auf Sternbilder, die in der geographischen Breite des betreffenden Landes gut sichtbar sind und die außerdem dem Ausgangssternbild des Mutterlandes formverwandt sind. Merkwürdig ist das Schicksal, das das Motiv des ägyptischen Unwettergottes Seth gehabt hat. Im Großen Wagen, von den Maja verstirnt, ist das Wort Hunrakan für den Großen Wagen als Bezeichnung für Unwetter in seinen entsprechenden sprachlichen Abwandlungen (deutsch = Orkan) um die ganze Erde gewandert. U. Baehr

1444. **H. Werner,** Ergebnisse der vergleichenden Sternbilderkunde. Phys. Verhandlungen **3** 163. — Ref. AG.

1445. **G. D. Zerfass,** Two mirrors: The story of the invention of the sextant. Navigation Los Angeles **3** 131—137.

1446. **E. Zinner,** Gerbert und das Sehrohr. Naturforschende Ges. Bamberg. Sonderdruck aus dem **33.** Bericht 1952 = Kleine Veröff. Remeis-Sternw. Bamberg Nr. **7** S. 39—40, mit 1 Abb. — Gerbert, der spätere Papst Silvester II., schrieb vor dem Jahre 982 an Constantinus über die Himmelskugel und beschrieb dabei ein Gerät, um die Lage der Himmelskreise und Pole kennen zu lernen. Verf. (gekürzt)

1447. **E. Zinner,** Die astronomischen Vorlagen des Sternenmantels Kaiser Heinrichs. Naturforschende Ges. Bamberg. Sonderdruck aus dem **33.** Bericht 1952 = Kleine Veröff. Remeis-Sternw. Bamberg Nr. **7** S. 41—43. — Betrifft den Krönungsmantel Heinrichs II.

1448. **E. Zinner,** Die Würzburger Sternkunde im Mittelalter. Naturforschende Ges. Bamberg. Sonderdruck aus dem **33.** Bericht 1952 = Kleine Veröff. Remeis-Sternw. Bamberg Nr. **7** S. **44—46.**

* * **E. Zinner,** Ältere Beobachtungen von Sonnenflecken. Vgl. Ref. **6333.**

1449. Time signals 100 years ago. JBAA **62** 154—155.

1450. Early measurements of the earth's size. JBAA **62** 182—183.

1451. A bibliographical centenary. JBAA **62** 240. — Betrifft R. Grant's Werk «History of Physical Astronomy» aus dem Jahre 1852.

1452. The date of Stonehenge. J RAS Canada **46** 165.

1453. Sternschnuppen in der alt-arabischen Mythologie. Meteorbeobachter **2** Nr. 6/7 S. 9.

1454. 300-års jubilæum i Sydafrika. NAT **1952** 113.

Dritter Teil

Instrumente. Beobachtungstechnik

§ 20

Allgemeines, Optik, Beobachtungsanleitungen, Alte Instrumente

* * **A. Alberti-Poja,** La meridiana della Chiesa di S. Maria degli Angeli a Roma, l'astronomo Bianchini e la Pasqua. Vgl. Ref. **1005.**

2001. **J. C. Alders,** Bouv je eigen sterrenkijker. Zutphen, W. J. Thieme & Cie., 1951. 228 S. mit 162 Fig. — Besprechung in Hemel en Dampkring **51** 14—15 (M. Daisomont).

2002. **E. Antonini,** L'observation des surfaces planétaires. Orion Schaffhausen **4** 17—19.

2003. **D. A. Beekhuis, J. Houtgast,** Nieuws voor spiegelslijpers. Hemel en Dampkring **50** 12—13, mit 4 Fig.

2004. **D. A. Beekhuis,** De vervaardiging van een Schmidt-camera. Meteoor **8** 3—5, 15—16, 18—21, mit 3 Fig.

2005. **H. Berthomieu,** Sur la distorsion optique de l'objectif astrographique à grand champ de l'Observatoire de Toulouse. Ann. Obs. Astr. Mét. Toulouse **21** 47—48.

2006. **R. Brandt,** Das Fernrohr des Sternfreundes III. Vgl. AJB **51** Ref. **2044.** Anmerkung hierzu in Sterne **28** 70.

2007. **D. W. Brown,** The modern reflecting telescope. JBAA **62** 86.

2008. **E. B. Brown,** Gleanings for ATM's. Sky and Telescope **11** 66—69, 95—97, 122—124, 148—150, 175—176, 201—202, 228—230, 257—258, 282—285, 308—309, **12** 19—22, 48—51, mit 45 Fig.

2009. **E. J. Bugoslawskaja,** Untersuchung des Objektivs eines weitwinkligen Astrographen. Mitt. Astr. Sternberg-Inst. Nr. **82** S. 15—28, mit 2 Abb. (russisch).

2010. **A. Couder,** Application d'une déformation thermique intentionnelle à l'exécution d'une surface parabolique. CR **235** 491—493 = Publ. Obs. Haute-Provence **2** Nr. 43. — Zur Erzeugung einer parabolischen Fläche wird die roh vorgearbeitete Scheibe elektrisch geheizt. Durch passende Anordnung der Heizvorrichtung und Regulierung der Stromstärke gelingt es, die Scheibe derart zu deformieren, daß nach Herstellung einer sphärischen Fläche und anschließendem Wiederabkühlen ein Paraboloid entsteht. Das Verfahren führt schneller zum Ziel als das bisher übliche. Kö.

2011. **M. Daisomont,** Mémoire final relatif au polissage du verre sur papier. Vgl. AJB **51** Ref. 2007. — Weitere Besprechung in Ciel et Terre **68** 53—54 (H. Michel), Coelum **20** 57.

2012. **M. Daisomont,** La bibliothèque du tailleur de miroirs. Gaz astr **34** 1—6.

2013. **M. Daisomont,** Le changement d'étoile artificielle dans un appareil à foucaulter. Gaz astr **34** 52—54, mit 1 Fig.

2014. **M. Daisomont,** Het vernissen van de zilverlaag van een telescoopspiegel. Heelal 8 64—66.

2015. **M. Daisomont,** L'évolution d'une machine à tailler les miroirs chez l'amateur. Orion Schaffhausen **4** 19—23, mit 4 Fig.

2016. **A. Elliot, J. H. Dickson,** Laboratory Instruments: their design and application. London, Chapman and Hall, Ltd., 1951; New York, The Chemical Publishing Co., Inc., 1953. 414 S. mit 35 Tafeln und vielen Diagrammen. Preis 32 s. net. bzw. $ 7.50. — Besprechung in JBAA **62** 179—180, J RAS Canada **48** 157, Obs **72** 81—82 (H. Seddon).

2017. **S. W. H. Elliott,** Adjustment of an equatorial. JBAA **62** 284—286, mit 2 Fig.

2018. **V. Erhart, J. Erhart,** Astronomical mirrors with ribs. RH **33** 15—16 (tschechisch).

2019. **W. A. Ervin,** A grinding machine for amateurs. Sky and Telescope **12** 21—22, mit 2 Fig.

2020. **G. de Fontanges,** Le sphéroplan. BSAF **66** 278—280, mit 5 Fig. — Beschreibung und Anwendung des Geräts.

2021. **M. G. Fracastoro,** Misure di energia raggiante. Firenze, Soc. Editrice Universitaria, 1952. 222 S. mit 64 Fig. Preis Lire 1.500. — Besprechung in Mem SA It (NS) **23** 82—83 (A. Kranjc). — Vorlesungen über Geräte und Technik zur Messung der Strahlungsintensität. Strahlungsquellen und Strahlungsempfänger, visuelle, photographische und photoelektrische Photometrie. F. Z.

2022. **N. Gardner,** The name Dollond. JBAA **62** 151.

2023. **F. J. Hargreaves,** Convex backs for telescopic mirrors. JBAA **63** 41—42.

2024. **H. Heidenreich,** Beeinflußt die Fernrohröffnung die scheinbare Vergrößerung? Sterne **28** 115—116. — Hinweis auf obigen Effekt mit Aufforderung zur Nachprüfung bei Instrumenten verschiedener Öffnung mit entsprechend vergleichbaren Vergrößerungen.

2025. **S. Hondl,** Über das mit Wasser gefüllte Fernrohr nach Boscovich. Glasnik Mat.-Fiz. Astr. (2) **7** 48—51. Nachtrag siehe AJB **53**.

2026. **P. Husnot,** Construction facile et économique d'un puissant télescope d'amateur. St. Brieuc (C-d-N., France), chez l'auteur, B. P. 45. 48 S. mit 37 Fig. — Besprechung in Ciel et Terre **69** 174 (M. Daisomont), Gaz astr **34** 35 (M. Daisomont).

2027. **Y. Le Grand,** La vision du point, à l'œil nu et derrière un instrument. Ciel et Terre **68** 40—44, mit 1 Fig. — Die Eigenschaften des menschlichen Auges, als optisches Instrument betrachtet, beim Sehvorgang einer punktförmigen Lichtquelle werden beschrieben: seine chromatische und sphärische Aberration; seine Farbempfindlichkeit (beste Abbildung bei 590 μ); die beim Durchgang des Lichtstrahls durch die Kristallinse entstehenden Fehler; das Zusammenwirken von Zäpfchen und Stäbchen auf der Netzhaut (Purkinje- und Galissotsches Phänomen); die Nachtkurzsichtigkeit. Schließlich werden noch die Besonderheiten erwähnt, die beim Beobachten durch ein Okular auftreten (speziell das Phänomen von Stiles-Crawford). T. L.

2028. **J. Lienhard,** Über die Genauigkeitsanforderung beim Parabolisieren von Teleskopspiegeln. Orion Schaffhausen **3** 429—433, mit 1 Fig.

2029. **E. H. Linfoot, E. Wolf,** On telescopic star images. MN **112** 452—469, mit 16 Fig. = Contr. Cambridge Obs. Nr. **10.** — Verf. untersuchen mit Hilfe der Beugungstheorie die Eigenschaften polychromatischer dreidimensionaler Sternbilder, die durch zweilinsige Objektive erzeugt werden. Die Wirkung des sekundären Spektrums auf die Lichtverteilung im Beugungsbild und die Lage des besten Fokus werden für einen Refraktor mit $24\frac{1}{8}$ Zoll Öffnung (f/15) sowie einen weiteren, dessen lineare Abmessungen nur 1/3 des anderen betragen, untersucht. Zum Vergleich werden die Verhältnisse für einen Refraktor mit f/15 ohne zentral im Strahlengang gelegenen Hilfsspiegel (Herschel-Reflektor) erörtert. Micz.

2030. **G. Mannino,** Aberrazione cromatica degli obiettivi; tabelle della dispersione lineare; tabelle della curvatura delle righe spettrali. Mem SA It (NS) **23** 18—22, mit 4 Fig. = Contr. Oss. Astrofis. Asiago Nr. **23.** — Vgl. Ref. 1202.

2031. **O. S. Marshall,** The camera obscura. Leaflet ASP Nr. 282, 7 S.

2032. **C. Morais,** Considerations on the Schmidt telescope. An. Real. Soc. Españ. Fis. Quim. **48** (A) 153—170 (spanisch). — Ref. in Phys. Abstracts (A) **57** 145.

2033. **W. H. Newman,** An experiment. JBAA **62** 109—111, mit 1 Fig. — Beschrieben wird der Aufbau eines «exzentrischen» Spiegelteleskops nach Newton, wobei ein aus einem zerbrochenen Parabolspiegel passend herausgeschnittenes Stück benutzt wird. Das ursprüngliche Öffnungsverhältnis von 1 : 7.4 reduziert sich hierdurch auf fast 1 : 16. Das Gesamtresultat wird als sehr zufriedenstellend bezeichnet. Kö.

2034. **W. A. Rhodes,** A sturdy mount and a sandblasted mirror. Sky and Telescope **11** 122—124, mit 3 Fig.

2035. **S. Rosin,** A new thin lens form. J. Optical Soc. America **42** 451—455, mit 7 Fig. — Es wird eine allgemeine, qualitative Methode zur Berechnung von Systemen dünner Linsen angegeben, die in der Anwendung besonders geschmeidig ist. Sie gibt die Korrektionen für alle die Abbildungsfehler, die sich bei derartigen Systemen grundsätzlich beheben lassen. Beispiele werden durchgerechnet. Labs

2036. **G. Salerni,** Complesso oculare costituito da lenti negative. Coelum **20** 146—147, mit 3 Fig. Berichtigung S. 177.

2037. **H. U. Sandig,** Regelbare Korrektur des Astigmatismus eines Cassegrain-Spiegels. AN **281** 9—13, mit 5 Abb. — Die Hartmann-Untersuchung des Bamberger 60 cm-Spiegels ergab geringe Zonenfehler (T = 0ʺ12) und einen merklichen Astigmatismus ($\Delta f = 0.3 \times 10^{-4} f$). Es wird eine elektromagnetische Druckeinrichtung am Fangspiegel des Cassegrain-Systems beschrieben, die es gestattet, den in erster Linie mit der Zenitdistanz variierenden

Astigmatismus regelbar zu kompensieren. Die erfolgte Kompensation wird durch weitere Hartmann-Aufnahmen nachgewiesen. Verf.

2038. **F. J. Sellers,** An efficient and easily constructed observing chair. JBAA **63** 36—38, mit 2 Fig.

2039. **F. Twyman,** Prism and Lens Making. London, Hilger & Watts, Ltd., 1952. 2. Auflage. 7 + 629 S. mit 260 Fig. Preis 58 s. net. — Besprechung in ApJ **117** 240 (A. B. Meinel), BSAF **66** 84, 118, Coelum **20** 151, Heelal **8** 50, JBAA **62** 208—209 (H. E. Dall), Obs **72** 120—121.

2040. **K. L. Walko,** Crosshairs for a finding telescope. Sky and Telescope **11** 149—150, mit 1 Fig.

2041. **P. A. Wayman,** A two-plate catadioptric system for astronomical photography. MN **112** 18—20, mit 1 Fig. — Es wird ein aplanatisches System mit zwei Korrektionsplatten und einer einzigen sphärischen Spiegelfläche beschrieben, das gute Bilder über ein weites Feld gibt und zu kleineren Rohrlängen führt als die klassische Schmidt-Kamera. Eine anastigmatische Abart ist mit einem nichtsphärischen Spiegel möglich. Micz.

2042. **K. Wenske,** Einfache Methoden zur Prüfung von Teleskopspiegeln. Sterne **28** 21—27, mit 2 Abb.

2043. Units and standards of measurement employed at the National Physical Laboratory. II. Light: photometry, colorimetry, radiometry. Department of Scientific and Industrial Research. London, H. M. Stationery Office, 1952. 8 S. — Ref. in Phys. Abstracts (A) **55** 768.

2044. Constant light source. Rev. Sci. Instruments **23** 659. — Firmenanzeige. — Radioaktives Tritium, in Stilben eingeschlossen, bringt dieses zur Fluoreszenz. Die Helligkeit dieser schwachen (Vergleichs-) Lichtquelle nimmt im Jahr nur um etwa 5% ab. Loh.

2045. Balancing an equatorial telescope. Southern Stars **15** 124.

Beobachtungsanleitungen

2046. **N. J. Bugoslawskaja, W. A. Bronstein, B. J. Lewin,** Anleitungen zur Beobachtung der Sonnen- und Mondfinsternisse. Moskau-Leningrad, Verlag Akad. Wiss. UdSSR, 1952. 31 S. mit 2 Abb. und 1 Karte. Preis 1 R. 50 Kop. (russisch).

2047. **J. Friends,** Sunspot observation with small telescopes. JBAA **62** 72—74. Mit einem Zusatz von D. W. Dewhirst.

2048. **F. Gianni,** La fotografia degli astri. Genua, Dott. I. Briano, 1949. 72 S. mit 64 Fig. und 12 Tafeln. Preis 500 Lire. — Besprechung in Heelal **8** 51.

2049. **F. L. Goodwin,** Stops for solar observing. Sky and Telescope **11** 176.

2050. **E. Haase,** Der Sternhimmel. (Anleitung zur Himmelsbeobachtung). Hildesheim, Friedrich M. Hörbold-Verlag K. G., 1950. Miniatur-Bibliothek. 16 S. mit 6 Abb. Preis DM 0.45. — Besprechung in Sternenwelt **5** 36 (W. Sandner).

2051. **T. E. Howe,** Lunar and planetary photography with small telescopes. Strolling Astronomer **6** 36—38, 108—114, mit 1 Fig.

2052. **H. König,** Anleitung zur Beobachtung von Tagesmeteoren. Meteorbeobachter **2** Nr. 1 S. 2—3, Nr. 2 S. 1—3, mit 7 Fig.

2053. **H. de Meyer,** Astrografie met kleine camera. Heelal **8** 59—64, mit 4 Fig.

2054. **A. V. Nielsen,** En opfordring til Astronomisk Selskabs medlemmer. NAT **1952** 67—71, mit 2 Fig. — Aufforderung an Liebhaber zur Beobachtung veränderlicher Sterne. Ra.

2055. **D. Paperlein,** Mondphotographie mit zweizölligen Refraktoren. Sterne **28** 248—249, mit 2 Abb.

2056. **W. R. Ransom,** A simple device to aid sunspot observing. Sky and Telescope **11** 154, mit 1 Fig.

2057. **D. W. Rosebrugh,** Visual observing programs for amateurs. Sky and Telescope **11** 98—99, 125—126, 151—153, 177—178, 203—204, mit 4 Fig.

2058. **H. E. Ruddy,** Pages from an observer's diary. JBAA **62** 111—115, 146—150.

2059. **A. J. Thompson,** Telephotography for amateurs. Sky and Telescope **11** 95—97, mit 3 Fig.

2060. **A. J. Thompson,** Motion in lunar photographs. Sky and Telescope **11** 176, mit 1 Fig.

2061. **F. Wieser,** Meteorfotografie. Meteorbeobachter **2** Nr. 4/5 S. 1—2.

2062. **H. P. Wilkins,** La observación lunar con muy grandes telescopios. Urania Barcelona **37** 73—75, mit 1 Fig.

2063. Note sur la photographie du Soleil. Gaz astr **34** 48—51, mit 3 Fig.

2064. Et omraade of stjernehimlen, 140 grader i diameter, i eet fotografi. NAT **1952** 30—31, mit 1 Fig.

Alte Instrumente

2065. **J. van der Bilt,** De grote spiegelkijkers van Roelofs en Rienks. Een episode uit de geschiedenis der Leidse en Utrechtse sterrewachten (1821—1846). — Vgl. AJB **51** Ref. **2061**. — Weitere Besprechung in Gaz astr **34** 87—89.

2066. **J. van der Bilt,** Over de kleine kijkers en de mikroskopen van Sieds Johannes Rienks. Hemel en Dampkring **50** 181—191, mit 4 Fig.

2067. **P. Mesnage,** L'œuvre horlogère d'Antide Janvier. Ann. Françaises Chronométrie (2) **22** 99—129, mit 26 Fig.

2068. **H. Michel,** Un service de l'heure millenaire. Ciel et Terre **68** 175—179, mit 3 Fig. — Es wird der Aufbau der noch bis ins 19. Jahrhundert hinein gefertigten marokkanischen Astrolabe beschrieben und gezeigt, auf wie einfache Weise sie ihre eigentliche Aufgabe, nämlich die Zeiten der täglichen Gebete festzulegen, lösten. Böh.

* * **E. Zinner,** Gerbert und das Sehrohr. Vgl. Ref. **1446**.

2069. Chaucer's Equatorie of the Planetis. JBAA **63** 54.

2070. Tycho Brahes instrumenter. NAT **1952** 24—28, 131—138, mit 3 Fig. — Dänische Übersetzung von Tycho Brahes Beschreibung seiner Instrumente in Astronomiae Instauratae Mechanica. Hier wird die Übersetzung gegeben von «Sextans chalybeus pro distantiis per unicum observatorem dimentiendis», «Instrumenti eiusdem ut altitudinibus capiendis inserviat dispositio», «Quadrans maximus qualem olim prope Augustam vindelicorum extruximus». Ra.

§ 21

Beobachtungsinstrumente

2101. **G. Andrus,** Turning a wooden telescope tube. Sky and Telescope **11** 308—309, mit 2 Fig.

2102. **A. K. Appleton,** A nine-inch portable Newtonian reflector. JBAA **62** 104—109, mit 1 Tafel und 4 Fig.

2103. **F. G. Back,** A large range variable magnification telescope. J. Optical Soc. America **42** 882. — Ref. Optical Soc. America.

* * **I. S. Bowen,** Some new tools of the astronomer. Vgl. Ref. **1224.**

2104. **J. C. Boyle,** Balancing equatorially mounted telescopes. Sky and Telescope **12** 48—51, mit 4 Fig.

2105. **E. B. Brown,** A portable reflector with unusual features. Sky and Telescope **11** 66—69, mit 4 Fig.

2106. **S. T. Chabibullin,** Über die Orientierung des Gesichtsfeldes eines Zölostaten mit einem Zusatzspiegel und über die Bestimmung der Einrichtung seiner Achse. Abh. Lenin-Staatsuniv. Kasan **112** Nr. 1 S. 49—55, mit 4 Abb. = Bull. Astr. Engelhardt-Obs. Lenin-Staatsuniv. Kasan Nr. **28** S. 49—55, mit 4 Abb. (russisch).

2107. **A. Colacevich,** Odierni indirizzi ottici nella costruzione di grandi strumenti per l'astronomia. Ann. Istituto Univ. Navale Napoli **16—17** 9—15 = Oss. Astr. Capodimonte-Napoli, Collezione Miscellanea **1** Nr. 2. — Bericht über die Konstruktion neuer Schmidt-Spiegel. F. Z.

2108. **C. H. Coles,** A well-constructed portable reflector. Sky and Telescope **11** 201—202, mit 5 Fig.

2109. **G. Courtès,** Un appareil à grand champ et à grande luminosité. BSAF **66** 221, mit 1 Fig.

2110. **N. Dupont,** Télescope «Frère Léonce Guellin» à l'Institution Saint-Joseph de Nancy. BSAF **66** 437—444, mit 3 Fig.

2111. **O. M. Erpenstein,** Mountings of today and yesterday. Sky and Telescope **12** 6—7, mit 2 Fig.

2112. **J. Ferrand,** Mon télescope. BSAF **66** 201—202, mit 2 Fig.

2113. **W. A. W. Fox,** Multi-star sextants. J. Inst. Navigation **5** 80—83. — Zwei- und Mehrsterngeräte sind in diesem Jahrhundert in großer Zahl vorgeschlagen worden. Fr.

2114. **J. Georgi,** Das neue Absolut-Pyrheliometer von Prof. K. Wegener. Geofis. pura e appl. **20** 77—84, 1951. — Ref. in Phys. Ber. **31** 1511: Wegener hat in einer Reihe Arbeiten auf den bisherigen Fehler bei nahezu allen Strahlungsmessungen hingewiesen: die langwellige Ausstrahlung des Meßkörpers. Der Fehler wird im Mittel zu 0.6 cal/cm² min angegeben. Damit wäre die Solarkonstante um mindestens 25% zu niedrig angenommen. Den Nachweis für diese Überlegung führt Wegener mit einem sehr einfachen Gerät und findet seine Zahlen sehr genau bestätigt. Der Verf. betrachtet kritisch den Konstruktionsvorschlag von Wegener und schätzt die dabei auftretenden Fehler ab. Auch bei diesem neuen Gerät wird die Gegenstrahlung der Atmosphäre nicht berücksichtigt. Ob aber die von Wegener wahrscheinlich gemachten Fehler der Solarkonstanten in dem genannten Umfang anzusetzen sind, bleibt ungeklärt. Diem

2115. **S. Günther,** Von den großen Schmidt-Spiegeln und ihren Beobachtungsprogrammen. Sterne **28** 55—64, mit 6 Abb. — Aufbau des Schmidt-Spiegels, Beobachtungsprogramme und Leistungen der Schmidt-Spiegel.

2116. **B. Imbert,** Sur l'emploi de l'astrolabe à pendule en astronomie géodésique. CR **235** 1605—1607. — Beschreibung eines Pendelastrolabs, das zur geographischen Ortsbestimmung auf einer Expedition in Adelie-Land verwendet wurde. Die in Paris durchgeführten Vergleichsbeobachtungen zeigen die Präzision dieses bequem zu benutzenden Feldinstruments. T. L.

2117. **C. L. Janssen,** Brilleglaskikkerten. Urania Kopenhagen **9** 19—23, 34—38, 47—52, 120—123, mit 1 Fig.

2118. **E. R. Keilpflug,** Noch genauere Zeit! Das Zenithrohr, ein neues Instrument für die Zeitnahme. Die Uhr **6** Nr. 21 S. 9.

2119. **E. H. Linfoot,** The Modern Reflecting Telescope. J. Optical Soc. America **42** 588. — Besprechung.

2120. **W. Lotmar,** Recent Swiss Developments of Reflecting Telescopes. J. Optical Soc. America **42** 588. — Besprechung.

2121. **A. C. B. Lovell,** The radio telescope, a new tool of astronomical research. The Times Sci. Rev. Winter 1952, 2 S. mit 6 Fig. = Astr. Contr. Univ. Manchester (2) Jodrell Bank Repr. Nr. 78.

2122. **E. Mädlow,** Ein kleines, aber leistungsfähiges Amateurfernrohr. Sterne **28** 238—239, mit 3 Abb. — Beschreibung eines 100-mm Newton-Teleskops.

2123. **F. W. Manning,** A large portable Cassegrainian. Sky and Telescope **12** 19—20, mit 1 Fig.

2124. **C. A. Muller,** Radiostraling uit de wereldruimte. Waarnemingsmethoden. Ned. T. Natuurk. 18 119—126, mit 3 Fig. = Sterrekundig Colloquium van de Nederlandse Astronomen-Club Nr. **11**.

2125. **L. Mussgnug,** A clock-drive mounting for camera and telescope. Sky and Telescope **12** 20—21, mit 1 Fig.

2126. **O. Nögel,** Ein Fernrohr zur Beobachtung der Protuberanzen für den Amateur. Sterne **28** 135—142, mit 7 Abb. — Ref. in Urania Kraków **24** 239. — Beschreibung eines Versuchsgerätes. Die mit dem «Protuberanzenfernrohr» gemachten Erfahrungen werden mitgeteilt.

2127. **E. Nussbaum,** An inexpensive refractor. Sky and Telescope **11** 148—149, mit 3 Fig.

2128. **F. Ohlmüller,** Il telescopio di Schmidt e la levigazione della lastra correttrice, secondo il procedimento ideato ed usato dall'inventore stesso. Coelum **20** 109—114, mit 5 Fig.

2129. **F. Ohlmüller,** Das Fernrohr des Sternfreundes. Schmidt-Kamera und Amateur. Sternenwelt **4** 71—74, mit 2 Abb.

2130. **R. E. Pendergraft,** A home-made telescope. Sky and Telescope **11** 309, mit 1 Fig.

2131. **F. L. Rose,** A lightweight portable for group observing. Sky and Telescope **11** 175—176, mit 2 Fig.

2132. **G. D. Roth, E. L. Pfannenschmidt,** The Neo-Brachyt off axis reflector. Strolling Astronomer **6** 168—171, mit 2 Fig.

2133. **M. Ryle,** A new radio interferometer and its application to the observation of weak radio stars. Proc. Roy. Soc. (A) **211** 351—375, mit 12 Fig. — Es wird ein neuartiges Radio-Interferometer beschrieben, das die Registrierung von schwachen Punktquellen auch bei Vorhandensein einer eng benachbarten, flächenhaften Quelle großer Intensität gestattet. Weiterhin kann direkt hinter der Antenne ein Vorverstärker angeordnet werden, so daß das Auflösungsvermögen nicht durch Antennenkabel zusätzlich vermindert wird. Winkeldurchmesser und Polarisationsgrad schwacher Radioquellen können auch gemessen werden. Das Interferometer arbeitet auf 1.4, 3.7, 6.7 und 8.0 m Wellenlänge. Es wird hauptsächlich zu Positionsbestimmungen von Radiosternen sowie zur Untersuchung von Intensitätsschwankungen eingesetzt. Labs

2134. **F. J. Sellers,** A portable and rigid altazimuth mounting for Newtonian reflectors. JBAA **62** 204—206, mit 1 Fig.

2135. **G. M. Sisson,** Astronomical telescopes. J. Soc. Glass Technol. **35** 260—269, 1951. — Ref. in Phys. Ber. **32** 289.

2136. **F. L. Stumpers,** Radiostraling uit de wereldruimte. Theoretische grenzen van de ontvangstgevoeligheid. Ned. T. Natuurk. **18** 127—129 = Sterrekundig Colloquium van de Nederlandse Astronomen-Club Nr. **11.**

2137. **J. Texereau,** La Construction du Télescope d'Amateur. Paris, Société Astronomique de France, 1951. 12 + 136 S. mit 70 Fig. Preis fr. 660. — Besprechung in Ciel et Terre **68** 89—90 (J. S. Dubois), Coelum **20** 57, Heelal 8 50.

2138. **J. Texereau,** La nouvelle lunette de 215 mm de l'Observatoire de la Société. BSAF **66** 413—422, mit 6 Fig.

2139. **W. M. Wassiljew,** Über die Temperaturunterschiede einzelner Teile dreier Passageninstrumente des Zeitdienstes. AJ UdSSR **29** 708—717, mit 2 Abb. (russisch).

2140. **K. Wegener,** Erwiderung zu dem Aufsatz von Dr. Georgi: Das neue Absolut-Pyrheliometer von Prof. K. Wegener. Geofis. pura e appl. **20** 85, 1951. — Ref. in Phys. Ber. **31** 1511: Wegener betont nochmals die grundlegenden Gedankengänge, nach denen nicht die Sonnenstrahlung, sondern nur der Strahlungsunterschied zwischen der Sonne und der exponierten Fläche gemessen wird. Der Fehler muß viel größer als 0,5% sein. Auf konstruktive Einzelheiten seines Gerätes legt der Verf. keinen Wert, es war improvisiert. Doch rät er es nachzubauen und Vergleichsversuche durchzuführen. (Der Ref. würde dagegen den folgenden Vergleichsversuch vorschlagen: Zwei gut abgeglichene Strahlungsmeßgeräte der üblichen Bauweise werden in Thermostaten eingebaut, das eine auf tiefe, das andere auf hohe Temperatur gebracht; die gleichzeitige Messung der Sonnenstrahlung gibt dann unmittelbar die Fehler der Temperatur des Meßkörpers, da alle andern «Umweltbedingungen» für beide Geräte gleich sind). — Eine Gegenerwiderung S. 86. Diem

2141. **W. W. Witkewitsch,** Experimentelle Möglichkeiten zur Beobachtung der monochromatischen Radiostrahlung der Galaxis. AJ UdSSR **29** 532—537, mit 1 Abb. (russisch). — Bericht über einen Kolloquiumsvortrag, in dem Verf. über ein «Radiometer» mit Frequenzmodulation und seine Empfindlichkeit gesprochen hatte. Loh.

2142. **J. Yarnell, R. M. Goody,** Infra-red solar spectroscopy in a high-altitude aircraft. J. Sci. Instruments **29** 352—357. — Ref. in Phys. Abstracts (A) **56** 82.

2143. Le télescope Super-Schmidt pour la photographie des météores. BSAF **66** 171.

2144. The end of the «Great Melbourne Reflector». JBAA **62** 211—212, 241.

2145. Telescopes in South Africa. J RAS Canada **46** 165—166.

2146. Een Super-Schmidt voor de fotografie van meteoren. Meteoor 8 23—24.

2147. Ett super-Schmidt-teleskop för meteorforskning. PAT **33** 76, mit 1 Fig.

2148. Cornell radio interferometer. Sky and Telescope **11** 170—171, mit 5 Fig.

2149. The hole of the 200-inch. Sky and Telescope **11** 191.

* * Weitere Instrumente siehe auch § **12**.

§ 22

Zusatz- und Auswertgeräte, Photographie

2201. **A. Baillet, D. Chalonge, J. Cojan,** Recherches sur les spectres continus stellaires. II. Spectrographe stellaire à optique de quartz et à chassis oscillant. Ann d'Astrophys **15** 144—150, mit 3 Fig. = Contr. Inst. d'Astrophys. Paris (B) Nr. **82**. — Beschreibung eines Spaltspektrographen mit Quarzoptik, der speziell für Untersuchungen des Kontinuums der Sternspektren gebaut und im Cassegrainfokus einer Reihe größerer Spiegelteleskope bereits benutzt wurde. Neu an dem Spektrographen ist eine Vorrichtung, die kleine Drehbewegungen des Kassettenhalters bewirkt, so daß die Spektren quer zur Dispersionsrichtung verbreitert werden. Da der Drehpunkt in der Verlängerung der Spektren über das ultraviolette Ende hinaus liegt, wird der langwellige Teil stärker als der kurzwellige verbreitert. Dies kompensiert zu einem Teil den Intensitätsabfall in den Sternspektren von Rot nach Blau. Micz.

2202. **R. Barbatelli,** Determinazione del passo del micrometro in declinazione del cerchio meridiano Repsold. II. Rend Accad. Nazionale Lincei Cl. Sci. fis., mat., nat. (8) **12** 84—86.

2203. **J. I. Beljajew,** Das monochromatische Interferenzlichtfilter. Mitt. Astr. Sternberg-Inst. Nr. **80** S. 18—29, mit 9 Abb., 1951 (russisch).

2204. **I. L. Berstein, G. S. Gorelik,** Zur Theorie des Michelsonschen Sterninterferometers. DAN **86** 47—50, mit 2 Abb. (russisch).

2205. **R. Bouigue,** Nouvelle machine à mesurer les spectres. Ann. Obs. Astr. Mét. Toulouse **21** 49—53, mit 1 Fig.

2206. **D. Chalonge, M. Servigne,** Recherches sur les spectres continus stellaires. III. Source luminescente à spectre continu pour le domaine λ 3000—λ 6500 Å. Ann d'Astrophys **15** 151—153, mit 2 Fig. = Contr. Inst. d'Astrophys. Paris (B) Nr. **82**. — Verf. beschreiben einen Lumineszenzstrahler, der für spektralphotometrische Messungen als Standardlichtquelle im Wellenlängenbereich λ 3000 bis λ 6500 Å geeignet ist. Strahlungsquelle ist eine Mischung von verschiedenen, durch Metalle aktivierten Salzen des Barium, Kalzium und Zink. Die Lumineszenzstrahlung wird durch die UV-Strahlung einer mit hoher Spannung brennenden Quecksilberniederdrucklampe angeregt. Die Intensitätsverteilung im Kontinuum ist unabhängig von der Intensität der anregenden Strahlung. Micz.

2207. **R. Coutrez,** Applications récentes de l'électronique à l'astronomie. Ciel et Terre **68** 73—88, mit 8 Fig. = Commun. Obs. Roy. Belgique Nr. **41.** — Populärer Artikel über die Verwendung und Anwendung der Elektronik in der Astronomie. Behandelt werden besonders ein Gerät zur automatischen Nachführung bei Sonnenbeobachtungen (Observatoire Royal de Belgique) und die Technik der Radioastronomie. Labs

2208. **A. N. Cox, J. Cuffey,** Orientation effects in two 1P21 photometers. AJ **57** 8—9. — Ref. AAS.

2209. **J. F. Cox, J. Lemmens,** Sur la réalisation d'un réfracteur zénithal. Bull. Cl. Sci. Acad. roy. Belgique (5) **38** 766—769, mit 1 Fig. = Inst. Astr. Bruxelles (2) Nr. 81. — Beschreibung von Beschaffenheit und Montierung eines über dem Objektiv eines Refraktors angebrachten Flüssigkeitsspiegels, der in Autokollimation mit dem Fernrohr den Zenitpunkt festlegt. Böh.

2210. **H. Daene,** Über einen lichtelektrischen Relaisschreiber hoher Empfindlichkeit. ZfA **30** 230—233, mit 1 Abb. = Mitt. Astrophys. Obs. Potsdam Nr. **33.** — Es wird ein nach dem von der Fernsehtechnik her bekannten Abtast-Prinzip arbeitender Punktschreiber angegeben, der in Verbindung mit beliebigen Spiegel-Meßgeräten deren Ausschläge mit hoher Genauigkeit sofort sichtbar registriert. Verf.

2211. **E. W. Dennison, A. Boggess,** III. Modification of the Michigan direct-intensity microphotometer. AJ **57** 9. — Ref. AAS.

2212. **P. P. Dobronrawin,** Einige Fragen zur Praxis der stellaren Spektralphotometrie. Mitt. Astrophys. Obs. Krim **9** 68—81, mit 8 Abb. (russisch). — Ref. in Astr. News Letter Nr. **71** S. 3—4. — Methoden und Vorrichtungen, die bei den Arbeiten über stellare Spektralphotometrie angewandt werden, werden beschrieben: 1. Ein Gerät zur automatischen Verbreiterung von Objektivprismenspektren. 2. Ein grobes Beugungsgitter und die Art der Befestigung der Fadenenden. 3. Graphische Vorrichtungen zur Bearbeitung von Mikrophotogrammen, mit denen man schnell Intensitätswerte erhält. Verf. (übersetzt)

2213. **A. Dollfus,** Un micromètre à double image permettant un grand dédoublement. CR **235** 1477—1480. — Ref. in Phys. Abstracts (A) **56** 386. — Es wird der Aufbau eines Doppelbildmikrometers beschrieben, dessen Trennkraft das 500fache des Auflösungsvermögens übertrifft. Das Instrument besteht aus einem Kalkspatrhomboeder, auf das ein Viertelwellenlängenplättchen folgt; an dieses System schließt sich in symmetrischer Anordnung ein zweites solches an. Zur vollständigen Beseitigung des Astigmatismus und teilweisen Vernichtung der chromatischen Aberration wird jedes Rhomboeder durch zwei ersetzt, zwischen denen sich ein Halbwellenlängenplättchen befindet. Indem man jedes Halbwellenlängenplättchen mit einem geeigneten anderen verbindet und vor jedes Viertelwellenlängenplättchen ein geeignetes Halbwellenlängenplättchen setzt, lassen sich auch die «Geister» weitgehend beseitigen. Mitteilungen von Ergebnissen bei der Messung des Marsdurchmessers mit diesem Mikrometer sind angefügt. Böh.

2214. **H. Garrigue,** Nouveau photomètre visuel pour le ciel nocturne. CR **235** 34—36. — Ref. in Phys. Ber. **32** 757: 1939 ist in Godhavn (Grönland) ein visuelles Photometer zur Messung der Leuchtdichte des Nachthimmels in Gebrauch genommen worden; die vorliegende Arbeit beschreibt verschiedene Änderungen, die an einem ähnlichen Photometer angebracht worden sind, das in Ksara (Libanon) aufgestellt worden ist; die Vergleichslichtquelle dieses Photometers hat dieselbe spektrale Energieverteilung wie der «mittlere» Nachthimmel. Dziobek

2215. **J. S. Hall,** A photoelectric photometer designed for measuring polarization, color, magnitude and spectral type. AJ **57** 12. — Ref. AAS. — Ref. in Sky and Telescope **11** 89, mit 2 Fig. unter dem Titel: A versatile photometer.

2216. **R. Hardie,** Photomètre infrarouge astronomique. Résultats préliminaires. CR **234** 60—62, mit 1 Fig. = Publ. Obs. Haute-Provence **2** Nr. 30. — Verf. beschreibt ein neues, mit einem 19stufigen Elektronenvervielfacher ausgestattetes Photometer. Das Empfindlichkeitsmaximum der $AgCs_2O$-Cs-Kathode liegt bei 8500 Å; die Ausbeute beträgt etwa 50 μA/Lumen für eine Lichtquelle von 2300°. Die Verstärkung ist 5 bis $10 \cdot 10^7$fach. Das Galvanometer hat eine Empfindlichkeit von $5 \cdot 10^{-10}$ A/Teilstrich. Zur Beobachtung können verschiedene Filter vorgeschaltet werden; mit einem W87-Filter gelingt es, an einem 80 cm-Reflektor A-Sterne bis zur 10. Größe zu messen. Von VW Cep wurde die Lichtkurve beobachtet. Loh.

2217. **W. R. Hossack,** An oscilloscopic microphotometer and plate measuring machine. AJ **57** 15. — Ref. AAS.

2218. **H. Janeschitz-Kriegl,** Apparatus for rapid transformation of photometric curves into blackening curves. Chem.-Ingen.-Tech. **24** 158—159 (deutsch). — Ref. in Phys. Abstracts (A) **56** 28.

2219. **A. H. Jarrett, H. von Klüber,** Production of a high resolving power by means of multilayer coatings. Nature **169** 790, mit 1 Fig. = Cambridge Obs. Repr. Nr. **3** = Repr. Obs. Univ. St. Andrews Nr. **7**. — Mit Schichten hohen Reflexionsvermögens wird ein Fabry-Perot-Interferometer großen Auflösungsvermögens ($\approx 10^6$) konstruiert. Versuche mit diesem Interferometer werden beschrieben und seine Leistungsfähigkeit demonstriert. Groth

2220. **W. W. Konin,** Über die Entstehung des periodischen Fehlers der Mikrometerschraube. Mitt. Astr. Obs. Odessa **2** Nr. 2 S. 17—25, mit 4 Abb. (russisch).

2221. **A. Kranjc,** La moderna fotometria elettronica. Coelum **20** 180—182.

2222. **G. E. Kron,** Developments in the practical use of photocells for measuring faint light. ApJ **115** 1—13, mit 7 Fig. = Lick Obs. Contr. (2) Nr. 38. — Für die Photometrie schwacher Lichtquellen im roten und infraroten Spektralbereich stehen zur Zeit keine geeigneten Elektronenvervielfacher zur Verfügung. Verf. berichtet über Entwicklungsarbeiten an Verstärkern und Zellen, um Photozellen des Diodentyps mit hoher Rotempfindlichkeit mit hochohmigen Gitterwiderständen ($> 2.5 \times 10^{13}$) an Stelle der Vervielfacher zu betreiben. Als geeignet erweist sich die gasgefüllte Photozelle CE–25 A/B der Continental Electric in Verbindung mit den Subminiaturelektrometerröhren Victoreen 5800. Maßnahmen zur Erhöhung der Stabilität und Neutralisation der Eingangskapazität werden beschrieben und über die am Lick Observatorium gemachten technischen Erfahrungen ausführlich berichtet. Ein Abschnitt ist Versuchen gewidmet, Zellen zu bauen, die höhere Gasmultiplikationsfaktoren zulassen; dies kann durch Abschirmung der Kathode gegen positive Ionen aus dem Gasraum erreicht werden. Micz.

2223. **N. F. Kuprewitsch,** Ein schnelles photoelektrisches Spektralphotometer für die Sonne. AJ UdSSR **29** 86—90, mit 5 Abb. (russisch). — Es wird ein photoelektrisches Spektralphotometer zur schnellen Registrierung der Intensität der Linien des Sonnenspektrums beschrieben. Es werden ein Beugungsgitter, ein Vervielfacher und ein Oszillograph verwandt. Die Ergebnisse einer Registrierung der Intensität bei 4383 Å werden wiedergegeben. Verf. (übersetzt)

2224. **N. F. Kuprewitsch,** Ein lichtelektrisches Spektralphotometer für die Sonne mit erhöhter Registriergeschwindigkeit. Mitt. Astr. Hauptobs. Pulkowo **19** Nr. 2 (149) S. 140—159, mit 22 Abb. (russisch). — Weiterführung der in AJB **50** Ref. **2221** erwähnten instrumentellen Untersuchungen. Loh.

2225. **M. Laffineur,** Recherches sur les spectres continus stellaires. IV. Redresseur régulateur pour l'alimentation du tube à mercure en courant continu. Ann d'Astrophys **15** 154—156, mit 3 Fig. = Contr. Inst. d'Astrophys. Paris (B) Nr. **82**. — Es wird ein mit Elektronenröhren stabilisierter Gleichrichter beschrieben, der zur Stromversorgung von Quecksilberniederdrucklampen entwickelt wurde, wie sie zur Anregung von Lumineszenzstrahlern Verwendung finden. (Vgl. D. Chalonge, M. Servigne, Ann d'Astrophys **15** 151—153, Ref. **2206**). Das Gerät ist besonders zur Stabilisierung des durch die Röhre fließenden Stroms bei Änderungen charakteristischer Größen in der Entladungsröhre selbst geeignet. Wahlweise kann es auch benutzt werden, um die Lichtstärke der Quecksilberlampe über eine Photozelle zu stabilisieren. Micz.

2226. **A. Lallemand,** Sur les récepteurs d'énergie lumineuse. BA **16** 197—201. — Ein «idealer» Empfänger zählt und lokalisiert jedes einzelne auffallende Photon. Auge, Photoplatte und Photozelle erfüllen diese Idealforderungen in verschiedener Weise nur unvollständig. Die relativen Leistungsfähigkeiten der drei genannten Empfänger werden gegenübergestellt mit besonderer Betonung der Vorteile des Auges gegenüber der Photozelle bei Meridiankreisbeobachtungen. Eine sehr gute Photozelle kommt dem Idealempfänger heute schon sehr nahe. Haffner

2227. **A. Lallemand, M. Duchesne,** Application à l'astronomie d'un récepteur idéal de photons. CR **235** 503—505, mit 3 Fig. — Besprechung in Ciel et Terre **69** 30, Phys. Abstracts (A) **56** 17. — Es wird eine Bildwandlerapparatur beschrieben, die zur Aufnahme von Himmelsobjekten am 26 cm-Fernrohr des Observatoriums von Paris montiert ist. Ein Vergleich von elektronischen mit direkt photographischen Aufnahmen zeigt die Leistungsfähigkeit der Anordnung. Labs

2228. **L. Lundin,** An improved recording microphotometer. Ark Fys **4** 391—398. — Ref. in Phys. Abstracts (A) **55** 508.

2229. **K. E. Machin, M. Ryle, D. D. Vonberg,** The design of an equipment for measuring small radio-frequency noise powers. Proc. Inst. Electr. Engrs. **99** 127—134. — Ref. in Phys. Abstracts (A) **55** 586.

2230. **G. R. Miczaika,** Moderne lichtelektrische Sternphotometrie. Die Umschau in Wissenschaft und Technik **52** 360—362, mit 3 Abb.

2231. **G. A. Monin,** Ein Spektroregistrator von Radialgeschwindigkeiten. Mitt. Astrophys. Obs. Krim **8** 119—121, mit 1 Abb. und 1 Tafel (russisch). — Ref. in Astr. News Letter Nr. **70** S. 13. — Beschreibung eines Zusatzgerätes für den Simeiser Spektrographen.

2232. **C. A. Morrison,** A specifiable logarithmic high aperture iris with 15000 : 1 modulation. J. Optical Soc. America **42** 90—93, mit 4 Fig. — Es wird eine logarithmische Irisblende beschrieben, die es gestattet, einen Öffnungsbereich von 15000 : 1 zu überbrücken. Die geometrische Form der Lamellen wird angegeben. Die Einstellung ist mit guter Genauigkeit reproduzierbar und ohne empirische Eichung möglich. Labs

* * **M. Néant, J. Bigay,** Détermination de magnitudes infra-rouge avec une cellule au sulfure de plomb. Vgl. Ref. **9416**.

2233. **R. Pastiels, S. Peiciu,** Sur l'emploi d'un récepteur photoélectrique en spectrographie du ciel nocturne. Ciel et Terre **68** 67—68. — Technische Beschreibung einer Anordnung aus Monochromator und Photozelle (Vervielfacher) zur Messung der Helligkeit des Nachthimmels. Labs

2234. **H. D. Polster,** A symmetrical all-dielectric interference filter. J. Optical Soc. America **42** 21—24, mit 3 Fig. — Ersetzt man die Silberschicht der üblichen Interferenzfilter durch einen siebenfachen Dielektrika-Film mit abwechselnd großer und kleiner Dielektrizitätskonstanten, so erhält man ein Filter mit einer Maximaldurchlässigkeit von 80% und einer Halbwertsbreite von 65 Å (in der ersten Ordnung) bei 5200 Å. Die Eigenschaften des Filters liefern die Theorie der Interferenzen an planparallelen Schichten. Derartige Filter lassen sich auch für den Infrarotbereich herstellen. Labs

* * **R. Peyturaux,** Contribution à l'étude du fond continu du spectre solaire dans le proche infra-rouge. Vgl. Ref. **6113**.

2235. **G. W. Rosenberg,** Monochromatische Interferometrie und Interferenzlichtfilter. Fortschritte Phys. Wiss. **47** 3—50, 173—257 (russisch).

2236. **W. M. Sinton,** Applications of apodization to astronomy. J. Optical Soc. America **42** 284. — Ref. Optical Soc. America. — Ref. in Sky and Telescope **11** 191, Phys. Ber. **32** 1277: Jacquinot hat gezeigt, daß es möglich ist, bei der Beugung die sekundären Maxima auf Kosten des Auflösungsvermögens zu unterdrücken; mit Hilfe dieser Methode ist es möglich, sehr schwache Lichtquellen neben starken sichtbar zu machen; es war zum Beispiel möglich, den schwachen Siriusbegleiter mit einem Refraktor von 9 Zoll Öffnung zu beobachten. Dziobek

2237. **M. J. Smyth,** Notes on the 931-A photomultiplier. MN **112** 88—93, mit 2 Fig. = Commun. Roy. Obs. Edinburgh Nr. 5. — Eine größere Anzahl von RCA-Elektronenvervielfachern 931-A wurden auf ihre für die Photometrie geringer Lichtintensitäten wichtigen Eigenschaften wie Empfindlichkeit, Dunkelstrom, Dunkelrauschen, Gleichmäßigkeit des Emissionsvermögens der Schicht und dgl. untersucht. Die Zellen erweisen sich in Bezug auf diese Eigenschaften als in weiten Grenzen unterschiedlich. Maßnahmen zur Verringerung des Dunkelstroms werden besprochen. Das Emissionsvermögen der Kathode ist bei einigen Exemplaren so ungleichmäßig, daß sie für exakte Photometrie ungeeignet erscheinen. Über einige Erfahrungen bei der Stabilisierung von Netzgeräten zur Erzeugung der Dynodenspannung sowie über die Abhängigkeit der Empfindlichkeit des Elektronenvervielfachers von seiner Lage im erdmagnetischen Feld wird berichtet. Micz.

2238. **N. I. Speranskaja, G. N. Rautjan,** Monochromatic light filters. J. Techn. Phys. **22** 620—624 (russisch). — Ref. in Phys. Abstracts (A) **55** 984.

2239. **T. Walraven,** A new photoelectric variable star photometer. MN ASSA **11** 36—38.

2240. **R. Wilson,** The fundamental limit of sensitivity of photometers. Rev. Sci. Instruments **23** 217—223.

2241. En fotoelektrisk fotometer för bestämning av polarisation, färg, magnitud och spektraltyp. PAT **33** 156—157.

* * Weitere Geräte siehe auch § **12**.

Photographie

2242. **D. A. Beekhuis,** Het verhogen van de gevoeligheid van fotografisch materiaal. Meteoor 8 22—23.

2243. **M. Biltz,** Photographic sensitivity as a function of exposure time and temperature. J. Optical Soc. America **42** 285. — Ref. Optical Soc. America. — Die Arbeit selbst erschien im gleichen Journal S. 898—903, mit 4 Fig.

2244. **A. W. Borin, D. J. Martynow, T. I. Smolko,** Die photographische Platte mit visueller spektraler Lichtempfindlichkeit. AJ UdSSR **29** 5—13, mit 7 Abb. und 1 Tafel (russisch). — Ref. in Astr. News Letter Nr. **68** S. 1—2.

2245. **I. I. Brejdo,** Das Auflösungsvermögen photographischen Materials für ultraviolettes Licht. J. techn. Phys. UdSSR **22** 508—514 (russisch). — Ref. in Phys. Abstracts (A) **56** 948.

2246. **T. van Dijk,** Enige methoden om de lichtgevoeligheid van fotografisch materiaal te verhogen. Meteoor **8** 12—13.

2247. **J. Eggert,** Remarks of the Schwarzschild effect. Z. angew. Phys. **4** 445—447 (deutsch). — Ref. in Phys. Abstracts (A) **56** 818.

2248. **Gaultier du Marache,** Exactitude géométrique des images photographiques. J. Physique **13** 43 S. — 44 S. — Ref. Soc. Fr. Physique.

2249. **W. W. Happ, T. E. Hull, A. H. Morrish,** A statistical analysis of grain counting in photographic emulsions. Canad. J. Phys. **30** 699—714. — Ref. in Phys. Abstracts (A) **56** 1047.

2250. **D. A. Jackson, K. Kuhn, A. H. Jarrett,** Silver films and dielectric multiple films in interferometry. Nature **170** 455 = Repr. Obs. Univ. St. Andrews Nr. 8.

2251. **G. Merton,** Photography and the amateur astronomer. JBAA **63** 7—30, mit 7 Fig. und 4 Tafeln.

* * **R. Müller,** Photographie von Sonnenprotuberanzen. Vgl. Ref. **6631.**

2252. **J. Saget,** La photographie astronomique. Paris, Editions Prisma, 1952. 48 S. — Besprechung in Sky and Telescope **14** 26.

2253. **H. Siedentopf,** Astronomie und Photographie. Naturwiss. Rundschau **5** 139—142, mit 5 Abb.

2254. **L. Silberstein,** Macroscopic sensitometry, opacity and photographic density, specular and diffuse. J. Franklin Inst. **251** 359—383, 1951. — Ref. in Phys. Ber. **32** 1837.

2255. **M. T. Vigón, M. A. de la Vega,** Factors that determine the form of the characteristic curve of an emulsion as a function of the light of exposure. An. Real Soc. Españ. Fis. Quim. **48** (A) 193—200 (spanisch). — Ref. in Phys. Abstracts (A) **57** 382.

§ 23

Uhren, Chronographen, Zeitdienst, Sonnenuhren

2301. **L. Arbey,** Contrôle mutuel d'un garde-temps à balancier et d'un chronographe imprimant le millième de seconde. Ann. Françaises Chronométrie (2) **22** 247—254, mit 2 Fig. — Es wird über Versuche berichtet, bei denen die Genauigkeit der Kontakte von drei Leroy-Pendeluhren durch Registrierung auf Druck- bzw. Zylinderchronographen untersucht wurde. Zwei der Uhren ließen den gleichen periodischen Fehler, verursacht durch Fehler eines Zahnrades, erkennen; auf eine Uhr übte der automatische Aufzug zudem noch einen verzögernden Einfluß aus. Nach Abzug dieser systematischen Fehler bleiben die Einzelfehler der Kontakte, deren Größe bei verschiedenen Uhren verschieden ist (maximal bei $0^s\!.007$). Bo.

2302. **R. Baillaud, L. Genoux, J. Grémillard,** Méthode d'observation des chronomètres employée à l'Observatoire de Besançon. Ann. Françaises Chronométrie (2) **22** 11—16, mit 6 Fig.

2303. **R. Baillaud,** Quelques événements chronométriques in 1951—52. Ann. Françaises Chronométrie (2) **22** 357—360.

2304. **R. Baillaud,** L'orientation actuelle du contrôle de réglage des montres à l'Observatoire de Besançon. Ann. Obs. Astr. Mét. Toulouse **21** 10. — Ref. L'AFAS.

2305. **W. J. Balshinowa,** Erfahrung über den Empfang von Zeitsignalen. DAN Usbek. Sowjetrepublik Nr. **9** S. 17—20 (russisch mit usbekischer Zusammenfassung).

2306. **W. Bemrose,** Comparing clock and radio signals. Horological J. **94** 158.

2307. **M. Boella,** The actual scientific possibility of time comparison at great distances. Atti. Rass. tecn. Soc. Ingegn. Archit. Torino **6** 249—250 (italienisch). — Ref. in Phys. Abstracts (A) **57** 904.

2308. **G. M. Clemence,** Time and its measurement. American Scientist **40** 260—270, mit 1 Abb. — Die bisherige Definition der Zeitsekunde basierte auf der Länge des mittleren Sonnentages und damit auf der Rotation der Erde. Diese hat sich jedoch als nicht unveränderlich erwiesen; die Schwankungen in der Länge des mittleren Sonnentages sind bei der heute für die Frequenzmessungen geforderten und erreichten Genauigkeit nicht mehr belanglos. Es wird daher vorgeschlagen, die Zeitsekunde künftig aus dem siderischen Jahr herzuleiten und die Zeitmessung damit auf die Umlaufsbewegung der Erde um die Sonne zurückzuführen, welche als frei von theoretisch nicht zu erfassenden Schwankungen angenommen werden kann. — Hervorzuheben ist noch die Definition eines gleichförmigen Zeitmaßes überhaupt als eines solchen, dessen Verwendung auf keine Widersprüche zwischen den Beobachtungen der Himmelskörper und den strengen Theorien ihrer Bewegungen führt. T. L.

2309. **G. M. Clemence,** Time and its measurement. I, II. Leaflet ASP Nr. 283, 8 S.; Nr. 284, 8 S. — Übersetzung in NAT **1953** 65—75.

2310. **A. Couder,** Sur la compensation thermique des pendules. BA **16** 191—196, mit 1 Fig. — Es wird ein Weg gezeigt, wie eine Pendeluhr bereits in der freien Atmosphäre thermisch kompensiert werden kann, bevor sie luftdicht abgeschlossen wird. Böh.

2311. **B. Decaux,** Nouveaux garde-temps radio-électriques. Ann. Françaises Chronométrie (2) **22** 1—9. — Zusammenfassender Bericht über moderne Entwicklungen von Uhren und Geräten zur Registrierung von Zeitmomenten und Messung von Zeitintervallen. Bei den Quarzuhren werden die Fortschritte hervorgehoben, die durch Anwendung besonders frequenzkonstanter Quarze und guter Thermostaten erzielt werden, außerdem wird für die Zukunft größere Einfachheit und Betriebssicherheit gefordert. Es folgt eine Darlegung des Prinzips der Molekül- und Atomuhren sowie der «Distanzuhr», worunter die von der amerikanischen Station WWV ununterbrochen ausgesandten Sekundensignale verstanden werden. Zuletzt werden Geräte zur Messung von Zeitintervallen, besonders solche nach dem Prinzip des Elektronenzählers, beschrieben. Bo.

2312. **B. Decaux, J. Lucas, V. Yanouchevsky,** Réalisation d'une horloge dont la marche est rigoureusement la moyenne arithmétique des marches de plusieurs garde-temps. CR **234** 2164—2165.

2313. **F. Delhomme,** Note sur l'emploi en Astronomie de position des signaux de la station WWV. Ann. Françaises Chronométrie (2) **22** 77—82. — Die von der amerikanischen Station WWV und der Station WWVH auf Hawaii in mehreren Frequenzen ununterbrochen ausgesandten Zeitsignale (Sekunden mittlerer Zeit) können bei astronomischen Ortsbestimmungen, besonders bei Arbeiten im Felde, mit Vorteil als Ersatz für eine Uhr oder besser noch bei Benutzung einer Uhr zur häufigen Bestimmung des Uhrstandes benutzt werden. Versuche, durchgeführt vom Inst. Géographique National, führten zur Konstruktion brauchbarer Empfänger und zur Ausarbeitung geeigneter Methoden zur Bestimmung des Uhrstandes sowie zur Synchronisierung eines Chronographen mittels der WWV-Signale. Bo.

2314. **H. Gockel,** Über die astronomische Pendeluhr und ihre Zukunft. Die Uhr **6** Nr. 15 S. 8.

2315. **R. P. Guye,** A propos de l'horloge atomique. J. Suisse d'Horlogerie et de Bijouterie **76** 327, 1951.

2316. **R. P. Guye,** A propos d'horloge atomique. — L'évolution de deux prototypes étalons de mesure. J. Suisse d'Horlogerie **1952** Nr. 1/2 S. 33.

2317. **C. R. S. Ince,** Atomic clocks and frequency stabilization. J. appl. Phys. **23** 1408—1409. — Ref. in Phys. Abstracts (A) **56** 288.

2318. **H. Spencer Jones,** Moon's influence on timekeeping. Horological J. **94** 581.

2319. **L. A. Kedrowa,** Erfahrungsbericht über die Verwendung eines Chronoskops ohne Quarzgenerator. Astr Circ UdSSR Nr. 132 S. 17—19 (russisch).

2320. **E. Lange,** Der heutige Stand der Präzisionszeitmessung. Die Uhr **5** Nr. 5 S. 11, Nr. 6 S. 20, Nr. 8 S. 9, Nr. 10 S. 13, Nr. 11 S. 12, Nr. 12 S. 7, 1951.

2321. **J. Larink,** Die Pendeluhr in der Astronomie. Die Uhr **6** Nr. 15 S. 10.

2322. **R. P. Lejay, G. Pillet,** Le retard apporté par la propagation aux signaux horaires sur ondes décamériques. Ann. Françaises Chronométrie (2) **22** 192—208, mit 6 Fig. — Für den Empfang von Zeitsignalen im Frequenzbereich von 5 bis 20 MHz ist es von Bedeutung, die Verzögerungen zu kennen, die durch ein- oder mehrmalige Reflexion der Wellen an der Ionosphäre eintreten. Die Verzögerungen bei einem Abstand bis 1500 km zwischen Sender und Empfänger lassen sich unter Vernachlässigung der Erdkrümmung durch ein graphisches Verfahren sicher ermitteln. Dabei muß die scheinbare Reflexionshöhe als Funktion der Frequenz aus der Registrierung von Ionosphärenechos für die Zeit der Beobachtung bekannt sein. Für größere Distanzen ist das graphische Verfahren unter gewissen vereinfachenden Annahmen durchführbar. Schwierigkeiten bereitet die Frage der Mehrfachreflexionen. Für nicht sehr steil nach oben abgehende Strahlen ist die Verzögerung allerdings nur gering. Wichtig ist auch die Feststellung, ob ein Signal aus einer stark verfälschten Azimutrichtung empfangen wird, wie dies aus noch nicht sicher bekannten Ursachen häufig der Fall ist. Diese Signale sind auszuschließen, da sie unkontrollierbaren Verzögerungen unterworfen sind. Bo.

2323. **W.-H. March,** Moon's influence on timekeeping. Horological J. **94** 380.

2324. **K. Novák,** O astronomických kyvadlových časoměrech. Prag, Naturwiss. Verlag. 116 S. mit 72 Abb. (tschechisch). — Monographie über die astronomischen Präzisionsuhren.

2325. **B. A. Orlow,** Untersuchung der Uhren der Nikolajewer Abteilung des Astronomischen Hauptobservatoriums. Mitt. Astr. Hauptobs. Pulkowo **19** Nr. 1 (148) S. 140—146, mit 3 Abb. (russisch). — Ref. in Astr. News Letter Nr. **68** S. 4—5.

2326. **P. Parcelier,** Etude d'un multiplicateur de fréquence donnant un courant à mille périodes à partir de garde-temps pendulaires. CR **234** 190—191 = Publ. Obs. Univ. Bordeaux (NS) Nr. **11**. — Beschreibung eines Frequenzvervielfachers von 1000 Hz mit den Sekundenkontakten einer Sternzeitpendeluhr als Ausgangsfrequenz. Böh.

2327. **F. Pavel,** Quarzuhren und Zeitmessung. Wiss. Ann. 1 545—557, mit 7 Abb.

2328. **A. Reiz,** A photographic time recorder. Ark Astr 1 199—203, mit 3 Fig. — Zur Registrierung von Zeitmomenten, besonders für Durchgangsbeobachtungen an Meridianinstrumenten, wird folgende Apparatur als Chronograph benutzt: eine Quarzuhr steuert nach entsprechender Frequenzteilung einen Synchronmotor, der ein Räderwerk mit vier nebeneinander liegenden, mit Teilungen für Stunden, Minuten, Sekunden und 0.01 Sekunden versehene Trommeln treibt. Der durch den Beobachter oder beim unpersönlichen Mikrometer automatisch ausgelöste Kontakt bringt eine Elektronenblitzlampe zum Aufleuchten. Die hiermit beleuchteten Trommelteilungen werden zusammen mit einem Index auf einem ständig mit kleiner Geschwindigkeit laufenden Filmband photographiert. Die genaue Uhrzeit kann hinterher bequem und unmittelbar abgelesen werden. Bo.

2329. **M. Salmon-Legagneur,** L'asservissement aux horloges à quartz de groupes moteurs-alternateurs pour l'alimentation de réseaux horaires synchrones. Ann. Françaises Chronométrie (2) 22 17—20.

2330. **D. Schmidt,** De klokken van de werkgroep sterbedekkingen. Hemel en Dampkring **50** 156—158, mit 1 Fig.

2331. **E. Schöll,** Eine neue Weltzeituhr. Universaluhr für alle Zeitzonen der Erde. Die Uhr **6** Nr. 6 S. 8.

2332. **H. M. Smith,** The estimation of absolute frequency in 1950—51. Inst. Electr. Engineers Monograph Nr. **39,** 6 S. mit 3 Fig. — Die Ergebnisse des Greenwicher Zeitdienstes 1950—51 deuten auf eine Verminderung der Amplitude der jährlichen Rotationsschwankungen der Erde um etwa 40% hin; diese Veränderung verursacht einen Frequenzfehler bis zu $1\frac{1}{2} \times 10^{-8}$, wenn man die bisherigen Zeitkorrektionen anbrächte. Die Schwierigkeiten, die in der Trennung zwischen der Änderung der Uhrgänge und den jährlichen Schwankungen der Erdrotation bestehen, werden sodann diskutiert und eine Methode vorgeschlagen, um zu einer quasi-gleichförmigen Zeit und damit einer brauchbaren Frequenznormalen zu kommen. T. L.

2333. **B. Šternberk,** Erreur d'isochronisme du dispositif Satori-Novák et son élimination. BAC **3** 49—51, mit 3 Fig. — Verf. untersucht den Isochronismus der Pendeluhr nach Satori und Novák, gibt dafür eine Theorie und zeigt, wie es möglich ist, den Isochronismus bei einem freien Pendel zu kompensieren. J. B.

2334. **L. Stigmark,** A flash-tube circuit with low recovery-time. Ark Astr 1 204—205, mit 1 Fig. — Anhang zur Arbeit von A. Reiz, vgl. Ref. **2328.** — Bei dem von A. Reiz konstruierten Chronographen versagen die üblichen Elektronenblitzlampen, falls zwei Belichtungen mit kurzer Zwischenzeit gemacht werden sollen, da die Aufladezeit des Kondensators über einen Widerstand zu groß ist. Man erreicht eine kürzere Aufladezeit (weniger als 0ˢ5) durch Verwendung einer Röhre an Stelle des Widerstandes, die aber zur Schonung des Gleichrichters während der Entladung über ein Relais gesperrt wird. Bo.

2335. **A. Stoyko, N. Stoyko,** L'heure définitive des signaux horaires en 1952, l'influence du déplacement du pôle et les irrégularités de rotation de la terre. Bull hor (E) Nr. 4 S. 131—136.

2336. **A. Stoyko,** Précision des services horaires de 24 observatoires en 1952. Bull hor (E) Nr. 6 S. 225—231, mit 1 Fig.

2337. **G. Tiercy,** Résultats des observations de chronomètres en 1951. Publ. Obs. Genève. 12 S.

* * **W. Uhink,** Der Zeitdienst im Geodätischen Institut Potsdam. Vgl. Ref. 1230.

2338. **J. Verbaandert,** L'horloge à quartz des laboratoires radioélectriques. Son installation dans les nouveaux services horaires de l'Observatoire Royal de Belgique à Uccle. Ann. Françaises Chronométrie (2) **22** 181—191, mit 9 Fig. = Commun. Obs. Roy. Belgique Nr. **42**. — Beschreibung einer neuen Quarzuhr mit bemerkenswerter Unempfindlichkeit gegen Schwankungen der Netzspannung. Die dabei benutzten, von den «Laboratoires Radioélectriques» in Paris entworfenen Einrichtungen werden beschrieben. Larink

2339. **P. V. H. Weems,** Time keeping. Navigation Los Angeles **3** 117—120.

2340. Nouveaux types d'horloges atomiques. La Nature **80** 56.

2341. Greenwich mean time. Nature **170** 738.

2342. Probleme der Zeitmessung. Naturwiss. Rundschau **5** 468—469.

2343. Lidt om Klokkeslet. Urania Kopenhagen **9** 93—94.

2344. **Zeitsignale**

Regelmäßige Mitteilungen:

AN, Bull hor, Bull. Obs. Astr. Belgrad

Sendezeiten:

AN **281** 38. Zeitsignalaufnahmen des Deutschen Hydrographischen Instituts Hamburg.

BSAF **66** 434, 495. Signaux horaires radiotélégraphiques.

NAZ **6** 42.

UAI Circ 1381.

Sonnenuhren

2345. **B. Cester,** Gli orologi solari e la misura del tempo. Oss. Astr. Trieste Nr. **250**, 24 S. mit 9 Fig. — Regeln zur graphischen Konstruktion von Sonnenuhren. Notizen über Kosmographie und Zeitbestimmung. F. Z.

2346. **H. Michel,** Les montres solaires du Musée de la Vie Wallonne à Liège. Ciel et Terre **68** 253—287, mit 25 Fig.

2347. **U. Ranzi,** La Meridiana della Torre di Calandrelli al Collegio Romano. Coelum **20** 5—6. — Beschreibung einer Sonnenuhr im Collegio Romano. F. Z.

§ 24

Beobachtungs- und Reduktionsmethoden

* * **A. N. Argue, H. E. Butler,** Simultaneous photoelectric recordings with two telescopes. Vgl. Ref. **11001**.

* * **N. W. Fatschichin,** Bestimmung der absoluten Eigenbewegungen von Sternen in Anschluß an außergalaktische Nebel. Vgl. Ref. **9206**.

2401. **G. Flörsch,** Mesures interférométriques des étoiles doubles et des petites planètes à l'aide des instruments d'amateurs. BSAF **66** 158—170, mit **4** Fig.

2402. **J. P. Gorelow,** Eine differentielle Methode zur Untersuchung der Zapfen eines Passageninstruments. Mitt. Astr. Sternberg-Inst. Nr. **82** S. 3—14 (russisch).

2403. **A. Gougenheim,** Une nouvelle méthode d'astronomie géodésique. Ann. Obs. Astr. Mét. Toulouse **21** 10—11. — Ref. L'AFAS.

* * **S. Günther,** Eine differentielle Methode zur Bestimmung von Farbenindizes mit Schmidtspiegeln. (Untersuchungen an Farbenindizes III.). Vgl. Ref. **9410.**

2404. **F. W. Jäger,** Linienphotometrie mit Lummer-Platte. Mitt. AG **1951** 25. — Ref. AG.

2405. **P. Lacroute, P. Bacchus,** Méthode photoélectrique de mesure des étoiles doubles. CR **234** 408—410. — Es wird eine Methode zur Messung von Doppelsternen mit lichtelektrischer Zelle vorgeschlagen, die auf der Modulation des Lichtes durch bewegte Gitter beruht. Verf. (übersetzt)

2406. **F. Link, L. Neužil,** Dispositif photoélectrique pour l'examen rapide du profil des raies spectrales. BAC **3** 34—37, mit 5 Fig. — Zur Bestimmung der Profile von Spektrallinien wurde eine photoelektrische Einrichtung hergestellt, welche in Verbindung mit einem Spektroheliographen benützt wird. Die Einrichtung eignet sich besonders zum Studium des Chapman-Effekts. J. B.

2407. **L. F. Martynenko,** Methoden zur Bestimmung von Zeit und Breite auf Grund der Beobachtung von Sternen in gleichen Höhen in der Bearbeitung der russischen und sowjetischen Gelehrten. Moskau, 1952. 16 S. (russisch). — Dissertationsreferat.

2408. **I. P. Ogorodnik,** Vergleich zweier Methoden zur Bestimmung des Schraubenwertes eines Okularmikrometers. Astr Circ UdSSR Nr. 132 S. 9—10 (russisch).

2409. **W. W. Podobed,** Die Bestimmung genauer Örter Kleiner Planeten mittels eines weitwinkligen Astrographen. Mitt. Astr. Sternberg-Inst. Nr. **82** S. 29—38 (russisch).

* * **N. D. Rosenbljum,** Ein graphisches Verfahren zur Bestimmung der Elemente der parabolischen Bahn eines Meteorstroms. Vgl. Ref. **8242.**

2410. **A. Schmitt,** Méthode de réduction de la position d'un astre errant par rattachement à *n* étoiles de référence, dont le centre de gravité est choisi voisin de l'astre. BAB **4** 121—124. — Die in dieser Arbeit entwickelten Formeln sind in erster Linie für den Fall geeignet, daß die Örter der Anhaltsterne durch die auf einer anderen Platte gemessenen rechtwinkligen Koordinaten gegeben sind, z. B. durch die x, y-Werte der Photographischen Himmelskarte. Für diesen Fall wird auch ein Beispiel gerechnet. Bei günstiger Verteilung der Anhaltsterne fallen die Glieder 2. Grades weg. Tabellen zu ihrer Berechnung werden gegeben. Bo.

2411. **I. S. Schtscherbina-Samojlowa,** Untersuchung des großen Sonnenspektrographen des Kutschinoer Astrophysikalischen Observatoriums des Staatlichen Astronomischen Sternberg-Instituts und Verwendung der erhaltenen Ergebnisse zur Bestimmung der wahren Konturen der Natriumlinien im Sonnenspektrum. Moskau, 1952. 8 S. (russisch). — Dissertationsreferat.

2412. **P. Sémirot,** Une méthode de raccordement des clichés. Ann. Obs. Astr. Mét. Toulouse **21** 11—12. — Ref. L'AFAS.

2413. **S. J. Slaucitajs,** Un método gráfico para la compensación de observaciones mediante una recta. Publ. Obs. Astr. Ciudad Eva Peron Astr. **29** 1—21, mit 7 Fig. — Zur Ausgleichung von Beobachtungen durch eine Gerade wird eine einfache Methode vorgeschlagen, die graphisch oder numerisch angewendet werden kann. Das Prinzip beruht in der fortwährenden Halbierung der Verbindungslinien zwischen den die Beobachtungen charakterisierenden Punkten. T. L.

* * **R. Toscano,** Nuevo metodo para determinar el tiempo sin que entre como dato la latitud. Vgl. Ref. **3134.**

2414. **A. J. Wesselink,** Reduction to the sun of radial velocities. MN ASSA 11 39—41.

2415. **H. Wille,** Eine photoelektrische Methode zur Messung kleiner Polarisationsgrade. Optik **9** 84—93, mit 9 Abb. = Mitt. Fraunhofer-Inst. Freiburg Nr. **4.** — Die Notwendigkeit, die Kontinuums-Intensität der Sonnenkorona im sichtbaren Spektralgebiet zu messen, gab Veranlassung zur Ausarbeitung einer Methode, die es ermöglicht, kleine Intensitäten linear polarisierten Lichtes neben einer gleichzeitig anwesenden sehr viel größeren Intensität unpolarisierten Lichtes zu messen. Verf. (gekürzt)

2416. **W. W. Witkewitsch,** Messung der Intensität der Radiostrahlung kosmischer Quellen. AJ UdSSR **29** 14—24, mit 4 Abb. (russisch). — Ref. in Astr. News Letter Nr. **63** S. 2.

2417. **W. W. Witkewitsch,** Die Interferenzmethode in der Radioastronomie. AJ UdSSR **29** 450—462, mit 6 Abb. (russisch).

2418. **W. W. Witkewitsch,** Eine experimentelle Methode zur Bestimmung der Koordinaten plötzlicher Ausbrüche der Radiostrahlung. DAN **86** 39—42, mit 2 Abb. (russisch). — Beschreibung eines für Sonnenbeobachtungen gedachten Interferometersystems und Diskussion seiner Empfindlichkeit. Loh.

* * **F. W. Wright,** Selecting the moon's limb. Vgl. Ref. **7327.**

§ 25

Systematische, Instrumentelle, Methodische Fehler

2501. **M. F. Bykow,** Bestimmung der systematischen Fehler bei der Beobachtung der Sterne des absoluten Rektaszensionskatalogs. Taschkent, Verlag Akad. Wiss. Usbek. Sowjetrepublik, 1952. 12 S. (russisch). — Dissertationsreferat.

2502. **M. Castellano, P. J. Melchior,** Sur un effet systématique dans l'enregistrement photographique de la position des graduations d'un cercle méridien. Bull. Cl. Sci. Acad. roy. Belgique (5) **38** 1235—1240, mit 1 Fig. — Es wird nachgewiesen, daß bei der photographischen Registrierung der Deklination am Meridiankreis der Nachbareffekt die Ablesungen verfälscht. Aus zahlreichen Messungen wird der Fehler als Funktion des Abstandes zwischen Faden und Teilstrich tabellarisch und graphisch dargestellt. Böh.

2503. **G. van Herk,** The influence of the spectral type of a star on its declination as derived from meridian-circle observations. BAN **11** 489—493. — Um zu entscheiden, ob sich die Abhängigkeit des Brechungsindex der Luft von der Wellenlänge in den δ-Beobachtungen von Sternen verschiedenen Spektraltyps bemerkbar macht, werden aus vier Paaren von Sternkatalogen, jedes Paar aus einem Katalog der nördlichen Halbkugel und einem Kap-Katalog bestehend, Mittelwerte der δ-Differenzen der gemeinsamen Sterne für die Klassen B bis M gebildet. Alle vier Vergleiche zeigen denselben Gang der $\Delta\delta$ mit dem Spektraltyp: frühe Typen werden, wie zu erwarten, vom Beobachter näher dem Zenit eingestellt als späte Typen. Im Mittel wäre hiernach für B-Sterne die Refraktionskonstante um 0ʺ11 größer anzunehmen als für M-Sterne, pro Spektraltyp also um 0ʺ022, was durch die Verschiedenheit der effektiven Wellenlängen erklärt werden kann. Auch Eigenbewegungen, abgeleitet aus sehr verschiedenen Katalogen, können hierdurch verfälscht werden. Bo.

2504. **W. A. Jelistratow,** Über die Veränderungen $\Delta\delta_\delta$ des Meridiankreises des Astronomischen Hauptobservatoriums. Mitt. Astr. Hauptobs. Pulkowo **19** Nr. 1 (148) S. 6—10, mit 2 Abb. (russisch). — Ref. in Astr. News Letter Nr. **68** S. 1—2. — Bei der Bearbeitung der Deklinationsbeobachtungen am Pulkowoer Meridiankreis hat sich gezeigt, daß man eine praktische Unveränderlichkeit des Ganges der instrumentell und refraktionell bedingten $\Delta\delta_\delta$ nicht voraussetzen darf. Werden die täglichen Veränderungen bei den Reduktionen für den Katalog geodätischer Sterne berücksichtigt, dann erfährt dessen Deklinationssystem jedoch nur sehr kleine Änderungen, weil sich die Veränderlichkeit der $\Delta\delta_\delta$ in dem sechsjährigen Beobachtungszeitraum ausgleicht. Loh.

2505. **E. Lindinger,** Eine neue Form für die Reduktion der Durchgangsbeobachtungen. Österreichische Z. f. Vermessungswesen **39** 81—85, mit 1 Abb., 1951. — Ableitung einer Formel, die die Instrumentalfehler (Zapfen, Neigung und Azimut) erfaßt, wobei eine darin enthaltene Größe durch eine geeignete Konstruktion am Instrument abgelesen werden kann. Das Ziel ist, die Genauigkeit der Zeitbestimmungen den Gangleistungen der Quarzuhren anzugleichen. T. L.

2506. **P. Muller,** Les erreurs des magnitudes estimées dans un couple visuel. BSAF **66** 213—216, mit 1 Fig.

2507. **B. A. Orlow,** Über den Einfluß der Biegung auf die Ableitung eines absoluten Deklinationssystems. Astr Circ UdSSR Nr. 128 S. 8—10 (russisch).

2508. **G. Pinto,** Errori progressivi e periodici del misuratore di lastre «Gaertner». Mem SA It (NS) **23** 215—219.

2509. **W. I. Sacharow,** Über die jahreszeitlichen Fehler in der Bestimmung des Azimuts der Miren des großen Passageninstruments des Observatoriums Pulkowo. Mitt. Astr. Hauptobs. Pulkowo **19** Nr. 1 (148) S. 147—149 (russisch). — Ref. in Astr. News Letter Nr. **68** S. 5.

2510. **F. Schmeidler,** A history of extreme errors in fundamental declinations. Occasional Notes **2** 160—166. — Ref. in Obs **73** 121—122. — Nach einer Beschreibung der Methoden, absolute δ an Meridian- bzw. Vertikalkreisen zu bestimmen, folgt ein historischer Bericht über die δ-Beobachtungen an verschiedenen Vertikalkreisen. Diese zeigen, wie zuerst beim Vergleich der Beobachtungen mit dem Ertelschen und dem Repsoldschen Vertikalkreis in Pulkowo bzw. Odessa festgestellt wurde, systematische Unterschiede bis zu 1ʺ. Die Erklärung, wie sie zuerst von W. Rabe 1933 gegeben wurde, liegt darin, daß die Biegung des Instruments trotz des Vertauschens von Objektiv und Okular nicht eliminiert wird. Als zweckmäßigste Methode, sie zu eliminieren, erweist sich, wie spätere Beobachtungsreihen bestätigen, die Beobachtung in direktem und reflektiertem Licht. Bo.

2511. **G. Traving,** Experimentelle Untersuchungen über die systematischen Fehler von Äquivalentbreiten. ZfA **31** 175—181, mit 2 Abb. = Sonderdruck Sternw. Kiel. — Die systematischen Fehler photometrischer Messungen von Äquivalentbreiten W_λ wurden an modellmäßig erzeugten Linien mit von vornherein bekannter Totalabsorption untersucht. Es ergab sich ein kleiner systematischer Fehler der W_λ, der von der Schwärzung des Kontinuums abhängt, dagegen zunächst keine Abhängigkeit der gemessenen W_λ von der Dispersion. Dagegen werden bei Linien, die durch schwache Blends gestört sind, die W_λ mit abnehmender Dispersion größer gemessen. Verf.

2512. **S. Yumi,** The apparent effect of the observer's temperature on Talcott's level readings. Publ. Astr. Soc. Japan **4** 64—71, mit 4 Fig. — Bei Beobachtungen am Zenitteleskop zeigte sich häufig ein Wandern der Blase der Talcott-Libellen zum Beobachter hin, und zwar besonders gelegentlich der Bestimmung des Schraubenwertes, wobei das Rohr auf größere Zenitdistanz eingestellt ist und der Beobachter seitlich unterhalb der Libellen sitzt. Der Effekt wird, wie spezielle Experimente zeigen, durch die unterschiedliche Wärmewirkung des Beobachters auf die beiden Enden der Libellenröhren hervorgerufen, und zwar wird angenommen, daß eine durch geringe Temperaturerhöhung verursachte Erniedrigung der Oberflächenspannung im Äther in der dem Beobachter zugekehrten Röhrenhälfte das Wandern der Blase bewirkt. Bei Beobachtung der Zenitstern-Paare ist der Effekt kaum merklich, da dann der Beobachter unter dem Niveau, symmetrisch zu dessen Enden, sitzt. Bo.

Vierter Teil

Sphärische Astronomie. Chronologie

§ 30

Allgemeines, Tafeln

3001. **C. J. Aston,** The Moon and Venus — a beginner's effort. JBAA **62** 74—78, mit 2 Fig. — Bemerkungen zur Berechnung topozentrischer Mondörter; Beispiel mit Diagramm für die Konjunktion Mond-Venus 1951 Juni 8. T. L.

3002. **L. Carnera,** Problemi fondamentali urgenti di Astrometria. Soc. Astr. Italiana, Atti del Convegno Astr. di Milano-Merate Settembre **1951** S. 47—57. — Darstellung der fundamentalen und dringlichen Probleme der klassischen Astronomie. F. Z.

* * **J. Dohm,** H. O. 249 Revised. Vgl. Ref. **13310.**

3003. **A. Gougenheim,** Trigonométrie sphérique et projections conformes. Ann. Obs. Astr. Mét. Toulouse **21** 11. — Ref. L'AFAS.

3004. **A. Gras,** La résolution graphique des triangles sphériques. Paris, Service de la Navigation aérienne, 1951. 48 S. — Besprechung in BSAF **67** 250.

3005. **F. Heegaard,** Flugtlinietavle til Omsætning mellem Aekvatorkoordinater og Horisontkoordinater. NAT **1952** 59—66, mit 2 Fig. — Nomogramm zum Übergang von Äquatorialkoordinaten in Horizontalkoordinaten und umgekehrt. Ra.

3006. **K. S. Jurjew,** Tafeln für Sonnen- und Sternpeilungen zwischen 70° und 80° nördlicher Breite. Moskau-Leningrad, Verlag «Seetransport», 1952. 6 S. + 46 Blätter (oder Bogen). Preis 12 R. 40 Kop. (russisch).

3007. **M. Kölbl,** Eine Weisertafel zur Ermittlung der Meridiankorrektion bei der Polhöhenbestimmung aus Zirkummeridianzenitdistanzen. Österreichische Z. f. Vermessungswesen **40** 146—149, mit 1 Abb. — Beschreibung eines quadratischen Nomogramms mit vier Leitern, aus welchem die Meridiankorrektion auf 0!1 entnommen werden kann. T. L.

3008. **R. W. Kunizkij,** Den a noc; roční období. Prag, Naše vojsko. 40 S. mit 13 Abb. Preis 7 Kčs. Tag und Nacht, die Jahreszeiten. Übersetzung aus dem Russischen. Vgl. AJB **48** Ref. **3008**.

3009. **E. Leutenegger,** Vom kürzesten Tag. Orion Schaffhausen **3** 364—366, mit 1 Fig.

3010. **W. Schaub,** Vorlesungen über sphärische Astronomie. Vgl. AJB **50** Ref. **3005**. — Weitere Besprechung in Sterne **28** 48 (H. Straßl).

3011. **H. Straßl,** Nomogramme für Höhe und Azimut von Gestirnen. Math.-Phys. Semesterberichte, Göttingen **2** 279—288, mit 3 Abb. — Enthält Höhen- und Azimut-Nomogramm für $\varphi = 50°$.

3012. **M. K. Wentzel,** Sphärische Astronomie. Moskau, Geodätischer Staatsverlag, 1952. 335 S. mit Karten. Preis 11 R. 30 Kop. (russisch).

3013. «Kulmination des Mondes». Sterne **28** 151. — Es wird darauf hingewiesen, daß die Bezeichnung «Kulmination» für den Meridiandurchgang nicht sehr glücklich gewählt ist, da der Zeitpunkt des Höchststandes für ein Gestirn mit veränderlicher Deklination nicht mit dem Augenblick seines Meridiandurchganges identisch ist. T. L.

3014. Ephemerides for the determination of time corrections by equal altitudes (Zinger's method) for 1947. Inst. Theoret. Astr. Leningrad. Moskau-Leningrad 1947, 100 S.

3015. Rising and Setting Diagrams for High Northern Latitudes. Prepared by H. M. Nautical Almanac Office, 1952. 11 S. Preis 10 sh. 6 d. — Die als Ergänzung zum Abridged Nautical Almanac gedachten Diagramme gestatten die Ablesung der Auf- und Untergänge der Sonne sowie des Beginns und Endes der bürgerlichen, nautischen und astronomischen Dämmerung für Breiten nördlich 70° auf 10—15 Minuten genau. Außerdem sind Hilfsmittel gegeben, die Auf- und Untergänge des Mondes für diese Regionen zu extrapolieren; Genauigkeit im allgemeinen $0^h.3$. T. L.

3016. Sight Reduction Tables for Air Navigation. Vol. I. Selected stars, epoch 1955.0. London, Her Majesty's Stationery Office, 1952. 11 + 325 S. — Besprechung in JBAA **63** 155, Sky and Telescope **12** 134.

§ 31

Astronomische Koordinaten und Konstanten, Ortsbestimmung

3101. **R. W. Byerly,** Suggestions for measurement of refraction. Navigation Los Angeles **3** 169—171. Mit zusätzlichen Bemerkungen von C. H. Smiley und G. M. Clemence.

3102. **B. Chiat,** Latitude, longitude and azimuth. MN ASSA **11** 93—97, mit 5 Fig. und einer Berichtigung S. 108. — Kurze Beschreibung der genauen Ortsbestimmung mit dem Theodoliten: Instrument, Beobachtungsmethode, Genauigkeit. T. L.

3103. **G. M. Clemence, J. G. Porter, D. H. Sadler,** Aberration in the lunar ephemeris. AJ **57** 46—47. — Bei der Verbesserung der Mondbahnelemente hat Brown die planetarische Aberration nicht berücksichtigt. Es werden daher auf numerischem Weg Korrektionen abgeleitet, die an die mittlere Länge und die Länge des Perigäums anzubringen sind. Um die Genauigkeit der Mondephemeride von 0.001 (bzw. 0!0003 für die Parallaxe) zu garantieren, brauchen dann nur noch zwei Aberrationsterme zu der den Tafeln entnommenen wahren Länge zugefügt werden. T. L.

* * **J. Dick,** Der Planetoid Eros und seine Bedeutung für die Bestimmung astronomischer Konstanten. Vgl. Ref. **7506.**

3104. **P. N. Dolgow,** Die Bestimmung der Zeit mit dem Passageninstrument im Meridian. Moskau, Technischer Staatsverlag, 1952. 396 S. mit Abb. Preis 14 R. 20 Kop. (russisch).

3105. **W. Embacher,** Geographische Ortsbestimmung mit dem Wild T 3. Deutsche Geod. Kommission Bayer. Akad. Wiss. (A) Heft **3** S. 43—45. — Methode zur gleichzeitigen Polhöhen- und Azimutmessung. Grundzüge des Verfahrens. Anlage und Ausführung der Messung und der Auswertung. Wirtschaftlichkeit und Genauigkeit der Methode.

3106. **W. Embacher,** Neue Vorschläge zur geographischen Ortsbestimmung. Österreichische Z. f. Vermessungswesen **40** 3—13, 50—58, 82—88, mit 9 Abb. — Nach Erörterung der Grundlagen der geographischen Ortsbestimmung wird die Ableitung des Azimuts und der Polhöhe aus Azimutsummen entwickelt und dieser Vorschlag mit der Sterneck- und Polarismethode verglichen. Sodann wird gezeigt, wie aus den Kulminationshöhen des Mondes die geographische Länge ohne genaue Zeitbestimmung ermittelt werden kann, wobei statt der Rektaszension die Deklination verwendet wird; dabei wird auf die Bedeutung des Kraters Mösting A hingewiesen. Die geozentrische Breite, der Radiusvektor und die Abplattung ergeben sich aus Mondbeobachtungen im Meridian. Die angeführten Beobachtungen wurden mit einem Wild-Theodoliten T 3 durchgeführt. T. L.

3107. **A. Fletcher,** Astronomical refraction at low altitudes in marine navigation. J. Inst. Navigation **5** 307—330. — Die theoretischen Grundlagen der Refraktion werden behandelt und die numerischen Werte für geringe Höhen über dem Horizont nach den Tafeln von Bessel, Pulkowo, Radau, Radau (bei geänderter Refraktionskonstante), Harzer und Garfinkel verglichen. Diese unterscheiden sich vom Standpunkt der Navigation (Genauigkeit 0!1) bis zu 2° herunter kaum voneinander. Im folgenden werden sodann die Schwierigkeiten erörtert, welche die Berücksichtigung des Temperaturgradienten, die Abweichung der Luftschichten von der Kugelförmigkeit und verschiedene andere Effekte bereiten. Schließlich werden noch die Ergebnisse der Beobachtungen von Smiley und Clemence mit den theoretischen Werten verglichen. T. L.

3108. **J. E. Gordon,** Bestimmung der Präzessionskonstanten aus einem Vergleich der Kataloge von Skjellerup 1865.0 und Morin — Kondratjew 1900.0. Mitt. Astr. Hauptobs. Pulkowo **19** Nr. 1 (148) S. 72—121, mit 2 Abb. (russisch). — Ref. in Astr. News Letter Nr. **68** S. 3. — Verf. findet die Verbesserungen $\Delta\, p_1 = 1!28 \pm 0!20$ und $\Delta\, E = 1!21 \pm 0!20$. Das Mittel dieser, der Oortschen, der Glieseschen und Williams-Vyssotskyschen beträgt $1!23 \pm 0!09$ (w. F.) und $1!43 \pm 0!11$, so daß sich für die Präzessionsgrößen ergibt: $p_1 = 50!3856$, m $= 46!1103$ und $n = 20!0475$ (1950.0). Loh.

3109. **K. Graff,** Grundriß der geographischen Ortsbestimmung aus astronomischen Beobachtungen. Berlin, Walter de Gruyter & Co., 1944. 3. verbesserte Auflage. 9 + 227 S. mit 63 Abb. Preis DM 8.80. — Besprechung in Coelum **20** 56, Mem SA It (NS) **23** 81 (F. Zagar), Sterne **28** 80, Sternenwelt **5** 115—116 (W. Petri), Weltraumfahrt **1952** 63 (W. Schaub).

3110. **W. H. Haas,** The determination of central meridian and colongitude. Strolling Astronomer **6** 10—13.

3111. **B. J. Harris,** Standard co-ordinates. Obs **72** 73—74. — Grundformeln für rechtwinklige Koordinaten, die zur Reduktion von photographischen Himmelsaufnahmen verwendet werden. Ihre Darstellung durch Reihen ist schon 1866 von B. A. Gould angegeben worden. O. G.

3112. **M. B. B. Heath,** Método sencillo para hallar la posición aproximada de un cuerpo celeste. Urania Barcelona **37** 24—27, mit 1 Fig. — Nach Bestimmung des scheinbaren Gesichtsfelddurchmessers kann auch bei Benutzung eines verzeichnungsfreien Okulars ohne Fadenkreuz und Mikrometerteilung der relative Ort eines Objekts auf wenige Bogensekunden genau ermittelt werden, indem man bei ruhendem Fernrohr die Gesichtsfeld-Ein- und Austrittszeiten des Objekts und des Anschlußsterns beobachtet. Gü.

3113. **C. Hoffmeister,** Astronomische Konstanten. Naturwiss. Rundschau **5** 267—271.

3114. **N. I. Idelson, C. I. Pommer,** Bestimmung der Nutationskonstanten aus zwei Beobachtungsreihen am Passageninstrument im ersten Vertikal in Pulkowo. Mitt. Astr. Hauptobs. Pulkowo **19** Nr. 1 (148) S. 122—137 (russisch). — Ref. in Astr. News Letter Nr. **68** S. 4. — Verf. reduziert die Beobachtungen von W. Struve aus den Jahren 1840—1855 neu und findet $N = 9\overset{''}{.}206 \pm 0\overset{''}{.}019$. Aus den Beobachtungen Wassiljews in den Jahren 1918—1921 folgt $N = 9.173 \pm 0.011$. Loh.

3115. **J. Jackson,** On the standard of time used in the calculation of ephemerides of the sun and moon. Obs **72** 233—235. — Die Einführung der Ephemeridenzeit an Stelle der mittleren Sonnenzeit als Argument für die Sonnen- und Mondörter macht die Anbringung von Korrektionen an die den Tafeln zugrunde liegenden mittleren Längen notwendig. Verf. ist aber der Ansicht, daß die Unsicherheit der quadratischen Glieder noch zu groß ist, um diese Änderung jetzt schon vorzunehmen. T. L.

3116. **G. E. Kossin,** Neubearbeitung der am Repsoldschen Vertikalkreis durchgeführten Beobachtungen. Leningrad, Astr. Hauptobs. Pulkowo, 1952. 13 S. (russisch). — Dissertationsreferat.

3117. **E. Lange,** Die neuere Entwicklung der astronomischen Zeitbestimmung. Askania-Warte **10** Nr. 41 S. 4.

3118. **E. Lindinger,** Eine fundamentale astronomische Längenbestimmung mit ausschließlicher Verwendung von Quarzuhren. Sonderdruck aus der «Festschrift Eduard Dolezal 1952» S. 435—448, mit 5 Abb. — Die Ergebnisse der im Frühjahr 1944 mit großer Präzision durchgeführten Längenbestimmung des Zeitmeridians der Deutschen Seewarte Hamburg werden mitgeteilt. Ein Vergleich mit den gleichzeitigen Zeitbestimmungen in Potsdam scheint darauf hinzudeuten, daß die saisonalen Rotationsschwankungen der Erde von beträchtlichen kurzperiodischen Schwankungen überlagert werden. T. L.

3119. **M. Lorón,** La precesión y nutación y su influencia sobre la posición aparente de los astros. Anuario del Obs. Astr. Madrid 1953 S. 307—387, mit 33 Fig.

3120. **I. W. Maximow,** Über die «Polflut» im Meer und der Erdatmosphäre. DAN **86** 673—676 (russisch). — Nach dem Darwinschen Verfahren wurden die sich über 14 Jahre erstreckenden Monatsmittel des Meeresniveaus (nördl. Teil des Atlant. Ozeans, Ostsee, Mittelmeer, nördl. Teil des Stillen Ozeans) auf eine 14-monatliche, von der freien Nutation herrührende Schwankung untersucht. Die gefundenen Amplituden liegen zwischen 5 und 26 mm. Auch

Luftdruckschwankungen wurden festgestellt, die in mittleren Breiten am größten sind (einige Zehntel mm), nach den Polen hin kleiner werden und am Äquator fast verschwinden. Loh.

3121. **H. Mineur,** Le temps. Etude d'un concept fondamental de la science. Cahiers Rationalistes, Févr.-Mars 1952, 40 S. mit 13 Fig. = Contr. Inst. d'Astrophys. Paris (A) Nr. **106**. — Kritische Erörterung der verschiedenen Zeitbegriffe; ausführliche Behandlung der physikalischen und astronomischen Methoden der Zeitmessung. Böh.

3122. **H. R. Morgan,** The short period terms in the nutation as given by observation. AJ **57** 232. — Aus den Breitenbeobachtungen mit dem PZT des Naval Obs. 1931—51 wird eine Korrektion für den Koeffizienten des Nutationsgliedes in Schiefe mit Halbmonatsperiode abgeleitet. E. Woolard wies jedoch darauf hin, daß diese nicht der Nutation zuzuschreiben ist, sondern einem theoretischen dynamischen Term der gleichen Periode in der Breitenschwankung entspricht. T. L.

3123. **A. J. Orlow,** Verbesserung des halbmonatlichen Nutationsgliedes nach den Breitenbeobachtungen in Pulkowo 1915—1928. Astr Circ UdSSR Nr. 126 S. 19—20 (russisch).

3124. **B. C. Peterson,** Some observations of refraction at low altitudes and of astronomical position-line accuracy. J. Inst. Navigation **5** 31—38.

3125. **A. I. Piotrowskaja,** Über die Berücksichtigung der Verbesserungen bei den Beobachtungen von Sternpaaren in einem Vertikal. Publ. Inst. Ingenieure der Geodäsie, Luftbildaufnahme und Kartographie Nowosibirsk **5** 335—342 (russisch).

3126. **L. Randić,** The use of zenith in determination of position on the earth. Glasnik Mat.-Fiz. Astr. (2) **7** 244.

3127. **D. H. Sadler,** The refraction table in the Air Almanac. J. Inst. Navigation **5** 223—234. — Beschreibung der theoretischen Grundlagen und der praktischen Berechnung einer neuen Refraktionstafel des Air Almanac, die für alle Gestirnshöhen und bis 2000 m Flughöhe gilt. Fr.

3128. **S. J. Slaucitajs,** Sobre el perfeccionamiento en las determinaciones de tiempo y de las ascensiones rectas de las estrellas respectivamente. Publ. Obs. Astr. Ciudad Eva Peron (Especial) Nr. **17,** 27 S. mit 10 Fig. — Bericht über ein Kolloquium über Zeitbestimmungen. Es wird festgestellt, daß die Genauigkeit der astronomischen Beobachtungen im Vergleich zur Ganggenauigkeit der Quarzuhren zu gering ist. Verschiedene Vorschläge zur Verbesserung der Beobachtungsinstrumente und methoden werden gemacht. Schließlich wird noch auf die saisonalen Schwankungen der Tageslänge hingewiesen. T. L.

3129. **C. H. Smiley,** Atmospheric refraction at low angular altitudes in polar regions. Navigation Los Angeles **3** 81—84.

3130. **K. A. Strand,** Astronomical refraction at large zenith distances. AJ **57** 166. — Ref. AAS. — Ref. in Sky and Telescope **11** 278.

3131. **C. Sugawa,** On the precise reduction of places of the fixed stars. Publ. Astr. Soc. Japan **4** 53—63. — In Erweiterung einer Arbeit von Suzuki (AJB **51** Ref. **3129**) werden die Ausdrücke für die bei der Reduktion auf den scheinbaren Ort nach der Besselschen Formel vernachlässigten Glieder zweiter Ordnung aufgestellt. Diese werden mit dem Fabritius-Glied und Newcombs trigonometrischer Reduktion verglichen. Während die Abweichungen für Fabritius in Deklination bis zu 0".04 am Jahresende anwachsen können, bleiben die Unterschiede gegenüber Newcomb unter 0!01. Für eine Genauigkeit von 0!001 empfiehlt sich jedoch auf jeden Fall die Anwendung der erweiterten Suzukischen Formel. T. L.

8132. **S. Takagi,** Note on the computation of the apparent star place. Publ. Astr. Soc. Japan **3** 146—157, mit 3 Fig. Berichtigung in **4** S. 52. — Die übliche Methode zur Berechnung der scheinbaren Sternörter genügt den gesteigerten Genauigkeitsansprüchen nicht mehr. Denn die dort benutzte Besselsche Formel enthält nur die Glieder erster Ordnung der Reihenentwicklung der strengen Gleichungen. Es werden daher die Ausdrücke für die vernachlässigten Glieder zweiter Ordnung in Präzession, Nutation und Aberration hergeleitet; dabei werden fünf Methoden betrachtet, die sich in der Epoche unterscheiden, auf welche sich die zur Berechnung der Sternkonstanten benutzten mittleren Sternörter beziehen. Dazu kommen noch die in der Aberrationstheorie vernachlässigten Terme (Glieder zweiter Ordnung und Battermann-Korrektion). Die sich theoretisch bei den verschiedenen Methoden ergebenden Fehler für Dez. 31 der Jahre 1925—1941 sind graphisch dargestellt. Zwei Möglichkeiten für die Berücksichtigung dieser Vernachlässigungen werden vorgeschlagen. T. L.

8133. **S. Takagi,** Note on the computation of the apparent star place (II). Publ. Astr. Soc. Japan **4** 72—80, mit 2 Fig. — Während in der ersten Arbeit (vorstehendes Ref.) nur die Vernachlässigungen bei der Rechnung nach der Besselschen Formel betrachtet wurden, wird jetzt auf die strengen Gleichungen zurückgegangen, die die Koordinatentransformation vom mittleren auf den wahren Sternort wegen der Verlagerung von Ekliptik und Äquator ausdrücken. Dabei werden auch die höheren Glieder in den Präzessions- und Nutationsgrößen berücksichtigt. Es zeigt sich, daß die üblichen Methoden genau genug sind, sofern man nur bis zu den Gliedern zweiter Ordnung geht. T. L.

8134. **R. Toscano,** Nuevo método para determinar el tiempo sin que entre como dato la latitud. Bol. Obs. Tonantzintla y Tacubaya Nr. **4**, 17 S. (mit engl. Ref.). — Bei der Methode der Zeitbestimmung aus gleichen Höhen eines Sternpaares muß die Polhöhe bekannt sein. Die hier vorgeschlagene Methode benutzt zwei solcher Sternpaare in jeweils gleicher Höhe, so daß φ aus den Formeln eliminiert werden kann. Ein Beispiel zeigt die Brauchbarkeit des Verfahrens. Bo.

8135. Refraction and irradiation. Sky and Telescope **11** 137.

§ 32

Finsternisse, Bedeckungen

8201. **K. D. Adams,** Planetary occultations and conjunctions. Southern Stars **15** 101—103.

8202. **J. Bouška,** Über Mondfinsternisse. Sterne **28** 18—21, mit 1 Abb.

* * **H. Diercks, K. Hunger,** Über die Bestimmung von Sterndurchmessern aus den Beugungserscheinungen bei Sternbedeckungen. Vgl. Ref. **9703**.

8203. **I. G. Koltschinskij,** Sonnenfinsternisse. Kiew, Verlag Akad. Wiss. ukrain. Sowjetrepublik, 1952. 24 S. mit 3 Abb. Preis 75 Kop. (ukrainisch).

8204. **R. Michard,** Les éclipses de Soleil. BSAF **66** 141—145, mit 2 Fig.

8205. **S. A. Mitchell,** Eclipses of the Sun. London, Geoffrey Cumberlege; New York, Columbia University Press, 1951. Preis 42s. — Vgl. AJB **51** Ref. **3211**. — Weitere Besprechung in NAT **1953** 78.

3206. **E. Nadjoshdin,** Sonnen- und Mondfinsternisse. Gorno-Altajsk, 1952. 16 S. (altajisch).

3207. **T. Nicolini,** Osservazioni occasionali della eclisse solare del 25. febbr. 1952. Ann. Istituto Univ. Navale Napoli **16** 21—29 = Oss. Astr. Capodimonte-Napoli Collezione Miscellanea **1** Nr. 3. — Vorschlag eines einfachen Verfahrens zur Ableitung der Kontaktzeiten aus wenigen Aufnahmen einer partiellen Sonnenfinsternis. F. Z.

3208. **P. S. Riggs,** Eclipses of the moon. Leaflet ASP Nr. 263, 8 S. mit 2 Fig., 1951.

3209. **W. W. Scharonow,** Der normale Ablauf einer Mondfinsternis in Abhängigkeit von der Phase. Astr Circ UdSSR Nr. 130 S. 12—13 (russisch).

3210. **W. T. Ter-Oganesow,** Sonnen- und Mondfinsternisse. Vgl. AJB **51** Ref. 3214. — Auch in weiteren regionalen Ausgaben und Landessprachen der UdSSR erschienen.

3211. **W. T. Ter-Oganesow,** Sonnen- und Mondfinsternisse. Moskau, Staatsverlag für kulturell-aufklärende Literatur, 1952. 84 S. mit Abb. und 1 Karte. Preis 2 R. (russisch).

3212. **H. Werner,** Über die Finsternisse im Februar 1952. Naturwiss. Rundschau **5** 28—29, mit 3 Abb. — Verlauf der Finsternisse 1952. Vorstellungen im Altertum über die Ursache der Sonnen- und Mondfinsternisse. Die Motive zur subjektiven Erklärung der Finsternisse bei verschiedenen Völkern.

§ 33

Chronologie, Kalenderwesen

3301. **R. G. Aitken,** Calendar reform from an astronomer's viewpoint. J RAS Canada **46** 89—92. — Abdruck aus J Calendar Reform Dez. 1951. Vgl. AJB **51** Ref. 3301.

* * **A. Alberti-Poja,** La meridiana della Chiesa di S. Maria degli Angeli a Roma, l'astronomo Bianchini e la Pasqua. Vgl. Ref. 1005.

3302. **R. S. Bates,** Give us back our fortnight. Sky and Telescope **11** 267—268, mit 2 Fig. — Im Gegensatz zu anderen westeuropäischen Ländern wurde der Gregorianische Kalender erst 1752 in England eingeführt. Mit der Reform ging die endgültige Festlegung des Jahresanfangs auf den 1. Januar Hand in Hand. Während die Beseitigung des bis dahin unterschiedlich gebrauchten Jahresbeginns am 25. März und am 1. Januar allgemein begrüßt wurde, löste der Fortfall von elf Tagen beim Übergang vom alten auf den neuen Stil weithin Unwillen aus. Es wird die astronomische Begründung der Reform und die Geschichte der Reform selbst, soweit sie England betrifft, behandelt. U. Baehr

3303. **J. Bouška,** Wann beginnt ein Neujahr? Vesmír **31** 24—25 (tschechisch).

3304. **J. Chodakowski,** Time reckoning in ancient Egypt. Obs **72** 240. — Die ägyptische Kalenderreform um 4000 v. Chr. wird als Versuch angesehen, das Jahr, das zu 365 Tagen angesetzt wurde, mit dem 1460 Jahre dauernden Konjunktionszyklus von Sonne und Venus in Beziehung zu bringen. Als Parallele dazu wird die Zeitrechnung der Azteken angeführt, bei der ein Konjunktionszyklus von Sonne, Venus und Mond eine ähnliche Rolle spielte. U. Baehr

3305. **E. Mora,** Jour de semaine pour une date quelconque de l'ère chrétienne. BSAF **66** 206—207.

3306. **E. Nadjoshdin,** Zeit und Kalender. Gorno-Altajsk, 1952. 20 S. (altajisch).

3307. **G. Ricci,** Riforma del calendario. Coelum **20** 42—49. — Übersichtliche Darstellung der Vorschläge zur Kalenderreform. F. Z.

3308. **H. Trinquand,** Le calendrier perpétuel à la porté de tous. Application aux recherches historiques. BSAF **66** 121—124. — Es wird die Formel zur Bestimmung des Wochentages eines Julianischen oder Gregorianischen Datums hergeleitet und an mehreren Beispielen erläutert. U. Baehr

3309. **E. Zinner,** Der Deutsche Volkskalender des 15. Jahrhunderts. Naturforschende Ges. Bamberg. Sonderdruck aus dem **33.** Bericht 1952 = Kleine Veröff. Remeis-Sternw. Bamberg Nr. **7** S. 46—50.

3310. Metodo semplice per trovare il giorno della settimana di una data qualunque. Coelum **20** 85—87.

3311. The bicentennial of the adoption of the Gregorian calendar in England. J RAS Canada **46** 212—213.

3312. Calendar reform. Nature **169** 1083.

* * Journal of Calendar Reform 1952. — Enthält zahlreiche Beiträge allgemeinen, besonders wirtschaftlichen Charakters über die Bestrebungen einer Kalenderreform und über den Weltkalender.

Fünfter Teil

Theoretische Astronomie

§ 40

Allgemeines, Tafeln

4001. **F. Hoyle,** La Nature de l'Univers. Paris, Presses Universitaires de France, 1952. Übersetzung aus dem Englischen von R. H. Busso und J. Papy. 132 S. Preis fr. 360. — Vgl. AJB **50** Ref. **4003.** — Besprechung in NAT **1953** **39.**

4002. **F. Hoyle,** Världsalltets byggnad. Stockholm, Bonniers, 1951. Übersetzung aus dem Englischen. — Vgl. AJB **50** Ref. **4003.** — Besprechung in PAT **33** 77—78.

4003. **A. March,** Der Weg des Universums. Bern, A. Francke AG.; München, Leo Lehnen, 1948. Preis DM 8.60. — Vgl. AJB **50** Ref. **4006.** — Weitere Besprechung in Sterne **28** 45—46 (C. Hoffmeister).

4004. **E. Whittaker,** A History of the Theories of Aether and Electricity — The Classical Theories. New York, Philosophical Library, 1951. 434 S. Preis $ 12. — Sky and Telescope **11** 121. Vgl. AJB **51** Ref. 263.

§ 41

Raum, Zeit, Licht, Gravitation, Relativitätstheorie, Kosmologie

4101. **H. Bondi,** Cosmology. Cambridge, At the University Press, 1952. 9 + 179 S. Preis 22s. 6d. net. bzw. $ 4.50. — Besprechung in JBAA **63** 121—123, Math. Rev. **14** 912 (H. P. Robertson), Nature **170** 768 (W. H. McCrea), Obs **72** 160 (W. H. McCrea), Proc. Phys. Soc. (A) **66** 124 (W. H. McCrea), Sky and Telescope **11** 227, **12** 46—47 (W. S. Krogdahl), ZfMG **46** 208 (H. Vogt).

4102. **H. Bondi, T. Gold, P. A. M. Dirac,** Is there an æther? Nature **169** 146.

4103. **P. Couderc,** The Expansion of the Universe. New York, The Macmillan Co.; London, Faber and Faber, Ltd., 1952. 231 S. mit 34 Fig. und 12 Tafeln. Preis $ 6.00 bzw. 30s. Übersetzung aus dem Französischen von J. B. Sidgwick. — Besprechung in JBAA **63** 152—153, J RAS Canada **47** 212, Obs **74** 134 (W. H. McCrea), Sky and Telescope **12** 134.

4104. **P. Couderc,** L'expansion de l'univers. I. Les faits. BSAF **66** 483—486.

4105. **H. Dingle,** The Special Theory of Relativity. New York, John Wiley & Sons, 1950. 7 + 94 S. Preis $ 1.25. — Besprechung in Rev. Sci. Instruments **23** 45 (M. Wyman).

4106. **E. Finlay Freundlich,** Der gegenwärtige Stand der Prüfung der Relativitätstheorie. Wiss. Ann. **1** 35—42. — Es sind 40 Jahre vergangen, seitdem Einstein die ersten Ansätze zu einer allgemeinen Relativitätstheorie gemacht hat. Versuche einer astronomischen Prüfung der neuen Theorie sind bis heute noch nicht zum Abschluß gekommen. Verf. zeigt, warum nach so langer Zeit noch keine endgültige Entscheidung gefallen ist, ferner, in welcher Hinsicht die bisherigen Versuche darauf hinweisen, daß die Formeln der Relativitätstheorie noch nicht als die endgültigen betrachtet werden dürfen und welche grundsätzliche Bedeutung die entdeckten Abweichungen für die Fortentwicklung der Physik haben können. Verf.

4107. **G. Gamow,** The role of turbulence in the evolution of the universe. Phys. Rev. (2) **86** 251. — Verf. schließt sich der Meinung C. F. v. Weizsäckers (ApJ **114** 165, AJB **51** Ref. 5424) an, wonach in einem expandierenden Weltsubstrat die Bildung von Untersystemen nicht allein durch Gravitationsinstabilität erfolgen konnte, sondern dazu eine turbulente Zusatzbewegung von der Größenordnung der Expansionsgeschwindigkeit erforderlich war. Unter der Annahme, daß beim Zerfall der kosmischen Materie in die einzelnen Spiralnebelsysteme die Dichte etwa gleich der heutigen galaktischen Dichte ($\sim 10^{-24}$ g cm^{-3}) war, folgt aus dem heutigen Verhältnis der Durchmesser der Systeme zu ihren gegenseitigen Abständen (1 : 100), daß die Teilung etwa zu einer Zeit $t_0 \simeq$ 1/100 Weltalter = 10^{15} sec erfolgte. Die Formel für die Abnahme der Temperatur während der ersten Stadien der Expansion $T = 1.5 \times 10^{10}\, t^{-1/2}$ ergibt $T_0 =$ 500 °K, was einer Massendichte der Strahlungsenergie von 10^{-25} g cm^{-3} entspricht. Die materielle Dichte hätte zu diesem Zeitpunkt demnach die Dichte der Strahlungsenergie gerade überholt. Auf eine Erklärung der Entstehung der Turbulenz wird verzichtet und angenommen, daß sie zusammen mit der Anfangsdichte der Welt und der Anfangsgeschwindigkeit der Expansion als ursprüngliche Gegebenheit postuliert werden müsse. Temesváry

4108. **C. Gilbert,** Statistical systems of particles in the expanding universe. Quart. J. Math. Oxford (2) **3** 161—170. — Ref. in ZfMG **47** 209: Es handelt sich um eine Erweiterung und Verbesserung der Milneschen «kinematischen Kosmologie». Das zugrunde gelegte «kinematische System» besteht wie bei Milne aus einem System von Fundamentalbeobachtern und einem statistischen System von materiellen Partikeln, doch sind das System der Fundamentalbeobachter und das statistische System von Partikeln anders definiert als bei Milne. Im Grenzfall, wenn der Materiedruck verschwindend klein ist, bestimmt das kinematische System eine Reihe von Weltmodellen, die auch die Lemaîtreschen Modelle mit verschwindendem Druck, das Milnesche Substratmodell und das Diracsche Modell einschließt. Insbesondere zeigt sich auch, daß das Milnesche und das Diracsche Modell in Lemaîtresche Modelle transformiert werden können. H. Vogt

4109. **H. J. Gramatzki,** Zur Kritik der Ätherhypothese. Sternenwelt **4** 22—23.

4110. **C. C. Grosjean,** Het equivalentie-beginsel in de algemene relativiteitsleer. Heelal 8 56—59.

4111. **G. R. Holm,** Gravitation and gyromagnetism. J. Geophys. Res. **57** 527—530.

4112. **L. Infeld,** On Einstein's new theory. Annual Report Smithsonian Inst. for 1951 S. 189—197.

4113. **L. Infeld, P. A. M. Dirac,** Is there an aether? Nature **169** 702.

4114. **P. Javet,** La Figure de l'Univers. Vgl. AJB **50** Ref. **4004**. — Weitere Besprechung in Coelum **20** 26—27.

4115. **M. Johnson,** Time and Universe for the Scientific Conscience. Cambridge, University Press, 1952. 42 cents. — Besprechung in Sky and Telescope **12** 134.

4116. **P. Jordan,** Schwerkraft und Weltall. Grundlagen der theoretischen Kosmologie. Braunschweig, F. Vieweg & Sohn, 1952. Die Wissenschaft, Einzeldarstellungen aus der Naturwissenschaft und der Technik Bd. **107**. 8 + 207 S. mit 4 Abb. Preis DM 15.80. — Besprechung in Hemel en Dampkring **51** 15 (J. J. Raimond jr.), J RAS Canada **48** 157—158, Math. Rev. **14** 1022 (H. P. Robertson), Mem SA It (NS) **24** 198—199 (F. Zagar), Naturwiss. Rundschau **5** 480—481 (W. Lohmann), Proc. Phys. Soc. (A) **66** 667—668 (G. C. McVittie), Sternenwelt **4** 195 (W. Petri), ZfMG **48** 216 (G. Ludwig).

4117. **P. Jordan,** Zur Integration der kosmologischen Gleichungen Z. Physik **132** 655—658. — Ref. in Math. Rev. **14** 915. — Ausgehend von der Erwägung, daß die kosmische Expansion nach der neuerdings nötig gewordenen Revision der Hubble-Konstanten wenig von einer linearen Expansion abzuweichen scheint, werden die Gleichungen des vom Verf. entwickelten kosmologischen Modells approximativ integriert. Verf.

4118. **P. Jordan,** Die Nichtgültigkeit des Birkhoffschen Satzes in der erweiterten Gravitationstheorie. Z. Physik **133** 558—560. — Ref. in Math. Rev. **14** 505, ZfMG **48** 216—217: Es wird gezeigt, daß in der Gravitationstheorie mit variabler Gravitationsinvariante der Birkhoffsche Satz, daß jedes kugelsymmetrische Vakuumfeld notwendigerweise ein statisches Feld ist, also der Schwarzschildschen Lösung entspricht, nicht mehr gültig ist. G. Ludwig

4119. **C. P. Keres,** Das Axiomensystem der Geometrie des Raumes und der Zeit. Teil I. Publ. Astr. Obs. Tartu **32** 139—209, mit 6 Abb. (russisch).

4120. **P. Kustaanheimo,** On the fundamental prime of a finite world. Ann. Acad. Sci. Fennicæ (A) I. Math.-Phys. Nr. **129**, 5 S. = Sonderdruck Astr. Obs. Helsinki.

4121. **P. Kustaanheimo, B. Qvist,** Some remarks on Sendai Astronomiaj raportoj nro 23. Soc. Sci. Fennicæ Commentationes Phys.-Math. **16** Nr. 12, 3 S. = Sonderdruck Astr. Obs. Helsinki.

4122. **M. v. Laue,** Die Relativitätstheorie. 1. Band. Die spezielle Relativitätstheorie. Braunschweig, F. Vieweg & Sohn, 1952. 5., neu bearbeitete Auflage. Die Wissenschaft, Einzeldarstellungen aus der Naturwissenschaft und der Technik Bd. **38.** 7 + 198 S. mit 23 Abb. Preis DM 16.80. — Besprechung in Math. Rev. **14** 98 (A. H. Taub), Optik **9** 95 (Joos), Phys. Blätter **8** 380 (E. Fues), ZfA **31** 194 (A. Unsöld), ZfMG **47** 444—445 (M. Pinl).

4123. **G. Lemaître,** Clusters of nebulae in an expanding universe. MN ASSA **11** 110—117, außerdem in S. African J. Sci. **49** 80—86. — Ref. in Phys. Abstracts (A) **56** 286. — Verf. weist auf einige, durch die relativ große Geschwindigkeitsstreuung in Nebelhaufen bedingte Probleme hin, zum Beispiel die Frage nach dem Zusammenhalt und Gleichgewicht der Nebelhaufen in einem expandierenden Universum sowie die nach dem Austausch von Haufen- und Feldnebeln. Eine Reihe von Ergebnissen einer ersten provisorischen mathematischen Behandlung wird besprochen und ihre kosmologische Bedeutung kurz diskutiert. Kdr.

4124. **D. Maravall Casesnoves,** The structure of media with axial symmetry in general relativity. Application to galaxies. Revista Mat. Hisp.-Amer. (4) **11** 277—287, 1951 (spanisch). — Ref. in Math. Rev. **14** 98.

4125. **G. C. McVittie,** A model universe admitting the interchangeability of stress and mass. Proc. Roy. Soc. (A) **211** 295—301. — Ref. in Phys. Abstracts (A) **55** 280, ZfMG **47** 446: Es wird versucht, im Rahmen der allgemeinen Relativitätstheorie (einschl. kosmologisches Glied) ein kosmologisches Modell plausibel zu machen, das als Universum mit Materieproduktion gedeutet wird. Die Argumentation hat Ref. nicht in allen Punkten überzeugt, insbesondere was die Schlüsse bei der Aufstellung der Zustandsgleichung des Weltsubstrats und bei der Interpretation der näherungsweisen Konstanz der Energiedichte (im mitschwimmenden System) im expandierenden Universum als Massenproduktion angeht. G. Lüders

4126. **E. A. Milne,** Modern Cosmology and the Christian Idea of God. Oxford, Clarendon Press, The Oxford University Press, 1952. 160 S. Preis 21s. — Besprechung in JBAA **62** 295—296, Obs **73** 30—31 (P. J. Treanor).

4127. **C. Møller,** The Theory of Relativity. Oxford, Clarendon Press, The Oxford University Press, 1952. 12 + 386 S. Preis 35s. bzw. $ 7.00. — Besprechung in Math. Rev. **14** 212—213 (H. P. Robertson), Proc. Phys. Soc. (A) **65** 1071—1072 (W. H. McCrea), ZfMG **47** 206 (G. Lüders).

4128. **H. Nariai,** On Hoyle's continuous creation theory. Publ. Astr. Soc. Japan **3** 139—143 = Sendai Astr. Rap. **2** Nr. 14 (26). — Hoyles Tensor, der in den Feldgleichungen der Allgemeinen Relativitätstheorie an die Stelle des kosmologischen Gliedes tritt und der die fortgesetzte Entstehung von Materie beschreibt, wird aus allgemeinen Betrachtungen für ein expandierendes Weltmodell mit vernachlässigbarem Druck abgeleitet. Dieckvoss

4129. **A. Papapetrou,** Gesetze der Bahnbewegung in der allgemeinen Relativitätstheorie. Phys. Verhandlungen **3** 172—173 (Ref.).

4130. **R. E. Peierls, K. S. Singwi, D. Wroe,** The polyneutron theory of the origin of the elements. Phys. Rev. (2) **87** 46—50. — Auf Grund einer von G. Mayer und E. Teller (vgl. AJB **49** Ref. **5421**) vorgeschlagenen Erklärung der Entstehung der schweren Elemente wird ein expandierendes Weltmodell untersucht, das ursprünglich Kerndichte hat und dann in «Neutronensterne» zerfällt, aus denen nach Mayer-Teller die schweren Elemente entstehen, während sich die leichten Elemente aus Verdampfungsneutronen, die zum Teil in Protonen zerfallen, bilden müßten. Da sich der Betrag dieser Verdampfung als geringfügig erweist, müßte die kosmische Materie zum überwiegenden Teil aus schweren Elementen bestehen. Der gegenteilige Tatbestand legt den Schluß nahe, daß nur ein kleiner Teil der Materie im Weltall ursprünglich in solchen Neutronensternen verdichtet gewesen sein kann. Temesváry

4131. **A. Raychaudhuri,** Condensations in expanding cosmologic models. Phys. Rev. (2) **86** 90—92. — Ref. in Math. Rev. **14** 416. — Es wird ein expandierendes Weltmodell mit Kugelsymmetrie und räumlicher Homogenität betrachtet, in dem ein mit der Materie mitbewegtes Koordinatensystem existiert. Verf. zeigt, daß unter Berücksichtigung allein von Gravitationswirkungen ohne Annahmen über die Zustandsgleichung der Materie folgt, daß ein räumlicher Gradient der Dichte ϱ mit der Zeit abnimmt, während der Gradient von log ϱ mit der Zeit zunimmt, wenn nur die Dichteverteilung selbst den expandierenden Charakter des Raumes am betrachteten Ort nicht aufhebt. Dies klärt in der Literatur vorhandene Widersprüche. Schlüter

4132. **A. K. Raychaudhuri,** Radiation sphere in Einstein universe. Bull. Calcutta math. Soc. **44** 31—36. — Ref. in ZfMG **48** 215: Zur Untersuchung der Möglichkeit von Inhomogenitäten im Einsteinschen Weltmodell wird ein durch eine Kugel begrenzter Bereich in das Weltmodell eingebettet, der von Hohlraumstrahlung erfüllt ist, aber sonst keine Materie enthält. Verf. bestimmt die Energieverteilung im Innern dieser Kugel und schließt den Druck und die g_{ik}, die für diesen Bereich gelten, stetig an die entsprechenden Größen der Umgebung an. Die Energiedichte wird dann an der Grenzfläche unstetig. R. Kippenhahn

4133. **E. Rüchardt,** Sichtbares und unsichtbares Licht. Berlin-Göttingen-Heidelberg, Springer-Verlag, 1952. «Verständliche Wissenschaft» Band 35. 2. Auflage. 168 S. mit 137 Abb. Preis DM 7.80. — Besprechung in Sternenwelt **5** 115.

4134. **J. Sivadjian,** Sur le principe de la constance de la vitesse de la lumière. CR **234** 1953—1954.

4135. **K. D. Stiegler,** Sur le principe de la constance de la vitesse de la lumière. CR **234** 1250—1252. — Ref. in Math. Rev. **13** 995.

4136. **A. Stöhr,** Über die Differentialgleichungen eines dynamischen Weltmodells. I. Math. Nachr. **6** 71—88, 1951. — Ref. in ZfMG **45** 287—288.

4137. **A. Stöhr,** Über die Differentialgleichungen eines dynamischen Weltmodells. II. Math. Nachr. **7** 339—357. — Ref. in ZfMG **48** 238: Zu dem in Teil I (Math. Nachr. **6** 71—88, 1951) der Arbeit behandelten Problem werden die Fälle $\sigma = 0$, $\mathfrak{B} = \sigma\,\mathfrak{E}$ und der Fall, daß $\mathfrak{B}$ (bei geradem n) nur zwei verschiedene Eigenwerte besitzt, diskutiert. Ferner untersucht Verf. die Fälle, daß σ die Form $c\,(t - t_0)^{-2}$ hat, und $n = 3$, $n = 4$. R. Kippenhahn

4138. **J. P. Terlezkij,** Boltzmann's fluctuation hypothesis. J. Experim. Theoret. Phys. UdSSR **22** 506—507 (russisch). — Ref. in Phys. Abstracts (A) **55** 959.

4139. **G. Tiercy,** Horloges newtoniennes et problèmes d'astrophysique. Orion Schaffhausen **3** 345—355, mit 2 Fig.

4140. **P. Udeschini,** Spostamento delle righe spettrali per effetto di un campo magnetico elementare nella nuova teoria relativistica unitaria di Einstein. Rend. Istituto Lombardo Sci. e Lettere **85** 136—142.

4141. **A. D. Wheelon,** Gravitational deflection of photons with nonvanishing rest mass. Phys. Rev. (2) **85** 383—384. — Mit einigen Näherungsannahmen wird die Ablenkung eines hypothetischen Photons mit endlicher Ruhemasse m_0 am Sonnenrand berechnet. Mit $m_0 \approx 4 \times 10^{-34}$ g folgt die beobachtete Ablenkung von 2ʺ1; sie hängt von der Frequenz ab. Der gefundene Wert von m_0 steht in grobem Widerspruch zur sonstigen Erfahrung. Schlüter

4142. **F. Zagar,** Sulla espansione dell' universo. Rend. Accad. Nazionale Lincei, Cl. Sci. fis., mat., nat. (8) **12** 12—16, 239—245 = Contr. Oss. Astr. Milano-Merate (NS) Nr. 38. — Ref. in Phys. Abstracts (A) **55** 586, **56** 85, Math. Rev. **14** 99. — Wenn man im Explosionsmodell des Universums die gegenseitige Newtonsche Anziehung der Spiralnebel in Betracht zieht, so ergibt sich für das Alter des Universums ein viel kleinerer Wert als der gewöhnlich angenommene. Ein noch größerer Unterschied ergibt sich für die rückwärts errechneten Geschwindigkeiten, die in dem Anfangsstadium sogar die Lichtgeschwindigkeit übertreffen. Eine plausible Erklärung des Expansionsphänomens gelingt indessen, wenn man eine Repulsivkraft annimmt, die sich der Newtonschen Anziehung überlagert; es wird gezeigt, daß der Strahlungsdruck mit der Entfernung immer mehr die Newtonsche Anziehung überwiegt und deshalb als die wirkende Repulsivkraft angesehen werden kann. F. Z.

4143. **F. Zwicky,** Dispersion in the large-scale distribution of galaxies. Publ ASP **64** 247—255, mit 2 Fig. — Ref. in Phys. Abstracts (A) **56** 387. — Am Beispiel eines Gebiets um den Coma-Haufen wird gezeigt, wie durch Aufstellung einer «Dispersionsunterteilungskurve» Abweichungen von zufälliger Verteilung nachgewiesen werden können. Bisher erhaltene Ergebnisse über ungleichmäßige Verteilung der extragalaktischen Nebel und das Auftreten intergalaktischer Absorption werden unter Hinweis auf kosmologische Folgerungen mitgeteilt. O. G.

4144. The Principle of Relativity. Dover, 1952. 216 S. Preis $ 3.50. — Besprechung in Sky and Telescope **11** 121. — Sammlung von Originalarbeiten zur speziellen und allgemeinen Relativitätstheorie von Lorentz, Einstein, Minkowski und Weyl.

4145. La velocità di propagazione del campo d'attrazione. Coelum **20** 21—23.

§ 42

Himmelsmechanik, Störungstheorie

4201. **S. Andersson,** On the change with time in the disturbed motion of two bodies. Ark Astr **1** 207—214, mit 2 Fig. — Ref. in Math. Rev. **14** 211. — Die Lagrangeschen Gleichungen für die Störungen der Bahnelemente werden aus den zeitlichen Änderungen des Orts- und Geschwindigkeitsvektors direkt abgeleitet. Böh.

4202. **D. Belorizky,** Sur la régularisation du problème des trois corps par la variable de Sundman. BA **16** 327—331. — Ref. in Math. Rev. **14** 802. — Es wird gezeigt, daß die Sundmansche Variable ω das Dreikörperproblem nicht in der ganzen ω-Ebene regularisiert; dasselbe gilt für die Veränderliche φ, definiert durch $dt = r_1\, r_2\, r_3\, d\varphi$ (vgl. CR **231** 1428). Böh.

4203. **H. Bucerius,** Determinierung der klassischen Mechanik durch zeitliche Randwerte. AN **280** 233—244 = Veröff. Sternw. München **4** Nr. 6. — Einleitend werden die Gründe angegeben, die eine grundsätzliche Umstellung der Determinierung der klassischen Mechanik von Anfangswertproblemen auf zeitliche Randwertprobleme nahelegen. Ein Abriß der Theorie der Randwertaufgaben zu gewöhnlichen Differentialgleichungen zweiter Ordnung wird ihrer Anwendung auf die Grundgleichungen der Mechanik vorausgeschickt. Die verschiedenen durch die zeitlichen Randbedingungen charakterisierten Bewegungstypen werden aufgestellt und an einigen Beispielen der elementaren Mechanik unter Berücksichtigung singulärer Bewegungen illustriert. In einer Schlußbemerkung wird der Vorschlag einer Determinierung durch zeitliche Randbedingungen aus dem Hamiltonschen Prinzip gefolgert. Verf.

4204. **A. de Castro Brzezicki,** Einführung in die Dynamik des Punktes mit veränderlicher Masse. Rev. Acad. Ci. Madrid **45** 45—89, 1950. — Ref. in ZfMG **45** 263: Verf. diskutiert Bewegungen, die dem Gesetz $d\,(mv)/dt = F$ gehorchen.

4205. **M. Cavedon,** Ricerche sul problema dei tre corpi. Mem SA It (NS) **23** 233—242, mit 2 Fig. = Contr. Oss. Astr. Milano-Merate (NS) Nr. **39**. — Mit Hilfe numerischer Integration wird die Bewegung eines infinitesimalen Körpers untersucht, der von zwei Körpern mit endlicher Masse, die relativ eine parabolische Bewegung besitzen, angezogen wird. Eine Kontrollmethode wird aufgestellt und ein erster Fall praktisch gelöst. F. Z.

4206. **J. Chazy,** Sur la valeur d'un déterminant fonctionnel de la mécanique céleste. Rend. Circ. mat. Palermo (2) **1** 28—34. — Ref. in ZfMG **47** 238: Die Bahnelemente eines Körpers, der eine Bahn um eine Zentralmasse beschreibt (gleichgültig ob gestört oder nicht), sind in jedem Augenblick aus dem momentanen Ort und der Geschwindigkeit berechenbar. Seien a, e, i, θ, $\tilde{\omega}$, τ die Bahnelemente, dann spielt für den Übergang von momentanem Ort und Geschwindigkeit auf die Elemente und umgekehrt die Funktionaldeterminante $\Delta = D\,(x, \dot{x}, y, \dot{y}, z, \dot{z})\,/\,D\,(a, i, e, \theta, \tilde{\omega}, \tau)$ eine Rolle. Unter Zuhilfenahme der kanonischen Bewegungsgleichungen gelingt es, für diese Determinante einen einfachen Ausdruck zu finden. F. Schmeidler

4207. **J. Chazy,** L'intégration du problème des trois corps par Sundman, et ses conséquences. BA **16** 175—190, mit 1 Fig. — Darstellung der durch die Arbeiten Sundmans und seiner Nachfolger gewonnenen Ergebnisse zur Regularisierung des Dreikörperproblems. Böh.

4208. **M. S. Davis,** A study of the method of rectangular coordinates in general planetary theory. AJ **56** 188—199. — Ref. in Math. Rev. **14** 802. — Die von Brouwer entwickelte Methode zur Berechnung allgemeiner Störungen in rechtwinkligen Koordinaten (AJ **51** 37, AJB **45** Ref. **3204**) wird bei Beschränkung auf die erste Ordnung durch harmonische Analyse der Größen A_x, A_y, B_x und B_y nach zwei Argumenten für die numerische Rechnung bequemer gemacht und zur Berechnung allgemeiner Jupiterstörungen erster Ordnung für 185 Eunike benutzt, nachdem ausführlich allgemein die Bestimmung der Integrationskonstanten dargelegt worden ist. Der Vergleich mit den für Eunike früher (AJ **55** 133, AJB **50** Ref. **7511**) von Duncombe und Davis berechneten Störungen nach Hansen ergibt nach Verbesserung eines dabei entdeckten Vorzeichenfehlers eine sehr gute Übereinstimmung. Böh.

4209. **H. Dilgan,** Sur la vitesse moyenne des planètes. Bull. Tech. Univ. Istanbul **4** Nr. 1 S. 21—24 (mit türkischer Zusammenfassung). — Ref. in Math. Rev. **14** 802.

4210. **G. N. Duboschin,** Über die Stabilität der Kepler-Bewegung im Sinne von A. M. Ljapunow. Publ. Astr. Sternberg-Inst. **21** 19—24 (russisch).

4211. **J. O. Fleckenstein,** Les théorèmes de Laplace sur les perturbations séculaires dans les éléments vectoriels des orbites planétaires. Experientia **8** 136—137. — Ref. in Math. Rev. **14** 211, ZfMG **46** 238: Verschiedene Autoren, unter anderem W. Lenz (1934) und M. Milankovitch (1939) haben versucht, die Formeln des Zweikörperproblems und der Störungsrechnung, die in rechtwinkligen oder Polarkoordinaten oft sehr komplizierte Form annehmen, in die einfache und übersichtliche Symbolik der Vektorrechnung zu übertragen. Verf. benutzt die von Milankovitch eingeführten Vektoren $\mathfrak{C}$ (Flächengeschwindigkeitsvektor) und $\mathfrak{D}$ (Achsenvektor), um die Gültigkeit zweier Sätze der Störungstheorie, nämlich den Satz von der säkularen Unveränderlichkeit der großen Halbachsen und den Satz von der säkularen Unabhängigkeit der Störungsfunktion von der Perihelzeit des gestörten Planeten, auf einfachste Weise zu zeigen. Stumpff

4212. **A. A. Goldstein, C.-E. Fröberg,** A collision path from the earth to the moon in the restricted problem of three bodies. Kungl. Fysiografiska Sällskapets i Lund Förhandlingar **22** Nr. 14, 3 S. mit 1 Fig. = Georgetown Obs. Repr. Nr. **17**. — Ref. in Phys. Abstracts (A) **56** 181, Math. Rev. **14** 415. — Durch numerische Integration der Differentialgleichungen des restringierten Dreikörperproblems mit dem SEAC (Standards Eastern Automatic Computer) des National Bureau of Standards wird eine Stoßbahn von der Erdzur Mondoberfläche in der Ebene der Mondbahn bestimmt. Die Bahn wird durch die Koordinaten und Geschwindigkeitskomponenten für ausgewählte Zeitpunkte gegeben und durch eine Figur veranschaulicht. Böh.

4213. **A. M. Gomes,** On the canonic constants of a planetary orbit. Revista Científica **3** Nr. 1—2 S. 3—6. — Ref. in Math. Rev. **15** 653.

4214. **D. Graffi,** Sul problema dei due corpi di massa variabile. Ann. Univ. Ferrara Sez. VII (NS) **1** 23—33. — Ref. in ZfMG **48** 174: Anknüpfend an frühere Arbeiten über das Zweikörperproblem bei zeitlich veränderlicher Gesamtmasse M (t) (ZfMG **9** 89) geht Verf. von zwei gewöhnlichen Differentialgleichungen 1. Ordnung für $\varepsilon(t)$, $u(t)$, $w(t)$ und der Keplerschen Gleichung $2\pi\omega = u - \varepsilon \sin u$ aus. Dabei ist ε die Exzentrizität, u anomale Exzentrizität, w mittlere Anomalie; in den Differentialgleichungen treten noch die Flächenkonstante c und $a(t) = \log[k \cdot M(t)]$ auf (k als Gravitationskonstante). Die mühsame Diskussion der Gleichungen unter Berücksichtigung der Größenverhältnisse ergibt eine neue obere (besonders bei kleinen Exzentrizitäten nützliche) Schranke für die Änderungen der Exzentrizität bei Änderungen der Massen. Insbesondere können kleine Änderungen der Exzentrizität mit sehr großen Änderungen der Massen verträglich sein. L. Collatz

4215. **J. Grémillard,** Sur les solutions périodiques de la troisième sorte dans le problème des trois corps. CR **234** 2339—2341. — Es wird bewiesen, daß bestimmte periodische Lösungen dritter Sorte des Dreikörperproblems mit verschwindenden Ausgangsexzentrizitäten, deren Vorhandensein von Charlier bestritten worden ist, tatsächlich unter angegebenen Bedingungen existieren. Böh.

4216. **Y. Hagihara,** On the stability of the satellite systems. Proc. Japan Acad. **28** 182—186, mit 3 Fig. = Tokyo Astr. Obs. Repr. Nr. **94**. — Die Hillsche Methode, die Stabilität der Mondbahn zu untersuchen, wird durch Änderung der Einheiten auf die übrigen Satelliten des Sonnensystems angewandt. Es läßt sich die Stabilität für alle Satelliten beweisen, mit Ausnahme von Jupiter VIII, IX, XI und XII, für die das Hillsche Kriterium nicht ausreicht und für die wohl eine andere Entstehungsursache anzunehmen ist als für Jupiter VI, VII und X. Böh.

4217. **W. W. Heinrich,** On certain functional solutions of the satellite problem of three bodies. Acta Math. **88** 1—75 = Contr. Astr. Inst. Charles Univ. Prague Nr. **4**. — Verf. skizziert den Versuch, die Bewegung des Mondes auf eine neue Art zu bestimmen, und betrachtet zu dem Zweck zunächst folgendes eingeschränkte Dreikörperproblem: der eine Planet (die Erde) beschreibt eine Kreisbahn, der andere (der Mond) eine Ellipse mit der Exzentrizität 1/400 und der gleichen mittleren Bewegung wie der erste um die Sonne; die geozentrische Bahn des Mondes ist dann eine geschlossene Kurve um die Erde als Mittelpunkt mit der Periode 1 Jahr, und der ursprüngliche Planet Mond ist dadurch zu einem Satelliten der Erde geworden. Nach früher vom Verf. entwickelten Methoden, die das Verschwinden der Hesseschen Determinante vermeiden, wird diese Bahn analytisch fortgesetzt, um die wirkliche Bewegung des Mondes zu erhalten. Von einer numerischen Durchführung dieser Methode verspricht sich Verf. auch besonders deshalb einen Erfolg, weil hier die Entwicklungen nach einem Parameter von der Größenordnung 1/350000 (anstatt 1/400 bei den klassischen Theorien) fortschreiten. Böh.

4218. **P. Herget,** Methods for minor planet perturbations. AJ **57** 13. — Ref. AAS.

4219. **S. Herrick,** The mean longitude or mean anomaly in perturbations by variation of constants. AJ **56** 186—188 = Astr. Papers Univ. California **2** Nr. 1. — Verf. weist darauf hin, daß bei der Berechnung spezieller Störungen nach der Methode der Variation der Konstanten der von Laplace zur Bestimmung der Störungen von M (mittlere Anomalie oder Länge) aufgrund der Beziehung $\Delta M = \Delta M_0 + \Delta\mu\ (t_i - t_0)$ eingeschlagene Weg grundsätzlich gleichwertig dem unter Benutzung des Doppelintegrals üblichen ist, und die gegenteilige Behauptung in Watsons Theoretical Astronomy auf einem Rechenfehler beruht. Böh.

4220. **K. H. Hintze,** Über die Genauigkeit bei der Berechnung spezieller Störungen nach der Methode von Numerow. AN **280** 263—266, mit 1 Abb. = Mitt. Astr. Recheninst. der Deutschen Akad. Wiss. Berlin. — Für den Planeten 1221 Amor werden die rechtwinkligen heliozentrischen äquatorialen Koordinaten über drei Umläufe von 1932 bis 1940 nach der Methode von Numerow mit konstantem statt mit wechselndem Intervall neu berechnet und mit den nach drei verschiedenen Methoden spezieller Störungen früher berechneten Koordinaten verglichen. Es zeigen sich beträchtliche systematische Abweichungen, die bei jedem Umlauf in fast gleicher Phase und steigender Amplitude wiederkehren. Verf.

4221. **N. B. Jelenewskaja,** Anwendung einer neuen Methode über die Entwicklung der Störungsfunktion auf die gemittelte Variante des Dreikörperproblems. Teil 2. Ber. und Mitt. Staatsuniv. Lwow Nr. **3** S. 46—47 (russisch).

4222. **N. B. Jelenewskaja,** Entwicklung der Störungsfunktion in eine Fourierreihe unter Einbeziehung der Neigung. Teil I. Entwicklung der Störungsfunktion im räumlichen kreisförmigen eingeschränkten Dreikörperproblem mittels der Newcombschen Methode. BIA **5** 69—96, mit 2 Abb. (russisch). — Ref. in Astr. News Letter Nr. **69** S. 6.

4223. **W. T. Kondurar,** Das Problem der Bewegung zweier Ellipsoide unter Einwirkung der gegenseitigen Anziehung. Teil 3 und 4. Publ. Astr. Sternberg-Inst. **21** 115—134, 135—158, mit 2 Abb. (russisch).

4224. **G. Lemaître,** Coordonnées symétriques dans le problème des trois corps. Bull. Cl. Sci. Acad. roy. Belgique (5) **38** 582—592. — Ref. in Math. Rev. **14** 910, ZfMG **48** 177. — Die Hamiltonsche Funktion des Dreikörperproblems wird für die neuen Koordinaten r, σ, χ abgeleitet, mit denen die gegenseitigen Entfernungen r_i durch die Beziehung $r_i = r\sqrt{1 - \cos 2\sigma \cos\left(2\chi - \frac{2\pi i}{3}\right)}$ verknüpft wird; die Massen m_i sind durch den Massendurchschnitt m und zwei Größen μ und ν durch die Gleichung $m_i = m\left[1 + 2\mu\cos\left(\nu + \frac{2\pi i}{3}\right)\right]$ dargestellt. Böh.

4225. **G. Lemaître,** Coordonnées symétriques dans le problème des trois corps (suite). Bull. Cl. Sci. Acad. roy. Belgique (5) **38** 1218—1234. — Ref.

in Math. Rev. **14** 910. — In Fortsetzung der vorangehenden Arbeit wird nach einer Diskussion der Sundmanschen Ungleichung eine konforme Transformation angegeben, welche die Bewegung bei zweifachen Zusammenstößen (charakterisiert durch $2\sigma = 0$, $2\chi = \frac{2\pi i}{3}$) regularisiert, und es wird die Hamiltonsche Funktion in den regularisierenden Koordinaten abgeleitet. Böh.

4226. **J. E. Littlewood,** On the problem of *n* bodies. Medd. Lunds Univ. Mat. Sem. Tome Suppl. S. 143—151. — Ref. in Math. Rev. **14** 910, ZfMG **48** 421.

4227. **A. Masotti,** Osservazioni sui moti kepleriani. Ist. Lombardo Sci. Lett. Rend. Cl. Sci. Mat. Nat. (3) **15** 345—353, 1951. — Ref. in Math. Rev. **15** 167.

4228. **A. Masotti,** Linea indicatrice della equazione del centro nei moti kepleriani. Ist. Lombardo Sci. Lett. Rend. Cl. Sci. Mat. Nat. (3) **16** 65—81. — Ref. in Math. Rev. **15** 749.

4229. **A. Masotti,** Sui valori medi delle potenze del raggio vettore nei moti kepleriani. Ist. Lombardo Sci. Lett. Rend. Cl. Sci. Mat. Nat. (3) **16** 273—277. — Ref. in Math. Rev. **15** 749.

4230. **M. Mayot,** Sur les variations séculaires des nœuds et inclinaisons des planètes. CR **234** 2587 -2588 = Contr. Inst. d'Astrophys. Paris (A) Nr. **120**. — Die Rechnungen von Brouwer und Woerkom (vgl. AJB **50** Ref. **4206**) für die Säkularstörungen der Bahnlageelemente der Großen Planeten werden mit Einschluß von Pluto (in obiger Veröff. weggelassen) wiederholt. Die erhaltenen Frequenzen und Phasen werden mitgeteilt; den Schluß bildet eine Untersuchung, wie diese Zahlen von den Massen beeinflußt werden. Böh.

4231. **S. L. McDonald, A. O. Leuschner,** Tables of general perturbations for a group of minor planets which includes the group one-half with applications to thirty-four cases. Publ. Lick Obs. **20**, 210 S. — Allgemeine Störungen in Hansens Koordinaten und mittlere Elemente für **34** Planeten der Hecubagruppe ($545' < \mu < 736'$). Böh.

4232. **M. Mendes,** Application des transformations canoniques à la résolution du problème des deux corps. BA **16** 321—325 = Obs. Univ. Bordeaux (A) Nr. **5**. — Ref. in Math. Rev. **14** 910. — Die in CR **233** 1574 und hier nochmals kurz angegebene Methode zur Integration kanonischer Systeme von Differentialgleichungen wird (als Beispiel) auf die Lösung des Zweikörperproblems angewandt. Böh.

4233. **G. A. Merman,** Über den Konvergenzradius der Hillschen Reihen. BIA **5** 185—198 (russisch). — Ref. in Astr. News Letter Nr. **69** S. 7, Math. Rev. **14** 590. — Verf. legt zunächst die von Ljapunow verwandte Methode dar («Über die von Hill zur Darstellung der Bewegung des Mondes vorgeschlagenen Reihen», Moskau, Publ. Abt. phys. Wiss. Ges. Liebhaber Naturwiss. 8, 1896) und beweist dann die Konvergenz der Hillschen Reihen für $m \leq 0.18$, die auch für Jupitermond VIII wegen $m = -0.146\ldots$ von Bedeutung ist. Loh.

4234. **G. A. Merman,** Über ein Kriterium der Realisierbarkeit der hyperbolisch-elliptischen Bewegung im Dreikörperproblem. DAN **85** 727—730 (russisch). — Ref. in Math. Rev. **14** 590, ZfMG **48** 177.

4235. **G. A. Merman,** Eine neue Klasse periodischer Lösungen im eingeschränkten Dreikörperproblem und im Hillschen Problem. Publ. Inst. Theoret. Astr. Leningrad Nr. **1** S. 5—86, mit 64 Abb. (russisch). — Ref. in Astr. News Letter Nr. **68** S. 6. — Inhalt: 1. Einige Fragen der allgemeinen Theorie der periodischen Lösungen der Differentialgleichungen und die Methoden der Herleitung dieser Lösungen. 2. Das gemittelte System des Hillschen Problems. 3. Das gemittelte System des eingeschränkten Dreikörperproblems. — Über den Begriff «gemittelt» vgl. AJB **46** Fußnote S. XXXVIII. Loh.

4236. **D. Mihailović,** L'allegato all'analisi qualitativa delle forme delle orbite nel problema di due corpi. Bull. Soc. Math. Phys. Serbie **4** Nr. 3—4 S. 49—52 (serbisch mit italienischer Zusammenfassung). — Ref. in ZfMG **48** 420.

4237. **D. Mihailovitch,** Interprétation de quelques résultats dans un cas spécial du problème des trois corps. Bull. Soc. Math. Phys. Serbie **2** Nr. 3—4 S. 27—34, 1950 (serbisch-kroatisch mit französischer Zusammenfassung). — Ref. in Math. Rev. **14** 101.

4238. **N. D. Moissejew,** Über einige grundlegende, vereinfachte, durch Übermittelung des nichteingeschränkten Dreikörperproblems erhaltene Darstellungen der Himmelsmechanik. Teil 1. Publ. Astr. Sternberg-Inst. **21** 3—18 (russisch).

4239. **A. Nadile,** Configurazioni ellissoidali di equilibrio di una massa liquida omogenea attratta da un anello circolare concentrico. Atti Sem. Mat. Fis. Univ. Modena **5** 178—189, 1951. — Ref. in Math. Rev. **14** 801.

4240. **A. A. Orlow,** Über die periodischen Bahnen großer Neigung im eingeschränkten Dreikörperproblem. Teil 2. Publ. Astr. Sternberg-Inst. **21** 25—56 (russisch).

4241. **P. Pedersen,** Stabilitätsuntersuchungen im restringierten Vierkörperproblem. Dan. Mat. Fys. Medd. **26** Nr. 16, 37 S. mit 8 Abb. = Publ. Københavns Obs. Nr. **159**. — Ref. in Phys. Abstracts (A) **55** 585, Math. Rev. **13** 996—997. — In Publ. Kopenhagener Sternwarte Nr. **137** (vgl. AJB **46** Ref. 3252) sind für das restringierte Vierkörperproblem (drei endliche Massen bilden ein gleichseitiges Dreieck, die vierte, verschwindende, bewegt sich in derselben Ebene) die Librationspunkte bestimmt worden. Die vorliegende Abhandlung untersucht die Stabilitätsverhältnisse in der Umgebung dieser Punkte und bestimmt numerisch die die Gebiete mit verschiedenen Stabilitätsverhältnissen (unterschieden durch die Exponenten der Lösung der zugehörigen Schwingungsgleichung) begrenzenden Kurven. Böh.

4242. **J. S. Podstrigatsch,** Über die Erweiterung des Konvergenzgebiets der Koordinatenentwicklungen der Kepler-Bewegung. Teil 2. Ber. und Mitt. Staatsuniv. Lwow Nr. **3** S. 44—45 (russisch).

4243. **B. Popović,** New forms of the equations of perturbation in planetary motion. Glas Srpske Akad. Nauka Od. Prirod.-Mat. Nauka **198** 129—139, 1950 (serbisch-kroatisch). — Ref. in Math. Rev. **14** 96.

4244. **P. T. Resnikowskij,** Die gravitative Interpretation der inneren Variante des einmal-übermittelten eingeschränkten elliptischen Dreikörperproblems. Publ. Astr. Sternberg-Inst. **21** 57—90, mit 11 Abb. (russisch).

4245. **P. T. Resnikowskij,** Entwicklung der Störungsfunktion der inneren Variante des einmal-übermittelten ebenen eingeschränkten kreisförmigen Dreikörperproblems in Lagrangesche Elemente. Publ. Astr. Sternberg-Inst. **21** 91—114 (russisch).

4246. **P. T. Resnikowskij,** Die Entwicklung der Störungsfunktion der einfachsten übermittelten Varianten des ebenen eingeschränkten elliptischen Dreikörperproblems. Publ. Astr. Sternberg-Inst. **21** 159—173 (russisch).

4247. **G. A. Rjabow,** Über die Stabilität partikulärer Lösungen des Dreikörperproblems. AJ UdSSR **29** 341—349 (russisch). — Ref. in Math. Rev. **13** 996. — Verf. untersucht das Problem der Bahnstabilität der geradlinigen partikulären Lösungen des allgemeinen Dreikörperproblems und wird dabei auf die Untersuchung eines Systems linearer Gleichungen mit periodischen Koeffizienten zur Auffindung der Stabilität ihrer Nullösung im Sinne von Ljapunow geführt. Durch Anwendung der sogenannten zweiten Ljapunowschen Methode auf diese Untersuchung wird gezeigt, daß strenge Bahninstabilität existiert, wenn die Exzentrizitäten der von den Punkten beschriebenen Bahnen eine gewisse endliche Grenze nicht übersteigen. Diese Grenze wird abgeschätzt. Loh.

4248. **J. A. Rjabow,** Über die periodischen Lösungen in der Nähe der äquilateralen Librationspunkte des eingeschränkten ebenen kreisförmigen Dreikörperproblems. AJ UdSSR **29** 582—596 (russisch).

4249. **H. Roth,** Distribution of Jacobi's constant for the case $\mu = .001$. AJ **57** 42—45, mit 2 Fig. — Für das Massenverhältnis $\mu = 0.001$ der beiden endlichen Massen im restringierten Dreikörperproblem werden die rechtwinkligen Koordinaten der Hillschen Nullgeschwindigkeitskurven ($2\,\Omega - C = 0$), sowie die ihrer ausgezeichneten Punkte und die der Librationspunkte gegeben. Mehrere Figuren veranschaulichen die Verteilung der Jacobischen Konstante. Böh.

4250. **F. Schmeidler,** Intermediäre Bahnen zur Annäherung an das Dreikörperproblem. AN **280** 245—253 = Veröff. Sternw. München **4** Nr. 7. — Ref. in Math. Rev. **14** 212. — Es wird vorgeschlagen, zur Annäherung an das Dreikörperproblem intermediäre Bahnen zu benutzen, die besser sind als die ungestörte elliptische Bewegung. Mit Hilfe eines Integrationsverfahrens, welches darauf beruht, daß die Integration eines Systems von Differentialgleichungen der Ordnung $2\,n$ ausführbar ist, wenn man n Integrale kennt, deren Poissonsche Klammerausdrücke verschwinden, werden zwei intermediäre Bahnen bestimmt, die je einen Teil der Störungen berücksichtigen. Die eine dieser Bahnen berücksichtigt die säkularen Störungen streng, die andere alle von Exzentrizitäten und Neigungen unabhängigen Glieder der Störungsfunktion. Auch die zweite dieser Bahnen kann in Strenge integriert werden und führt, wenn man die Lösung nach Potenzen der störenden Masse entwickelt, auf elliptische Integrale. Verf.

4251. **F. Schmeidler,** Die säkularen Störungen der Planetenbahnen. Sternenwelt **4** 52—57, mit 3 Abb.

4252. **R. Sibahara,** Über die Konvergenz der Reihe in der Störungstheorie. Publ. Astr. Soc. Japan **3** 144—145. — Die notwendige und hinreichende Bedingung für die Konvergenz der Brunsschen Reihe in der Störungstheorie wird nach der Mahlerschen Klassifikation der transzendentalen Zahlen gegeben, und es wird gezeigt, daß die Menge der Divergenzstellen der Reihe das Linienmaß Null hat. Verf.

4253. **C. L. Siegel,** Himmelsmechanik. Vorlesung, gehalten im Wintersemester 1951/52 an der Universität Göttingen. Als Manuskript vervielfältigt. Mathematisches Institut der Universität Göttingen. 235 S. — Enthält: Kapitel I: Das Dreikörperproblem. Kapitel II: Periodische Lösungen. Kapitel III: Stabilität.

4254. **O. A. Sisowa,** Über die Einfangmöglichkeit im eingeschränkten Dreikörperproblem. DAN **86** 485—488, mit 2 Abb. (russisch). — Ref. in Math. Rev. **14** 589. — An Hand eines Beispiels wird durch numerische Integration der Bewegungsgleichungen die Einfangmöglichkeit im hyperbolischen eingeschränkten Dreikörperproblem bzw. die Auflösung eines Doppelsternsystems unter Einwirkung eines vorbeiziehenden Sterns nachgewiesen. Loh.

4255. **K. Sitnikow,** Über die Einfangmöglichkeit im Dreikörperproblem. DAN **87** 521—522 (russisch).

4256. **J. D. Sokolow,** Über einen Fall der Integrabilität der Gleichungen der symmetrischen Bewegung eines Systems von drei Massenpunkten. Ukrain. Math. J. **3** 347—380, 1951. — Ref. in Math. Rev. **15** 168, ZfMG **45** 263—264: Die Arbeit soll die Resultate einer früheren Arbeit des Verf. ergänzen und Untersuchungen von Woronez verallgemeinern; sie bringt (in elliptischen Funktionen) die unmittelbare und vollständige Lösung des «gleichschenkligen Falles» bei Vorliegen der Wechselwirkung $m_i\, m_j\, |f(\Delta_{ij})|$, wobei Δ_{ij} der gegenseitige Abstand der Punkte mit den Massen m_i, m_j ist und $f(r)$ die Form hat: $f(r) = Ar + B/r^2$, mit willkürlichen Werten A und $B \neq 0$. Es werden die diesbezüglichen Trajektorien der Punkte in vielen Fällen für folgende zwei Drehmöglichkeiten des gleichschenkligen Dreiecks ($\Delta_{01}\, \Delta_{20}$) untersucht: I. Drehung von $P_2\, P_0\, P_1$ um eine Achse parallel zur Basis $P_1\, P_2$, II. Drehung von $P_2\, P_0\, P_1$ um seine Symmetrieachse. Borkmann

4257. **K. A. Steins,** Eine vereinfachte Variante des räumlichen kreisförmigen eingeschränkten Dreikörperproblems. Abh. Lett. Staatsuniv. **6** (Phys.-math.) Nr. 1 S. 113—124 (russisch).

4258. **K. Stumpff,** Über Integralentwicklungen in der Himmelsmechanik. Mitt. AG **1951** 13—14. — Ref. AG.

4259. **V. G. Szebehely,** On the problem of three bodies in a plane. Math. Mag. **26** 59—66. — Ref. in Math. Rev. **14** 589—590, ZfMG **48** 177.

4260. **B. Thüring,** Die Librationsbahnen der Trojaner als nicht-geschlossene Bahnkurven. AN **280** 226—232, mit 2 Abb. — Es wird der allgemeine Beweis geführt, daß im problème restreint die Librationsbewegungen um die Punkte L_4 und L_5 nicht-periodisch sind. Die Librationsbahnen winden sich im Falle verschwindender oder sehr kleiner Anfangs-Exzentrizität spiralig nach außen. Ferner werden für 13 der heute bekannten Trojaner die «Grenzflächen-Indizes» (Jacobi-Konstanten) berechnet. Sie erweisen sich als die kleinsten im System der Planetoiden. Die geometrische Form der Grenzflächen wird deutlich gemacht. Schließlich wird die Schar der Entwicklungskurven gegeben, längs deren eventuelle größere Störungen der Exzentrizitäten und der Neigungen der Trojaner verlaufen müssen. Verf.

4261. **T. Ura,** Sur les transformations canoniques exceptionnelles. BA **16** 333—350. — Ref. in Math. Rev. **14** 917. — Für die vom Verf. definierten kanonischen Ausnahmetransformationen wird bewiesen, daß, wenn man eine lineare und kanonische Ausnahmetransformation kennt, man daraus zwei linear unabhängige Integrale ableiten kann, und umgekehrt. Als Beispiele werden lineare und kanonische Ausnahmetransformationen für die Gleichungen des Zweikörperproblems angegeben und die daraus folgenden linearen Integrale berechnet. Den Schluß bilden Bemerkungen über die Iteration von diesen Transformationen. Böh.

4262. **M. Volpato,** Un'osservazione sulle approssimazioni della soluzione del problema dei due corpi di massa variabile. Ann. Univ. Ferrara (NS 7) **1** 35—46. — Ref. in Math. Rev. **14** 802, ZfMG **48** 174.

4263. **F. Zagar,** Su un caso particolare del problema di più corpi e sue conseguenze astronomiche. Rend. Ist. Lombardo Sci. Lettere **84** 610—618 = Contr. Oss. Astr. Milano-Merate (NS) Nr. **37**. — Ableitung einiger Sätze über das Mehrkörperproblem, bei dem sich zwei Massen gegenseitig mit einer ihrer Distanz direkt proportionalen Kraft anziehen. Besonders behandelte Fälle: störender Einfluß eines Massenpunktes nach diesem Gesetz auf zwei sich nach dem Newtonschen Attraktionsgesetz bewegende Körper; Anziehung einer homogenen Kugel auf einen Außenpunkt. Böh.

* * Himmelsmechanische Probleme des Raketenflugs siehe § **134**.

§ 43

Figur der Himmelskörper, Rotation, Gezeiten

4301. **C. Agostinelli,** Configurazioni di equilibrio di una massa liquida omogenea attratta da più centri lontani con la legge di Newton. Mem Accad. Sci. Torino Cl. Sci. fis. mat. nat. (2) **71** 1—48, 1951. — Ref. in Math. Rev. **14** 94.

4302. **G. Bandyopadhyay,** A note on the limiting mass of a rotating white dwarf. Bull. Calcutta Math. Soc. **44** 89—91. — Ref. in Phys. Abstracts (A) **56** 507, Math. Rev. **14** 912.

4303. **L. Bragard,** Sur une relation entre la densité d'une masse fluide et la pesanteur superficielle. CR **234** 2341—2343. — Ref. in Math. Rev. **14** 94. — Es wird eine allgemeine Beziehung abgeleitet zwischen der Dichte einer rotierenden Flüssigkeitsmasse und der Schwerkraft an der Oberfläche. Sie wird aus dem Vergleich der Koeffizienten zweier Reihenentwicklungen für das Potential erhalten. Böh.

4304. **M. Davidson,** The tides. JBAA **62** 135—143, mit 5 Fig.

4305. **P. Dive,** De l'impossibilité d'une stratification ellipsoidale dans un fluide doué de rotations barotropes permanentes. Bull. Sci. Math. (2) **76** 38—50. — Ref. in Math. Rev. **14** 94.

4306. **N. L. Ghosh,** On the equilibrium of a thin atmosphere round a heavy central core: spheroidal and anchor-ring configurations. Bull. Calcutta Math. Soc. **44** 22—26. — Ref. in Phys. Abstracts (A) **56** 507.

4307. **A. Gougenheim,** Le phénomène des marées. BSAF **66** 27—30, mit 3 Fig.

4308. **S. von Hoerner,** Zeitliche Entwicklung einer rotierenden Gasmasse. ZfA **31** 165—174, mit 4 Abb. — Ref. in Phys. Abstracts (A) **56** 183. — Gegeben sei eine flache, in ihrem eigenen Gravitationsfeld rotierende Gasmasse, mit einer zu jedem Abstand s von der Rotationsachse vorgegebenen Flächendichte $\sigma(s)$. Gefragt ist nach der durch die Reibung bewirkten zeitlichen Veränderung $\dot{\sigma}(s)$. — Unter Benutzung einer Arbeit von Wyse und Mayall kann ein Lösungsverfahren angegeben werden. Die benutzte Arbeit schreibt jedoch einen «Rand» des Nebels vor, und die Reibungskraft zeigt die Tendenz, dicht innerhalb dieses Randes zu divergieren. Ein konvergent bleibendes Beispiel wurde gerechnet. Es zeigt das Bestreben, einen dichteren Kern und flacher abfallenden Ausläufer zu bilden. Die Reibung erzeugt primär einen innen nach innen und außen nach außen gerichteten Materiestrom, der eine Störung des Rotationsgleichgewichtes darstellt. Es zeigt sich nun ganz allgemein: 1. Der durch diese Störung verursachte Materiestrom ist wesentlich größer (rund eine Zehnerpotenz) als der primär durch Reibung erzeugte. 2. Er kann unter Umständen dem primären sogar entgegengesetzt sein. 3. Eine nur an einer Stelle wirkende Reibungskraft erzeugt im Bereich der ganzen Scheibe Materieströme mit wechselndem Vorzeichen. Verf.

4309. **P. J. Melchior,** Nouvelles recherches théoriques sur les marées de l'écorce et les variations des latitudes. Bull. Géod. Ass. Internat. Géod. Nr. **23** S. 59—66 = Commun. Obs. Roy. Belgique Nr. **44**. — Ref. in Phys. Abstracts (A) **55** 844. — Die Ergebnisse des neuen Verfahrens zur Analyse der Polbewegung (Ref. **13218**) werden zusammengefaßt. Die Korrelation zwischen der jährlichen Periode derselben und der saisonalen Rotationsschwankungen der Erde weisen auf die gleichen meteorologischen Ursachen hin. Es wird versucht, die Schwankungen in Amplitude und Periode der «freien» Chandlerschen Polbewegung als Interferenz zweier Komponenten, von Erdkern und Erdrinde herrührend, zu deuten. T. L.

4310. **C. Mineo,** Teoria idrostatica delle configurazioni d'equilibrio dei pianeti fluidi rotanti e teoria di Stokes nel caso particolare della terra. Rend. Accad. Nazionale Lincei, Cl. Sci. fis., mat., nat. (8) **12** 635—642. — Ref. in Math. Rev. **14** 415.

4311. **G. B. Pacella,** Considerazioni sul contributo del Pizzetti e del Somigliana al problema di Stokes. Rend. Accad. Nazionale Lincei, Cl. Sci. fis., mat., nat. (8) **11** 69—73, 1951. — Ref. in Phys. Ber. **31** 1500: Das Stokessche Theorem schließt — zumindest im allgemeinen — eine homogene Massenverteilung bei rotierenden Himmelskörpern in Gleichgewichtsfigur aus. Die Existenz des MacLaurinschen, des Jacobischen Ellipsoids sowie der Poincaréschen Gleichgewichtsfiguren scheint dagegen in Widerspruch zu sein. Verf. geht auf die Gründe für diesen scheinbaren Widerspruch sowie auf einige diesbezügliche Bemerkungen von Pizzetti und Somigliana näher ein. Hardtwig

4312. **B. Rodríguez-Salinas,** Sobre varias formas de proceder en la determinación de períodos de las mareas y predicción de las mismas en un cierto lugar. Rev. Real Acad. Ciencias Madrid **46** 441—457 (mit engl. Zusammenfassung) = Publ. Sem. Astr. Geod. Univ. Madrid Nr. **16.** — Ref. in ZfMG **48** 459: Bei manchen astronomischen, geodätischen, meteorologischen und geophysikalischen Problemen, etwa bei der Bestimmung der Gezeiten, erwächst die Aufgabe, den Ausdruck $h = h(t) = a_0 + \sum_{k=1}^{\infty} (a_k \cos \omega_k t + b_k \sin \omega_k t)$ zu berechnen oder doch näherungsweise zu bestimmen (h die gemessene physikalische Größe). Der Verf. löst diese Aufgabe mit Hilfe der Methode der Kleinsten Quadrate und der Laplace-Transformation, bzw. durch eine Kombination dieser beiden Methoden. H. Nabl

4313. **E. Trefftz,** Entwicklung rotierender kosmischer Gasmassen unter dem Einfluß turbulenter Reibung. Mitt. AG **1951** 18—19. — Ref. AG.

4314. Earth tides. Obs **72** 16—21.

§ 44

Sternsysteme

4401. **G. B. van Albada,** On a generalization of the integral of angular momentum and its significance for stellar dynamics. Proc. Section Sci. K. Nederl. Akad. Wetensch. (B) **55** 620—627 = Bosscha Obs. Lembang Contr. — Für nichtsphärische Systeme, deren Gravitationspotential einer in wirklichen Sternsystemen allerdings nicht streng erfüllten Bedingung genügt, beweist Verf. die Existenz eines dritten Bewegungsintegrals I_3. Eine Lösung der Differentialgleichung für das Gravitationspotential entspricht dem Feld zweier fester Anziehungszentren. Wahrscheinlich hat I_3 eine Bedeutung für Betrachtungen über die Entwicklung von Sternsystemen. Loh.

* * **G. M. Bashenow,** Überblick über die vaterländischen Arbeiten zur Theorie der Bahnbestimmung der Planeten und Kometen. Vgl. Ref. **7504.**

4402. **G. L. Camm,** Self-gravitating star systems. II. MN **112** 155—176, mit 3 Fig. = Astr. Contr. Univ. Manchester (3) Nr. 5. — Ref. in Math. Rev. **14** 590—591. — Zunächst wird gezeigt, daß sich die Ausführungen in Teil I (vgl. AJB **50** Ref. 4402) in einfacher Weise auf Systeme von Sternen verschiedener Masse ausdehnen lassen. Spezialisierung auf sphärisch-symmetrische Systeme ergibt für das stationäre Problem vier Lösungen, die im einzelnen diskutiert und untereinander verglichen werden. Ihre Anwendung auf Kugelhaufen zeigt, daß der empirische Helligkeitsabfall in diesen am besten durch eine Modifikation des Plummerschen Modells dargestellt werden kann. Kdr.

4403. **S. Chandrasekhar, G. Münch,** The theory of the fluctuations in brightness of the Milky Way. V. ApJ **115** 103—123, mit 4 Fig. — Die den bisherigen Arbeiten I—IV zu Grunde liegende Vorstellung, daß das interstellare Medium aus diskreten Wolken bestehe, wird durch die Annahme einer kontinuierlichen Verteilung der interstellaren Materie mit Dichteschwankungen statistischen Charakters ersetzt. Es wird gezeigt, daß sich auch auf dieser Basis die Helligkeitsschwankungen in der Milchstraße befriedigend interpretieren lassen. Kdr.

4404. **H. Fabre,** Sur l'aplatissement critique dans la séquence des galaxies. CR **234** 1526—1528. — Die Hubblesche Klassifikation wurde gleichzeitig als Entwicklungsschema von den elliptischen zu den Spiralnebeln mit der statistischen kritischen Exzentrizität 0.9560 angesehen. Nach neueren Ansichten liegt die Grenze bei der hydrodynamischen Exzentrizität 0.9529, wobei die Folge in umgekehrter Richtung interpretiert wird; es wird hier gezeigt, daß die Formen möglicherweise auch überhaupt nicht im Sinne einer Entwicklung gedeutet zu werden brauchen. T. L.

4405. **W. Fricke,** Dynamische Begründung der Geschwindigkeitsverteilung im Sternsystem. AN **280** 193—216, mit 11 Abb. = Mitt. Sternw. Hamburg-Bergedorf **9** Nr. 82. — Ref. in Math. Rev. **14** 96, Sterne **28** 239—240. — Im ersten Teil der Arbeit wird die Unzulänglichkeit der Ellipsoidtheorie als Basis für eine statistische Dynamik von Sternsystemen begründet. Im zweiten Teil wird eine statistische Dynamik für ein stationäres, selbstkonsistentes System von Massenpunkten mit endlicher Gesamtmasse entworfen und gezeigt, daß die Theorie die beobachtete Geschwindigkeitsverteilung der Sterne in der Milchstraße (unter Einschluß der Schnelläufer) zu beschreiben vermag. Die Anwendbarkeit der Theorie auf reale Sternsysteme beruht auf der Hypothese, daß das eigentliche Gerüst der Spiralnebel die Kernpopulation (Baades Population II) sei, die als konservatives System von Massenpunkten angesehen wird. Der Wolkenpopulation (Population I) und dem mit ihr gekoppelten Phänomen der Spiralstruktur wird eine sekundäre Rolle zugeschrieben. Verf.

4406. **S. v. Hoerner,** Beitrag zur Turbulenztheorie der Spiralnebel. Phys. Verhandlungen **3** 162. — Ref. AG.

4407. **S. Kikuchi,** The distribution function of velocities of the stellar system in steady state. Sci. Reports Tôhoku Univ. (1) **36** 63—72, mit 2 Fig. = Sendai Astr. Rap. **2** Nr. 15 (27). — Die Arbeit erörtert die Zusammenhänge, die in einem Sternsystem im stationären Zustand zwischen der Verteilungsfunktion der Geschwindigkeiten und dem Potential oder der Dichte bestehen, und zeigt, wie in einigen einfachen Fällen die Verteilungsfunktion bestimmt werden kann, wenn die Beziehung zwischen Potential und Dichte gegeben ist. Kdr.

4408. **M. G. Kolchidaschwili,** Verallgemeinerung eines Theorems von I. A. Kleiber auf den Fall einer ellipsoidischen Verteilung der Sterngeschwindigkeiten. AJ UdSSR **29** 76—82, mit 3 Abb. (russisch). —

Eine Untersuchung der Eigenbewegungen und Radialgeschwindigkeiten zeigt, daß die spektroskopischen Parallaxen von Adams, Joy, Humason und Brayton (vgl. AJB **37** Ref. 7302) im Mittel um +0.003 zu verbessern sind. Daraus folgt eine Vergrößerung der mittleren absoluten Helligkeit dieser Sterne um $+0^{m}.3$. Loh.

4409. **R. Kurth,** Das Anfangswertproblem der Stellardynamik. ZfA **30** 213—229 = Veröff. Astr. Inst. Univ. Bern Nr. **11.** — Das Problem einer allgemeinen Dynamik instationärer Sternsysteme ist in wesentlicher Hinsicht noch ungelöst: Chandrasekhars und Schürers Theorie setzten implizit eine gleichförmige Materieverteilung voraus und sind in den einfachsten Sonderfällen mit der Annahme einer ellipsoidischen Geschwindigkeitsverteilung unvereinbar. Die Untersuchung des Verf. wurde durch jene Schwierigkeiten geleitet. Verf. formuliert die Aufgabe als Anfangswertproblem und gibt erstens hinreichende Bedingungen für die Existenz einer vernünftigen Lösung an und zweitens eine Methode zu ihrer angenäherten Berechnung während eines nicht zu langen Zeitintervalls; seine Länge läßt sich nach unten, der Fehler der Approximation nach oben exakt abschätzen. Verf.

4410. **G. Münch, S. Chandrasekhar,** The theory of the fluctuations in brightness of the Milky Way. IV. ApJ **115** 94—102. — Für den bereits in II (AJB **50** Ref. 4404) behandelten Fall, daß sich das betrachtete System in Richtung des Visionsradius bis ins Unendliche erstreckt, wird die die Helligkeitsschwankungen bestimmende Integralgleichung unter der Annahme gelöst, daß für die Transparenzfaktoren q eine beliebige Verteilungsfunktion $\psi(q)$ gilt. Kdr.

4411. **J. Neyman, E. L. Scott,** A theory of the spatial distribution of galaxies. ApJ **116** 144—163. — Ref. in Phys. Abstracts (A) **56** 287, Math. Rev. **14** 803. — Unter bestimmten Annahmen über die Verteilung galaktischer Systeme und der aus ihnen aufgebauten Haufen im Raume werden allgemeine wahrscheinlichkeitstheoretische Beziehungen für die auf photographischen Aufnahmen zu beobachtenden Nebelanzahlen abgeleitet. Kdr.

4412. **V. Nobile,** Sulla opportunità di direttive generali della ricerca di leggi di coordinamentò fra i moti stellari. I. Rend. Accad. Nazionale Lincei, Cl. Sci. fis., mat., nat. (8) **13** 3—8. — Es wird versucht, die Verteilung der Sterngeschwindigkeiten im galaktischen Sternsystem durch ein zeit- und raumabhängiges Vektorfeld darzustellen. F. Z.

4413. **V. Nobile,** Sulla opportunità di direttive generali nella ricerca di leggi di coordinamentò fra i moti stellari. II. Rend. Accad. Nazionale Lincei, Cl. Sci. fis., mat., nat. (8) **13** 341—346. — Auf Grund des Bestehens eines die Sterngeschwindigkeitsverteilung darstellenden Vektorfeldes werden einige durch Beobachtungen feststellbare Resultate abgeleitet und die Elemente für die Untersuchung der speziellen Feldeigenschaften vorbereitet. F. Z.

4414. **K. F. Ogorodnikow,** Über die Kinematik der Metagalaxis. Ref. Univ. Leningrad Wiss. Session 1951/52 S. 36—38 (russisch).

4415. **J. J. de Orús Navarro,** Contribución a la teoría de Chandrasekhar sobre la dinámica de los sistemas estelares. Collectanea Mathematica **5** Heft 1.

4416. **D. E. Osterbrock,** The time of relaxation for stars in a fluctuating density field. ApJ **116** 164—175, mit 3 Fig. — Ref. in Phys. Abstracts (A) **56** 287—288, Math. Rev. **14** 591. — Abschätzung der Zeiten, in denen durch Gravitationswechselwirkung mit einem fluktuierenden Dichtefeld die Richtungen der Sterngeschwindigkeiten wesentlich geändert werden. Es ergeben sich für langsam bewegte Sterne in der Milchstraße Relaxationszeiten von der Ordnung 3×10^9 Jahre. Kdr.

4417. **E. von der Pahlen,** Einführung in die Dynamik von Sternsystemen. Vgl. AJB **51** Ref. **4415**. — Weitere Besprechung in PAT **33** 79—80.

4418. **K. Pilowski,** Zur Untersuchung der Sternbewegungen. AN **280** 217—225, mit 3 Abb. — Es wird in Weiterführung von Untersuchungen von Ogrodnikoff, Pilowski und Gliese eine möglichst vollständige und geschlossene Behandlung der Stellarkinematik nach rein formalen, voraussetzungslosen Gesichtspunkten ohne Anlehnung an theoretische Vorstellungen und Ansätze versucht. Verf.

4419. **A. Ramakrishnan,** On an integral equation of Chandrasekhar and Münch. ApJ **115** 141—144. — Für die Integralgleichung, die in den Untersuchungen von Chandrasekhar und Münch über die Helligkeitsschwankungen in der Milchstraße eine zentrale Rolle spielt, wird nach Neuformulierung des Problems eine vereinfachte Ableitung gegeben. Kdr.

4420. **J. Warzée,** Méthode numérique pour étudier la distribution, dans l'espace, des étoiles ayant une fonction des luminosités de la forme $\varphi(M) = \frac{1}{\sigma\sqrt{2\pi}} e^{-\frac{(M-M_0)^2}{2\sigma^2}}$. Ann. Obs. Roy. Belgique (3) **6** 1—28. — Die Arbeit ist eine Anwendung der in früheren Veröffentlichungen (AJB **48** Ref. **4421**, AJB **49** Ref. **4421** und **4422**) entwickelten Methode zur numerischen Berechnung der Grundgleichung der Stellarstatistik, wenn die Leuchtkraftfunktion die Form $\varphi(M) = \frac{1}{\sigma\sqrt{2\pi}} e^{-\frac{(M-M_0)^2}{2\sigma^2}}$ hat. In dem Ansatz $A(m) = \Sigma V_i D_i \varphi(M_i)$ wird φ ersetzt durch eine Funktion $f(M_i)$, die für verschiedene Werte σ und $\beta = \frac{d \log A(m)}{dm}$ tabuliert ist. Die Berechnung der effektiven absoluten Helligkeit ermöglicht Tabelle 2, die die Korrektion ΔM_0 für verschiedene σ und β gibt. Sofern nun die Dichteverteilung streng dem Gesetz von Seeliger folgt, läßt sich $A(m) = \Sigma A(m) F(M_i)$ darstellen. Die Werte $F(M_i)$ sind in Tabelle 3 als Funktion von σ und M_i gegeben. Zuletzt weist der Verf. darauf hin, daß auch bei Abweichungen vom Seeligerschen Gesetz seine Methode noch angewendet werden kann. Gli.

§ 45

Bahnbestimmung

4501. **G. M. Bashenow,** Einige Ergänzungen zu der in den Publikationen des Astronomischen Observatoriums der Gorkij-Staatsuniversität Charkow Band IX (I) veröffentlichten Arbeit «Vorausberechnung der größten gegenseitigen Annäherungen von Planeten». Abh. Gorkij-Staatsuniv. Charkow **42** 45—48 = Publ. Astr. Obs. Gorkij-Staatsuniv. Charkow **2 (10)** 45—48 (russisch). — Vgl. AJB **51** Ref. **7002**. — Verf. gibt ein sehr einfaches Verfahren zur Ermittlung nicht der größten Annäherung zweier Planeten, sondern einer sehr nahen an. Die Rechnungen werden auf einige Kleine Planeten in Bezug auf Ceres angewandt. Loh.

4502. **W. P. Hirst,** Notes on orbit computing. MN ASSA **11** 17—20, 25—29, 56—60, 99—102, mit 4 Fig. Fortsetzung siehe AJB **53**. — Herleitung der Formeln zur Methode der Bahnbestimmung von Veithen-Merton bis zur Bestimmung der geozentrischen Distanzen und Radienvektoren. Böh.

4503. **B. de Jekhowsky,** Sur la détermination des distances géocentrique ϱ et héliocentrique r d'astéroïdes dans la méthode de Laplace. CR **234** 1436—1438. — Für die Lösung des Systems $\varrho = Q\left(\frac{1}{r^3} - \frac{1}{R^3}\right)$, $r^2 = \varrho^2 + 2S\varrho + R^2$ wird ein Verfahren angegeben, bei dem man mit weniger Näherungen und ohne Tafeln auskommt. Böh.

4504. **Y. Kozai,** Preliminary studies on the motion of asteroid Thule (279). Publ. Astr. Soc. Japan **3** 184—194 = Tokyo Astr. Obs. Repr. Nr. **97.** — Verf. gibt nach der Methode in Woltjers Hyperiontheorie eine genäherte Theorie des Planeten Thule unter der Annahme, daß das kritische Argument eine Libration um den Wert 0° ausführt. Es ergibt sich dabei eine retrograde Bewegung des Perihels mit einer Periode von etwa 700 Jahren und eine Librationsperiode von etwa 200 Jahren. Böh.

4505. **A. Masotti,** Linea indicatrice della equazione del centro nei moti kepleriani. Rend. Istituto Lombardo Sci. e Lettere **85** 65—81 = Istituto Mat. Politecnico Milano Pubbl. Nr. 88. — Bestimmung und Untersuchung der Kurve, von deren Punkten aus der Abstand Brennpunkt—Ellipsenzentrum unter einem Winkel gleich der Mittelpunktsgleichung erscheint. F. Z.

4506. **A. Masotti,** Sui valori medi delle potenze del raggio vettore nei moti kepleriani. Rend. Istituto Lombardo Sci. e Lettere **85** 273—277 = Istituto Mat. Politecnico Milano Pubbl. Nr. **90.** — Es werden einige Relationen für die Mittelwerte der Potenzen des Radiusvektors in der Kepler-Bewegung aufgestellt. F. Z.

4507. **A. D. Maxwell,** The computation of short-arc parabolic orbits of comets by four-place logarithms or by 20-inch slide rule. AJ **57** 19—20. — Ref. AAS. — Ref. in Sky and Telescope **11** 115.

* * **J. G. Porter,** Comets and Meteor Streams. Vgl. Ref. **8012.**

4508. **A. W. Purzchwanidse,** Eine Näherungsformel zur Berechnung des Verhältnisses Sektor zu Dreieck. BIA **5** 212—215 (russisch). — Ref. in Astr. News Letter Nr. **69** S. 8.

4509. **A. Schmitt,** Méthode de détermination rigoureuse des cosinus directeurs dans le calcul des orbites. BAB **4** 118—120, mit 1 Fig. — Entwicklung eines Verfahrens zur sicheren Bestimmung der vektoriellen Bahnkonstanten aus zwei heliozentrischen Örtern sowie den zugehörigen wahren Anomalien, wobei die Orthogonalitätsbedingungen streng erfüllt werden. Böh.

* * **P. Sémirot, R. Mercier,** Une nouvelle méthode pour le calcul des orbites des étoiles doubles visuelles. Vgl. Ref. **10118.**

4510. **A. Wilkens,** Das Problem der mehrfachen Lösungen der Kometenbahnbestimmung. Sitzber. Bayer. Akad. Wiss. **1951,** Math.-naturwiss. Kl. S. 55—59. — Zusammenfassung der Ergebnisse der Untersuchungen des Verf. über die Multiplizität der Lösungen bei der parabolischen Bahnbestimmung, wobei die theoretisch verlangte Zahl von fünf Beobachtungsdaten zugrunde gelegt ist. Die Lösungsverhältnisse werden für die sphärischen Abstände 18°, 30°, 60° und 90° des Kometen von der Sonne beschreibend angegeben. Böh.

Sechster Teil

Theoretische Astrophysik

§ 50

Allgemeines

5001. **H. Alfvén,** Cosmical Electrodynamics. Vgl. AJB **50** Ref. **5001.** — Unter Redaktion von S. B. Pikelner ins Russische übersetzt. Moskau, Verlag für ausländische Literatur, 1952. 290 S. Preis 14 R. 90 Kop.

5002. **H. Bondi, E. E. Salpeter,** Thermonuclear reactions and astrophysics. Nature **169** 304—305. — Nach kurzem Hinweis auf die Entwicklung eines Sterns von einer Gaswolke zum sichtbaren Stern werden die bekannten, für die Energielieferung in Betracht kommenden Kernprozesse besprochen: Der Proton-Proton-Prozeß und der C-N-Zyklus. Nach erfolgter Umwandlung von Wasserstoff in Helium könnte, nach erneuter Kontraktion, $3\,^4He \rightarrow {}^{12}C + 7.3$ MeV eintreten. Unter erneuten Kontraktionen könnten sich bei der dadurch erhöhten Zentraltemperatur die schwereren Kerne bis zu den stabilsten Elementen aufbauen — eine Entwicklung, die schließlich in einem Supernova-Ausbruch enden könnte. Gli.

5003. **S. Chandrasekhar,** Convection under terrestrial und astrophysical conditions. Publ ASP **64** 98—104, mit 1 Tafel. — Verf. berichtet über experimentelle und theoretische Untersuchungen über Konvektion. Der Einfluß eines Magnetfeldes auf das Einsetzen der Konvektion wird besprochen und die Verbindung zu den magneto-hydrodynamischen Wellen nach Alfvén hergestellt. Unter astrophysikalischen Bedingungen führt thermische Instabilität nicht zu gewöhnlicher Konvektion sondern zu Überstabilität. O. G.

5004. **C. B. Collins, R. M. Farquhar, R. D. Russell,** Variations in the relative abundances of the isotopes in common lead. Phys. Rev. **88** 1275—1276. — Ref. in Phys. Abstracts (A) **56** 278.

5005. **G. Elwert,** Verallgemeinerte Ionisationsformel eines Plasmas. Z. Naturforschung **7a** 703—708, mit 2 Abb. = Mitt. Astr. Inst. Univ. Tübingen Nr. **5.** — In der theoretischen Astrophysik werden drei Ionisationsgleichungen verwendet, nämlich die Saha-Gleichung, die Ionisationsformel der Gasnebel und die Ionisationsgleichung der Sonnenkorona. Aufgabe der vorliegenden Untersuchung ist es, eine verallgemeinerte Ionisationsformel anzugeben, die die genannten Gleichungen als Sonderfälle enthält. Damit sind auch die Bedingungen, unter denen die einzelnen Formeln gelten, sowie die Übergänge zwischen ihnen zu übersehen. Verf.

* * **G. Elwert,** Über die Ionisations- und Rekombinationsprozesse in einem Plasma und die Ionisationsformel der Sonnenkorona. Vgl. Ref. **6707.**

5006. **M. Johnson,** Astronomy of Stellar Energy and Decay. Vgl. AJB **51** Ref. **5009.** — Weitere Besprechung in Orion Schaffhausen **4** 78.

5007. **C. K. Jørgensen,** Jorden som tidligere stjernemateriale. Urania Kopenhagen **9** 1—8.

5008. **E. R. Lapwood,** The effect of contraction in the cooling by conduction of a gravitating sphere, with special reference to the earth. MN Geophys. Suppl. **6** 402—407. — Für eine sich abkühlende und dabei zusammenziehende Kugel wird die modifizierte Fourier-Gleichung für die Wärmeleitung aufgestellt und durch Integration über die Zeit und die gesamte Kugel die Energiegleichung erhalten. Auf die Erde unter der Annahme einer anfänglich parabolischen Temperaturverteilung angewandt, ergibt sich, daß der Erwärmungseffekt infolge der Kontraktion kleiner ist als die entgegenwirkende Abkühlung bei dem noch wachsenden Temperaturgradienten. Dieses Ergebnis ändert sich prinzipiell nicht, wenn man die Abweichungen der Erdkruste von der Homogenität hinsichtlich Dichte, spezifischer Wärme und Wärmeleitung berücksichtigt. T. L.

5009. **R. Lüst,** Magneto-hydrodynamische Stoßwellen auf Sternen und im interstellaren Raum. Phys. Verhandlungen **3** 161. — Ref. AG.

5010. **E. Nahmias,** Astrophysique et nucléonique. BSAF **66** 45—68, mit 11 Fig.

5011. **E. E. Salpeter,** The reaction rate of the proton-proton chain. ApJ **116** 649—650. — Ref. in Phys. Abstracts (A) **56** 600. — Es werden die astrophysikalisch wichtigen Ergebnisse von Rechnungen mitgeteilt, die Verf. auf Grund neueren experimentellen Materials über die Geschwindigkeit des Ablaufs der Proton-Proton-Reaktion durchgeführt hat. Kdr.

5012. **M. Schwarzschild,** Inherited and acquired characteristics of stars. AJ **57** 5—6. — Es werden Überlegungen angestellt, welche Beobachtungsgrößen als Unterlagen für theoretische Untersuchungen über Ursprung und Entwicklung der Sterne wesentlich sind. Verf. führt in erster Linie die folgenden an: Lage eines Sterns im Hertzsprung-Russell-Diagramm, Rotationsmoment und magnetisches Moment, chemische Zusammensetzung der Atmosphäre und die kinetischen Eigenschaften. Kdr.

5013. **W. W. Sobolew,** Zur Theorie des instationären Strahlungsfeldes. I, II. AJ UdSSR **29** 406—417, 517—525 (russisch).

5014. **A. D. Thackeray,** Hydrogen in the universe. MN ASSA **11** 79—87. — Presidential address 1951—1952. — Populärer Vortrag, in dem der Wasserstoff als wichtigster Bestandteil der Materie im Kosmos unter vorwiegend astrophysikalischen Aspekten betrachtet wird. Kdr.

5015. **H. C. Urey,** The abundances of the elements. Phys. Rev. (2) **88** 248—252. — Ref. in Phys. Abstracts (A) **56** 18. — Unter der Voraussetzung, daß Chondrite in ihrer chemischen Zusammensetzung diejenige der Erde und des Mondes repräsentieren, stellt Verf. eine revidierte Häufigkeitstabelle der chemischen Elemente auf. Sie unterscheidet sich nicht merklich von der Goldschmidtschen, wohl aber von der Brownschen. Die Häufigkeit von Fe ist geringer, die von Se, Te, Br, J und Hg gering. Loh.

5016. Theoretische Astrophysik. Herausgegeben unter Redaktion von W. A. Ambarzumjan. Moskau, Technischer Staatsverlag, 1952. 636 S. mit Abb. Preis 15 R. (russisch). — Besprechung in Math. Rev. **14** 803 (R. G. Langebartel).

§ 51

Sternatmosphäre, Spektrum

5101. **L. H. Aller, J. K. Wilkinson, K. G. Henize, W. Mitchell,** The radiation flux of a helium atmosphere. Publ ASP **64** 262—264, mit 1 Fig. — Eine Modellatmosphäre von Helium, über deren Berechnung einige Angaben gemacht werden, zeigt Sprünge des Strahlungsstroms bei λ 3420 und λ 912. Unterschiede gegen einen schwarzen Körper, eine wasserstoffreiche Modellatmosphäre und Beobachtungen an dem heißen Heliumstern HD 124448 werden kurz diskutiert. O. G.

5102. **D. Barbier,** Les atmosphères stellaires. Paris, E. Flammarion, 1952. 238 S. mit 34 Fig. Preis ffrs. 625. — Besprechung in Ann d'Astrophys **15** 71—72 (P. Swings), BSAF **66** 260—261 (P. Couderc), Ciel et Terre **68** 225 (M. Nicolet), J. Physique **13** 496 (J. Dufay), J RAS Canada **46** 110 (I. Halliday), Mem SA It (NS) **23** 350—351 (A. Masani), Sky and Telescope **11** 174.

5103. **D. Barbier,** Solution approchée d'un problème de transfert et son application à la détermination des corrections de diffusion dans les mesures photométriques de la lumière du ciel nocturne. Ann d'Astrophys **15** 247—259 = Contr. Inst. d'Astrophys. Paris (B) Nr. 85. — Ref. in Phys. Abstracts (A) **56** 680. — Die formale Lösung der Strahlungstransportgleichung für eine streuende Atmosphäre endlicher Dicke, die nach einem bekannten Gesetz von außen Strahlung empfängt, wird durch einen Näherungsansatz für die Quellenfunktion $I(\tau)$ ausgewertet, der auf Unterteilung der Atmosphäre in eine Anzahl paralleler Schichten und Annahme linearen Verlaufs von $I(\tau)$ in jeder dieser Schichten beruht. Die Rechnung für isotrope und für Rayleighsche Streuung ergibt keine großen Unterschiede. Bei Anwendung auf das Problem des Nachthimmelleuchtens kann jedoch noch der Einfluß des am Erdboden reflektierten Lichtes von Bedeutung werden. Kdr.

5104. **D. R. Bates,** Absorption of radiation by an atmosphere of H, H^+ and H_2^+—semi-classical treatment. MN **112** 40—44. — Zur Prüfung, ob gewisse Absorptionsprozesse in H, H^+ und H_2^+ merklich zur Opazität in Sternatmosphären beitragen können, werden die entsprechenden Absorptionskoeffizienten berechnet und für einen bestimmten Temperatur- und Frequenzbereich tabuliert. Astrophysikalische Anwendungen sollen an anderer Stelle folgen. Kdr.

5105. **R. A. Buckingham, S. Reid, R. Spence,** Continuous absorption by the hydrogen molecular ion. MN **112** 382—386. — Die halb-klassische Berechnung der kontinuierlichen Absorption des H_2^+-Ions durch Bates (vgl. Ref. **5104**) wird durch eine strengere quantenmechanische Rechnung ergänzt. Die Ergebnisse beider Methoden stehen in befriedigender Übereinstimmung. Kdr.

5106. **G. R. Burbidge, E. M. Burbidge,** The equation of transfer and the residual intensities in spectrum lines. ApJ **116** 185—202 = Harv Repr Nr. **366**. — Ref. in Phys. Abstracts (A) **56** 287, Math. Rev. **14** 591. — Im Anschluß an Arbeiten von Strömgren und Chandrasekhar werden Lösungen der Transportgleichung für eine Spektrallinie und ihre Umgebung abgeleitet, die das Auftreten der Linie in Emission zu beurteilen erlauben. Insbesondere werden ausführliche Rechnungen über die Verhältnisse in den Linienzentren von Hα, Hβ und Hγ für einen größeren Temperaturbereich und zwei Werte des Elektronendrucks durchgeführt. Danach besteht nach höheren Temperaturen hin die Tendenz, daß die drei Linien in Emission erscheinen. Kdr.

5107. **I. W. Busbridge,** On emission lines in stellar spectra. MN **112** 45—54, mit 1 Fig. = Commun. Univ. Obs. Oxford Nr. **32**. — Ref. in Math. Rev. **14** 96. — Unter der Annahme, daß sich die Anteile der reinen Absorption und der Streuung am Linienabsorptionskoeffizienten wie $\xi : 1 - \xi$ verhalten, und bei Berücksichtigung sowohl kontinuierlicher Absorption als auch kontinuierlicher isotroper Streuung bei der Berechnung des kontinuierlichen Strahlungsflusses wird untersucht, unter welchen Bedingungen für ξ Linien in Sternspektren in Emission bzw. in Absorption auftreten. Die Ergebnisse werden an dem Spezialfall reiner Absorption ($\xi = 1$) genauer erläutert. Kdr.

5108. **R. Canavaggia, J.-C. Pecker,** Les géantes jaunes. I. Modèles d'atmosphères. Ann d'Astrophys **15** 260—275, mit 2 Fig. = Contr. Inst. d'Astrophys. Paris (B) Nr. **86**. — Für einen Bereich von T_e und g, der etwa den F-Riesen entspricht, werden mit Hilfe von Tafeln des mittleren Absorptionskoeffizienten von Michard 9 und mit Hilfe derjenigen von Vitense 16 Atmosphärenmodelle berechnet. Kdr.

5109. **S. Chandrasekhar, D. Elbert,** The X- and Y-functions for isotropic scattering. I, II. ApJ **115** 244—268, 269—278. — Die hier behandelten Funktionen traten bei Strahlungstransportproblemen in Atmosphären von endlicher optischer Dicke mit isotroper Streuung auf. In I werden für eine Reihe von Werten für Albedo und optische Dicke die Funktionen selbst tabuliert. In II werden ihre Momente der Ordnung 0 und 1 diskutiert und als Anwendungsbeispiele die Lösungen für einige Spezialfälle angegeben. Kdr.

5110. **P. Dumézil-Curien,** Ondes de compression dans une atmosphère en équilibre radiatif. CR **235** 1369—1370 = Contr. Inst. d'Astrophys. Paris (A) Nr. **134**. — Ref. in Phys. Abstracts (A) **56** 288. — Es wird darauf hingewiesen und durch eine kurze Rechnung numerisch belegt, daß in bestimmten Sternen von einer subphotosphärischen Konvektionszone ausgehende Stoßwellen in den äußeren Atmosphärenschichten einen zusätzlichen akustischen Druck bewirken, dessen Gradient unter Umständen die effektive Schwerkraft beträchtlich vergrößern kann. Kdr.

5111. **Z. Hitotuyanagi,** On the continuous radiation of δ Cephei. Sci. Reports Tôhoku Univ. (1) **36** 213—223, mit 6 Fig. = Sendai Astr. Rap. **2** Nr. 16 (28). — Verf. integriert zunächst eine Anzahl von Atmosphärenmodellen für δ Cep, woraus der Zusammenhang zwischen effektiver Temperatur T_e und Elektronendruck P_e mit $\log g$ als Parameter abgeleitet wird. Diese theoretischen Beziehungen erlauben, aus empirischen Werten für den Balmersprung und für die Farbtemperatur T_e und P_e in Abhängigkeit von der Phase zu ermitteln. Aus T_e und P_e wird sodann die Flächenhelligkeit F_λ und mit deren Hilfe aus den Änderungen der monochromatischen Helligkeit m_λ die Variation des Radius berechnet, die mit derjenigen aus der Radialgeschwindigkeitskurve nicht übereinstimmend gefunden wird. Kdr.

5112. **Z. Hitotuyanagi, H. Inaba,** Curves of growth for δ Cephei. Sci. Reports Tôhoku Univ. (1) **36** 321—334, mit 5 Fig. = Sendai Astr. Rap. **2** Nr. 17 (29). — Das Material von Walraven (AJB **48** Ref. **9558**) an beobachteten Äquivalentbreiten von Absorptionslinien im Spektrum von δ Cep wird einer Neubearbeitung unterzogen unter Beschränkung auf die Linien des Fe I und Cr I, für die im Laboratorium gemessene Nf-Werte vorliegen. Solare Nf-Werte werden im Gegensatz zu Walraven nicht verwendet. Für neun Phasen werden Wachstumskurven abgeleitet und daraus Anregungstemperatur, Geschwindigkeit der Mikroturbulenz und Häufigkeit von Fe I und Cr I in Abhängigkeit von der Phase bestimmt und mit den Ergebnissen von Walraven verglichen. Kdr.

5113. **H. G. Horak,** The transfer of radiation by an emitting atmosphere. AJ **57** 14—15. — Ref. AAS.

5114. **H. G. Horak,** The transfer of radiation by an emitting atmosphere. ApJ **116** 477—490, mit 5 Fig. — Ref. in Phys. Abstracts (A) **56** 508, Math. Rev. **14** 804. — Anwendung der von Chandrasekhar zur Behandlung von Transportphänomenen entwickelten Methoden auf den Fall einer planparallelen Atmosphäre, in der Emissionsquellen gleichförmig verteilt sind, und zwar für isotrope Streuung und für Streuung nach einer asymmetrischen Phasenfunktion. Für die Intensität der austretenden Strahlung und für die Intensität in einer beliebigen optischen Tiefe werden exakte Formeln abgeleitet und auf ihrer Basis Beobachtungen der diffusen galaktischen Strahlung kurz diskutiert. Kdr.

5115. **S.-S. Huang,** On the absorption lines formed in stellar atmospheres. Ann d'Astrophys **15** 169—183 = Berkeley Repr. Nr. **23.** — Ref. in Math. Rev. **14** 804, Phys. Abstracts (A) **56** 953. — Es wird zunächst die Schwarzschildsche Integralgleichung für die Quellenfunktion durch Reihenentwicklung gelöst und dann das Linienprofil abgeleitet für den Fall kleiner Linienstreuung, aber ohne weitere Einschränkung für die Linienabsorption und die Schichtung der Atmosphäre. Kdr.

5116. **S.-S. Huang,** Some formulae for the emergent intensities by the Laplace transformation. Ann d'Astrophys **15** 352—358 = Berkeley Repr. Nr. **28.** — Ref. in Phys. Abstracts (A) **56** 507. — Mit Hilfe der Laplace-Transformation wird eine vereinfachte Ableitung der Formeln für die Intensität der austretenden Strahlung im Fall des Milne-Eddington-Modells und der diffusen Reflexion an einer planparallelen halbunendlichen Atmosphäre gegeben. Kdr.

5117. **S.-S. Huang,** On the curve-of-growth method. ApJ **115** 529—543, mit 6 Fig. = Berkeley Repr. Nr. **25.** — Verf. diskutiert die Bedeutung der aus einer Wachstumskurve abgeleiteten Werte für physikalische Parameter wie Dopplergeschwindigkeit oder Dämpfungskonstante, die bei der Berechnung der theoretischen Wachstumskurve in der ganzen Sternatmosphäre als konstant angenommen werden. Es ergibt sich, daß die beobachteten Werte in bestimmter Weise gewichtete Mittelwerte darstellen, was für Temperatur, Turbulenzgeschwindigkeit und Dämpfungskonstante im einzelnen ausgeführt wird. Kdr.

5118. **S.-S. Huang, O. Struve,** The curve of line-width correlation and Doppler velocities in stellar atmospheres. I. Delta Canis Majoris. ApJ **116** 410—421, mit 4 Fig. = Berkeley Repr. Nr. **29.** — Ref. in Irish AJ **2** 165—166, Phys. Abstracts (A) **56** 507. — Mit Hilfe einer von Minnaert angegebenen Interpolationsformel für Linienprofile von Absorptionslinien wird zwischen den Äquivalent- und Halbbreiten der Linien eine Beziehung abgeleitet, die zur Untersuchung der Turbulenz in Sternatmosphären dienen kann. Der Einfluß der Turbulenzelemente ist je nach ihrer Größe verschieden. Während große Elemente die Linien nur verbreitern, verstärken kleine Elemente auch die Äquivalentbreiten. Diese Zusammenhänge werden qualitativ erörtert und dann an Hand obiger Beziehung die Beobachtungsdaten von δ CMa ausgewertet. Danach wächst die Geschwindigkeit kleiner Elemente stark mit der Linienintensität an, während die der großen sich bezüglich der Linienstärke als praktisch konstant ergibt. Kdr.

5119. **J. I. King,** Transfer theory for purely pressure-broadened band spectra. ApJ **116** 491—497, mit 1 Fig. — Frühere Untersuchungen über den Strahlungstransport durch eine Atmosphäre im Gebiet einer einzelnen Spektrallinie werden auf den Fall einer Bande ausgedehnt. Unter der Annahme lokalen thermodynamischen Gleichgewichts in der Atmosphäre und von Druckproportionalität der Linienbreite werden für ein bestimmtes Modell einer Bande Lösungen der Schwarzschildschen Strahlungstransportgleichung abgeleitet, wenn der Abstand der Linien einer Bande wesentlich kleiner als die Linienbreite ist. Numerische Anwendungen sollen später erfolgen. Kdr.

5120. **V. Kourganoff, I. W. Busbridge,** Basic Methods in Transfer Problems. Radiative Equilibrium and Neutron Diffusion. Oxford, At the Clarendon Press, 1952. 11 + 281 S. mit 61 Fig. Preis 35s. net. — Besprechung in Ciel et Terre **69** 215—217 (P. Ledoux), Mem SA It (NS) **25** 188—189 (G. Righini), Obs **73** 85 (J. B. Sykes), Phys. Abstracts (A) **56** 389, ZfA **32** 133—134 (D. Labs). — Die vorliegende Monographie gibt eine die Grundgedanken klar herausarbeitende Einführung in die mathematische Behandlung von Transportproblemen im wesentlichen am Beispiel einer grauen planparallelen Sternatmosphäre im Strahlungsgleichgewicht. Der einleitende erste Teil enthält die grundlegenden Definitionen, eine Erörterung der Problemstellung und die Aufstellung der Fundamentalgleichungen. Außerdem werden einige später benötigte mathematische Hilfmittel abgeleitet. Im zweiten Teil, dem Hauptteil des Buches, werden dann die Lösungsmethoden der Strahlungstransportgleichung für die graue planparallele Atmosphäre der Reihe nach besprochen, nämlich die Milne-Eddington-Näherung, die Methode der Kugelfunktionen und der diskreten Ordinaten, die iterativen und die Variationsmethoden sowie die Verfahren zur Ableitung einer exakten Lösung. Teil III gibt schließlich noch einen kurzen Überblick über den allgemeinen Fall nicht-grauer Sternatmosphären. Kdr.

5121. **E. M. Lewis, W. Liller,** The depression of the continuum in a K0 dwarf. ApJ **116** 428—432, mit 2 Fig. — Verf. versuchen, aus einer photometrischen Untersuchung der Profile der Linien Ca I λ 4227 und Ca II K die wahre Höhe des Kontinuums des K0-Zwergs ε Eridani zu ermitteln. Dazu werden eine Modellatmosphäre nach der Methode von G. Münch (ApJ **106** 218, AJB **47** Ref. **4114**) und theoretische Profile der Linien gerechnet. Die Depression des Kontinuums durch überlagerte Linien bewirkt eine erhebliche Verkleinerung der tatsächlichen Äquivalentbreiten. Verf. weisen darauf hin, daß Untersuchungen der Atmosphären von Sternen späten Spektraltyps besonders dann mit Vorsicht aufzunehmen sind, wenn die Linien über einen großen Wellenlängenbereich verteilt sind. Micz.

5122. **M. Mayot,** Tables de fonctions intervenant dans le calcul des corrections de diffusion dans la photométrie de la lumière du ciel nocturne. Ann d'Astrophys **15** 374—382 = Contr. Inst. d'Astrophys. Paris (B) Nr. **91**. — Ref. in Phys. Abstracts (A) **56** 680, Math. Rev. **14** 906. — Ergänzung der Arbeit von Barbier in Ann d'Astrophys **15** 247 (vgl. Ref. **5103**) durch Berechnung und Tabulierung von drei dort auftretenden Funktionen. Kdr.

5123. **A. McKellar,** Molecules in stellar atmospheres. Leaflet ASP Nr. 265, 8 S. mit 1 Fig., 1951.

5124. **I. N. Minin,** Die Veränderung der Elektronentemperatur in Sternhüllen beim Fehlen des Strahlungsgleichgewichts. AJ UdSSR **29** 154—161 (russisch). — Ref. in Astr. News Letter Nr. **67** S. 8—11. — In Anlehnung an eine Arbeit von Sobolew (vgl. AJB **50** Ref. **5136**), in der die Ionisation einer Sternhülle bei fehlendem Strahlungsgleichgewicht diskutiert wurde, behandelt Verf. die Frage der Veränderung der Elektronentemperatur in Sternhüllen bei plötzlichen Änderungen des Strahlungsstroms des eigentlichen Sterns. Das Problem findet Anwendung auf Vorgänge in der Hülle der Nova Her (1934). Loh.

5125. **S. Miyamoto,** On the radiation field of Be-stars. II. Publ. Astr. Soc. Japan **4** 1—10 = Contr. Inst. Astrophys. Kyoto Univ. Nr. **20**. — In Ergänzung des ersten Teils dieser Arbeit (vgl. AJB **49** Ref. **5125**) wird die Theorie des Strahlungstransports in einer ausgedehnten Wasserstoffatmosphäre durch die Hinzunahme eines vierten Wasserstoffterms ($n = 3$) zu den bisher berücksichtigten ($n = 1, 2, \infty$) erweitert. Das Strahlungsfeld stellt sich so ein, daß die Übergänge ins Kontinuum dem Prinzip des detaillierten Gleichgewichts folgen. Es werden Ausdrücke für die Strahlungsdichte und den Energiefluß in Lβ und Hα angegeben. Traving

5126. **S. Miyamoto,** On the radiation field of Be-stars. III. Theoretical Balmer decrement. Publ. Astr. Soc. Japan **4** 28—36, mit 1 Fig. = Contr. Inst. Astrophys. Kyoto Univ. Nr. **23.** — Unter Berücksichtigung der Selbstabsorption in den Linien wird das Balmerdekrement für Be-Sterne berechnet. Es ändert sich sehr empfindlich mit dem Verdünnungsfaktor W. Dem beobachteten mittleren Verhältnis von $F(H\alpha)/F(H\beta)$ entspricht nach der Arbeit ein $\log W = -1.9$. Traving

5127. **S. Miyamoto,** Radiation pressure and stability of the atmospheres of early-type stars. Publ. Astr. Soc. Japan **4** 91—99, mit 1 Fig. = Contr. Inst. Astrophys. Kyoto Univ. Nr. 27. — Ref. in Phys. Abstracts (A) **56** 953. — Es wird ein Kriterium für die Stabilität von normalen Sternatmosphären gegenüber dem Strahlungsdruck im Lyman- bzw. im Elektronenstreukontinuum gegeben. Instabilität ist bei den frühen B-Sternen der Hauptsequenz sowie bei Übergiganten vom Typ A 0 und früher zu erwarten. Böhm

5128. **G. J. Odgers,** Note on the theory of the Stark effect in stellar spectra. ApJ **116** 444—446, mit 1 Fig. — Ref. in Phys. Abstracts (A) **56** 600. — Hinweis auf einige Punkte, in denen das übliche Verfahren zur Berechnung des Stark-Effekts in Sternspektren anfechtbar erscheint. Kdr.

5129. **J.-C. Pecker,** Tables pour le calcul des raies d'absorption dans les spectres stellaires. I. Des fonctions intégro-exponentielles d'ordre impair. Contr. Inst. d'Astrophys. Paris (A) Nr. **132,** 9 S. — Tabulierung des Integrals $E_{n+1/2}(x) = \int_1^\infty e^{-xu} \frac{du}{u^n \sqrt{u}}$ für die Werte $n = 0, 1, 2, 3, 4$ im Bereich $0 < x < 10.0$. Von 0 bis 2.00 schreitet x um 0.01, von 2.0 bis 10.0 um 0.1 fort. Kdr.

5130. **J.-C. Pecker, H. van Regemorter,** Détermination d'un modèle d'atmosphère stellaire à partir de l'intensité des raies d'absorption. CR **234** 1850—1852 = Contr. Inst. d'Astrophys. Paris (A) Nr. **111.** — Den von der Turbulenz abhängigen Ausdruck für die Äquivalentbreite einer stellaren Absorptionslinie im Zentrum der Sternscheibe ersetzt Verf. durch einen von Turbulenz freien Ausdruck, der als Ausgangspunkt einer sukzessiven Approximation zur Bestimmung von Temperatur und Elektronendruck als Funktion der optischen Tiefe dient. Loh.

5131. **J. A. Rottenberg,** Theoretical line profiles for stars of P Cygni type. MN **112** 125—154, mit 11 Fig. = Contr. Dominion Obs. Ottawa **2** Nr. 11. — Es wird angenommen, daß die Sterne des P Cygni-Typs aus dem eigentlichen, das Kontinuum aussendenden Stern und einer dünnen expandierenden Hülle bestehen. Auf Grund dieses Modells werden theoretische Linienprofile für diese Objekte berechnet. Ein Teil der beobachteten Profile kann allein durch die Annahme von Resonanzstreuung in der Hülle in Verbindung mit Doppler-Verschiebungen infolge der Expansion gedeutet werden. Dabei erweisen sich das Verhältnis von Expansions- zu Turbulenzgeschwindigkeit in der Hülle und das Verhältnis vom Hüllen- zum Sternradius als wesentliche Parameter. Bei Linien, deren Nettoenergie das umgebende Kontinuum übersteigt, ist in den tieferen Schichten der Hülle auch der Zanstrasche Ionisations- und Rekombinations-Mechanismus zu berücksichtigen. Kdr.

5132. **M. P. Savedoff,** Formation of absorption lines by noncoherent scattering. ApJ **115** 509—528, mit 7 Fig. — Der Einfluß der nichtkohärenten Streuung auf die Bildung von Absorptionslinien in Sternspektren wird durch Transformation der Transportgleichung des Problems in eine Integralgleichung und deren Lösung nach einem Iterationsverfahren behandelt. Mit Hilfe der tabulierten Lösung können die Abweichungen vom Fall reiner Absorption in Abhängigkeit von den eingehenden Parametern berechnet werden. Kdr.

5133. **E. Schatzman,** Les vitesses d'agitation dans les atmosphères des géantes rouges. CR **234** 1349—1351 = Contr. Inst. d'Astrophys. Paris (A) Nr. **107**. — Es wird gezeigt, daß die Konstanz des Verhältnisses mechanischer Energiefluß / totaler Energiefluß für die Atmosphären gewisser roter Riesen der Natur der mechanischen Energiequellen zuzuschreiben ist, die in einer dicken, turbulenten Konvektionszone verteilt sind. Loh.

5134. **G. Thiessen,** Ein magnetisch bedingter Polarisationseffekt an Resonanzlinien im Sternspektrum. I. ZfA **30** 307—317, mit 1 Abb. = Mitt. Sternw. Hamburg-Bergedorf **22** Nr. 228. Berichtigung in ZfA **32** 310. — In der Arbeit wird auf einen neuen Effekt hingewiesen, der bei Sternen mit einem Dipolmagnetfeld auftreten sollte, und zwar sollten gewisse Resonanzlinien bei Beobachtung senkrecht zur Dipolachse eine Polarisation zeigen. Diese wird unter bestimmten Bedingungen nach Größe und Richtung sowohl als Funktion des Ortes auf der Scheibe, als auch im integrierten Licht berechnet. Für die CaI-Linie 4226.73 Å und die Balmerlinien ist im integrierten Licht eine Polarisation von etwa 1% zu erwarten. Kdr.

5135. **S. Ueno,** On the continuous spectrum of the stellar atmospheres. Publ. Astr. Soc. Japan **4** 44—51, mit 5 Fig. = Contr. Inst. Astrophys. Kyoto Univ. Nr. **26**. — Mit Hilfe des Rosselandschen Mittelwertes vom kontinuierlichen Absorptionskoeffizienten werden die Energieverteilung im kontinuierlichen Spektrum der Sternatmosphären sowie der Balmer- und Paschensprung näherungsweise bestimmt. Ferner wird die Beziehung zwischen effektiver und Farbtemperatur für die Wellenlängenbereiche 4100—6500 Å (Greenwich) und 4000—4600 Å (Barbier und Chalonge) für Hauptreihensterne der Spektraltypen A 0 – G 0 abgeleitet. Böhm-Vitense

5136. **A. B. Underhill,** Note on the Stark broadening of Hγ. ApJ **116** 446—448, mit 1 Fig. — Ref. in Phys. Abstracts (A) **56** 600. — Ein bei einigen O-Sternen festgestellter Unterschied von etwa 13% zwischen den gemessenen und theoretischen Aquivalentbreiten der durch Stark-Effekt verbreiterten Hγ-Linie läßt sich eventuell auf die Vernachlässigung des Einflusses der Elektronen neben dem der Protonen auf die Stark-Verbreiterung zurückführen. Kdr.

5137. **P. Wellmann,** Zur Analyse der Be-Spektren I. Die Häufigkeit der He I-Zustände unter Bedingungen, die vom thermodynamischen Gleichgewicht abweichen. ZfA **30** 71—87 = Mitt. Sternw. Hamburg-Bergedorf **21** Nr. 222. — Die Berechnung der Besetzungszahlen verschiedener He I-Niveaus, die unter dem Einfluß verdünnter Strahlung angeregt werden, wird so weit ausgedehnt, daß die Behandlung von He-Emissionsspektren möglich wird. Verf.

5138. **P. Wellmann,** Zur Analyse der Be-Spektren II. Die Emission einer ausgedehnten Atmosphäre geringer Dichte. ZfA **30** 88—95 = Mitt. Sternw. Hamburg-Bergedorf **21** Nr. 223. — Unter vereinfachenden Bedingungen, die sich später in der Anwendung auf einige Be-Spektren rechtfertigen, wird die Intensität einer Emission als Funktion der Zahl der Atome in den beteiligten Zuständen abgeleitet. Man erkennt, wie sich die einzelnen Schichten einer ausgedehnten Atmosphäre an der Bildung der Absorptions- und Emissionslinien beteiligen. Verf.

§ 52

Sterninneres

5201. **L. H. Aller, J. W. Chamberlain, E. M. Lewis, W. C. Liller, J. K. McDonald, W. H. Potter, N. E. Weber,** A note on energy generation in red dwarf stars. ApJ **115** 328—330. — Nach Rechnungen der Verf. führt die Annahme der Proton-Proton-Reaktion als einzige Energiequelle zu keinem befriedigenden Modell für den roten Zwergstern Krüger 60 A. Im Falle des C-N-Zyklus dagegen ergeben sich keine Schwierigkeiten. Kdr.

5202. **K. E. Bullen, A. H. Low,** Planetary models of terrestrial type. MN **112** 637—640, mit 2 Fig. — Für die erdähnlichen Planeten werden zwei Reihen von Modellen berechnet und mit ihrer Hilfe die mittleren Dichten in Abhängigkeit von der Masse untersucht. Die erste Reihe nimmt für Kern und Mantel eine verschiedene chemische Zusammensetzung an, bei der zweiten wird die Dichteverteilung nur durch den Druck bestimmt. Die Beobachtungen — als Vergleichsobjekt erweist sich im wesentlichen nur Mars als geeignet — sprechen mehr für die erste Möglichkeit. Kdr.

5203. **L. D. Chatterji,** Anharmonic pulsations of a polytropic model of index unity. Proc. Nat. Inst. Sci. India **18** 187—191. — Ref. in Math. Rev. **14** 212, Phys. Ber. **32** 1279: Unter Berufung auf Rosseland, Bhatnagar und Kothari, auf Schwarzschild und Savedoff sowie auf Prasad werden die nicht harmonischen Schwingungen eines polytropen Modells vom Einheitsindex untersucht. Es wird gezeigt, daß der erste Oberton eine Verschiebung der Geschwindigkeitskurve hervorruft. Diese Kurve wird auf Grund eines Beispiels gezeichnet. Dabei ergibt sich, daß die errechnete Verschiebung klein im Vergleich zum beobachteten Wert und daß die Zunahme der Periodenlänge gering ist. Wolff

5204. **D. A. Frank-Kamenezkij,** Nichtlineare Schwingungen in Sternen. DAN **86** 897—899 (russisch). — An eigene frühere Arbeiten anknüpfend integriert Verf. einen Näherungsausdruck der Schwingungsgleichung und stellt das Ergebnis als Funktion eines Parameters, der Deformierungszeit, dar. Wird die Leuchtkraft dem Radius umgekehrt proportional gesetzt, dann ergibt sich eine Beziehung zwischen Helligkeitsamplitude und Periode, die sehr gut mit der für die U Gem-Sterne und Wiederkehrnovae empirisch ermittelten übereinstimmt. Loh.

5205. **G. Gjellestad,** Magneto-hydrodynamic oscillations of a star, Part 1. Inst. Theoret. Astrophys. Blindern-Oslo Report Nr. 1.

5206. **G. Gjellestad,** Magneto-hydrodynamic oscillations of a star. Ann d'Astrophys **15** 276—289 = Inst. Theoret. Astrophys. Blindern-Oslo Repr. Nr. 2. — Ref. in Phys. Abstracts (A) **56** 507, Math. Rev. **14** 804. — Das von Schwarzschild (vgl. AJB **49** Ref. **5239**) formulierte und unter gewissen vereinfachenden Annahmen gelöste Problem der magneto-hydrodynamischen Schwingungen eines idealisierten Sterns wird unter der Voraussetzung behandelt, daß die bei den Schwingungen induzierten Ströme reine Oberflächenströme sind. Die Existenz von Lösungen auch für diesen Fall wird nachgewiesen. Bemerkenswert ist, daß in ihnen die inneren Bewegungen dieselben sind wie beim Fehlen des primären induzierenden Magnetfeldes. Kdr.

5207. **G. Keller, R. E. Meyerott,** The ionization of gas mixtures in stellar interiors. Argonne National Laboratory Chicago Nr. **4771**, 31 S. — Als Vorbereitung für eine Neuberechnung der Opazität im Sterninnern wird eine statistische Theorie der Ionisation schwerer Atome in einer Gasmischung entwickelt, die einen hohen H- und He- Gehalt aufweist. Die Temperatur wird so hoch vorausgesetzt, daß H und He vollständig ionisiert sind. Die wesentlichste Verbesserung gegenüber früheren Behandlungen des Problems besteht darin, daß bei der Berechnung des Ionisationspotentials eines schweren Kerns die abschirmende Wirkung der ihn umgebenden Elektronen, Protonen und He-Kerne berücksichtigt wird, wobei diese wie in der Debye-Hückelschen Theorie starker Elektrolyte statistisch verteilt angenommen werden. Kdr.

5208. **G. Keller, R. E. Meyerott,** The ionization of gas mixtures in stellar interiors. II. The average number of electrons occupying various shells. Argonne National Laboratory Chicago Nr. **4856**, 20 S. — Nach dem in der vorstehend referierten Arbeit vorgeschlagenen Verfahren werden die durchschnittlichen Besetzungszahlen der Hauptelektronenschalen von C, N, O, Al und Fe berechnet und für einen bestimmten Temperatur- und Dichte-Bereich tabuliert. Es wurde dabei folgendes Mischungsverhältnis zu Grunde gelegt: 69.2% H, 27.7% He, 3.1% andere Elemente. Die Ergebnisse dürften aber auch angenähert für andere Zusammensetzungen gelten, wenn der Anteil von H und He zusammen mindestens 75% beträgt. Kdr.

5209. **W. Kühn,** Adiabatische und polytrope Pulsationen der δ Cephei-Sterne. AN **280** 177—189, mit 9 Abb. = Mitt. Univ.-Sternw. Jena **8** Nr. 12/3. — Ref. in Sterne **28** 242, Sternenwelt **4** 224—225. — Der innere Aufbau von δ Cephei wird zunächst unter der Voraussetzung bestimmt, daß der Stern nicht pulsiert und daß Radius und Leuchtkraft mit den beobachteten mittleren Werten übereinstimmen. Es wird ein zusammengesetztes Sternmodell zugrunde gelegt, bei dem Hülle und Kern verschiedene chemische Zusammensetzung besitzen. Die Energieerzeugung geschieht nach dem Kohlenstoff-Stickstoff-Zyklus in einer dünnen Grenzschicht zwischen Kern und Hülle. Dann werden die Änderungen im Aufbau dieses Schalenquellenmodells betrachtet, die durch adiabatische bzw. polytrope Pulsationen hervorgerufen werden. Die Rechnungen werden für die Grundschwingung und für ein Verhältnis der spezifischen Wärmen 5/3 durchgeführt. Es ergibt sich in jedem Fall eine viel zu geringe Periode und, hierdurch bedingt, eine zu große Oberflächengeschwindigkeit. Bei adiabatischen Pulsationen wird weiterhin die Amplitude der Leuchtkraft außerordentlich klein, vor allen Dingen aber kann die beobachtete Phasenverschiebung nicht erklärt werden. Setzt man dagegen polytrope Pulsationen voraus, so erhält man mit der beobachteten Amplitude der Leuchtkraft eine Phasenverschiebung von einer Viertelperiode. In der vorliegenden Arbeit werden Strahlungsdruck, Strahlungsenergie und Ionisationsenergie vernachlässigt. Außerdem wird die Schwingungsgleichung in der üblichen Weise vereinfacht, indem man die Änderungen der Zustandsgrößen als klein ansieht, so daß alle höheren Potenzen dieser Änderungen vernachlässigt werden können. Verf.

5210. **R. S. Kushwaha, P. L. Bhatnagar,** Stability of stars under variable Γ. Proc. Nat. Inst. Sci. India **18** 13—19. — Ref. in Phys. Abstracts (A) **55** 663, Math. Rev. **14** 96.

5211. **R. S. Kushwaha,** Adiabatic pulsations of a particular model of the variable star. Proc. Nat. Inst. Sci. India **18** 461—466. — Ref. in Math. Rev. **14** 416, Phys. Abstracts (A) **56** 388.

5212. **P. Ledoux,** Note sur l'asymétrie des courbes de vitesse radiale des Céphéides. Bull. Cl. Sci. Acad. roy. Belgique (5) **38** 352—365, mit 3 Fig. = Inst. d'Astrophys. Univ. Liège Mém. 8° Nr. **344**. — Der Virialsatz wird zur Aufstellung einer mittleren Gleichung für die nichtlinearen radialen Oszillationen einer Gaskugel benutzt. Die Diskussion dieser Gleichung in der Phasenebene gestattet einen interessanten Vergleich zwischen Theorie und Beobachtung, aus dem man einige Aufschlüsse über die wirkenden Kräfte, wenigstens in den äußeren Schichten, gewinnen kann. Insbesondere könnte es sein, daß die Entphasung zwischen Leuchtkraft und Radius nicht vernachlässigbare, ergänzende Kräfte mit sich bringt. Verf. (übersetzt)

5213. **P. Ledoux,** Note sur les périodes du pulsation d'étoiles à grande concentration massique et le problème des céphéides. Bull. Soc. Roy. Sci. Liège **21** 408—420 = Inst. d'Astrophys. Univ. Liège Mém. 8° Nr. **350**. — Ref. in Phys. Abstracts (A) **56** 600. — Zur Aufklärung der Diskrepanz zwischen den theoretischen und beobachteten Perioden von Cepheiden wird durch numerische Integration der Einfluß einer homogenen äußeren Zone auf die Pulsationsfrequenz von Sternen mit starker Dichtekonzentration untersucht. Das Resultat läßt es wenig wahrscheinlich erscheinen, daß die Lösung des Problems in dieser Richtung zu suchen ist. Kdr.

* * **E. Lyttkens,** Solens energiförsörjning. Vgl. Ref. **6104**.

5214. A. G. Massewitsch, O. D. Dokutschajewa, Über die Realität von Sternmodellen mit konstantem Absorptionskoeffizienten. AJ UdSSR **29** 526—531, mit 2 Abb. (russisch). — Es wird die Existenzmöglichkeit von Sternen behandelt, in denen die Absorption durch Streuung an freien Elektronen bedingt wird. Es zeigt sich, daß dieses Modell auch bei allen nur denkbaren Voraussetzungen über die Veränderlichkeit des Molekulargewichts und des Exponenten im Energieerzeugungsgesetz mit den wirklichen Sternen unverträglich ist. Anschaulich wird das in einem Radius-Leuchtkraftdiagramm gezeigt. Loh.

5215. L. Mestel, On the theory of white dwarf stars. I. The energy sources of white dwarfs. MN **112** 583—597. — Die meisten der heutigen Theorien der weißen Zwerge stimmen darin überein, daß diese Objekte bei ihrer Entstehung keine Energiequellen enthalten können. Verf. nimmt daher an, daß ihre Ausstrahlung aus der thermischen Energie der nicht-entarteten Kerne bestritten wird, und berechnet auf dieser Basis die Temperaturverteilung in dem entarteten Hauptteil, der sich nahezu isotherm ergibt (Größenordnung 10^7 Grad). Ferner wird die Abkühlungsgeschwindigkeit weißer Zwerge und damit ihr Alter abgeschätzt. Für letzteres ergeben sich Zeiten von $10^8/A$ bis $10^{11}/A$ Jahre (A mittleres Atomgewicht der Kerne). Kdr.

5216. B. Miles, W. H. Ramsey, On the internal structures of Jupiter and Saturn. MN **112** 234—243 = Astr. Contr. Univ. Manchester (3) Nr. **4**. — Die in MN **111** 427 (vgl. AJB **51** Ref. **5227**) durchgeführte Abschätzung des Wasserstoffgehalts von Jupiter und Saturn wird durch eine genauere Diskussion der Annahme gleichförmiger Verteilung der schweren Elemente ergänzt. Danach können die dort gefundenen Wasserstoffgehalte durch eine Konzentration der schweren Elemente um einige Prozent vergrößert werden. Die beobachteten Abplattungen der Planeten schließen die Möglichkeit homogener Zusammensetzung nicht aus, doch ist eine schwache Konzentration der schweren Elemente wahrscheinlich. Kdr.

5217. L. Motz, On the radius of gyration of stars. ApJ **115** 562—566, mit 1 Fig. — Für verschiedene Sternmodelle wird der sogenannte Gyrationsradius $H = \left(\frac{8\pi}{3M}\int_0^R \varrho r^4\,dr\right)^{1/2}$ berechnet und die Existenz einer linearen Beziehung zwischen log H/R und log k (k = Konstante der Apsidendrehung) nachgewiesen. Ferner wird die Frage diskutiert, an welcher Stelle der Hauptreihe der Übergang vom C-Zyklus zur H-H-Reaktion als Energieerzeugungsmechanismus der Sterne stattfindet. Kdr.

5218. J. B. Oke, M. Schwarzschild, Inhomogeneous stellar models. I. Models with a convective core and a discontinuity in the chemical composition. ApJ **116** 317—330, mit 3 Fig. — Ref. in Phys. Abstracts (A) **56** 507, Irish AJ **2** 166. — Unter den üblichen Vernachlässigungen des Strahlungsdrucks, der Entartung und der Elektronenstreuung werden zwei Reihen von Sternmodellen berechnet, die aus einem wasserstoffarmen Kern und einem wasserstoffreichen Außenteil bestehen. Die chemische Zusammensetzung wird sowohl innen wie auch außen als für alle Modelle gleich angenommen, doch wird das Massenverhältnis beider Teile innerhalb ziemlich weiter Grenzen variiert. Außerdem unterscheiden sich beide Reihen durch die vorausgesetzte Abhängigkeit des Guillotine-Faktors von der Dichte. Die Modelle der zweiten Reihe (schwache Zunahme des Guillotine-Faktors mit der Dichte im Kern) lassen eine befriedigende Interpretation der Sternverteilung im Gebiet oberhalb der Hauptreihe im H-R-Diagramm zu. Doch ergeben sich für die Massen der roten Riesen kleinere Werte, als nach der Masse-Leuchtkraft-Beziehung zu erwarten sind. Kdr.

5219. **A. O. Resnikow,** Sternmodelle mit isothermen Kernen. Leningrad, 1952. 8 S. (russisch). — Dissertationsreferat.

5220. **A. E. Roy,** Models for unmixed stars. MN **112** 484—496, mit 2 Fig. = Glasgow Univ. Obs. Repr. Nr. **32**. — Nach der Bondischen Methode werden eine Reihe von Punktquellenmodellen integriert mit einer Diskontinuität in μ an der Grenze des konvektiven Kerns. Als Parameter dient das Verhältnis des inneren zum äußeren Molekulargewicht. Ferner wird die Geschwindigkeit berechnet, mit der Sterne verschiedener Leuchtkraft den Wasserstoffgehalt ihres Kerns aufbrauchen. Auf Grund der Ergebnisse werden Entwicklungslinien im H-R-Diagramm gezeichnet. Danach verläuft die Entwicklung von Sternen, in denen kein Ausgleich des Molekulargewichtes zwischen Kern und Hülle erfolgt, von der Hauptreihe aus in Richtung größeren Radius und späteren Spektraltyps, und zwar in umso stärkerem Maße, je größer die Leuchtkraft ist. Kdr.

5221. **M. Rudkjøbing,** On the internal constitution of relativistically degenerate stars. Dan. Mat. Fys. Medd. **27** Nr. 5, 12 S. = Publ. Københavns Obs. Nr. **160**. — Ref. in Phys. Abstracts (A) **55 844**, Math. Rev. **13** 875, ZfMG **47** 239: Während Chandrasekhar in seiner Theorie der «weißen Zwergsterne» bei der Aufstellung der Zustandsgleichung eines relativistisch-entarteten Elektronengases nur die relativistische Beziehung zwischen Energie und Impuls eines Teilchens berücksichtigte, versucht Verf. in der vorliegenden Arbeit noch den Einfluß eines anderen relativistischen Effektes, nämlich den der «Spin-bahn-Wechselwirkung», in Rechnung zu ziehen. Der Stern wird dabei als eine Art Thomas-Fermi-Atom betrachtet. H. Vogt

5222. **E. E. Salpeter,** Nuclear reactions in stars without hydrogen. ApJ **115** 326—328. — Ref. in Sternenwelt **4** 186—187. — Nach dem Verbrauch des H-Gehalts von Sternen durch Energieerzeugung nach dem C-N-Zyklus wird ein Stadium eintreten, in dem die ausgestrahlte Energie bei etwa 2×10^8 Grad durch Umwandlung von drei He-Kernen in einen C-Kern ersetzt wird. Die damit verbundenen Prozesse werden diskutiert, sowie die später nach Verbrauch des He bei $T \sim 10^9$ Grad zwischen schwereren Kernen einsetzenden Reaktionen. Kdr.

5223. **E. E. Salpeter,** Nuclear reactions in the stars. I. Proton-proton chain. Phys. Rev. (2) 88 547—553. — Ref. in Phys. Abstracts (A) **56** 86. — Die Proton-Proton Reaktionskette wird für die in den zentralen Zonen von Hauptreihensternen herrschenden Bedingungen neu bestimmt unter Benützung neuerer experimenteller Daten und erweiterter theoretischer Erkenntnisse. Für den langsamsten und damit entscheidenden Teil der Reaktionskette, die Bildung eines Deuterons durch den Zusammenstoß zweier Protonen unter β-Zerfall, ergibt sich eine wesentlich kürzere Reaktionszeit als nach den früheren Untersuchungen von Bethe und Crithfield (Phys. Rev. **54** 248, AJB **40** Ref. **3511**). Das Deuteron geht dann innerhalb weniger Sekunden bis Minuten durch Protoneneinfang in einen He^3-Kern über. Unter den verschiedenen von He^3 aus weiterführenden Reaktionen erwies sich die Bildung eines α-Teilchens und zweier Protonen durch den Zusammenstoß zweier He^3-Kerne als die bei weitem schnellste und damit effektivste Reaktion. Die Energieerzeugungsrate beträgt dabei $\varepsilon = 50$ erg/g sec. Temesváry

5224. **A. R. Sandage, M. Schwarzschild,** Inhomogeneous stellar models. II. Models with exhausted cores in gravitational contraction. ApJ **116** 463—476, mit 4 Fig. — Ref. in Phys. Abstracts (A) **56** 507. — Es wird eine Reihe von sieben Sternmodellen berechnet, die sich von den in I (Ref. **5218**) behandelten Modellen dadurch unterscheiden, daß der Wasserstoffgehalt der Kerne erschöpft ist und die Energieerzeugung durch Kernprozesse nur in einer dünnen Schicht mit der Temperatur $T = 3 \times 10^7$ Grad an der Grenze von Kern und Hülle stattfindet. Diese Schicht rückt im Laufe der Entwicklung immer weiter nach außen, und von einer bestimmten Kernmasse (= 12% der Gesamtmasse) an setzt Kontraktion der Kerne ein, der eine starke Ausdehnung der Hüllen parallel läuft. Die Energieerzeugung durch Kontraktion beträgt maximal nur 4% der gesamten Energieerzeugung. Auch diese Modelle erweisen sich zur Deutung wesentlicher Eigenschaften der Riesen als geeignet. Insbesondere steht das plötzliche Umbiegen der Hauptreihe in den Riesenast bei der absoluten Helligkeit $+ 3.5^m$ im H-R-Diagramm der Kugelhaufen mit der Theorie in guter Übereinstimmung. Bei der Interpretation der helleren Haufensterne bestehen jedoch noch Schwierigkeiten. Kdr.

5225. **E. Schatzman,** Remarques sur l'évolution des étoiles. II. Sur une cause possible de l'éjection de matière. Ann d'Astrophys **15** 126—133 = Contr. Inst. d'Astrophys. Paris (B) Nr. **81**. — Für bestimmte freie Schwingungen im Sterninnern wird gezeigt, daß bei hinreichend kurzer Periode ihre Amplitude mit der Zeit zunimmt und daß sie daher beim Erreichen der Sternoberfläche möglicherweise Ursache eines kontinuierlichen Abströmens von Materie sein können. Kdr.

5226. **E. Schatzman,** La température interne des naines blanches. Ann d'Astrophys **15** 361—363 = Contr. Inst. d'Astrophys. Paris (B) Nr. **89**. — Ref. in Phys. Abstracts (A) **56** 507—508. — Die innere Temperaturverteilung in weißen Zwergen wird mit Hilfe einer Formel von Marshak für den Absorptionskoeffizienten auf Grund eines Modells berechnet, das aus einem Kern schwerer Elemente, umgeben von einer dünnen Wasserstoffatmosphäre, besteht. Die Ergebnisse lassen sich durch die Formel $T = 10^{7.567} (L/M)^{0.349}$ approximieren und sind wesentlich niedriger als die älterer Berechnungen. Kdr.

5227. **S. A. Shewakin,** Ein diskretes Sternmodell (Schwingungen und Explosion). I. AJ UdSSR **29** 37—48, mit 1 Abb. (russisch). — Ref. in Astr. News Letter Nr. **63** S. 2—3, Math. Rev. **14** 212. — Es wird der Aufbau und die Untersuchung eines nichtkonservativen diskreten Sternmodells behandelt, das zur Erforschung gewisser Vorgänge, wie Schwingungen und Explosionen in Sternen, dienen soll. Es wird gezeigt, daß die Eigenschaften dieses Modells vielen Eigenschaften der in der astrophysikalischen Literatur verbreiteten Modelle ähnlich sind. Als Beispiel werden die Eigenschwingungen eines Modells mit einem Freiheitsgrad untersucht, die durch die Wirkung des bekannten, mit der Energieerzeugung aus Kernreaktionen zusammenhängenden Mechanismus aufrecht erhalten werden. Es zeigt sich, daß letztere nicht die unmittelbare Ursache der Schwingungen der Sterne sein können. Verf. (übersetzt)

5228. **W. S. Sorokin,** Untersuchung des Gleichgewichts und der Stabilität isothermer Gaskugeln. AJ UdSSR **29** 25—36, mit 1 Abb. (russisch). — Ref. in Astr. News Letter Nr. **63** S. 2, Math. Rev. **14** 212.

5229. **R. J. Tayler,** Radiative solutions of stellar equations. MN **112** 387—398, mit 2 Fig. — Verf. sucht die Bedingungen auf, unter denen chemisch homogene gasförmige Sterne durchweg im Strahlungsgleichgewicht sind. Dies tritt ein, wenn der Exponent η der Temperatur im Energieerzeugungsgesetz unterhalb eines bestimmten Wertes bleibt, der seinerseits wieder von den Annahmen über die Opazität abhängt. Andernfalls tritt in Zentrumsnähe in mehr oder weniger starkem Maße Konvektion auf. Ein Modell im vollständigen Strahlungsgleichgewicht und eines mit konvektivem Kern werden anschließend unter Annahme des Kramersschen Opazitätsgesetzes genauer verglichen und ihre Eigenschaften als nicht sehr verschieden gefunden. Kdr.

5230. Atom building in hot stars. Sky and Telescope **11** 218.

§ 53

Nebel, Interstellare Materie

5301. **L. Biermann,** Entstehung von Magnetfeldern in bewegten Plasmen. Ann. Physik (6) **10** 413—417, mit 2 Abb. — Es wird eine Übersicht über die Prozesse gegeben, welche für die Entstehung und die Aufrechterhaltung kosmischer Magnetfelder von Bedeutung zu sein scheinen. Verf.

5302. **H. Bondi,** On spherically symmetrical accretion. MN **112** 195—204, mit 5 Fig. — Ref. in Math. Rev. **14** 212. — Es wird der Massenzuwachs eines Sterns untersucht, der in eine unendlich ausgedehnte, relativ zum Stern ruhende Gaswolke eingebettet ist. Der Massenzuwachs des Sterns pro Zeiteinheit ergibt sich proportional dem Quadrat der Sternmasse, der Dichte der Wolke im Unendlichen und der reziproken dritten Potenz der Schallgeschwindigkeit im Unendlichen. Der Proportionalitätsfaktor kann nicht exakt bestimmt, sondern nur in gewisse Grenzen eingeschlossen werden. Kdr.

* * **A. M. Delsemme, P. Swings,** Hydrates de gaz dans les noyaux cométaires et les grains interstellaires. Vgl. Ref. 8003.

5303. **K. N. Dodd, W. H. McCrea,** On the effect of interstellar matter on the motion of a star. MN **112** 205—214, mit 1 Fig. — Neudiskussion und Bestätigung der Ergebnisse von Bondi und Hoyle über die Verzögerung, die ein Stern bei seiner Bewegung durch das interstellare Medium erleidet. Die verzögernde Kraft ist unabhängig davon, ob der Stern dabei Materie aus dem interstellaren Raum aufnimmt oder nicht. Ein Dichtegradient senkrecht zur Bewegungsrichtung des Sterns bewirkt das Auftreten einer transversalen Kraft. In diesem Fall beeinflußt ein eventuelles Einfangen interstellarer Materie auch den Drehimpuls des Sterns. Kdr.

5304. **K. N. Dodd,** The unsteady accretion problem. MN **112** 374—381, mit 2 Fig. — Der Einfangprozeß interstellarer Materie durch Sterne wird für den Fall untersucht, daß die Dichte des interstellaren Mediums variabel ist. Die hierfür verallgemeinerten Grundgleichungen des Problems werden auf eine für die Rechnung mit elektronischen Rechenmaschinen geeignete Form transformiert und ausgewertet. Es zeigt sich, daß die Menge des eingefangenen Materials umso geringer ist, je größer die Dichteänderungen sind, wie schon von Bondi und Hoyle vermutet wurde. Kdr.

5305. **A. Güttler,** Die Miesche Theorie der Beugung durch dielektrische Kugeln mit absorbierendem Kern und ihre Bedeutung für Probleme der interstellaren Materie und des atmosphärischen Aerosols. Ann. Physik **446** 65—98, mit 12 Abb. = Mitt. Sternw. München **1** Nr. 7. — Im ersten Teil der vorliegenden Untersuchung wird die Miesche Beugungstheorie auf kugelförmige dielektrische Körner mit absorbierendem Kern angewandt. Die Amplituden des gebeugten Lichtes werden exakt angegeben. Dann werden für die optischen Wirkungsquerschnitte sehr kleiner Teilchen Reihenentwicklungen angegeben und schließlich aus der physikalischen Bedeutung der Rayleighschen Streuung einfache Näherungsformeln für die Wirkungsquerschnitte gewonnen. Der zweite Teil enthält die numerische Durchführung der Theorie für kleine Wassertropfen mit Eisenkern im sichtbaren Spektralgebiet als Beispiel. In einem den Anwendungen gewidmeten Schlußteil wird zunächst kurz gezeigt, daß bei den interstellaren Körnern eine Schalenstruktur mit absorbierendem Kern sehr wahrscheinlich ist. Ein Versuch, die interstellare Verfärbung mittels kleiner Teilchen der genannten Art zu interpretieren, führt dagegen wegen deren zu kleiner Albedo zu keinem befriedigenden Ergebnis. Verf. (gekürzt)

5306. **F. D. Kahn,** On the formation of interstellar dust. MN **112** 518—526, mit 2 Fig. = Astr. Contr. Univ. Manchester (3) Nr. **7.** — Die Bildung von Eiskristallen in hinreichend starken elektrischen Feldern verläuft nach terrestrischen Versuchen derart, daß sich langgestreckte, elektrisch polarisierte Eiskörner bilden. Diesen Prozeß nimmt Verf. auch im interstellaren Raum als wirksam an, besonders in den H I-Gebieten. Er wird dort eingeleitet durch kleine elektrisch geladene Kondensationskerne aus schwereren Elementen. Sein weiterer Ablauf wird auf Grund der bekannten Struktur und Eigenschaften des H_2O-Moleküls diskutiert und für Eiskörner verschiedener Größe und Form das zu erwartende elektrostatische Dipolmoment berechnet. Kdr.

5307. **S. A. Kaplan,** Die Reflexion des Lichts an Staubnebeln. AJ UdSSR **29** 326—333 (russisch). — Ref. in Astr. News Letter Nr. **67** S. 5. — Problemstellung: Mit den von Ambarzumjan (vgl. AJB **46** Ref. 5102) und Sobolew (vgl. AJB **51** Ref. 256) entwickelten Methoden soll die Helligkeitsverteilung in einem 1. von einer Punktquelle beleuchteten und 2. von isotroper Strahlung der oberen Halbkugel getroffenen planparallelen, optisch unendlich dicken Medium berechnet werden. Die Phasenfunktion wird dazu in der Form $\varkappa(\cos\gamma) = 1 + x\cos\gamma$ verwandt. γ ist der Winkel zwischen einfallendem und gestreutem Strahl, x ein die Asymmetrie charakterisierender Parameter. Ein Vergleich der abgeleiteten Formeln mit Beobachtungen an dem Barnard 15-Nebel ergibt $x = 1.5$ und für die Albedo der Partikel etwa 0.8 bis 0.9. Die von Ambarzumjan gerechneten Tafeln werden auf $x > 1$ erweitert. Loh.

5308. **S. A. Kaplan,** Über die Bedingungen der wirbelfreien Gasströmung im interstellaren Raum. DAN **87** 909—912 (russisch). — In Abwesenheit elektromagnetischer Felder wird sich im Gegensatz zu den unregelmäßigen diffusen Gasnebeln und den interstellaren Gaswolken in planetarischen Nebeln und den sich ausdehnenden Hüllen Neuer Sterne wenigstens in erster Näherung Turbulenz nicht entwickeln. Zur weiteren mathematischen Behandlung des Problems werden die Strömungsgleichungen von Euler und Lagrange unter für planetarische Nebel zulässigen Voraussetzungen vereinfacht. Loh.

5309. **B. Kwal,** Sur le rayonnement électromagnétique, produit par les chocs d'électrons dans un milieu très fortement ionisé. J. Physique **13** 35—38 = Contr. Inst. d'Astrophys. Paris (B) Nr. **77.** — Ref. in Phys. Abstracts (A) **55** 452: Die Theorie dieser Art von Strahlung wird diskutiert und auf den in den letzten Jahren interessant gewordenen Fall der Strahlung ionisierter Gebiete des interstellaren Raums und der Korona angewandt.

5310. **A. I. Lebedinskij,** Die Dynamik der diffusen Nebel. DAN **84** 249—252 (russisch). — Nur Sternwolken können die beobachtete Turbulenz der diffusen Materie hervorbringen. Die diffusen Nebel nehmen eine regelmäßige Form nur dann an, wenn die inneren Kräfte die Flutkräfte äußerer Körper in einer unmittelbar dem Vorgang der Umwandlung des Nebels in Sterne vorangehenden Zeit merklich übersteigen. Die diffuse Materie kann nur in Form von Nebeln mehr oder weniger regelmäßiger Form verteilt sein. Loh.

5311. **L. Mestel,** On the theory of white dwarf stars. II. The accretion of interstellar matter by white dwarfs. MN **112** 598—605. — Wenn ein wasserstoffreier weißer Zwerg in beträchtlichem Maße interstellaren Wasserstoff einfängt, so können beim Eindringen des Wasserstoffs in den entarteten Innenteil energieerzeugende Kernprozesse in Gang kommen, deren Intensität außer von der Menge der eingefangenen Materie auch von der Temperatur abhängt. Bei relativ geringem T ergeben sich keine wesentlichen Veränderungen des Sterns, bei höherem T kann plötzlich eine starke Zunahme der Energieerzeugung einsetzen, wobei der Stern unter Umständen in eine neue Gleichgewichtskonfiguration übergehen kann. Die eventuelle Bedeutung dieser Überlegungen für die Interpretation der Supernovae, sowie der Unterzwerge und -riesen, wird kurz erörtert. Kdr.

5312. **A. A. Nikitin,** Über die Berechnung der Besetzung der metastabilen Niveaus des Heliumatoms in den Hüllen der Sterne und Nebel. DAN **85** 285—286 (russisch). — Ref. in Phys. Abstracts (A) **56** 953. — Aus den Stationaritätsgleichungen leitet Verf. unter Voraussetzung großer optischer Dichte für die 2^1S- und 2^3S-Niveaus einen Ausdruck für die Äquivalentbreiten der mit diesen Niveaus verbundenen Linien ab. Die Anwendung der Stationaritätsgleichung auf die He 3889-Absorptionslinie ergibt unter gewissen plausiblen Annahmen für die gasförmige Komponente des Orionnebels eine Masse von etwa zehn Sonnenmassen. Loh.

5313. **E. N. Parker,** Gravitational instability of a turbulent medium. Nature **170** 1030. — Ref. in Phys. Abstracts (A) **56** 181—182. — Ergänzende Bemerkungen zu Chandrasekhars Verallgemeinerung des Jeansschen Kriteriums für Gravitationsinstabilität auf Medien in turbulenter Bewegung. Kdr.

5314. **T. Saigusa,** Zanstra effect on the radiation field in the planetary nebulae with different optical thicknesses. Publ. Astr. Soc. Japan **4** 16—27, mit 3 Fig. = Contr. Inst. Astrophys. Kyoto Univ. Nr. **21**. — Der Einfluß des Zanstraschen Redistributionseffekts auf den Strahlungsdruck in planetarischen Nebeln wurde bisher nur für Nebel der optischen Dicke $\tau_0 = 1$ für das Lyman-Kontinuum betrachtet. Verf. dehnt diese Untersuchungen auf Nebel größerer und kleinerer Dicke aus und findet, daß im ersten Fall die Reduktion des Strahlungsdrucks geringer ist als für $\tau_0 = 1$. Kdr.

5315. **A. Schlüter,** Der Zusammenhang der Schwingungsformen eines Plasmas. Ann. Physik (6) **10** 418—421, mit 2 Abb. — Es wird gezeigt, daß eine makroskopische Beschreibung eines Plasmas zu einer Dispersionsgleichung führt, die die Plasmaschwingungen, die Elektronen- und Ionenschwingungen sowie die magneto-hydrodynamischen Wellen als Sonderfälle mit beschreibt. Verf.

5316. **A. Schlüter,** Plasma im Magnetfeld. Ann. Physik (6) **10** 422—429, mit 4 Abb. — Der Zusammenhang zwischen einer mikroskopischen Beschreibung des Verhaltens eines Plasmas in einem Magnetfeld, bei der die Bahnen der einzelnen geladenen Teilchen verfolgt werden, und einer makroskopischen Beschreibung durch die Impulsbilanz der Teilchensorten wird an Hand verschiedener «Paradoxien», die bei der mikroskopischen Betrachtung auftreten, diskutiert. Es wird eine besonders zweckmäßige Definition der Leitfähigkeit im Magnetfeld angegeben. Verf.

5317. **L. Spitzer jr.,** Equations of motion for an ideal plasma. ApJ **116** 299—316, mit 3 Fig. — Ref. in Sternenwelt **5** 188. — Als ideales Plasma wird ein vollständig ionisiertes Gas definiert, in dem die zeitlichen und räumlichen Änderungen der makroskopischen Größen klein sind gegen die zum Durchlaufen eines Larmorkreises benötigte Zeit bzw. gegen dessen Radius und in dem die mittlere freie Weglänge groß ist gegen den Durchmesser eines Larmorkreises. Es werden die Bewegungsgleichungen eines solchen Plasmas in einem Magnetfeld angegeben und hinsichtlich der Änderungen der makroskopischen Größen bis zur dritten Näherung sowie des Einflusses der Stöße bis zur ersten Näherung diskutiert. Kdr.

5318. **W. Unno,** On the radiation pressure in a planetary nebula. II. Publ. Astr. Soc. Japan **3** 158—170, mit 4 Fig. = Tokyo Astr. Obs. Repr. Nr. **95**. — Ref. in Phys. Abstracts (A) **56** 505—506. — Die Ausführungen in Teil I (AJB **50** Ref. **5313**) werden durch eine genauere Berechnung der «redistribution»-Übergangswahrscheinlichkeiten ergänzt. Die Ergebnisse von I werden dadurch nicht wesentlich modifiziert. Kdr.

5319. **W. Unno,** On the radiation pressure in a planetary nebula. III. Problem of He II. Publ. Astr. Soc. Japan **3** 178—183 = Tokyo Astr. Obs. Repr. Nr. **96**. — Ref. in Phys. Abstracts (A) **56** 506. — Die verhältnismäßig beträchtliche relative Häufigkeit des He II in hochangeregten planetarischen Nebeln macht die Berechnung des von der L_α-Strahlung des He II herrührenden Anteils am Strahlungsdruck notwendig. Es wird gezeigt, daß dieser Anteil außer durch den Zanstraschen Redistributions-Effekt infolge teilweiser Absorption der L_α-Strahlung des He II durch O II-Atome mit anschließender Transformation in andere Strahlung (Bowen-Mechanismus) so stark reduziert wird, daß für den Nebel die Gefahr eines katastrophenartigen Aufblähens nicht besteht. Kdr.

5320. **W. Unno, K. Takakubo,** On the internal motions in planetary nebulae. Publ. Astr. Soc. Japan **3** 195—208, mit 7 Fig. = Tokyo Astr. Obs. Repr. Nr. **98**. — Ref. in Phys. Abstracts (A) **56** 506. — Die für die inneren Bewegungen und die Schichtung in planetarischen Nebeln maßgeblichen Faktoren werden diskutiert. Numerische Rechnungen für mehrere Modelle zeigen, daß der Strahlungsdruck auf He II der wesentlichste Faktor ist. An Hand der Ergebnisse werden die Beobachtungen von O. C. Wilson (AJB **50** Ref. **12218**) über Aufspaltungen von Nebellinien und die Größe monochromatischer Nebelbilder interpretiert. Kdr.

5321. **W. Unno,** Note on the Zanstra redistribution in planetary nebulae. Publ. Astr. Soc. Japan **4** 100—102 = Tokyo Astr. Obs. Repr. Nr. **101**. —Ableitung einer verbesserten Formel für die Zanstrasche Redistribution in planetarischen Nebeln und für die entsprechende Übergangswahrscheinlichkeit. Die durch Verwendung der neuen Formel bedingten Änderungen älterer Ergebnisse über den Strahlungsdruck in planetarischen Nebeln werden kurz erörtert. Kdr.

5322. **A. Velghe,** Contribution théorique à l'étude des nébuleuses obscures. Nova Acta Regiae Soc. Sci. Upsaliensis (4) **15** Nr. 5, 42 S. mit 6 Fig. und 1 Tafel = Uppsala Astr. Obs. Ann. **3** Nr. 7. — In den beiden ersten Kapiteln werden die verschiedenen Verfahren zur Bestimmung von Abstand, Ausdehnung und Gesamtabsorption von Dunkelwolken zusammengestellt und diskutiert. In Kap. III entwickelt Verf. sodann eine eigene Methode zur Behandlung des Problems, die sich an die Methode von Malmquist (Stockholms Obs. Ann. **13** Nr. 4, AJB **41** Ref. **9023**) anschließt. Kdr.

5323. **H. Zirin,** The growth and evolution of interstellar dust. Harv Bull Nr. **921** S. 19—26. — Auf Grund neuerer einschlägiger Arbeiten wird das Problem neu diskutiert. Dabei ergibt sich, daß, wenn einmal Kondensationskerne gegeben sind, die Bildung von Staubteilchen aus dem interstellaren Gas in vernünftigen Zeiten in H I-Gebieten wahrscheinlich ist. In H II-Gebieten sind die Bedingungen dafür ungünstig. Das Verständnis der Entstehung von Kondensationskernen im interstellaren Gas stößt jedoch noch auf Schwierigkeiten, so daß Verf. die Möglichkeit erörtert, daß solche durch Zertrümmerung größerer fester Teilchen bei Zusammenstößen geliefert werden. Wenn die Zeit zwischen derartigen Zusammenstößen und die Zeit, die ein Teilchen zum Anwachsen bis zu bestimmter Größe benötigt, von gleicher Größenordnung sind, ist die Bildung von Staubteilchen in größerer Zahl zu erwarten. Es wird versucht, die Vertei lung des interstellaren Staubes auf dieser Basis zu erklären. Kdr.

§ 54

Kosmogonie der Himmelskörper

5401. **W. A. Ambarzumjan,** Einleitender Vortrag zum Symposium über die Entwicklung der Sterne. Moskau, Verlag Akad. Wiss. UdSSR, 1952 (russisch, italienisch, französisch). — Der Vortrag wurde auf der Tagung der IAU in Rom 1952 gehalten.

5402. **W. A. Ambarzumjan,** Das Problem der Sternentstehung. Priroda **41** Nr. 9 S. 8—18, mit 2 Abb. und 2 Tafeln (russisch). — Allgemeinverständliche und zusammenfassende Darstellung der empirischen Grundlagen und der Ergebnisse sowjetischer kosmogonischer Untersuchungen sowie kritische Auseinandersetzungen mit den Hypothesen v. Weizsäckers, Hoyles und Jordans. Loh.

5403. **P. Bellac,** Der Gedanke einer periodischen Weltschöpfung. Orion Schaffhausen **4** 30—31 = Sterne **28** 39—40. — Verf. stellt eine Erweiterung der Kosmogonie von Lemaître zur Diskussion, wonach die aus dem Lemaîtreschen Uratom entsprungenen Milchstraßensysteme auf ihrer Flucht wieder in ihren Ursprung zurückkehren. Es entsteht ein neues Uratom, das wieder explodiert.

5404. **A. Blaauw,** The age and evolution of the ζ Persei group of O- and B-type stars. BAN **11** 405—413, mit 6 Fig. — Verbesserte Eigenbewegungen für 15 O- und B-Sterne mit Entfernungsmoduln zwischen 7^m und 8^m um ζ Persei zeigen Proportionalität zwischen Eigenbewegung und Entfernung vom Zentrum der Gruppe. Die α- (ohne o Persei) und δ-Komponenten ergeben beide ein Expansionsalter von 1.3 Millionen Jahren. Es wird auf enge Beziehungen zu benachbarten Dunkelwolken und einem kleinen Haufen schwacher Sterne südlich o Persei hingewiesen. Dieckvoss

* * **A. Blaauw,** The evolution of expanding stellar associations; the age and origin of the Scorpio-Centaurus group. Vgl. Ref. **12348.**

5405. **R. L. Burling,** Determination of geological time. Nucleonics **10** 30—35. — Ref. in Phys. Abstracts (A) **55** 939.

5406. **W. G. Fessenkow,** Die Korpuskularstrahlung als Entwicklungsfaktor der Sonne und Sterne. Moskau, Verlag Akad. Wiss. UdSSR, 1952 (russisch, italienisch, französisch). — Der Vortrag wurde auf der Tagung der IAU in Rom 1952 gehalten.

5407. **W. G. Fessenkow,** Die Bildung der Sterne als in der Natur beobachteter Prozeß. Bote Akad. Wiss. UdSSR Nr. **6** S. 41—50 (russisch).

5407a. **W. G. Fessenkow, D. A. Roshkowskij,** Die Bildung von Sternen aus Fasern gas-staubförmiger Nebel. AJ UdSSR **29** 397—405, mit 3 Tafeln (russich). — Ref. in Astr. News Letter Nr. **67** S. 17—18.

5408. **W. G. Fessenkow, D. A. Roshkowskij,** Über die Entstehung der Sterne. DAN **84** 917—918, mit 1 Tafel (russisch). — Ref. in Phys. Abstracts (A) **56** 683.

* * **G. Gamow,** The role of turbulence in the evolution of the universe. Vgl. Ref. **4107.**

5409. **E. K. Gerling, M. L. Jaschtschenko,** Über das Alter der Tektite. DAN **83** 901—902 (russisch). — Für drei Tektite erhielten die Verf. nach der Argon-Kalium-Methode Alter unter 10^7 Jahren. Loh.

5410. **L. E. Gurewitsch, A. I. Lebedinskij,** Über die Bildung der Sterne in der Gegenwart. DAN **83** 813—816 (russisch). — Neben wirklichen Neubildungen von Sternen in diffusen Nebeln infolge Gravitationskondensation findet noch eine Umwandlung existierender Sterne durch das Einfangen der festen Komponente diffuser Materie statt. Die Vergrößerung der Sternmasse hängt von verschiedenen Faktoren ab; ein Hauptreihenzwerg kann sich unter Umständen in 10^7 Jahren in einen B- oder O-Stern verwandeln und danach durch Absprühen seiner Materie dem früheren Zustand wieder zustreben und zugleich das Reservoir der interstellaren Materie wieder auffüllen. Loh.

5411. **G. A. Gursadjan,** Zum Problem der Entstehung der diffusen Nebel. AJ UdSSR **29** 121—134 (russisch). — Ref. in Astr. News Letter Nr. **67** S. 6—7. — Obwohl eine Absonderung von Gasen aus staubförmiger Materie in der Nachbarschaft von Sternen früher Spektralklassen durch die Wärmewirkung prinzipiell möglich ist, kann man die Bildung der gasförmigen Nebel dadurch nicht erklären, weil diese viel zu ausgedehnt sind, als daß die Wärmewirkung dazu ausreichen könnte. Von 67 Emissionsnebeln sind 33 mit O-Assoziationen verbunden, und die anregenden Sterne haben ein O-B0-Spektrum. Die Verteilung der Staub- und Gasnebel auf die Spektren der anregenden Sterne wird gegeben. Die Zahl der Staubnebel ist zehnmal größer als die der Gasnebel. Die Verbindung zwischen den Gasnebeln und Assoziationen ist nicht immer zufälliger Natur; die Struktur der in den Assoziationen vorkommenden ist eine andere. Über die Entstehung der diffusen Gasnebel läßt sich nur sagen, daß diese irgendwie mit der Sternentstehung verbunden sein muß. Loh.

5412. **D. ter Haar,** The age of the universe. Scientific Monthly **77** 173—181, mit 2 Fig. — Allgemeinverständliche Darstellung folgender Punkte: Das Alter der Erde, das Alter des Mondes, das Alter der Meteoriten, die Verteilung der Sterne nach Spektralklassen, die Verteilung der kinetischen Energie der Sterne, die Verteilung nach Trennung der Doppelsterne, die Dynamik der Sternhaufen, die Dynamik der Galaxienhaufen, das expandierende Universum.

5413. **D. ter Haar,** The origin of stars and galaxies. Scientific Monthly **77** 279—288, mit 6 Fig. — Allgemeinverständliche Darstellung folgender Punkte: Die Beobachtungsdaten, kontinuierliche Schöpfung?, Gamows kosmologische Ideen, die Staubwolken-Hypothese, die Accretionstheorie, von Weizsäckers allgemeine Kosmogonie.

5414. **H. Haffner,** Das Expansionsalter der Welt. Sterne **28** 169—176. — 1. Die Hubble-Konstante. 2. Die mittlere absolute Größe nach Hubble. 3. Die neuen Beobachtungen. 4. Folgerungen für die mittlere absolute Größe der Nebel. 5. Folgerungen für die Entfernungsskala.

5415. **M. Iwanowskij,** Die Entstehung der Welten. Verlag «Junge Garde», 1951. 375 S. (russisch). — Besprechung in Priroda **41** Nr. 9 S. 125—128 (P. P. Parenago, russisch).

5416. **W. A. Krat,** Über den Prozeß der Sternbildung. DAN **86** 1081–1084 (russisch). — Ref. in Urania Kraków **24** 237. — Für einen sich unter der Wirkung der Eigengravitation zusammenziehenden gas- und staubförmigen Nebel wird angenommen, daß sich die freiwerdende Gravitationsenergie in Wärme umwandelt. Dadurch stellt sich eine dem Verhältnis von Masse/Radius proportionale Temperatur ein. Bei einer gewissen Dichte bildet sich im Innern des Nebels ein vollständig entarteter Kern. In ihm kann sich eine merkliche Menge Wasserstoff im Verlaufe des Prozesses nicht halten. Falls die Temperatur im Kern noch auf 10^{11} und mehr Grad anwachsen kann, muß mit Reaktionen der schweren Atomkerne gerechnet werden. Verlaufen diese hauptsächlich exotherm, dann verwandelt sich das Gas wieder in ein ideales. Infolge der Erwärmung kühlerer, äußerer, wasserstoffhaltiger Schichten und infolge der Bildung von Wasserstoff im Innern kann dann Wasserstoffverbrennung einsetzen. Loh.

5417. **W. Krat,** Über die Entwicklung der Sterne. II. Mitt. Astr. Hauptobs. Pulkowo **19** Nr. 2 (149) S. 1—39 (russisch). — Ref. in Astr. News Letter Nr. **66** S. 7—12. — Mit der vorliegenden Arbeit setzt Verf. seine in AJB **50** Ref. **5417** zitierten Betrachtungen fort. Nach einem Hinweis auf das unterschiedliche Alter der Sterne, Sternhaufen und Assoziationen wird die Existenz von sehr massigen Protosternen abgelehnt und die Sternbildung als Zusammenballung prästellarer Materie erklärt. Dabei können auch Doppelsterne entstehen. Die Kuipersche Untersuchung über β Lyrae wird kritisiert. Die Bildung von Gasnebeln wird durch niedrige Dichten der prästellaren Materie begünstigt. Die Bildung der Sterne kommt dem Laplaceschen Prozeß sehr nahe, wobei aber in einem Frühstadium Ejektionsprozesse (WR-Sterne) auftreten. Dann erfolgt der Übergang auf die Hauptreihe. Eine Entwicklung entlang der Hauptreihe lehnt Verf. jedoch als unbegründet ab. Die Wolke, aus der die Sonne hervorging, war nicht größer als 0.1 pc. Betrachtungen über die Entstehung der Planeten, Kometen, Kleinen Planeten und Galaxien beschließen die Arbeit, die im obengenannten Astr. News Letter ausführlich von O. Struve referiert worden ist. Loh.

5418. **A. I. Lebedinskij,** Die Gravitationskondensation des Sterngases und die Bildung der Sternwolken. DAN **84** 33—36, mit 2 Abb. (russisch). — Ref. in Phys. Abstracts (A) **56** 684.

5419. **W. Lohmann,** Wege zur Kosmogonie. Naturwiss. Rundschau **5** 309—313, mit 3 Abb. — Nach Betrachtungen über das unterschiedliche Alter der Sterne werden diejenigen Kräfte und Einflüsse diskutiert, die für die Bildung von Sternen im allgemeinen und der Sonne im besonderen von Bedeutung sind. Das Wesen einzelner Kosmogonien des Sonnensystems wird kurz charakterisiert. Loh.

* * **R. A. Lyttleton,** Note on the origin of comets. Vgl. Ref. 8009.

* * **R. A. Lyttleton,** The origin of comets. Vgl. Ref. 8010.

* * **L. Mestel,** On the theory of white dwarf stars. I. The energy sources of white dwarfs. Vgl. Ref. 5215.

5420. **J. J. Nut,** Über die hyperbolische Mechanik und Fragen der Kosmogonie. Nachr. Akad. Wiss. Estn. Sowjetrepublik **1952** S. 90—107 (russisch).

5421. **G. J. Odgers, R. Stewart,** Dynamics of turbulent flow and the evolution of stellar systems. AJ **57** 163—164. — Ref. AAS. — Ref. in Sky and Telescope **12** 12.

5422. **F. A. Paneth, P. Reasbeck, K. I. Mayne,** Helium 3 content and age of meteorites. Geochim. Cosmochim. Acta **2** 300—303. — Ref. in Irish AJ **2** 111. — Ein Teil des in Eisenmeteoriten gefundenen Heliums ist He 3, das, zusammen mit einem entsprechenden Teil He 4, seine Herkunft (wohl) der Einwirkung kosmischer Strahlung verdankt. Auch für die heliumreichsten Meteorite genügen eine Milliarde Jahre zur Bildung des He. Einige Meteorite enthalten so wenig He, daß sie kaum älter als eine Million Jahre sein dürften, wenn sie ihr He nicht durch Erwärmung verloren haben (Sonnennähe!). Es könnte aber auch sein, daß die heliumarmen Meteorite von Urkörpern stammen, die erst vor relativ kurzer Zeit zertrümmert wurden. Loh.

* * **C. Payne-Gaposchkin,** Stars in the Making. Vgl. Ref. 540.

5423. **D. A. Roshkowskij,** Die Entstehung der Sterne und der leuchtenden diffusen Nebel. Bote Akad. Wiss. Kasach. Sowjetrepublik Nr. 7 S. 39—47 (russisch).

5424. **D. A. Roshkowskij,** Neue Daten über die Sternentstehung. Priroda **41** Nr. 11 S. 101—104, mit 2 Tafeln (russisch). — Behandelt hauptsächlich die von Fessenkow und dem Autor in Alma-Ata untersuchten Feinstrukturen in den Fasern von Gasnebeln und speziell die sich abzeichnenden hellen, sternähnlichen (prästellaren) Knoten. Loh.

5425. **M. Rudkjøbing,** Stjernernes udvikling. Symposium holdt i Rom den 6. september 1952. NAT **1952** 120—122. — Bericht über die Entwicklung der Sterne auf dem Symposium während der Tagung der IAU in Rom 1952. Ra.

5426. **E. Schatzman,** L'évolution de la matière dans l'univers. Rev. Univ. Bruxelles **5**, 19 S. = Inst. Astr. Bruxelles (2) Nr. **77**. — In allgemeinverständlicher Form wird kurz über einige kosmogonische Fragen re feriert

Etwas ausführlicher werden die Kant-Laplacesche Theorie und ihre modernen Varianten sowie die Entwicklung der jungen Sterne hoher Leuchtkraft besprochen. Kdr.

* * **E. Schatzman,** Remarques sur l'évolution des étoiles. II. Sur une cause possible de l'éjection de matière. Vgl. Ref. **5225**.

5427. **H. Schmeiser,** Weltentstehung und Weltuntergang. Graz, Verlag Ulrich Moser. 8 + 84 S. mit 30 Abb. und 8 Tafeln. Preis DM 1.80. — Besprechung in Sternenwelt **4** 196 (W. Sandner).

* * **E. Schoenberg,** Diffuse Gasnebel und ihre Beziehung zur Kosmogonie. Vgl. Ref. **12229**.

5428. **L. Spitzer,** The birth of stars from interstellar clouds. Scientia 87 1—6, 42—49. — Es wird vermutet, daß sich Sterne der Population I, die nur bei Vorhandensein interstellarer Materie auftreten und zu denen einige entschieden junge Sterne gehören, beständig aus interstellaren Wolken in den drei Milliarden Jahren seit Entstehung des Universums gebildet haben, während Sterne der Population II alles «Ur»sterne sind, also so alt wie das Universum selbst sind. Hiermit stehen verschiedene Tatsachen in Einklang: Leuchtkraft und Wasserstoffverbrauch, Raumgeschwindigkeiten (insbesondere Übereinstimmung derjenigen der jungen Sterne mit den interstellaren Wolken) und chemische Zusammensetzung der Vertreter der beiden Populationen. Quantitative Untersuchungen gewisser Einzelheiten fehlen zur Zeit allerdings noch. Loh.

5429. **B. Strömgren,** Evolution of stars. AJ **57** 65—83. — Ref. in Phys. Abstracts (A) **56** 950—951. — Ausführlicher Bericht über den Fragenkomplex der Sternentwicklung an Hand neuerer Arbeiten. Abschnitt A erörtert die für die verschiedenen Sterntypen zur Zeit als wahrscheinlich geltenden Sternmodelle, B die Änderungen der kosmogonisch wichtigen Parameter: der Masse, der chemischen Zusammensetzung und des Rotationsmoments sowie des Modelltyps. In C wird die Entstehung der Sterne kurz gestreift und in D eine Interpretation des HR-Diagramms nach kosmogonischen Gesichtspunkten gegeben. Kdr.

5430. **O. Struve,** Continuous creation. Leaflet ASP Nr. 270, 8 S. mit 2 Fig., 1951.

5431. **O. Struve,** Pleione — a story of cosmic evolution. Sky and Telescope **11** 243—245, 254, mit 3 Fig. — Übersetzung in NAT **1952** 122—130, mit 3 Fig.

5432. **E. Trefftz,** Zur Entwicklung einer rotierenden Gasmasse. Z. Naturforschung **7a** 99—103, mit 4 Abb. — Ref. in Math. Rev. **14** 95. — Im Anschluß an v. Weizsäcker wird die Entwicklung einer rotierenden Gasmasse unter der Wirkung ihrer Eigengravitation und turbulenter Reibung untersucht. Im Modell wird in einer zweidimensionalen Welt eine Anfangsdichte $\varrho = (1 + s^2)^{-2}$ (s Abstand von der Drehachse) zugrunde gelegt. Die numerische Integration der partiellen Differentialgleichung, welche das Problem beschreibt, zeigt die Tendenz der Gasmasse, einen Kern endlicher Ausdehnung mit konstanter Dichte und Winkelgeschwindigkeit zu bilden, während die äußeren Teile ins Unendliche abfließen. Verf.

5433. Fragen der Kosmogonie. Band I. Moskau, Verlag Akad. Wiss. UdSSR, 1952. 287 S. mit Abb. Preis 13 R. 70 Kop. (russisch). — Inhalt: Fortschritte und Aufgaben der sowjetischen Kosmogonie, S. 3—14; W. A. Magnizkij, Über die Dichte und Komprimierbarkeit der Erdhülle, S. 15—33; W. A. Krat, Über die Entstehung des Sonnensystems, S. 34—91; W. G. Fessenkow, Die Natur und die mögliche Entstehung der Meteorite, des Zodiakallichts und der Kleinen Planeten, S. 92—130; B. A. Woronzow-Weljaminow, Über die Entwicklung der instationären Sterne, S. 131—143; E. R. Mustel, Über die Entwicklung der instationären Sterne, S. 144—149; K. F. Ogorodnikow,

Über die Kinematik der Metagalaxis, S. 150—194; P. N. Cholopow, Über die Sternassoziationen, S. 195—233; G. A. Tschebotarjow, Neue Bestimmung der Merkurmasse, S. 234—240; E. Schatzman, «Stabilität des Weltalls» oder Stabilität der bourgeoisen Schicht?, S. 241—246. — Es folgen Besprechungen, Referate, Eigenreferate und Chronik S. 247—285. Loh.

5434. Galaxies and stellar evolution. Irish AJ **2** 50—53. — Nach einem Überblick über die Verteilung beider Sternpopulationen in verschiedenen Typen von Galaxien wird kurz auf einige Entwicklungstheorien hingewiesen. In diesem Zusammenhang werden 1938 vom Verf. veröffentlichte Thesen (AJB **40** Ref. **3578**) über die Sternentwicklung dem heutigen Wissen angepaßt und diskutiert. Alle Sterne entstehen als Objekte der Hauptreihe — aber infolge verschieden starker innerer Durchmischung nehmen sie verschiedene Entwicklungsrichtungen als «homogene» oder als «inhomogene» Sternmodelle. Verf. glaubt, diesen Gang in den beobachteten Typen verfolgen zu können. Gli.

5435. Über den Lebenslauf der Sterne. Phys. Blätter **8** 176—177, mit 2 Abb.

5436. Very young stars. Sky and Telescope **11** 89—90.

5437. Empirische Tatsachen zum Problem der Sternentstehung. Sterne **28** 204—205. — Ref. der in AJB **50** Ref. **5415** zitierten Arbeit.

5438. Die Entstehung der Sterne der Populationen I und II. Sternenwelt **4** 111. — Ref. der in AJB **51** Ref. **12351** zitierten Arbeit von Spitzer jr. und Schwarzschild.

* * Symposium on Stellar Evolution. Vgl. Ref. **1110**.

* * Stellar systems — their properties and their probable development. Vgl. Ref. **12007**.

§ 55

Kosmogonie des Planetensystems

5501. **E. Ahnert-Rohlfs,** Zur Struktur und Entstehung des Perseidenstroms. Veröff. Sternw. Sonneberg **2** Heft 1, 39 S. mit 15 Abb. — Ref. in Sterne **29** 123. — Aus den beobachteten Radianten und der aus ihnen abgeleiteten täglichen Verschiebung wird in Verbindung mit den Elementen des Kometen 1862 III das Verhalten der Bahnelemente der Teilchen des Perseidenstroms bestimmt und insbesondere ein Unterschied der Perihellängen von etwa 40° gefunden. Als Erklärung für die Struktur des Meteorrings und seine Dicke von etwa 0.5 astr. Einheiten wird versucht, die Störungen durch Erde, Jupiter und Saturn als alleinige Ursache heranzuziehen. Als Einwirkungsdauer wird ein Zeitraum von 80000 Jahren errechnet. Böh.

5502. **V. Baeckeroot,** Bij de wieg van de planeten. De wordingsgeschiedenis van het zonnestelsel volgens de weinig gekende theorie van Belot. Heelal 8 73—76, mit 4 Fig.

5503. **A. Dauvillier,** Sur la cosmogonie du système solaire. CR **235** 1081—1084, mit 1 Fig. — Ref. in Phys. Abstracts (A) **56** 182. — Verf. verteidigt die Hypothese einer individuellen und sukzessiven Abtrennung von Planetenpaaren von der Sonne. Sie ist mit den Beobachtungstatsachen im Planetensystem — im besonderen mit der Verteilung der chemischen Elemente — verträglich. Loh.

5504. A. V. Douglas, The origin of the planets. J RAS Canada **46** 105—109

5505. P. G. Duchnowskij, Über einen Gesichtspunkt zur Entstehung periodischer Kometen. Bull. Astr.-Geod. Ges. UdSSR Nr. **11** (18) S. 9—14 (russisch). — Um die Nichtberechtigung der Laplaceschen Einfangtheorie nachzuweisen, berechnet Verf. mit einer von Wsechswjatskij abgeleiteten Formel (Vgl. AJB **35** Ref. **6508**) die Zahl der jährlichen Einfänge. Es zeigt sich, daß diese viel kleiner ist als die Zahl der Kometenentdeckungen. Es lassen sich noch weitere Gründe, wie zum Beispiel die kurze Lebensdauer der kurzperiodischen Kometen, anführen, die ebenfalls gegen die Einfangtheorie sprechen. Loh.

5506. W. G. Fessenkow, The origin of the planetary system. RH **33** 111—113, 123—126, 147—150 (tschechisch).

5507. D. ter Haar, Cosmic cloud hypothesis of the origin of the solar system. Science **118** 195—196. — Stellungnahme zu kritischen Bemerkungen Palmers.

5508. G. M. Idliss, Anwendung des Flutstabilitätskriteriums auf die Frage der Verteilung der Planetenbegleiter. AJ UdSSR **29** 556—562 (russisch). — Das Kriterium der Flutstabilität — in der Formulierung von Fessenkow $\delta \geq \alpha \cdot M/r^3$ — wird auf die regulären Monde von Jupiter, Saturn und Uranus angewandt. Alle befolgen einunddasselbe Entfernungsgesetz, dem auch die Planetenentfernungen gehorchen. Loh.

5509. C. de Jager, Het ontstaan van meteorieten. Meteoor 8 14—15.

5510. C. de Jager, De opbouw van meteorieten en de hypothese van de «oerplaneet». Meteoor 8 21—22.

5511. H. Jeffreys, The origin of the solar system (Bakerian lecture). Proc. Roy. Soc. (A) **214** 281—291. — Einige der hauptsächlichsten Theorien über die Herkunft der Planeten und Satelliten werden diskutiert. Die Hauptpunkte sind die Nebularhypothese in der Rocheschen Form; die Fluttheorien; die Kollisionstheorien; die Scheibentheorien; die Dichten der Planeten; die Spaltungstheorien über die Entstehung des Mondes; die Herkunft der Kleinkörper; die ursprünglichen Temperaturen; der Aufbau der Planeten; die Oberflächenmerkmale des Mondes. Verf. (übersetzt)

5512. W. Lohmann, Wege zur Kosmogonie. Vgl. Ref. **5419.**

5513. R. Lüst, Die Entwicklung einer um einen Zentralkörper rotierenden Gasmasse. I. Lösungen der hydrodynamischen Gleichungen mit turbulenter Reibung. Z. Naturforschung **7a** 87—98, mit 5 Abb. — Ref. in Math. Rev. **14** 95. — Es werden die hydrodynamischen Gleichungen mit turbulenter Reibung für eine um einen Zentralkörper rotierende Gasmasse gelöst unter der Voraussetzung, daß die radiale Geschwindigkeit klein gegenüber dem Absolutbetrag der Geschwindigkeit und daß das Gravitationspotential allein durch den Zentralkörper bestimmt ist. Für den Mischungsweg wird ein Potenzansatz zugrunde gelegt. Die Rechnungen werden für ein zwei- und ein dreidimensionales Modell durchgeführt. Es ergeben sich zwei verschiedene Lösungen: Entweder der Drehimpuls des Zentralkörpers bleibt erhalten und ein Teil der Gasmasse fällt auf den Zentralkörper, während der Rest ins Unendliche entweicht, oder der Zentralkörper gibt Drehimpuls an die Hülle ab, die dann vollständig ins Unendliche wegströmt. Lösungen für gewisse Exponenten des Mischungswegs und für bestimmte Anfangsverteilungen werden angegeben. Verf.

5514. **G. Mamedbejli,** Entwicklung im Weltall. Baku, Verlag Aserneschr, 1952. 86 S. mit 9 Abb. Preis 1 R. 50 Kop. (aserbajdshanisch).

5515. **J. J. Nut,** Über das Alter der Planeten des Sonnensystems. Publ. Astr. Obs. Tartu **32** 95—107 (russisch). — Verf. nimmt an, daß sich die Winkelgeschwindigkeit ω der Sonnenrotation zur Epoche t durch $\omega = \omega_0 \exp \sigma t$ darstellen läßt ($\sigma = 1.6 \times 10^{-17}$ sec^{-1}, $\omega_0 = 2.882 \times 10^{-6}$ sec^{-1}) und daß sich die Planeten sukzessive zur Zeit t^* von der Sonne ablösten. t^* ergibt sich dann aus $\exp 2 \sigma t^* = c\, k/\omega_0\, \varrho_0^{3/2}$ ($c = 3 \times 10^{10}$ cm/sec, $k^2 = 1.4722 \times 10^5$ [cgs], ϱ_0 = gegenwärtige Perihelentfernung). Für das Alter von Merkur bzw. Erde, Jupiter und Pluto folgen dann 0.9 bzw. 2.6, 5.0 und 7.7 Milliarden Jahre. Loh.

5516. **W. Petri,** Das Alter der Erdkruste. Sternenwelt **4** 47—49.

5517. **M. Plavec,** The origin of planetoids. RH **33** 28—29, 82—84 (tschechisch).

5518. **W. W. Radsijewskij,** Die Entstehung des Mondes im Lichte der kosmogonischen Theorie von O. J. Schmidt. Bull. Astr.-Geod. Ges. UdSSR Nr. **11** (18) S. 3—8 (russisch). — Es wird angenommen, daß sich der Mond durch Vereinigung von interplanetaren Teilchen bildete, die von der Erde durch den Librationspunkt L_1 eingefangen wurden. Es wird gezeigt, daß dieser Einfangmechanismus die Hauptgesetzmäßigkeiten der Mondbahn zu interpretieren gestattet. Loh.

5519. **O. J. Schmidt,** The origin of planets and their satellits. RH **33** 16—20, 30—33, 57—60 (tschechisch).

5520. **L. Singh,** Formation of planets and satellites. Sci. Cult. **17** 442. — Ref. in Phys. Abstracts (A) **55** 843.

5521. **W. M. Smart,** The Origin of the Earth. Vgl. AJB **51** Ref. 5529. — Weitere Besprechung in Southern Stars **15** 83—85.

5522. **K. P. Stanjukowitsch,** Über die Entstehung des Sonnensystems. AJ UdSSR **29** 288—305, mit 4 Abb. (russisch). — Ref. in Math. Rev. **14** 96, Astr. News Letter Nr. **67** S. 4: Der Ursprung der Planeten wird einem von der Sonne ausgehenden Materiestrom zugeschrieben, der an der vor Milliarden Jahren fünf- bis fünfzehnmal schnelleren Rotation der Sonne als heute teilnahm und der quer und längs der Stromlinien expandierte. Die Behandlung des Problems erfolgt auf hydrodynamischem Weg und führt zur Ableitung von Bahnen, die späterhin die Sonne nicht kreuzen. Diese Bahnen entsprechen den Teilen des Stroms, die sich vorzugsweise in Richtung der Sonnenrotation bewegen.

5523. **H. C. Urey,** On the early chemical history of the earth and the origin of life. Proc. National Acad. Sci. USA **38** 351—363. — Es wird eine Hypothese der chemischen Frühgeschichte der Erde und der Entstehung organischer Materie entwickelt. Verf. nimmt den Aufprall eines planetesimalen Körpers an, dessen Verdampfung zur Ausbildung einer Atmosphäre führte, in der vornehmlich Wasserstoff, Methan und Stickstoff häufig waren. Diese Atmosphäre entwickelte sich in die gegenwärtige durch chemische Prozesse, die auch zur Bildung von Mineralen, organischen Substanzen und schließlich primitiven Lebensformen führten und vom Verf. beschrieben werden. Unter anderem werden auch Abschätzungen über die Zeitdauer der Entwicklungsprozesse mitgeteilt. Micz.

* * **H. C. Urey,** The Planets. Their Origin and Development. Vgl. Ref. 7030.

5524. **B. Valníček,** The origin of the solar system. Vesmír **31** 42—43, mit 2 Abb. (tschechisch).

Siebenter Teil

Sonne

§ 60

Astrometrische Beobachtungen, Allgemeines

6001. **Astrometrische Beobachtungen**
Publ. Dominion Obs. Ottawa **15** Nr. 2 S. 77—158. Results of observations made with the reversible meridian circle 1923—1935. Observations of the Sun, Mercury and Venus. W. S. McClenahan. — α, δ.
Publ. US Naval Obs. **16** part III S. 365—445. Results of observations made with the six-inch transit circle 1941—1949. Observations of the Sun, Moon, and planets. C. B. Watts, F. P. Scott, A. N. Adams. — α, δ.

6002. **G. Abetti,** Il Sole. Milano, Hoepli, 1952. 2. verbesserte Auflage. 20 + 562 S. mit 238 Fig. Preis Lire 2500. — Besprechung in Coelum **19** 180, Mem SA It (NS) **23** 84, Obs **72** 121—122, Sky and Telescope **11** 94, Urania Kopenhagen **9** 73.

6003. **G. Abetti,** Il Sole, fonte di vita. Brescia, «La Scuola» Editrice, 1952. 64 S. mit Fig. Preis Lire 140. — Besprechung in Gaz astr **35** 53—54.

6004. **A. Ali,** Atmosphere of the sun. Hyderabad Acad. Ser. Nr. **13,** 9 S. = Nizamia Obs. Repr. Nr. **14.** — Populärer Vortrag über eine Auswahl von Problemen der Sonnenatmosphäre. Kdr.

6005. **G. A. Aristow,** Slunce. Prag, Naše vojsko. 56 S. mit 19 Abb. Preis 9 Kčs. Die Sonne. Übersetzung aus dem Russischen. Vgl. AJB **50** Ref. **6002.**

6006. **I. Atanasijević,** O Suncu. Bošković Almanah 1952 S. 254—278, mit 6 Fig. und 4 Tafeln.

6007. **L. d'Azambuja,** Un exposé sommaire de l'organisation internationale permettant la centralisation et la diffusion des résultats. Ann. Obs. Astr. Mét. Toulouse **21** 14. — Ref. L'AFAS.

6008. **A. Behr, H. Siedentopf,** Sonnenüberwachung. Naturwissenschaften **39** 28—38, mit 13 Abb. = Mitt. Fraunhofer-Inst. Freiburg Nr. **5.** — Bericht über die auf der Sonne unmittelbar beobachtbaren Erscheinungen, deren Charakterisierung und Beobachtungsverfahren sowie Zusammenfassung der Beobachtungsstationen und Mitteilungsorgane. Neckel

* * **M. Beyer,** Der Einfluß der Sonne auf die Helligkeit der Kometen. Vgl. Ref. 8002.

6009. **G. Bruhat,** Le Soleil. Vgl. AJB **51** Ref. **6003.** — Weitere Besprechung in BSAF **66** 129 (P. Couderc).

* * **R. A. Hirvonen,** The motions of moon and sun at the solar eclipse of 1947, May 20th. Vgl. Ref. **6205.**

6010. **S. W. Karjagina,** Bestimmung der Sterngröße der Sonne. Moskau-Alma-Ata, 1952. 7 S. (russisch). — Dissertationsreferat.

6011. **F. J. Kerr,** On the possibility of obtaining radar echoes from the sun and planets. Proc. I. R. E. **40** 660—666, mit 4 Fig. = Commonwealth Sci. Industrial Res. Organization, Australia, Division Radiophys. — Radarechos an der Sonne gäben ein wichtiges Mittel zur Untersuchung der Sonnenkorona an die Hand. Verf. diskutiert theoretisch die Möglichkeit solcher Echos und findet, daß eine solche Methode erfolgversprechend und technisch möglich sein sollte. Die Senderleistung müßte allerdings erheblich groß sein. Labs

6012. **K. O. Kiepenheuer,** Neuere Ergebnisse der Physik der Sonne. Phys. Verhandlungen **3** 172 (Ref.).

6013. **M. Kopecký, P. Mayer, V. Borovičková,** Planetary influences on the sun. X. BAC **3** 37—40, mit 2 Fig. — Verf. zeigen, daß langfristige Schwankungen der Sonnenfleckenrelativzahlen mit einer Periode gleich dem synodischen Umlauf der Planeten eine größere Bedeutung in der Frage des Einflusses der Planeten auf die Sonne haben. In der Arbeit wird der Einfluß von Merkur untersucht. J. B.

6014. **W. O. Roberts,** Stormy weather on the sun. Smithsonian Inst. Publ. Nr. 4063, 12 S. mit 4 Fig. — Allgemeinverständlicher Bericht über verschiedene Erscheinungen auf der Sonne und über einige ihrer Beziehungen zur Erde.

6015. **M. Rodewald,** Die blaue Sonne vom 27. September 1950. Naturwiss. Rundschau **5** 8—15, mit 4 Abb. — Zunächst werden durch den Verf. verschiedene Quellen über Verfärbungen von Sonne und Mond gegeben. Die Verfärbungen werden auf Staubsturm, Vulkanausbrüche, Steppen-, Wald- und Großbrände zurückgeführt. Letztere haben die atmosphärische Trübung verursacht, welche am 26. und 27. September 1950 die Erscheinung der blauen Sonne hervorgerufen hat. Die Bahn des kanadischen Brandrauches ist auf einer Karte dargestellt. Zum Schluß werden die Veröffentlichungen zu der blauen Sonne zusammengestellt.

6016. **P. Rousseau,** Les nouveaux moyens de la physique solaire. La Nature **80** 118—122, mit 10 Fig.

6017. **R. C. Willems,** Concerning the apparent difference in the size of the sun at noon and at sunset. Navigation Los Angeles **3** 110.

6018. **R. Wilson,** The blue sun of 1950 September. Occasional Notes **2** 137—146, mit 2 Fig. und 1 Tafel. — Ref. in Obs **73** 121—122. — Eine Auswertung von Sonnenspektren vom 26. September 1950 (blaue Sonne über Schottland) ergibt eine Extinktionskurve mit einem ausgeprägten Minimum bei $\lambda = 4350$ Å. Durch Anwendung der Theorie folgt für das streuende Medium: es handelt sich wahrscheinlich um Öltropfen, die offensichtlich durch Holzdestillation bei den kanadischen Waldbränden entstanden sind. Der Radius der Öltropfen dürfte bei 0.5 μ liegen; unter Vernachlässigung der Dispersion der Tropfengröße folgt daraus eine Teilchendichte von ≈ 70 Teilchen/cm^3 (Sonnenhöhe etwa 19° und streuende Schicht etwa 3900 m dick). Der Vergleich mit Wellmanns Ergebnissen vom 27. September 1950 zeigt, daß das Verschwinden des Extinktionsminimums bei Wellmann auf eine Abnahme der Teilchengröße zurückzuführen ist. Auf der Strecke von Schottland nach Norddeutschland schrumpften die Teilchenradien um 20%. U. Be.

6019. **R. H. Wilson jr.,** The sun used as a flame temperature standard. AJ **57** 29—30. — Ref. AAS.

6020. **R. H. Wilson jr.,** Using the sun to measure temperatures of flames in the laboratory. Publ ASP **64** 105—108. — Ref. in J RAS Canada **46** 209. — Zur Messung der Temperatur einer Fluor-Wasserstoff-Flamme mit einem optischen Pyrometer wurde die Sonne als genügend heißer Strahler verwendet, während in der Flamme die Li-Linie 6708 Å erzeugt wurde. Unter Ausnützung der Extinktion und des Temperaturabfalls nach dem Sonnenrand hin ergab sich die Flammentemperatur zu etwa 4300° K. O. G.

6021. **I. Zacharov,** Blaue Sonne. Časopis **2** 52—54, mit 3 Fig. (tschechisch).

6022. The blue sun of September 1950. Nature **170** 103.

§ 61

Theorie, Rotation, Magnetfeld

6101. **L. W. Alvarez,** Relative densities of sun and moon. Amer. J. Phys. **18** 468, 1950. — Ref. in Phys. Ber. **32** 1897: Ausgehend von der Beobachtung, daß die Gezeitenwirkung des Mondes auf die Erde größer ist als jene der Sonne (Verhältnis der Amplitude der Wirkung des Mondes zu jener der Sonne wird zu 2.17 angegeben), leitet Verf. den Satz ab, daß die Dichte des Mondes größer ist als die Dichte der Sonne. Er gibt folgende Werte an: Dichte des Mondes: 3.33, Dichte der Sonne: 1.41, Verhältnis: 3.33/1.41 = 2.35. Stöckl

6102. **A. H. Batten,** The source of energy in the sun. JBAA **62** 84—85.

6103. **L. Gialanella,** Il Sole è una stella pulsante? Ric. Sci. **22** 853—863, mit 2 Fig. = Oss. Astr. Roma — Monte Mario Contr. Sci. Nr. **171.** — Ref. in Phys. Abstracts (A) **55** 1055. — Die täglichen Messungen des Sonnendurchmessers, die seit 1874 ohne Unterbrechung, erst am Kapitol, dann am Monte Mario durchgeführt wurden, haben Schwankungen des scheinbaren Sonnendurchmessers ergeben, die der 22-jährigen Periode der Sonnentätigkeit entsprechen könnten. Schon 1925 hat Armellini daraus die Hypothese abgeleitet, daß die Sonne ein veränderlicher Stern sei. Diese Hypothese hat sich aber als unsicher erwiesen, da sie auf zahlreiche, ziemlich begründete Hindernisse physikalischer Natur stieß. Der kürzlich entdeckte Sternmagnetismus und die mechanisch-magnetischen Schwingungen, die in gewissen Sternen auftreten, haben dem Verf. nahegelegt, die Hypothese Armellinis mit einer besseren Begründung wieder aufzunehmen und sie im Lichte der neuen, vom Studium des kosmischen Elektromagnetismus abgeleiteten Auffassungen, zu untersuchen. Verf.

6104. **E. Lyttkens,** Solens energiförsörjning. PAT **33** 53—62. — Allgemeinverständliche Darstellung des Kohlenstoff-Stickstoff-Zyklus. Ra.

6105. **R. Müller,** Neuere Ergebnisse über die Sonnenrotation. Sterne **28** 101—104, mit 2 Abb. — Besprechung der in AJB **51** Ref. **6108** zitierten Arbeit.

6106. **E. L. Schodo,** Die Rotation der Sonnenphotosphäre aus Fleckenbeobachtungen. Mitt. Astr. Obs. Odessa **2** Nr. 2 S. 47—71, mit 2 Abb. (russisch). — Ref. in Urania Kraków **24** 306. — Aus Odessaer Beobachtungen leitet Verf. unter Hinzunahme des Carringtonschen und Sporerschen Materials die Rotation bis 60° Breite und in verschiedenen Sonnenfleckenaktivitätsstadien ab. Abgesehen von der Breitenabhängigkeit geben sich auch noch kleinere Unterschiede bei konstanter Breite in Abhängigkeit vom Aktivitätsstadium zu erkennen. Loh.

6107. **S. Temesváry,** Der Rotationszustand der Sonne. Mitt. AG **1951** 19. — Ref. AG.

6108. **S. Temesváry,** Der Rotationszustand der Sonne. Z. Naturforschung **7a** 103—120, mit 9 Abb. — Diese Untersuchung hat das Ziel, eine hydrodynamische Begründung für die Zirkulationsströme in den äußeren Schichten der Sonne zu geben. Als wesentlich wird die Abbremsung der äußeren Sonnenschichten durch das interplanetarische Medium berücksichtigt. Es ergibt sich in den Außenschichten der Sonne eine Zunahme der Winkelgeschwindigkeit nach innen; die theoretischen Folgerungen hieraus werden mit den Beobachtungen an den Sonnenflecken verglichen. Im letzten Teil der Untersuchung wird schließlich der Gesamtdrehimpuls der Sonne abgeschätzt. U. Be.

Theorie der Atmosphäre

6109. **L. H. Aller, A. K. Pierce,** Model solar atmospheres. ApJ **116** 176—184, mit 7 Fig. — Ref. in Phys. Abstracts (A) **56** 286. — Für mehrere Werte des Verhältnisses Wasserstoff zu Metalle werden aus einer früher abgeleiteten empirischen Temperaturverteilung in der Sonnenatmosphäre (vgl. AJB **51** Ref. 6121) nach einem Iterationsverfahren Gesamtdruck, Elektronendruck und Absorptionskoeffizient als Funktion der optischen Tiefe berechnet. Für zwei Atmosphärenmodelle wird auch ein Gehalt an Helium, und zwar He/H = 1 : 5 und 1 : 20, angenommen. Kdr.

6110. **H. Mineur, R. Peyturaux,** Exploitation numérique de l'équation intégrale d'assombrissement au bord solaire pour obtenir la fonction source. Ann d'Astrophys **15** 383—401, mit 10 Fig. = Contr. Inst. d'Astrophys. Paris (B) Nr. **92**. — Ref. in Phys. Abstracts (A) **56** 598. — Das Problem wird durch den Ansatz analytischer Ausdrücke für die Quellenfunktion gelöst, die von einer Konstanten α nicht linear und von einer Anzahl weiterer Konstanten a, b, ... linear abhängen. Es werden fünf verschiedene Ansätze durchgerechnet, indem für einige α die a, b, ... durch Ausgleichung so bestimmt werden, daß die beobachtete Randverdunklung möglichst gut dargestellt wird. In jedem Fall resultiert eine Kurvenschar, die zwei oder drei Punkte besitzt, durch die jede Kurve der Schar hindurchgeht. Mit Hilfe dieser Punkte wird die Quellenfunktion nochmals abgeleitet. Nach einer geringfügigen Parallelverschiebung stellt diese Lösung die Randverdunklung innerhalb der Beobachtungsfehler dar. Kdr.

6111. **D. E. Osterbrock,** The electrical conductivity in the solar atmosphere. Phys. Rev. (2) **87** 468—470, mit 1 Fig. — Der Anteil zum spezifischen elektrischen Widerstand, der durch Zusammenstöße zwischen Elektronen und H-Atomen entsteht, wird auf Grund quantenmechanisch gewonnener Wirkungsquerschnitte berechnet und als groß gegen den Anteil von Elektron-Ion-Stößen gefunden, solange die Ionisation von H geringer als etwa 1% ist. Ein Magnetfeld mit einer Feldstärke $\lesssim$ 760 Gauß beeinflußt die Leitfähigkeit σ nicht. In den interstellaren H I- und H II-Regionen ist σ dagegen durch Elektron-Ion-Stöße bestimmt. Schlüter

6112. **E. N. Parker,** An analytical investigation of turbulence and acoustics in the solar ionization zone. AJ **57** 22. — Ref. AAS.

6113. **R. Peyturaux,** Contribution à l'étude du fond continu du spectre solaire dans le proche infra-rouge. Ann d'Astrophys **15** 302—351, mit 30 Fig. = Contr. Inst. d'Astrophys. Paris (B) Nr. **87**. — Ref. in Phys. Abstracts (A) **56** 599—600. — Um die Frage der H^--Absorption in der Sonnenatmosphäre prüfen zu können, wurden Messungen der Randverdunklung der Sonne für fünfzehn Wellenlängen zwischen λ 6700 und 23000 Å bis zu 0.986 r Mittelpunktsabstand sowie der Energieverteilung von λ 6000 bis 23000 Å in der Mitte der Sonnenscheibe ausgeführt. Die Meßapparatur (Monochromator, PbS-Zelle, dreistufiger Verstärker, Oszillator zur Erzeugung einer stabilen Wechsellichtfrequenz) wird ausführlich beschrieben. Ein Vergleich der Messungen der Energieverteilung mit denen von Abbott (1913 und 1922) spricht für höhere Zuverlässigkeit der älteren Reihe. Aus den Messungen wird die kontinuierliche Absorption in der Sonnenatmosphäre berechnet. Im untersuchten Bereich wird sie praktisch ausschließlich durch die H^--Ionen bestimmt. Mit Hilfe des abgeleiteten Gas- und

Elektronendrucks wird die Randverdunklung für 3.5 μ, 8.3 μ und 10.2 μ Wellenlänge berechnet. Das Ergebnis stimmt mit den Messungen von Pierce, McMath, Goldberg und Mohler gut überein. Micz.

6114. **A. Unsöld, E. Vitense,** Der Aufbau der Sonnenatmosphäre. Mitt. AG **1951** 23. — Ref. AG.

Magnetfeld

6115. **H. W. Babcock, H. D. Babcock,** Mapping the magnetic fields of the sun. Publ ASP **64** 282—287, mit 1 Fig. und 2 Tafeln. — Ref. in Phys. Abstracts (A) **56** 503, Sky and Telescope **12** 11. — Die Verf. beschreiben eine Einrichtung in Verbindung mit einem Gitterspektrographen von hohem Auflösungsvermögen, bei der der longitudinale Zeeman-Effekt benützt wird zur Registrierung solarer Magnetfelder von wenigen Gauß. Registrierungen von sechs Tagen sind abgebildet. Bisherige Ergebnisse werden kurz zusammengefaßt. O. G.

6116. **H. von Klüber,** Remarks on Hale's determination of the general magnetic field of the sun. MN **112** 540—545, mit 3 Fig. = Contr. Cambridge Obs. Nr. **12**. — Die Ursache der widerspruchsvollen Ergebnisse über das allgemeine Magnetfeld der Sonne von Hale und späteren Beobachtern ist bisher nicht aufgeklärt worden. Verf. versucht zu klären, ob ungenügende Kenntnis der Zeeman-Aufspaltungsbilder der bei der Messung benutzten Linien und der Intensität der Komponenten einen systematischen Einfluß auf das Ergebnis haben konnte; das Resultat ist jedoch negativ. Micz.

* * **Y. Sekido, T. Yagi,** Deflection of cosmic rays in the solar magnetic field. Vgl. Ref. **12726**.

6117. **S. F. Singer,** Ultrastrahlung und das Magnetfeld der Sonne. Phys. Verhandlungen **3** 173—174. (Ref.).

* * **S. F. Singer,** Diurnal variation of cosmic rays and the sun's magnetic field. Vgl. Ref. **6517**.

6118. **G. Thiessen,** Measurements of the sun's general magnetic field. Nature **169** 147, mit 1 Fig. — Zusammenstellung der von 1947 bis 1950 erhaltenen Werte.

6119. **G. Thiessen,** Lichtelektrische Messungen des solaren Magnetfeldes. ZfA **30** 185—199, mit 3 Abb. = Mitt. Sternw. Hamburg-Bergedorf **22** Nr. 227. — Ref. in Sternenwelt **4** 111. — Es wird die lichtelektrische Methode der Messung des solaren Magnetfeldes am 60 cm-Refraktor der Hamburger Sternwarte in den Jahren 1949 und 1951 beschrieben. Alle Beobachtungen sind in $\pm 45°$ heliographischer Breite im Zentralmeridian gemacht. Die unter Annahme eines Dipolcharakters des Feldes errechneten Polfeldstärken ergaben sich zu -1.5 ± 0.75 Gauß und -2.4 ± 0.5 Gauß. Verf.

§ 62

Sonnenfinsternisse

6201. **Sonnenfinsternis 1926 Januar 14**

D. Koelbloed, On the thickness of prominences in the line of sight. Proc. Section Sci. K. Nederl. Akad. Wetensch. (B) **55** 525—526 = Circ. Astr. Inst. Univ. Amsterdam Nr. **5 b**. — Aus der absoluten Intensität des kontinuierlichen Spektrums zweier Protuberanzen ermittelte Verf. deren Dicke in der Gesichtslinie. Für die 14000 km hohe Protuberanz ergaben sich 10000 km, für die 700 km hohe 20000 km. Loh.

6202. Sonnenfinsternis 1927 Juni 29

S. G. M. Haug, The visual continuous spectrum and the thickness of a prominence. Proc. Section Sci. K. Nederl. Akad. Wetensch. (B) **55** 517—523 = Circ. Astr. Inst. Univ. Amsterdam Nr. **5a**. — Während der Finsternis aufgenommene Aufnahmen zeigen von einer Protuberanz im Visuellen ein meßbares kontinuierliches Spektrum. Falls dieses durch Streuung des photosphärischen Lichtes an freien Elektronen der Protuberanz zustande kommt, kann man in Hinblick auf Ergebnisse von Unsöld Konzentration der Elektronen und Dicke in der Gesichtslinie berechnen: 1.6×10^{10} bzw. 25000 km. Loh.

6203. Sonnenfinsternis 1941 September 21

W. N. Sujkow, Spektralphotometrie von Protuberanzen während der Sonnenfinsternis des Jahres 1941. Mitt. Astr. Hauptobs. Pulkowo **19** Nr. 2 (149) S. 47—63, mit 2 Abb. (russisch). — Ref. in Astr. News Letter Nr. **66** S. 12—13. — Inhalt: 1. Ausmessung der Spektrogramme. 2. Bestimmung der Äquivalentbreiten. 3. Zusammenstellung der Meß- und Berechnungsergebnisse. 4. Bestimmung der Zahl der Wasserstoffatome in den Protuberanzen ($N_H = 23 \times 10^{11}$ cm^{-2}, Dichte $n_{0,2} = 400\ cm^{-3}$). 5. Elektronendruck und -dichte (0.007 bar bei $T = 5040°$ oder 0.04 bei 7200°; $n_e = 10.5 \times 10^9\ cm^{-3}$ bei $T = 5040°$ oder 4.4 $\times\ 10^{10}\ cm^{-3}$ bei 7200°). 6. Bestimmung der Anregungstemperatur der H- und He-Atome ($T_H = 5600°$, $T_{He} = 7300°$). — Die Übereinstimmung mit den Ergebnissen anderer Autoren ist gut. Loh.

6204. Sonnenfinsternis 1945 Juli 9

W. P. Wjasanizyn, Intensitäten und Gradienten chromosphärischer Linien. Mitt. Astr. Hauptobs. Pulkowo **19** Nr. 2 (149) S. 40—46, mit 5 Abb. (russisch). — Ref. in Astr. News Letter Nr. **66** S. 12.

Bull. Obs. Astr. Belgrade 8—**13** 28—29. Eclipse partielle de soleil du 9 juillet 1945. — Beobachtung des ersten und letzten Kontakts.

6205. Sonnenfinsternis 1947 Mai 20

R. A. Hirvonen, The motions of moon and sun at the solar eclipse of 1947, May 20th. Veröff. des Finnischen Geodät. Inst. Nr. **40**, 36 S., 1951. — Für die Sonnenfinsternis 1947 Mai 20 werden Sonnen- und Mondörter mit einer relativen Genauigkeit von 0!001 berechnet und hieraus die Besselschen Elemente abgeleitet. Die Methode, die sich mit kleinen Modifikationen an die von Sundman (AJB **48** Ref. **6215**) anschließt, wird unter Angabe der verwendeten Formeln und des Rechenganges eingehend beschrieben, so daß künftige Berechnungen danach durchgeführt werden können. Das Prinzip beruht in der numerischen Integration der rechtwinkligen Koordinaten unter Verwendung der Enckeschen Methode spezieller Störungen; die Ausgangsörter werden den in den Jahrbüchern gegebenen Ephemeiiden entnommen. T. L.

A. Strzałkowski, The determination of the irregularities of the Moon's limb for the total eclipse of the Sun 1947 May 20. Vgl. Ref. **7318**.

6206. Sonnenfinsternis 1948 Mai 8/9

S. Fujinami, The conspicuous mountains and depressions on the lunar profile, as observed in the beaded eclipse. Vgl. Ref. **7308**.

6207. Sonnenfinsternis 1949 April 28

P. B. Fellgett, F. B. Schmeidler, On the sharpening of observational data with special application to the darkening of the solar limb. Vgl. Ref. **6405**.

6208. Sonnenfinsternis 1950 September 12

F. Link, Radiations solaires sur 65 cm pendant l'éclipse du 12 septembre 1950. BAC **3** 81—82, mit 2 Fig.

6209. Sonnenfinsternis 1951 März 7

Nature **169** 361—362. Effect of the annular eclipse of March 7, 1951, on radio-wave propagation.

6210. Sonnenfinsternis 1951 September 1

E. J. Blum, J. F. Denisse, J. L. Steinberg, Résultat des observations d'une éclipse annulaire de soleil effectuées sur 169 Mc/s et 9350 Mc/s. Ann d'Astrophys **15** 184—198, mit 8 Fig. — Ref. in Phys. Abstracts (A) **56** 1050—1051. — Es wird über Funkmeßbeobachtungen der ringförmigen Sonnenfinsternis vom 1. September 1951 mit 169 MHz und 9350 MHz Frequenz berichtet. Die Messungen mit 3.2 cm Wellenlänge ergeben eine Helligkeitsverteilung der Sonnenscheibe mit einer Aufhellung am Rand. Die Verfinsterung von Flecken ist in den Registrierungen erkennbar, das Absinken der Strahlung zeigt, daß die Fläche erhöhter Emission mit der optisch feststellbaren Fleckenfläche identisch ist. Die Strahlung der Fleckengebiete entspricht bei 3.2 cm Wellenlänge einer Temperatur von 600000°. Messungen mit 178 cm Wellenlänge sprechen für einen scheinbaren Sonnendurchmesser, der weit größer ist als der optische. Die Sonnenscheibe erweist sich bei dieser Frequenz nicht als kreissymmetrisch. Verf. bringen den Befund mit nichtkugelsymmetrischer Verteilung der Elektronen der Sonnenkorona in Verbindung. Micz.

E.-J. Blum, J.-F. Denisse, J.-L. Steinberg, Sur la forme ellipsoidale du soleil observé en ondes métriques. CR **234** 1597—1599, mit 2 Fig. — Auf Grund von Messungen während der beiden Sonnenfinsternisse vom 1. 9. 51 und 25. 2. 52 muß man schließen, daß die Sonne bei 169 MHz als stark abgeplattetes Ellipsoid erscheint, dessen kleine Achse mit der (visuellen) Rotationsachse zusammenfällt. Loh.

J.-F. Denisse, E.-J. Blum, J.-L. Steinberg, Radio observations of the solar eclipses of September 1, 1951, and February 25, 1952. Nature **170** 191—192, mit 2 Fig.

H. W. Wells, Ionospheric effects of solar eclipse at sunrise, September 1, 1951. J. Geophys. Res. **57** 291—304, mit 9 Fig. — Auf drei Stationen in der Nähe des einen Endes der Zentralzone der ringförmigen Sonnenfinsternis vom 1. September 1951 werden mit drei gleichartigen Ionosphärenapparaturen, die das ganze in Frage kommende Frequenzspektrum jeweils in wenigen Sekunden aufzunehmen gestatten, Ionenkonzentrationen in der F2-Schicht bestimmt. Auf allen drei Stationen geht die Sonne schon mehr oder minder stark verfinstert auf, und es zeigt sich, daß der sonst bei Sonnenaufgang einsetzende kräftige Anstieg der Ionenkonzentration nur erfolgt, wenn mehr als ein Drittel der Sonne unverfinstert ist. Um die Mitte der Finsternis nimmt die Ionenkonzentration nicht weiter zu, steigt erst etwa 15 Minuten nach der größten Phase wieder an, dann allerdings fast doppelt so stark wie sonst üblich bis etwa eine halbe Stunde nach dem Ende der Finsternis, wo wieder normale Verhältnisse eintreten. Die theoretische Berechnung der Ionenkonzentration auf Grund der Wirkung der ultravioletten Sonnenstrahlung ergibt gute Übereinstimmung mit den beobachteten Werten bis etwa 15 Minuten nach der Mitte der Finsternis; für den hier einsetzenden sehr steilen Anstieg müssen terrestrische Effekte mitverantwortlich gemacht werden wie Transport durch Winde oder Turbulenz. Ohne merklichen Einfluß auf die Bildung der Ionenkonzentration erweist sich dagegen die Korona der Sonne. H. M.

Orion Schaffhausen **3** 370. Zur Sonnenfinsternis vom 1. September 1951. E. Reusser.

6211. Sonnenfinsternis 1952 Februar 25

G. Abetti, L'eclisse totale di Sole del 25 febbraio 1952. La Ricerca Scientifica **22** 1525—1533. — Vorläufiger Bericht über Zweck, Instrumente und Beobachtungen der italienischen Expedition in Khartum. F. Z.

N. F. Astbury, Micro-magnetic variations during the solar eclipse of February 25, 1952. Nature **170** 68—69, mit 1 Fig.

R. d'E. Atkinson, Greenwich eclipse expedition. Sky and Telescope **12** 9—10, mit 2 Fig.

L. d'Azambuja, L'observation à Khartoum de l'éclipse totale de soleil du 25 février 1952. BSAF **66** 177—182, mit 2 Fig.

D. E. Blackwell, A comparison of the intensities of infra-red and violet radiation from the solar corona at the eclipse of 1952 February 25. MN **112** 652—664, mit 10 Fig. = Contr. Cambridge Obs. Nr. **13**. — Häufig wird angenommen, daß in der Sonnenkorona zwei verschiedene Streumechanismen wirksam sind. Verf. hat während der totalen Sonnenfinsternis 1952 Februar 25 in Khartum Messungen der violetten und infraroten Koronastrahlung ausgeführt, um diese Vermutung zu prüfen und Verteilung sowie Größe der streuenden Partikeln zu bestimmen. Als Strahlungsempfänger dienten eine Bleisulfidzelle und ein Photomultiplier; die Messungen des erzeugten Wechsellichts (750 Hz) konnten fast gleichzeitig ausgeführt werden. Im Abstand von 2.5 Sonnenradien von der Mitte der Scheibe trat ein Überschuß an Infrarotstrahlung auf, und es wird gezeigt, daß dieser Exzeß für die Existenz von Sonnenlicht in der Koronastrahlung spricht, das von groben Partikeln interplanetarischen Staubes gestreut wird. Verschiedene Modelle über Verteilung und Größe der Partikeln werden durchgerechnet, die verfügbaren Messungen erlauben aber keine Entscheidung für eines davon. Micz.

E.-J. Blum, J.-F. Denisse, J.-L. Steinberg, Sur la forme ellipsoidale du soleil observé en ondes métriques. Vgl. Ref. **6210**.

H. A. Brück, The Irish eclipse expedition to Khartoum. Irish AJ **2** 3—4.

H. A. Brück, The total solar eclipse of 1952 February 25. Irish AJ **2** 61—64.

E. J. Bugoslawskaja, W. A. Bronstein, Beobachtungen der totalen Sonnenfinsternis vom 25. Februar 1952 von der Expedition der Astronomisch-Geodätischen Gesellschaft der UdSSR. Astr Circ UdSSR Nr. 125 S. 3—4 (russisch). — Vorläufiger Bericht über die Beobachtungen in Mointy, die Struktur, Photometrie, Kolorimetrie und Polarisation der Korona sowie Photometrie des Himmels betreffen. Loh.

F. Burdecki, The maximum phase of the solar eclipse of 1952 February 25 at Addis Abeba. MN ASSA **11** 118—121.

F. Burdecki, Messung der maximalen Phase der Sonnenfinsternis vom 25. Februar 1952 in Addis Abeba. Orion Schaffhausen **3** 448.

R. L. Chotinok, Bestimmung der Grenzen des Streifens der totalen Phase der Sonnenfinsternis vom 25. Februar 1952 aus den Beobachtungen in der Turkmenischen Sowjetrepublik. Astr Circ UdSSR Nr. 132 S. 15—16. (russisch).

R. Cialdea, Le spedizione dell'I.N.G. a Khartum in occasione dell'eclisse totale di Sole del 25. 2. 1952. Ann. Geofisica **5** 409—416. — Vorläufiger Bericht über den Zweck der Expedition.

R. Cialdea, P. Dominici, L'Osservatorio geofisico installato a Khartum in occasione dell'eclisse di Sole del 25. 2. 1952. Ann. Geofisica **5** 581—589.

M. Cimino, Fotografie ed impressioni sull'eclisse totale di Sole del 25 febbraio 1952 osservata a Kartum dalla missione dell'Osservatorio Astronomico di Roma. Coelum **20** 118—122, mit 1 Tafel = Oss. Astr. Roma — Monte Mario Contr. Sci. Nr. **175**.

M. Cimino, La spedizione scientifica dell'Osservatorio Astronomico di Roma a Khartoum (Sudan) per l'eclisse totale di Sole del 25 febbraio 1952. Risultati generali delle osservazioni. Rend. Accad. Nazionale Lincei, Cl. Sci. fis., mat., nat. (8) **13** 26—33, mit 1 Fig. und 1 Tafel = Oss. Astr. Roma — Monte Mario Contr. Sci. Nr. **177**. — Programm, Beschreibung der Instrumente, Ergebnisse der Koronabeobachtungen. F. Z.

B. E. Cohn, Sky spectra. Sky and Telescope **11** 222—223, mit 3 Fig. — Hinweis auf spektrographische Beobachtungen des Himmels vom Flugzeug aus, beginnend mit der Totalität bis zum Wiedererscheinen der Sonne.

A. Colacevich, Risultati preliminari relativi allo spettro della corona esterna ottenuti nell' eclisse totale di sole del 25 febbraio 1952. Rend. Accad. Nazionale Lincei, Cl. Sci. fis., mat., nat. (8) **12** 559—563, mit 1 Fig. = Oss. Astr. Capodimonte-Napoli Contr. Astr. (2) **3** Nr. 16. — Beschreibung eines lichtstarken Spektrographen und Ergebnisse der Beobachtungen der äußeren Korona. F. Z.

J.-F. Denisse, E.-J. Blum, J.-L. Steinberg, Radio observations of the solar eclipses of September 1, 1951, and February 25, 1952. Nature **170** 191—192, mit 2 Fig.

S. El-Din Hamid, A. S. Asaad, The total eclipse of the sun on February 25, 1952 (Prediction for the Sudan). Obs. Helwan Bull. Nr. **43**, 31 S. mit 10 Karten.

S. Estrabaud, Effets de l'éclipse solaire du 25 février 1952 sur la région ionosphérique F2 en Afrique Equatoriale. CR **235** 1521—1523. — Ref. in Phys. Abstracts (A) **56** 378.

J. W. Evans, Flash spectrum expedition. Sky and Telescope **11** 219—221, mit 4 Fig.

W. G. Fessenkow, N. N. Parijskij, Beobachtungen der totalen Sonnenfinsternis vom 25. Februar 1952. AJ UdSSR **29** 369—373 (russisch).

W. G. Fessenkow, Die Beobachtungsumstände der totalen Sonnenfinsternis vom 25. Februar 1952. Bote Akad. Wiss. Kasach. Sowjetrepublik Nr. **4** S. 60—63 (russisch).

M. G. Fracastoro, L'eclisse totale di sole del 25 febbraio 1952. Coelum **20** 114—118, mit 1 Tafel. — Instrumente und Beobachtungsprogramm.

E. Geneslay, C. Boyer, W. Groubé, O. Colorio, L'éclipse totale de Soleil du 25 février 1952 à Khartoum (Soudan). BSAF **66** 146—156, mit 7 Fig.

J. Houtgast, De eclipsexpeditie naar Khartoem. Hemel en Dampkring **50** 21—23, mit 1 Fig.

J. Houtgast, De zonsverduistering van 25 Februari 1952. De dag zelf en de resultaten van de Nederlandse expeditie. Hemel en Dampkring **50** 41—47, mit 7 Fig.

M. G. Karimow, Beobachtungen der totalen Sonnenfinsternis vom 25. Februar 1952. Astr Circ UdSSR Nr. 127 S. 8—9 (russisch). — Vorläufiger Bericht über Koronabeobachtungen.

A. A. Kawerin, Beobachtungen der Sonnenfinsternis vom 25. Februar 1952 in Irkutsk. Astr Circ UdSSR Nr. 126 S. 1—2 (russisch). — Kontaktzeiten.

H. v. Klüber, Beobachtungen der Sonnenfinsternis vom 25. Februar 1952 im Sudan. Naturwissenschaften **39** 199—206, mit 9 Abb. — Inhalt: Allgemeines. Wissenschaftliche Aufgaben bei Sonnenfinsternisbeobachtungen. Beobachtungsprogramme und Ausrüstung der verschiedenen Expeditionen.

H. von Klüber, Comparison of photographs of the corona obtained at the eclipse of 1952, February 25 with simultaneous observations by Lyot coronagraphs. Obs **72** 207—209, mit 1 Tafel = Cambridge Obs. Repr. Nr. **5**. — Ref. in Sky and Telescope **12** 128.

M. Laffineur, R. Michard, J.-C. Pecker, M. d'Azambuja, A. Dollfus, I. Atanasijević, Observations combinées de l'éclipse totale de Soleil du 25 février 1952 à Khartoum (Soudan) et de l'éclipse partielle au radio-télescope de l'Observatoire de Meudon. CR **234** 1528—1530 = Contr. Inst. d'Astrophys. Paris (A) Nr. **108**. — Radioastronomische Beobachtungen bei 550 und 255 MHz, letztere nur in Khartum. Korona-Aufnahmen bei 5305 und 6374 Å; Koronaspektrum; Aufnahmen der äußeren Korona im Rot und Infrarot zur photometrischen und polarimetrischen Untersuchung. Die Ergebnisse sollen später veröffentlicht werden. T. L.

M. R. Madwar, Preliminary notice on the total solar eclipse of 25th February 1952. Obs. Helwan Bull. Nr. **42**, 13 S. mit 4 Fig. — Vorschau und Arbeitsprogramm.

C. M. Minnis, E region during the solar eclipse of February 25, 1952. Nature **170** 453, mit 1 Fig. — Ref. in Phys. Abstracts (A) **56** 86.

G. Nikolskij, Die Struktur der Sonnenkorona am 25. 2. 1952 nach Photographien der Expedition des Astronomischen Observatoriums Kiew nach Tschijili. Astr Circ UdSSR Nr. 132 S. 10—12, mit 1 Tafel (russisch).

N. N. Parijskij, E. J. Bugoslawskaja, Die Beobachtungen der totalen Sonnenfinsternis vom 25. Februar 1952. Astr Circ UdSSR Nr. 125 S. 1—2 (russisch). — Vorläufiger Bericht der Expedition des Astr. Sternberg-Inst. nach Artschman, 140 km von Aschchabad.

J.-C. Pecker, L'éclipse de soleil du 25 février. La Nature **80** 37, mit 1 Fig. — Vorschau.

J.-C. Pecker, L'observation de l'éclipse du 25 février à Khartoum. La Nature **80** 193—199, mit 16 Fig.

L. N. Radlowa, Die totale Sonnenfinsternis am 25. Februar 1952. Priroda **41** Nr. 1 S. 107—109 (russisch). — Vorschau.

R. O. Redman, The total solar eclipse of February 25, 1952. Nature **169** 686—688.

R. O. Redman, H. Zanstra, The continuous spectrum of a prominence observed at the total solar eclipse of 1952 February 25. Proc. Section Sci. K. Nederl. Akad. Wetensch. (B) **55** 598—609, mit 2 Fig. = Circ. Astr. Inst. Univ. Amsterdam Nr. **6**. — Unter Annahme einer Elektronentemperatur von 5000° bzw. 15000° ergibt das Verhältnis Ba_c-Spektrum/kontinuierliches Spektrum zwischen den Balmerlinien eine Protonen- oder Elektronenkonzentration von 0.7×10^{10} cm^{-3} bzw. 5×10^{10} cm^{-3}. Aus der absoluten Intensität des kontinuierlichen Spektrums folgt dann eine Dicke der Protuberanz in der Gesichtslinie von 40000 km bzw. 6000 km. Loh.

G. Righini, Lo spettro della corona solare nell'eclissi del 25 febbraio 1952. Rend. Accad. Nazionale Lincei, Cl. Sci. fis., mat., nat. (8) **12** 563—565.

G. Righini, Lo spettro di una protuberanza quiescente. Vgl. Ref. **6642**.

J. F. Sadykow, E. M. Proskurina, Die totale Sonnenfinsternis am 25. Februar 1952 in der turkmenischen Sowjetrepublik. Aschchabad, Verlag Akad. Wiss. turkmen. Sowjetrepublik, 1952. 14 S. mit 1 Abb. und 1 Karte. Preis 1 R. (russisch). — Vorschau.

W. W. Scharonow, Die Sonnenfinsternis vom 25. Februar 1952. Astr Circ UdSSR Nr. 124 S. 2 (russisch). — Telegramm über erfolgreich verlaufene Expedition.

W. W. Scharonow, Visuelle Bestimmung der Farbe der Sonnenkorona am 25. Februar 1952. Astr Circ UdSSR Nr. 125 S. 2—3 (russisch). — Nach Beobachtungen mit einem Rosenbergschen Astrophotometer in Pitnjak ergab sich ein Farbunterschied ΔCI (Korona-Sonne) = $0^{m}.098$. Loh.

P. C. Schauer, The determination of geodetic positions and distances by means of a solar eclipse. Aeronautical Chart and Information Service Technical Report Nr. RL-ACIS-1 = Georgetown Obs. Monograph Nr. **2**. — Der Bericht betrifft eine Expedition nach Nordafrika, die zur totalen Sonnenfinsternis 1952 Februar 25 gemeinsam vom Georgetown Obs. und der US Air Force unternommen wurde. An sechs Stationen, davon fünf innerhalb der Totalitätszone, wurde zum Zwecke der geodätischen Ortsbestimmung der Intensitätsverlauf der Sonnenhelligkeit während der Finsternis photoelektrisch registriert. Der Bericht beschreibt nach einem Überblick über frühere ähnliche Versuche die Planung, Ausrüstung und Durchführung der Unternehmung. Für die zwei Stationen Bangui und Khartum werden vorläufige Ergebnisse mitgeteilt. Der Text ist durch Abbildungen und Tafeln ausführlich illustriert. T. L.

G. Schrutka-Rechtenstamm, Über die Sonnenfinsternis vom 25. Februar 1952, beobachtet auf der Kanzelhöhe. Anzeiger der Österreichischen Akad. Wiss. Math.-naturw. Kl. **89** 83—88, mit 1 Abb. = Mitt. Univ. Sternw. Wien **6** Nr. 1.

W. P. Schtscheglow, Die Sonnenfinsternis am 25. Februar 1952. Taschkent, Verlag Akad. Wiss. usbek. Sowjetrepublik, 1952. 36 S. mit 11 Abb. und 2 Karten. Preis 1 R. 50 Kop. (russisch). — Vorschau.

M. S. Selzer, Radiometrische Beobachtung der Sonnenkorona bei der totalen Sonnenfinsternis vom 25. Februar 1952. Astr Circ UdSSR Nr. 128 S. 6—8 (russisch). — Vorläufige Mitteilung.

F. J. M. Stratton, Total solar eclipse of February 25. Nature **169** 259—260. — Vorschau.

G. Tiercy, A propos de l'éclipse totale de soleil du 25 février 1952. Publ. Obs. Genève (A) **5** 179—188, mit 2 Fig. — Allgemeinverständliche Darstellung der bei Finsternissen beobachtbaren relativistischen Ablenkung des Lichtes eines Sternes am Sonnenrande und die Bedeutung der bevorstehenden Finsternis vom 25. 2. 1952 für dieses Problem. Loh.

A. F. Torondshadse, S. K. Wsechswjatskij, P. W. Grigorjew, S. A. Kaplan, N. W. Puschkow, A. M. Schulberg, W. A. Krat, O. P. Wassiljanowskaja, W. Beda, W. Plushnikow, Kurze Berichte der Expeditionen zur Beobachtung der totalen Sonnenfinsternis vom 25. Februar 1952. Astr Circ UdSSR Nr. 126 S. 2—14 (russisch). — Enthält die vorläufigen Berichte der Sternwarte Abastumani, Sternwarte Kiew, Universität Leningrad, Sternwarte Lemberg, Forschungsinstitut für Erdmagnetismus und der Sternwarten Odessa, Pulkowo, Stalinabad, Taschkent und Charkow.

M. Waldmeier, Die totale Sonnenfinsternis vom 25. Februar 1952. Naturwiss. Rundschau **5** 221—225, mit 6 Abb.

M. Waldmeier, Die Sonnenfinsternis-Expedition 1952 der Schweizerischen Naturforschenden Gesellschaft. Orion Schaffhausen **3** 356—363, 379—381, 423—428, mit 9 Abb. und 2 Tafeln. — 2. Das Programm. 3. Das Instrumentarium. 4. Ausfahrt. 5. Höhepunkt und Ausklang.

M. Waldmeier, Die sudanesische Sonnenfinsternis. Sternenwelt **4** 80—83, mit 4 Abb.

M. Waldmeier, Mit der Sonnenfinsternisexpedition 1952 der Schweizerischen Naturforschenden Gesellschaft nach dem Sudan. VJS der Naturf. Ges. Zürich **97** 293. — Auszug eines Vortrages.

Astr. Nachr. Berlin-Treptow **4** 10.

BSAF **66** 208—211, mit 2 Fig. L'éclipse partielle de Soleil du 25 février 1952. C. Roques, E. Roques, J.-M. Roques, H. Barberit, L. Vadot, J. Martinet, J. Martin, P. Pasquier, H. Gras, Y. Ferré, F. Servais, B. Solas.

BSAF **66** 342—349, mit 6 Fig. Avec la mission française du Bureau des Longitudes pour l'éclipse totale de Soleil à Khartoum (25 février 1952).

BSAF **66** 363—365, mit 4 Fig. En marge de l'éclipse totale du Soleil à Khartoum.

Coelum **20** 1, 55. Progetto di viaggio in egitto per l'osservazione dell'ecclisse solare totale del 25 febbraio 1952. IV, V.

Coelum **20** 87—88, mit 1 Fig. auf Tafel II. Osservazioni delle ecclisse solare e lunare del febbraio scorso.

Coelum **20** 123. Osservazione dell' eclisse solare parziale del 25 febbraio 1952.

Hemel en Dampkring **50** 16. De zonsverduisteringsexpeditie naar Khartoem.

Hemel en Dampkring **50** 37. Gedeeltelijke zonsverduistering op 25 Februari.

NAZ **6** 8. Partielle Sonnenfinsternis 1952 Febr. 25. C. Hoffmeister. — Beobachtung des Endes der Finsternis in Sonneberg.

Obs **72** 63—72. Khartoum expeditions for total solar eclipse of February 25th, 1952. Report on the meetings of eclipse astronomers. M. K. Aly.

Obs **72** 191—199. Colloquium on the solar eclipse of 1952 February 25, held in the Physics Department of the University of Leeds.

Sky and Telescope **11** 136, 145, mit 1 Fig. Eclipse of February 25th observed successfully.

Sky and Telescope **11** 222—223, mit 3 Fig. Eclipse observations from a B-29.

6212. Sonnenfinsternis 1953 Februar 14

S. Kadla, Die partielle Sonnenfinsternis vom 14. Februar 1953. AJ UdSSR **29** 622, mit 1 Tafel. — Vorschau.

6213. Sonnenfinsternis 1954 Juni 30

Supplement to the American Ephemeris, 1954. Total eclipse of the sun, June 30, 1954. Washington, United States Government Printing Office, 1952. 42 S. mit 2 Karten.

6214. Sonnenfinsternis 1955 Dezember 14

F. Arata, T. Takase, An annular eclipse of the sun, December 14, 1955. TAB (2) Nr. 47 S. 375—377.

6215. Sonnenfinsternis 1957 April 29/30

S. Habara, Y. Otoguro, An annular eclipse of the sun, April 29 and 30, 1957. TAB (2) Nr. 48 S. 379—381.

6216. **W. A. Bronstein,** Über die Helligkeit des Himmels bei einer totalen Sonnenfinsternis. AJ UdSSR **29** 718—727, mit 3 Abb. (russisch).

* * **J. Loodts,** La détermination des distances au moyen d'éclipses de soleil et d'occultations d'étoiles par la lune. Vgl. Ref. 13003.

* * **F. J. O'Connor,** Solar eclipses visible in Ireland between A. D. 400 and A. D. 1000. Vgl. Ref. 1425.

6217. Annular and partial solar eclipses in 1955, 1956, 1957, non-central total eclipse of 1957. US Naval Obs. Circ. Nr. **40,** 4 S.

§ 63

Flecke, Fackeln

6301. **R. Ananthakrishnan,** A note on the observations of sunspots recorded at Kodaikanal from 1903 to 1950. Kodaikanal Obs. Bull. Nr. **133,** 11 S. mit 4 Fig. — In dieser statistischen Untersuchung kommt Verf. zum Schluß, daß das von Waldmeier 1947 vorgeschlagene Schema der Sonnenfleckenklassifikation besser geeignet ist als das Cortiesche, das man in Kodaikanal seit 1903 benutzt hat. Loh.

* * **R. Ananthakrishnan,** Prominence activity and the sunspot cycle. Vgl. Ref. 6602.

* * **H.-J. Binge,** Vergleich solarer Erscheinungen mit der Veränderlichkeit von Sternen in Gasnebeln. Vgl. Ref. 11182.

6302. **Z. Britvić,** Problem der Maxima und der Anstiegsdauer der zyklischen Kurven der Sonnenflecken. Quarterly Bull. Astr. Obs. Zagreb Nr. **1** S. 5—8, mit 1 Fig.

6303. **E. Chvojková,** Prediction of solar activity for several cycles. BAC **3** 21—25, mit 4 Fig. — Die letzten achtzehn Zyklen der Sonnenaktivität werden diskutiert und die charakteristischen Größen: maximale Relativzahl, Länge des Zyklus und Zeitpunkt des Maximums neu bestimmt. Es ergeben sich für die maximale Relativzahl zwei Perioden von 80 Jahren für ungerade und von 55 Jahren für gerade Zyklen. Sind beide Funktionen in gleicher Phase, ist $R_{\max}$ relativ hoch, sind beide in entgegengesetzter Phase, ist $R_{\max}$ niedrig. Die Methode wird zur Vorhersage der beiden nächsten Zyklen (Nr. 19 und 20) benutzt. U. Be.

6304. **M. Dizer,** Quelques propriétés des groupes de taches solaires. Publ. Istanbul Univ. Obs. Nr. **46**, 7 S. — Ref. in Phys. Abstracts (A) **57** 799. — Unter der Voraussetzung, daß Entstehung und Verschwinden der Fleckengruppen zeitlich völlig zufällig verteilt sind, wird für den Zeitraum **1934—1944** die Anzahl der Tage berechnet, an welchen 0, 1, 2 usw. Fleckengruppen gemeinsam hätten entstehen oder verschwinden müssen. Die Anzahl der Tage, an welchen das Entstehen bzw. Verschwinden von mindestens drei Gruppen beobachtet wurde, liegt merklich höher als die berechnete Anzahl. Daraus wird auf eine Tendenz zum gleichzeitigen Entstehen und Verschwinden mehrerer Gruppen geschlossen und eine gemeinsame Auslösung des Vorgangs vermutet. Bru.

6305. **O. Engelstoft,** Solpletaktiviteten. Urania Kopenhagen **9** 64—66.

* * **J. Friends,** Sunspot observation with small telescopes. Vgl. Ref. 2047.

6306. **W. Gleissberg,** Die Häufigkeit der Sonnenflecken. Berlin, Akademie-Verlag, 1952. Band **2** der «Scientia Astronomica», Monographien aus dem Gesamtbereich der Astronomie und kosmischen Physik. 11 + 91 S. mit 29 Abb. Preis DM 14. — Besprechung in Mitt. AG **1952** 71—72 (F. W. Jäger), Sterne **29** 173—174 (P. Ahnert), Sternenwelt **5** 75—76 (W. Rabe). — Nach Darlegung der Beobachtungsgrundlagen im ersten Kapitel werden in den nachfolgenden vier Kapiteln die beobachteten Vorgänge und die Ergebnisse ihrer statistischen Auswertung mitgeteilt. Im sechsten Kapitel wird gezeigt, auf welche Weise die zur Diskussion stehenden Theorien das Phänomen der Variation der Sonnenfleckenhäufigkeit zu deuten versuchen. Das letzte Kapitel behandelt die mit der Fleckenhäufigkeit in Korrelation stehenden Erscheinungen.

6307. **W. Gleissberg,** Über die Anzahl der Neubildungen von Sonnenfleckengruppen. AN **281** 1—5. — Es wird gezeigt, daß die von Blaha und Kopecký festgestellte Differenz zwischen der beobachteten und der aus der Interpretation der Stewart-Panofskyschen Sonnenfleckenformel folgenden Anzahl von Gruppenbildungen auf der Sonne von dem Einfluß der in der Sonnenfleckenhäufigkeit auftretenden Variationen kurzer Dauer herrührt, die von der genannten Formel nicht erfaßt werden. Verf.

6308. **A. Hess,** Über einen engen Zusammenhang zwischen den Bewegungen der vier größten Planeten und der Sonnenfleckentätigkeit. Trier, Selbstverlag, 1952, 7 S. mit 4 Abb. — Verf. zeigt, daß die Schwankungen der Sonnenfleckenhäufigkeit von den Bewegungen der vier großen Planeten Jupiter, Saturn, Uranus und Neptun abhängig sind.

6309. **M. Hotinli,** Fourth preliminary report on the solar foreshortening and asymmetry observations of the AAVSO. Publ. Istanbul Univ. Obs. Nr. **45**, 3 S. — Zusammenfassung der 12734 Fleckenbeobachtungen von 32 Mitgliedern der Solar Division der AAVSO aus den Jahren 1948—1950. In allen drei Jahren ergibt sich ein Westüberschuß der Fleckenzahlen. Bru.

6310. **T. D. Kinman,** Motions in the sun at the photospheric level. II. The Evershed effect in sunspot Mt. Wilson No. 9987. MN **112** 425—444, mit 6 Fig. = Commun. Univ. Obs. Oxford Nr. **35**. — Verf. hat von 237 Punkten in der Penumbra und der weiteren photosphärischen Umgebung eines großen Sonnenflecks (Mt. Wilson Nr. 9987) Bewegungskomponenten in der Blickrichtung mit hoher Genauigkeit gemessen. Es wird gezeigt, daß die Bewegungsverhältnisse in der Penumbra zylindrische Symmetrie besitzen. Die nach außen gerichtete horizontale Komponente beträgt an der Umbra-Grenze etwa 1 km/sec, erreicht in der Mitte der Penumbra etwa 2 km/sec, um außerhalb des Flecks in der Photosphäre zu verschwinden. Tangentiale und vertikale Komponenten sind kleiner als die Meßgenauigkeit (± 1 km/sec). Schließlich wird abgeschätzt, daß zur Aufheizung und Bewegung des Penumbra-Materials ein Energiebetrag benötigt wird, der der absorbierten Strahlung entspricht. Micz.

6311. **W. Kraul,** Über die Reduktion von Sonnenfleckenbeobachtungen auf die internationale Züricher Skala. Sterne 28 186—188.

6312. **F. Link,** Asymétries solaires. IV. BAC 3 15—16, mit 1 Fig. — Unter der Annahme, daß die Sonnenaktivität die meteorologischen Verhältnisse beeinflußt, wird die Ost-West-Asymmetrie diskutiert. U. Be.

6313. **F. Link, D. Mášková,** Asymétries solaires. V. BAC 3 85—90, mit 5 Fig. — Der Ostüberschuß der Fleckengruppen und Eruptionen wird mit 4% bzw. 5% angegeben. Ein Gang des Ostüberschusses mit der Phase des Fleckenzyklus ist vorhanden. Der mögliche Ursprung der Asymmetrie wird zum Teil in meteorologischen Gründen gesehen. U. Be.

6314. **C. Macris,** Sur la vie moyenne des granules faculaires et des plages lumineuses dans la pénombre des taches. CR **235** 868—869. — Ref. in Sternenwelt 5 27, Phys. Abstracts (A) **56** 86. — Aus einer umfangreichen kinematographischen Aufnahmereihe von Lyot — 1943 auf dem Pic-du-Midi aufgenommen — untersuchte Verf. die Lebensdauer der Granula. Im Mittel beträgt sie 6—8 Minuten, als Grenzen kann man 1 und 12 Minuten angeben. Die hellen Fleckchen in der Penumbra sind mehr als eine halbe Stunde beständig. Loh.

6315. **K. G. Meldahl,** Tidal Forces in the Sun's Corona due to Planets. Teil 3. Kopenhagen, Berlingske Forlag, 1952. 14 S. mit 16 Fig. — Besprechung in Nature 170 482—483.

6316. **R. Michard,** Nouvelles observations photométriques des taches solaires. CR **235** 791—793 = Contr. Inst. d'Astrophys. Paris (A) Nr. **118**. — Ref. in Phys. Abstracts (A) **56** 86, Sternenwelt 5 27. — Gestützt auf eine ausgedehnte Beobachtungsreihe, untersucht Verf. die Änderungen des Verhältnisses I'/I der Helligkeit im Fleckenzentrum zur Helligkeit der normalen Photosphäre als Funktion der Wellenlänge, der Entfernung des Flecks vom Zentrum der Sonnenscheibe und der Größe des Flecks. Verf. (übersetzt)

6317. **R. Michard,** Les conditions physiques dans les grandes taches solaires déduites de leur spectre. CR **235** 1608—1610 = Contr. Inst. d'Astrophys. Paris (A) Nr. **138** erster Teil. — Ref. in Phys. Abstracts (A) **56** 286. — Temperatur, Elektronendruck und Gasdruck im Zentrum eines großen Flecks werden als Funktion der optischen Tiefe und dann auch der geometrischen unter Verwendung eigener, ten Bruggencatescher und von Klüberscher Spektralaufnahmen bestimmt. Verf. (übersetzt)

6318. **O. N. Mitropolskaja,** Herleitung der Wachstumskurve und Untersuchung der physikalischen Bedingungen in den Sonnenfackeln. Mitt. Astrophys. Obs. Krim 8 93—114, mit 3 Abb. (russisch). — Ref. in Astr. News Letter Nr. **70** S. 12. — Aus Fackel- und benachbarten Photosphärenspektren wurden Äquivalentbreiten von 76 Linien verschiedener Elemente bestimmt. In den Fackeln sind die Äquivalentbreiten der neutralen Atome zumeist kleiner als in der Photosphäre. Mit Ausnahme für Ca II ist für alle ionisierten Linien das Gegenteil der Fall. Die aus 34 neutralen Fe-Linien hergeleiteten Wachstumskurven für Fackeln und Photosphäre unterscheiden sich ein wenig. Aus den Linien der neutralen Elemente ergibt sich ein Temperaturunterschied zwischen Fackeln und Photosphäre von 122°, aus denen der ionisierten von 302°. Das abweichende Verhalten der H- und K-Linien (Ca II) kann durch die Annahme eines Ultraviolettüberschusses jenseits der Lymangrenze erklärt werden. Loh.

6319. **H. W. Newton,** Reports on the progress of astronomy: Solar activity. MN **112** 332—333.

6320. **H. W. Newton, H. Howe,** Area changes in sunspots and solar flare incidence. Obs **72** 111—117, mit 4 Fig. — Versuche, einen Zusammenhang zwischen Änderungen der Fläche von Fleckengruppen und dem Auftreten von Eruptionen in den Gruppen und zwischen Flächenänderungen und dem Auftreten magnetischer Stürme zu finden, brachten ein negatives Ergebnis. Es zeigte sich nur für hellere Eruptionen eine größere Neigung zum Auftreten in einem fortgeschritteneren Entwicklungsstadium der Gruppen. O. G.

6321. **I. Nickel, G. Schirdewahn,** Bericht über die Auswertung von Sonnenbeobachtungen 1951. Mitt. Archenhold-Sternw. Berlin Nr. **27**, 8 S.

6322. **T. Nicolini,** Periodicità solare ed epoche di Wolf-Wolfer. Atti Convegno Astr. Milano-Merate Settembre **1952** S. 51—52 = Oss. Astr. Capodimonte-Napoli, Collezione Miscellanea **1** Nr. 5.

6323. **S. M. Ostrow, M. PoKempner,** The differences in the relationship between ionospheric critical frequencies and sunspot number for different sunspot cycles. J. Geophys. Res. **57** 473—480, mit 11 Fig. — Unter Benutzung der längsten Beobachtungsreihen für Grenzfrequenzen der F2-Schicht, das sind die Beobachtungsreihen von Washington und Watheroo, werden für die Jahre 1934—1952 die Beziehungen zwischen den ausgeglichenen Monatsmitteln der Grenzfrequenzen und der Züricher Sonnenfleckenrelativzahlen hergeleitet. Es ergibt sich, daß diese Relation für den abgelaufenen und für den augenblicklichen Sonnenfleckenzyklus etwas verschieden ist, und zwar ist diese Differenz bedingt durch stärkere Abweichungen für die Monate in der Nähe der Äquinoktien. Die Ursache dieser Verschiedenheit ist noch nicht geklärt, aber sie zeigt, daß man bei der üblicherweise auf den Sonnenfleckenrelativzahlen basierten Voraussage der Grenzfrequenzen vorsichtig sein muß. H. M.

6324. **L. Pajdušáková-Mrkosová,** Relation entre l'activité des hémisphères boréal et austral solaires. BAC **3** 17—21, mit 5 Fig. — Sowohl die Fleckenhäufigkeit als auch die Eruptionstätigkeit auf der N- und S-Halbkugel sind praktisch unabhängig. Speziell wird die Realität der von Waldmeier und anderen beobachteten «Spiegel-Flecken» untersucht. U. Be.

6325. **E. Pettit,** The sunspot with longest life. Leaflet ASP Nr. 269, 8 S., 1951. — Eine Übersetzung findet sich in Urania Kopenhagen **9** 52—58.

6326. **M. Roggenhausen,** Die Sichtbarkeitsfunktion der Sonnenflecken. ZfA **30** 249—260, mit 5 Abb. = Mitt. Fraunhofer-Inst. Freiburg Nr. **6**. — Durch eine statistische Näherungsmethode wurde die Sichtbarkeitsfunktion für Sonnenfleckengruppen in Abhängigkeit vom Winkelabstand vom scheinbaren Scheibenmittelpunkt bestimmt. Für die Auswertung wurde das vorliegende Fleckenmaterial in Fleckengruppen mit bestimmter Fleckenanzahl (Fleckengruppenklassen) und in Fleckengruppen bestimmter Typen nach der Klassifikation von W. Brunner (Fleckengruppentypen) unterteilt. Es wurde erstens die scheinbare Häufigkeitsverteilung der Gesamtzahl aller Fleckengruppen, zweitens die scheinbare Häufigkeitsabnahme einzelner Fleckengruppenklassen und drittens die Veränderung der Häufigkeit einzelner Fleckengruppentypen zum Sonnenrande hin ermittelt. Verf.

6327. **A. Schlüter, S. Temesváry,** Über den Aufbau der Sonnenflecken. Phys. Verhandlungen **3** 159—160. — Ref. AG.

6328. **S. S. Shurawlew,** Der Spektraltyp der Sonnenflecken. Astr Circ UdSSR Nr. 126 S. 14—15 (russisch). — Aus acht am Sonnenteleskop der Leningrader Universität aufgenommenen Spektrogrammen größerer Flecken und einem Photosphärenspektrum wurde über das Intensitätsverhältnis H β/4872 der Spektraltyp der Flecken zu G8 ($\odot$ = G2) bestimmt. Loh.

6329. **W. F. Tschistjakow,** Über die Tiefe des heranrückenden Minimums der Sonnenaktivität. Astr Circ UdSSR Nr. 122 S. 10—12, mit 1 Abb. (russisch).

6330. **W. F. Tschistjakow,** Prognose der Sonnenaktivität im 19. Zyklus. Astr Circ UdSSR Nr. 130 S. 10—12, mit 1 Abb. (russisch). — Wird weniger ausgeprägt sein als der 18. Zyklus.

6331. **J. Tuominen,** On the dependence of the systematic drift of sunspots in heliographic latitude on phase in the 22-year cycle of the sun. ZfA **30** 261—274, mit 3 Fig. = Sonderdruck Astr. Obs. Helsinki. — Die vom Verf. vor zehn Jahren begonnene Untersuchung über die Strombewegung in Breite der langlebigen Sonnenflecken wird fortgesetzt unter Berücksichtigung des magnetischen 22jährigen Fleckenzyklus. Das Eigenbewegungsmaterial wird in zwei Maximum- und zwei Minimumintervalle aufgeteilt, jeweils zu geraden und ungeraden Zyklen. Die Breitenbewegung wird als abhängig von der Phase des 22jährigen Zyklus gedeutet. Die Ergebnisse im einzelnen: $b < 7°$ (b = Äquatorabstand): immer Strömung zum Äquator; $7° < b < 20°$: oszillierende Bewegungsrichtung in Phase mit dem 22jährigen Zyklus; $b > 20°$ meist Bewegung zum Pol. U. Be.

* * **R. Q. Twiss,** Excess radio noise from solar flares and sunspots. Vgl. Ref. **6531**.

6332. **A. F. Wilkins,** Forecasting sunspot variations to 1957. Wireless Eng. **28** Nr. 337 S. 298—299, 1951.

6333. **E. Zinner,** Ältere Beobachtungen von Sonnenflecken. Naturforschende Ges. Bamberg. Sonderdruck aus dem **33.** Bericht 1952 = Kleine Veröff. Remeis-Sternw. Bamberg Nr. **7** S. 36—37. — Enthält ein Literaturverzeichnis der seit 1610 und seit 165 v. Chr. beobachteten Flecken.

6334. A synopsis of solar activity from 1928 to 1950 inclusive, derived from the quarterly solar summaries. Mem BAA **37** part 2 S. 9—12.

6335. Zur Frage der planetarischen Steuerung der Sonnentätigkeit. Sterne **28** 247, mit 1 Abb. — Graphische Darstellung des zu erwartenden Verlaufs der Sonnentätigkeit im Jahre 1952.

6336. Induktionsfluß durch starke Sonnenfleckengruppen. Sternenwelt **4** 227. — Ref. der in AJB **51** Ref. **6318** zitierten Arbeit von Grotrian und Künzel.

6337. **Beobachtungen von Sonnenflecken**

AJ **57** 56. Summary of sunspot observations at Mount Holyoke College, 1951. A. H. Farnsworth.

Bol. Astr. Obs. Madrid **4** Nr. 5 S. 45—72, mit 6 Fig. Observaciones de manchas solares. (Números relativos de Wolf). Observaciones realizadas en los observatorios de Madrid, Valencia, Cartuja (Granada) y Ebro en 1951. E. Gullón.

Bol. Mensual Obs. Cartuja, Granada. Observaciones astronómicas y sísmicas. Enero a Diciembre de 1950. 9 S. Estadística de actividad solar. J. A. Burgos. — Rotationen 1288—1301.

Desgl. für 1951. 8 S. — Rotationen 1301—1315.

Bol. Obs. Ebro **37,** 67 S. Heliofisica 1949.

BSAF **66** 37—39, 82, 104, 157, 189, 258, 294, 359, 374, 445, 482, mit 12 Fig. L'activité solaire. M. d'Azambuja.

BSAF **66** 375. Nombres relatifs de Wolf pour l'année 1951. M. Waldmeier.

Bull. Obs. Astr. Belgrade 8—**13** 14—20, 21—24. Activité des taches solaires au cours de l'année 1943, 1944. M. Protitch, B. Ševarlić.

Bull. Obs. Astr. Belgrade 8—**13** 31—36. Activité des taches solaires au cours de l'année 1945. M. Protitch.

Bull. Obs. Astr. Belgrade **8—13** 37. Activité des taches solaires au cours des mois octobre—décembre 1945. P. Djurković.

Bull. Obs. Astr. Belgrade **8—13** 48—54. Activité des taches solaires au cours de l'année 1946. M. Protitch, V. Oskanjan.

Bull. Obs. Astr. Belgrade **8—13** 55—56. Activité des taches solaires au cours des mois de janvier—août 1946. P. Djurković.

Bull. Obs. Astr. Belgrade **8—13** 65—69, 70—73. Activité des taches solaires au cours de l'année 1947. M. Protitch, V. Oskanjan.

Bull. Obs. Astr. Belgrade **8—13** 80—82, 83—87. Activité des taches solaires au cours de l'année 1948. M. Protitch, V. Oskanjan.

Bull. Astr. Obs. Beograd **16** Nr. 1—4 S. 34—36, mit 1 Tafel. Activité des taches solaires au cours de l'année 1951. M. Simić, M. Protitch.

Ciel et Terre **68** 45—52, mit 1 Fig. = Commun. Obs. Roy. Belgique Nr. **37**. Observations des taches solaires en 1951. G. Coutrez.

Ciel et Terre Suppl. 1952, mit 12 Abb. — Rotationen Nr. 1315—1326.

Ciel et Terre **68** 54—55, 100, 147, 183, 228—229, 295. Observations des taches solaires. G. Coutrez. — Rotationen 1313—1326.

Circ. Astr. Obs. Kiew Nr. **55—60** (russisch). Die Sonnenaktivität September 1951 bis Februar 1952.

Circ. Astr. Obs. Lwow Nr. 20—21. 36 S. Sonnenflecke, Fackeln und Protuberanzen von April bis September 1951. T. L. Mandrykina, R. B. Teplizkaja.

Coelum **20** 23, 88—89, 123—124, 154, 183, mit 5 Fig. — Beobachtungen von Oktober 1951 bis September 1952.

Commun. Obs. Roy. Belgique Nr. **53**. Observations des taches solaires en 1952. 29 S. G. Coutrez. — Rotationen Nr. 1315—1328.

Glasnik Mat.-Fiz. Astr. (2) **7** 115—121 (kroatisch mit engl. Ref.). Sunspots in the year 1950. A. Gilić.

Greenwich photo-heliographic results 1939. Results of measures made at the Royal Observatory, Greenwich, of photographs of the sun, taken at Greenwich, the Cape and Kodaikanal in the year 1939. London, Her Majesty's Office, 1952. C 8 + 141.

Desgl. für 1940. C 7 + 113.

Desgl. für 1945. C 7 + 82.

Hemel en Dampkring **50** 117, 140, 154, 178, 200, 220. Zonnevlekkengetallen.

J. Geophys. Res. **57** 138, 310, 419, 534. Provisional sunspot-numbers for October 1951 to September 1952. M. Waldmeier.

J. Geophys. Res. **57** 413—415, mit 1 Fig. Final relative sunspot-numbers for 1951. M. Waldmeier.

Mem BAA **37** part 2 S. 1—14, mit 2 Fig. The British Astronomical Association. Section for the observation of the sun. Seventeenth report of the Section 1928 January to 1950 June, inclusive.

Mem BAA **37** part 2 S. 8. Observations of sunspots. M. Moye.

Mem BAA **37** part 2 S. 12—13, mit 1 Abb. Giant sunspot groups from 1928 January to 1950 June inclusive.

Mem BAA **37** part 2 S. 14. Sunspot chart, 1928—1950.

Mem SA It (NS) **23** 129—135 = Oss. Astr. Roma — Monte Mario Contr. Sci. Nr. **179**. — Area, posizione eliografica e classifica delle macchie solari durante il 2° semestre 1951, secondo i rilievi fotografici giornalieri dell' Osservatorio Astronomico di Roma. M. Cimino, T. Fortini.

Mem SA It (NS) **23** 205—214, mit 1 Fig. = Oss. Astrofis. Catania Contr. Astrofis. Nr. **74**. L'attività del Sole nel anno 1951. L. Taffara.

Mitt. Astr. Obs. Odessa **2** Nr. 2 S. 33—46 (russisch). Sonnenfleckenbeobachtungen am Astronomischen Observatorium Odessa von 1924 bis 1929. E. L. Schodo.

MN **112** 570—573. Mean areas and heliographic latitudes of sunspots in the year 1947. Royal Observatory, Greenwich. — Fortsetzung der zuletzt in MN **111** 422 gegebenen statistischen Übersicht über die von Flecken und Fackeln bedeckte Fläche der Sonnenscheibe sowie die mittlere heliographische Breite der Flecken und Fackeln im Verlauf des Jahres 1947.

National Obs. Athen Bull. Astr. Inst. 1952 S. 1—14. D. P. Elias, J. E. Focas, C. J. Macris. — Rotationen 1316—1324.

Nature **170** 143. A recent sunspot.

Obs **72** 211—212. Solar notes. H. W. Newton.

Orion Schaffhausen **3** 367. Definitive Sonnenfleckenrelativzahlen für 1951.

Orion Schaffhausen **4** 35. Große Sonnenfleckengruppe nach fleckenarmen Tagen.

Orion Schaffhausen **4** 35. Prov. Sonnenfleckenrelativzahlen für Januar — September 1952.

Publ ASP **64** 32—34, 77—79, 136—138, 205—206, 270—271, 317—319. Summary of Mount Wilson magnetic observations of sunspots. — 1951 September—1952 August.

Publ ASP **64** 67—70, mit 1 Fig. Sunspot activity during 1951. S. B. Nicholson.

Publ. Istanbul Univ. Obs. Nr. **44,** 11 S. Observations des taches solaires en 1951. E. Tüzemen.

Publ. Sternw. Zürich **10** 1—28, mit 14 Abb. Heliographische Karten der Photosphäre für das Jahr 1951. M. Waldmeier.

Quarterly Bull. Astr. Obs. Zagreb Nr. **1** S. 1—4. Observations of the sunspots. Z. Britvić. — Beob. Jan.—März 1952.

Quarterly Bulletin on Solar Activity Nr. **93—96.** Published by the Eidgen. Sternwarte in Zürich. — 1951 Jan.—Dez.

Southern Stars **15** 75—77 = Carter Obs. Repr. Nr. **18.** The reduction of New Zealand sunspot numbers. I. L. Thomsen.

Sterne **28** 31. Definitive Sonnenflecken-Relativzahlen für 1950. M. Waldmeier.

Sterne **28** 116. Definitive Sonnenflecken-Relativzahlen für 1951. M. Waldmeier.

Sternenwelt **4** 20—22, mit 3 Abb. Die Sonnentätigkeit im dritten Quartal 1951. R. Müller.

Sternenwelt **4** 103—104, mit 2 Abb. Die Sonnentätigkeit im 4. Vierteljahr 1951. R. Müller.

Sternenwelt **4** 180—181, mit 2 Abb. Die Sonnentätigkeit im 1. und 2. Quartal 1952. R. Müller.

Tellus **4** 241—248, mit 2 Fig. = Stockholms Obs. Medd. Nr. **74.** Sunspot areas, flares and filaments observed at the Stockholm Observatory in the years 1950 and 1951. Y. Öhman, L. O. Lodén.

Tokyo Astr. Obs. Bull. Solar Phenomena **3** 53—67, **4** 1—45, mit Fig. — 1951 Okt.—1952 Sept.

US Naval Obs. Circ. Nr. **34—36, 39,** 35 S. Positions, areas and counts of sunspots August 1951—August 1952. L. T. Day.

US Naval Obs. Circ. Nr. **37—38,** 51 S. Solar summary for 1950 and 1951.

Urania Kopenhagen **9** 78—79. To store Solpletter. O. Engelstoft.

Veröff. Fraunhofer-Inst. Freiburg. Sonnen-Zirkular 1951 Okt.—1952 Sept. 242 S. mit Abb.

VJS der Naturf. Ges. Zürich **97** 115—126, mit 2 Abb. = Astr. Mitt. Sternw. Zürich Nr. **180.** Die Sonnenaktivität im Jahre 1951. M. Waldmeier.

§ 64

Photosphäre, Spektrum

6401. **A. Abt,** Hyperfine structure in the solar spectrum. ApJ **115** 199—205, mit 3 Fig. — Die berechneten Halbwertsbreiten einer Reihe von Linien des Mn I, V I, Co I und Cu I mit Hyperfeinstruktur werden mit im Utrechter Sonnenatlas gemessenen verglichen. Die Übereinstimmung ist befriedigend. Linien des Sonnenspektrums, die durch Hyperfeinstruktur verbreitert sind, besitzen im Sonnenspektrum Wellenlängenverschiebungen gegenüber den Laboratoriumswerten nach der schwachen Seite der Hyperfeinstruktur. Der Einfluß der Hyperfeinstruktur auf die Lage der Linien auf der Wachstumskurve wird erörtert. Micz.

* * **M. G. Adam,** Interferometric measurements of wave-lengths. I. Development of the method of circular channels and its application at 5080 Å and 6020 Å. Vgl. Ref. **201**.

6402. **M. Cimino,** Sulla variazione del profilo di alcune righe spettrali dal centro al lembo del Sole. II. Rend. Accad. Nazionale Lincei, Cl. Sci. fis., mat., nat. (8) **13** 120—126 = Oss. Astr. Roma — Monte Mario Contr. Sci. Nr. **180**. — Fortsetzung der Untersuchung in Contr. Nr. **161** (AJB **50** Ref. **6404**). Beschreibung des dort gebrauchten Mikrophotometers, der Registrierung und Kalibrierung der Sonnenspektrogramme. F. Z.

6403. **D. Crespin,** Sur l'abondance du deutérium dans l'atmosphère solaire. Bull. Cl. Sci. Acad. roy. Belgique (5) **38** 838—850, mit 2 Fig. = Inst. d'Astrophys. Univ. Liège Mém. 8° Nr. **348**. — Ref. in Phys. Abstracts (A) **56** 599. — Verf. diskutiert die für den inneren Aufbau der Sonne so wichtige Rolle des Deuteriums und führt eine Abschätzung des Häufigkeitsverhältnisses D/H aus den Balmer- und Paschenlinien durch. Es scheint, daß Deuterium in der Sonne seltener ist als auf der Erde. Loh.

6404. **J. Dufay,** Sur la recherche des raies interdites $^2D—^2P$ de l'atome neutre d'azote dans le spectre d'absorption de l'atmosphère solaire. Ann d'Astrophys **15** 359—360, mit 1 Fig. — Ref. in Phys. Abstracts (A) **56** 600. — Die Möglichkeit, eine bei λ 10397.57 Å im Sonnenspektrum beobachtete schwache Absorptionslinie einem verbotenen Übergang des N I zuzuschreiben, wird erörtert. Micz.

6405. **P. B. Fellgett, F. B. Schmeidler,** On the sharpening of observational data with special applications to the darkening of the solar limb. MN **112** 445—451 mit 2 Fig. = Contr. Cambridge Obs. Nr. **11**. — Es wird eine Methode beschrieben, um aus einer empirischen Funktion, die infolge eines bekannten Streuprozesses verzerrt ist, die zugrunde liegende wahre Funktion zu bestimmen. Als Anwendungsbeispiel wird die Neureduktion von Göttinger Messungen des Helligkeitsabfalls am Sonnenrande während der partiellen Sonnenfinsternis vom 28. 4. 1949 besprochen. Kdr.

6406. **F. N. Frenkiel, M. Schwarzschild,** Preliminary analysis of the turbulence spectrum of the solar photosphere at long wave lengths. ApJ **116** 422—427, mit 2 Fig. — Ref. in Phys. Abstracts (A) **56** 504. — Für die Turbulenzgeschwindigkeit in der Sonnenphotosphäre haben Richardson und Schwarzschild aus Dopplerverschiebungen im Spektrum der Granulation einen kleineren Wert bestimmt als aus Linienprofilen folgt. Zur Aufklärung dieser Diskrepanz wurde ihr Beobachtungsmaterial einer genaueren statistischen Behandlung unterworfen, die darauf schließen läßt, daß das photosphärische Turbulenzspektrum neben einem vermuteten Maximum bei kleinen Wellenlängen ein zweites Maximum bei etwa 15000 km Wellenlänge besitzt. Kdr.

6407. **D. M. Gates, R. F. Calfee, B. E. Cohn,** Spectral solar energy in the near infrared. Phys. Rev. (2) 88 157. — Ref. Am. Phys. Soc.

6408. **J. Gauzit,** L'atome d'hydrogène lourd et le spectre du soleil. CR **234** 1951—1953. — Trotz der großen Unsicherheit der numerischen Unterlagen erscheint es nicht wahrscheinlich, daß die relative Häufigkeit des schweren Wasserstoffs in der Sonnenatmosphäre größer sein könnte als auf der Erde. Loh.

6409. **J. Gauzit,** Identification probable des raies interdites infrarouges de l'atome neutre d'azote dans le spectre du soleil. CR **234** 2156—2157. — Unter der Annahme, daß λ 10406.98 eine verbotene Stickstofflinie ist, ergibt sich aus der gemessenen Äquivalentbreite von 0.09 Å und den Pasternackschen Übergangswahrscheinlichkeiten eine Besetzung des ^2D-Niveaus, aus der man bei einer Anregungstemperatur von 5000° schließlich als Gesamtzahl der normalen N-Atome über der Photosphäre $4 \times 10^{21}/cm^2$ findet. Das ist wesentlich mehr als sich bisher ergeben hatte. Loh.

6410. **L. Goldberg, R. R. McMath, O. C. Mohler, A. K. Pierce,** Identification of CO in the solar atmosphere. Phys. Rev. (2) 85 140. — Ref. in Sky and Telescope 11 117. — Mit dem Infrarotspektrometer am Snow-Telescope auf Mt. Wilson wurden zwischen λ 23100 und 23300 Å fünfzehn schwache Linien beobachtet, deren Intensität von der Scheibenmitte nach dem Sonnenrand zunimmt, was den Schluß nahelegt, daß es sich dabei um in verhältnismäßig hohen Schichten der Sonnenatmosphäre entstehende Linien molekularen Ursprungs handelt. Sie konnten als Teile des positiven Zweiges der 3-1 Rotationsschwingungsbande des CO-Moleküls identifiziert werden. Temesváry

6411. **L. Goldberg, R. R. McMath, O. C. Mohler, A. K. Pierce,** The abundance of CO in the sun and in the earth's atmosphere. Phys. Rev. (2) 85 481—482. — Ref. in Sky and Telescope 11 117. — Der Nachweis von CO in der Sonnenatmosphäre wurde durch die Identifikation von über hundert Linien zwischen λ 23000 und 24000 Å weiter gesichert. Mit $N = 10^{19}$ Moleküle/cm^2 steht das Kohlenmonoxyd an der Spitze aller Moleküle, deren Häufigkeit über der Sonnenoberfläche bestimmt werden konnte. Auf Grund dieser Ergebnisse werden frühere Beobachtungen von CO-Banden bei 4.7 μ, die der Erdatmosphäre zugeschrieben wurden, neu diskutiert. Temesváry

6412. **J. Houtgast,** Observations and computations about centre-limb variations of Fraunhofer lines. BAN 11 475—488, mit 14 Fig. — Verf. berichtet über Technik und Ergebnisse (Äquivalentbreiten und Halbwertsbreiten für mittelstarke Linien im Bereich $\lambda\lambda$ 4000—4100 Å) von Mitte-Rand-Beobachtungen der Sonne. Die leichte Verstärkung der Linien bei $\cos \vartheta \approx 0.3$ hängt nur schwach vom Anregungspotential ab. Eine etwas kräftigere Verstärkung wird bei schwachen Linien beobachtet, die in den Flügeln starker Linien liegen. In allen Fällen läßt sich das Verhalten der Linien recht gut mit Hilfe eines Sonnenmodells darstellen, das zwischen dem von Claas und dem von de Jager liegt. Dabei ist angenommen, daß die Linien formal durch wahre Absorption entstehen. Vom atomaren Standpunkt aus ist diese «wahre Absorption» nur verständlich, wenn man — so meint Verf. — einen gewissen Anteil inkohärente Streuung zum Linienabsorptions- (besser Linienstreu-) Koeffizienten annimmt. Labs

6413. **J. Houtgast,** Polarisatie aan de rand van zon en sterren. Ned. T. Natuurk. 18 7—12, mit 2 Fig. = Sterrekundig Colloquium van de Nederlandse Astronomen-Club Nr. **10.**

6414. **C. de Jager, L. Neven,** The interpretation of the observed hydrogen lines in the infrared solar spectrum. I, II. Proc. Section Sci. K.

Nederl. Akad. Wetensch. (B) **55** 153—164, 165—173, mit 7 Fig. = Commun. Obs. Roy. Belgique Nr. **43**. — Für die Paschen- und Brackett-Linien werden die Konturen unter Berücksichtigung des Starkeffekts der umgebenden Ionen berechnet. Beim Vergleich mit den beobachteten Konturen zeigt sich, daß die berechneten viel enger sind, am ausgeprägtesten bei den Brackett-Linien. Ein Beitrag der Elektronen zur Starkverbreiterung kann diese Diskrepanz nicht erklären. Einen klaren Hinweis auf das Vorhandensein einer Überanregung gibt es nicht. Loh.

6415. C. de Jager, The hydrogen spectrum of the sun. Rech. Astr. Obs. Utrecht **13** Part 1, 93 S. mit 38 Fig. — In der Arbeit werden zunächst verschiedene Meßreihen von Linienprofilen der Balmerlinien an mehreren Stellen der Sonnenscheibe sowie der Paschen- und Brackett-Linien im Zentrum der Scheibe mitgeteilt. Mit Hilfe dieses Materials wird ein Modell der Sonnenatmosphäre berechnet, das sowohl die beobachteten Profile, als auch die Energieverteilung im Kontinuum und die kontinuierliche Randverdunklung zwischen 4000 und 23000 Å befriedigend darstellt. Untersuchungen über die Verbreiterung der Wasserstofflinien und über einige Probleme der Linienüberlagerung schließen sich an. In den letzten Kapiteln wird ein Arbeitsmodell für die Chromosphäre und Korona entwickelt. Kdr.

6416. M. Migeotte, L. Neven, High-dispersion solar spectrograms between 15 μ and 24 μ. ApJ **115** 326 = Inst. d'Astrophys. Univ. Liège Mém. 8° Nr. **340**. — Notiz über Registrierung des infraroten Sonnenspektrums zwischen 14 μ und 24 μ mit hoher Dispersion und Identifizierung einiger Banden. Micz.

6417. M. Migeotte, A. H. Nielsen, Comparaison de spectres solaires enregistrés au Mont Wilson (Etats-Unis) et au Jungfraujoch (Suisse). Bull. Cl. Sci. Acad. roy. Belgique (5) **38** 366—375, mit 5 Fig. = Inst. d'Astrophys. Univ. Liège Mém. 8° Nr. **345**. — Bei 24475, 15025 und 14300 Å auf dem Jungfraujoch aufgenommene Spektren werden mit entsprechenden Mt. Wilson-Spektren verglichen. Es zeigt sich, daß die Beobachtungen auf dem Jungfraujoch die besseren sind. Loh.

6418. M. Migeotte, L. Neven, Récents progrès dans l'observation du spectre infra-rouge du soleil à la station scientifique du Jungfraujoch (Suisse). Vgl. Ref. **1165**, daselbst S. 165—178, mit 5 Fig. = Commun. Obs. Roy. Belgique Nr. **40**. — Ref. in Phys. Abstracts (A) **55** 658. — Am Sphinx-Observatorium (3580 m) wurden im Bereich von 2.8—14.18 μ Sonnenspektren hoher Dispersion aufgenommen. Außer Wasserdampfbanden wurden Banden von CH_4, N_2O, CO_2, CO, HDO und O_3 gefunden. NO und C_2H_2 konnten nicht nachgewiesen werden. Bru.

6419. H. Mineur, R. Peyturaux, Exploitation numérique de l'équation intégrale d'assombrissement au bord solaire. CR **234** 813—815 = Contr. Inst. d'Astrophys. Paris (A) Nr. **104**. — Für optische Tiefen von 0 bis ∞ und für λ 16550 berechnete Verf. die Quellenfunktion (das Verhältnis des Emissions- zum Absorptionskoeffizienten) aus der beobachteten Randverdunklung. Loh.

6420. M. G. J. Minnaert, Het oppervlak der zon. Mededelingen Koninkl. Vlaamse Acad. Wetensch. **14** Nr. 15, 6 S.

6421. L. A. Mitrofanowa, Die Wachstumskurve für die Sonne aus Laboratoriumsintensitäten des Fe I. Mitt. Astr. Hauptobs. Pulkowo **19** Nr. 2 (149) S. 81—139, mit 23 Abb. (russisch). — Ref. in Astr. News Letter Nr. **66** S. 14. — Nach einer Darstellung der hauptsächlichsten Methoden zur Bestimmung von f-Werten des Fe I wird die Wachstumskurve auf die übliche Weise interpretiert. Die Turbulenzgeschwindigkeit ist null, die Anregungstemperatur 4535° $\pm$ 110°. Loh.

6422. **O. C. Mohler, A. K. Pierce, R. R. McMath, L. Goldberg,** Photometric Atlas of the Near Infra-red Solar Spectrum λ8465 to λ25 242. Vgl. AJB **51** Ref. **6413.** — Weitere Besprechung in ApJ **115** 335 (H. L. Johnson).

6423. **O. C. Mohler,** Some recent observations of Helium lines in the infrared solar spectrum. ApJ **115** 323—325, mit 2 Fig. — Es wird über Beobachtungen der infraroten Heliumlinien im Sonnenspektrum, insbesondere der Blendlinie 10830.34 + 10830.25 + 10829.08 ($2\,^3S_1 - 2^3\,P^0_{2,1,0}$) berichtet, deren Stärke erheblichen zeitlichen und örtlichen Schwankungen unterworfen ist. Ihr Maximum erreicht sie in den Fackeln und Flares. Kurz erörtert wird die Frage der Zugehörigkeit einiger Infrarotlinien bei λ 10123.9, λ 20581.4 und λ 20583.6 zu He II. Micz.

6424. **A. A. Nikitin,** Über das Auftreten der Absorptionslinien des Heliums im Sonnenspektrum. AJ UdSSR **29** 463—471 (russisch).

6425. **J. C. Pecker, H. van Regemorter,** La mesure de la largeur équivalente d'une raie spectrale. L'influence du pouvoir de résolution. Ann d'Astrophys **15** 364—373, mit 6 Fig. = Contr. Inst. d'Astrophys. Paris (B) Nr. **90.** — Ref. in Phys. Abstracts (A) **56** 599. — In einer Reihe von Untersuchungen der letzten Zeit hat sich eine Abhängigkeit der gemessenen Äquivalentbreite von Absorptionslinien von der Dispersion bzw. dem Auflösungsvermögen des benutzten Spektrographen ergeben. Verf. gehen der Frage nach, indem sie die Profile einiger Linien des Utrechter Sonnenatlas und ihrer Umgebung auf mehrere geringere Auflösungsvermögen des Spektrographen transformieren. Es zeigt sich, daß Blends zu einer Erhöhung der Äquivalentbreite mit sinkendem Auflösungsvermögen führen können, wenn bei der Messung versucht wird, ihren Einfluß zu eliminieren. Micz.

6426. **H. H. Plaskett,** Motions in the sun at the photospheric level. I. Methods. MN **112** 414—424, mit 1 Fig. und 1 Tafel = Commun. Univ. Obs. Oxford Nr. **34.** — Methoden werden beschrieben, die zur Bestimmung radialer Bewegungen von Strukturelementen der Sonnenatmosphäre in Oxford in Gebrauch sind. Besondere Maßnahmen zur Führung des Bildes unabhängig von dem Nachführungsmechanismus des Fernrohres und eine Einrichtung, um die Exposition im Augenblick bester Sicht ausführen zu können, wurden entwickelt. Um Einflüsse einer asymmetrischen Apparatefunktion bei der Ausmessung der Linienverschiebungen zu eliminieren, werden die Spektren gegen ein Spektrum der Sonnenmitte nach dem Evershed-Verfahren gemessen. Schließlich wird eine Formel über die Abhängigkeit der gemessenen Geschwindigkeit in der Sehrichtung von den drei rechtwinkligen Bewegungskomponenten in der Photosphäre abgeleitet. Micz.

6427. **J. H. Shaw, M. L. Oxholm, H. H. Claassen,** The solar spectrum from 7 μ to 13 μ. ApJ **116** 554—574, mit 7 Fig. — Ref. in Phys. Abstracts (A) **56** 504. — Mit einem Gitterspektrographen (3600 Linien/Zoll) und einem Thermoelement von Perkin-Elmer wurde das Sonnenspektrum zwischen 7 μ und 13 μ neu registriert. Eine graphische Wiedergabe ist der Veröffentlichung beigefügt. In einem Verzeichnis werden Wellenlängen und -zahlen von 822 Linien sowie die Identifizierung der Mehrzahl aufgeführt. Ferner werden im Sonnenspektrum dieses Bereichs auftretende atmosphärische Banden der H_2O, CO_2, O_3, N_2O und CH_4 beschrieben. Banden des C_2H_6, C_2H_4, NH_3, C_2N_2, SO_2, NO und NO_2 konnten nicht nachgewiesen werden. Micz.

6428. **J. Swensson,** Des raies interdites du fer neutre et du nickel ionisé sont-elles présentes dans le spectre solaire? Bull. Cl. Sci. Acad. roy. Belgique (5) **38** 705—710 = Inst. d'Astrophys. Univ. Liège Mém. 8° Nr. **347.** — Ref. in Phys. Abstracts (A) **56** 599. — Die Anwesenheit verbotener Linien des Fe I und Ni II im Sonnenspektrum wird erörtert. Obwohl mancher Anschein dafür spricht, daß gewisse [Fe I]- und [Ni II]-Übergänge schwach in

Absorption im Spektrum der Sonnenscheibe realisiert sein könnten, ist eine überzeugende Identifizierung noch nicht möglich. Absolute Übergangswahrscheinlichkeiten für [Fe I] und [Ni II] werden dringend gebraucht.
Verf. (übersetzt)

6429. Neue Beobachtungen der Randverdunklung der Sonne zwischen 0.5 und 10.2 μ. Sterne 28 31—32. — Ref. der in AJB 50 Ref. 6424 zitierten Arbeit.

§ 65

Strahlung

6501. **C. G. Abbot,** Periodicities in the solar-constant measures. Smithsonian Inst. Publ. Nr. 4088, 31 S. mit 6 Fig. — Es werden 23 Perioden der Solarkonstanten angegeben, welche sämtlich Bruchteile von 272 Monaten sind. Ihre Amplituden variieren zwischen 0.05 und 0.25% der Solarkonstanten, welche selbst einer mittleren Schwankung von 0.15% unterliegt. Eine aus den 23 Perioden gebildete «synthetische» Kurve weicht um 0.10% von der beobachteten Variation der Solarkonstanten ab. Zwischen Randverdunklung der Sonne und synthetischer Solarkonstanten scheint eine lineare Beziehung zu bestehen. Bru.

* * **M. Blaha,** Solar corona and the corpuscular emission of the sun. Vgl. Ref. 6701.

6502. **M. A. Giannuzzi,** Risultati di un quinquennio di misure sopra la radiazione solare integrale e filtrata eseguite all'Osservatorio di Monte Mario (Roma). Mem SA It (NS) 23 137—143 = Oss. Astr. Roma — Monte Mario Contr. Sci. Nr. 178. — Ergebnisse der Strahlungsmessungen der Sonne zwischen 1941 und 1945. F. Z.

6503. **M. Hautfenne,** Une année d'enregistrement continu de la température du soleil. Mém. Inst. R. Mét. Belgique 50, 83 S.

6504. **H. G. Houghton,** The solar constant. J. Meteorol. 8 270, 1951. — Ref. in Phys. Abstracts (A) 56 679.

6505. **K. O. Kiepenheuer,** Emission of corpuscles from the sun. J. Geophys. Res. 57 113—120 = Mitt. Fraunhofer-Inst. Freiburg Nr. 9. — Es werden die verschiedenen Beobachtungstatsachen zusammengestellt, die dafür sprechen, daß von der Sonne Korpuskeln ausgesandt werden, die auf der Erde Polarlichter und allgemein geomagnetische Effekte hervorrufen. In Anwendung der Milneschen Theorie auf Ca II-Ionen wird gezeigt, daß die erdmagnetischen Stürme möglicherweise durch Wolken von Ca II-Ionen verursacht werden, die bei Sonneneruptionen ausgestoßen und entsprechend dem Milneschen Mechanismus stark beschleunigt werden. Die kleineren erdmagnetischen Störungen mit der ausgeprägten 27tägigen Wiederkehrtendenz hingegen könnte man mit den fächerförmigen Koronastrahlen in Verbindung bringen; die auf die Erde gelangenden Korpuskeln sind Verdampfungsprodukte der Korona, zumeist Protonen, die die unsichtbare Verlängerung der Koronastrahlen bilden. H. M.

6506. **S. L. Mandelstam,** Übersicht über die Arbeiten zur Untersuchung der kurzwelligen ultravioletten Sonnenstrahlung. Fortschritte Phys. Wiss. 46 145—178 (russisch).

6507. **M. Nicolet, R. Dogniaux,** La détermination du climat de la radiation par la mesure de la durée de l'insolation. Geofis. pura e appl. 20 67—76, 1951. — Ref. in Phys. Ber. 31 1511—1512: In Uccle werden die verschiedenen Strahlungsströme der Sonne und des Himmels mit zwei Linke-Feussner-Aktinometern, vier Solarigraphen mit horizontalen Thermosäulen nach

Moll-Eppley und zwei «Diffusographen», bei denen die Sonne durch einen Schirm verdeckt ist, registriert. Schließlich wird die Sonnenscheindauer mit einer normalen Sonnenscheinkugel registriert. Die bisherigen Formeln der Beziehungen zwischen den einzelnen Strahlungsströmen genügen nicht den gemachten Beobachtungen, so daß neue Formeln abgeleitet werden. Dabei zeigt sich, daß einige Formeln unmittelbar aus der Dauer des Sonnenscheins abgeleitet werden können. (Hingewiesen sei auf die Arbeit von J. M. Staag, Solar radiation at Kew Observatory. D. Ref.) Diem

6508. **M. Nicolet,** The determination of the energy flux of the sun's extraterrestrial radiation. Arch. Meteorol. Geophys. Bioklimatol. (B) **3** 209—219 (französisch). — Ref. in Phys. Abstracts (A) **55** 1055.

6509. **R. Stair,** Ultraviolet spectral solar radiant energy measurements at a high altitude. J. Optical Soc. America **42** 288. — Ref. Optical Soc. America.

6510. **F. Trombe,** Sur la réalisation d'un four solaire semiindustriel au Laboratoire de Mont-Louis (Pyrénées-Orientales). CR **235** 704—705. — Beschreibung eines Sonnenofens mit automatischer Spiegelregulierung, der bereits eine praktische Arbeitstemperatur von 2500° bis 2600° C liefert, die noch auf 2900° bis 3000° C gesteigert werden wird. Damit lassen sich von jetzt an mit dem Ofen stündlich schätzungsweise 60 kg Eisen schmelzen, also eine halbe Tonne pro Tag. Gli.

6511. **K. Wegener,** Verificación experimental de la constante solar. Buenos Aires, Meteoros **1** Nr. 2—3 S. 171—182, 1951.

6512. **K. Wegener,** Solar radiation and its measurement. Geofis. pura e appl. **22** 205—236 (deutsch). — Ref. in Phys. Abstracts (A) **56** 826.

6513. Messung von Röntgenstrahlen der Sonne. Sternenwelt **4** 147.

Solare kosmische Strahlung

6514. **A. Schlüter,** Die Verteilung solarer Ultrastrahlung auf der Erde. Phys. Verhandlungen **3** 174 (Ref.).

6515. **J. A. Simpson, W. Fonger, L. Wilcox,** A solar component of the primary cosmic radiation. Phys. Rev. (2) **85** 366—368, mit 2 Fig. — Ref. in Phys. Ber. **31** 758. — Zeitliche Schwankungen der Primärstrahlung geringer Energie wurden durch Messung der in Blei erzeugten Neutronen auf mehreren Stationen (52° N, 50° N, 41° N) in den Jahren 1950 und 1951 und bei mehreren Flügen in 9 km Höhe beobachtet. Die Maxima der Schwankungen werden auf eine zusätzliche Primärstrahlung zurückgeführt und zeigen eine 27tägige Quasiperiode, die in den meisten Fällen mit dem Durchgang eines aktiven Sonnengebietes durch den Zentralmeridian verknüpft ist, jedoch nicht mit erdmagnetischer Aktivität. Zur Deutung wird vorgeschlagen, entweder eine Veränderung der Energieverteilung der Primärstrahlung durch die Sonnenaktivität oder eine solare Produktion anzunehmen. In beiden Fällen ist schwierig zu verstehen, daß auch Primärteilchen einer Energie $\geq 5 \times 10^9$ eV beteiligt sind. Schlüter

6516. **J. A. Simpson, W. Fonger, L. Wilcox,** Experiments on the solar-produced component of the cosmic radiations. Phys. Rev. (2) **85** 720. — Ref. in Phys. Ber. **31** 1506: Registrierungen der Neutronenintensität wurden in mehreren geographischen Breiten und in verschiedenen Höhen durchgeführt und durch Höhenflüge zwischen 40° N und 69° N ergänzt. Es wurden an allen Stationen gleichzeitige Variationen mit 27tägiger Wiederholungstendenz gefunden, welche oft innerhalb eines Monats Intensitätsunterschiede von 10% verursachen. Sie können gewissen aktiven Zonen der Sonne zugeordnet werden. Ehmert

6517. S. F. Singer, Diurnal variation of cosmic rays and the sun's magnetic field. Nature **170** 63—64. — Wegen des Fehlens einer täglichen Schwankung der kosmischen Strahlung niederer Energie ist mit einem solaren Dipolmoment $< 0.65 \times 10^{34}$ Gauß cm^3 zu rechnen. Loh.

Solare Radiostrahlung

* * **E.-J. Blum, J.-F. Denisse, J.-L. Steinberg,** Sur la forme ellipsoidale du soleil observé en ondes métriques. Vgl. Ref. **6210.**

6518. H. W. Dodson, E. R. Hedeman, L. Owren, Solar flares and associated 1.5 meter radiation. AJ **57** 9—10. — Ref. AAS. — Ref. in Sky and Telescope **11** 169—170, mit 1 Fig.

6519. H. W. Dodson, L. Owren, Observation of active regions on the sun by radio interferometer and spectroheliograph. AJ **57** 10—11. — Ref. AAS.

6520. J. Feinstein, Condition for radiation from a solar plasma. Phys. Rev. (2) **85** 145—146. — Verf. zeigt, daß die elektromagnetische Ausstrahlung eines Stromsystems nicht durch die Betrachtung des Poynting-Vektors in einem als unendlich groß und homogen angenommenen Medium berechnet werden kann, sondern daß die räumliche Amplitudenverteilung wesentlich ist. Insbesondere wird gefolgert, daß auch rein longitudinale Schwingungen («Plasmaschwingungen») bei inhomogener Amplitude zur Ausstrahlung führen. Dies ist von Wichtigkeit für die Theorie der solaren Radiostrahlung. Schlüter

6521. G. G. Getmanzew, W. L. Hinsburg, Über einen möglichen Mechanismus der sporadischen Radiostrahlung der Sonne. DAN **87** 187—190 (russisch). — Die Anwesenheit relativistischer Elektronen der Konzentration $n_{II} \approx 10$ El./cm^3 erweist sich als hinreichend für die Erklärung der Intensität der Radiostrahlung auch der kräftigsten Sonnenflecke. Das Frequenzspektrum der Strahlung entspricht in diesem Fall qualitativ dem beobachteten ($\omega_{max} \approx 2 \times 10^9$ bei $E/mc^2 \approx 10$, $H \approx 10$). Die Strahlung der Protonen kann demgegenüber vernachlässigt werden. Die Situation ändert sich jedoch in besonders magnetischen Sternen mit $H \approx 10^4$ Gauß, wo die Protonenstrahlung den Hauptanteil stellt. Loh.

6522. T. Hatanaka, F. Moriyama, On some features of noise storms. Report Ionosph. Res. Japan **6** 99—109, mit 6 Fig. = Tokyo Astr. Obs. Repr. Nr. **99.** — Ref. in Phys. Abstracts (A) **57** 902. — Verf. führen eine statistische Studie von Rauschausbrüchen im Meterwellenlängenbereich durch. Danach treten Ausbrüche sporadisch im Gebiet über einem großen und magnetisch aktiven Sonnenfleck auf. Sie zu beobachten gelingt am besten zur Zeit des Fleckendurchgangs durch den Zentralmeridian. Eine kräftige Eruption, die einen unpolarisierten Ausbruch begleitet, scheint die Ursache dafür zu sein. Die Zeitkonstante des Rauschabfalles ist von der Größenordnung 20 Min. Ein rechts (links) zirkular polarisierter Ausbruch ist mit einem Sonnenfleckensüd- (nord-) pol gekoppelt. Loh.

6523. J. Houtgast, Radiostraling uit de wereldruimte. Radiostraling van de rustige zon. Ned. T. Natuurk. **18** 130—134, mit 2 Fig. = Sterrekundig Colloquium van de Nederlandse Astronomen-Club Nr. **11.**

6524. A. Maxwell, Possible identification of a solar M-region with a coronal region of intense radio emission. Obs **72** 22—26, mit 1 Fig. = Astr. Contr. Univ. Manchester (2) Jodrell Bank Repr. Nr. **63.** — Als Beitrag zur Frage nach der Natur der magnetisch wirksamen Gebiete (M-Regionen) auf der Sonne wird eine Serie von magnetischen Stürmen mit 27^d-Zyklus aus der zweiten Hälfte von 1950 in Beziehung gesetzt zu einer intensiven Radioemission, die 27 Tage vor dem ersten Sturm bei dem Durchgang einer kleinen Fleckengruppe durch den Zentralmeridian im Meterwellenband beobachtet wurde. Der Sitz der M-Region wird in der Korona vermutet. O. G.

6525. **M. G. J. Minnaert,** Radiostraling uit de wereldruimte. De radiostraling van de gestoorde zon. Ned. T. Natuurk. **18** 137—141, mit 3 Fig. = Sterrekundig Colloquium van de Nederlandse Astronomen-Club Nr. **11**.

6526. **R. Payne-Scott, A. G. Little,** The position and movement on the solar disk of sources of radiation at the frequency of 97 Mc/s. III. Outbursts. Austral. J. Sci. Res. (A) **5** 32—46. — Ref. in Phys. Abstracts (A) **55** 588.

6527. **H. K. Sen,** Solar noise storms and plasma oscillations. AJ **57** 26—27. — Ref. AAS.

6528. **H. K. Sen,** Solar «enhanced radiation» and plasma oscillations. Phys. Rev. (2) **88** 816—822, mit 1 Fig. — Ref. in Phys. Abstracts (A) **56** 86, Sky and Telescope **11** 115—116. — Es wird eine mathematische Analyse der zeitlichen Änderung der Geschwindigkeitsverteilung eines Elektronenensembles in einem homogenen Magnetfeld ohne Berücksichtigung von Stößen gegeben. Verf. geht von der Boltzmanngleichung aus, die durch Annahme geringer Abweichung von einer stationären, homogenen Ausgangsverteilung f_0 (𝔳) linearisiert wird. Die Zeitabhängigkeit der Verteilungsfunktion wird durch eine Laplacetransformation gewonnen und damit die allgemeine Dispersionsgleichung für beliebiges f_0 (𝔳). Speziell diskutiert wird der Fall, daß f_0 (𝔳) ein System von Elektronen repräsentiert, das mit einheitlicher Geschwindigkeit um die Magnetfeldlinien rotiert. Es ergeben sich Singularitäten in der Dispersionsgleichung bei der Vielfachen der Larmorfrequenz und in ihrer Umgebung breite Bänder, in denen Instabilität und Schwingungserzeugung herrscht. Bei 30 Gauß und einer Dichte von 5×10^9 cm^{-3} wird das Frequenzband von 70 bis 130 MHz überdeckt, in dem nichtthermische Meterwellenstrahlung auf der Sonne beobachtet wird. Schlüter

6529. **H. K. Sen,** An estimate of the density and motion of solar material from observed characteristics of solar radio outbursts. Publ ASP **64** 228. — Ref. ASP.

6530. **W. M. Sinton,** Detection of millimeter wave solar radiation. Phys. Rev. (2) **86** 424, mit 2 Fig. — Sonnenstrahlung mit Wellenlängen zwischen etwa 1—3 mm wurde mit Hilfe eines in einem Scheinwerferspiegel montierten Ultrarotdetektors nach Golay festgestellt. Die Intensität hängt von der Luftfeuchtigkeit wesentlich ab und betrug einige Prozent der Strahlung, die zu erwarten wäre, wenn keine Extinktion vorhanden wäre und die Sonne wie ein schwarzer Körper von 6000° K strahlen würde. Schlüter

6531. **R. Q. Twiss,** Excess radio noise from solar flares and sunspots. Nature **169** 185—186. — Verf. erklärt die Erzeugung von Radioausbrüchen durch Sonnenflecke und Flares durch einen neuen Mechanismus. Ein System aus einem sich zwischen zwei diskreten Ebenen bewegenden Plasmastromes ist instabil für eine transversale Welle. Rückkopplungen zwischen der Raumladungswelle und dem sich vorwärts bewegenden elektromagnetischen Wellenfeld mit der an der Begrenzungsebene reflektierten Welle geben Anlaß zu Schwingungen, wenn die Dämpfung durch Elektron-Ionen-Stöße gering, die reflektierte elektromagnetische Energie genügend groß und das Verhältnis von Raumladungs- zu elektromagnetischer Energie des Wellenfeldes nicht zu klein ist. Weiterhin werden die Möglichkeiten der Realisierung eines solchen Modells auf der Sonne diskutiert. Labs

6532. **J. P. Wild,** The radio-frequency line spectrum of atomic hydrogen and its applications in astronomy. ApJ **115** 206—221, mit 5 Fig. = Commonwealth Sci. Industrial Res. Organization, Australia, Division Radiophys. — Im radiofrequenten Bereich enthält das Linienspektrum des atomaren Wasserstoffs zwei Gruppen von Linien, die Übergängen zwischen benachbarten Feinstrukturzuständen eines Hauptniveaus und zwischen Hyperfeinstrukturzuständen eines bestimmten Feinstrukturniveaus entsprechen. Astronomische Bedeutung kommt nur zwei Linien zu, einer Feinstrukturlinie in Absorption im Spektrum der solaren Radiostrahlung bei etwa 9850 MHz und einer bereits beobachteten Hyperfeinstrukturlinie in Emission im Spektrum der galaktischen Radiostrahlung bei 1420 MHz. Kdr.

* * **W. W. Witkewitsch,** Eine experimentelle Methode zur Bestimmung der Koordinaten plötzlicher Ausbrüche der Radiostrahlung. Vgl. Ref. **2418.**

* * Cornell radio interferometer. Vgl. Ref. **2148.**

* * Unsichtbare Sterne. Vgl. Ref. **12654.**

6533. Beobachtung der Radiostrahlung

Nature **170** 244—245, mit 1 Fig. Solar outbursts at 8.5-mm. wave-length. J. P. Hagen, N. Hepburn.

Quarterly Bulletin on Solar Activity Nr. **93—96.** Published by the Eidgen. Sternwarte in Zürich. — 1951 Jan.—Dez.

Tokyo Astr. Obs. Bull. Solar Phenomena **3** 53—67, **4** 1—45, mit Fig. — 1951 Okt.—1952 Sept.

§ 66

Chromosphäre, Flares, Protuberanzen

6601. G. Abetti, M. Hack, Osservazioni di protuberanze e della cromosfera solare eseguite nel 1951. Mem SA It (NS) **23** 191—195, mit 2 Fig. — Beobachtungen der Protuberanzen, Höhe der Chromosphäre aus dem Jahre 1951. Vergleich der Ergebnisse Arcetri mit Catania und mit den Werten der vorhergehenden Jahre. F. Z.

6602. R. Ananthakrishnan, Prominence activity and the sunspot cycle. Nature **170** 156—158, mit 1 Fig. = Kodaikanal Sonderdruck. — Der zeitliche Ablauf der Protuberanzentätigkeit auf Grund von K-Linien-Spektroheliogrammen der Jahre 1905—1950 wird mit der Fleckentätigkeit verglichen und graphisch dargestellt. Die regste Protuberanzentätigkeit findet in den Breiten 50°—55° beider Halbkugeln statt und tritt etwa drei bis vier Jahre vor dem Sonnenfleckenmaximum ein. Loh.

6603. K. Araki, On the absolute intensity of the chromospheric lines. Publ. Astr. Soc. Japan **4** 11—15, mit 4 Fig. = Contr. Inst. Astrophys. Kyoto Univ. Nr. **22.** — Es wird versucht, mit Hilfe der von Cillié und Menzel gemessenen Absolutintensitäten der chromosphärischen Linien eine Absolutkalibrierung der von Mitchell angegebenen chromosphärischen Linienintensitäten durchzuführen. Böhm-Vitense

6604. M. d'Azambuja, L. d'Azambuja, Etude d'ensemble des protubérances solaires et de leur évolution effectuée à l'aide des spectrohéliogrammes obtenus à l'observatoire et des cartes synoptiques de la chromosphère publiées par l'établissement sous les auspices de l'Union Astronomique Internationale. Vgl. AJB **48** Ref. **6603.** — Besprechung in Obs **72** 143—145 (F. J. M. Stratton) unter dem Titel: Quiescent prominences.

6605. **M. C. Ballario,** Misure fotometriche e curve di luce di brillamenti osservati a Meudon. Correlazione fra le osservazioni di Arcetri e Meudon. Mem SA It (NS) **23** 23—38, mit 5 Fig. und 4 Tafeln = Oss. e Mem. Oss. Astrofis. Arcetri Nr. **67.** — Enthält Werte der relativen Intensität von Flares und hellen Flocculi im Licht Hα von fünfzig in Meudon erhaltenen Spektroheliogrammen und Grenzen für die Schwankungen dieser Intensität. Vergleich der in Meudon und Arcetri erhaltenen Ergebnisse und Ableitung einer Korrelation zwischen den zwei Skalen. F. Z.

6606. **U. Becker,** Zur Bewegung von Protuberanzen. Naturwissenschaften **39** 139—140, mit 1 Abb. — Verf. diskutiert die Beobachtungen von Dodson (MN **108** 383, 1948; vgl. AJB **48** Ref. **6610**) und Pan-Puh (Ann. Obs. Paris 8 H. 4) und stellt folgende Regel auf, die allgemeine Gültigkeit haben soll: Es gibt diskrete Raumgebiete in der Korona, innerhalb derer eine Protuberanz kräftige Beschleunigungsänderungen erleidet. Diese Gebiete besitzen einen Durchmesser von etwa 20000—40000 km und bestehen sicher während drei bis vier Stunden. Neckel

6607. **A. Behr, H. Siedentopf,** Zur Statistik von Sonneneruptionen. ZfA **30** 177—184, mit 6 Abb. = Mitt. Fraunhofer-Inst. Freiburg Nr. **7.** — An Hand der im Quarterly Bulletin 1935—1950 veröffentlichten Eruptionsdaten werden die Eruptionszahlen pro Rotation, ihr Zusammenhang mit den Relativzahlen, ihre Verteilung auf der Sonnenscheibe und der Sichtbarkeitseffekt als Funktion des Abstandes vom Zentralmeridian untersucht. Von besonderem Interesse sind die zeitlichen Schwankungen des Nord-Süd-Verhältnisses der Eruptionsdaten und die Tatsache, daß im laufenden Zyklus das Verhältnis zwischen Eruptionszahlen und Relativzahlen um rund 25% niedriger liegt als im vorigen Zyklus. Verf.

6608. **P. Bernard,** Les éruptions solaires d'après leurs effets sur le magnétisme terrestre. BSAF **66** 427—434, mit 4 Fig.

6609. **P. ten Bruggencate,** Die Temperatur von Protuberanzen. Nachr. Akad. Wiss. Göttingen, Math.-Phys. Kl. (2a) Jahrgang 1952 Nr. 13 S. 121—138, mit 3 Abb. = Veröff. Univ.-Sternw. Göttingen Nr. **104.** — 1. Aufnahmetechnik für Protuberanzen mit dem Göttinger Turmteleskop unter Verwendung des Gitterspektrographen in der ersten und dritten Ordnung. 2. Reduktionsverfahren für die Bestimmung der Äquivalentbreiten A'_λ von Hα, Hβ und D3 aus den Spektren erster Ordnung. 3. Messung der scheinbaren und wahren Linienbreiten aus den Spektren dritter Ordnung. 4. Abschätzung der Kirchhoff-Planck-Funktion für Protuberanzen sowie Umrechnung der A'_λ in echte Äquivalentbreiten A_λ. Es wird ein Verfahren beschrieben, wie mit diesen A_λ (für Hα und Hβ) eine Wachstumskurve möglichst frei von subjektiver Beurteilung konstruiert werden kann. Daraus ergibt sich die Anregungstemperatur zu $T_a = 3700°$. 5. Besetzungszahlen für den zweiten, dritten und vierten Quantenzustand des Wasserstoffs. 6. Entsprechende Untersuchung für He D3. 7. Aus den Linienbreiten von Hβ und D3 wird eine kinetische Temperatur für die schweren Teilchen von $T_k = 13000°$ abgeleitet. 8. Es wird das Häufigkeitsverhältnis $H^+/He^+ = 21.8$ durch Anwendung der Saha-Boltzmann-Gleichung auf den dritten Quantenzustand des H und den 3^3D-Zustand des He erhalten. Die Elektronendichte wird zu 10^{10} freie Elektronen pro cm^3 abgeschätzt. Verf. (gekürzt)

6610. **P. ten Bruggencate,** Die Temperatur von Protuberanzen. Phys. Verhandlungen **3** 159. — Ref. AG.

6611. **A. Bruzek,** On a type of flare associated with ascendant dark filaments. Obs **72** 154—156, mit 1 Fig. — Nach Beobachtungen auf der Kanzelhöhe ist das Aufsteigen stationärer dunkler Filamente oft verbunden mit flareähnlichen hellen Flocculi, die bald nach dem Aufsteigen in der Nähe der Filamente auftreten und eine Lebensdauer von einigen Stunden haben. Ein Beispiel wird beschrieben und in einer Skizze abgebildet. O. G.

6612. **A. Bruzek,** Aktivierung und Auflösung von Filamenten. Sterne **28** 81—86, mit 8 Abb. — Verf. betrachtet das Verhalten von ausgedehnten stationären Filamenten. Nach Beschreibung der Beobachtungsmethode wird an Hand von zwei einfachen Beispielen aus dem Material des Sonnenobservatoriums Kanzelhöhe ein Bild von den Vorgängen gegeben.

6613. **A. Bruzek,** Über die Ursache der «plötzlichen» Filamentauflösungen. ZfA **31** 99—110, mit 4 Abb. —Ref. in Phys. Abstracts (A) **56** 182. — Auf der Suche nach eventuellen sichtbaren Ursachen bzw. Begleiterscheinungen der «plötzlichen» Filamentauflösungen wurde mehrfach während und nach der Auflösung das eruptionsartige Aufleuchten ausgedehnter Wasserstoff-Flocken mit einer Lebensdauer von einigen Stunden bis zu einem halben Tag beobachtet. Sie kommen als Auflösungsursache nicht in Frage. Ferner wurde untersucht, inwieweit die Bildung von Fleckenherden die Auflösung von Filamenten bewirkt. Zwischen beiden Erscheinungen wurden verschiedene Beziehungen gefunden, welche zeigen, daß von entstehenden Herden Störungen ausgehen, welche stationäre Filamente in der Umgebung auflösen. Rund 60% der plötzlichen Filamentauflösungen der Jahre 1950/51 können so erklärt werden. Die Ausbreitungsgeschwindigkeit der Störung beträgt rund 1 km/sec, ihre Reichweite etwa 25 heliographische Grad. Verf.

6614. **A. Bruzek,** Die Ausbreitung von «Eruptionsstörungen». ZfA **31** 111—114, mit 2 Abb. — Ref. in Sternenwelt **5** 26—27, Phys. Abstracts (A) **56** 181. — An Hand spektrohelioskopischer Beobachtungen wird gezeigt, daß sich von chromosphärischen Eruptionen Störungen mit einer Geschwindigkeit von rund 100 km/sec ausbreiten, welche die Aktivierung entfernter Filamente bewirken. Verf.

6615. **M. T. Conway,** Studies of Hα line profiles in prominences. MN **112** 55—72, mit 5 Fig. = Commun. Roy. Obs. Edinburgh Nr. **3**. — Mit einem kombinierten Spektrographen und Spektrohelioskop der Sternwarte Edinburgh wurden Beobachtungen ruhender Protuberanzen im Licht von Hα erhalten. Ein großer Teil der Arbeit ist der Ableitung eines zuverlässigen Linienprofils gewidmet. Der Einfluß der Apparatekontur, des Streulichts, der Gittergeister und des beschränkten Auflösungsvermögens werden sorgfältig ermittelt. Eine Vorrichtung zum Drehen des Sonnenbildes erlaubt, den Sonnenrand in der Nähe von Protuberanzen, die über den Rand hinausragen, parallel zum Spalt zu stellen, so daß photosphärisches Licht nicht eintreten kann. Protuberanzen auf der Scheibe wurden in Absorption, außerhalb in Emission beobachtet. Als mittlere Intensität der in Emission beobachteten Protuberanzen ergibt sich 10.4% der Kontinuumsintensität der Mitte der Sonnenscheibe bei einer Wellenlänge 13 Å neben Hα. Micz.

6616. **M. T. Conway,** A study of the profile of the hydrogen Hα line in the spectra of solar prominences. Proc. Roy. Irish Acad. (A) **54** 311—319, mit 2 Fig. = Contr. Dunsink Obs. Nr. **3**. — Die Profile der Hα-Linie von sechs Spektren ruhender Protuberanzen werden ausgewertet. Unter Berücksichtigung der Selbstabsorption — sie schwankt bei den sechs Spektren zwischen 1.1 und 4.2 — und der Turbulenz ergibt sich eine Temperatur von etwa 13000° in den ruhenden Protuberanzen. Aus dem gleichen Material folgen für NH Werte zwischen 2×10^{12} und 7×10^{12} Atome/cm². Bru.

6617. **A. K. Das,** Reports on the progress of astronomy: Prominences. MN **112** 334—335.

6618. **A. Dauvillier,** L'éruption chromosphérique et l'émission solaire de rayons cosmiques du 19 novembre 1949. Ann. Obs. Astr. Mét. Toulouse **21** 13. — Ref. L'AFAS.

6619. **M. Dizer,** Etude des films cinématographiques de la chromosphère solaire au bord du disque. CR **235** 1016—1018, mit 3 Fig. —

Ref. in Phys. Abstracts (A) **56** 182. — Die auf Lyotschen Filmen beobachteten chromosphärischen Nadeln erheben sich mit einer Geschwindigkeit von 20 km/sec und fallen alsbald mit derselben Geschwindigkeit wieder zurück. Nur selten erreichen sie eine Höhe von 13', zumeist weniger als 10'. Ihre Sichtbarkeit ist auf etwa zwei Minuten beschränkt. In turbulenteren Gebieten finden sich größere Geschwindigkeiten und Höhen. Loh.

6620. **H. W. Dodson, R. R. McMath,** The limb flare of May 8, 1951. ApJ **115** 78—81, mit 4 Fig. — Kontinuierliche Registrierungen der Sonne im Licht von Hα, erhalten am McMath-Hulbert Observatory, lassen Ausbruch und Entstehung einer Reihe von Flares erkennen. Die kräftigste Erscheinung trat 1951 Mai 8 auf und erreichte in weniger als 90 Sekunden eine Höhe von 50000 km. Hα war stark verbreitert und verschoben. Die Flare-Intensität betrug im Maximum etwa das Vierfache der der ungestörten Scheibe im Licht von Hα. Gleichzeitig wurden eine starke Erhöhung der solaren Kurzwellenstrahlung (200 MHz) und ionosphärische Störungen beobachtet. Micz.

6621. **H. W. Dodson,** A solar flare and associated dark flocculi of May 19, 1951. ApJ **115** 320—322, mit 3 Fig. — Verf. berichtet über ihre Beobachtungen des Flare 1951 Mai 19, der von dunkler absorbierender Materie begleitet war; sie erstreckte sich bis in Entfernungen von $>$ 125000 km von der Ausbruchstelle. Radialgeschwindigkeiten von -182 bis +225 km/sec wurden gemessen. Die Dunkelmaterie beeinflußte die Lichtentwicklung des Flare. Micz.

6622. **H. W. Dodson, E. R. Hedeman,** A solar prominence bright in projection on the disk. Obs **72** 30—31, mit 1 Tafel. — Eine für kurze Zeit in Hα beobachtete Protuberanz in der Nähe des Sonnenrandes, die hell gegen die Sonnenscheibe erschien, wird abgebildet und nach visuellen Beobachtungen am Spektrohelioskop beschrieben. O. G.

* * **H. W. Dodson, E. R. Hedeman, L. Owren,** Solar flares and associated 1.5 meter radiation. Vgl. Ref. **6518**.

6623. **M. A. Ellison,** A photometric survey of solar flares, plages and prominences in Hα light. Publ. Roy. Obs. Edinburgh **1** 75—112, mit 18 Fig. und 4 Tafeln. — Ref. in Phys. Abstracts (A) **56** 286, MN **112** 679. — Mit dem kombinierten Spektrohelioskop-Spektrographen des Royal Observatory Edinburgh wurden Linienprofil, Zentralintensität und effektive Linienbreite von Hα in einer großen Zahl von chromosphärischen Eruptionen, Fackeln und Protuberanzen (am Sonnenrand und auf der Scheibe) bestimmt. Instrument und photometrisches Verfahren sind eingehend geschildert. Für die Eruptionen wird der Zusammenhang zwischen Zentralintensität, effektiver Linienbreite von Hα und der dreistufigen «Importance» angegeben. Die Zentralintensität der Fackeln beträgt im Mittel 35% des Kontinuums in Sonnenmitte und in der Nähe von Hα. Bemerkenswert ist die gefundene Asymmetrie des Linienprofils: der rote Flügel ist heller als der blaue. Die Zentralintensitäten der Protuberanzen erweisen sich am Rand und auf der Scheibe praktisch gleich (6% des Kontinuums). Die Profile einiger Protuberanzen zeigen Selbstabsorption. Ein letzter Abschnitt ist den «flare surges» gewidmet. Bru.

6624. **J. W. Evans,** Solar flares. Sci. Amer. **185** Nr. 6 S. 17—21, 1951.

6625. **A. Güttler,** Über die Ost-West-Asymmetrie der Filamentbeobachtungen und die Strömungen in der äußeren Chromosphäre. Phys. Verhandlungen **3** 159. — Ref. AG.

6626. **G. S. Iwanow-Cholodny,** Versuch, Protuberanzen in der infraroten Heliumlinie λ 10830 zu photographieren. Mitt. Astrophys. Obs. Krim **8** 115—118, mit 1 Abb. und 2 Tafeln (russisch). — Ref. in Astr. News Letter Nr. **70** S. 13. — Die Beobachtungen wurden sowohl mit einem Spektrographen als auch mit einem Interferenz-Polarisationsfilter durchgeführt. Die Intensitäten wurden mit denen von H_α und Helium D_3 verglichen. Loh.

6627. **I. Kawaguchi,** On the population of the hydrogen atoms in the second state in the solar chromosphere. Publ. Astr. Soc. Japan **3** 171—177, mit 5 Fig. = Contr. Inst. Astrophys. Kyoto Univ. Nr. **18.** — Ref. in Phys. Abstracts (A) **56** 504. — Es wird ein analytischer Ausdruck für die Intensität der Chromosphäre in den höheren Balmer-Gliedern des Wasserstoffs als Funktion des Abstands vom Sonnenrand abgeleitet. Die sich damit ergebenden Balmer-Dekremente werden mit den von Cillié und Menzel beobachteten Werten verglichen und daraus die Besetzung des zweiten Quantenzustands von Wasserstoff für die Höhen von 670—3170 km berechnet. Bru.

6628. **I. Kawaguchi,** On the excitation and ionization temperature of the hydrogen in the chromosphere. Publ. Astr. Soc. Japan **4** 131—138, mit 4 Fig. = Contr. Inst. Astrophys. Kyoto Univ. Nr. **25.** — Die Häufigkeit von Wasserstoff in der Chromosphäre wird aus der bekannten Häufigkeit von Ca II und dem Verhältnis Ca/H berechnet. Unter Verwendung des gefundenen Wertes wird weiter die Anregungs- und Ionisationstemperatur für die Höhen von 0 bis 12000 km zu rund 6000° bestimmt. — Die Abweichung des Intensitäts-Höhe-Diagramms für die Linienemission von H (nach Wildt) von der Linearität wird auf Variationen der Anregungstemperatur zurückgeführt und diese berechnet. Bru.

6629. **J. Kleczek,** Ionospheric disturbances and flares in the 11-years cycle. BAC **3** 52—53, mit 1 Fig. — In den Jahren 1935 bis 1949 laufen die Eruptionstätigkeit, Zahl der Ionosphärenstörungen (SID) und die Sonnenfleckenrelativzahl parallel. Der Korrelationskoeffizient zwischen Eruptionen und SID beträgt $+0.945 \pm 0.007$. U. Be.

* * **F. Link,** Asymétries solaires. IV. Vgl. Ref. **6312.**

* * **F. Link, D. Mášková,** Asymétries solaires. V. Vgl. Ref. **6313.**

6630. **S. Matsushima,** Superthermic phenomena in stellar atmospheres VII. Collisional excitation from levels other than the lowest. ApJ **115** 544—549. — Ergänzung der Untersuchungen von Thomas in Teil II und III (AJB **48** Ref. **6627**, AJB **49** Ref. **6635**) über Abweichungen vom thermodynamischen Gleichgewicht in einer Wasserstoffchromosphäre durch Berücksichtigung der Stoßanregung aus höheren Niveaus als dem Grundzustand. Kdr.

6631. **R. Müller,** Photographie von Sonnenprotuberanzen. Photographie und Forschung **5** 65—69, mit 6 Abb.

6632. **R. Müller,** Berühmte Sonneneruptionen. Sternenwelt **4** 42—47, mit 6 Abb.

6633. **R. Müller,** Visuelle Photometrie der Protuberanzenemissionen b_1—b_4. ZfA **30** 293—298, mit 1 Abb. = Forschungsberichte Obs. Wendelstein Nr. **3.** — Die visuell photometrisch bestimmten Helligkeiten des Mg-Tripletts (Linien b_1, b_2, b_4) und der variablen Fe II-Linie b_3 werden in absolute Intensitäten ($\odot \cdot 10^{-6}$) verwandelt und das veränderliche Intensitätsverhältnis J_{b_3}/J_{b_4} bestimmt. Aus den beobachteten J_{b_3}/J_{b_4} wird unter Annahme einer Elektronendichte $N_e = 10^{11}$ cm^{-3} eine Elektronentemperatur von $T_e \sim 4300°$ berechnet. Verf.

6634. **E. R. Mustel,** Über die Interpretierung der Kalzium- und Wasserstoffspektroheliogramme. DAN **82** 21—24 (russisch). — Verf. behandelt die Frage nach der Herkunft der von den Flocculi in den H- und K-Linien einerseits und der H_α-Linie andererseits ausgestrahlten Energie. Für erstere kommen Elektronenstöße in Betracht, bei H_α in gleichem Umfang noch Rekombination. Loh.

6635. **E. R. Mustel, A. B. Sewerny,** Untersuchung von Spektren der großen chromosphärischen Eruption auf der Sonne vom 5. August 1949. Mitt. Astrophys. Obs. Krim **8** 19—50, mit 22 Abb. und 1 Tafel (russisch). — Ref. in Astr. News Letter Nr. **70** S. 10—11. — Dieser Untersuchung der 25 hauptsächlichsten Linien liegen 17 Spektrogramme zu Grunde. Von den Balmerlinien H_α, H_γ—H_ζ wurden die Konturen abgeleitet. Für die Metallinien wurde keine bedeutende Verzerrung der Konturen im Vergleich mit dem Spektrum der ungestörten Sonnenscheibe festgestellt. Im blauen Flügel der H- und K-Linie sind Emissionen vorhanden. Von den Wasserstofflinien werden Halbwertsbreiten bestimmt. Die große Breite von H_α kann nicht durch Starkeffekt erklärt werden, sondern durch natürliche Strahlungsdämpfung. Bei den übrigen H-Linien kommt jedoch Starkeffekt in Frage. Unter diesen Voraussetzungen werden Elektronendichte, kinetische Temperatur und die Anzahl der Wasserstoffatome berechnet. Für L_α und L_β werden die theoretischen Konturen berechnet. Die L_α-Intensität würde zu einer merklichen Vergrößerung der Ionisation der D- und E-Schicht ausreichen. Loh.

6636. **E. R. Mustel,** Über die physikalische Natur der Kalziumflocculi. Mitt. Astrophys. Obs. Krim **9** 25—40, mit 3 Abb. (russisch). — Ref. in Astr. News Letter Nr. **71** S. 2—3. — Das Leuchten der K_2-Flocculi wird auf Elektronenstöße zurückgeführt. Je nach Voraussetzung beträgt die Elektronentemperatur 7500° bzw. 5000°. Das Leuchten der H_α-Flocculi hat allem Anschein nach eine andere Ursache; vermutlich ist es mit Rekombinationen verbunden. Abschließend wird noch auf einen möglichen Zusammenhang koronaler Materie mit Flocculi und Fackeln hingewiesen. Loh.

6637. **G. A. Newkirk jr.,** Photometry of a solar flare. AJ **57** 21—22. — Ref. AAS.

* * **H. W. Newton, H. Howe,** Area changes in sunspots and solar flare incidence. Vgl. Ref. **6320.**

6638. **A. A. Nikitin,** Über die relativen Intensitäten der Helium-Linien im Spektrum der Chromosphäre. Bote Univ. Leningrad Nr. **6** S. 55—65 (russisch).

* * **L. Pajdušáková-Mrkosová,** Relation entre l'activité des hémisphères boréal et austral solaires. Vgl. Ref. **6324.**

6639. **W. Petri,** Eruptionen auf der Sonne. Sterne **28** 181—186, mit 1 Abb.

6640. **S. B. Pikelner,** Die Chromosphäre und die chromosphärischen Eruptionen. Priroda **41** Nr. 12 S. 25—35, mit 3 Abb. und 1 Tafel (russisch). — Ausführliche und allgemeinverständliche Darstellung hauptsächlich sowjetischer Forschungsergebnisse. Loh.

6641. **E. M. Purcell,** The lifetime of the $2^2S_{1/2}$ state of hydrogen in an ionized atmosphere. ApJ **116** 457—462. — Ref. in Phys. Abstracts (A) **56** 505. — Zur Prüfung einer Vermutung von Wild (vgl. Ref. **6532**), daß die Linie $2^2S_{1/2} \rightarrow 2^2P_{3/2}$ des Wasserstoffs bei 9882 MHz im Spektrum der radiofrequenten Sonnenstrahlung möglicherweise in Absorption zu beobachten sei, werden die Besetzungszahlen der Wasserstoffniveaus unter chromosphärischen Bedingungen neu berechnet. Gegenüber den von Wild benutzten älteren Daten von Giovanelli ergeben sich beträchtlich kleinere Werte, so daß das Auftreten der Linie als unwahrscheinlich anzusehen ist. Kdr.

* * **R. O. Redman, H. Zanstra,** The continuous spectrum of a prominence observed at the total solar eclipse of 1952 February 25. Vgl. Ref. **6211.**

6642. **R. S. Richardson,** Flares, fadeouts, and bursts. Leaflet ASP Nr. 252, 8 S. mit 1 Fig., 1950.

6643. **G. Righini,** Lo spettro di una protuberanza quiescente. Rend. Accad. Nazionale Lincei, Cl. Sci. fis., mat., nat. (8) **12** 670—673. — Ergebnis der Beobachtung einer ruhenden Protuberanz mit dem Spektrographen während der totalen Sonnenfinsternis vom 25. Februar 1952. F. Z.

6644. **W. O. Roberts,** Sunspot prominences and the yellow coronal line. ApJ **115** 488—494, mit 2 Fig. — Ref. in Sternenwelt **5** 26. — Das Auftreten der gelben Emissionslinie des Koronaspektrums bei λ 5694, die wahrscheinlich dem Ca XV-Spektrum angehört, steht in engem Zusammenhang mit Protuberanzen des Fleckentyps und aktiven Gebieten der Sonnenoberfläche. Verf. hat 26 Fälle ihres Auftretens mit derartigen Protuberanzen auf Koronaspektren festgestellt. Es ergab sich ferner, daß ungewöhnlich schnelle und kräftige Intensitätsänderungen der roten Koronalinie λ 6374 in der Gegend auftreten, wo die gelbe Linie vorhanden ist. Einige Bemerkungen über die physikalischen Unterschiede zwischen Protuberanzen verschiedener Art und die Konsequenzen für eine Reihe geophysikalischer Phänomene werden angefügt. Micz.

6645. **A. B. Sewerny,** Die hauptsächlichen Bewegungstypen in den Sonnenprotuberanzen. DAN **82** 25—28, mit 1 Abb. und 1 Tafel (russisch). — Beschreibung der Bewegungstypen in den drei Protuberanzenklassen (eruptive, elektromagnetische, turbulente) auf Grund von kinematographischen Aufnahmen im Lichte von H_α (Vorschaltung eines Interferenzfilters). Loh.

6646. **A. B. Sewerny,** Über die von chromosphärischen Eruptionen ausgestrahlte Gesamtenergie. Mitt. Astrophys. Obs. Krim **9** 3—12, mit 7 Abb. und 2 Tafeln (russisch). — Ref. in Astr. News Letter Nr. **71** S. 1—2. — Auf Grund der Photometrierung der Helligkeit einiger chromosphärischer Eruptionen, deren Entwicklung unter Vorschaltung eines schmalbandigen Filters mit einer Durchlaßbreite von 0.8 Å bei H_α kinematographisch verfolgt wurde, wird die in H_α während der Eruption abgestrahlte totale Energie bestimmt. Unter der Annahme, daß elektromagnetische Vorgänge die Eruption bedingen, berechnet Verf. Spannung und Stärke des elektrischen Stroms, dessen Joulesche Wärme die Ausstrahlung zu decken vermag, und findet $i > 3 \times 10^{-5}$ A/cm², $E > 10^{-5}$ Volt/cm. Loh.

6647. **S. S. Shurawlew,** Ergebnisse der Arbeit am Sonnenteleskop des Astronomischen Observatoriums der Universität Leningrad. Ref. Univ. Leningrad Wiss. Session 1951/52 S. 25 (russisch).

6648. **Z. Švestka,** The H_α-emission from chromospheric flares. VII. Broadening of the line in the flash state. BAC **3** 1—6, mit 5 Fig. — Fortsetzung der Untersuchungen über die H_α-Emission bei Eruptionen mit genauer Diskussion der Linienbreiten und der Zentralintensitäten. Bei Berücksichtigung der hellen Knoten in den Eruptionen gelingt es, Feinheiten in den Linienprofilen zu deuten. U. Be.

6649. **G. Thiessen,** Zur Polarisation in Protuberanzenlinien. Mitt. AG **1951** 24. — Ref. AG.

6650. **R. N. Thomas,** Chromospheric kinetic temperature from radio measures. AJ **57** 27. — Ref. AAS.

6651. **R. N. Thomas,** Superthermic phenomena in stellar atmospheres VIII. Comment on the chromospheric model. ApJ **115** 550—561, mit 1 Fig. — Diskussion der Methoden und Ergebnisse der vorangehenden Teile über die Chromosphäre mit dem Ziel, Anhaltspunkte für allgemeinere analytische Lösungen an Stelle der bisherigen numerischen Näherungslösungen zu finden. Kdr.

6652. **A. Unsöld,** Turbulenz und Temperatur der Sonnenchromosphäre. Z. Naturforschung **7a** 121—126, mit 1 Abb. = Sonderdruck Sternw. Kiel. — Ref. in Sternenwelt **4** 146—147, **5** 185—186. — Es wird gezeigt daß in der

Sonnenatmosphäre turbulente Strömungen bestehen, deren Geschwindigkeit von ~ 2 km/sec in der umkehrenden Schicht auf ~ 15 km/sec in der mittleren und höheren Chromosphäre zunimmt. Die Temperatur (verstanden als Anregungstemperatur kleiner Termdifferenzen, kinetische und Elektronentemperatur) der Chromosphäre ergibt sich zu ~ 3800° K. Redmans Messungen von Profilen chromosphärischer Linien, aus denen er auf eine Temperatur von ~ 30000° geschlossen hatte, können auch anders interpretiert werden. — Soweit die Mach-Zahl der solaren Turbulenz die Eins überschreitet, handelt es sich nicht mehr um ein rein hydrodynamisches Phänomen; es setzt vielmehr die Bildung fadenartiger Protuberanzen ein, die offenbar geringere Energiedissipation aufweisen. Dieses plasmaphysikalische Phänomen dürfte allgemeinere astrophysikalische Bedeutung haben. Verf.

* * **H. Zanstra,** Polarisatie van de corona en protuberanzen. Vgl. Ref. **6723**.

6653. Five hundred solar flares. Sky and Telescope **11** 62.

* * Cornell radio interferometer. Vgl. Ref. **2148**.

6654. Beobachtungen der Chromosphäre, Flares und Protuberanzen

BAC **3** 59—64, mit 4 Fig. Catalogue d'éruptions observées à Ondřejov en 1951. F. Link, D. Máškova.

Bol. Astr. Obs. Madrid **4** Nr. 5 S. 1—43, mit 21 Fig. Protuberancias solares. Resumen de las observaciones realizadas durante el año 1951. E. Gullón.

Bol. Astr. Obs. Madrid **4** Nr. 5 S. **44**. Altura de la cromosfera en 1951. E. Gullón.

BSAF **66** 37—39, 82, 104, 157, 189, 258, 294, 359, 374, 445, 482, mit 11 Fig. L'activité solaire. M. d'Azambuja.

Cartes synoptiques de la chromosphère solaire et catalogue des filaments de la couche supérieure. Obs. Paris, Section d'Astrophys. Meudon. Vol. **1** Fasc. 9, années 1940 à 1944. L. d'Azambuja, R. Servajean. — Rotation Nr. 1155—1221.

Circ. Astr. Obs. Kiew Nr. **55—60** (russisch). Die Sonnenaktivität September 1951 bis Februar 1952.

Circ. Astr. Obs. Lwow Nr. 20—21, 36 S. Sonnenflecke, Fackeln und Protuberanzen von April bis September 1951. T. L. Mandrykina, R. B. Teplizkaja.

Coelum **20** 23, 88—89, 123—124, 154, 183, mit 5 Fig. — Beobachtungen von Oktober 1951 bis September 1952.

Greenwich photo-heliographic results 1939. Results of measures made at the Royal Observatory, Greenwich, of photographs of the sun, taken at Greenwich, the Cape and Kodaikanal in the year 1939. London, Her Majesty's Office, 1952. C 8 + 141.

Desgl. für 1940. C 7 + 113. Desgl. für 1945. C 7 + 82.

Kodaikanal Obs. Bull. Nr. **132**, 46 S. mit 2 Fig. Summary of prominence observations for the first half of 1950. A. K. Das.

Kodaikanal Obs. Bull. Nr. **134**, 44 S., mit 2 Fig. Summary of prominence observations for the second half of 1950. A. K. Das.

Mem BAA **37** part 2 S. 15—58. The British Astronomical Association. Section for the observation of the sun. Seventeenth report of the Section 1928 January to 1950 June, inclusive.

Mem SA It (NS) **23** 205—214, mit 1 Fig. = Oss. Astrofis. Catania Contr. Astrofis. Nr. **74**. L'attività del Sole nel anno 1951. L. Taffara.

Mem SA It (NS) **23** 221—223. Brillamenti cromosferici osservati alla torre solare di Arcetri nel 1951. M. C. Ballario.

Mitt. Astrophys. Obs. Krim 8 142—145 (russisch). Beobachtungen am Spektrohelioskop 1950. G. S. Iwanow-Cholodny, I. I. Nasarowa, S. B. Pikelner, W. W. Suchanowa, W. L. Chochlowa.

Mitt. Astr. Obs. Odessa **2** Nr. 2 S. 26—32 (russisch). Beobachtungen von Protuberanzen. W. B. Balassoglo.

Obs **72** 211—212. Solar notes. H. W. Newton.

Publ. Inst. Central Astr. Prag Nr. **22**, 103 S. Catalogue de l'activité des éruptions chromosphériques. (Première partie). J. Kleczek.

Quarterly Bulletin on Solar Activity Nr. **93—96**. Published by the Eidgen. Sternwarte in Zürich. — 1951 Jan.—Dez.

Tellus **4** 241—248, mit 2 Fig. = Stockholms Obs. Medd. Nr. **74**. Sunspot areas, flares and filaments observed at the Stockholm Observatory in the years 1950 and 1951. Y. Öhman, L. O. Lodén.

Tokyo Astr. Obs. Bull. Solar Phenomena **3** 53—67, **4** 1—45, mit Fig. — 1951 Okt.—1952 Sept.

Urania Barcelona **37** 43—50, mit Fig. Protuberancias solares. Resumen de las observaciones realizadas en el Observatorio de Madrid durante el año 1951. Altura de la cromosfera en el mismo año. E. Gullón.

Veröff. Fraunhofer-Inst. Freiburg. Sonnen-Zirkular 1951 Okt.—1952 Sept. 242 S. mit Abb.

VJS der Naturf. Ges. Zürich **97** 114—126, mit 2 Abb. Die Sonnenaktivität im Jahre 1951. M. Waldmeier.

§ 67

Korona

* * Koronabeobachtungen während Sonnenfinsternissen siehe § **62**.

6701. M. Blaha, Solar corona and the corpuscular emission of the sun. BAC **3** 29—34, mit 3 Fig. — Ref. in Sternenwelt **4** 225—226. — Die Koronatemperatur von 4×10^5 bis 7×10^5 Grad ergibt sich als Folge der Korpuskelstrahlung der Sonnenoberfläche. Die Anfangsgeschwindigkeit der emittierten Ionen wird zu 10^8 cm/sec angenommen. Der Massenverlust durch die Partikelstrahlung ist etwa 25mal größer als der durch Wellenstrahlung. Über den Emissionsmechanismus können keine Angaben gemacht werden. U. Be.

6702. M. Blaha, Die Sonnenkorona. Časopis **2** 17—23, mit 8 Abb. (tschechisch).

6703. G. Elwert, Die thermische Emission der Sonnenkorona zwischen 10 und 1000 Å. Mitt. AG **1951** 24—25. — Ref. AG.

6704. G. Elwert, Die Röntgenstrahlung der Sonnenkorona und die Bildung der ionosphärischen E-Schicht. Phys. Verhandlungen **3** 18 (Ref.).

6705. G. Elwert, Linienemission der Sonnenkorona im Gebiet weicher Röntgenstrahlen. Phys. Verhandlungen **3** 158. — Ref. AG.

6706. G. Elwert, Das kontinuierliche Emissionsspektrum der Sonnenkorona im fernen Ultraviolett und bei weichen Röntgenstrahlen. Z. Naturforschung **7a** 202—204, mit 1 Abb. = Mitt. Astr. Inst. Univ. Tübingen Nr. **1**. — Die durch Photorekombinationen und durch frei-frei-Übergänge entstehende Strahlung der Korona wird für den Wellenlängenbereich $10 < \lambda <$ 1000 Å berechnet. Dabei wird eine Ionisationstemperatur der Korona von 7×10^5 bzw. 1×10^6 Grad angenommen. Benutzt werden die Elektronendichten nach van de Hulst und die Häufigkeitsverteilung der chemischen Elemente nach Unsöld. Es zeigt sich, daß die Absorptionskanten des HeII 228 Å und des NeIX bei 52 Å besonders in Erscheinung treten sollten. Das Maximum der Intensität liegt (je nach Temperatur) zwischen 30 und 60 Å. Die emittierte Energie reicht (bei Annahme eines vernünftigen Wertes für die Linienemission) zur Bildung der ionosphärischen E-Schicht aus. Böhm

6707. **G. Elwert,** Über die Ionisations- und Rekombinationsprozesse in einem Plasma und die Ionisationsformel der Sonnenkorona. Z. Naturforschung **7a** 432—439, mit 3 Abb. = Mitt. Astr. Inst. Univ. Tübingen Nr. **4**. — Befindet sich ein Plasma nicht im thermodynamischen Gleichgewicht, so ist zur Berechnung seines Ionisationsgrades die Kenntnis der Zahl der Elementarprozesse der Ionisation und Rekombination erforderlich. Es sind dies einerseits die Photoionisation und die Ionisation durch Elektronenstöße, andererseits die Rekombination unter Aussendung von Lichtquanten und durch Dreierstöße. Für jeden dieser vier Prozesse werden Formeln angegeben. Die Stoßionisationen und Photorekombinationen werden genauer diskutiert. Durch Gleichsetzung ihrer Zahl ergibt sich eine verschärfte Ionisationsformel für die Sonnenkorona, aus der man mit Hilfe des bekannten Ionisationsverhältnisses der grünen und roten Koronalinie die Temperatur der Sonnenkorona bestimmen kann. Die Genauigkeit dieser Temperaturbestimmung wird abgeschätzt. Verf.

6708. **R. H. Garstang,** On the coronal lines $\lambda\lambda$ 5445, 5694, and 4086. ApJ **115** 569—570. — Die vorgeschlagene Zuordnung der beiden ersten Linien zum Ca XV wird angefochten, dagegen die Zuordnung der dritten Linie zum Ca XIII plausibel gemacht. Kdr.

6709. **W. Jaschek,** Wellenlängenabhängigkeit der Polarisation in einem Koronastrahl. Phys. Verhandlungen **3** 158—159. — Ref. AG.

* * **F. J. Kerr,** On the possibility of obtaining radar echoes from the sun and planets. Vgl. Ref. **6011**.

6710. **P. E. Kolpakow,** Über die Natur koronaler Gebiete. AJ UdSSR **29** 638—648, mit 5 Abb. (russisch). — Die Erforschung der Vorgänge, die sich in der Sonnenkorona abspielen, haben nicht nur theoretisches Interesse sondern auch praktische Bedeutung. Die Forschungen der letzten Jahre zeigen, daß in der Korona offensichtlich Sonnengebiete ihren Sitz haben, die für die korpuskularen Ströme und die Radiostrahlung verantwortlich sind. Diese Gebiete haben einen sehr großen Einfluß auf eine Reihe geophysikalischer Prozesse. Wenn wir auch im Ergebnis der umfangreichen, im letzten Jahrzehnt von sowjetischen und ausländischen Astrophysikern durchgeführten Arbeiten viel über die Sonnenkorona wissen, so gibt es dennoch eine Reihe von Problemen, die mit der Korona zusammenhängen und noch eine weitere Lösung verlangen. Eines dieser Probleme, die elektromagnetische Entstehung koronaler Gebiete, wird in der vorliegenden Arbeit untersucht. Verf. (übersetzt)

6711. **B. Lyot,** L'observation de la couronne solaire en dehors des éclipses à l'Observatoire du Pic-du-Midi. Ann. Obs. Astr. Mét. Toulouse **21** 14—15. — Ref. L'AFAS.

* * **K. E. Machin, F. G. Smith,** Occultation of a radio star by the solar corona. Vgl. Ref. **12621**.

6712. **R. Müller,** Die Beobachtung der monochromatischen Korona (λ 5303 Å) in den Jahren 1946—1951. Verfahren und Ergebnisse. Forschungsberichte Obs. Wendelstein Nr. **1**, 20 S. mit 11 Abb. — Es wird die Methode der visuellen Photometrie der Koronalinien und die photoelektrische Messung des Himmelstreulichts am Wendelstein beschrieben. Der radiale Helligkeitsabfall der grünen Koronalinie sowie der Einfluß des Streulichts auf die Intensitätsschätzungen der Korona werden untersucht und formelmäßig dargestellt. Aus dem Beobachtungsmaterial der Jahre 1947—1951 wird die Intensitätsverteilung in heliographischer Breite abgeleitet und die Beziehung der monochromatischen Korona zu den anderen Äußerungen solarer Aktivität untersucht. Bru.

6713. R. Müller, Beobachtung der Koronaemission λ 5303 Å um die Zeit der Sonnenfinsternis vom 25. Februar 1952. Forschungsberichte Obs. Wendelstein Nr. **4**, 6 S. mit 2 Abb. — Es werden die vom 22. bis 26. 2. 1952 gewonnenen Koronakonturen in der grünen Linie sowie Isophoten vom 25. 2. mitgeteilt. Bru.

6714. W. Petri, Physikalische Ergebnisse der visuellen Koronaphotometrie. Forschungsberichte Obs. Wendelstein Nr. **2** S. 21—52. — Die Schätzungen des radialen Helligkeitsabfalls der grünen Koronalinie am Wendelstein werden durch Skalenvergleich mit dem Pic du Midi in Absolutintensitäten umgewandelt und dann zur Berechnung der mittleren Ergiebigkeit von Fe XIV in intensiven Koronagebieten als Funktion der Höhe über der Photosphäre verwendet. Die simultanen Beobachtungen der grünen und roten Koronalinie dienen nach theoretischer Bestimmung des Intensitätsverhältnisses beider Linien als Funktion der Elektronentemperatur zu einer Abschätzung derselben, wobei sich ein Wert von rund 650000 Grad ergibt. Ferner werden der mittlere radiale Verlauf der Elektronentemperatur und die Breitenvariation von Dichte und Temperatur in der inneren Korona bestimmt. Es scheint die Dichte enger mit der Fleckenzone, die Temperatur aber mehr mit der Fackelzone korreliert zu sein. Bru.

6715. W. Petri, Zur physikalischen Interpretation der Koronaphotometrie. Mitt. AG **1951** 23—24. — Ref. AG.

6716. W. Petri, Gewinn und Verlust in der Sonnenkorona. Sternenwelt **4** 12—15, mit 2 Abb.

6717. W. Petri, Monochromatische Fluktuationen der inneren Sonnenkorona. ZfA **31** 195—206 = Forschungsberichte Obs. Wendelstein Nr. **5**. — Ref. in Phys. Abstracts (A) **56** 752. — Die stärksten kurzzeitigen Schwankungen der monochromatischen Intensität treten nicht in der äquatornahen Hauptaktivitätszone auf, sondern in um 15—20° höheren Breiten. Bichromatische Messungen deuten außerdem auf feinere systematische Unterschiede der Breitenabhängigkeit von Dichte und Temperatur hin. Nach außen hin nimmt die Unruhe kräftiger Fe XIV-Emissionsgebiete bis mindestens 2′ Distanz zu. Die charakteristische Länge solcher Störgebiete liegt um 24000 km. Verf.

6718. A. Reule, Zur thermischen Emission der Sonnenkorona im Wellenlängenbereich zehn Zentimeter bis zehn Meter. Z. Naturforschung **7a** 234—247, mit 7 Abb. = Mitt. Astr. Inst. Univ. Tübingen Nr. **3**. — Die thermische Emission der Sonne wird für verschiedene Koronamodelle unter Berücksichtigung von Brechung und Dichteschwankungen berechnet. Ähnlichkeitsgesetze für Koronamodelle werden angegeben und die Gebiete der hauptsächlichen Emission abgegrenzt. Es wird ein Verfahren abgeleitet, um aus der meßbaren Intensitätsverteilung über die Sonnenscheibe den Temperaturverlauf in der Korona zu berechnen, wenn die Elektronendichte bekannt und kugelsymmetrisch ist. Die Meßergebnisse von Stanier sind mit der heute allgemein angenommenen Dichteverteilung oder einem Vielfachen davon nicht vereinbar. Der Einfluß von Koronastrahlen wird untersucht und gezeigt, daß sie beachtliche Unregelmäßigkeiten in der Intensitätsverteilung hervorzurufen vermögen. Abweichungen von der Radialsymmetrie können bei der bisherigen Rechenweise falsche Deutungen der Ergebnisse nach sich ziehen. Verf.

* * **W. O. Roberts,** Sunspot prominences and the yellow coronal line. Vgl. Ref. **6644**.

6719. M. Waldmeier, Die Sonnenkorona. I. Beobachtungen der Korona 1939—1949. Vgl. AJB **51** Ref. **6722**. — Weitere Besprechung in Ciel et Terre **68** 145 (J. Hunaerts), NAT **1953** 38—39, Naturwissenschaften **39** 434 (F. W. Jäger), Orion Schaffhausen **3** 409.

6720. **M. Waldmeier,** Temperaturvariationen in der Sonnenkorona. Mitt. AG **1951** 23. — Ref. AG.

6721. **M. Waldmeier,** Synthese der Sonnenkorona. Phys. Verhandlungen **3** 158. — Ref. AG.

6722. **M. Waldmeier,** Variationen der Koronatemperatur. ZfA **30** 137—151, mit 4 Abb. = Astr. Mitt. Sternw. Zürich Nr. **179**. — Ref. in Irish AJ **2** 55—56. — Aus dem Intensitätsverhältnis der Koronalinien 5303 und 6374 wird die Ionisationstemperatur der Sonnenkorona bestimmt in Abhängigkeit vom elfjährigen Zyklus, von der heliographischen Breite und vom Abstand vom Sonnenrand. Verf.

6723. **H. Zanstra,** Polarisatie van de corona en protuberanzen. Ned. T. Natuurk. **18** 13—18, mit 3 Fig. und 2 Tafeln = Sterrekundig Colloquium van de Nederlandse Astronomen-Club Nr. **10**.

6724. Beobachtung der Sonnenkorona außerhalb von Sonnenfinsternissen. Naturwiss. Rundschau **5** 426.

6725. Die Rotation der Korona. Sternenwelt **4** 62—63. — Ref. der in AJB **51** Ref. **6709** zitierten Arbeit von Lyot und Dollfus.

6726. **Koronabeobachtungen**

Quarterly Bulletin on Solar Activity Nr. **93—96**. Published by the Eidgen. Sternwarte in Zürich. — 1951 Jan.—Dez.

TAB (2) Nr. **46** S. 359—374. Preliminary result of the coronal observation at Mt. Norikura. M. Notuki.

Veröff. Fraunhofer-Inst. Freiburg. Sonnen-Zirkular 1951 Okt.—1952 Sept. 242 S. mit Abb.

VJS der Naturf. Ges. Zürich **97** 114—126, mit 2 Abb. Die Sonnenaktivität im Jahre 1951. M. Waldmeier.

§ 68

Sonnentätigkeit in Beziehung zu terrestrischen Erscheinungen

6801. **C. G. Abbot,** What causes weather? Leaflet ASP Nr. 254, 8 S. mit 2 Fig., 1950.

6802. **C. G. Abbot,** Important interferences with normals in weather records, associated with sunspot frequency. Smithsonian Inst. Publ. Nr. 4090, 3 S. mit 1 Fig. — Amplitude und Phase des jährlichen Ganges sowie die Größe der Abweichung der Niederschlagsmenge vom langjährigen Mittel in Peoria, Ill., zeigen eine Abhängigkeit von der Größe der Fleckenrelativzahl. Bru.

6803. **L. d'Azambuja,** L'influence des éruptions solaires sur l'ionosphère et le magnétisme terrestre. Ann. Obs. Astr. Mét. Toulouse **21** 14. — Ref. L'AFAS.

* * **P. Bernard,** Les éruptions solaires d'après leurs effets sur le magnétisme terrestre. Vgl. Ref. **6608**.

6804. **H. J. de Boer,** Treering measurements in Java and the sunspot cycle from A. D. 1514. Proc. Section Sci. K. Nederl. Akad. Wetensch. (B) **55** 386—394. — Aus den Weiten von Baumringen zieht Verf. Schlüsse auf die sonst nicht bekannte Sonnenaktivität von 1514 bis 1750. Loh.

6805. **J. Brádka,** Die Abhängigkeit der Antizyklonenhäufigkeit von der Sonnenaktivität. BAC **3** 56—59, mit 3 Abb.

6806. **A. Bruzek,** Zur Lokalisierung der Bartels'schen M-Gebiete. Z. Naturforschung **7a** 708—711, mit 3 Abb. — Ref. in Phys. Abstracts (A) **56** 387. — Für die drei ausgeprägtesten, mittelstarken, wiederkehrenden, erdmagnetischen Stürme der Jahre 1943—1950 wird gezeigt, daß das zugehörige solare M-Gebiet mit einem Koronagebiet stark unterdurchschnittlicher Intensität in λ 5303 Å bzw. λ 6374 Å koinzidiert. Die mittlere Intensität während der Lebensdauer des Sturmes bleibt in einem Bereich von etwa 40 Grad heliographischer Länge mal 60 Grad heliographischer Breite unter 60% der mittleren Linienintensität der entsprechenden heliographischen Breite. Das Zentrum dieses Gebietes passiert $0^d.3 \pm 0^d.6$ vor Sturmbeginn und rund $3^d \pm 1^d.5$ vor Sturmmitte den Zentralmeridian der Sonne. Verf.

6807. **J. O. Cardús,** Influencia de la posición heliográfica de las fulguraciones cromosféricas en la producción de corchetes geomagnéticos. Urania Barcelona **37** 144—168 (mit englischer Zusammenfassung) = Publ. Obs. Ebro Misc. Nr. **11.** — Im Gegensatz zu Princep (vgl. AJB **47** Ref. **4608**) und Hiroshi Kamiyama (Report of Ionospheric Research in Japan **5** 182, 1951) und in Übereinstimmung mit M. A. Ellison (vgl. AJB **50** Ref. **7285**) und D. M. McIntosh (J. Atmosph. Terr. Phys. **1** 315, 1951) findet Verf. aus Beobachtungen 1949—1951 keine verstärkte Erzeugung geomagnetischer Störungsmaxima durch chromosphärische Eruptionen in der Nähe des Zentrums der Sonnenscheibe. Gü.

6808. **R. L. Chasson,** Two cosmic-ray decreases associated with the geomagnetic storms and sunspot activity of May and June, 1951. Phys. Rev. (2) **85** 719—720. — Ref. in Phys. Ber. **31** 1506: Registrierungen mit Zählrohrkoinzidenzen seit 1951 zeigen in mehreren Fällen schon vor großen magnetischen Störungen eine geringe Abnahme der Ultrastrahlung, wie sie unter anderen Kolhörster 1938 beschrieben hat. Ehmert

6809. **A. Dauvillier,** Observations du champ électrique atmosphérique à Khartoum durant l'éclipse totale de soleil du 25 février 1952. CR **235** 852—854. — Ref. in Phys. Abstracts (A) **56** 175.

6810. **J.-F. Denisse,** Relation between geomagnetic activity and solar radioelectric avtivity. Ann. Géophys. **8** 55—64 (französisch). — Ref. in Phys. Abstracts (A) **55** 938.

6811. **G. Ishikawa,** On the longitude effect of a corpuscular stream from the sun. J. Geomagn. Geoelect. **2** 74—76, 1950. — Ref. in Phys. Abstracts (A) **56** 1126.

6812. **M. Kopecký,** Über die Einflüsse der Sonnentätigkeit auf die Erde. Vesmír **31** 190—191, mit 3 Abb. (tschechisch).

6813. **L. Křivský,** Chromospheric flares and daily precipitations in Prague in the years 1947, 1948 and 1949. BAC **3** 25—26, mit 1 Fig. — 1947, 1948 und 1949 stieg die tägliche Niederschlagsmenge in Prag um 21% an, wenn drei bis fünf Tage vorher eine Eruption der Größe 2 oder 3 auf der Sonne beobachtet worden war. U. Be.

6814. **K. Nagashima,** On the relation between the cosmic ray intensity and the geomagnetic storm. J. Geomagn. Geoelect. **3** 100—116, 1951. — Ref. in Phys. Abstracts (A) **57** 187.

6815. **T. Nagata,** Characteristics of the solar flare effect (Sqa) on geomagnetic field at Huancayo (Peru) and at Kakioka (Japan). J. Geophys. Res. **57** 1—14, mit 7 Fig. — Ref. in Phys. Ber. **32** 145.

6816. **T. Nagata,** The solar-flare type variation in geomagnetic field and the integrated electrical conductivity of the ionosphere. Rep. Ionosphere Res. Japan **4** 155—172, 1950. — Ref. in Phys. Abstracts (A) **57** 243.

6817. **H. W. Newton, H. F. Finch,** Magnetic storms and solar activity, 1951. Obs **72** 44—46. — Bericht über beobachtete magnetische Stürme und kleinere magnetische Störungen mit kurzen Angaben über die Sonnenflecken von 1951. O. G.

6818. **H. W. Newton,** Solar notes. Obs **72** 211—212.

6819. **S. B. Nicholson, O. R. Wulf,** The role of quiet days in the mechanism of geomagnetic activity. Publ ASP **64** 265—270, mit 1 Fig.

6820. **L. Pardi, F. Papi,** Die Sonne als Kompaß bei Talitrus saltator (Montagu), (Amphipoda, Talitridae). Naturwissenschaften **39** 262—263.

6821. **G. Peisino,** Rapporti fenomenici fra sole e terra. Scientia **87** 229—233 = Oss. Astr. Collurania-Teramo Note e Comun. Nr. **32.** — Bringt neben allgemeineren Bemerkungen zum Problem eine spezielle über Niederschläge in Collurania (Teramo) in den Jahren von 1925 bis 1951. Loh.

6822. **M. J. Smyth,** The corona and geomagnetism. Obs **72** 236—239, mit 1 Fig. — Ref. in Phys. Abstracts (A) **56** 588. — Die Frage, ob die im Zyklus der Sonnenrotation wiederkehrenden schwächeren magnetischen Stürme («M-Stürme») mit Strahlen der äußeren Korona oder mit Gebieten von größerer Helligkeit der inneren Korona bei λ 5303 im Zusammenhang stehen, ist noch nicht entschieden. O. G.

6823. **B. Valníček,** Les éruptions chromosphériques et le temps. BAC **3** 71—76, mit 3 Fig. — Der Gang von Luftdruck und Temperatur in zwei Maximumsjahren an 25 europäischen Stationen wird untersucht. Als Stichtag werden Tage mit stärkerer Eruptionstätigkeit ausgewählt. Es ergeben sich typische großräumige Zirkulationssysteme über Europa und dem Nordatlantik. U. Be.

6824. **A. H. de Voogt,** Radiostraling uit de wereldruimte. Verband tussen radio-verschijnselen van de zon en de aardse ionosfeer. Ned. T. Natuurk. **18** 141—144 = Sterrekundig Colloquium van de Nederlandse Astronomen-Club Nr. **11.**

* * **M. Waldmeier,** Die Entdeckung der solar-terrestrischen Beziehungen im Jahre 1852. Vgl. Ref. **1442.**

6825. **H. Wiese,** Zur Frage der extraterrestrischen Wetterbeeinflussung. Sterne **28** 189—198, mit **4** Abb.

6826. The Greek «Etesians» and solar activity. JBAA **62** 158.

6827. **Solar-terrestrische Beobachtungen**

J. Geophys. Res. **57** 135—141, 305—313, 413—422, 531—536, mit 3 Fig. Geomagnetic and solar data.

Urania Barcelona **37** 55. Datos relativos a la actividad solar y geomagnética en 1950.

Achter Teil

Planeten und Monde

§ 70

Sonnensystem, Allgemeines

7001. **K. L. Bajew,** Erde und Planeten. Vgl. AJB **50** Ref. **7002.** — Auch in weiteren regionalen Ausgaben und Landessprachen der UdSSR erschienen.

7002. **N. P. Barabaschew,** Untersuchung der physischen Bedingungen auf dem Mond und den Planeten. Charkow, Verlag Gorkij-Staatsuniv., 1952. 272 S. mit Abb. Preis 8 R. 40 Kop. (russisch). — Enthält außerdem bibliographische Mitteilungen über 128 Arbeiten.

7003. **R. Brandt,** Enge Konjunktion Venus—Jupiter 1952, Mai 5. Sterne **28** 249.

7004. **G. Bruhat, E. Schatzman,** Les Planètes. Paris, Presses Universitaires de France, 1952. 303 S. mit 41 Fig. und 7 Tafeln. Preis frs. 1200. — Besprechung in Ann d'Astrophys **15** 404—405 (G. P. Kuiper), BSAF **66** 317, Heelal **8** 50, Mem SA It (NS) **23** 349—350 (A. Masani), Urania Kopenhagen **9** 73—74.

7005. **K. E. Bullen,** Cores of terrestrial planets. Nature **170** 363—364. — Vergleichende Diskussion der Ansichten von Urey, Ramsey und Verf. über die Frage der chemischen Homogenität der erdähnlichen Planeten. Die Existenz von Planetenkernen mit von der übrigen Planetenmasse verschiedener chemischer Zusammensetzung wird als sehr wahrscheinlich betrachtet. Kdr.

* * **K. E. Bullen, A. H. Low,** Planetary models of terrestrial type. Vgl. Ref. 5202.

7006. **B. Burrell,** Radio echos from the planets. Obs **72** 118—119. — Falls es einmal möglich sein wird, Radioechos von den äußeren Planeten zu beobachten, ist bei Jupiter und Saturn eine größere Drehung der Polarisationsebene eines linear polarisierten Signals durch die nach Blackett angenommenen Magnetfelder dieser Planeten zu erwarten. O. G.

7007. **W. Buscombe,** Planetary atmospheres. Leaflet ASP Nr. 277, 8 S.

7008. **W. Eckert, D. Brouwer, G. M. Clemence,** Co-ordinates of the five outer planets, 1653—2060. Vgl. AJB **51** Ref. **7604.** — Weitere Besprechung in NAT **1952** 77.

* * **V. A. Firsoff,** Our Neighbour Worlds. Vgl. Ref. 520.

7009. **H. J. Gramatzki,** Zur Krisis der Amateur-Planetenforschung. Sterne **28** 95—101, mit 7 Abb. — Verf. beantwortet die Frage nach der wissenschaftlichen Bedeutung der Planetenforschung. Mit einem Flächenphotometer und Photometerspiegelchen als Versuchsmodell werden Messungsergebnisse von der Oberfläche von Jupiter und Mars aus dem Jahre 1926 mitgeteilt. Auf Grund der Erfahrungen wird für den Amateurastronomen die Theorie und eine schematische Darstellung der Konstruktion eines Photometers zur Flächenphotometrie der Planeten gegeben.

* * **M. B. B. Heath,** The stars and planets of spring. Vgl. Ref. **9001.**

7010. **G. M. Idliss,** Über das Gesetz der Planetenentfernungen. AJ UdSSR **29** 694—707 (russisch). — Von den drei Gesetzen, die zur Erklärung der Planetenverteilung vorgeschlagen worden sind, genügt nur das von Fessenkow quantitativ den Anforderungen, weil es physikalisch klar begründet ist und nicht nur die Verteilung aller Planeten, einschließlich der Kleinen, sondern auch die Verteilung aller regulären Monde zu erklären gestattet. Die Gesetze von Schmidt und Gurewitsch-Lebedinskij sind abzulehnen; ersteres, weil es gewissen Beobachtungen widerspricht, das zweite, weil es auf sehr umstrittenen Voraussetzungen beruht. Loh.

* * **F. J. Kerr,** On the possibility of obtaining radar echoes from the sun and planets. Vgl. Ref. **6011.**

7011. **J. I. King,** The generation of convection in a planetary atmosphere. Phys. Rev. (2) **87** 911. — Ref. Am. Phys. Soc.

7012. **G. P. Kuiper,** The Atmospheres of the Earth and Planets. Chicago, University Press, 1952. 2. Auflage. 8 + 434 S. mit 16 Tafeln. Preis $ 8.50. — Besprechung in Hemel en Dampkring **50** 112—113 (Auflage 1949, A. J. M. Wanders), J RAS Canada **47** 122—123, Sky and Telescope **11** 227.

7013. **C. Lönnquist,** Titius-Bodes lag, minnesregel eller naturlag? PAT **33** 47—52. — Verf. berichtet über die Titius-Bodesche Reihe und einige Modifikationen, besonders über einen Versuch, die Abstände im Planetensystem und im Uranussystem mit geometrischen Reihen zu beschreiben. Ra.

7014. **R. K. Marshall,** Sun, Moon, and Planets. New York, Henry Holt and Co., 1952. 129 S. Preis $ 2.50. — Besprechung in Sky and Telescope **12** 76, 77 (J. W. Streeter).

7015. **A. G. Massewitsch,** Der Aufbau der Großen Planeten. Priroda **41** Nr. 10 S. 92—94, mit 1 Abb. (russisch). — Darstellung neuerer Untersuchungsergebnisse.

7016. **J. Meeus,** Le centre de gravité du système solaire et le mouvement de Neptune. Ciel et Terre **68** 288—292, mit 2 Fig. — Beschreibung der Bewegung des Schwerpunktes des Sonnensystems relativ zur Sonne für den Zeitraum 1945—2001. Es ergeben sich einige Merkwürdigkeiten in der Bewegung des Neptun (zweifacher Durchgang durch das Aphel, 1959 und 1968). Böh.

7017. **M. Minnaert,** De polarisatie van het licht der planeten en kometen. Ned. T. Natuurk. **18** 1—6, mit 2 Fig. = Sterrekundig Colloquium van de Nederlandse Astronomen-Club Nr. **10.**

7018. **P. A. Moore,** Solar system notes. J. British Interplanetary Soc. **11** 16—17, 129—130, 214—215, mit 1 Fig., 276—278.

7019. **J. H. Nelson,** Planetary position effect on short-wave signal quality. Elect. Engng. [N. Y.] **71** 421—424. — Ref. in Phys. Abstracts (A) **55** 753—754.

7020. **E. J. Öpik,** Collisions with heavenly bodies. Irish AJ **2** 95—98 = Armagh Obs. Leaflet Nr. **15.** — Rundfunkvortrag über Gefahren für die Erde durch einfallende Meteore oder kleinste Planetoiden. Dieckvoss

7021. **E. J. Öpik,** Planetary observations. Southern Stars **15** 103—104. — Auszug aus der Arbeit in Irish AJ **1** 37 (AJB **50** Ref. 7013).

7022. **W. W. Radsijewskij,** Über den Einfluß der Anisotropie der Reemission der Sonnenstrahlung auf die Bahnbewegung der Kleinen Planeten und Meteorite. AJ UdSSR **29** 162—170 (russisch). — Ref. in Astr. News Letter Nr. **67** S. 11—13.

7023. W. W. Radsijewskij, Die Strahlungsbremsung im Sonnensystem und das Alter des Saturnrings. AJ UdSSR **29** 306—312 (russisch). — Ref. in Astr. News Letter Nr. **67** S. 4. — Zunächst behandelt Verf. den Strahlungsdruck auf absolut schwarze und absolut reflektierende bewegte Kugeln. Daran schließt sich eine Diskussion des heliozentrischen Poynting-Robertson-Effekts und seine Anwendung auf Partikel in der Nähe eines Planeten an. Damit ist es möglich, das Alter des Saturnrings abzuschätzen, das sich zu $0.7 \times 10^9 \cdot a$ Jahren ergibt. a ist der Radius der kleinsten Partikel, den man etwa 1 cm setzen kann. Wird die wechselseitige Bedeckung der Partikel berücksichtigt, dann ergibt sich für das Alter mit $a = 1$ eine obere Grenze von 2.1×10^9 Jahren. Loh.

7024. D. H. Sadler, Radio propagation and the positions of the planets. JBAA **62** 236. — Bemerkungen zu einem Vortrag von A. Hunter (JBAA **62** 194—196) über eine falsche Anwendung statistischer Methoden. T. L.

7025. G. Schindler, Über Letzt- und Erst-Beobachtungen des Sirius und anderer Gestirne. Orion Schaffhausen **3** 400—402.

7026. I. S. Schklowskij, Über die thermische Dissipation der Atmosphäre. AJ UdSSR **29** 225—229 (russisch). — Ref. in Astr. News Letter Nr. **67** S. 15. — Kritische Bemerkung zu einer Arbeit von Fessenkow (vgl. AJB **51** Ref. **7228**) mit dessen Erwiderung.

7027. L. Singh, Recurrence of planetary orbits. I. Distance from sun. Sci. Cult. **17** 525—527. — Ref. in Phys. Abstracts (A) **55** **843**.

7028. L. Singh, Recurrence of planetary orbits. II. Orbital velocity. Sci. Cult. **18** 37—38. — Ref. in Phys. Abstracts (A) **55** 1055.

7029. W. W. Spangenberg, Bemerkungen zur Auswertung visueller Beobachtungen der inneren Planeten. AN **281** 6—8, mit 4 Abb. — Beschreibung von Versuchen zur Ermittlung von Art und Stärke optischer Täuschungen bei der visuellen Beobachtung kleinster blendend heller Oberflächen, wie sie bei den inneren Planeten zu finden sind. Es ergab sich, daß solche schon mehrfach vermuteten Täuschungsbilder vorkommen, aber anscheinend in geringerem Umfange als meist angenommen wird. Bei ihrer Entstehung sind individuelle Momente, Ermüdung, Luftbeschaffenheit und Instrument von Wichtigkeit. Für das Auge des Verf. bauten sich die Täuschungsbilder fast immer auf der Figur eines liegenden dunklen Kreuzes auf. Verf.

7030. H. C. Urey, The Planets. Their Origin and Development. London, Geoffrey Cumberlege; Oxford, University Press; New Haven, Yale University Press, 1952. 17 + 245 S. mit 16 Fig. und einer Mondkarte. Preis $ 5.00. — Besprechung in NAT **1953** 78, PAT **33** 157—159, Phys. Blätter **9** 286—287 (W. Lohmann), Sky and Telescope **11** 147, 279—281 (F. L. Whipple), Urania Kopenhagen **9** 88—89 (C. L. Janssen).

7031. H. C. Urey, Cosmic abundance of the elements and the chemical composition of the solar system. Amer. Scientist **39** Nr. **4** S. 590—609, 1951.

7032. J. Waltz, Sur une relation curieuse entre les éléments physiques des planètes suggérant leur classification par paires. DOB **5** Nr. 6 Fasc. 1, 1 S.

7033. Observations and comments. Strolling Astronomer **6** 6—9, 26—29, 40—44, 51—58, 70—75, 86—90, 99—105, 119—120, 135, 147—150, 161—165, 177—180. — Enthält zahlreiche Mitteilungen zumeist von Amateuren über physische Beobachtungen des Planetensystems.

§ 71

Merkur, Venus

7101. **Merkur. Astrometrische Beobachtungen**

Mem SA It (NS) **23** 73—79 = Oss. Astr. Roma — Monte Mario Contr. Sci. Nr. **173**. Osservazioni meridiane dell'ascensione retta di Mercurio e Venere. L. Gialanella. — α-Beobachtungen 1942—1951.

Publ. Dominion Obs. Ottawa **15** Nr. 2 S. 77—158. Results of observations made with the reversible meridian circle 1923—1935. Observations of the Sun, Mercury and Venus. W. S. McClenahan. — α, δ.

Publ. US Naval Obs. **16** part III S. 365—445. Results of observations made with the six-inch transit circle 1941—1949. Observations of the Sun, Moon, and planets. C. B. Watts, F. P. Scott, A. N. Adams. — α, δ.

7102. **Merkur. Physische Beobachtungen**

Blick ins All — Mitt. der Vereinigung Münchener Amateur-Astronomen 1952 Nr. 2, 3 S. mit 1 Abb. Über einige Ergebnisse der Beobachtung des Planeten Merkur. W. Sandner.

Mitt. Planetenbeobachter **5** Nr. 5 S. 2—3. Merkur, Frühjahr 1952.

Mitt. Planetenbeobachter **5** Nr. 6 S. 3—4. Merkur, Herbst 1952. W. Sandner.

Strolling Astronomer **6** 139—141. Mercury: the favorable apparition of March—April, 1951. D. O'Toole.

Urania Barcelona **37** 76—91, mit 10 Abb. De astronomía planetaria.

Weitere Mitteilungen vgl. Ref. **7033**.

7103. **J. L. Gasarjan,** Berechnung der Gravitationswirkung des Zodiakallichts auf die Bewegung des Merkurperihels. AJ UdSSR **29** 209—214 (russisch). — Besprechung in Astr. News Letter Nr. **67** S. 13—14, Math. Rev. **13** 875. — Moderne Daten über die Zodiakallichtmaterie erlauben eine Revision der v. Seeligerschen Rechnungen über dieses Problem. Es ergibt sich der völlig vernachlässigbare Betrag $e \frac{d\pi}{dt} < 5' \times 10^{-8}$ pro Jahrhundert. Loh.

7104. **B. Thüring,** Die anomale Bewegung des Merkurperihels. Sterne **28** 129—135. — Zusammenfassender und kritischer Bericht über die Bewegung des Merkurperihels und die Versuche ihrer mechanischen Deutung. Böh.

7105. Tour d'horizon planétaire de Mercure à Mars. BSAF **66** 376.

7106. Eine Atmosphäre des Planeten Merkur. Sterne **28** 29. — Vgl. AJB **50** Ref. **7105**.

7107. **Venus. Astrometrische Beobachtungen**

Mem SA It (NS) **23** 73—79 = Oss. Astr. Roma — Monte Mario Contr. Sci. Nr. **173**. Osservazioni meridiane dell' ascensione retta di Mercurio e Venere. L. Gialanella. — α-Beobachtungen 1942—1951.

Publ. Dominion Obs. Ottawa **15** Nr. 2 S. 77—158. Results of observations made with the reversible meridian circle 1923—1935. Observations of the Sun, Mercury and Venus. W. S. McClenahan. — α, δ.

Publ. US Naval Obs. **16** part III S. 365—445. Results of observations made with the six-inch transit circle 1941—1949. Observations of the Sun, Moon, and planets. C. B. Watts, F. P. Scott, A. N. Adams. — α, δ.

TAB (2) Nr. 50 S. 389—396. Meridian observations of the right ascensions of the moon and planets during the year 1951. S. Nakano, H. Yasuda, R. Fukaya.

7108. **Venus. Physische Beobachtungen**

Mitt. Planetenbeobachter **5** Nr. 1 S. 1—2. Venus 1951 — Abendstern. E. Rohde.

Mitt. Planetenbeobachter **5** Nr. 4 S. 1. Venus — Morgenstern 1951. E. Rohde.

Sterne **28** 41—42. Venusbeobachtungen während der unteren Konjunktion 1951. M. Kiessig.

Strolling Astronomer **6** 17—24, mit 6 Fig. The markings of Venus — some A.L.P.O. studies. J. C. Bartlett jr.

Urania Barcelona **37** 21—23, mit 1 Tafel. Nuevas observaciones del planeta Venus. R. M. Baum.

Urania Barcelona **37** 76—91, mit 10 Abb. De astronomía planetaria.

Weitere Mitteilungen vgl. Ref. **7033**.

7109. **N. P. Barabaschew, A. T. Tschekirda,** Über die Änderung des Farbenindex der Venus. Abh. Gorkij-Staatsuniv. Charkow **42** 5—7 = Publ. Astr. Obs. Gorkij-Staatsuniv. Charkow **2** (**10**) 5—7 (russisch). — Ein Vergleich photographischer Helligkeiten von King und visueller von Müller und Danjon zeigt, daß die daraus abgeleiteten Farbenindizes bis etwa 75° Phasenwinkel nahezu konstant sind, dann aber bis 165° rasch abfallen. Dieses Blauerwerden der Venus wird durch die Rötung des Venuslichts in der Erdatmosphäre weitgehend kompensiert, weil bei den geringen Elongationen die Beobachtungen nur in kleinen Höhen stattfinden. Aus kleinen, mittels einer kleinen Objektivprismenkamera in Charkow gewonnenen Spektren bestätigen die Verf. die Blaufärbung bei großen Phasenwinkeln. Die Ursache dieses Phänomens bleibt noch ungewiß. Loh.

7110. **M. Kiessig,** Konjunktion Mond—Venus am 8. 6. 1951. Sterne **28** 42, mit 1 Abb.

7111. **W. W. Scharonow,** Der wahrscheinliche Aufbau der Venusatmosphäre. Astr Circ UdSSR Nr. 125 S. 8—9 (russisch). — Der Widerspruch über die Mächtigkeit der Venusatmosphäre aus der verhältnismäßig kleinen Horizontalrefraktion einerseits und der erheblichen Verlängerung der Hörnerspitzen andererseits kann durch die Hypothese beseitigt werden, daß die sichtbare Oberfläche der Venus eine dünne halbdurchsichtige wolkige Schicht ist, die von der festen Oberfläche des Planeten oder den undurchsichtigen wolkigen Schichten durch eine Schicht undurchsichtigen Gases beträchtlicher geometrischer Tiefe abgeteilt ist. Loh.

7112. **W. W. Scharonow,** Bestimmung der Horizontalrefraktion in der Venusatmosphäre aus Beobachtungen der Lomonossow-Erscheinung. DAN **82** 351—353 (russisch). — Ref. in Astr. News Letter Nr. **62** S. 9—10. — Die Beobachtung einer Aufhellung der bei Beginn eines Venusdurchgangs noch nicht auf der Sonnenscheibe befindlichen Teile des Venusscheibchens wird zur Abschätzung der Horizontalrefraktion benutzt, für die sich etwa 20′ ergeben. Loh.

* * Tour d'horizon planétaire de Mercure à Mars. Vgl. Ref. **7105**.

§ 72

Erde

Allgemeines

7201. **K. D. Adams,** The Earth in motion. Southern Stars **15** 89—93. — Es wird gezeigt, wie die Bewegung der Erde im Raum sich aus einer Anzahl von Geschwindigkeitskomponenten zusammensetzt, die größtenteils kleinen Schwankungen in Größe und Richtung unterworfen sind. T. L.

7202. **K. L. Bajew,** Die Erde als Himmelskörper. Moskau, Staatsverlag für kulturell-aufklärende Literatur, 1952. 64 S. mit Abb. Preis 75 Kop. (russisch). — Auch in weiteren regionalen Ausgaben und Landessprachen der UdSSR erschienen.

7203. **F. Baur,** Die Bewegung eines Punktes der Erdoberfläche gegenüber der Sonne. Z. Meteorol. **6** 188—189. — Ref. in Phys. Ber. **32** 1899: Wird als absolute Bewegung eines Punktes auf der Erdoberfläche eine solche definiert, die außer der Rotation der Erde auch noch die Revolution derselben berücksichtigt, so ist diese eine schraubenartige Bewegung mit sehr großer Ganghöhe. Die beigefügte maßstabgerechte Zeichnung veranschaulicht dies besser als Rechnungen. Wippermann

7204. **H. Berg,** Einführung in die Physik der festen Erde. Vgl. AJB **49** Ref. **7201**. — Weitere Besprechung in Sterne **28** 78 (Bolender).

7205. **A. F. Bondarenko,** Die Erde im Weltraum. Stawropol, Verlag der «Stawropolskaja Prawda», 1952. 20 S. mit 7 Abb. (russisch).

7206. **F. D. Bublejnikow,** Der Planet Erde. Taschkent, Verlag «Prawda Wostoka», 1952. 198 S. mit Abb. (ujgurisch, arabische Schrift).

7207. **S. Chapman,** The Earth's Magnetism. London, Methuen, 1951. 2. Auflage. 11 + 127 S. Preis 6s. — Besprechung in Proc. Phys. Soc. (B) **65** 83 (L. F. Bates).

7208. **J. Coulomb,** La Constitution physique de la Terre. Paris, Albin Michel, 1952. 284 S. mit 74 Fig. — Besprechung in BSAF **66** 452—453.

7209. **C. Gaibar-Puertas,** Increase of the earth's mean magnetization. Geofis. pura e applicata **23**, 16 S. mit 4 Fig. = Publ. Obs. Ebro Misc. Nr. **10**.

7210. **J. A. Jacobs,** Temperature of the interior of the earth. Nature **170** 838. — Eine von anderen Autoren für den Erdmantel als gültig nachgewiesene Beziehung zwischen dem Volumenkoeffizienten der thermischen Ausdehnung und dem Druck wird auch für das Innere der Erde als richtig angesehen und zur Abschätzung der Temperaturen benützt. Danach ergibt sich für die Grenze von Mantel und Kern der Wert $T = 4350°$, für den Erdmittelpunkt etwa $T_c = 4800°$. Kdr.

* * **H. E. Landsberg,** Advances in Geophysics, I. Vgl. Ref. **619**.

* * **E. R. Lapwood,** The effect of contraction in the cooling by conduction of a gravitating sphere, with special reference to the earth. Vgl. Ref. **5008**.

7211. **W. W. Lunkewitsch,** Die Erde im Weltraum. Taschkent, Verlag «Ksyl Usbekistan», 1952. 80 S. mit 24 Abb. (ujgurisch).

7212. **J. A. O'Keefe, J. P. Anderson,** The earth's equatorial radius and the distance of the moon. AJ **57** 108—121, mit 3 Fig. — Ref. in Sky and Telescope **12** 74. —Die üblichen Formeln zur Reduktion von Sternbedeckungsbeobachtungen werden so umgeformt, daß sie die Berechnung des Äquatorialradius der Erde und der Mondparallaxe gestatten. Aus neun Beobachtungen paarweise gleicher Bedeckungen an jeweils günstig ausgewählten Stationen in USA werden hierfür Werte abgeleitet. Die Bedeutung dieser Methode, die im wesentlichen auf der Ermittlung der Geschwindigkeit der Mondbewegung bezüglich der Erdoberfläche beruht, liegt darin, den Erdhalbmesser unabhängig von Messungen des Krümmungsradius der Erde zu erhalten. T. L.

7213. **E. J. Öpik,** The ice ages. Irish AJ **2** 71—84 = Armagh Obs. Leaflet Nr. **14**. — Die sogenannte astronomische Theorie zur Erklärung der Eiszeiten (Variation der Erdbahnelemente) ist nicht ausreichend und widerspruchsfrei. Auch die von der Stärke der Bewölkung abhängige veränderliche Reflektion der

Sonnenstrahlung kann nicht als wesentliche Ursache angesehen werden, selbst wenn man einen möglichen Einfluß interstellarer Materie betrachtet. Die Eiszeiten können vielmehr nur durch Schwankungen in der Intensität der Sonnenstrahlung selbst hervorgerufen werden; dabei läßt sich zeigen, daß die großen Eiszeiten durch Störungen des Gleichgewichts im Innern der Sonne, die kleineren (speziell die vier letzten des Quartärs) dagegen durch sekundäre Störungen in ihren äußeren Schichten verursacht sein dürften. T. L.

7214. **L. Rosino,** Influssi cosmici sul nostro pianeta. Coelum **20** 72—76.

7215. **H. R. Scultetus,** Auswirkungen und Ursachen der neuzeitlichen Klimaänderung. Sternenwelt **4** 84—87, mit 2 Abb.

7216. **C. Somigliana,** Applicazioni geofisiche della meccanica celeste. Scientia **87** 108—117. — Behandelt Eiszeit- und Klimaschwankungsfragen in astronomischer Sicht. Loh.

7217. **Z. Švestka,** Erdatmosphäre und Astronomie. Vesmír **31** 282—283, mit 1 Fig. (tschechisch).

7218. **W. F. Tschistjakow,** Die kosmische Dichte der Erde. Astr Circ UdSSR Nr. 125 S. 9—10 (russisch). — Verf. schlägt vor, als kosmischen Durchmesser der Erde den um die Höhe der Atmosphäre vergrößerten Durchmesser (13500 km) zu verwenden, wodurch sich als kosmische Dichte der Erde der Wert 4.64 gr/cm^3 ergibt. Loh.

7219. **R. J. Uffen, A. D. Misener,** On the thermal properties of the earth's interior. Proc. Phys. Soc. (B) **65** 742.

7220. **A. P. Winogradow, I. K. Sadoroshny, S. I. Sykow,** Die isotope Zusammensetzung der Bleie und das Alter der Erde. DAN **85** 1107—1110, mit 1 Abb. (russisch). — Ref. in Phys. Abstracts (A) **56** 746. — Das geringste Alter der Erdkruste beträgt 2.1×10^9, das maximale $(5.0 \pm 0.5) \times 10^9$ Jahre. Loh.

7221. Earth's radius from occultation data. Sky and Telescope **11** 140.

7222. Das magnetische Feld der Erde in größeren Höhen. Sternenwelt **4** 147. — Ref. der in AJB **50** Ref. **7216** zitierten Arbeit von Singer, Maple und Bowen jr.

Atmosphäre

7223. **A. Adel,** Identification of carbon monoxide in the atmosphere above Flagstaff, Arizona. ApJ **116** 442—443, mit 2 Fig. — Ref. in Sky and Telescope **12** 12. — Nachweis von CO-Absorptionsbanden atmosphärischen Ursprungs im infraroten Sonnenspektrum nach Aufnahmen in Flagstaff, Arizona. Micz.

7224. **A. Adel,** The atmospheric window, 16 to 24 microns, and the second fundamental of nitrous oxide. Phys. Rev. (2) **88** 128, mit 1 Fig. — In dem Fenster, das auf der kurzwelligen Seite von einer vollständigen Absorption durch CO_2 und auf der langwelligen Seite durch Wasserdampfabsorption begrenzt ist, konnte die zweite Fundamentalserie der atmosphärischen NO_2-Bande bei $\nu_2 = 17\,\mu$ nachgewiesen werden. Der Q-Zweig und besonders der P-Zweig der Bande wird durch die Wasserdampfabsorption stark beeinflußt. Temesváry

7225. **J. A. van Allen, J. J. Hopfield,** Preliminary report on atmospheric ozone measurements from rockets. Vgl. Ref. **1165**, daselbst S. 179—183, mit 1 Fig. — Bei einem Aerobee-Aufstieg wurde die Ozonabsorption mit einem Quarzspektrographen und vier 1 P 28-Zellen bei vier Wellenlängen gemessen. Vorläufige Werte für den Höhenbereich 25—60 km sind angegeben. Bru.

7226. **E. V. Ashburn,** The density of the upper atmosphere and the brightness of the twilight sky. J. Geophys. Res. 57 85—93, mit 5 Fig.

7227/28. **D. R. Bates, A. E. Witherspoon,** The photo-chemistry of some minor constituents of the earth's atmosphere (CO_2, CO, CH_4, N_2O). MN **112** 101—124, mit 2 Fig. — Die Gleichgewichtsverteilung der vier Gase in der Erdatmosphäre wird unter Berücksichtigung besonders der photochemischen Prozesse ausführlich diskutiert. CO_2 sollte nur bis in etwa 100 km Höhe vorkommen, da es darüber infolge Photo-Dissoziation in CO und O zerfällt. Die Lebensdauer des CO-Moleküls ist aber so groß, daß es durch Mischungseffekte auch in tiefere Schichten gelangen kann. Nachlieferung von CO kann durch die verschiedenen Formen von Verbrennungen an der Erdoberfläche erfolgen. Auch CH_4 dürfte nur bis 100 km Höhe vorkommen; als Quelle wird unter anderem verwesende pflanzliche Substanz angenommen. Für N_2O ergibt sich, daß es wahrscheinlich durch Photo-Dissoziation von O_2 mit verschiedenen Folgereaktionen zwischen O, O_3 und N_2 entsteht. Kdr.

7229. **L. M. Branscomb,** Emission of the atmospheric oxygen bands in discharges and afterglows. Phys. Rev. (2) **86** 258, mit 1 Fig. — Die atmosphärischen O_2-Bänder werden in Emission bei einer elektrodenlosen Entladung in reinem Sauerstoff unter einem Druck von 1 cm Hg beobachtet. Die Vibrations- und Rotations-«Temperaturen» werden sowohl in der Entladung wie im Nachleuchten gemessen. Es zeigt sich, daß die Moleküle sehr viele Zusammenstöße erleiden, bevor sie strahlen. Damit scheint die Methode gerechtfertigt, aus dem Rotationsprofil der 0—1 Bande in der oberen Atmosphäre auf die dort herrschende Temperatur zu schließen. Trefftz

7230. **G. M. Dobson,** L'ozono atmosferico. Endeavour **11** 215—219. — Bedeutung und Wirkung des Ozons in der Erdatmosphäre. F. Z.

7231. **F. H. van den Dungen, J. F. Cox, J. van Mieghem,** Sur la redistribution des masses d'air au-dessus des océans. Bull. Cl. Sci. Acad. roy. Belgique (5) **38** 102—105, mit 1 Fig. = Inst. Astr. Bruxelles (2) Nr. **76**.

7232. **L. Dunkelman, R. Scolnik,** Measurements of solar spectral irradiation and of vertical atmospheric attenuation. J. Optical Soc. America **42** 876. — Ref. Optical Soc. America.

7233. **R. J. Havens, H. E. La Gow,** The average atmosphere up to 220 km. Vgl. Ref. **1165**, daselbst S. 185. — Ref. in Phys. Abstracts (A) **55** 658. — Analyse der Hochatmosphäre (Druck, Dichte, Temperatur, Schallgeschwindigkeit und freie Weglänge) aus drei Raketenaufstiegen bis in 160 und 219 km Höhe. U. Be.

7234. **R. J. Havens, R. T. Koll, H. E. La Gow,** The pressure, density, and temperature of the earth's atmosphere to 160 kilometers. J. Geophys. Res. **57** 59—72, mit 7 Fig. — Ref. in Sternenwelt **4** 186.

7235. **C. Hoffmeister,** Leuchtvorgänge der hohen Atmosphäre in ihren Beziehungen zum außerirdischen Raum. Wiss. Ann. **1** 133—146, mit 9 Abb.

7236. **P. Hood,** The Atmosphere. London, Oxford University Press, 1952. 64 S. mit 56 Fig. und Tafeln. Preis 8s. 6d. net. — Besprechung in JBAA **62** 209.

7237. **J. N. Howard, J. H. Shaw,** Absorption by telluric CO in the 2.3 μ region. Phys. Rev. (2) **87** 679—680, mit 2 Fig. — Obwohl die Anwesenheit von CO in der Erdatmosphäre durch das Auftreten der 0—1 Absorptionsbande (5 μ) gezeigt war, konnte bisher die 0—2 Bande (2.3 μ) weder in Lake Angelus, Michigan, noch auf Mt. Wilson, California, nachgewiesen werden. Nun wurden die Linien P (6) und R (3) dieser Bande in Columbus untersucht. Aus der Stärke der Absorption und dem im Laboratorium ermittelten Absorptionskoeffizienten wurde der CO-Gehalt der Atmosphäre über Columbus in guter Übereinstimmung mit dem aus der 0—1 Bande (5 μ) ermittelten Wert (vgl. Phys. Rev. **87** 380) zu 0.10 atmos-cm/Luftmasse gefunden. Trefftz

7238. **L. G. Jacchia,** A comparative analysis of atmospheric densities from meteor decelerations observed in Massachusetts and New Mexico. Harvard College Obs. Techn. Report Nr. **10**, 37 S. mit 5 Fig. = Harv Repr (2) Nr. **44**. — Ref. in Phys. Abstracts (A) **56** 678. — Für 119 in Massachusetts und New Mexico photographisch beobachtete Meteore werden Geschwindigkeit, Beschleunigung und integrierte Helligkeit berechnet. Bestimmungen des atmosphärischen Dichteverlaufs für New Mexico sind in guter Übereinstimmung mit Werten, die bei V2-Aufstiegen gemessen wurden; Abweichungen hängen von der Geschwindigkeit der Meteore ab und werden näher diskutiert. Die in Massachusetts gemessenen Meteore führen oberhalb 75 km Höhe zu größeren Dichten als die Beobachtungen in New Mexico, und jahreszeitliche Effekte scheinen in Massachusetts stärker zu sein als in New Mexico. Micz.

7239. **C. de Jager,** The spectrum of turbulence in the earth's upper atmosphere. Vgl. Ref. **1165**, daselbst S. 223—252, mit 5 Fig. — Die Verzerrungen einer Meteorspur werden an Hand der neueren Turbulenztheorie diskutiert. Hieraus wird in Verbindung mit anderen Daten über Windgeschwindigkeiten und Turbulenz in der oberen Atmosphäre für zwei Atmosphärenmodelle das Spektrum der Turbulenz in etwa 100 km Höhe abgeleitet. Kdr.

7240. **C. de Jager,** The spectrum of turbulence in the earth's upper atmosphere. Mém. Soc. Roy. Sci. Liège **12** 223—252, mit 5 Fig. = Werkgroep Meteoren Med. **23**.

7241. **J. Kaplan,** Laboratory studies related to the physics of the upper atmosphere. Vgl. Ref. **1165**, daselbst S. 295—302. — Die vom Verf. gefundenen Banden im Nachleuchten von reinem O_2 stimmen mit Banden im Nachthimmellicht überein. Das Verhalten der Banden bei verschiedenen Gasmischungen im Laboratorium wird untersucht und diskutiert. U. Be.

7242. **J. I. King,** Radiative transfer and equilibrium associated with far infrared bands in the atmosphere. Phys. Rev. (2) **88** 157. — Ref. Am. Phys. Soc.

7243. **J. L. Locke, L. Herzberg,** The fundamental and first overtone bands of terrestrial carbon monoxide observed in the solar spectrum. AJ **57** 161—162. — Ref. AAS.

7244. **W. E. K. Middleton,** Vision Through the Atmosphere. Toronto, University Press; Oxford, University Press, 1952. 14 + 250 S. Preis 68s. — Besprechung in Proc. Phys. Soc. (B) **67** 166—167.

7245. **M. Migeotte, L. Neven, E. Vigroux,** Structure fine de la bande d'absorption de l'ozone à 9.6 μ observée dans le spectre solaire et en laboratoire. Physica **18** 982—984 = Inst. d'Astrophys. Univ. Liège Mém. 8° Nr. **351**. — Ref. in Phys. Abstracts (A) **56** 599.

7246. **M. Nicolet,** Actions du rayonnement solaire dans la haute atmosphère. Ann. de Géophys. **8** 141—193. — Ref. in Phys. Abstracts (A) **55** 940.

7247. **A. H. Nielsen, M. Migeotte,** Abundance and vertical distribution of telluric methane from measurements at 3580 meters elevation. Ann d'Astrophys **15** 134—141, mit 3 Fig. = Inst. d'Astrophys. Univ. Liège Coll. 4° Nr. **35**. — Ref. in Sternenwelt **4** 222. — Auf dem Jungfraujoch wurden von den Verf. Äquivalentbreiten einiger Linien der terrestrischen $2\nu_3$-Bande des Methans in der Nähe von λ 1.6 μ bei verschiedenen Sonnenhöhen gemessen, um die atmosphärische Häufigkeit des Methans zu ermitteln. Danach befinden sich in einer senkrechten Säule mit 1 cm² Querschnitt oberhalb des Jungfraujochs 2.09×10^{19} Moleküle des CH_4. Ein Vergleich mit ähnlichen Messungen an anderen Orten bestätigt die bereits von L. Goldberg getroffene Feststellung, daß der CH_4-Gehalt der Atmosphäre exponentiell mit der Höhe abnimmt. Micz.

7248. **H. K. Paetzold,** Erfassung der vertikalen Ozonverteilung in verschiedenen geographischen Breiten bei Mondfinsternissen. J. Atmosph. Terr. Phys. **2** 183—188, mit 6 Abb. — Die vertikale Ozonverteilung läßt sich aus der Intensitätsverteilung an der Schattengrenze bei 6000 Å ermitteln. Loh.

7249. **H. K. Paetzold,** Mondfinsternisse und atmosphärische Ozonschicht. Mitt. AG **1951** 25—26. — Ref. AG.

7250. **H. K. Paetzold,** Mondfinsternisse und das Studium der Erdatmosphäre. Sterne **28** 86—91, mit 1 Abb.

7251. **H. K. Paetzold,** Weitere Bestimmungen der vertikalen Ozonverteilung bei Mondfinsternissen. Z. Naturforschung **7a** 325—328, mit 3 Abb. — Es werden vier weitere Bestimmungen der vertikalen Ozonverteilung bei Mondfinsternissen mitgeteilt. Aus ihnen folgt wiederum das «Ozongefälle» von höheren zu niedrigeren Breiten im Frühjahr und eine erhebliche Variation des Mengenverhältnisses Ozon/Luft auch in größeren Höhen oberhalb von 20 km. Die aus den vorliegenden acht Ozonbestimmungen bei Mondfinsternissen folgenden Mittelwerte für den Ozonwert und für die Höhe des Ozonmaximums zeigen gegenüber den auf anderem Wege (Ballonaufstiege usw.) erhaltenen Werten nur geringe Unterschiede, so daß die Methode keine merklichen systematischen Fehler aufweist. Verf.

7252. **J. H. Shaw, J. N. Howard,** A quantitative determination of the abundance of telluric CO above Columbus, Ohio. Phys. Rev. (2) **87** 380—381, mit 2 Fig. — Die Absorption der 0-1 Bande von CO (4.7 μ) im Sonnenfleckenspektrum, die bekanntlich tellurischen Ursprungs ist, wurde in Columbus, Ohio, gemessen. Aus dem laboratoriumsmäßig gewonnenen Absorptionskoeffizienten läßt sich damit der CO-Gehalt der Atmosphäre über diesem Ort zu 0.09 atmos-cm/Luftmasse bestimmen. Die Streuung der Einzelmessungen, die sich über einen Monat erstrecken, sind teilweise durch Meßfehler verursacht, teilweise vielleicht auch durch Schwankungen des CO-Gehaltes. Der Beitrag des solaren CO zur Absorption ist, wie sich zeigen läßt, vernachlässigbar. Trefftz

7253. **S. F. Singer,** Research in the upper atmosphere with sounding rockets and earth satellite vehicles. J. British Interplanetary Soc. **11** 61—73, mit 5 Fig. — Ref. in Sternenwelt **4** 111.

7254. **S. F. Singer, E. Maple, W. A. Bowen jr.,** Dynamo currents and conductivities in the earth's upper atmosphere. Nature **170** 1093—1094, mit 1 Fig.

7255. **E. Vigroux,** Mesures absolues des coefficients d'absorption de l'ozone dans la région des bandes de Huggins, à 18°. CR **234** 2351—2352 = Contr. Inst. d'Astrophys. Paris (A) Nr. **114**.

7256. **E. Vigroux,** Absorption de l'ozone dans la région des bandes de Huggins. Influence de la température. CR **234** 2439—2440 = Contr. Inst. d'Astrophys. Paris (A) Nr. **114**.

7257. **E. Vigroux,** Absorption de l'ozone à 18° au-dessous de 3130 Å. CR **234** 2529—2530 = Contr. Inst. d'Astrophys. Paris (A) Nr. **113**.

7258. **E. Vigroux,** Absorption de l'ozone dans le domaine spectral situé au-dessous de 3130 Å. Effet de la température. CR **234** 2592—2594 = Contr. Inst. d'Astrophys. Paris (A) Nr. **113**.

7259. **E. Vigroux,** Absorption de l'ozone dans le spectre visible. CR **235** 149—150 = Contr. Inst. d'Astrophys. Paris (A) Nr. 121.

* * **F. L. Whipple,** Results of rocket and meteor research. Vgl. Ref. 13434.

* * **I. Zacharov,** Influence des Perséides sur la transparence atmosphérique. Vgl. Ref. 8261.

7260. Pressures, densities, and temperatures in the upper atmosphere. Phys. Rev. (2) 88 1027—1032, mit 3 Fig. — Ref. in Phys. Abstracts (A) **56** 173. — Zusammenstellung von Daten aus Raketenaufstiegen bis 219 km Höhe.

Extinktion

7261. **R. Anthony,** Brief description of work on the infrared transmission of the earth's atmosphere. Vgl. Ref. **1165,** daselbst S. 161—163. — Ref. in Phys. Abstracts (A) **55** 658. — Mit einem Farrand KBr Doppelmonochromator wird im Bereich von 1.5 — 25 μ in einer Höhe von etwa 2.5 km die Durchlässigkeit der Atmosphäre gemessen. Die beobachteten Absorptionskoeffizienten liegen um den Faktor 2 tiefer als die theoretischen. Bru.

7262. **R. Anthony,** Atmospheric absorption of solar infrared radiation. Phys. Rev. (2) **85** 674, mit 2 Fig. — Experimentelle Bestimmung des Absorptionskoeffizienten für das kontinuierliche Absorptionsspektrum zwischen 8 und 20 μ. Temesváry

7263. **A. Behr,** Lichtelektrische Extinktionsbestimmung. Mitt. AG **1951** 21—22. — Ref. AG.

7264. **S. A. Beswerchnij, A. L. Oscherowitsch, S. F. Rodionow,** Elektrometrische Untersuchung der Durchsichtigkeit der Atmosphäre im ultravioletten Spektralbereich. Nachr. Akad. Wiss. UdSSR (Geophys.) Nr. **3** S. 93—102 (russisch).

7265. **E. T. Byram, T. Chubb, H. Friedman, S. W. Lichtman,** Measurements of the absorption of λ1216 Å, λ2050 Å, and λ8 Å solar radiation in the upper atmosphere. J. Optical Soc. America **42** 876—877. — Ref. Optical Soc. America. — Ref. in Sky and Telescope **12** 98, Sternenwelt **5** 109.

7266. **M. A. Giannuzzi,** Relazione tra l'umidità atmosferica assoluta ed il coefficiente di trasmissione della radiazione solare, secondo le misure eseguite all'Osservatorio di Roma dal 1935 al 1950. Rend. Accad. Nazionale Lincei, Cl. Sci. fis., mat., nat. (8) **13** 380—385, mit 2 Fig. = Oss. Astr. Roma — Monte Mario Contr. Sci. Nr. **181.**

7267. **J. N. Howard, R. M. Chapman,** Near-infrared absorption by entire bands of carbon dioxide. J. Optical Soc. America **42** 856. — Die Gesamtabsorption der 2.7 μ- und 4.2 μ-Bande des CO_2 wird als Funktion der optischen Dicke (Variation der geometrischen Weglänge bzw. des CO_2-Partialdruckes) und des Gesamtgasdruckes (durch N-Zusatz) gemessen. Die Meßergebnisse lassen sich durch eine empirische Interpolationsformel darstellen. Labs

7268. **I. King,** Effective extinction values in wide-band photometry. AJ **57** 253—258, mit 1 Fig. = Harv Repr (2) Nr. **46.** — Die Extinktion des Sternlichts in der Erdatmosphäre ist infolge des Forbes'schen Phänomens nicht streng linear mit sec z. Verf. benutzt Taylor-Entwicklungen, um entsprechende Korrektionen unter der Annahme, daß die Sterne wie schwarze Körper strahlen, für beliebige photometrische Systeme berechnen zu können. Micz.

* * **W. B. Nikonow, E. K. Nikonowa,** Das Sternelektrophotometer des Astrophysikalischen Observatoriums auf der Krim und die Methoden zur Berechnung der Lichtschwächung in der Erdatmosphäre bei lichtelektrischen Beobachtungen veränderlicher Sterne. Vgl. Ref. 1218.

7269. **H. K. Paetzold,** Ein Beitrag zur atmosphärischen Extinktion. AN **281** 17—22, mit 2 Abb. — Zur Trennung der von der Rayleigh-Streuung, von dem Ozon und von dem Dunst bewirkten Anteile der visuellen Extinktion werden die visuelle Rayleigh-Extinktion und die visuelle Ozon-Extinktion in Abhängigkeit von der Zenitdistanz und dem Spektraltypus berechnet. — Die Messungen der nächtlichen visuellen Extinktion auf Mallorca (K. Graff) und in Windhuk (C. Hoffmeister) werden diskutiert. Danach liegt in vereinzelten Nächten nach Abzug der Ozon-Extinktion die Restextinktion um 20% unter der berechneten Rayleigh-Extinktion. Dieser Unterschied läßt sich durch die bekannten Fehlermöglichkeiten nur zum Teil deuten. Verf.

7270. **C. A. Pearson, M. J. Koomen, R. Tousey,** Visual measurements of atmospheric transmission of light at night. Bull. Amer. Met. Soc. **33** 117—121. — Ref. in Phys. Abstracts (A) **55** 1050.

7271. **E. W. Pjaskowskaja-Fessenkowa,** Einige Daten über die optischen Eigenschaften der Atmosphäre unter Gebirgsbedingungen. AJ UdSSR **29** 313—325, mit 8 Abb. (russisch). — Ref. in Astr. News Letter Nr. **65** S. 7, **67** S. 4.

7272. **G. N. Plass,** A method for the determination of atmospheric transmission functions from laboratory absorption measurements. J. Optical Soc. America **42** 677—683.

Halo

7273. **H. ten Kate,** Optische verschijnselen in April 1951. Hemel en Dampkring **50** 69—70, mit 3 Fig.

7274. **J. N. Lipskij,** Bestimmung der Polarisation der Mondaureole. Mitt. Astr. Sternberg-Inst. Nr. **80** S. 3—17, mit 1 Abb., 1951 (russisch).

7275. **Halobeobachtungen**

Gaz astr **34** 9—10. Observations de halos en 1951. V. Tshernov.

Gaz astr **34** 32—33. Observations de halos en 1951. G. Schindler.

Gaz astr **34** 82—83. Un halo solaire particulièrement remarquable. W. Sandner.

Ionosphäre

7276. **E. Argence,** Solution analytique approchée du problème de Poeverlein. Vgl. Ref. 1165, daselbst S. 253—267, mit 6 Fig. — Die Wellenausbreitung in einem ionisierten Medium wird unter Berücksichtigung der Wirkung des erdmagnetischen Feldes untersucht (senkrechter und schiefer Einfall einer Welle auf die Ebene des magnetischen Meridians). U. Be.

7277. **W. G. Baker, D. F. Martyn,** Conductivity of the ionosphere. Nature **170** 1090—1092, mit 2 Fig.

7278. **B. N. Bhargava,** A new early-morning ionospheric phenomenon. Nature **170** 983 = Kodaikanal Sonderdruck. — Von Januar bis Juli 1952 wurde in Kodaikanal an 60% der Tage beobachtet, daß die Echos von der F-Schicht einige Minuten bis einige Stunden vor Sonnenaufgang allmählich aussetzten und zur Zeit des Sonnenaufgangs am Boden plötzlich wiederkamen. Bru.

7279. **R. N. Bracewell, W. C. Bain,** An explanation of radio propagation at 16 kc/sec in terms of two layers below E layer. J. Atmosph. Terr. Phys. **2** 216—225, mit 5 Fig. = Commonwealth Sci. Industrial Res. Organization, Australia, Division Radiophys.

7280. **R. N. Bracewell,** Theory of formation of an ionospheric layer below E layer based on eclipse and solar flare effects at 16 kc/sec. J. Atmosph. Terr. Phys. **2** 226—235, mit 4 Fig. — Commonwealth Sci. Industrial Res. Organization, Australia, Division Radiophys. — Eine Chapman-Schicht zeigt bei Änderungen der Intensität der ionisierenden Strahlung eine entsprechende Änderung der Elektronendichte, aber nur geringe Höhenänderungen. Demgegenüber weisen die Langwellenbeobachtungen bei solaren Eruptionen und bei Sonnenfinsternissen auf ein starkes Absinken bzw. einen Anstieg der reflektierenden Schicht hin. Zur Erklärung dieser Erscheinung wird ein anderer Schichtaufbau angenommen, bei welchem die Anzahl der vorhandenen Elektronen mit der Gesamtzahl der Teilchen vergleichbar ist. Dies führt zur Theorie der «exhaustion regions», in welchen totale Ionisierung eintritt und daher bei einer Intensitätserhöhung der ionisierenden Strahlung die Untergrenze der Schicht nach unten verlegt wird. Die Berechnungen stimmen mit den Beobachtungen bei der Finsternis von 1949 April 28 überein. Die ionisierende Strahlung scheint von der ganzen Scheibe und nicht bevorzugt aus Fleckengebieten zu kommen. Bru.

7281. **K. G. Budden, G. G. Yates,** A search for radio echoes of long delay. J. Atmosph. Terr. Phys. **2** 272—281 = Cambridge Obs. Repr. Nr. **4**.

7282. **K. C. Clark,** Ionospheric absorption by N_2 and O_2 of certain extreme ultraviolet solar wavelengths. Phys. Rev. (2) **87** 271—276, mit 3 Fig. — Eine Meßanordnung ist beschrieben, um die Absorption von H-Lyman-, He- und H_2-Linien in O_2 und N_2 zu bestimmen. Aus den so gewonnenen Absorptionskoeffizienten und den Werten für Dichte, Temperatur und Zusammensetzung der oberen Atmosphäre, wie sie das National Advisory Committee for Aeronautics angibt, wird berechnet, in welcher Höhe die betreffenden Linien (die vermutlich in der Sonnenstrahlung stark vertreten sind) maximale Absorption erfahren. Die Lage der ionosphärischen F_2-Schicht kann aus der He I-Absorption (584 Å,) erklärt werden. Für die Erklärung der E-Schicht wird die Absorption der Linienflügel der Lyman-Linien sowie Lyman-Linien höherer Ordnung und Kontinuumstrahlung der Sonne vorgeschlagen. Trefftz

7283. **F. Delobeau,** La stratification $F_{1,5}$ à Dakar et le mouvement du soleil. CR **235** 1673—1675, mit 2 Fig. — Ref. in Phys. Abstracts (A) **56** 498.

7284. **R. Eyfrig,** Une influence lunaire sur l'altitude du centre de la couche ionosphérique F 2. CR **235** 736—737. — Ref. in Phys. Abstracts (A) **56** 174. — Die Höhe des Zentrums der F 2-Schicht unterliegt einem Mondeinfluß von einigen Prozenten während des lokalen Sommers in Huancayo (Peru). In mittleren Breiten ist ein solcher Einfluß, wenn er existiert, viel geringer. Verf. (übersetzt)

7285. **A. Hewish,** The diffraction of galactic radio waves as a method of investigating the irregular structure of the ionosphere. Proc. Roy. Soc. (A) **214** 494—514, mit 13 Fig. — Die Amplituden und Phasen der Radiowellen einer Radioquelle werden von zwei etwa 1 km voneinander entfernten Stationen beobachtet und miteinander verglichen. Die Variationen in Phase und Amplitude an einem Beobachtungsort können als eine stetige Bewegung irregulärer Wellenlänge in der Erdatmosphäre gedeutet werden. Diese ionosphärischen Irregularitäten haben eine laterale Ausdehnung von 2 bis 10 km. Sie befinden sich in einer Höhe von rund 400 km. Diese Gebiete zeigen eine stetige windähnliche Bewegung mit einer Geschwindigkeit von 100 bis 300 m/sec. Große Geschwindigkeiten sind mit magnetischen Störungen korreliert. Labs

* * **J. Kleczek,** Ionospheric disturbances and flares in the 11-years cycle. Vgl. Ref. **6629.**

7286. **A. P. Mitra,** Study of the ionosphere by extraterrestrial radio waves. Indian J. Phys. **26** 495—511, mit 7 Fig. = Commonwealth Sci. Industrial Res. Organization, Australia, Division Radiophys. — Die ionosphärische Refraktion und Extinktion für Radiowellen wird mit Hilfe der «Radiosterne» untersucht. Weiterhin gibt die Szintillation der Radiosterne wichtige Anhaltspunkte über die Struktur der Ionosphäre. Die Szintillation entsteht danach durch Dichte- und Dickeschwankungen der F_2-Schicht. Die «Störgebiete» haben Durchmesser von etwa 5 km und bewegen sich mit einer Geschwindigkeit von rund 100 m/sec. Die mit Hilfe radioastronomischer Messungen erhaltenen Kenntnisse über den Aufbau der Ionosphäre werden mit denen älterer Untersuchungen (Sonden usw.) verglichen. Labs

7287. **L. Neužil,** Influences météoriques sur la couche sporadique E. BAC **3** 40—43, mit 3 Fig. — Verf. weist auf eine Abhängigkeit zwischen der Erhöhung der kritischen Frequenz der Es-Schicht und der Häufigkeit der Meteorströme, besonders bei den Perseiden, Orioniden und auch Leoniden hin. J. B.

7288. **B. W. Osborne,** Lunar variations in F2 region critical frequency at Singapore. Nature **169** 661—662, mit 2 Fig.

7289. **K. Rawer,** Die Ionosphäre. Ihre Bedeutung für Geophysik und Radioverkehr. Groningen, Verlag P. Noordhoff N. V., 1952. 189 S. mit 67 Abb. Preis fl. 14.50. — Besprechung in Ann d'Astrophys **15** 404 (D. Barbier), Z. Naturforschung **8a** 275—276 (W. O. Schumann).

7290. **K. Rawer, K. Bibl, E. Argence,** Mesures du nombre de chocs dans les régions E et F_2 de l'ionosphère. Vgl. Ref. **1165**, daselbst S. 269—280, mit 3 Fig. — Die Zahl der Elektronenstöße wird in der E-Schicht zu 7×10^3/sec (125 km Höhe) und in der F-Schicht (300—350 km) zu 2×10^2/sec angegeben. U. Be.

7291. **K. Rawer,** Die Physik der Ionosphäre. Phys. Blätter **8** 15—23, mit 5 Abb. — Nach Diskussion der neueren Beobachtungsergebnisse wird ein Bild vom Zustand der hohen Atmosphäre gegeben.

7292. **H. Siedentopf, A. Behr,** Zur Ionosphärenstörung vom 23. bis 28. Februar 1952. Naturwissenschaften **39** 377—378. — Ref. in Phys. Abstracts (A) **56** 174.

7293. **F. G. Smith,** Ionospheric refraction of 81.5 Mc/s radio waves from radio stars. J. Atmosph. Terr. Phys. **2** 350—355, mit 3 Fig. — Die täglichen Variationen der Elektronendichte der Ionosphäre ergeben einen E-W-Gradienten, welcher zu einer Refraktion der Radiosterne in Rektaszension führt. Der Refraktionswinkel von mehreren Radiosternen wurde zu verschiedenen Tageszeiten gemessen, andrerseits auch aus den Grenzfrequenzmessungen der F-Schicht von Slough berechnet. Die Änderungen in den beobachteten Positionen der Radiosterne im Winter können durch die Brechung in einer Chapman-Schicht erklärt werden, deren gesamter Elektronengehalt zwei- bis dreimal größer ist als jener unterhalb des Dichtemaximums. Im Sommer muß der Elektronengehalt oberhalb des Maximums erheblich größer sein. Bru.

7294. Der Einfluß von Sonneneruptionen auf die Ionosphäre. Sterne **28** 207. — Ref. der in AJB **50** Ref. **7285** zitierten Arbeit.

7295. **Beobachtungen der Ionosphäre**

Veröff. Fraunhofer-Inst. Freiburg, Sonnen-Zirkular 1951 Oktober bis 1952 September. 242 S. mit Abb.

Licht des Nachthimmels

7296. **B. A. Bagarjazkij, W. I. Krassowskij, M. I. Morduchowitsch,** Über die Infrarote Strahlung des Nachthimmels und der Polarlichter. DAN **82** 579—580 (russisch). — In Polarlichtern treten nicht nur im Nachthimmelspektrum nicht enthaltene Banden auf, sondern umgekehrt werden andere auch schwächer. Loh.

7297. **D. Barbier, H. Pettit,** Photometric observations of the airglow and the aurora borealis at College, Alaska. Ann. Géophys. 8 232—247. — Ref. in Phys. Abstracts (A) **55** 942.

7298. **D. Barbier,** L'altitude des couches émettrices du ciel nocturne. Mem. Soc. Roy. Sci. Liège **12** 43—56 = Contr. Inst. d'Astrophys. Paris (A) Nr. **101**. — Die verschiedenen Methoden zur Bestimmung der Höhen, in welchen das Nachthimmellicht emittiert wird, und deren Schwierigkeiten werden besprochen. Die kritische Zusammenfassung der Meßergebnisse liefert drei Emissionsniveaus in 70—100, 250 und 350—500 km Höhe für die verschiedenen Komponenten des Nachthimmellichts. Bru.

* * **D. Barbier,** Solution approchée d'un problème de transfert et son application à la détermination des corrections de diffusion dans les mesures photométriques de la lumière du ciel nocturne. Vgl. Ref. **5103**.

7299. **P. Berthier,** Intensité relative des deux composantes du doublet du sodium dans la lumière du ciel nocturne. CR **234** 233—234 = Publ. Obs. Haute-Provence **2** Nr. 32. — Beobachtungen in trockenen Winternächten ergaben in Übereinstimmung mit dem theoretischen Wert ein Intensitätsverhältnis von $D_2/D_1 = 2.0$. Loh.

72100. **J. Brigard, A. Kastler,** Sur l'altitude de la couche luminescente de sodium dans la haute atmosphère. Critique de la méthode zénith-horizon. Vgl. Ref. **1165**, daselbst S. 87—96, mit 3 Fig. — Korrekte Interpretation der Resultate der «Zenith-Horizont-Methode» zur Höhenbestimmung der Na-Emission des Nachthimmellichts führt zur Übereinstimmung mit den aus den Eigenschaften der D-Linien erschlossenen Werten (85 km). Bru.

72101. **M. Dufay,** Excitation de la raie ^4S—^2D de l'atome d'azote dans la haute atmosphère, au crépuscule. Vgl. Ref. **1165**, daselbst S. 141—146, mit 1 Fig. — Ref. in Phys. Abstracts (A) **55** 659. — Die Linie ^4S—^2D des Stickstoffs wird auf 23 von 50 Spektrogrammen des Dämmerungslichts erhalten. Die Wellenlänge ergibt sich zu 5199.5 ± 0.2 Å. Die möglichen Anregungsmechanismen werden besprochen. Bru.

72102. **H. Garrigue,** Mesures absolues de la brillance du ciel nocturne à grande altitude et comparaisons avec les mesures au sol. Vgl. Ref. **1165**, daselbst S. 63—70, mit 3 Fig. — Ref. in Phys. Abstracts (A) **55** 659. — Die Helligkeit des Nachthimmellichts wurde in fünf Nächten in 8500 m Höhe gemessen. Ein Vergleich mit früheren Bodenmessungen in verschiedenen Höhen ergibt die Absorption in den tieferen Atmosphärenschichten und weist auf einen stark rot verfärbten, extraterrestrischen Anteil des Nachthimmellichts hin. Bru.

72103. **C. Hoffmeister,** Investigations on bright night sky and luminous bands. JBAA **62** 288—292, mit 1 Tafel. — Ref. in Phys. Abstracts (A) **56** 499—500.

72104. **E. O. Hulburt,** Theory of the brightness of the sky, particularly the twilight sky. J. Optical Soc. America **42** 876. — Ref. Optical Soc. America.

72105. **M. G. Karimow,** Die effektive Höhe des Nachthimmellichts für drei Spektrallinien. AJ UdSSR **29** 472—475 (russisch).

72106. **M. J. Koomen, C. Lock, D. M. Packer, R. Scolnik, R. Tousey, E. O. Hulburt,** Measurements of the brightness of the twilight sky. J. Optical Soc. America **42** 353—356, mit 3 Fig. — An zwei Stationen (Maryland, 30 m hoch, und Sacramento-Peak, Neu-Mexiko, 2800 m hoch) werden Helligkeit und Polarisation des Himmellichts während der Dämmerung mit einer photoelektrischen Apparatur gemessen. Von --3° bis −11° Sonnenhöhe sinkt die Helligkeit gleichmäßig um einen Faktor 10 für je 2° Änderung. Die Helligkeit auf dem Sacramento-Peak war (abgesehen vom Horizont) um einen Faktor $^1/_2$ bis $^2/_3$ geringer als in Maryland (bessere Luftverhältnisse auf dem S. P.). Die minimale Polarisation im Zenit wurde auf dem Sacramento-Peak mit 6% bei einer Sonnenhöhe von −3° bestimmt. Labs

72107. **M. J. Koomen, C. Lock, D. M. Packer, R. Scolnik, E. O. Hulburt,** Brightness of the twilight sky. Vgl. Ref. **1165**, daselbst S. 135—139, mit 1 Fig. — Ref. in Phys. Abstracts (A) **55** 659. — Mit einem photoelektrischen Registrierphotometer wurde die Himmelshelligkeit während der Dämmerung an vier klaren, wolkenlosen Abenden gemessen. Helligkeitswerte für verschiedene Höhen über dem Horizont und Sonnenabstände werden in einer Tabelle gebracht. Bru.

72108. **W. I. Krassowskij,** Die Erforschung der infraroten Strahlung des Nachthimmels. Fortschritte Phys. Wiss. **47** 493—514 (russisch).

72109. **V. Letfus,** Wasserstoff in der hohen Atmosphäre und das Spektrum des Nachthimmels. Časopis **2** 33—35, mit 2 Fig. (tschechisch).

72110. **F. Link,** Sur quelques problèmes relatifs à la dioptrique des rayons crépusculaires. Vgl. Ref. **1165**, daselbst S. 151—154, mit 1 Fig. — Anwendung der «Dioptrischen Tafeln der Erdatmosphäre» von F. Link und Z. Sekera auf Probleme des Dämmerungslichts. Bru.

72111. **F. Link,** Quelques théorèmes relatifs aux effets crépusculaires dans les couches luminescentes élevées. Vgl. Ref. **1165**, daselbst S. 155—159. — Drei Theoreme werden über folgende Punkte entwickelt: 1. die relative Variation der Zenithelligkeit mit der Depression der Sonne bzw. der Höhe der Schattengrenze, 2. die Berechnung der Höhe des Strahls, welcher den größten Beitrag zur Totalhelligkeit liefert (rayon éclairant effectif), 3. der Kontrast der Emissionslinien gegenüber dem kontinuierlichen Untergrund. Bru.

72112. **D. F. Martyn,** The origin of the green line [OI] in airglow. J. Geophys. Res. **57** 144—145. — Ref. in Phys. Ber. **32** 146—147.

* * **M. Mayot,** Tables de fonctions intervenant dans le calcul des corrections de diffusion dans la photométrie de la lumière du ciel nocturne. Vgl. Ref. 5122.

72113. **M. Nicolet,** Les altitudes théoriques des couches d'émission nocturne. Vgl. Ref. **1165**, daselbst S. 71—86. — Ref. in Phys. Abstracts (A) **55** 659. — Die Grundlagen der theoretischen Höhenbestimmung der das Nachthimmellicht emittierenden Schichten, welche sich auf Anregungsmechnismus und spektrale Struktur der Emission stützt, werden ausführlich dargelegt (chemische Zusammensetzung und physikalischer Zustand der höheren Atmosphäre, Ursachen der Anregung). Bru.

72114. **F. E. Roach, H. B. Pettit,** Excitation patterns in the nightglow. Vgl. Ref. **1165**, daselbst S. 13—42, mit 19 Fig. — Ref. in Phys. Abstracts (A) **55** 659. — 1. Intensität extraterrestrischer Beiträge zur Helligkeit des Nachthimmels. 2. Intensitätsvariation der terrestrischen Emissionen mit der Zenitdistanz, Tages- und Jahreszeit nach Messungen am Cactus Peak. 3. Konstruktion von synoptischen Karten für die geographische Verteilung des Nachthimmellichts. Bru.

72115. **A. K. Saha,** Sodium in the upper atmosphere. Vgl. Ref. **1165**, daselbst S. 97—116. — Aus unseren gegenwärtigen Kenntnissen über die D-Linien im Nachthimmellicht wird auf die Existenz einer NaI-Schicht in 35—60 km Höhe und einer NaII-Schicht im Niveau der F-Schicht der Ionosphäre geschlossen. Bru.

72116. **F. Schmid,** Außerordentliche Dämmerungserscheinungen. Orion Schaffhausen **4** 33.

72117. **K. K. Tschuwajew,** Über das Leuchten der Erdatmosphäre im kontinuierlichen Spektrum. DAN **87** 551—554, mit 4 Abb. (russisch). — Nach lichtelektrischen Beobachtungen in Simeis unterscheidet sich die Energieverteilung des kontinuierlichen Spektrums des Nachthimmels zwischen 4700 Å und 5600 Å sehr von einem G0-Spektrum und ähnelt mehr einem K5-Spektrum. Die Schwankungen von Nacht zu Nacht sind groß. Loh.

72118. **A. Vassy, E. Vassy,** Sur l'interprétation de quelques anciennes mesures. Vgl. Ref. **1165**, daselbst S. 57—61, mit 1 Fig. — Erwiderung auf verschiedene Einwände gegen die Höhenbestimmungen des Nachthimmellichts durch die Verf. Bru.

72119. Schwankungen des Nachthimmellichtes. Sternenwelt **4** 61—62. — Ref. der in AJB **51** Ref. **72110** zitierten Arbeit von Roach und Pettit.

72120. Die grüne Linie des Nachthimmels. Sternenwelt **4** 225. — Ref. der in AJB **51** Ref. **7288** zitierten Arbeit von Barbier, Dufay und Williams.

Polarlicht

72121. **B. A. Bagarjazkij, M. I. Morduchowitsch,** Polarlichtspektren im Infraroten. DAN **82** 45—47, mit 1 Abb. (russisch). — Beschreibung der bis 11000 Å reichenden Spektren einiger im März 1951 aufgenommener Polarlichter. Zwei Banden bei 8000—8150 Å und 9050—9300 Å sind in Spektren des Nachthimmellichts nicht vorhanden. Die Banden 7650—7900 Å und 8550—8950 Å sind viel stärker als im Nachthimmelspektrum, und zwischen 9800 und 10500 Å fehlen Emissionen fast völlig. Loh.

* * **B. A. Bagarjazkij, W. I. Krassowskij, M. I. Morduchowitsch,** Über die infrarote Strahlung des Nachthimmels und der Polarlichter. Vgl. Ref. **7296**.

72122. **D. K. Berkey, C. W. Gartlein,** The variation of intensity with height for the light from an auroral arc. Vgl. Ref. **1165**, daselbst S. 199—201, mit 1 Fig. — Photometrische Auswertung der Helligkeit eines Nordlichtbogens in verschiedener Höhe. U. Be.

72123. **S. Chapman,** Theories of the aurora polaris. Ann. Géophys. **8** 205—225. — Ref. in Phys. Abstracts (A) **55** 943.

72124. **J. W. Dungey,** Theories of magnetic storms and aurorae. Nature **170** 795. — Ref. in Phys. Abstracts (A) **56** 173.

72125. **C. W. Gartlein, D. F. Sherman,** Identification of O_2^+ bands and forbidden nitrogen in auroral spectra. Vgl. Ref. **1165**, daselbst S. 187—190, mit 2 Fig. — Ref. in Phys. Abstracts (A) **55** 660. — Ein Vergleich von beobachteten und gerechneten Bandenkonturen im Nordlichtspektrum (5300—5198 Å und 5640—5500 Å) wird gegeben. U. Be.

72126. **C. W. Gartlein, G. Sprague,** First positive bands of nitrogen in auroral spectra. Vgl. Ref. 1165, daselbst S. 191—193. — Ref. in Phys. Abstracts (A) **55** 660. — Das Verhalten der Banden des N_2^+-Moleküls zwischen 6500 und 6800 Å wird nach Untersuchungen an Nordlichtspektren mitgeteilt. U. Be.

72127. **C. W. Gartlein,** The appearance of hydrogen in auroral spectra 1942—1951. Vgl. Ref. **1165**, daselbst S. 195—198, mit 5 Fig. — Ref. in Phys. Abstracts (A) **55** 660. — Auswertung von Überwachungsspektren des Nordlichts auf Wasserstofflinien in den Jahren 1942—1951. Es zeigt sich eine Parallelität mit dem Gang der Sonnenfleckentätigkeit im Zyklus und mit dem jahreszeitlichen Gang von Partikelstörungen. U. Be.

72128. **L. Harang,** The Aurorae. London, Chapman and Hall; Toronto, British Book Service, 1951. 7 + 157 S. mit 152 Fig. Preis $ 5.00. — Vgl. AJB **51** Ref. **72124**. — Weitere Besprechung in BSAF **66** 85, Irish AJ **2** 30, J RAS Canada **47** 122, Proc. Phys. Soc. (B) **65** 391—392 (G. J. Whitrow).

72129. **G. Hellgren, J. Meos,** Localization of aurorae with 10 m high power radar technique, using a rotating antenna. Tellus **4** 249—261. — Ref. in Phys. Abstracts (A) **56** 591—592.

72130. **J. P. Heppner, E. C. Byrne, A. E. Belon,** The association of absorption and Es-ionization with aurora at high latitudes. J. Geophys. Res. **57** 121—134, mit 6 Fig. — Ref. in Phys. Ber. **32** 148.

72131. **F. Hjerting,** Protoner fra Solen som årsag til nordlys. NAT **1952** 150—152, mit 2 Fig.

72132. **A. I. Lebedinskij,** Strahlen- und Bogenformen der Polarlichter. DAN **86** 913—916, mit 1 Abb. (russisch).

72133. **A. B. Meinel, C. Y. Fan,** Laboratory reproduction of auroral emissions by proton bombardment. ApJ **115** 330—331, mit 1 Fig. — Notiz über Versuche der Verf., das Nordlichtspektrum durch Einstrahlen von schnellen Protonen (230 KeV) in Luft anzuregen. Das entstehende Spektrum besitzt weitgehende Ähnlichkeit mit dem Nordlichtspektrum. Die Frage, ob Protonen tatsächlich das Nordlichtspektrum anregen, kann jedoch zunächst nicht entschieden werden. Micz.

72134. **A. B. Meinel,** Excitation mechanisms in the aurora. Vgl. Ref. **1165**, daselbst S. 203—213, mit 5 Fig. — Ref. in Phys. Abstracts (A) **55** 660. — Die Fage der Anregungsbedingungen im Nordlicht wird unter Berücksichtigung der gesicherten Existenz eines Protonenstrahls von der Sonne besprochen. Die H-Emission wird als Folge eines Elektroneneinfangs durch den Protonenstrahl gedeutet. Der Zusammenhang zwischen H_α- und N_2^+-Intensität wird diskutiert. U. Be.

72135. **D. H. Menzel,** Origin of the aurora borealis. AJ **57** 20—21. — Ref. AAS.

72136. **M. Miyanishi, K. Watadani,** The effect of hydrogen gas on the excitation of auroral green line λ 5577 in discharge tubes. J. Phys. Soc. Japan **7** 70—72. — Ref. in Phys. Abstracts (A) **55** 863.

72137. **R. Müller,** Über das Nordlicht vom 28. Oktober 1951. Sterne **28** 114—115, mit 2 Abb.

72138. **T. Nagata,** On the auroral zone current. Rep. Ionosphere Res. Japan **4** 87—101, 1950. — Ref. in Phys. Abstracts (A) **57** 245.

72139. **M. Nicolet, R. Pastiels,** Atomic and molecular nitrogen in the high atmosphere. Vgl. Ref. 1165, daselbst S. 147—149. — NI- und NII-

Linien im Nordlichtspektrum weisen auf die Gegenwart von atomarem Stickstoff in der höheren Atmosphäre hin. Das Auftreten von N_2-Banden in Nordlichtstrahlen zeigt aber andrerseits, daß der Stickstoff nicht völlig dissoziiert ist. Bru.

72140. **O. Oldenburg,** Anregung des sonnenbestrahlten Nordlichtes. Z. Phys. **133** 15—20. — Ref. in Phys. Ber. **32** 145—146.

72141. **J. Paton,** Proposed survey of the frequency of aurora over the British Isles. Irish AJ **2** 34—35.

72142. **W. Petrie, R. Small,** The auroral spectrum in the wave-length range 3300—8900 Å. ApJ **116** 433—441, mit 5 Fig. — Ref. in Phys. Abstracts (A) **56** 591. — Mit einem lichtstarken Gitterspektrographen, 85 Å/mm Dispersion in der ersten Ordnung, wurden etwa 150 Nordlichtspektren in der ersten bis dritten Ordnung erhalten; einige davon werden reproduziert. Ein großer Teil der Linien des OI, OII, NI und NII wird identifiziert, ebenso auch einige Banden (Vegard-Kaplan, OH). Micz.

72143. **W. Petrie, R. Small,** The intensities of ultraviolet features of the auroral spectrum. J. Geophys. Res. **57** 51—57, mit 1 Fig. — Ref. in Phys. Ber. **32** 146.

72144. **W. Petrie,** Rotational temperatures of Vegard-Kaplan auroral bands. Phys. Rev. (2) **86** 790—791. — Eine Reihe von ${}^1\Sigma_g^+ - {}^3\Sigma_u^+$ Vegard-Kaplan-N_2-Banden wurde im Spektrum mehrerer kräftiger Nordlichter ausgemessen und daraus eine Temperatur von 850° abgeleitet. Loh.

72145. **W. Petrie,** Forbidden line of NII in the aurora. Phys. Rev. (2) **87** 1002. — In Spektren hoher Dispersion wurde eine schwache Linie bei 5755 Å entdeckt, die dem verbotenen Übergang ${}^1D-{}^1S$ des NII zukommt. Loh.

72146. **N. D. Sayers,** Meinel's infra-red auroral bands. Proc. Phys. Soc. (A) **65** 152—153, mit 1 Fig.

72147. **N. D. Sayers, K. G. Emeléus,** Experiments on production of auroral radiation. Proc. Phys. Soc. (A) **65** 219—226, mit 3 Fig.

72148. **I. S. Schklowskij,** Über die Natur des Polarlichts. Mitt. Astrophys. Obs. Krim **8** 51—79, mit 4 Abb. (russisch). — Ref. in Astr. News Letter Nr. **70** S. 11—12.

72149. **G. Schubert,** Polarlichterscheinungen im Herbst 1951. Sterne **28** 148—150, mit 5 Abb.

72150. **L. Vegard,** Doppler displacement of auroral hydrogen lines and its bearing on the theory of aurora and magnetic disturbances. Geofys. Publ. **18** Nr. 5, 14 S. — Ref. in Phys. Abstracts (A) **56** 591.

72151. **L. Vegard,** Great intensity variations of Hα and effects in auroral spectrograms taken in rapid succession. Nature **170** 536—537, mit 1 Fig. — Ref. in Phys. Abstracts (A) **56** 175—176. — Die an schnell hintereinander aufgenommenen Spektrogrammen festgestellten Intensitätsschwankungen erklärt Verf. durch Änderungen der relativen Protonengeschwindigkeit der von der Sonne kommenden elektrostatisch neutralen Elektronen-Protonen-Bündel. Loh.

72152. Spectrum of the Aurora. Sky and Telescope **11** 137.

72153. **Polarlichtbeobachtungen**

Astr Circ UdSSR Nr. 122 S. 12 (russisch). Ein Polarlicht. E. Lawrentjewa. — Beobachtung am 28. Oktober 1951 in Poltawa und anderen Orten.

Astr Circ UdSSR Nr. 123 S. 13 (russisch). Nochmals über das Polarlicht vom 28. Oktober 1951. W. Teufel.

Astr Circ UdSSR Nr. 127 S. 14 (russisch). Das Polarlicht vom 21. bis 22. April 1952 in Gorkij. W. Teufel.

Astr Circ UdSSR Nr. 129 S. 11—12 (russisch). Polarlichter im Sommer 1952. W. F. Tschistjakow.

BAA Circ Nr. 333. Aurora. — Häufigkeit in Schottland und England 1952 März bis April.

BSAF **66** 22. Aurores polaires. M. Malburet.

BSAF **66** 97. Aurores boréales. B. Solås.

BSAF **66** 468. Aurores. B. Solås.

Gaz astr **34** 10—11. Aurore boréale du 28 octobre 1951. V. Tshernov.

Heelal **8** 24—25, mit 1 Fig. Het noorderlicht van 28 October 1951. R. Maeckelberghe.

Orion Schaffhausen **3** 366. Nordlichtschein vom 28. Oktober 1951. F. Schmid.

Priroda **41** Nr. 7 S. 117—118 (russisch). Helles Polarlicht. — 28. Oktober 1951.

Sky and Telescope **11** 167. Aurora in the Northeast.

Sternenwelt **4** 113. Nordlicht-Tage 1951. W. Sandner.

Szintillation

72154. **K. D. Adams,** Seeing and stellar scintillation. Southern Stars **15** 79—83.

72155. **H. E. Butler,** Observations of stellar scintillation. Proc. Roy. Irish Acad. (A) **54** 321—340, mit 8 Fig. und 10 Tafeln = Contr. Dunsink Obs. Nr. **4**.

72156. **S. Chandrasekhar,** A statistical basis for the theory of stellar scintillation. MN **112** 475—483. — Ref. in Math. Rev. **14** 803. — Die Szintillation der Sterne wird auf Schwankungen des Brechungsindex der Luft in einer turbulenten Atmosphärenschicht in etwa 4 km Höhe zurückgeführt. Es wird der Korrelationskoeffizient zwischen den jeweiligen Abweichungen des Brechungsindex vom Mittelwert an zwei Punkten eingeführt, welcher unter plausiblen Voraussetzungen als Funktion des Abstands der beiden Punkte angesehen werden darf. Mit seiner Hilfe lassen sich statistische Beziehungen ableiten zwischen den Eigenschaften der gestörten Schicht und den beobachteten Szintillationsdaten, die befriedigend zu deuten sind, wenn die Dicke der turbulenten Schicht, die Skala der Turbulenz und die mittlere Schwankung des Brechungsindex größenordnungsmäßig zu 100 m, 10 cm und 4×10^{-8} angenommen werden. Kdr.

72157. **M. A. Ellison,** Why do stars twinkle? Irish AJ **2** 5—8. — Abdruck in J RAS Canada **46** 191—194. — Erscheinung und Ursachen der Szintillation. Beschreibung der zur weiteren Untersuchung dieses Phänomens in Edinburgh zusammen mit H. Seddon entwickelten Einrichtung und erste Ergebnisse. T. L.

72158. **M. A. Ellison, H. Seddon,** Some experiments on the scintillation of stars and planets. MN **112** 73—87, mit 10 Fig. = Commun. Roy. Obs. Edinburgh Nr. **4**. — Verf. berichten über lichtelektrische Untersuchungen der Szintillation der Sterne. Der Photostrom wurde nach Verstärkung einem Oszillographen zugeführt und dessen Leuchtschirmbild photographisch registriert. Die Zeitkonstante der Apparatur betrug 0.13 Millisekunden. Die Szintillation des integralen Fixsternlichts ist eine Funktion der Zenitdistanz; im Zenit wurden Amplituden von mindestens 5—10% beobachtet. Die Szintillationsamplitude erweist sich als ungefähr umgekehrt proportional der Öffnung des Fernrohrs, scheint jedoch bei 3' Öffnung ein Maximum zu erreichen. Dementsprechend wird als mittlere Größe der atmosphärischen Elemente, die die Szintillation hervorrufen, 3' angenommen. Unter Heranziehung von Szintillationsbeobachtungen der Planeten- und Satellitenscheiben wird auf eine mittlere Entfernung dieser Elemente von 5 km geschlossen. Aus Versuchen, die «Farbszintillation» der Sterne zu registrieren, scheint hervorzugehen, daß die Helligkeitsfluktuationen in benachbarten Wellenlängenbereichen für hinreichend große Objektivöffnungen kohärent sind. Abschließend wird auf einige Szintillationstheorien eingegangen. Ferner wird über Versuche berichtet, Szintillationseffekte durch Erzeugen von Refraktionsstörungen in einer Modellatmosphäre aus Wasser hervorzurufen. Micz.

72159. **W. A. Hiltner,** Compensation for seeing noise in photoelectric polarization photometry. AJ **57** 13. — Ref. AAS. — Ref. in Sky and Telescope **11** 117, mit 1 Fig.

72160. **I. G. Koltschinskij,** Über die Szintillationsamplitude der Sternbildchen im Teleskop in Abhängigkeit von der Zenitdistanz. AJ UdSSR **29** 350—362, mit 5 Abb. (russisch).

72161. **C. G. Little, A. Maxwell,** Scintillation of radio stars during aurorae and magnetic storms. J. Atmosph. Terr. Phys. **2** 356—360, mit 3 Fig. = Astr. Contr. Univ. Manchester (2) Jodrell Bank Repr. Nr. **73.** — Ref. in Sternenwelt **5** 143—144. — Nordlichter sind von einer Erhöhung der Anzahl der Szintillationen begleitet, wie die Beobachtungen der Radioquellen in Cassiopeia und Cygnus zeigten. Während stabile Nordlichtbogen keinen Einfluß haben, führen rasch veränderliche Nordlichterscheinungen zur Erhöhung der Zahl und Stärke der Intensitätsschwankungen der radiofrequenten Strahlung. Zwischen dem erdmagnetischen Index K und der Zahl der Szintillationen pro Minute wurde eine enge Korrelation festgestellt ($r = 0.74$). Die Erhöhung der Szintillationszahl ist auf eine Erhöhung der Geschwindigkeit der Ionosphärenwinde zurückzuführen. Die Windgeschwindigkeit ist im allgemeinen proportional zu K. Bru.

72162. Scintillation of starlight. Sky and Telescope **11** 62.

Sonstige Erscheinungen

72163. **R. Anthony,** Observation of non-Rayleigh scattering in the very near infrared spectrum of the day sky. Phys. Rev. (2) **88** 157. — Ref. Am. Phys. Soc.

72164. **J. O. Cardús,** Sobre la ley de las fases en las corrientes telúricas. Rev. Geofísica **9** Nr. 35, 18 S., 1950 = Publ. Obs. Ebro Misc. Nr. **8.**

72165. **H. R. Condit,** The luminous density of radiant energy arriving at the earth's surface from the sun and sky for various atmospheric conditions. J. Optical Soc. America **42** 285. — Ref. Optical Soc. America.

* * **A. Due Rojo,** La precipitación atmosférica en el Observatorio de Cartuja (1902—1951). Vgl. Ref. **1213.**

72166. **N. I. Grischin,** Silberne Nachtwolken 1951. Astr Circ UdSSR Nr. 127 S. 11—14 (russisch).

72167. **R. Henzi,** Lichterscheinung mit Gegensonne. Orion Schaffhausen **3** 402.

72168. **C. Hoffmeister,** Über die «Leuchtenden Nachtwolken». Sterne **28** 7—14, mit 2 Abb. — Die Beobachtungen vom Sommer 1951 und einige daraus zu ziehende Schlüsse werden behandelt.

72169. **J. Houtgast,** A photometric investigation of the sky-light from sunset to sunrise. Vgl. Ref. **1165,** daselbst S. 117—134, mit 11 Fig. — Ref. in Phys. Abstracts (A) **55** 659. — Mit einer Schmidt-Kamera 1 : 1 und einem einzelnen 45°-Prisma wurde die relative Intensitätsverteilung im kontinuierlichen Spektrum des Himmellichts zwischen Sonnenuntergang und -aufgang in vier verschiedenen Feldern gemessen und durch Anschluß an den Vollmond die Absolutintensitäten bestimmt. Auffällig ist ein Intensitätsminimum bei 5900 Å. Ferner wird aus den Aufnahmen um Mitternacht, welche kein Kontinuum mehr zeigen, die Absolutintensität der grünen Linie [O I] 5577 bestimmt. Bru.

72170. **T. S. Jacobsen,** On the spectrum of the green flash at sunset. J RAS Canada **46** 93—102, mit 4 Fig. = Contr. Dominion Astrophys. Obs. Victoria Nr. **26**. — Ref. in Sternenwelt **5** 142—143.

72171. **I. N. Jaroslawzew,** Die Verteilung der Himmelshelligkeit. Priroda **41** Nr. 12 S. 112—113, mit 3 Abb. (russisch). — Bericht über Beobachtungen in Taschkent.

72172. **E. Mädlow,** Leuchtende Nachtwolken von Berlin aus beobachtet. Sterne **28** 250.

72173. **O. Menzl,** Bestimmungen der Himmelsbläue mittels der Linke-Ostwaldschen Blauskala. VJS der Naturf. Ges. Zürich **97** 186—194, mit 5 Abb.

72174. **H. Mineur,** Recherche d'une influence possible de la lune sur les précipitations atmosphériques. Ann. Geophys. **8** 294—308, mit 9 Fig. = Contr. Inst. d'Astrophys. Paris (B) Nr. 88. — Für einen Zeitraum von 800 Mondumläufen wurden für Clermond-Ferrand, Parc St. Maur, Nantes und Algier die Korrelationen zwischen Mondtag und Regenfall ermittelt. Für die erste Station ergibt sich keine Korrelation, für die beiden folgenden eine größere Regenhäufigkeit drei Tage nach Neumond, und für Algier bleibt das Ergebnis offen. Loh.

72175. **J. Picha,** Meteorology for astronomers. RH **33** 104—107, 130—133, mit 2 Fig. (tschechisch).

72176. **E. W. Pjaskowskaja-Fessenkowa,** Die sonnennahe Aureole im infraroten Teil des Spektrums. DAN **85** 989—992, mit 4 Abb. (russisch).

72177. **H. J. Smith, R. E. McCrosky,** Weather conditions in southwestern U.S.A.: Cloud coverage. AJ **57** 166. — Ref. AAS.

72178. **C. F. Squire,** Note on reflection and diffraction from ice crystals in the sky. J. Optical Soc. America **42** 782, mit 1 Fig.

72179. **R. Stair,** Ultraviolet radiant energy from the sun observed at 11 190 feet. J. Res. Nat. Bur. Stand. **49** 227—234. — Ref. in Phys. Abstracts (A) **56** 499.

72180. **A. D. Thackeray,** Setting of bright planet or star. JBAA **62** 206—207. — Ref. in Sternenwelt **4** 122. — Wahrnehmungen beim Untergang des Sirius.

72181. **V. Vanýsek, J. Široký,** Über die Klassifikation der Beobachtungsbedingungen. RH **33** 137—139 (tschechisch).

72182. Le rayon vert. Ciel et Terre **68** 220—222, mit 4 Fig.

72183. Antelio o luce anteliale? Coelum **20** 15—18.

72184. Parelio. Coelum **20** 84—85.

72185. Setting of a bright star or planet. JBAA **62** 90. — Beobachtung von Refraktionsvorgängen beim Untergang des Jupiter.

72186. Leuchtende Nachtwolken vom 6. Januar 1951. Orion Schaffhausen **4** 34, mit 1 Abb.

§ 73

Mond

7301. Astrometrische Beobachtungen

AJ **57** 41. Meridian observations of the moon, 1949—50. C. B. Watts.

Publ. US Naval Obs. **16** part III S. 365—445. Results of observations made with the six-inch transit circle 1941—1949. Observations of the Sun, Moon, and planets. C. B. Watts, F. P. Scott, A. N. Adams. — α, δ.

TAB (2) Nr. 50 S. 389—396. Vgl. Ref. **7107**.

Allgemeines

* * **L. W. Alvarez,** Relative densities of sun and moon. Vgl. Ref. **6101**.

7302. **T. Banachiewicz,** Sur la détermination du profil de la Lune. AA(c) **5** 29—32. — Die Arbeit hat das Ziel, auf systematische Fehler bei der üblichen Bestimmung der Randkorrektionen des Mondes hinzuweisen. Sie werden anschaulich gemacht in den Fehlern, die einem Mondbeobachter unterlaufen, der auf dieselbe Weise den Erdradius und das Erdprofil bestimmen würde. Böh.

7303. **A. W. Chabakow,** Über die Anwesenheit von Spuren einer Atmosphäre auf dem Mond in der Vergangenheit. Nachr. Geograph. Ges. UdSSR Nr. **3** S. 315—317 (russisch).

7304. **A. Dollfus,** Nouvelle recherche d'une atmosphère au voisinage de la lune. CR **234** 2046—2049. — Ref. in Irish AJ **2** 110—111, Sky and Telescope **11** 248. — Am Koronographen untersuchte Verf. mit einem Interferenzpolariskop das diffuse Licht jenseits der Hörnerspitzen des zunehmenden Mondes und berechnete daraus die «Luft»dichte am Mondboden. Sie beträgt weniger als ein Milliardstel der terrestrischen. Loh.

7305. **A. Dollfus,** La courbe de polarisation de la terre et la nature du sol lunaire. CR **235** 1013—1016, mit 2 Fig. — Ref. in Phys. Abstracts (A) **56** 183. — Aus der Polarisationskurve des aschgrauen Mondlichtes leitet Verf. diejenige der Erde ab, wobei er depolarisierende Effekte mit berücksichtigt. Die Lyotsche Deutung der Beschaffenheit des Mondbodens — pulverisierte vulkanische Aschen — findet dadurch eine Bestätigung. Loh.

7306. **W. A. Fedorez,** Photographische Photometrie der Mondoberfläche. Abh. Gorkij-Staatsuniv. Charkow **42** 49—172, mit zahlreichen Abb. = Publ. Astr. Obs. Gorkij-Staatsuniv. Charkow **2** (**10**) 49—172 (russisch). — Aus 1948 und 1949 in Charkow erhaltenen Aufnahmen (Iso-Ortho) wird die Helligkeit zahlreicher Details in Abhängigkeit von den Beleuchtungsverhältnissen ermittelt und graphisch dargestellt. Loh.

7307. **A. Fresa,** La Luna, movimenti, configurazioni, influenze e culto. Milano, Ulrico Hoepli, 1952. Dritte, verbesserte Auflage. 24 + 560 S. mit 190 Fig. und 8 Tafeln und großer selenographischer Karte 25 × 25 cm. Preis Lire 2500.— Besprechung in Coelum **20** 153, Mem SA It (NS) **24** 99—100 (L. Santomauro).

7308. **S. Fujinami,** The conspicuous mountains and depressions on the lunar profile, as observed in the beaded eclipse. Publ. Astr. Soc. Japan **4** 115—127, mit 1 Fig. und 3 Tafeln = Kwasan Obs. Repr. Nr. **4**. — Aus den bei der ringförmigen Sonnenfinsternis 1948 Mai 9 beobachteten Kontaktzeiten des Sonnenrandes mit Punkten des Mondrandes werden die Randkorrektionen des Mondes abgeleitet und mit den Werten aus den Karten von Hayn verglichen. Böh.

* * **I. Hasegawa,** The effect of the plumb line deviation on the observation of occultations by the moon. Vgl. Ref. **13108.**

* * **R. A. Hirvonen,** The motions of moon and sun at the solar eclipse of 1947, May 20th. Vgl. Ref. **6205.**

7309. **J. Hopmann,** Selenodätische Untersuchungen. Sitzber. Österreich. Akad. Wiss. Math.-naturwiss. Kl. Abteilung IIa **161** 1—46 = Mitt. Univ. Sternw. Wien **6** Nr. 3 S. 13—58. — Verf. hat die Messungen von Franz an 150 Fixpunkten der Mondoberfläche mit den neuesten Konstanten der Mondrotation und nach der genauen Theorie der physischen Libration neu reduziert. Aus den dabei erhaltenen absoluten Höhen über dem mittleren Niveau und in Verbindung mit der Haynschen Profilkarte gewinnt er Aussagen über die Gestalt des Mondes, und unter Verwendung der Messungen von Ritter und anderen folgen Bemerkungen über Konstitution und Entstehungsgeschichte des Mondes sowie über die Morphologie seiner Oberfläche. Böh.

7310. **J. Hopmann,** Probleme der Mondforschung. Sternenwelt **4** 157—162, mit 4 Abb.

7311. **K. Koziel,** Notice (to the page 183 of my paper on the Moon's libration). AA(a) **5** 114. — Auch bei Berücksichtigung von Gliedern höherer Ordnung in Bezug auf die Größe *f* wird der aus den von Hartwig in Dorpat gemachten Heliometerbeobachtungen zur Bestimmung der physischen Libration des Mondes abgeleitete Wert von *df* praktisch nicht geändert. Böh.

* * **J. N. Lipskij,** Bestimmung der Polarisation der Mondaureole. Vgl. Ref. **7274.**

* * **J. Loodts,** La détermination des distances au moyen d'éclipses de soleil et d'occultations d'étoiles par la lune. Vgl. Ref. **13003.**

7312. **A. W. Markow,** Über die physikalischen Eigenschaften der Mondoberfläche und ihre möglichen Veränderungen. Mitt. Astr. Hauptobs. Pulkowo **19** Nr. 2 (149) S. 64—80, mit 5 Abb. (russisch). — Ref. in Astr. News Letter Nr. **66** S. 13—14. — Verf. sucht die Frage zu beantworten, ob die Oberflächenstudien am Mond während der vergangenen 100 Jahre einen Schluß auf gewisse Veränderungen gestatten. Kleine fortschreitende oder schwankende Veränderungen des Reflexionsvermögens und der Farbe einzelner Details werden für möglich gehalten, ebenso die Herausbildung neuer Formationen. Kraterbildungen durch Meteoriteneinschläge dürften nicht erfolgt sein. Loh.

* * **H. Mineur,** Recherche d'une influence possible de la lune sur les précipitations atmosphériques. Vgl. Ref. **72174.**

7313. **E. A. Mitrofanowa,** Über die Verbesserung der Mondephemeride. BIA **5** 199—202 (russisch). — Ref. in Astr. News Letter Nr. **69** S. 7—8.

7314. **F. Möller,** Die Temperatur der Mondoberfläche. Z. Meteorol. **5** 185—189, 1951. — Ref. in Phys. Ber. **32** 1125: Aus den Messungen der Temperatur der Mondoberfläche ist zu erkennen, daß sich diese bei Sonnenbeleuchtung fast im Strahlungsgleichgewicht befindet, in der Nacht die Temperatur aber durch einen, wenn auch sehr geringen Wärmenachschub aus dem Boden reguliert wird. Die Wärmeleitungsgleichung wird für den Fall periodischer Veränderungen approximativ gelöst. Es ergibt sich $\sqrt{\lambda c \varrho} \approx 0{,}003$ (λ = Wärmeleitzahl, c = spezifische Wärme, ϱ = Dichte des Bodenmaterials), was auf ein pulverförmiges Gesteinsmaterial mit äußerst geringer Wärmeleitfähigkeit hindeutet. F. Möller

7315. **F. Möller,** Zur Frage der Oberflächentemperatur des Mondes. Z. Meteorol. **6** 147—148, mit einer Bemerkung von K. Wegener. — Ref. in Phys. Ber. **32** 1897.

7316. **P. A. Moore,** What we know about the moon. J. British Interplanetary Soc. **11** 19—40, mit 11 Fig. — Ref. in Mitt. Planetenbeobachter **5** Nr. 4 S. 5—6 (G. D. Roth).

7317. **A. Nefedjew,** Ableitung der Werte der Konstanten der physischen Libration des Mondes aus den heliometrischen Beobachtungen Prof. A. W. Krassnows. Astr Circ UdSSR Nr. 129 S. 5—6 (russisch). — Kurze Mitteilung über die Auswertung einer Beobachtungsreihe aus den Jahren 1895—1898 zusammen mit den Beobachtungen bis 1945. Eine zweite Näherung zur Bestimmung von *f* ist vorgesehen. Loh.

* * **J. A. O'Keefe, J. P. Anderson,** The earth's equatorial radius and the distance of the moon. Vgl. Ref. **7212.**

* * **W. G. Rijwes,** Der Phasenkoeffizient als Maß der Rauheit der Oberfläche eines Kleinen Planeten. Vgl. Ref. **7531.**

7318. **A. Strzałkowski,** The determination of the irregularities of the Moon's limb for the total eclipse of the Sun 1947 May 20. AA(c) **5** 12—15, mit 3 Fig. — Zur Reduktion der an den Stationen Lomé, Bocayuva und Corrientes angestellten Beobachtungen der Sonnenfinsternis von 1947 Mai 20 sind die Randkorrektionen des Mondes aus den Karten von Hayn abgeleitet und in drei Diagrammen zur bequemen Entnahme aufgezeichnet worden. Böh.

7319. **A. K. Susslow,** Neue Bestimmung der Lunarkonstanten. Bull. Astr. Obs. Stalinabad Nr. **2** S. 24—25 (russisch).

7320. **N. N. Sytinskaja, W. W. Scharonow,** Das Problem der Untersuchung der Mondoberfläche auf photometrischem und kolorimetrischem Wege. Bote Univ. Leningrad Nr. **9** S. 97—109 (russisch).

7321. **N. N. Sytinskaja,** Die Natur der Mondoberfläche (nach Daten photometrischer und kolorimetrischer Beobachtungen). Priroda **41** Nr. 9 S. 93—94 (russisch). — Kurzer Bericht über die in der UdSSR erzielten Fortschritte.

7322. **N. N. Sytinskaja, W. W. Scharonow,** Die wahrscheinliche Natur der Mondoberfläche nach Daten der Photometrie und Kolorimetrie. Ref. Univ. Leningrad Wiss. Session 1951/52. S. 11—13 (russisch).

7323. **H. C. Urey,** The surface of the moon. AJ **57** 27. — Ref. AAS.

7324. **T. Weimer,** Atlas de profils lunaires. Obs. Paris. Ouvrage publié avec le concours du Centre National de la Recherche Scientifique. Introduction 1 S. Planches 1—12. Format 51 × 74 cm. — Besprechung in Ciel et Terre **70** 69 (J. Dommanget). — Der Atlas gibt die Mondrandprofile für die Librationen in Länge und Breite jeweils von 2° zu 2°; 0.2 mm auf den Karten entsprechen 0.'1. Zugrundegelegt wurden die Aufnahmen von Loewy und Puiseux aus den Jahren 1894—1909; die Meßmethode ist in CR **230** 1834 beschrieben (AJB **50** Ref. 7326). T. L.

7325. **E. W. Woolard,** A comparison of Brown's Lunar Tables with the theory from which they were constructed. AJ **57** 31. — Ref. AAS.

7326. **E. W. Woolard,** A discrepancy between Brown's Lunar Tables and the theory from which they were constructed. AJ **57** 38—41, mit 1 Fig. — Für den Zeitraum 1948 Apr. 24.0 WZ — Mai 24.0 WZ wurden im Intervall 0.d5 mit dem Selective Sequence Electronic Calculator Länge, Breite und Parallaxe des Mondes aus den (1650) Gliedern der Brownschen Theorie berechnet und mit den entsprechenden Werten aus den Tafeln Browns (enthaltend 1415 Terme) verglichen. Mit Ausnahme der Breite, wo ein Versehen Browns entdeckt werden konnte, das ein Glied monatlicher Periode von 0.'26 Amplitude hervorruft und in den Mondbeobachtungen 1929—1949 des U. S.

Naval Observatory nachweisbar ist, sind die merkbaren Unterschiede zwischen den beiden Rechnungen durch die Konstruktion der Tafeln und den mit ihnen angestrebten Genauigkeitsgrad erklärbar. Böh.

7327. **F. W. Wright,** Selecting the moon's limb. J. Inst. Navigation **5** 141—146, mit 3 Fig. = Harv Repr Nr. **363**. — Zur Beantwortung der Frage, ob bei einer Sextantenbeobachtung des Mondes dessen oberer oder unterer Rand einzustellen ist, wofür die Lage der Verbindungslinie der Endpunkte des Terminators relativ zum Stundenkreis des Mondes zur Zeit der Beobachtung maßgebend ist, werden zwei Methoden beschrieben: eine Näherungsmethode, die die Verwendung eines Himmelsglobus oder einer Planisphäre erfordert, und eine exakte rechnerische Methode. Kdr.

7328. The moon's ephemeris. Sky and Telescope **11** 90—91.

7329. Punkte hoher Albedo auf dem Mond und Photometrie der Mondformationen. Sterne **28** 72—73.

7330. Die Mondoberfläche. Sternenwelt **4** 64. — Ref. der in AJB **50** Ref. **7307** zitierten Arbeit von Jaeger und Harper.

7331. **N. P. Barabaschew,** Über Farbphotographien des Mondes und der Planeten. Astr Circ UdSSR Nr. 127 S. 9—10 (russisch). — Ref. in Urania Kraków **24** 181. — Kurzer Bericht über erste Versuche.

7332. **W. van der Bijl,** Insuffisance d'une preuve statistique de l'influence de la lune sur les précipitations atmosphériques. CR **235** 22—23.

7333. **M. Daisomont,** Een eeuw maanfotografie. Heelal **8** 44—48, mit 5 Fig.

7334. **E. B. Kostjakowa,** Ein Mondregenbogen. Priroda **41** Nr. 10 S. 118 (russisch). — Beobachtung in der Nacht vom 8. zum 9. Juli 1952 auf einem Berg der Krim.

7335. **I. M. Levitt,** Moon illusion. Sky and Telescope **11** 135—136, mit 1 Fig.

7336. **W. A. MacCalla,** The Moon's change in apparent diameter. Sky and Telescope **11** 286—287, mit 1 Fig.

7337. **R. A. McIntosh,** Your piece of the moon. Southern Stars **15** 93—94. — Abdruck in J Can RAS **47** 227—228.

* * **H. Sawyer Hogg,** Galileo and the surface of the moon. Vgl. Ref. **1042**.

7338. **W. H. Steavenson,** The lunar shadows. JBAA **62** 174—176.

7339. The moon's age. JBAA **63** 49.

7340. Via the moon. Sky and Telescope **11** 194—195, mit 3 Fig. — Ref. in Sternenwelt **4** 186 unter dem Titel: Funkverkehr über den Mond.

Mondfinsternisse

7341. **J. Bouška,** Supplément international de l'Annuaire Astronomique pour 1953. Ephéméride détaillée des éclipses de lune en 1953. BAC **3** 76—80, mit 2 Fig.

7342. **H. K. Paetzold,** Zur Lage der Schattengrenze auf dem verfinsterten Mond. Phys. Verhandlungen **3** 160. — Ref. AG.

7343. **H. K. Paetzold,** Die optischen Erscheinungen bei einer Mondfinsternis. ZfA **30** 282—292, mit 5 Abb. — Es werden die bei einer Mondfinsternis zu beobachtenden Erscheinungen wie Färbung, Helligkeitsverlauf und Schattengrenze und ihr Zustandekommen durch die Erdatmosphäre mit besonderer Berücksichtigung der Ozonschicht behandelt. Verf.

* * **H. K. Paetzold,** Erfassung der vertikalen Ozonverteilung in verschiedenen geographischen Breiten bei Mondfinsternissen. Vgl. Ref. 7248.

* * **H. K. Paetzold,** Mondfinsternisse und atmosphärische Ozonschicht. Vgl. Ref. 7249.

* * **H. K. Paetzold,** Mondfinsternisse und das Studium der Erdatmosphäre. Vgl. Ref. 7250.

* * **H. K. Paetzold,** Weitere Bestimmungen der vertikalen Ozonverteilung bei Mondfinsternissen. Vgl. Ref. 7251.

7344. Mondfinsternis 1945 Dezember 19

B. Ševarlić, Observations de l'éclipse totale de Lune du 19 décembre 1945. Bull. Obs. Astr. Belgrade 8—**13** 29—30.

7345. Mondfinsternis 1950 September 26

J. Cuffey, The lunar eclipse of September 26, 1950. ApJ **115** 17—24, mit 5 Fig. = Publ. Goethe Link Obs. Indiana Univ. Nr. 5. — Es wird über lichtelektrische Messungen des Kraters Tycho während der totalen Mondfinsternis 1950 September 26 in verschiedenen Wellenlängenbereichen berichtet. Die Reduktion der Messungen erwies sich als ungewöhnlich schwierig, da der Beitrag des atmosphärischen und instrumentellen Streulichts nicht befriedigend zu ermitteln war. Verf. macht qualitative Versuche, Abweichungen der gemessenen Lichtkurven vom zu erwartenden Verlauf durch Streulichtänderungen zu erklären. Im roten Spektralbereich (effektive Wellenlänge 6200 Å) betrug die Schwächung von Tycho während der Totalität $8^{m}_{.}01$, im violetten (3700 Å) $14^{m}_{.}05$. Hinweise, bei künftigen Gelegenheiten die Messungen so anzulegen, daß die radiale Intensitätsverteilung im Erdschatten ermittelt werden kann, werden aus der Diskussion abgeleitet. Micz.

G. Reaves, M. F. Walker, Photoelectric photometry of the lunar eclipse of 1950 September 26. Publ ASP **64** 15—19, mit 3 Fig. — Die zweite Hälfte der totalen Mondfinsternis wurde am Crossley-Reflektor der Lick-Sternwarte lichtelektrisch mit Verwendung von Gelb- und Blaufilter beobachtet. Die Helligkeitskurven ergeben die Amplituden 11^{m} im Gelben und $12^{1}/_{2}{}^{m}$ im Blauen. Das Licht des Erdschattens war zwischen 30′ und 40′ vom Zentrum blauer als das ursprüngliche Sonnenlicht, was wahrscheinlich durch die Chappuis-Banden des Ozons in der Erdatmosphäre verursacht war. O. G.

D. E. Schtschegolew, Photographische Photometrie des Halbschattens der Mondfinsternisse vom 26. 9. 1950, 11. 2. 1952 und 5. 8. 1952. Astr Circ UdSSR Nr. 131 S. 14 (russisch).

7346. Mondfinsternis 1952 Februar 11

D. E. Schtschegolew, Photographische Photometrie des Halbschattens der Mondfinsternisse vom 26. 9. 1950, 11. 2. 1952 und 5. 8. 1952. Astr Circ UdSSR Nr. 131 S. 14 (russisch).

W. F. Tschistjakow, Die partielle Mondfinsternis vom 11. Februar 1952. Astr Circ UdSSR Nr. 124 S. 18—19 (russisch).

BSAF **66** 105—107, mit 1 Fig. = Obs. Univ. Bordeaux (A) Nr. **5.** L'éclipse partielle de Lune des 10—11 février 1952. J. Dubois, F. Poumeyrol.

BSAF **66** 107—110, mit 1 Fig. L'éclipse partielle de Lune des 10—11 février 1952. C. Roques, E. Roques, J.-M. Roques (Candillargues, Hérault), J. Grivel (Thiès, Sénégal), P. R. Germain (Mios, Gironde), J. Ferré (Mirambeau, Charente-Maritime).

Coelum **20** 87—88, mit 1 Fig. auf Tafel II. Osservazioni delle ecclissi solare e lunare del febbraio scorso.

7347. Mondfinsternis 1952 August 5

A. M. Bacharew, Die partielle Mondfinsternis vom 5. August 1952. Astr Circ UdSSR Nr. 131 S. 15—18 (russisch). — Integralhelligkeiten, Kraterantritte, Sichtverhältnisse, Farbschätzungen.

S. Drosdow, Beobachtungen der Mondfinsternis vom 5. August 1952 am Astronomischen Observatorium der Akademie der Wissenschaften der Ukrainischen Sowjetrepublik in Poltawa. Astr Circ UdSSR Nr. 129 S. 9 (russisch).

J. Franz, Die Mondfinsternis am 5. August 1952. Sterne **28** 250.

C. Hoffmeister, Beobachtung der partiellen Mondfinsternis 1952 August 5. Sterne **28** 249—250.

G. E. Jerleksowa, O. P. Wassiljanowskaja, Integralphotometrie der Mondfinsternis vom 5. August 1952. Astr Circ UdSSR Nr. 131 S. 15 (russisch).

E. Mädlow, Die partielle Mondfinsternis vom 5. Aug. 1952. Mitt. Planetenbeobachter **5** Nr. 6 S. 5.

W. Malsch, Die partielle Mondfinsternis am 5. August 1952. Sternenwelt **4** 107—108, mit 1 Abb. — Vorausberechnung von Kraterein- und austritten.

T. L. Mandrykina, Beobachtungen der partiellen Mondfinsternis vom 5. August 1952 am Astronomischen Observatorium Lwow. Astr Circ UdSSR Nr. 129 S. 7—8 (russisch).

D. J. Martynow, Beobachtungen der partiellen Mondfinsternis vom 5. August 1952. Astr Circ UdSSR Nr. 129 S. 10 (russisch).

D. E. Schtschegolew, Photographische Photometrie des Halbschattens der Mondfinsternisse vom 26. 9. 1950, 11. 2. 1952 und 5. 8. 1952. Astr Circ UdSSR Nr. 131 S. 14 (russisch).

N. N. Sytinskaja, Beobachtung der Mondfinsternis vom 5. August 1952 am Astronomischen Observatorium des Staatlichen Naturwissenschaftlichen Lesgaft-Instituts in Leningrad. Astr Circ UdSSR Nr. 130 S. 13—14 (russisch).

W. G. Teufel, Beobachtung der partiellen Mondfinsternis vom 5. August 1952 am Astronomischen Observatorium Schtscherbakow. Astr Circ UdSSR Nr. 130 S. 14—15 (russisch).

W. M. Tschernow, Die partielle Mondfinsternis vom 5. August 1952. Astr Circ UdSSR Nr. 131 S. 18—20 (russisch). — Beobachtungen in Saporoshe.

W. F. Tschistjakow, Die partielle Mondfinsternis vom 5. August 1952. Astr Circ UdSSR Nr. 131 S. 20—22 (russisch).

M. Waldmeier, Der Helligkeitsverlauf während der Mondfinsternis vom 5. August 1952. Orion Schaffhausen **4** 10—13, mit 1 Abb.

BAB **4** 116. Observations de l'éclipse partielle de Lune du 5 août 1952.

BSAF **66** 353—355, mit 1 Fig. L'éclipse partielle de Lune du 5 août 1952. H. Kern, R. Gouache, Y. Gendron.

BSAF **66** 399—400. L'éclipse partielle de Lune du 5 août 1952. D. Teinturier, H. d'Halluin, C. Roques, E. Roques, J. M. Roques, J. Ferré, N. Vogelweith.

BSAF **66** 400—401. Impressions de l'éclipse partielle de Lune du 5 août 1952, en Laponie. L. Félix.

Coelum **20** 156. Ecclisse parziale di luna del 5 agosto 1952.

NAZ **6** 29. Partielle Mondfinsternis 1952 August 5. W. Malsch, J. Herrmann. — Beobachtungen in Karlsruhe und Reutlingen.

NAZ **6** 38. Partielle Mondfinsternis 1952 August 5. C. Hoffmeister. — Beobachtung in Südwestafrika.

7348. Mondfinsternis 1953 Januar 29/30

W. Malsch, Die totale Mondfinsternis am 29./30. Jan. 1953. Sternenwelt **4** 184—185. — Vorschau. Kraterein- und austritte.

W. G. Teufel, Einzelheiten der totalen Mondfinsternis vom 29. Januar 1953. Astr Circ UdSSR Nr. 131 S. 13—14 (russisch). — Vorschau.

BAC **3** 92—94. Supplément International de l'Annuaire Astronomique pour 1953. V. Guth. — Enthält: Ephemeride des Mondes für die Zeit der Finsternis, die rechtwinkligen Koordinaten von 32 Sternen, welche während der Finsternis bedeckt werden, und die Koordinaten des Erdapex für 1953.

Sternbedeckungen

* * **H. Diercks, K. Hunger,** Über die Bestimmung von Sterndurchmessern aus den Beugungserscheinungen bei Sternbedeckungen. Vgl. Ref. **9703**.

* * **D. S. Evans,** The determination of stellar diameters at lunar occultations. Vgl. Ref. **9705**.

7349. **F. M. McBain,** Discussion of occultations observed in 1948. AJ **57** 55—56, mit 1 Fig.

7350. **G. E. Taylor,** Occultations of asteroids by the moon. JBAA **62** 177—178.

7351. Observations of lunar occultations for the years 1943 to 1947. Reduced by H. M. Nautical Almanac Office. Compiled and discussed by F. M. McBain. Royal Greenwich Observatory. Appendix to Greenwich Observations 1939. London, H. M. Stationery Office, 1952. 55 S. mit 4 Fig. — Ref. in JBAA **62** 296, NAT **1952** 115—116, Sky and Telescope **11** 307. — Veröffentlichung aller vollständig reduzierten Beobachtungen von Sternbedeckungen aus den Jahren 1943—1947. Mitgeteilt sind die üblichen Reduktionsresultate $\Delta\sigma$, p und g, aus denen das Nautical Almanac Office die Jahreskorrektionen der mittleren Mondlänge abgeleitet hat. Am Ende ist eine Zusammenfassung der schon im AJ veröffentlichten Resultate der jährlichen Diskussionen dieser Beobachtungen gegeben. Go.

7352. An unexpected use for occultation observations. JBAA **62** 122—123.

7353. **Vorausberechnungen**

BAC **3** 92—94. Vgl. Ref. **7348**.

BSAF **66** 43—44, 87, 219, 263, 320, 323, 367, 411, 455, 499. Phénomènes intéressants. G. Fournier.

Bull. Obs. Astr. Belgrade **8—13** 43—44. Prédictions des occultations d'étoiles par la Lune pour la période janvier-août 1946. Z. Brkić, V. Oskanjan.

Bull. Obs. Astr. Belgrade **8—13** 61—62, 76—77. Predictions for 1947, 1948 of occultations of stars by the moon visible at Belgrade, supplied by the Nautical Almanac Office, London.

Bull. Astr. Obs. Beograd **16** Nr. 1—4 S. 30—31. Predictions for 1954 of occultations of stars by the moon visible at Belgrade, supplied by the Nautical Almanac Office, London.

Gaz astr **34** 18, 37—38, 64—66, 91.

Heelal **8** 21. Occultaties der Pleiaden.

Hemel en Dampkring **50** 37. De bedekking van Praesepe op 8 Maart 1952.

Hemel en Dampkring **50** 55. De bedekking van de Pleiaden op 29 Maart 1952. S. P. Bertram, B. T. Perdijk.

Hemel en Dampkring **50** 38—39, 77, 140, 180, 219. Werkgroep Bedekkingen. A. Mak.

Hemel en Dampkring **50** 158—159, mit 1 Fig. De bedekking van de Pleiaden in de nacht van 6 op 7 October 1952. S. P. Bertram, B. T. Perdijk.

Hemel en Dampkring **50** 219—220, mit 1 Fig. De bedekking van de Pleiaden in de nacht van 27 op 28-XII-1952. S. P. Bertram, B. T. Perdijk.

NAT **1952** 89—90. Okkultationer af stjerner ved månen 1953, beregnet for København. 28. Liste.

Rocznik Astronomiczny Obserwatorjum Krakowskiego 1952. Suppl. Internationale Nr. **23** S. 93—95. Occultationes de stellas per luna. — Vorausberechnungen für Poznania, Wrocławia, Torunia, Krakowa und Warszawy.

Sky and Telescope **11** 73, 99, 128, 154, 205, 262, 288, 314, **12** 24, 52. Occultation predictions.

Sky and Telescope **11** 180, mit 2 Fig. Occultations of stars in the Beehive. P. W. Stevens.

Sky and Telescope **11** 314. Occultations of the Beehive and the Pleiades.

Sky and Telescope **12** 52. Occultations of the Pleiades in December. P. W. Stevens.

Sternenwelt **4** 192—193, 233, 235. Sternbedeckungen.

7354. Beobachtungen und Reduktionen

AA(c) **5** 17. Occultations d'étoiles par la Lune observées à l'Observatoire Astronomique de Toruń-Piwnice. H. Hutorowicz, C. Łubieńska, R. Rumińska, W. Dziewulski, H. Iwaniszewski, A. Lisicki.

AJ **57** 53. Occultations of stars by the moon observed during 1951 with the 8-inch equatorial at South Hadley, Mass. A. H. Farnsworth.

AJ **57** 54 = Obs. Cordoba Tirada Aparte Nr. **51**. Occultations of stars by the moon observed during 1951 at the Observatorio Astronómico, Córdoba, Argentina. D. C. Frau.

Astr Circ UdSSR Nr. 123 S. 12 (russisch). Beobachtungen von Sternbedeckungen am Observatorium Abastumani. T. A. Kotschlaschwili, E. K. Charadse, W. P. Dshapiaschwili, D. G. Tschipaschwili. — 1951 Nov.—Dez.

Astr Circ UdSSR Nr. 123 S. 12—13 (russisch). Beobachtungen von Sternbedeckungen am Astronomischen Engelhardt-Observatorium in der zweiten Hälfte des Jahres 1951. S. T. Chabibullin, L. D. Agafonowa, N. A. Tschudowitschewa.

Astr Circ UdSSR Nr. 127 S. 10—11 (russisch). Beobachtungen von Sternbedeckungen am Astronomischen Observatorium Charkow. K. N. Kusmenko, W. C. Plushnikow. — 1952 Jan.—Mai.

Astr Circ UdSSR Nr. 128 S. 15 (russisch). Beobachtungen von Sternbedeckungen am Observatorium Abastumani. E. K. Charadse. — 1952 Jan.—April.

Astr Circ UdSSR Nr. 128 S. 16 (russisch). Beobachtungen von Sternbedeckungen am Astronomischen Observatorium Tartu. C. J. Albo, C. K. Raudsaar. — 1952 März—April.

Astr Circ UdSSR Nr. 128 S. 17 (russisch). Beobachtungen von Sternbedeckungen am Observatorium Tomsk. A. A. Siwkow.

Astr Circ UdSSR Nr. 129 S. 7 (russisch). Beobachtung von Sternbedeckungen am Astronomischen Observatorium Odessa. L. F. Tscherniew. — 1952 April — Juli.

Astr Circ UdSSR Nr. 129 S. 10 (russisch). Beobachtungen von Sternbedeckungen am Städtischen Astronomischen Observatorium Kasan. I. A. Djukow, M. N. Balaschowa, L. J. Ananjewa. — 1952 Febr.—Mai.

Astr Circ UdSSR Nr. 130 S. 16 (russisch). Beobachtungen von Sternbedeckungen am Observatorium Abastumani. T. A. Kotschlaschwili, W. A. Kosterin.

Astr Circ UdSSR Nr. 132 S. 16—17 (russisch). Beobachtungen von Sternbedeckungen am Astronomischen Engelhardt-Observatorium im Jahre 1952. S. T. Chabibullin, N. A. Tschudowitschewa.

BAC **3** 27. Observations of occultations in the years 1949 and 1950. K. Novák. — Prag.

BAC **3** 28. Observations of occultations at the University Observatory, Prague, in the year 1951. J. Bouška.

BAC 3 43—44. Observation and reduction of occultations at Ondřejov Observatory during 1951. J. Kleczek.

BSAF 66 138. Occultation. M. Giraud.

BSAF 66 404—405. Occultation des Pléiades du 6 octobre 1952. H. d'Halluin.

Bull. Obs. Astr. Belgrade 8—13 1—7. Occultations d'étoiles par la Lune observées au cours des années 1938—1942. Z. Brkić, S. Djukanović, P. Djurković, F. Dominko, V. V. Michkovitch, M. Protitch, B. Ševarlić, M. Simić.

Bull. Obs. Astr. Belgrade 8—13 45—47, 63—64, 78—79. Occultations d'étoiles par la Lune observées au cours de l'année 1946, 1947, 1948. Z. Brkić, P. Djurković, V. Oskanjan, M. Protitch, B. Ševarlić.

Bull. Astr. Obs. Beograd 16 Nr. 1—4 S. 32—33. Occultations d'étoiles par la Lune observées en 1951. Z. Brkić, P. Djurković, A. Kubičela, L. Mitić, V. Oskanjan, L. Paunović, M. Protić, B. Ševarlić, U. Živanović.

Circ. Astr. Obs. Gorkij-Staatsuniv. Charkow Nr. 9 S. 29 (russisch). Beobachtungen von Sternbedeckungen im Jahre 1951. K. N. Kusmenko, W. C. Plushnikow.

J. and Proc. Roy. Soc. New South Wales 85 13—14 = Sydney Obs. Papers Nr. 17. Occultations observed at Sydney Observatory during 1950. W. H. Robertson.

J. and Proc. Roy. Soc. New South Wales 86 20—21 = Sydney Obs. Papers Nr. 18. Occultations observed at Sydney Observatory during 1951. W. H. Robertson, K. P. Sims.

Mem SA It (NS) 23 65—71 = Oss. Astr. Roma — Monte Mario Contr. Sci. Nr. 172. Posizioni di pianeti e pianetini ed occultazioni lunari osservate nel 1951. G. Armellini Conti. — Roma — Monte Mario.

MN 112 470 = Nizamia Obs. Repr. Nr. 13. Occultations of stars by the moon observed at the Nizamiah Observatory, Hyderabad, during the year 1951. M. Ghouse, S. Aravamudhan, M. M. Ramanathan.

NAT 1952 12. Observationer af måneokkultationer. Medd. Nr. 28. — 1951 Jan. 16—Dez. 11.

National Obs. Athen Bull. Astr. Inst. 1952 S. 15. Occultations of stars by the moon. G. Adamopoulos, D. P. Elias, J. E. Focas, S. Svolopoulos.

NAZ 6 2. Sternbedeckungen. W. Malsch, F. Meyer. — Beobachtungen 1951 in Karlsruhe und Hannover.

NAZ 6 12. Sternbedeckungen. W. Malsch. — Beobachtungen 1952 in Karlsruhe.

NAZ 6 30. Sternbedeckungen. J. Herrmann. — Beobachtungen 1951/52 in Reutlingen.

RH 33 118—119 (tschechisch). Beobachtungen der Sternbedeckungen im März 1952. G. Alter, V. Černý, M. Schoř.

Sky and Telescope 11 70, mit 3 Fig. An occultation of Aldebaran.

TAB (2) Nr. 52 S. 401—416. Occultation observations in Japan during 1950. S. Habara, Y. Otoguro.

7355. Bedeckungen von Planeten

Venus

Sky and Telescope 11 231. Occultation of Venus. P. W. Stevens.

Sky and Telescope 11 312. July Venus occultation. B. S. Ragland, P. W. Stevens. — Richmond, Rochester.

Mars

Bull. Obs. Astr. Belgrade 8—13 63. — Beobachtung 1947 Juli 15.

Uranus

Bull. Obs. Astr. Belgrade 8—13 2. — Beobachtung 1938 Juli 21.

Bull. Obs. Astr. Belgrade 8—13 47. — Beobachtung 1946 Sept. 18.

Mondformationen

7356. **D. W. G. Arthur,** The Diameter of Lunar Craters. Vgl. AJB **51** Ref. **7345**. — Weitere Besprechung in Sky and Telescope **11** 100.

7357. **K. Buettner,** Lunar erosion. Publ ASP **64** 11—14. — Ref. in Sky and Telescope **11** 162. — Die von Pettit und Nicholson bei totalen Mondfinsternissen beobachteten Temperaturänderungen der Mondoberfläche führen zu der Annahme, daß die Mondoberfläche überall mit einer Staubschicht bedeckt ist, deren Dicke einige Zentimeter beträgt, während Jäger und Harper nur 2 mm errechnet hatten. Verf. nimmt an, daß die Einwirkung der kosmischen Strahlung zur Pulverisierung der Oberfläche geführt hat und daß solare Protonen, Röntgenstrahlen und UV-Strahlung neben Anhäufung von Meteorstaub Verfärbungen hervorgerufen haben. O. G.

7358. **G. Dahmer,** Die Dampfstoßtheorie zur Deutung der Mondkrater. Naturwiss. Rundschau **5** 458—461, mit 7 Abb.

7359. **M. Darney,** Les systèmes Tychéens. Leur rôle en sélénologie. BSAF **66** 250—252, mit 1 Fig.

7360. **J. van Diggelen,** Heuvels en bergen op de maan. Kan de 200-inch onze kennis vergroten? Hemel en Dampkring **50** 121—128, mit 8 Fig.

7361. **R. A. Fenaroli,** La formazione dei crateri lunari. Coelum **20** 9—13, mit 1 Tafel. — Bericht über die verschiedenen Theorien der Entstehung der Mondkrater und ihre Klassifikation. F. Z.

7362. **F. A. Keysor,** Considerations of adaptations for the Wilkins map of the moon. Strolling Astronomer **6** 81—83, mit 6 Fig.

7363. **H. Krause,** Ein weiterer Beitrag zur Selenologie. Sterne **28** 199—202. — Verf. gibt am Beispiel der Umgebung von Triesnecker umrißhaft eine Methode an, um zu einer Mondgeschichte und auf dem Umweg über geologisch deutbare Formen zur Erklärung der Mondformationen zu gelangen.

7364. **A. P. Lenham,** Further note on lunar craters. Irish AJ **2** 120.

7365. **M. Litt,** Über die Struktur der Mondoberfläche. Sterne **28** 150—151.

* * **M. Du Martheray,** La carte lunaire de Cassini. Découverte d'un exemplaire original. Vgl. Ref. **1421**.

7366. **H. H. Nininger,** Do we see a lunar tunnel? Sky and Telescope **11** 192—193, mit 2 Fig. — Auszug in Phys. Blätter **8** 413 unter dem Titel: Tunnel auf dem Mond.

7367. **A. Paluzíe Borrell,** Impugnación de la teoría meteórica de formación de los cráteres de la Luna. Urania Barcelona **37** 28—30. — Aus 13 Gründen, die das Profil, die Verteilung und die fehlende Neubildung der Mondkrater betreffen, wird die Hypothese ihrer Entstehung durch Meteoritenfälle abgelehnt. Gü.

7368. Ancora sulla formazione dei crateri lunari. Coelum **20** 18—20.

7369. **Mitteilungen über Mondformationen**

BSAF **66** 187—188, mit 4 Fig. Lune. C. Vileyn. — Gassendi, Sinus Iridum, Platon.

JBAA **62** 197—202, mit 1 Fig. The lunar formation Newton and the evidence of photography. A. N. Neate.

JBAA **62** 230—231, mit 1 Fig. Plato. H. P. Wilkins, P. A. Moore.

JBAA **62** 286—288, mit 1 Fig. Wargentin. H. P. Wilkins, P. A. Moore.

Mitt. Planetenbeobachter **5** Nr. 6 S. 6—7. Beobachtung von Dunkelflecken in Mondkratern. G. D. Roth.

Orion Schaffhausen **4** 14—16, mit 1 Fig. Un étrange phénomène dans le cirque de Platon. M. Du Martheray.

Sky and Telescope **11** 191. Crater Elegante.

Strolling Astronomer **6** 3—5, mit 4 Fig. The mysterious Hyginus region. H. P. Wilkins.

Strolling Astronomer **6** 63—64, mit 2 Fig. The largest lunar crater. H. P. Wilkins.

Strolling Astronomer **6** 84—86. Some observations of Conon in March and April, 1952. W. H. Haas.

Strolling Astronomer **6** 94—95, mit 1 Fig. Plato. H. P. Wilkins.

Strolling Astronomer **6** 95—97, mit 1 Fig. Aristarchus. H. P. Wilkins.

Strolling Astronomer **6** 123—135, mit 3 Fig. Maedler's square. J. C. Bartlett jr.

Strolling Astronomer **6** 145—146. An obscuration in Plato. P. A. Moore.

Strolling Astronomer **6** 155, mit 1 Fig. Guericke. H. P. Wilkins.

Strolling Astronomer **6** 155—157, mit 1 Fig. Riccioli. H. P. Wilkins.

Strolling Astronomer **6** 171—176. The bright rays on the moon. G. D. Roth.

Weitere Mitteilungen vgl. Ref. **7033.**

§ 74

Mars

7401. Astrometrische Beobachtungen

AN **280** 259—260 = Veröff. Sternw. München **4** Nr. 9. Rektaszensionsbeobachtungen von Planeten am gebrochenen Passageninstrument. P. Labitzke.

AN **280** 261—262 = Veröff. Sternw. München **4** Nr. 10. Deklinationsbeobachtungen von Planeten am Vertikalkreis. F. Schmeidler.

Publ. US Naval Obs. **16** part III S. 365—445. Results of observations made with the six-inch transit circle 1941—1949. Observations of the Sun, Moon, and planets. C. B. Watts, F. P. Scott, A. N. Adams. — α, δ.

TAB (2) Nr. 50 S. 389—396. Vgl. Ref. **7107.**

7402. Physische Beobachtungen

Astr. Nachr. Berlin-Treptow **4** 45—48. Die Mars-Opposition 1952. G. Libuda.

Astr. Nachr. Berlin-Treptow **4** 48. Helles Objekt auf Mars. W. Sandner, M. Kutscher.

BSAF **66** 79. Observations physiques de Mars. — Beobachtungen 1952 März 9 — Juli 29.

BSAF **66** 89—93, mit 3 Fig. L'opposition martienne de 1952. G. Fournier.

BSAF **66** 355—358, 393—398, 490—494, mit 16 Fig. Récentes observations de Mars. G. Fournier.

Irish AJ **2** 118—119, mit 1 Fig. Observations of Mars in 1952. A. P. Lenham.

Mitt. Archenhold-Sternw. Berlin Nr. **28**, 3 S. mit 1 Tafel. Die Mars-Opposition 1952. G. Libuda, H. Mielke.

Mitt. Planetenbeobachter **5** Nr. 4 S. 2—3, Nr. 5 S. 3—4, Nr. 6 S. 4. Mars 1952. W. Carnuth.

National Obs. Athen Bull. Astr. Inst. 1952 S. 18, mit 1 Fig. Mars in 1952. J. E. Focas.

NAZ **6** 14. Mars. W. Sandner. — Beobachtung eines Objektes auf Mars, 1952 April 8.

Orion Schaffhausen **3** 443—444. Sternartig glänzendes Objekt auf Mars.

Orion Schaffhausen **4** 32—33. Marsopposition 1952 im Vierzöller. G. D. Roth.

RH **33** 196—202, mit 14 Abb. (tschechisch mit russ. und franz. Zusammenfassung). Observations of Mars in the year 1952. J. Sadil.

Sterne **28** 14—18, mit 5 Abb. Mars 1950. E. Pfannenschmidt.

Sterne **28** 249. Helles Objekt auf Mars. W. Sandner.

Strolling Astronomer **6** 48—51, mit 1 Fig. Some recent curious phenomena on Mars. T. Saheki. — Bericht über einen explosionsartigen hellen Fleck.

Urania Barcelona **37** 76—91, mit 10 Abb. De astronomía planetaria.

Vesmír **31** 88—89, mit 2 Abb. (tschechisch). Marsbeobachtungen im Jahre 1952. A. Neckář.

Weitere Mitteilungen vgl. Ref. **7033**.

7403. **G. A. Bakos,** Water on Mars. J RAS Canada **46** 209—210.

7404. **N. P. Barabaschew,** Über die Untersuchung verschiedener Gebilde auf dem Mars. AJ UdSSR **29** 538—555 (russisch). — Ref. in Urania Kraków **24** 21. — Verf. berichtet über die Ergebnisse seiner visuellen und photographischen Marsbeobachtungen der letzten 30 Jahre. Verschiedene Gebiete der Mare besitzen verschiedene Albedo und Färbung. Gewisse dunkle Gebiete müssen feuchte Teile sonst trockenen Landes sein. Farbänderungen sind noch nicht beobachtet worden, wohl aber in einer großen Zahl von Mare-Gebieten; sie werden röter (blauer), wenn die Mittagshöhe der Sonne ab(zu)nimmt. Blaue und grüne Farben müssen zumeist als Kontrasteffekte zu roten und weißen gedeutet werden. Die Existenz einer Vegetation ist plausibel. In den trockenen Ländern kann die Albedo im Roten 0.45 erreichen, im Gelben und Grünen jedoch nur 0.19. Auf den Polkappen kann man rötliche und bläuliche Tönungen beobachten. Erstere rühren vom durchschimmernden Boden, letztere von Hochnebeln her. Die totale Feuchtigkeit muß gering sein. Die Atmosphäre dürfte oft von feinen Eiskristallen getrübt sein. Loh.

7405. **N. P. Barabaschew,** Zu den Marsoppositionen. Astr Circ UdSSR Nr 126 S. 20—21 (russisch). — Beobachtungsanregungen.

7406. **N. P. Barabaschew, A. T. Tschekirda,** Spektralphotometrie des Mars im roten, gelben, grünen und blauen Licht. Circ. Astr. Obs. Gorkij-Staatsuniv. Charkow Nr. **9** S. 3—28 (russisch). — Wie in früheren Jahren wurden auch 1950 mit der Mond-Sonnen-Kamera in Charkow zahlreiche Marsphotos in vier Farben aufgenommen. In der vorliegenden Arbeit sind die 163 besten Aufnahmen der Jahre 1939 und 1950 der photometrischen Auswertung und Diskussion zu Grunde gelegt. Vergleiche zwischen dem Reflexionsvermögen martischer Gebiete und terrestrischer Proben führen zu gewissen Schlußfolgerungen über die Beschaffenheit bestimmter Marsgebiete. Einige dunkle Gebiete werden als befeuchtete Flächen sonst trockenen Bodens erklärt. Verschiedene Gebiete der Mare besitzen verschiedene Albedo; gewisse Teile der Länder erreichen im Roten 0.448. Eine rötliche Tönung der Polkappe läßt sich vielleicht auf das Durchschimmern des ockerfarbenen Bodens zurückführen. Atmosphärische Eintrübungen werden durch feine Eiskristalle erklärt. Loh.

7407. **N. P. Barabaschew,** Über die Möglichkeit, Reflexe des Sonnenlichts in den «Meeren» des Mars wahrzunehmen. Circ. Astr. Obs. Gorkij-Staatsuniv. Charkow Nr. **10** S. 3—6, mit 1 Abb. (russisch). — In den letzten 40 Jahren haben sich nur wenige günstige Möglichkeiten zur Beobachtung von Reflexen des Sonnenlichts an eventuell feuchtigkeittragenden Marslandschaften ergeben. Man darf daher das Fessenkowsche Ergebnis (vgl. AJB **49** Ref. **7406**) über das Fehlen reflektierender Wasser- oder Feuchtigkeitsflächen oberhalb von etwa 200 m Durchmesser nicht überbewerten. Loh.

* * **N. P. Barabaschew,** Über Farbphotographien des Mondes und der Planeten. Vgl. Ref. **7331.**

7408. **T. R. Cave jr.,** Our neighbor Mars. Sky and Telescope **11** 252—254, mit 6 Fig.

7409. **R. Compte Porta,** ¿Hay vida en el planeta Marte? Urania Barcelona **37** 56—59. — In allgemeinverständlicher Form werden die Gründe beschrieben, weswegen auf dem Mars zwar eine Vegetation existiere, auf die vermutlich die Marskanäle zurückzuführen seien, jedoch keine einigermaßen entwickelte Fauna. Gü.

* * **A. Dollfus,** Un micromètre à double image permettant un grand dédoublement. Vgl. Ref. **2213.**

7410. **I. M. Ischtschenko,** Gibt es Leben auf dem Mars? Taschkent, Staatsverlag der Usbek. Sowjetrepublik, 1952. 24 S. mit 12 Abb. Preis 80 Kop. (usbekisch).

7411. **C. L. Janssen,** Mars Naturforhold. Urania Kopenhagen **9** 62—64, 81—84.

7412. **M. Litt,** Neues über die Marsatmosphäre. Sterne **28** 28—29.

7413. **G. de Mottoni,** Projet de classification rationnelle des phénomènes martiens en vue d'une application pratique dans les travaux aréographiques. BSAF **66** 446—448.

7414. **J. Sadil,** Mars. RH **33** 80—82, mit 1 Abb. (tschechisch).

7415. **W. Sandner,** Über die Natur des Planeten Mars. Orion Schaffhausen **3** 398—399.

7416. **F. Sigel,** Das Rätsel des Mars. Moskau-Leningrad, Staatsverlag für Jugendliteratur, 1952. 95 S. Preis 3 R. 5 Kop. (russisch).

7417. **H. Strughold,** Life on Mars in View of Physiological Principles. Forschungsbericht der USAF School of Aviation Medicine (Department of Space Medicine), Randolph Field, Texas, 1951. — Besprechung in Weltraumfahrt **1952** 32.

7418. **A. D. Thackeray,** Naked eye observations of a planet's opposition. MN ASSA **11** 50.

7419. **O. W. Troizkaja,** Über die Existenzmöglichkeit einer Vegetation auf dem Mars. AJ UdSSR **29** 57—62 (russisch). — Deutsche Übersetzung in Sowjetwiss. Heft 2. — Ref. in Sterne **29** 120—121. — Verf. übt auf Grund biologischer, physiologischer und genetischer Überlegungen heftige Kritik an der Auffassung, daß auf Mars unter den dort herrschenden Bedingungen, soweit es eben heute bekannt ist, eine Vegetation vorhanden sein kann. — Eine Erwiderung von seiten des astrobotanischen Sektors der Akad. Wiss. Kasach. Sowjetrepublik befindet sich im selben Journal S. 738—741. Loh.

7420. **G. de Vaucouleurs,** The Planet Mars. Vgl. AJB **50** Ref. **7427.** — Weitere Besprechung in Southern Stars **15** 85—86.

7421. **G. de Vaucouleurs,** Physique de la planète Mars. Vgl. AJB **51** Ref. **7420.** — Weitere Besprechung in Strolling Astronomer **6** 114—116 (F. Benario).

7422. **G. de Vaucouleurs,** Physics of the planet Mars. Leaflet ASP Nr. 276, 8 S. — Besprechung in JBAA **62** 238.

7423. Tidvatten på Mars? PAT **33** 67.

7424. Polarisationsmessungen am Mars. Sternenwelt **4** 62. — Ref. der in AJB **51** Ref. **7406** zitierten Arbeit von Dollfus.

* * Tour d'horizon planétaire de Mercure à Mars. Vgl. Ref. **7105.**

7425. **Sternbedeckungen durch Mars**

BAA Circ Nr. 335. Planetary occultations — Mars. — Vorausberechnung von Sternbedeckungen durch Mars 1952 Aug. 28, 30, Sept. 21, Nov. 10 und 16.

Coelum **20** 184, mit 1 Fig. Marte occulta una stella di 9ª grandezza.

JBAA **62** 241. Planetary occultations — Mars. — Vorausberechnung von Sternbedeckungen durch Mars 1952 Aug. 28, 30, Sept. 21, Nov. 10 und 16.

NAZ **6** 21. Sternbedeckung durch Mars. — Vorausberechnung der Bedeckung des Sterns CD −22° 14369 1952 Nov. 16.

Orion Schaffhausen **4** 39. Sternbedeckung durch Mars am 16. November 1952.

Sternenwelt **4** 154. Sternbedeckung durch Mars. — Vorausberechnung der Bedeckung des Sterns CD −22° 14369 durch Mars am 16. Nov. 1952.

UAI Circ 1363. Planetary Occultations. J. G. Porter. — Vorausberechnung von Bedeckungen durch Mars 1952 Aug. 28, 30, Sept. 21, Nov. 10 und 16.

§ 75

Kleine Planeten

7501. Ephemeriden Kleiner Planeten für das Jahr 1953. Herausgegeben vom Institut für Theoretische Astronomie der Akademie der Wissenschaften der UdSSR. Moskau-Leningrad, Verlag Akad. Wiss. UdSSR, 1952. 151 S. (russisch). — Inhalt: 1. Neue Elemente von 48 Kl. Planeten; 2. Oppositionsdaten; 3. Ephemeriden von 1247 Kl. Planeten, die 1953 in Opposition kommen; 4. Ephemeriden für physische Beobachtungen Kl. Planeten; 5. Eine Tabelle mit einem Vergleich mit den Beobachtungen von 135 Kl. Planeten; 6. Eine Tabelle über den Stand der Beobachtungen der Kl. Planeten am 1. Januar 1952. Loh.

7502. Efemérides de 88 asteroides para la oposición de 1953. Calculadas en el Seminario de Astronomía y Geodesía de la Faculdad de Ciencias de la Universidad de Madrid. Urania Barcelona **37** 129—139 = Publ. Sem. Astr. Geod. Univ. Madrid Nr. **12**.

7503. **W. I. Anshina,** Bahnverbesserung des Kleinen Planeten (857) Glasenappia. Abh. Staatsuniv. Tomsk Nr. **17** S. 159—161 (russisch).

7504. **G. M. Bashenow,** Überblick über die vaterländischen Arbeiten zur Theorie der Bahnbestimmung der Planeten und Kometen. Abh. Gorkij-Staatsuniv. Charkow **42** 17—31 = Publ. Astr. Obs. Gorkij-Staatsuniv. Charkow **2** (10) 17—31 (russisch). — Enthält nach allgemeineren und historischen Bemerkungen ein Bücher- und Schriftenverzeichnis.

7505. **N. A. Bochan,** Versuch einer numerischen Integration der Bewegungsgleichungen Kleiner Planeten mit Lochkartenmaschinen bei einem vorgegebenen System von Anfangsbedingungen. BIA **5** 203—211 (russisch). — Ref. in Astr. News Letter Nr. **69** S. 8.

7506. **J. Dick,** Der Planetoid Eros und seine Bedeutung für die Bestimmung astronomischer Konstanten. Wiss. Ann. **1** 219—228, mit 2 Abb.

7507. **R. L. Duncombe, M. S. Davis,** Revision of «general perturbations and orbit correction of (185) Eunike», A. J. **55**, 133, 1950. AJ **56** 199—200. — Die in AJ **55** 133 (AJB **50** Ref. **7511**) gegebenen Störungsausdrücke für 185 Eunike werden um den in der unter Ref. **4208** zitierten Arbeit entdeckten Vorzeichenfehler korrigiert und zur Wiederholung der Bahnverbesserung benutzt, die zu neuen mittleren Elementen führt. Böh.

7508. **F. K. Edmondson,** Report on the Minor Planet Observing Program at the Goethe Link Observatory, Indiana University. MPC 816—817.

* * **G. Flörsch,** Mesures interférométriques des étoiles doubles et des petites planètes à l'aide des instruments d'amateurs. Vgl. Ref. 2401.

7509. **J. Friends,** A chart for the identification of Vesta. JBAA **62** 145—146, mit 1 Fig.

7510. **P. Herget,** Reports on the progress of astronomy: Minor planets. MN **112** 332.

7511. **A. Kahrstedt,** Die Kleinen Planeten und ihre Rolle innerhalb der Astronomie. Wiss. Ann. **1** 309—322, mit 5 Fig.

* * **S. L. McDonald, A. O. Leuschner,** Tables of general perturbations for a group of minor planets which includes the group one-half with applications to thirty-four cases. Vgl. Ref. **4231**.

7512. **S. L. McDonald, T. B. Steel jr.,** Representations of observations of thirty-four minor planets belonging to a group which includes the group one-half. AJ **57** 17—18. — Ref. AAS.

7513. **A. Paluzíe-Borrell,** The meanings of the names of the minor planets. Strolling Astronomer **6** 143—145. — Ref. in Sky and Telescope **12** 156.

7514. **A. Patry,** Catalogue d'orbites circulaires de certains astéroides non numérotés. JO **35** 153—170.

7515. **S. L. Piotrowski,** The collisions of asteroids. AJ **57** 23—24. — Ref. AAS. — Ref. in Sky and Telescope **11** 116.

7516. **W. F. Proskurin,** Theorie der Bewegung von Ceres. Erster Teil Publ. Inst. Theoret. Astr. Leningrad Nr. **2**, 184 S. mit 2 Abb. (russisch). — Ref. in Astr. News Letter Nr. **69** S. 5, Urania Kraków **24** 180—181. — Inhalt: 1. Die Theorie zur Bestimmung der Störungen. 2. Die Störungen erster Ordnung von Jupiter. 3. Die Störungen erster Ordnung von Saturn. 4. Die Störungen erster Ordnung von Uranus und Neptun. 5. Die Störungen erster Ordnung von den inneren Planeten. 6. Analyse der mit verschiedenen Methoden erhaltenen Störungen. 7. Die säkularen Störungen von Ceres. 8. Die Störungen von Ceres durch die Großen Planeten. Loh.

7517. **M. B. Protić,** Male planete (planetoidi, asteroidi). Bošković Almanach 1952 S. 279—287, mit 1 Fig.

7518. **I. I. Putilin,** Die Masse des Asteroidenringes. Mitt. Astr. Obs. Odessa **2** Nr. 2 S. 7—16 (russisch). — Ref. in Irish AJ **2** 175—176. — Aus verschiedenen himmelsmechanischen Rechnungen folgt eine Gesamtmasse der asteroidischen Materie von etwa 0.1 Erdmassen. Wie Verf. zeigt, entfallen davon jedoch nur 0.84% auf die Gesamtheit der Kleinen Planeten bis zur mittleren Oppositionshelligkeit $m_0 = 21^{m}.5$, deren Zahl in Anlehnung an Baade und Stroobant etwa 139000 betragen dürfte. Bei der Ableitung der Massen der Kleinen Planeten der einzelnen m_0-Intervalle wurde eine Dichte von 5.5 g/cm³ vorausgesetzt und die Durchmesser aus einer Interpolationsformel abgeleitet. Die mittlere Materiedichte des Asteroidenrings beträgt 4×10^{-14} g/cm³; das Gros der Asteroiden sind meteorische Kleinkörper und Staub. Loh.

7519. **R. Rigollet,** Données sur l'organisation du système des petites planètes. I. Distribution des masses individuelles. DOB **5** Nr. 11 Fasc. 1, 4 S. mit 1 Fig. = Contr. Inst. d'Astrophys. Paris (A) Nr. **136**.

7520. **N. S. Samojlowa-Jachontowa, S. G. Makower,** Berechnung der speziellen Störungen Kleiner Planeten mit Lochkartenmaschinen. BIA **5** 125—184 (russisch). — Ref. in Astr. News Letter Nr. **69** S. 6.

7521. **N. S. Samojlowa-Jachontowa,** The service of planetoids. RH **33** 159—161 (tschechisch).

7522. **O. Struve,** The minor planets. Sky and Telescope **11** 163—166, mit 5 Fig. — Zusammenfassender Bericht über die Verteilung und die kosmogonische Stellung der Kleinen Planeten. Böh.

* * **G. E. Taylor,** Occultations of asteroids by the moon. Vgl. Ref. **7350.**

7523. **S. M. Warsar,** Eine graphische Methode zur Bestimmung des Oppositionsdatums Kleiner Planeten. BIA **5** 216—217, mit 2 Abb. (russisch). — Ref. in Astr. News Letter Nr. **69** S. 8.

7524. **S. M. Warsar,** Absolute Störungen und Elemente der Kleinen Planeten vom Minerva-Typ. BIA **5** 218—229 (russisch). — Ref. in Astr. News Letter Nr. **69** S. 9.

7525. **G. Zimmermann,** Helle Planetoiden 1952. Sternenwelt **4** 69. — Oppositionsdaten und Helligkeiten von 24 Planetoiden heller als 10. Größe.

7526. The period of rotation of Pallas. Irish AJ **2** 29, 109—110.

7527. Provisions concerning numbers and names for minor planets. MPC 837—838.

7528. The simplification of ephemeris computations. MPC 845.

7529. Planetoide-navnene. NAT **1952** 150.

7530. **Konjunktion von Juno mit BD −3°5208**

BAA Circ Nr. 331 = MN ASSA **11** 29. Occultation of a star by Juno. — Vorausberechnung.

DOB **5** Nr. 5 Fasc. 3, 2 S. mit 1 Fig. Documents pour l'observation de l'occultation d'une étoile d'Aquarius par Junon le 29 mai. — Vorschau.

JBAA **62** 176—177. An occultation by a minor planet. G. E. Taylor. — Hinweis auf die Möglichkeit einer Sternbedeckung von BD −3°5208 mit dem Kleinen Planeten Juno am 29. Mai 1952.

JBAA **63** 49—50. Appulse of Juno to B. D. −3°5208. G. E. Taylor. — Beobachtungen in Cape, Johannesburg und Blaye.

MN ASSA **11** 33—34. An occultation by a minor planet. G. E. Taylor.

MN ASSA **11** 62—63. Near approach of Juno to BD −3°5208. J. v. B. Lourens.

NAZ **6** 12. Eine Sternbedeckung durch Juno. — Notiz über die zu erwartende Bedeckung von BD −3°5208 1952 Mai 29.

UAI Circ 1355. An occultation by a minor planet.

Helligkeiten Kleiner Planeten

7531. **W. G. Rijwes,** Der Phasenkoeffizient als Maß der Rauheit der Oberfläche eines Kleinen Planeten. Publ. Astr. Obs. Tartu **32** 129—136 (russisch). — Verf. betrachtet die optischen Eigenschaften einiger geometrischer Modelle diffus reflektierender Oberflächen und vergleicht sie mit entsprechenden Untersuchungen am Mond. Loh.

7532. **W. G. Rijwes,** Photometrische Beobachtungen von Kleinen Planeten. Publ. Astr. Obs. Tartu **32** 258—265.

7533. **O. P. Wassiljanowskaja,** Über die Beobachtungen des Kleinen Planeten Vesta. Bull. Astr. Obs. Stalinabad Nr. **4** S. 28—31, mit 4 Abb. (russisch). — Im Verlauf der Beobachtungsperiode 1949 nahm die Amplitude der Helligkeitsschwankungen von $0^m.19$ auf $0^m.11$ ab. Die Periode beträgt $0^d.0920$. Loh.

7534. Documents pour l'étude physique des petites planètes. DOB 5 Nr. 1 Fasc. 2, 8 S., Nr. 2 Fasc. 2, 8 S., Nr. 3 Fasc. 2, 4 S., Nr. 4 Fasc. 2, 4 S., Nr. 5 Fasc. 2, 4 S., Nr. 6 Fasc. 2, 4 S., Nr. 7 Fasc. 2, 4 S., Nr. 8 Fasc. 2, 8 S., Nr. 9 Fasc. 2, 7 S., Nr. 10 Fasc. 1, 7 S., Nr. 12 Fasc. 2, 4 S., mit 39 Fig.

7535. Programme d'observation photométrique des petites planètes en liaison avec les Séquences Leander McCormick. DOB **5** Nr. 3 Fasc. 1, 2 S.

7536. Der Lichtwechsel des Kleinen Planeten Pallas. Sternenwelt **4** 133. — Ref. der in AJB **51** Ref. **7556** zitierten Arbeit von O. Günther.

7537. **Helligkeitsbeobachtungen**

3 Juno	BSAF **66** 405. Observations de la petite planète Junon en 1952. H. d'Halluin.
4 Vesta	DOB 5 Nr. 1 Fasc. 4, 4 S. mit 2 Fig. The variability of Vesta. H. Haupt.
	NAZ **6** 21. Helligkeitsschätzungen. H. Auzinger.
	Sternenwelt **4** 62. Der Lichtwechsel von Vesta. — Ref. der in AJB **51** Ref. **7560** zitierten Arbeit von Stephenson.
5 Astraea	Commun. Obs. Roy. Belgique Nr. **38**, 11 S. mit 2 Fig. Magnitudes et indices de couleur de la petite planète 5 Astrée. D. de Smet-de Potter.
8 Flora	BAB **4** 130. Sur la magnitude absolue de la petite planète 8 Flora. D. de Smet-de Potter.
15 Eunomia	BSAF **66** 128. Observations de la petite planète «Eunomia». H. d'Halluin.

7538. **Nachweis der Beobachtungen und Berechnungen Kleiner Planeten**

Zeichenerklärung:

* = genäherter Ort, Id = identisch, Eph = Ephemeride, El = Elemente

Abkürzungen der Sternwarten

Abastumani	Aba	Cordoba	Cor	Königsberg	Kön
Algier	Alg	Düsseldorf	Düs	Kopenhagen	Kop
Alma Ata	AlA	Eva Peron	EVA	Krakau	Kra
Arcetri	Arc	Flagstaff	Fla	Kyoto	Kyo
Athen	Ath	Fort Davis	FtD	Lagny	Lag
Babelsberg	Bab	Frauenfeld	Fra	La Plata	LaP
Barcelona	Bar	Golossejewo	Gol	Leiden	Lei
Belgrad	Bel	Greenwich	Gre	Leipzig	Lzg
Bergedorf	Bgf	Hamburg	Ham	Lemberg (Lwow)	Lem
Berkeley	Bky	Headley	Hea	Lissabon	Lis
Besançon	Bes	Heidelberg	Hei	London	Lon
Blaye	Bla	Hyderabad	Hyd	Madrid	Mad
Bloemfontein	Blf	Innsbruck	Inn	Mailand	Mai
Bloomington	Blo	Istanbul	Ist	Moskau	Mos
Bordeaux	Bor	Johannesburg	Joh	Mt. Hamilton	MtH
Bosque Alegre	BoA	Joh. Yale-Columbia	JoY	Mt. Palomar	MtP
Budapest	Bud	Juvisy	Juv	Mt. Stromlo	MtS
Bukarest	Buk	Karlsruhe	Kar	Mt. Wilson	MtW
Cambridge, Engl.	CaE	Kasan	Kas	München	Mün
Cambridge, Mass.	CaM	Kiel	Kil	Nanking	Nan
Cape of Good Hope	Cap	Kiew	Kiw	New Haven	NHv
Castel Gandolfo	CaG	Kitab	Kit	Nizza	Niz
Charkow	Chw	Kobe	Kob	Northfield	Nor
Charlottesville	Cha	Kodaikanal	Kod	Oak Ridge	Oak

Odessa	Oda	Santiago	San	Teramo	Ter
Ohte	Oht	Saragossa	Sar	Tokyo	Tok
Okayama	Oka	Saratow	Saw	Tomsk	Tom
Ottawa	Ott	Schwäbisch Hall	SHa	Toulouse	Tou
Oxford	Oxf	Seto-Mura	SMu	Triest	Tri
Padua	Pad	Simada	Sia	Torino	Tor
Palermo	Pal	Simeis	Sim	Tucson	Tuc
Paris	Par	Sizuoka	Siz	Turku	Tuk
Pittsburgh	Pit	Skalnaté Pleso	SPl	Uccle	Ucc
Poznań	Poz	Sonneberg	Son	Utrecht	Utr
Prag	Pra	Spetsai	Spe	Warschau	War
Pretoria	Pre	Stalinabad	Sta	Washington	Was
Pulkowo	Pul	Stuttgart	Stu	Wien	Wie
Richmond Hill	RiH	Suma	Sum	Wiesbaden	Wis
Rom	Rom	Sydney	Syd	Williams Bay	WiB
Rostow	Ros	Tacubaya	Tac	Wilna	Wil
Rutherford	Rut	Tartu	Tar	Würzburg	Wür
Sarreguemines	Sag	Taschkent	Tkt	Zô-Sè	ZoS
San Fernando (Cadiz)	SFe				

---

1 Ceres

48: AN **280** 262 = München Veröff. **4** Nr. 10 S. 66 Mün (nur δ). — 49: JO **35** 121 Alg. AN **280** 260 = München Veröff. **4** Nr. 9 S. 64 Mün (nur α). AN **280** 262 = München Veröff. **4** Nr. 10 S. 66 Mün (nur δ). Tartu Publ. **32** 267 Tar. — 50: AN **280** 262 = München Veröff. **4** Nr. 10 S. 66 Mün (nur δ). TAB (2) Nr. 42 S. 286, 287 Tok*. MPC 722 Tui. — 51: Astr Circ UdSSR Nr. **127** Aba*. MPC 739 Alg*. MPC 742 Alg. MPC 745 Ath. MPC 746 Bar. MPC 788 Kyo*. MPC 797 SFe. Krim Mitt. **8** 139 Sim*. TAB (2) Nr. 43 S. 289, 291 Tok (nur α)

Id mit 1943 XB, NAZ **6** 38

Eph (1952) Astr Circ UdSSR Nr. **125**, Astr. Nachr. Berlin-Treptow **4** 94, Sternenwelt **4** 191

2 Pallas

47: Belgrade Bull. 8—**13** 59 Bel. AN **280** 262 = München Veröff. **4** Nr. 10 S. 66 Mün (nur δ). — 50: JO **35** 121 Alg. AN **280** 262 = München Veröff. **4** Nr. 10 S. 66 Mün (nur δ). Tartu Publ. **32** 267 Tar. TAB (2) Nr. 42 S. 286, 287 Tok*. — 51: MPC 742 Alg[1]). MPC 746 Bar. Belgrade Bull. **16** 29 Bel. MPC 715 Kyo*. MPC 797 SFe. TAB (2) Nr. 43 S. 290 Tok (nur α). MPC 723 Tui. — 52: MPC 843 Alg*. Astr Circ UdSSR Nr. **131** Kiw*

Eph (1952) Astr Circ UdSSR Nr. **125**, Astr. Nachr. Berlin-Treptow **4** 76

3 Juno

43: Belgrade Bull. 8—**13** 9 Bel. — 47: Belgrade Bull. 8—**13** 59 Bel. — 48: AN **280** 260 = München Veröff. **4** Nr. 9 S. 64 Mün (nur α). AN **280** 262 = München Veröff. **4** Nr. 10 S. 66 Mün (nur δ). Astr Circ UdSSR Nr. **122**, Odessa Mitt. **2** Nr. 2 Oda*. Tartu Publ. **32** 267 Tar*. — 50: JO **35** 121 Alg. AN **280** 262 = München Veröff. **4** Nr. 10 S. 66 Mün (nur δ). Astr Circ UdSSR Nr. **122**, Odessa Mitt. **2** Nr. 2 Oda*. Tartu Publ. **32** 267 Tar. TAB (2) Nr. 42 S. 286 Tok*. — 51: Astr Circ UdSSR Nr. **127** Aba*. JO **35** 121, MPC 742 Alg. MPC 714 Kyo*. Krim Mitt. **8** 134, 135, 136 Sim*. TAB (2) Nr. 43 S. 290 Tok (nur α). — 52: MPC 825, NAZ **6** 35 Hei*

Eph (1952) Astr Circ UdSSR Nr. **124**, Astr. Nachr. Berlin-Treptow **4** 56

4 Vesta

48: AN **280** 260 = München Veröff. **4** Nr. 9 S. 64 Mün (nur α). AN **280** 262 = München Veröff. **4** Nr. 10 S. 66 Mün (nur δ). — 49: JO **35** 121 Alg. AN **280** 260 = München Veröff. **4** Nr. 9 S. 64 Mün (nur α). AN **280** 262 = München Veröff. **4** Nr. 10 S. 66 Mün (nur δ). Astr Circ UdSSR Nr. **122**, Odessa Mitt. **2** Nr. 2 Oda*. — 50: JO **35** 121 Alg. Tartu Publ. **32** 267 Tar. TAB (2) Nr. 51 S. 397 Tok*. — 51: TAB (2) Nr. 43 S. 290 Tok (nur α). — 52: MPC 802 Cor. MPC 809 . Nizamia Obs. Repr. Nr. **11** Hyd.

---

[1]) Berichtigung in MPC 815.

MPC 804 Kyo*. MPC 758 Niz*. Krim Mitt. **9** 143 Sim*. Astr Circ UdSSR Nr. **129** Wil*
Eph (1952) Astr Circ UdSSR Nr. **123,** Astr. Nachr. Berlin-Treptow **4** 12

5 Astraea
48: Astr Circ UdSSR Nr. **122,** Odessa Mitt. **2** Nr. 2 Oda*. — 50: Astr Circ UdSSR Nr. **122,** Odessa Mitt. **2** Nr. 2 Oda*. Tartu Publ. **32** 267 Tar. TAB (2) Nr. 42 S. 286 Tok*. — 51: MPC 797 SFe. Krim Mitt. **8** 137 Sim*

6 Hebe
46: Belgrade Bull. **8—13** 42 Bel. — 48: Tartu Publ. **32** 267 Tar*. — 49: Astr Circ UdSSR Nr. **122,** Odessa Mitt. **2** Nr. 2 Oda*. — 50: Tartu Publ. **32** 267 Tar. TAB (2) Nr. 51 S. 398 Tok*. — 51: MPC 712 Kyo*. Mem SA It (NS) **23** 69 = Roma-Monte Mario Contr. Nr. **172,** MPC 722 Rom*. Tartu Publ. **32** 268 Tar. — 52: MPC 821 Blo*. Astr Circ UdSSR Nr. **129** Wil*
Eph (1952) Astr Circ UdSSR Nr. **123,** Astr. Nachr. Berlin-Treptow **4** 12

7 Iris
43: Belgrade Bull. **8—13** 9,10 Bel. — 47: Tartu Publ. **32** 268 Tar*. — 48: Tartu Publ. **32** 268 Tar*. — 49: Astr Circ UdSSR Nr. **122,** Odessa Mitt. **2** Nr. 2 Oda*. — 50: TAB (2) Nr. 42 S. 287 Tok*. MPC 722 Tui. — 52: MPC 761 Gre. Astr Circ UdSSR Nr. **125** Kiw*. MPC 757 Niz*. Astr Circ UdSSR Nr. **129** Wil*
Eph (1951/52) Astr. Nachr. Berlin-Treptow **4** 12, BAA Circ Nr. 329
Eph (1952) Astr Circ UdSSR Nr **123**

8 Flora
47: Belgrade Bull. **8—13** 60 Bel*. — 48: Astr Circ UdSSR Nr. **122,** Odessa Mitt. **2** Nr. 2 Oda*. — 50: Tartu Publ. **32** 268 Tar. TAB (2) Nr. 42 S. 286 Tok*. — 51: Astr Circ UdSSR Nr. **127** Aba*. MPC 746 Bar. MPC 715 Kyo*. MPC 797 SFe. Krim Mitt. **8** 137 Sim*
Eph (1953) Sternenwelt **4** 235

9 Metis
49: Tartu Publ. **32** 268 Tar. — 51: MPC 714 Kyo*. Astr Circ UdSSR Nr. **124** Oda*. Krim Mitt. **8** 134 Sim*. Tartu Publ. **32** 268 Tar. MPC 722 Tui. — 52: MPC 808 Joh*. MPC 846 Kyo*
Eph (1952) Astr Circ UdSSR Nr. **124,** Astr. Nachr. Berlin-Treptow **4** 56

10 Hygiea
49: Tartu Publ. **32** 268 Tar. — 50: TAB (2) Nr. 42 S. 287 Tok*. — 51: MPC 745 Ath. MPC 746 Bar. Belgrade Bull. **16** 29 Bel. MPC 788 Kyo*. Astr Circ UdSSR Nr. **122** Lem*. Astr Circ UdSSR Nr. **124** Oda*. MPC 797 SFe. Krim Mitt. **8** 138 Sim*. Tartu Publ. **32** 268 Tar. Astr Circ UdSSR Nr. **127** Wil*

11 Parthenope
47: Belgrade Bull. **8—13** 59 Bel. — 49: JO **35** 121 Alg. Tartu Publ. **32** 268 Tar. — 50: TAB (2) Nr. 42 S. 287 Tok*. — 51: MPC 788 Kyo*. Astr Circ UdSSR Nr. **122, 128** Lem*. Madrid Bol. **4** Nr. 5, MPC 764 Mad. MPC 720, 721 Niz*. Astr Circ UdSSR Nr. **124** Oda*. Mem SA It (NS) **23** 69 = Roma-Monte Mario Contr. Nr. **172,** MPC 722 Rom*. MPC 797 SFe. Tartu Publ. **32** 268 Tar. BAB **4** 111, MPC 711 Ucc

Eph (1953) Sternenwelt **4** 235

12 Victoria
50: JO **35** 121 Alg. Tartu Publ. **32** 268 Tar. TAB (2) Nr. 51 S. 397 Tok*. — 52: MPC 818 Blo*
Eph (1952) Astr Circ UdSSR Nr. **123**

13 Egeria
43: Belgrade Bull. **8—13** 8 Bel. — 51: Tartu Publ. **32** 269 Tar. TAB (2) Nr. 51 S. 399 Tok*. — 52: MPC 787 Joh*

14 Irene
48: Astr Circ UdSSR Nr. **122,** Odessa Mitt. **2** Nr. 2 Oda*. — 50: TAB (2) Nr. 42 S. 285 Tok*. — 51: MPC 714, 715 Kyo*. Krim Mitt. **8** 136 Sim*. MPC 722 Tui

15 Eunomia
48: Tartu Publ. **32** 269 Tar*. — 51: MPC 746 Bar. Belgrade Bull. **16** 29 Bel. Astr Circ UdSSR Nr. **128** Lem*. Mem SA It (NS) **23** 69 = Roma-Monte Mario Contr. Nr. **172,** MPC 722 Rom*. Tartu Publ. **32** 269 Tar. MPC 804 Tui. — 52: MPC 761 Gre

16 Psyche
49: Astr Circ UdSSR Nr. **122,** Odessa Mitt. **2** Nr. 2 Oda*. — 50: MPC 712 Kyo*. Tartu Publ. **32** 269 Tar. TAB (2) Nr. 51 S. 398 Tok*. — 52: Astr Circ UdSSR Nr. **127** Kiw*. MPC 774, 775 Niz*
Eph (1952) Astr Circ UdSSR Nr. **123**
El Lick Obs. Publ. **20** 43

17 Thetis
50: TAB (2) Nr. 42 S. 288 Tok*. — 51: MPC 804 Kyo*. MPC 729 Niz*. Tartu Publ. **32** 269 Tar

18 Melpomene
48: Tartu Publ. **32** 269 Tar*. — 49: Astr Circ UdSSR Nr. **122,** Odessa Mitt. **2** Nr. 2 Oda*. Tartu Publ. **32** 269 Tar. — 50: Tartu Publ. **32** 269 Tar. TAB (2) Nr. 51 S. 398 Tok*. — 52: Astr Circ UdSSR Nr. **127** Aba*. Astr Circ UdSSR Nr. **127** Kiw*. MPC 845 Kyo*. Astr Circ UdSSR Nr. **131** Lem*. MPC 758 Niz*. Astr Circ UdSSR Nr. **131** Tar
Eph (1952) AstrCircUdSSR Nr. **123**

19 Fortuna
43: Belgrade Bull. **8—13** 9 Bel. — 46: Belgrade Bull. **8—13** 42 Bel. — 48: Belgrade Bull. **8—13** 75 Bel. Tartu Publ. **32** 270 Tar. — 49: Tartu Publ. **32** 270 Tar. — 50: TAB (2) Nr. 42 S.286 Tok*. — 51: MPC 746 Bar. MPC 767 JoY. MPC 715 Kyo*. MPC 797 SFe[2]).Krim Mitt. **8** 137 Sim*. MPC 723 Tui
Eph (1952/53) Sternenwelt **4** 233

20 Massalia
51: MPC 713 Kyo*. Madrid Bol. **4** Nr. 5, MPC 762 Mad. Mem SA It (NS) **23** 69 = Roma-Monte Mario Contr. Nr. **172,** MPC 722 Rom*. Tartu Publ. **32** 270 Tar. TAB (2) Nr. 51 S. 399 Tok*. — 52: MPC 795 Joh*. Astr Circ UdSSR Nr. **131** Lem*

21 Lutetia
50: TAB (2) Nr. 42 S. 287 Tok*. — 51: MPC 746 Bar. Astr Circ UdSSR Nr. **122** Kiw. MPC 804 Kyo*

22 Kalliope
49: Astr Circ UdSSR Nr. **122,** Odessa Mitt. **2** Nr. 2 Oda*. — 51: MPC 746 Bar. Belgrade Bull. **16** 29 Bel. Astr Circ UdSSR Nr. **122** Kiw. MPC 788 Kyo*. Astr Circ UdSSR Nr. **122** Lem*. MPC 797 SFe. Tartu Publ. **32** 270 Tar
Eph (1953) Sternenwelt **4** 235

23 Thalia
43: Belgrade Bull. **8—13** 8 Bel. — 50: Astr Circ UdSSR Nr. **122,** Odessa Mitt. **2** Nr.2 Oda*. Tartu Publ. **32** 270 Tar. TAB (2) Nr. 51 S. 398 Tok*. — 52: MPC 825 Blo*. MPC 826 Niz*

24 Themis
50: TAB (2) Nr. 51 S. 397 Tok*. — 51: MPC 746 Bar. Belgrade Bull. **16** 29 Bel. MPC 804 Kyo*. MPC 729 Niz*. MPC 797 SFe
El Lick Obs. Publ. **20** 48

25 Phocaea
50: TAB (2) Nr. 42 S. 287 Tok*. — 52: MPC 739 Alg*. MPC 843 Alg

26 Proserpina
50: TAB (2) Nr. 51 S. 398 Tok*. — 52: MPC 775 Niz*. Krim Mitt. **9** 143 Sim*
Eph (1952) Astr Circ UdSSR Nr. **123**

27 Euterpe
48: Tartu Publ. **32** 270 Tar*. — 50: Tartu Publ. **32** 270 Tar. TAB (2) Nr. 51 S. 397, 398 Tok*. — 52: MPC 778 Joh*. Astr Circ UdSSR Nr. **130** Kiw*. MPC 845, 846 Kyo*. Astr Circ UdSSR Nr. **128** Lem*. MPC 800 Mad. MPC 796 Niz*. Astr Circ UdSSR Nr. **129** Wil*
Eph (1952) Astr CircUdSSR Nr. **123**

28 Bellona
47: Belgrade Bull. **8—13** 60 Bel*. — 51: MPC 713 Kyo*. Madrid Bol. **4** Nr. 5, MPC 762 Mad. Tartu Publ. **32** 270 Tar. TAB (2) Nr. 51 S. 399 Tok*. — 52: Astr Circ UdSSR Nr. **130** Kiw*. MPC 846 Kyo*
Eph (1952) Astr Circ UdSSR Nr. **124**

29 Amphitrite
50: MPC 712 Kyo*. Tartu Publ. **32** 270 Tar. TAB (2) Nr. 51 S. 398, 399 Tok*. — 52: Astr Circ UdSSR Nr. **127** Kiw*. MPC 845 Kyo*. Astr Circ UdSSR Nr. **128** Lem*. Astr Circ UdSSR Nr. **131** Tar
Eph (1952) Astr Circ UdSSR Nr. **123,** Astr.Nachr. Berlin-Treptow **4** 12

30 Urania
49: Astr Circ UdSSR Nr. **122,** Odessa Mitt. **2** Nr. 2 Oda*. Tartu Publ. **32** 270 Tar. — 51: Tartu Publ. **32** 270, 271 Tar. TAB (2) Nr. 51 S. 400 Tok*. — 52: MPC 795 Joh*

31 Euphrosyne
50: TAB (2) Nr. 51 S. 399 Tok*. — 52: MPC 820, 821, 822, 824 Blo*. MPC 786 Joh*. Astr Circ UdSSR Nr. **127** Kiw*. MPC 845 Kyo*. MPC 800 Mad. Astr Circ UdSSR Nr. **131** Tar

32 Pomona
45: UAI Circ 1019 Ucc*[3]). — 50: MPC 712 Kyo*. TAB (2) Nr. 51 S. 398 Tok*. — 52: MPC 767 JoY*. MPC 775, 776 Niz*
Eph (1952) AstrCircUdSSR Nr. **123**

33 Polyhymnia
51: MPC 729 Niz*. Mem SA It (NS) **23** 69 = Roma-Monte Mario Contr. Nr. **172,** MPC 722 Rom*. MPC 797 SFe. Tartu Publ. **32** 271

[2]) Berichtigung in MPC 904.

[3]) Berichtigung in MPC 790.

Tar. Astr Circ UdSSR Nr. **127** Wil*

34 Circe
43: Belgrade Bull. 8—**13** 8 Bel. — 50: MPC 712 Kyo*. — 52: Astr Circ UdSSR Nr. **127, 130** Kiw*. MPC 845, 846 Kyo*. MPC 800 Mad. MPC 796 Niz*

36 Atalante
51: Tartu Publ. **32** 271 Tar. MPC 804 Tui[4])

37 Fides
43: Belgrade Bull. 8—**13** 8 Bel. — 50: Tartu Publ. **32** 271 Tar. TAB (2) Nr. 51 S. 399 Tok*. — 52: MPC 820, 821, 823, 824 Blo*. MPC 845 Kyo*. MPC 800 Mad. Astr Circ UdSSR Nr. **131** Tar

38 Leda
50: MPC 712 Kyo*. TAB (2) Nr. 51 S. 398, 399 Tok*. — 52: MPC 823 Blo*. MPC 778 Joh*

39 Laetitia
48: Tartu Publ. **32** 271 Tar*. — 49: Mitt. Astr. Sternberg-Inst. Nr. 82 Mos. Astr Circ UdSSR Nr. **122**, Odessa Mitt. **2** Nr. 2 Oda*. AA (c) **5** 16 Poz. Tartu Publ. **32** 271 Tar. — 50: Mitt. Astr. Sternberg-Inst. Nr. 82 Mos. TAB (2) Nr. 42 S. 288, Nr. 51 S. 397 Tok*. — 51: MPC 746 Bar. Astr Circ UdSSR Nr. **128** Lem*. Tartu Publ. **32** 271 Tar. — 52: Astr Circ UdSSR Nr. **127** Aba*. Astr Circ UdSSR Nr. **125** Kiw*. Astr Circ UdSSR Nr. **128** Lem*
Eph (1951/52) Astr. Nachr. Berlin-Treptow **4** 12
Eph (1952) Astr Circ UdSSR Nr. **123**

40 Harmonia
48: Tartu Publ. **32** 271 Tar*. — 51: MPC 713 Kyo*. Madrid Bol. **4** Nr. 5, MPC 762 Mad. Krim Mitt. **8** 133 Sim*. Tartu Publ. **32** 271 Tar. TAB (2) Nr. 51 S. 399 Tok*. — 52: MPC 805 Alg*. MPC 787 Joh*. Astr Circ UdSSR Nr. **130** Kiw*. MPC 846 Kyo*. Astr Circ UdSSR Nr. **131** Lem*
Eph (1952) Astr Circ UdSSR Nr. **123**, Astr. Nachr. Berlin-Treptow **4** 12

41 Daphne
48: Belgrade Bull. 8—**13** 15 Bel

42 Isis
51: Madrid Bol. **4** Nr. 5, MPC 763 Mad. Krim Mitt. **8** 134 Sim*
Eph (1952) Astr Circ UdSSR Nr. **125**

43 Ariadne
51: MPC 712 Kyo*. — 52: MPC 787 Joh*. MPC 846 Kyo*
Eph (1952) Astr Circ UdSSR Nr. **123**, Astr. Nachr. Berlin-Treptow **4** 12

44 Nysa
49: Astr Circ UdSSR Nr. **122**, Odessa Mitt. **2** Nr. 2 Oda*. Tartu Publ. **32** 271, 272 Tar. — 51: MPC 714 Kyo*. Astr Circ UdSSR Nr. **124** Oda*. Mem SA It (NS) **23** 69 = Roma-Monte Mario Contr. Nr. **172**, MPC 722 Rom*. Krim Mitt. **8** 134 Sim*. Tartu Publ. **32** 272 Tar. TAB (2) Nr. 51 S. 400 Tok*. MPC 722 Tui[5]). — 52: MPC 808 Joh*. MPC 846 Kyo*[6])

45 Eugenia
50: Tartu Publ. **32** 272 Tar. — 51: MPC 714 Kyo*. Krim Mitt. **8** 134 Sim*. Tartu Publ. **32** 272 Tar. MPC 803 Tui. — 52: MPC 787 Joh*

46 Hestia
50: MPC 712 Kyo*. TAB (2) Nr. 51 S. 398 Tok*. — 52: MPC 804 Kyo*. MPC 758 Niz*. MPC 793 Ucc*. MPC 791, 792, 793 Ucc

47 Aglaja
50: JO **35** 121 Alg. TAB (2) Nr. 51 S. 397 Tok*. — 51: Tartu Publ. **32** 272 Tar
El Lick Obs. Publ. **20** 54

48 Doris
45: UAI Circ 1021, 1024 Ucc[7]). — 50: TAB (2) Nr. 42 S. 288 Tok*. — 51: Belgrade Bull. **16** 29 Bel. Astr Circ UdSSR Nr. **122** Kiw*. MPC 788 Kyo*. Astr Circ UdSSR Nr. **128** Lem*. MPC 729 Niz*. MPC 797 SFe. MPC 803, 804 Tui

49 Pales
50: TAB (2) Nr. 51 S. 398 Tok*. — 52: MPC 805 Kyo*. MPC 758 Niz*. Astr Circ UdSSR Nr. **131** Tar. MPC 792, 793 Ucc

50 Virginia
43: Belgrade Bull. 8—**13** 9 Bel. — 51: Krim Mitt. **8** 134, 135 Sim*. — 52: MPC 843 Alg*
Eph (1952) Astr Circ UdSSR Nr. **125**, Astr. Nachr. Berlin-Treptow **4** 94, Sternenwelt **4** 191

51 Nemausa
49: JO **35** 121 Alg. Astr Circ UdSSR Nr. **122**, Odessa Mitt. **2** Nr. 2 Oda*. Tartu Publ. **32** 272 Tar. Wien Sitz. Ber. (IIa) **161** 50 = Wien Mitt. **5** 186 Wie. — 50: JO **35** 121 Alg. TAB (2)

[4]) Berichtigung in MPC 904.
[5]) Berichtigung in MPC 748.
[6]) Berichtigung in MPC 904.
[7]) Berichtigung in MPC 790.

Nr. 42 S. 288 Tok*. — 51: MPC 739 Alg*. MPC 742 Alg. MPC 746 Bar. Belgrade Bull. **16** 29 Bel. Astr Circ UdSSR Nr. **125** Kiw*. MPC 804 Kyo*. BAN **11** 496 Lei. Astr Circ UdSSR Nr. **128** Lem*. Krim Mitt. 8 141 Sim*. Tartu Publ. **32** 272 Tar. — 52: MPC 739 Alg*. MPC 742 Alg. BAN **11** 496 Lei

52 Europa
51: MPC 732 Cor. MPC 714 Kyo*. Madrid Bol. **4** Nr. 5, MPC 762, 763 Mad. Krim Mitt. 8 134 Sim*. Tartu Publ. **32** 272 Tar. MPC 722 Tui. — 52: MPC 795 Joh*. MPC 846 Kyo*. TAB (2) Nr. 42 S. 285 Tok*
Eph (1952) Astr Circ UdSSR Nr. **124**

53 Kalypso
43: Belgrade Bull. 8—**13** 8 Bel. — 51: MPC 713 Kyo*. Madrid Bol. **4** Nr. 5, MPC 762 Mad. Krim Mitt. 8 133 Sim*. Tartu Publ. **32** 272 Tar. TAB (2) Nr. 51 S. 399, 400 Tok*

54 Alexandra
52: Astr Circ UdSSR Nr. **131** Kiw*

55 Pandora
43: Belgrade Bull. 8—**13** 10 Bel. — 50: Astr Circ UdSSR Nr. **122**, Odessa Mitt. **2** Nr. 2 Oda*. TAB (2) Nr. 51 S. 398 Tok*. — 52: MPC 804 Kyo*. Krim Mitt. **9** 143 Sim*. Astr Circ UdSSR Nr. **131** Tar

56 Melete
49: Tartu Publ. **32** 272 Tar. — 50: MPC 712 Kyo*

57 Mnemosyne
51: TAB (2) Nr. 51 S. 399 Tok*. — 52: MPC 824 Blo*. MPC 777, NAZ **6** 16 Hei*[8]). MPC 786 Joh*. Astr Circ UdSSR Nr. **127** Kiw*. MPC 845 Kyo*. MPC 800 Mad. MPC 796 Niz*. Astr Circ UdSSR Nr. **131** Tar. MPC 793 Ucc
El Lick Obs. Publ. **20** 58

58 Concordia
49: Astr Circ UdSSR Nr. **122**, Odessa Mitt. **2** Nr. 2 Oda*. — 50: TAB (2) Nr. 42 S. 288 Tok*. — 51: MPC 788 Kyo*. MPC 720 Niz*. Krim Mitt. 8 141 Sim*. BAB **4** 111, MPC 711 Ucc

59 Elpis
48: Belgrade Bull. 8—**13** 75 Bel. — 50: MPC 712 Kyo*. TAB (2) Nr. 51 S. 398 Tok*. — 52: MPC 767 JoY*. MPC 776 Niz*. MPC 792 Ucc

60 Echo
49: AA(c) **5** 16 Poz. Tartu Publ. **32** 272 Tar. — 51: MPC 714 Kyo*. Madrid Bol. **4** Nr. 5, MPC 763 Mad. Tartu Publ. **32** 272 Tar. — 52: MPC 808 (?) Joh*

61 Danaë
51: MPC 787 Joh*

62 Erato
52: MPC 794, NAZ **6** 24 Hei*. MPC 778 Joh*. MPC 796, 826 Niz*. MPC 793 Ucc

63 Ausonia
50: TAB (2) Nr. 42 S. 286 Tok*. — 51: MPC 746 Bar. MPC 767 JoY. MPC 788 Kyo*. MPC 797 SFe. Krim Mitt. 8 137 Sim*

64 Angelina
51: Astr Circ UdSSR Nr. **122** Kiw. Madrid Bol. **4** Nr. 5, MPC 763 Mad. Astr Circ UdSSR Nr. **122**, Odessa Mitt. **2** Nr. 2 Oda*. MPC 797 SFe. Krim Mitt. 8 139, 140, 141 Sim*. BAB **4** 111, MPC 711 Ucc
Eph (1953) Sternenwelt **4** 234

65 Cybele
43: Belgrade Bull. 8—**13** 8 Bel. — 50: TAB (2) Nr. 42 S. 286 Tok*. — 51: MPC 767 JoY. MPC 715 Kyo*. MPC 797 SFe. Krim Mitt. 8 136, 137 Sim*. MPC 723 Tui

66 Maja
51: Madrid Bol. **4** Nr. 5, MPC 762 Mad. Krim Mitt. 8 133 Sim*. Tartu Publ. **32** 272 Tar. TAB (2) Nr. 51 S. 400 Tok*. — 52: MPC 787 Joh*

67 Asia
50: TAB (2) Nr. 42 S. 285 Tok*. — 52: Astr Circ UdSSR Nr. **131** Kiw*
Eph (1952) Astr Circ UdSSR Nr. **124**

68 Leto
49: Astr Circ UdSSR Nr. **122**, Odessa Mitt. **2** Nr. 2 Oda*. — 50: TAB (2) Nr. 42 S. 287 Tok*. — 51: MPC 804 Kyo*. Tartu Publ. **32** 272 Tar. MPC 804 Tui

69 Hesperia
45: UAI Circ 1016 Ucc[9]). — 49: Astr Circ UdSSR Nr. **122**, **124**, Odessa Mitt. **2** Nr. 2 Oda*. — 50: TAB (2) Nr. 42 S. 288 Tok*. — 51: MPC 726, NAZ **6** 5 Hei*. NAZ **6** 36 Hei. MPC 788 Kyo*. Astr Circ UdSSR Nr. **122** Lem*[10]). MPC 797 SFe. Krim Mitt. 8 138, 139 Sim*. Astr Circ UdSSR Nr. **127** Wil*
Eph (1951/52) Astr. Nachr. Berlin-Treptow **4** 94, Sternenwelt **4** 192
Eph (1952) Astr Circ UdSSR Nr. **125**

[8]) Berichtigung in MPC 815.
[9]) Berichtigung in MPC 790.
[10]) Irrtümlich 236 Honoria zugeordnet, Astr Circ UdSSR Nr. **127**.

70 Panopaea
50: TAB (2) Nr. 42 S. 287 Tok*. — 51: MPC 717 Blo*. Astr Circ UdSSR Nr. **122** Kiw. MPC 788 Kyo*. MPC 797 SFe. Tartu Publ. **32** 273 Tar

71 Niobe
48: Belgrade Bull. 8—**13** 60 Bel*. Belgrade Bull. 8—**13** 75 Bel. — 51: MPC 732 Cor. MPC 713 Kyo*. Krim Mitt. 8 133 Sim*

72 Feronia
46: Belgrade Bull. 8—**13** 42 Bel. — 47: Belgrade Bull. 8—**13** 59 Bel. — 50: TAB (2) Nr. 42 S. 286 Tok*. — 51: Astr Circ UdSSR Nr. **122** Kiw. MPC 788 Kyo*. Madrid Bol. **4** Nr. 5, MPC 764 Mad. MPC 720, 729 Niz*. MPC 797 SFe

73 Klytia
49: JO **35** 121 Alg. Tartu Publ. **32** 272 Tar. — 51: MPC 720 Niz*. Krim Mitt. 8 140 Sim*. BAB **4** 111, MPC 710 Ucc

74 Galatea
50: TAB (2) Nr. 51 S. 397 Tok*. — 52: MPC 757 Niz*. MPC 740 Ucc

75 Eurydike
52: MPC 818, 819, 820 Blo*

76 Freia
50: TAB (2) Nr. 51 S. 397, 398 Tok*. — 52: Astr Circ UdSSR Nr. **127** Aba*. Astr Circ UdSSR Nr. **125** Kiw*. MPC 774 Niz*
El Lick Obs. Publ. **20** 63

77 Frigga
51: MPC 713 Kyo*. Tartu Publ. **32** 273 Tar. TAB (2) Nr. 51 S. 399 Tok*. — 52: MPC 778 Joh*. MPC 845 Kyo*

78 Diana
50: TAB (2) Nr. 51 S. 397 Tok*. — 52: MPC 774, 775, 826 Niz*
Eph (1952) Astr Circ UdSSR Nr. **123**, Astr. Nachr. Berlin-Treptow **4** 12

79 Eurynome
43: Belgrade Bull. 8—**13** 9 Bel. — 50: TAB (2) Nr. 42 S. 287 Tok*. — 51: Belgrade Bull. **16** 29 Bel. Astr Circ UdSSR Nr. **122** Kiw. MPC 788 Kyo*. Astr Circ UdSSR Nr. **122** Lem*. Madrid Bol. **4** Nr. 5, MPC 763 Mad. MPC 720 Niz*. Astr Circ UdSSR Nr. **124** Oda*. Tartu Publ. **32** 273 Tar

80 Sappho
48: Belgrade Bull. 8—**13** 75 Bel. Tartu Publ. **32** 273 Tar*. — 51: MPC 767 JoY. MPC 714 Kyo*. Krim Mitt. 8 135, 136, 137 Sim*

81 Terpsichore
51: MPC 746 Bar. Astr Circ UdSSR Nr. **122** Kiw. MPC 788 Kyo*. Madrid Bol. **4** Nr. 5, MPC 764 Mad. MPC 774 Niz*. MPC 797 SFe. Krim Mitt. 8 140 Sim*. Tartu Publ. **32** 273 Tar
El Lick Obs. Publ. **20** 68

82 Alkmene
51: Astr Circ UdSSR Nr. **122** Kiw. MPC 788 Kyo*. Madrid Bol. **4** Nr. 5, MPC 764 Mad. MPC 720 Niz*. Tartu Publ. **32** 273 Tar

83 Beatrix
50: TAB (2) Nr. 51 S. 398 Tok*. — 52: MPC 770, 771 Alg*. MPC 805 Kyo*. MPC 774 Niz*. Krim Mitt. **9** 143 Sim*. MPC 791, 793 Ucc

84 Klio
51: Tartu Publ. **32** 273 Tar. — 52: MPC 795 Joh*[11])

85 Io
50: TAB (2) Nr. 42 S. 286 Tok*. — 51: MPC 767 JoY. MPC 715 Kyo*. Astr Circ UdSSR Nr. **124** Oda*. MPC 797 SFe. Krim Mitt. 8 136 Sim*. Tartu Publ. **32** 273 Tar. MPC 723 Tui

86 Semele
51: Krim Mitt. **4** 134, 135, 136 Sim*. — 52: MPC 808 Joh*
El Lick Obs. Publ. **20** 74

87 Sylvia
51: MPC 715 Kyo*
El Lick Obs. Publ. **20** 78

88 Thisbe
45: UAI Circ 1021, 1024 Ucc[12]). — 49: Astr Circ UdSSR Nr. **122**, Odessa Mitt. **2** Nr. 2 Oda*. — 50: MPC 712 Kyo*. TAB (2) Nr. 51 S. 398 Tok*. — 52: Astr Circ UdSSR Nr. **125** Kiw*

89 Julia
48: Tartu Publ. **32** 273 Tar*. — 50: TAB (2) Nr. 42 S. 286 Tok*. — 51: MPC 741 Joh
Eph (1952) Astr Circ UdSSR Nr. **125**, Astr. Nachr. Berlin-Treptow **4** 76

90 Antiope
52: MPC 817 Blo*

91 Aegina
43: Belgrade Bull. 8—**13** 8 Bel. — 49: Astr Circ UdSSR Nr. **122**, Odessa Mitt. **2** Nr. 2 Oda*. — 51: MPC 713 Kyo*. Tartu Publ. **32** 274 Tar. TAB (2) Nr. 51 S. 399 Tok*. — 52: MPC 787 Joh*

92 Undina
51: MPC 714 Kyo*. Madrid Bol. **4** Nr. 5, MPC 763 Mad. — 52: MPC 795 Joh*. MPC 846 Kyo*. Astr Circ UdSSR Nr. **131** Lem*
El Lick Obs. Publ. **20** 82

---

[11]) Berichtigung in MPC 1021.

[12]) Berichtigung in MPC 790.

93 Minerva
43: Belgrade Bull. 8—**13** 10 Bel. — 50: TAB (2) Nr. 51 S. 398 Tok*. — 52: MPC 739 Alg*. MPC 804 Kyo*

94 Aurora
43: Belgrade Bull. 8—**13** 8 Bel. — 51: Madrid Bol. **4** Nr. 5, MPC 763 Mad. MPC 797 SFe[13])

95 Arethusa
50: TAB (2) Nr. 42 S. 286 Tok*. — 52: MPC 807, NAZ **6** 33 Hei*. Astr Circ UdSSR Nr. **130** Kiw*. MPC 846 Kyo*

97 Klotho
47: Belgrade Bull. 8—**13** 60 Bel*. — 49: Tartu Publ. **32** 274 Tar. — 51: MPC 714 Kyo*. Madrid Bol. **4** Nr. 5, MPC 762, 763 Mad. Krim Mitt. **8** 134 Sim*. TAB (2) Nr. 51 S. 400 Tok*. — 52: MPC 846 Kyo*

98 Ianthe
50: TAB (2) Nr. 51 S. 398 Tok*. — 52: MPC 778 Joh*

99 Dike
51: MPC 732 Joh

100 Hekate
49: AA (c) **5** 16 Poz. — 50: TAB (2) Nr. 51 S. 397 Tok*. — 51: MPC 746 Bar*. Krim Mitt. **8** 141 Sim*. Tartu Publ. **32** 274 Tar
El Lick Obs. Publ. **20** 86

101 Helena
50: TAB (2) Nr. 42 S. 287 Tok*. — 51: MPC 745 Ath. MPC 746 Bar. Belgrade Bull. **16** 29 Bel. EVA Circ. Nr. **12** EVA. MPC 788 Kyo*. Astr Circ UdSSR Nr. **122** Lem*. Astr Circ UdSSR Nr. **124** Oda*. MPC 797 SFe. Krim Mitt. **8** 138, 139 Sim*

102 Miriam
50: TAB (2) Nr. 42 S. 287 Tok*. — 51: MPC 746 Bar. MPC 729 Niz*

103 Hera
50: TAB (2) Nr. 42 S. 285 Tok*. — 51: MPC 714 Kyo*. Astr Circ UdSSR Nr. **124** Oda*. Krim Mitt. **8** 134 Sim*. Tartu Publ. **32** 274 Tar. TAB (2) Nr. 51 S. 400 Tok*. — 52: MPC 808 Joh*. MPC 846 Kyo*. Astr Circ UdSSR Nr. **131** Lem*
Eph (1952) Astr Circ UdSSR Nr. **124**, Astr. Nachr. Berlin-Treptow **4** 56

104 Klymene
43: Belgrade Bull. 8—**13** 8 Bel. — 49: JO **35** 121 Alg. Tartu Publ. **32** 274 Tar. — 51: Krim Mitt. **8** 137 Sim*
El Lick Obs. Publ. **20** 90

105 Artemis
47: Belgrade Bull. 8—**13** 59 Bel. — 51: MPC 713, 714 Kyo*. TAB (2) Nr. 51 S. 400 Tok*

106 Dione
50: TAB (2) Nr. 42 S. 286 Tok*. — 51: Krim Mitt. **8** 134, 135, 136 Sim*. — 52: MPC 795 Joh*
El Lick Obs. Publ. **20** 95

107 Camilla
49: Astr Circ UdSSR Nr. **122**, Odessa Mitt. **2** Nr. 2 Oda*. Tartu Publ. **32** 274 Tar. — 51: MPC 724, NAZ **6** 3 Hei*. — 52: Astr Circ UdSSR Nr. **131** Kiw*

108 Hecuba
50: TAB (2) Nr. 42 S. 287 Tok*. — 51: MPC 715 Kyo*
El Lick Obs. Publ. **20** 101

109 Felicitas
51: Krim Mitt. **8** 134 Sim*. — 52: MPC 787 Joh*

110 Lydia
51: MPC 713 Kyo*. Madrid Bol. **4** Nr. 5, MPC 762 Mad. Krim Mitt. **8** 134 Sim*. Tartu Publ. **32** 274 Tar. TAB (2) Nr. 51 S. 400 Tok*. — 52: MPC 787 Joh*. MPC 846 Kyo*

111 Ate
50: JO **35** 121 Alg. — 52: MPC 758 Niz*

112 Iphigenia
50: TAB (2) Nr. 51 S. 398 Tok*. — 52: MPC 818, 819, 820 Blo*. MPC 758 Niz*

113 Amalthea
50: TAB (2) Nr. 51 S. 398 Tok*. — 52: Astr Circ UdSSR Nr. **127** Aba*. MPC 787 Joh*. MPC 846 Kyo*. Astr Circ UdSSR Nr. **131** Lem*. MPC 827 Niz*

114 Kassandra
51: Krim Mitt. **8** 141 Sim*

115 Thyra
50: TAB (2) Nr. 42 S. 286 Tok*. — 52: MPC 843 Alg*. Astr Circ UdSSR Nr. **131** Kiw*
Eph (1952) Astr Circ UdSSR Nr. **124**

116 Sirona
50: TAB (2) Nr. 51 S. 398 Tok*. — 52: MPC 845 Kyo*. Astr Circ UdSSR Nr. **131** Lem*. MPC 758, 796 Niz*. Astr Circ UdSSR Nr. **129** Wil*

117 Lomia
49: AA (c) **5** 16 Poz. — 51: TAB (2) Nr. 51 S. 400 Tok*. — 52: MPC 755 Joh*

118 Peitho
50: JO **35** 121 Alg. TAB (2) Nr. 51 S. 397 Tok*. — 52: MPC 845 Kyo*. MPC 758, 796 Niz*. Astr Circ UdSSR Nr. **131** Tar

[13]) Berichtigung in MPC 904.

119 Althaea
50: TAB (2) Nr. 42 S. 285 Tok*. — 51: MPC 714 Kyo*. Krim Mitt. 8 135 Sim*. — 52: MPC 826, NAZ **6** 35 Hei*. Astr Circ UdSSR Nr. **131** Kiw*
Eph (1952) Astr Circ UdSSR Nr. **124**

120 Lachesis
43: Belgrade Bull. 8—**13** 8 Bel. — 51: MPC 724, 725, 726, NAZ **6** 4, 5 Hei*. NAZ **6** 36 Hei. Madrid Bol. **4** Nr. 5, MPC 763 Mad. Krim Mitt. 8 139 Sim*

121 Hermione
50: TAB (2) Nr. 51 S. 397 Tok*. — 51: MPC 746 Bar. MPC 717 Blo*. Astr Circ UdSSR Nr. **122** Kiw. MPC 788 Kyo*. Astr Circ UdSSR Nr. **128** Lem*. Madrid Bol. **4** Nr. 5, MPC 764 Mad. MPC 804 Tui. BAB **4** 111, MPC 711 Ucc
El Lick Obs. Publ. **20** 107

122 Gerda
51: MPC 714 Kyo*. Madrid Bol. **4** Nr. 5, MPC 762, 763 Mad. — 52: MPC 795 Joh*
El Lick Obs. Publ. **20** 113

123 Brunhild
52: Astr Circ UdSSR Nr. **131** Kiw*

124 Alkeste
43: Belgrade Bull. 8—**13** 8 Bel. — 45: UAI Circ 1021, 1024 Ucc[14]). — 49: AA (c) **5** 16 Poz. — 50: TAB (2) Nr. 51 S. 398 Tok*. — 52: Astr Circ UdSSR Nr. **127** Kiw*. MPC 845 Kyo*. Astr Circ UdSSR Nr. **128** Lem*. MPC 800 Mad. MPC 796 Niz*
Eph (1952) Astr Circ UdSSR Nr. **123**

125 Liberatrix
45: UAI Circ 1021, 1024 Ucc[15]). — 50: MPC 712 Kyo*. TAB (2) Nr. 51 S. 398 Tok*. — 52: MPC 819, 820 Blo*. Astr Circ UdSSR Nr. **131** Tar

126 Velleda
51: Krim Mitt. 8 135 Sim*

127 Johanna
43: Belgrade Bull. 8—**13** 8 Bel. — 50: TAB (2) Nr. 51 S. 398 Tok*. — 52: MPC 767 JoY*. Astr Circ UdSSR Nr. **128** Lem*. MPC 758 Niz*. Krim Mitt. **9** 143 Sim*. MPC 792 Ucc. Astr Circ UdSSR Nr. **129** Wil*

128 Nemesis
43: Belgrade Bull. 8—**13** 8 Bel. — 47: Belgrade Bull. 8—**13** 59 Bel. — 51: MPC 713 Kyo*. Madrid Bol. **4** Nr. 5, MPC 762 Mad. Krim Mitt. 8 133 Sim*. TAB (2) Nr. 51 S. 399 Tok*. — 52: MPC 823 Blo*. MPC 845 Kyo*. MPC 793 Ucc

129 Antigone
51: MPC 713 Kyo*. Madrid Bol. **4** Nr. 5, MPC 762 Mad. Krim Mitt. 8 134 Sim*. Tartu Publ. **32** 274 Tar. TAB (2) Nr. 51 S. 400 Tok*. — 52: MPC 846 Kyo*
Eph (1952) Astr Circ UdSSR Nr. **124**, Astr. Nachr. Berlin-Treptow **4** 56

130 Elektra
50: TAB (2) Nr. 42 S. 286 Tok*. — 51: MPC 714 Kyo*. — 52: MPC 796 Niz*

131 Vala
52: MPC 775 Niz*. Krim Mitt. **9** 143 Sim*. Astr Circ UdSSR Nr. **131** Tar

132 Aethra
51: BAB **4** 111, MPC 712 Ucc

133 Cyrene
46: Belgrade Bull. 8—**13** 42 Bel. — 51: MPC 713 Kyo*. Krim Mitt. 8 133 Sim*. TAB (2) Nr. 51 S. 399 Tok*. — 52: MPC 755 Joh*
El Lick Obs. Publ. **20** 118

134 Sophrosyne
51: Belgrade Bull. **16** 29 Bel. Astr Circ UdSSR Nr. **122** Lem*. Madrid Bol. **4** Nr. 5, MPC 763 Mad. MPC 797 SFe. Krim Mitt. 8 138, 139, 140 Sim*. BAB **4** 111, MPC 710 Ucc

135 Hertha
50: TAB (2) Nr. 42 S. 287 Tok*. — 51: Astr Circ UdSSR Nr. **122** Kiw. Astr Circ UdSSR Nr. **122** Lem*. Madrid Bol. **4** Nr. 5, MPC 763 Mad. Astr Circ UdSSR Nr. **124** Oda*. MPC 797 SFe. Krim Mitt. 8 139, 140, 141 Sim*. Tartu Publ. **32** 274 Tar. BAB **4** 111, MPC 711 Ucc

136 Austria
50: TAB (2) Nr. 42 S. 286 Tok*. — 51: MPC 746 Bar. MPC 788 Kyo*. Astr Circ UdSSR Nr. **122** Lem*. Krim Mitt. 8 137 Sim*. MPC 803 Tui

137 Meliboea
51: MPC 714 Kyo*. Madrid Bol. **4** Nr. 5, MPC 763 Mad. Tartu Publ. **32** 274 Tar. — 52: Astr Circ UdSSR Nr. **131** Kiw*. MPC 846 Kyo*
Eph (1952) Astr Circ UdSSR Nr. **124**
El Lick Obs. Publ. **20** 23

138 Tolosa
50: TAB (2) Nr. 42 S. 286 Tok*. — 51: MPC 746 Bar. MPC 767 JoY. MPC 715, 788 Kyo*. Astr Circ UdSSR Nr. **122** Lem*. MPC 797 SFe. Krim Mitt. 8 137 Sim*

[14]) Berichtigung in MPC 790.

[15]) Berichtigung in MPC 790.

139 Juewa
51: MPC 767 JoY. — 52: MPC 808 Joh

140 Siwa
50: TAB (2) Nr. 42 S. 287 Tok*. — 51: MPC 746 Bar*. MPC 746 Bar. Astr Circ UdSSR Nr. **122** Kiw. MPC 788 Kyo*. Madrid Bol. **4** Nr. 5, MPC 764 Mad. MPC 720 Niz*. MPC 797 SFe. BAB **4** 111, MPC 711 Ucc

141 Lumen
51: MPC 746 Bar. MPC 715 Kyo*. MPC 797 SFe. Krim Mitt. 8 137, 138 Sim*. MPC 803 Tui

142 Polana
51: MPC 714 Kyo*. Krim Mitt. 8 136 Sim*

143 Adria
50: TAB (2) Nr. 42 S. 288 Tok*

144 Vibilia
51: MPC 713 Kyo*. Tartu Publ. **32** 274 Tar. TAB (2) Nr. 51 S. 399 Tok*. — 52: MPC 845 Kyo*. MPC 758 Niz*. MPC 792 Ucc

145 Adeona
49: AA (c) **5** 16 Poz. — 51: MPC 788 Kyo*. Astr Circ UdSSR Nr. **128** Lem*. Madrid Bol. **4** Nr. 5, MPC 764 Mad. MPC 720, 721 Niz*. BAB **4** 111, MPC 711 Ucc

146 Lucina
50: Tartu Publ. **32** 274 Tar. — 51: MPC 714 Kyo*. MPC 719 Niz*. Krim Mitt. 8 135 Sim*

147 Protogeneia
51: MPC 713 Kyo*. — 52: MPC 787 Joh*
Eph (1953) EVA Circ. Nr. **12**
El EVA Circ. Nr. **12**, Lick Obs. Publ. **20** 128

148 Gallia
51: MPC 713 Kyo*. Madrid Bol. **4** Nr. 5, MPC 762 Mad. Krim Mitt. 8 133 Sim*. TAB (2) Nr. 51 S. 399 Tok*. — 52: MPC 776 Niz*. MPC 793 Ucc

149 Medusa
49: AA(c) **5** 16 Poz. — 51: Krim Mitt. 8 134 Sim*. — 52: Astr Circ UdSSR Nr. **131** Kiw*

150 Nuwa
51: MPC 714 Kyo*. Krim Mitt. 8 135 Sim*. — 52: MPC 825, NAZ **6** 35 Hei*
El Lick Obs. Publ. **20** 132

151 Abundantia
50: JO **35** 121 Alg. — 52: Krim Mitt. **9** 143 Sim*. Astr Circ UdSSR Nr. **131** Tar

152 Atala
52: MPC 808 Joh

153 Hilda
50: TAB (2) Nr. 42 S. 286 Tok*. — 51: MPC 714 Kyo*. Krim Mitt. 8 135 Sim*. — 52: MPC 807, NAZ **6** 33 Hei*

154 Bertha
52: Astr Circ UdSSR Nr. **127** Aba*. MPC 822, 824 Blo*. Astr Circ UdSSR Nr. **127** Kiw*. MPC 845 Kyo*. Astr Circ UdSSR Nr. **128**, **131** Lem*. MPC 800 Mad. MPC 796 Niz*. Astr Circ UdSSR Nr. **129** Wil*

156 Xanthippe
46: Belgrade Bull. 8—**13** 42 Bel. — 50: TAB (2) Nr. 42 S. 287 Tok*. — 51: MPC 774 (?) Niz*. Krim Mitt. 8 140 Sim*

157 Dejanira
51: Krim Mitt. 8 133 Sim*

158 Koronis
49: JO **35** 122 Alg. — 50: TAB (2) Nr. **42** S. 287 (?) Tok*. — 51: Krim Mitt. 8 137 Sim*

159 Aemilia
51: MPC 716, 717 Blo*. Krim Mitt. 8 140 Sim*. BAB **4** 111, MPC 710 Ucc

160 Una
50: TAB (2) Nr. 42 S. 288 Tok*. — 51: MPC 746 Bar. MPC 804 Kyo*. Tartu Publ. **32** 274 Tar

161 Athor
49: Tartu Publ. **32** 275 Tar. — 50: TAB (2) Nr. 42 S. 288 Tok*

162 Laurentia
51: Krim Mitt. 8 137 Sim*

163 Erigone
50: TAB (2) Nr. 42 S. 288 Tok*. — 52: Astr Circ UdSSR Nr. **125** Kiw*. Krim Mitt. **9** 143 Sim*. MPC 741 Ucc
Eph (1952) Astr Circ UdSSR Nr. **123**

165 Loreley
46: Belgrade Bull. 8—**13** 42 Bel. — 51: MPC 713 Kyo*. Krim Mitt. 8 133 Sim*. — 52: MPC 755 Joh*

166 Rhodope
51: MPC 774 Niz*. Krim Mitt. 8 138 Sim*[16])

167 Urda
52: MPC 800 Mad. MPC 796 Niz*
El Lick Obs. Publ. **20** 136

168 Sibylla
51: MPC 717, 718 Blo*. Astr Circ UdSSR Nr. **122** Kiw. MPC 729 Niz*. BAB **4** 111, MPC 711 Ucc
El Lick Obs. Publ. **20** 140

[16]) Berichtigung: Statt 446 lies 166 Rhodope.

169 Zelia
51: MPC 714 Kyo*. Madrid Bol. **4** Nr. 5, MPC 763 Mad. — 52: Astr Circ UdSSR Nr. **131** Kiw*

170 Maria
52: MPC 808 Joh*

171 Ophelia
50: TAB (2) Nr. 42 S. 287 Tok*. — 51: MPC 732 Joh

172 Baucis
43: Belgrade Bull. 8—**13** 8 Bel. — 50: TAB (2) Nr. 42 S. 285 Tok*

173 Ino
48: JO **35** 122 Alg. — 49: JO **35** 122 Alg. — 50: JO **35** 122 Alg. TAB (2) Nr. 51 S. 397 Tok*. — 52: MPC 739, 770 Alg*. MPC 843 Alg. MPC 758 Niz*

174 Phaedra
43: Belgrade Bull. 8—**13** 8 Bel
El Lick Obs. Publ. **20** 145

175 Andromache
47: Belgrade Bull. 8—**13** 59 Bel. — 51: Krim Mitt. **8** 135 Sim*. — 52: MPC 808 Joh*
El BIA **5** 230, Lick Obs. Publ. **20** 151

177 Irma
51: Tartu Publ. **32** 275 Tar

179 Klytaemnestra
48: Belgrade Bull. 8—**13** 75 Bel. — 52: MPC 778 Joh*
El Lick Obs. Publ. **20** 161

181 Eucharis
50: TAB (2) Nr. 42 S. 285, 286 Tok*

182 Elsa
48: Belgrade Bull. 8—**13** 75 Bel. — 49: Tartu Publ. **32** 275 Tar. — 51: MPC 746 Bar. MPC 715 Kyo*. Krim Mitt. **8** 137 Sim*

183 Istria
51: EVA Circ. Nr. **12** EVA

184 Dejopeja
46: Belgrade Bull. 8—**13** 42 Bel. — 52: MPC 818, 819, 820 Blo*. MPC 758 Niz*

185 Eunike
47: Belgrade Bull. 8—**13** 60 Bel*. — 50: TAB (2) Nr. 42 S. 285 Tok*. — 51: MPC 714 Kyo*. — 52: Astr Circ UdSSR Nr. **130** Kiw*. Astr Circ UdSSR Nr. **131** Lem*
El AJ **55** 133[17])

186 Celuta
48: Astr Circ UdSSR Nr. **122**, Odessa Mitt. **2** Nr. 2 Oda*

187 Lamberta
51: MPC 788 Kyo*

188 Menippe
51: EVA Circ. Nr. **12** EVA

189 Phthia
51: Belgrade Bull. **16** 29 Bel. MPC 788 Kyo*. Madrid Bol. **4** Nr. 5, MPC 763 Mad. MPC 720 Niz*. MPC 797 SFe. Tartu Publ. **32** 275 Tar

190 Ismene
51: MPC 713 Kyo*. Krim Mitt. **8** 133 Sim*. TAB (2) Nr. 51 S. 400 Tok*. — 52: MPC 758, 759 Niz*

191 Kolga
49: JO **35** 122 Alg. — 50: JO **35** 122 Alg. — 51: Krim Mitt. **8** 136 Sim*

192 Nausikaa
48: Tartu Publ. **32** 275 Tar. — 50: Astr Circ UdSSR Nr. **122**, Odessa Mitt. **2** Nr. 2 Oda*. TAB (2) Nr. 42 S. 286 Tok*. — 51: MPC 732 Joh
Eph (1952/53) Sternenwelt **4** 233

194 Prokne
43: Belgrade Bull. 8—**13** 9 Bel. — 47: Belgrade Bull. 8—**13** 60 Bel*. — 51: MPC 714 Kyo*. Madrid Bol. **4** Nr. 5, MPC 763 Mad. — 52: MPC 826, NAZ **6** 35 Hei*. Astr Circ UdSSR Nr. **131** Kiw*. Astr Circ UdSSR Nr. **131** Lem*
Eph (1952) Astr Circ UdSSR Nr. **124**

195 Eurykleia
50: TAB (2) Nr. 51 S. 398, 399 Tok*. — 52: MPC 767 JoY*. MPC 775 Niz*. MPC 792 Ucc

196 Philomela
50: TAB (2) Nr. 42 S. 286 Tok*. — 51: MPC 714 Kyo*. Krim Mitt. **8** 134, 135, 136 Sim*. MPC 722 Tui. — 52: MPC 808 Joh

197 Arete
52: MPC 808 Joh*. MPC 846 (?) Kyo*

198 Ampella
49: Tartu Publ. **32** 275 Tar. — 52: MPC 778 Joh*. MPC 846 Kyo*[18])

199 Byblis
51: Krim Mitt. **8** 133 Sim*. — 52: Astr Circ UdSSR Nr. **127** Kiw*

201 Penelope
49: Astr Circ UdSSR Nr. **122**, Odessa Mitt. **2** Nr. 2 Oda*. — 52: MPC 819, 820 Blo*. Krim Mitt. **9** 143 Sim*

202 Chryseïs
47: Belgrade Bull. 8—**13** 60 Bel*. MPC 9 Niz*[19]). — 52: MPC 767 JoY*. Astr Circ UdSSR Nr. **128** Lem*. MPC 758 Niz*. Krim Mitt. **9** 143 Sim*

[17]) Berichtigung in AJ **56** 199.
[18]) Berichtigung in MPC 904.
[19]) Berichtigung in MPC 815.

203 Pompeja
49: Tartu Publ. **32** 275 Tar. — 51: MPC 746 Bar. MPC 788 Kyo*. Krim Mitt. **8** 137 Sim*

204 Kallisto
43: Belgrade Bull. 8—**13** 8 Bel. — 52: MPC 846 Kyo*. MPC 826 Niz*. MPC 793 Ucc

205 Martha
48: Belgrade Bull. 8—**13** 75 Bel. — 52: MPC 827 Niz*

206 Hersilia
51: MPC 715 Kyo*. Krim Mitt. 8 137, 138 Sim*

207 Hedda
50: TAB (2) Nr. 42 S. 286 Tok*. —51: MPC 788 Kyo*. Krim Mitt. 8 137, 138 Sim*

208 Lacrimosa
52: MPC 808 Joh

209 Dido
51: EVA Circ. Nr. **12** EVA. MPC 788 Kyo*. Krim Mitt. 8 138, 139 Sim*

210 Isabella
51: Tartu Publ. **32** 275 Tar

211 Isolda
50: TAB (2) Nr. 42 S. 286 Tok*. — 51: Krim Mitt. 8 135 Sim*. — 52: MPC 808 Joh*. MPC 846 Kyo*
El Lick Obs. Publ. **20** 165

212 Medea
49: JO **35** 122 Alg. — 51: JO **35** 122 Alg. MPC 713 Kyo*. Madrid Bol. **4** Nr. 5, MPC 762 Mad. Krim Mitt. 8 133 Sim*. Tartu Publ. **32** 275 Tar. TAB (2) Nr. 51 S. 399 Tok*. — 52: MPC 771 Alg*. MPC 843 Alg

213 Lilaea
51: MPC 746 Bar. MPC 729 Niz*. Tartu Publ. **32** 275 Tar. TAB (2) Nr. 51 S. 399 Tok*

214 Aschera
50: MPC 712 Kyo*. — 52: Astr Circ UdSSR Nr. **131** Tar
Eph (1953) EVA Circ. Nr. **12**
El EVA Circ. Nr. **12**

216 Kleopatra
47: Belgrade Bull. 8—**13** 59 Bel. — 49: Tartu Publ. **32** 275 Tar. — 50: TAB (2) Nr. 42 S. 268 Tok*. — 51: EVA Circ. Nr. **12** EVA. MPC 714 Kyo*. Krim Mitt. 8 136, 137 Sim*. — 52: Astr Circ UdSSR Nr. **130, 131** Kiw*
Eph (1952) Astr Circ UdSSR Nr. **124**

217 Eudora
51: Krim Mitt. 8 133 Sim*

218 Bianca
45: UAI Circ 1019 Ucc[20]). — 51: Tartu Publ. **32** 275 Tar

219 Thusnelda
45: UAI Circ 1024 Ucc[21]). — 52: Astr Circ UdSSR Nr. **130** Kiw*. MPC 846 Kyo*. Astr Circ UdSSR Nr. **131** Lem*
Eph (1952) Astr Circ UdSSR Nr. **124**

221 Eos
50: TAB (2) Nr. 42 S. 286 Tok*. — 51: Astr Circ UdSSR Nr. **127** Aba*. MPC 714 Kyo*. Krim Mitt. 8 134, 135 Sim*
El Lick Obs. Publ. **20** 169

222 Lucia
40: RI 2182 Sim*[22])

223 Rosa
45: UAI Circ 1021, 1024 Ucc[23]). — 52: MPC 817 Blo*

224 Oceana
50: TAB (2) Nr. 42 S. 285 Tok*. — 51: Krim Mitt. 8 135 Sim*

225 Henrietta
50: JO **35** 122 Alg. — 51: Astr Circ UdSSR Nr. **127** Aba*. MPC 714 Kyo*. Krim Mitt. 8 134 Sim*

230 Athamantis
48: Astr Circ UdSSR Nr. **122**, Odessa Mitt. **2** Nr. 2 Oda*. — 50: Tartu Publ. **32** 275 Tar. TAB (2) Nr. 42 S. 285 Tok*. — 51: Krim Mitt. 8 136 Sim*. — 52: Astr Circ UdSSR Nr. **131** Kiw*
Eph (1952) Astr Circ UdSSR Nr. **125**

231 Vindobona
51: MPC 714 Kyo*[24])

233 Asterope
45: UAI Circ 1024 Ucc[25]). — 49: Tartu Publ. **32** 275 Tar

234 Barbara
46: Belgrade Bull. 8—**13** 42 Bel. — 50: TAB (2) Nr. 51 S. 398 Tok*. — 51: MPC 712 Kyo*. — 52: MPC 758 Niz*. Krim Mitt. **9** 143 Sim*

235 Carolina
51: EVA Circ. Nr. **12** EVA

236 Honoria
50: TAB (2) Nr. 42 S. 287 Tok*. — 51: MPC 745 Ath. MPC 746 Bar. MPC 788 Kyo*. Astr Circ UdSSR Nr. **122** Lem*[26]). MPC 797 SFe. Krim Mitt. 8 138 Sim*

---

[20]) Berichtigung in MPC 790.
[21]) Berichtigung in MPC 790.
[22]) Irrtümlich zugeordnet. Vorläufige Bezeichnung 1940 TA, MPC 789.
[23]) Berichtigung in MPC 790.
[24]) Berichtigung in MPC 784.
[25]) Berichtigung in MPC 790.
[26]) Irrtümlich zugeordnet, 69 Hesperia zugehörig, Astr Circ UdSSR Nr. **127**.

237 Coelestina
48: Belgrade Bull. 8—**13** 75 Bel. — 52: MPC 758 Niz*

238 Hypatia
43: Belgrade Bull. 8—**13** 9 Bel

239 Adrastea
51: Belgrade Bull. **16** 29 Bel. MPC 788 Kyo*

240 Vanadis
51: JO **35** 122 Alg. MPC 713 Kyo*. Krim Mitt. 8 133 Sim*. TAB (2) Nr. 51 S. 399 Tok*. — 52: MPC 820, 821, 822, 824 Blo*. MPC 777, NAZ **6** 16 Hei*[27]). MPC 786 Joh*. MPC 800 Mad[28]). MPC 796 Niz*. MPC 793 Ucc

241 Germania
51: MPC 713 Kyo*. — 52: MPC 787 Joh*[29]). MPC 846 Kyo*
El Lick Obs. Publ. **20** 173

243 Ida
51: Krim Mitt. 8 137, 138 Sim*

244 Sita
51: Krim Mitt. 8 137 Sim*

245 Vera
52: MPC 822 Blo*. MPC 796 Joh*. MPC 845, 846 Kyo*. MPC 800 Mad

246 Asporina
51: MPC 713 Kyo*. — 52: Astr Circ UdSSR Nr. **130** Kiw*. MPC 846 Kyo*. MPC 796 Niz*

247 Eukrate
51: Astr Circ UdSSR Nr. **128** Lem*. Krim Mitt. 8 139, 140 Sim*. Tartu Publ. **32** 275 Tar. BAB **4** 111, MPC 711 Ucc

248 Lameia
51: Krim Mitt. 8 135 Sim*

249 Ilse
51: MPC 730 Niz. Krim Mitt. 8 137, 138 Sim*

250 Bettina
47: Belgrade Bull. 8—**13** 59 Bel. — 49: JO **35** 122 Alg. Tartu Publ. **32** 276 Tar. — 51: MPC 741 Joh

251 Sophia
51: MPC 729 Niz*

253 Mathilde
52: MPC 774, 775, 826 Niz*

254 Augusta
51: Krim Mitt. 8 134 Sim*

255 Oppavia
45: UAI Circ 1012 Ucc[30]). — 51: Krim Mitt. 8 138 Sim*

257 Silesia
50: TAB (2) Nr. 51 S. 399 Tok*. — 51: Krim Mitt. 8 133 Sim*. — 52: MPC 822, 824 Blo*. MPC 786 Joh*

258 Tyche
50: TAB (2) Nr. 42 S. 287 Tok*. — 51: Belgrade Bull. **16** 29 Bel. Astr Circ UdSSR Nr. **125** Kiw*. MPC 804 Kyo*. Tartu Publ. **32** 276 Tar

260 Huberta
51: Krim Mitt. 8 141 Sim*

261 Prymno
50: JO **35** 122 Alg. — 52: MPC 770, 771 Alg*. MPC 820 Blo*. MPC 805 Kyo*. MPC 774 Niz*. Krim Mitt. **9** 143 Sim*. MPC 791 Ucc

263 Dresda
48: JO **35** 122 Alg. — 52: MPC 819, 820 Blo*

264 Libussa
50: JO **35** 122 Alg

266 Aline
51: TAB (2) Nr. 51 S. 399 Tok*. — 52: MPC 755 Joh*

268 Adorea
51: Krim Mitt. 8 133 Sim*. TAB (2) Nr. 51 S. 399 Tok*. — 52: MPC 822 Blo*. MPC 845, 846 Kyo*. MPC 800 Mad. MPC 796 Niz*
El Lick Obs. Publ. **20** 177

269 Justitia
50: TAB (2) Nr. 42 S. 287 Tok*. — 51: MPC 720, 721 Niz*. BAB **4** 111, MPC 711 Ucc

270 Anahita
49: AA(c) **5** 16 Poz. — 51: MPC 713 Kyo*. Tartu Publ. **32** 276 Tar. — 52: MPC 826, NAZ **6** 35 Hei*. Astr Circ UdSSR Nr. **130** (?), Nr. **131** Kiw*

271 Penthesilea
52: MPC 774, 775, 826 Niz*

272 Antonia
El BIA **5** 218

273 Atropos
51: Krim Mitt. 8 134 Sim*. TAB (2) Nr. 51 S. 400 Tok*. — 52: MPC 826, NAZ **6** 35 Hei*

274 Philagoria
48: JO **35** 122 Alg. — 49: JO **35** 122 Alg. — 51: JO **35** 122 Alg. — 52: MPC 805 Alg*. MPC 843 Alg. MPC 794, NAZ **6** 24 Hei*. MPC 826 Niz*. MPC 793 Ucc

275 Sapientia
50: TAB (2) Nr. 51 S. 397 Tok*. — 52: Astr Circ UdSSR Nr. **125** Kiw*

---

[27]) Berichtigung in MPC 815.
[28]) Irrtümlich 425 Cornelia zugeordnet, MPC 835. (Berichtigung in MPC 877).
[29]) Berichtigung in MPC 815.
[30]) Berichtigung in MPC 790, 815.

276 Adelheid
51: Astr Circ UdSSR Nr. **122** Kiw. MPC 788 Kyo*. Madrid Bol. **4** Nr. 5, MPC 763 Mad. Tartu Publ. **32** 276 Tar. — 52: MPC 720 Niz*

277 Elvira
51: TAB (2) Nr. 51 S. 400 Tok*. — 52: MPC 778 Joh*

278 Paulina
52: MPC 824 Blo*. MPC 787 Joh*. MPC 846 Kyo*

281 Lucretia
52: MPC 795 Joh*

283 Emma
50: TAB (2) Nr. 42 S. 288, Nr. 51 S. 397 Tok*. — 51: MPC 746 Bar. MPC 804 Kyo*. Tartu Publ. **32** 276 Tar

284 Amalia
48: JO **35** 122 Alg. — 51: Krim Mitt. 8 137 Sim*

286 Iclea
51: MPC 719 Niz*

287 Nephthys
49: JO **35** 122 Alg. Tartu Publ. **32** 276 Tar. — 50: TAB (2) Nr. 42 S. 287 Tok*. — 51: MPC 746 Bar. MPC 804 Kyo*. MPC 721 Niz*. Krim Mitt. 8 241 Sim*

288 Glauke
50: TAB (2) Nr. 42 S. 287 Tok*. — 51: MPC 715, 716 Blo*. Krim Mitt. 8 138 Sim*

289 Nenetta
51: MPC 715, 716 Blo*. Madrid Bol. **4** Nr. 5, MPC 763 Mad. MPC 774 Niz*. Krim Mitt. 8 138, 139, 140 Sim*

291 Alice
49: JO **35** 122 Alg. — 51: MPC 717, 718 Blo*. BAB **4** 111, MPC 711 Ucc

292 Ludovica
50: TAB (2) Nr. 42 S. 286 Tok*. — 51: MPC 741 Joh

295 Theresia
51: Krim Mitt. 8 138, 140 Sim*. BAB **4** 112, MPC 710 Ucc

296 Phaëtusa
50: TAB (2) Nr. 51 S. 397 Tok*. — 52: MPC 791 Ucc

297 Caecilia
52: MPC 808 Joh*

300 Geraldina
52: MPC 795 Joh*

301 Bavaria
51: Krim Mitt. 8 134 Sim*. — 52: MPC 808 Joh*

302 Clarissa
50: TAB (2) Nr. 51 S. 398 Tok*

303 Josephina
52: MPC 805 Kyo*. MPC 758 Niz*. MPC 793 Ucc*. MPC 791, 792, 793 Ucc

304 Olga
51: Krim Mitt. 8 134 Sim*. — 52: Astr Circ UdSSR Nr. **131** Kiw*

305 Gordonia
49: AA(c) **5** 16 Poz. — 51: MPC 713 Kyo*. TAB (2) Nr. 51 S. 400 Tok*. — 52: MPC 824 Blo*. MPC 787 Joh*
El NAZ **6** 37

306 Unitas
50: TAB (2) Nr. 42 S. 288 Tok*

307 Nike
51: Krim Mitt. 8 134 Sim*. — 52: MPC 787 Joh*

308 Polyxo
50: TAB (2) Nr. 42 S. 286 Tok*. — 51: MPC 715 Kyo*. Krim Mitt. 8 136 Sim*

309 Fraternitas
52: MPC 822 Blo*. MPC 776 Niz*

310 Margarita
51: Krim Mitt. 8 136, 137 Sim*

311 Claudia
49: JO **35** 122 Alg. — 51: EVA Circ. Nr. **12** EVA. Krim Mitt. 8 137 Sim*

312 Pierretta
50: TAB (2) Nr. 42 S. 286 Tok*. — 51: MPC 788 Kyo*. Krim Mitt. 8 137 Sim*

313 Chaldaea
48: Tartu Publ. **32** 276 Tar*. — 50: TAB (2) Nr. 51 S. 397 Tok*. — 52: MPC 821, 823 Blo*. Astr Circ UdSSR Nr. **128** Lem*. MPC 826 Niz*
Eph (1952) Astr Circ UdSSR Nr. **123**

314 Rosalia
52: MPC 809 Joh

317 Roxane
52: MPC 758 Niz*

318 Magdalena
52: Krim Mitt. **9** 143 Sim*. MPC 791, 792 Ucc
El Lick Obs. Publ. **20** 181

319 Leona
51: EVA Circ. Nr. **12** EVA. — 52: MPC 794 Blf. MPC 823 Blo*. MPC 827 (?) Niz*

320 Katharina
52: MPC 822 Blo*

321 Florentina
45: UAI Circ 1021, 1024 Ucc[31]). — 52: MPC 819, 820 Blo*

[31]) Berichtigung in MPC 790.

322 Phaeo
50: TAB (2) Nr. 42 S. 287 Tok*. — 51: Astr Circ UdSSR Nr. **122** Lem*. Madrid Bol. **4** Nr. 5, MPC 763 Mad. MPC 797 SFe. Astr Circ UdSSR Nr. **127** Wil*

323 Brucia
51: TAB (2) Nr. 51 S. 400 Tok*. — 52: MPC 776 Niz*. MPC 793 Ucc

324 Bamberga
49: Tartu Publ. **32** 276 Tar. — 50: TAB (2) Nr. 42 S. 287 Tok*
Eph (1952/53) Sternenwelt **4** 233

325 Heidelberga
52: MPC 808 Joh
El Lick Obs. Publ. **20** 187

326 Tamara
50: TAB (2) Nr. 51 S. 399 Tok*. — 52: Astr Circ UdSSR Nr. **127** Kiw*. MPC 845 Kyo*. Astr Circ UdSSR Nr. **131** Tar. MPC 792 Ucc

327 Columbia
52: MPC 775 Niz*

328 Gudrun
52: MPC 804 Kyo*. Krim Mitt. **9** 143 Sim*

329 Svea
51: MPC 719 Niz*

332 Siri
52: MPC 771 Alg*. MPC 774 Niz*. MPC 791, 792, 793 Ucc

333 Badenia
51: Krim Mitt. 8 134 Sim*. — 52: MPC 795 Joh*

334 Chicago
43: Belgrade Bull. 8—**13** 10 Bel. — 50: TAB (2) Nr. 42 S. 285 Tok*. — 51: MPC 714 Kyo*. Madrid Bol. **4** Nr. 5, MPC **762** Mad. Krim Mitt. **8** 134 Sim*. TAB (2) Nr. **51** S. 400 Tok*. — 52: MPC 787 Joh*. MPC 846 Kyo*

335 Roberta
49: Tartu Publ. **32** 276 Tar. — 50: TAB (2) Nr. 42 S. 287 Tok*

336 Lacadiera
52: MPC 822 Blo*. MPC 778 Joh*. MPC 845 Kyo*

337 Devosa
51: MPC 788 Kyo*. MPC 774 Niz*. Krim Mitt. 8 140 Sim*. MPC 803 Tui

338 Budrosa
51: MPC 715 Kyo*. Krim Mitt. 8 137, 138 Sim*

339 Dorothea
48: Belgrade Bull. 8—**13** 75 Bel. — 52: MPC 741 Ucc

341 California
51: MPC 729 Niz*

342 Endymion
52: MPC 778 Joh*

345 Tercidina
45: UAI Circ 1024 Ucc[32]). — 51: MPC 714 Kyo*. Krim Mitt. 8 134, 135 Sim*. — 52: Astr Circ UdSSR Nr. **131** Kiw*

346 Hermentaria
52: MPC 808 Joh
El BIA **5** 218

347 Pariana
49: Astr Circ UdSSR Nr. **122**, Odessa Mitt. **2** Nr. 2 Oda*. — 51: Madrid Bol. **4** Nr. 5, MPC 764 Mad. MPC 720, 721 Niz*

348 May
50: TAB (2) Nr. 42 S. 285 Tok*. — 52: MPC 808 Joh*

349 Dembowska
49: Tartu Publ. **32** 276 Tar. — 50: TAB (2) Nr. 42 S. 287 Tok*. — 51: MPC 746 Bar. MPC 788 Kyo*. MPC 797 SFe
Eph (1952/53) Astr Circ UdSSR Nr. **125**, Astr. Nachr. Berlin-Treptow **4** 94, Sternenwelt **4** 192
El Lick Obs. Publ. **20** 191

352 Gisela
50: TAB (2) Nr. 51 S. 398 Tok*. — 52: MPC 775, 776 Niz*

353 Ruperto-Carola
52: MPC 819, 820 Blo*. MPC 758, 775 Niz*. Krim Mitt. **9** 143 Sim*

354 Eleonora
49: Tartu Publ. **32** 276 Tar. — 50: Tartu Publ. **32** 276 Tar. TAB (2) Nr. 42 S. 286 Tok*. — 51: MPC 746 Bar. MPC 715 Kyo*. MPC 797 SFe. Krim Mitt. 8 137, 138 Sim*. MPC 803 Tui

355 Gabriella
51: MPC 732 Joh

356 Liguria
51: MPC 746 Bar. Astr Circ UdSSR Nr. **122** Kiw. MPC 788 Kyo*. Astr Circ UdSSR Nr. **122** Lem*. MPC 774 Niz*. Mem SA It (NS) **23** 69 = Roma-Monte Mario Contr. Nr. **172**, MPC 722 Rom*. MPC 797 SFe. Krim Mitt. 8 140 Sim*. Tartu Publ. **32** 276 Tar. Astr Circ UdSSR Nr. **127** Wil*

357 Ninina
49: JO **35** 122 Alg

358 Apollonia
51: MPC 713 Kyo*. MPC 758, 759 Niz*

359 Georgia
52: MPC 822 Blo*. MPC 776 Niz*

---
[32]) Berichtigung in MPC 790.

360 Carlova
50: TAB (2) Nr. 42 S. 286 Tok*. — 51: Astr Circ UdSSR Nr. **127** Aba*. Krim Mitt. 8 134, 135 Sim*

361 Bononia
52: MPC 808 Joh

362 Havnia
51: MPC 714 Kyo*. Madrid Bol. **4** Nr. 5, MPC 762 Mad. Krim Mitt. 8 134 Sim*. Tartu Publ. **32** 276 Tar. TAB (2) Nr. 51 S. 400 Tok*. — 52: MPC 795 Joh*

363 Padua
43: Belgrade Bull. 8—**13** 8 Bel. — 45: UAI Circ 1019, 1024 Ucc[33]). — 50: TAB (2) Nr. 51 S. 398 Tok*. — 52: MPC 804 Kyo*. MPC 775 Niz*. Krim Mitt. **9** 143 Sim*

364 Isara
51: MPC 804 Kyo*

365 Corduba
51: Belgrade Bull. **16** 29 Bel. Krim Mitt. 8 137 Sim*

366 Vincentina
51: MPC 716 Blo*. MPC 774 Niz*

367 Amicitia
52: MPC 775 Niz*. Krim Mitt. **9** 143 Sim*

370 Modestia
52: MPC 774 Niz*

371 Bohemia
50: TAB (2) Nr. 42 S. 285 Tok*

372 Palma
49: Tartu Publ. **32** 277 Tar. — 51: TAB (2) Nr. 51 S. 399, 400 Tok*. — 52: MPC 755 Joh*
El Lick Obs. Publ. **20** 195

373 Melusina
52: MPC 778 Joh*

374 Burgundia
49: AA(c) **5** 16 Poz. — 51: Madrid Bol. **4** Nr. 5, MPC 762 Mad. TAB (2) Nr. 51 S. 399, 400 Tok*. — 52: MPC 794, NAZ **6** 24 Hei*. MPC 778 Joh*. MPC 846 Kyo*. MPC 796, 826 Niz*

375 Ursula
50: TAB (2) Nr. 51 S. 399 Tok*. — 51: MPC 713 Kyo*. Krim Mitt. 8 133 Sim*. Tartu Publ. **32** 277 Tar. — 52: MPC 755 Joh*

376 Geometria
51: MPC 714 Kyo*

377 Campania
50: JO **35** 122 Alg. TAB (2) Nr. 42 S. 288, Nr. 51 S. 397 Tok*

378 Holmia
51: Krim Mitt. 8 134 Sim*. — 52: MPC 795 Joh*

379 Huenna
48: JO **35** 122 Alg. — 52: MPC 787 Joh*. MPC 827 Niz*

380 Fiducia
51: Krim Mitt. 8 133 Sim*. — 52: MPC 822 Blo*. MPC 758 Niz*. MPC 792 Ucc

381 Myrrha
52: MPC 819 Blo*. MPC 776 Niz*. Astr Circ UdSSR Nr. **131** Tar. MPC 791 Ucc
El Lick Obs. Publ. **20** 200

382 Dodona
51: Krim Mitt. 8 137, 138 Sim*

383 Janina
52: MPC 795 Joh*

384 Burdigala
51: Krim Mitt. 8 134, 135, 136 Sim*. — 52: MPC 808 Joh*

385 Ilmatar
49: Tartu Publ. **32** 277 Tar. — 52: MPC 778 Joh*
Eph (1952) Astr. Nachr. Berlin-Treptow **4** 12

387 Aquitania
45: UAI Circ 1016 Ucc[34]). — 49: Tartu Publ. **32** 277 Tar. — 50: TAB (2) Nr. 51 S. 397 Tok*

388 Charybdis
50: TAB (2) Nr. 51 S. 399 Tok*. — 51: MPC 713 Kyo*. Krim Mitt. 8 133 Sim*. — 52: MPC 778 Joh*

389 Industria
51: MPC 788 Kyo*. Madrid Bol. **4** Nr. 5, MPC 764 Mad. Krim Mitt. 8 140 Sim*

391 Ingeborg
43: Belgrade Bull. 8—**13** 9 Bel

393 Lampetia
50: MPC 712 Kyo*. TAB (2) Nr. 51 S. 399 Tok*

394 Arduina
52: MPC 758 Niz*

396 Aeolia
51: Krim Mitt. 8 134 Sim*. — 52: MPC 825, NAZ **6** 35 Hei*

397 Vienna
51: Krim Mitt. 8 133 Sim*. — 52: MPC 755 Joh*. MPC 786 Joh

399 Persephone
43: Belgrade Bull. 8—**13** 10 Bel. — 51: MPC 716 Blo*. MPC 774 Niz*. Krim Mitt. 8 139, 140 Sim*

400 Ducrosa
52: MPC 810 Joh*. MPC 808 Joh

402 Chloë
52: MPC 818, 819 Blo*.

[33]) Berichtigung in MPC 790.

[34]) Berichtigung in MPC 790.

MPC 757 Niz*. MPC 741, 791 Ucc

403 Cyane
48: Belgrade Bull. 8—13 75 Bel. — 51: MPC 714 Kyo*

404 Arsinoë
51: Krim Mitt. 8 141 Sim*

405 Thia
52: Astr Circ UdSSR Nr. 127 Aba*. Astr Circ UdSSR Nr. 131 Tar

406 Erna
50: TAB (2) Nr. 51 S. 397 Tok*. — 52: MPC 757 Niz*

407 Arachne
52: MPC 818 Blo*. MPC 757 Niz*

408 Fama
51: Krim Mitt. 8 139, 140 Sim*. BAB 4 112, MPC 711 Ucc

409 Aspasia
43: Belgrade Bull. 8—13 10 Bel. — 50: TAB (2) Nr. 42 S. 285 Tok*. — 51: Krim Mitt. 8 135 Sim*. — 52: Astr Circ UdSSR Nr. 131 Kiw*

410 Chloris
51: MPC 714 Kyo*

415 Palatia
50: TAB (2) Nr. 51 S. 397 Tok*. — 52: MPC 819, 820 Blo*. MPC 775 Niz*. Krim Mitt. 9 143 Sim*

416 Vaticana
52: MPC 794, NAZ 6 24 Hei*. Astr Circ UdSSR Nr. 130 Kiw*. MPC 846 Kyo*. MPC 796, 826 Niz*. MPC 793 Ucc

417 Suevia
52: MPC 845 Kyo*. MPC 758, 759, 796 Niz*

418 Alemannia
51: MPC 720, 721 Niz*

419 Aurelia
50: TAB (2) Nr. 42 S. 287 Tok*. — 51: MPC 788 Kyo*. MPC 729 Niz*

420 Bertholda
52: MPC 795 Joh*. MPC 809 Joh

422 Berolina
52: MPC 787 Joh*

423 Diotima
50: MPC 712 Kyo*. — 52: Astr Circ UdSSR Nr. 127 Aba*

424 Gratia
51: Krim Mitt. 8 141 Sim*

425 Cornelia
52: MPC 822 Blo*. MPC 800 (?) Mad*[35]). MPC 796 Niz*

427 Galene
52: MPC 776 Niz*

429 Lotis
51: Astr Circ UdSSR Nr. 127 Aba*. Krim Mitt. 8 137 Sim*

430 Hybris
51: Krim Mitt. 8 133 Sim*

431 Nephele
51: EVA Circ. Nr. 12 EVA

432 Pythia
50: TAB (2) Nr. 42 S. 286, 287 Tok*

433 Eros
49: JO 35 122 Alg. — 51: MPC 739 Alg*. MPC 742 Alg. Belgrade Bull. 16 29 Bel. MPC 825 Blo. MPC 788 Kyo*. BAN 11 495, 496 Lei. MPC 720 Niz*. MPC 797 SFe. BAB 4 112, MPC 710 Ucc. Wien Sitz. Ber. (IIa) 161 47 = Wien Mitt. 6 91 Wie. — 52: MPC 739 Alg*. MPC 742 Alg Eph (1952) NAZvM 139

434 Hungaria
52: Astr Circ UdSSR Nr. 130 Kiw*

435 Ella
46: Belgrade Bull. 8—13 42 (?) Bel. — 51: Krim Mitt. 8 135 Sim*

436 Patricia
50: TAB (2) Nr. 51 S. 398 Tok*

438 Zeuxo
51: Madrid Bol. 4 Nr. 5 (?), MPC 763 Mad

439 Ohio
51: Krim Mitt. 8 134 Sim*

441 Bathilde
43: Belgrade Bull. 8—13 10 Bel. — 52: MPC 823 Blo*. MPC 778 Joh*

442 Eichsfeldia
50: TAB (2) Nr. 42 S. 287 Tok*. — 51: MPC 729 Niz*

443 Photographica
50: TAB (2) Nr. 51 S. 398 Tok*. — 52: MPC 758, 759 Niz*

444 Gyptis
50: TAB (2) Nr. 42 S. 287 Tok*. — 51: Astr Circ UdSSR Nr. 122 Lem*. Krim Mitt. 8 138, 139 Sim*. Tartu Publ. 32 277 Tar

445 Edna
50: TAB (2) Nr. 51 S. 398 Tok*. — 52: MPC 757, 774 Niz*

446 Aeternitas
46: Belgrade Bull. 8—13 47 Bel*. — 50: TAB (2) Nr. 51 S. 397 Tok*

[35]) Irrtümlich zugeordnet, 240 Vanadis zugehörig, MPC 835.

447 Valentine
51: Belgrade Bull. **16** 29 Bel. MPC 804 Kyo*. Krim Mitt. 8 141 Sim*

449 Hamburga
51: Krim Mitt. 8 137 Sim*

451 Patientia
49: JO **35** 122 Alg. Tartu Publ. **32** 277 Tar. — 50: TAB (2) Nr. 42 S. 287 Tok*

453 Tea
50: TAB (2) Nr. 51 S. 398 Tok*. — 52: MPC 778 Joh*. MPC 845 Kyo*

454 Mathesis
51: MPC 713 Kyo*. Madrid Bol. **4** Nr. 5, MPC 762 Mad. Tartu Publ. **32** 277 Tar. — 52: MPC 808 Joh*

455 Bruchsalia
50: TAB (2) Nr. 42 S. 285 Tok*. — 52: MPC 787 Joh*. MPC 846 Kyo*

456 Abnoba
51: MPC 732 Joh. MPC 714 Kyo*. MPC 719 Niz*. MPC 721 Niz. Krim Mitt. 8 135 Sim*

459 Signe
51: MPC 720 Niz*. MPC 721 Niz. Krim Mitt. 8 141 Sim*
Id mit 1938 SE_1, MPC 814

460 Scania
52: MPC 758, 759 Niz*

462 Eriphyla
51: Krim Mitt. 8 133 Sim*. TAB (2) Nr. 51 S. 400 Tok*. — 52: MPC 827 Niz*. MPC 793 Ucc

464 Megaira
50: TAB (2) Nr. 42 S. 287 Tok*. — 51: MPC 804 Kyo*
El BIA **5** 218

466 Tisiphone
47: Belgrade Bull. 8—**13** 60 Bel*. — 51: EVA Circ. Nr. **12** EVA. MPC 713, 714 Kyo*[36]). TAB (2) Nr. 51 S. 400 Tok*. — 52: MPC 787 Joh*. MPC 809 Joh

467 Laura
50: TAB (2) Nr. 51 S. 398 (?) Tok*. — 52: MPC 818 (?) Blo*. MPC 775 Niz*

469 Argentina
52: MPC 758, 774, 775, 826 Niz*

470 Kilia
51: MPC 720, 721 Niz*. BAB **4** 112, MPC 711 Ucc

471 Papagena
49: Tartu Publ. **32** 277 Tar. — 50: JO **35** 122 Alg. TAB (2) Nr. 42 S. 287 Tok*. — 51: MPC 797 SFe
Eph (1953) Sternenwelt **4** 234

472 Roma
52: Astr Circ UdSSR Nr. **127** Aba*. Astr Circ UdSSR Nr. **125** Kiw*. MPC 757 Niz*

474 Prudentia
52: MPC 825 Blo*. MPC 794, NAZ **6** 25 Hei*. MPC 827 Niz*

475 Ocllo
51: EVA Circ. Nr. **12** EVA. MPC 741 Joh

476 Hedwig
51: MPC 713 Kyo*. Krim Mitt. 8 133 Sim*. TAB (2) Nr. 51 S. 399 Tok*. — 52: MPC 787 Joh*

477 Italia
50: TAB (2) Nr. 51 S. 397, 398 Tok*. — 52: MPC 777, NAZ **6** 16 Hei*[37]). MPC 774 Niz*. Krim Mitt. **9** 143 Sim*

478 Tergeste
51: EVA Circ. Nr. **12** EVA. MPC 714 Kyo*[38]). — 52: MPC 794, 795, NAZ **6** 25, 27 Hei*. MPC 827 Niz*

479 Caprera
52: MPC 819 Blo*. MPC 774 Niz*. Krim Mitt. **9** 143 Sim*. MPC 741 Ucc

480 Hansa
50: MPC 712 Kyo*. TAB (2) Nr. 51 S. 399 Tok*. — 52: MPC 755 Joh*

481 Emita
50: TAB (2) Nr. 51 S. 397 Tok*

482 Petrina
50: TAB (2) Nr. 42 S. 288 Tok*

483 Seppina
47: Belgrade Bull. 8—**13** 60 Bel*

484 Pittsburghia
51: MPC 774 Niz*

485 Genua
50: TAB (2) Nr. 51 S. 398 Tok*. — 52: MPC 823 Blo*. MPC 845 Kyo*

487 Venetia
51: MPC 804 Kyo*. Krim Mitt. 8 141 Sim*

488 Kreusa
50: MPC 712 Kyo*. TAB (2) Nr. 51 S. 398 Tok*. — 52: Astr Circ UdSSR Nr. **127** Kiw*. MPC 776 Niz*. Astr Circ UdSSR Nr. **131** Tar
Eph (1952) Astr Circ UdSSR Nr. **123**

489 Comacina
51: Astr Circ UdSSR Nr. **127** Aba*. Krim Mitt. 8 134 Sim*

[36]) Berichtigung in MPC 784.
[37]) Berichtigung in MPC 815.
[38]) Berichtigung in MPC 748.

490 Veritas
52: MPC 794, 795, NAZ **6** 25, 27 Hei*. MPC 827 Niz*

491 Carina
51: Madrid Bol. **4** Nr. 5, MPC 762 Mad. Krim Mitt. 8 134 Sim*

492 Gismonda
51: Krim Mitt. 8 137 Sim*

494 Virtus
52: MPC 787 Joh*. MPC 846 Kyo*

495 Eulalia
49: AA (c) **5** 16 Poz

497 Iva
52: Krim Mitt. **9** 143 Sim* Id mit 1950 TD_3, MPC 813

498 Tokio
43: Belgrade Bull. 8—**13** 8 Bel. — 51: MPC 713 Kyo*. Krim Mitt. 8 133 Sim*. TAB (2) Nr. 51 S. 399 Tok*. — 52: MPC 819, 821 Blo*. Astr Circ UdSSR Nr. **131** Tar. MPC 791 Ucc

501 Urhixidur
51: MPC 732 Joh. Krim Mitt. 8 139 Sim*

502 Sigune
51: TAB (2) Nr. 51 S. 399 Tok*. — 52: MPC 807, NAZ **6** 33 Hei*. MPC 809 Joh

503 Evelyn
51: Astr Circ UdSSR Nr. **122** Kiw. MPC 788 Kyo*. MPC 729 Niz*. Tartu Publ. **32** 277 Tar

504 Cora
51: Krim Mitt. 8 135, 136 Sim*

505 Cava
51: MPC 797 SFe

506 Marion
51: EVA Circ. Nr. **12** EVA. TAB (2) Nr. 51 S. 400 Tok*. — 52: MPC 787 Joh*

507 Laodica
45: UAI Circ 1019 Ucc[39])

509 Iolanda
47: Belgrade Bull. 8—**13** 59 Bel. — 51: Krim Mitt. 8 134 Sim*. — 52: MPC 794, NAZ **6** 25 Hei*. MPC 827 Niz*

511 Davida
50: TAB (2) Nr. 51 S. 397 Tok*. — 52: MPC 818 Blo*. Astr Circ UdSSR Nr. **125** Kiw*. MPC 757 Niz*. Astr Circ UdSSR Nr. **129** Wil*
Eph (1951/52) Astr. Nachr. Berlin-Treptow **4** 12
Eph (1952) Astr Circ UdSSR Nr. **123**
El Lick Obs. Publ. **20** 206

512 Taurinensis
51: Krim Mitt. 8 134 Sim*

513 Centesima
50: TAB (2) Nr. 42 S. 288 Tok*. — 51: Krim Mitt. 8 141 Sim*

514 Armida
51: Krim Mitt. 8 139 Sim*

516 Amherstia
50: TAB (2) Nr. 42 S. 286 Tok*. — 51: Madrid Bol. **4** Nr. 5, MPC 763 Mad

517 Edith
51: Krim Mitt. 8 135 Sim*. — 52: MPC 795 Joh*

518 Halawe
51: MPC 720 Niz*. Krim Mitt. 8 136 Sim*

519 Sylvania
52: MPC 758 Niz*

520 Franziska
50: TAB (2) Nr. 51 S. 398 Tok*

521 Brixia
50: TAB (2) Nr. 42 S. 286 Tok*. — 52: MPC 795 Joh*

522 Helga
51: MPC 720, 721 Niz*

523 Ada
50: TAB (2) Nr. 42 S. 285 Tok*. — 52: MPC 795 Joh*

524 Fidelio
51: Krim Mitt. 8 133 Sim*. — 52: MPC 778 Joh*

529 Preziosa
52: MPC 823, 824 Blo*[40]). MPC 787 (?) Joh*

530 Turandot
51: Krim Mitt. 8 136 Sim*

532 Herculina
50: Tartu Publ. **32** 277 Tar. TAB (2) Nr. 42 S. 286 Tok*. — 51: MPC 746 Bar. MPC 715 Kyo*

534 Nassovia
50: TAB (2) Nr. 51 S. 397 Tok*

535 Montague
51: MPC 788 Kyo*. MPC 729 Niz*. Krim Mitt. 8 141 Sim*

537 Pauly
52: MPC 823 Blo*. MPC 796 Niz*

539 Pamina
50: TAB (2) Nr. 51 S. 398 Tok*

540 Rosamunde
46: Belgrade Bull. 8—**13** 42 Bel. — 50: TAB (2) Nr. 42 S. 287 Tok*. — 51: MPC 717 Blo*. BAB **4** 112, MPC 711 Ucc

---
[39]) Berichtigung in MPC 790.

[40]) Berichtigung in MPC 895.

542 Susanna
43: Belgrade Bull. 8—**13** 9 Bel. — 47: MPC 9 Niz*[41]). — 51: Krim Mitt. 8 133 Sim*. — 52: MPC 776 Niz*

543 Charlotte
49: JO **35** 122 Alg. — 52: MPC 843 Alg

544 Jetta
52: MPC 818 Blo*. MPC 757 Niz*

545 Messalina
52: MPC 819 Blo*. MPC 740, 741 Ucc

547 Praxedis
50: TAB (2) Nr. 51 S. 397 Tok*

551 Ortrud
50: TAB (2) Nr. 51 S. 398 Tok*. —51: MPC 712 Kyo*. — 52: MPC 776 Niz*

552 Sigelinde
51: EVA Circ. Nr. **12** EVA Eph (1953) EVA Circ. Nr. **12**

553 Kundry
52: MPC 775 Niz*. Krim Mitt. **9** 143 Sim*

554 Peraga
49: Tartu Publ. **32** 277 Tar. — 50: TAB (2) Nr. 42 S. 287 Tok*. — 51: Belgrade Bull. **16** 29 Bel. Astr Circ UdSSR Nr. **122** Lem*. Madrid Bol. **4** Nr. 5, MPC 763 Mad. MPC 797 SFe. Krim Mitt. 8 138, 139, 140 Sim*. Tartu Publ. **32** 277 Tar. BAB **4** 112, MPC 710 Ucc

555 Norma
34: RI 1006, UC Nr. **93** S. 120 Joh*[42])

556 Phyllis
52: MPC 755 Joh*

558 Carmen
50: TAB (2) Nr. 42 S. 286 Tok*. — 51: Krim Mitt. 8 136 Sim*

559 Nanon
51: MPC 774 Niz*

563 Suleika
50: TAB (2) Nr. 42 S. 287 Tok*
Eph (1952/53) Sternenwelt **4** 233

566 Stereoskopia
50: TAB (2) Nr. 51 S. 397 Tok*. — 51: MPC 804 Kyo*. MPC 757 Niz*. Tartu Publ. **32** 277 Tar

568 Cheruskia
51: MPC 712 Kyo*. — 52: MPC 755 Joh*

569 Misa
46: Belgrade Bull. 8—**13** 42 Bel. — 51: Krim Mitt. 8 135 Sim*. — 52: MPC 795 Joh*

570 Kythera
51: MPC 729 Niz*

572 Rebekka
52: MPC 758, 759 Niz*

573 Recha
51: MPC 732 Joh*. — 52: MPC 825, NAZ **6** 35 Hei*

575 Renate
52: MPC 755 Joh*

576 Emanuela
51: EVA Circ. Nr. **12** EVA

577 Rhea
49: JO **35** 123 Alg. — 52: MPC 819 Blo*. Krim Mitt. **9** 143 Sim*

578 Happelia
49: Tartu Publ. **32** 278 Tar

579 Sidonia
51: MPC 788 Kyo*

580 Selene
51: MPC 757 Niz*

581 Tauntonia
51: Krim Mitt. 8 141 Sim*

582 Olympia
51: EVA Circ. Nr. **12** EVA

585 Bilkis
52: MPC 823 Blo*. MPC 796, 827 Niz*

586 Thekla
51: MPC 724, 725, 726, NAZ **6** 3, 4, 5 Hei*. NAZ **6** 36 Hei. Krim Mitt. 8 139 Sim*

588 Achilles
50: JO **35** 123 Alg. — 51: Krim Mitt. 8 141 Sim*

589 Croatia
51: EVA Circ. Nr. **12** EVA. Krim Mitt. 8 134 Sim*. — 52: MPC 807, NAZ **6** 33 Hei*. MPC 827 Niz*

593 Titania
51: Krim Mitt. 8 135 Sim*. — 52: MPC 808 Joh*

595 Polyxena
51: Madrid Bol. **4** Nr. 5, MPC 762 Mad. Krim Mitt. 8 133 Sim*. — 52: MPC 778 Joh*. MPC 846 Kyo*

596 Scheila
51: Madrid Bol. **4** Nr. 5, MPC 762 Mad. Krim Mitt. 8 133 Sim*

597 Bandusia
51: Astr Circ UdSSR Nr. **122** Kiw. MPC 788 Kyo*. Madrid Bol. **4** Nr. 5, MPC 764 Mad

[41]) Berichtigung in MPC 815.
[42]) Irrtümlich zugeordnet. Vorläufige Bezeichnung 1934 FT, MPC 789 (Berichtigung in MPC 895).

598 Octavia
51: MPC 713 Kyo*. Madrid Bol. **4** Nr. 5, MPC 762 Mad. — 52: MPC 792 Ucc

599 Luisa
52: MPC 821, 823, 824 Blo*. MPC 786 Joh*. MPC 793 Ucc

601 Nerthus
51: Krim Mitt. 8 139 Sim*

602 Marianna
52: MPC 808 Joh*. MPC 846 Kyo*
El BIA **5** 245

604 Tekmessa
51: Krim Mitt. 8 134 Sim*. — 52: MPC 820 Blo*. MPC 778 Joh*

605 Juvisia
51: MPC 741 Joh

607 Jenny
50: TAB (2) Nr. 51 S. 398 Tok*
El BIA **5** 245

609 Fulvia
52: MPC 757 Niz*

611 Valeria
49: Tartu Publ. **32** 278 Tar

613 Ginevra
51: Krim Mitt. 8 140 Sim*

614 Pia
50: TAB (2) Nr. 51 S. 397 Tok*

615 Roswitha
51: Madrid Bol. **4** Nr. 5, MPC 762 Mad. Krim Mitt. 8 133 Sim*. TAB (2) Nr. 51 S. 400 Tok*. — 52: MPC 795 Joh*

617 Patroclus
51: MPC 741 Joh

618 Elfriede
51: MPC 788 Kyo*

621 Werdandi
52: MPC 819, 820 Blo*. Krim Mitt. **9** 143 Sim*

624 Hektor
43: Belgrade Bull. 8—**13** 10 Bel

625 Xenia
51: Astr Circ UdSSR Nr. **127** Aba*. Krim Mitt. 8 134, 135 Sim*

627 Charis
43: Belgrade Bull. 8—**13** 9 Bel

628 Christine
49: Tartu Publ. **32** 277 Tar. — 51: Krim Mitt. 8 141 Sim*

629 Bernardina
52: MPC 821, 823, 824 Blo*. MPC 776 Niz*. MPC 793 Ucc

631 Philippina
51: MPC 774 Niz*. Krim Mitt. 8 140 Sim*
El BIA **5** 218

635 Vundtia
52: MPC 807, NAZ **6** 33 Hei*. MPC 827 Niz*

636 Erika
52: MPC 819 Blo*. MPC 775 Niz*. Krim Mitt. **9** 143 Sim*

637 Chrysothemis
52: MPC 819, 820 Blo*

638 Moira
52: MPC 796 Niz*. MPC 792 Ucc

640 Brambilla
51: Krim Mitt. 8 135, 136 Sim*

644 Cosima
52: MPC 787 Joh*

651 Antikleia
51: Krim Mitt. 8 133 Sim*. — 52: MPC 824 Blo*. MPC 777, NAZ **6** 16 Hei*[43]). MPC 786 Joh*. MPC 796 Niz*

654 Zelinda
50: TAB (2) Nr. 42 S. 286 Tok*. — 51: MPC 724, NAZ **6** 3 Hei*

655 Briseïs
52: MPC 795 Joh*

660 Crescentia
50: TAB (2) Nr. 42 S. 288, Nr. 51 S. 397 Tok*. — 51: Astr Circ UdSSR Nr. **125** Kiw*. MPC 804 Kyo*

661 Cloelia
50: TAB (2) Nr. 42 S. 286 Tok*

663 Gerlinde
51: Krim Mitt. 8 136 Sim*
El BIA **5** 245

664 Judith
52: MPC 774, 775, 826 Niz*

665 Sabine
51: Krim Mitt. 8 133 Sim*. — 52: MPC 787 Joh*

667 Denise
51: Krim Mitt. 8 133 Sim*. TAB (2) Nr. 51 S. 399 Tok*. — 52: MPC 776 Niz*. MPC 793 Ucc

669 Kypria
50: TAB (2) Nr. 51 S. 397 Tok*

670 Ottegebe
39: BZ **21** 33, RI 1932 Niz*[44])

673 Edda
51: MPC 717 Blo*. MPC 729 Niz*. BAB **4** 112, MPC 712 Ucc
Eph (1953) EVA Circ. Nr. **12**
El EVA Circ. Nr. **12**

[43]) Berichtigung in MPC 815.
[44]) Irrtümlich zugeordnet. Vorläufige Bezeichnung 1939 DL, MPC 901.

674 Rachele
50: TAB (2) Nr. 42 S. 286 Tok*. — 51: EVA Circ. Nr. 12 EVA. MPC 714 Kyo*. Krim Mitt. 8 135 Sim*. — 52: MPC 808 Joh*

675 Ludmilla
50: MPC 712 Kyo*. TAB (2) Nr. 51 S. 398 Tok*

676 Melitta
52: MPC 774 Niz*. Krim Mitt. 9 143 Sim*. MPC 791 Ucc

677 Aaltje
51: EVA Circ. Nr. 12 EVA

678 Fredegundis
52: MPC 805 Alg*. MPC 795 Joh*

679 Pax
52: MPC 794, NAZ 6 25 Hei*. MPC 793 Ucc

683 Lanzia
52: MPC 778 Joh*

684 Hildburg
46: Belgrade Bull. 8—13 42 Bel. — 51: MPC 725, NAZ 6 4, 5 Hei*. Krim Mitt. 8 139, 140 Sim*

685 Hermia
52: MPC 778 Joh*
Eph (1952) Jap. Astr. Ass. Circ. Nr. 108

688 Melanie
52: MPC 776 Niz*

689 Zita
51: MPC 720 Niz*
El BIA 5 233

690 Wratislavia
50: Astr Circ UdSSR Nr. 122, Odessa Mitt. 2 Nr. 2 Oda*. — 51: TAB (2) Nr. 51 S. 400 Tok*. — 52: MPC 778 Joh*

Id mit 1942 XH, Belgrade Bull. 8—13 13 MPC 1086

691 Lehigh
52: MPC 757 Niz*

693 Zerbinetta
52: MPC 775 Niz*. Krim Mitt. 9 143 Sim*

694 Ekard
48: Belgrade Bull. 8—13 75 Bel. — 51: EVA Circ. Nr. 12 EVA. — 52: Astr Circ UdSSR Nr. 130 Kiw*. MPC 846 Kyo*

695 Bella
51: Madrid Bol. 4 Nr. 5, MPC 762 Mad. TAB (2) Nr. 51 S. 399, 400 Tok*. — 52: MPC 755 Joh*

696 Leonora
51: EVA Circ. Nr. 12 EVA

697 Galilea
45: UAI Circ 1012 Ucc[45]). — 51: MPC 741 Joh

699 Hela
52: MPC 794 Blf[46])
El MPC 829

701 Oriola
51: EVA Circ. Nr. 12 EVA. MPC 732 Joh. Krim Mitt. 8 135 Sim*

704 Interamnia
47: Belgrade Bull. 8—13 59 Bel. — 50: TAB (2) Nr. 42 S. 286 Tok*. — 52: MPC 795 Joh*. Astr Circ UdSSR Nr. 131 Lem*

708 Raphaela
52: MPC 810 Joh

709 Fringilla
51: Krim Mitt. 8 133 Sim*. TAB (2) Nr. 51 S. 400 Tok*. — 52: MPC 778 Joh*

710 Gertrud
51: Krim Mitt. 8 137 Sim*

712 Boliviana
51: MPC 720 Niz*. MPC 797 SFe. Krim Mitt. 8 139, 140, 141 Sim*. BAB 4 112, MPC 711 Ucc

713 Luscinia
45: UAI Circ 1021, 1024 Ucc[47]). — 51: Madrid Bol. 4 Nr. 5, MPC 763 Mad. MPC 774 Niz*. Krim Mitt. 8 139, 140 Sim*. MPC 710 Ucc

714 Ulula
51: MPC 713, 714 Kyo*. TAB (2) Nr. 51 S. 400 Tok*. — 52: MPC 827 Niz*

716 Berkeley
52: MPC 770, 771, 805 Alg*. MPC 771, 843 Alg[48]). Krim Mitt. 9 143 Sim*. MPC 791 Ucc
Id mit 1952 FA, MPC 770

717 Wisibada
50: TAB (2) Nr. 51 S. 397 Tok*

718 Erida
52: MPC 777, NAZ 6 16 Hei*[49]). MPC 786 Joh*. Astr Circ UdSSR Nr. 127 Kiw*. MPC 845 Kyo*. MPC 800 Mad. MPC 796 Niz*. Astr Circ UdSSR Nr. 131 Tar. MPC 793 Ucc*. MPC 793 Ucc

720 Bohlinia
48: JO 35 123 Alg
Eph (1953) EVA Circ. Nr. 12
El EVA Circ. Nr. 12

721 Tabora
51: MPC 717 Blo*. Krim Mitt. 8 140 Sim*

722 Frieda
52: MPC 787 Joh*

[45]) Berichtigung in MPC 790.
[46]) Irrtümlich zugeordnet, 1952 JB zugehörig, MPC 1008.
[47]) Berichtigung in MPC 790.
[48]) Berichtigung in MPC 815.
[49]) Berichtigung in MPC 815.

723 Hammonia
52: Astr Circ UdSSR Nr. **131** Kiw*

725 Amanda
52: MPC 808 Joh

727 Nipponia
51: Krim Mitt. 8 137 Sim*

729 Watsonia
Id mit 1944 DP, MPC 904, NAZ **6** 42

730 Athanasia
52: MPC 818 (?) Blo*

732 Tjilaki
43: Belgrade Bull. 8—**13** 9 Bel

734 Benda
51: MPC 720 Niz*. BAB **4** 112, MPC 710 Ucc. — 52: Krim Mitt. 8 140 Sim*

735 Marghanna
51: Krim Mitt. 8 134 Sim*. — 52: MPC 795 Joh*

736 Harvard
51: Madrid Bol. **4** Nr. 5, MPC 763 (?) Mad. Krim Mitt. 8 138, 139 Sim*

737 Arequipa
51: TAB (2) Nr. 51 S. 399 Tok*. — 52: MPC 805 Kyo*. MPC 758 Niz*. Astr Circ UdSSR Nr. **131** Tar. MPC 792, 793 Ucc

738 Alagasta
51: Krim Mitt. 8 134 Sim*. — 52: MPC 795 Joh*

740 Cantabia
51: Astr Circ UdSSR Nr. **127** Aba*. Krim Mitt. 8 134, 135 Sim*

741 Botolphia
51: EVA Circ. Nr. 12 EVA

742 Edisona
51: Krim Mitt. **8** 134, 135, 136 Sim*. — 52: MPC 808 Joh

743 Eugenisis
51: Krim Mitt. **8** 135 Sim*

744 Aguntina
51: Krim Mitt. **8** 141 Sim*

746 Marlu
51: Krim Mitt. **8** 133 Sim*

747 Winchester
50: TAB (2) Nr. 42 S. 286 Tok*. — 51: Krim Mitt. 8 134 Sim*. — 52: MPC 808 Joh*. Astr Circ UdSSR Nr. **130** Kiw*. MPC 846 Kyo*. MPC 827 Niz*

748 Simeïsa
52: MPC 820 Blo*. MPC 758 Niz*

750 Oskar
51: Krim Mitt. 8 134 Sim*

751 Faïna
50: TAB (2) Nr. 42 S. 287 Tok*. — 51: MPC 732 Joh

752 Sulamitis
51: Tartu Publ. **32** 278 Tar. — 52: MPC 787 Joh*. MPC 827 Niz*

753 Tiflis
52: MPC 823 Blo*. MPC 796 Niz*. MPC 792 Ucc

754 Malabar
51: Krim Mitt. **8** 134 Sim*. — 52: MPC 807, NAZ **6** 33 Hei*

756 Lilliana
51: BAB **4** 112, MPC 710 Ucc
Eph (1952/53) MPC 815, NAZ **6** 27
El MPC 815, NAZ **6** 27

757 Portlandia
43: Belgrade Bull. 8—**13** 8 Bel

758 Mancunia
51: MPC 713 Kyo*. Madrid Bol. **4** Nr. 5, MPC 762 Mad. Tartu Publ. **32** 278 Tar. — 52: MPC 846 Kyo*

759 Vinifera
51: MPC 718 Blo. MPC 730 Niz

760 Massinga
50: TAB (2) Nr. 42 S. 286 Tok*

766 Moguntia
52: MPC 775 Niz*. Krim Mitt. **9** 143 Sim*

767 Bondia
51: MPC 843 Alg. MPC 732 Joh

768 Struveana
51: MPC 741 Joh

769 Tatjana
52: MPC 808 Joh*. MPC 846 Kyo*

770 Bali
52: MPC 795 Joh*

772 Tanete
52: MPC 787 Joh*

773 Irmintraud
51: MPC 720 Niz*. Krim Mitt. 8 139 Sim*

776 Berbericia
51: MPC 714 Kyo*. Krim Mitt. 8 136 Sim*

779 Nina
51: Astr Circ UdSSR Nr. **127** Aba*. MPC 746 Bar*. MPC 746 Bar. Astr Circ UdSSR Nr. **122** Lem*. MPC 797 SFe*[50]). Tartu Publ. **32** 278 Tar

[50]) Berichtigung in MPC 904.

781 Kartvelia
51: Krim Mitt. **8** 136 Sim*

782 Montefiore
51: MPC 757 Niz*

783 Nora
43: Belgrade Bull. 8—**13** 9 Bel. — 51: MPC 721 Niz*. Krim Mitt. **8** 141 Sim*

784 Pickeringia
52: Krim Mitt. **9** 143 Sim*

785 Zwetana
45: UAI Circ 1029 Ucc[51]). — 51: Krim Mitt. **8** 133, 134 Sim*. — 52: MPC 808 Joh

786 Bredichina
51: Krim Mitt. **8** 141 Sim*

788 Hohensteina
47: Belgrade Bull. 8—**13** 60 Bel*. MPC 9 Niz*[52])

791 Ani
52: MPC 777, NAZ **6** 16 Hei*[53]). MPC 796 Niz*. MPC 792 Ucc

793 Arizona
51: Krim Mitt. **8** 141 Sim*

794 Irenaea
52: MPC 826 Niz*. MPC 793 Ucc

795 Fini
51: MPC 774 Niz*. Krim Mitt. **8** 140 Sim*

796 Sarita
51: Krim Mitt. **8** 134 Sim*. — 52: MPC 795 Joh*

797 Montana
49: JO **35** 123 Alg. — 51: MPC 757 Niz*

798 Ruth
45: UAI Circ 1024 Ucc[54])

799 Gudula
52: MPC 794, NAZ **6** 24 Hei*. MPC 826 Niz*

800 Kressmannia
51: Krim Mitt. **4** 134 Sim*

802 Epyaxa
46: Belgrade Bull. 8—**13** 47 Bel*

804 Hispania
46: Belgrade Bull. 8—**13** 42 Bel. — 50: TAB (2) Nr. 51 S. 397 Tok*. — 51: MPC 746 Bar

805 Hormuthia
51: Krim Mitt. **8** 137 Sim*

807 Ceraskia
52: MPC 821, 823 Blo*

808 Merxia
51: MPC 715, 716 Blo*. MPC 774 Niz*. Krim Mitt. **8** 138, 139, 140 Sim*

811 Nauheima
48: JO **35** 123 Alg

813 Baumeia
51: MPC 733 Joh

814 Tauris
52: MPC 777, NAZ **6** 16 Hei*[55]). MPC 776, 796 Niz*. MPC 792 Ucc

817 Annika
51: EVA Circ. Nr. **12** EVA

818 Kapteynia
52: MPC 795 Joh*[56])

819 Barnardiana
43: Belgrade Bull. 8—**13** 10 Bel

825 Tanina
50: TAB (2) Nr. 42 S. 288 Tok*. — 51: MPC 757 Niz*

826 Henrika
52: MPC 778 (?) Joh*

828 Lindemannia
45: UAI Circ 1024 Ucc[57]). — 51: MPC 729 Niz*

829 Academia
52: MPC 822 Blo*. MPC 778 Joh*. MPC 776 Niz*

830 Petropolitana
51: Astr Circ UdSSR Nr. **122** Kiw. Madrid Bol. **4** Nr. 5 (?), MPC 764 Mad

834 Burnhamia
51: MPC 730 Niz*

837 Schwarzschilda
51: BAB **4** 112, MPC 710 Ucc

840 Zenobia
52: MPC 741 Ucc

842 Kerstin
45: UAI Circ 1021, 1024 Ucc[58])

846 Lipperta
52: MPC 758, 759 Niz*

848 Inna
52: MPC 822 Blo*. MPC 778 Joh*

849 Ara
40: BZ **22** 22 (?), RI 2088 (?) Wür*[59]). — 52: MPC 755 Joh*

850 Altona
50: TAB (2) Nr. 51 S. 399 Tok*. — 52: MPC 775 Niz*. Krim Mitt. **9** 143 Sim*

851 Zeissia
51: MPC 720, 721 Niz*

852 Wladilena
52: MPC 776 Niz*

[51]) Berichtigung in MPC 790.
[52]) Berichtigung in MPC 815.
[53]) Berichtigung in MPC 815.
[54]) Berichtigung in MPC 790.
[55]) Berichtigung in MPC 815.
[56]) Berichtigung in MPC 1021.
[57]) Berichtigung in MPC 790.
[58]) Berichtigung in MPC 790.
[59]) Irrtümlich zugeordnet. Vorläufige Bezeichnung 1940 BD, MPC 789.

855 Newcombia
52: Krim Mitt. **9** 143 Sim*

856 Backlunda
51: Krim Mitt. 8 137 Sim*

857 Glasenappia
52: MPC 795 Joh*

861 Aida
52: MPC 823 Blo*

862 Franzia
51: MPC 733 Joh. — 52: MPC 843 Alg*. MPC 808 Joh*

865 Zubaida
51: MPC 730 Niz. TAB (2) Nr. 51 S. 400 Tok*

866 Fatme
48: JO **35** 123 Alg. — 51: Krim Mitt. 8 134 Sim*

868 Lova
50: TAB (2) Nr. 51 S. 397 Tok*. — 52: Krim Mitt. **9** 143 Sim*

869 Mellena
52: MPC 791 Ucc

876 Scott
52: MPC 819 Blo*

877 Walküre
52: MPC 757 Niz*

881 Athene
El MPC 830

882 Swetlana
51: MPC 720, 721 Niz*

883 Matterania
52: MPC 817 Blo*

884 Priamus
52: MPC 826, NAZ **6** 35 Hei*

886 Washingtonia
45: UAI Circ 1029 Ucc[60])

888 Parysatis
51: Krim Mitt. 8 136 Sim*

889 Erynia
51: Krim Mitt. 8 141 Sim*

890 Waltraut
51: MPC 724, NAZ **6** 3 Hei*

892 Seeligeria
52: MPC 771 Alg*. MPC 758 Niz*. MPC 793 Ucc*. MPC 791, 792, 793 Ucc

893 Leopoldina
51: Krim Mitt. 8 137 Sim

894 Erda
51: MPC 719 Niz*. MPC 721 Niz. Krim Mitt. 8 135, 136 Sim*

895 Helio
51: EVA Circ. Nr. **12** EVA. — 52: MPC 787 Joh*

896 Sphinx
52: MPC 755 Joh*

897 Lysistrata
51: Krim Mitt. 8 140 Sim*

899 Jokaste
52: MPC 805 Alg*. MPC 787 Joh*

901 Brunsia
51: Krim Mitt. 8 137 Sim*

905 Universitas
51: BAB 4 112, MPC 711 Ucc

906 Repsolda
50: TAB (2) Nr. 42 S. 286 Tok*
El BIA **5** 245

908 Buda
52: MPC 808 (?) Joh*

909 Ulla
51: MPC 726, NAZ **6** 5 Hei*. — 52: MPC 818 Blo*

910 Anneliese
51: EVA Circ. Nr. **12** EVA. Krim Mitt. 8 138 Sim*

912 Maritima
52: MPC 845 Kyo*. Astr Circ UdSSR Nr. **131** Tar. MPC 792 (?) Ucc

914 Palisana
50: TAB (2) Nr. 42 S. 288 Tok*

915 Cosette
51: MPC 720 Niz*

916 America
51: MPC 741 Joh

917 Lyka
51: EVA Circ. Nr. **12** EVA

919 Ilsebill
51: MPC 726, NAZ **6** 5 Hei*. — 52: MPC 818 Blo*. MPC 733, NAZ **6** 5 Joh
El MPC 759, NAZ **6** 6

924 Toni
52: Krim Mitt. **9** 143 Sim*. MPC 792 Ucc

925 Alphonsina
51: MPC 713 Kyo*. Krim Mitt. 8 133 Sim*. TAB (2) Nr. 51 S. 399 Tok*. — 52: MPC 778 Joh*[61])

926 Imhilde
52: MPC 795 Joh*. MPC 809 Joh

927 Ratisbona
49: JO **35** 123 Alg

928 Hildrun
51: MPC 843 Alg

930 Westphalia
20: BZ **2** 29 (?) Hei*[62]). — 51: MPC 741 Joh

931 Whittemora
51: Krim Mitt. 8 137 Sim*

932 Hooveria
50: TAB (2) Nr. 42 S. 286 Tok*

[60]) Berichtigung in MPC 790.
[61]) Berichtigung in MPC 815.
[62]) Irrtümlich zugeordnet. Vorläufige Bezeichnung 1920e, MPC 749.

933 Susi
49: JO 35 123 Alg

936 Kunigunde
52: MPC 822 Blo*. MPC 778 Joh*

939 Isberga
El BIA 5 233

940 Kordula
51: EVA Circ. Nr. 12 EVA. Madrid Bol. 4 Nr. 5, MPC 763 Mad

943 Begonia
52: MPC 810 Joh*

945 Barcelona
51: MPC 713 Kyo*. Krim Mitt. 8 133 Sim*. TAB (2) Nr. 51 S. 399 Tok*. — 52: MPC 809 Joh

947 Monterosa
51: Madrid Bol. 4 Nr. 5, MPC 763 Mad

949 Hel
52: Astr Circ UdSSR Nr. 127 Aba*. MPC 818 (?), 819 (?) Blo*. MPC 740, 741 Ucc

950 Ahrensa
51: Krim Mitt. 8 137 Sim*

951 Gaspra
52: MPC 808 Joh*

952 Caia
51: EVA Circ. Nr. 12 EVA. — 52: Astr Circ UdSSR Nr. 131 (?) Kiw*

956 Elisa
52: MPC 827 Niz*

957 Camelia
51: MPC 720 Niz*. Krim Mitt. 8 139 Sim*. BAB 4 112, MPC 711 Ucc

959 Arne
52: MPC 820 (?) Blo*

960 Birgit
El MPC 751

961 Gunnie
51: MPC 741 Joh

962 Aslög
51: MPC 729 Niz*
El MPC 734

965 Angelica
52: MPC 822 (?) Blo*

974 Lioba
51: Krim Mitt. 8 136 Sim*. — 52: MPC 808 Joh

975 Perseverantia
51: Krim Mitt. 8 135 Sim*. — 52: MPC 808 Joh*

976 Benjamina
50: TAB (2) Nr. 42 S. 285 Tok*

978 Aidamina
51: Krim Mitt. 8 136 Sim*

980 Anacostia
51: MPC 713, 714 Kyo*. TAB (2) Nr. 51 S. 400 Tok*. — 52: MPC 787 Joh*

981 Martina
52: MPC 818 Blo*

987 Wallia
52: MPC 819 Blo*

994 Otthild
52: MPC 795 Joh*

995 Sternberga
45: UAI Circ 1029 Ucc[63]). — 51: Krim Mitt. 8 133 Sim*. — 52: MPC 794 Blf. MPC 822 Blo*. MPC 778 Joh*. MPC 776 Niz*

1002 Olbersia
51: EVA Circ. Nr. 12 EVA. Krim Mitt. 8 138, 139 Sim*

1004 Belopolskya
27: Bull. Obs. Nice 31 Alg*[64]). JO 10 161 Alg[64]). BZ 9 26, 38 Hei*[64]). AN 247 263 Hei[64]). AJ 38 42 WiB*[64]). — 49: MPC 367 Niz*[65]). — 51: Krim Mitt. 8 133 Sim*[66]). — 52: MPC 777, NAZ 6 16 Hei*[67]). MPC 776 Niz*
Id mit 1936 WB, 1937 YB[68]) = 1938 AA, BIA 5 242
El BIA 5 239

1005 Arago
50: MPC 725, NAZ 6 5 Hei*. — 51: MPC 720, NAZ 6 5 Hei*. Krim Mitt. 8 139 Sim*

1008 La Paz
El MPC 814, NAZ 6 16

1010 Marlene
52: MPC 795 Joh*

1011 Laodamia
39: BZ 21 33, RI 1928 Hei*[69]). BZ 21 45 Ucc*[69]). BAB 3 12, RI 1945 Ucc[69])

1012 Sarema
52: MPC 786 Joh. MPC 777, NAZ 6 16 Hei*[70])

1013 Tombecka
51: Krim Mitt. 8 134, 135 Sim*

1015 Christa
43: Belgrade Bull. 8—13 9 Bel. — 51: MPC 757 Niz*

1017 Jacqueline
51: EVA Circ. Nr. 12 EVA

1018 Arnolda
50: TAB (2) Nr. 51 S. 397 Tok*

---

[63]) Berichtigung in MPC 790.
[64]) Irrtümlich zugeordnet, BIA 5 241. Vorläufige Bezeichnung 1927 FD, MPC 901.
[65]) Irrtümlich zugeordnet, BIA 5 242. Vorläufige Bezeichnung 1949 YY, MPC 901.
[66]) Für 1104 lies 1004 Belopolskya.
[67]) Berichtigung in MPC 815.
[68]) Für 1937 BY lies 1937 YB.
[69]) Irrtümlich zugeordnet, 1939 CD_1 zugehörig, MPC 835.
[70]) Berichtigung in MPC 815.

1021 Flammario
51: TAB (2) Nr. 51 S. 400 Tok*. — 52: MPC 777, NAZ **6** 16 Hei*[71]). MPC 776, 796 Niz*[71]). MPC 792 Ucc

1026 Ingrid
52: MPC 818 (?) Blo*

1028 1923 PG
51: Krim Mitt. 8 134 Sim*

1029 La Plata
43: Belgrade Bull. 8—**13** 10 Bel

1030 1924 RQ
51: MPC 730 Niz

1032 Pafuri
52: MPC 795 Joh*

1034 Mozartia
Benennung MPC 837

1035 Amata
51: EVA Circ. Nr. **12** EVA. MPC 741 Joh[72])

1036 Ganymed
48: JO **35** 123 Alg. — 49: JO **35** 123 Alg. — 50: JO **35** 123 Alg. TAB (2) Nr. 42 S. 287, 288 Tok*. — 52: MPC 739, 770 Alg*. MPC 843 Alg
Eph (1952) Astr Circ UdSSR Nr. **123**

1039 Sonneberga
52: MPC 757 Niz*

1040 Klumpkea
51: Krim Mitt. 8 141 Sim*

1041 Asta
52: MPC 786 Joh. MPC 793 Ucc

1043 Beate
52: MPC 822 Blo*

1048 Feodosia
48: JO **35** 123 Alg. Belgrade Bull. 8—**13** 75 Bel. — 49: JO **35** 123 Alg. — 51: MPC 843 Alg. MPC 729 Niz*

1049 Gotho
52: MPC 808 Joh

1051 Merope
52: MPC 823 Blo*. MPC 793 Ucc*. MPC 792, 793 Ucc

1055 Tynka
51: MPC 720, 721 Niz*. BAB **4** 112, MPC 711 Ucc

1057 Wanda
50: TAB (2) Nr. 51 S. 398 Tok*

1058 Grubba
45: UAI Circ 1021, 1024 Ucc[73]). — 48: Belgrade Bull. 8—**13** 75 Bel

1059 Mussorgskia
51: MPC 726, NAZ **6** 5 Hei*. Krim Mitt. 8 139 Sim* Benennung MPC 837

1060 Magnolia
45: UAI Circ 1016 Ucc[74])

1061 Paeonia
25: BZ **7** 89 Hei*[75]). AN **247** 263, MPC 847, NAZ **6** 31 Hei[75]). MPC 847, NAZ **6** 31 WiB. — 27: BZ **9** 20 Hei*[76]). — 36: RI 1482, UC Nr. **97** S. 320 Joh*[77]). — 42: BZ **24** 89 (?), RI 2396 (?) Hei*[78]). — 48: BAB **4** Nr. 3, Nr. 4, MPC 385, 387 Ucc[79]). — 51: EVA Circ. Nr. **12** EVA. — 52: MPC 810, 847, NAZ **6** 31 Joh
Id mit 1925 XB, 1942 XD, MPC 848, NAZ **6** 33
Nicht id. mit 1931 XO, MPC 848 NAZ **6** 33
Eph (1952, 1953) MPC 848, NAZ **6** 32
El MPC 847, NAZ **6** 32

1062 Ljuba
51: MPC 720 Niz*

1063 Aquilegia
52: MPC 795 Joh*

1064 Aethusa
50: JO **35** 123 Alg. — 51: MPC 843 Alg

1066 Lobelia
52: MPC 810 Joh

1068 Nofretete
51: MPC 774 Niz*. BAB **4** 112, MPC 710 Ucc

1070 Tunica
52: MPC 774 Niz*

1071 Brita
50: TAB (2) Nr. 51 S. 398 Tok*. — 52: MPC 775 Niz*. Krim Mitt. **9** 143 Sim*

1072 Malva
52: MPC 822 Blo*

1073 Gellivara
51: MPC 718 Blo. EVA Circ. Nr. **12** EVA

1075 Helina
51: EVA Circ. Nr. **12** EVA

1076 Viola
51: Krim Mitt. 8 133 Sim*. — 52: MPC 809 Joh

1077 Campanula
Eph (1952) MPC 751
El MPC 751

---

[71]) Berichtigung in MPC 815.
[72]) Berichtigung in MPC 784.
[73]) Berichtigung in MPC 790.
[74]) Berichtigung in MPC 790.
[75]) Irrtümlich zugeordnet. Vorläufige Bezeichnung 1925 XF, MPC 848, NAZ **6** 33.
[76]) Irrtümlich zugeordnet. Vorläufige Bezeichnung 1927 EC, MPC 848, NAZ **6** 33.
[77]) Irrtümlich zugeordnet. Vorläufige Bezeichnung 1936 RO, MPC 848, NAZ **6** 33.
[78]) Irrtümlich zugeordnet. Vorläufige Bezeichnung 1942 RG_1, MPC 848, NAZ **6** 33.
[79]) Irrtümlich zugeordnet. Vorläufige Bezeichnung 1948 TF_2, MPC 848 (Berichtigung in MPC 903), NAZ **6** 33.

1082 Pirola
43: Belgrade Bull. 8—**13** 10 Bel

1086 Nata
52: MPC 757 Niz*

1087 Arabis
51: Krim Mitt. 8 134 Sim*

1088 Mitaka
49: JO **35** 123 Alg. — 52: MPC 777, 794, NAZ **6** 16, 24, 25 Hei*[80])

1089 Tama
50: TAB (2) Nr. 51 S. 398 Tok*

1091 Spiraea
51: BAB **4** 112 (?), MPC 711 Ucc

1092 Lilium
51: MPC 724, 725, 726, NAZ **6** 3, 4, 5 Hei*. NAZ **6** 36 Hei. Krim Mitt. 8 139 Sim*

1093 Freda
52: MPC 820, 822 Blo*

1094 Siberia
52: MPC 810 Joh
El MPC 830

1095 Tulipa
51: MPC 720 Niz*

1106 Cydonia
51: EVA Circ. Nr. **12** (?) EVA

1107 Lictoria
51: MPC 713 Kyo*. Madrid Bol. **4** Nr. 5, MPC 762 Mad. Tartu Publ. **32** 278 Tar. TAB (2) Nr. 51 S. 399 Tok*. — 52: MPC 821, 823 Blo*. MPC 786 Joh*. MPC 793 Ucc

1110 Jaroslawa
51: Krim Mitt. 8 136 Sim*

1115 Sabauda
51: Krim Mitt. 8 133 Sim*. TAB (2) Nr. 51 S. 399 Tok*. — 52: MPC 796, 826 (?) Niz*

1117 Reginita
51: Krim Mitt. 8 139 Sim*

1119 Euboea
51: Krim Mitt. 8 135 Sim*

1120 Cannonia
51: EVA Circ. Nr. **12** EVA. Krim Mitt. 8 138, 139 Sim*

1121 Natascha
52: MPC 808 (?) Joh*

1122 Neith
52: MPC 794 (?), NAZ **6** 24 (?) Hei*
Eph (1953) Urania Barcelona **37** 136 = Madrid Publ. Nr. **12**

1125 China
51: MPC 717 (?) Blo*. MPC 719 (?) Blo
Eph (1936—52) MPC 828
Eph (1952/53) Urania Barcelona **37** 132 = Madrid Publ. Nr. **12**

1126 Otero
43: Belgrade Bull. 8—**13** 10 Bel

1128 Astrid
45: Belgrade Bull. 8—**13** 47 Bel*. UAI Circ 1024 Ucc[81]). — 52: MPC 820 Blo*. MPC 758 Niz*.
Eph (1953) EVA Circ. Nr. **12**

1129 Neujmina
50: TAB (2) Nr. 51 S. 397 Tok*. — 51: Tartu Publ. **32** 278 Tar

1132 Hollandia
51: MPC 733 Joh. MPC 788 Kyo*. Krim Mitt. 8 139 Sim*

1133 Lugduna
51: EVA Circ. Nr. **12** EVA

1134 Kepler
47: MPC 56 (?) Niz*[82]). — 49: BAB **4** Nr. 4 Ucc[83])
Id mit 1951 SA, MPC 785, NAZ **6** 17
El MPC 785, NAZ **6** 17

1135 Colchis
51: Krim Mitt. 8 141 Sim*

1136 Mercedes
51: MPC 730 Niz. — 52: MPC 776 Niz*

1138 Attica
51: MPC 717 Blo*. BAB **4** 112, MPC 711 Ucc
El MPC 831, NAZ **6** 17

1139 Atami
Eph (1953) Jap. Astr. Ass. Circ. Nr. 111—112
El Jap. Astr. Ass. Circ. Nr. 111—112

1142 Aetolia
51: MPC 757 Niz*

1144 Oda
52: MPC 774, 775 Niz*

1148 Raraju
50: TAB (2) Nr. 42 S. 287, 288 Tok*

1151 Ithaka
Eph (1952/53) Urania Barcelona **37** 132 = Madrid Publ. Nr. **12**

1152 Pawona
51: MPC 774 Niz*. Krim Mitt. 8 140 Sim*

---

[80]) Berichtigung in MPC 815.
[81]) Berichtigung in MPC 790.
[82]) Irrtümlich zugeordnet, MPC 785, NAZ **6** 17. Vorläufige Bezeichnung 1947 XD, MPC 789 (Berichtigung in MPC 904).
[83]) Irrtümlich zugeordnet, MPC 785, NAZ **6** 17. Vorläufige Bezeichnung 1949 CN, MPC 789.

1153 Wallenbergia
50: TAB (2) Nr. 51 S. 397 Tok*. — 52: MPC 757 Niz*

1155 Aënna
52: MPC 808 Joh*

1158 Luda
46: Belgrade Bull. 8—13 42 Bel

1159 Granada
51: MPC 725, 726, NAZ **6** 5 Hei*. NAZ **6** 37 Hei. Krim Mitt. 8 139, 140 Sim*
El MPC 752

1164 Kobolda
51: MPC 730 Niz
Eph (1953) Urania Barcelona **37** 138 = Madrid Publ. Nr. **12**

1165 Imprinetta
52: MPC 822 Blo*

1167 1930 PB
50: MPC 497 Tuk*[84])

1170 Siva
Eph (1953) Urania Barcelona **37** 133 = Madrid Publ. Nr. **12**

1172 Äneas
51: BAB **4** 112 (?), MPC 710 (?) Ucc

1173 Anchises
51: EVA Circ. Nr. **12** EVA

1177 Gonnessia
48: JO **35** 123 Alg. — 50: JO **35** 123 Alg. — 51: EVA Circ. Nr. **12** EVA. — 52: MPC 805 Alg*. MPC 843 Alg. MPC 824 Blo*. MPC 787 Joh*[85])
Eph (1953) EVA Circ. Nr. **12**
El EVA Circ. Nr. **12**, Riga Publ. Nr. **3** S. 91

1178 Irmela
31: AN **242** 223 (?), RI 439 (?) Hei*[86]). AN **247** 267 Hei [86]).— 51: MPC 729 (?) Niz*
Eph (1953) Urania Barcelona **37** 133 = Madrid Publ. Nr. **12**

1179 Mally
Eph (1936—52) MPC 828
Eph (1953) Urania Barcelona **37** 136 = Madrid Publ. Nr. **12**

1181 Lilith
Eph (1952/53) Urania Barcelona **37** 132 = Madrid Publ. Nr. **12**

1183 Jutta
52: MPC 774 (?) Niz*[87]). Krim Mitt. **9** 143 Sim*

1185 Nikko
52: Krim Mitt. **9** 143 Sim*

1186 Turnera
51: MPC 717 Blo*. BAB **4** 112, MPC 712 Ucc

1189 Terentia
50: TAB (2) Nr. 51 S. 397 Tok*

1190 Pelagia
Eph (1953) Urania Barcelona **37** 138 = Madrid Publ. Nr. **12**

1192 Prisma
51: MPC 715 (?) Blo*. MPC 719 (?) Blo
Eph (1953) Urania Barcelona **37** 134 = Madrid Publ. Nr. **12**

1194 Aletta
51: MPC 733 Joh

1200 Imperatrix
51: Krim Mitt. **8** 134, 135, 136 Sim*. — 52: MPC 826, NAZ **6** 35 Hei*

1212 Francette
49: JO **35** 123 Alg

1213 Algeria
49: JO **35** 123 Alg
Eph (1953) Urania Barcelona **37** 138 = Madrid Publ. Nr. **12**

1214 Richilde
51: EVA Circ. Nr. **12** EVA. — 52: MPC 825, NAZ **6** 35 Hei*

1215 1932 BA
49: JO **35** 123 Alg. — 51: MPC 843 Alg

1219 Britta
52: MPC 758 Niz*

1220 Crocus
Eph (1953) EVA Circ. Nr. **12**, Urania Barcelona **37** 133 = Madrid Publ. Nr. **12**
El EVA Circ. Nr. **12**

1221 Amor
Eph (1952) MPC 840
El MPC 840, NAZ **6** 37

1226 Golia
Eph (1953/54) Urania Barcelona **37** 138 = Madrid Publ. Nr. **12**

1229 Tilia
52: MPC 794 Blf
Eph (1953) Urania Barcelona **37** 135 = Madrid Publ. Nr. **12**

1231 Auricula
Eph (1953) Urania Barcelona **37** 137 = Madrid Publ. Nr. **12**

1232 Cortusa
52: MPC 787 Joh*

1233 Kobresia
51: Krim Mitt. 8 139 (?) Sim*

[84]) Berichtigung in MPC 815.
[85]) Beob. Mai 17 irrtümlich 1327 Namaqua zugeordnet, MPC 1064.
[86]) Beob. Mai 5 irrtümlich zugeordnet. Vorläufige Bezeichnung 1931 JP, MPC 749.
[87]) Berichtigung in MPC 904.

1236 Thaïs
Eph (1953) Urania Barcelona **37** 134 = Madrid Publ. Nr. **12**

1237 Geneviève
48: JO **35** 123 Alg

1241 Dysona
45: UAI Circ 1019 Ucc[88])

1242 Zambesia
49: JO **35** 123 Alg

1244 Deira
51: Krim Mitt. 8 139 Sim*. BAB **4** 112, MPC 711 Ucc

1247 Memoria
43: Belgrade Bull. 8—**13** 10 Bel. — 52: MPC 819 Blo*. MPC 774 Niz*

1248 Jugurtha
50: TAB (2) Nr. 51 S. 397 Tok*

1253 Frisia
Eph (1953) Urania Barcelona **37** 136 = Madrid Publ. Nr. **12**

1254 Erfordia
51: MPC 774 Niz*

1257 Mora
51: EVA Circ. Nr. **12** EVA. MPC 733 Joh

1258 Sicilia
52: MPC 774 Niz*
Eph (1953) EVA Circ. Nr. **12**
El EVA Circ. Nr. **12**

1260 Walhalla
51: EVA Circ. Nr. **12** EVA

1261 Legia
El MPC 832, NAZ **6** 28

1262 Sniadeckia
51: EVA Circ. Nr. **12** EVA

1263 Varsavia
43: Belgrade Bull. 8—**13** 9 Bel

1264 Letaba
52: MPC 786 Joh

1266 Tone
50: TAB (2) Nr. 51 S. 398 Tok*

1268 Libya
52: MPC 758 Niz*

1269 Rollandia
51: Krim Mitt. 8 134, 135, 136 Sim*

1270 Datura
52: MPC 823 Blo*
Eph (1953) Urania Barcelona **37** 137 = Madrid Publ. Nr. **12**

1272 Gefion
52: MPC 774 (?) Niz*

1274 Delportia
45: UAI Circ 1024 Ucc[89])

1275 Cimbria
51: Krim Mitt. 8 133 Sim*. — 52: MPC 777, NAZ **6** 16 Hei*[90]). MPC 776 Niz*

1277 Dolores
43: RI 2510 Hei*[91]). — 51: MPC 730 Niz. Krim Mitt. 8 135 Sim*

1279 Uganda
48: MPC 286 Niz[92]). - 51: MPC 733 Joh
Eph (1952) MPC 828
El MPC 828

1280 Baillauda
42: RI 2390 (?) Wür[93])

1282 Utopia
El MPC 831, NAZ **6** 20

1283 Komsomolia
35: BAN 8 107 (?), RI 1456 (?) Joh[94])
Benennung MPC 838

1287 Lorcia
51: MPC 776 Niz. — 52: MPC 821, 823 Blo*

1289 Kutaïssi
52: MPC 808 Joh*

1290 Albertine
Eph (1953) Urania Barcelona **37** 132 = Madrid Publ. Nr. **12**

1291 Phryne = 1928 TD (?)

1294 Antwerpia
52: MPC 757 Niz*

1295 Deflotte
51: MPC 817 Blo*. BAB **4** 112, MPC 710 Ucc

1296 Andrée
48: JO **35** 123 Alg

1297 Quadea
51: EVA Circ. Nr. **12** EVA. — 52: MPC 810 Joh

1298 Nocturna
42: RI 2474 Joh*[95]). — 52: MPC 822 Blo*

1301 Yvonne
48: JO **35** 124 Alg

1303 Luthera
52: MPC 795 Joh*

1306 Scythia
52: MPC 795 Joh*

1309 Hyperborea
52: MPC 827 (?) Niz*

[88]) Berichtigung in MPC 790.
[89]) Berichtigung in MPC 790.
[90]) Berichtigung in MPC 815.
[91]) Irrtümlich zugeordnet. Vorläufige Bezeichnung 1943 UH, MPC 789.
[92]) Berichtigung in MPC 827.
[93]) Irrtümlich zugeordnet. Vorläufige Bezeichnung 1942 AG, MPC 789.
[94]) Irrtümlich zugeordnet, MPC 752. Vorläufige Bezeichnung 1935 KJ, MPC 773.
[95]) Irrtümlich zugeordnet. Vorläufige Bezeichnung 1942 NB, MPC 789.

1310 Villigera
43: Belgrade Bull. 8—**13** 8 Bel

1314 Paula
52: MPC 741 (?) Ucc
Id mit 1945 AA, MPC 761, NAZ **6** 8
Eph (1953) Urania Barcelona **37** 135 = Madrid Publ. Nr. **12**

1315 Bronislawa
51: MPC 717, 718 Blo*. MPC 729 Niz*. MPC 776 Niz

1316 Kasan
Eph (1952/53) Urania Barcelona **37** 132 = Madrid Publ. Nr. **12**

1320 Impala
Eph (1953) Astr CircUdSSR Nr. **129**
El Astr Circ UdSSR Nr. **129**

1321 Majuba
50: TAB (2) Nr. 51 S. 397 Tok*

1322 Coppernicus
Eph (1953) Urania Barcelona **37** 136 = Madrid Publ. Nr. **12**

1323 Tugela
51: MPC 733 Joh

1327 Namaqua
52: MPC 787 Joh*[96]). MPC 786 Joh

1328 Devota
51: Krim Mitt. 8 140 Sim*

1329 Eliane
51: Krim Mitt. 8 137 Sim*

1331 Solvejg
48: MPC 134 Niz*[97])
El MPC 830

1332 Marconia
52: MPC 787 Joh*

1333 Cevenola
49: JO **35** 124 Alg

1336 Zeelandia
52: MPC 786 Joh
Nicht id. mit 1929 QE, MPC 740

1337 Gerarda
52: MPC 821, 822 Blo*

1338 Duponta
49: JO **35** 124 Alg

1339 Désagneauxa
49: JO **35** 124 Alg

1340 Yvette
52: MPC 817 Blo*

1342 Brabantia
Eph (1953) Urania Barcelona **37** 136 = Madrid Publ. Nr. **12**

1343 Nicole
49: JO **35** 124 Alg

1344 Caubeta
52: MPC 787 Joh*
Eph (1953) Urania Barcelona **37** 137 = Madrid Publ. Nr. **12**

1347 Patria
51: MPC 730 Niz

1348 Michel
52: MPC 821, 823, 824 Blo*

1349 Bechuana
Id mit 1919 FQ (?), JO **35** 156

1350 Rosselia
El BIA **5** 245

1351 1934 TF
51: Krim Mitt. 8 139 Sim*

1353 Maartje
52: MPC 794, 795, NAZ **6** 25, 27 Hei*. MPC 827 Niz*

1354 1935 GK
52: MPC 795 (?) Joh*

1355 1935 HE
51: Krim Mitt. 8 141 Sim*

1356 Nyanza
52: MPC 808 Joh*

1357 1935 ND
El MPC 831, NAZ **6** 17

1358 1935 OB
51: Krim Mitt. 8 140 (?) Sim*. BAB **4** 112, MPC 710 Ucc

1361 Leuschneria
51: MPC 718 Blo. MPC 730 Niz

1364 Safara
48: JO **35** 124 Alg

1366 Piccolo
51: MPC 720 Niz*. Krim Mitt. 8 140 Sim*

1367 1934 NA
52: MPC 809 Joh
Eph (1953) Urania Barcelona **37** 138 = Madrid Publ. Nr. **12**

1369 Ostanina
51: Krim Mitt. 8 136 Sim*
Benennung MPC 838

1371 Resi
Eph (1953) Urania Barcelona **37** 138 = Madrid Publ. Nr. **12**

1372 Haremari
52: MPC 794 Blf
Eph (1953) Urania Barcelona **37** 136 = Madrid Publ. Nr. **12**

1375 Alfreda
52: Krim Mitt. **9** 143 Sim*

1377 Roberbauxa
48: JO **35** 124 Alg. — 50: JO **35** 124 Alg

[96]) Irrtümlich zugeordnet, 1177 Gonnessia zugehörig, MPC 1064.

[97]) Irrtümlich zugeordnet, MPC 830. Vorläufige Bezeichnung 1948 EX, MPC 836.

1378 Leonce
48: UAI Circ 1029 Ucc[98]). — 51: EVA Circ. Nr. **12** EVA. MPC 733 Joh

1379 1936 FC
52: MPC 775 Niz*. MPC 792 Ucc

1380 Volodia
Eph (1953) Urania Barcelona **37** 134 = Madrid Publ. Nr. **12**

1382 Gerti
52: MPC 778 Joh*

1385 Gelria
52: Krim Mitt. **9** 143 Sim*

1386 Storeria
Eph (1953) Urania Barcelona **37** 135 = Madrid Publ. Nr. **12**

1387 Kama
Benennung MPC 838

1388 Aphrodite
51: MPC 717 Blo*. BAB **4** 112, MPC 712 Ucc

1390 Abastumani
52: MPC 778 Joh*
Benennung MPC 838

1391 Carelia
Id mit 1949 MR, Jap. Astr. Ass. Circ. Nr. 111—112, MPC 834

1392 Pierre
48: JO **35** 124 Alg
Eph (1953) Urania Barcelona **37** 134 = Madrid Publ. Nr. **12**

1394 1936 MD
El MPC 832[99]), NAZ **6** 25

1395 Aribeda
Eph (1953) Urania Barcelona **37** 135 = Madrid Publ. Nr. **12**

1396 1936 PF
52: MPC 739 Alg*. MPC 777, NAZ **6** 16 Hei*[100]). MPC 774 Niz*

1397 1936 PG
45: UAI Circ 1019, 1024 Ucc[101])

1399 Teneriffa
Eph (1953/54) Urania Barcelona **37** 139 = Madrid Publ. Nr. **12**

1400 Tirela
Eph (1953/54) Urania Barcelona **37** 139 = Madrid Publ. Nr. **12**

1402 Eri
Eph (1953) Urania Barcelona **37** 134 = Madrid Publ. Nr. **12**

1403 1936 QA
Eph (1953) Urania Barcelona **37** 134 = Madrid Publ. Nr. **12**

1406 Komppa
El MPC 753

1408 Trusanda
51: MPC 724, NAZ **6** 3 Hei*. MPC 730 Niz

1411 Brauna
Eph (1953) EVA Circ. Nr. **12**, Urania Barcelona **37** 133 = Madrid Publ. Nr. **12**

1412 Lagrula
49: JO **35** 124 Alg. — 51: MPC 843 Alg. — 52: MPC 843 Alg*

1414 Jérôme
Eph (1953) Urania Barcelona **37** 136 = Madrid Publ. Nr. **12**

1415 Malautra
50: JO **35** 124 Alg

1416 Renauxa
47: JO **35** 124 Alg. — 51: MPC 843 Alg

1417 Walinskia
52: MPC 819, 821 Blo*
Eph (1953) Urania Barcelona **37** 135 = Madrid Publ. Nr. **12**

1418 Fayeta
50: TAB (2) Nr. 51 S. 398 Tok*. — 52: MPC 739 Alg*. MPC 843 Alg. MPC 774 (?) Niz*

1419 Danzig
52: MPC 822 Blo*

1420 Radcliffe
51: MPC 553 (?), 637 Blo*[102]). MPC 718 (?) Blo[102])
Eph (1953) Urania Barcelona **37** 135 = Madrid Publ. Nr. **12**

1421 1936 FQ
52: Krim Mitt. **9** 143 Sim*

1422 Strömgrenia
52: MPC 820 (?), 821 (?) Blo*
Eph (1953) Urania Barcelona **37** 137 = Madrid Publ. Nr. **12**

1426 1937 GF
51: MPC 717 Blo*. MPC 729 Niz*. MPC 776 Niz

1428 1937 ND
51: Krim Mitt. 8 137 Sim*

1430 1937 NK
52: MPC 819 Blo*

1431 1937 OB
37: MPC 781, NAZ **6** 11 Joh. — 52: MPC 818 (?) Blo*
Eph (1950) MPC 782
Eph (1951/52) MPC 782, 833, NAZvM 142
Eph (1952) MPC 732
El MPC 781, 833, NAZ **6** 11, 28

[98]) Berichtigung in MPC 790.
[99]) Berichtigung in MPC 1096.
[100]) Berichtigung in MPC 815.
[101]) Berichtigung in MPC 790.
[102]) Irrtümlich zugeordnet, MPC 1070. Vorläufige Bezeichnung 1951 AY, MPC 1089.

1432 1937 PG
51: MPC 718 Blo

1433 Geramtina
51: MPC 729 Niz*. MPC 776 Niz. Krim Mitt. 8 141 Sim*
Eph (1953) Urania Barcelona 37 133 = Madrid Publ. Nr. 12

1434 Margot
52: MPC 826 Niz*. MPC 827 Niz

1435 Garlena
Eph (1953) Urania Barcelona 37 138 = Madrid Publ. Nr. 12
El JO 35 156

1436 1936 YA
51: EVA Circ. Nr. 12 EVA. Krim Mitt. 8 137 Sim*

1437 Diomedes
51: BAB 4 112 (?), MPC 712 (?) Ucc

1438 Wendeline
Eph (1953) Urania Barcelona 37 135 = Madrid Publ. Nr. 12

1439 Vogtia
Eph (1953) EVA Circ. Nr. 12

1440 Rostia
Eph (1953) Urania Barcelona 37 135 = Madrid Publ. Nr. 12

1441 Bolyai
Eph (1953) Urania Barcelona 37 135 = Madrid Publ. Nr. 12

1442 Corvina
51: MPC 729 (?) Niz*

1443 Ruppina
Eph (1952/53) Urania Barcelona 37 132 = Madrid Publ. Nr. 12

1444 1938 AE
Eph (1953) Urania Barcelona 37 138 = Madrid Publ. Nr. 12

1448 1938 DF
El MPC 754

1449 1938 DO
52: MPC 810 Joh

1454 1936 DO
51: MPC 718 Blo

1460 1937 WC
El MPC 754

1461 1937 YL
51: EVA Circ. Nr. 12 EVA

1463 1938 CB
52: MPC 810 Joh*. MPC 808 Joh

1465 Autonoma
Eph (1952/53) Urania Barcelona 37 132 = Madrid Publ. Nr. 12

1466 Mündleria
Eph (1953) Urania Barcelona 37 136 = Madrid Publ. Nr. 12

1467 1938 OE
El MPC 782, NAZ 6 17

1468 1938 PA
51: MPC 718 Blo. EVA Circ. Nr. 12 EVA. MPC 730 Niz

1469 Linzia
Id mit 1933 SM_1, RI 1971[103])

1470 1938 SD
52: MPC 774 (?) Niz*
Eph (1953) Urania Barcelona 37 134 = Madrid Publ. Nr. 12

1472 1938 UQ
Id mit 1931 RX, MPC 761, NAZ 6 8

1473 1938 UT
El MPC 754

1475 Yalta
Benennung MPC 838
Id mit 1946 WA, MPC 767, NAZ 6 11

1476 1936 RA
Eph (1953) Urania Barcelona 37 135 = Madrid Publ. Nr. 12

1481 Tübingia
Nicht id. mit 1935 SN, NAZ 6 42
Id mit 1938 CN, MPC 814
Eph (1952/53) EVA Circ. Nr. 12
El EVA Circ. Nr. 12

1482 Sebastiana
Eph (1953) EVA Circ. Nr.12
El EVA Circ. Nr. 12

1483 1938 DJ_1
43: Belgrade Bull. 8—13 10 (?) Bel

1484 1938 HC
47: Belgrade Bull. 8—13 60 Bel*. — 52: MPC 795 Joh*
Eph (1953) Urania Barcelona 37 137 = Madrid Publ. Nr. 12

1485 Isa
Eph (1953) Urania Barcelona 37 134 = Madrid Publ. Nr. 12

1487 Boda
51: TAB (2) Nr. 51 S. 400 Tok*

1489 1939 GC
Eph (1953) Urania Barcelona 37 137 = Madrid Publ. Nr. 12

1490 1936 LB
51: MPC 715, 716 Blo*. MPC 719 Blo. MPC 726, NAZ 6 5 Hei*. BAB 4 112, MPC 710, 711 Ucc

[103]) Berichtigung in MPC 815.

1491 1938 EJ
Eph (1953) Urania Barcelona **37** 137 = Madrid Publ. Nr. **12**

1492 1938 FL
51: MPC 718 Blo

1494 1938 SJ
48: JO **35** 124 Alg

1495 1938 SW
51: BAB **4** 112, MPC 710 Ucc
El MPC 813

1496 1938 SA_1
51: MPC 724, 725, 726, NAZ **6** 3, 4, 5 Hei*. NAZ **6** 37 Hei. Krim Mitt. **8** 139 Sim*

1499 1938 UF
51: MPC 715 Blo*. BAB **4** 112, MPC 710 Ucc

1505 1939 HH
52: MPC 778 Joh*. MPC 786 Joh
Eph (1953) Urania Barcelona **37** 136 = Madrid Publ. Nr. **12**

1506 1939 JC
Eph (1953/54) Urania Barcelona **37** 139 = Madrid Publ. Nr. **12**

1509 Esclangona
52: MPC 741 Joh

1510 1939 DC
52: MPC 819, 820 Blo*. MPC 741 Joh. MPC 757, 758 Niz*

1511 Daléra
50: JO **35** 124 Alg

1513 1940 EB
Eph (1953) Urania Barcelona **37** 133 = Madrid Publ. Nr. **12**

1516 1938 BG
El MPC 747

1517 1938 FD
43: Belgrade Bull. **8—13** 10 (?) Bel
Eph (1953) Urania Barcelona **37** 137 = Madrid Publ. Nr. **12**

1520 1938 UY
52: MPC 794 Blf

1522 1938 WO
38: MPC 728 Tuk

1523 1939 BC
40: MPC 44, RI 2192 Niz*[104]). — 46: MPC 52 Niz*[105]). — 51: MPC 727 Niz*. MPC 776 Niz
Id mit 1949 AC, MPC 834, NAZ **6** 18
Eph (1951) MPC 727
Eph (1953) Urania Barcelona **37** 134 = Madrid Publ. Nr. **12**
El MPC 727, 834, NAZ **6** 18

1525 1939 SC
52: MPC 825, NAZ **6** 35 Hei*

1527 1939 UG
52: MPC 808 (?) Joh

1528 Conrada
52: MPC 825 Blo*. MPC 794, 795, NAZ **6** 25, 27 Hei*. MPC 809 Joh
Eph (1953) Urania Barcelona **37** 137 = Madrid Publ. Nr. **12**

1529 1938 BC
51: MPC 774 Niz*. MPC 730 Niz

1530 1938 SG
Eph (1952/53) Urania Barcelona **37** 132 = Madrid Publ. Nr. **12**

1531 1938 SH
51: MPC 716, 717 Blo*. BAB **4** 113, MPC 711 Ucc
Eph (1953) Urania Barcelona **37** 133 = Madrid Publ. Nr. **12**

1533 1939 BD
51: EVA Circ. Nr. **12** EVA
Eph (1953/54) Urania Barcelona **37** 138 = Madrid Publ. Nr. **12**

1534 1939 BK
Id mit 1915u (?), JO **35** 156

1537 1940 QA
51: BAB **4** 113 (?), MPC 712 (?) Ucc
Eph (1953) Urania Barcelona **37** 132 = Madrid Publ. Nr. **12**

1538 1940 RF
Eph (1953) Urania Barcelona **32** 132 = Madrid Publ. Nr. **12**

1539 1940 UB
51: MPC 817 Blo*. MPC 720 Niz*. MPC 721 Niz. Krim Mitt. **8** 140 Sim*. BAB **4** 113, MPC 710 Ucc
El MPC 747

1543 1941 SJ
Eph (1953) Urania Barcelona **37** 133 = Madrid Publ. Nr. **12**

1545 1941 UW
52: MPC 820 Blo*. MPC 775 Niz*. Krim Mitt. **9** 143 Sim*

1546 1941 SG_1
Eph (1953/54) Urania Barcelona **37** 139 = Madrid Publ. Nr. **12**

1547 1929 CZ
Eph (1953) Urania Barcelona **37** 136 = Madrid Publ. Nr. **12**

[104]) Irrtümlich zugeordnet. Vorläufige Bezeichnung 1940 QK, MPC 834, 835 (Berichtigung in MPC 904), NAZ **6** 18 (Berichtigung in NAZ **6** 42).

[105]) Irrtümlich zugeordnet, MPC 834, NAZ **6** 18. Vorläufige Bezeichnung 1946 FD, MPC 789.

1550 1937 WD
45: Belgrade Bull. 8—**13** 47 Bel*. UAI Circ 1029 Ucc[106])
Eph (1953) Urania Barcelona **37** 137 = Madrid Publ. Nr. **12**
El MPC 723

1551 1938 DC_1
Eph (1951) MPC 723
El MPC 723

1552 1938 DE_1
51: MPC 716 Blo*. BAB **4** 113, MPC 710 Ucc

1554 1940 RE
52: MPC 827 Niz*
Eph (1953) Urania Barcelona **37** 138 = Madrid Publ. Nr. **12**

1555 Dejan
41: AA (c) **5** 27 Kra
Id mit 1932 PC, MPC 835
Eph (1953) Urania Barcelona **37** 134 = Madrid Publ. Nr. **18**
El AA (c) **5** 28, MPC 847

1556 1942 AA
51: EVA Circ. Nr. **12** (?) EVA
Eph (1953/54) Urania Barcelona **37** 139 = Madrid Publ. Nr. **12**

1557 1942 AD
Eph (1953) Urania Barcelona **37** 133 = Madrid Publ. Nr. **12**

1558 1942 BD
El MPC 735

1559 1942 BF
46: Belgrade Bull. 8—**13** 42 Bel. — 51: MPC 715 Blo*. MPC 719 Blo

1560 1942 XB
52: MPC 817 Blo*
Eph (1953) Urania Barcelona **37** 133 = Madrid Publ. Nr. **12**

1563 Noël
48: BAB **4** Nr. **4** (?), MPC 388 (?) Ucc[107]). — **51**: MPC 717 Blo*. MPC 729 Niz*. BAB **4** 113, MPC 712 Ucc
Eph (1953) NAZ **6** 28
El MPC 833, NAZ **6** 28

1564 Srbija
52: MPC 809 Joh
Benennung MPC 844
Id mit 1929 JE (?), JO **35** 156

1565 1948 WA
48: JO **35** 124 Alg

1566 Icarus
52: MN ASSA **11** 107 Pre*
Eph (1952) MPC 773

1567 1941 HN
52: MPC 819 Blo*

1568 1946 QB
49: JO **35** 124 Alg. — 52: MPC 820, 822 Blo*

1569 Evita
51: EVA Circ. Nr. **12** EVA. — 52: MPC 771 Alg*. MPC 843 Alg
Eph (1953) EVA Circ. Nr. **12**
El EVA Circ. Nr. **12**

1570 1948 TX
Eph (1952) MPC 785

1571 1950 FJ
51: MPC 732 BoA. EVA Circ. Nr. **12** EVA
Eph (1953) EVA Circ. Nr. **12**

1572 1949 SC
52: MPC 770, 771 Alg*. MPC 843 Alg

1573 1949 UA
49: JO **35** 125 Alg
Numerierung MPC 727
Eph (1952) MPC 728
El MPC 727

1574 Meyer
49: JO **35** 125 Alg. — 50: JO **35** 125 Alg. — 52: MPC 843 Alg*[108])
Benennung MPC 837

1575 Winifred
51: MPC 716 Blo*. MPC 719 Blo. MPC 733 MtH
Numerierung MPC 733
Benennung MPC 844
Id mit 1950 HD_1, MPC 733, 777
Eph (1952/53) MPC 841
El MPC 733

1576 1948 SA
52: MPC 794 Blf. MPC 809 Joh
Numerierung MPC 737
Eph (1952) MPC 737
El MPC 737

1577 1949 BA
49: JO **35** 124 Alg. — 50: JO **35** 124 Alg. — 51: MPC 716 Blo*. MPC 719 Blo. EVA Circ. Nr. **12** EVA. MPC 737 LaP
Numerierung MPC 737

1578 Kirkwood
52: MPC 818, 819, 820 Blo*. MPC 740 Blo
Numerierung, Benennung MPC 738
Id mit 1934 XH = 1949 TF, MPC 850
El MPC 738[109])

1579 1948 SB
49: MPC 739 Blo. — 52: MPC 786 Joh
Numerierung MPC 744
Eph (1952) MPC 744
El MPC 744

1580 Betulia
50: MPC 768 Cor
Numerierung, Benennung MPC 768
Eph (1952) MPC 810
Eph (1952/53) MN ASSA **11** 74, MPC 841
El MN ASSA **11** 74, MPC 768, 810

[106]) Berichtigung in MPC 790.
[107]) Irrtümlich zugeordnet, MPC 833, NAZ **6** 28. Vorläufige Bezeichnung 1948 WN, MPC 836.
[108]) Berichtigung in MPC 904.
[109]) Berichtigung in MPC 784.

1581 1950 LA$_1$
51: EVA Circ. Nr. **12** EVA. MPC 768 LaP
Numerierung EVA Circ. Nr. **12**, MPC 769
Id mit 1927 JD, MPC 748, 761, NAZ **6** 8
Eph (1952) MPC 811[110])
El EVA Circ. Nr. **12**

1582 1950 LY
51: EVA Circ. Nr. **12** EVA. MPC 768 LaP
Numerierung EVA Circ. Nr. **12**, MPC 769
Eph (1952) MPC 812[111])

1583 Antilochus
51: BAB **4** 113, MPC 711 Ucc. — 52: MPC 755 Blo. MPC 740 Ucc
Numerierung, Benennung MPC 770
Eph (1952/53) MPC 807
El MPC 770

1584 1927 CR
Numerierung MPC 829
El MPC 829

1585 1947 RG
Numerierung MPC 838
Eph (1952) MPC 812, 839
El MPC 838

1901 HF
El JO **35** 156

1902 NU = 1929 JE (?)
El JO **35** 156

1903 LX^a, MD, MF, MQ, MU, NG, a, b
El JO **35** 156

1904 OP, OV, e
El JO **35** 156

1905 PR, RN, RO, RR, RY, SC, p
El JO **35** 156

1906 SV, TD, TV^a, UO, US = 1923 OI (?), **UX, UY, VM, VV, VX, WD, WK**
El JO **35** 156

1907 ZU
Id mit 1926 VH = 1935 TF, MPC 834, NAZ **6** 20
El JO **35** 156

1907 ZV, AK, AP, AW
El JO **35** 156

1908 BQ, CO
El JO **35** 156

1908 CR = 1931 TA$_4$ (?)

1908 CT, DS, DT, DX, DZ, EB, EG, EM, a
El JO **35** 156

1909 FQ = 1929 CB (?)
El JO **35** 156

1909 FV
Id mit 1932 BH (?), MPC 814

1909 GD, GM, HB, HP, HR, HS, HT, JD
El JO **35** 156

1910 JM
El JO **35** 156

1910 JY
Id mit 1939 CN (?), MPC 835

1910 KY, LB = Σ 89 (?), **LC**
El JO **35** 156

1911 MF^a, MG, MH
El JO **35** 156

1912 OF, OL, ON, OZ, PK = Σ 89 (?), **QA**
El JO **35** 156

1913 RJ, SK, SM
El JO **35** 156

1914 UP, VD, VG, VL, VZ, WG
El JO **35** 156

1915 WV, XD, XT
El JO **35** 156

1915 XY = 1931 TW$_3$ (?)

1915 YA, YG, 1915 u = 1534 1939 BK (?)
El JO **35** 156

1916 YX, ZE, ZQ, ZS, ZT, ZU, ZV, AO, AQ, AR, g, k, l, Σ 15, Σ 23, Σ 41, Σ 48, Σ 52, Σ 57, Σ 67, Σ 68, Σ 73
El JO **35** 156

1917 BB, BG, BJ, BL, BP, CN, CR, CT = 1927 QC (?), **CV** = 1925 CA (?), **d, Σ 85, Σ 89** = 1910 LB (?) = 1912 PK (?), **Σ 90, Σ 91, Σ 93, Σ 104, Σ 108**
El JO **35** 156

1918 DD, DL, EH, EL = 1918 EP (?)
El JO **35** 156

1918 EP = 1918 EL (?)

1919 FQ = 1349 Bechuana (?), **FY, Σ 117, Σ 118**
El JO **35** 156

1920 GT, HH
El JO **35** 156

1920 e
20: BZ **2** 29 Hei*[112])

1921 JO, KL, KX, KY, LA^a, LD
El JO **35** 156

1923 NN
23: AN **247** 267, BZ **5** 26 Hei[113])

[110]) Berichtigung in MPC 904.
[111]) Berichtigung in MPC 904.
[112]) Irrtümlich 930 Westphalia zugeordnet. Vorläufige Bezeichnung MPC 749.
[113]) Irrtümlich zugeordnet. Vorläufige Bezeichnung 1923c, MPC 749.

1923 OF, OH, OJ = 1906 US (?) = 1930 QF (?), **OM, OO, OP, OQ, OR**
El JO **35** 156

1923 c
23: AN **247** 267, BZ **5** 26 Hei[114])

YO 12 (1923), **YO 15** (1923), **YO 16** (1923)
El JO **35** 156

1924 PS, PY, QO, QP, QQ
El JO **35** 156

1924 QW
Id mit 1938 CH, MPC 747

1924 RB, RJ, RP, RY, SB, SC
El JO **35** 156

1924 SH
Eph (1952) MPC 735

1924 SN, SQ, SY, TM, TZ, a = 1930 ML (?), **g**
El JO **35** 156

1925 BF
El JO **35** 156

1925 CA = 1917 CV (?)

1925 QD, QE, RM, SB, TC
El JO **35** 156

1925 VF
Eph (1952) MPC 736

1925 WB
Id mit 1933 SJ, MPC 850
El JO **35** 156

1925 XB = 1061 Paeonia

1925 XF
25: BZ **7** 89 Hei*[115]). AN **247** 263 Hei[115])

1926 AF, EE, EF, GA, GE, GF, GH = 1931 TZ (?), **GP, GQ**
El JO **35** 156

1926 GS
Id mit 1938 SU (?), MPC 814

1926 JC
El JO **35** 156

1926 KB = 1931 GL (?)

1926 PE
52: MPC 822 (?) Blo*[116])
Eph (1952) MPC 735

1926 PF, PH, RD, RP, RR, RS, RT, SB, TD, TH
El JO **35** 156

1926 TO
Id mit 1950 BW, MPC 814, 834, NAZ **6** 20
Id mit 1939 CC (?), MPC 835

1926 UA, VD
El JO **35** 156

1926 VH = 1907 ZU = 1935 TF
52: MPC 823 Blo*. MPC 796 Niz*
El MPC 747

1926 XE, YA
El JO **35** 156

1927 BE, BG, CC, DC, EB
El JO **35** 156

1927 EC
27: BZ **9** 20 Hei*[117])

1927 FD
27: Bull. Obs. Nice 31 Alg*[118]). JO **10** 161 Alg[118]). BZ **9** 26, 38 Hei*[118]). AN **247** 263 Hei[118]). AJ **38** 42 WiB*[118])

1927 JD = 1581 1950 LA_1

1927 MA, OB, QA, QC = 1917 CT (?), **RC, SE, SF, UE**
El JO **35** 156

1928 DN, DP, DQ, DS = 1931 TT (?), **DU, DW, DZ, DC_1, FD, HE, QH, RA**
El JO **35** 156

1928 RL
Id mit 1950 RH, MPC 747
Id mit 1937 TS = 1950 RH, MPC 750

1928 RN, RO
El JO **35** 156

1928 RT
Id mit 1938 WN, MPC 835

1928 RW, RY
El JO **35** 156

1928 SA = 1931 EA (?)
Id mit 1952 HA (?), MPC 834
El JO **35** 156

1928 SC, SK, SM, SP, SS, TD = 1291 Phryne (?), **TF, UE**
El JO **35** 156

1929 BF
El JO **35** 156

1929 CA
Eph (1929) MPC 735

1929 CB = 1909 FQ (?)
El JO **35** 156

1929 CL
Id mit 1950 SD, MPC 849, 850

---

[114]) Irrtümlich 1923 NN zugeordnet. Vorläufige Bezeichnung MPC 749.
[115]) Irrtümlich 1061 Paeonia zugeordnet. Vorläufige Bezeichnung MPC 848, NAZ **6** 33.
[116]) Irrtümlich zugeordnet, MPC 1081, NAZ **8** 7. Neue vorläufige Bezeichnung 1952 HW_1, MPC 1089.
[117]) Irrtümlich 1061 Paeonia zugeordnet, Vorläufige Bezeichnung MPC 848, NAZ **6** 33.
[118]) Irrtümlich 1004 Belopolskya zugeordnet, BIA **5** 241. Vorläufige Bezeichnung MPC 901.

1929 CQ, CA_1, CB_1, DA, DB
El JO **35** 156

1929 EC = 1931 TM_1 (?)
Nicht id. mit 1935 KF, MPC 745

1929 EE, GC, JE = 1564 Srbija (?) = 1902 NU (?), **JG, LH, NC, PM**
El JO **35** 156

1929 QE Vgl. 1336 Zeelandia

1929 QH, RH, RS, RU, SB, SC, SD, VE, XB
El JO **35** 156

1930 DE, DF, DG, DJ, DM, DS, FA, FM
El JO **35** 156

1930 GD
30: MPC 748 Hei
Vorläufige Bezeichnung MPC 749

1930 HB, KF
El JO **35** 156

1930 ME
Id mit 1935 TB = 1942 FB (?) = 1950 BC, NAZ **6** 38
El JO **35** 156

1930 MF, MJ, ML=1924a(?), **OF, OG, OJ, OK, OL**
El JO **35** 156

1930 QB
Id mit 1948 OC, MPC 850

1930 QF = 1923 OJ (?), **QN, QR, RB, SF, SJ, SO, SS, SV, SX, SY, SZ, SB_1, UH, UJ, UL, UN, UO, UP, UQ, UR, US, UT, UU, UV, UW, UX, UY, UZ, UB_1, UC_1, UD_1, UE_1, UF_1, UG_1, VL, WC, WE, WF, WG, WK, XC**
El JO **35** 156

1931 AM, AN, AO, AP, AQ, AR, AT, AU, AV, AW, AY, AZ = 1936 UC (?), **AB_1, AC_1, AD_1, AE_1, AF_1, BH, BJ, BK, BM, BP, BQ, CD, CE, DC, DE, DF, DK, DL, DM, DO, DP, DQ, DS, DT, DU, DV**
El JO **35** 156

1931 EA = 1928 SA (?)

1931 EK = 1935 TG (?)

1931 EM, EN, FA, FB, FF
El JO **35** 156

1931 FH
52: MPC 821, 822 Blo*. MPC 758, 759 Niz*
El MPC 747

1931 FJ, FL, FM, FN
El JO **35** 156

1931 FO
Eph (1952) MPC 743

1931 FP, GJ, GK, GL = 1926 KB (?), **HD, HF, JH, JL, JM, JN, JO**
El JO **35** 156

1931 JP
31: AN **242** 223, RI 439 Hei*[119]). AN **247** 267 Hei[119])

1931 KB
52: MPC 823, 824 Blo*
Id mit 1938 ST, MPC 736
Eph (1952) MPC 736

1931 KF
El JO **35** 156

1931 KG
Id mit 1951 DE, MPC 850

1931 KH, KJ, KK, KL, KM, KN, MF, MG, PA, PB, PE, RB, RW, RX = 1472 1938 UQ, **RZ, RA_1, RB_1, RD_1, RE_1, RF_1**
El JO **35** 156

1931 TL
Eph (1952) MPC 736

1931 TR, TS
El JO **35** 156

1931 TT = 1928 DS (?)

1931 TY
El JO **35** 156

1931 TZ = 1926 GH (?)

1931 TE_1, TF_1, TJ_1
El JO **35** 156

1931 TL_1
Eph (1952) MPC 736

1931 TM_1 = 1929 EC (?), **TN_1, TO_1, TQ_1**
El JO **35** 156

1931 TT_1
Eph (1952) MPC 763

1931 TW_1
51: MPC 720 Niz*. MPC 721 Niz

1931 TL_2, TM_2, TN_2, TP_2, TQ_2, TR_2, TS_2, TT_2, TU_2, TV_2, TB_3, TC_3, TD_3, TF_3, TG_3, TH_3, TJ_3, TK_3, TL_3, TO_3, TP_3, TR_3, TS_3, TT_3, TU_3, TV_3, TW_3 = 1915 XY (?), **TA_4** = 1908 CR (?), **TB_4, VC, VK, VB_1, VC_1, VD_1, VF_1, VG_1, VJ_1, VK_1**
El JO **35** 156

1931 XO Vgl. 1061 Paeonia

1931 XP, XQ, XR, XS, XT, XU
El JO **35** 156

1932 AB
El JO **35** 156

1932 BH = 1909 FV (?)
Id mit 1938 EP, MPC 814

1932 BO, CR
El JO **35** 156

[119]) Irrtümlich 1178 Irmela zugeordnet. Vorläufige Bezeichnung MPC 749.

1932 CB_1
Id mit 1938 QM, MPC 814

1932 DE, EY, EC_1, FC, HE, NE, OB, PA
El JO **35** 156

1932 PC = 1555 Dejan

1932 RA, RC, RD, RJ, RK, TA, UB, WK, YB, YD
El JO **35** 156

1933 BG, BP, BQ, BR, BV, FQ, FR, FS, FT, FU, FV, FZ, FJ_1, FM_1, GA, GC, GD, HE, MD, OA, OB, OE, OF, OH
El JO **35** 156

1933 OK
Id mit 1938 SY, MPC 748

1933 OR, QA, QC
El JO **35** 156

1933 QD
Id mit 1948 TB_1, MPC 850

1933 QE, QK, QB_1, QE_1
El JO **35** 156

1933 SJ = 1925 WB

1933 SK, SM, SN, SS, ST, SU, SX, SK_1
El JO **35** 156

1933 SM_1 = 1469 Linzia

1933 UJ, UK, UL, UO, UR, US, UV, UA_1, UC_1, UU_1, XB
El JO **35** 156

1934 CA, CB, CC, CD, CO, CT, CX = 1941 CD (?)
El JO **35** 156

1934 CY = 1936 PC (?)

1934 CA_1, CB_1, CC_1, CE_1, EF, FK
El JO **35** 156

1934 FT
34: RI 1006, UC Nr. **93** S. 120 Joh*[120])

1934 GS, HB, HD, HF, JA, JB, JE, JF, JJ, KA, LB, NW, NZ, NB_1, NC_1, NE_1, OA, PB, PY, QB, QC, RB, RC, RD, RG, RN
El JO **35** 156

1934 RO
Id mit 1937 FB, MPC 850

1934 SA, SC, TD, TE, UB
El JO **35** 156

1934 VD
Id mit 1951 EV, JO **35** 156, MPC 721
El JO **35** 156

1934 VO, XC
El JO **35** 156

1934 XH = 1578 Kirkwood = 1949 TF

1935 BE, BF, BG, BH, CA, CB, CC, CF, CJ, CM, CN, CR, CY, EM, FD, FF, FG, FH, FJ, FL, FO, FP, FQ, GC, GJ, GL, HF, HG, JD
El JO **35** 156

1935 JF
Id mit 1939 DF, MPC 835

1935 KC, KD
El JO **35** 156

1935 KF Vgl. 1929 EC

1935 KH
El JO **35** 156

1935 KJ
35: BAN **8** 107 (?), RI 1456 (?) Joh[121])

1935 MA, ML, OG, PD, QO, QX, QZ, QA_1, QB_1, QC_1
El JO **35** 156

1935 RD
Id mit 1937 CF = 1946 OE = 1950 RK = 1950 TM_3, MPC 731, NAZ **6** 7
Id mit 1937 CF = 1950 RK, JO **35** 156
El JO **35** 156

1935 SB, SC, SH, SJ, SL, SN (vgl. 1481 Tübingia), **SQ, SX, SA_1**
El JO **35** 156

1935 SP_1
Id mit 1935 UK, MPC 834, NAZ **6** 21

1935 SX_1, SD_2
El JO **35** 156

1935 TB = 1930 ME = 1942 FB (?) = 1950 BC
Eph (1949/50) MPC 785
Eph (1951) MPC 785
Eph (1952) MPC 785
El JO **35** 156, MPC 784, NAZ **6** 20

1935 TC, TD
El JO **35** 156

1935 TF = 1907 ZU = 1926 VH

1935 TG = 1931 EK (?)
El JO **35** 156

1935 UK = 1935 SP_1

1935 UN, UP
El JO **35** 156

1935 US
Eph (1951) MPC 782
Eph (1952/53) MPC 736, 782
El MPC 781, NAZ **6** 11

1935 WA
El JO **35** 156

1936 AB, AC, AD, DD, DF, DM, FE, FF, FG, FH, FK, FS, FT, FU, FV, FW, FZ, FA_1, FG_1, FH_1, FN_1, FP_1,

[120]) Irrtümlich 555 Norma zugeordnet. Vorläufige Bezeichnung MPC 789 (Berichtigung in MPC 895).

[121]) Irrtümlich 1283 Komsomolia zugeordnet, MPC 752. Vorläufige Bezeichnung MPC 773.

FS$_1$, HA, HF, HG, HM, JA, KA, LC, LF, MF, NA, NC, NE, OA, OE, OH, OJ, OL, OP, PB, PC = 1934 CY (?), **PE, PH, QD, QJ, QQ, QR**
El JO **35** 156

1936 QX
Id mit 1939 CS, MPC 835

1936 QA$_1$, QF$_1$, RB, RC
El JO **35** 156

1936 RO
36: RI 1482, UC Nr. **97** S. 320 Joh*[122])

1936 SC
Id mit 1939 EA = 1951 QE, MPC 850
El JO **35** 156

1936 SD, SF, TE, TF
El JO **35** 156

1936 UC = 1931 AZ (?)

1936 VA, VD, VE, VF, VJ
El JO **35** 156

1936 WB = 1004 Belopolskya

1936 WD, XA, XB, YB, YD, YE
El JO **35** 156

1937 AA, AD, AE, AG, AH, AQ, CC, CF = 1935 RD = 1946 OE = 1950 RK = 1950 TM$_3$, **EB, FA**
El JO **35** 156

1937 FB = 1934 RO

1937 GC, GD, GE, GL, JA, JG, JK, JN, KE, KF, KG, LA, LB, NB, NC, NN, NO, NV, OC, PF, PJ, PK, QB
El JO **35** 156

1937 QF
Eph (1952) MPC 736

1937 QH, RE, RF, RH, RL, RQ, RR
El JO **35** 156

1937 TH
Eph (1952) MPC 736

1937 TL, TO, TR
El JO **35** 156

1937 TS = 1928 RL = 1950 RH

1937 UH, UL, VD, VL, VM, VN, WE, WF, WG, WH, WK, WM
El JO **35** 156

1937 YB = 1004 Belopolskya

1937 YC, YD
El JO **35** 156

1938 AA = 1004 Belopolskya

1938 AB, AD, BE, BF, CG
El JO **35** 156

1938 CH = 1924 QW

1938 CJ, CM
El JO **35** 156

1938 CN = 1481 Tübingia

1938 DA, DB, DC, DN, DB$_1$, DL$_1$, DM$_1$, DR$_1$, DW$_1$, DX$_1$, DF$_2$, DL$_2$, EA, EB, EC
El JO **35** 156

1938 ED
Id mit 1938 EF, MPC 728, NAZ **6** 6

1938 EF = 1938 ED, **EG**
El JO **35** 156

1938 EP = 1932 BH

1938 FB
Id mit 1943 VJ, Belgrade Bull. 8—**13** 25

1938 QM = 1932 CB$_1$

1938 ST = 1931 KB

1938 SU = 1926 GS (?)

1938 SY = 1933 OK

1938 SE$_1$ = 459 Signe

1938 SM$_1$ Vgl. 1469 Linzia

1938 WN = 1928 RT

1939 CC = 1926 TO (?)

1939 CD
Id mit 1950 BJ, MPC 835

1939 CJ
Eph (1952) MPC 736

1939 CN = 1910 JY (?)

1939 CS = 1936 QX

1939 CD$_1$
39: BZ **21** 33, RI 1928 Hei*[123]). BZ **21** 45 Ucc*[123]). BAB **3** 12, RI 1945 Ucc[123])

1939 DF = 1935 JF
39: BZ **21** 32, RI 1932 Niz*[124]). RI 1969 (?) Niz*[125])

1939 DL
39: BZ **21** 33, RI 1932 Niz*[126])

1939 EA = 1936 SC = 1951 QE

1939 FF
Id mit 1939 GL, MPC 728, NAZ **6** 6

---

[122]) Irrtümlich 1061 Paeonia zugeordnet. Vorläufige Bezeichnung MPC 848, NAZ **6** 33.
[123]) Irrtümlich 1011 Laodamia zugeordnet, MPC 835.
[124]) Irrtümlich zugeordnet, 670 Ottegebe zugehörig, MPC 901.
[125]) Irrtümlich zugeordnet, MPC 835. Vorläufige Bezeichnung 1939 GP, MPC 901.
[126]) Irrtümlich 670 Ottegebe zugeordnet. Vorläufige Bezeichnung MPC 901.

1939 GK
Id mit 1950 HD_1, MPC 733

1939 GL = 1939 FF

1939 GP
39: RI 1969 (?) Niz*[127])

1940 BD
40: BZ **22** 22, RI 2088 Wür*[128])

1940 CF
El MPC 681[129])

1940 DA
Eph (1952) MPC 743

1940 EE, EF, FD, LM
El MPC 778

1940 QK
40: MPC 44, RI 2192 Niz*[130])

1940 RK, RM
El MPC 778

1940 TA
40: RI 2182 Sim*[131])

1940 TB (= A_0), **TC** (= A_1), **TD** (= A_2), **TE** (= A_3), **TF** (= A_4), **TG** (= A_5), **TH** (= A_6), **TJ** (= A_7)
40: AJ **50** 71 Fla*[132])
Vorläufige Bezeichnung MPC 835

1940 WL
El MPC 840, NAZ **6** 33

1941 CD = 1934 CX (?)

1942 AG
42: RI 2390 Wür[133])

1942 EL_1
42: UC Nr. **105** S. 134 Joh*
Vorläufige Bezeichnung MPC 749

1942 FB = 1930 ME (?) = 1935 TB (?) = 1950 BC (?)

1942 GY
42: UC Nr. **105** S. 134 Joh*
Vorläufige Bezeichnung MPC 749

1942 KA
52: MPC 794 Blf. MPC 821, 823, 825 Blo*
Eph (1952) MPC 736

1942 NB
42: RI 2474 Joh*[134])

1942 RG_1
42: BZ **24** 89, RI 2396 Hei*[135])

1942 XD = 1061 Paeonia

1942 XH = 690 Wratislavia

1942 YA
El MPC 832, NAZ **6** 20

1943 DE
43: RI 2446 Tuk*[136])
Id mit 1951 KA, MPC 850

1943 DF
43: RI 2446 Tuk*[137])

1943 EY
El MPC 840, 849, NAZ **6** 33

1943 UH
43: RI 2510 Hei*[138])

1943 VJ = 1938 FB

1943 XB = 1 Ceres

1944 DP = 729 Watsonia

1945 AA = 1314 Paula

1945 TE
45: BAB **3** 283, UAI Circ 1021, 1024 Ucc[139])

1945 TF
45: BAB **3** 282, UAI Circ 1024 Ucc[140])

1946 FD
46: MPC 52 Niz*[141])

1946 OE = 1935 RD = 1937 CF = 1950 RK = 1950 TM_3

1946 WA = 1475 Yalta

1947 BH, BJ, CG
El Jap. Astr. Ass. Circ. Nr. 110, MPC 778

1947 PB
47: UC Nr. **107** S. 254 Joh*
Vorläufige Bezeichnung MPC 383[142])

1947 XD
47: MPC 56 Niz*[143])

1948 CD
El MPC 195[144])

---

[127]) Irrtümlich 1939 DF zugeordnet, MPC 835. Vorläufige Bezeichnung MPC 901.
[128]) Irrtümlich 849 Ara zugeordnet. Vorläufige Bezeichnung MPC 789.
[129]) Berichtigung in MPC 748.
[130]) Irrtümlich 1523 1939 BC zugeordnet. Vorläufige Bezeichnung MPC 834, 835 (Berichtigung in MPC 904), NAZ **6** 18 (Berichtigung in NAZ **6** 42).
[131]) Irrtümlich 222 Lucia zugeordnet. Vorläufige Bezeichnung MPC 789.
[132]) Berichtigung in MPC 835.
[133]) Irrtümlich 1280 Baillauda zugeordnet. Vorläufige Bezeichnung MPC 789.
[134]) Irrtümlich 1298 Nocturna zugeordnet. Vorläufige Bezeichnung MPC 789.
[135]) Irrtümlich 1061 Paeonia zugeordnet. Vorläufige Bezeichnung MPC 848, NAZ **6** 33.
[136]) Berichtigung in MPC 850.
[137]) Berichtigung in MPC 850.
[138]) Irrtümlich 1277 Dolores zugeordnet. Vorläufige Bezeichnung MPC 789.
[139]) Berichtigung in MPC 790.
[140]) Berichtigung in MPC 790.
[141]) Irrtümlich 1523 1939 BC zugeordnet, MPC 834, NAZ **6** 18. Vorläufige Bezeichnung MPC 789.
[142]) Berichtigung in MPC 747.
[143]) Irrtümlich 1134 Kepler zugeordnet, MPC 785. NAZ **6** 17. Vorläufige Bezeichnung MPC 789 (Berichtigung in MPC 904).
[144]) Berichtigung in MPC 815.

1948 EX
48: MPC 134 Niz*[145])

1948 GC
48: JO **35** 124 Alg

1948 OC = 1930 QB

1948 PA_1 (= x), **QQ** (= y)
48: Belgrade Bull. 8—**13** 75 Bel
Vorläufige Bezeichnung MPC 901

1948 TB_1 = 1933 QD

1948 TF_2
48: BAB **4** Nr. 3, Nr. 4, MPC 385, 387 Ucc[146])

1948 WE
Eph (1952) MPC 736

1948 WJ, WK
El Jap. Astr. Ass. Circ. Nr. 110

1948 WN
48: BAB **4** Nr. 4, MPC 388 Ucc[147])

1949 AC = 1523 1939 BC

1949 CA
51: MPC 720 Niz*. MPC 721 Niz

1949 CN
49: BAB **4** Nr. 4 Ucc[148])

1949 EA
49: JO **35** 125 Alg. — 51: MPC 843 Alg
Eph (1953) MPC 841, NAZ **6** 42
El NAZ **6** 42

1949 EB
49: JO **35** 125 Alg. — 51: EVA Circ. Nr. **12** EVA
Eph (1952) MPC 812

1949 HC
49: JO **35** 125 Alg

1949 MP
Id mit 1949 QO_1, MPC 777

1949 MR = 1391 Carelia

1949 OD
Id mit 1949 OK_1, MPC 777

1949 OH
El Jap. Astr. Ass. Circ. Nr. 110

1949 OJ_1
Id mit 1949 OM_1, MPC 782

1949 OK_1 = 1949 OD

1949 OM_1 = 1949 OJ_1

1949 QO_1 = 1949 MP

1949 SB
Eph (1952/53) MPC 839

1949 SP
Id mit 1949 SY, MPC 782

1949 SR
Id mit 1949 SZ = 1949 TK, MPC 782

1949 SS
Id mit 1949 UF = 1949 SA_1 = 1949 TJ, MPC 782

1949 SY = 1949 SP

1949 SZ = 1949 SR = 1949 TK

1949 SA_1 = 1949 SS = 1949 TJ = 1949 UF

1949 TF = 1578 Kirkwood = 1934 XH

1949 TJ = 1949 SS = 1949 SA_1 = 1949 UF

1949 TK = 1949 SR = 1949 SZ

1949 UF = 1949 SS = 1949 SA_1 = 1949 TJ

1949 UG
Id mit 1949 UU, MPC 782

1949 UU = 1949 UG

1949 WA
52: MPC 843 Alg*
Eph (1951) MPC 759, NAZ **4** 41[149])
Eph (1952) MPC 759, NAZ **6** 6
El MPC 759, NAZ **6** 6

1949 YY
49: MPC 367 Niz*[150])

1950 BC = 1930 ME = 1935 TB = 1942 FB (?)

1950 BH
El NAZ **6** 11

1950 BJ = 1939 CD
52: MPC 826, NAZ **6** 35 Hei*
Eph (1952) MPC 811, NAZvM 160

1950 BK
Eph (1952) MPC 811

1950 BW = 1926 TO
52: MPC 823 Blo* (?)
Eph (1952) MPC 743
El MPC 743

1950 BN_1
50: TAB (2) Nr. 42 S. 285 Tok*
Vorläufige Bezeichnung MPC 901

1950 CA
51: MPC 843 Alg
Eph (1952) MPC 811

[145]) Irrtümlich 1331 Solvejg zugeordnet, MPC 830. Vorläufige Bezeichnung MPC 836.
[146]) Irrtümlich 1061 Paeonia zugeordnet. Vorläufige Bezeichnung MPC 848 (Berichtigung in MPC 903), NAZ **6** 33.
[147]) Irrtümlich 1563 Noël zugeordnet, MPC 833, NAZ **6** 28. Vorläufige Bezeichnung MPC 836.
[148]) Irrtümlich 1134 Kepler zugeordnet, MPC 785, NAZ **6** 17. Vorläufige Bezeichnung MPC 789.
[149]) Berichtigung in NAZ **6** 6.
[150]) Irrtümlich 1004 Belopolskya zugeordnet, BIA **5** 242. Vorläufige Bezeichnung MPC 901.

1950 CJ
Eph (1952) MPC 731
El MPC 731

1950 DB
Eph (1952) MPC 811, NAZvM 160

1950 DC
El Jap. Astr. Ass. Circ. Nr. 108

1950 DD
Id mit 1952 QG (?), MPC 826, NAZ **6** 35
Eph (1952) MPC 811, NAZvM 163
El MPC 833, NAZ **6** 28

1950 DE
Eph (1952) MPC 811, NAZvM 160

1950 DH
50: MPC 760, NAZ **6** 7 Hei
Eph (1951) MPC 760
Eph (1952) MPC 760
El MPC 760, NAZ **6** 7

1950 DJ
Eph (1952) MPC 811, NAZvM 162

1950 DL
Eph (1952/53) MPC 842
El MPC 842, NAZ **6** 41

1950 DN
El Jap. Astr. Ass. Circ. Nr. 110

1950 DO
52: MPC 826, NAZ **6** 35 Hei*
Eph (1952) MPC 811, NAZvM 163

1950 DP
Eph (1952) MPC 811, NAZvM 162

1950 DG_1
50: TAB (2) Nr. 42 S. 286 Tok*
Vorläufige Bezeichnung MPC 901

1950 EA
52: MPC 843 Alg*
Eph (1952) MPC 811

1950 EC, ED, EE, FB, FE
El Jap. Astr. Ass. Circ. Nr. 110

1950 FO
50: TAB (2) Nr. 42 S. 286 Tok*
Vorläufige Bezeichnung MPC 901

1950 GF
51: MPC 843 Alg
Eph (1953) MPC 841

1950 HB, HC
50: MPC 836 Joh*

1950 HJ
Eph (1953) EVA Circ. Nr. 12

1950 HD_1 = 1575 Winifred

1950 HF_1
51: Krim Mitt. 8 138, 139 Sim*. Krim Mitt. **9** 142 Sim

1950 MB
Eph (1953) EVA Circ. Nr. 12

1950 NH
Id mit 1950 NP, MPC 777

1950 NP = 1950 NH

1950 NX
Id mit 1950 OM, MPC 777

1950 NA_1
Eph (1952) MPC 811

1950 OM = 1950 NX

1950 PE
El Jap. Astr. Ass. Circ. Nr. 110

1950 PN
Id mit 1950 PR, MPC 777

1950 PR = 1950 PN

1950 QO
50: MPC 755 Blo

1950 RA
Eph (1953) EVA Circ. Nr. 12

1950 RH = 1928 RL = 1937 TS

1950 RJ
Eph (1953) EVA Circ. Nr. 12

1950 RK = 1935 RD = 1937 CF = 1946 OE = 1950 TM_3
52: MPC 739, 770 Alg*. MPC 843, 844 Alg. MPC 777, NAZ **6** 16 Hei*[151])
Eph (1952) MPC 731
Eph (1953) EVA Circ. Nr. 12

1950 SB
Id mit 1950 TU, MPC 777

1950 SD = 1929 CL, SL
El MPC 849

1950 TU = 1950 SB

1950 TD_3 = 497 Iva
50: MPC 813 Mad
El MPC 813

1950 TM_3 = 1935 RD = 1937 CF = 1946 OE = 1950 RK

1950 VE
El MPC 812

1950 WA
52: MPC 739 Alg*. MPC 844 Alg

1951 AA
Id mit 1951 CE = 1951 CR, MPC 750

1951 AJ, AL
Eph (1952) MPC 786

1951 AW (= σ 127), **AX** (= σ 128)
51: Krim Mitt. 8 133 Sim*
Vorläufige Bezeichnung MPC 901

---
[151]) Berichtigung in MPC 815.

1951 AY
51: MPC 553, 637 Blo*[152]). MPC 718 Blo[152])

1951 BA (= A)
51: TAB (2) Nr. 51 S. 399 Tok*
Vorläufige Bezeichnung MPC 901

1951 BC (= σ 129)
51: Krim Mitt. 8 133 Sim*
Vorläufige Bezeichnung MPC 901

1951 CE = 1951 AA = 1951 CR

1951 CR = 1951 AA = 1951 CE

1951 CG$_1$ (= B)
51: TAB (2) Nr. 51 S. 400 Tok*
Vorläufige Bezeichnung MPC 901

1951 CH$_1$ (= σ 130), **CJ$_1$** (= σ 131)
51: Krim Mitt. 8 133 Sim*
Vorläufige Bezeichnung MPC 901

1951 DE = 1931 KG
51: MPC 743 Alg. — 52: MPC 844 Alg
Eph (1952) MPC 743
El JO **35** 152, MPC 750

1951 DK (= σ 132)
51: Krim Mitt. 8 133 Sim*
Vorläufige Bezeichnung MPC 901

1951 EV = 1934 VD
51: EVA Circ. Nr. **12** EVA. — 52: MPC 794 Blf[153])
Eph (1953) EVA Circ. Nr. **12**

1951 EL$_1$
51: MPC 730 Niz

1951 EQ$_1$
51: EVA Circ. Nr. **12** EVA. — 52: MPC 844 Alg
Eph (1953) EVA Circ. Nr. **12**

1951 ER$_1$
51: MPC 730 Niz

1951 EU$_1$
51: EVA Circ. Nr. **12** EVA

1951 FA (= σ 133), **FB** (= σ 134)
51: Krim Mitt. 8 134 Sim*
Vorläufige Bezeichnung MPC 901

1951 GD
51: EVA Circ. Nr. **12** EVA
El Jap. Astr. Ass. Circ. Nr. 110

1951 GG, GH, GJ
51: EVA Circ. Nr. **12** EVA

1951 GK (= σ 135), **GL** (= σ 136), **GM** (= σ 137), **GN** (= σ 138), **JE** (= σ 139), **JF** (= σ 140), **JG** (= σ 141), **JH** (= σ 142), **JJ** (= σ 143)
51: Krim Mitt. 8 134, 135 Sim*
Vorläufige Bezeichnung MPC 902

1951 KA (= σ 145) = 1943 DE
51: Krim Mitt. 8 136, 137 Sim*[154]). Astr Circ UdSSR Nr. **128**, Krim Mitt. **9** 142 Sim
Eph (1952) Astr Circ UdSSR Nr. **128**, MPC 806
El Astr Circ UdSSR Nr. **128**

1951 KP
51: EVA Circ. Nr. **12** EVA

1951 KQ (= σ 144)
51: Krim Mitt. 8 135 Sim*
Vorläufige Bezeichnung MPC 902

1951 LA (= σ 146)
51: EVA Circ. Nr. **12** EVA. Krim Mitt. 8 136 Sim*[155])
Eph (1952) MPC 806

1951 LB
Id mit 1951 PA, MPC 728
Eph (1952/53) MPC 807

1951 LJ
51: MPC 714 Kyo*[156])

1951 MH
51: EVA Circ. Nr. **12** EVA
Eph (1953/54) EVA Circ. Nr. **12**

1951 MJ
51: EVA Circ. Nr. **12** EVA

1951 NF
51: EVA Circ. Nr. **12** EVA
El Jap. Astr. Ass. Circ. Nr. 110

1951 NG
51: MPC 715 Blo*

1951 NJ, NK
51: EVA Circ. Nr. **12** EVA

1951 NL
51: MPC 927, UC Nr. **113** S. 165 Joh
Vorläufige Bezeichnung MPC 927
El Publ ASP **64** 265, MPC 927[157])

1951 OA
51: MPC 805 Alg. — 52: MPC 843 Alg*
Eph (1952) MPC 805
El MPC 805

1951 OJ, OK
51: MPC 724, NAZ **6** 3 Hei*

1951 PA = 1951 LB

1951 PG
51: Astr Circ UdSSR Nr. **127** Aba*
Vorläufige Bezeichnung MPC 886

[152]) Irrtümlich 1420 Radcliffe zugeordnet, MPC 1070. Vorläufige Bezeichnung MPC 1089.
[153]) Berichtigung in MPC 1025.
[154]) Als σ 145 bezeichnet, MPC 903.
[155]) Als σ 146 bezeichnet, MPC 903.
[156]) Berichtigung in MPC 1096.
[157]) Berichtigung in MPC 967.

1951 PH (= σ 147), **PJ** (= σ 148), **PK** (= σ 149)
51: Krim Mitt. **8** 137 Sim*
Vorläufige Bezeichnung MPC 902

1951 QA (= σ 164)
51: Krim Mitt. **8** 138, 139, 140, 141 Sim*[158]). Krim Mitt. **9** 142 Sim[158]). BAB **4** 113, MPC 711 Ucc

1951 QE = 1936 SC = 1939 EA
51: EVA Circ. Nr. **12** EVA
El EVA Circ. Nr. **12**

1951 RA
51: MPC 710 FtD. MPC 710 WiB

1951 RC, RD, RE, RF, RG, RH
51: MPC 724, 725, 726, NAZ **6** 3, 4, 5 Hei*. NAZ **6** 36 Hei

1951 RJ
51: MPC 724, 725, 726, NAZ **6** 3, 4, 5 Hei*
Eph (1952/53) MPC 842
El MPC 842

1951 RK, RL, RM, RN, RO, RP
51: MPC 724, 725, 726, NAZ **6** 3, 4, 5 Hei*. NAZ **6** 36 Hei

1951 RQ
51: MPC 724, 725, 726, NAZ **6** 3, 4, 5 Hei*. MPC 836, NAZ **6** 37 Hei
Eph (1953) MPC 839
El MPC 836, NAZ **6** 37

1951 RR, RS, RT
51: MPC 724, 725, NAZ **6** 3, 4 Hei*. NAZ **6** 36 Hei

1951 RU
51: MPC 724, 725, 726, NAZ **6** 4, 5 Hei*
Eph (1952/53) MPC 848
El MPC 849

1951 RV, RW
51: MPC 724, 725, NAZ **6** 4 Hei*. NAZ **6** 36 Hei

1951 RX
51: MPC 724, 725, 726, NAZ **6** 4, 5 Hei*

1951 RY
51: MPC 724, 725, NAZ **6** 4 Hei*. NAZ **6** 36 Hei

1951 RZ
51: EVA Circ. Nr. **12** EVA. MPC 768 LaP
El EVA Circ. Nr. **12**, MPC 769

1951 RA_1
51: EVA Circ. Nr. **12**, MPC 903 EVA[159])

1951 RB_1 (= σ 150), **RC_1** (= σ 151), **RD_1** (= σ 152), **RE_1** (= σ 153), **RF_1** (= σ 154), **RG_1** (= σ 155), **RH_1** (= σ 156), **RJ_1** (= σ 157), **RK_1** (= σ 158), **RL_1** (= σ 159)
51: Krim Mitt. **8** 138, 139 Sim*
Vorläufige Bezeichnung MPC 902

1951 RM_1 (= σ 160)
51: Krim Mitt. **8** 138, 140 Sim*. Krim Mitt. **9** 142 Sim
Vorläufige Bezeichnung MPC 902

1951 RN_1 (= σ 161), **RO_1** (= σ 162), **RP_1** (= σ 163), **RQ_1** (= σ 165), **RR_1** (= σ 166), **RS_1** (= σ 151_1), **RT_1** (= σ 167), **RU_1** (= σ 168), **RV_1** (= σ 169)
51: Krim Mitt. **8** 138, 139 Sim*
Vorläufige Bezeichnung MPC 902

1951 SA = 1134 Kepler

1951 SC
51: MPC 844 Alg
Eph (1953) MPC 841
El MPC 839

1951 SD
51: BAB **4** 113, MPC 710, 711 Ucc

1951 SE, SF, SG, SH, SJ, SK, SL, SM
51: MPC 715, 716 Blo*

1951 SN
51: EVA Circ. Nr. **12** EVA

1951 SO (= σ 170)
51: Krim Mitt. **8** 139, 140, 141 Sim*. Krim Mitt. **9** 142 Sim
Vorläufige Bezeichnung MPC 902

1951 SP (= σ 171), **SQ** (= σ 172), **SR** (= σ 173), **SS** (= σ 174), **ST** (= σ 175), **SU** (= σ 176)
51: Krim Mitt. **8** 139, 140 Sim*
Vorläufige Bezeichnung MPC 902

1951 SV (= σ 177)
51: Krim Mitt. **8** 140, 141 Sim*[160])
Vorläufige Bezeichnung MPC 902

1951 TB
51: BAB **4** 113, MPC 710 Ucc

1951 TC
51: MPC 716 Blo*. MPC 719 Blo

1951 TD, TE, TF, TG, TH
51: MPC 716 Blo*

1951 TJ
51: MPC 725, NAZ **6** 5 Hei*

1951 TK, TL, TM
51: MPC 725, 726, NAZ **6** 5 Hei*. NAZ **6** 36 Hei

---

[158]) Als σ 164 bezeichnet, MPC 903.
[159]) Irrtümlich als 1951 RH_1 bezeichnet, MPC 945.
[160]) Beob. Nov. 1 irrtümlich zugeordnet. Vorläufige Bezeichnung 1951 VC, MPC 968.

1951 TN
51: MPC 726, NAZ **6** 5 Hei*

1951 TO
51: MPC 726, NAZ **6** 5 Hei*. NAZ **6** 36 Hei

1951 TP
51: MPC 726, NAZ **6** 5 Hei*

1951 TQ (= σ 178)[161]), **TR** (= σ 179)[162])
51: Krim Mitt. 8 140, 141 Sim*
Vorläufige Bezeichnung MPC 902

1951 UB
51: MPC 720 Niz*. BAB **4** 113, MPC 711 Ucc

1951 UC, UD, UE, UF, UG, UH, UJ, UK[163])
51: MPC 716, 717, 718 Blo*

1951 UL
51: MPC 720 (?) Niz*

1951 UM, UN, UO, UP, UQ
51: MPC 729 Niz*

1951 US, UT, UU
51: EVA Circ. Nr. **12** EVA

1951 VA
51: MPC 729 Niz*

1951 VB
51: EVA Circ. Nr. **12** EVA

1951 VC[164]), **VD**[165])
51: Krim Mitt. 8 141 Sim*

1951 WB, WC, WD, WE
51: MPC 717 Blo*

1951 WF
51: MPC 729 Niz*. MPC 776 Niz
El MPC 777

1951 WG, WH
51: MPC 729 Niz*. MPC 776 Niz

1951 WJ
51: MPC 729 Niz*

1951 WK
51: EVA Circ. Nr. **12** EVA

1951 WL (= σ 180), **WM** (= σ 181), **WN** (= σ 182), **WO** (= σ 183), **WP** (= σ 184)
51: Krim Mitt. 8 141 Sim*
Vorläufige Bezeichnung MPC 902

1951 WQ
51: Krim Mitt. 8 140 Sim*[166])

1951 XA, XB, XC, XD[167])
51: MPC 717, 718 Blo*

1951 XE
51: MPC 717 Blo*. MPC 719 Blo

1951 XF, XG
51: MPC 730 Niz*

1951 YA
51: MPC 726, NAZ **6** 5 Hei*

1952 BA, BB, BC
52: MPC 740 Ucc

1952 BD, BE, BF, BG, BH, BJ, BK, BL, BM, BN, BO, BP, BQ
52: MPC 817, 818 Blo*

1952 CA
52: MPC 777, NAZ **6** 16 Hei*[168])

1952 DA, DB
52: MPC 739, 770, 771 Alg*. MPC 771, 844 Alg
El MPC 772

1952 DC
52: MPC 741 Ucc

1952 DD, DE, DF, DG, DH
52: MPC 774, 775 Niz*

1952 DJ (= σ 185)
52: MPC 775 Niz*. Astr Circ UdSSR Nr. **131**, Krim Mitt. **9** 143 Sim*[169])

1952 DK, DL, DM
52: MPC 775 Niz*

1952 DN, DO, DP, DQ, DR, DS, DT, DU, DV, DW, DX[170]), **DY, DZ**
52: MPC 818, 819 Blo*

1952 EA (= 1952 U 5)
52: MPC 771, 805 Alg*. MPC 844 Alg. MPC 821 Blo*. Astr. Nachr. Berlin-Treptow **4** 30, MPC 750, 791, 792, 793, NAZvM 146, NAZ **6** 10 Ucc[171])
Vorläufige Bezeichnung MPC 750
Eph (1952) BAB **4** 116, MPC 750, NAZvM 146
El BAB **4** 116, MPC 750, NAZvM 146, NAZ **6** 10

1952 FA = 716 Berkeley

1952 FB
52: MPC 770, 771, 805 Alg*. MPC 772, 844 Alg. MPC 791 Ucc
El MPC 772

1952 FC, FD, FE, FF
52: MPC 775, 776 Niz*

1952 FG, FH, FJ, FK, FL, FM, FN
52: MPC 820 Blo*

---

[161]) Beob. Nov. 1 irrtümlich zugeordnet .Vorläufige Bezeichnung 1951 VD, MPC 968.
[162]) Beob. Nov. 25 irrtümlich zugeordnet. Vorläufige Bezeichnung 1951 W Q, MPC 968.
[163]) Berichtigung in MPC 904.
[164]) Irrtümlich (MPC 902) 1951 SV zugeordnet. Vorläufige Bezeichnung MPC 968.
[165]) Irrtümlich (MPC 902) 1951 T Q zugeordnet. Vorläufige Bezeichnung MPC 968.
[166]) Irrtümlich (MPC 902) 1951 TR zugeordnet. Vorläufige Bezeichnung MPC 968.
[167]) Berichtigung in MPC 784.
[168]) Berichtigung in MPC 815.
[169]) Als σ 185 bezeichnet, MPC 903.
[170]) Berichtigung in MPC 904.
[171]) Beob. 1952 Mrz. 27 scheint fehlerhaft zu sein, MPC 1112.

1952 GA
52: Astr Circ UdSSR Nr. **127** Aba*
Vorläufige Bezeichnung MPC 886

1952 HA = 1928 SA (?) (= 1952 U 6 = σ 187)
52: MPC 805 Alg*. MPC 772, 844 Alg. MPC 824 (?) Blo*. Astr Circ UdSSR Nr. **131** Sim*[172]). MPC 770, NAZvM 147 Ucc
Vorläufige Bezeichnung MPC 770
Eph (1952) Astr. Nachr. Berlin-Treptow **4** 40, BAB **4** 117, MPC 772, NAZvM 147
El BAB **4** 117, MPC 772

1952 HB
52: MPC 805 Alg*. MPC 844 Alg. MPC 770, 793 Ucc

1952 HC, HD, HE, HF, HG, HH, HJ, HK
52: MPC 777, NAZ **6** 16 Hei*[173])

1952 HL, HM, HN, HO
52: MPC 778, 786 Joh*

1952 HP, HQ, HR, HS, HT, HU, HV, HW, HX, HY, HZ, HA$_1$, HB$_1$, HC$_1$, HD$_1$, HE$_1$, HF$_1$, HG$_1$, HH$_1$, HJ$_1$, HK$_1$, HL$_1$, HM$_1$, HN$_1$, HO$_1$
52: MPC 821, 822, 823, 824 Blo*

1952 HP$_1$
52: MPC 826 Niz*. MPC 827 Niz

1952 HQ$_1$ (= σ 186), **HR$_1$** (= 188), **HS$_1$** (= σ 189), **HT$_1$** (= σ 190), **HU$_1$** (= σ 191)
52: Astr Circ UdSSR Nr. **131** Sim*
Vorläufige Bezeichnung MPC 886[174])

1952 HW$_1$
52: MPC 822 Blo*[175])

1952 JB
52: MPC 794 Blf[176]). EVA Circ. Nr. **12** EVA
El EVA Circ. Nr. **12**

1952 JG, JH, JJ, JK
52: MPC 824 Blo*

1952 KA, KB, KC, KD
52: MPC 787 Joh*

1952 KG, KH
52: MPC 794, NAZ **6** 24 Hei*

1952 KJ, KK
52: MPC 824, 825 Blo*

1952 LA, LB, LC, LD, LE
52: MPC 795 Joh*

1952 MA
52: MPC 795, NAZ **6** 27 Hei*

1952 MB, MC, MD
52: MPC 827 Niz*

1952 MO (= σ 192)
52: Astr Circ UdSSR Nr. **131** Sim*
Vorläufige Bezeichnung MPC 886[177])

1952 OA, OB, OC, OD, OE
52: MPC 807, NAZ **6** 33 Hei*

1952 OF, OG
52: MPC 808 Joh*

1952 OH, OJ
52: MPC 810 Joh

1952 OK
52: MPC 827 Niz*

1952 OV (= σ 193), **OW** (= σ 194), **OX** (= σ 195)
52: Astr Circ UdSSR Nr. **131** Sim*
Vorläufige Bezeichnung MPC 886[178])

1952 PA, PB
52: MPC 808 Joh*

1952 PC
52: MPC 825, NAZ **6** 35 Hei*

1952 PH (= σ 196)
52: Astr Circ UdSSR Nr. **131** Sim*
Vorläufige Bezeichnung MPC 886[179])

1952 QA, QB
52: MPC 810 Joh

1952 QC, QD, QE, QF, QG = 1950 DD (?), **QH, QJ, QK, QL, QM, QN, QO, QP, QQ, QR, QS, QT**
52: MPC 825, 826, NAZ **6** 35 Hei*

1952 QZ (= σ 197), **QA$_1$** (= σ 198), **QB$_1$** (= σ 199), **QC$_1$** (= σ 200), **QD$_1$** (= σ 201), **RH** (= σ 202), **SF$_1$** (= σ 203), **SG$_1$** (= σ 204), **SH$_1$** (= σ 205), **SJ$_1$** (= σ 206), **SK$_1$** (= σ 207)
52: Astr Circ UdSSR Nr. **131** Sim*
Vorläufige Bezeichnung MPC 886[180])

---

[172]) Als σ 187 bezeichnet, MPC 903.
[173]) Berichtigung in MPC 815.
[174]) Berichtigung in MPC 1026.
[175]) Irrtümlich 1926 PE zugeordnet, MPC 1081, NAZ **8** 7. Vorläufige Bezeichnung MPC 1089.
[176]) Irrtümlich 699 Hela zugeordnet, MPC 1008.
[177]) Berichtigung in MPC 1026.
[178]) Berichtigung in MPC 1026.
[179]) Berichtigung in MPC 1026.
[180]) Berichtigung in MPC 1026.

7539. Kleine Planeten. Verzeichnis der Sternwarten und Beobachter

Abastumani	T. A. Kotschlaschwili
Algier	L. Boyer
Athen	G. Adamopoulos
Barcelona	Codina, J. J. de Orús, I. Pólit
Belgrad	Z. Brkić, M. Protitch, B. Ševarlić
Bloemfontein	E. L. Johnson, A. D. Victor
Bloomington	R. R. Brownlee, D. M. Bubeck, R. C. Cameron, F. Y. K. Chiang, M. L. Connelley, A. N. Cox, J. Cuffey, P. R. Davis, F. K. Edmondson, J. K. Gleim, K. L. Hallam, E. Jantsch, F. F. Johns, A. R. Klemola, R. L. LaFara, D. J. May, L. Mead, O. M. Mead, G. S. Mumford III, J. P. Mutschlecner, R. C. Nicholas, S. Nudelman, B. B. Potter, B. H. Potter, K. P. Potter, W. H. Potter, N. B. Smithson, M. C. Swihart, T. L. Swihart, M. Thompson, W. Wilkins
Bosque Alegre	J. Bobone, D. McLeish, A. Puch
Cape	J. v. B. Lourens
Cordoba	J. Bobone, D. McLeish, A. Puch
Eva Peron	M. Itzigsohn, P. Sconzo
Fort Davis	G. van Biesbroeck
Greenwich	A. Hunter
Heidelberg	I. Groeneveld, K. Reinmuth
Hyderabad	M. Ghouse
Johannesburg	J. A. Bruwer, C. Jackson, E. L. Johnson
Kasan	D. J. Martynow, F. K. Usmanowa
Kiew	M. W. Bratijtschuk, N. A. Chinkulowa, P. G. Duchnowskij, A. A. Gawlowskaja, W. Gawriljuk, J. K. Gulak, E. A. Gurtowenko, W. P. Konoplewa, M. Ogir, M. M. Onoprijenko, S. Polischko, P. N. Polupan, W. W. Porfirjew, E. W. Sandakowa, E. N. Semanek, A. N. Sergejewa, N. W. Steschenko, I. M. Weprinskaja, S. K. Wsechswjatskij
Kyoto	T. Mitani
Leiden	G. Pels
Lemberg	I. M. Drob, N. B. Jelenewskaja, J. S. Podstrigatsch, I. I. Tschulik
Madrid	R. Carrasco
Mt. Hamilton	H. M. Jeffers
München	P. Labitzke, F. Schmeidler
Nice	M. Laugier, A. Patry
Odessa	B. A. Dragomirezkaja, R. L. Drejsin, S. Golawskij, G. Kossin, E. N. Kramer, O. Odynskaja, I. Pelischenko, A. E. Prichodko, E. L. Schodo, S. W. Schtschegolkow, W. M. Tabatschnik, W. O. Zazkiss, W. P. Zessewitsch
Pino Torinese	N. Missana
Poznań	J. Dobrzycki
Pretoria	M. W. Feast, A. D. Thackeray
Rom	G. Armellini-Conti
San Fernando	—
Simeis	P. F. Schajn
Tartu	G. G. Kusmin, C. K. Raudsaar, W. G. Rijwes
Tokyo	R. Fukaya, H. Hirose, S. Nakano, K. Tomita, H. Yasuda
Turku	Y. Väisälä
Uccle	S. Arend, F. Rigaux, A. Schmitt

Wien	H. Krumpholz, I. Nikoloff
Williams Bay	G. van Biesbroeck
Wilna	B. A. Woronkow

7540. Kleine Planeten. Verzeichnis der Berechner

S. Arend	S. Iizuka	D. M. Pascual
S. Böhme	N. Jachontowa	A. Patry
L. Boyer	H. W, Jaśkowa	B. Popović
J. L. Brady	N. B. Jelenewskaja	P. Prêtre
J. L. Brady jr.	A. Kahrstedt	M. Protitch
J. S. Brady jr.	S. Kanda	I. I. Putilin
G. Bruns	O. Kippes	E. Rabe
R. Carrasco	R. P. Kraft	C. San Pablo
F. B. Chanina	M. Laugier	A. Schmitt
I. M. Drob	H. v. Lüde	M. Schürer
C. Fernández	K. Mayrhofer	P. Sconzo
T. Fortini	N. Missana	L. Siegrist
P. Herget	R. Mitrinović	W. Strobel
S. Herrick	M. Mündler	B. Takase
C. G. Hilton	A. Mürle	Y. Takeuchi
H. Hirose	P. Musen	A. Vélez
W. P. Hirst	S. Nagata	L. Werzan
M. Hoshino	H. Oishi	F. Zweck
K. Hurukawa		

§ 76

Jupiter

7601. Astrometrische Beobachtungen

AN **280** 259—260 = Veröff. Sternw. München **4** Nr. 9. Rektaszensionsbeobachtungen von Planeten am gebrochenen Passageninstrument. P. Labitzke.

AN **280** 261—262 = Veröff. Sternw. München **4** Nr. 10. Deklinationsbeobachtungen von Planeten am Vertikalkreis. F. Schmeidler.

Mem SA It (NS) **23** 65—71 = Oss. Astr. Roma — Monte Mario Contr. Sci. Nr. **172**. Posizioni di pianeti e pianetini ed occultazioni lunari osservate nel 1951. G. Armellini Conti.

Publ. US Naval Obs. **16** part III S. 365—445. Results of observations made with the six-inch transit circle 1941—1949. Observations of the Sun, Moon, and planets. C. B. Watts, F. P. Scott, A. N. Adams. — α, δ.

TAB (2) Nr. 50 S. 389—396. Vgl. Ref. **7107**.

7602. Physische Beobachtungen

AN **280** 157—160, mit 6 Abb. Jupiter-Beobachtungen 1949/1950. W. Löbering.

BAA Circ Nr. 338. Jupiter.

Bull. Astr.-Geod. Ges. UdSSR Nr. **11** (18) S. 26—30, mit 1 Abb. (russisch). Jupiter 1948. R. G. Schneider, I. A. Schtscherbo.

DOB **5** Nr. 7 Fasc. 3, 4 S. mit 4 Fig. Rapport sur une observation collective de Jupiter en 1951. M. Du Martheray, E. Antonini.

Gaz astr **34** 11—13, mit 1 Fig. Jupiter pendant l'opposition de 1951. W. Sandner.

JBAA **62** 280—282, mit 1 Tafel. Jupiter — apparition of 1951—52.

Mem SA It (NS) **23** 259—281, mit 12 Fig. Osservazioni di Giove nella opposizione 1951—1952. G. Ruggieri. — Bericht über Beobachtungen an einem 5'-Refraktor.

Mitt. Planetenbeobachter **5** Nr. 2 S. 2—3. Jupiter 1951 — Der GRF. E. Mädlow.

Mitt. Planetenbeobachter **5** Nr. 5 S. 4—9. Jupiter 1951: Das STB. E. Mädlow.

Mitt. Planetenbeobachter **5** Nr. 7 S. 3—4. Achtung auf Jupiter! E. Mädlow.

National Obs. Athen Bull. Astr. Inst. 1952 S. 16—17, mit 1 Fig. Apparition and evolution of dark matter in the south tropical zone of Jupiter in 1946. J. E. Focas.

Orion Schaffhausen **3** 403—406, mit 2 Fig. Jupiter en 1951. E. Antonini, M. Du Martheray.

Sterne **28** 123. Visuelle Intensitätsschätzungen auf Jupiter. G. D. Roth.

Strolling Astronomer **6** 24—26. Second report on Jupiter, 1951—52. E. E. Both.

Strolling Astronomer **6** 33—36, mit 1 Fig. Long-enduring brighter sections in the south temperate zone of Jupiter.

Strolling Astronomer **6** 64—67, mit 1 Fig. Third report on Jupiter. E. E. Both.

Strolling Astronomer **6** 78—81, mit 1 Tafel. Jupiter's satellite Ganymede in 1951—52. E. E. Both.

Strolling Astronomer **6** 97—99. Similarities and differences between the festoon systems of Saturn and Jupiter. J. C. Bartlett jr.

Strolling Astronomer **6** 116—119. Fourth report on Jupiter in 1951—52. E. E. Both.

Urania Barcelona **37** 76—91, mit 10 Abb. De astronomía planetaria.

Weitere Mitteilungen vgl. Ref. 7033.

7603. **G. Fournier,** Le système de Jupiter après la découverte du 12e satellite. La Nature **80** 234—235, mit 2 Fig.

7604. **J. Franz,** Jupiter-Halo. Astr. Nachr. Berlin-Treptow **4** 98. — Beobachtung 1952 Nov. 21.

7605. **W. N. Lebedinez,** Jupiterphotometrie. Abh. Gorkij-Staatsuniv. Charkow **42** 33—43 = Publ. Astr. Obs. Gorkij-Staatsuniv. Charkow **2** (10) 33—43 (russisch). — Bearbeitung vorhandener Jupiterphotometrien und Vergleich der gefundenen Helligkeitsverteilung mit der theoretischen nach Sobolew. Loh.

7606. **E. Mädlow,** Strömungs- und Rotationsverhältnisse auf Jupiter 1950. AN **280** 161—164, mit 8 Abb. = Mitt. Archenhold-Sternw. Berlin Nr. **25**.

7607. **E. Mädlow,** Strömungsvorgänge auf Jupiter 1950. Mitt. AG **1951** 22. — Ref. AG.

7608. **E. Mädlow,** Zwölf Jahre Jupiter-Beobachtungen 1938—1949. Mitt. Archenhold-Sternw. Berlin Nr. **24**, 17 S. mit 52 Abb.

* * **B. Miles, W. H. Ramsey,** On the internal structures of Jupiter and Saturn. Vgl. Ref. 5216.

7608a. **P. Muller,** Observations de phénomènes des satellites de Jupiter par la méthode de répétition par double image. JO **35** 83—84. — Mit dem Doppelbildmikrometer der Sternwarte Straßburg wird ein Satellit Jupiters mehrfach mit beiden Rändern des Planeten in Berührung gebracht. Aus den gemessenen Zeiten dieser künstlichen Berührungen wird der Zeitpunkt der wahren Berührung abgeleitet. Mitteilungen von Ergebnissen aus dem Zeitraum 1951 Sept. 10—1952 Jan. 7. Böh.

7609. **H. Slouka,** Jupiter. RH **33** 11, 14 mit 1 Abb. (tschechisch).

7610. **Sternbedeckungen durch Jupiter**

BAA Circ Nr. 334. Planetary occultation — Jupiter, July 8. — Vorausberechnung der Bedeckung von BD +14°487 durch Jupiter für Toronto, San Salvador, Rio de Janeiro.

BAA Circ Nr. 336. Planetary occultation — Jupiter, November 20. — Vorausberechnung der Bedeckung von σ Arietis.

Harv Card 1185. Occultations by Jupiter. — Vorausberechnung der Bedeckung von BD +15°447, 1952 Okt. 9 und von σ Arietis, 1952 Nov. 20.

Harv Card 1198. Europa (Jupiter II). T. Banachiewicz. — Vorausberechnung der Bedeckung von Jupiter II und σ Arietis.

JBAA **62** 300. Planetary occultations (Jupiter). — Vorausberechnung der Bedeckung von σ Ari durch Jupiter, 1952 Nov. 20. Das Verschwinden und Wiedererscheinen des Sterns ist für 14 Orte gegeben.

Kop Akt Medd 353. Okkultation af Sigma Arietis ved Jupiters 2. Måne.
Sky and Telescope **11** 312. Occultations by Jupiter.

UAI Circ 1363. Planetary occultations. J. G. Porter. — 1. Vorausberechnung der Bedeckung von BD +14°487 durch Jupiter, 1952 Juli 8 für Toronto, San Salvador, Rio de Janeiro. 2. Vorausberechnung der Bedeckung von σ Arietis, 1952 Nov. 20, für 14 Stationen.

UAI Circ 1373. Occultation of a star by Jupiter. I. Yamamoto. — Vorausberechnung der Bedeckung von BD +15°447 durch Jupiter, 1952 Oktober 9.

Jupitermonde

7611. **P. A. Moore,** Observations of the Jovian Satellites. JBAA **62** 282—284, mit 5 Zeichnungen auf Tafel VII.

7612. **S. B. Nicholson,** The satellites of Jupiter. Leaflet ASP Nr. 275, 8 S. mit 1 Fig.

7613. De astronomía planetaria. Urania Barcelona **37** 76—91, mit 10 Fig. — Enthält auf S. 89—90 Beobachtungen von Jupitermonden.

7614. Hvor mange Maaner har Jupiter egentlig? Urania Kopenhagen **9** 40—41.

7615. **Jupitermond II**

UAI Circ 1380. Europa, Jupiter's second satellite. — Konjunktion mit σ Arietis, 1952 Nov. 20.

Vgl. Ref. **7610**.

7616. **Jupitermond VIII**

D. K. Kulikow, Ephemeride des VIII. Jupitermondes. Astr Circ UdSSR Nr. 130 S. 6—7 (russisch).

G. A. Merman, Über den Konvergenzradius der Hillschen Reihen. Vgl. Ref. 4233.

7617. **Jupitermond IX**

S. Herrick, Jupiter IX and Jupiter XII. Publ ASP **64** 237—241 = Astr. Papers Univ. California 1 Nr. 13. — Die Bahn von Jupiter IX ist so genau bekannt, daß bei Einschluß der Saturnstörungen die B—R praktisch verschwinden. Die Berechnung der «gestörten Lösung» für Jupiter XII wird kurz beschrieben. Elemente für Jupiter XII werden angegeben, dazu Ephemeriden für Jupiter IX und XII bis Januar 1953. O. G.

7618. Jupitermond X und XI

Harv Card 1189, 1190, NAZ **6** 31, UAI Circ 1374. Jupiter X and XI. P. Musen. — Ephemeriden 1952/53 Sept. 15—Feb. 12.

7619. Jupitermond XII

G. C. Flammarion, La découverte du XIIe satellite de Jupiter. BSAF **66** 103.
S. Herrick, Jupiter IX and Jupiter XII. Vgl. Ref. **7617**.
B. N. Himmelfarb, Die Entdeckung des zwölften Jupitermondes. Priroda **41** Nr. 12 S. 114—115, mit 2 Abb. (russisch).
S. B. Nicholson, Jupiter XII. Sky and Telescope **11** 79—81, mit 4 Fig.
R. Sommer, Encore le douzième satellite de Jupiter. Gaz astr **34** 6.
Astr Circ UdSSR Nr. 124 S. 19—20 (russisch). Der zwölfte Jupitermond.
BSAF **66** 26. Le XIIe satellite de Jupiter.
Coelum **20** 25. Il XII satellite di Giove.
DOB **5** Nr. 1 Fasc. 1, 1 S. Satellite Jupiter XII.
Hemel en Dampkring **50** 91—94, mit 4 Fig. De twaalfde maan van Jupiter.
Irish AJ **2** 28. Jupiters twelfth satellite.
NAT **1952** 73—75, mit 2 Fig. Jupiters 12. måne.
Nature **169** 16. New satellite of Jupiter.
Orion Schaffhausen **3** 367. Der 12. Jupiter-Trabant.

§ 77

Saturn

7701. Astrometrische Beobachtungen

AN **280** 259—260 = Veröff. Sternw. München **4** Nr. 9. Rektaszensionsbeobachtungen von Planeten am gebrochenen Passageninstrument. P. Labitzke.
AN **280** 261—262 = Veröff. Sternw. München **4** Nr. 10. Deklinationsbeobachtungen von Planeten am Vertikalkreis. F. Schmeidler.
Mem SA It (NS) **23** 65—71 = Oss. Astr. Roma - Monte Mario Contr. Sci. Nr. **172**. Posizioni di pianeti e pianetini ed occultazioni lunari osservate nel 1951. G. Armellini Conti.
Publ. US Naval Obs. **16** part III S. 365—445. Results of observations made with the six-inch transit circle 1941—1949. Observations of the Sun, Moon, and planets. C. B. Watts, F. P. Scott, A. N. Adams. — α, δ.
TAB (2) Nr. 50 S. 389—396. Vgl. Ref. **7107**.

7702. Physische Beobachtungen

BAA Circ Nr. 331. Dark spot on Saturn. A. P. Lenham.
JBAA **62** 115—116. Saturn in 1951. Observations by members of B-d-S., Saturn Section. M. B. B. Heath.
JBAA **62** 202—204. Latitude of Saturn's south equatorial belt. M. B. B. Heath.
JBAA **63** 34—36. British Astronomical Association. Report of Section. Saturn in 1951—52. M. B. B. Heath.
Mitt. Planetenbeobachter **5** Nr. 2 S. 3—5. Saturn 1951. G. D. Roth.
Mitt. Planetenbeobachter **5** Nr. 2 S. 5. Saturn 1952. G. D. Roth.
Mitt. Planetenbeobachter **5** Nr. 5 S. 9—11, mit Berichtigung in Nr. 6 S. 5. Saturn: Breitenbestimmung des NEB auf Saturn. G. D. Roth.
NAZ **6** 21. Helligkeitsschätzungen. H. Auzinger.
Strolling Astronomer **6** 67—69. First report on Saturn. T. Cragg.

Strolling Astronomer **6** 97—99. Similarities and differences between the festoon systems of Saturn and Jupiter. J. C. Bartlett jr.

Strolling Astronomer **6** 157—161, mit 3 Fig. The 1951—52 apparition of Saturn. T. Cragg.

Urania Barcelona **37** 76—91, mit 10 Abb. De astronomía planetaria.

Weitere Mitteilungen vgl. Ref. **7033**.

7703. **N. P. Barabaschew, A. T. Tschekirda,** Über die Helligkeitsverteilung auf der Saturnscheibe und über die Helligkeit seines Ringes. Abh. Gorkij-Staatsuniv. Charkow **42** 9—16 = Publ. Astr. Obs. Gorkij-Staatsuniv. Charkow **2** (**10**) 9—16 (russisch). — Von 700 in vier Farben mit der Sonnen- und Mondkamera von Charkow erhaltenen Saturnphotographien wurden die allerbesten ausgesucht und photometriert. Im einzelnen werden gegeben: 1. Die Helligkeitsverteilung in zwei Streifen; 2. Vergleiche mit früheren Messungen; 3. Die Helligkeitsverteilung entlang des Zentralmeridians; 4. Die Helligkeit der hellsten Stellen des mittleren Rings relativ zum Zentrum der Saturnscheibe und Vergleiche mit älteren Messungen. Loh.

* * **N. P. Barabaschew,** Über Farbphotographien des Mondes und der Planeten. Vgl. Ref. **7331**.

7704. **M. S. Bobrow,** Über den Bau der Saturnringe. I. Rauheitsgrad und Albedo der Teilchen des B-Rings. AJ UdSSR **29** 334—340, mit 1 Abb. (russisch). — Ref. in Astr. News Letter Nr. **67** S. 5. — Aus der Feststellung, daß der Ring unter gewissen Neigungswinkeln für Licht von Sternen und des Saturn selbst teilweise durchsichtig ist, läßt sich eine optische Dicke von 0.7 ableiten. Nach der Ambarzumjan-Sobolewschen Streuungstheorie kann dann der Bruchteil des rückwärts reflektierten Sonnenlichts in Einheiten des mittleren, nach allen Seiten reflektierten Sonnenlichts, berechnet werden. Für den sich ergebenden hohen Wert $x(\pi) = 5.3$ scheidet Beugung zur Erklärung aus. Da sich nach dem Lambertschen Gesetz für glatte Kugeln auch nur $x(\pi) = 2.67$ ergibt, müssen die Partikel ziemlich rauh und groß, ihre Albedo gleichzeitig aber groß, etwa 0.7 sein. Loh.

7705. **R. Brandt,** Konjunktion Saturn — γ Virginis. Sterne **28** 156, mit 1 Abb.

7706. **H. Bucerius,** Über die Entstehung des Saturnringes. Sitzber. Bayer. Akad. Wiss. 1951, Math.-naturwiss. Kl. S. 35—47, mit 2 Fig. = Mitt. Sternw. München **1** Nr. 4. Vgl. AJB **51** Ref. **7706**.

7707. **G. M. Clemence,** Additions to Hill's theory of Saturn. AJ **57** 33—35. — Die von Hill in seiner Saturntheorie weggelassenen Beiträge 2. Ordnung von Uranus zu den Säkularstörungen und zur großen Ungleichheit werden berechnet und als nicht zu vernachlässigen gefunden; sie verringern jedoch die Unterschiede zwischen Hills Saturntafeln und der neuerdings numerisch integrierten Bahn (Astr. Pap. prepared for the use of the American Ephemeris and Nautical Almanac Nr. **12**, AJB **51** Ref. **7604**) nur gering. Böh.

7708. **A. P. Lenham,** An analysis of Saturn intensity observations 1946—7 and 1947—8. JBAA **63** 39—41.

7709. **E. Mädlow,** Über einen abnormen Bewegungsvorgang auf Saturn. Phys. Verhandlungen **3** 161. — Ref. AG.

* * **B. Miles, W. H. Ramsey,** On the internal structures of Jupiter and Saturn. Vgl. Ref. **5216**.

7710. Japetus. Sternenwelt **4** 110, mit 1 Abb. — Ref. der in AJB **50** Ref. **7707** zitierten Arbeit von Widorn.

§ 78

Uranus, Neptun, Pluto, Transpluto

7801. Uranus. Astrometrische Beobachtungen

AN **280** 259—260 = Veröff. Sternw. München **4** Nr. 9. Rektaszensionsbeobachtungen von Planeten am gebrochenen Passageninstrument. P. Labitzke.

AN **280** 261—262 = Veröff. Sternw. München **4** Nr. 10. Deklinationsbeobachtungen von Planeten am Vertikalkreis. F. Schmeidler.

Mem SA It (NS) **23** 65—71 = Oss. Astr. Roma — Monte Mario Contr. Sci. Nr. **172**. Posizioni di pianeti e pianetini ed occultazioni lunari osservate nel 1951. G. Armellini Conti.

Publ. US Naval Obs. **16** part III S. 365—445. Results of observations made with the six-inch transit circle 1941—1949. Observations of the Sun, Moon, and planets. C. B. Watts, F. P. Scott, A. N. Adams. — α, δ.

TAB (2) Nr. 50 S. 389—396. Vgl. Ref. **7107**.

7802. Uranus. Physische Beobachtungen

Sterne **28** 155. Die Oppositionshelligkeit des Uranus 1951/52. W. Malsch.

Weitere Mitteilungen vgl. Ref. **7033**.

7803. **G. Herzberg,** Spectroscopic evidence of molecular hydrogen in the athmospheres of Uranus and Neptune. ApJ **115** 337—340, mit 1 Fig. — Ref. in Irish AJ **2** 167, JBAA **63** 50, PAT **34** 61—62, Sky and Telescope **11** 277—278, Sterne **29** 109—110, Sternenwelt **4** 222, Urania Kraków **25** 217. — Das von Kuiper in den Spektren von Uranus und Neptun bei λ 8270 beobachtete diffuse Absorptionsband wird mit der S(0)-Linie der (3—0)-Bande des H_2-Moleküls identifiziert. Verf. konnte es zusammen mit Linien der Übergänge 2—0 und 1—0 in einer mit Wasserstoff gefüllten Röhre bei 100 Atm. Druck und 78° K Temperatur (80 m Lichtweg) erzeugen. Die anderen beobachteten Absorptionserscheinungen sind in den Planetenatmosphären mit einer Ausnahme durch CH_4-Banden verdeckt. Die Schwäche der Absorption in den Planetenatmosphären wird mit der Anwesenheit von He erklärt. Das Häufigkeitsverhältnis He:H muß mindestens 3:1 betragen. Eine Abschätzung der Ausdehnung der Atmosphäre von Uranus wird vorgenommen. Micz.

7804. **K. Neis,** Die photometrischen Verhältnisse des Planeten Uranus. Sterne **28** 142—147. — Enthält auch Helligkeitsbeobachtungen des Verf. während der Oppositionen 1948—1950.

7805. **E. W. Woolard,** Comparison of the observations of Uranus previous to 1781 with theoretical positions obtained by numerical integration. AJ **57** 35—38. — 18 Uranusbeobachtungen aus den Jahren 1690 bis 1771 werden mit den neuen Uranustafeln (Astr. Pap. prepared for the use of the American Ephemeris and Nautical Almanac Nr. **12**, AJB **51** Ref. **7604**) verglichen; die Sonnenörter sind den Tafeln von Newcomb entnommen. Böh.

7806. Neptun. Astrometrische Beobachtungen

AN **280** 259—260 = Veröff. Sternw. München **4** Nr. 9. Rektaszensionsbeobachtungen von Planeten am gebrochenen Passageninstrument. P. Labitzke.

AN **280** 261—262 = Veröff. Sternw. München **4** Nr. 10. Deklinationsbeobachtungen von Planeten am Vertikalkreis. F. Schmeidler.

Publ. US Naval Obs. **16** part III S. 365—445. Results of observations made with the six-inch transit circle 1941—1949. Observations of the Sun, Moon, and planets. C. B. Watts, F. P. Scott, A. N. Adams. — α, δ.

Sitzber. Österreich. Akad. Wiss. Math.-naturwiss. Kl. Abteilung IIa **161** 48 = Mitt. Univ. Sternw. Wien **5** Nr. 16 S. 186. Photographische Positionen am Normal-Astrographen. I. Nikoloff. — α, δ.

TAB (2) Nr. 50 S. 389—396. Vgl. Ref. 7107.

7807. Neptun. Physische Beobachtungen

JBAA **62** 301. The brightness of Neptune.

NAZ **6** 21. Helligkeitsschätzungen. H. Auzinger.

* * **G. Herzberg,** Spectroscopic evidence of molecular hydrogen in the atmospheres of Uranus and Neptune. Vgl. Ref. **7803.**

7808. **E. Mädlow,** Der Rotationslichtwechsel des Neptun. Astr. Nachr. Berlin-Treptow 4 16.

* * **J. Meeus,** Le centre de gravité du système solaire et le mouvement de Neptune. Vgl. Ref. **7016.**

7809. **I. I. Putilin,** Die Bahn des Neptunbegleiters Nereid. Priroda **41** Nr. 7 S. 99, mit 1 Abb. (russisch).

7810. **G. E. Taylor,** Appulse of Neptune to a star. JBAA **62** 301. — 1952 Dez. 2 sehr enge Konjunktion Neptuns mit BD −6° 3827.

7811. Helligkeit und Rotation von Neptun. Sternenwelt **4** 62. — Ref. der in AJB **51** Ref. **7805** zitierten Arbeit von R. Sommer.

7812. Pluto. Astrometrische Beobachtungen

Astr Circ UdSSR Nr. 132 S. 1—6 (russisch). Beobachtungen von Kometen des Jahres 1951, von Pluto und von Kleinen Planeten im Jahre 1951 am Astronomischen Engelhardt-Observatorium. D. J. Martynow, F. K. Ustanowa. — α, δ.

Sitzber. Österreich. Akad. Wiss. Math.-naturwiss. Kl. Abteilung IIa **161** 47 = Mitt. Univ. Sternw. Wien **5** Nr. 16 S. 185. Photographische Positionen am Normal-Astrographen. I. Nikoloff. — α, δ.

TAB (2) Nr. 42 S. 285, Nr. 51 S. 398, 399. H. Hirose, K. Tomita. — α, δ.

7813. **D. Alter,** The story of Pluto. J RAS Canada **46** 1—10, mit 4 Fig.

7814. An experiment concerning Pluto's diameter. Sky and Telescope **11** 118, mit 4 Fig. — Besprechung der Untersuchung von Alter, Bunton und Roques in Publ ASP **63** 174 (AJB **51** Ref. **7814**).

Transpluto

7815. Existenzmöglichkeit eines transplutonischen Planeten. Sterne **28** 70—72.

Neunter Teil

Kometen. Meteore. Meteorite. Zodiakallicht

§ 80

Kometen im allgemeinen

8001. **M. K. V. Bappu,** The nature of comets. Leaflet ASP Nr. 279, 8 S.

* * **G. M. Bashenow,** Überblick über die vaterländischen Arbeiten zur Theorie der Bahnbestimmung der Planeten und Kometen. Vgl. Ref. 7504.

8002. **M. Beyer,** Der Einfluß der Sonne auf die Helligkeit der Kometen. Naturwissenschaften **39** 13—17, mit 3 Abb. — Photometrische Beobachtungen an 44 Kometen aus den Jahren 1932—1950 zeigen eine eindeutige Korrelation zu den Sonnenfleckenrelativzahlen in dem Sinne, daß die Kometen im Minimum ruhiger leuchten als im Maximum. Betrachtungen der Zeitdifferenz zwischen dem Durchgang von Sonnenflecken durch den Zentralmeridian der Sonne (vom Kometen aus gesehen) und den Helligkeitsausbrüchen auf dem Kometen lassen vermuten, daß für die Helligkeitsausbrüche hauptsächlich eine Wellenstrahlung verantwortlich ist, was aber mit den theoretischen Untersuchungen von Wurm und Biermann in Widerspruch steht. Neckel

8003. **A. M. Delsemme, P. Swings,** Hydrates de gaz dans les noyaux cométaires et les grains interstellaires. Ann d'Astrophys **15** 1—6, mit 1 Fig. = Inst. d'Astrophys. Univ. Liège Coll. 4⁰ Nr. **32.** — Zur Erklärung der spektral nachgewiesenen Anwesenheit von OH, NH und anderen Radikalen in Kometenschweifen wird angenommen, daß sie durch Photodissoziation aus Gasen entstehen, die in fester Form in den Kometenkernen vorhanden sind. Wegen der sehr unterschiedlichen Dampfdrucke und Sublimationsgeschwindigkeiten der Gase stößt die Deutung der relativen Häufigkeit der Radikale auf Schwierigkeiten, die sich aber beheben lassen, wenn feste Hydrate der Gase in den Kernen angenommen werden. Ähnliche Verhältnisse liegen bei den interstellaren Staubteilchen vor. Kdr.

8004. **O. W. Dobrowolskij,** Zur Theorie der Kometenformen. Teil I. Bull. Astr. Obs. Stalinabad Nr. **5** S. 3—16, mit 4 Abb. (russisch). — Verf. betrachtet Form und Vielheit der Kometenhüllen unter der Voraussetzung, daß sie der Expulsion von Teilchenwolken zu verschiedenen Zeiten zu verdanken sind. Für den Halleyschen Kometen, der in dieser Hinsicht speziell untersucht wird, ergibt sich eine mittlere, anfängliche Expulsionsgeschwindigkeit von 2.1×10^4 cm/sec. Loh.

8005. **O. W. Dobrowolskij,** Über die Wirkungssphäre des Kometenkerns. Bull. Astr. Obs. Stalinabad Nr. **6** S. 5—10 (russisch). — Unter Wirkungssphäre versteht Verf. dasjenige Gebiet, in dem die wechselseitigen Stöße der Teilchen, die dem Kern entströmen, nicht vernachlässigt werden können. Aus dieser gaskinetischen Bedingung ergeben sich für die hellsten Kometen Radien, die mit den Dimensionen der Köpfe vergleichbar sind. Bis zur Diffusion, dem Durchschreiten der Wirkungssphäre, erleidet ein Molekül mehrere Hunderte von Stößen. Loh.

8006. **M. Gerstenberger,** Kometen-Außenseiter am Himmelszelt. Stuttgart, Franckh'sche Verlagsbuchhandlung, 1951. 80 S. mit 38 Abb. — Besprechung in Sterne **30** 75 (N. Richter), Sternenwelt **4** 195.

8007. **H. Groot,** Kometen en vallende sterren. Vgl. AJB **50** Ref. 8005. — Weitere Besprechung in Hemel en Dampkring **50** 98 (J. A. Vreeswijk jr.).

8008. **C. Hoffmeister,** Das Problem des Ursprungs der Kometen. 2. Teil. Sterne **28** 229—238, mit 1 Abb. — 1. Teil vgl. AJB **51** Ref. 8011. — Kritische Zusammenfassung aller Arbeiten, die klären wollen, ob die Kometen interplanetaren oder interstellaren Ursprungs sind; nach Ansicht des Verf. ist eine interstellare Herkunft keineswegs ausgeschlossen. Ausführliche Bibliographie. Böh.

* * **J. Hunaerts,** La physique des comètes. Vgl. Ref. 1138.

8009. **R. A. Lyttleton,** Note on the origin of comets. ApJ **115** 333—334. — Verf. verteidigt die Vernachlässigung des Einflusses planetarischer Störungen auf die in seiner Kometenentstehungstheorie betrachteten Stoßprozesse gegenüber kritischen Einwänden von Whipple. Kdr.

8010. **R. A. Lyttleton,** The origin of comets. Obs **72** 33—35. — Zur Entgegnung auf zwei kritische Bemerkungen von Oort gegen die Hypothese des Verf. (accretion) wird 1) wahrscheinlich gemacht, daß das Sonnensystem seit seiner Entstehung genügend häufig Staubwolken durchquert hat mit Relativgeschwindigkeiten $\leq$ 8 km/sec und 2) werden Bedenken gegen die von Oort verwendete Verteilungskurve der reziproken Halbachsen der Kometenbahnen vorgebracht. O. G.

8011. **G. Merton,** Reports on the progress of astronomy: Comets (1951). MN **112** 336—344.

* * **M. Minnaert,** De polarisatie van het licht der planeten en kometen. Vgl. Ref. 7017.

8012. **J. G. Porter,** Comets and Meteor Streams. London, Chapman and Hall, Ltd.; New York, John Wiley and Sons, Inc., 1952. 8 + 123 S. mit 26 Fig. und 5 Tafeln. Preis 28 s. bzw. $ 5.50. — Besprechung in BSAF **66** 361—362, JBAA **63** 77—79, J RAS Canada **47** 172, Meteoor **9** 32 (J. van Diggelen), Nature **172** 883, Obs **73** 163—164 (P. M. Millman), Proc. Phys. Soc. (B) **65** 1011—1012, Sky and Telescope **11** 280, **12** 105 (F. G. Watson), Sterne **29** 248—249 (N. Richter).

8013. **N. Richter,** Neue Kometentheorien. Sternenwelt **4** 87—93, mit 2 Abb. — Ref. in Irish AJ **3** 31—32. — Die Arbeit befaßt sich im wesentlichen mit den neuesten Theorien über den Aufbau der Kometenkerne und der Koma, ohne auf die Schweife der Kometen einzugehen. Eine moderne, schon vor einigen Jahren aufgestellte Theorie der Kometen von Wurm wird nicht behandelt. Verf.

8014. **W. G. Rijwes,** Die Änderung der Intensität der Diffusion der Gase aus dem Kern eines Kometen in Abhängigkeit von der Entfernung des Kometen von der Sonne. Publ. Astr. Obs. Tartu **32** 117—128 (russisch). — Ref. in Irish AJ **2** 85—86.

8015. **O. Struve,** Comet theories. Sky and Telescope **11** 269—271, 273, mit 6 Fig.

8016. **V. Vanýsek,** The photometrical parameters of new and old comets. Contr. Astr. Inst. Brno **1** Nr. 9, S. 1—16, mit 7 Fig. (mit russischer Zusammenfassung). — Die photometrischen Parameter — Helligkeit m_0 in der Entfernung einer A.E. und der Exponent n der heliozentrischen Distanz in der Helligkeits-Entfernungs-Beziehung — werden für 99 Kometen statistisch untersucht. Danach sind die n-Werte für neue, alte und periodische Kometen merklich verschieden, und zwar am kleinsten für neue, am größten für periodische Kometen. Es wird versucht, dieses Ergebnis durch die Annahme eines mit dem Alter abnehmenden Gehalts der Koma an meteoritischem Staub relativ zum Gehalt an gasförmigen Bestandteilen verständlich zu machen. Kdr.

8017. **S. K. Wsechswjatskij,** Die periodischen Kometen und ihre Herkunft. AJ UdSSR **29** 63—75, mit 7 Abb. (russisch). — Vom Standpunkt der Hypothesen von Fessenkow, Oort und Olbers kann man die Existenz der kurzperiodischen Kometen und der anderen Kometenfamilien und ihren Zusammenhang mit Planeten nicht verstehen. Auch die einheitlichen physikalischen Merkmale bleiben unverständlich. Die vom Verf. schon seit langem vertretene Auswurftheorie ist diesen Schwierigkeiten nicht ausgesetzt. Loh.

8018. Comet tails. Irish AJ **2** 57.— Ref. in JBAA **63** 50.

8019. Radiostrahlung von Kometen. Sternenwelt **4** 28. — Ref. der in AJB **50** Ref. **12609** zitierten Arbeit von Menzel und Crowley.

§ 81

Einzelne Kometen

Anmerkung:

Bei den von Referat **8104** ab aufgeführten Kometen sind die Abkürzungen der Beobachtungsorte dieselben wie im Nachweis der Beobachtungen der Kleinen Planeten, vgl. Ref. **7538.**

8101. **F. Baldet, G. de Obaldia,** Catalogue général des orbites de comètes de l'an −466 à 1952. Paris, Observatoire de Paris, Section d'Astrophys. de Meudon; Centre National de la Recherche Scientifique, 1952. 59 S.

8102. **R. F. Rodgers,** Newly-discovered byzantine records of comets. J RAS Canada **46** 177—180. — Zusammenstellung von Hinweisen 9 alter Kometen mit englischer Übersetzung der betreffenden Stellen im Bonner Corpus Scriptorum Historiae Byzantinae.

* * **W. D. Stahlman,** On the date of a comet ascribed to A.D. 1238. Vgl. Ref. **1437.**

8103. **Definitive Bezeichnung von Kometen**

NAZ **6** 10, Sterne **28** 119, UAI Circ 1350. — Betrifft die Kometen 1945 I bis 1946 VI.

NAZ **6** 14, UAI Circ 1356. — Betrifft die Kometen 1947 I bis 1947 XIII.

Kometen. Gruppe (1)[1]

8104. **(Erster) Borellyscher Komet (1932 IV = 1925 VIII)**[2]

Ephemeride: BAAH 1953, UAI Circ 1382

8105. **Comas Solàscher Komet (1951h = 1944 II)**

Beobachtung: UAI Circ 1380 Alg. UAI Circ 1381 MtH. UAI Circ 1381 SPl. UAI Circ 1383 Ucc

Ephemeride: Astr Circ UdSSR Nr. 130 S. 2, BAAH 1952, NAZ **6** 23—24, 40, UAI Circ 1368, 1381

Notiz: Publ ASP **64** 36—37

[1]) Vgl. AJB **48** S. 210 Anmerkung.
[2]) In Publ. Kwasan Obs. 1 Nr. 4 mit Komet 1925 IX bezeichnet.

8106. Enckescher Komet (1950e = 1947 XI)

Beobachtung: Publ. Astr. Obs. Tartu **32** 278 Tar. TAB (2) Nr. 51 S. 399—400 Tok. Sitzber. der Österreichischen Akad. Wiss. Math.-naturwiss. Kl. Abteilung IIa **161** 47 = Mitt. Univ.-Sternw. Wien **6** Nr. 5 S. 91 Wie

W. P. Konoplewa, Über die Veränderung der absoluten Helligkeit des Kometen Encke. Astr Circ UdSSR Nr. 128 S. 2—3 (russisch). — Ref. in Urania Kraków **24** 145.

A. Wilkens, Zur Theorie der Säkularbeschleunigung des Enckeschen Kometen. Phys. Verhandlungen **3** 160—161. — Ref. AG.

8107. Fayescher Komet (1947 IX = 1940 II)

W. F. Shewershejew, Die Bahn des Fayeschen Kometen nach Beobachtungen 1932—1933 und 1939—1940. BIA **5** 97—124 (russisch). — Ref. in Astr. News Letter Nr. **69** S. 5—6. — Ableitung der definitiven Bahn.

8108. Giacobini-Zinnerscher Komet (1946 V = 1940 I)

Beobachtung: Bull. Obs. Astr. Belgrade 8—**13** 41 Bel

Ephemeride: BAAH 1952, UAI Circ 1358

V. Vanýsek, J. Schirokij, Photometrische Parameter der Kometen 1946c (Giacobini-Zinner) und 1948d (Pajdušáková-Mrkos). Contr. Astr. Inst. Brno **1** Nr. 11 S. 35—40, mit 1 Fig. (russisch).

8109. Grigg-Skjellerupscher Komet (1952 b = 1947 II)

Auffindung: J. A. Bruwer, Johannesburg, 1952 März 6. Unabhängig aufgefunden von A. Jones, Timaru, New Zealand, 1925 März 25.

Anzeige: BAA Circ 332, Harv Card 1173, Kop Akt Medd 348, NAZ **6** 9, 13, UAI Circ 1354, 1355

Beobachtung: NAZ **6** 13, UAI Circ 1354 Joh

Elemente: NAZ **6** 1

Ephemeride: Astr Circ UdSSR Nr. 124 S. 6—7, NAZ **6** 1

Physische Beobachtung: Obs **72** 127

8110. Halleyscher Komet (1910 II = 1835 III)

Aufnahme: Sky and Telescope **11** Nr. 11, 4. Titelseite

L. Biermann, Über den Schweif des Kometen Halley im Jahre 1910. Z. Naturforschung **7a** 127—136, mit 3 Abb. — Auf Grund von Bobrovnikoffs zusammenfassender Bearbeitung aller Beobachtungen des Kometen Halley während der Erscheinung 1910 wird eine in einer vorangegangenen Arbeit (vgl. AJB **51** Ref. 8002) aufgestellte Hypothese über das Zustandekommen der in geraden Kometenschweifen beobachteten hohen Beschleunigungen einer erneuten Prüfung unterzogen. Verf. (gekürzt)

8111. Kopffscher Komet (1951e = 1945 V)

Physische Beobachtung: Southern Stars **15** 77—78

Notiz: Publ ASP **64** 38

8112. Dritter Neujminscher Komet (1951g = 1929 III)

Notiz: Publ ASP **64** 37

8113. Otermascher Komet (1942 VII)[3])

Physische Beobachtung: Obs **72** 127

[3]) In der Literatur unter Komet 1943a und 1943b bekannt.

8114. Pons-Brooksscher Komet (**1884 I = 1812**)
Ephemeride: Harv Card 1166, 1170, 1194, UAI Circ 1351, 1352, 1377
Notiz: BSAF **66** 314, DOB **5** Nr. 5 Fasc. 1, Sky and Telescope **11** 171
P. Herget, The return of comet Pons-Brooks 1884 I. AJ **57** 160. — Ref. AAS.

8115. Pons-Winneckescher Komet (**1951 c = 1945 IV**)
Notiz: Publ ASP **64** 38

8116. Schaumassescher Komet (**1951 l = 1943 V**)
Auffindung: Unabhängig aufgefunden von G. Bernasconi, 1952 Feb. 18.
Anzeige: Coelum **20** 54
Beobachtung: Astr Circ UdSSR Nr. 123 S. 2, Nr. 124 S. 2 Aba. UAI Circ 1354 Alg. Astr Circ UdSSR Nr. 122 S. 6 AlA. UAI Circ 1350, 1356 Ath. UAI Circ 1361 Bar. Bull. Obs. Astr. Belgrade **16** Nr. 1—4 S. 29, UAI Circ 1340, 1343 mit Berichtigung in 1344 Bel. BSAF **66** 226, mit 1 Fig. Candillargues, Hérault. UAI Circ 1352 Gre. NAZ **6** 19 Inn. Astr Circ UdSSR Nr. 126 S. 1, Nr. 132 S. 1—6 Kas. Astr Circ UdSSR Nr. 127 S. 2—4 Kiw. BAN **11** 496 Lei. DOB **5** Nr. 2 Fasc. 3 Par. UAI Circ 1356 Poz. UAI Circ 1342 SPl. Astr Circ UdSSR Nr. 131 S. 5 Tar. BAB **4** 125, NAZ **6** 9, 15, 23, UAI Circ 1351, 1355, 1360 Ucc. NAZ **6** 9, UAI Circ 1351, 1355 Wilrijk-Anvers
Ephemeride: Astr Circ UdSSR Nr. 124 S. 6, BAA Circ 329, 330, 332, Kop Akt Medd 347, UAI Circ 1343, 1354
Physische Beobachtung: Astr Circ UdSSR Nr. 122 S. 6, Nr. 123 S. 2, Nr. 126 S. 1, Astr. Nachrichtendienst Berlin-Treptow **4** 13, BAA Circ 329, 332, BSAF **66** 40, 126, 127—128, Coelum **20** 90, DOB **5** Nr. 3 Fasc. 1, Nr. 4 Fasc. 1, Nr. 5 Fasc. 1, Gaz astr **34** 30—31, NAZvM 141, NAZ **6** 9, Obs **72** 47, 127, Orion Schaffhausen **3** Nr. 35 S. 408, Nr. 36 S. 447—448, Sterne **28** 156—157, UAI Circ 1340, 1344, 1351, 1352
Aufnahme: BSAF **66** 83, Gaz astr **34** nach S. 30 Fig. 2 und 3, Orion Schaffhausen **3** Nr. 36 S. 447
Notiz: Publ ASP **64** 37, Sky and Telescope **11** 167
K. Yoss, Photometric and spectrophotometric observations of periodic comet Schaumasse. AJ **57** 169—170. — Ref. AAS.

8117. Erster Schwassmann-Wachmannscher Komet (**1941 VI = 1925 II**)[4])
Ephemeride: BAAH 1953, Harv Card 1198, 1200, NAZ **6** 40, UAI Circ 1383
Physische Beobachtung: Obs **72** 127

8118. Stephan-Otermascher Komet (**1942 IX = 1867 I**)
Beobachtung: Bull. Obs. Astr. Belgrade 8—**13** 11 Bel

8119. Zweiter Tempelscher Komet (**1951 d = 1946 III**)
Notiz: Publ ASP **64** 38

8120. Tuttlescher Komet (**1939 X = 1926 IV**)
Ephemeride: BAAH 1953, UAI Circ 1382

8121. Tuttle-Giacobini-Kresákscher Komet (**1951 f = 1907 III = 1858 III**)
Beobachtung: Astr Circ UdSSR Nr. 132 S. 1—6 Kas. UAI Circ 1342 SPl
Elemente: UAI Circ 1342
Identität: PAT **33** 66

[4]) In Publ. Kwasan Obs. 1 Nr. 4 mit Komet 1925 III bezeichnet.

8122. Erster Wolfscher Komet (1950 c = 1942 VI)

M. Kamieński, Reappearance of the comet P/Wolf I in 1950. Preliminary results. AA(c) **5** 1—4.

Kometen. Gruppe (2)[5)]

8123. Komet 1899 I (= 1899 a) Swift

H. Q. Rasmusen, On the original orbit of comet 1899 I. Dan. Mat. Fys. Medd. **27** Nr. 3, 9 S. = Publ. Københavns Obs. Nr. 158. — Mit den (hyperbolischen) Elementen von Merfield wurden unter Berücksichtigung aller Planeten die gestörten rechtwinkligen Koordinaten des Kometen 1899 I von 1899 an rückwärts bis 1871 gerechnet. 1871 Nov. 12 sind die Störungen von unwesentlichem Einfluß; die Berechnung der großen Halbachse aus dem Orts- und Geschwindigkeitsvektor zu diesem Datum ergibt wieder einen zu einer Hyperbel gehörenden Wert. Böh.

8124. Komet 1905 IV (= 1906 b) Kopff

Die definitive Bahnbestimmung des Kometen übernimmt G. Pels, Leiden. NAZ **6** 40.

8125. Komet 1911 V (= 1911 c) Brooks

Aufnahme und Notiz: Sky and Telescope **11** 266 und 4. Umschlagseite

8126. Komet 1930 III (= 1930 c) Wilk

G. Schrutka-Rechtenstamm, Definitive Bahnbestimmung des Kometen 1930 III (Wilk). Anzeiger der Österreichischen Akad. Wiss. Math.-naturwiss. Kl. **89** 234—240. Sitzber. der Österreichischen Akad. Wiss. Math.-naturwiss. Kl. Abteilung IIa **161** 265—286.

8127. Komet 1930 V (= 1930 e) Forbes

E. Senftl, Definitive Bahnbestimmung des Kometen 1930 V (Forbes). Vgl. AJB **51** Ref. 8134. Mitt. Univ.-Sternw. Wien **5** Nr. 13 S. 127—142.

8128. Komet 1930 VI (= 1930 d) Schwassmann-Wachmann (P)

Elemente: UAI Circ 1343

Ephemeride: Astr Circ UdSSR Nr. 124 S. 7, UAI Circ 1343

I. Hasegawa, Possible meteor shower. BAA Circ 334, NAZvM 151, UAI Circ 1361.

8129. Komet 1932 I (= 1932 b) Houghton-Ensor

E. Schrutka-Rechtenstamm, Definitive Bahnbestimmung des Kometen 1932 I (Houghton-Ensor). Vgl. AJB **51** Ref. 8135. Mitt. Univ.-Sternw. Wien **5** Nr. 14 S. 143—168.

8130. Komet 1936 IV (= 1936 c) Jackson-Neujmin (P)

Ephemeride: BAAH 1953, UAI Circ 1383

8131. Komet 1936 V (= 1937 g) Hubble

A. Przybylski, Definitive orbit of comet 1937 g (Hubble). JO **35** 113—120.

8132. Komet 1939 I (= 1939 a) Kozik-Peltier

Beobachtung: BAN **5** 498. Berichtigung zu BAN **9** 24 (AJB **39** Ref. 6659) Lei

[5)] Vgl. AJB **48** S. 210 Anmerkung.

8133. Komet 1941 VII (= 1941 e) Du Toit-Neujmin-Delporte (P)
Elemente: BAAH 1952, NAZ **6** 13
Ephemeride: Astr Circ UdSSR Nr. 124 S. 3, S. 4[6]), BAAH 1952, NAZ **6** 13, 14, UAI Circ 1354

8134. Komet 1941 VIII (= 1941 d) van Gent-Howarth-Bernasconi
Beobachtung: BAN **11** 498. Berichtigung zu BAN **10** 439 (AJB **48** Ref. 8173) Joh

8135. Komet 1943 I (= 1942 g) Whipple-Fedtke-Tevsadse
Beobachtung: Bull. Obs. Astr. Belgrade 8—**13** S. 11, S. 12 Bel
Elemente: Bull. Obs. Astr. Belgrade 8—**13** S. 13
Aufnahme: JBAA **63** Nr. 1 Tafel VI. — 1943 Feb. 24

8136. Komet 1944 IV van Gent
Elemente: UAI Circ 1362

8137. Komet 1945 II (= 1945 c) Du Toit 2 (P)
Definitive Elemente: NAZ **6** 24, UAI Circ 1368

8138. Komet 1945 III (= 1945 d) Du Toit
Die Berechnung der definitiven Bahn des Kometen übernimmt A. Przybylski. NAZ **6** 15, UAI Circ 1362.

8139. Komet 1946 I (= 1946 a) Timmers
Beobachtung: Bull. Obs. Astr. Belgrade 8—**13** S. 41 Bel
Elemente: Bull. Obs. Astr. Belgrade 8—**13** S. 44

8140. Komet 1947 IV (= 1947 b) Rondanina-Bester
Beobachtung: Bull. Obs. Astr. Belgrade 8—**13** S. 59 Bel

8141. Komet 1947 VII (= 1947 j) Reinmuth 2 (P)
Elemente: BAAH 1953, NAZ **6** 39

8142. Komet 1947 XII (= 1947 n) Southern Comet
Aufnahme: Publ. Obs. Astr. Univ. La Plata (Ser. Especial) Nr. **6** S. 57, 1949. — 1947 Dez.

8143. Komet 1947 e Jakovkin junior
Beobachtung: Bull. Obs. Astr. Belgrade 8—**13** S. 59 Bel

8144. Komet 1948 I (= 1947 k) Bester
Beobachtung: Publ. Astr. Obs. Tartu **32** Nr. 4 S. 278 Tar

8145. Komet 1948 II (= 1948 a) Mrkos
Beobachtung: Bull. Obs. Astr. Belgrade 8—**13** S. 75 Bel

8146. Komet 1948 IV (= 1948 g) Honda-Bernasconi
Beobachtung: Bull. Obs. Astr. Belgrade 8—**13** S. 75 Bel

8147. Komet 1948 V (= 1948 d) Pajdusakova-Mrkos
V. Vanýsek, J. Schirokij, Photometrische Parameter der Kometen 1946c (Giacobini-Zinner) und 1948 d (Pajdušáková-Mrkos). Vgl. Ref. 8108.

[6]) Mit Komet 1952 VII bezeichnet.

8148. **Komet 1948 XI (= 1948 l) Eclipse Comet**

Aufnahme: Publ. Obs. Astr. Univ. La Plata (Ser. Especial) Nr. **9** S. 73, 1950 = Nr. **12** S. 25, 1951. — 1948 Nov. 13.

8149. **Komet 1949 a Johnson**

Beobachtung: TAB (2) Nr. 42 S. 285, 286, 287 Tok

8150. **Komet 1949 IV (= 1949 c) Bappu-Bok-Newkirk**

Beobachtung: TAB (2) Nr. 42 S. 285, 286 Tok

8151. **Komet 1949 VI (= 1949 e) Schajn-Schaldach (P)**

Beobachtung: TAB (2) Nr. 42 S. 285 Tok

8152. **Komet 1950 b Minkowski**

Beobachtung: AJ **57** 96 BoA. AJ **57** 95 = Obs. Cordoba Tirada Aparte Nr. **52** Cor. TAB (2) Nr. 42 S. 287, 288, Nr. 51 S. 399, 400 Tok. Sitzber. der Österreichischen Akad. Wiss. Math.-naturwiss. Kl. Abteilung II a **161** 47 = Mitt. Univ.-Sternw. Wien **6** Nr. 5 S. 91—92 Wie
Elemente: UAI Circ 1362
Ephemeride: UAI Circ 1342
Physische Beobachtung: Southern Stars **15** Nr. 6 (110) S. 95—101

P. Swings, T. Page, The spectra of comets 1950 b (Minkowski) and 1951 a (Pajdušáková). ApJ **115** 74—77 = Contr. McDonald Obs. Nr. **206** = Inst. d'Astrophys. Univ. Liège Mém. 8⁰ Nr. **339**. — Ref. in Coelum **20** 91—92. — Verf. berichten über das Spektrum der Kometen 1950 b (Minkowski) und 1951a (Padjušáková). Die Diskussion wird im Hinblick auf die theoretischen Vorstellungen von Oort, van Woerkom und Schmidt über den Ursprung der Kometen geführt, nach der sich Kometen durch Störungen aus einer ausgedehnten Hülle kometarischen Materials, die das Sonnensystem mit sehr großer Ausdehnung umgibt, bilden. «Alte» und «neue» Kometen unterscheiden sich möglicherweise durch spektrale Eigentümlichkeiten und ihre Helligkeitsentwicklung. Micz.

8153. **Komet 1951 a Pajdusakova**

Beobachtung: Astr Circ UdSSR Nr. 132 S. 1—6 Kas. TAB (2) Nr. 51 S. 400 Tok. Sitzber. der Österreichischen Akad. Wiss. Math.-naturwiss. Kl. Abteilung IIa **161** 47 = Mitt. Univ.-Sternw. Wien **6** Nr. 5 S. 91—92 Wie
Elemente: UAI Circ 1355

Die definitive Bahnbestimmung des Kometen übernimmt M. Plavec. NAZ **6** 10, UAI Circ 1349.

R. A. McIntosh, Meteors possibly associated with comet Pajdušáková. JBAA **62** 144—145.

P. Swings, T. Page, The spectra of comets 1950 b (Minkowski) and 1951 a (Pajdušáková). Vgl. Ref. 8152.

8154. **Komet 1951 b Arend-Rigaux (P)**

Beobachtung: Astr Circ UdSSR Nr. 132 S. 1—6 Kas. TAB (2) Nr. 51 S. 399, 400 Tok

8155. **Komet 1951 i Wilson-Harrington**

Beobachtung: UAI Circ 1354 Alg. UAI Circ 1347, 1350 Ath. UAI Circ 1361 Bar. MN ASSA **11** 20 Cap. AJ **57** 95—96 = Obs. Cordoba Tirada Aparte Nr. **52** Cor. Nizamia Obs. Repr. Nr. **11**, UAI Circ 1366 Hyd. UAI Circ 1340, 1342, 1349 Joh. NAZ **6** 10, UAI Circ 1351 Ucc

Elemente: BAA Circ 329, Harv Card 1171, UAI Circ 1351, 1360
Ephemeride: Astr Circ UdSSR Nr. 124 S. 5, BAA Circ 329, 330, Harv Card 1165, MN ASSA **11** 3, UAI Circ 1345, 1349
Physische Beobachtung: DOB **5** Nr. 3 Fasc. 1, Nr. 4 Fasc. 1, Obs **72** 47, 127
Notiz: Publ ASP **64** 35
G. de Vaucouleurs, Magnitudes visuelles définitives de la comète Wilson-Harrington 1951 i dans le système de Harvard (HDC). DOB **5** Nr. 12 Fasc. 1, 4 S. mit 1 Fig.

8156. Komet 1951 j Arend (P)
Beobachtung: Astr Circ UdSSR Nr. 122 S. 6 AlA. NAZ **6** 1 Hei. Astr Circ UdSSR Nr. 132 S. 1—6 Kas. BAB **4** 126—127, mit 1 Fig., NAZ **6** 1, UAI Circ 1340 Ucc
Elemente: BAB **4** 127, UAI Circ 1351 mit Berichtigung in 1355
Ephemeride: UAI Circ 1346
Physische Beobachtung: Astr Circ UdSSR Nr. 122 S. 6, BAB **4** 127, Obs **72** 127
Notiz: Publ ASP **64** 35—36
Identität mit Komet 1889 VI Swift möglich. Hinweis durch S. Kanda: NAZ **6** 23

8157. Komet 1951 k Harrington (P)
Beobachtung: UAI Circ 1354 Alg. Astr Circ UdSSR Nr. 132 S. 1—6 Kas. UAI Circ 1342 SPl. BAB **4** 113 Ucc
Elemente: NAZ **6** 15, UAI Circ 1360
Ephemeride: Astr Circ UdSSR Nr. 124 S. 5, Harv Card 1164, UAI Circ 1341, 1342, 1352
Physische Beobachtung: BAA Circ 329, Obs **72** 48, 128
Notiz: Publ ASP **64** 36
Identität mit Komet Wolf: Astr Circ UdSSR Nr. 124 S. 5, BAA Circ 329, Coelum **20** 25, Obs **72** 48, PAT **33** 66
Identität mit Komet Wolf bezweifelt: NAZ **6** 15, UAI Circ 1360

8158. Komet 1952 a Harrington-Wilson (P)
Entdeckung: R. G. Harrington und A. G. Wilson, Mt. Palomar, 1952 Jan. 30.
Anzeige: Astr Circ UdSSR Nr. 124 S. 2, BAA Circ 330, Harv Card 1165, NAZ **6** 3, UAI Circ 1344
Beobachtung: Harv Card 1168, UAI Circ 1349 MtW
Elemente: BAA Circ 331, Harv Card 1168, UAI Circ 1349
Ephemeride: Harv Card 1169, UAI Circ 1349

8159. Komet 1952 c Mrkos
Entdeckung: A. Mrkos, Skalnaté Pleso, 1952 Mai 14 (April 27 nicht identifiziert). C. J. Renner in Harv Card 1180 irrtümlich als neuer Komet angezeigt; Berichtigung in Harv Card 1181.
Anzeige: Astr Circ UdSSR Nr. 127 S. 1, Harv Card 1175, Kop Akt Medd 348, NAZ **6** 13 mit Berichtigung in **6** 15, UAI Circ 1357 mit Berichtigung in 1360
Beobachtung: Astr Circ UdSSR Nr. 127 S. 2, Nr. 128 S. 1 Aba. Harv Card 1181 Fla. NAZ **6** 19 Fra. NAZ **6** 19 Grenchen (Schweiz), UAI Circ 1368, 1371 Joh. Astr Circ UdSSR Nr. 128 S. 1 Kas. Astr Circ UdSSR Nr. 130 S. 4 Kiw. UAI Circ 1368 Kyo. BAN **11** 496 Lei. BAA Circ 333 Oxf. BSAF **66** 360 Par. Kop Akt Medd 348, UAI Circ 1359 Poz. Harv Card 1176, UAI Circ 1358, 1360, 1361, 1365 SPl. Astr Circ UdSSR Nr. 128 S. 1 Sta. NAZ **6** 15, 23, UAI Circ 1360, 1367 Ucc. Harv Card 1182 Was. Harv Card 1176, 1177 WiB

Elemente: Astr Circ UdSSR Nr. 127 S. 1, BAA Circ 334, 335, Harv Card 1177, 1188, 1197, UAI Circ 1360, 1365, 1373, 1380
Ephemeride: Astr Circ UdSSR Nr. 127 S. 2, BAA Circ 334, 335, Harv Card 1177, 1188, Kop Akt Medd 349, 350, UAI Circ 1360, 1362, 1365, 1372, 1373
Physische Beobachtung: BAA Circ 333, 334, UAI Circ 1359
Notiz: BSAF **66** 207, 360, Obs **72** 167

A. M. Bacharew, Die Integralhelligkeit des Kometen Mrkos (1952 c). Astr Circ UdSSR Nr. 129 S. 1—2 (russisch).

Die definitive Bahnbestimmung des Kometen übernimmt L. Kresák, Skalnaté Pleso. NAZ **6** 15, 19, UAI Circ 1358, 1365.

8160. Komet 1952 d Peltier

Entdeckung: L. C. Peltier, Delphos, Ohio, 1952 Juni 20.
Anzeige: Astr Circ UdSSR Nr. 127 S. 1, Harv Card 1179, Kop Akt Medd 350, NAZ **6** 19, UAI Circ 1364
Beobachtung: Astr Circ UdSSR Nr. 128 S. 2 Aba. Harv Card 1182, UAI Circ 1366 Buk. Harv Card 1179 Fla. Astr Circ UdSSR Nr. 130 S. 4 Kiw. UAI Circ 1368, 1373, 1382 Kyo. Harv Card 1195, UAI Circ 1378 MtH. BSAF **66** 360 Par. Astr Circ UdSSR Nr. 128 S. 1 Sta. Harv Card 1180 WiB
Elemente: BAA Circ 335, Harv Card 1182, 1195, UAI Circ 1366, 1378
Ephemeride: Astr Circ UdSSR Nr. 130 S. 2, BAA Circ 335, 336, Harv Card 1182, 1195, Kop Akt Medd 351, UAI Circ 1366, 1372, 1378, 1382
Physische Beobachtung: BAA Circ 335, 336, BSAF **66** 360, Obs **72** 167, 250

8161. Komet 1952 e Harrington

Entdeckung: R. G. Harrington, Mt. Palomar, 1952 Aug. 18.
Anzeige: Astr Circ UdSSR Nr. 130 S. 1, BAA Circ 336, Harv Card 1186, NAZ **6** 27, UAI Circ 1370
Beobachtung: Astr Circ UdSSR Nr. 130 S. 1 Kas. UAI Circ 1382 Kyo. BAA Circ 336, UAI Circ 1373 Lon. Harv Card 1191, UAI Circ 1375 MtH. BSAF **66** 451 Par
Elemente: Astr Circ UdSSR Nr. 130 S. 2, BAA Circ 338, Harv Card 1191, UAI Circ 1375
Ephemeride: Astr Circ UdSSR Nr. 130 S. 2, BAA Circ 338, Harv Card 1192, UAI Circ 1375
Physische Beobachtung: BAA Circ 338, BSAF **66** 451, Obs **72** 250

8162. Komet 1952 f Mrkos

Entdeckung: A. Mrkos, Skalnaté Pleso, 1952 Nov. 28.
Anzeige: BAA Circ 338, Harv Card 1199, Kop Akt Medd 354, NAZ **6** 39, UAI Circ 1383
Beobachtung: Harv Card 1201, UAI Circ 1386 MtH. UAI Circ 1384 SPl
Elemente: BAA Circ 338, UAI Circ 1384
Ephemeride: BAA Circ 338, Harv Card 1201, UAI Circ 1384, 1386

8163. Objekt

Entdeckung: in Frauenfeld (Schweiz) 1952 Sept. 4.
Anzeige: NAZvM 155

8164. Objekt Kresák

Entdeckung: L. Kresák, Skalnaté Pleso, 1952 Okt. 18.
Anzeige: NAZ **6** 39. UAI Circ 1381

8165. Weitere Mitteilungen über Kometen

Astr. Nachrichtendienst Berlin-Treptow **4** 3, 4, 13, 30, 39, 40, 43, 57—59, 95.
BSAF **66** 40, 83, 110, 126, 127—128, 173, 207, 217, 226, 260, 314, 359—360, 402—403, 451.
Coelum **20** 24—25, 54—55, 90—91, 155.
DOB **5** Nr. 1 Fasc. 1, 3 S., Nr. 2 Fasc. 1, 2 S., Nr. 3 Fasc. 1, 5 S. mit 1 Fig., Nr. 4 Fasc. 1, 3 S., Nr. 5 Fasc. 1, 2 S., Nr. 6 Fasc. 1, 3 S. Comètes.
DOB **5** Nr. 1 Fasc. 3, 4 S., Nr. 2 Fasc. 3, 4 S. mit 7 Fig. Documents pour l'observation des comètes.
Gaz astr **34** 30—31, 33—34, 56—59, 84.
JBAA **62** 168, 254.
Meteoor **9** 23. Kometen — nieuws.
MN ASSA **9** 3, 20.
NAT **1952** 28, 58, 110. Kometerne. J. M. Vinter Hansen. NAT **1952** 149. Ny Komet Mrkos (1952 f).
NAZvM Nr. 138, 140, 141, 142, 143, 145, 148, 149, 150, 151, 152, 153, 154, 155, 161, 165, 166, 167, 169, 171.
Obs **72** 47, 126, 166, 250.
Orion Schaffhausen **3** 363, 369, 406, 408, 444—445, 447—448, **4** 36.
PAT **33** 66, 153. Kometer.
Publ ASP **64** 35—38, 80—81, 139—141, 207—209, 320—321 = Berkeley Repr. Nr. **53**. L. E. Cunningham.
RH **33** 85—86 (tschechisch). Komet Schaumasse. H. Slouka.
Sky and Telescope **11** 167, 171, 262, 266.
Urania Barcelona **37** 181—183.
Vesmír **31** 106—107, mit 3 Fig. (tschechisch). M. Plavec.

8166. Kometen. Verzeichnis der Sternwarten und Beobachter

Abastumani	T. A. Kotschlaschwili, A. Torondshadse
Algier	L. Boyer
Alma Ata	D. A. Roshkowskij
Antwerpen*)	C. de Bièvre, L. Michiels
Athen	G. Adamopoulos
Barcelona	Codina, I. Pólit
Belgrad	Z. Brkić, M. Protitch, B. Ševarlić
Bosque Alegre	D. McLeish, A. Puch
Bukarest	Christescu, Trutescu
Cape	J. v. B. Lourens, T. W. Russo
Candillargues	C. Roques, E. Roques, J.-M. Roques
Cordoba	J. Bobone, D. McLeish, A. Puch
Flagstaff	H. L. Giclas
Frauenfeld	E. Leutenegger
Greenwich	A. Hunter
Grenchen	G. Klaus
Heidelberg	I. Groeneveld, K. Reinmuth
Hyderabad	M. Ghouse
Innsbruck	O. Schneider
Johannesburg	J. A. Bruwer, E. L. Johnson
Kasan	D. J. Martynow, F. K. Usmanowa
Kiew	M. W. Bratijtschuk, A. A. Gawlowskaja, J. K. Gulak, E. A. Gurtowenko, W. P. Konoplewa, M. M. Onoprijenko, E. N. Semanek, N. W. Steschenko, I. M. Weprinskaja
Kyoto	T. Mitani

*) Mit Koordinaten der Sternwarte.

Leiden	G. Pels
London	W. H. Steavenson
Mt. Hamilton	J. L. Brady, A. G. Mowbray, E. Roemer, S. Vasilevskis, C. A. Wirtanen
Mt. Wilson	L. E. Cunningham, A. Q. Howard, A. G. Mowbray
Oxford	G. Merton
Paris	R. Weber
Poznań	J. Dobrzycki, H. Hurnik, Szczepanski
Skalnaté Pleso	L. Kresák, A. Mrkos
Stalinabad	A. M. Bacharew, O. W. Dobrowolskij
Tartu	G. G. Kusmin, C. K. Raudsaar, W. G. Rijwes
Tokyo	H. Hirose, K. Tomita
Uccle	S. Arend, F. Rigaux, A. Schmitt
Washington	J. L. Gossner
Wien	H. Krumpholz
Williams Bay	G. van Biesbroeck
Wilrijk-Anvers	siehe Antwerpen

8167. **Kometen. Verzeichnis der Berechner**

D. A. Appleby	E. S. Farr	R. Luss
W. E. Beart	J. G. Freeman	J. G. Porter
J. Bobone	P. Herget	P. Prêtre
N. F. Bojewa	E. Høg	M. Protitch
L. E. Cunningham	K. Hurukawa	A. Przybylski
E. G. Day	I. H. Jørgensen	E. Rabe
C. Dinwoodie	G. F. Kellaway	M. Sumner
A. D. Dubjago	L. Kresák	K. A. Thernöe
W. T. Edwards		J. M. Vinter Hansen

8168. **Kometen. Verzeichnis der Beobachter physischer Erscheinungen**

R. Abraham	A. Jahn	L. Rébuffat
S. Arend	A. Jones	C. E. Rogati
A. M. Bacharew	G. F. Kellaway	W. H. Steavenson
F. Baldet	J. Lienhard	J. Storms
M. Beyer	D. J. Martynow	N. Tapia
C. Bertaud	W. Maurer	G. E. Taylor
G. Bertaud	G. Merton	G. de Vaucouleurs
G. van Biesbroeck	L. Michiels	R. L. Waterfield
C. de Bièvre	H. Mielke	R. Weber
W. Gliese	E. Pohl	J. Widmer
H. d'Halluin		

§ 82

Meteore

8201. **M. Almond, J. G. Davies, A. C. B. Lovell,** The velocity distribution of sporadic meteors. II. MN **112** 21—39, mit 7 Fig. = Astr. Contr. Univ. Manchester (2) Jodrell Bank Repr. Nr. 58. — Wie in I (vgl. AJB **51** Ref. 8202) für hellere Meteore wird nunmehr an zwei Beobachtungsreihen — Morgenbeobachtungen im Herbst 1950 und Abendbeobachtungen im Frühjahr 1951 — für schwächere Meteore der Helligkeit 6^m0—7^m5 nachgewiesen, daß von den sporadischen Meteoren nur ein geringer Prozentsatz hyperbolische Geschwindigkeiten besitzt. Kdr.

8202. **I. S. Astapowitsch,** Einige Gesetzmäßigkeiten im System der Kleinkörper. Meteoritika Nr. **10** S. 112—113 (russisch).

8203. **Z. Ceplecha,** Meteor magnitudes. BAC **3** 65—70, mit 4 Fig. — Verf. analysiert ein Beobachtungsmaterial von Helligkeiten von 2290 sporadischen Meteoren und von 832 Perseiden, das er selbst in den Jahren 1947—1951 gewonnen hat. Die prozentuale Verteilung der Meteore nach der Helligkeit wird dargestellt. Zur Erklärung der Abhängigkeit der Helligkeit von der Zenitdistanz z_R des Radianten bei den Perseiden, respektive von der Zenitdistanz des Apex der Erde bei den sporadischen Meteoren wird die Theorie von Hoppe über den Meteorflug angewandt. Man findet damit aus diesem Material eine lineare Beziehung zwischen der Höhe h, bei der die maximale Lichtentfaltung des Meteors stattfindet, und log cos z_R, und zwar nimmt mit abnehmendem z_R auch h ab, andererseits wächst h mit wachsender geozentrischer Meteorgeschwindigkeit. Doch reicht diese Höhenänderung allein nicht aus, um die beobachtete Helligkeitsänderung mit z_R zu erklären, es muß sich auch noch der Leuchtfaktor M_0, der die spezifische Verdampfung des Meteors charakterisiert, mit z_R ändern, und auch diese Beziehung wird aus der Beobachtung bestimmt, die sich ebenfalls als nahezu linear mit log cos z_R ergibt. H. M.

8204. **Z. Ceplecha,** Radiants from plottings. BAC **3** 95—96. — Radianten von Meteorschwärmen aus Beobachtungen 1946—1949.

8205. **J. A. Clegg,** The velocity distribution of sporadic meteors. III. Calculation of the theoretical distributions. MN **112** 399—413, mit 10 Fig. = Astr. Contr. Univ. Manchester (2) Jodrell Bank Repr. Nr. **67.** — Für die in I und II (vgl. Ref. 8201) zum Vergleich mit den beobachteten Verteilungen bereits benützte theoretische Geschwindigkeitsverteilung sporadischer Sternschnuppen wird die ausführliche Ableitung gegeben. Vorausgesetzt wird, daß sich die Meteore heliozentrisch in Parabelbahnen bewegen und die Bewegungsrichtungen zufällig verteilt sind. Kdr.

8206. **O. W. Dobrowolskij,** Die Diffusion der Meteorspuren. Bull. Astr. Obs. Stalinabad Nr. **1** S. 15—26, mit 3 Abb. (russisch). — Inhalt: Einleitung. 1. Die Veränderung der Ionendichte unter dem Einfluß der turbulenten Diffusion. 2. Die scheinbare Helligkeit der Spur und die turbulente Diffusion. 3. Der Einfluß des Ausleuchtens auf die Ionendichte. 4. Die Bestimmung des Diffusionskoeffizienten aus der scheinbaren Verbreiterung der Spur. 5. Die Berechnung der Ausleuchtfunktion. 6. Beispiele. 7. Der Diffusionskoeffizient und die sogenannte «Diffusionsgeschwindigkeit». Schluß. Loh.

8207. **O. W. Dobrowolskij,** Die mit der Bewegung eines meteorischen Körpers verbundene Stoßwelle. Bull. Astr. Obs. Stalinabad Nr. **6** S. 11—16 (russisch). — Für Höhen bis 100 km ist schon nach 5×10^{-4} sec nach dem Moment der Explosion der Radius der Stoßwelle einige Größenordnungen größer als die freie Weglänge der Luftmoleküle. Loh.

8208. **M. Essenow,** Die Leuchtdauer der Meteorspuren als Funktion der Meteorhelligkeit. Nachr. Akad. Wiss. Turkmen. Sowjetrepublik Nr. **3** S. 95—96 (russisch).

8209. **J. Feinstein,** On the nature of the decay of a meteor trail. Proc. Phys. Soc. (B) **65** 741. — Ref. in Phys. Abstracts (A) **56** 85—86.

8210. **J. S. Greenhow, G. S. Hawkins,** Ionizing and luminous efficiencies of meteors. Nature **170** 355—357, mit 2 Fig. = Astr. Contr. Univ. Manchester (2) Jodrell Bank Repr. Nr. **71.** — Ref. in Phys. Abstracts (A) **55** 1055. Ref. in Phys. Ber. **32** 1898: Die bisherige Theorie der Meteorechos (Lovell und Clegg; Herlofson) gibt eine Formel für die Abklingzeit T, die von der linearen Elektronendichte α nicht abhängt. Sie gilt aber nicht mehr, wenn die Elektronendichte groß ist, weil dann der mittlere Zylinder total reflektiert. Für diesen Fall gilt eine andere Formel, wonach $T \sim \alpha$ wird. Die Vergleichsmessungen von Millman und McKinley (1948—50), wie von Prentice, Lovell und Banwell (1947) beziehen sich alle auf stark ionisierende Meteore. Werden sie nach der neuen Formel ausgewertet, so wird bei bestimmter Helligkeit die Elektronendichte 100 mal größer als Herlofson angibt. Statt seiner Schätzung des Energieumsatzes $10^4 : 10^2 : 1$ in Wärme, Licht und Ionisation gilt $10^4 : 10^2 : 10$ für helle und $10^4 : 10 : 10$ für schwache Meteore. Alle sichtbaren Meteore sind dann mit Radar nachweisbar. Rawer

8211. **J. S. Greenhow,** Characteristics of radio echoes from meteor trails. III. The behaviour of the electron trails after formation. Proc. Phys. Soc. (B) **65** 169—181, mit 10 Fig. = Astr. Contr. Univ. Manchester (2) Jodrell Bank Repr. Nr. **57.** — In der Arbeit werden die Dauer und Amplituden der von Meteorspuren reflektierten Radioechos behandelt. Für die Wellenlängen 4.2 und 8.4 m wird gezeigt, daß die Dauer der meisten Echos sehr nahe proportional dem Quadrat der Wellenlänge ist, wie es die einfache Diffusionstheorie vorhersagt. Es wird nahegelegt, daß langdauernde Meteorechos der Totalreflexion von Spuren sehr hoher Elektronendichte zu verdanken sind, und es wird gezeigt, daß die Amplituden dieser Echos nur von derselben Größenordnung sein würden wie die Amplituden der kurzdauernden Echos von Spuren niedriger Elektronendichte, wie es bereits früher diskutiert worden war. Ferner wird ein Hinweis gegeben, daß die Amplitudenschwankungen in den Radioechos durch eine Verzerrung der Ionisationssäule, der relativen Bewegung verschiedener Reflexionszentren durch Windturbulenz, die wechselnde Interferenzbedingungen hervorruft, verursacht werden. Turbulente Winde der Größenordnung 20 m/sec in einer Höhe von 80 bis 100 km werden erschlossen. Verf. (übersetzt)

8212. **L. G. H. Huxley,** The persistence of meteor trails. Aust. J. Sci. Res. (A) **5** 10—16. — Ref. in Phys. Abstracts (A) **55** 495.

* * **L. G. Jacchia,** A comparative analysis of atmospheric densities from meteor decelerations observed in Massachusetts and New Mexico. Vgl. Ref. **7238.**

8213. **S. Jaslijew,** Das Azimut der Bewegung von Meteoren verschiedener Farbe. Nachr. Akad. Wiss. Turkmen. Sowjetrepublik Nr. **3** S. 96 (russisch).

8214. **T. R. Kaiser, R. L. Closs,** Theory of radio reflections from meteor trails. I. Phil. Mag. **43** 1—32 = Astr. Contr. Univ. Manchester (2) Jodrell Bank Repr. Nr. **59.** — Ref. in Phys. Abstracts (A) **55** 156.

8215. **L. A. Katassjow,** Photographische Bestimmung der Massen von Meteoren. AJ UdSSR **29** 689—693, mit 1 Abb. (russisch). — In Anlehnung an eine Arbeit von Öpik (vgl. AJB **35** Ref. **6721**) und Lewin (vgl. AJB **46** Ref. **67134**) werden für 11 Meteore Massen abgeleitet. Loh.

8216. **L. A. Katassjow,** Über die Anwendung der Meschtscherskijschen Gleichung in der Theorie der Bewegung eines meteorischen Körpers in der Atmosphäre. Bull. Astr. Obs. Stalinabad Nr. **1** S. 27—31, mit 1 Abb. (russisch). — Die Bewegungsgleichungen werden unter Einbeziehung der durch die Verdampfung von Molekülen an der Stirnseite der Meteore hervorgerufenen Gegenkraft verwandt, um einen besseren Wert für die Geschwindigkeit des Sichoté-Aliner Meteoriten abzuleiten. Loh.

8217. **L. A. Manning, O. G. Villard jr., A. M. Peterson,** Double-Doppler study of meteoric echoes. J. Geophys. Res. **57** 387—403, mit 15 Fig. — Es wird eine Methode angegeben, die es ermöglicht, gleichzeitig sowohl die Amplitude, als auch die Phase des von der Meteorspur reflektierten Signals zu bestimmen. Die großen Vorteile dieser Methode werden ausführlich erörtert und durch Beispiele belegt. Unter anderm wird dadurch klargestellt, daß die Meteor-Echos sich gemäß den aus der Diffraktionstheorie gewonnenen Resultaten verhalten, das heißt, jedes Element der Meteorspur liefert einen Beitrag zum Echo, was bedeutet, daß die Spur verhältnismäßig schwach ionisiert oder von geringem Durchmesser ist. Ferner kann die Abdrift der Meteorspuren durch Wind eindeutig bestimmt werden, auch Fadings des Echos können nach dieser Methode als Interferenzen verschiedener Komponenten analysiert werden. H. M.

8218. **P. M. Millman,** Photographic meteor spectra. J RAS Canada **46** 121—125. — In einer Liste sind 122 Beobachtungen zusammengestellt.

8219. **P. M. Millman,** Visual meteor observations by L. A. Mathieu. J RAS Canada **46** 234—238, mit 1 Fig.

* * **H. H. Nininger,** Out of the Sky. Vgl. Ref. **8312.**

8220. **M. Plavec,** Double meteors. RH **33** 202—205 (tschechisch).

8221. **R. N. Thomas,** The physical theory of meteors. III. Conditions at the meteor surface. ApJ **116** 203—210. — Ref. in Phys. Abstracts (A) **56** 286. — Die Oberflächentemperatur eines Eisenmeteors auf Grund der Wärmetransportgleichung zu interpretieren erweist sich als nicht möglich, da der Energietransport nach innen zu schnell erfolgt und sich daher zu geringe Temperaturen ergeben. Verf. nimmt daher an, daß sich an der Oberfläche des Meteors eine isotherme Reaktionsschicht befindet, deren Temperatur durch die von außen zugeführte Energie einerseits und die durch Ausstrahlung und durch Verdampfen oder Abschmelzen verlorengehende Energie andrerseits bestimmt wird. Im Fall des Verdampfens resultieren auf jeden Fall genügend hohe Temperaturen, im Fall des Abschmelzens nur dann, wenn dies in Tropfenform vor sich geht und die Tropfen hinreichend klein sind. Kdr.

8222. **F. van 't Veer,** Meteoorsporen en luchtcirculatie. Meteoor 8 8, mit 1 Fig. — Übersetzung in Meteorbeobachter **2** Nr. 4/5 S. 6—7.

8223. **O. G. Villard jr.,** Radio observation of meteors. Leaflet ASP Nr. 256, 8 S., 1950.

8224. **F. L. Whipple,** On meteor masses and densities. AJ **57** 28—29. — Ref. AAS. — Ref. in Sky and Telescope **11** 115.

* * **F. L. Whipple,** Results of rocket and meteor research. Vgl. Ref. **13434.**

8225. D'où viennent les météores? BSAF **66** 341.

8226. Section d'étude des corps interplanétaires: correspondance. DOB **5** Nr. 4 Fasc. 4, 4 S., Nr. 5 Fasc. 4, 4 S. mit 1 Fig., Nr. 6 Fasc. 4, 4 S.

8227. Die untere Helligkeitsgrenze der Sternschnuppen. Meteorbeobachter **2** Nr. 3 S. 3—4.

8228. Zusammenstoß zweier Meteore? Meteorbeobachter **2** Nr. 6/7 S. 6—7.

8229. Velocity distribution of sporadic meteors. Nature **170** 872. — Besprechung zweier Arbeiten von M. Almond, J. G. Davies und A. C. B. Lovell in den MN (vgl. AJB **51** Ref. 8202, AJB **52** Ref. **8201**).

8230. Sur l'origine des météores. Orion Schaffhausen **3** 355. — Auszug aus Nature **167** Nr. 4238, 1951.

8231. Meteorernas färg. PAT **33** 66—67.

8232. Die Höhen teleskopischer Meteore. Sternenwelt **4** 147. — Ref. der in AJB **50** Ref. **8227** zitierten Arbeit von Katassjow.

* * Le télescope Super-Schmidt pour la photographie des météores. Vgl. Ref. **2143.**

Meteorströme

8233. **M. Almond, K. Bullough, G. S. Hawkins,** Radio echo observations of the daytime meteor streams in 1952. Astr. Contr. Univ. Manchester (1) Jodrell Bank Ann. **1** 13—21, mit 2 Fig. — Ref. in Phys. Abstracts (A) **56** 952. — 1952 wurden die η-Aquariden, Arietiden, ζ-Perseiden und β-Tauriden beobachtet und die Radianten ermittelt. Von den Arietiden und den β-Tauriden konnten die Geschwindigkeitsverteilungen abgeleitet und die Bahnelemente berechnet werden. Loh.

8234. **S. van den Bergh,** Zijn visuele waarnemingen van de daglicht zwermen mogelijk? Meteoor **8** 24.

8235. **Z. Ceplecha,** Statistical observations of meteors 1951. BAC **3** 53—56. — Tabelle 1—3 enthält die stündlichen Häufigkeiten der Perseiden, δ-Aquariden und der sporadischen Meteore 1951, Tabelle 4—5 die Helligkeiten der sporadischen Meteore und Perseiden. In der Schlußtabelle ist die Zahl der Perseiden entsprechend der Dauer ihrer Spur angegeben. J. B.

8236. **Z. Ceplecha,** The summer day-light meteor streams. Časopis **2** 36—37, mit 3 Fig. (tschechisch).

8237. **G. S. Hawkins, M. Almond,** Radio echo observations of the daytime meteor streams in 1951. Astr. Contr. Univ. Manchester (1) Jodrell Bank Ann. **1** 2—12, mit 5 Fig. — 1951 wurden an der Station Jodrell Bank die η-Aquariden, o-Cetiden, Arietiden, ζ-Perseiden und β-Tauriden beobachtet und ihre Radianten bestimmt. Bei v Psc wurde ein neuer, kleinerer Strom entdeckt. Für alle Ströme wurden die Geschwindigkeitsverteilungen ermittelt. Loh.

8238. **G. S. Hawkins, M. Almond,** Radio echo observations of the major night-time meteor streams. MN **112** 219—233, mit 6 Fig. = Astr. Contr. Univ. Manchester (2) Jodrell Bank Repr. Nr. **60.** — Verf. haben 1946—1951 Funkmeßbeobachtungen einer Reihe stärkerer Sternschnuppenströme durchgeführt. Für die Perseiden, Geminiden und Quadrantiden werden die Örter der Radianten sowie die Geschwindigkeiten und Bahnelemente abgeleitet. Aus einer Diskussion der charakteristischen Eigenschaften der Ströme wird geschlossen, daß sie in ihrem Kerngebiet einen erhöhten Prozentsatz großer Meteore enthalten. Die Radianten der Perseiden und Geminiden besitzen eine fortschreitende Bewegung. Die heliozentrischen Geschwindigkeiten innerhalb der Ströme streuen anscheinend um 1—2 km/sec. Für eine Reihe weiterer Ströme werden nur Radiantenörter und die stündliche Häufigkeit des Auftretens ihrer Mitglieder publiziert. Micz.

8239. **M. C. Kadyrow,** Vorläufiges Verzeichnis von Radianten des Jahres 1946 nach Beobachtungen in Aschchabad. Nachr. Akad. Wiss. Turkmen. Sowjetrepublik Nr. **6** S. 91—93 (russisch).

8240. **R. A. McIntosh,** Meteors possibly associated with comet Pajdusakova. JBAA **62** 144—145. — Ref. in Sky and Telescope **11** 191.

* * **L. Neužil,** Influences météoriques sur la couche sporadique E. Vgl. Ref. 7287.

* * **J. G. Porter,** Comets and Meteor Streams. Vgl. Ref. 8012.

8241. **J. G. Porter,** The discovery and nomenclature of meteor streams. JBAA **62** 101—104. Mit einem Zusatz von J. P. M. Prentice.

8242. **N. D. Rosenbljum,** Ein graphisches Verfahren zur Bestimmung der Elemente der parabolischen Bahn eines Meteorstroms. Bull. Astr.-Geod. Ges. UdSSR Nr. **11** (**18**) S. 15—19, mit 5 Abb. (russisch).

8243. **A. Silbiger**, Bahnbestimmung von Meteorströmen. Meteorbeobachter **2** Nr. 2 S. 4, Nr. 3 S. 2, Nr. 6/7 S. 1—2, mit 2 Abb.

8244. Documents pour l'étude des essaims de météores. DOB **5** Nr. 3 Fasc. 3, 4 S., Nr. 4 Fasc. 3, 4 S.

8245. Documents pour l'étude des courants météoriques. DOB **5** Nr. 6 Fasc. 3, 4 S., Nr. 7 Fasc. 1, 4 S. mit 2 Fig.

8246. Schijnbare en ware radianten. Heelal 8 77—80, mit 3 Fig.

8247. Gegenseitige Anziehung der Meteore innerhalb eines Stromes. Meteorbeobachter **2** Nr. 6/7 S. 2—3.

8248. Tages-Ströme im Mai bis Juli. Meteorbeobachter **2** Nr. 6/7 S. 4—6.

8249. Stjerneskud i forbindelse med komet 1951 a (Pajdušáková). NAT **1952** 112—113.

8250. A meteor train. Nature **170** 305. — Die vom Mount Stromlo aus beobachtete Spur erschien am 4. Mai um $19^h 15^m$ G. M. T. gegen den dunklen Himmel. Möglicherweise handelte es sich um ein Mitglied des γ-Aquaridenstroms. Loh.

8251. Sommer-Tagesmeteorströme. Sternenwelt **4** 29, mit 2 Abb. — Ref. der in AJB **51** Ref. **8267**, **8268**, **8272** zitierten Arbeiten von Aspinall, Hawkins, Davies, Greenhow und Almond.

8252. **Aquariden**

M. Almond, The orbit of the δ Aquarid meteor stream. Astr. Contr. Univ. Manchester (1) Jodrell Bank Ann. **1** 22—28, mit 4 Fig. — Ref. in Phys. Abstracts (A) **56** 952.

Z. Ceplecha, Statistical observations of meteors. Vgl. Ref. **8235**.

B.-A. Lindblad, A radar investigation of the Delta Aquarid meteor shower of 1950. Chalmers Tekniska Högskolas Handlingar Nr. **129**, 27 S. mit 8 Fig. = Lund Medd. (1) Nr. **179**. — Es werden Beobachtungen der Radarechos von Meteoren bei 9 m Wellenlänge aus der Zeit 25. Juli bis 7. August 1950 untersucht. Im Gegensatz zu den kurz dauernden Echos zeigt die Zahl der lang dauernden ein ausgeprägtes Maximum in der Nacht vom 28.—29. Juli, das zu dem δ Aquarii-Strom gehört. Statistisch werden die Echos verschiedener Dauer, die Variation von Nacht zu Nacht und die Variation mit der Tagesstunde verglichen. Wenn das schon am 26. Juli beobachtete Aktivitätsmaximum der kurz dauernden Meteore durch eine Poynting-Robertson-Dispersion gedeutet wird, so führt das in Verbindung mit den hergeleiteten Bahnelementen zu einem Stromalter von 10^4—10^5 Jahren. Gli.

R. Rigollet, Etude télescopique de l'essaim des Aquarides de Juillet. JO **35** 170—176, mit 1 Fig. — Nach einer bereits bei Beobachtung der Bootiden angewandten Methode (AJB **51** Ref. 8281) wurden acht Juli-Aquariden teleskopisch in der Nähe ihres Radianten beobachtet. Der Radiant wurde dann nach zwei verschiedenen Methoden unter Ausschaltung der durch die Erdbewegung bedingten Störungsquellen berechnet unter der Annahme einer parabolischen und einer elliptischen Bahn, ohne daß zwischen beiden Annahmen hier eine Entscheidung getroffen werden kann. Gli.

8253. **Aurigiden**

DOB **5** Nr. 2 Fasc. 1, 1 S. Alpha Aurigides.

8254. **Coroniden**

W. S. Wiskow, Beobachtungen des Meteorstroms π CrB. Bull. Astr.-Geod. Ges. UdSSR Nr. **11** (**18**) S. 24—25 (russisch).

8255. Draconiden

A. W. Solowjow, Die Draconiden. Astr Circ UdSSR Nr. 132 S. 17 (russisch). — Beobachtungen 1952 Okt. 9—10.

H. van Woerden, De Draconiden van 9 October. Hemel en Dampkring **50** 179.

BSAF **66** 403. L'essaim météorique des Draconides en 1952.

8256. Giacobiniden

BAA Circ 337, JBAA **63** 84. Giacobinid meteor shower, 1952.

NAZ **6** 41. Giacobiniden-Schauer 1952. J. P. M. Prentice, A. C. B. Lovell. — Beobachtung 1952 Okt. 9.

8257. Geminiden

I. S. Gorban, W. W. Martynenko, W. P. Schonow, Die Geminiden 1950. Bull. Astr.-Geod. Ges. UdSSR Nr. **11** (18) S. 22—23 (russisch).

P. M. Millman, Meteor news. J RAS Canada **46** 35—37, mit 1 Fig.

Sternenwelt **4** 64. Vergangenheit und Zukunft der Geminiden. — Ref. der in AJB **50** Ref. 8269 zitierten Arbeit von Plavec.

8258. Hydraiden

Meteorbeobachter **2** Nr. 3 S. 1. Hydraiden.

8259. Leoniden

DOB **5** Nr. 2 Fasc. 1, 1 S. Beta Leonides.

8260. Lyriden

C. D. Gulmedow, A. P. Sawruchin, Die Lyriden 1952 nach Beobachtungen in Turkmenistan. Nachr. Akad. Wiss. Turkmen. Sowjetrepublik Nr. **4** S. 95—96 (russisch).

A. P. Sawruchin, Die Lyriden im Jahre 1949 nach Beobachtungen in Aschchabad. Nachr. Akad. Wiss. Turkmen. Sowjetrepublik Nr. **4** 95 (russisch).

W. Teufel, Beobachtungen der Lyriden im Jahre 1952 in Gorkij. Astr Circ UdSSR Nr. 128 S. 14—15 (russisch).

8261. Perseiden

E. Ahnert-Rohlfs, Zur Struktur und Entstehung des Perseidenstroms. Vgl. Ref. 5501.

A. M. Bacharew, Das Spektrum eines Meteors des Perseidenstroms vom 10. August 1950. Bull. Astr. Obs. Stalinabad Nr. **2** S. 3—9, mit 2 Abb. (russisch). — Das Spektrum zeichnet sich durch starke Linien des ionisierten Kalziums aus, während die FeI-Linien weniger auffallen. Eine Linie gehört vielleicht zu CoI oder VI, eine weitere zu NiI. Loh.

Z. Ceplecha, Statistical observations of meteors. Vgl. Ref. 8235.

S. W. Makarow, M. A. Swetschnikow, Beobachtungen der Perseiden 1950. Bull. Astr.-Geod. Ges. UdSSR Nr. **11** (18) S. 20—21 (russisch).

P. M. Millman, Meteor news. J RAS Canada **46** 35—37, mit 1 Fig.

P. M. Millman, Montreal Perseid observations. J RAS Canada **46** 155—157, mit 1 Fig.

H. van Woerden, Perseiden 1952. Hemel en Dampkring **50** 139.

I. Zacharov, Influence des Perséides sur la transparence atmosphérique. BAC **3** 82—85, mit 6 Fig.

Orion Schaffhausen **3** 446. Die Perseiden.

Orion Schaffhausen **4** 40. Beobachtungen von Perseiden im August 1952.

8262. Pisciden

H. König, Meteorstrom der Pisciden und Feuerkugelradianten. Sterne **28** 152.

8263. Quadrantiden

J. van Diggelen, De Quadrantiden opnieuw waargenomen. Januari 1952. Meteoor 8 6—7, mit 1 Fig.

8264. Tauriden

Meteorbeobachter **2** Nr. 6/7 S. 7—8. Die Tauriden.

Einzelne Meteore

8265. Beobachtungen von Feuerkugeln

1948	Aug.	11	Nachr. Akad. Wiss. Turkmen. Sowjetrepublik Nr. **4** S. 74—77 (russisch). Bearbeitung einer Aufnahme des Meteors vom 11. Aug. 1948. R. L. Chotinok.
1950	Juli	17	Meteoritika Nr. **10** S. 120—124 (russisch). Der sumische Bolid vom 17. Juli 1950. P. P. Suschizkij.
	Juli	19	Meteoritika Nr. **10** S. 106—109 (russisch). Über den in Kasachstan beobachteten Boliden vom 19. Juli 1950. N. B. Diwari.
1951	Febr.	12	DOB **5** Nr. 4 Fasc. 1, 1 S. Le bolide du 12 fev. 1951.
	Mai	12	BSAF **66** 23. Bolides, étoiles filantes. W. Groubé.
	Juli	3	Sterne **28** 70. Meteor.
	Sept.	2	Coelum **20** 55. Bolide. G. Conato.
	Nov.	2	Coelum **20** 24. Meteora luminosa. L. Decovich.
	Nov.	26	BSAF **66** 23. Bolides, étoiles filantes. M. Fructus.
1952	Jan.	7	BSAF **66** 139. Bolides, étoiles filantes. M. Viard.
	Jan.	14	BSAF **66** 138. Bolides, étoiles filantes. J. Bryon.
	Febr.	8	BSAF **66** 138—139. Bolides, étoiles filantes. H. d'Halluin.
	April	18	BSAF **66** 188. Bolides, étoiles filantes. G. Pailliez.
	Mai	20	Orion Schaffhausen **3** 449. Helles Meteor. K. Locher.
	Juni	25	BSAF **66** 314. Un beau bolide. J. C. Duchet.
	Juli	7	Sky and Telescope **11** 312. Sunshine fireball. J. H. Pruett.
	Juli	12	Coelum **20** 156. Bolidi. L. Confalonieri.
	Juli	26	BSAF **66** 361. Météore exceptionnel. E. Dreyer.
			Orion Schaffhausen **4** 40. Helles Meteor. B. Känzig.
	Juli	28	Coelum **20** 155—156. Bolidi. Corbellini.
			Coelum **20** 156. Bolidi. D. Leuzzi di Caraffa.
	Aug.	10	Coelum **20** 156. Bolidi. S. Santini.
	Aug.	29	Coelum **20** 186, mit 3 Fig. Bolidi. Thayaht.
	Sept.	8	Coelum **20** 186.
	Sept.	21	BSAF **66** 467—468. Bolides, étoiles filantes. W. Groubé.
	Okt.	8	BSAF **66** 467. Bolides, étoiles filantes. A. Garaud.
	Okt.	14	Meteoor 8 31—32, mit 2 Fig. Ontmoette de aarde een stuk van een komeet? J. van Diggelen. — Forts. in AJB **53**.

8266. Elemente von Feuerkugeln

1949	April	21	BAC **3** 13—15, mit 1 Fig. Double photographed meteor, 1949 Apr. 21. Z. Ceplecha.

1951 Febr. 12 Hemel en Dampkring **50** 25—32, mit 4 Abb. = Werkgroep Meteoren Med. **24**. Het vreemde lichtverschijnsel van 12 Februari 1951. J. van Diggelen.

8267. **Mitteilungen über Meteore**

Anzeiger der Österreichischen Akad. Wiss. Math.-naturw. Kl. **89** 23. Die Feuerkugel vom 3. Juli 1951, 20^h 37^m MEZ (Österreichisches-nordbayrisches Meteor). M. Pastor.

Astr Circ UdSSR Nr. 131 S. 22 (russisch). Photographische Beobachtungen von Meteoren im Sommer 1952 in Simferopol. K. A. Ljubarskij, R. W. Snegirjowa.

BAC **3** 90—91. Simultaneous observations of meteors. Z. Ceplecha. — Beobachtungen aus dem Jahre 1947.

Bull. Astr. Obs. Stalinabad Nr. **3** S. 17—29, mit 2 Abb. (russisch). Höhen und Radianten teleskopischer Meteore in den Jahren 1947—1948. A. M. Bacharew, O. W. Dobrowolskij.

Meteorbeobachter **2** Nr. 1 S. 4. Außergewöhnliche Beobachtungen. D. Müller.

Orion Schaffhausen **3** 370. Helles Meteor mit Haltepunkt. K. Rapp.

Urania Kopenhagen **9** 68. Et kraftigt Meteor. Kristoffersen.

Urania Kopenhagen **9** 123. Store Meteorer.

Weitere Mitteilungen vgl. Ref. **7033**.

§ 83

Meteorite

8301. **L. H. Ahrens, W. H. Pinson, M. M. Kearns,** Association of rubidium and potassium and their abundance in common igneous rocks and meteorites. Geochim. Cosmochim. Acta **2** 229—242, mit 1 Fig.

8302. **I. S. Astapowitsch,** Ergebnisse der Untersuchungen der Bahnen einiger Meteorite und Boliden. Meteoritika Nr. **10** S. 104—105 (russisch).

8303. **I. S. Astapowitsch,** Über den Niedersturz des Steinhagels bei der Stadt Sterlitamak im Jahre 1824. Meteoritika Nr. **10** S. 137—153 (russisch).

8304. **R. I. B. Cooper,** The distribution of radioactivity. Nature **169** 350—352. — Enthält auch einige Bemerkungen über die Radioaktivität in Meteoriten.

8305. **E. K. Gerling, K. G. Rik,** Das Alter der Steinmeteorite nach der Argonmethode. Meteoritika Nr. **10** S. 37—41 (russisch).

8306. **D. Hoffleit,** Bibliography on meteoritic dust with brief abstracts. Harvard College Obs. Techn. Report Nr. **9**, 45 S. = Harv Repr (2) Nr. **43**.

* * **C. de Jager,** Het ontstaan van meteorieten. Vgl. Ref. **5510**.

* * **C. de Jager,** De opbouw van meteorieten en de hypothese van de «oerplaneet». Vgl. Ref. **5511**.

8307. **A. B. Kiprenskij,** Der Erforscher der «Himmelssteine». Priroda **41** Nr. 10 S. 59—64, mit 5 Abb. (russisch). — Ref. in Sternenwelt **5** 28. — Ist in Anschluß an einige historische Bemerkungen ein Bericht über die Untersuchungen Krinows. Loh.

8308. **F. A. Kloverstrom, W. A. Rense,** Reflection from meteoritic surfaces. ApJ **115** 495—500, mit 2 Fig. — An einigen Proben meteoritischen Materials wurden die Polarisation diffus reflektierten Lichtes und die Albedo gemessen. Sowohl bei Steinmeteoriten, als auch bei Eisenmeteoriten ist die Polarisation durch eine Kombination molekularer Streuung und regulärer metallischer Reflexion zu erklären. Die gefundenen Albedowerte sind etwas größer als die anderer Autoren, was vielleicht auf verschiedene Vorbehandlung der Probeflächen zurückzuführen ist. Kdr.

8309. **E. L. Krinow,** Himmelssteine (Meteore und Meteorite). Moskau, Kriegsverlag, 1952. 116 S. mit Abb. Preis 1 R. 85 Kop. (russisch).

8310. **B. J. Lewin,** Meteorite. Moskau, «Snanie», 1952. 32 S. mit Abb. Preis 60 Kop. (russisch).

8311. **P. M. Millman,** A size classification of meteoritic material encountered by the earth. J RAS Canada **46** 79—82.

8312. **H. H. Nininger,** Out of the Sky. An Introduction to Meteoritics. Denver, University of Denver Press, 1952. 10 + 336 S. mit 52 Tafeln. Preis $ 5.00. — Besprechung in J. British Interplanetary Soc. **11** 243—244, Sky and Telescope **11** 199, **12** 16—17 (C. C. Wylie).

8313. **E. Salpeter,** Spektroskopische Chlorbestimmung in Steinmeteoriten. Labor. Astrofis. Specola Vaticana Ric. Spettroscop. **2** 1—63, mit 12 Abb. — Es wird die Methode der Hochfrequenzanregung nach Gatterer-Frodl für die Chlorbestimmung in Meteoriten angewendet. Nach einer qualitativen Untersuchung von 24 Steinmeteoriten wird eine quantitative Methode ausgearbeitet. Bei der quantitativen spektroskopischen Bestimmung wurden, mit Brom als Standardelement, Eichkurven aufgestellt und mit ihrer Hilfe der Chlorgehalt von 20 Steinmeteoriten mit einer Genauigkeit von $\pm 10\%$ bestimmt. Der daraus erhaltene Durchschnittswert von 0.09% stimmt mit den von Merrill und Noddack angegebenen Durchschnittswerten für Steinmeteorite sehr gut überein. Die Methode ist wegen ihrer Schnelligkeit und Einfachheit besonders für Reihenuntersuchungen von Meteoriten sehr gut geeignet. Verf. (gekürzt)

8314. **A. N. Sawarizkij, L. G. Kwascha,** Die Meteorite der UdSSR. Die Kollektion der Akademie der Wissenschaften der UdSSR. Moskau, Verlag Akad. Wiss. UdSSR, 1952. 248 S. mit 269 Abb. Preis 18 R. (russisch). — Im vorliegenden Buch werden die Ergebnisse einer vorläufigen Untersuchung von Meteoriten dargelegt, die in der UdSSR bis 1951 niedergefallen oder aufgefunden worden sind und die in der Sammlung der Akad. Wiss. UdSSR aufbewahrt werden. Ihre vorläufige Untersuchung bestand außer einer äußeren Betrachtung nur in einer mikroskopischen Bestimmung der mineralogischen Zusammensetzung und einer Strukturuntersuchung. Mitteilungen über die chemische Zusammensetzung und ein Verzeichnis der hauptsächlichen Literatur über jeden einzelnen Meteoriten sind beigefügt. Loh.

8315. **S. F. Singer, F. A. Paneth,** Meteorites and cosmic rays. Nature **170** 728—729. — Ref. in Phys. Abstracts (A) **56** 182, JBAA **63** 84—85. — Berücksichtigt man den Einfluß der Sekundärteilchen der kosmischen Strahlung auf die Erzeugung von He in Meteoriten, dann ergibt sich als untere Grenze ein höherer Wert als bisher: 5×10^{-14} cm³/gr/Jahr. Loh.

8316. **F. Tonani,** La ripartizione degli elementi tra fase silicata e metallica nelle meteoriti ed il calore di formazione degli ossidi. I. Le affinità geochimiche. Rend. Accad. Nazionale Lincei, Cl. Sci. fis., mat., nat. **13** 269—275.

8317. **P. N. Tschirwinskij,** Die mittlere chemisch-mineralogische Zusammensetzung der Meteorite. Meteoritika Nr. **10** S. 67—73 (russisch).

8318. **P. N. Tschirwinskij,** Die Meteorite Weißrußlands. Meteoritika Nr. **10** S. 125—136 (russisch).

8319. **H. C. Urey,** Chemical fractionation in the meteorites and the abundance of the elements. Geochim. Cosmochim. Acta **2** 269—282, mit 1 Fig.

8320. **W. Wahl,** The brecciated stony meteorites and meteorites containing foreign fragments. Geochim. Cosmochim. Acta **2** 91—117, mit 6 Fig.

* * **F. L. Whipple,** Results of rocket and meteor research. Vgl. Ref. **13434.**

8321. Gefährliche Meteoriten. Meteorbeobachter **2** Nr. 4/5 S. 8, Nr. 6/7 S. 9.

8322. Das Helium in Meteoriten. Meteorbeobachter **2** Nr. 6/7 S. 3.

8323. Meteoriten auf der astronomischen Ausstellung in Reutlingen. Meteorbeobachter **2** Nr. 6/7 S. 9.

8324. Six thousand tons per day. Sky and Telescope **11** 249.

Einzelne Meteorite

8325. **E. Buchholz,** Der große tungusische Meteorit. Naturwiss. Rundschau **5** 422—424, mit 2 Fig.

8326. **J. van Eeghem,** Spectraalanalytisch en metallografisch onderzoek der meteoren van de Canon Diablo en Mount Joy. Heelal **8** 70—72, mit 1 Fig.

8327. **S. S. Fonton,** Arbeitsergebnisse der vierten (letzten) Expedition zur Untersuchung des Niederfalls des Sichoté-Aliner Meteoritenregens. Meteoritika Nr. **10** S. 74—83 (russisch).

8328. **W. G. Gnilowskoj,** Der Niederfall des Steinmeteoriten «Manytsch». Priroda **41** Nr. 8 S. 100—102, mit 1 Abb. (russisch). — Ref. in Sternenwelt **5** 27—28. — Betrifft den 1860 g schweren Meteoriten, der am 20. Oktober 1951 in der Siedlung Iki-Burul im Arsgirischen Rayon niederstürzte. Loh.

8329. **J. R. Horan, G. A. Boyd,** Autoradiographic analysis of the Murray, Kentucky, meteorite. Phys. Rev. (2) **87** 177. — Ref. in Phys. Ber. **32** 1685: Verf. haben mit Eastman-NTB-Kernplatten einen Meteoriten (Murray, Kentucky) untersucht. Belichtungszeit 100^h. Es wurden α-Bahnen gefunden sowie diskretes Silberkorn, das von β- bzw. γ-Strahlung herrührt. Verf. sehen den Ursprung der beobachteten Strahlung nicht in einer durch Höhenstrahlung induzierten Aktivität, sondern in Beimengungen schwerer Elemente. Taubert

8330. **E. Jérémine, M. Lelubre,** Sur la météorite d'Oubari. Geochim. Cosmochim. Acta **2** 217—228, mit 9 Fig.

8331. **I. A. Judin,** Die mineralogische und chemische Untersuchung des Steinmeteoriten Kunaschak. Meteoritika Nr. **10** S. 42—56 (russisch).

8332. **I. A. Judin,** Der Steinmeteoritenregen Wengerowo. Meteoritika Nr. **10** S. 100—103 (russisch).

8333. **E. L. Krinow,** Riesenmeteorite (Tungusischer und Sichoté-Aliner Meteorit). Moskau, Verlag Akad. Wiss. UdSSR, 1952. 96 S. mit 36 Abb. Preis 1 R. 45 Kop. (russisch).

8334. **E. L. Krinow, S. S. Fonton,** Die Entdeckung meteorischen Staubes am Fallort des Sichoté-Aliner Eisenmeteoritenregens. DAN **85**

1227—1230, mit 1 Abb. und 1 Tafel (russisch). — Die am Boden aufgefundenen Proben meteorischen Staubes werden ihrer Form nach beschrieben und ihrer Häufigkeit und Größe nach untersucht. Man findet alle Übergänge von der Kugel- bis zur Bandform. Loh.

8335. **E. L. Krinow,** Schlußergebnisse der vierjährigen Feldarbeiten zur Untersuchung des Niederfalles und zum Aufsammeln des Sichoté-Aliner Eisenmeteoritenregens. Meteoritika Nr. **10** S. 84—99 (russisch).

8336. **A. Paluzíe-Borrell,** The meteorite of Reliegos, Spain. Strolling Astronomer **6** 39—40, Meteorbeobachter **2** Nr. 4/5 S. 4—5.

8337. **E. Schoenberg,** Der Meteorit von Sichote Alin und seine Bedeutung für die Kosmogonie des Sonnensystems. Sternenwelt **4** 166—170, mit 4 Fig. — Nach einem Bericht von W. Fessenkow.

8338. **P. N. Tschirwinskij,** Die quantitative chemische und mineralogische Zusammensetzung des Sideriten Rittersgrün-Breitenbach-Steinbach. Meteoritika Nr. **10** S. 57—66 (russisch).

8339. **J. J. H. de Vries,** Hardheidsonderzoek van een ijzermeteoriet. Hemel en Dampkring **50** 109—110, mit 1 Fig. = Werkgroep Meteoren Med. **25**.

8340. Der Meteoritenfall von Treysa. Meteorbeobachter **2** Nr. 4/5 S. 3.

Meteoritenkrater

8341. **A. M. Bacharew,** Der Murgaber Meteoritenkrater. Astr Circ UdSSR Nr. 122 S. 8—10 (russisch). — Ref. in AJ **2** 54. — Betrifft den bei $\lambda = 74°$ $16' 50''$ (E) und $\varphi = +38° 05' 45''$ gelegenen Krater, der im September 1951 eingehend untersucht wurde und der Überlieferungen zufolge 200 bis 300 Jahre alt sein soll. Loh.

8342. **W. K. Carr,** Ungava crater from the air. Sky and Telescope **11** 61, 62, mit 2 Fig.

8343. **D. W. Dewhirst,** More meteorite craters. JBAA **63** 51—52.

8344. **R. L. Drejsin,** Meteorite als einer der Faktoren in der Bildung des Erdreliefs. Meteoritika Nr. **10** S. 110—111 (russisch).

8345. **F. Heide,** Ein neuer Meteoritenkrater in Nordkanada? Sterne **28** 91—95, mit 4 Abb. — Entdeckungsgeschichte des Chubb-Kraters. Am Schluß ist eine Tabelle der Meteoritenkrater auf der Erde gegeben.

8346. **F. C. Leonard,** Crater Elegante: a caldera. J RAS Canada **46** 252.

8347. **H. H. Nininger,** Condensation globules at meteor crater. Science **113** 755—756, 1951. — Ref. in Phys. Ber. **31** 1629: Bei eingehenden Untersuchungen des Bodens in der Umgebung des Meteorkraters Arizona wurden kleine metallische Kügelchen gefunden; man hielt sie für Kondensationsprodukte von Metalldämpfen, die sich bildeten, als das Meteor oder die Meteore beim Aufschlage explodierten. Die chemische Analyse ergab einen Ni-Gehalt von ungefähr 17%. Die metallographischen Untersuchungen ergaben das Vorkommen von Cohenit, Schreibersit, Steatit, Troilit. Der Ni-Gehalt ist ungefähr noch einmal so hoch wie bei den Meteorbruchstücken, welche dort gefunden wurden. Verf. weist auf eine Veröffentlichung von D. M. Barringer (Nat. Acad. Sci. U.S. Princeton Univ. 16. Nov. 1909) hin, nach welcher gar kein Anzeichen für eine Bildung von Metalldämpfen sich findet. Stöckl

8348. **R. N. Thomas,** Four possible meteorite craters in Utah. Sky and Telescope **11** 300—301, mit 7 Fig. — Ref. in Sternenwelt **5** 25—26.

8349. Meteor craters in France. Irish AJ **2** 53—54.

8350. Chubb crater, Ungava. J RAS Canada **46** 27—28.

8351. Crater Elegante. J RAS Canada **46** 166.

8352. Nouveaux cratères de météorites. La Nature **80** 239—242, mit 3 Fig.

8353. To meteorkratere. NAT **1952** 152.

8354. Nya meteorkratrar. PAT **33** 154—156, mit 3 Fig.

8355. More meteor craters. Sky and Telescope **11** 134.

8356. Murgab meteorite craters. Sky and Telescope **12** 8.

8357. Der größte Meteorkrater der Erde. Sterne **28** 70. — Chubb-Krater, Durchmesser 3.5 km.

8358. Meteor-Krater in Südfrankreich. Sternenwelt **4** 174—178, mit 3 Abb.

§ 84

Zodiakallicht, Gegenschein

8401. **I. S. Astapowitsch,** Über die atmosphärische Natur des Zodiakallichts. Astr Circ UdSSR Nr. 123 S. 10—12 (russisch). — Eine sorgfältige Analyse von einigen Hunderten von visuellen Beobachtungen ergab: 1. Die Helligkeit des Zodiakallichts kann lange Zeit konstant bleiben, sich im Verlaufe eines Tages aber auch stark ändern. 2. Die Helligkeitsänderungen fallen meist mit solchen des Gegenscheins zusammen. 3. Plötzliche Schwankungen (etwa innerhalb einer Stunde) wurden nicht festgestellt. 4. Die Lageänderungen sind klein und liegen unter der Meßgenauigkeit. Alles das spricht für eine Verbindung des Zodiakallichts mit den höchsten atmosphärischen Schichten. Loh.

8402. **I. S. Astapowitsch,** Die Parallaxe des Gegenscheins. Nachr. Akad. Wiss. Turkmen. Sowjetrepublik Nr. **3** S. 64—81 (russisch).

8403. **A. M. Bacharew,** Über die Breite des Gegenscheins und der Lichtbrücke. Bull. Astr. Obs. Stalinabad Nr. **6** S. 17—20, mit 1 Abb. (russisch). — Die Beobachtungen Sacharows in Mittelasien in den Jahren 1913—1929 verwendet Verf. zu einer Untersuchung der Breitenschwankung des Gegenscheins und der Lichtbrücke. Die Beobachtungen lassen sich durch eine Fourier-Reihe darstellen. Die maximalen Abweichungen betragen +2°0 und −1°4. Loh.

8404. **A. Behr, H. Siedentopf,** Untersuchungen über Zodiakallicht und Gegenschein nach lichtelektrischen Messungen auf dem Jungfraujoch. Phys. Verhandlungen **3** 157—158. — Ref. AG.

8405. **N. B. Diwari,** Photometrische Untersuchung des Zodiakallichts. AJ UdSSR **29** 49—56, mit 6 Abb. (russisch). — Ref. in Astr. News Letter Nr. **63** S. 3. — Die visuellen Beobachtungen wurden im Herbst 1946 bei Alma-Ata und im Sommer 1947 in Tjan-Schan in 3200 m Höhe mit einem Fessenkowschen Photometer durchgeführt. Die beobachteten Helligkeiten wurden nach Befreiung vom Einfluß nichtzodiakaler Helligkeitskomponenten zu Isophoten zusammengefaßt und aus ihnen eine mittlere Isophote für 1947 entworfen. Außerdem wurde die Abhängigkeit der Helligkeit von der Elongation in der Ekliptik ermittelt. Es zeigt sich, daß nördliches und östliches Zodiakallicht aus zwei Komponenten bestehen: dem eigentlichen Zodiakallicht und einem gewissen überschüssigen Leuchten atmosphärischer Natur, das von der Tiefe des Sonnenstandes abhängt, also Dämmerungscharakter hat. Loh.

8406. **N. Donitch,** Observations de la lumière zodiacale au cours des hivers 1946—1947 et 1947—1948 à Tamanrasset (Hoggar). CR **235** 412. — Die Position des Zodiakallichts im Raum hat sich während der Beobachtungszeiträume nicht wesentlich geändert. Die Hauptebene scheint durch die Sonne zu gehen, die Länge des aufsteigenden Knotens beträgt 110° 12′, die Neigung 2° 9′. Loh.

8407. **M. G. Karimow,** Über die Natur des Gegenscheins. AJ UdSSR **29** 633—637 (russisch). — Eine Analyse von Spektrogrammen des Gegenscheins, die bei Alma-Ata aufgenommen worden waren, bestätigt die gasförmige und terrestrische Natur des Gegenscheins. Loh.

8408. **W. B. Pietenpol,** The zodiacal light. Sky and Telescope **11** 223. — Hinweis auf Beobachtungen zur Untersuchung des Zodiakallichts, die während der Sonnenfinsternis am 25. Februar 1952 vom Flugzeug aus angestellt worden sind.

8409. **W. A. Rense,** The origin of zodiacal light. ApJ **115** 501—505, mit 4 Fig. — Unter der Annahme, daß das Zodiakallicht an meteoritischen Partikeln reflektiertes Sonnenlicht ist und daß es um die Sonne eine linsenförmige Wolke bildet, deren Dichte umgekehrt proportional dem Sonnenabstand abfällt, werden mit Hilfe von Laboratoriumsdaten für die diffuse Reflexion an Meteoriten (vgl. Ref. 8308) Polarisation und relative Intensität des Zodiakallichts in Sonnenabständen von 30° bis 90° berechnet. Es ergeben sich Werte, die mit der Beobachtung in guter Übereinstimmung stehen. Kdr.

8410. **P. Swings,** Suggestions for new photoelectric observations of the zodiacal light and the counterglow. Vgl. Ref. **1165**, daselbst S. 215—222. — Aufklärung einiger wichtiger Fragen, das Zodiakallicht und den Gegenschein betreffend, die mit modernsten Methoden geklärt werden sollten. Den Anstoß zu diesen Fragen gaben die neueren sowjetischen Arbeiten über das Zodiakallicht. U. Be.

8411. **Beobachtungen des Zodiakallichts und Gegenscheins**

BSAF **66** 170. Lumière zodiacale. E. Geneslay.

Zehnter Teil

Sterne

§ 90

Allgemeines

9001. **M. B. B. Heath,** The stars and planets of spring. Country-Side **16** Nr. 5.

9002. **M. B. B. Heath,** Stars of summer nights. Country-Side **16** Nr. 6.

9003. **N. P. Imnadse,** Die Sternbilder. Tiflis, 1952. 52 S. mit Abb. und Karten. Preis 80 Kop. (georgisch).

* * **G. Schindler,** Über Letzt- und Erst-Beobachtungen des Sirius und anderer Gestirne. Vgl. Ref. **7025**.

9004. Lijst der voornaamste sterren, groter dan de 5e magnitude in het Sterrenbeeld Cassiopeia. Heelal **8** 15.

§ 91

Positionen, Kataloge, Fundamentalsystem, Karten

9101. **G. Becq, L. de Clerck,** Projet d'un catalogue fondamental en δ basé sur les observations simultanées R et D. Ann. Obs. Roy. Belgique (3) **6** 37. — Auf Grund der am Meridiankreis in Uccle bei Beobachtung im direkten und reflektierten Licht gemachten Erfahrungen wird der Vorschlag gemacht, auch an anderen Sternwarten durch analoge Beobachtungen von Zirkumpolarsternen in beiden Kulminationen absolute Deklinationen zu bestimmen. Bo.

9102. **F. Gondolatsch,** Was ist ein Fundamentalkatalog? Zum 70. Geburtstag von August Kopff am 5. Februar 1952. Sternenwelt **4** 1—7, mit 2 Abb.

9103. **J. Haas,** Über den Nutzen der älteren Sternkataloge. AN **281** 23—24, mit 1 Abb. — Die Unsicherheit eines aus zwei beobachteten Örtern extrapolierten Ortes wird in einer Formel und graphisch dargestellt und gezeigt, wie ein dritter beobachteter Ort auch noch bei größerer eigener Unsicherheit zur Bestimmung der Eigenbewegung beitragen kann. Der Nutzen der älteren Kataloge wird kurz erörtert. Einiges über den Wert der «Geschichte des Fixsternhimmels». Verf.

9104. **J. v. d. Heide,** Untersuchungen an Zeitbestimmungen. AN **281** 31—37, mit 4 Abb. = Mitt. Sternw. Hamburg-Bergedorf Nr. **85**. — Nach kurzer Beschreibung der benutzten Instrumente werden mittlere Fehler von Zeitbestimmungen untersucht. Sodann werden aus den Ergebnissen der Zeitbestimmungen systematisch verteilte Reste ermittelt, die sich als $\Delta\alpha_\alpha$ und $\Delta\alpha_\delta$ des FK 3 oder auch als ungleichförmige Drehgeschwindigkeit der Erde deuten lassen. Verf.

9105. **J. von der Heide,** Ergebnisse moderner Zeitbestimmungen. Mitt. AG **1951** 12—13. — Ref. AG.

9106. **P. Kalaja,** Catalogue of star pairs for northern latitudes from 55° to 70° for astronomic determination of latitudes by the Horrebow-Talcott method. Veröff. Finn. Geod. Inst. Helsinki Nr. **41**.

9107. **W. W. Konin,** Katalog der Deklinationen von 319 Sternen des Pulkower Zenitteleskop-Programms für die Epoche und das Äquinoktium 1950.0. Kiew, Astr. Hauptobs. Akad. Wiss. Ukrain. Sowjetrepublik, 1952. 12 S. (russisch).

9108. **A. Kopff,** Aufstellung eines Ergänzungskatalogs zum FK3 (FK3 Supp). AN **281** 29—30.

9109. **A. Kopff,** Mitteilung über die Verbesserung des FK3 und die Bildung eines FK3 Supp. Astronomisches Rechen-Institut Heidelberg. Im Dezember 1952. 4 S. (deutsch und englisch).

9110. **L. L. Matkewitsch, G. D. Dshaljalow,** Katalog der Rektaszensionen von 643 schwachen Sternen im System des FK3, beobachtet am Meridiankreis des Astronomischen Observatoriums Taschkent. Publ. Astr. Obs. Taschkent (2) **2**, 154 S. mit 1 Abb. und Bild von L. L. Matkewitsch (russisch).

9111. **W. S. McClenahan,** Results of observations made with the reversible meridian circle 1923—1935. Catalogue of 1589 stars, observed in the years 1923 to 1935, reduced without proper motions to the equinox 1925.0. Corrections to G. C. and FK3. Publ. Dominion Obs. Ottawa **15** Nr. 2 S. 159—229.

9112. **H. R. Morgan,** Catalog of 5268 standard stars, 1950.0 based on the normal system N 30. Astronomical Papers prepared for the use of the American Ephemeris and Nautical Almanac Vol. **13** part 3, 28 S. Vorwort, S. 109—321. — Besprechung in Sky and Telescope **13** 57.

9113. **H. Nowacki,** 61 Cygni. Verbesserte Werte für Ort und EB von FK3 Nr. 793. NAZ **6** 22.

9114. **H. Nowacki,** Verbesserung von Ort und Eigenbewegung von 61 Cygni. Veröff. Astr. Rechen-Inst. Heidelberg Nr. **4,** 22 S. mit 2 Abb. — Die modernen Meridiankreisbeobachtungen verlangen eine Korrektion insbesondere der Rektaszension von 61 Cygni sowohl im FK3 als auch im GC. Die Aufgabe vorliegender Arbeit bestand darin, den Ort und die Eigenbewegung des Sternes in beiden Fundamentalkatalogen zu verbessern bzw. die Ursache der Abweichungen aufzuklären. Für die Herleitung der Korrektionen wurde die von Lewis Boss vorgeschlagene Methode gewählt, nach der die Katalogpositionen durch Hinzunahme von neuen Beobachtungen verbessert werden, unter Verzicht auf eine Neudiskussion der alten bereits in den Fundamentalkatalogen verarbeiteten Beobachtungen. Verf. (gekürzt)

9115. **E. Paloque,** L'avenir de l'entreprise de la Carte du Ciel et des mouvements propres. Ann. Obs. Astr. Mét. Toulouse **21** 11. — Ref. L'AFAS.

9116. **P. J. van Rhijn,** Durchmusterung of selected areas of the special plan. Vol. I containing the areas 1 to 29. Published by the Kapteyn Astronomical Laboratory. 28 + 309 S.

9117. **P. J. van Rhijn,** Durchmusterung of selected areas of the special plan. Vol. II containing the areas 30 to 46. Published by the Kapteyn Astronomical Laboratory. 2 + 273 S.

9118. **M. S. Swerew, W. A. Iswekow, A. G. Obornewa, L. M. Chommik,** Über das Verzeichnis der Sterne des Katalogs Schwacher Sterne. AJ UdSSR **29** 91—98 (russisch).

9119. **M. S. Swerew,** Le catalogue des étoiles faibles en tant que problème astrométrique. Communication à la VIII assemblée générale de l'Union Astronomique Internationale Rome, 1952. Moskau, Verlag Akad. Wiss. UdSSR, 1952. 81 S. (russisch, italienisch, französisch).

9120. **K. Tuzi,** The observation of right ascensions of equatorial stars. TAB (2) Nr. **44** S. 293—297.

9121. **K. Tuzi,** Meridian observation of right ascension of equatorial stars made with Repsold Transit Instrument. Preliminary result No. 1. TAB (2) Nr. **45** S. 299—357.

9122. **C. B. Watts, F. P. Scott, A. N. Adams;** Results of observations made with the six-inch transit circle 1941—1949. Catalog of 5216 stars for 1950.0. Comparison of catalog $W2_{50}$ with GC and FK3. Publ. US Naval Obs. **16** part III S. 447—591.

9123. Astrographic Catalogue 1900.0. Perth Section Dec. -31° to -41°. From photographs taken at the Perth Observatory Western Australia and measured at the Royal Observatory, Edinburgh. Vol. **3.** Measures of rectangular co-ordinates and diameters of 68.284 star images on plates with centres in Dec. -38°. Published under the auspices of the International Astronomical Union. Paris, 1952. 13 + 343 S.

9124. Astrographic Catalogue 1900.0. Sydney Section. Dec. -51° to -65°. From photographs taken at the Sydney Observatory New South Wales, Australia. Vol. **30.** R.A. 6^h to 12^h, Dec. -58° to -60°. Sydney, 1952. 3 + 127 S.

9125. Bonner Durchmusterung, Nördlicher Teil. Sternverzeichnis (Mikrobuch). Bonn, F. Dümmlers Verlag, 1951. Dritte berichtigte Auflage. 150 S. Preis geb. DM 56.

9126. Geschichte des Fixsternhimmels. Abteilung II. Der südliche Sternhimmel. Band **10**, Erste Lieferung $9^h\,0^m$—$9^h\,25^m$ Rektaszension. Herausgegeben von J. Haas. Karlsruhe, Kommissionsverlag G. Braun, 1952. 96 S. Preis DM 30.

9127. Geschichte des Fixsternhimmels. Abteilung II. Der südliche Sternhimmel. Band **24**. 23^h Rektaszension. Erste Lieferung 0^m—21^m. Herausgegeben von der Deutschen Akademie der Wissenschaften zu Berlin, Astronomisches Recheninstitut. Bearbeitet von J. Dick. Berlin, Akademie-Verlag, 1952. 56 S.

9128. Zweiter Katalog der Astronomischen Gesellschaft für das Äquinoktium 1950. Örter der Sterne bis zur neunten Größe zwischen dem Nordpol und 2° südlicher Deklination, abgeleitet aus photographischen Himmelsaufnahmen der Sternwarten Bergedorf und Bonn unter der Leitung von R. Schorr † und A. Kohlschütter. **5.** Band: Deklination +45° bis +50° Bergedorf. Herausgegeben von der Hamburger Sternwarte. Hamburg-Bergedorf, Verlag der Sternwarte, 1952. Vorwort + 239 S.

9129. Ein neuer französischer Sternkatalog. Sterne **28** 73—74. — Vgl. AJB **51** Ref. **9123**.

9130. Symposium on Astrometric Problems of Faint Stars. Vgl. Ref. **1110**.

Sternkarten

9131. **A. Brun,** Atlas photométrique et spectroscopique des constellations australes de -30° à -90°. Le Breuil (Allier), Selbstverlag. Preis fr. 2000. — Besprechung in BSAF **66** 316—317, 361.

9132. **C. G. Burwell,** The astronomer's most useful chart. The Bonner Durchmusterung. Leaflet ASP Nr. 271, 8 S. mit 1 Fig., 1951.

9133. **C. de Jager,** De nieuwe sterrenkaarten. Hemel en Dampkring **50** 17—19, mit 4 Fig. = Werkgroep Meteoren Med. **22**.

9134. **J. Klepešta, L. Lukeš,** Hvězdná mapa severní oblohy. Prag, Landesvermessungsamt. Preis 50 Kčs. — Karte des nördlichen Himmels mit 10 S. Text.

9135. **A. A. Michajlow,** Sternatlas, enthaltend für beide Halbkugeln die Sterne bis zur 8,25. Größe mit Bezeichnung der Veränderlichen und Doppelsterne, der Sternhaufen und Nebel. Moskau, Technischer Staatsverlag, 1952. 60 S., 20 Karten. Preis 15 R. 10 Kop. (russisch).

9136. **A. P. Norton,** A Star Atlas. London, Gall and Inglis. 16 S. mit Sternkarten. Preis 135 belg. fr. — Besprechung in Heelal 8 Afl. 2, 4. Umschlagseite.

9137. **L. Vigorelli,** Stellario ossia Costellazioni visibili a qualunque ora e latitudine. Bologna, Selbstverlag, Via Jacopo della Quercia 1. Preis Lire 3500. — Besprechung in Coelum **20** 153—154.

9138. Stern-Atlas, enthaltend alle Sterne bis zur neunten Größe sowie die helleren Sternhaufen und Nebel zwischen dem Nordpol und 23° südlicher Deklination für 1855.0. Vgl. AJB **50** Ref. **9144**. — Weitere Besprechung in Hemel en Dampkring **50** 155 (J. J. Raimond jr.), Orion Schaffhausen **3** 372—373.

9139. Norton's Star Atlas and Reference Handbook. London, Gall & Inglis, 1950. Preis 17/6. — Besprechung in Vega Nr. **6** S. 24.

9140. Das große Modell der drehbaren Sternkarte «Sirius». Orion Schaffhausen **3** 450—451. — Besprechung.

9141. Die photographische Himmelskarte. Sterne **28** 73.

§ 92

Eigenbewegung, Radialgeschwindigkeit

9201. **A. Ali,** Stars with large proper motions in the Hyderabad Astrographic Zones +36° to + 39° (Final list). JO **35** 129—151 = Nizamia Obs. Repr. Nr. **12**.

9202. **N. M. Artjuchina,** Bestimmung und Untersuchung der Eigenbewegungen von Sternen in der Umgebung des galaktischen Nordpols. Moskau, Lomonossow-Staatsuniversität und Staatliches Astronomisches Sternberg-Institut, 1952. 8 S. — Dissertationsreferat.

9203. **N. M. Artjuchina,** Die Eigenbewegungen von 152 Sternen in der Umgebung des galaktischen Nordpols. Mitt. Astr. Sternberg-Inst. Nr. **81** S. 3—19 (russisch).

9204. **J. Delhaye,** Mouvements propres et vitesses radiales des étoiles. Mouvement du Soleil. BSAF **66** 191—194, mit 3 Fig.

9205. **A. N. Deutsch,** Utilisation des objets extragalactiques pour l'établissement d'un système absolu des mouvements propres des étoiles. Communication à la VIII assemblée générale de l'Union Astronomique Internationale Rome, 1952. Moskau, Verlag Akad. Wiss. UdSSR, 1952. 36 S. (russisch, italienisch, französisch).

9206. **N. W. Fatschichin,** Bestimmung der absoluten Eigenbewegungen von Sternen in Anschluß an außergalaktische Nebel. Mitt. Astr. Hauptobs. Pulkowo **19** Nr. **1** (148) S. 11—71, mit 22 Abb. (russisch). — Ref. in Astr. News Letter Nr. **68** S. 2. — Verf. untersucht die Eignung außergalaktischer Nebel zur Ableitung der Eigenbewegung schwacher Sterne und ermittelt diese für 1432 Sterne bis $15^m.5$ relativ zu dreizehn außergalaktischen Nebeln in vier Gebieten. Zu den Sternen gehören auch vierzehn aus dem GC von Boss. Meß- und Reduktionsverfahren werden ausführlich beschrieben und Hinweise für spätere, ähnliche Arbeiten gegeben. Die mittleren Fehler der Nebelmessungen sind etwa anderthalbmal so groß wie die der Sterne. Die Eigenbewegungen der Nebel relativ zu den schwachen Sternen werden abgeleitet. Die Reduktion der relativen Eigenbewegungen der Sterne auf absolute stehen mit den methodisch anders ermittelten in befriedigender Übereinstimmung. Loh.

9207. **A. M. Losinskij,** Die Eigenbewegungen von neun veränderlichen Sternen. Mitt. Astr. Sternberg-Inst. Nr. **81** S. 20—26 (russisch). — Betrifft die Sterne: CY Aqr, SS CVn, ST CVn, UV Dra, AR Her, RU Peg, RU Psc, TU UMa.

* * **H. Nowacki,** Verbesserung von Ort und Eigenbewegung von 61 Cygni. Vgl. Ref. **9114**.

9208. **A. B. Onegina,** Untersuchung der Eigenbewegungen in der Umgebung heller Sterne. Leningrad, Shdanow-Staatsuniversität, 1952. 8 S. (russisch). — Dissertationsreferat.

* * **E. Paloque,** L'avenir de l'entreprise de la Carte du Ciel et des mouvements propres. Vgl. Ref. **9115**.

9209. **P. Sémirot, Chopinet,** La détermination des mouvements propres des étoiles du Catalogue photographique par contretypage. Ann. Obs. Astr. Mét. Toulouse **21** 12. — Ref. L'AFAS. — Vgl. AJB **50** Ref. 9203.

9210. **M. I. Uranowa,** Über die Eigenbewegungen von Sternen in der Umgebung von SY Cygni. Mitt. Astr. Sternberg-Inst. Nr. 81 S. 27—29 (russisch).

9211. Observatoire de l'Université de Toulouse. Mouvements propres des étoiles des Catalogues Photographiques de Toulouse. Einleitung E. Paloque. Paris, Centre National Rech. Sci., 1952. 144 S. mit 2 Fig.

9211a. **Eigenbewegungen einzelner Sterne**

BD +44° 2051	DOB **5** Nr. 1 Fasc. 1, 2 S. mit 1 Fig. Le mouvement propre de l'étoile BD +44° 2051.
Lalande 21185	S. L. Lippincott, Note on the proper motion of Lalande 21185. AJ **57** 64.

Radialgeschwindigkeiten

9212. **T. S. Jacobsen,** Radial-velocity curves of η Aquilae from the H and K lines of Ca II. Publ ASP **64** 308—310. — Verf. vergleicht Radialgeschwindigkeitskurven aus a) drei Eisenlinien (nahe Übereinstimmung mit früheren Beobachtungen), b) «totalen» H- und K-Linien, c) Absorptionskernen der H- und K-Linien, d) Emissionskernen der H- und K-Linien, und macht Angaben über Änderungen des Aussehens der Linien. O. G.

9213. **G. R. Miczaika,** Radialgeschwindigkeitsmessungen von γ Bootis. ZfA **30** 134—136, mit 1 Abb. = Mitt. Landessternw. Heidelberg Nr. 87. — Fünfzig Messungen der Radialgeschwindigkeit von γ Bootis April bis Juli 1951 zeigen, daß der Stern keine Radialgeschwindigkeitsänderungen mit der Periode des zeitweilig auftretenden Lichtwechsels ausgeführt hat. Verf.

9214. **G. R. Miczaika,** Über die Radialgeschwindigkeitskurve von δ Orionis. ZfA **30** 299—304, mit 1 Abb. = Mitt. Landessternw. Heidelberg Nr. 88. — 73 Radialgeschwindigkeitsmessungen des spektroskopischen Doppelsternes δ Orionis dienen zur Ableitung neuer Bahnelemente. Änderungen der Bahnelemente werden auf eine Deformierung der Radialgeschwindigkeitskurve durch den Einfluß bewegter Gasmassen in dem System zurückgeführt. Verf.

9215. **J. Sahade, J. Albarracín,** Radial velocities of Z Sculptoris, ξ Phoenicis, and β Crucis. ApJ **116** 654—656, mit 1 Fig. = Obs. Cordoba Tirada Aparte Nr. 57. — Mitteilung von Radialgeschwindigkeitsmessungen einiger Sterne des Südhimmels, die früher Änderungen ihrer Helligkeit oder Radialgeschwindigkeit verdächtigt worden sind. Micz.

9216. **O. Struve,** The radial velocity of Kappa Draconis. ApJ **115** 138—140, mit 1 Fig. — Kurze Mitteilung des Verf. über Radialgeschwindigkeitsmessungen an dem Be-Stern $\varkappa$ Draconis, dessen Radialgeschwindigkeit in früheren Beobachtungsreihen mit mäßiger Amplitude und $P = 0^d\!.89$ veränderlich gefunden wurde. Die neue Reihe erbringt keine verbürgte periodische Veränderlichkeit, so daß die Doppelsternnatur des auch sonst ungewöhnlichen Systems fraglich erscheint; die zeitweilig bemerkte Veränderlichkeit ist vielleicht ein Rotationseffekt. Micz.

9217. **O. Struve,** Proposal for a project of high-precision stellar radial velocity work. Obs **72** 199—200. — Verf. schlägt vor, nach planetenähnlichen Begleitern von Fixsternen zu suchen mit Hilfe von Radialgeschwindigkeitsmessungen von hoher Genauigkeit. Eine Abschätzung läßt Änderungen der Radialgeschwindigkeit bis etwa ±2 km/sec erwarten, wenn ein «Planet» von zehnfacher Jupitermasse im Abstand 1/50 a. E. umläuft. O. G.

9218. **A. B. Underhill,** The radial-velocity variations of ζ Tauri. Publ. Dominion Astrophys. Obs. Victoria **9** 219—236, mit 5 Fig. und 1 Tafel. — Unter Benutzung neuer Beobachtungen wird versucht, die Änderung der Radialgeschwindigkeit zu erklären. Für die Jahre 1930—1946 lassen sich die Radialgeschwindigkeitsänderungen als Bahnbewegung eines Doppelsterns interpretieren. Die Bahnelemente werden abgeleitet und die Abweichungen von der resultierenden Geschwindigkeitskurve untersucht. In den Jahren 1951—52 schwankte die Radialgeschwindigkeit unregelmäßig. Gleichzeitig änderten sich die Intensitäten und Konturen der Balmerlinien merklich. Vermutlich werden diese Änderungen hervorgerufen durch zufällige Bewegungen größerer Elemente in den äußeren Teilen der Hülle. Groth

* * **A. J. Wesselink,** Reduction to the sun of radial velocities. Vgl. Ref. **2414.**

9219. **R. E. Wilson, A. H. Joy,** Radial velocities of 360 stars. ApJ **115** 157—165. — Mitteilung von Radialgeschwindigkeiten und Spektraltypen von 360 Sternen. Fortsetzung der in ApJ **111** 221—261 gegebenen Liste. Micz.

9220. **K. O. Wright,** Wave-lengths for radial-velocity determinations based on measures of one hundred F- to M-type stars. Publ. Dominion Astrophys. Obs. Victoria **9** 167—179, mit 1 Fig. — Aus Radialgeschwindigkeitsmessungen in Spektren der Dispersion 30 Å/mm bei Hγ erhält Verf. im Wellenlängenbereich λ 4000—4500 ein System von 28 Linien, die besonders gut für solche Messungen geeignet sind. Für jede Linie wird angegeben, in welchem Spektralklassenbereich sie zu benutzen ist. Die mit diesem System abgeleiteten Radialgeschwindigkeiten liegen im System von Petrie und haben eine systematische Differenz von −0.9 km/sec gegen den New General Catalogue of Radial Velocities von R. E. Wilson. Groth

9221. **Radialgeschwindigkeiten einzelner Sterne**

η Aql	T. S. Jacobsen. Vgl. Ref. **9212.**
γ Boo	G. R. Miczaika. Vgl. Ref. **9213.**
β Cru	J. Sahade, J. Albarracín. Vgl. Ref. **9215.**
DT Cyg	W. H. Grasberger, G. H. Herbig, Radial-velocity observations of DT Cygni. Publ ASP **64** 28—30, mit 1 Fig.
κ Dra	O. Struve. Vgl. Ref. **9216.**
ν Eri	D. H. McNamara, The spectrum and velocity-curve of ν Eridani. Publ ASP **64** 76—77, mit 1 Fig.
16 Lac	O. Struve, D. H. McNamara, R. P. Kraft, S. M. Kung, A. D. Williams. Vgl. Ref. **111121.**
ξ Phe	J. Sahade, J. Albarracín. Vgl. Ref. **9215.**
ζ Tau	A. B. Underhill. Vgl. Ref. **9218.**
HD 12953	E. Mendoza, E. Chavira. Vgl. Ref. **12116.**
HD 13267	Vgl. HD 12953.
HD 13476	Vgl. HD 12953.
HD 14433	Vgl. HD 12953.
HD 14535	Vgl. HD 12953.
HD 14818	Vgl. HD 12953.
HD 14899	Vgl. HD 12953.
HD 193007	R. J. Trumpler, The radial velocity variation of the brightest star in the cluster IC 4996. Publ ASP **64** 225—226. — Ref. ASP. — Ref. in Sky and Telescope **11** 277.

Weitere Radialgeschwindigkeiten veränderlicher Sterne siehe § **112.**

§ 93

Parallaxe

9301. **E. Hertzsprung,** Accuracy of Yale parallaxes. Obs **72** 242—243. — Der mittlere Fehler einer Angabe des Yale-Katalogs von trigonometrischen Parallaxen wird aus der Verteilung der kleinsten enthaltenen Werte zu ±0ʺ016 abgeleitet. O. G.

9302. **L. F. Jenkins,** General Catalogue of Trigonometric Stellar Parallaxes. New Haven, Yale University Observatory, 1952. 9 + 253 S. — Ref. in Sky and Telescope **11** 117.

9303. **R. B. Schazowa,** Die mittleren Parallaxen der absolut schwachen Sterne. AJ UdSSR **29** 568—573, mit 4 Abb. (russisch). — Es wird gezeigt, daß die von Luyten und Boss bestimmten mittleren Parallaxen systematische Fehler der Form ΔM (M) besitzen. Wie die Methode von Boss eine detailliertere Einteilung des Materials in die Spektralunterklassen der M-Sterne verlangt, muß man in der Luytenschen Methode die Bestimmung innerhalb enger Eigenbewegungsgrenzen durchführen. Solche Bestimmungen sind in der vorliegenden Arbeit gemacht worden. Ein Vergleich zwischen den mittleren absoluten Größen für physische Gruppen schwacher Sterne (gewöhnliche M-Zwerge, Unterzwerge und weiße Zwerge) wurden ebenfalls durchgeführt. Verf. (übersetzt)

9304. Stellar parallaxes determined at the Cape Observatory. Nature **169** 536—537. — Besprechung von Vol. **16** der Ann. Cape Obs.

9305. Parallaxenlisten

B. G. Crissman, Photographic determinations of the parallaxes of twenty-one stars with the Thaw refractor. AJ **57** 52—53.

J. Jackson, J. B. G. Turner, Stellar parallaxes determined photographically at the Cape Observatory (eighteenth list). MN **112** 94—100. — Liste umfaßt über hundert Sterne.

T. Lauterbach, N. E. Wagman, Photographic determinations of the parallaxes of 52 stars with the Thaw refractor. AJ **57** 123—124.

J. B. G. Turner, Parallaxes of Luyten's proper motion stars. MN ASSA **11** 61—62. — Betrifft die Sterne 53, 248, 257, 322, 336, 341, 368, 386, 398, 557, 837.

N. E. Wagman, Z. Daniel, E. Jameson, Photographic determinations of the parallax of 50 stars with the Thaw refractor. AJ **56** 200—201.

Stellar parallaxes (3rd, 4th and 5th series), determined in the years 1931—1938 with the Victoria telescope of the Royal Observatory, Cape of Good Hope under the direction of J. Jackson. Ann. Cape Obs. **15**, 7 + 315 S.

9306. Parallaxen einzelner Sterne

48 Cas	J. T. Kent, Note on 48 Cassiopeiae. AJ **57** 156.
70 Oph	K. A. Strand, R. Spong, The parallax and mass-ratio of 70 Ophiuchi. AJ **57** 102—104.
ADS 11046	= 70 Oph.
Krüger 60	R. G. Hall, The orbit, parallax, and mass-ratio of Krüger 60. AJ **57** 47—52, mit 1 Fig.

§ 94

Helligkeit, Farbe

9401. **K. Bahner, G. R. Miczaika,** Lichtelektrische Arbeiten an der Heidelberger Sternwarte. Phys. Verhandlungen **3** 165. — Ref. AG.

9402. **B. J. Bok, U. van Wijk,** Photoelectric colors of B stars in five regions of the southern Milky Way. AJ **57** 213—222 = Harv Repr (2) Nr. **45.** — Verf. haben lichtelektrisch Farbenindizes von 125 frühen B-Sternen in fünf Feldern der südlichen Milchstraße gemessen. Die Frage der Transformierung der Farbenindizes in andere Systeme (Stebbins und Whitford, Oosterhoff) wird erörtert. Verf. diskutieren ferner die interstellare Verfärbung in Richtung der untersuchten Felder und bestimmen die Entfernung der O- und B-Sterngruppe um η Carinae zu 1500 pc. Micz.

9403. **E. F. Carpenter, A. J. Deutsch, W. J. Luyten,** Determinations of color classes for 204 stars of large proper motion. ApJ **116** 587—591. — Verf. haben von 204 Sternen des Südhimmels mit großer Eigenbewegung Farbklassen photographisch bestimmt. Micz.

9404. **E. K. Charadse,** Katalog der Farbenindizes von 14 000 Sternen und Untersuchung der Absorption des Lichts in der Galaxis aus den Farbenexzessen der Sterne. Bull. Astrophys. Obs. Abastumani Nr. **12,** 423 S. mit 79 Abb. (russisch). — Ref. in PAT **34** 62. — Im ersten Kapitel (S. 6—120) dieser umfangreichen Monographie, die hier in allen ihren Einzelheiten unmöglich besprochen werden kann, gibt Verf. einen Überblick über das Problem der Absorption des Lichts in der Galaxis. Im zweiten Kapitel (S. 121—228) wird das Verfahren zur photographischen Bestimmung der Farbenindizes der Sterne von $10^m\!.3$ bis $13^m\!.3$ beschrieben und angewandt und im dritten (S. 229—268) der Katalog der Farbenindizes von 14000 Sternen früher und auch später Spektralklassen der Kapteynschen Eichfelder 1—43 gebracht und charakterisiert. Im vierten Kapitel (S. 269—374) folgt eine Diskussion der selektiven Absorption aus den Farbenexzessen mit Darstellungen der Farbenexzesse als Funktion der Entfernung. Nach einigen allgemeineren Schlußfolgerungen endet die Arbeit mit einem Literaturverzeichnis von 1039 Nummern. Loh.

9405. **A. D. Code, A. E. Whitford, W. W. Morgan,** The reddest B stars. AJ **57** 8. — Ref. AAS. — Ref. in Sternenwelt **4** 170.

9406. **A. N. Cox,** Transfers of the North Polar Sequence to the Harvard E-regions. AJ **57** 159. — Ref. AAS.

9407. **J. Dubois,** La détermination des magnitudes du Catalogue photographique de Bordeaux. Ann. Obs. Astr. Mét. Toulouse **21** 13. — Ref. L'AFAS.

9408. **M. Flückiger,** Cartes des régions Harvard Standard C. DOB **5** Nr. 8 Fasc. 1, 7 S. mit 3 Fig.

9409. **O. Günther,** Verbesserte Helligkeiten von 229 Sternen im System der RHP mit Beitrag zur Prüfung der Skala der RHP. AN **280** 169—176 = Mitt. Univ.-Sternw. Münster Nr. **2.** — Es werden Helligkeiten von 229 Sternen 6^m bis 10^m aus vier Feldern mitgeteilt und die aus Polübertragungen bestimmte Beziehung des Helligkeitssystems zum internationalen photovisuellen System angegeben. Die Ergebnisse werden mit entsprechenden Ergebnissen von Seares und Zug verglichen. Verf.

9410. S. Günther, Eine differentielle Methode zur Bestimmung von Farbenindizes mit Schmidtspiegeln. (Untersuchungen an Farbenindizes III.). ZfA **31** 132—139, mit 1 Abb. = Veröff. Univ.-Sternw. Göttingen Nr. **102**. — Es wird eine differentielle Methode zur Bestimmung von Farbenindizes beschrieben, mit der an einem Schmidtspiegel gute Genauigkeit erreicht werden konnte. Die gleiche Methode ermöglichte auch einen Vergleich von Helligkeitsskalen in verschiedenen Farben und kann auch zur Übertragung von Farbenindizes angewandt werden. Verf.

9411. S. J. Hill, J. Schilt, Photographic magnitudes of 55.700 stars in the zones +10° to +20° and +30° to +50°. Contr. Rutherfurd Obs. Columbia Univ. Nr. **32**, 5 + 233 S.

9412. H. L. Johnson, On magnitude systems. ApJ **116** 272—282, mit 9 Fig. = Contr. McDonald Obs. Nr. **208**. — Verf. zeigt auf Grund lichtelektrischer Messungen der gleichen Sterne in verschiedenen Systemen, daß zwischen verschiedenen Helligkeits- und Farbenindexsystemen nicht immer lineare Beziehungen bestehen, insbesondere daß die Einbeziehung der Strahlung unterhalb von 3800 Å den Zusammenhang unter Umständen sogar mehrdeutig machen kann. Die Beziehung hängt unter anderem auch vom Spektraltyp der Sterne ab. Selbst kleine Änderungen der UV-Empfindlichkeit der photometrischen Apparatur können unter Umständen große Effekte in den Transformationsbeziehungen bewirken. Zur Aufstellung der Transformationsformeln zwischen verschiedenen Systemen ist die Polsequenz unzureichend, da sehr blaue Sterne, Überriesen, stark verfärbte B-Sterne und rote Zwerge in ihr fehlen. Micz.

9413. I. King, A note on the concept of effective wave length. ApJ **115** 580—582 = Harv Repr Nr. **362**. — Bemerkungen über den Begriff der effektiven Wellenlänge, dessen Inhalt im Sprachgebrauch verschiedener Autoren nicht der gleiche ist. Micz.

9414. D. A. MacRae, D. L. Harris, J. B. Rogerson, Photoelectric photometry at the Warner and Swasey Observatory. AJ **57** 19. — Ref. AAS. — Ref. in Sky and Telescope **11** 117.

* * **D. A. MacRae,** Stellar spectra and colors in Cygnus at galactic latitude +14°. Vgl. Ref. **9535**.

9415. J. C. de Munck, A calculation of the effective wavelengths of stars for visual pointing. BAN **11** 494—495, mit 1 Fig. — Für visuelle Beobachtung bei $z = 45°$ werden die mittleren effektiven Wellenlängen in Abhängigkeit vom Spektraltyp berechnet. Als effektive Wellenlänge wird einmal die Wellenlänge maximaler Helligkeit im Spektrum, einmal die Wellenlänge des Schwerpunkts der visuellen Strahlung definiert. Mittlere differentielle Refraktion 0ʺ014 pro Spektralklasse bei $z = 45°$. Haffner

* * **J. J. Nassau, D. Harris III,** OB stars in the P Cygni region. Vgl. Ref. **9720**.

9416. M. Néant, J. Bigay, Déterminations de magnitudes infra-rouge avec une cellule au sulfure de plomb. JO **35** 61—66, mit 3 Fig. = Publ. Obs. Haute-Provence **2** Nr. 37. — Beschreibung des Instruments und der Meßtechnik. Für 21 Sterne werden Helligkeiten und Farbenindizes bestimmt. Ein Vergleich mit den radiometrischen Messungen von Pettit und Nicholson (vgl. AJB **28** Ref. **7602**) wird für zwölf gemeinsame Sterne durchgeführt.

9417. S. Ninger-Kosibowa, Influence of absorption lines in stellar spectra upon the isophotal and effective wave-lengths. Travaux Soc. Sci. Lettres Wrocław (B) Nr. **47**, 39 S. mit 29 Fig. = Contr. Wrocław Astr. Obs.

Nr. 8. — Mit Hilfe der von Milford für die Linienabsorption in Sternspektren abgeleiteten Werte (AJB **50** Ref. **9606**) werden die durch die Linienabsorption bedingten Verschiebungen der isophoten und effektiven Wellenlänge für ein photovisuelles und ein photographisches System berechnet. In beiden Systemen ist der Effekt für λ_{eff} nur gering, beträchtlicher dagegen in den späten Spektralklassen für λ_i. Kdr.

9418. J. Schilt, C. Jackson, Photoelectric colors of 2031 stars south of declination −15°. AJ **56** 209—232, mit 2 Fig. — Die nach einer bereits beschriebenen Methode (AJB **49** Ref. **9410**) photoelektrisch gemessenen Farben C_{11} von 2031 Sternen heller als $6^m\!.5$ der Typen O, B, A0 und K0 südlich −15° sind tabuliert. Es wird gezeigt, wie die Fehler der einzelnen Nächte bestimmt wurden. Die auf den Zenit reduzierten Farben C_{11} werden mit den Beobachtungen von Oosterhoff und denen von Stebbins, Huffer und Whitford auf Grund gemeinsamer Sterne verglichen, und es wird versucht, die Beziehung zwischen diesen verschiedenen Skalen herzuleiten. Gli.

9419. F. H. Seares, M. C. Joyner, Photovisual magnitudes and color indices in 42 Kapteyn Selected Areas. Publ ASP **64** 202—204. — Messungen von photovisuellen Größen und Farbenindizes für etwa 4500 Sterne in 42 Feldern sind schon lange ausgeführt, aber noch nicht veröffentlicht, weil die Skala für Sterne, die schwächer als 14^m sind, weiter geprüft werden sollte. Für die Felder 57 und 61 sind Skalenkorrektionen durch lichtelektrische Messungen schon erhalten, für Feld 89 in Arbeit. Zu weiteren Prüfungen, die erwünscht sind, werden in einer Tabelle für jedes untersuchte Eichfeld die Zahl der beobachteten Sterne und die Grenzgröße angegeben. O. G.

9420. Å. Wallenquist, De fotometrie der sterren, een beknopt overzicht. Heelal **8** 99—108, mit 8 Fig.

9421. T. Walraven, A. D. Fokker, Photo-electric colours of B- and A-type stars in a number of selected areas. BAN **11** 441—458, mit 6 Fig. — Photoelektrische Farben am 45zölligen St. Michel-Spiegel für 462 Sterne in 54 Selected Areas. Effektive Wellenlängen 369, 390, 526 und 552 mμ. Normalfarben aus 43 Sternen mit galaktischen Breiten $>$ 40°. Die Farbenexzesse E_1 (369/390) und E_2 (390/526) sind schlecht korreliert, vermutlich wegen individueller Unterschiede im Balmersprung bei gleichem Spektraltyp. Auch die Beziehung zwischen E_2 und Entfernung zeigt innerhalb einzelner Selected Areas eine auffällige Streuung, woraus auf starke Inhomogenitäten der absorbierenden Materie geschlossen wird. Haffner

9422. U. van Wijk, A photoelectric magnitude sequence in the Large Magellanic Cloud. AJ **57** 27—28. — Ref. AAS.

9423. R. v. d. R. Woolley, K. Gottlieb, A. Przybylski, Further observations of magnitude with a coarse grating. MN **112** 665—675, mit 3 Fig. — Mit dem bereits in MN **110** 206 (AJB **50** Ref. **9416**) beschriebenen photographischen Verfahren, das sich eines groben Gitters vor dem Objektiv bedient, wurden von einer weiteren Reihe von hellen Sternen des Südhimmels und der Hyaden Helligkeiten der effektiven Wellenlängen λ 4480 und λ 5980 bestimmt. Die erhaltenen Werte werden mit anderen, darunter den Internationalen Helligkeiten und den Greenwicher Gradienten, verglichen. Für einen Teil der Sterne wird ein Farben-Helligkeits-Diagramm mitgeteilt. Mioz.

§ 95

Spektrum

9501. **I. I. Ahmad,** The intensity of certain lines of He I in the B stars. ApJ **115** 341—345, mit 1 Fig. — Es wird die Abhängigkeit der Intensität der He I-Linien λ 4471, λ 4381 und λ **4144** vom Spektraltyp der B-Sterne im Klassifizierungssystem des Yerkes-Atlas für Überriesen und Hauptreihensterne untersucht. Micz.

9502. **Y. Andrillat,** Etude spectrale d'étoiles de Wolf-Rayet dans le proche infrarouge. CR **234** 2154—2156 = Publ. Obs. Haute-Provence **2** Nr. 39. — Eine Untersuchung der Spektren von zehn zur Kohlenstoff- und zur Stickstoffsequenz gehörenden Wolf-Rayet-Sternen führte zur Identifizierung zahlreicher Emissionslinien. Die sichere Anwesenheit von N II in den WC-Sternen und die von Kohlenstoff und Sauerstoff in den WN-Sternen zeigen nochmals deutlich die Notwendigkeit, die allgemeine Klassifikation dieser Sterne zu revidieren. Loh.

9503. **D. Barbier,** Sur la détermination de la grandeur de la discontinuité de Balmer par les méthodes de la photométrie à travers des filtres. Ann d'Astrophys **15** 113—125, mit 2 Fig. = Contr. Inst. d'Astrophys. Paris (B) Nr. **80.** — Verf. zeigt, daß aus den Helligkeiten der Sechsfarben-Photometrie von Stebbins und Whitford die Größe des Balmersprungs berechnet werden kann, ohne daß spektralphotometrische Messungen benötigt werden. Damit eröffnet sich ein Weg zur Bestimmung dieser Größe ohne Zerlegung des Lichts durch Messungen mit geeigneten Filtern. Unter den 178 bekannten Sternen sind 49, für die spektralphotometrische Bestimmungen vorliegen. Die Übereinstimmung mit den aus den Helligkeiten ermittelten ist befriedigend. Verf. weist darauf hin, daß man aus derartigen Messungen auch die Positionen des Balmersprungs — die von Barbier und Chalonge eingeführte Wellenlänge λ_1 — ermitteln kann. Micz.

9504. **C. S. Beals, J. A. Rottenberg,** Celestial emission-line objects of early type. J RAS Canada **46** 133—146, mit 5 Fig. = Contr. Dominion Astrophys. Obs. Victoria Nr. **27.** — Verf. geben im ersten Kapitel eine Übersicht über Objekte, die Emissionslinien im Spektrum zeigen (planetarische Nebel, Emissionsnebel, Novae, Wolf-Rayet-Sterne, P Cygni-Sterne, Be-Sterne). Das zweite behandelt die Analyse von Linienprofilen solcher Objekte und das letzte ihre Temperaturen. Micz.

9505. **J. Berger,** Sur la classification de quelques groupes stellaires. CR **235** 234—236, mit 1 Fig. = Contr. Inst. d'Astrophys. Paris (A) Nr. **127.** — Verf. bestimmt λ_1 und D für die 18 hellsten Plejadensterne und stellt fest, daß die Bildpunkte in einem λ_1-D-Diagramm eine zusammenhängende, schmale Folge bilden. Ähnliches gilt auch für einige Metalliniensterne und Unterzwerge, nur daß sie jeweils in einem anderen Teil des Diagramms liegen. Loh.

9506. **J. Berger, D. Chalonge, L. Divan, A.-M. Fringant,** Mesure spectrophotométrique des rayons stellaires. Application à deux naines blanches. CR **235** 348—350 = Contr. Inst. d'Astrophys. Paris (A) Nr. **128.** — Ref. in Phys. Abstracts (A) **56** 18. — Aus der durch Verbindung der Böden der Wasserstofflinien gewonnenen Kurve läßt sich die Grenztemperatur ableiten und daraus der Radius R eines Sterns. Das Verfahren ergibt für die beiden identischen Komponenten von β Aur Übereinstimmung mit dem auf photometrischem Wege ermittelten Radius. Die Anwendung auf 40 Eri B und Wolf 1346 liefert $R = 0.014\ R_\odot$ bzw. $0.016\ R_\odot$. Loh.

9507. **W. P. Bidelman,** HD 160641, a hydrogen-deficient O-type star. ApJ **116** 227—228, mit 2 Fig. = Contr. McDonald Obs. Nr. **212**. — Ref. in JBAA **63** 86—87. — Das Spektrum von HD 160641 besitzt viele der Charakteristika der O-Sterne, jedoch fehlt die Balmer-Serie des Wasserstoffs vollständig. Die Intensität der übrigen Absorptionslinien ist zum Teil ungewöhnlich. Am häufigsten sind Linien des He I, Ne II, C III, N III und Si IV. Unterhalb der Balmergrenze erscheinen die He I- und Ne II-Linien mit ungewöhnlich großer Intensität. Radialgeschwindigkeitsmessungen führen für verschiedene Liniengruppen zu unterschiedlichen Werten. HD 160641 ist der heißeste Vertreter einer Anzahl von Sternen, deren Atmosphären arm an Wasserstoff zu sein scheinen. Micz.

* * **E. M. Burbidge,** The spectrum of Chi Ophiuchi. Vgl. Ref. **11185**.

9508. **G. R. Burbidge, E. M. Burbidge,** Profiles of hydrogen lines in Be stars. Publ ASP **64** 224—225. — Ref. ASP.

9509. **G. R. Burbidge, E. M. Burbidge,** Residual hydrogen-line intensities in hot stars. Publ ASP **64** 311—312. — Ref. AAS und ASP. — (Auszug). Kriterien für das Auftreten von Emissionen sind theoretisch untersucht worden. Numerische Anwendung auf Emissionen in den Zentren der ersten Linien der Balmerserie ergab, daß die Bedingungen bei hohen Temperaturen leicht zu erfüllen sind. O. G.

9510. **C. G. Burwell,** Search for stars with glowing hydrogen. Leaflet ASP Nr. 258, 8 S. mit 1 Fig., 1950.

9511. **D. Chalonge,** Recherches sur les spectres continus stellaires. I. Introduction. Ann d'Astrophys **15** 142—143 = Contr. Inst. d'Astrophys. Paris (B) Nr. **82**. — Die Notiz ist eine Einleitung zu einer Reihe folgender Arbeiten über das Kontinuum der Sternspektren, die am Institut d'Astrophysique, Paris, ausgeführt worden sind. Micz.

9512. **D. Chalonge, L. Divan,** Recherches sur les spectres continus stellaires. V. Etude du spectre continu de 150 étoiles entre 3150 et 4600 Å. Ann d'Astrophys **15** 201—236, mit 12 Fig. = Contr. Inst. d'Astrophys. Paris (B) Nr. **83**. — Ref. in Phys. Abstracts (A) **56** 388. — Von 150 Sternen wurden durch Anschluß an Sterne mit bekannter Energieverteilung Gradienten im sichtbaren und UV-Bereich, Größe des Balmersprungs und die von Barbier und Chalonge definierte Wellenlänge λ_1 gemessen. Für die helleren Sterne des Programms werden Werte gefunden, die mit den von Barbier und Chalonge (Ann d'Astrophys **4** 30) 1941 erhaltenen übereinstimmen; dagegen ergeben sich für die schwächeren systematische Differenzen bei den UV-Gradienten und der Balmer-Diskontinuität D. Auf Grund von (λ_1, D)-Diagrammen kann eine Klassifizierung der Sterne vorgenommen werden, die sich mit der des Yerkes-Atlas der Sternspektren weitgehend deckt. Micz.

9513. **D. Chalonge, L. Divan,** Sur la classification des étoiles des premiers types spectraux. CR **234** 2343—2345, mit 1 Fig. = Contr. Inst. d'Astrophys. Paris (A) Nr. **119**. — Die neu vorgeschlagene Methode beruht auf der Verwendung eines Diagramms, in dem jeder Stern durch einen Bildpunkt mit den Parametern λ_1 und dem Balmersprung vertreten ist. Das Diagramm wurde aus 123 Sternen hergeleitet; es gestattet, Spektraltyp und Leuchtkraftklasse abzulesen. Loh.

9514. **D. Chalonge, P. Guérin, S. Taffara,** Sur la répartition de l'énergie dans les spectres continus des étoiles des premiers types spectraux. CR **235** 124—126 = Contr. Inst. d'Astrophys. Paris (A) Nr. **123**.

9515. **A. D. Code,** Stellar spectroscopy by photoelectric scanning. Obs **72** 201—206, mit 5 Fig. — Ref. in PAT **34** 74. — Verf. diskutiert, in welchen

Fällen direkte lichtelektrische Registrierung von Spektren vorteilhaft ist, und gibt in Abbildungen einige Registrierkurven von Versuchsbeobachtungen wieder. O. G.

9516. **D. Crespin, J. W. Swensson,** Le spectre ultraviolet de l'étoile supergéante 3 Puppis. Bull. Cl. Sci. Acad. roy. Belgique (5) **38** 376—392, mit 1 Fig. = Inst. d'Astrophys. Univ. Liège Mém. 8⁰ Nr. **343**. — Aus einem sehr guten, mit dem Cassegrain-Spektrographen des McDonald Obs. erhaltenen Spektrogramm zwischen 3120 und 3354 Å hat Verf. ein Wellenlängen- und Identifikationsverzeichnis aufgestellt. Die Anregungstemperatur ist kleiner als in α Cyg, aber immer noch größer als in einigen Sternen mit ausgedehnten Atmosphären. Das Multiplett $a^4D—z^6D^\circ$ des Fe II zeigt ein ungewöhnliches Verhalten. Loh.

9517. **A. J. Deutsch,** A new spectrum variable of short period, HD 124224. ApJ **116** 536—540, mit 3 Fig. — Der A0-Stern HD 124224 zeichnet sich durch ungewöhnlich kräftige Si II-Linien und eine sehr schwache K-Linie aus. Seine He I-Linien variieren in Intensität mit $0^d.52$ Periode. Die Si II-Linien sowie einige bisher nicht identifizierte ändern ihre Stärke mit der gleichen Periode, jedoch entgegengesetzten Phase. Aus dem photometrisch gemessenen Profil von Mg II λ 4481 scheint hervorzugehen, daß die Periode der Linienveränderlichkeit die Periode der Rotation des Sterns ist. Verf. macht abschließend einige Bemerkungen über die mögliche Ursache des Phänomens, die er in einer Unterdrückung der Konvektion in der Sternatmosphäre durch ein magnetisches Feld sucht. Micz.

9518. **J. Dubois,** La détermination du type spectral des étoiles du Catalogue photographique de Bordeaux. Ann. Obs. Astr. Mét. Toulouse **21** 13. — Ref. L'AFAS.

9519. **A.-M. Fringant,** Etude du spectre continu de quelques étoiles à atmosphère étendue. CR **235** 128—130 = Contr. Inst. d'Astrophys. Paris (A) Nr. **124**. — Von elf Hüllensternen leitet Verf. aus spektrographischen Beobachtungen verschiedener Herkunft Gradienten im Blauvioletten und im Ultravioletten sowie die Größe des Balmersprungs ab und führt einige vergleichende Betrachtungen durch. Loh.

9520. **Y. Fujita,** Spectrophotometry of Chi Cygni. Publ. Astr. Soc. Japan **4** 81—90, mit 5 Fig. — In Spektren von χ Cyg werden die Äquivalentbreiten von 215 Atom- und Moleküllinien gemessen. Die Wachstumskurve wird konstruiert und es wird gezeigt, daß der Stern große Turbulenzgeschwindigkeit besitzt. Die Dämpfung ist nur gering. Aus der Wachstumskurve wird die Häufigkeit einiger Atome und Moleküle erhalten. Groth

9521. **L. S. Galkin,** Eine zweidimensionale Klassifikation von Sternspektren sehr kleiner Dispersion. Mitt. Astrophys. Obs. Krim **9** 82—115, mit 19 Abb. und 1 Tafel (russisch). — Ref. in Astr. News Letter Nr. **71** S. 4. — Von 996 Sternen gibt Verf. aus Objektivprismenspektren eine zweidimensionale Klassifizierung und vergleicht sie mit anderen, ähnlichen Untersuchungen. Wegen der kleinen Dispersion von 250 Å/mm bei Hγ wurden dazu hauptsächlich die stärkeren Linien, Blends und Teile des Kontinuums verwandt. Die mittlere Abweichung der bestimmten absoluten Helligkeiten gegen Mt. Wilson bzw. Stockholm beträgt $\pm 0^m.7$ bzw. $\pm 1^m.2$. Loh.

9522. **L. Gratton,** Studies of the spectra of K giants. I. A table of wave lengths and identifications of spectral lines in the region $\lambda\lambda$ 4000—5000. ApJ **115** 346—401, mit 5 Fig. = Contr. McDonald Obs. Nr. **207**. — Die Arbeit bildet den ersten Teil einer Untersuchung über die spektralen Unterschiede zwischen schnell- und langsambewegten Sternen (Population I und II). Verf. teilt Wellenlänge, Intensität und Identifizierung von etwa 2800 Linien des Spektralbereichs λ 4000 bis λ 5000 der K-Riesen α Serpentis und α Ursae maioris mit. 37 verschiedene Atom- und Ionenspektren werden sicher nachgewiesen, der Nachweis von 12 weiteren ist zweifelhaft. Molekülspektren werden in der Reihenfolge der Intensität ihrer Banden von CN, CH, SiH, TiO, AlH, C_2, SiN und CrO festgestellt. Möglicherweise sind auch Banden des SiF, AlO und MgH vorhanden. Eine bei λ 4339.27 gefundene Linie könnte mit der Deuteriumlinie Dγ in Zusammenhang stehen. Micz.

9523. **J. L. Greenstein,** Some emission-line G-type stars. Publ ASP **64** 71—74. — Spektren mit hoher Dispersion von einer Reihe von G-Sternen zeigen Emissionen der H- und K-Linien, und zwar breit bei Riesen, schmal bei Zwergen. Die überlagerten Absorptionen sind oft unerwartet schmal im Vergleich zu den Verhältnissen bei der Sonne. O. G.

9524. **J. L. Greenstein,** High dispersion spectrophotometry of G-type stars. Publ ASP **64** 310—311. — Ref. AAS und ASP. — Kurze Wiedergabe eines Berichts über ein Programm, das spektralphotometrische Ergebnisse von hoher Genauigkeit liefern soll für G-Sterne von geringer und hoher Geschwindigkeit, und zwar vom Unterzwerg bis zum hellen Riesen. O. G.

9525. **K. Gyldenkærne,** Spektralklassifikation ved fotoelektrisk fotometri med interferensfiltre. NAT **1952** 79—84. — Bericht über die von B. Strömgren eingeführte Methode, Sternspektren photoelektrisch unter Benutzung von Interferenzfiltern zu klassifizieren. Ra.

9526. **H. A. Hartmann,** Curva de crecimiento de α Bootis, K_2 pec. Publ. Obs. Astr. Ciudad Eva Peron Circ. Nr. **11** S. 27—31, mit 1 Fig. (mit englischer Zusammenfassung). — Aus dem Atlas von Hiltner und Williams werden die Äquivalentbreiten von TiI, CrI, VI abgeleitet und vermittelst der bekannten *f*-Werte Anregungstemperatur (3250°), Turbulenzgeschwindigkeit (−4.3 km/sec) und Häufigkeitsverhältnisse ermittelt. Loh.

9527. **K. G. Henize,** Six peculiar H-emission stars. ApJ **115** 133—134. — Notiz über sechs Sterne des Südhimmels (CD -61° 3575, CPD -57° 2768, HD 90177, 327083, SY Mus, $10^h 49^m.0$ −59°47′), die neben einer hellen Hα-Linie weitere spektrale Eigentümlichkeiten ungewöhnlicher Art besitzen. Micz.

9528. **G. H. Herbig,** Emission-line stars in galactic nebulosities. J RAS Canada **46** 222—233, mit 2 Fig. = Contr. Dominion Astrophys. Obs. Victoria Nr. **27**. — Nach einer einleitenden Beschreibung der Spektren von Sternen, die mit galaktischen Nebeln in Verbindung stehen (T Tauri-Sterne und andere), wird über spektroskopische Beobachtungen des Verf. an den Emissionsliniensternen im Orionnebel und NGC 2264 berichtet. Ferner werden die absoluten Helligkeiten der Sterne mit Emissionslinien in der Taurus-Auriga-Wolke untersucht; die Objekte werden mit später werdendem Spektraltyp heller als gewöhnliche Hauptreihensterne. Ein weiteres Kapitel behandelt die Absorptionsspektren dieser Sterne. Verf. bemerkt, daß es sich um Objekte handeln kann, die keine normalen Zwerge sind, daß aber die Möglichkeit eines reinen, die abnormen Spektren produzierenden Oberflächenphänomens nicht ausgeschlossen werden kann. Micz.

9529. **D. Hoffleit,** Intercomparison of objective prism plates. AJ **57** 14. — Ref. AAS.

* * **J. Houtgast,** Polarisatie aan de rand van zon en sterren. Vgl. Ref. **6413**.

9530. **S.-S. Huang, O. Struve,** The curve of line-width correlation and its applications. AJ **57** 160. — Ref. AAS.

9531. **W. Iwanowska, P. A. Wayman,** A study of low-dispersion spectra of M stars in the red region. ApJ **115** 129—133, mit 2 Fig. — Verf. berichten über ihre Suche nach Leuchtkraft- und Spektraltypkriterien im Wellenlängenbereich λ 5500 bis λ 7000 für Spektralaufnahmen kleiner Dispersion (Objektivprisma-Aufnahmen, ~1000 Å/mm). Micz.

9532. **J. Junkes,** Ein Vorschlag zur empirischen Reduktion von Spektralverteilungen. Pontificiae Acad. Sci. Scripta Varia **11**, 237 S. mit 16 Fig. = Specola Astr. Vaticana Ric. Astr. **2** 375—611. — Ausführliche theoretische und praktische Abhandlung zur Lösung des Problems der Stellarstatistik, die Häufigkeitsverteilung von Spektralklassen von einem System auf ein anderes Spektralsystem zu übertragen. Ein empirisches Näherungsverfahren wird vorgeschlagen, bei dem die Elemente einer Ausgangsstreutafel mit geeigneten Reduktionsfaktoren multipliziert werden. Anwendung der Methode auf einige Spektralvergleiche aus der Literatur und Untersuchung der Beziehungen zwischen den Spektralsystemen des HDC und der HDE. F. Z.

9533. **P. C. Keenan, L. W. Schroeder,** An infrared system of bands of VO in M-type stars. ApJ **115** 82—88, mit 1 Fig. = Contr. Perkins Obs. Nr. **32.** — Im Wellenlängenbereich λ 7400—8000 langperiodischer Veränderlicher der Spektraltypen später als M7 wird eine Anzahl von Banden beobachtet, die die Verf. mit einem infraroten Bandensystem des VO-Moleküls identifizieren. In der vorliegenden Arbeit wird eine vorläufige Schwingungsanalyse mitgeteilt. Danach geht das System ebenso wie das bekannte gelbe vom Grundzustand aus. Die astrophysikalischen Daten legen nahe, daß die Dissoziationsenergie von VO kleiner als von TiO ist. Mit sinkender Oberflächentemperatur der Sterne wächst die VO-Bandenintensität relativ zu den TiO-Banden. Micz.

9534. **W. Liller, E. M. Lewis,** The depression of the continuum in a K0 dwarf. AJ **57** 16—17. — Ref. AAS.

* * **W. J. Luyten,** The spectra and luminosities of white dwarfs. Vgl. Ref. **9713.**

9535. **D. A. MacRae,** Stellar spectra and colors in Cygnus at galactic latitude +14°. ApJ **116** 592—611, mit 6 Fig. — Von 938 Sternen eines 10.6 Quadratgrad großen Feldes in der Nähe von δ Cygni wurden photographische Helligkeiten, Farbenindizes und Spektraltypen bis zur Grenzhelligkeit $12^m.7$ bestimmt. Die endgültigen Skalen der Helligkeiten und Farbenindizes beruhen auf lichtelektrischen Messungen einer Sequenz von 25 Sternen. Für Sterne heller als $11^m.2$ werden auch Leuchtkraftklassen mitgeteilt. Einige Sterne mit spektralen Eigentümlichkeiten sowie einige Veränderliche wurden bei der Durchmusterung entdeckt. Micz.

9536. **G. Mannino,** Ricerche spettrofotometriche sulle variabili del tipo β Canis Majoris. I. Lo spettro della stella γ Ursae Minoris. Mem SA It (NS) **23** 175—190, mit 2 Fig. = Contr. Oss. Astrofis. Asiago Nr. **25.** — Aus 28 Spektren des Sterns γ UMi wurden der Wasserstoffgehalt und zwei verschiedene Werte der Elektronendichte, 13.66 und 15.15, abgeleitet. Die Äquivalentbreiten sind unveränderlich. 14 Emissionslinien, welche fast alle dem He I angehören, wurden identifiziert. F. Z.

9537. **G. Mannino,** Ricerche spettrofotometriche sulle variabili del tipo β Canis Majoris. II. Lo spettro della stella η Aurigae. Mem SA It (NS) **23** 309—315. — Die Untersuchung stützt sich auf neun bei einer Dispersion von 13 Å/mm bei Hγ in Asiago aufgenommene Spektren. Alle beobachteten Linien wurden identifiziert und für fast alle die Profile rekonstruiert und dann die Äquivalentbreiten und die zentralen Intensitäten abgeleitet. Die Bestimmung der relativen Häufigkeit von H und He ergab log H/He = 1.10. Loh.

9538. **G. Mannino,** Ricerche spettrofotometriche sulle stelle Be. IV. Studio della stella c Persei. Mem SA It (NS) **23** 317—330, mit 5 Fig. — Die Untersuchung stützt sich auf fünf bei einer Dispersion von 13 Å/mm bei Hγ in Asiago aufgenommene Spektren. Die Linien wurden identifiziert und die relative Häufigkeit von H und He bestimmt, obwohl die Profile der Linien Hβ,

Hγ und Hδ recht kompliziert sind. Die Elektronendichte scheint groß genug zu sein, um die Profile der H-Linien ohne Annahme von Rotationsgeschwindigkeiten zu erklären. Loh.

9539. **J. K. McDonald,** Hydrogen absorption lines in the spectra of B-type stars. AJ **57** 162. — Ref. AAS.

9540. **P. W. Merrill,** Spectra of two stars with stable shells. ApJ **115** 42—46, mit 2 Fig. — Während die Spektren der Sterne mit ausgedehnten Gashüllen gewöhnlich nach einigen Monaten oder Jahren zum Teil erhebliche Änderungen aufweisen, zeichnen sich die beiden Sterne HD 193182 und 195325, über deren Spektren der Verf. berichtet, durch eine hohe Stabilität sowohl des Aussehens als auch der Linienverschiebungen ihrer Hüllenspektren über mehrere Jahrzehnte aus. Micz.

9541. **P. W. Merrill,** Three stars with Helium shells. ApJ **115** 47—52, mit 1 Fig. — In den meisten Sternen mit Hüllenspektrum herrschen die Linien des Wasserstoffs und der ionisierten Metalle vor; Heliumlinien sind gewöhnlich abwesend oder sehr schwach. Verf. berichtet über drei ungewöhnliche Objekte (HD 172694, 184279, 195407), die kräftige, von metastabilen Niveaus ausgehende He I-Absorptionslinien (λ 3888, λ 3965, λ 5016) besitzen; die Metallinien sind dagegen schwach und wenig zahlreich. Die Hüllen ähneln vermutlich denen der Sterne ohne zirkumstellare He I-Linien, besitzen jedoch höheren Anregungsgrad. Micz.

9542. **P. W. Merrill,** Pleione: The shell episode. ApJ **115** 145—153, mit 5 Fig. — Ref. in Sternenwelt **4** 147—148. — Verf. beschreibt die Entwicklung des Hüllenspektrums 1939 bis 1951 und teilt zahlreiche Wellenlängenmessungen mit. Besonders bemerkenswert ist das Verhalten der Balmerserie, die zeitweilig bis zu H 42 nachgewiesen werden konnte. Ihre Linien zeigten zunächst alle die gleiche Verschiebung; seit 1946 nahmen die höheren Balmerlinien eine mit der Liniennummer progressive negative Verschiebung an, die bis zum Ende der Beobachtungszeit noch im Wachsen begriffen war. Ein Teil der Metallinien verhielt sich ähnlich. Die Beobachtungen werden durch die Annahme einer Hülle gedeutet, die zunächst mit sehr kleiner, später wachsender Geschwindigkeit expandierte und sich schließlich im Raum verlor. Das Verhalten der Balmerserie ist vielleicht Folge einer Absorption in verschieden hohen Schichten. Micz.

9543. **P. W. Merrill,** The low-temperature spectrum of HD 45910. ApJ **116** 498—500, mit 2 Fig. — HD 45910 ist ein Be-Stern, dessen Spektrum die Existenz einer ausgedehnten Hülle anzeigt. Aufnahmen des roten Spektralbereichs des Sterns zeigen ein schwaches Absorptionslinienspektrum, das etwa dem Typus M2 entspricht. Die Absorptionslinien unterliegen Verschiebungen, die, als Folge der Bewegung einer Doppelsternkomponente gedeutet, eine kreisförmige Bahn mit 232^d Umlaufszeit ergeben. J. S. Plaskett hatte schon früher auf periodische Verschiebungen der Absorptions- und Emissionslinien des B-Spektrums mit der gleichen Periode aufmerksam gemacht. Micz.

9544. **P. W. Merrill,** Measurements in the spectra of ten shell stars. ApJ **116** 501—515, mit 9 Fig. — Verf. berichtet über Aussehen der Spektren und Radialgeschwindigkeitsmessungen von zehn Sternen (HD 44351, 45677, 50138, 54858, 183656, 220300, 351123, β Mon A, BD +30° 3526, BD +47° 3487), in deren Spektren Anzeichen für die Existenz ausgedehnter Hüllen vorhanden sind. Die 95 dazu benutzten Spektren haben meist hohe Dispersion (10 Å/mm). Die Mehrzahl der Sterne zeigt langsame Veränderlichkeit der Radialgeschwindigkeit. In einigen Fällen konnte die Abhängigkeit der Radialgeschwindigkeit von der Quantennummer der Linie in der Balmerserie untersucht werden. Micz.

9545. **P. W. Merrill,** Oscillations on the shell star HD 33232. ApJ **116** 516—522, mit 10 Fig. — Radialgeschwindigkeitsmessungen des B3-Sterns HD 33232 hatten eine Veränderlichkeit ergeben, der Stern wurde als langperiodischer spektroskopischer Doppelstern mit $P = 3710^d$ angesehen. Eine längere Plattenserie höherer Dispersion legt jedoch nahe, daß die Veränderlichkeit der Radialgeschwindigkeit durch Oszillationen in hohen Atmosphärenschichten zustandekommt. Die Geschwindigkeitsänderung, die aus den Absorptionslinien der Balmerserie resultiert, hat mit wachsender Quantennummer der Linien größere Amplitude, wie es bei den meisten Hüllensternen der Fall ist. Die Geschwindigkeiten, die aus den Linien der ionisierten Metalle folgen, entsprechen etwa der Geschwindigkeit aus den H-Linien in der Nähe der Seriengrenze. Form und Länge des Zyklus sind etwas veränderlich. Die breite Emissionskomponente von $H\beta$ ist im Aussehen ebenfalls variabel. Micz.

9546. **P. W. Merrill,** Neon in the stars. Leaflet ASP Nr. 266, 8 S. mit 1 Fig., 1951.

9547. **S. Miyamoto,** On the emission spectra of Wolf-Rayet stars. Publ. Astr. Soc. Japan **4** 37—43 = Contr. Inst. Astrophys. Kyoto Univ. Nr. **24**. — Wie gezeigt wird, erniedrigen sich die Temperaturen der Wolf-Rayet-Sterne von etwa 60—110000° (C. S. Beals) auf 30—40000°, wenn man bei der Temperaturbestimmung nach der H. Zanstraschen Methode auch die Ionisation aus den angeregten Termen mit berücksichtigt. Diese niedrigeren Temperaturen und die dadurch bei gleicher absoluter Helligkeit bedingten größeren Sternradien werden diskutiert. Traving

9548. **L. Münch,** Estrellas peculiares en el ecuador galactico del sur. Bol. Obs. Tonantzintla y Tacubaya Nr. **5**, 7 S. (mit englischem Ref.). — Liste enthält 56 Sterne, wovon 44 der Gruppe von Sternen mit Metallinien zugehören. Zwölf Sterne besitzen ein spectrum compositum.

9549. **A. A. Nikitin,** Über das Erscheinen von Sauerstofflinien im Spektrum der Sonne und einiger Sterne. DAN **84** 913—915 (russisch). — Ref. in Phys. Abstracts (A) **56** 827.

9550. **W. Petri,** Ein Stern wechselt sein Kleid. Die spektroskopische Erforschung der Hüllen- und Ringsterne. Sternenwelt **4** 199—206, mit 9 Abb.

9551. **R. M. Petrie,** The absolute magnitudes of the B stars determined from hydrogen-line absorption. AJ **57** 164. — Ref. AAS. — Ref. in Sky and Telescope **11** 278, mit 2 Fig., Sterne **29** 162.

9552. **S. S. Provin,** Light variations of spectrum variables. AJ **57** 24. — Ref. AAS. — Ref. in Sternenwelt **4** 188. — 73 Dra, ι Cas.

9553. **G. Righini, G. Mannino,** Ricerche spettrofotometriche sulle stelle Be. I. Studio della stella φ Persei. Mem SA It (NS) **23** 145—174, mit 9 Fig. = Contr. Oss. Astrofis. Asiago Nr. **24**. — Untersuchung von zehn Spektren des Hüllensterns φ Persei. Aus den Äquivalentbreiten der gemessenen Linien wurden der Wasserstoff- und Heliumgehalt abgeleitet; ferner die Elektronendichte und der Elektronendruck. Die Profile der Wasserstofflinien lassen eine rasche Rotation des Sterns ausgeschlossen erscheinen. F. Z.

9554. **G. Righini, G. Mannino,** Ricerche spettrofotometriche sulle stelle Be. II. Studio della stella ψ Persei. Mem SA It (NS) **23** 283—298, mit 5 Fig. — Verf. untersucht acht bei einer Dispersion von 40 Å/mm bei H_γ aufgenommene Spektren. H_β und H_γ besitzen schwache Emissionskomponenten, von Ti II, Fe II und Fe III werden ebenfalls Emissionslinien festgestellt. Einige davon gehören zu verbotenen Übergängen. Die Nordlichtlinie 4068.6 Å des S II wird ebenfalls identifiziert. Aus den Äquivalentbreiten der H- und He-Linien wird die relative Häufigkeit dieser Elemente abgeleitet. Die Elektronendichte ergibt sich aus der Zahl der Balmerlinien nach der Formel von Ingliss und Teller und, unabhängig davon, aus der Äquivalentbreite von H_δ. Unter Berücksichtigung des Druckes nur von H und He wird die Schwerebeschleunigung g abgeleitet. Die Temperatur wird aus dem Spektraltyp abgeschätzt. Die Ergebnisse sind die folgenden: $T = 15000°$; $\log N_e = 14.34$; $\log P_e = 2.66$; H/He = 2.22; $\log g = 4.95$. Loh.

9555. **G. Righini, G. Mannino,** Ricerche spettrofotometriche sulle stelle Be. III. Studio della stella β Monocerotis A. Mem SA It (NS) **23** 299—308, mit 4 Fig. — Verf. untersucht sechs bei einer Dispersion von 40 Å/mm bei H_γ in Asiago aufgenommene Spektren. H_β erscheint als Emissionslinie ohne zentrale Absorption; schwache Emissionskomponenten werden in H_γ, H_δ und H_ε beobachtet. Außerdem werden Emissionslinien des Fe II und wahrscheinlich des Si II identifiziert. Aus den Äquivalentbreiten der H- und He-Linien werden die relativen Häufigkeiten dieser Elemente abgeleitet. Die Elektronendichte wird aus der Zahl der Balmerlinien mit der Formel von Ingliss und Teller und unabhängig aus der Äquivalentbreite von H_δ bestimmt. Die Schwerebeschleunigung g wird unter Berücksichtigung nur des Drucks von H und He ermittelt. Die Temperatur wird aus dem Spektraltyp abgeschätzt. Die Ergebnisse sind: $T = 18600°$; $\log N_e = 14.26$; $\log P_e = 2.66$; H/He = 5.26; $\log g = 5.74$. Loh.

9556. **N. G. Roman,** Some spectroscopic characteristics of giants near K0. AJ **57** 24—25. — Ref. AAS.

9557. **N. G. Roman,** The spectra of the bright stars of types F5—K5. ApJ **116** 122—143, mit 8 Fig. — Ref. in NAT **1953** 31—32. — Von **641** Sternen des Spektralbereichs F5—K5 heller als 5^m50 und nördlich von $-20°$ Deklination wurden Spektraltypen und Leuchtkraftklassen im System des Yerkes-Atlas bestimmt. Die Verteilung der Sterne im Hertzsprung-Russell-Diagramm wird betrachtet. Für alle Spektral- und Leuchtkraftklassen wird eine Neukalibrierung der absoluten Helligkeiten vorgenommen. Ausführlich erörtert werden spektroskopische Unterschiede von Sternen gleichen Typs und gleicher Leuchtkraftklasse, die mit der Raumgeschwindigkeit zusammenhängen. Zum Teil handelt es sich um Kennzeichen für die Zugehörigkeit der betreffenden Sterne zur Gruppe der Schnelläufer. Micz.

9558. **J. Sahade,** The spectrum of CPD $-60°$ 3278. ApJ **115** 578—579, mit 1 Fig. — Obs. Cordoba Tirada Aparte Nr. **53**. — CPD $-60°$3278 ist ein Bedeckungsveränderlicher mit einer ganz ungewöhnlich langen Periode. Während der langen Minimumsphase 1951 erhaltene Spektren sind vom Hüllentypus mit scharfen Linien des H, He I und Ca II. Micz.

9559. **C. Schalén,** Spectrophotometry with a Schmidt telescope. A study of different colour-equivalents and the law of space-reddening. Nova Acta Regiae Soc. Sci. Upsaliensis (4) **15** Nr. **4**, 60 S. mit 29 Fig. = Uppsala Astr. Obs. Ann. **3** Nr. 5. — Verf. berichtet über eine Prüfung des 31 cm-Schmidt-Spiegels der Sternwarte Uppsala in Verbindung mit einem Objektivprisma von 6°3 brechendem Winkel hinsichtlich seiner Verwendbarkeit für spektralphotometrische Arbeiten. Für eine größere Anzahl von Sternen im Cygnus und Cepheus wurden sechs verschiedene Farbenindizes für jedes Objekt abgeleitet, die trotz der Kürze der benützten Spektren (2.7 mm von 4000 bis 6350 Å) mit den Messungen anderer Autoren gut übereinstimmen. Dieses Material an Farbenäquivalenten wird zum Studium der Rötung in den beiden Gebieten verwandt. Auch wird versucht, damit die Wellenlängenabhängigkeit der Absorption zu bestimmen. Das letztere Problem wird genauer an einer Auswahl von B- und A-Sternen untersucht auf Grund von Messungen an 25 Punkten in jedem Spektrum mit dem Ergebnis, daß die λ-Abhängigkeit der Absorption in verschiedenen Gebieten der Milchstraße beträchtliche Unterschiede aufweist. Kdr.

9560. **A. Slettebak,** The shell spectrum of Omicron Andromedae. ApJ **115** 573—575, mit 1 Fig. = Contr. Perkins Obs. Nr. **33**. — Kurze Beschreibung des Spektrums von *o* Andromedae. Es ist das Spektrum eines sehr schnell rotierenden B 6.5-Sterns (Äquatorgeschwindigkeit 360 km/sec), das zeitweilig von einem Hüllenspektrum überlagert wird. Micz.

9561. **A. Slettebak,** The spectrum of 29 Cygni. ApJ **115** 575, mit 1 Fig. = Contr. Perkins Obs. Nr. **33**. — Hinweis auf die Schwäche der Spektrallinien des A2-Sterns 29 Cygni und die Möglichkeit, daß es sich um einen Stern handelt, der zwischen der Hauptreihe und den Unterzwergen steht. Micz.

9562. **A. Slettebak,** The spectrum of the high-velocity A-type star HD 161817. ApJ **115** 576, mit 1 Fig. = Contr. Perkins Obs. Nr. **33**. — Nach Aufnahmen des Verf. besitzt das Spektrum des ungewöhnlich schnell bewegten A-Sterns HD 161817 (Radialgeschwindigkeit -362 km/sec) einige Besonderheiten gegenüber normalbewegten Sternen dieses Typs, die es dem ebenfalls schnellbewegten A-Stern HD 140283, einem Unterzwerg, ähnlich machen. Micz.

9563. **G. de Strobel,** Profili e larghezze equivalenti di alcune righe di Sirio fra λ 4000—4600. Mem SA It (NS) **23** 249—258, mit 2 Fig. — Von 28 Linien in Spektren des Sirius, die mit dem Spektrographen der Sternwarte Asiago bei einer Dispersion von 40 Å/mm und 13 Å/mm aufgenommen worden waren, werden Profile und Äquivalentbreiten bestimmt. Die gemessenen Profile von H_γ und H_δ stimmen gut mit denen des photometrischen Atlasses von Hiltner und Williams überein. Die Äquivalentbreiten von kräftigen und schwachen Linien scheinen bei den Spektren mit kleiner Dispersion systematisch etwas größer zu sein. Loh.

9564. **O. Struve,** The problem of the β Canis Majoris and β Cephei stars. AJ **57** 167. — Ref. AAS.

9565. **O. Struve,** The present state of our knowledge of the β Canis Majoris or β Cephei stars. Ann d'Astrophys **15** 157—168, mit 4 Fig. = Berkeley Repr. Nr. **24**. — Der Aufsatz faßt die neueren spektrographischen und photometrischen Beobachtungsergebnisse über sieben Sterne (16 Lac, β CMa, 12 Lac, σ Sco, β Cep, HD 199410, ν Eri) des β Canis Majoris- und β Cephei-Typs zusammen. Eine wichtige Größe ist die Rotation der Sterne. Die Radialgeschwindigkeit der schnell rotierenden Objekte wird durch eine Periode von 4^h bis $6^h\!.5$ Länge charakterisiert, die Linienbreite unterliegt starken periodischen Änderungen. Langsamer rotierende Sterne mit relativ scharfen Linien besitzen zwei Perioden, die infolge einer um wenige Minuten unterschiedlichen Länge Schwebungsperioden von einigen Tagen bis zu einigen Wochen Länge hervorrufen. Das Überlagerungsphänomen wird bei einigen Sternen durch Änderungen der Amplitude einer der beiden Schwingungen kompliziert. In einem abschließenden Kapitel werden die Hypothesen zur Erklärung der Veränderlichkeit diskutiert, keine befriedigt vollständig. Wahrscheinlich gehört die eine der beiden Perioden Schwingungen der Äquatorgegend, die andere Schwingungen der Polgegend eines schnell rotierenden Sterns an. Unterschiedliche Erscheinungen bei verschiedenen Sternen des Typs können durch die verschiedene Lage der Rotationsachse im Raum zustande kommen. Micz.

9566. **O. Struve,** Notes on stellar spectra, II—V. Publ ASP **64** 20—25, 117—121, 180—184, 288—292 = Berkeley Repr. Nr. **15**, **19**, **20**, **37**. — II. φ Persei: Die He I-Linie 3888 Å zeigt einen schmalen Absorptionskern, der in einer sehr hohen Schicht ohne merkliche Rotation und Turbulenz entstanden sein muß. AR Lacertae: Nach Spektren von Sanford und Verf. zeigt die K0-Komponente anscheinend zeitweise einen turbulenten Fleck in Richtung auf die Hauptkomponente von der Art, wie er für β Canis Majoris-Sterne angenommen wird. Einwände gegen die Fleckenhypothese werden diskutiert. Die Masse-

Leuchtkraft-Beziehung ist für Systeme mit großer Masse noch durch weitere Beobachtungen zu sichern. — III. 70 Spektren von YY Geminorum zeigen Änderungen im Intensitätsverhältnis der Linienkomponenten. Im System von α Geminorum wurden keine H-Emissionen gefunden. Die breiten Absorptionslinien in Überriesen der Klassen O und B sind wahrscheinlich nicht Zeichen für rasche Rotation. Schnell und langsam bewegte O- und B-Sterne haben nicht systematisch verschiedene Spektren. — IV. β Lyrae: Verf. begründet die Annahme, daß der B9-Stern kleiner und absolut weniger hell ist, als gewöhnlich angenommen wird. Der F-Stern wird als anomal betrachtet. γ Virginis: Unterschiede in den Spektren der fast gleich hellen Komponenten machen es wahrscheinlich, daß nicht beide Sterne auf der Hauptreihe liegen. W Serpentis: Eine beobachtete Absorptionslinie von TiII muß außerhalb des um den G-Stern rotierenden Wasserstoffrings entstehen. — V. Verf. erwähnt Fälle der Unterdrückung von Absorptionslinien durch Emissionen und gibt geschätzte Intensitäten einiger Linien in Spektren von HD 190073. Für einige visuelle Doppelsterne werden kurze Angaben über die Spektren gemacht, besonders über Beobachtbarkeit getrennter Linien. O. G.

9567. **P. Swings,** Identification et signification astronomique des raies interdites du fer et d'autres métaux. Bull. Cl. Sci. Acad. roy. Belgique (5) **38** 253—263 = Inst. d'Astrophys. Univ. Liège Mém. 8° Nr. **341**. — Ref. in Phys. Abstracts (A) **56** 30. — Verf. diskutiert das Vorkommen der verbotenen Eisenlinien aller Stadien von [FeI] bis [FeXV] in Sternen und die damit in Verbindung stehenden experimentellen und theoretischen Untersuchungen. Auf die verbotenen Linien anderer Metalle wird kurz eingegangen. Loh.

9568. **A. D. Thackeray, A. J. Wesselink,** HD 168476 and 124448 — Two similar stars. Obs **72** 248—249. — Zu dem von Popper entdeckten bemerkenswerten Spektrum von HD 124448 (keine Linien von H, scharfe, starke Linien von HeI und CII) wurde ein Analogon gefunden im Spektrum von HD 168476, das außerdem eine ungewöhnlich große Radialgeschwindigkeit dieses Sterns ergibt. O. G.

9569. **G. Traving,** Quantitative Analyse des O8.5-Sterns 10 Lacertae. Mitt. AG **1951** 20. — Ref. AG.

9570. **A. B. Underhill,** A spectrophotometric study of the shell star ζ Tauri. Publ. Dominion Astrophys. Obs. Victoria **9** 139—166, mit 6 Fig. — Ein spektrophotometrischer Vergleich des Hüllenspektrums von ζ Tau in den Jahren 1938 und 1950 wird durchgeführt und das Spektrum des Sterns untersucht. Es wird eine Tabelle der Hüllenlinien gegeben und Ionisationsgrad und Temperatur der Hülle für verschiedene Epochen abgeleitet. Ferner wird die Rotation der Hülle untersucht. Die Radialgeschwindigkeiten von Stern und Hülle werden bestimmt und diskutiert. Groth

9571. **H. H. Voigt,** Quantitative Analyse des cB2-Übergiganten 55 Cygni. Mitt. AG **1951** 19—20. — Ref. AG.

9572. **H. H. Voigt,** Quantitative Analyse des cB2-Übergiganten 55 Cygni. ZfA **31** 48—96, mit 7 Abb. = Sonderdruck Sternw. Kiel. — Ref. in Sternenwelt **4** 222—223. — Im Anschluß an die quantitative Analyse von τ Sco durch A. Unsöld werden unter Benutzung von Mittelwerten für Elektronendruck ($\log P_e \approx 1.5$) und Temperatur ($T \approx 16300°$) die relativen Häufigkeiten der leichten Elemente (bis Si) in 55 Cyg bestimmt. Die geringen Abweichungen von der Häufigkeitsverteilung in τ Sco und in der Sonne dürften innerhalb der Fehlergrenzen des Verfahrens liegen. Aus dem Beobachtungsmaterial (zwei Mt. Wilson Coudé- und drei McDonald Cassegrain-Spektren) wird ferner auf Turbulenz in der Atmosphäre des cB2-Übergiganten von etwa 40 km/sec geschlossen. Traving

9573. **M. F. Walker,** A search for stars of the β Canis Majoris type. AJ **57** 227—231 = Berkeley Repr. Nr. **32.** — Verf. hat über 50 helle frühe B-Sterne lichtelektrisch auf Lichtveränderlichkeit vom β Canis Majoris-Typ, insbesondere solche mit bekannter oder vermuteter Veränderlichkeit der Radialgeschwindigkeit, untersucht. Nur drei bisher unbekannte Sterne dieser Art (ν Eri, HD 199908 und HD 200857) wurden gefunden. Micz.

9574. **H. F. Weaver,** Notes on the spectrum of Gamma Ursae Minoris. ApJ **116** 541—545, mit 3 Fig. = Berkeley Repr. Nr. **33.** — γ Ursae Minoris ist bekannt für Radialgeschwindigkeitsänderungen mit etwa $2\overset{h}{.}5$ Periode. Charakter und Amplitude dieser Änderung variieren erheblich, und verschiedene Linien ergeben nicht übereinstimmende Resultate. Die Helligkeit des Sterns ist ähnlichen Fluktuationen geringen Umfangs unterworfen. Verf. untersucht die Profile der Absorptionslinien des Sterns und findet, daß sie häufig nicht mit der Annahme von Rotation als Ursache der Verbreiterung verträglich sind. Als Ursache dafür nimmt er die zeitweilige Existenz einer dünnen Hülle an, die die Rotationsprofile der in den eigentlichen Atmosphärenschichten entstehenden Linien in ähnlicher Weise modifiziert wie etwa in dem bekannten Hüllenstern 14 Coma Berenices. Micz.

9575. Technetium auf Sternen. Phys. Blätter 8 278.

9576. Technetium in the stars. Sky and Telescope **11** 218.

9577. Physikalische Unterschiede zwischen Schnell- und Langsamläufern. Sterne **28** 35—36. — Ref. der in AJB **50** Ref. **9539** und **9542** zitierten Arbeiten.

9578. Schnelläuferchemie. Sternenwelt **4** 64. — Ref. der in AJB **51** Ref. **9521** zitierten Arbeit von Greenstein.

9579. **Spektren einzelner Sterne**

Außer dieser Liste sind auch noch die in diesem Paragraphen aufgeführten Referate und die Paragraphen **111** und **112** einzusehen.

ζ Cap	R. H. Garstang, The spectrum of ζ Capricorni. Publ ASP **64** 227. — Ref. AAS.
δ CMa	S.-S. Huang, O. Struve. Vgl. Ref. **5118**, **9530.**
1 Del	= HD 195325. Vgl. Ref. **9540.**
ζ Tau	A. B. Underhill. Vgl. Ref. **9570**, **10211.**
γ Vir	N. E. Gould. The spectra of γ Virginis. AJ **57** 160. — Ref. AAS.
HD 59771	P. W. Merrill. Vgl. Ref. **10207.**
MWC 490	P. W. Merrill. Vgl. Ref. **10207.**

§ 96

Temperatur, Strahlung

9601. **W. Lochte-Holtgreven,** Experimental astrophysics. Obs **72** 145—148, mit 1 Fig. — In Kiel sind Experimente mit Gasentladungen durchgeführt worden, bei denen durch äußere Kühlung Temperaturen des Bogens bis etwa 50000° K erreicht wurden. Astrophysikalisch wichtige Beobachtungen betreffen Emissionslinien von H, He und O sowie das H^--Kontinuum. Die Laboratoriumsbeobachtungen haben bisher Bestätigung astrophysikalischer Annahmen gebracht. O. G.

9602. **A. Opolski,** On the three possible characterizations of the distribution of intensities of stellar radiation. Travaux Soc. Sci. Lettres Wrocław (B) Nr. **59**, 31 S. mit 7 Fig. = Contr. Wrocław Astr. Obs. Nr. **6**. — Die Arbeit erörtert die verschiedenen Möglichkeiten, die Energieverteilung in Sternspektren zu bestimmen: 1. durch einen mittleren Intensitätsverlauf, wobei der Einfluß der Absorptionslinien eingeht, 2. durch den Verlauf des Kontinuums außerhalb der Linien, 3. durch den Verlauf des Kontinuums, wenn keine Absorptionslinien im Spektrum vorhanden wären, wenn also die Überhöhung der Intensitätskurve zwischen den Linien infolge Reemission der in den Linien absorbierten Strahlung eliminiert wird. Kdr.

9603. **K. Pilowski,** Über die absolute Energieverteilung der Sternstrahlung von 4000 bis 10 000 Å und über die Bestimmung effektiver Temperaturen. ZfA **31** 26—47, mit 6 Abb. — Ref. in Sterne **29** 161. — Die gemessene Energieverteilung der Strahlung von 30 A- bis M-Sternen im Bereich $4000 < \lambda < 10000$ Å wird mit der Kirchhoff-Planck-Funktion für die radiometrische Temperatur verglichen. Unter Benutzung einfacher Annahmen werden aus der gemessenen Infrarotstrahlung ($\lambda > 8000$ Å) Effektivtemperaturen für die untersuchten Sterne abgeleitet. Diese werden zu einer Diskussion der Masse-Leuchtkraft-Beziehung benutzt. Böhm

9604. **O. Struve,** The hottest star. Sky and Telescope **11** 55—57, 86—88, mit 10 Fig. — Allgemeinverständliche Besprechung einiger Objekte hoher Temperatur: BD +28°4211, die Zentralsterne planetarischer Nebel, der Crab-Nebel und sein Zentralstern. Der letztere dürfte möglicherweise als der heißeste zur Zeit bekannte Himmelskörper anzusehen sein. Kdr.

9605. **A. Wilkens,** Spektrographische Temperaturbestimmungen von Doppel- und einfachen Sternen des südlichen Himmels. Sitzber. Bayer. Akad. Wiss. 1951, Math.-naturwiss. Kl. S. 49—54. — Bericht über ein an der Sternwarte von La Plata durchgeführtes Beobachtungsprogramm an 126 Sternen 4. bis 6. Größe durch Anschluß an das Mondspektrum. Loh.

9606. Observations of colour temperatures of stars (Vol. **2**: Relative gradients), made at the Royal Observatory, Greenwich in the years 1926—1938, under the direction of Sir F. Dyson and H. S. Jones. London, Her Majesty's Stationery Office, 1952. 4 + 115 S. mit 13 Fig. — Ref. in Phys. Abstracts (A) **56** 182—183.

§ 97

Leuchtkraft, Durchmesser, Masse, Zustandsdiagramme

9701. **W. Becker,** Trennung von Riesen- und Zwergsternen mit Hilfe der Dreifarben-Photometrie. ZfA **31** 249—255, mit 2 Abb. = Mitt. Sternw. Hamburg-Bergedorf **22** Nr. 230. — Ref. in Phys. Abstracts (A) **56** 753, Sterne **29** 240—241, mit 2 Abb. — Es wird gezeigt, daß es mit Hilfe von Helligkeitsmessungen in den drei Spektralbereichen 638, 470 und 373 mμ möglich ist, Riesen und Zwerge der späten Spektralklassen G und K voneinander zu trennen. Beobachtungen schwächerer Sterne in den drei Selected Areas Nr. 17, 40 und 42 zeigen in der kolorimetrischen Identifizierung von Riesen und Zwergen fast vollständige Übereinstimmung mit den Ergebnissen der Lindbladschen spektralphotometrischen Methode, die von Elvius bereits früher auf diese Sterne angewendet worden war. Verf.

9702. **V. M. Blanco,** The luminosity function of A 0 stars. AJ **57** 7—8. — Ref. AAS.

9703. **H. Diercks, K. Hunger,** Über die Bestimmung von Sterndurchmessern aus den Beugungserscheinungen bei Sternbedeckungen. ZfA **31** 182—193, mit 9 Abb. = Sonderdruck Sternw. Kiel. — Ref. in Phys. Abstracts (A) **56** 752—753. — Im Anschluß an Arbeiten von J. D. Williams und A. E. Whitford werden die Möglichkeiten einer Sterndurchmesserbestimmung aus den Beugungserscheinungen bei Sternbedeckungen diskutiert. Es werden analytische Ausdrücke angegeben, die es erlauben, den Durchmesser auch bei Berücksichtigung einer Mitte-Rand-Verdunklung und der Endlichkeit des benutzten Spektralgebietes aus gemessenen Intensitäten einfach zu berechnen. Zum Schluß wird der Einfluß von Unebenheiten des Mondrandes untersucht. Verf.

9704. **J. E. Ejnasto,** Die kinematische Teilung der Hauptreihe in zwei Teile. Publ. Astr. Obs. Tartu **32** 231—257, mit 6 Abb. (russisch). — Das Ziel der vorliegenden Arbeit ist eine Untersuchung des Charakters der Geschwindigkeitsverteilung der Spektraltypen F5 bis G9, um festzustellen, ob sich diese Geschwindigkeitsverteilung als Summe zweier Schwarzschild-Verteilungen darstellen läßt. Verf. stützt seine Rechnungen dabei auf Tangentialgeschwindigkeiten. Das Beobachtungsmaterial wurde in drei Spektralgruppen und jede in drei Entfernungsgruppen unterteilt. Vergleiche mit Schwarzschild-Verteilungen zeigen, daß die obige Vermutung für die Darstellung der Beobachtungen zutrifft. Verf. erschließt daraus die Existenz eines Sprunges der kinematischen Charakteristika in der Hauptreihe dieser Spektraltypen. Loh.

9705. **D. S. Evans,** The determination of stellar diameters at lunar occultations. MN ASSA **11** 71—74. — In Kapstadt und Pretoria wurden 1950—52 zusammen fünf Lichtkurven für Ein- und Austritte von Antares am Mondrande erhalten und hieraus Werte für den Winkeldurchmesser des Sterns von 0ʺ030, 0ʺ033 und 0ʺ043 abgeleitet. Die Untersuchung der Lichtkurven ergab eine unsymmetrische Helligkeitsverteilung auf der Sternoberfläche, wobei sich von Jahr zu Jahr eine Vergrößerung des hellen Kerns zeigte; dies steht im Einklang damit, daß der Stern als unregelmäßig Veränderlicher erkannt ist. T. L.

9706. **K. Ferrari d'Occhieppo,** Die Häufigkeitsfunktion der Sternmassen. Anzeiger der Österreichischen Akad. Wiss. Math.-naturw. Kl. **89** 93—94. — Zusammenfassung einer anderswo ausführlich dargelegten Untersuchung mit dem Ergebnis, daß die Häufigkeit der Sternmassen zwischen 0.4 $\mathfrak{M}_\odot$ und 25 $\mathfrak{M}_\odot$ umgekehrt proportional zur 4. Potenz der Sternmassen ist. Dieses Gesetz läßt sich auch kosmologisch verstehen und begründen. Loh.

9707. **K. Ferrari d'Occhieppo,** Die Häufigkeitsfunktion der Sternmassen. Österreich. Akad. Wiss. Math.-naturwiss. Kl. Abteilung IIa **161** 175—206, mit 3 Abb. = Mitt. Univ. Sternw. Wien **6** Nr. 4 S. 59—90. — Aus gegebenem stellarstatistischem Material kann zunächst der Verlauf der bolometrischen Leuchtkraftfunktion bestimmt werden. Aus dieser wird mit Hilfe der Masse-Leuchtkraft-Beziehung die Häufigkeitsfunktion der Sternmassen abgeleitet. In ihrem ganzen Verlauf besteht fast strenge Proportionalität zwischen der reziproken Anzahl und der 4. Potenz der Sternmassen. Geringe verbleibende Abweichungen unregelmäßigen Charakters dürften, wie gezeigt wird, auf Unsicherheit der Masse-Leuchtkraft-Beziehung und den verschiedenen Prozentsatz unaufgelöster Doppelsterne zurückzuführen sein. Zuletzt wird die kosmologische Bedeutung des Ergebnisses erörtert. Verf.

9708. **K. Ferrari d'Occhieppo,** Die Häufigkeitsfunktion der Sternmassen. Phys. Verhandlungen **3** 162. — Ref. AG.

9709. **Guillermina González, Graciela González,** Estrellas de alta luminosidad en las vecindades de las constelaciones del Cisne y Cefeo. Bol. Obs. Tonantzintla y Tacubaya Nr. **5**, 7 S. mit 3 Tafeln (mit englischem Ref.). — Liste umfaßt 71 OB-Sterne. Für diejenigen Sterne, welche keine BD-Nummer besitzen, sind Karten und in Tabelle 3 Vergleichssterne gegeben.

9710. **J. L. Greenstein,** The luminosity of the blue star BD +28° 4211. Publ ASP **64** 256—259. — Ref. in JBAA **63** 86. — Aus der schwachen interstellaren K-Linie wird die Entfernung zu 150 parsec und damit die visuelle absolute Helligkeit zu $+4^{M}$ geschätzt. Der Radius wird unter verschiedenen Annahmen über die Temperatur berechnet. Der wohl zur Population II gehörende Stern ist danach ein Subzwerg mit teilweise entartetem Kern. O. G.

* * **W. Iwanowska, P. A. Wayman,** A study of low-dispersion spectra of M stars in the red region. Vgl. Ref. **9531**.

9711. **S. L. Lippincott,** Astrometric observations of white dwarfs. AJ **56** 202—204, mit 1 Fig. = Repr. Sproul Obs. Nr. **77**. — Ref. in Sky and Telescope **11** 162. — 16 weiße Zwerge mit trigonometrischen Parallaxen zeigen die Beziehung zwischen Farbenindex und absoluter Helligkeit. Massenbestimmungen liegen bisher nur von drei solchen Sternen vor: o^2 Eri B, Sirius B und Prokyon B. Verf. diskutiert die Möglichkeiten, weiße Zwerge als Doppelsternkomponenten aus astrometrischen Beobachtungen von Bahnstörungen zu entdecken. Insbesondere wird das System ζ Cancri betrachtet. Gli.

9712. **W. J. Luyten,** The stars of low luminosity. AJ **57** 4. — Ref. in Sky and Telescope **11** 139—140, mit 1 Fig. — Von 438 Sternen schwächer als $M_{\text{pg}} = 10.0$ fallen 406 in das Gebiet der Hauptreihe, die übrigen liegen darunter. Sie bilden ebenfalls eine Reihe mit einer Dispersion von wenigstens $1^{m}\!.5$. Die Durchmesser der meisten dieser Sterne scheinen zwischen dem Erd- und Uranusdurchmesser zu liegen. Loh.

9713. **W. J. Luyten,** The spectra and luminosities of white dwarfs. ApJ **116** 283—290, mit 2 Fig. — Ref. in Irish AJ **2** 170, Sternenwelt **5** 63. — Die Spektren von 44 Weißen Zwergen und einigen intermediären Objekten werden klassifiziert. Unter Heranziehung aller verfügbaren Bestimmungen von Parallaxe und Farbenindex dieser Sterne wird gezeigt, daß Weiße Zwerge anscheinend einen einzigen Ast im Hertzsprung-Russell-Diagramm mit erheblicher Streuung bilden, der etwa parallel zur Hauptreihe verläuft. Ferner wird darauf hingewiesen, daß die Durchmesser der Weißen Zwerge meist zwischen der Hälfte und dem Vierfachen des Erddurchmessers liegen. Micz.

9714. **W. J. Luyten, F. E. Carpenter,** A new faint white dwarf. Harv Card 1181, NAZ **6** 26. — L 886—6.

9715. **W. J. Luyten,** Report on the white dwarf survey of the southern hemisphere. Proc. American Acad. Arts Sci. **81** 255—281, mit 1 Fig. — Ref. in Sternenwelt **4** 187. — Eine vollständige Überdeckung des Himmels südlich von −45° Deklination mit Blau- und Gelbaufnahmen erlaubt eine Farbdurchmusterung bis zur 16. Größe. Der Vergleich beider Serien wurde auf je 169 Platten südlich -60° für Sterne mit bemerkenswerter Eigenbewegung mit Blinkmikroskop durchgeführt und die Sterne nach ihrer Farbe in vier Gruppen unterteilt. Bei den Sternen, die weniger rot als die Hintergrundsterne sind, wird die Farbe auf $0^{m}\!.1$ geschätzt. Es finden sich 44 noch unbekannte und 27 bereits bekannte Sterne, die wahrscheinlich weiße Zwerge sind. Weitere annähernd 800 Sterne könnten solche sein oder sind Zwischenglieder zwischen Hauptreihe und weißen Zwergen. Sie alle sind tabuliert. Gli.

9716. **W. J. Luyten,** New white dwarfs in the southern hemisphere: second list. Proc. National Acad. Sci. USA **38** 191—196 = Harv Repr Nr. **365**. — Umfaßt 43 Sterne.

9717. **S. W. McCuskey,** Variations in the stellar luminosity function. V. A region in Camelopardalis. ApJ **115** 479—487, mit 2 Fig. — Spektraltypen und Farbenindizes von 881 Sternen eines 16.2 Quadratgrad großen Feldes in der Perseus-Camelopardalis-Auriga-Gegend dienen zur Untersuchung der interstellaren Verfärbung, der räumlichen Sternverteilung und der Leuchtkraftfunktion in dieser Gegend. Zwischen 200 pc und 500 pc Entfernung findet sich eine Wolke von 2.0 Größenklassen Absorptionswirkung. Bei der Analyse der räumlichen Verteilung der Sterne in der Feldrichtung ergibt sich eine starke Konzentration der B8–A0-Sterne und der F8–K3-Riesen in einer Entfernung von 200—300 pc. Gegenüber der Häufigkeitsfunktion der Leuchtkräfte von van Rhijn scheint die Leuchtkraftfunktion der Feldsterne einen Exzeß im Bereich -1^m bis $+2^m$ der absoluten Helligkeit zu besitzen. Micz.

9718. **J. K. McDonald, A. B. Underhill,** On the bolometric correction for early-type stars. ApJ **115** 577—578, mit 1 Fig. — Eine neue theoretische Bestimmung der bolometrischen Korrektion nach Berechnung von Modellatmosphären des Spektralbereichs O5 bis B1.5 wird mitgeteilt. Sie ist in guter Übereinstimmung mit der Skala der bolometrischen Korrektionen, die Kuiper auf effektiven Temperaturen begründet hat. Micz.

9719. **L. Münch,** Lista de estrellas «B» de luminosidad baja e intermedia. Bol. Obs. Tonantzintla y Tacubaya Nr. **2**, 19 S. (mit englischem Ref.). — Katalog von 459 Sternen. Die Mehrheit sind B-Riesen und B-Zwerge. Die restlichen Sterne sind Be-Sterne.

9720. **J. J. Nassau, D. Harris III,** OB stars in the P Cygni region. ApJ **115** 459—474, mit 11 Fig. — Ref. in Sterne **29** 243—244, mit 2 Abb. — Auf Objektivprisma-Aufnahmen mit einer Schmidt-Kamera wird ein 89 Quadratgrad großes Feld um P Cygni nach schwachen OB-Sternen untersucht. Neben 136 bereits bekannten werden 113 neue gefunden. Für mehr als die Hälfte aller Sterne werden lichtelektrisch gemessene Farbenindizes mitgeteilt. Eine große Anzahl der Sterne ist stark verfärbt. Als Entfernungsmodul der Gruppe kann $m - M = 11\overset{m}{.}1$ angenommen werden. Micz.

9721. **J. J. Nassau, W. W. Morgan,** A finding list of F stars of high luminosity. ApJ **115** 475—478. — Eine Liste von 111 Sternen, die wahrscheinlich Überriesen des Spektraltyps F sind und in einem 12° breiten Milchstraßengürtel zwischen den galaktischen Längen 333° und 202° stehen, wird nach Objektivprisma-Aufnahmen mitgeteilt. Micz.

* * **R. M. Petrie,** The absolute magnitudes of the B stars determined from hydrogen-line absorption. Vgl. Ref. **9551**.

* * **N. G. Roman,** The spectra of the bright stars of types F5—K5. Vgl. Ref. **9557**.

9722. **H. N. Russell,** Symposium: The H—R diagram. Introductory remarks to the Symposium. AJ **57** 1—2. — Das Symposium fand auf der Tagung der Amerikanischen Astronomischen Gesellschaft im Dezember 1951 statt. Die einzelnen Vorträge sind unter den entsprechenden Paragraphen erwähnt.

9723. **R. B. Schazowa,** Die Leuchtkraftfunktion der absolut schwachen Sterne. AJ UdSSR **29** 574—581, mit 3 Abb. (russisch). — Auf Grund der Ergebnisse des Artikels «Die mittleren Parallaxen absolut schwacher Sterne», in dem die Fehlerhaftigkeit der mittleren, von Luyten benutzten Parallaxen für die Bestimmung von $\varphi(M)$ gezeigt wird, wird eine neue Bestimmung dieser Funktion durchgeführt. Es ergibt sich eine Leuchtkraftfunktion, die sich wesentlich von der Luytenschen unterscheidet. Diese Funktion ergibt bis $16\overset{M}{.}7$ im Unterschied zur früheren Funktion kein Maximum. Für $M > 16.7$ sind die Angaben über die Beobachtungen unvollständig. Die aus der gefundenen Leuchtkraftfunktion $\varphi(M)$ abgeleitete Sterndichte in Sonnenumgebung ist größer als 0.56 Sterne/pc^3. Verf. (übersetzt)

9724. **G. A. Tichow,** Mit dem Längsspektrographen aufgefundene Unterzwerge der Spektralklassen G4—K1. DAN **82** 541—544, mit 2 Abb. (russisch). — Die empirischen Beziehungen zwischen Spektrum, Farbe und absoluter Größe der mittleren G5- und K0-Sterne der Kapteynschen Eichfelder werden zur Ableitung statistischer Parallaxen der Riesen, Unterriesen, Zwerge und Unterzwerge verwandt. Es ergaben sich für G5 (K0): 0ʺ007 (0ʺ006), 0ʺ014 (0ʺ007), 0ʺ025 (0ʺ034), 0ʺ22 (0ʺ26). Loh.

9725. **A. N. Vyssotsky, B. A. Mateer,** Dwarf M stars found spectrophotometrically. Third list. ApJ **116** 117—121. — In Fortsetzung früherer Listen (ApJ **97** 381, **104** 234, AJB **45** Ref. 7718/19) wird ein weiteres Verzeichnis von 133 am Leander McCormick-Observatorium gefundener M-Zwerge mitgeteilt. Spektraltypen, absolute Helligkeiten und Eigenbewegungen dieser Sterne wurden ebenfalls neu bestimmt. Micz.

9726. **A. J. J. van Woerkom, D. Brouwer,** The H—R diagram, derived from the New-General Catalogue of Trigonometric Parallaxes. AJ **57** 2—3. — Nach einem von Eddington angegebenen Verfahren werden Verbesserungen an die kleinen und negativen Parallaxen des General Catalogue of Trigonometric Parallaxes angebracht und die Häufigkeitsverteilung der Parallaxen nach Spektralklassen getrennt untersucht. Aus gesonderten H-R-Diagrammen für Sterne großer und kleiner Parallaxe scheint hervorzugehen, daß die kleinen Parallaxen einer größeren positiven Korrektion bedürfen, als die Eddingtonsche Formel liefert. Micz.

9727. Is Antares ellipsoidal? Sky and Telescope **11** 82. — Vgl. AJB **51** Ref. **9704.**

9728. Smallest white dwarf. Sky and Telescope **11** 278. — Ref. in PAT **34** 62, Sternenwelt **4** 223. — L 886—6.

§ 98

Rotation, Magnetfeld

9801. **H. W. Babcock, S. Burd,** The variable magnetic field of α^2 Canum Venaticorum. ApJ **116** 8—17, mit 4 Fig. — Ref. in Phys. Abstracts (A) **56** 287, Sterne **29** 114—115. — α^2 Canum Venaticorum ist das klassische Beispiel eines Spektrumveränderlichen vom Spektraltyp A. Messungen des Zeeman-Effekts auf 21 Spektrogrammen des Sterns ergeben ein starkes Magnetfeld, dessen Betrag und Polarität sich mit der bekannten Periode (5^d46939) der Intensitätsänderungen der Linien ändern. Die Polfeldstärke erreicht ein Maximum von -4000 Gauß, wenn die Eu II-Linien maximale Intensität besitzen; eine halbe Periode später tritt ein Maximum von +5000 Gauß ein, gleichzeitig sind die Cr II-Linien im Intensitätsmaximum. Die Wellenlängen von Wellen verschiedener Elemente weisen zum Teil periodische Schwankungen kleiner Amplitude auf. Die entsprechenden Radialgeschwindigkeitskurven unterscheiden sich von Element zu Element in bezug auf Phase, Amplitude und Form. Micz.

9802. **K. H. Böhm,** Die Verteilung der Rotationsgeschwindigkeiten der Sterne. Mitt. AG **1951** 17. — Ref. AG.

9803. **K. H. Böhm,** Die Rotationsgeschwindigkeiten der Sterne. ZfA **30** 117—133, mit 4 Abb. = Sonderdruck Sternw. Kiel. — Ref. in Irish AJ **2** 164—165. — 1. Der Anwendungsbereich des von Caroll angegebenen Verfahrens zur Berechnung der Rotationsgeschwindigkeiten von Sternen (mit Hilfe einer Fouriertransformation der Linienkontur) wird durch die Apparatefunktion des Spektrographen eingeschränkt. Rotationsgeschwindigkeiten unter 100 km/sec sind im allgemeinen nicht mehr meßbar. 2. Der Zusammenhang zwischen den Häufigkeitsverteilungen x_n und y_n der wahren und der scheinbaren Rotationsgeschwindigkeiten der Sterne wird bei Berücksichtigung der endlichen Klassenbreite durch ein lineares Gleichungssystem gegeben: $y_n = \Sigma a_{nm} x_m$. Dessen Umkehrung: $x_n = \Sigma b_{nm} y_m$ zeigt, daß die Verteilung der wahren Äquatorialgeschwindigkeiten in guter Näherung bereits durch eine einfache Differenzenbildung: $x_n \approx b_{nn} y_n - b_{n,\, n-1} y_{n-1}$ gewonnen werden kann. Ergebnisse für die Spektraltypen Be, O und B, A sowie F sind graphisch dargestellt. Die durch statistische Schwankungen sowie Meßfehler bedingte Unsicherheit der Ergebnisse wird unter Zugrundelegung der bisher vorliegenden Beobachtungen abgeschätzt. Bei insgesamt 300 Sternen entspricht sie bei vernünftiger Wahl der Klassenbreite etwa ±10% des Maximums der Verteilung. Verf.

9804. **T. G. Cowling,** The oscillation theory of magnetic variable stars. MN **112** 527—539, mit 1 Fig. — Ref. in Sterne **29** 121—122. — Die Möglichkeiten, variable Magnetfelder von Sternen durch innere Schwingungen zu erklären, werden kritisch betrachtet. Es wird gezeigt, daß die bei dem ersten Versuch von Schwarzschild aufgetretene Schwierigkeit, daß die beobachteten Perioden unwahrscheinlich große Feldstärken erfordern, auf der Beschränkung auf elektromagnetische Kräfte beruht. Bei Berücksichtigung der mechanischen Kräfte sind genügend schnelle Schwingungen auch bei mäßigen Feldstärken möglich. Es wird dann besonders ein Typ von Schwingungen diskutiert, bei denen die Bewegung vorwiegend horizontal in den Oberflächenschichten in Ebenen durch die magnetische Achse der Sterne verläuft. Sie erklären die Periodenlänge befriedigend, scheinen jedoch zur Deutung der periodischen Umkehr der Feldrichtung ungeeignet. Ferner bleiben noch die Fragen nach der bevorzugten Anregung bestimmter Schwingungen aus der Gesamtheit aller möglichen und nach ihrer Aufrechterhaltung unbeantwortet. Kdr.

9805. **V. C. A. Ferraro, D. J. Memory,** Oscillations of a star in its own magnetic field: an illustrative problem. MN **112** 361—373, mit 6 Fig. — Verf. variieren das Schwarzschildsche Problem der magneto-hydrodynamischen Schwingungen eines Sterns (AJB **49** Ref. 5239), indem sie das primäre Magnetfeld nicht als gleichförmig, sondern als Feld eines Dipols im Sternzentrum annehmen. Das infolge der Schwingungen auftretende variable Zusatzfeld müßte dann jedoch eine Periode von etwa zwei Jahren besitzen, während die Beobachtungen an Sternen mit veränderlichen Magnetfeldern einige Tage ergeben. Es wird daher vermutet, daß es sich nicht um freie, sondern um erzwungene Schwingungen handelt, die durch mechanische Pulsationen des Sterns angeregt werden. Kdr.

9806. **P. J. D. Gething,** Rotation and magnetism in the world-models of kinematic relativity. MN **112** 578—582. — Die von Milne versuchte Ableitung einer allgemeinen Beziehung zwischen Rotation und Magnetismus aus der kinematischen Relativität (vgl. AJB **50** Ref. **9809**) wird kritisch geprüft, besonders für Systeme mit unregelmäßiger Massenverteilung. Die Existenz einer solchen Beziehung erscheint danach unwahrscheinlich. Kdr.

9807. **G. Gjellestad, H. W. Babcock,** The magnetically variable star HD 153882. Publ ASP **64** 226—227. — Ref. ASP.

9808. **H. Haalck,** Zur Frage der Erklärung des erdmagnetischen Kernfeldes und des allgemeinen Magnetismus der Himmelskörper. Gerlands Beiträge zur Geophysik **62** 1.

9809. **R. Lüst,** Drehimpulstransport durch Magnetfelder in der Nähe eines Sternes. Mitt. AG **1951** 19. — Ref. AG.

9810. **A. Schlüter,** Die Herkunft stellarer Magnetfelder. Mitt. AG **1951** 18. — Ref. AG.

9811. **N. Stoyko,** Sur le champ magnétique variable des étoiles. CR **235** 122—124. — Die für die Erde gefundene Beziehung zwischen den Rotationsschwankungen und der Veränderung des Magnetfeldes werden auf die Sterne HD 125248 und 40 Eridani angewandt; es ergibt sich, daß die beobachteten Veränderungen des Magnetfeldes mit einer Schwankung der Rotationsdauer von 1332^s bzw. ungefähr 2^s erklärt werden können. Diese wird bei ersterem möglicherweise durch die aus den beobachteten Schwankungen der Radialgeschwindigkeit abgeleiteten Pulsationen verursacht. T. L.

* * **O. Struve,** The present state of our knowledge of the β Canis Majoris or β Cephei stars. Vgl. Ref. **9565**.

9812. **G. Thiessen,** A polarization-effect in resonance-lines of the star-spectrum. Obs **72** 75. — Verf. weist auf eine Möglichkeit hin, schwache allgemeine Magnetfelder in solchen Fällen nachzuweisen, wo die Messung der Zeeman-Aufspaltung nicht zum Ziel führen würde. O. G.

9813. **J. Veldkamp,** De theorie van Blackett prijsgegeven. Hemel en Dampkring **50** 81—82, mit 2 Fig.

9814. **M. H. Wrubel,** On the decay of a primeval stellar magnetic field. ApJ **116** 291—298, mit 3 Fig. = Publ. Goethe Link Obs. Indiana Univ. Nr. **9**. — Ref. in Phys. Abstracts (A) **56** 507. — Die Zeiten, die in Körpern von hoher Leuchtfähigkeit und stellaren Dimensionen ein Magnetfeld benötigt, um abzuklingen, werden für drei Modellfelder berechnet. Für die Sonne ergeben sich Zeiten von der Ordnung 10^9—10^{10} Jahre. Durch Multiplikation mit dem Faktor $R^2\, T_c^{3/2}$ erhält man hieraus die entsprechenden Werte für Sterne mit dem Radius R und der Mittelpunktstemperatur T_c. Kdr.

Elfter Teil

Doppelsterne

§ 100

Allgemeines

10001. **T. A. Agekjan,** Über die Komplanarität der Bahnen der Dreifachsterne. AJ UdSSR **29** 219—224, mit 1 Abb. und Ref. Univ. Leningrad Wiss. Session 1951/52 S. 40—41 (russisch). — Ref. in Astr. News Letter Nr. **67** S. 14—15, Math. Rev. **14** 590. — Nach den Betrachtungen des Verf. ist eine Komplanarität bei der Gesamtheit der Dreifachsterne nur partiell vorhanden. Bei der Entstehung dieser Systeme ist das wahrscheinlich völlig der Fall gewesen. Durch die Wirkung innerer und äußerer Kräfte ging die Komplanarität aber größtenteils verloren. Loh.

10002. **F. Egger,** Die Häufigkeit der Doppelsterne. Orion Schaffhausen **3** 382—387, mit 2 Abb. (mit französischer Zusammenfassung).

* * **G. Flörsch,** Mesures interférométriques des étoiles doubles et des petites planètes à l'aide des instruments d'amateurs. Vgl. Ref. **2401**.

10003. **E. Pajares,** Über ein Problem der Bahnbestimmung von Doppelsternen. Rev. Acad. Ci. Madrid **46** 307—313 (spanisch).

10004. **R. F. Rodgers,** Relative incidence of binaries among Be and B type stars. AJ 57 165—166. — Ref. AAS.

10005. **R. F. Rodgers,** The frequency and characteristics of binary systems among bright-line B-type stars. J RAS Canada **46** 147—150 = Commun. David Dunlap Obs. Nr. **30**. — Verf. vergleicht B- und Be-Sterne in bezug auf Leuchtkraft, Masse und Rotationsgeschwindigkeit auf Grund der in der Literatur vorliegenden Untersuchungen. Die Frage der Häufigkeit von Doppelsternen wird näher untersucht; Verf. teilt mit, daß seine Ergebnisse eine Abhängigkeit von der äquatorialen Rotationsgeschwindigkeit der sichtbaren Komponenten anzeigen. Micz.

10006. **S. S. Sabajew,** Methode zur Bestimmung der mittleren Fehler der Kataloge der Bahnen von Doppelsternen. Bote Univ. Leningrad Nr. **12** S. **47**—52 (russisch).

10007. **A. G. Smith,** Double star tests for small telescopes. Sky and Telescope **11** 259—260.

10008. **K. Walter,** Bahnverändernde Einflüsse in engen Doppelsternsystemen. AN **280** 149—156, mit 1 Abb. — Für enge Doppelsternsysteme wird gezeigt, daß die bei elliptischer Bahnbewegung auftretenden Gezeitenschwingungen der Komponenten eine Abnahme der Bahnexzentrizität bewirken. Diese wird ebenfalls beeinflußt, wenn im Innern der Komponenten rotationsaufspaltende Kräfte existieren; dabei kann es je nach dem Richtungssinn der Rotationsaufspaltung zu einer zeitlich-exponentiellen Zu- oder Abnahme der Bahnexzentrizität kommen. Verf.

10009. **K. Walter,** Über das Energiegleichgewicht enger Doppelsternbahnen und die Rotation der Doppelsternkomponenten. Phys. Verhandlungen **3** 162. — Ref. AG.

§ 101

Visuelle Doppelsterne

10101. **W. H. van den Bos,** Reports on the progress of astronomy: Double stars. MN **112** 335—336.

10102. **O. J. Eggen,** Orbital motion in two interesting southern multiple systems. Publ ASP **64** 230—236. — Für die mehrfachen Systeme CoD $-30°$ 529 mit β 1000 und δ 31, sowie Dunlop 30 mit Sellors 7 und Harvard 195 werden Elemente und die Darstellung der Beobachtungen durch diese Elemente angegeben. Die Parallaxen werden diskutiert. O. G.

10103. **W. S. Finsen,** New double stars. Obs **72** 125. — Eine Prüfung aller Sterne zwischen $\delta = 0°$ und $\delta = -60°$ bis zur 6. Größe mit dem Okularinterferometer am $26^1/_2$'-Teleskop des Union Observatory, Johannesburg, ergab 17 neue enge Paare, die in einer Liste aufgeführt werden (0.8 Prozent der geprüften Sterne). Wiederholungen dieser Durchmusterung sind geplant. O. G.

10104. **H. Geffers,** Untersuchungen über das System 70 Ophiuchi. Veröff. Univ. Sternw. Bonn Nr. **39**. — Die Bahn des Doppelsternes 70 Oph wurde auf Grund des von Strand angegebenen Beobachtungsmaterials unter Hinzunahme neuer visueller und photographischer Messungen (bis 1947) nach der Methode der Kleinsten Quadrate neu bestimmt. Die geringen Reste in den photographischen Messungen lassen sich als Bahnstörungen durch einen 3. Körper mit der Periode $9^a\!.89 \pm 0^a\!.05$ und der Halbachse $0''\!.014 \pm 0''\!.003$ deuten. Dem entspräche eine Masse dieses Körpers von ca. 0.012 bis 0.015 Sonnenmassen. Gli.

10105. **J. Hopmann,** Photometrische und kolorimetrische Messungen an visuellen Doppelsternen. Phys. Verhandlungen **3** 165. — Ref. AG.

10106. **R. Jonckheere,** Mesures d'étoiles doubles. La grande lunette de Nice et l'étude des binaires de petites masses. JO **35** 37—60. — Die Messungen wurden zum Teil mit dem 76 cm-Refraktor auf dem Mont-Gros durchgeführt, der etwa 25 Jahre außer Betrieb war. Verf. weist dabei auf die Notwendigkeit der Beobachtung schwacher Doppelsterne hin und gibt eine Liste von 61 solchen Paaren mit ihren dynamischen Parallaxen. T. L.

10107. **M.-L. Labeur,** Sur une erreur systématique d'origine orbitale dans les parallaxes dynamiques d'étoiles doubles visuelles. CR **234** 183—185. — Betrifft nur Paare mit großen Umlaufszeiten.

10108. **M.-L. Labeur,** Contribution à l'étude de la corrélation période-excentricité pour les étoiles doubles visuelles. CR **234** 1129—1131. — Je genauer die Bahnparameter sind, umso schwächer ist die Korrelation zwischen Periode und Exzentrizität. Befreit man die Bahnbestimmungen vom Einfluß eines systematischen Fehlers auf die Perioden, so wird die Korrelation noch schwächer. Loh.

10109. **N. W. McLeod,** A method of computing a visual binary orbit perpendicular to the plane of the sky. AJ **57** 234—235, mit 1 Fig. — Es wird ein graphisches Verfahren zur Ableitung von Doppelsternbahnen für den Fall vorgeschlagen, daß die Bahnneigung 90° beträgt und mehr als ein voller Umlauf beobachtet worden ist. Micz.

10110. **P. Muller,** Colorimétrie de 51 étoiles doubles. Ann d'Astrophys **15** 79—103, mit 4 Fig. — Mit einem visuellen Photometer wurden Helligkeitsdifferenzen in zwei, vielfach auch mehr Wellenlängenbereichen der Komponenten von 51 Doppelsternen gemessen. Für jedes System wird die Wellenlängenabhängigkeit der Helligkeitsdifferenz bestimmt. Die die Wellenlängenabhängigkeit charakterisierenden Gradienten werden mit der Farbenindexdifferenz der Komponenten, soweit bekannt, korreliert. Mit Hilfe bekannter Farbenindizes der Systeme werden die Farbenindizes der Komponenten aller gemessenen Doppelsterne berechnet. Einige statistische Betrachtungen über die Farben der Komponenten und ihre Beziehung zur Farbenindexdifferenz und Masse sind angefügt. Micz.

10111. **P. Muller,** Colorimétrie de 51 étoiles doubles. Ann. Obs. Strasbourg **5** Fasc. 4, 31 S. mit 4 Fig. — Vgl. vorstehendes Ref.

10112. **P. Muller,** Le mouvement troublé de l'étoile double ADS 9578 = Σ 1932. BA **16** 263—275, mit 5 Fig. — Die Abweichungen der Bahn von einer Kepler-Ellipse weisen auf die Existenz eines unsichtbaren Begleiters der B-Komponente hin; unter dieser Voraussetzung wird ein neues Elementensystem abgeleitet. Die Diskussion der Massenverhältnisse führt jedoch zu Widersprüchen, die nur durch die Annahme beseitigt werden können, daß es sich hier um ein vierfaches System (weiterer unsichtbarer Begleiter der A-Komponente) handelt. T. L.

10113. **P. Muller,** Sur la colorimétrie de 51 étoiles doubles visuelles. CR **234** 812—813. — Die Helligkeitsunterschiede von 51 Paaren hat Verf. in verschiedenen Farben an Straßburger Refraktoren und auf dem Pic-du-Midi visuell gemessen. Wenn es sich um Zwergsterne handelt, entsprechen die Farbenindexdifferenzen nicht immer den nach dem Hertzsprung-Russell-Diagramm zu erwartenden. Bei B-Sternen kommen große Helligkeitsunterschiede mit kleinen Farbunterschieden gepaart vor. In 4 von 5 Riesenpaaren ist der Begleiter weniger rot als der Hauptstern. Loh.

10114. **A. Opolski,** Orientation of the orbital planes of the visual binaries. Ark Astr **1** 249—255, mit 1 Fig. — Vgl. AJB **51** Ref. 10115.

10115. **E. Pajares,** On a problem in the determination of orbits of double stars. Rev. Acad. Ci. Madrid **46** 307—313, mit 1 Tafel. — Ref. in Math. Rev. **14** 801.

10116. **R. C. Palacios,** Método de mejora de órbitas de estrellas dobles visuales. Urania Barcelona **37** 201—223, mit 1 Fig. — Fortsetzung einer früheren Untersuchung des Verf. (Revista de Geofísica Nr. 35 u. 36, 1950) über eine Verbesserung von Doppelsternbahnen, die auf der Verbesserung der Fourier-Koeffizienten A_i von $\varrho^2(\Theta)$ beruht. Dabei brauchen aus den Differenzen $B - R$ des Positionswinkels Θ nur die Verbesserungen ΔA_i, nicht aber die A_i selbst berechnet zu werden. Anwendung auf das stark exzentrische und geneigte System ADS 1538. Hilfstafeln der in den Normalgleichungen auftretenden aus Θ, $\sin i\,\Theta$ und $1 - \cos i\,\Theta$ für $i = 1, 2, 3, 4$ gebildeten Zweierprodukte bis zur 3. Dezimale für alle Θ in 5°-Schritten. Gü.

10117. **S. N. Schukstowa,** Photographische Beobachtungen von Doppelsternen an der Moskauer Sternwarte. Swerdlowsk, 1952. 15 S. (russisch). — Dissertationsreferat.

10118. **P. Sémirot, R. Mercier,** Une nouvelle méthode pour le calcul des orbites des étoiles doubles visuelles. Ann. Obs. Astr. Mét. Toulouse **21** 12. — Ref. L'AFAS.

10119. **K. A. Strand,** The orbital motion of 70 Ophiuchi. AJ **57** 97—102. — Ref. in Sterne **29** 116—118, mit 3 Abb.

10120. **E. Vidal Abascal,** Aparato para la determinación de órbitas de estrellas dobles. Urania Barcelona **37** 70—72, mit 3 Fig. — Verf. schlägt ein den Höhensatz verwendendes Gestänge vor, das nach Einstellung der Flächenkonstanten C zu einem gegebenen zeitlichen Verlauf $\Theta(t)$ des Positionswinkels über der gleichen Abszisse t von einem gewählten Anfangswert ϱ_0 beginnend den zugehörigen Verlauf $\varrho(t)$ der scheinbaren Distanz eines Doppelsterns liefert. C, ϱ_0 und die Interpolation $\Theta(t)$ der beobachteten Positionswinkel sollen so lange variiert werden, bis die damit erhaltene Kurve $\varrho(t)$ eine befriedigende Interpolation der beobachteten Distanzen ergibt. Gü.

10121. **O. Struve,** The sextuple system of Castor. Sky and Telescope **11** 302—304, mit 4 Fig.

10122. **Beobachtungen visueller Doppelsterne**

R. M. Aller, Medidas de estrellas dobles visuales. Urania Barcelona **37** 1—10.

P. Baize, Mesures d'étoiles doubles faites à l'Observatoire de Paris. JO **35** 5—12. — Enthält 62 Paare.

P. Baize, Mesures d'étoiles doubles faites à l'Observatoire de Paris. JO **35** 16—24. — Enthält 62 Paare.

P. Baize, Mesures d'étoiles doubles faites à l'Observatoire de Paris JO **35** 27—36. — Enthält 82 Paare.

P. Couteau, Mesures d'étoiles doubles faites au réfracteur de 38 cm. de l'Observatoire de Nice. JO **35** 101—107. — Enthält 57 Paare.

P. Couteau, Mesures d'étoiles doubles faites au réfracteur de 38 centimètres de l'Observatoire de Nice. JO **35** 181—188. — Enthält 85 Paare.

A. Danjon, Observations d'étoiles doubles avec un micromètre interférentiel à demi-onde. JO **35** 85—95. — Enthält 86 Paare.

W. S. Finsen, New double stars (IV). MN ASSA **11** 30. — BS 1559, 2455, 2521, 2745, 3072.

R. Jonckheere, Mesures d'étoiles doubles. La grande lunette de Nice et l'étude des binaires de petites masses. Vgl. Ref. 10106. — Enthält 211 Paare.

P. Muller, Mesures d'étoiles doubles faites à Strasbourg en 1951. JO **35** 95—100. — Enthält 67 Paare.

P. Muller, Mesures photométriques d'étoiles doubles au télescope de 0,80 m. de l'Observatoire de Haute-Provence. JO **35** 177—180. — Enthält 54 Paare.

F. Schmeidler, Micrometrical measures of double stars. MN **112** 676—678. — Mikrometrische Messungen der gegenseitigen Distanz und des Positionswinkels von 13 Doppelsternsystemen.

R. H. Wilson jr., Double star observations in 1951. AJ **57** 248—252. — Liste enthält 84 Paare.

10123. Mitteilungen über einzelne visuelle Doppelsterne

ADS 12345	J. Hopmann, Das System ADS 12345 = J 116. Anzeiger der Österreichischen Akad. Wiss. Math.-naturw. Kl. **89** 231—234.
BDS 9699	A. Ali, Note on the double star BDS 9699. AJ **57** 146.
J 116	= ADS 12345.
Krüger 60B	A. Nielsen, Krüger 60B. NAT **1952** 29—30, mit 1 Fig.

10124. Massenverhältnisse von visuellen Doppelsternen

48 Cas	J. T. Kent, Note on 48 Cassiopeiae. AJ **57** 156.
70 Oph	K. A. Strand, R. Spong, The parallax and mass-ratio of 70 Ophiuchi. AJ **57** 102—104
ADS 11046	= 70 Oph.
Krüger 60	R. G. Hall, The orbit, parallax, and mass-ratio of Krüger 60. AJ **57** 47—52, mit 1 Fig.

10125. Elemente visueller Doppelsterne

Es sind nur diejenigen Bezeichnungsarten der Doppelsterne aufgeführt, welche die Autoren in ihren unten zitierten Arbeiten selbst angegeben haben.

ADS 684	P. Muller, Orbites de quatre étoiles doubles visuelles. BA **16** 203—212, mit Berichtigung S. 351.
ADS 784	J. T. Kent, The orbit of ADS 784. AJ **57** 233—234.
ADS 2236	P. Muller, Orbites des étoiles doubles visuelles ADS 2236, 12972, 13944 et 16314. BA **16** 277—282.
ADS 2612	P. Baize. Vgl. ADS 3991 BC.
	J. Hopmann, Die Systemkonstanten von ADS 2612 = Σ 400. AN **280** 165—167.
ADS 3098	J. Hopmann, Der Doppelstern ADS 3098 = Σ 511. AN **280** 167—168.
ADS 3991 BC	P. Baize, Eléments orbitaux de 9 étoiles doubles. JO **35** 67—83.
ADS 5559	J. Hopmann, Bahnbestimmung des Doppelsternes ADS 5559 = 38 Gem = Σ 982. Anzeiger der Österreichischen Akad. Wiss. Math.-naturw. Kl. **89** 88—93 = Mitt. Univ.-Sternw. Wien **6** Nr. 2.
ADS 6554	Vgl. ADS 684.
ADS 8166	P. Baize. Vgl. ADS 3991 BC.
ADS 8189	= HD 100018.
ADS 8337	S. Wierzbiński, Orbites des étoiles doubles. Orbite corrigée de ADS 8337 = β 794. Orbite préliminaire de ADS 10095 = A 693. AA(c) **5** 18—27, mit 2 Fig.
ADS 8939	P. Baize. Vgl. ADS 3991 BC.
ADS 8954	P. Baize. Vgl. ADS 3991 BC.
ADS 9352	Vgl. ADS 684.
ADS 9380	J. Pensado, Orbita de ADS 9380 = Σ 1879. Rev. Real Acad. Ciencias Madrid **46** Heft 1, 12 S. mit 8 Fig. = Publ. Sem. Astr. Geod. Univ. Madrid Nr. **13**.

ADS 9578	P. Muller. Vgl. Ref. **10112**.
ADS 9626	P. Baize. Vgl. ADS 3991 BC.
ADS 10075	L. Siegrist, Orbita provisional del sistema visual Σ 2052. Rev. Real Acad. Ciencias Madrid **45** Heft 4, 8 S. mit 2 Fig. = Publ. Sem. Astr. Geod. Univ. Madrid Nr. **11**.
ADS 10095	S. Wierzbiński. Vgl. ADS 8337.
ADS 10425	P. Baize, Eléments orbitaux de deux étoiles doubles. BSAF **66** 74—79, mit 2 Fig.
ADS 10598	R. L. Duncombe, J. Ashbrook, Definitive orbit of Σ 2173 = ADS 10598. AJ **57** 92—94, mit 1 Fig.
ADS 11046	H. Geffers. Vgl. Ref. **10104**.
	K. A. Strand. Vgl. Ref. **10119**, **10124**.
ADS 11897	J. Pensado, Orbita de ADS 11897 = Σ 2438. Urania Barcelona **37** 140—143, mit 1 Fig. = Publ. Sem. Astr. Geod. Univ. Madrid Nr. **15**.
ADS 12880	= δ Cyg.
ADS 12972	Vgl. ADS 2236.
ADS 13944	Vgl. ADS 2236.
ADS 15992	P. Baize. Vgl. ADS 3991 BC.
ADS 16314	Vgl. ADS 2236.
ADS 16538	Vgl. ADS 684.
ADS 16836	F. Mato Vázguez, Órbita del sistema visual 72 Pegasi β 720 (A.D.S. 16836). Urania Barcelona **37** 65—69, mit 2 Fig.
μ^2 Boo	= ADS 9626.
π Cep	= ADS 16538.
δ Cyg	M. A. Giannuzzi, Orbita di δ Cygni. Rend. Accad. Nazionale Lincei, Cl. Sci. fis., mat., nat. (8) **13** 33—38 = Oss. Astr. Roma-Monte Mario Contr. Sci. Nr. **176**. — Ableitung einer neuen Bahn nach der Kowalsky- und Thiele-Innes-Methode. F. Z.
38 Gem	= ADS 5559.
71 Her	= ADS 10075.
ι Leo	= ADS 8148.
70 Oph	= ADS 11046.
72 Peg	= ADS 16836.
β 232	= ADS 684.
β 581	= ADS 6554.
β 720	= ADS 16836.
β 794	= ADS 8337.
β 932	= ADS 8954.
β 1000	O. J. Eggen. Vgl. Ref. **10102**.
β 1099	= ADS 784.
Σ 400	= ADS 2612.
Σ 511	= ADS 3098.
Σ 982	= ADS 5559.
Σ 1536	= ADS 8148.
Σ 1879	= ADS 9380.
Σ 1932	= ADS 9578.
Σ 1938	= ADS 9626.
Σ 2052	= ADS 10075.
Σ 2173	= ADS 10598.
Σ 2438	= ADS 11897.
OΣ 269	= ADS 8939.
OΣ 327	= ADS 10425.
OΣ 387	= ADS 12972.
OΣ 489	= ADS 16538.
A 693	= ADS 10095.
A 847	= ADS 3391 BC.
A 1675	= ADS 13944.
A 2413	= ADS 2236.
BD +59° 146	= ADS 784.
BD +45° 2505	= 46 Furuhjelm.
BDS 489	= ADS 784.

BDS 3112 AB	P. Baize. Vgl. ADS 3991 BC.
BDS 7642	= ADS 10075.
46 Furuhjelm	P. Baize. Vgl. ADS 10425.
Harvard 195	O. J. Eggen. Vgl. Ref. 10102.
HD 5408	= ADS 784.
HD 100018	R. M. Petrie, D. M. Laidler. Vgl. Ref. 10208.
Ho 482	= ADS 16314.
Hu 388	= ADS 15992.
Hu 462	= ADS 8166.
Hu 575	= ADS 9352.
Hu 1399	= BDS 3112 AB.
Krüger 60	R. G. Hall, The orbit, parallax, and mass-ratio of Krüger 60. AJ **57** 47—52, mit 1 Fig. — Ref. in Sterne **29** 116—118, mit 3 Abb.
Sellors 7	O. J. Eggen. Vgl. Ref. 10102.

§ 102

Spektroskopische Doppelsterne

10201. **V. M. Blanco,** Mean distances in single-line binaries. ApJ **115** 423—427. — In der Arbeit wird die Häufigkeitsverteilung der mittleren Distanz von spektroskopischen Doppelsternen des Bereichs B 8—A 5, in deren Spektren nur eine Komponente sichtbar ist, untersucht. Die Massen der sichtbaren Komponenten werden aus der Masse-Leuchtkraft-Funktion bestimmt. Die Verteilungsfunktion der Massenverhältnisse wird unter der Annahme, daß die Bahnneigungen nach dem Zufall verteilt sind, aus den Werten der Massefunktion ermittelt. Mit dem 3. Keplerschen Gesetz ergibt sich schließlich die Verteilungsfunktion der mittleren Distanzen. Nach Berücksichtigung von beobachtungsmäßigen Auswahleffekten zeigt die Häufigkeitsverteilung ein Absinken mit fallender Distanz bei 7×10^6 km. Micz.

10202. **R. Bouigue,** Binaires spectroscopiques. Ann. Obs. Astr. Mét. Toulouse **21** 31—46. — Katalog und Elemente von 111 neuen spektroskopischen Doppelsternen.

10203. **K. L. Franklin,** The spectroscopic orbit of 26 Aquilae. ApJ **116** 383—390, mit 1 Fig. = Contr. Lick Obs. (2) Nr. **43.** — Eine spektroskopische Bahnbestimmung des Doppelsterns 26 Aquilae erbringt die große Bahnexzentrizität $e = 0.833$, die zu den größten bisher beobachteten gehört. Die Periode des Umlaufs beträgt $266^{d}.544$. Die Dimensionen des Systems werden abgeleitet. Eine Bedeckung ließ sich photoelektrisch nicht nachweisen. Micz.

10204. **J. B. Irwin,** The determination of a spectroscopic binary orbit. ApJ **116** 218—226, mit 4 Fig. = Publ. Goethe Link Obs. Indiana Univ. Nr. **7.** — Vereinfachung der Bahnbestimmung spektroskopischer Doppelsterne durch Tabulierung einiger Größen. Kdr.

10205. **E. A. Kreiken,** The period-density law $P\sqrt{\bar{\varrho}}$ = constant for spectroscopic binaries. ZfA **31** 256—272, mit 6 Fig. — Ref. in Phys. Abstracts (A) **56** 183. — Die weniger dichten Komponenten der spektroskopischen Doppelsterne, der β Lyrae-, W Ursae Majoris- und Bedeckungsveränderlichen mit bekannten oder leicht abschätzbaren Spektren trägt Verf. in ein log. Periode-Spektrum-Diagramm ein. Diese Sterne genügen der Beziehung $\log P = -0.542 \log \bar{\varrho} - 0.301$ ($\bar{\varrho}$ = mittlere Dichte). Eine ähnliche Beziehung gilt für die kurz- und langperiodischen Cepheiden: $\log P = -0.5 \log \bar{\varrho} - 0.939$. Verf.

trägt daher diese Sterne mit um 0.64 vergrößerten Werten für log P ebenfalls in das Diagramm ein. Es zeigt sich, daß beide Gruppen, ausgenommen eine Kreuzungsstelle, verschiedene Gebiete einnehmen. Die Kreuzungsstelle trennt zudem die kurzperiodischen Cepheiden von den langperiodischen und ist selbst nahezu frei von ihnen. Die Cepheiden haben geringere Dichten als die nichtpulsierenden Riesen gleichen Spektraltyps. Loh.

10206. **I. A. Kurzemniece,** Massen, räumliche Verteilung und Kinematik der spektroskopischen Doppelsterne. Riga, 1952. 8 S. (russisch). — Dissertationsreferat.

10207. **P. W. Merrill,** Two F-type stars with expanding hydrogen atmospheres. ApJ **115** 154—156. — Ref. in Sternenwelt **4** 148. — Verf. beschreibt zwei spektroskopische Doppelsterne (HD 59771, MWC 490), deren eine Komponente jeweils ein F-Riese oder Überriese ist. Sie besitzen helle und stark positiv verschobene dunkle Wasserstofflinien, die ihren Ursprung in einer rasch expandierenden Hülle haben können. Micz.

10208. **R. M. Petrie, D. M. Laidler,** The spectroscopic orbits of H.D. 100018 (A.D.S. 8189). Publ. Dominion Astrophys. Obs. Victoria **9** 181—187, mit 2 Fig. und 1 Tafel. — Spektren hoher Dispersion zeigen, daß der visuelle Doppelstern HD 100018 spektroskopisch dreifach ist. Es wird die Bahn des spektroskopischen Paares abgeleitet. Groth

10209. **J. Sahade, J. L. Dessy,** The spectroscopic binary Boss 4496. ApJ **115** 53—60, mit 3 Fig. = Obs. Cordoba Tirada Aparte Nr. **48**. — Der spektroskopische Doppelstern Boss 4496 besitzt zwei sichtbare Spektren. Verf. leiten spektroskopische Bahnelemente ab. Die Radialgeschwindigkeitskurve aus den Wasserstofflinien unterscheidet sich merklich von der, die die He I-Linien ergeben. Es werden daher Elemente getrennt für beide bestimmt. Als Ursache für die Diskrepanz zwischen beiden Elementen wird ein Gasstrom angenommen, dessen H-Atome relativ zu den He I-Atomen auf die sich nähernde Hemisphäre jedes Sterns zu-, von der zurückweichenden dagegen fortströmen. Micz.

* * **O. Struve,** The sextuple system of Castor. Vgl. Ref. **10121**.

10210. Mitteilungen über einzelne spektroskopische Doppelsterne

BD +40° 4220	G. R. Miczaika, BD +40° 4220. NAZ **6** 34.
δ Ori	G. R. Miczaika. Vgl. Ref. **9214**.
3 Pup	D. Crespin, J. W. Swensson. Vgl. Ref. **9516**.
RY Sct	Tcheng Mao-Lin, M. Bloch. Vgl. Ref. **11139**.

10211. Elemente spektroskopischer Doppelsterne

ADS 8189	R. M. Petrie, D. M. Laidler, The spectroscopic orbits of HD 100018 (ADS 8189). AJ **57** 164. — Ref. AAS. — Ref. in Sky and Telescope **11** 277, mit 1 Fig. und Bild von R. M. Petrie.
26 Aql	Harv Card 1178 = NAZvM Nr. 152 = UAI Circ 1362. K. L. Franklin.
	K. L. Franklin. Vgl. Ref. **10203**.
α Aur	R. F. Kilby, A new determination of the spectrographic orbit of Capella. Publ ASP **64** 221—222. — Ref. ASP.
32 Cyg	A. Colacevich, M. G. Fracastoro. Vgl. Ref. **11106**.
V 382 Cyg	J. A. Pearce, HD 228854 — V 382 Cygni: A new massive O-type eclipsing variable. Publ ASP **64** 219—221. — Ref. ASP. — Ref. in Sky and Telescope **12** 11.
16 Lac	O. Struve, D. H. McNamara, R. P. Kraft, S. M. Kung, A. D. Williams. Vgl. Ref. **111121**.
δ Ori	G. R. Miczaika. Vgl. Ref. **9214**.

δ Sge	D. B. McLaughlin, E. B. Weston, M. Chadwick, A note on the orbit of δ Sagittae. Publ ASP **64** 300—302.
σ Sco	R. D. Levee. Vgl. Ref. **11162/63**.
ζ Tau	A. B. Underhill, The radial velocity variations of the shell star ζ Tauri. AJ **57** 168. — Ref. AAS. — Ref. in Sternenwelt **5** 147—148.
Boss 4496	J. Sahade, J. L. Dessy. Vgl. Ref. **10209**.
HD 27483	R. J. Northcott, K. O. Wright, A spectrographic study of the double-lined binary system H. D. 27483. J RAS Canada **46** 11—19, mit 2 Fig. = Commun. David Dunlap Obs. Nr. **28** = Contr. Dominion Astrophys. Obs. Victoria Nr. **25**.
HD 40372	R. J. Northcott, T. A. Matthews, P.-H. Nadeau. Vgl. HD 164898.
HD 100018	R. M. Petrie, D. M. Laidler. Vgl. Ref. **10208**. = ADS 8189.
HD 164898	R. J. Northcott, T. A. Matthews, P.-H. Nadeau, The orbits of three spectroscopic binaries, H. D. 164898, H. D. 208835 and H. D. 40372. Publ. David Dunlap Obs. **1** 531—539, mit 3 Fig.
HD 181391	= 26 Aql.
HD 208835	R. J. Northcott, T. A. Matthews, P.-H. Nadeau. Vgl. HD 164898.
HD 224085	I. Halliday, A new determination of the orbit of H. D. 224085. J RAS Canada **46** 103—104 = Commun. David Dunlap Obs. Nr. **29**.
HD 228854	= V 382 Cyg.
Lalande 46867	= HD 224085.

Zwölfter Teil

Veränderliche Sterne. Novae

§ 110

Ephemeriden, Allgemeines

11001. **A. N. Argue, H. E. Butler,** Simultaneous photoelectric recordings with two telescopes. Obs **72** 31—33, mit 2 Fig. = Dunsink Obs. Repr. Nr. **5**. — Verf. berichten über Versuche zur lichtelektrischen Beobachtung rasch veränderlicher Sterne in der Art, daß zwei mit ähnlichen Photozellen ausgestattete Fernrohre verwendet werden, von denen eins auf den Veränderlichen, das andere auf einen Vergleichstern gerichtet ist, so daß fortlaufende Beobachtung möglich ist. O. G.

11002. **M. Flückiger, S. Chilardi,** Les étoiles variables. Orion Schaffhausen **3** 413—422, mit 1 Fig. — Fortsetzung und Schluß der Arbeit in Orion Schaffhausen **3** 257, 312 (vgl. AJB **51** Ref. **11002**).

11003. **B. W. Kukarkin, P. P. Parenago, J. I. Jefremow, P. N. Cholopow,** Vierter Nachtrag zur ersten Ausgabe des Generalkatalogs Veränderlicher Sterne. Moskau-Leningrad, Verlag Akad. Wiss. UdSSR, 1952. 87 S. (russisch). — Der Katalog enthält Angaben über 105 1952 benannte Veränderliche und ausführliche Mitteilungen über 613 früher benannte Veränderliche. Loh.

11004. **C. Payne-Gaposchkin,** Variable stars and galactic structure. Nature **170** 223—225 = Harv Repr Nr. **364**. — Zusammenfassende Darstellung von drei an der Universität London gehaltenen Vorträgen.

11005. **H. Schneller,** Geschichte und Literatur des Lichtwechsels der Veränderlichen Sterne. Zweite Ausgabe, enthaltend die Literatur der Jahre 1916—1950. **3.** Band: Orion-Vulpecula. Deutsche Akad. der Wiss. zu Berlin, Astrophysikalisches Observatorium Potsdam. Berlin, Akademie-Verlag, 1952. 15 + 360 S. Preis DM 37. — Besprechung in Ann d'Astrophys **15** 360, Mem SA It (NS) **23** 248 (F. Zagar), Mitt. AG **1952** 70 (M. Beyer), NAT **1952** 114.

11006. **H. Schneller,** Bemerkungen zum Abschluß der zweiten Ausgabe der GuL. Mitt. AG **1951** 21. — Ref. AG.

10007. **J. Široký,** Über die Klassifikation der veränderlichen Sterne. Časopis **2** 49—52, mit 2 Fig. (tschechisch).

11008. Rocznik Astronomiczny Obserwatorjum Krakowskiego 1952. Suppl. Internationale Nr. **23**. Krakow 1952. 8 + 96 S. — Enthält Ephemeriden 1952 von 566 Bedeckungsveränderlichen.

§ 111

Veränderliche Sterne

* * Veränderliche in kugelförmigen Sternhaufen siehe § **121**.

Bedeckungsveränderliche

11101. **R. L. Baglow,** Two-colour photometric studies of the eclipsing binary systems TW Draconis, Z Herculis and RS Vulpeculae. Publ. David Dunlap Obs. **2** 1—32, mit 7 Fig. — Die drei Bedeckungsveränderlichen werden untersucht, um die Randverdunklung zu bestimmen. — TW Dra hat eine totale Bedeckung im Hauptminimum, und es kann die Randverdunklung abgeschätzt werden. Es wird eine asymmetrische Lichtkurve gefunden. Die Asymmetrie ist kleiner als bei Baker. — Z Her zeigt eine partielle Bedeckung; es ist möglich die Differenz der Randverdunklung in beiden Farben zu erhalten. Bei RS Vul kann wegen der nur partiellen Bedeckung ebenfalls die differentielle Randverdunklung abgeschätzt werden. Es zeigt sich, daß in allen drei Systemen die Farbe des Reflexionseffektes gleich der der helleren Komponente ist. Die Elliptizität ist nicht genau genug bestimmt, um weitere Schlüsse zu ziehen. Groth

11102. **M. K. V. Bappu,** The variation of emissionline intensities in CQ Cephei. AJ **57** 6—7. — Ref. AAS.

11103. **T. J. Bartlett,** The period of SZ Herculis. Publ ASP **64** 299—300. — Für den Bedeckungsveränderlichen SZ Her haben Dugan und Wright aus neueren Beobachtungen eine Verkürzung der Periode gefunden. Lichtelektrische Beobachtungen des Verf. von 1950/51, bei denen der schwache Begleiter etwas gestört hat, bestätigen die Verkürzung der Periode. O. G.

11104. **C. Bertaud,** Les variables à éclipses. BSAF **66** 99—102, mit 3 Fig.

11105. **W. A. Calder,** A domesticated eclipsing binary system. Sky and Telescope **11** 107—108, mit 3 Fig. — Beschreibung einer Apparatur zur Herstellung und zum Studium der Effekte eines Bedeckungsveränderlichen.

11106. **A. Colacevich, M. G. Fracastoro,** Risultati preliminari sul sistema di 32 Cygni. Mem SA It (NS) **23** 55—64, mit 2 Fig. — Vorläufige photometrische Elemente des Systems 32 Cygni mit dem Radienverhältnis k ~ 1/120. Messung relativer Intensitäten zahlreicher Linien aus Aufnahmen mit dem 82' Reflektor des McDonald Observatoriums. F. Z.

11107. **L. Detre, T. Herczeg,** Photoelectric observations of the 1950 eclipse of Zeta Aurigae. Mitt. Sternw. ungar. Akad. Wiss. Budapest Nr. **29**, 3 S.

11108. **M. G. Fracastoro,** Osservazioni di Zeta Aurigae in occasione dell' eclisse del 1950. Mem SA It (NS) **23** 39—47, mit 2 Fig. = Oss. e Mem. Oss. Astrofis. Arcetri Nr. **67**. — Messung monochromatischer Amplituden zur Zeit der Bedeckung von ζ Aur im Jahre 1950 bei 4090, 3950 und 3784 Å. Ferner wurden Linientiefen verschiedener Elemente bei den Phasen Totalität, $+0\overset{d}{.}20$, $+1\overset{d}{.}10$, $+2\overset{d}{.}15$, $+3\overset{d}{.}24$, $+4\overset{d}{.}22$ und $20\overset{d}{.}04$ gemessen. F. Z.

11109. **H. G. Horak,** A spectrographic study of RZ Cassiopeiae. ApJ **115** 61—65, mit 2 Fig. = Contr. McDonald Obs. Nr. **202**. — RZ Cassiopeiae wird gelegentlich zu der Gruppe von Bedeckungsveränderlichen gerechnet, die photometrisch bestimmt andere Werte der Bahnexzentrizität aufweisen, als wenn diese spektroskopisch bestimmt wird. Eine neue Bahnbestimmung auf Grund von 89 Radialgeschwindigkeitsmessungen des Verf. führt auf kreisförmige Elemente, sodaß die erwähnte Diskrepanz verschwunden ist. Die Radialgeschwindigkeitskurve besitzt einen ausgeprägten Rotationseffekt. Micz.

11110. **C. M. Huffer, Z. Kopal,** Limb-darkening of VV Orionis in two colors. AJ **57** 160—161. — Ref. AAS.

11111. **M. Huruhata,** Flaring phenomena in U Pegasi. Publ ASP **64** 200—202, mit 1 Fig. — Ref. in Sky and Telescope **11** 299. — Lichtelektrische Beobachtungen von U Peg in drei Farben zeigen im Violett kurze Helligkeitszunahmen in der Gegend des Helligkeitsmaximums, die entweder durch verstärkte Emission der H- und K-Linien des Ca II oder mit Helligkeitszunahme des kurzwelligen Kontinuums erklärt werden können. In anderen W UMa-Sternen wurde diese Erscheinung nicht beobachtet. O. G.

11112. **J. B. Irwin,** The determination of a light-time orbit. ApJ **116** 211—217, mit 3 Fig. = Publ. Goethe Link Obs. Indiana Univ. Nr. 8. — Ref. in Phys. Abstracts (A) **56** 286—287. — Die Bahnbestimmungsmethode von Woltjer für Bedeckungsveränderliche, bei denen infolge Anziehung durch einen dritten Körper die Entfernung und damit die Lichtzeit variiert, wird etwas abgeändert und ihre praktische Anwendung durch Tabulierung einiger Größen erleichtert. Kdr.

11113. **J. de Kort,** Photometric orbit of V 546 Cygni. Specola Astr. Vaticana Ric. Astr. **2** 355—370, mit 1 Fig. — Aus seiner photographischen Lichtkurve und aus Bestimmungen von Spektrum und Farbe wird gezeigt, daß V 546 Cyg wahrscheinlich aus einem roten Riesen und einem kleineren, heißeren Stern besteht, der wahrscheinlich von einer leuchtenden Hülle umgeben ist. Zur Gewichtgebung der Normalpunkte wird ein spezielles System eingeführt. Die Neigung der Bahn und die Verhältnisse der Radien der Komponenten und der Bahn bleiben weitgehend unbestimmt, aber zwei Funktionen G und H dieser Elemente sind unzweideutig bestimmt. Verf. (übersetzt)

11114. **G. E. Kron,** A photoelectric study of the dwarf M eclipsing variable YY Geminorum. ApJ **115** 301—319, mit 5 Fig. = Contr. Lick Obs. (2) Nr. **40**. — YY Geminorum (Castor C) ist der einzige bekannte Bedeckungsveränderliche mit späten Hauptreihenkomponenten (Spektraltyp M) und zugleich ein spektroskopischer Doppelstern mit zwei sichtbaren Spektren. Verf. hat lichtelektrisch Lichtkurven im visuellen und infraroten Spektralbereich gemessen. Über den Bedeckungslichtwechsel mit seinen Reflexions- und geometrischen Rotationseffekten überlagert sich eine weitere Veränderlichkeit, die Verf. näher zu bestimmen versucht und die einer «fleckigen» Oberfläche einer der beiden Komponenten zugeschrieben wird. Die «Flecken» sind vermutlich mit dem Auftreten von Emissionslinien wie auch bei ähnlichen Objekten, z. B. AR Lacertae, verknüpft. Die die Lichtkurve deformierende Ursache scheint zeitlich rasch veränderlich zu sein, sodaß ihre detaillierte Untersuchung nur mit sehr dichten Beobachtungsreihen möglich ist. Unter Heranziehung spektrographischer Daten werden Bahnelemente abgeleitet. Der Randverdunklungskoeffizient scheint stark wellenlängenabhängig zu sein und vom Visuellen zum Infraroten abzunehmen. Micz.

11115. **K. K. Kwee,** Note on the period of BF Virginis. BAN **11** 499—500, mit 1 Fig. — Die bisher angenommene Periode $0^d.639599$ dieses Bedeckungsveränderlichen ist falsch und durch $0^d.6405775$ zu ersetzen. Der neue Wert stellt die beobachteten Minima von 1913 bis 1952 befriedigend dar. Haffner

11116. **R. LaFara,** A photoelectric study of U Pegasi in two colors. ApJ **115** 14—16, mit 1 Fig. = Publ. Goethe Link Obs. Indiana Univ. Nr. **4**. — Von dem W Ursae Majoris-Stern U Pegasi wurden lichtelektrisch im gelben und blauen Spektralbereich beobachtete Lichtkurven erhalten, die der Verf. kurz diskutiert. Micz.

11117. **G. Larsson-Leander,** 31 Cygni, en ny intressant förmörkelsevariabel. PAT **33** 68—69. — Die Entdeckungsgeschichte des Bedeckungsveränderlichen 31 Cygni und eine vorläufige Mitteilung spektrographischer Beobachtungen, welche in Stockholm bei der Bedeckung des Sterns 1951—52 gewonnen wurden. Ra.

11118. **G. Larsson-Leander,** Överjättestjärnornas atmosfärer. PAT **33** 69—70.

11119. **G. Larsson-Leander,** Om förmörkelsevariabler av typ Zeta Aurigae. PAT **33** 102—121, mit 11 Fig. — Zusammenfassende gemeinverständliche Darstellung verschiedener spektrographischer Untersuchungen von Bedeckungsveränderlichen, welche atmosphärische Effekte vom ζ Aurigae-Typ zeigen. Einige vom Verf. 1951—52 bei der Beobachtung der Bedeckung von 31 Cygni gewonnene Resultate werden mitgeteilt. Ra.

11120. **A. McKellar, R. M. Petrie,** Intensity and radial-velocity measurements on the spectrum of Zeta Aurigae at recent eclipses. MN **112** 641—651, mit 2 Fig. und 1 Tafel = Contr. Dominion Astrophys. Obs. Victoria Nr. **29**. — Auf Spektrogrammen des langperiodischen Bedeckungsveränderlichen ζ Aurigae, die hauptsächlich in der Nähe der beiden Bedeckungen 1947/48 und 1950 aufgenommen wurden, wurde die Äquivalentbreite der chromosphärischen K-Linie des Ca II gemessen. Die Intensitätsänderung der Linie verlief 1950 wesentlich anders als bei früheren Bedeckungen und war für Ein- und Austritt ebenfalls erheblich unterschiedlich. Radialgeschwindigkeitsmessungen zahlreicher chromosphärischer Linien verschiedenen Ursprungs ergeben Differenzen gegen die Geschwindigkeit des K-Sterns, die von Bedeckung zu Bedeckung verschieden verlaufen, aber auch von Tag zu Tag gelegentlich Änderungen unterworfen sind und nicht durch einfache Rotation des K-Sterns und seiner Hülle erklärt werden können; die chromosphärische K-Linie besitzt gelegentlich komplexe Struktur. Verf. versuchen alle diese Erscheinungen durch Annahme einer stark ausgebildeten und veränderlichen Protuberanzenstruktur in der weit ausgedehnten Atmosphäre des K-Sterns zu erklären. Micz.

11121. **A. McKellar, G. J. Odgers, L. H. Aller, D. B. McLaughlin,** Large-scale motions of ionized calcium in the atmosphere of a giant star. Nature **169** 990—992, mit 1 Fig. = Contr. Dominion Astrophys. Obs. Victoria Nr. **24**. — Ref. in Sternenwelt **4** 187—188. — Es wird über eine erste Auswertung von Spektrogrammen des Sternes 31 Cygni berichtet, die während der Bedeckung der kleineren B-Typ-Komponente 1951 in Victoria und Ann Arbor erhalten wurden. Die Verfolgung der K (Ca II)-Linie nach der Totalität zeigt oft komplexe wechselnde Struktur, die als große, veränderliche, protuberanzenartige Bewegungen in der äußeren Atmosphäre des K-Riesen (ein Überriese?) gedeutet werden. Dessen Atmosphäre könnte demnach eher einem Feld von Protuberanzen ähneln als einer Atmosphäre in normalem hydrostatischem Gleichgewicht. Gli.

11122. **D. B. McLaughlin,** Spectroscopic observations of the eclipse of 31 Cygni. AJ **57** 18—19. — Ref. AAS.

11123. **D. B. McLaughlin,** Radial velocities of 31 Cygni during atmospheric eclipse. ApJ **116** 546—553, mit 2 Fig. — In der Umgebung der 1951 stattgefundenen Bedeckung von 31 Cygni zeigten die Linien der meisten Elemente systematische Verschiebungen gegen die der Phase des Bahnumlaufs entsprechende Wellenlänge. Besonders starken Abweichungen unterlagen die Ca II-Linien; diese Abweichungen traten noch mehrere Wochen nach dem Ende der Bedeckung auf. Verf. versucht das Verhalten der Ca II-Linien durch das Auftreten großer Protuberanzen in der K-Sternatmosphäre zu erklären; eine Ursache für die Geschwindigkeitsfluktuationen der übrigen Linien kann nicht angegeben werden. Micz.

11124. **D. B. McLaughlin,** Spectroscopic observations of the eclipse of 31 Cygni. Publ ASP **64** 109—116, mit 1 Fig. und 2 Tafeln. — Von Spektren, die während der partiellen Phasen des Minimums von Ende 1951 aufgenommen worden sind, werden bemerkenswerte Einzelheiten angegeben. Es werden Vergleiche gezogen mit ζ Aurigae, einige photometrische Beobachtungen mitgeteilt und die Kontaktzeiten diskutiert. Das Minimum war gegen die angenommenen spektrographischen Bahnelemente um 78^d verfrüht. O. G.

11125. **D. B. McLaughlin,** The atmospheric eclipses of four supergiant binary systems. Publ ASP **64** 173—179, mit 2 Fig. — Aus dem Vergleich geschätzter «atmosphärischer Verfinsterungsintensitäten» der Systeme ζ Aur, 31 Cyg, 32 Cyg und VV Cep ergibt sich weitgehende Ähnlichkeit der Atmosphären der Hauptkomponenten vom Spektraltyp K und merkliche Abweichung für VV Cep mit einer M-Hauptkomponente. O. G.

11126. **A. Moncibowycz, K. Walter,** VW Cephei 1942. Eine photometrische Studie. ZfA **31** 223—235, mit 2 Abb. — Eine innerhalb von 46 Tagen in 26 Nächten erhaltene lichtelektrische Beobachtungsreihe des Bedeckungsveränderlichen und die daraus abgeleitete Normalkurve werden mitgeteilt. Es wird gezeigt, daß außer dem Bedeckungs- und Elliptizitätslichtwechsel noch eine weitere Helligkeitsveränderung in Form einer Helligkeitszunahme während der größten Elongationen stattfindet. Die Abweichungen der einzelnen Beobachtungen von der Normalkurve wurden auf Periodizitäten untersucht. Zu diesem Zweck wurde zwischen $0\overset{d}{.}17$ und $0\overset{d}{.}277$ ein Periodenspektrum gerechnet. Es ergeben sich Helligkeitsschwankungen bis zur Amplitude $0\overset{m}{.}017$, doch können echte und Scheinperioden nicht mit Sicherheit getrennt werden. Verf.

11127. **J. A. Pearce,** Absolute dimensions of the eclipsing variable HD 190786—V 477 Cygni. AJ **57** 22—23. — Ref. AAS.

11128. **L. Perek,** The eclipsing variable UV Leonis. Contr. Astr. Inst. Brno **1** Nr. 10 S. 17—34, mit 1 Fig. (mit russischer Zusammenfassung).

11129. **K. Pilowski,** Bemerkungen über die Bestimmung der Dimensionen von Zeta Aurigae. ZfA **31** 218—222. — Die Bemerkungen beziehen sich auf die Bestimmungen des Massenverhältnisses und des Radienverhältnisses, die bisher auf Schwierigkeiten stießen. In beiden Fällen lassen sich diese Schwierigkeiten beheben. Das Radienverhältnis kann aus geeignet ausgeführten spektralphotometrischen Messungen abgeleitet werden. Verf.

11130. **F. E. Roach, F. B. Wood,** An interpretation of the photometric observations of Zeta Aurigae. Ann d'Astrophys **15** 21—53, mit 16 Fig. — Verf. diskutieren die besseren photometrischen Beobachtungsreihen der Helligkeit des langperiodischen Bedeckungsveränderlichen Zeta Aurigae aus den beiden Bedeckungen 1939/40 und 1947/48 unter einheitlichen Gesichtspunkten. Der Helligkeitsverlauf während der partiellen Bedeckungsphase kann durch die Annahme einer Schwächung des Lichtes eines kleinen Sterns durch die weit ausgedehnte Atmosphäre eines großen verstanden werden. Der Helligkeitsabfall ist eine Folge der sich beim Durchgang des Lichtes des kleinen B-Sterns durch die riesige K-Sternatmosphäre ausbildenden Absorptionslinien. Die Lichtkurve ist entsprechend wellenlängenabhängig. Die atmosphärische Bedeckung beginnt im UV früher als im Roten und endet später. Damit wird ein nennenswerter Beitrag kontinuierlicher Absorption durch H^--Ionen ausgeschlossen und die Temperatur der K-Hülle muß über 5000° K betragen. Verf. schließen aus dem Vergleich beider Bedeckungen auf einen unterschiedlichen Radius des K-Sterns von etwa 1%. Micz.

11131. **H. N. Russell, J. E. Merrill,** The determination of the elements of eclipsing binaries. Contr. Princeton Univ. Obs. Nr. **26**, 6 + 96 S. mit 2 Fig. — Die vorliegende Mitteilung gehört zu einer Serie von Arbeiten über die Bestimmung der Elemente der Bedeckungsveränderlichen. Sie bringt insbesondere die Theorie, auf der die in Contr. Nr. **23** dieses Observatoriums erschienenen Tafeln und die Nomogramme, die als Nr. **24** herauskommen, fußen. Ferner gibt sie Hinweise für den praktischen Gebrauch sowohl bei den vorläufigen Lösungen wie auch bei späteren Annäherungen — die hier zum ersten Male beschrieben werden —, welche eine enge Übereinstimmung zwischen den berechneten Werten und dem Gesamtverlauf der Beobachtungen ermöglichen. Verf. (übersetzt)

11132. **R. A. Saakjan,** Die Entdeckungswahrscheinlichkeit der Bedekkungsveränderlichen. Mitt. Obs. Bjurakan Nr. **10**, 52 S. mit 3 Abb. (russisch mit armenischer Zusammenfassung). — Besprechung in VS Bull **9** 346—348 (B. M. Schtschigolew, russisch). — Auf zum Teil ältere Arbeiten zurückgreifend, leitet Verf. eine Formel für die Wahrscheinlichkeit dafür ab, daß ein vorgegebener Doppelstern bei gleich wahrscheinlichen Bahnlagen dem Beobachter als Bedeckungsveränderlicher erscheint. Ferner ermittelt Verf. die Entdeckungswahrscheinlichkeit eines periodischen Veränderlichen aus Plattenvergleichen und eines Bedeckungsveränderlichen aus den Lichtkurven und empirischen Daten. An Hand von Ernostar-Aufnahmen in Bjurakan werden die Untersuchungen numerisch ausgewertet, die Ergebnisse mit anderen verglichen und Unterschiede diskutiert. Loh.

11133. **J. Sahade,** Spectrographic observations of the eclipsing variable X Carinae. ApJ **115** 134—138, mit 1 Fig. — Obs. Cordoba Tirada Aparte Nr. **49**. — Nach einer Übersicht über anderweitige photometrische Untersuchungen an dem Bedeckungsveränderlichen X Carinae werden Radialgeschwindigkeitsmessungen beider Komponenten des Systems sowie angenäherte Bahnelemente mitgeteilt. Beide Komponenten unterscheiden sich nicht. Ihre Massen sind anscheinend kleiner als dem Spektraltyp normalerweise entspricht (0.8 ⊙, A 0). Micz.

11134. **J. Sahade,** The spectrum of the eclipsing variable R Arae. ApJ **116** 27—34, mit 4 Fig. = Obs. Cordoba Tirada Aparte Nr. **55**. — R Arae ist ein Bedeckungsveränderlicher mit $4^d.43$ Umlaufszeit. Das Spektrum der Hauptkomponente ist B 9, der Begleiter ist nicht sichtbar. Während eines Umlaufs verändern die Absorptionslinien ihre Profile und Intensitäten. Unterschiede von Umlauf zu Umlauf scheinen ebenfalls aufzutreten. Verf. beschreibt die spektralen Änderungen und teilt zahlreiche Radialgeschwindigkeitsmessungen mit. Die Radialgeschwindigkeitskurve kommt nicht allein durch die Bahnbedeckung zustande. Diffuse Gasmassen und -ströme müssen in dem System vorhanden sein. Es wird versucht, ihre Bewegungsverhältnisse zu ermitteln. Das System R Arae ähnelt in vieler Hinsicht β Lyrae. Micz.

11135. **J. Sahade,** The spectrum of S Velorum. ApJ **116** 35—45, mit 7 Fig. = Obs. Cordoba Tirada Aparte Nr. **56**. — Das System S Velorum besteht aus einem A 5-Hauptreihenstern und einem K 5-Unterriesen. Verf. unternimmt eine eingehende Untersuchung des Spektrums und der Radialgeschwindigkeit. Mindestens eine der beiden Komponenten gehorcht nicht der Masse-Leuchtkraft-Beziehung. Die Rotationsgeschwindigkeit der Hauptkomponenten ist größer als die Umlaufsgeschwindigkeit in der Bahn. In dem System müssen Gasströme vorhanden sein, die sich zwischen den Sternen bewegen, zum Teil aber auch beide einschließen. Sie bewirken die Änderung der Linienprofile und -intensitäten sowie die Deformierung der Radialgeschwindigkeitskurve. Micz.

11136. **H. Schneller, H. Daene,** Lichtelektrische Beobachtungen und Systemkonstanten des Bedeckungsveränderlichen DO Cassiopeiae. AN **281** 25—28, mit 4 Abb. = Mitt. Astrophys. Obs. Potsdam Nr. **34**. — Es werden die Systemkonstanten des Bedeckungsveränderlichen DO Cas mit Hilfe einer aus lichtelektrischen Beobachtungen erhaltenen Lichtkurve abgeleitet. Bei der Reduktion ergab sich die Tatsache, daß das Nebenminimum nicht durch eine Bedeckung, sondern nur durch die Rotation der ellipsoidisch geformten Komponenten zustande kommt. Verf.

11137. **A. W. Sofronizkij,** Die physikalische Natur der Unterriesenbegleiter in engen Bedeckungsveränderlichen. Leningrad, 1952 (russisch). — Dissertationsreferat.

11138. **S. Taffara,** Osservazioni fotometriche di Z Draconis. Mem SA It (NS) **23** 197—204, mit 2 Fig. = Contr. Oss. Astrofis. Asiago Nr. **26**. — Enthält 524 photographische Helligkeiten und die mittlere Lichtkurve. Es folgen einige Betrachtungen über die Periodenänderung. F. Z.

11139. **Tcheng Mao-Lin, M. Bloch,** Le spectre de RY Scuti. Ann d'Astrophys **15** 12—20, mit 1 Fig. = Publ. Obs. Haute-Provence **2** Nr. 36. — Der sehr rote Stern RY Scuti besitzt ein Emissionslinien-Spektrum hohen Anregungsgrades [Fe III]. Verf. beobachteten sein Aussehen im Januar 1948. Unter anderem wurden die interstellaren Banden bei λ 4430,, λ 5780, λ 5797, λ 6202 und λ 6284 unbekannten Ursprungs und die interstellare D-Linie aufgefunden. Intensitäten einer Reihe von Absorptions- und Emissions-Linien werden mitgeteilt. Aus einem spektralphotometrischen Vergleich mit δ Cygni leiten die Verf. die Farbtemperatur und den Farbenexzess des Sterns ab. In einer Fußnote wird darauf hingewiesen, daß der Stern nach D. M. Popper ein spektroskopischer Doppelstern vom Typ β Lyrae ist. Micz.

11140. **F. B. Wood,** Photometric observations of 31 Cygni. AJ **57** 30—31. — Ref. AAS.

11141. **K. O. Wright,** A spectrographic study of the eclipsing binary 32 Cygni. Publ. Dominion Astrophys. Obs. Victoria **9** 189—218, mit 7 Fig. und 1 Tafel. — Verf. leitet zunächst die Bahnelemente des Systems ab. Es werden sodann die Äquivalentbreiten der chromosphärischen Calciumlinie bestimmt. Der Vergleich der Ergebnisse von verschiedenen Bedeckungen zeigt, daß die Ausdehnung der K-Atmosphäre vermutlich veränderlich ist. Eine photometrische Untersuchung des zusammengesetzten Spektrums von 32 Cyg wird durchgeführt und die Ergebnisse mit den Messungen in Spektren anderer Sterne verglichen. Daraus ergibt sich der Spektraltyp der frühen Komponente des Systems als B 8, ihre Leuchtkraft zu 0.0 ± 0.5. Eine vorläufige Bestimmung der Wellenlängenabhängigkeit von α, dem Verhältnis der Kontinuumsintensität des B-Sterns zu der des K-Sterns, wird durchgeführt. Groth

11142. **L. N. Zechiel, G. Keller,** A survey of eclipsing binary systems showing apsidal motion. AJ **57** 32. — Ref. AAS. — Ref. in Sky and Telescope **11** 91, mit 2 Fig. unter dem Titel: Mass distribution on stars.

11143. Une étoile double massive comparée au Soleil. BSAF **66** 435. — V 382 Cygni.

11144. Una nuova binaria ad ecclisse di periodo molto lungo. Coelum **20** 20—21. — CPD $-60°$ 3278.

11145. The giant double star Zeta Aurigae. Irish AJ **2** 87—88.

11146. Algolminimer i 1953. NAT **1952** 148—149.

11147. Longest stellar eclipse. Sky and Telescope **11** 112—113, mit 1 Fig. — CPD $-60°$ 3278 (vgl. AJB **51** Ref. 11123).

11148. The eclipse of 31 Cygni. Sky and Telescope **11** 114—115, mit 3 Fig.

Cepheiden

11149. **A. Abt,** An analysis of W Virginis. AJ **57** 158. — Ref. AAS. — Ref. in Sterne **29** 202—203.

11150. **J. Balázs, L. Detre,** Untersuchungen über die Perioden- und Lichtkurvenänderungen von kurzperiodischen δ Cephei-Sternen. VII. Die Perioden von RW Draconis. Mitt. Sternw. ungar. Akad. Wiss. Budapest Nr. **27**, 61 S. mit 14 Abb. — Zur Untersuchung des Blažko-Effektes von RW Dra wurden in den Jahren 1936—1952 am 16 cm-Astrographen der Budapester Sternwarte 7210 Aufnahmen erhalten. Der Verlauf des 41tägigen Blažko-Effektes wurde für jedes Beobachtungsjahr getrennt bestimmt. Dabei ergab sich eine starke Veränderlichkeit der Amplitude des Blažko-Effektes. Auch die Periode des Blažko-Effektes ändert sich synchron mit der Amplitude. Diese Änderungen sind ebenfalls periodisch. Nach Berücksichtigung der Beobachtungen von Blažko aus den Jahren 1906—1922 konnten für diese Änderungen die Perioden 7.4 und 41 Jahre abgeleitet werden. Auch das Vorhandensein eines noch längeren Zyklus ist angedeutet. Wenn die Amplitude des Blažko-Effektes groß ist, tritt neben der 41tägigen Periode, ähnlich RR Lyr und RW Cnc, eine ungefähr dreimal längere Periode auf. Auch die Hauptperiode von $0^d.44$ ist starken Änderungen unterworfen. Verf.

11151. **R. Canavaggia, J.-C. Pecker,** Variation de la température effective et du rayon d'une Céphéide. CR **234** 1739—1741, mit 3 Fig. = Contr. Inst. d'Astrophys. Paris (A) Nr. **109**. — Es wird eine Methode zur Bestimmung der Variation des Radius und der effektiven Temperatur eines δ Cephei-Sterns dargelegt. Aus einer ersten Anwendung auf δ Cephei selbst ergibt sich, daß Radius und Temperatur mit der Helligkeit in Phase sind, ein Ergebnis, das sich von dem aus der Analyse der Radialgeschwindigkeiten resultierenden unterscheidet. Verf. (übersetzt)

11152. **P. Dumézil-Curien,** Relation entre période, type spectral moyen et déphasage chez les Céphéides. CR **235** 1011—1013, mit 1 Fig. = Contr. Inst. d'Astrophys. Paris (A) Nr. **133**. — Ref. in Phys. Abstracts (A) **56** 183. — Verf. zeigt, daß die empirische Beziehung zwischen Periode und mittlerem Spektraltyp ihren Ursprung in einer allgemeineren theoretischen Beziehung haben könnte, wenn man einen ergänzenden Parameter (Phasendifferenz zwischen den Leuchtkraft- und Radiusvariationen) einführt, dessen Nichtbeachtung für die beobachtete Dispersion teilweise verantwortlich sein würde. Verf. (übersetzt)

11153. **O. J. Eggen,** A new variable star with the shortest known period. Publ ASP **64** 31. — Ref. in JBAA **62** 183—184, Orion Schaffhausen **4** 35, Sky and Telescope **11** 112, mit 1 Fig., Sterne **28** 245, Sternenwelt **4** 109. — Der Stern HD 223065 ist ein RR Lyrae-Stern mit einer Periode von nur 80^m. Die Amplitude schwankt zwischen 0$^m_.$8 und 0$^m_.$3, die Farbe im Minimum entspricht A 8 oder F 0. Bei absoluter Helligkeit von 0$^m_.$0 würde sich die Tangentialgeschwindigkeit größer als die Entweichgeschwindigkeit aus der Milchstraße ergeben, nach zwei gemessenen Parallaxwerten ist aber $m_{abs} = +4^m$. O. G.

11154. **O. J. Eggen,** The short period variable HD 223065. Publ ASP **64** 305—307, mit 4 Fig. — Ref. in Orion Schaffhausen **4** 35. — Lichtelektrische Beobachtungen aus zwei Nächten werden in Abbildungen wiedergegeben. Die Maxima werden mit der Periode 0$^d_.$056033 gut dargestellt, obwohl die veränderliche Amplitude das Bestehen einer zweiten Periode vermuten läßt. O. G.

11155. **M. Hack,** Ricerche spettrofotometriche su δ Scuti. Mem SA It (NS) **23** 119—128, mit 3 Fig. — Aus Beobachtungen des kurzperiodischen Cepheiden δ Sct werden für acht Wellenlängen monochromatische Lichtkurven abgeleitet, die eine Veränderung des Kontinuums aufzeigen. Die Bestimmung der Äquivalentbreiten für die starken Linien ergaben Intensitätsänderungen während der Periode. F. Z.

11156. **G. H. Herbig, J. H. Moore,** The Cepheid variable S Sagittae. I. The radial-velocity variation. ApJ **116** 348—368, mit 5 Fig. = Contr. Lick Obs. (2) Nr. **41.** — Die Diskussion von 316 Radialgeschwindigkeitsmessungen des δ Cephei-Sterns S Sagittae läßt erkennen, daß neben der Geschwindigkeitsvariation mit der Periode des Lichtwechsels eine langperiodische Veränderlichkeit der Radialgeschwindigkeit mit 1$^a_.$8 Zykluslänge vorhanden ist. Als Ursache wird Doppelsternnatur des Sterns angenommen. Aus der langperiodischen Änderung werden Bahnelemente abgeleitet. Ein Versuch, auf Coudé-Spektren im UV spektralphotometrisch die Existenz des Begleiters nachzuweisen, hatte keinen Erfolg. Unter einigen Voraussetzungen kann abgeschätzt werden, daß die unsichtbare Komponente wahrscheinlich ein G-Riese mit $M_{pg} > +0^m_.2$ ist. S Sagittae weicht von den bei δ Cephei-Sternen bestehenden Beziehungen etwas ab; diese Abweichungen müssen jedoch der δ Cephei-Komponente selbst und nicht der Mitwirkung eines etwaigen Begleiters zugeschrieben werden. Micz.

11157. **G. H. Herbig,** The Cepheid variable S Sagittae. II. The emission lines. ApJ **116** 369—381, mit 6 Fig. = Contr. Lick Obs. (2) Nr. **42.** — Im Spektrum des δ Cephei-Sterns S Sagittae (P = 8$^d_.$38) erscheinen Emissionskomponenten der Linien H und K während des Anstiegs zum Lichtmaximum. Sie bleiben 1$^d_.$0—1$^d_.$6 sichtbar und sind relativ zu den Fe I-Absorptionslinien um 68 km/sec nach Violett verschoben. Die Profile sind nach Messungen auf Coudé-Spektren unsymmetrisch, scharf auf der langwelligen, jedoch diffus auf der kurzwelligen Seite. Sie gehören offensichtlich der δ Cephei-Komponente des Systems an. Es wird vermutet, daß die sichtbaren Emissionskomponenten tatsächlich nur die kurzwelligen Flügel sehr viel breiterer Emissionen sind, die tief in der Atmosphäre entstehen und von der überlagerten Ca II-Absorption ausgelöscht werden. Die emittierenden Schichten scheinen eine aufsteigende Bewegung auszuführen. Micz.

11158. **G. H. Herbig,** Emission lines of Ca II in classical Cepheid variables. Publ ASP **64** 302—304. — Für einige Cepheiden hatten verschiedene Beobachter während des unteren Teils des Helligkeitsanstiegs violettverschobene H- und K-Emissionslinien gefunden. Verf. hat weitere δ Cephei-Sterne mit Perioden von 5^d bis 14^d untersucht und gibt eine Liste von Sternen, bei denen entsprechende Emissionen sicher beobachtet wurden. O. G.

* * **Z. Hitotuyanagi,** On the continuous radiation of δ Cephei. Vgl. Ref. 5111.

* * **Z. Hitotuyanagi, H. Inaba,** Curves of growth for δ Cephei. Vgl. Ref. 5112.

11159. **D. Hoffleit,** Early spectra on Eggen's shortperiod variable. Harv Bull **921** 6. — HD 223065.

11160. **A. van Hoof, R. Deurinck,** Asymmetry in the line profiles of Eta Aquilae. ApJ **115** 166—182, mit 9 Fig. — Nach Entwicklung der Theorie der Linienprofile in pulsierenden Sternen wird die Verträglichkeit von Theorie und Beobachtung am Beispiel der von Adams bei η Aql beobachteten Asymmetrien in den Profilen schwacher Absorptionslinien geprüft und weitgehende Übereinstimmung festgestellt. Bei hinreichend großer Geschwindigkeit läßt sich aus den Profilen der Randverdunklungskoeffizient bestimmen, bei η Aql zu 0.6. Kdr.

11161. **B. Iriarte,** A photoelectric light-curve of DY Peg. ApJ **116** 382, mit 1 Fig. und 2 Tabellen = Contr. McDonald Obs. Nr. **209.** — Mitteilung einer photoelektrischen Lichtkurve des mit 105 Minuten Periode veränderlichen Sterns DY Pegasi. Der Lichtwechsel scheint sich nicht streng in der gleichen Form zu wiederholen. Micz.

* * **W. Kühn,** Adiabatische und polytrope Pulsationen der δ Cephei-Sterne. Vgl. Ref. 5209.

11162. **R. D. Levee,** Variations on the spectrum of σ Scorpii. AJ **57** 16. — Ref. AAS.

11163. **R. D. Levee,** Variations in the spectrum of Sigma Scorpii. ApJ **115** 402—417, mit 7 Fig. = Berkeley Repr. Nr. **22.** — Verf. untersucht das Verhalten der Radialgeschwindigkeit von σ Scorpii 1950/51. Sie ist mit $P = 0^{d}.246835$ veränderlich. Mit der gleichen Periode ändern sich auch die Linienkonturen. Während der Phase der Geschwindigkeitsextrema sind die Linien häufig doppelt. Die mittlere Geschwindigkeit des Sterns variiert mit etwa 33^{d} Periode. Die Amplituden der Veränderung der Linienbreite und der Radialgeschwindigkeit schwanken gemeinsam; ob eine Periodizität vorhanden ist, konnte nicht ermittelt werden. Abschließend wird die Hypothese von Struve über den Mechanismus des β Cephei-Phänomens diskutiert. Micz.

11164. **J. Mergentaler,** On the correlation between the mean period of classical Cepheids and the mean star space-density in the milky way. Travaux Soc. Sci. Lettres Wrocław (B) Nr. **44,** 25 S. mit 4 Fig. = Contr. Wrocław Astr. Obs. Nr. **7.** — Ref. in Sternenwelt **5** 24. — Auf Grund neueren Materials wird die obige, schon früher konstatierte Korrelation genauer diskutiert. Das Bestehen einer Beziehung zwischen der mittleren Periode der Cepheiden und dem Abstand vom galaktischen Zentrum sowie der Raumdichte der Sterne wird bestätigt. Ähnliche Beziehungen dürften auch in anderen Galaxien gelten, wie am Beispiel der Kleinen Magellan-Wolke gezeigt wird. Doch scheinen hier noch andere Parameter von Einfluß zu sein, wobei Verf. an die Gesamtzahl der Sterne des Systems oder an dessen Alter oder Struktur denkt. Kdr.

11165. **H. Mineur,** Sur lez zéros des relations période-luminosité des Céphéides et des RR Lyrae. CR **235** 1607—1608 = Contr. Inst. d'Astrophys. Paris (A) Nr. **135.** — Ref. in Phys. Abstracts (A) **56** 286. — Verf. erinnert daran, daß er bereits früher (CR **220** 445, Ann d'Astrophys **7** 160, vgl. AJB **45** Ref. **9043**) auf die Notwendigkeit der Verbesserung des Nullpunktes der Periode-Helligkeitsbeziehung der Cepheiden und der absoluten Helligkeit der RR Lyrae-Sterne hingewiesen hatte. Die damaligen Ergebnisse ($-1^{m}.54$ bzw. $-0^{m}.32$) stehen mit den Baadeschen Ergebnissen über den Andromedanebel in Einklang. Loh.

* * **J. M. Newkirk,** Galactic orbits of fifty cluster type variables. Vgl. Ref. **12363.**

11166. **E. D. Perepelkina,** Untersuchung der Raumbewegungen der RR Lyrae-Sterne. Moskau, Lomonossow-Staatsuniversität und Staatliches Astronomisches Sternberg-Institut, 1952. 10 S. (russisch). — Dissertationsreferat.

11167. **S. Rosseland,** The Pulsation Theory of Variable Stars. Vgl. AJB **49** Ref. **11169.** — Von W. P. Zessewitsch ins Russische übersetzt. Moskau, Verlag für ausländische Literatur, 1952. 168 S. mit Abb. Preis 9 R.

11168. **R. F. Sanford,** The spectrum and radial velocities of W Virginis. ApJ **116** 331—336, mit 3 Fig. — Der δ Cephei-Stern W Virginis unterscheidet sich von der Mehrzahl ähnlicher Objekte durch seine hohe galaktische Breite, große Raumgeschwindigkeit, ungewöhnliche Form der Lichtkurve, große Geschwindigkeitsamplitude und zeitweiliges Auftreten komplizierter Profile der Linien des Wasserstoffs. In der Umgebung des Lichtmaximums tritt Verdoppelung der Absorptionslinien auf. Verf. berichtet ausführlich über Radialgeschwindigkeitsmessungen an Absorptions- und Emissionslinien. Das Verhalten der Absorptionslinien wird in Zusammenhang mit dem Auftreten von Stoßwellen in der Sternatmosphäre gebracht, die vielleicht auch Anlaß für die Emissionslinien geben. Micz.

11169. **R. F. Sanford,** The widening or doubling of lines in the spectra of variable stars. Publ ASP **64** 135—136. — Verf. hat bei W Virginis um die Zeit des Helligkeitsmaximums gewisse Absorptionslinien, vor allem von Sr II und Ti II, doppelt gefunden. Wahrscheinlich setzt ein neuer R.G.-Zyklus kurz vor Ende des alten ein. Spektren von T Mon und SV Vul mit einer Dispersion von 10 Å/mm zeigen in der Nähe des Helligkeitsmaximums verbreiterte und verschobene Linien von Sr II und Ti II. O. G.

11170. **M. P. Savedoff,** Observation of asymmetric absorption lines in RR Lyrae. AJ **57** 25—26. — Ref. AAS. — Ref. in Sky and Telescope **11** 116.

11171. **H. Shapley,** Two period-frequency anomalies for classical Cepheids. Sky and Telescope **11** 275—276, mit 2 Fig.

11172. **J. Stebbins, G. E. Kron, J. L. Smith,** Six-color photometry of stars. VII. Light-curves of Eta Aquilae. ApJ **115** 292—300, mit 1 Fig. = Contr. Lick Obs. (2) Nr. **39.** — Ref. in Sky and Telescope **11** 299, mit 1 Fig. — Von η Aquilae wurden photoelektrisch Lichtkurven in sechs Farbbereichen mit effektiven Wellenlängen zwischen 3530 Å und 10300 Å erhalten. Die Amplitude des Lichtwechsels nimmt mit der Wellenlänge von $1^{m}45$ auf $0^{m}37$ ab. Die Lichtkurve läßt sekundäre Wellen, vor allem die bereits bekannte auf dem absteigenden Ast, erkennen. Das Lichtmaximum und -minimum tritt mit zunehmender effektiver Wellenlänge der Lichtkurve progressiv später ein; die Phasenverschiebung der Infrarot-Kurve beträgt etwa $0^{d}36$ gegen die ultraviolette. Die Farbe des Veränderlichen entspricht im Maximum einem cF7-, im Minimum einem cG3-Stern. Der mittlere Radius, bestimmt aus der Licht-, Farb- und Radialgeschwindigkeitskurve, ergibt sich etwas größer als bisher angenommen wurde. Die Periode des Lichtwechsels ist seit den ersten Beobachtungen 1787 im Zunehmen begriffen. Micz.

11173. **M. N. Viaro,** Ricerche fotometriche sulla variabile FM Aquilae. Mem SA It (NS) **23** 331—338, mit 2 Fig. — Verf. bestimmt die Lichtkurven dieses Cepheiden im Roten und Blauen aus photographischen Beobachtungen in Arcetri zwischen 1938 und 1942. Loh.

11174. **M. F. Walker,** A new short-period variable star, HD 199908. Publ ASP **64** 192—195, mit 1 Fig. = Berkeley Repr. Nr. **21.** — Ref. in Sternenwelt **4** 227—228. — Lichtelektrische Beobachtungen von HD 199908 aus vier Nächten werden in Abbildungen gegeben. Die Periode ist etwa $0^{d}08$. Veränderliche Radialgeschwindigkeit ist angedeutet, aber noch genauer zu messen. Nach vorläufiger Spektralklassifikation (F 2 II) ist die absolute Helligkeit -2^m, so daß der Stern im H-R-Diagramm an der Grenze der δ Cephei-Sterne liegt. Der Vergleichstern HD 200857 wurde veränderlich gefunden. O. G.

11175. **T. Walraven,** On the light-variation of AI Velorum. BAN **11** 421—440, mit 6 Fig. — Der Lichtwechsel des RR Lyrae-Veränderlichen zeigt zwei verschiedene Perioden. Die Lichtkurve kann dargestellt werden als gewisse Verzerrung, der durch $m = a - b \cdot \sin 2\,\Phi_0 - c \cdot \sin 2\,\Phi_1$ gegebenen Kurve. Die Verzerrung kann aufgeteilt werden in eine Phasenverschiebung proportional zur Helligkeit und in eine Helligkeitsabweichung. Es wird angenommen, daß obige Formel die Pulsation beschreibt, und es wird untersucht, durch welchen Mechanismus die beobachtete Lichtkurve entsteht. Groth

11176. Cepheiden und interstellare Absorption. Sternenwelt **4** 148. — Ref. der in AJB **51** Ref. **11143** zitierten Arbeit von G. S. Badaljan.

Sonstige Veränderliche

11177. **L. H. Aller,** Nova-like variables with combination spectra. Publ ASP **64** 228—229. — Ref. ASP. — BF Cyg, Z And, CI Cyg.

* * **C. S. Beals, J. A. Rottenberg,** Celestial emission-line objects of early type. Vgl. Ref. **9504.**

11178. **D. Belorizky,** Sur le spectre d'émission de Gamma Cassiopeiae. JO **35** 13—16, mit 1 Tafel. — Verf. identifiziert etwa 40 Linien in zwei im Oktober 1937 aufgenommenen Spektren des Sterns zwischen 5016 Å und 3798 Å.

11179. **C. Bertaud,** Statistique des étoiles variables du type U Geminorum et du sous-groupe Z Camelopardalis. BSAF **66** 195—201, mit 4 Fig.

11180. **M. Beyer,** Der Lichtwechsel des langperiodischen β Lyrae-Sterns BM Cassiopeiae. AN **280** 267—272, mit 2 Abb. = Mitt. Sternw. Hamburg-Bergedorf Nr. **83.** — Die in den letzten fünf Jahren z. T. mit Gelb- und Blaufilter angestellten visuellen Beobachtungen des Bedeckungsveränderlichen BM Cas, der mit seiner für einen β Lyrae-Stern außergewöhnlich langen Periode von 197 Tagen neben W Cru eine Sonderstellung einnimmt, bestätigen die früher vermuteten Unregelmäßigkeiten des Lichtwechsels, wie sie auch bei anderen Bedeckungsveränderlichen vom Überriesentyp zu finden sind. Die mittlere Lichtkurve zeigt einen auffälligen Periastron-Effekt. Verf.

11181. **W. P. Bidelman,** The ultraviolet spectrum of U Cygni. Publ ASP **64** 133—134. — Ref. in Sterne **28** 243. — Ein UV-Spektrum des Kohlenstoff-Sterns U Cygni, etwa 60 Tage nach dem Minimum aufgenommen, zeigt in Emission die Balmerserie bis H 17, die Si I-Linie λ 3905 und die Fe I-Linie λ 3852. Die relativen Intensitäten der Wasserstoff-Linien sind praktisch die gleichen wie bei Langperiodischen vom Typ M bis auf die Linie H_η, die wohl durch CN-Absorption geschwächt erscheint. O. G.

11182. **H.-J. Binge,** Vergleich solarer Erscheinungen mit der Veränderlichkeit von Sternen in Gasnebeln. Z. Naturforschung **7a** 440—444, mit 7 Abb. — Die vorliegenden Untersuchungen über die RW Aurigae-Veränderlichen machen es wahrscheinlich, daß diese Sterne einen sonnenähnlichen Charakter haben. Dadurch liegt es nahe, die Besonderheiten dieser Sterne durch eine der Fleckenaktivität der Sonne analoge, aber viel stärkere Erscheinung zu erklären. Es wird in dieser Arbeit gezeigt, daß die Beobachtungen sich dadurch gut verstehen lassen. Im Anschluß daran wird versucht, die Aktivität der Sonne durch äußere Einflüsse, wie sie für die RW Aurigae-Sterne angenommen werden, auf mechanischem Wege zu erklären. Verf.

11183. **M. Bloch, Tcheng Mao-Lin,** Evolution du spectre de AG Pegasi. CR **234** 810—811 = Publ. Obs. Haute-Provence **2** Nr. 35. — Das Spektrum des Sterns hat in den Jahren 1948—1951 stark variiert. Spektralphotometrische Messungen gestatten die Farbtemperatur, die Elektronentemperatur und den Balmersprung zu bestimmen. Verf. (übersetzt)

11184. **E. M. Burbidge, G. R. Burbidge, S. K. Wang,** Rapid changes in line intensities in the spectrum of Gamma Cassiopeiae. ApJ **115** 66—70, mit 1 Fig. = Commun. Univ. London Obs. Nr. 8 = Publ. Obs. Haute-Provence **2** Nr. 31. — Die Verf. haben im Juli und August 1949 von dem B0e-Stern γ Cassiopeiae Messungen der Äquivalentbreite einiger Balmer-, He I- und O II-Linien ausgeführt. Die Intensität dieser Linien hat danach im untersuchten Zeitraum kleine Schwankungen ausgeführt. Messungen der Radialgeschwindigkeit lassen keinen Zusammenhang damit erkennen. Nach anderweitigen Beobachtungen der Helligkeit des Sterns war dieser im untersuchten Zeitraum nicht veränderlich. Micz.

11185. **E. M. Burbidge,** The spectrum of Chi Ophiuchi. ApJ **115** 418—422 = Contr. McDonald Obs. Nr. **210**. — Der Be-Stern χ Ophiuchi wurde gelegentlich als ein sogenannter «pole-on» Stern betrachtet. Eine genauere Untersuchung seines Spektrums legt aber nahe, daß die Rotationsachse um etwa 15°—20° gegen den Visionsradius geneigt ist. Verf. beschreibt das Spektrum des Sterns auf Grund von Coudé-Aufnahmen im photographischen und infraroten Bereich. Von einer Reihe von Linien werden Wellenlängenmessungen mitgeteilt. Micz.

11186. **W. Buscombe, P. W. Merrill,** Variation of intensities of atomic absorption lines in the spectrum of Mira Ceti. AJ **57** 8. — Ref. AAS.

11187. **W. Buscombe, P. W. Merrill,** Intensities of atomic absorption lines in the spectra of long-period variable stars. ApJ **116** 525—535, mit 2 Fig. — Auf Spektren hoher Dispersion der langperiodischen Veränderlichen o Ceti (M 6e), R Leonis (M 8e) und R Andromedae (Se) des Wellenlängenbereichs λ 3700—λ 4100, der fast frei von Absorptionsbanden ist, wurden Tiefen von etwa 200 und Äquivalentbreiten von etwa 40 Linien bei verschiedenen Phasen des Lichtwechsels gemessen. Die Intensität der Linien verschiedener Elemente sowie verschiedenen Anregungs- und Ionisationsgrades ändert sich in unterschiedlicher Weise mit der Phase des Lichtwechsels. Das Häufigkeitsverhältnis der schwereren Elemente Y, Zr und Nb zu Fe wird in dem S-Stern R Andromedae erheblich höher als in dem M8-Stern R Leonis gefunden. o Ceti nimmt in dieser Hinsicht eine Zwischenstellung ein. Micz.

11188. **B. Creeper,** Flare stars. J RAS Canada **46** 253.

11189. **M. Dartayet, J. L. Dessy,** Studies of variables in the Magellanic Clouds. I. Twenty new faint variables in a region in the Small Cloud. ApJ **115** 279—283, mit 5 Fig. = Obs. Cordoba Tirada Aparte Nr. **50**. — In der Großen und Kleinen Magellanschen Wolke wurden in drei bzw. vier Feldern 18′ × 18′ die Veränderlichen untersucht. Die Aufnahmen wurden mit dem 154 cm-Reflektor in Bosque Alegre erhalten und bedecken weit größere Felder. Im Hinblick auf die große Anzahl von allein 724 neu entdeckten Veränderlichen wurde die Diskussion auf die kleineren Areale beschränkt. Unter den neuen Veränderlichen finden sich kurz- und langperiodische Cepheiden, Bedeckungs- und langperiodische Veränderliche. Sie gehören den Wolken an. Die Mehrzahl der Cepheiden besitzt Perioden zwischen 1^d und 2^d. Micz.

11190. **A. J. Deutsch,** The spectrum variable χ Serpentis. Publ ASP **64** 315—317, mit 1 Fig. — Ref. in Sternenwelt **5** 67. — Die Periode, mit der sich die Intensität der Sr II-Linien ändert, ist neu bestimmt worden zu rund $1\overset{d}{.}6$; sie kann nach der Linienbreite zugleich die Rotationsperiode sein. Die R.G.-Änderungen nach Harper zeigen keine Beziehung zur $1\overset{d}{.}6$-Periode. Auch Linien von Cr II, Ca II und La II zeigen Intensitätsänderungen. O. G.

11191. **D. L. Edwards,** The shell spectrum of Omicron Andromedae. Obs **72** 242.

11192. **Y. Fujita,** The spectrum of U Cygni (minimum) in the visual and infrared regions. ApJ **116** 46—62, mit 2 Fig. — Der langperiodische Veränderliche U Cygni besitzt einen sehr späten Spektraltyp; im Lichtminimum entspricht er im System des Yerkes-Atlas C 9_2, dem Spektraltyp der Sterne niedrigster Oberflächentemperatur. Verf. hat von weit über 1000 Linien im visuellen und infraroten Bereich zwischen λ 5940 und λ 8830 Å Wellenlänge gemessen und sie zu identifizieren versucht. Ferner werden geschätzte Linienintensitäten mitgeteilt. Die Abhängigkeit der Intensitäten vom unteren Anregungspotential wird kurz erörtert und eine Beziehung zwischen geschätzten Intensitäten und Äquivalentbreiten mitgeteilt. Micz.

11193. **Y. Fujita,** Spectrophotometry of Chi Cygni. Publ. Astr. Soc. Japan **4** 81—90, mit 5 Fig. = Tokyo Astr. Obs. Repr. Nr. **100.** — Aus Messungen der Äquivalentbreiten von rund 215 atomaren und molekularen Linien im Spektrum des langperiodischen Veränderlichen χ Cyg wird unter Verwendung beobachteter gf-Werte eine Wachstumskurve abgeleitet, desgleichen eine mit Hilfe theoretischer gf-Werte. Beide Kurven stimmen für eine Temperatur von 2200° gut überein. Es ergibt sich eine beträchtliche Turbulenzgeschwindigkeit (6.3 km sec^{-1}) und eine kleine Dämpfungskonstante, was auf Überriesencharakter des Sterns hindeutet. Ferner wird versucht, relative Häufigkeiten einiger Atome und Moleküle zu bestimmen. Kdr.

11194. **W. G. Gorbazkij,** Über die Natur der U Geminorum-Sterne. AJ UdSSR **29** 682—688 (russisch). — Der eigentliche Stern ist von einer Hülle umgeben, deren Leuchten sich hauptsächlich im Minimum im Spektrum bemerkbar macht. Die Sternstrahlung wird als Plancksche, die Hüllenstrahlung nach Cillié (vgl. AJB **34** Ref. **3515**) angesetzt. Eine Radiusbestimmung des Sterns führt zu etwa 10^{10} cm. Loh.

* * **G. H. Herbig,** Emission-line stars in galactic nebulosities. Vgl. Ref. **9528.**

11195. **D. Hoffleit,** Wachmann's forgotten flare star. Harv Bull **921** 5—6. — Mitteilung älterer Beobachtungen (1899 bis 1938) der Helligkeit, Farbe und des Spektrums des Sterns $5^h 26^m 13^s.9$, +1° 50.5 (1855).

11196. **C. Hoffmeister,** Über Nebelveränderliche. Mitt. AG **1951** 20—21. — Ref. AG.

11197. **J. C. Howard jr.,** A study of the Ti O bands in the spectrum of β Pegasi. Publ ASP **64** 221. — Ref. ASP.

11198. **H. Huth,** Die Häufigkeitsverteilung der Perioden bei den Mira- und bei den «langperiodischen» Veränderlichen. Sterne **28** 205—207, mit 3 Abb. — Material: 2657 Mirasterne und 962 «langperiodische» Sterne.

11199. **J. J. Ikaunieks,** Die räumliche Verteilung der unregelmäßigen und halbregelmäßigen veränderlichen Sterne. VS Bull **8** 393—411, mit 13 Abb. (russisch). — Ref. in Astr. News Letter Nr. **71** S. 8. — Unter den roten Riesen (Kohlenstoff-, Titan- und Zirkonsterne) besitzen jeweils die nichtstationären kleinere β im Dichtegesetz $D = D_0 \times \exp - |z|/\beta$ und größere Dichtegradienten $\partial \lg D(R)/\partial R$. Gegenüber den stationären Sternen derselben Klassen dürften auch noch genetische Unterschiede bestehen: die nichtstationären sind im Mittel jünger, ja sie entstehen heute noch. Loh.

111100. **A. H. Joy,** Recent radial velocity measures of Mira. AJ **57** 16. — Ref. AAS.

111101. **A. H. Joy,** The semiregular variable stars of the RV Tauri and related classes. ApJ **115** 25–41, mit 3 Fig. — Ref. in Sterne **28** 241–242, Sternenwelt **4** 109. — Es wird über spektroskopische Beobachtungen an 38 halbregelmäßigen Veränderlichen (RV Tauri- und verwandte Arten) mit Spektraltypen F, G und K berichtet. Die Ergebnisse sind sehr komplex und von Stern zu Stern verschieden. Nach den Linienintensitäten zu schließen, sind viele absolut so hell wie langperiodische δ Cephei-Sterne oder heller. Die Radialgeschwindigkeiten sind veränderlich, jedoch können mittlere Radialgeschwindigkeitskurven nicht aufgestellt werden. Die Beziehung zur Lichtkurve ist ähnlich wie bei den δ Cephei-Sternen. Verf. beschreibt zahlreiche Einzelheiten in den Spektren in Abhängigkeit von der Lichtwechselphase. Trennt man die Sterne hoher und niedriger Geschwindigkeit, so ergeben sich charakteristische Unterschiede zwischen beiden Gruppen in Bezug auf Leuchtkraft, Spektraltyp, Intensität der Kohlenstoffbanden und Verteilung an der Sphäre. Micz.

* * **P. C. Keenan, L. W. Schroeder,** An infrared system of bands of VO in M-type stars. Vgl. Ref. **9533**.

111102. **G. E. Kron,** Star spots? Leaflet ASP Nr. 257, 7 S. mit 1 Fig., 1950.

111103. **W. Liller,** Another flare of the dM4e star, BD +20° 2465. Publ ASP **64** 129–132, mit 2 Fig. -- Ref. in Sterne **28** 243. — Febr. 25–26, 1952 wurde mit einem photoelektrischen Photometer (effektive Wellenlänge 5000 Å) ab 12^h32^m EST ein Aufleuchten des Flare-Sterns BD +20° 2465 beobachtet. Seine Intensität erreichte noch vor 12^h33^m mit $0^m.25$ über normal das Maximum und fiel bis 12^h34^m bereits wieder auf $0^m.08$ über normal ab. Nach etwa 15 Minuten war die Helligkeit wieder normal und blieb es für mindestens die nächsten $1^1/_2$ Stunden. Bru.

111104. **S. L. Lippincott,** Search for flares of dM stars on the Sproul astrometric program. ApJ **115** 582–584 = Repr. Sproul Obs. Nr. **79**. — Es wird ein Verzeichnis der Sterne mitgeteilt, bei denen bisher Lichtausbrüche nach Art der «flares» beobachtet wurden. Angeschlossen ist ein Bericht über die Helligkeit von **44** Zwergsternen späten Spektraltyps, die als potentielle Flare-Sterne angesehen werden können, und für die zahlreiche Aufnahmen (bis zu 3000) auf Helligkeitsänderungen durchgesehen wurden. Lichtausbrüche wurden bei keinem einzigen gefunden. Micz.

111105. **I. W. Matwejew,** Untersuchung der unregelmäßigen und halbregelmäßigen Veränderlichen. Teil II. Allgemeine Statistik der halbregelmäßigen Veränderlichen. VS Bull **9** 1–6, mit 5 Abb. (russisch). — Von 573 halbregelmäßigen Veränderlichen ermittelt Verf. die Verteilung nach scheinbarer Helligkeit, Amplitude (Maximum bei $1^m.3$), Periode (Maximum bei 100^d), galaktischer Breite und Länge sowie nach dem Spektraltyp. Die scheinbare galaktische Konzentration ist mäßig. Loh.

111106. **A. McKellar, G. J. Odgers,** Origin of emission lines in the spectra of long-period variable stars. Publ ASP **64** 222–224. — Ref. ASP.

111107. **D. H. McNamara,** The spectrum and velocity-curve of ν Eridani. Publ ASP **64** 76–77, mit 1 Fig. = Berkeley Repr. Nr. **16**.

111108. **P. W. Merrill,** The postminimum spectrum of R Hydrae. ApJ **116** 18–20, mit 3 Fig. — Das Spektrum des langperiodischen Veränderlichen R Hydrae während des Anstiegs zum Helligkeitsmaximum wird beschrieben. In Minimumsnähe sind die vom Grundzustand aus absorbierten Linien von Elementen niedrigen Ionisationspotentials (Ca I, Al I, K I) sehr schwach. 50^d nach dem Lichtminimum erscheinen helle Wasserstofflinien geringer Intensität, die stärker verschoben sind als im Lichtmaximum. Die emittierten Atome scheinen eine nach außen gerichtete Beschleunigung auf ihrem Weg durch die

Sternatmosphäre zu erfahren, bis sie vor dem nächsten Minimum verschwinden. Die dunklen Linien ergeben dagegen im untersuchten Phasenbereich die gleiche Geschwindigkeit wie im Lichtmaximum. Micz.

111109. **P. W. Merrill,** Spectroscopic observations of stars of class S. ApJ **116** 21—26. — Verf. berichtet über Spektralaufnahmen großer Dispersion von acht, meist langperiodisch veränderlichen Sternen des Spektraltyps S. Die Intensitäten einer Reihe von Banden und Atomlinien einzelner Sterne werden miteinander verglichen. Einige Atomlinien werden Tc I zugeschrieben, obwohl kein stabiles Isotop von Technetium bekannt ist. Ein Verzeichnis von im Grünen gelegenen identifizierten Linien sowie Radialgeschwindigkeiten werden mitgeteilt. Micz.

111110. **P. W. Merrill,** The preminimum spectrum of R Leonis. ApJ **116** 337—343, mit 3 Fig. — Von dem langperiodischen Me-Veränderlichen R Leonis wurden Coudé-Spektren hoher Dispersion erhalten, die den absteigenden Ast und das Minimum des Lichtwechsels bedecken. Verf. beschreibt die spektralen Änderungen verschiedener Linien in Abhängigkeit von der Phase des Lichtwechsels und teilt Mikrophotometerregistrierungen einiger Teile des Spektrums mit. Ferner wird über Radialgeschwindigkeitsmessungen an Absorptions- und Emissionslinien berichtet. Die H- und Fe II-Linien zeigen nach außen gerichtete Bewegungen atmosphärischer Materie an, während für die neutralen Metalle das Umgekehrte gilt. Micz.

111111. **P. W. Merrill,** Measurements in the spectra of four long-period variable stars of class Me. ApJ **116** 344—347. — Verf. berichtet über Messungen der Radialgeschwindigkeit auf Spektren hoher Dispersion (9 Å/mm) der vier langperiodischen Veränderlichen vom Spektraltyp Me T Cas, R LMi, W Hya und T Cep. Die Messungen betreffen sowohl Emmissions- als auch Absorptionslinien. Das verwickelte Verhalten der Verschiebungen dieser Linien ähnelt dem bereits früher bei *o* Ceti und R Leonis gefundenen. Micz.

111112. **P. W. Merrill,** Spectrograms of ten high-velocity Me variable stars. ApJ **116** 523—524. — Ref. in Sterne **29** 202. — Die langperiodischen Me-Veränderlichen (X Mon, S Gem, S Lib, RW Lib, X CrB, RZ Sco, W Lyr, RT Cyg, Z Cyg, SV And) hoher Raumgeschwindigkeit bevorzugen gegenüber den langsam bewegten die kürzeren Perioden und die früheren Spektraltypen. Auf Grund von Spektralaufnahmen hoher Dispersion kommt der Verf. zu dem Schluß, daß sie sich im allgemeinen dem Aussehen ihrer Spektren nach nicht von den gewöhnlichen M-Riesen unterscheiden. Ihre Emissionslinien verhalten sich ähnlich wie die der übrigen Me-Veränderlichen gleichen Spektraltyps und gleicher Periode. Micz.

111113. **P. W. Merrill,** Emission lines in the spectra of long-period variable stars. J RAS Canada **46** 181—190, mit 6 Fig. = Contr. Dominion Astrophys. Obs. Victoria Nr. **27.** — Es wird zunächst eine Übersicht über die Geschichte der Untersuchung der Emissionslinien im Spektrum der langperiodischen Veränderlichen gegeben. Verf. beschreibt dann die wichtigsten Ergebnisse dieser Untersuchungen, insbesondere über das Verhalten der Balmer-Linien, und schließt mit einer kurzen Darstellung einer von ihm aufgestellten Hypothese über die Ursache der Emissionslinien und ihrer Veränderungen. Micz.

111114. **G. R. Miczaika,** The light-variability of 16 Lacertae. ApJ **116** 99—105, mit 4 Fig. = Mitt. Landessternw. Heidelberg Nr. **89.** — Gleichzeitig mit den Radialgeschwindigkeitsmessungen von Struve und Mitarbeitern (vgl. Ref. **111121**) wurden von dem β Canis Majoris-Stern 16 Lacertae in 29 Nächten 1821 photoelektrische Messungen seiner Helligkeit in Heidelberg erhalten. Die Helligkeit des Sterns wird durch die beiden vierstündigen Perioden P_1 und P_2 sowie die Schwebungsperiode P_3 bestimmt. Die Amplituden der beiden kurzen

Schwingungen betragen $0^m.07$ bzw. $0^m.04$. Der resultierende Lichtwechsel schwankt zwischen $0^m.03$ und $0^m.11$. Mit der Schwebungsperiode oszillieren die Zeiten der Helligkeitsextrema. Die zwölftägige Periode erscheint nicht in den Helligkeitsmessungen. Sie wird als Periode der Bahnbewegung eines Doppelsterns, dessen eine Komponente das β Canis Majoris-Objekt ist, gedeutet. Micz.

111115. **P. P. Parenago,** Die veränderlichen Sterne im Gebiet des Orionnebels. VS Bull **9** 89—93 (russisch). — Katalog der Sterne mit Angaben über Ort und Amplitude (pg, pv).

111116. **M. Petit,** Catalogue d'étoiles variables de la classe U Geminorum. DOB **5** Nr. 9 Fasc. 1, 12 S.

111117. **J. G. Phillips,** A study of the structure of the λ 7054 band of TiO in the spectrum of Beta Pegasi. ApJ **115** 183—198, mit 9 Fig. = Berkeley Repr. Nr. **17**. — Es wird gezeigt, daß ein theoretisch berechnetes Profil der (0,0)-Bande des γ-Systems des TiO ($A^3\Delta$ — $X^3\Pi$) bei λ 7054 mit dem im Spektrum des M-Sterns β Pegasi beobachteten übereinstimmt, wenn man für die Temperatur 3000° K, die Dopplerbreite 0.1 Å, die Dämpfungskonstante 0.1 Å und die Grenztiefe der Linien bei einer optischen Tiefe $\gg 1$ zu 0.73 annimmt. Das theoretische Profil ist jedoch nicht sehr empfindlich gegen Änderungen dieser und eines weiteren Parameters, der unter anderem die Anzahl der Moleküle im Schwingungsniveau $v' = 0$ enthält. Micz.

111118. **M. Protitch,** Sur la variation de l'éclat de l'étoile BD +52° 1528. Bull. Obs. Astr. Belgrade 8—**13** 13.

111119. **G. Romano,** Osservazioni fotografiche della variabile semiregolare TX Draconis. Oss. Astr. Trieste Nr. **249**, 7 S. mit 1 Fig. — Aus Aufnahmen von TX Dra mit Blau- und Gelbfilter werden Lichtkurven und Farbenindizes abgeleitet. F. Z.

111120. **R. Sommer,** Flackersterne. Sternenwelt **4** 11—12.

111121. **O. Struve, D. H. McNamara, R. P. Kraft, S. M. Kung, A. D. Williams,** The radial velocity of 16 Lacertae. ApJ **116** 81—98, mit 8 Fig. = Berkeley Repr. Nr. **26**. — Mit Reflektoren der Lick- und Mt. Wilson-Sternwarte wurden während 26 Nächten im Herbst 1951 442 Spektren des B-Sterns 16 Lacertae erhalten, der sich kurz zuvor durch photometrische Beobachtungen als Veränderlicher der Art β Cephei oder β Canis Majoris erwiesen hatte. Es ergab sich eine Veränderlichkeit der Radialgeschwindigkeit, die durch vier Perioden bestimmt wird. Zwei etwa vierstündige Perioden ($P_1 = 0^d.17085$, $P_2 = 0^d.16916$), Amplituden $K_1 = 4.5$ km/sec und $K_2 = 14.8$ km/sec, überlagern sich zu einer Schwebungsperiode $P_3 = 17^d.15$. Außerdem ist noch eine Variation der mittleren Radialgeschwindigkeit mit $12^d.097$ Periode und 23.4 km/sec Amplitude vorhanden. Die Profile der Absorptionslinien sind ebenfalls — wahrscheinlich mit P_2 — etwas veränderlich. Die Zeiten der Extrema oszillieren mit der Schwebungsperiode. Micz.

111122. **O. Struve, D. H. McNamara, S. M. Kung, R. P. Kraft, A. D. Williams,** The radial velocity of ν Eridani. ApJ **116** 398—409, mit 5 Fig. = Berkeley Repr. Nr. **30**. — Radialgeschwindigkeitsmessungen des β Canis Majoris-Sterns ν Eridani können durch die Überlagerung von drei Komponenten gedeutet werden: Zwei harmonische Oszillationen mit $P_1 = 0^d.1779$ und 11 km/sec Amplitude sowie $P_2 = 0^d.1735$ und 24.5 km/sec Amplitude, ferner eine Veränderlichkeit der ersten Amplitude zwischen 8 und 15 km/sec. Die Absorptionslinien zeigen veränderliche Profile und sind meist auf der unteren Hälfte des ansteigenden Astes der Radialgeschwindigkeitskurve scharf. Micz.

* * **O. Struve,** The problem of the β Canis Majoris and β Cephei stars. Vgl. Ref. **9564**.

111123. **Z. Švestka,** Eruptionen auf roten Zwergen. Časopis 2 5—8 mit 5 Abb. (tschechisch).

111124. **Tcheng Mao-Lin, M. Bloch,** Le spectre de AG Pegasi. Ann d'Astrophys **15** 104—112, mit 3 Fig. = Publ. Obs. Haute-Provence **2** Nr. 38. — Das Spektrum von AG Pegasi zeigt gleichzeitig Emissionslinien hohen Anregungsgrades (z. B. N IV) und starke Banden, wie sie in M-Sternen gefunden werden. Verf. beschreiben sein Aussehen im Jahre 1951 und teilen photometrische Messungen der Emissionslinien mit. Ein Vergleich mit Aufnahmen der Jahre 1946—1948 läßt ein Ansteigen des Ionisationsgrades erkennen. Die Farbtemperatur ist von 6300° K auf 7700° K gestiegen. Die Elektronentemperatur betrug 1951 etwa 7000° K. Micz.

* * **M. I. Uranowa,** Über die Eigenbewegungen von Sternen in der Umgebung von SY Cygni. Vgl. Ref. **9210**.

111125. **E. Vandekerkhove,** Gradients et raies de γ Cassiopeiae (1949—1950). BAB **4** 128—130, mit 2 Fig.

111126. **E. Vandekerkhove,** Quelques aspects récents du spectre de γ Cassiopeiae. Bull. Cl. Sci. Acad. Roy. Belgique (5) **38** 965—966, mit 1 Tafel = Commun. Obs. Roy. Belgique Nr. **51**. — Von den Beobachtungen im Zeitraum 1949—1952 werden einige Registrierkurven gebracht. Am 5. September 1951 traten Emissionen in Hβ und He (D_3) auf, die im August 1952 noch vorhanden waren. Am 14. Dezember 1951 verstärkte sich das kontinuierliche Spektrum im Violetten und verschwand im August 1952 wieder. Loh.

111127. **M. F. Walker,** A photoelectric study of 16 Lacertae. ApJ **116** 106—116, mit 8 Fig. = Berkeley Repr. Nr. **27**. — Gleichzeitig mit den Radialgeschwindigkeitsmessungen von Struve und Mitarbeitern sowie den photometrischen Messungen von Miczaika (vgl. Ref. **111114**) hat der Verf. lichtelektrische Beobachtungen des β Canis Majoris-Sterns 16 Lacertae am Lick-Observatorium ausgeführt. Der Vergleich mit den Radialgeschwindigkeiten erbringt eine enge Beziehung zwischen den Amplituden der Licht- und Radialgeschwindigkeitskurven. Die Lichtmaxima treten ein, wenn die Radialgeschwindigkeit die γ-Achse von positiven nach negativen Werten kreuzt. Verf. nimmt für die beiden vierstündigen Schwingungen der Radialgeschwindigkeit ein Amplitudenverhältnis 3:1 und für die Helligkeitsänderungen etwa gleiche Amplituden an und sucht damit die beobachteten Periodizitäten der Licht- und Geschwindigkeitsmaxima, die Phasenbeziehung zwischen den Licht- und Radialgeschwindigkeitskurven sowie die Form der Schwebungskurve zu erklären. Abschließend werden einige Betrachtungen über das Phänomen der β Canis Majoris-Sterne unter Annahme von Pulsationen als Ursache der Veränderlichkeit mitgeteilt. Micz.

111128. **M. F. Walker,** Photoelectric observations of ν Eridani. ApJ **116** 391—397, mit 6 Fig. = Berkeley Repr. Nr. **31**. — Photometrische Beobachtungen des β Canis Majoris-Sterns ν Eridani ergeben eine Veränderlichkeit, die mit der Periode der Radialgeschwindigkeit ($P = 0^d.174$) verläuft. Die photometrisch erhaltene Schwebungsperiode von $8^d.7$ ist jedoch nicht in Übereinstimmung mit der spektrographischen ($6^d.98$); wahrscheinlich sind Periode und Amplitude der Schwebung selbst veränderlich. Die Amplituden der beiden vierstündigen Oszillationen betragen $0^m.067$ bzw. $0^m.114$. Micz.

111129. **M. F. Walker,** A note on 16 Lacertae. Publ ASP **64** 195—196. — Kurze Zusammenfassung der Ergebnisse der spektrographischen und photometrischen Beobachtungen vor der ausführlichen Veröffentlichung im ApJ. O. G.

111130. **P. Wellmann,** Zur Analyse der Be-Spektren III. Das Spektrum von γ Cassiopeiae. ZfA **30** 96—116, mit 6 Abb. = Mitt. Sternw. Hamburg-Bergedorf **21** Nr. 224. — Die in einer Reihe von Spektren aus den Jahren 1937 bis 1939 gemessenen Emissionsintensitäten (H, He I, Fe II) werden benutzt, um Wachstumskurven abzuleiten und um die Verdünnung der anregenden Strahlung, die Anregungstemperatur sowie die Lage der emittierenden und absorbierenden Schichten zu bestimmen. Man erhält außerdem Werte für die Elektronendichte und ihre Änderung mit dem Abstand vom Stern. Verf.

111131. **P. Wellmann,** Lichtkurve und Maximumspektrum des U Geminorum-Veränderlichen SW Ursae maioris. ZfA **31** 123—131, mit 7 Abb. = Mitt. Sternw. Hamburg-Bergedorf **22** Nr. 229. — Aus Helligkeitsbeobachtungen werden Amplitude, Häufigkeit des Aufleuchtens und die Form der Lichtkurve abgeleitet. Einige Maximumspektren geben Linienkonturen, Äquivalentbreiten und Farbtemperaturen. Sie zeigen, daß sich der Stern wie ein typischer U Gem-Veränderlicher verhält und keine Verwandtschaft mit den rekurrierenden Novae aufweist. Es gibt noch keine widerspruchsfreie Erklärung der breiten Absorptionslinien in den Spektren der U Gem-Sterne. Verf.

111132. **W. P. Zessewitsch,** Untersuchung der Radialgeschwindigkeiten von RV Tauri. Astr Circ UdSSR Nr. 131 S. 8—11 (russisch). — Aus der Radialgeschwindigkeitskurve von RV Tauri läßt sich eine schnelle und eine langsame Schwankung ableiten, die ihrerseits den schnellen bzw. langsamen Helligkeitsschwankungen parallel laufen. Die Intensität der Wasserstoffemissionslinien verläuft synchron mit der Helligkeit. Dieses Bild spricht gegen die Annahme cepheidenähnlicher Pulsationen; man sollte eher an die Existenz eines leuchtenden Gasstromes denken. Loh.

111133. **E. Zinner,** Zur Erklärung des Lichtwechsels der vermißten Sterne. Naturforschende Ges. Bamberg. Sonderdruck aus dem **33.** Bericht 1952 = Kleine Veröff. Remeis-Sternw. Bamberg Nr. **7** S. 1—35, mit 1 Abb. — Wenn die vermißten Sterne als aufleuchtende Sterne gelten, so läßt sich ihr Lichtwechsel nach Art der Veränderlichen P Cyg und AG Peg deuten. Am Schluß ist eine Liste der vermißten Sterne mit 489 Nummern zusammengestellt.

111134. **E. Zinner,** Vermißte Sterne. Universitas **7** 509—513.

111135. Stellar flares. BAA Circ Nr. 337, JBAA **63** 85—86.

111136. Un' altra variabile del tipo UV Ceti: La Proxima Centauri. Coelum **20** 25.

111137. A propos Gamma Cassiopeiae. Heelal 8 11, mit 1 Fig.

111138. Hertzsprung's peculiar object. JBAA **63** 53—54. — Vgl. AJB **51** Ref. 11171.

111139. Røde foranderlige superkaemper. NAT **1952** 72.

111140. Flare stars — Flammende stjerner. NAT **1952** 144—146.

111141. Aufleuchten des Sterns Krüger 60 B. Sterne **28** 38—39, mit 1 Abb.

111142. Expandierendes Helium. Sternenwelt **4** 63. — Ref. der in AJB **51** Ref. 11181 zitierten Arbeit von Merrill.

111143. Zwergsterne mit hellen Linien in der Taurus-Wolke. Sternenwelt **4** 68. — Ref. der in AJB **49** Ref. **9526** zitierten Arbeit von A. H. Joy.

111144. Statistik der unregelmäßigen Veränderlichen. Sternenwelt **4** 187. — Ref. der in AJB **51** Ref. **11177** zitierten Arbeit von Matwejew.

§ 112

Listen veränderlicher Sterne, Einzelbeobachtungen

11201. **E. Ahnert-Rohlfs, W. Götz,** Feld δ Aquilae. MVS Nr. 156—158. — Von den nachfolgenden Veränderlichen werden zumeist Ort, Typ, Elemente und Amplitude gegeben: Aql: ER, ES, EX, FO—FY, GG—GL, GO—GR, GT, KQ, LM, LT, QT, V 347—55, V 357—61, V 363—66, V 369—75, V 378—84, V 386—388, V 390—401, V 403—405, V 407, V 409, V 411—12, V 419—20, V 527, V 529—32; Ross 318; S: 4383—85, 4392—94, 4396—98, 4401, 4403—4405, 4409, 4413—16, 4418—19, 4422; 99—100.1930, 282.1931, 116.1935, 337.1936, 339.1936, 343.1936.

11202. **E. Ahnert-Rohlfs,** Feld $20^h\,18^m$ +30°. MVS Nr. 158—159. — Von den nachfolgenden Veränderlichen werden zumeist Ort, Typ, Elemente und Amplitude gegeben: Cyg: V 469, V 486, V 489, V 493, V 494, V 505; S: 3843—48, 3850—51, 3855, 3858, 3861—62, 3864, 4478, 4480—82, 4484—92, 4494—96; CH Vul, DG Vul, 726.1933, 732.1933.

11203. **P. Ahnert, H. Huth,** Feld Puppis $7^h\,30^m$ −14°. MVS Nr. 159—160. — Von den nachfolgenden Veränderlichen werden zumeist Ort, Typ, Elemente und Amplitude gegeben: CMa: RR, RS, BW; Pup: TZ, UU, UV, UW, UY, WW, BF, CQ, EF; S: 4061—62, 4068, 4076—77, 4081; 145.1929, 152.1929, 167—168.1931, 170—173.1931, 175.1931, 177—182.1931, 21.1934, 13.1937, 108.1943, 110—113.1943, 117—119.1943, 121.1943, 123.1943, 126.1943, 128—129.1943, 131.1943.

11204. **A. W. J. Cousins,** Bright variable stars in southern hemisphere. (Second list). Obs **72** 86—87. — Fortsetzung der Liste aus Obs **71** 199 (AJB **51** Ref. 11206). Nach Abschluß des «Bright star programme» ergibt sich, daß nicht mehr als zehn Prozent der hellen Sterne merkliche Veränderlichkeit zeigen. O. G.

11205. **S. Gaposchkin,** Variable stars in Milton field 26. Harv Ann **118** 5—13. — Das Feld erstreckt sich von 7^h bis 9^h und +15° bis −15°. Folgende Sterne wurden beobachtet: R, RT, TU Cnc; W, RY CMa; R, S, U, V CMi; V Gem; S, T, RT, RV, RY, VZ, WW Hya; U, RT, RX, RY, SU, TT, TU, UX, AO, AR, BC, BO Mon; U, SV, UZ, XY Pup.

11206. **S. Gaposchkin,** Variable stars in Milton field 24. Harv Ann **118** 25—31. — Das Feld erstreckt sich von 3^h bis 5^h und +15° bis −15°. Folgende Sterne wurden beobachtet: U, X Ari; X Cet; RZ, SU, SV, UX, UY, VX, VY, WX, AS Eri; R Lep; UX, EQ, ES, FG, π^5 Ori; R, X, SW, AC, λ Tau.

11207. **S. Gaposchkin,** Variable stars in Milton field 22. Harv Ann **118** 41—43. — Das Feld erstreckt sich von 23^h bis 1^h und +15° bis −15°. Folgende Sterne wurden beobachtet: BS Aqr; S Cet; R, S, DI, DK Peg; Y, RY, SZ Psc.

11208. **S. Gaposchkin,** Variable stars in Milton field 20. Harv Ann **118** 53—70. — Das Feld erstreckt sich von 20^h bis 22^h und +15° bis +45°. Folgende Sterne wurden beobachtet: S, RW Aql; W, X, Y, RS, RV, RW, SS, UU, UX, VW, VX, VZ, WW, WY, WZ, YZ, AA, AD, AF, AI, AU, BI, CD, CO, DR, DT, FF, GO, KR, MW, MX, MY, V 367, V 382, V 386, V 388, V 389, P, Q Cyg; S, T, U, V, W, X, Z, RS, SX Del; RT, BG, CM, CS Lac; RX, TW, UV, VX, AS, AU, AV, AW Peg; R, V Sge; R, T, V, RR, RU, VZ, BE, BP Vul.

11209. **S. Gaposchkin,** Variable stars in Milton field 18. Harv Ann **118** 81—88. — Das Feld erstreckt sich von 16^h bis 18^h und +15° bis +45°. Folgende

Sterne wurden beobachtet: W, RY CrB; R, S, U, W, Z, RS, RU, RY, SX, SY, SZ, TT, TX, TZ, UU, UW, UX, UY, UZ, VV, VX, AK, AN, BE, BG, BL, CT, CX, DO, g, u Her.

11210. **S. Gaposchkin,** Variable stars in Milton field 16. Harv Ann 118 99—101. — Das Feld erstreckt sich von 12^h bis 14^h und +15° bis +45°. Folgende Sterne wurden beobachtet: RZ Boo; R, U, Z, RS, RW CVn; SY Com.

11211. **S. Gaposchkin,** Variable stars in Milton field 14. Harv Ann 118 105—110. — Das Feld erstreckt sich von 8^h bis 10^h und +15° bis +45°. Folgende Sterne wurden beobachtet: S, T, U, V, W, X, Z, RR, RS, RV, RX, RZ, SY Cnc; V, Y, RT Leo; R, S LMi; T Lyn.

11212. **S. Gaposchkin,** Variable stars in Milton field 12. Harv Ann 118 119—129. — Das Feld erstreckt sich von 4^h bis 6^h und +15° bis +45°. Folgende Sterne wurden beobachtet: S, T, U, W, Y, RW, RX, SU, SX, SY, SZ, TT, UV, UZ, AB, AE, AF, AR, AV, BF, β, ε, ζ Aur; RW Gem; U, RR, BQ Ori; RW, SV, SW, YY, AG, AW Per; T, V, W, Y, RT, RV, RY, SV, SZ, TT, TU, UZ, VY, XX Tau.

11213. **S. Gaposchkin,** Variable stars in Milton field 10. Harv Ann 118 141—146. — Das Feld erstreckt sich von 0^h bis 2^h und +15° bis +45°. Folgende Sterne wurden beobachtet: R, T, V, Y, RW, TU, VX, XZ, AH, AQ And; RR Ari; X, Z, RT, RU, SV Psc.

11214. **S. Gaposchkin,** Variable stars in Milton field 8. Harv Ann 118 155—163. — Das Feld erstreckt sich von $16^h\,30^m$ bis $19^h\,30^m$ und +45° bis +75°. Folgende Sterne wurden beobachtet: AW, CH Cyg; R, S, T, RR, RS, RX, RZ, ST, SZ, TT, TV, TX, UW, UY, UZ, VW, XZ Dra; AT, DQ Her; WZ, FL Lyr.

11215. **S. Gaposchkin,** Variable stars in Milton field 6. Harv Ann 118 171—178. — Das Feld erstreckt sich von $10^h\,30^m$ bis $13^h\,30^m$ und +45° bis +75°. Folgende Sterne wurden beobachtet: V, Y, SX CVn; RV, RY, SU Dra; R, S, T, Y, Z, RS, RV, RW, RY, ST, TX, TZ UMa.

11216. **S. Gaposchkin,** Variable stars in Milton field 4. Harv Ann 118 181—191. — Das Feld erstreckt sich von $4^h\,30^m$ bis $7^h\,30^m$ und +45° bis +75°. Folgende Sterne wurden beobachtet: R, V, X, TU, TW, UX, AG, BK Aur; S, T, V, X, RT, RU, ST, TU Cam; R, S, V, Y, RR Lyn.

11217. **S. Gaposchkin,** Variable stars in Milton field 2. Harv Ann 118 205—216. — Das Feld erstreckt sich von $22^h\,30^m$ bis $1^h\,30^m$ und +45° bis +75°. Folgende Sterne wurden beobachtet: X, Z, RS, TZ, WY, AM, AO And; R, S, T, U, V, W, RS, RU, RV, RY, ST, SV, SX, TU, TV, UU, WZ, XX, YZ, AO, AQ, AR, BM, α, γ, δ, ϱ Cas; RZ, XX, XY, ZZ, δ Cep; U, V, X, Z, RR, RU, RZ, BH Lac; RZ Per.

11218. **C. Hoffmeister,** Feld e Geminorum. MVS Nr. 154—155. — Von den nachfolgenden Veränderlichen werden zumeist Ort, Typ, Elemente und Amplitude gegeben: UY Gem, AT Gem, EV Mon, Ross 196; S: 3752—63, 3999—4006, 4008—17; SVS: 1025, 1030; 15.1924, 2.1934, 12.1934, 48.1934, 50.1934, 302.1934, 474—75.1934, 227—249.1943.

11219. **C. Hoffmeister,** Feld ν Geminorum. MVS Nr. 155. — Von den nachfolgenden Veränderlichen werden zumeist Ort, Typ, Elemente und Amplitude gegeben: S 3967, 3970—71, 3974, 3975, 3977—86.

11220. **C. J. van Houten,** Improved elements of 84 southern Cepheids. Ann. Sterrewacht Leiden **20** 273—292.

11221. **M. W. Mayall,** Variable star notes. J RAS Canada **46** 151—154, 202—206, 245—249, mit 2 Fig. = Harv Repr Nr. **371.**

11222. **M. W. Mayall**, The American Association of Variable Star Observers. Observations of variable stars. Harvard College Obs. Quarterly Report Nr. **9**—**15**, 330 S. — Umfaßt die Beobachtungen der nachstehenden Veränderlichen im Zeitraum 1948 Mai 28 bis 1950 April 27.

And	R, T, U, V, W, X, Y, Z, RR, RU, RV, RW, RX, RY, RZ, SS, ST, SV, SZ, TV, TY, UZ, VY
Ant	094137
Aps	S, T
Aqr	R, S, T, U, V, W, X, Y, Z, RR, RS, VZ, AE
Aql	R, S, V, W, X, Z, RR, RS, RT, RU, RV, RW, SY, TY, UU, VW, V 356, V 603
Ara	U
Ari	R, S, T, U
Aur	R, S, U, V, W, X, Z, RS, RU, SS, SV, TW, UU, AB, AG
Boo	R, S, U, V, W, Z, RX
Cae	R
Cam	R, S, T, U, V, X, Z, RR, RS, ST
Cnc	R, T, U, V, W, X, RS, RV
CVn	R, T, V, Y
CMa	Z
CMi	R, S, T, U, V
Cap	R, T, U, V, W, X, Y, Z, RR, RS, RT, RU
Car	R, S, Z, RR, RV, RW, RZ, AF, l
Cas	R, S, T, U, V, W, X, Y, Z, RR, RV, SS, WZ, IZ, α, γ, ϱ
Cen	R, T, U, W, X, RS, RT, RV, RX, UW
Cep	S, T, W, X, Y, Z, RR, RX, SS, δ, μ
Cet	R, S, T, U, V, W, X, Z, RS, UV, *o*
Cha	R, S
Col	R, S, T
Com	R
CrA	R, S, T
CrB	R, S, T, V, W, X, Y, Z, RR
Crv	R
Cyg	R, S, U, V, W, Z, RS, RT, RU, RV, RZ, SS, ST, SX, TT, TU, TW, TY, TZ, UX, WX, AF, AV, AW, BG, CH, V 476, χ, P
Del	R, S, T, U, V, X, Y, Z
Dor	R, β
Dra	R, S, T, U, V, W, X, Y, SV, TX, AB
Equ	R
Eri	R, T, U, W, Z, RR
For	R
Gem	R, S, T, U, V, X, Y, RS, SS, SW, TU, η
Gru	R, S, T, π_1
Her	R, S, T, U, W, X, RS, RT, RU, RV, RY, RZ, SS, ST, SV, SX, TV, UU, AC, DQ, α, g
Hor	R, T
Hya	R, S, T, U, V, W, X, Y, RR, RS, RT, RU, TV
Ind	R, S
Lac	R, S, RS, RV, RY
Leo	R, S, V, W, X, Z, RY, AB
LMi	R, S, U
Lep	R, T
Lib	R, S, T, U, V, W, X, Y, RR, RS, RT, RU
Lup	R, S, X, Y
Lyn	R, S, T, U
Lyr	R, S, U, V, W, X, Z, RS, RT, RU, RW, RX, RY, SZ, TU, AY, ER
Mic	R, S, U
Mon	R, U, V, X, Y, RR, SW
Mus	BO
Nor	R, T
Oct	R, S, T, U
Oph	R, S, T, V, W, X, Z, RR, RS, RT, RU, RY, SS, TT, TX
Ori	R, S, T, U, V, W, TU, AK, AN, BQ, CN, CZ, α
Pav	R, S, T, W, Y, $\varkappa$
Peg	R, S, T, V, W, X, Y, Z, RR, RS, RT, RU, RV, RW, RY, RZ, SV, SZ
Per	R, S, T, U, W, Y, RR, RU, RZ, TX, TZ, UV, VW, XX, β
Phe	R, T, V
Pic	R, S, T, RR
Psc	R, S, U, TX, P
PsA	R, S, U
Pup	U, W, Z, RU, L_2
Pyx	S, T
Ret	R
Sge	R, V
Sgr	R, S, T, Z, RR, RT, RU, RV, RW, RX, RY, SS, ST, SU, SW, TY, VX
Sco	R, S, W, X, Y, Z, RR, RS, RT, RU, RW, RZ, SV
Scl	R, S, T, U, V, X
Sct	R, S
Ser	R, S, T, U, CT, d
Sex	S
Tau	R, S, T, V, W, Y, Z, RR, RU, RX, SU, TV, TX, XX
Tel	R, S, RR

Tri	R, W	Vel	W, Y, Z, XZ
Tuc	R, S, T, U, Y	Vir	R, S, T, U, V, Y, Z, RR, RS, RU, RV, SS, SU
UMa	R, S, T, V, X, Z, RS, RZ, ST, SU, SW, δ	Vol	R, S
UMi	R, S, T, U, V	Vul	R, S, V, RU

11223. **A. V. Nielsen,** Summary of observations of variable stars, made chiefly during the years 1943.5—48.5 by members of the Scandinavian Astronomical Society («Astronomisk Selskab»). Publ. Københavns Obs. Nr. **157**, 31 S. mit 3 Fig. — Betrifft folgende Veränderliche: R And, SZ And, TU And, R Aql, η Aql, S Aur, Z Aur, SY Aur, R Boo, V Boo, RR Boo, RT Boo, S Cam, R CVn, T Cas, SS Cas, WY Cas, SZ Cep, AX Cep, RS Cyg, RT Cyg, TU Cyg, CD Cyg, CN Cyg, R Dra, Y Dra, RV Dra, ZZ Dra, R Equ, S Her, U Her, CF Her, W Lac, R Leo, R Lyn, W Lyn, W Lyr, U Ori, RR Ori, R Peg, W Peg, AK Peg, DL Peg, RX Psc, R Tri, S Tri, T Tri, Z UMa, RU UMa, R UMi, S UMi, V Vir, RU Vul, SV Vul.

11224. **P. T. Oosterhoff, J. A. Horikx,** Discussion of 43 variable stars in a region around CPD $-31°$ 5547. Ann. Sterrewacht Leiden **20** 293—318, mit 2 Fig.

11225. **C. Payne-Gaposchkin,** Variable stars in Milton field 27. Harv Ann 118 1—3. — Das Feld erstreckt sich von 9^h bis 11^h und $+15°$ bis $-15°$. Folgende Sterne wurden beobachtet: U, X, RX, TX, WZ Hya; R, TX, UV Leo; T, W, Y Sex.

11226. **C. Payne-Gaposchkin,** Variable stars in Milton field 25. Harv Ann 118 15—24. — Das Feld erstreckt sich von 5^h bis 7^h und $+15°$ bis $-15°$. Folgende Sterne wurden beobachtet: Z CMa; SY, WW Eri; RR Lep; R, T, V, X, Z, RV, RW, SV, SY, UY, AC, AU, AX, AY Mon; S, T, V, W, Z, RS, RT, RY, VV, BK, BL, BM, BN, CI, CK, DN, ER, EW, EX, EY, FF, FO, FR, α, δ Ori; ST Tau.

11227. **C. Payne-Gaposchkin,** Variable stars in Milton field 23. Harv Ann 118 33—39. — Das Feld erstreckt sich von 1^h bis 3^h und $+15°$ bis $-15°$. Folgende Sterne wurden beobachtet: V Ari; R, U, Z, RR, RS, RW, SS, SW, o Cet; Z, RR, UW Eri; R, S Psc.

11228. **C. Payne-Gaposchkin,** Variable stars in Milton field 21. Harv Ann 118 45—51. — Das Feld erstreckt sich von 22^h bis 0^h und $+15°$ bis $+45°$. Folgende Sterne wurden beobachtet: SV, TW, AB, AN And; R, S, W, RX, SX Lac; U, W, Z, RY, RZ, SS, ST, SV, SX, SZ, VW, AZ, BC, BD, BE, BI, BK Peg.

11229. **C. Payne-Gaposchkin,** Variable stars in Milton field 19. Harv Ann 118 71—79. — Das Feld erstreckt sich von 18^h bis 20^h und $+15°$ bis $+45°$. Folgende Sterne wurden beobachtet: FF, KL, KP Aql; SU, TT, UV, AH, AX, BF, V 380, χ Cyg; T, RW, AC, AD, AZ, DI Her; R, T, U, W, RR, TT, UZ, XY, EY, β Lyr; S, T, U Sge; S, U, X, Z, RS, RT, SV, WW, AT, BN, BO, BR, BS Vul.

11230. **C. Payne-Gaposchkin,** Variable stars in Milton field 17. Harv Ann 118 89—98. — Das Feld erstreckt sich von 14^h bis 16^h und $+15°$ bis $+45°$. Folgende Sterne wurden beobachtet: R, U, V, Y, RR, RS, RV, RW, RX, RY, SS, UV Boo; W, X CVn; R, S, T, U, V, X, RR, RS CrB; R Ser.

11231. **C. Payne-Gaposchkin,** Variable stars in Milton field 15. Harv Ann 118 103—104. — Das Feld erstreckt sich von 10^h bis 12^h und $+15°$ bis $+45°$. Folgende Sterne wurden beobachtet: R Com; RU, TU, TV UMa.

11232. **C. Payne-Gaposchkin,** Variable stars in Milton field 13. Harv Ann 118 111—117. — Das Feld erstreckt sich von 6^h bis 8^h und $+15°$ bis $+45°$. Folgende Sterne wurden beobachtet: RT, UU, UW, VW, VX, WW Aur; R, S, T, W, X, Y, Z, RX, RY, SS, TU, TV, TW, TX, WW, WY, AB, AL, AY, ε, η Gem.

11233. **C. Payne-Gaposchkin,** Variable stars in Milton field 11. Harv Ann **118** 131—140. — Das Feld erstreckt sich von 2^h bis 4^h und +15° bis +45°. Folgende Sterne wurden beobachtet: W And; R, T, W, Y, RS Ari; R, X, Y, Z, ST, TV, TW, UZ, XY, AB, AE, β, ϱ Per; RW, WW Tau; R, W Tri.

11234. **C. Payne-Gaposchkin,** Variable stars in Milton field 9. Harv Ann **118** 147—154. — Das Feld erstreckt sich von $19^h\,30^m$ bis $22^h\,30^m$ und +45° bis +75°. Folgende Sterne wurden beobachtet: T, RW, ST, SU, SV, SW, VV, VZ, WX, XZ, AI, β, μ Cep; R, U, V, Z, RT, RU, XZ, AC, AK, AZ, BR, CE, CF, CN, CQ, CY, DL, MR, V 366, V 369 Cyg; Y, AR, CP, 5 Lac.

11235. **C. Payne-Gaposchkin,** Variable stars in Milton field 7. Harv Ann **118** 165—169. — Das Feld erstreckt sich von $13^h\,30^m$ bis $16^h\,30^m$ und +45° bis +75°. Folgende Sterne wurden beobachtet: S, UX, UW Boo; TW, VY Dra; X, RR, ST, AR Her; T, U UMi.

11236. **C. Payne-Gaposchkin,** Variable stars in Milton field 5. Harv Ann **118** 179—180. — Das Feld erstreckt sich von $7^h\,30^m$ bis $10^h\,30^m$ und +45° bis +75°. Folgende Sterne wurden beobachtet: Z Cam; Z Lyn; U, V, W, RZ, SY UMa.

11237. **C. Payne-Gaposchkin,** Variable stars in Milton field 3. Harv Ann **118** 193—203. — Das Feld erstreckt sich von $1^h\,30^m$ bis $4^h\,30^m$ und +45° bis +75°. Folgende Sterne wurden beobachtet: UX And; U, RV, RW, RX, RY, SZ Cam; RX, RZ, SU, TW, TX, WX, CC Cas; S, T, U, V, W, RR, RS, RY, SU, TT, UU, YZ, AD, AX, AY, b Per.

11238. **C. Payne-Gaposchkin,** Variable stars in Milton field 1. Harv Ann **118** 217—224. — Das Feld erstreckt sich über alle Rektaszensionen mit den Deklinationen +75° bis +90°. Folgende Sterne wurden beobachtet: R, RS, SV Cam; S, U, V, RU, RX, SS, VW, AN Cep; Y, UX Dra; W, α UMi.

11239. **L. Plaut,** The elements of the eclipsing binaries brighter than photographic magnitude 8.50 at maximum. Vgl. AJB **50** Ref. **11228**. — Besprechung in VS Bull **8** 480—481 (W. A. Krat).

11240. **A. E. Prichodko,** Photometrie von Vergleichssternen für Veränderliche. Mitt. Astr. Obs. Odessa **2** Nr. 2 S. 72—87, mit 43 Abb. (russisch). — Gibt Vergleichssterne und Karten für folgende Veränderliche: KO Aql, KP Aql, XZ And, AH Aur, RS Ari, SU Aqr, BQ Aqr, CZ Aqr, SU Cep, AI Cep, BR Cyg, RW Cap, W Crv, ST Crv, V Crt, W Crt, RR Crt, RS Crt, TT Her, TX Her, CC Her, CT Her, AK Her, DK Her, LT Her, GU Her, UX Her, SZ Her, DF Hya, 356 und 357.1934 Leo, V 501 Oph, AQ Peg, 358.1934 Sex, BS Sct, X Tri, AK Vir, BD Vir, BH Vir, BZ Vir, BF Vir, UW Vir, VV Vir.

11241. **N. I. Tschudowitschew,** Katalog der relativen photometrischen und spektroskopischen Elemente von Bedeckungsveränderlichen. Abh. Lenin-Staatsuniv. Kasan **112** Nr. 1 S. 3—47 = Bull. Astr. Engelhardt-Obs. Lenin-Staatsuniv. Kasan Nr. **28** S. 3—47 (russisch). — Der Katalog enthält die bis 1949 veröffentlichten Bahnelemente, soweit sie bis Mitte 1950 in Kasan eingegangen waren; insgesamt von 356 Sternen. Loh.

11242. Neue Veränderliche am Südhimmel. Sternenwelt **4** 149. — Betrifft die Arbeiten in Ann. Sterrewacht Leiden **20** 243 und 261, AJB **51** Ref. **11209** und **11212**.

11243. Beobachtungen veränderlicher Sterne in Triest. Sternenwelt **4** 149.

11244. Nachweis der Beobachtungen und Bearbeitungen Veränderlicher

Die Abkürzungen bedeuten:

aD	absolute Dimensionen	Lk	Lichtkurve
Am	Amplitude	Mon	Monographie
An	Anzeige	Na	Benennung
B	Beobachtung	Not	Allgemeine Mitteilung
C	Farbe	O	Ort
CI	Farbenindex	P	Periode
EB	Eigenbewegung	Par	Parallaxe
El	Lichtwechselelemente	RG	Radialgeschwindigkeit
Elb	Photometrische Bahnelemente	Sp	Spektrum
Els	Spektroskopische Elemente	Tem	Temperatur
Elsb	Spektroskopische Bahnelemente	Typ	Typus
Ka	Karte	VS	Vergleichssterne

Außer dieser Liste sind noch die vorhergehenden Tabellen von Beobachtungen und § **111** einzusehen.

Andromeda		
R	ApJ **116** 21	Vgl. Ref. 111109
	ApJ **116** 525	Vgl. Ref. 11187
T	MVS Nr. 149	B, Typ
RR	MVS Nr. 131	B, Typ
RT	AJ **57** 63	B
RW	MVS Nr. 131	B, Typ
RX	Bull. Astr. Inst. Athen 1952 S. 15	B
SV	ApJ **116** 523	Vgl. Ref. 111112
SW	VS Bull **9** 36	Ka, VS, B, Lk, P, El
SX	MVS Nr. 131, 149	B, Typ
TU	MVS Nr. 149	B, Typ
TV	NAT **1952** 146	Not, El
TY	MVS Nr. 131	B, Typ
WY	ApJ **115** 25	Vgl. Ref. 111101
	MVS Nr. 149	B, Typ
XZ	AA(c) **5** 5, 7, 10	B
	AJ **57** 63	B
	AJ **57** 259	B, El
	MVS Nr. 131	B, Typ
AB	AJ **57** 259	B, El
AI	Mitt. Sternw. Budapest Nr. **31**	VS, B, El
o	ApJ **115** 573	Vgl. Ref. 9560
	J RAS Canada **46** 151	Not
	J RAS Canada **46** 202	Not
	J RAS Canada **46** 245	Not
BL	ApJ **115** 25	Vgl. Ref. 111101
BR	Mitt. Astr. Obs. Odessa **2** Nr. 2 S. 93	VS, B, Lk, El
CX	AJ **57** 259	B, El
CY	MVS Nr. 146	B
	Vgl. Ref. **9207**	EB
CZ	AA(c) **5** 7, 10	B
o	MN ASSA **11** 9	Am, Sp
3	MN ASSA **11** 9	Am, Sp
Aquarius		
T	MVS Nr. 140, 149	B, Typ
X	MVS Nr. 149	B, Typ
Y	Desgl.	B, Typ
Z	Desgl.	B, Typ
RY	AA(c) **5** 5, 10	B
AE	CR **235** 1282	VS, B, Not, Lk, CI
Aquila		
R	MVS Nr. 130, 131, 133, 140, 148, 149	B, Typ
	TAB (2) Nr. 49	B, Typ
S	MVS Nr. 130, 131, 149	B, Typ
W	MVS Nr. 149	B, Typ
X	MVS Nr. 140, 148, 149	B, Typ
Z	MVS Nr. 149	B, Typ
RR	Desgl.	B, Typ
	TAB (2) Nr. 49	B, Typ
RT	Desgl.	B, Typ
RU	MVS Nr. 149	B, Typ
RV	Desgl.	B, Typ
SZ	MVS Nr. 133	Typ, Lk, El
TU	MVS Nr. 131	B, Typ
TW	ApJ **115** 25	Vgl. Ref. 111101
TY	Astr Circ UdSSR Nr. 125 S. 13	Not, Am

UV	TAB (2) Nr. 49	B, Typ
XZ	AA(c) **5** 5, 7, 10	B
YZ	AA(c) **5** 10	B
DY	ApJ **115** 25	Vgl. Ref. 111101
	Bull. Astr. Obs. Stalinabad Nr. **2** S. 10	VS, B, Am
EZ	ApJ **115** 25	Vgl. Ref. 111101
FK	AA(c) **5** 5, 7	B
FM	Bull. Astr. Obs. Stalinabad Nr. **4** S. 25	VS, B, Lk, El
	Mem SA It (NS) **23** 331	Vgl. Ref. 11173
KK	ApJ **115** 25	Vgl. Ref. 111101
KO	AA(c) **5** 5, 10	B
KP	TAB (2) Nr. 49	B, Typ, Am, El
NO	Bull. Astr. Obs. Stalinabad Nr. **2** S. 10	Ka, VS, B, Am, El
OO	AJ **57** 259	B, El
OW	AN **281** 14	B, Not, CI
V337	VS Bull **9** 86	VS, B, Lk, El
V343	AA(c) **5** 5, 7, 10	B
V346	Desgl.	B
	AJ **57** 259	B, El
	MVS Nr. 131	B, Typ
η	ApJ **115** 166	Vgl. Ref. 11160
	ApJ **115** 292	Vgl. Ref. 11172
	MN ASSA **11** 9	Sp

Ara

R	ApJ **116** 27	Vgl. Ref. 11134

Aries

R	MVS Nr. 138, 148	B, Typ
T	MVS Nr. 131, 149	B, Typ
U	Desgl.	B, Typ
RS	Astr Circ UdSSR Nr. 128 S. 13	Elb

Auriga

R	MVS Nr. 130, 131	B, Typ
X	MVS Nr. 138, 149	B, Typ
Z	ApJ **115** 25	Vgl. Ref. 111101
RY	AA(c) **5** 5	B
SS	BAA Circ Nr. 330, 332, 333	B
	Bull. Astr. Inst. Athen 1952 S. 15	B
	J RAS Canada **46** 151	Not
SX	TAB (2) Nr. 49	B, Typ, Am, El
TW	MVS Nr. 137	B, Not, Typ, Am, El
TZ	VS Bull **9** 48	VS, B, Lk, El
UV	MVS Nr. 137	B, Not, El
VW	Desgl.	B, Not, Am, El
ZZ	TAB (2) Nr. 49	B, Typ, Am, El
AG	ApJ **115** 25	Vgl. Ref. 111101
AK	MVS Nr. 152	VS, Not, P, El
AR	NAT **1952** 31	Not, P, El, RG
AS	Mitt. Astr. Obs. Odessa **2** Nr. 2 S. 98	VS, B, P, El
BF	TAB (2) Nr. 49	B, Typ, Am, El
CL	AA(c) **5** 5, 7, 10	B
ε	PAT **33** 69	Vgl. Ref. 11118
ζ	Ann d'Astrophys **15** 21	Vgl. Ref. 11130
	Irish AJ **2** 87	Vgl. Ref. 11145
	Mem SA It (NS) **23** 39	Vgl. Ref. 11108
	Mitt. Sternw. Budapest Nr. **29**	B
	MN **112** 641	Vgl. Ref. 11120
	MVS Nr. 130	Sp
	PAT **33** 102	Vgl. Ref. 11119
	Publ ASP **64** 173	Vgl. Ref. 11125
	ZfA **31** 218	Vgl. Ref. 11129
17	= AR Aur	

Bootes

R	MVS Nr. 130, 133, 148	B, Typ
V	MVS Nr. 130, 133, 138, 148	B, Typ
Z	MVS Nr. 138	B
SU	AA(c) **5** 5, 7, 10	B

TU	Desgl.	B
TY	Desgl.	B
TZ	AA(c) 5 7	B

Camelopardalis

R	MVS Nr. 132, 149	B, Typ
X	Desgl.	B, Typ
	Sternenwelt 4 194	Ka, VS, Not, Lk, C
RT	MVS Nr. 138, 149	B, Typ
RV	MVS Nr. 132, 138, 149	B, Typ
RX	VS Bull 8 435	VS, B, Not, Lk, P, El
RY	TAB (2) Nr. 49	B, Typ
	VS Bull 8 435	VS, B, Lk, El
ST	VS Bull 8 435	VS, B, P
SV	MVS Nr. 131	B, Typ
TW	ApJ 115 25	Vgl. Ref. 111101

Cancer

R	MVS Nr. 133, 148	B, Typ
	TAB (2) Nr. 49	B, Typ
U	MVS Nr. 138	B
V	MVS Nr. 133, 138, 149	B, Typ
W	MVS Nr. 138	B
RS	VS Bull 8 435	VS, B
RT	Desgl.	VS, B, P, El
RY	AJ 56 216	P, El
RZ	VS Bull 8 435	VS, B
	VS Bull 9 85	Lk, El

Canes venatici

R	MVS Nr. 133, 138, 148	B, Typ
U	VS Bull 8 435	VS, B, El
Y	Desgl.	VS, B
RS	AA(c) 5 5, 7	B
	MVS Nr. 140	B
SS	VS Bull 8 476	VS, B, El
	Vgl. Ref. 9207	EB
ST	Vgl. Ref. 9207	EB
α^2	ApJ 116 8	Vgl. Ref. 9801

Canis major

ST	Astr Circ UdSSR Nr. 124 S. 16	B
SW	MVS Nr. 151/152	Not, Lk, P, El

Canis minor

R	MVS Nr. 132	B, Typ
U	MVS Nr. 138, 149	B, Typ
V	MVS Nr. 132	B, Typ
YZ	NAZ 6 38	Typ

Capricornus

S	VS Bull 8 435	VS, B, Not
RT	Desgl.	VS, B, El
RW	AA(c) 5 5	B
RX	ApJ 115 25	Vgl. Ref. 111101
TW	Bull. Astr. Obs. Stalinabad Nr. 3 S. 3	VS, B, Not, Lk, Am, P, Cl
δ	MN ASSA 11 9	Am, Sp
ε	MN ASSA 11 9	Am, Sp

Carina

X	ApJ 115 134	Vgl. Ref. 11133

Cassiopeja

R	MVS Nr. 133, 148	B, Typ
S	MVS Nr. 148	B, Typ
T	ApJ 116 344	Vgl. Ref. 111111
	MVS Nr. 140	B
U	ApJ 116 21	Vgl. Ref. 111109
	MVS Nr. 132	B, Typ
	TAB (2) Nr. 49	B, Typ
V	MVS Nr. 133, 138, 148, 149	B, Typ
RZ	AA(c) 5 5, 7, 10	B
	ApJ 115 61 = McDC Nr. 202	Vgl. Ref. 11109
	MVS Nr. 131, 140	B, Typ
	VS Bull 9 125	B, Not, Lk, El, Elb
SV	TAB (2) Nr. 49	B, Typ
TV	AA(c) 5 5, 7, 10	B
	MVS Nr. 131, 140	B, Typ
	TAB (2) Nr. 49	B, Typ, Am, El
TW	Desgl.	Desgl.
TX	Desgl.	Desgl.
UY	Astr Circ UdSSR Nr. 128 S. 13	B, El
WW	VS Bull 8 435	VS, B
WX	Desgl.	VS, B
WZ	Desgl.	VS, B
XX	TAB (2) Nr. 49	B, Typ, Am, El
ZZ	TAB (2) Nr. 49	B, Typ, Am, El
AQ	Desgl.	Desgl.
BM	AN 280 267	Vgl. Ref. 11180

CW	TAB (2) Nr. 49	B, Typ, Am, El
DO	AN **281** 25	Vgl. Ref. **11136**
DW	Mitt. Astr. Obs. Odessa **2** Nr. 2 S. 109	VS, B, Lk, El
IX	Mitt. Astr. Obs. Odessa **2** Nr. 2 S. 110	VS, B, Typ, El
KK	Mitt. Astr. Obs. Odessa **2** Nr. 2 S. 108	VS, B, El
LR	VS Bull **9** 36	Ka, VS, B, Lk, El
α	JO **35** 1	VS, B
γ	ApJ **115** 66 = Commun. Univ. London Obs. Nr. **8** = Publ. Obs. Haute-Provence **2** Nr. 31	Vgl. Ref. **11184**
	BAB **4** 128	B, Sp, Tem
	BSAF **66** 254, 255	B
	Bull. Cl. Sci. Acad. roy. Belgique (5) **38** 965	Sp
	Heelal 8 11	Ka, Not
	JO **35** 13	Vgl. Ref. **11178**
	ZfA **30** 96	Vgl. Ref. **111130**
	NAZ **6** 2	B, El
ϱ	VS Bull 8 435	VS, B, Lk

Cepheus

T	ApJ **116** 344	Vgl. Ref. **111111**
	MVS Nr. 140, 148, 149	B, Typ
U	AA(c) **5** 5, 7, 10	B
	MVS Nr. 131, 140	B, Typ
RU	ApJ **115** 25	Vgl. Ref. **111101**
RW	VS Bull 8 435	VS, B
SS	Desgl.	VS, B, P
ST	Desgl.	VS, B
	VS Bull **9** 79	VS, B, Not, Lk, CI
TZ	ApJ **115** 25	Vgl. Ref. **111101**
VV	Publ ASP **64** 173	Vgl. Ref. **11125**
VW	CR **234** 60	Not, Lk
	ZfA **31** 223	Vgl. Ref. **11126**
WW	MVS Nr. 135	B, El
XX	TAB (2) Nr. 49	B, Typ, Am, El
XY	Desgl.	Desgl.
ZZ	MVS Nr. 131	B, Typ
BE	AJ **57** 63	B
CP	VS Bull 8 478	VS, Lk, El
CQ	AJ **57** 6	Vgl. Ref. **11102**
CY	AJ **57** 259	B, El
DI	VS Bull **9** 157	Ka, VS, B, Not
DN	VS Bull **9** 142	Ka, VS, B, Lk, El

Cetus

R	MVS Nr. 149	B, Typ
S	Desgl.	B, Typ
X	MVS Nr. 138, 149	B, Typ
Z	MVS Nr. 149	B, Typ
RS	VS Bull 8 435	B, VS, P
UV	BAA Circ Nr. 337	B, Not
	BSAF **66** 403	B, Not
	Coelum **20** 183	Not
	DOB **5** Nr. 1 Fasc. 1, 1 S. DOB **5** Nr. 3 Fasc. 1, 1 S.	B
	Harv Card 1187	O, Not
	Harv Card 1193	B
	J RAS Canada **46** 202	Not
	NAT **1952** 111	Not
	NAZ **6** 2	VS, B, Not
	NAZ **6** 34	O, B
	NAZ **6** 38	Not
	Orion Schaffhausen **3** 444	B, Not
	UAI Circ 1376	O, B, Not
o	AJ **57** 8	Vgl. Ref. **11186**
	AJ **57** 16	Vgl. Ref. **111100**
	ApJ **116** 21	Vgl. Ref. **111109**
	ApJ **116** 525	Vgl. Ref. **11187**
	MN ASSA **11** 9	Sp

Columba

T	TAB (2) Nr. 49	B, Typ

Coma Berenices

R	MVS Nr. 138	B
V	Astr Circ UdSSR Nr. 128 S. 12	B

Corona austrina		
ε	MN ASSA **11** 9	Am, Sp
Corona borealis		
R	BAA Circ Nr. 337, 338	B
	Sky and Telescope **12** 40	Not
	VS Bull **9** 18	VS, B, Lk
S	MVS Nr. 134, 148	B, Typ
U	AA(c) **5** 7	B
X	ApJ **116** 523	Vgl. Ref. 111112
Z	Bull. Astr. Inst. Athen 1952 S. 15	B
RS	VS Bull **9** 18	VS, B, El
RU	Desgl.	VS, B
RW	AA(c) **5** 5, 7, 10	B
Corvus		
R	Astr Circ UdSSR Nr. 124 S. 16	B, Not
Crater		
T	Astr Circ UdSSR Nr. 125 S.13	Typ, P
	VS Bull **9** 18	VS, B, El
Cygnus		
R	ApJ **116** 21	Vgl. Ref. 111109
	MVS Nr. 148	B, Typ
U	ApJ **116** 46	Vgl. Ref. 11192
	MVS Nr. 140	B
	Publ ASP **64** 133	Vgl. Ref. 11181
V	Astr Circ UdSSR Nr. 126 S. 23	B
W	VS Bull **9** 18	VS, B, Not, Lk, El
X	MVS Nr. 131	B, Typ
	Sternenwelt **4** 68	Not, Tem
Z	ApJ **116** 523	Vgl. Ref. 111112
	MVS Nr. 130, 138	B, Typ
RS	MVS Nr. 130	B, Typ
RT	ApJ **116** 523	Vgl. Ref. 111112
	Astr Circ UdSSR Nr. 126 S. 23	B
	MVS Nr. 130, 133, 148	B, Typ
RU	MVS Nr. 138	B
SS	BAA Circ Nr. 329, 330, 331, 333, 336, 337, 338	B
	Bull.Astr. Inst. Athen 1952 S. 15	B
	J RAS Canada **46** 151	Not, Lk
	NAT **1952** 33	B, Not
SU	MVS Nr. 131	B, Typ
	VS Bull **9** 164	Ka, VS, B, Lk, El
SY	AA(c) **5** 5	B
TU	MVS Nr. 138, 149	B, Typ
TY	MVS Nr. 130	B, Typ
UV	VS Bull **9** 18	VS, B
UW	AA(c) **5** 5, 7	B
UX	TAB (2) Nr. 49	B, Typ
UY	Desgl.	B, Typ, Am, El
WW	AA (c) **5** 5, 7, 10	B
	TAB (2) Nr. 49	B, Typ, Am, El
WX	Astr Circ UdSSR Nr. 126 S. 23	B
WZ	TAB (2) Nr. 49	B, Typ, Am, El
XZ	VS Bull **9** 18	VS, B, Not, P
YZ	VS Bull **9** 110	VS, B
AA	ApJ **116** 21	B, Am, P, Sp, RG
	MVS Nr. 149	B, Typ
	VS Bull **9** 110	VS, B, Not
AC	Desgl.	VS, B, El
AF	MVS Nr. 131	B, Typ
AI	VS Bull **9** 110	B, VS
AK	AN **281** 14	Not
	VS Bull **9** 110	VS, B, El
AV	ApJ **115** 25	Vgl. Ref. 111101
AW	VS Bull **9** 110	VS, B
BM	VS Bull **8** 474	Ka, VS, Not
BR	AA(c) **5** 5, 7	B
CG	AA(c) **5** 5, 7, 10	B
	TAB (2) Nr. 49	B, Typ, Am, El
CN	MVS Nr. 132	B, Typ
DF	ApJ **115** 25	Vgl. Ref. 111101
DK	AA(c) **5** 7, 10	B
DT	Publ ASP **64** 28	RG
GO	TAB (2) Nr. 49	B, Typ, Am, El
KR	Desgl.	Desgl.
V 348	MVS Nr. 136	Not
V 349	Desgl.	O, Typ, Am, C
V 350 /354	Desgl.	Not
V 358	Desgl.	Not

V360	ApJ **115** 25	Vgl. Ref. 111101
V361	MVS Nr. 136	Not
V367	TAB (2) Nr. 49	B, Typ, Am, El
V382	BSAF **66** 435	Not
	Publ ASP **64** 219	Vgl. Ref. 10211
	TAB (2) Nr. 49	B, Typ, Am, El
V388	TAB (2) Nr. 49	B, Typ, Am, El
V393	Astr Circ UdSSR Nr. 126 S. 24	Not
V455	Astr Circ UdSSR Nr. 130 S. 9	B, El
V457	AJ **56** 206	Typ, El
V477	AJ **57** 22	Vgl. Ref. 11127
	Bull. Astr. Obs. Stalinabad Nr. **6** S. 24	VS, B, Lk, El
V546	Specola Astr. Vaticana Ric. Astr. **2** 355	Vgl. Ref. 11113
V548	VS Bull **9** 36	Ka, VS, B, Lk, El
V555	AN **281** 14	Not, CI
V609	VS Bull **9** 142	Ka, VS, B, Lk, El
V642	Desgl.	Desgl.
V652	VS Bull **8** 472	Desgl.
V702	VS Bull **9** 142	Ka, VS, B, El
V709	VS Bull **9** 142	Not
o^1	= 31 Cyg	
χ	ApJ **116** 21	Vgl. Ref. 111109
	MVS Nr. 130, 132	B, Typ
	Publ. Astr. Soc. Japan **4** 81	Vgl. Ref. 11193
	TAB (2) Nr. 49	B, Typ
31	AJ **57** 18	Vgl. Ref. 11122
	AJ **57** 30	Vgl. Ref. 11140
	ApJ **116** 546	Vgl. Ref. 11123
	BSAF **66** 128	Not
	Nature **169** 990	Vgl. Ref. 11121
	PAT **33** 68	Vgl. Ref. 11117
	Publ ASP **64** 109	Vgl. Ref. 11124
	Publ ASP **64** 173	Vgl. Ref. 11125
	Sky and Telescope **11** 114	Not
32	Harv Card 1196	Sp
	Harv Card 1200	Not
	Mem SA It (NS) **23** 55	Vgl. Ref. 11106
	NAZvM Nr. 168	Not, Sp
	NAZvM Nr. 170	Not
	Publ ASP **64** 173	Vgl. Ref. 11125
	Publ. Dominion Astrophys. Obs. Victoria **9** 189	Vgl. Ref. 11141
	Sky and Telescope **12** 40	Not, Sp
	UAI Circ 1385	Not
	UAI Circ 1386	Sp

Delphinus

R	MVS Nr. 130	B, Typ
T	Bull. Astr. Inst. Athen 1952 S. 15	B
W	AA (c) **5** 5, 10	B
X	MVS Nr. 149	B, Typ
Z	ApJ **116** 21	Vgl. Ref. 111109
RX	MVS Nr. 149	B, Typ
TX	VS Bull **9** 162	VS, B, Lk, El
DM	VS Bull **9** 142	B, Lk, El
DX	VS Bull **9** 48	Ka, VS, B, Lk, El

Dorado

γ	MN ASSA **11** 9	Am, Sp

Draco

R	MVS Nr. 130, 133, 148, 149	B, Typ
Y	MVS Nr. 149	B, Typ
Z	Mem SA It (NS) **23** 197	Vgl. Ref. 11138
RV	MVS Nr. 149	B, Typ
RW	Mitt. Sternw. Budapest Nr. **27**	Vgl. Ref. 11150
	VS Bull **8** 469	B, El
SS	Bull. Astr. Obs. Stalinabad Nr. **2** S. 10	VS, B, Am, El
ST	AN **281** 14	Not
	Mitt. Sternw. Budapest Nr. **30** S. 8	O, VS, Not

SV	Astr Circ UdSSR Nr. 131 S. 12	B, El
TT	MVS Nr. 149	B, Typ
TW	AA (c) **5** 5, 10	B
	MVS Nr. 131, 140	B, Typ
	Publ. David Dunlap Obs. **2** 1	Vgl. Ref. 11101
TX	Oss. Astr. Trieste Nr. **249**	O, VS, B, Lk, P, Sp, CI
TZ	VS Bull **9** 142	B, Lk, El
UV	Vgl. Ref. **9207**	EB
UX	VS Bull **9** 73	VS, B, Lk
UZ	MVS Nr. 131	B, Typ
73	NAZ **6** 22	VS, Am, El

Equuleus

S	AA (c) **5** 7	B

Eridanus

RS	Astr Circ UdSSR Nr. 124 S. 16	B
	TAB (2) Nr. 49	B, Typ
RZ	MVS Nr. 132	B, Typ
SW	Astr Circ UdSSR Nr. 124 S. 16	B
VW	MVS Nr. 136	B, Not, El
AS	TAB (2) Nr. 49	B, Typ, Am, El
ν	ApJ **116** 391	Vgl. Ref. 111128
	ApJ **116** 398	Vgl. Ref. 111122
	Publ ASP **64** 76 = Berkeley Repr. Nr. **16**	Vgl. Ref. 111107
16	MN ASSA **11** 9	Am, Sp

Gemini

R	ApJ **116** 21	Vgl. Ref. 111109
	MVS Nr. 133, 138, 148	B, Typ
S	ApJ **116** 523	Vgl. Ref. 111112
	MVS Nr. 138, 149	B, Typ
T	MVS Nr. 150	B, Typ
U	BAA Circ Nr. 332	B
	Bull. Astr. Inst. Athen 1952 S. 15	B
	J RAS Canada **46** 151	Not
V	MVS Nr. 138, 150	B, Typ
W	MVS Nr. 133	VS, B, Typ, Lk, Am, El
X	MVS Nr. 138	B
RW	AA (c) **5** 5, 10	B
	TAB (2) Nr. 49	B, Typ, Am, El
	VS Bull **9** 133	Ka, VS, B, Lk, El
RZ	VS Bull **9** 133	Desgl.
SS	ApJ **115** 25	Vgl. Ref. 111101
	Bull. Astr. Obs. Stalinabad Nr. **2** S. 10	VS, B, Am
	VS Bull **9** 133	Ka, VS, B, El
SU	ApJ **115** 25	Vgl. Ref. 111101
SV	TAB (2) Nr. 49	B, Typ, Am, El
SY	NAT **1952** 111	Not
TX	AA (c) **5** 7	B
WW	TAB (2) Nr. 49	B, Typ, Am, El
	VS Bull **9** 133	Ka, VS, B, Lk, El
YY	ApJ **115** 301	Vgl. Ref. 11114
AA	VS Bull **9** 133	Ka, VS, B, Lk, El
AF	AA (c) **5** 5, 7, 10	B
	TAB (2) Nr. 49	B, Typ, Am, El
AL	TAB (2) Nr. 49	B, Typ, Am, El
AY	AA (c) **5** 7, 10	B
BO	AA (c) **5** 5	B
BU	VS Bull **9** 133	Ka, B, Not
η	CR **234** 812	Not
	JO **35** 1	VS, B

Grus

β	MN ASSA **11** 9	Am, Sp

Hercules

R	Bull. Astr. Inst. Athen 1952 S. 15	B
S	MVS Nr. 133	B, Typ
	TAB (2) Nr. 49	B, Typ
T	MVS Nr. 133, 138, 148, 150	B, Typ
	TAB (2) Nr. 49	B, Typ
U	MVS Nr. 148	B, Typ
W	MVS Nr. 130	B, Typ
Z	Publ. David Dunlap Obs. **2** 1	Vgl. Ref. 11101
RS	MVS Nr. 130, 133, 148, 150	B, Typ

RX	MVS Nr. 131	B, Typ
	Sternenwelt **4** 68	Not
RY	MVS Nr. 150	B, Typ
SS	MVS Nr. 130, 148, 150	B, Typ
	TAB (2) Nr. 49	B, Typ
SX	ApJ **115** 25	Vgl. Ref. 111101
	MVS Nr. 150	B, Typ
	TAB (2) Nr. 49	B, Typ
SY	MVS Nr. 132, 150	B, Typ
	TAB (2) Nr. 49	B, Typ
SZ	AJ **57** 259	B, El
	Publ ASP **64** 299	Vgl. Ref. 11103
TT	TAB (2) Nr. 49	B, Typ, Am, El
TY	AN **281** 14	Not
TZ	Desgl.	Not
UU	Desgl.	Not
	ApJ **115** 25	Vgl. Ref. 111101
	VS Bull **9** 83	VS, Not, P, El, CI
UX	AJ **57** 259	B, El
	Publ. Inst. Phys. Riga Nr. **3** (Astr.) S. 73	Ka, O, VS, B, Lk, P, El, Elb
	TAB (2) Nr. 49	B, Typ, Am, El
UY	AN **281** 14	Not
UZ	MVS Nr. 138	B
VX	Mitt. Astr. Obs. Odessa **2** Nr. 2 S. 111	VS, B, Lk, El
YZ	Astr Circ UdSSR Nr. 128 S. 12	B, Not, CI
AC	ApJ **115** 25	Vgl. Ref. 111101
	Astr Circ UdSSR Nr. 128 S. 10	B, El
AE	AN **281** 14	B
AK	AJ **57** 259	B, El
	MVS Nr. 131	B, Typ
AP	VS Bull **9** 75	B, Lk, El
AR	Vgl. Ref. **9207**	EB
DH	VS Bull **9** 67	Lk, Elb
DI	AA(c) **5** 5, 10	B
DY	VS Bull **9** 94	Ka, VS, B, Lk, P, El
HY	VS Bull 8 412	Ka, VS, B
V342	VS Bull **9** 160	Ka, VS, B, Lk, P, El
α	CR **234** 812	Not

Hydra

R	ApJ **116** 18	Vgl. Ref. 111108
	ApJ **116** 21	Vgl. Ref. 111109
S	Astr Circ UdSSR Nr. 124 S. 16	B
T	Desgl.	B
W	ApJ **116** 344	Vgl. Ref. 111111
RT	MVS Nr. 132	B, Typ
RU	Astr Circ UdSSR Nr. 126 S. 23	B
TZ	VS Bull 8 412	Ka, VS, B
UZ	Astr Circ UdSSR Nr. 124 S. 16	B
WW	Astr Circ UdSSR Nr. 124 S. 16	B, El
DF	AJ **57** 63	B
FH	VS Bull 8 412	VS, B
FR	Desgl.	Ka, VS, B

Lacerta

S	MVS Nr. 130, 150	B, Typ
V	VS Bull **9** 115	VS, B, Lk
X	Desgl.	VS, B, Lk, El
Y	Desgl.	Desgl.
Z	Desgl.	VS, B, Lk
RR	Desgl.	VS, B, Lk, El
RZ	AN **281** 14	Not, El
	VS Bull **9** 115	Not
SW	MVS Nr. 131	B, Typ
TV	VS Bull **9** 115	Not
VX	AA(c) **5** 5, 7, 10	B
AR	VS Bull **9** 63	B, Not, P, Elb
AS	VS Bull **9** 166	Ka, VS, B, El
AW	VS Bull **9** 115	VS, B, Lk, P, El
CZ	VS Bull **9** 48	Ka, VS, B, Lk, El
DD	Mitt. Astrophys. Obs. Krim **9** 126	O, VS, B, Typ, Lk, Am, El, CI
DF	VS Bull 8 474	Ka, VS, Lk, El
	VS Bull **9** 115	Ka, VS, B, Lk, P, El
EK	VS Bull 8 470	Ka, O, VS, B, Lk, El
EM	VS Bull **9** 77	Ka, VS, Lk, El
EO	VS Bull **9** 78	Desgl.
12	J RAS Canada **46** 202	VS, B, Not, Lk, Am, El

16	ApJ **116** 81, 99, 106	Vgl. Ref. 111121 111114 111127
	Publ ASP **64** 195	Vgl. Ref. 111129

Leo

R	ApJ **116** 21	Vgl. Ref. 111109
	ApJ **116** 337	Vgl. Ref. 111110
	ApJ **116** 525	Vgl. Ref. 11187
	MVS Nr. 133, 148	B, Typ
V	MVS Nr. 138	B
RY	MVS Nr. 140	B, Not, Typ, Am, El
UV	Contr. Astr. Inst. Brno **1** Nr. 9 S. 17	VS, B, Lk, El, Elb, aD
UZ	TAB (2) Nr. 49	B, Not, Typ, El
XY	AJ **57** 63	B
XZ	Desgl.	B
ZZ	VS Bull **8** 412	VS, B
AB	ApJ **115** 25	Vgl. Ref. 111101
AD	NAZ **6** 38	Typ

Leo minor

R	ApJ **116** 344	Vgl. Ref. 111111
	MVS Nr. 148	B, Typ
T	AA(c) **5** 7	B
W	ApJ **115** 25	Vgl. Ref. 111101

Lepus

RR	Astr Circ UdSSR Nr. 125 S. 12	Not, El
	VS Bull **9** 152	Ka, VS, B, Lk, El

Libra

R	Bull. Astr. Inst. Athen 1952 S. 15	B
S	ApJ **116** 523	Vgl. Ref. 111112
U	MVS Nr. 150	B, Typ
V	Desgl.	B, Typ
Y	Astr Circ UdSSR Nr. 126 S. 23	B
RT	Bull. Astr. Inst. Athen 1952 S. 15	B
RW	ApJ **116** 523	Vgl. Ref. 111112
UU	VS Bull **8** 412	Ka, VS, B, El
UW	ApJ **115** 25	Vgl. Ref. 111101
EH	AJ **57** 64	B, El
δ	MN ASSA **11** 9	Sp

Lupus

U	ApJ **115** 25	Vgl. Ref. 111101

Lyra

W	ApJ **116** 523	Vgl. Ref. 111112
	MVS Nr. 140, 148, 150	B, Typ
	NAT **1952** 67	B, Not
RR	AJ **57** 25	Vgl. Ref. 11170
RV	AA(c) **5** 5, 7	B
RZ	VS Bull **8** 469	B, El
	VS Bull **9** 48	VS, B, Lk, El
TT	AA(c) **5** 7, 10	B
TY	AN **281** 14	B, Not
TZ	AA(c) **5** 5, 7, 10	B
UV	AN **281** 14	Not
UZ	AA(c) **5** 5, 7, 10	B
	MVS Nr. 131	B, Typ
AI	AN **281** 14	B, Not
AQ	Astr Circ UdSSR Nr. 125 S. 11	B, Typ, P, El
	VS Bull **9** 69	Ka, VS, B, Not, Lk, P, El
BT	Mitt. Sternw. Budapest Nr. **30**	Ka, VS, B, Lk, El
EW	AA(c) **5** 5, 7, 10	B
FL	MVS Nr. 131	B, Typ
GG	VS Bull **8** 412	Ka, VS, B
HO	Desgl.	Ka, VS, B, El
MQ	Desgl.	Desgl.

Monoceros

T	Publ ASP **64** 135	Vgl. Ref. 11169
U	ApJ **115** 25	Vgl. Ref. 111101
V	MVS Nr. 132, 150	B, Typ
	TAB (2) Nr. 49	B, Typ
X	ApJ **116** 523	Vgl. Ref. 111112
	MVS Nr. 138	B
RT	Desgl.	B
UX	AA(c) **5** 7	B
AU	TAB (2) Nr. 49	B, Typ, Am, El

BE	VS Bull **9** 94	Ka, VS, B, Not
BO	AA (c) **5** 5, 7	B

Musca

SY	ApJ **115** 133	Vgl. Ref. **9527**

Ophiuchus

U	AA (c) **5** 5, 10	B
X	MVS Nr. 150	B, Typ
	TAB (2) Nr. 49	B, Typ
Z	Astr Circ UdSSR Nr. 132 S. 12	B
	MVS Nr. 140, 148, 150	B, Typ
RT	Astr Circ UdSSR Nr. 132 S. 12	B
	Bull. Astr. Inst. Athen 1952 S. 15	B
RV	Astr Circ UdSSR Nr. 132 S. 12	B
RW	Desgl.	B
RY	MVS Nr. 148, 150	B, Typ
	TAB (2) Nr. 49	B, Typ
SV	Astr Circ UdSSR Nr. 132 S. 12	B
SW	AA (c) **5** 5	B
TT	ApJ **115** 25	Vgl. Ref. **111101**
	VS Bull **9** 7	VS, Not, Lk, P, El, CI
TX	ApJ **115** 25	Vgl. Ref. **111101**
UY	Astr Circ UdSSR Nr. 132 S. 12	B, El
UZ	ApJ **115** 25	Vgl. Ref. **111101**
	VS Bull **9** 7	VS, Not, Lk, P, El, CI
VV	Astr Circ UdSSR Nr. 132 S. 12	B, Not
V374	Desgl.	B
V381	Desgl.	B
V398	Desgl.	B
V439	Mitt. Astr. Obs. Odessa **2** Nr. 2 S. 116	VS, B, Typ, Lk, El
V449	AA (c) **5** 10	B
V451	AJ **57** 259	B, El
	Mem SA It (NS) **23** 225	VS, Lk, Am, P, El
V501	AA (c) **5** 7, 10	B
V564	VS Bull **8** 412	Ka, VS, B, El
V585	Desgl.	Ka, VS, B, P
V744	Astr Circ UdSSR Nr. 132 S. 12	B
V799	AN **281** 14	Not
V835	VS Bull **8** 412	Ka, VS, B, P
V838	Desgl.	Ka, VS, B
χ	ApJ **115** 418 = McDC Nr. **210**	Vgl. Ref. **11185**
	MN ASSA **11** 9	Am, Sp
66	Desgl.	Am, Sp

Orion

S	MVS Nr. 132	B, Typ
T	Sternenwelt **4** 67	Ka, Mon, VS, Sp
U	MVS Nr. 133, 138, 140	B, Typ
	VS Bull **9** 133	Ka, VS, B, Lk, El
Z	TAB (2) Nr. 49	B, Typ, Am, El
RR	MVS Nr. 138	B
VV	AJ **57** 160	Vgl. Ref. **11110**
CP	AA (c) **5** 7	B
CZ	J RAS Canada **46** 151	Not
ET	AA (c) **5** 10	B
FL	Desgl.	B
FO	AA (c) **5** 5	B
FR	AA (c) **5** 5, 7, 10	B
FT	AJ **57** 63	B
GG	AA (c) **5** 7, 10	B
GT	VS Bull **8** 412	Ka, VS, B
V346	Desgl.	Ka, VS, B, P
V350	Desgl.	Ka, VS, B
α	BAA Circ Nr. 332	B
	JO **35** 1	VS, B
ψ	MN ASSA **11** 9	Am, Sp

Pavo

$\varkappa$	MN ASSA **11** 9	Sp
λ	Desgl.	Am, Sp

Pegasus

U	ApJ **115** 14	Vgl. Ref. **11116**
	BAA Circ Nr. 337	Not, Sp
	Publ ASP **64** 200	Vgl. Ref. **11111**
	Sternenwelt **4** 223	Not, Typ, Am, P
V	MVS Nr. 150	B, Typ
Z	MVS Nr. 132, 150	B, Typ
RR	MVS Nr. 150	B, Typ

RU	J RAS Canada **46** 151	Not
	Vgl. Ref. **9207**	EB
RZ	MVS Nr. 150	B, Typ
SS	Desgl.	B, Typ
SX	MVS Nr. 132, 150	B, Typ
TU	MVS Nr. 150	B, Typ
UX	AA(c) **5** 10	B
AG	Ann d'Astrophys **15** 104	Vgl. Ref. 111124
	CR **234** 810	Vgl. Ref. 11183
	MVS Nr. 132	Not, Typ
AT	MVS Nr. 131	B, Typ
AW	VS Bull **9** 57	VS, B, Not, Lk, El
BG	AA(c) **5** 10	B
BN	AA(c) **5** 5, 7, 10	B
CU	AA(c) **5** 10	B
DF	Desgl.	B
DI	AA(c) **5** 5, 7, 10	B
DK	Desgl.	B
DO	VS Bull **9** 155	B, Lk, El
DY	ApJ **116** 382	Vgl. Ref. 11161
	VS Bull **9** 94	B, Lk, El
β	ApJ **115** 183 = Berkeley Repr. Nr. **17**	Vgl. Ref. 111117
	Publ ASP **64** 221	Vgl. Ref. 11197

Perseus

R	MVS Nr. 132	B, Typ
U	TAB (2) Nr. 49	B, Typ
Y	MVS Nr. 148	B, Typ
RR	TAB (2) Nr. 49	B, Typ
RT	AA(c) **5** 5, 7, 10	B
	Bull. Astr. Obs. Stalinabad Nr. **4** S. 3	Ka, VS, B, Not, Lk, El, Elb, Elsb
RV	AA(c) **5** 7, 10	B
RY	AA(c) **5** 7	B
TX	ApJ **115** 25	Vgl. Ref. 111101
UV	J RAS Canada **46** 151	Not
XZ	AA(c) **5** 5, 7, 10	B
ZZ	Mitt. Sternw. Budapest Nr. **31** S. 4	Mon, VS, B, Am, const?

GI	AN **281** 14	Not, CI
β	AA(c) **5** 5, 7, 10	B
	AJ **57** 63	B
	MVS Nr. 131, 140	B, Typ
φ	Mem SA It (NS) **23** 145 = Contr. Oss. Astrofis. Asiago Nr. **24**	Vgl. Ref. 9553
ψ	Mem SA It (NS) **23** 283	Vgl. Ref. 9554

Phoenix

ζ	MN ASSA **11** 9	Sp
ψ	Desgl.	Am, Sp

Pisces

R	MVS Nr. 130, 150	B, Typ
RU	Vgl. Ref. **9207**	EB
SX	AA(c) **5** 5, 7, 10	B

Puppis

V	Sternenwelt **4** 228	VS, Elb, aD
SV	Astr Circ UdSSR Nr. 124 S. 16	B, El
	MVS Nr. 135	B, Am, El
AB	Astr Circ UdSSR Nr. 124 S. 16	B, El
L_2	TAB (2) Nr. 49	B, Typ

Pyxis

SZ	VS Bull **8** 412	VS, B

Sagitta

S	ApJ **115** 25	Vgl. Ref. 111101
	ApJ **116** 348	Vgl. Ref. 11156
	ApJ **116** 369	Vgl. Ref. 11157
	MVS Nr. 131	B, Typ
U	AA(c) **5** 7	B
	MVS Nr. 131, 140	B, Typ
	TAB (2) Nr. 49	B, Typ, Am, El
WW	VS Bull **8** 412	Ka, VS, B, El

Sagittarius

T	ApJ **116** 21	Vgl. Ref. 111109
	MVS Nr. 150	B, Typ
W	MN ASSA **11** 9	Sp
X	Desgl.	Sp
RV	TAB (2) Nr. 49	B, Typ

ST	MVS Nr. 150	B, Typ
VZ	Astr Circ UdSSR Nr. 131 S. 11	B
AO	Astr Circ UdSSR Nr. 132 S. 14	B, Typ, El
AR	ApJ **115** 25	Vgl. Ref. 111101
V370	Ann. Leiden **20** 293	O, VS, B, Typ, El
V380	Desgl.	Desgl.
V446	Desgl.	Ka, O, VS, B, Typ, Lk, El
V449	Desgl.	O, VS, B, Typ, Lk, El
V505	AA(c) **5** 5, 10	B
V675	Ann. Leiden **20** 293	O, VS, B, Typ, Lk, El
V677	Desgl.	Ka, O, VS, B, Typ, Lk, El
V715	Desgl.	Desgl.
μ	MN ASSA **11** 9	Am, Sp
ν	Desgl.	Am, Sp
62	Desgl.	Am, Sp

Scorpius

RZ	ApJ **116** 523	Vgl. Ref. 111112
AI	ApJ **115** 25	Vgl. Ref. 111101
V499	Bull. Astr. Obs. Stalinabad Nr. **6** S. 21	VS, B, Lk, El
α	MN ASSA **11** 9	Am, Sp
μ^1	Desgl.	Am, Sp
σ	AJ **57** 16	Vgl. Ref. 11162
	ApJ **115** 402	Vgl. Ref. 11163
	MN ASSA **11** 9	Am, Sp
ζ^1	Desgl.	Am, Sp

Sculptor

Z	ApJ **116** 654	RG

Scutum

R	ApJ **115** 25	Vgl. Ref. 111101
	MN ASSA **11** 9	Sp
	MVS Nr. 130, 138	B, Typ
RW	Astr Circ UdSSR Nr. 130 S. 9	Am, El
RY	Ann d'Astrophys **15** 12	Vgl. Ref. 11139
FR	VS Bull **8** 412	Ka, VS, B
δ	Mem SA It (NS) **23** 119	Vgl. Ref. 11155
	MN ASSA **11** 9	Am, Sp

Serpens

R	MVS Nr. 134, 148, 150	B, Typ
U	MVS Nr. 138	B
VY	Mitt. Astr. Obs. Odessa **2** Nr. 2 S. 87	B, Lk, P, El
XX	Bull. Astr. Obs. Stalinabad Nr. **2** S. 10	VS, B, Am, El
AM	Desgl.	Ka, VS, B, Am, El
AT	Mitt. Astr. Obs. Odessa **2** Nr. 2 S. 100	VS, B, Lk, El
AV	VS Bull **9** 94	Ka, VS, B, Lk, El
AW	Desgl.	Desgl.
BF	Desgl.	Desgl.
BH	AJ **57** 235	El
CP	VS Bull **8** 412	Ka, VS, B
CR	Mitt. Astr. Obs. Odessa **2** Nr. 2 S. 102	VS, B, Lk, P, El
CW	Mitt. Astr. Obs. Odessa **2** Nr. 2 S. 106	VS, B, Lk, El
χ	NAZ **6** 22	VS, Am, El
	Publ ASP **64** 315	Vgl. Ref. 11190

Sextans

Z	VS Bull **8** 412	VS, B, El
RR	Desgl.	VS, B

Taurus

R	MVS Nr. 138, 142, 150	B, Typ, El
V	MVS Nr. 132, 148, 150	B, Typ
W	MVS Nr. 141	B, Not, Typ, P
RV	ApJ **115** 25	Vgl. Ref. 111101
	Astr Circ UdSSR Nr. 131 S. 8	Vgl. Ref. 111132

RW	AA(c) **5** 5, 7, 10	B
SU	J RAS Canada **46** 151	Not
SV	AA(c) **5** 7	B
WW	ApJ **115** 25	Vgl. Ref. 111101
AB	MVS Nr. 134	B, Not, El
	TAB (2) Nr. **49**	B, Typ
AL	AA(c) **5** 5, 7, 10	B
AM	TAB (2) Nr. **49**	B, Typ, Am, El
CF	AA(c) **5** 7	B
EU	VS Bull **9** 36	Ka, VS, B, Lk, El

Triangulum

R	MVS Nr. 148	B, Typ
X	AA(c) **5** 7, 10	B
	Astr Circ UdSSR Nr. 122 S. 7	B
	MVS Nr. 131	B, Typ

Ursa major

R	MVS Nr. 130, 134, 148, 150	B, Typ
S	ApJ **116** 21	Vgl. Ref. 111109
	MVS Nr. 132, 134, 148	B, Typ
T	MVS Nr. 132, 140, 148	B, Typ
RY	MVS Nr. 138	B
SV	ApJ **115** 25	Vgl. Ref. 111101
SW	NAZ **6** 38	O, B, Typ
	ZfA **31** 123	Vgl. Ref. 111131
SX	VS Bull 8 461	B, Lk, P, El
TU	MVS Nr. 130	Lk, El
	Vgl. Ref. **9207**	EB
UX	BSAF **66** 360	Typ, P
	Urania Kopenhagen 8 133	Not
WX	NAZ **6** 38	Typ

Ursa minor

S	MVS Nr. 130, 150	B, Typ
U	MVS Nr. 148	B, Typ

Vela

S	ApJ **116** 35	Vgl. Ref. 11135
AI	BAN **11** 421	Vgl. Ref. 11175
	Publ. Obs. Astr. Ciudad Eva Peron Circ. Nr. **11** S. 15	O, VS, B, Not, Lk, P
	Sternenwelt **4** 67	O, Mon, Not

Virgo

R	MVS Nr. 133, 138, 148	B, Typ
S	Astr Circ UdSSR Nr. 126 S. 23	B
	MVS Nr. 138	B
U	MVS Nr. 133, 138	B, Typ
V	Astr Circ UdSSR Nr. 126 S. 23	B
W	AJ **57** 158	Vgl. Ref. 11149
	ApJ **116** 331	Vgl. Ref. 11168
	Publ ASP **64** 135	Vgl. Ref. 11169
Z	Astr Circ UdSSR Nr. 126 S. 23	B
RS	MVS Nr. 138	B
SX	MVS Nr. 137	B, Not, Am, El
	VS Bull 8 412	VS, B, P
UY	MVS Nr. 141	B, Typ, Am, P, El
VY	Astr Circ UdSSR Nr. 126 S. 23	B
AL	Bull. Astr. Obs. Stalinabad Nr. **4** S. 26	VS, B, Lk, Am, El
AY	MVS Nr. 138, 150	B, Typ
BC	VS Bull **9** 94	Ka, VS, B, Lk
BF	BAN **11** 499	Vgl. Ref. 11115
BZ	VS Bull 8 412	VS, B, El
CL	Desgl.	VS, B
CQ	Desgl.	VS, B
CR	Desgl.	VS, B, P

Vulpecula

R	Astr Circ UdSSR Nr. 126 S. 23	B
	MVS Nr. 130, 134, 138, 148, 150	B, Typ
	TAB (2) Nr. 49	B, Typ
S	ApJ **115** 25	Vgl. Ref. 111101
U	MVS Nr. 131	B, Typ
	VS Bull **9** 164	Ka, VS, B, Lk, El

V	ApJ 115 25	Vgl. Ref. 111101
	VS Bull 9 7	VS, Not, Lk P, El, CI
W	TAB (2) Nr. 49	B, Typ
Z	AA(c) 5 5, 7, 10	B
	TAB (2) Nr. 49	B, Typ, Am, El
RS	AA(c) 5 5, 7	B
	Publ. David Dunlap Obs. 2 1	Vgl. Ref. 11101
RU	Astr Circ UdSSR Nr. 126 S. 23	B
	MVS Nr. 138, 150	B, Typ
SV	Publ ASP 64 135	Vgl. Ref. 11169
WW	AN 281 14	Not
AT	TAB (2) Nr. 49	B, Typ, Am, El
AV	Mitt. Sternw. Budapest Nr. 31	B, Typ, Lk
BE	AA(c) 5 5, 7, 10	B
	TAB (2) Nr. 49	B, Typ, Am, El
BO	AA(c) 5 10	B
	AJ 57 63	B
BU	TAB (2) Nr. 49	B, Typ, Am, El
BW	Mitt. Astrophys. Obs. Krim 9 135	B, Typ, Lk, El, CI

11245. Veränderliche Sterne mit provisorischer Bezeichnung

50.1929	MVS Nr. 143/144	B, Not, Typ
8.1930	MVS Nr. 135	Not, Typ ?, Am
265.1930	Desgl.	B, Not, Typ, El, Sp
35.1931	MVS Nr. 142	B, Not, Typ, El
74.1931	MVS Nr. 145	VS, B, Not, Typ, El
152.1932	MVS Nr. 139	B, Typ, Am, El, Sp
159.1932	Desgl.	B, Not, Am, El
161.1932	MVS Nr. 135	B, Am, El
171.1932	MVS Nr. 141	B, Not, Typ, El
200.1932	MVS Nr. 146	VS, Ka, El
205.1932	VS Bull 8 412	VS, B
46.1933	MVS Nr. 135	Not, Typ, Am
335.1933	MVS Nr. 134	B, Not, Am, El
374.1933	Astr Circ UdSSR Nr. 122 S. 6	const
375.1933	Desgl.	Am
385.1933	Desgl.	Not
386.1933	Desgl.	Typ, El
711.1933	Desgl.	Not
274.1934	AA(c) 5 7, 10	B
280.1934	MVS Nr. 139	VS, B, Not, Typ, Sp
284.1934	Astr Circ UdSSR Nr. 126 S. 24	Typ
286.1934	AA(c) 5 7	B
288.1934	Astr Circ UdSSR Nr. 126 S. 24	Typ
349.1934	VS Bull 8 412	VS, B
422.1934	MVS Nr. 134	B, Not, Am, El
508.1934	AN 281 14	Not
220.1935	Astr Circ UdSSR Nr. 128 S. 13	Typ, El
998.1935	= BD +57°1688	
121.1936*)	Astr Circ UdSSR Nr. 125 S. 10	B, Typ, El
434.1936	Astr Circ UdSSR Nr. 122 S. 6	Not
369.1943	Desgl.	B, Am
	Astr Circ UdSSR Nr. 124 S. 16	B, El
370.1943	Astr Circ UdSSR Nr. 122 S. 6	Not
377.1943	Desgl.	Not

*) Druckfehler: Kann auch 121.1935 heißen.

11246. Veränderliche BD-Sterne

BD		
+66°213	= ι Cas	
60 2613	DOB **5** Nr. 1 Fasc. 1, 1 S.	An, Ka, O
	NAZ **6** 2	B, Not
	PAT **33** 71	An, O, CI
57 1688	AN **281** 14	Not
57 1691	= ST Dra	
54 2425	= HD 199908	
53 780	AN **281** 14	Not
53 2486	Desgl.	const
52 1528	Bull. Obs. Astr. Belgrade 8—**13** 13	Vgl. Ref. 111118
48 1136	AN **281** 14	Not
46 4102	NAZ **6** 22	Not, Typ
43 1850	AN **281** 14	Not
43 2314	MVS Nr. 132	O, B, Typ
41 1976	Desgl.	O, Typ, El
40 4215	AN **281** 14	const
39 886	Desgl.	Not
39 3587	Astr Circ UdSSR Nr. 126 S. 24	Am
39 4072	NAZ **6** 26	Not
+33 1008	NAZ **6** 22	Not, Am

BD		
+33°3084	Astr Circ UdSSR Nr. 126 S. 24	Not
31 1380	= SY Gem	
31 1943	MVS Nr. 132	O, Typ, El
29 3593	Desgl.	Desgl.
20 2465	Publ ASP **64** 129	Vgl. Ref. 111103
	Sterne **28** 243	Not, Sp, Par
16 3696	AN **281** 14	Not, CI
14 117	MVS Nr. 138	const
14 1631	AN **281** 14	Not
12 4969	Desgl.	const
4 190	Desgl.	Not
+ 4 1496	BSAF **66** 389	Ka, O, B, Not, Am
	DOB **5** Nr. 2 Fasc. 1, 2 S.	An, Ka, O, VS
	NAZ **6** 1	O, B, C
	UAI Circ 1341	O, B, C
− 0 1911	AN **281** 14	Not
0 2911	= EH Lib	
7 5169	AN **281** 14	Not
−20 6359	Desgl.	Not

11247. Veränderliche CPD-Sterne

CPD		
− 31°5274	Ann. Leiden **20** 293	O, VS, B, Typ, Lk, El
− 50 2808	= S 4922 (?)	
−60°3278	ApJ **115** 578	Vgl. Ref. 9558
	Coelum **20** 20	Vgl. Ref. 11144
	Sky and Telescope **11** 112	Not, Lk

11248. Veränderliche HD-Sterne

HD		
22649	ApJ **116** 21	Vgl. Ref. 111109
190786	= V 477 Cyg	
199908	Publ ASP **64** 192	Vgl. Ref. 11174
223065	Harv Bull Nr. **921** S. 6	Sp
	Publ ASP **64** 31	Vgl. Ref. 11153
223065	Publ ASP **64** 305	Vgl. Ref. 11154
	Sky and Telescope **11** 112	Not, P
	Urania Kopenhagen **9** 42	Typ, P, Sp, EB
228854	= V 382 Cyg	

11249. Prager-Sterne

Pr		
16	= 152.1932	
25	= BD +14°117	
53	= 159.1932	
122	AN **281** 14	Not

Pr	
189	= 171.1932
313	= 35.1931
315	= 50.1929
575	= 200.1932

Pr	
601	= 74.1931
2789	= 280.1934
4101	= BD +57°1688
5735	= 508.1934

11250. SVS-Sterne

SVS		
344	Astr Circ UdSSR Nr. 125 S. 13	Not, const?
395	Astr Circ UdSSR Nr. 122 S. 6	Am
481	= V 457 Cyg	
579	VS Bull 8 412	Ka, VS, B
640	Astr Circ UdSSR Nr. 122 S. 6	Not
644	Desgl.	Not
645	Desgl.	const
680	= V 702 Cyg	
684	Astr Circ UdSSR Nr. 125 S. 13	El

SVS		
894	= DN Cep	
944	= S 4787	
982	= V 709 Cyg	
984	Astr Circ UdSSR Nr. 124 S. 17	Typ(?), Am, El
985	Desgl.	Typ, Am, El
987	Desgl.	B, Typ (?), Am
990	Astr Circ UdSSR Nr. 125 S. 10	B, El
995	AJ 57 259	B, El
1009	= 50.1929	

11251. Zinner-Sterne

Zi		
35	AN 281 14	Not
290	GI Per	
680	= BD - 0°1911	

Zi		
1808	= OW Aql	
1911	AN 281 14	Not, CI
1930	NAZ 6 2	B

11252. Sonstige Veränderliche

Äqu. 1855

$0^h\ 39^m.8$	+52° 47′	NAZ 6 18	An, Not
5 26 $13^s.9$	+ 1 50.5	Harv Bull Nr. 921 S. 5	Vgl. Ref. 11195
7 46 10.7	− 0 27 $14''.6$	AN 281 14	Not
7 49 0	− 0 20 43	Desgl.	Not, P
8 51 29	+42 25	Desgl.	Not
17 42 30.4	+ 4 31 29.3	Desgl.	Not
18 46 47.0	+24 47.0	Desgl.	Not
18 47 9.3	+24 53 21.1	Desgl.	Not
18 47 27	+24 37.1	Desgl.	Not
19 14 49.7	+15 14 35	Desgl.	Not, P
19 21 40	+48 9 23.3	Desgl.	Not
19 34 29.2	+54 29 16.1	Desgl.	Not
19 34 43.3	+54 25 6.3	Desgl.	Not
21 23 42	+41 23 42	Desgl.	Not
21 40 11	+50 40	Desgl.	B

Äqu. 1900

$8^h\ 4^m\ 48^s.33$	+28° 26′ $15''.2$	UAI Circ 1382	An, B
15 11.0	+18 58	AJ 57 235	An, B, Lk, El
19 9 56.6	+29 47.3	Mitt. Sternw. Budapest Nr. 30	Ka, VS, B, Lk, El
19 12 37.2	+30 28.5	Desgl.	Desgl.
19 56 10.98	+36 0 14.1	AJ 56 206	An, Ka, VS, B, Typ, P

$20^h\ 13^m\ 26^s$	+38° 49.9	AJ **56** 206	An, Ka, VS, Typ, P
20 18 48.79	+ 0 37 24″9	UAI Circ 1379	An, B
20 19 14.93	+ 1 53 29.9	Desgl.	An, B
20 24 15.52	+ 0 30 52.7	BSAF **66** 360	An, B
		MVS Nr. 153	An, O, B, Typ, Lk, P
		UAI Circ 1368	An, B
20 27 31	+38 27.4	AJ **56** 206	An, Ka, VS, Typ, P
20 28 3.82	+ 4 2 49.9	UAI Circ 1379	An, B
20 34 5	+30 8.0	AJ **56** 206	An, Ka, VS, Typ, P
20 35 24.91	+ 3 53 59.8	UAI Circ 1379	An, B
23 4 0	+60 40	AJ **57** 259	An, B, Typ, Am, El
23 4 0	+60 14	NAZvM Nr. 165, NAZ **6** 29	An, Typ, Am, El

AG Cbr M 1882	AN **281** 14	Not
Fl 80e Psc	= BD +4°190	
KVVS 1420	= 205.1932	
KVVS 2627	Astr Circ UdSSR Nr. 132 S. 14	Not
KVVS 2983	Astr Circ UdSSR Nr. 132 S. 12	Not, Typ
KVVS 3031	Desgl.	Not, Typ
KVVS 3046	Desgl.	Not, Typ
KVVS 3049	Desgl.	Not, Typ
KVVS 3395	= SVS 579	
KVVS 3531	Astr Circ UdSSR Nr. 132 S. 12	B, Not, Typ
KVVS 3793	Astr Circ UdSSR Nr. 132 S. 14	Not
KVVS 3801	Astr Circ UdSSR Nr. 131 S. 12	Not
KVVS 4006	Astr Circ UdSSR Nr. 132 S. 14	Not
KVVS 4088	Astr Circ UdSSR Nr. 131 S. 12	Not
KVVS 4113	Desgl.	Not
KVVS 4154	Desgl.	Am, El
KVVS 4154	Bull.Astr.Obs. Stalinabad Nr. **5** S. 22	Ka, VS, B, Lk, El
KVVS 4366	Astr Circ UdSSR Nr. 131 S. 12	Not
KVVS 4515	Astr Circ UdSSR Nr. 132 S. 14	B, Typ, El
KVVS 4526	Desgl.	Desgl.
KVVS 4843	Desgl.	Desgl.
KVVS 5027	= 369.1943	
KVVS 5115	Astr Circ UdSSR Nr. 131 S. 12	Not
KVVS 5452	Desgl.	Not
KVVS 5524	Astr Circ UdSSR Nr. 132 S. 14	Not
KVVS 5570	Desgl.	B, Not, Typ
KVVS 101063	= 349.1934	
L 726—8	= UV Cet	
RC 4627	NAZ **6** 26	Not
RC 4629	Desgl.	Not
S 4498	Astr Circ UdSSR Nr. 122 S. 6	B
S 4511	Desgl.	Am
S 4778	Astr Circ UdSSR Nr. 128 S. 11	B, Am, El
S 4781	Astr Circ UdSSR Nr. 129 S. 6	B, El
S 4787	MVS Nr. 132	O, Typ
Var. 2 (Leiden Ann **20** Nr. 5)	= S 4046	

Var. 3 (Leiden Ann 20 Nr. 7)	= S 4910	Var. 19 (Leiden Ann 20 Nr. 7)	= S 4914
Var. 14 (Leiden Ann 20 Nr. 5)	= S 3998	Var. 23 (Leiden Ann 20 Nr. 7)	= S 4920

11253. Veränderliche Sterne. Verzeichnis der Beobachter und Berechner

A. Abt
P. Ahnert
J. Albarracin
C. J. Albo
L. H. Aller
S. Arend
T. A. Asarnowa
J. Ashbrook
H. Auzinger
H. W. Babcock
R. L. Baglow
K. Bahner
J. Balázs
M. K. V. Bappu
T. J. Bartlett
A. A. Batyrew
D. Belorizky
M. Beyer
W. P. Bidelman
M. Bloch
R. D. Bolokadse
R. A. Bozula
V. Buhl
E. M. Burbidge
G. R. Burbidge
S. Burd
W. Buscombe
P. N. Cholopow
A. Colacevich
A. W. J. Cousins
H. Daene
P. Darnell
G. Darsenius
L. Detre
R. Deurinck
A. J. Deutsch
B. A. Dragomirezkaja
R. L. Drejsin
M. Edelberg
O. J. Eggen
M. Eriksson
A. J. Filin
G. Flörsch
J. E. Focas
R. Fogelquist
A. Fokin
M. G. Fracastoro
J. Friends
Y. Fujita
W. Götz
W. H. Grasberger
W. Grigorewskij
I. Guman
O. Günther
M. Hack
R. Hardie
K. G. Henize
G. H. Herbig
T. Herczeg
D. Hoffleit
C. Hoffmeister
A. van Hoof
H. G. Horak
J. A. Horikx
J. Houby
J. C. Howard jr.
C. M. Huffer
M. Huruhata
H. Huth
K. Jaakola
C. O. R. Jaschek
J. I. Jefremow
G. E. Jerleksowa
A. H. Joy
S. Kaho
J. T. Kapko
S. Kierulff
R. Kippenhahn
L. A. Klepikowa
Z. Kopal
J. de Kort
R. P. Kraft
E. N. Kramer
G. E. Kron
B. W. Kukarkin
N. P. Kukarkina
R. Kumajgorodskaja
S. M. Kung
I. A. Kurzemnieze
G. G. Kusmin
K. K. Kwee
R. LaFara
G. Larsson-Leander
R. Lehmann
E. M. Lejbowitsch
F. Lenouvel
R. D. Levee
W. Liller
A. P. Linnell
M. Lovas
F. I. Lukazkaja
E. Makarenko
G. Mannino
E. E. Mason
M. W. Mayall
A. McKellar
D. B. McLaughlin
D. H. McNamara
P. W. Merrill
N. A. Møller-Nicolaisen
A. Moncibowycz
J. H. Moore
P. Muller
Musafarow
S. W. Nekrassowa
A. Nielsen
H. Niemann
W. B. Nikonow
E. K. Nikonowa
W. B. Nowopaschenny
D. J. K. O'Connell
G. J. Odgers
O. K. Odynskaja
P. T. Oosterhoff
M. Orlow
V. Oskanjan
P. P. Parenago
J. A. Pearce
H. N. Pedersen
L. Perek
N. B. Perowa
E. V. Petersen
R. M. Petrie
J. G. Phillips
K. Pilowski
H. Poehnitzsch
E. Pohl
A. E. Prichodko
M. Protitch
G. Righini
F. E. Roach
G. Romano
P. E. Roques
G. Rougier

§ 113

Novae, Supernovae

* * **C. S. Beals, J. A. Rottenberg,** Celestial emission-line objects of early type. Vgl. Ref. **9504**.

11301. **C. Bertaud,** Les novae. BSAF **66** 227—231, 281—285, mit 6 Fig.

11302. **M. Beyer,** Visuelle Helligkeitsbeobachtungen von Neuen Sternen. AN **280** 273—281, mit 2 Abb. = Mitt. Sternw. Hamburg-Bergedorf Nr. 84. — Zahlreiche visuelle Helligkeitsbeobachtungen, die zum Teil auch mit Farbfiltern an den fünf Novae WZ Sge, CT Ser, V 465 Cyg, EU Sct und DK Lac angestellt wurden, liefern zuverlässige Aufschlüsse über den Verlauf der Lichtabnahme dieser Sterne. Die Filterbeobachtungen spiegeln die spektralen Veränderungen bei der Entwicklung zum Nebelstadium wider und lassen bemerkenswerte Beziehungen zwischen Färbung und Helligkeit erkennen. Verf.

11303. **I. M. Kopylow,** Entfernungen und Leuchtkräfte einiger Novae. Mitt. Astrophys. Obs. Krim **9** 116—122, mit 1 Abb. (russisch). — Ref. in Astr. News Letter Nr. **71** S. 4, Sternenwelt **5** 67. — Unter Berücksichtigung der interstellaren Absorption werden Entfernungen und Leuchtkräfte von 15 Novae bestimmt. Für schnelle Novae ist die mittlere Leuchtkraft im Maximum -10^m, für langsame vom Typ Nova Her 1934 -6^m. Die von McLaughlin gefundene Beziehung zwischen Novahelligkeit im Maximum und Schnelligkeit des Helligkeitsabfalles wird verbessert: $M = -13^m.8 + 3^m.7 \lg t_3$. Verf. (übersetzt)

11304. **A. I. Lebedinskij,** Die Geschwindigkeiten der von den Novae ausgeschleuderten Hüllen. AJ UdSSR **31** 135—143, mit 3 Abb. (russisch). — Ref. in Astr. News Letter Nr. **67** S. 7—8. — Beim Aufleuchten einer Nova erfolgt eine plötzliche Energieabgabe in ihrem Innern. Die Übertragung dieser Energie aus dem Innern an die Oberfläche des Sterns vollzieht sich durch eine Stoßwelle im Verlaufe von größenordnungsmäßig zehn Minuten. Die Welle, die aus dichteren Schichten in die weniger dichten periphären dringt, bewegt sich beschleunigt und erreicht die Oberfläche des Sterns mit einer Geschwindigkeit, die die Schallgeschwindigkeit im Gebiet der Energieerzeugung mehrfach übersteigt. Diese Geschwindigkeit übersteigt die parabolische an der Sternoberfläche, und deshalb lösen sich, sobald die Welle die Oberfläche erreicht hat, Gase

ab, das heißt, es erfolgt der Auswurf einer Hülle. Die Asymmetrie der von einigen Novae ausgeschleuderten Hüllen kann dadurch erklärt werden, daß das Energieabgabegebiet der Nova eine Kugelschale mit einem dem Sternradius vergleichbaren Durchmesser ist. Diese Hypothese ist vom Verf. 1946 aufgestellt worden. Im vorliegenden Artikel ist ihre quantitative Begründung gegeben.
Verf. (übersetzt)

11305. Entdeckung von vier Novae innert 56 Tagen im Schützen und Skorpion. Orion Schaffhausen **3** **444.**

Beobachtungen einzelner Novae

Die in Klammern beigefügten Abkürzungen bedeuten:

An	Anzeige	Not	Notiz
CI	Farbenindex	O	Ort
H	Helligkeit	Sp	Spektrum
Ka	Karte	VS	Vergleichssterne
Lk	Lichtkurve		

11306. Nova V 603 Aquilae (1918)

Beobachtung: AAVSO Quarterly Rep. Nr. **9** S. 33, Nr. **10** S. 29, Nr. **11** S. 29, Nr. **12** S. 31, Nr. **13** S. 31, Nr. **14** S. 27, Nr. **15** S. 29 (H). Astr Circ UdSSR Nr. 130 S. 9 (H).

D. B. McLaughlin, The variable profiles of emission bands of Nova Aquilae 1918. AJ **57** 162—163. — Ref. AAS. — Ref. in Sky and Telescope **12** 12, mit 1 Fig.

11307. Nova V 841 Aquilae (1951)

Beobachtung: Harv Bull Nr. **921** S. 4—5, mit 1 Fig. (Lk, Not).

11308. Nova Aquilae (1952)

Beobachtung: Harv Bull Nr. **921** S. 27—28 (B, Lk, Not).

11309. Nova SU Arietis (1854)

Beobachtung: Harv Ann **118** 131 (H).

11310. Nova SV Arietis (1905)

Beobachtung: Harv Ann **118** 131 (H).

11311. Nova Eta Carinae (1843)

Beobachtung: DOB **5** Nr. 4 Fasc. 1, 1 S. (Not), Nr. 5 Fasc. 1, 2 S. mit 1 Fig. Sky and Telescope **11** 218 (Not). UAI Circ 1348 (H).

G. de Vaucouleurs, The wonder star: Eta Carinae. Leaflet ASP Nr. 281, 8 S. mit 1 Fig. — Ref. in JBAA **63** 87—88, NAT **1952** 142—143.

G. de Vaucouleurs, O. J. Eggen, The brightening of η Carinae. Publ ASP **64** 185—190, mit 3 Fig. — Aus Anlaß einer neuen Helligkeitszunahme von η Car werden neu beobachtete Helligkeiten von Vergleichsternen mitgeteilt und in Abbildungen Suchkarten für diese Sterne sowie Beobachtungen von η Car aus Febr./März 1952 und die Lichtkurve von η Car 1871—1952 gegeben.
O. G.

C. A. Whitney, The spectrum of Eta Carinae in 1893. Harv Bull Nr. **921** S. 8—14. — Objektivprismenspektren von η Car aus den Jahren 1892—1903 werden neu bearbeitet. Mehr als 100 Absorptionslinien neutraler und ionisierter Elemente werden identifiziert. Die Absorptionslinien haben eine Dopplerverschiebung von -180 ± 40 km/sec gegenüber den Waserstoffemissisonen. Groth

Phys. Blätter 8 413. Neuerliche Explosion eines bekannten Sterns. — η Car. Sternenwelt **4** 28—29. Die Helligkeit von η Carinae. — Ref. der in AJB **51** Ref. **11318** zitierten Arbeit von C. Bertaud.

11312. **Nova B Cassiopejae (1572)**

K. Fischer, Nova Cassiopejae A. D. 1572. RH **33** 164 (tschechisch).

11313. **Nova T Coronae Borealis (1866)**

Beobachtung: Mem SA It (NS) **23** 115—117 = Pubbl. Oss. Astr. Univ. Bologna **5** Nr. 21 (VS, H).

11314. **Nova P Cygni (1600)**

Beobachtung: AAVSO Quarterly Rep. Nr. **9** S. 41, Nr. **10** S. 36, Nr. **11** S. 31, Nr. **12** S. 35, Nr. **13** S. 40, Nr. **14** S. 32, Nr. **15** S. 31 (H). VS Bull **9** 150 (CI, H, Not, VS).

C. Schalén, The intensity distribution in the spectrum of P Cygni. Ark Astr **1** 301—307, mit 3 Fig. = Uppsala Astr. Obs. Medd. Nr. **105**. — Die Helligkeitsdifferenzen Δm_λ zwischen P Cyg und rotverfärbten B-Sternen in seiner Umgebung zeigen eine bemerkenswerte Konstanz von 6350 bis 4000 Å. Die Rotverfärbung von P Cyg ist wahrscheinlich zum größten Teil auf interstellare Absorption zurückzuführen. Nach Berücksichtigung dieses Effektes bleibt eine leichte Rötung im visuellen Spektralbereich übrig, während die Intensitätsverteilung im Photographischen fast die gleiche ist wie die der geröteten B-Sterne. Verf. (übersetzt)

11315. **Nova V 476 Cygni (1920)**

Beobachtung: AAVSO Quarterly Rep. Nr. **9** S. 40, Nr. **10** S. 34, Nr. **11** S. 30, Nr. **12** S. 34, Nr. **13** S. 38, Nr. **14** S. 31, Nr. **15** S. 31 (H). Harv Ann **118** 147 (H).

11316. **Nova V 465 Cygni (1948)**

Beobachtung: AAVSO Quarterly Rep. Nr. **9** S. 39 (H). AN **280** 273 = Mitt. Sternw. Hamburg-Bergedorf Nr. **84** (CI, H, Lk, VS). Mem SA It (NS) **23** 109—113, mit 2 Aufnahmen auf Tafel II = Pubbl. Oss. Astr. Univ. Bologna **5** Nr. 21 (H).

11317. **Nova DM Geminorum (1903)**

Beobachtung: Harv Ann **118** 111 (H).

11318. **Nova DN Geminorum (1912)**

Beobachtung: Harv Ann **118** 111 (H).

11319. **Nova DQ Herculis (1934)**

I. N. Minin, Die Veränderung der Elektronentemperatur in Sternhüllen beim Fehlen des Strahlungsgleichgewichts. Vgl. Ref. **5124**.

P. Swings, P. D. Jose, The spectrum of Nova DQ Herculis (1934) in 1950. ApJ **116** 229—231 = Inst. d'Astrophys. Univ. Liège Mém. 8° Nr. **346** = Contr. McDonald Obs. Nr. **211**. — Ref. in Sternenwelt **5** 23. — Spektrogramme der Nova DQ Herculis (1934) vom Mai und Oktober 1950 zeigen, daß sich die starken Änderungen im Spektrum, die zwischen 1942 und 1949 eingetreten sind, fortgesetzt haben. Verf. beschreiben die Änderungen der Intensität zahlreicher Emissionslinien und des Kontinuums. Trotz der weitergegangenen Entwicklung des Spektrums hat sich die Expansionsgeschwindigkeit der Novahüllen nicht geändert. Micz.

11820. Nova DI Lacertae (1910)
Beobachtung: Harv Ann **118** 205 (H).

11821. Nova CP Lacertae (1936)
Beobachtung: AAVSO Quarterly Rep. Nr. **9** S. 46, Nr. **10** S. 41, Nr. **11** S. 33, Nr. **12** S. 38, Nr. **13** S. 45, Nr. **14** S. 37 (H).

11822. Nova DK Lacertae (1950)
Beobachtung: AAVSO Quarterly Rep. Nr. **15** S. 36 (H). AN **280** 273 = Mitt. Sternw. Hamburg-Bergedorf Nr. **84** (CI, H, Lk, VS). Bull. Astr. Obs. Stalinabad Nr. **1** S. 5—14, mit 2 Abb. (CI, H, Ka, Lk, O, VS). JO **35** 108—112, mit 2 Fig. (H, Ka, Lk, VS). MVS Nr. 131 (H, VS). Sterne **28** 243—245, mit 1 Abb. (H, Lk, Not, Sp).
G. Larsson-Leander, Ljuskurvan för Nova Lacertae 1950. PAT **33** 70—71, mit 2 Fig.

11823. Nova HR Lyrae (1919)
Beobachtung: Harv Ann **118** 71 (H). Mem SA It (NS) **23** 109—113 = Pubbl. Oss. Astr. Univ. Bologna **5** Nr. 21 (VS, H).

11824. Nova Monocerotis Nr. 1 (1918)
Beobachtung: Harv Ann **118** 5 (H).

11825. Nova RS Ophiuchi (1901)
Beobachtung: AAVSO Quarterly Rep. Nr. **9** S. 28, Nr. **10** S. 25, Nr. **11** S. 29, Nr. **12** S. 29, Nr. **13** S. 26, Nr. **14** S. 46, Nr. **15** S. 28 (H).

11826. Novaähnliches Objekt in Ophiuchus (1952)
Entdeckung: B. Iriarte, Tonantzintla, 1952 Aug. 22.
Beobachtung: Astr Circ UdSSR Nr. 130 S. 3 (Not). Gaz astr **34** 60 (An, Not). Harv Card 1187 (An, Sp). NAT **1952** 111 (An, H, O). NAZvM Nr. 164 (An). NAZ **6** 29 (An, Sp). Orion Schaffhausen **4** 36 (An, H, Sp). UAI Circ 1371 (An, Sp).

11827. Nova V 794 Orionis (1939)
Beobachtung: Gaz astr **34** 55—56 (H, VS).

11828. Nova GK Persei (1901)
Beobachtung: AAVSO Quarterly Rep. Nr. **9** S. 5, Nr. **10** S. 8, Nr. **11** S. 8, Nr. **12** S. 3, Nr. **13** S. 6, Nr. **14** S. 9, Nr. **15** S. 5 (H).
L. Rosino, L'inviluppo nebulare attorno alla Nova Persei 1901. Mem SA It (NS) **23** 91—100, mit 1 Fig. und 5 Aufnahmen = Pubbl. Oss. Astr. Univ. Bologna **5** Nr. 19. — Beschreibung und Ergebnisse von Filteraufnahmen am 60 cm-Zeiss-Reflektor von Lojano. Die Nebelhülle expandiert, wobei die einzelnen Kerne verschiedene Geschwindigkeiten zu haben scheinen. Die ungefähre Entfernung beträgt 500 pc. F. Z.

11829. Nova CP Puppis (1942)
Beobachtung: AAVSO Quarterly Rep. Nr. **9** S. 6, Nr. **10** S. 14, Nr. **11** S. 18, Nr. **12** S. 8, Nr. **13** S. 9, Nr. **14** S. 17, Nr. **15** S. 14 (H).

11830. Nova WY Sagittae (1783)
Beobachtung: Harv Ann **118** 71 (H).

11331. Nova WZ Sagittae (1913)
Beobachtung: AN **280** 273 = Mitt. Sternw. Hamburg-Bergedorf Nr. 84 (VS, H). Harv Ann **118** 53 (H). Mem SA It (NS) **23** 109—113 = Pubbl. Oss. Astr. Univ. Bologna **5** Nr. 21 (H).

11332. Nova V 1174 Sagittarii (1952)
Entdeckung: G. Haro, Tonantzintla, 1952 Febr. 21.
Beobachtung: BAA Circ Nr. 331 (An, O), Nr. 332 (O). Bol. Obs. Tonantzintla y Tacubaya Nr. **5**, 4 S. mit 1 Fig. (H, Lk). BSAF **66** 83 (An, O, Sp). Coelum **20** 90 (An). Gaz astr **34** 60 (An). Harv Card 1166 (An, Sp), 1172 (H). MN ASSA **11** 51—52 (Sp). NAT **1952** 72 (An, H, O). NAZ **6** 8 (An, Sp). Orion Schaffhausen **3** 406, **444** (An, Sp). UAI Circ 1347 (An, Sp), 1354 (H). Urania Kopenhagen **9** 42 (An).

11333. Nova V 1175 Sagittarii (1952)
Entdeckung: G. Haro, Tonantzintla, 1952 März 29.
Beobachtung: Astr Circ UdSSR Nr. 125 S. 1 (An). BAA Circ Nr. 332 (An, O). BSAF **66** 170 (An, Sp). Coelum **20** 90 (An). Gaz astr **34** 60—61 (An). Harv Card 1172 (An, Sp). NAT **1952** 72 (An, H, O). NAZvM Nr. 144 (An). Orion Schaffhausen **3** **444** (An). UAI Circ 1353 (An), 1354 (H, Sp).

11334. Nova V 720 Scorpii (1950)
J. Sahade, J. L. Dessy, The spectrum of Nova Scorpii 1950 II on August 16, 1950. ApJ **115** 579—580, mit 1 Fig. = Obs. Cordoba Tirada Aparte Nr. **54**. — Beschreibung des Spektrums der Nova Scorpii 1950 II im August 1950.

11335. Nova V 722 Scorpii (1952)
Entdeckung: G. Haro, Tonantzintla, 1952 März 10.
Beobachtung: Astr Circ UdSSR Nr. 125 S. 1 (An). BAA Circ Nr. 332 (An, O). Bol. Obs. Tonantzintla y Tacubaya Nr. **5**, 4 S. mit 1 Fig. (H, Lk). BSAF **66** 126 (An, O). Coelum **20** 90 (An). Gaz astr **34** 60 (An). Harv Card 1167 (An, H), 1172 (H). NAT **1952** 72 (An, H, O). Orion Schaffhausen **3** 406, **444** (An). UAI Circ 1349 (An), 1354 (H).

11336. Nova V 723 Scorpii (1952)
Entdeckung: A. W. Solowjow, Stalinabad, 1952 Aug. 11.
Beobachtung: Astr Circ UdSSR Nr. 129 S. 1 (An), Nr. 130 S. 3—4 (H, O). BAA Circ Nr. 336 (An, O). BSAF **66** 359 (An), 404 (H, Not). Coelum **20** 155 (An). Gaz astr **34** 60 (An, Not). Harv Card 1184 (An). MN ASSA **11** 108 (An, H, O, VS). NAT **1952** 110—111 (An, H, O). NAZ **6** 29 (An, H). NAZvM Nr. 159 (An). Orion Schaffhausen **4** 36 (An, H). UAI Circ 1369 (An, H), 1373 (H, O), 1374 (H).

11337. Novaähnliches Objekt in Scorpius
Entdeckung: G. Haro, Tonantzintla, 1952 April 18.
Beobachtung: Harv Card 1174 (An). NAZ **6** 14 (An). Orion Schaffhausen **3** 444 (An). UAI Circ 1355 (An).

11338. Nova EU Scuti (1949)
Beobachtung: AAVSO Quarterly Rep. Nr. **13** S. 50, Nr. **14** S. 27 (H). AN **280** 273 = Mitt. Sternw. Hamburg-Bergedorf Nr. 84 (CI, H, VS).

11339. Nova FS Scuti (1952)
Entdeckung: S. Arend, Uccle, 1952 Juli 19.

Beobachtung: Astr Circ UdSSR Nr. 129 S. 1 (An), Nr. 130 S. 4 (H). BAA Circ Nr. 336 (An, O, Sp). BSAF **66** 314 (An), 360 (H), 369—371, mit 3 Fig. (Ka, H, Not, O), 372—374, mit 1 Fig. (Not, Sp), 487—489, mit 4 Fig. (H, Ka, Lk, Not, O). Ciel et Terre **68** 179 (An, Not, O). Coelum **20** 155 (An). Gaz astr **34** 59—60 (An, Sp). Harv Card 1183 (An). Heelal 8 37—38 (Not, O, Sp). Kop Akt Medd 352 (An). NAT **1952** 110 (An, H, O). NAZvM Nr. 156 (An), Nr. 157 (H, O, VS), Nr. 158 (H, Not), Nr. 165 (H, VS). NAZ **6** 25 (An), 26 (H, O, VS), 29 (H, VS). Orion Schaffhausen **4** 36 (An, Sp). UAI Circ 1367 (An), 1368 (H, Sp), 1369 (Not), 1370 (H, Not), 1373 (H), 1376 (H).

11340. Nova RT Serpentis (1909)

J. Grandjean, Le spectre de Nova (RT) Serpentis 1909 en 1950. Ann d'Astrophys **15** 7—11 = Inst. d'Astrophys. Univ. Liège Coll. 4⁰ Nr. **33.** — Das Spektrum der Nova RT Serpentis läßt in den letzten Jahren ein Anwachsen des Ionisationsgrades erkennen, ohne daß die Dichte der emittierenden Schicht wesentlich gesunken zu sein scheint. Verf. stellt die Frage, ob es sich vielleicht bis zu dem Anregungsgrad der Sonnenkorona [Fe X], [Fe XIV] entwickeln wird. Er gibt eine Beschreibung des Spektrums sowie Wellenlängen von Linien nach Aufnahmen vom Mai 1950. Unter anderem wurden [O III]-, [Ne III]-, [Ne V]- und [Fe VII]-Linien beobachtet. Zehn Jahre früher waren die [Fe VII]- und [Ne V]-Linien noch schwach oder fehlten überhaupt. Mit den Linienintensitäten von Objekten ähnlich hohen Anregungsgrades (AX Per, CI Cygni, Z And und anderen) werden Vergleiche vorgenommen. Micz.

11341. Nova CT Serpentis (1948)

Beobachtung: AAVSO Quarterly Rep. Nr. **9** S. 49, Nr. **10** S. 46, Nr. **11** S. 38, Nr. **12** S. 42 (H). AN **280** 273 = Mitt. Sternw. Hamburg-Bergedorf Nr. **84** (CI, H, VS). Astr Circ UdSSR Nr. 130 S. 4 (H). Mem SA It (NS) **23** 109—113 = Pubbl. Oss. Astr. Univ. Bologna **5** Nr. 21 (H, VS).

11342. Nova CK Vulpeculae (1670)

Beobachtung: Harv Ann **118** 71 (H).

Supernovae

11343. L. B. Borst, Dynamics of supernovae. Phys. Rev. (2) **86** 613. — Ref. in Phys. Ber. **32** 458: Die Helligkeitskurven von Supernovae Typ I sind durch einen exponentiellen Schweif von (55 ± 5) Tagen Halbwertszeit charakterisiert; dieselbe ist in experimenteller Hinsicht mit der Halbwertszeit von nicht-ionisiertem Be^7 ($T = 53$ d) identisch. Das kann in quantitativer Hinsicht erklärt werden, wenn man 10^{32} g Be^7 als Energiequelle in der dünnen expandierenden Gashülle annimmt, welche nach der Explosion beobachtet wird. Der Mechanismus, welcher hier zur Erzeugung von Be vorgeschlagen wird, setzt einen nicht im Gleichgewicht befindlichen Betrag voraus, der durch eine endotherme Reaktion zwischen α-Teilchen während des gravitationellen Zusammenbruches des Sterns gesteuert wird. Stöckl

11344. P. Bouvier, On the neutrino energy of a supernova. Arch. Sci. Genève **5** 221—228 (französisch). — Ref. in Phys. Abstracts (A) **56** 505.

11345. R. Hanbury Brown, C. Hazard, Radio-frequency radiation from Tycho Brahe's supernova (A. D. 1572). Nature **170** 364—365 = Astr. Contr. Univ. Manchester (2) Jodrell Bank Repr. Nr. **72.** — Ref. in Sky and Telescope **12** 8, Sternenwelt **4** 223—224. — Am Ort der Supernova des Jahres 1572 ist ein schwacher Radiostern entdeckt worden, der kein Beugungsbild der benachbarten starken Quelle in Cassiopeja sein kann. Ein Vergleich mit dem Crabnebel erbringt einen Helligkeitsunterschied der beiden Radiosterne von 2^{m}5, der etwa dem visuellen der beiden Supernovae im Maximum entspricht. Heute muß der (allerdings noch nicht entdeckte) Rest der Tychonischen Supernova aber mindestens 6^m schwächer sein als der Crabnebel. Loh.

11346. **E. R. Mustel,** Über die Herkunft der Ausbrüche der Supernovae. DAN **85** 505—507 (russisch). — Ref. in Phys. Abstracts (A) **56** 951. — Verf. erörtert Argumente zu Gunsten der Annahme sehr großer Massen der Supernovae und das Problem des Crab-Nebels. Loh.

11347. **I. S. Schklowskij, P. P. Parenago,** Identifizierung der Supernova des Jahres 369 mit einem intensiven Radiostern in Cassiopeja. Astr Circ UdSSR Nr. 131 S. 1—2 (russisch). — Die Örter von beiden fallen bis auf 6° zusammen. Visuell beobachtet man heute an der Stelle einen kleinen Ringnebel. Loh.

11348. Tycho Brahes nye stjerne. NAT **1952** 143—144.

11349. **Supernova (?) in NGC 7465**
Entdeckung: A. N. Deutsch, Pulkowo, 1952, Februar 4.
Beobachtung: Astr Circ UdSSR Nr. 124 S. 15—16 (An, Not). BSAF **66** 126 (An). NAZ **6** 11, UAI Circ 1348 (An, Not).

11350. **Novae. Verzeichnis der Beobachter**

P. Ahnert	S. Gaposchkin	E. Pohl
S. Arend	C. Gum	F. Rigaux
F. Baldet	G. Haro	L. Rosino
R. Bartaja	D. Hoffleit	D. Sofronijewitsch
C. Bertaud	J. Hunaerts	A. W. Solowjow
G. Bertaud	B. Iriarte	R. Szafraniec
A. Betti	R. Kippenhahn	D. Taboada
M. Beyer	M. W. Mayall	P. Tempesti
E. Born	N. L. Magalaschwili	E. Vandekerkhove
E. K. Charadse	T. G. Megrelischwili	G. de Vaucouleurs
A. N. Deutsch	C. Payne-Gaposchkin	A. Velghe
M. W. Feast	H. Poehnitzsch	C. A. Whitney

Dreizehnter Teil

Sternsysteme. Nebel. Interstellarer Raum

§ 120

Allgemeines

12001. **W. Becker,** Sterne und Sternsysteme. Dresden und Leipzig, Verlag Theodor Steinkopff, 1951. 2. verbesserte Auflage. — Besprechung in Hemel en Dampkring **50** 36 (J. J. Raimond jr.), Orion Schaffhausen **3** 373, PAT **33** 159.

12002. **P. Couderc,** Du nouveau sur les échelles d'espace et de temps dans l'univers. BSAF **66** 471—482, mit 5 Fig. — Verf. gibt einen Überblick über einige wichtige Themen der Romtagung der IAU: 1. Baade's Entdeckung der Verdopplung extragalaktischer Distanzen und die daraus sich ergebenden

Folgerungen bezüglich Systemdurchmesser, Raumdichte, Expansionsalter. 2. Fragen der Sternentwicklungen, junge Sterne und Sternassoziationen mit ihren Bewegungen; das Entwicklungsalter der Sterne und ihre Lage im Hertzsprung-Russell-Diagramm; verschiedene Entwicklungsmöglichkeiten der Sterne. 3. Intergalaktische Materie, Größe der galaktischen Systeme und Raumdichte. Gli.

12003. **E. H. Geneslay,** Le catalogue de Messier et la galaxie. BSAF **66** 232—245, mit 9 Fig. — 1. Historisches. 2. Die Milchstraße. 3. Die Gasnebel. 4. Die planetarischen Nebel. 5. Die galaktischen Sternhaufen. 6. Die Kugelsternhaufen. 7. Die außergalaktischen Nebel. Bemerkungen für die Beobachter und Wiedergabe des verbesserten Katalogs von Messier.

12004. **W. B. Kamb,** Stellar populations. Leaflet ASP Nr. 280, 8 S.

12005. **W. Strohmeier, A. Güttler,** Zur Frage der Existenz des Baxendell-Nebels NGC 7088. AN **280** 254—258, mit 1 Abb. = Veröff. Sternw. München **4** Nr. 8. — Nachdem auch Versuche der Verf., den Baxendell-Nebel mit einer Hα-empfindlichen Emulsion aufzunehmen, gescheitert sind, womit die letzte Möglichkeit einer photographischen Erfassung erschöpft sein dürfte, kann das Objekt nicht mehr als reell betrachtet werden. Die Verf. versuchen, die auch von ihnen wiederholten visuellen Beobachtungen auf eine physiologische Täuschung durch Kontrasteffekt zurückzuführen. Verf.

12006. Problems of cosmical aerodynamics. Vgl. AJB **51** Ref. **12008.** — Besprechung in ApJ **116** 455—456 (G. Keller).

12007. Stellar systems — their properties and their probable development. MN ASSA **11** 7—8, 22—24. — Auszug eines Berichtes von B. Lindblad.

§ 121

Offene und kugelförmige Sternhaufen

12101. **K. Bahner, G. R. Miczaika,** Über das Farben-Helligkeits-Diagramm des Coma Berenices-Sternhaufens. ZfA **31** 236—248, mit 4 Abb. = Mitt. Landessternw. Heidelberg Nr. **90.** — Ref. in Phys. Abstracts (A) **56** 753. — Mit einem Elektronenvervielfacher 1 P 21 am Heidelberger 32 cm-Refraktor wurden lichtelektrische Messungen der Farbenindizes und Helligkeiten von 39 Mitgliedern des offenen Haufens in Coma Berenices ausgeführt, die ein neues Farben-Helligkeits-Diagramm ergeben. Die Mehrzahl der Sterne liegt entlang einer als Hauptreihe anzusehenden Sequenz. Die wenigen etwas herausfallenden Sterne sind bekannte Doppelsterne oder können fast alle zwanglos als nicht erkannte Duplices betrachtet werden. Die Sequenzen von Eggen lassen sich im Diagramm nicht verifizieren. Zur Ermittlung der Farbextinktionskoeffizienten wird ein Iterationsverfahren beschrieben, das die Anzahl der erforderlichen direkten Extinktionsbeobachtungen stark reduziert und sich im wesentlichen der unmittelbar gemessenen Farbenindizes bedient. Die erzielte Genauigkeit einer Einzelmessung der Farbenindizes und Helligkeiten beträgt $\pm 0^m.011$ (m. F.). Die m. F. der Katalogwerte liegen im Durchschnitt bei $\pm 0^m.005$ für die Farbenindizes und bei $\pm 0^m.007$ für die Helligkeiten. Verf.

12102. **K. A. Barchatowa, W. W. Syrowoj,** Untersuchung der Farbenindizes der Sterne innerhalb offener Sternhaufen. AJ UdSSR **29** 664—667 (russisch). — Ref. in Urania Kraków **24** 143. — Für 24 Haufen ergab sich: Mit Annäherung an den Rand nehmen die mittleren Helligkeiten ab und die mittleren Farbenindizes zu. Allem Anschein nach diffundieren die Zwerge schneller aus dem Haufenverband als die Riesen. Loh.

12103. **K. A. Barchatowa,** Die Abhängigkeit der galaktischen Konzentration β von der Klasse der offenen Sternhaufen. AJ UdSSR **29** 668—670 (russisch). — Der imDichtegesetz lg D(z)/D(o) = — | z | / β vorkommende Parameter β wird für verschiedene Trümplersche Klassen ermittelt. Die sternreichen Haufen konzentrieren sich stärker zur galaktischen Hauptebene als die sternärmeren, die vermutlich auch als die älteren anzusprechen sind. Loh.

12104. **W. Becker,** Eine photometrische Methode zur Entfernungsbestimmung offener Sternhaufen. Mitt. AG **1951** 15—16. — Ref. AG.

12105. **W. Becker, J. Stock,** Neue Ergebnisse der Untersuchungen von Sternhaufen. Phys. Verhandlungen **3** 164—165. — Ref. AG.

12106. **W. Becker,** Dreifarben-Photometrie von h und χ Persei. ZfA **30** 164—176, mit 4 Abb. = Mitt. Sternw. Hamburg-Bergedorf **22** Nr. 226. — Ref. in Sterne **28** 240—241. — Es wurden scheinbare Helligkeiten der beiden Sternhaufen in den drei Wellenlängen **638, 470** und **373** mμ bestimmt. Aus den Farbenindizes FI 470/638 und FI 373/470 und aus der Farbdifferenz Δ FI wird ohne Verwendung von Spektraltypen die interstellare Verfärbung und der Entfernungsmodul der beiden Sternhaufen ermittelt. In den Farben-Helligkeits-Diagrammen (FHD) tritt bei h und χ Persei eine Gruppe heller Sterne auf, die durch ein Minimum in der Leuchtkraftfunktion von den schwächeren Haufensternen abgetrennt sind und eine geringere Neigung ihres Astes im kurzwelligen FHD zeigen, als die Feldsterne. Um χ Persei gibt es eine Gruppe von 9 roten Überriesen vom M-Typus. Verf.

12107. **E. Bodén,** A research on the galactic clusters NGC 436 and NGC 457. Vgl. AJB **51** Ref. **12103**. — Besprechung in PAT **33** 80.

12108. **H. G. van Bueren,** On the structure of the Hyades cluster. BAN **11** 385—402, mit 8 Fig. — Ref. in Sternenwelt **4** 226, mit 1 Abb. — Aus Eigenbewegungen der Yale-Zonenkataloge zwischen $-2°$ und $+30°$ wurden alle Mitglieder der Hyaden mit $m_{vis} \leq 9.0$ gefunden; diese 132 und schwächere schon früher bekannte Hyadensterne wurden mittels verbesserter Eigenbewegungen und Radialgeschwindigkeiten auf räumliche Verteilung, besonders auch auf Erstreckung in die Tiefe, untersucht. Trotz nur 10^8 Jahren Relaxationszeit scheint sich der Haufen nicht im statistischen Gleichgewicht zu befinden. Ein Alter von weniger als 2×10^8 Jahren erscheint plausibel. Die Existenz eines noch größeren Taurusstroms erscheint fraglich. Dieckvoss

12109. **S. Günther,** Das kurzwellige Farbenhelligkeitsdiagramm der Plejaden und der Praesepe. (Untersuchungen an Farbenindizes IV). ZfA **31** 140—164, mit 8 Abb. = Veröff. Univ.-Sternw. Göttingen Nr. **103**. — 1. Die Beobachtungsgrundlagen: Isophote Wellenlängen, innere Genauigkeit der Größenklassenskalen und der symmetrischen Anschlüsse, Normalsystem, Katalog, Nullpunkte der Größen, Vergleiche mit früheren Beobachtungen. 2. Nach Beschreibung des Verlaufs der Hauptreihen von Praesepe und Plejaden im kurzwelligen FHD wird durch Heranziehung früherer Beobachtungen bestätigt, daß die Streuung der Sterne um die mittlere Hauptreihe als reell anzusehen ist. Sie wird im folgenden durch das Vorkommen nichtaufgelöster Doppelsterne und interstellarer Verfärbung erklärt. 3. Doppelsterne im kurzwelligen FHD. In gewissen Teilen des kurzwelligen FHD müssen nichtaufgelöste Doppelsterne, deren Komponenten der Hauptreihe angehören, blauer erscheinen als im langwelligen FHD und können dadurch hier von Einzelsternen, mit denen sie im langwelligen FHD zusammenfallen, unterschieden werden. 4. Verfärbte Sterne verhalten sich im kurzwelligen FHD umgekehrt wie Doppelsterne. Dadurch konnte in den Plejaden bei einigen Sternen schwache Verfärbung erkannt werden, während in der Praesepe keine Verfärbung nachweisbar war. Verf.

12110. **K. Güssow,** Ein vollständiges Verzeichnis der helleren Plejadensterne. Sterne **28** 104—110, mit 3 Abb. — Der Katalog umfaßt 432 Sterne. Gegeben sind die photographische und visuelle Helligkeit, der Farbenindex, der Spektraltyp und der Abstand eines Haufensterns von Alkyone.

12111. **O. Heckmann,** Das Farbenhelligkeitsdiagramm der Hyaden. Phys. Verhandlungen **3** 165. — Ref. AG.

12112. **W. A. Hiltner,** On the accuracy of Johnson's colors and magnitudes of the Pleiades. ApJ **116** 449—451, mit 1 Fig. = Contr. McDonald Obs. Nr. **213**. — Verf. hat eine neue unabhängige Bestimmung der Helligkeiten und Farbenindizes zahlreicher Plejadensterne ausgeführt und zeigt, daß die neuen Messungen ein mit dem von Johnson und Morgan (ApJ **114** 522, AJB **51** Ref. **12108**) gefundenen völlig identisches Farben-Helligkeits-Diagramm ergeben. Micz.

12113. **H. L. Johnson,** Praesepe: magnitudes and colors. ApJ **116** 640—648, mit 5 Fig. = Contr. McDonald Obs. Nr. **214**. — Photoelektrische Messungen von 133 bekannten Mitgliedern des offenen Sternhaufens Praesepe sowie 17 Nichtmitgliedern in drei Farbbereichen mit den angenäherten effektiven Wellenlängen λ 3500, λ 4300 und λ 5500 dienen zur Aufstellung von Farben-Helligkeits-Diagrammen des Haufens. Die Ergebnisse unterstreichen die hohe Genauigkeit des Farben-Helligkeitsdiagramms, das Haffner und Heckmann vor einiger Zeit auf photographischem Wege erhalten haben. Der Verlauf der Hauptreihe des Haufens unterscheidet sich nicht wesentlich vom Verlauf der Hauptreihe sonnennaher Feldsterne. Die obere Grenze für die kosmische Streuung (wahrscheinlicher Fehler) der absoluten Helligkeiten der Haufensterne um die Hauptreihe beträgt $\pm$ 0ᵐ03. Der Distanzmodul des Haufens wird zu 6ᵐ1 $\pm$ 0ᵐ1 (w. F.) bestimmt. Micz.

12114. **I. M. Kopylow,** Die absoluten Größen galaktischer Haufen. Mitt. Astrophys. Obs. Krim **8** 122—131, mit 3 Abb. (russisch). — Ref. in Astr. News Letter Nr. **70** S. 13, Sternenwelt **5** 67—68. — Auf Grund der bekannten Daten über Entfernungen und scheinbare Integralhelligkeiten werden unter Berücksichtigung der interstellaren Absorption die absoluten Integralhelligkeiten von 300 galaktischen Haufen bestimmt. Die Leuchtkraftfunktion hat die Form einer Normalverteilung mit einem Maximum bei $-3^{m}5$ und mit einer gewissen Abweichung in Richtung zu den hellen Haufen. Festgestellt wird eine notwendige Bedingung über die Beziehung der Haufen zum Spektraltyp O: die Leuchtkraft muß größer als $-5^{m}0$ sein. Als obere Grenze für die Zahl der O-Haufen in der Galaxis wird 2000 geschätzt. Der Zusammenhang der Haufen mit den bekannten O-Assoziationen und die Frage über die Realität gewisser Assoziationen werden erörtert. Verf. (übersetzt)

12115. **B. E. Markarjan,** Atlas der offenen Sternhaufen der verschiedenen Typen. Moskau, Astronomischer Rat Akad. Wiss. UdSSR, 1952. 32 Blätter (russisch).

12116. **E. Mendoza, E. Chavira,** Velocidades radiales de estrellas supergigantes alrededor del sistema h y χ de Perseo. Bol. Obs. Tonantzintla y Tacubaya Nr. **3**, 10 S. mit 2 Fig. (mit engl. Ref.). — Mit Berichtigung in Nr. **4** S. 18. — Aus Spektrogrammen des McDonald Observatoriums werden die Radialgeschwindigkeiten von sieben Überriesen frühen Typs hergeleitet, die wahrscheinlich Mitglieder des Doppelhaufens h und χ Persei sind. Unter Hinzunahme weiterer 18 Überriesen mit bekannten Radialgeschwindigkeiten wird die Explosionshypothese einer dortigen Überriesengruppe diskutiert. Verschiedene Annahmen über die Verteilung der Sterne führen auf Initialgeschwindigkeiten bei der Explosion, die mit den Werten von Ambarzumjan verträglich sind. Gli.

12117. **A. Opolski,** Photographic magnitudes of 71 stars in the central region of the Preasepe. Ark Astr 1 215—221, mit 4 Fig. — Aus sechs Polanschlüssen werden photographische Größenklassen für 71 Praesepe-Sterne zwischen 8. und 13. Größe bestimmt. Vergleich mit den Größenklassen von Haffner, Hertzsprung, Strobel und Vanderlinden. Haffner

12118. **J. Stock,** Farben-Helligkeits-Diagramme offener Sternhaufen. Mitt. AG **1951** 16. — Ref. AG.

12119. **W. Strohmeier,** Photometrie der Präsepe-Umgebung mit kurzbrennweitigen Schmidt-Spiegeln. ZfA **31** 207—217, mit 7 Abb. = Mitt. Sternw. München **1** Nr. **6.** — Ref. in Sterne **29** 200—201. — Auf Grund von Aufnahmen an drei verschiedenen, kurzbrennweitigen Schmidt-Spiegeln werden die Farben-Helligkeitsdiagramme des Außenfeldes der Präsepe mit denen der Zentral-Präsepe verglichen. Gleiches Verhalten gegenüber den Zentral-Sternen zeigen (mit zwei Ausnahmen) die 19 Außen-Sterne, die laut AGK 2 auch gleiche Eigenbewegung aufweisen; eine ganz andere Lage und Streuung in den Farben-Helligkeitsdiagrammen haben die 22 Außen-Sterne, deren Eigenbewegungen von denen der Zentral-Sterne stark differieren. Die Zugehörigkeit der ersteren Gruppe zum konkreten Sternhaufen — trotz ihres maximal 3°0 betragenden Abstandes vom Zentrum — ist dadurch sichergestellt, während die letztere Gruppe sich eindeutig als nicht zum Haufen gehörend erweist. Die Photometrie ist durchgeführt in den Bereichen RG 1, GG 5 und UG 2. Verf.

12120. **G. Thiessen,** Lichtelektrische Photometrie des Sternhaufens Coma Berenices. Phys. Verhandlungen **3** 165. — Ref. AG.

12121. **H. F. Weaver,** Spectral-type, magnitude, and color-index relations in the galactic star cluster in Coma Berenices. ApJ **116** 612—639, mit 14 Fig. = Contr. Lick Obs. (2) Nr. **44.** — Von den Mitgliedern des offenen Sternhaufens in Coma Berenices wurden Spektraltypen im System des Yerkes Atlas bestimmt sowie Helligkeiten und Farbenindizes lichtelektrisch gemessen. Meß- und Reduktionsverfahren werden ausführlich beschrieben. Das Farben-Helligkeits-Diagramm der schwächeren Haufensterne besteht aus einer schmalen Sequenz, die hellen blauen Sterne bilden dagegen einen weniger scharfen Ast. Auf Grund statistischer Betrachtungen kommt der Verf. zu der Auffassung, daß die mit der Ausdehnung des Haufens in der Blickrichtung gegebene Unsicherheit der individuellen absoluten Helligkeiten, die Meßfehler und die geringe Anzahl von Sternen nicht erlauben, eine Feinstruktur im oberen Teil des Farben-Helligkeits-Diagramms nachzuweisen. Die Farben-Spektrum- und Helligkeit-Spektrum-Diagramme des Haufens werden ebenfalls aufgestellt. Verf. zeigt weiter, daß die «metallischen» A-Sterne im Farben-Helligkeits-Diagramm im Bereich der normalen A- und F-Sterne auftreten. Eine Reihe von spektralen Besonderheiten der hellen Haufenmitglieder werden erörtert. Im Anhang wird ein Verfahren zur Ermittlung von Extinktionskoeffizienten für Helligkeiten und Farbenindizes beschrieben. Micz.

Kugelförmige Sternhaufen

12122. **H. C. Arp, W. A. Baum, A. R. Sandage,** The H-R diagrams for the globular clusters M 92 and M 3. AJ **57** 4—5, mit 1 Fig. — Aus neubestimmten Farben und Helligkeiten von je etwa 1000 Sternen der Haufen im P V System werden Farben-Helligkeitsdiagramme aufgestellt, die bei M 3 bis zu $M_{PV} = 5.5$ und bei M 92 bis zu 4.5 reichen. Das Diagramm von M 92 ist abgebildet. Loh.

12123. **J. Balázs,** Notes on BT Lyrae and on two new variables near M 56. Mitt. Sternw. ungar. Akad. Wiss. Budapest Nr. **30,** 8 S. mit **4** Fig. — Vgl. § **112.**

12124. **W. A. Baum,** Globular clusters. I. Photoelectric and spectroscopic observations in M 3 and M 92. AJ **57** 222—227, mit 2 Fig. — Lichtelektrische Beobachtungen von 62 helleren Sternen und spektroskopische Beobachtungen von 13 Sternen in M 3 und M 92 zeigen, daß sich die Hertzsprung-Russell-Diagramme dieser beiden Haufen ein wenig voneinander unterscheiden. Verf. führt diesen Befund auf Unterschiede hinsichtlich chemischer Zusammensetzung und Entwicklung der Haufen(sterne) zurück. In M 92 unterscheiden sich auch die roten Riesen spektroskopisch von allen anderen bekannten Objekten. Der von ihnen gebildete Ast im Spektraltyp-Helligkeitsdiagramm steigt bei etwa F6 steil nach oben. Loh.

12125. **W. A. Baum,** Globular clusters. I. Photoelectric and spectroscopic observations in M 3 and M 92. Publ ASP **64** 229. — Ref. ASP.

12126. **E. P. Belserene,** Period changes of variable stars in Messier 3. AJ **57** 237—247, mit 2 Fig. — Unter Heranziehung neuer Beobachtungen der Verf. wurde die Frage der Veränderlichkeit der Lichtwechselperioden von RR Lyrae-Sternen im Kugelhaufen M 3 untersucht. Mit Ausnahme von 3 Sternen zeigen alle behandelten 33 Objekte Periodenänderungen, die durch plötzliche Sprünge ihrer Länge erklärt werden können, jedoch auch die Annahme langsamer Änderungen nicht ausschließen. Micz.

12127. **H. G. van Bueren,** Note on the evaluation of the density integral in globular and open clusters. BAN **11** 403. — Das zum Übergang von der beobachteten (an die Himmelskugel projizierten wahren radialsymmetrischen) Verteilungsfunktion der Sterne auf die räumliche Verteilungsfunktion benötigte uneigentliche Integral wird in eine für die numerische Auswertung günstige Form gebracht. Dieckvoss

12128. **P. N. Cholopow,** Die Elliptizität der kugelförmigen Sternhaufen. AJ UdSSR **29** 671—681, mit 8 Abb. (russisch). — Eine Untersuchung der Sternverteilungen in 20 elliptischen Kugelsternhaufen führt zu folgenden Schlüssen: a) Im allgemeinen existiert in diesen Haufen keine einheitliche Orientierung der großen Achsen der Kurven konstanter scheinbarer Dichte. b) In einigen Haufen zeigen einzelne Untersysteme eine Drehung ihrer großen Ellipsenachsen. c) In einigen Haufen fallen die Zentren der einzelnen Untersysteme nicht zusammen. Loh.

12129. **N. W. Fatschichin,** Bestimmung der Eigenbewegung des kugelförmigen Sternhaufens M 13. Mitt. Astr. Hauptobs. Pulkowo **19** Nr. 1 (148) S. 150—154 (russisch). — Aus zwei Plattenpaaren mit einer Epochendifferenz von 48 Jahren wurden in Anschluß an etwa 50 Anhaltssterne die relativen Eigenbewegungen von 22 bis 34 Haufensternen der Helligkeit $14^{m}.4$—$15^{m}.0$ ermittelt. Es ergaben sich im Mittel: $\mu_x = +0''.0021 \pm 0''.0024$ und $\mu_y = +0''.0004 \pm 0''.0011$. Die Übereinstimmung mit den van Maanenschen Werten (vgl. AJB **27** Ref. 8706 und **29** Ref. 8714) ist ausreichend, mit den Gamalejschen (vgl. AJB **48** Ref. **12111**) jedoch schlecht. Die Reduktion des formalen Mittels auf absolute Eigenbewegung führt auch zu Unterschieden, je nachdem ob man sich dabei auf einen außergalaktischen Nebel oder die Anhaltssterne bezieht. Im ersten Fall ergeben sich $\mu_x = +0''.0001$, $\mu_y = -0''.0022$, im zweiten $-0''.0009$ und $-0''.0040$. Loh.

12130. **S. C. B. Gascoigne, G. E. Kron,** Colors and magnitudes of some star clusters in the Magellanic Clouds. Publ ASP **64** 196—200, mit 1 Fig. — Von 8 Haufen in der Kleinen, 13 in der Großen Magellanschen Wolke und von zwei Kugelhaufen im Fornax-Zwergsystem wurden Helligkeiten und Farben lichtelektrisch gemessen mit Anschluß an Harvard-Standard-Region C-12. Auffallend ist die Teilung in eine blaue und eine rote Gruppe. Die geringere absolute Helligkeit der Haufen in den Wolken, verglichen mit galaktischen Haufen, spricht für die Notwendigkeit einer Revision der Entfernungen. O. G.

12131. **A. A. Hoag,** Photoelectric photometry of M 13. AJ **57** 13—14. — Ref. AAS.

12132. **I. Izsák,** Three new variable stars in the globular cluster M 15. Mitt. Sternw. ungar. Akad. Wiss. Budapest Nr. **28,** 2 S. mit 1 Tafel. — Betrifft die Sterne Küstner 1023, 242 und 282 in Bonn Veröff. **15.**

12133. **C. O. R. Jaschek,** El número de cúmulos globulares en nuestra galaxia. Publ. Obs. Astr. Ciudad Eva Peron Circ. Nr. **11** S. 23—25, mit 1 Fig. (mit englischer Zusammenfassung). — Verf. berechnet unter Zugrundelegung einmal des Wilkensschen und zum anderen des Parenagoschen Absorptionsgesetzes den Prozentsatz der nicht sichtbaren Kugelhaufen und schätzt daraus die Gesamtzahl ab. Es ergeben sich etwa 120. Die galaktozentrische Dichtefunktion läßt sich bis 15 kpc gut durch ein exponentielles Gesetz oder das Plummersche Gesetz darstellen. Loh.

12134. **H. M. Johnson,** The forms, orientations, and masses of globular clusters. ApJ **115** 124—128, mit 3 Fig. — Verf. diskutiert das Beobachtungsmaterial über die scheinbaren Formen und Orientierungen der Kugelhaufen und findet, daß die Hypothese, die Kugelhaufen seien abgeplattete Sphäroide, deren Äquatorebenen durch das galaktische Zentrum gehen, damit zu vereinbaren ist. Kdr.

12135. **G. Kontopulos,** Beitrag zur Dynamik der Kugelsternhaufen. Diss. Athen 1952. 59 S. mit 5 Fig. (griechisch).

12136. **R. Kurth,** Über Leuchtkraft und Aufbau der Kugelsternhaufen. ZfA **30** 200—212 = Veröff. Astr. Inst. Univ. Bern Nr. **10.** — Ähnlich wie bei den Galaxien gibt es auch bei den Kugelsternhaufen eine Korrelation zwischen Entfernung und Leuchtkraft. Deutet man die Erscheinung so, daß ein mit der Entfernung veränderlicher Teil der Sterne bei der Lichtmessung nicht erfaßt wird, so ergibt sich unter einfachen Zusatzannahmen: Die Haufen bestehen zum größten Teil aus solchen «unsichtbaren» Sternen, und diese sind zur Haufenmitte hin durchaus mäßig konzentriert. Verf.

12137. **R. Kurth,** Zur Bestimmung der Dichte in den Kugelsternhaufen. ZfA **31** 121—122. — Ref. in Phys. Abstracts (A) **56** 183. — Es wird bewiesen, daß die Grundgleichung zwischen der Raum- und Flächendichte in einem Haufen höchstens eine Lösung besitzt, und diese nur dann, wenn gewisse Reihen konvergieren. Verschiedene numerische Näherungslösungen sind grundsätzlich möglich. Loh.

12138. **W. Lohmann,** Die kugelförmigen Sternhaufen. Sternenwelt **4** 134—142, mit 4 Abb.

12139. **W. Lohmann,** Die Entfernungen der kugelförmigen Sternhaufen. ZfA **30** 234—247, mit 4 Abb. — Ref. in Sternenwelt **4** 110—111. — Die neueren in der Literatur verstreut mitgeteilten Entfernungsmoduln kugelförmiger Sternhaufen werden zusammen mit den älteren zur Eichung statistischer Entfernungsbestimmungsmethoden herangezogen. Die photographische Integralhelligkeit der Haufen hängt von der Konzentrationsklasse ab; sie nimmt von $-7^{M}_{.}9$ für Haufen der Klasse I zunächst wenig, später jedoch stärker auf $-5^{M}_{.}2$ bei Klasse XII ab. Dadurch wird ein sekundäres Maximum der Häufigkeitsverteilung bei lichtschwachen Haufen erklärt. Die Abhängigkeit der Haufendurchmesser von der interstellaren Absorption ist merklich und läßt sich gesetzmäßig erfassen. Nach Befreiung der Durchmesser vom Einfluß der interstellaren Absorption stellt sich heraus, daß die Hälfte der Durchmesser höchstens um den Faktor 1.20 vom mittleren abweicht. Die Entfernungsmoduln und die Entfernungen sind tabuliert. Verf.

12140. **L. Rosino,** Orientamenti e problemi nello studio degli ammassi globulari di stelle. Coelum **20** 101—109, mit 2 Fig. und 1 Tafel.

12141. **L. Rosino,** Ricerche sugli ammassi globulari. VII. Ventotto nuove variabili nell'ammasso globulare M 54 = NGC 6715. Mem SA It (NS) **23** 49—54, mit 2 Fig. = Pubbl. Oss. Astr. Univ. Bologna **5** Nr. 18. — Entdeckung von 28 neuen Veränderlichen in der Nähe des Haufens. Die meisten Veränderlichen scheinen dem RR Lyrae-Typus anzugehören. Die Medianhelligkeit beträgt $17^{m}_{.}4$. Die Entfernung des Haufens muß noch für interstellare Absorption verbessert werden. F. Z.

12142. **L. Rosino,** Ricerche sugli ammassi globulari. VIII. Stelle variabili e distanza dell'ammasso globulare NGC 1904 = M 79. Mem SA It (NS) **23** 101—107, mit 3 Fig. = Pubbl. Oss. Astr. Univ. Bologna **5** Nr. 20. — Auf 91 am 60 cm-Reflektor von Lojano zwischen 1948 und 1951 erhaltenen Aufnahmen werden die bekannten Veränderlichen des Kugelsternhaufens M 79 untersucht. Für drei Veränderliche vom Typ RR Lyrae werden die Elemente und die Lichtkurven gegeben. Die Medianhelligkeit der RR Lyrae Veränderlichen beträgt $16^{m}_{.}25$. Die entsprechende Entfernung, ohne Berücksichtigung der interstellaren Absorption, ergibt sich zu 17.8 pc. F. Z.

12143. **H. B. Sawyer,** Variable stars in the globular cluster NGC 6838. AJ **57** 26. — Ref. AAS.

12144. **J. Schopp, M. Schwarzschild,** Note on the color-magnitude diagram of Messier 3. AJ **57** 61—63, mit 1 Fig. — Von 180 Sternen des Haufens zwischen 14. und 16. Größe wurden aus Aufnahmen am 60′ Telescop der Mt. Wilson-Sternwarte Helligkeiten und Farbenindizes abgeleitet. Das vermutete Überkreuzen des roten Riesenastes durch den wagrechten Riesenast im üblichen Sinne der Darstellung der Farben-Helligkeitsdiagramme existiert darnach in M 3 wahrscheinlich nicht. Loh.

12145. **H. H. Swope, I. Greenbaum,** A study of the magnitudes and colors of the globular cluster NGC 6397. AJ **57** 83—92, mit 2 Fig. — In 16 einzelnen Feldern des Haufengebietes und seiner engeren Umgebung wurden aus 21 Aufnahmen am 26″-Refraktor der Yale-Columbia-Station in Johannesburg Helligkeiten und Farbenindices von zahlreichen Sternen abgeleitet. Im Farben-Helligkeitsdiagramm zeichnen sich roter Riesenast und horizontaler Riesenast mit einer Lücke bei $0^{m}_{.}0$ (CI) und $13^{m}_{.}0$ (pg) deutlich ab. Bei den schwächsten Sternen scheint das Knie beim Übergang des roten Riesenastes in die Hauptreihe erreicht zu sein. Loh.

§ 122

Galaktische Nebel

12201. **Y. Andrillat,** Note sur la présence de [N II] dans la nébuleuse NGC 6905. Ann d'Astrophys **15** 402—403, mit 1 Fig. — Notiz über das Auftreten der Linien λ 6584 und λ 6548 des [N II] im Spektrum des planetarischen Nebels NGC 6905. Micz.

12202. **H. Andrillat,** Etude spectrophotométrique de nébuleuses gazeuses. Application à la détermination de la température électronique de certaines d'entre elles. Sonderdruck aus Ann. Univ. Lyon, 14 S. mit 5 Fig. und 1 Tafel = Publ. Obs. Lyon **3** Nr. 19. — Mit dem Spektrographen des 120 cm-Spiegels der Sternwarte Haute-Provence sind zwei Serien von Spektren von Gasnebeln aufgenommen worden. Zur ersten Serie gehören die Nebel NGC 6572, 6543, 7662 und 7009, zur zweiten NGC 7662, 7027 und der Orion-Nebel. Während die Spektren der ersten Serie nur qualitativ untersucht wurden, konnten in denen der zweiten Serie relative Linienintensitäten bestimmt und Elektronentemperaturen aus dem Intensitätsverhältnis [O III] 5007 + 4959 zu [O III] 4363 berechnet werden. Es ergaben sich etwa 10000°. Loh.

12203. **H. Andrillat,** Températures électroniques et degrés d'excitation des nébuleuses gazeuses. CR **234** 62—64, mit 1 Fig. = Publ. Obs. Haute-Provence **2** Nr. 33. — Aus dem Intensitätsverhältnis der ^3P—^1D und ^1D—^1S-Linien des [O III] ermittelt Verf. die Elektronentemperaturen von neun Gasnebeln. Die zwischen 9500° und 25500° liegenden Werte nehmen linear mit dem Anregungsgrad zu, der sich durch die Intensitätsverhältnisse He II (4686)/H_β oder He II (4686)/He I (4471) charakterisieren läßt. Die Elektronentemperaturen der Nebel sind außerdem noch mit den Temperaturen der — soweit vorhanden — Zentralsterne linear korreliert. Loh.

* * **C. S. Beals, J. A. Rottenberg,** Celestial emission-line objects of early type. Vgl. Ref. **9504.**

12204. **J. W. Chamberlain,** The excitation of the Network nebulae. AJ **57** 158—159. — Ref. AAS.

12205. **G. Courtès,** Etude de la raie 6548 Å du doublet [N II] dans la nébuleuse d'Orion. CR **234** 2424—2425 = Publ. Obs. Haute-Provence **2** Nr. 40. — Unter Verwendung eines Pérot-Fabry-Etalons konnte am 120 cm-Reflektor der Sternwarte Haute-Provence das Intensitätsverhältnis 6548 [N II]/ H_α + 6584 [N II] und 6548 [N II]/H_α an zehn Stellen des Nebels gemessen werden. Im Mittel ergaben sich 0.046 und 0.057. Das Verhältnis 6584 [N II]/H_α soll später gemessen werden. Loh.

12206. **O. D. Dokutschajewa,** Die Masse des Orionnebels. Astr Circ UdSSR Nr. 122 S. 6 (russisch). — Vorläufige Mitteilung. Es ergaben sich 160 Sonnenmassen.

12207. **D. S. Evans,** The nebula NGC 5253. Obs **72** 164—166. — Aus der Verbindung des Nebels mit Z Cen wird die Entfernung zu etwa 200000 parsec abgeleitet. Das Spektrum von NGC 5253 war vor dem Ausbruch von Z Cen ein normales Spiralnebelspektrum und sieht jetzt aus wie das Spektrum eines planetarischen Nebels von mäßiger Anregung. Verf. vermutet, daß die interstellaren Gaswolken des Systems durch die Strahlung der Supernova Z Cen zur Emission angeregt worden sind. O. G.

12208. **W. G. Fessenkow, D. A. Roshkowskij,** Die Struktur der gas-staubförmigen Nebel und ihre Verbindung mit Sternen. AJ UdSSR **29** 381—396, mit 7 Tafeln (russisch). — Ref. in Astr. News Letter Nr. **67** S. 16—17. — Die Untersuchung stützt sich auf Aufnahmen einiger Nebel mit einem Maxutow-Teleskop auf der Bergstation bei Alma Ata. Neben Globulen haben die Autoren zahlreiche Aureolen oder Helligkeitsschlingen entdeckt, die sich um gewisse Sterne der Nebelgebiete herumziehen. Ihre Realität läßt sich verbürgen, physiologische Effekte scheiden aus. Außerdem kommen zahlreiche, sich von Stern zu Stern hinziehende, sehr dünne Leuchtfasern vor, in denen sich verschiedentlich in enger Aufeinanderfolge Knötchen abzeichnen, die als Kettchen entstehender Sterne gedeutet werden. Loh.

* * **G. A. Gursadjan,** Zum Problem der Entstehung der diffusen Nebel. Vgl. Ref. **5411.**

12209. **G. Haro,** Herbig's nebulous objects near NGC 1999. ApJ **115** 572, mit 1 Fig. — Bemerkungen über die von Herbig entdeckten nebelähnlichen Objekte bei NGC 1999, die der Verf. neben weiteren unabhängig auch gefunden hat. Auf Grund von Aufnahmen im infraroten Licht kann geschlossen werden, daß nur schwache heiße und blaue Sterne mit diesen Nebeln in Verbindung stehen können, wenn sie überhaupt sternförmige Begleiter haben. Micz.

12210. **G. Haro,** Nuevas nebulosas planetarias y objetos con emision en la region del centro galactico. Bol. Obs. Tonantzintla y Tacubaya Nr. 1, 9 S. (mit engl. Ref.). — Bei einer Durchmusterung eines 600 Quadratgrad umfassenden Gebiets in der Umgebung des galaktischen Zentrums wurden 437 Objekte mit starker H_α-Emission gefunden. Davon konnten 121 mit bekannten planetarischen Nebeln identifiziert werden, 67 sind neue planetarische Nebel und 48 gehören möglicherweise diesem Typ an. Die aufgefundenen Objekte sind stark zum galaktischen Zentrum konzentriert und symmetrisch zur galaktischen Ebene verteilt. Sie bilden vermutlich ein dreidimensionales System, dessen Zentrum mit dem der Galaxis zusammenfällt. Kdr.

12211. **W. F. Hase, G. A. Schajn,** Zwei neue Fasernebel bei o^2 und o^1 Cygni. Mitt. Astrophys. Obs. Krim 8 17—18 (russisch). — Ref. in Astr. News Letter Nr. 70 S. 10. — Mitteilung über zwei neue Nebel von dünner, faseriger Struktur, die derjenigen der bekannten Fasernebel im Schwan ähnelt. Verf. (übersetzt)

12212. **W. F. Hase, G. A. Schajn,** Dritte Liste diffuser Emissionsnebel. Mitt. Astrophys. Obs. Krim 9 52—67, mit 15 Tafeln (russisch). — Ref. in Astr. News Letter Nr. 71 S. 3. — Betrifft 174 neue Emissionsnebel in der Milchstraße, deren Örter und Beschreibungen gegeben werden.

12213. **H. C. van de Hulst,** The planetary nebulae as ionized hydrogen regions. ApJ **115** 331—333. — Die von Page und Greenstein in ApJ **114** 98 (Vgl. AJB **51** Ref. **12214**) angewandte Methode zur Begründung der Ansicht, die planetarischen Nebel seien Regionen ionisierten Wasserstoffs in einem ausgedehnten dunklen Nebel, wird kritisiert und die Sicherheit der daraus gezogenen Schlüsse in Zweifel gezogen. Kdr.

12214. **M. Johnson,** Decay of a hydrogen afterglow in nebula NGC 5253. Obs **72** 243—244. — (Zu D. S. Evans, The nebula NGC 5253. Obs **72** 164, Ref. **12207**). — Zu der Annahme von Evans, daß das Emissionsspektrum von NGC 5253 durch Nachleuchten des beim Supernovaausbruch von Z Cen angeregten interstellaren Gases zustande kommt, wird gezeigt, daß die Abklingzeit genügend groß zu erwarten ist. O. G.

12215. **W. Liller,** Photoelectric photometry of planetary nebulae. AJ **57** 161. — Ref. AAS.

12216. **G. Maccone,** Osservazione visuale della Nebulosa di Orione al cannocchiale di mm. 110. Coelum **20** 7—9, mit 1 Tafel.

12217. **D. H. Menzel, L. H. Aller, J. G. Baker, M. H. Hebb, G. H. Shortley, L. Goldberg,** Physical processes in gaseous nebulae. Reprinted from The Astrophysical Journal (Havard College Observatory). — Besprechung in Obs **72** 77—78.

12218. **S. B. Pikelner,** Der Crabnebel. Priroda **41** Nr. 8 S. 98—100, mit 1 Abb. (russisch). — Kurze Darstellung neuerer Untersuchungen.

12219. **D. A. Roshkowskij,** Über die großen Nebel in den Sternbildern Orion und Ophiuchus. Astr Circ UdSSR Nr. 126 S. 21—23 (russisch). — Mit einem Sonnar-Objektiv mit einem vorgeschalteten Rotfilter wurden trotz des kleinen Maßstabes brauchbare Aufnahmen zur Durchmusterung einiger Himmelsgebiete nach leuchtenden Wasserstoff-Feldern erzielt. Loh.

* * **T. Saigusa,** Zanstra effect on the radiation field in the planetary nebulae with different optical thicknesses. Vgl. Ref. **5314**.

12220. **G. A. Schajn, W. F. Hase,** Einige Untersuchungsergebnisse über die diffusen Gasnebel und ihre Beziehungen zur Kosmogonie. Moskau, Verlag Akad. Wiss. UdSSR, 1952 (russisch, italienisch, französisch). — Der Vortrag wurde auf der Tagung der IAU in Rom 1952 gehalten.

12221. **G. A. Schajn, W. F. Hase,** Atlas diffuser Nebel. Moskau, Akad. Wiss. UdSSR, 1952. 42 Blätter (russisch).

12222. **G. A. Schajn, W. F. Hase,** Über die vorherrschende Orientierung der Fasern und anderer Struktureinzelheiten in den Gasnebeln. DAN **82** 857—860, mit 2 Abb. und 1 Tafel (russisch). — Ref. in Astr. News Letter Nr. **62** S. 10. — Die Fasern gewisser Gasnebel zeigen häufig eine bestimmte Ordnung in ihrer Ausrichtung, besonders im Licht von H_α. Ähnliches findet man auch in dem 12° × 8° großen Gebiet südwestlich von α Cyg, das außerordentlich reich an zum Teil deutlich voneinander getrennten Nebelfasern bzw. Fasernebeln ist. Eine physikalische Deutung dieser Erscheinung ist noch nicht eindeutig möglich; Hinweise auf Effekte durch galaktische Scherung und elektromagnetische Felder als Ursache werden gebracht. Loh.

12223. **G. A. Schajn, W. F. Hase,** Über die Struktur und Massen einiger heller Gasnebel. DAN **83** 47—50, mit 1 Tafel (russisch). — Ref. in Astr. News Letter Nr. **65** S. 7. — An Hand von Krimer Aufnahmen verschiedener Belichtungszeiten im Gebiet von H_α mit den beiden lichtstarken 45 cm- und 64 cm-Kameras werden strukturelle Einzelheiten der Nebel NGC 6523, 2237 und 6618 beschrieben und nach den von Ambarzumjan und Menzel ausgearbeiteten Methoden (Vgl. AJB **35** Ref. 8805, AJB **39** Ref. 35 34) ihre Massen zu 5300 bzw. 10000 und 450 Sonnenmassen ermittelt. Loh.

12224. **G. A. Schajn, W. F. Hase,** Ein neues System dünnfasriger Nebel im Sternbild Auriga. DAN **85** 53—54, mit 1 Tafel (russisch). — Ref. in Phys. Abstracts (A) **56** 828. — Beschreibung eines Systems dünnfaseriger und verschlungener Nebel bei $5^h\,34^m\!.8$, + 27°2′ (1900), von dem im Jahre 1952 mehrere Aufnahmen bei H_α erhalten wurden. Wahrscheinlich kommt BD + 26° 883 als anregendes Agens eines Teiles der Fasern in Frage. Die Nova Aurigae 1891 ist 3°.8 entfernt und steht mit dem Nebel vielleicht in einer Beziehung. Loh.

12225. **G. A. Schajn, W. F. Hase,** Über die vorzugsweise Orientierung der Fasern und anderer Strukturdetails in Gasnebeln. Mitt. Astrophys. Obs. Krim 8 3—16, mit 6 Abb. und 8 Tafeln (russisch). — Ref. in Astr. News Letter Nr. **70** S. 10, Urania Kraków **24** 144, Sternenwelt **5** 84—86, mit 4 Abb. — In einigen Nebeln lassen einzelne Details, Fasern, Bänder und Strahlen eine bevorzugte Orientierung erkennen. Dieser Effekt kommt besonders stark in den Fasernebeln im Schwan, NGC 6960, 6992—6995, und in anderen Fasernebeln desselben Gebiets und auch in neuen Fasernebeln bei o^2 und o^1 Cyg zum Ausdruck. In dem an Nebeln sehr reichen Himmelsgebiet von 12° × 8° SW von α Cyg tritt eine vorzugsweise Orientierung der einzelnen Nebel und Details nahezu parallel zum galaktischen Äquator hervor. Einige allgemeine Überlegungen über die Natur einer solchen Vorzugsorientierung, im besonderen über die Möglichkeit einer elektromagnetischen Natur dieser Erscheinungen, werden angestellt. Verf. (übersetzt)

12226. **G. A. Schajn, W. F. Hase,** Struktur und Masse der diffusen Gasnebel NGC 6523, 6618 und 2237. Mitt. Astrophys. Obs. Krim 8 80—92, mit 2 Abb. und 3 Tafeln (russisch). — Ref. in Astr. News Letter Nr. **70** S. 12. — Aufnahmen dieser drei Nebel im Lichte von H_α mit den beiden lichtstarken Kameras (F:1.4) des Obs. Krim erstrecken sich einerseits auch noch in die Umgebung der Nebel und gestatten andrerseits, die Struktur der Nebel zu erfassen. In ihnen geben sich unregelmäßige Ringe, Schichten und Verzweigungen zu erkennen, die wahrscheinlich das Ergebnis systematischer und nicht zufälliger Bewegungen der Materie in den Nebeln unter der Einwirkung irgendwelcher Kräfte sind. Aus der ausgestrahlten Energie der Nebel in H_α ergeben sich als mittlere Elektronendichten 53 bzw. 110 und 28/cm³. Die Nebelmassen sind 3200 bzw. 260 und 5800 $\mathfrak{M}_\odot$. Abschließend werden noch einige Bemerkungen über die wahrscheinlich fundamentale Rolle der gasförmigen Materie für astrogenetische Probleme und über den Zusammenhang von O- und B-Sternen mit Gasnebeln gemacht. Loh.

12227. **G. A. Schajn, W. F. Hase,** Ein neues System dünnfaseriger Nebel im Sternbild Auriga. Mitt. Astrophys. Obs. Krim **9** 123—125, mit 1 Tafel. — Ref. in Astr. News Letter Nr. **71** S. 4—5. — Das charakteristische Merkmal dieser Nebel ist der Kurvenreichtum seiner Fasern. Das Häufigkeitsmaximum der Fasern steht 3°8 von Nova Aurigae 1891 ab. Loh.

12228. **I. S. Schklowskij, P. N. Cholopow,** Identifizierung des Nebels NGC 1316 mit dem Radiostern im Sternbild Ofen. Astr Circ UdSSR Nr. 131 S. 2—3 (russisch). — Die Örter von beiden fallen bis auf 2—3° zusammen.

12229. **E. Schoenberg,** Diffuse Gasnebel und ihre Beziehung zur Kosmogonie. Sternenwelt **4** 216—218, mit 1 Abb.

12230. **O. Struve,** The Orion nebula. Sky and Telescope **11** 187—190, mit 6 Fig.

12231. **Z. Švestka,** Planetarische Nebel. Časopis **2** 81—86 (tschechisch).

12232. **P. Swings, J. W. Swensson,** Les spectres de treize nébuleuses planétaires et de leurs noyaux. Ann d'Astrophys **15** 290—301 = Inst. d'Astrophys. Univ. Liège Coll. 4° Nr. **36**. — Verf. berichten über neu aufgefundene Linien im Spektrum von 13 planetarischen Nebeln und ihrer Kerne. Einige der Kerne gehören dem Zwischentyp an, der sowohl Stickstoff- als auch Kohlenstoffemissionen enthält. Eine Reihe von Spektralklassifizierungen von Kernen wurde verbessert. Es wird darauf hingewiesen, daß die Nebelkerne trotz ihrer gelegentlichen Ähnlichkeit der Spektren mit den Wolf-Rayet-Sternen nicht gleichgesetzt werden dürfen. Micz.

* * **W. Unno,** On the radiation pressure in a planetary nebula. II. Vgl. Ref. **5318**.

* * **W. Unno,** On the radiation pressure in a planetary nebula. III. Problem of He II. Vgl. Ref. **5319**.

* * **W. Unno, K. Takakubo,** On the internal motions in planetary nebulae. Vgl. Ref. **5320**.

* * **W. Unno,** Note on the Zanstra redistribution in planetary nebulae. Vgl. Ref. **5321**.

12233. **P. Wellmann,** The relative populations of the He I 2^1S and 2^3S states in the Orion nebula. ApJ **116** 452. — Es wird gezeigt, daß ein von O. C. Wilson festgestellter Unterschied zwischen den empirischen und theoretischen Werten der relativen Besetzungszahlen obiger Zustände des He I im Fall von Θ_1 Orionis C nach Neuberechnung der theoretischen Werte verschwindet. Kdr.

12234. **M. L. White,** A study of the nebular [N II] lines in selected gaseous nebulae. ApJ **115** 71—73, mit 1 Fig. — Verf. bestimmt das Intensitätsverhältnis der Linien [N II] λ 6584/Hα und [N II] λ 6548/Hα im Spektrum von 22 planetarischen Nebeln und 7 ausgewählten Stellen des Orionnebels. Micz.

12235. **B. S. Whitney,** Variable star notes. A small nebula. AJ **56** 206—208, mit 1 Fig. — Koordinaten des Nebels: $20^h 13^m\!.5$, +38° 40′ (1900).

12236. **O. C. Wilson,** Planetary nebulae. Leaflet ASP Nr. 253, 8 S., 1950.

12237. **K. Wurm,** Die planetarischen Nebel. Vgl. AJB **51** Ref. **12227**. — Weitere Besprechung in PAT **34** 75—76, Sternenwelt **4** 236 (K. Schütte), Urania Kopenhagen **9** 43, ZfA **35** 135 (A. Unsöld), Z. Naturforschung **8a** 219—220 (G. Elwert).

12238. **K. Wurm,** Die Temperaturen der Zentralsterne von planetarischen Nebeln (Übersichtsbericht). Mitt. AG **1951** 17—18. — Ref. AG.

12239. **K. Wurm, O. Singer,** Optische Dicke und He II — H-Linienintensitäten in planetarischen Nebeln. ZfA **30** 153—163, mit 6 Abb. = Mitt. Sternw. Hamburg-Bergedorf **21** Nr. 225. — Die früher aus den relativen Intensitäten der He II- und H-Linien erschlossene unvollständige UV-Absorption in planetarischen Nebeln wird an einem umfangreicheren Material von Linienintensitäten weiter bestätigt. Verf.

12240. **G. Zimmermann,** Der Rosette-Nebel im Einhorn. Sternenwelt **4** 51—52, mit 1 Abb. und einem Nachtrag von R. Brandt S. 111—112, mit 1 Abb.

12241. A proposito della nebulosa d'Orione. Coelum **20** 52—53.

12242. Nyupptäckta planetariska nebulosor. PAT **33** 72.

12243. Neuartige Emissionsnebel. Sternenwelt **4** 31, mit 1 Abb. — Ref. der in AJB **50** Ref. **12207** und AJB **51** Ref. **12210** zitierten Arbeiten von G. H. Herbig.

12244. Die Verteilung von planetarischen Nebeln und Be-Sternen in der Milchstraße. Sternenwelt **4** 66—67. — Ref. der in AJB **51** Ref. **12210** zitierten Arbeit von Minkowski.

§ 123

Milchstraßensystem

Aufbau

12301. **J. Ashbrook, R. L. Duncombe,** On the determination of the north galactic pole from Cepheid variables. AJ **56** 204—206. — Aus dem stark angewachsenen Material an δ Cephei-Veränderlichen, das der General Catalogue of Variable Stars (Moskau 1948) bietet, werden insgesamt 383 Sterne innerhalb $\pm 10°$ galaktischer Breite erfaßt, um aus ihrer Verteilung die Lage des galaktischen Nordpols zu bestimmen. Um Auswahleffekte aufzudecken, werden weiterhin diese Sterne in fünf Gruppen nach scheinbarer Helligkeit unterteilt. Unter den verschiedenen Werten halten die Verf. $A = 191^\circ\!.9 \pm 0^\circ\!.4$, $D = +27^\circ\!.4 \pm 0^\circ\!.4$ als den wahrscheinlichsten; sie finden also keine deutliche Differenz zwischen ihrem Wert und älteren Bestimmungen. Gli.

* * **L. Binnendijk,** The space distribution of interstellar material in the Milky Way. Vgl. Ref. **12503**.

12302. **A. Blaauw,** De bevolkingstypen van Baade. Heelal 8 30.

12303. **B. J. Bok,** Studies of the southern Milky Way. Proc. American Philos. Soc. **96** 540—555, mit 8 Fig. = Harv Repr (2) Nr. **42**. — Über Ziel und Plan eines 1950 begonnenen, auf fünf Jahre veranschlagten Programms zum Studium ausgewählter Felder der südlichen Milchstraße an der Boyden-Station des Harvard-Observatoriums wird eine Übersicht gegeben und über die ersten Ergebnisse berichtet: Messungen lichtelektrischer Farben von 124 O- und B-Sternen in sechs Feldern, lichtelektrischer Standard-Helligkeiten und -Farben sowie photographischer und photoroter Standard-Helligkeiten. Kdr.

12304. **J. Dufay, J.-H. Bigay, P. Berthier,** Photographie directe du centre de la voie lactée dans le proche infrarouge. CR **235** 120—122, mit

1 Fig. = Publ. Obs. Haute-Provence **2** Nr. 42. — Die Beobachtungen wurden am Obs. Lyon mit einem lichtstarken Schmidtspiegel und am Obs. Haute-Provence mit einem kleinen, aber ebenfalls lichtstarken Objektiv durchgeführt. Durch Verwendung entsprechender Filter und hypersensibilisierter Emulsionen wurde der Bereich 8000—8900 Å erfaßt. Neben der großen Sternwolke im Schützen lassen sich so auch weitere Sternwolken nachweisen, die sonst (im Visuellen) unsichtbar bleiben. Der vermutete Gesamtkomplex des galaktischen Kerns schält sich aber noch nicht klar heraus. Loh.

12305. **J. Dufay, J.-H. Bigay, P. Berthier, J. Texereau,** Etude et résolution du grand nuage stellaire situé dans la direction du centre de la voie lactée. CR **235** 1284—1286. — Die helle Wolke, welche die Autoren im Infraroten photographiert hatten (vgl. Ref. **12304**), konnte mit Hilfe des Schmidtspiegels des Obs. Haute-Provence wenigstens teilweise in Einzelsterne aufgelöst und die interstellare Absorption im Blauen, Roten und Infraroten abgeschätzt werden. Loh.

12306. **J. Dufay,** The galactic center in infrared. Sky and Telescope **12** 41—43, mit 4 Fig. — Ref. in JBAA **63** 158.

12307. **D. S. Evans,** A possible galactic window. MN ASSA **11** 52—53. — Galaktische Koordinaten: Länge 300°, Breite $-17\overset{\circ}{.}4$.

12308. **J. J. Ikaunieks,** Die räumliche Verteilung und Kinematik der Kohlenstoffsterne. Riga, Verlag Akad. Wiss. Lett. Sowjetrepublik, 1952. 112 S. mit Abb. und Karten. Preis 5 R. 10 Kop. (russisch).

12309. **J. J. Ikaunieks,** Die räumliche Verteilung und Kinematik der Kohlenstoffsterne. AJ UdSSR **29** 654—663 (russisch). — Ref. in Urania Kraków **24** 116. — Die Untersuchung stützt sich auf die Daten von 487 N- und R-Sternen mit bekannten photometrischen Entfernungen. Von 285 sind Radialgeschwindigkeiten, von 126 die Raumgeschwindigkeiten bekannt. Für die einzelnen Gruppen dieser Sterne (Unregelmäßige, Halbregelmäßige, Unveränderliche, Langperiodische, Mira) ergeben sich unterschiedliche galaktische Konzentrationen, Geschwindigkeitsdispersionen und Farbenindizes. Die Geschwindigkeiten einiger Sterne sind größer als die Entweichgeschwindigkeiten. Das von den als jung anzusehenden Sternen gebildete System ist instationär. Loh.

12310. **J. J. Ikaunieks,** Der Dichtegradient der Kohlenstoffsterne in der galaktischen Ebene. Publ. Inst. Phys. Riga Nr. **3** (Astronomie) S. 65—72, mit 3 Abb. (russisch mit lettischer Zusammenfassung). — Aus der Verteilung der N- und R-Sterne in Sonnenumgebung leitet Verf. den Dichtegradienten $\partial \lg D(R)/\partial R = \mathrm{m}$ für die Unterklassen konstante Helligkeit, unregelmäßig Veränderliche, Halbregelmäßige und Mira-Sterne ab. Für die beiden ersten Unterklassen ergeben sich $\mathrm{m} = +0.071 \pm 0.001$ bzw. $+0.096 \pm 0.011$. Die Dichte wächst also in Richtung zum Antizentrum. Bei den übrigen Unterklassen dürfte qualitativ dasselbe der Fall sein, doch ist die Unsicherheit relativ groß. Die kosmogonische Deutung dieses Ergebnisses wird in Aussicht gestellt. Loh.

12311. **J. J. Ikaunieks,** Die räumliche Verteilung und Kinematik der Kohlenstoffsterne. Publ. Inst. Phys. Riga Nr. **4** (Astronomie) S. 3—111, mit 17 Abb. (russisch). — Von den in einem Katalog zusammengestellten 487 Kohlenstoffsternen werden zunächst die physikalischen Merkmale (Spektraltyp, Temperatur, mittlere absolute Helligkeit, spektrale Besonderheiten und C-Isotopie) besprochen, und dann die räumliche Verteilung bis zur Gewinnung des Parameters β des vertikalen Dichtegesetzes für verschiedene Unterklassen der R- und N-Sterne ermittelt. Es zeigt sich, daß eine Trennung zwischen N- und R-Sternen in dieser Hinsicht nicht erforderlich ist, daß β aber sehr von der Art der Helligkeit (konstant, unregelmäßig veränderlich usw.) abhängt. Kinematisch bedeutsam ist die große Dispersion σ_z der Geschwindigkeit, ein Zeichen für die Instationarität des Systems der Kohlenstoffsterne. Das betrifft besonders die unregelmäßig veränderlichen Kohlenstoffsterne. Das Verhältnis $\sigma z^2 : \beta$, das im allgemeinen ≈ 1 ist, bei den R- und N-Sternen jedoch viel größer ist und speziell bei den unregelmäßig veränderlichen den Wert 36.4 erreicht, verwendet Verf. als Alterskriterium. Die N- und R-Sterne sind danach junge Sterne und ihre Bildung, zunächst als unregelmäßig Veränderliche, erfolgt(e) in hinreichend großer Entfernung vom galaktischen Zentrum. Loh.

12312. **S. A. Kaplan,** Die Energie der summarischen Strahlung der Sterne. AJ UdSSR **29** 649—653 (russisch).

12313. **E. B. Kostjakowa,** Spektralphotometrie heller Wolken der Milchstraße. Astr Circ UdSSR Nr. 129 S. 4—5 (russisch). — Mit dem lichtstarken Spektrographen (1:0.58) der Sternwarte auf der Krim wurden 6 helle Milchstraßenwolken aufgenommen und spektralphotometrisch an die Sonne angeschlossen. Im Bereich 4000—6400 Å ergaben sich fallweise Farbtemperaturen zwischen 3150 und 7000°. Loh.

12314. **V. Kourganoff,** Quelques Documents sur la Structure de la Galaxie. Paris, 1951.

12315. **G. G. Kusmin,** Über die Massenverteilung in der Galaxis. Publ. Astr. Obs. Tartu **32** 211—230, mit 4 Abb. (russisch). Ref. in Urania Kraków **24** 305. — In Analogie zu einer Arbeit von Wyse und Mayall (vgl. AJB **44** Ref. 8830) ermittelt Verf. die Verteilung der Masse in der Galaxis. Er geht dabei zunächst von einem ellipsoidisch geschichteten Modell aus und erhält dann nach einem Grenzübergang den Fall einer flachen Scheibe mit vom Radiusvektor abhängiger (Flächen-)Dichte, die sich aus der empirischen Kraftfunktion ableiten läßt. Im galaktischen Zentrum ist die Flächendichte zehnmal so groß wie in Sonnenumgebung und die Masse dieser Galaxis beträgt $1.0 \times 10^{11}\,\mathfrak{M}_\odot$. Loh.

12316. **D. N. Limber,** An analysis of Pannekoek's survey of the southern Milky Way. AJ **57** 17. — Ref. AAS.

12317. **G. Maccone,** Osservazioni visuali della Via Lattea senza impiego di cannocchiali. Coelum **20** 76—80, mit 1 Tafel.

12318. **S. W. McCuskey,** The galactic structure in Camelopardalis. AJ **57** 17. — Ref. AAS.

12319. **S. W. McCuskey,** The percentage of dwarf F 8—G 2 stars of the ninth magnitude at galactic latitudes ±15°. AJ **57** 147—151, mit 2 Fig. — Ref. in Sky and Telescope **12** 11—12. — Die Häufigkeit von Sternen, die nach spektroskopischen Kriterien Zwerge sind, ist für Spektraltypen G 5 und G 8—K 3 in befriedigender Übereinstimmung mit den Ergebnissen der Analyse von Eigenbewegungen; dagegen ergibt sich der Prozentsatz der Zwerge F 8—G 2 spektroskopisch viel höher als aus den Eigenbewegungen. Verf. unternimmt daher eine Neubestimmung der Zwerge mit Hilfe der Eigenbewegungen in den Yale Zone Catalogues für die Spektraltypen F 8—G 2 nach einem von Bok angegebenen Verfahren. Er findet einen Zwerganteil in diesem Spektralbereich, der dem spektroskopisch ermittelten entspricht. Micz.

* * **J. Mergentaler,** On the correlation between the mean period of classical Cepheids and the mean star space-density in the milky way. Vgl. Ref. **11164.**

12320. **F. D. Miller,** On departures from random surface distribution of stars. AJ **57** 152—155. — In der Arbeit wird eine Untersuchung von Markarjan (Mitt. Obs. Bjurakan Nr. 1, 1946), in der versucht wird, aus der Verteilung der Sterne an der Sphäre auf die räumliche Verteilung des interstellaren Staubes zu schließen, hinsichtlich der Auswahl des Beobachtungsmaterials kritisch erörtert. Für den Parameter δ^2, durch den der Einfluß der Verteilung der interstellaren Staubwolken auf die Sternzählungen erfaßt wird, ergeben sich wesentlich kleinere Werte, so daß die davon abhängigen Resultate Markarjans revisionsbedürftig erscheinen. Kdr.

12321. **W. W. Morgan, S. Sharpless, D. Osterbrock,** Some features of galactic structure in the neighborhood of the sun. AJ **57** 3. — Aus spektroskopischen, am 40″-Refraktor der Yerkes-Sternwarte bestimmten Parallaxen folgt die Existenz eines Spiralarms von der galaktischen Länge 40° bis 190°, der in 300 pc Entfernung an der Sonne vorbeizieht. Ein zweiter, weiter außerhalb befindlicher Arm reicht von 70° bis 140°. Vielleicht kreuzt ein dritter Arm in etwa 1500 pc Entfernung von der Sonne die Richtung zum galaktischen Zentrum. Loh.

12322. **J. J. Nassau, V. Blanco, W. W. Morgan,** Surface distribution of late M stars in the Milky Way. AJ **57** 21. — Ref. AAS.

12323. **J. J. Nassau, D. Harris III,** OB stars in the P Cygni region. AJ **57** 21. — Ref. AAS.

12324. **P. Naur,** Stellarstatistik. Teorien for Mælkevejens klarhed. NAT **1952** 13—18. — Gemeinverständliche Darstellung der stellarstatistischen Methoden und der neuen Ansätze auf diesem Gebiet durch Ambarzumjan, Chandrasekhar und Münch. Ra.

12325. **J. H. Oort,** Problems of galactic structure. ApJ **116** 233—250, mit 9 Fig. — Verf. entwickelt in der Henry Norris Russell Lecture, gehalten am 27. Dez. 1951 in Cleveland, Ohio, ein Bild des Milchstraßensystems und der gegenwärtig anstehenden Probleme. Nach einer Beschreibung der Bewegungsverhältnisse und der Massenverteilung im Großen wird eine Übersicht über die Erforschung der Galaxis mit Hilfe der kosmischen Radiostrahlung gegeben. Ein längerer Abschnitt ist der 21 cm-Strahlung des interstellaren Wasserstoffs gewidmet, die eine detaillierte Diskussion der Massenverteilung der gasförmigen Komponente des interstellaren Stratums ermöglicht. Anschließend wird auf andere Untersuchungen über die Spiralstruktur des Systems und die Existenz der «Sternassoziationen», insbesondere auch über das Auftreten von Expansion in der Gruppe um ζ Persei, eingegangen. Micz.

12326. **J. H. Oort, C. van de Hulst, C. A. Muller,** Spiraalstructuur van het melkwegstelsel. Koninkl. Nederl. Akad. Wetensch. Amsterdam **61** Nr. 8 S. 140—143, mit 1 Fig. — Bericht über die in Kootwijk erfolgten Messungen der 21 cm-Emissionslinie des interstellaren Wasserstoffs mit einem $7^1/_2$ m-Parabolspiegel. Im Verlauf der außerhalb der Entfernung galaktisches Zentrum—Sonne zwischen den galaktischen Längen 345° und 220° gelegenen Emissionsgebieten ist eine deutliche Spiralstruktur mit verschiedenen Armen zu erkennen. Loh.

12327. **J. H. Oort, C. A. Muller,** Spiral structure and interstellar radio emission. MN ASSA **11** 65—70, mit 1 Fig. — Neben allgemeineren Bemerkungen über die bisher bekannte Struktur des Milchstraßensystems und die Verhältnisse im interstellaren Raum berichten Verf. über ihre Messungen der Kontur der 21 cm-Linie des Wasserstoffs und entwerfen ein vorläufiges Bild über den Verlauf des äußeren Spiralarms der Galaxis. Loh.

12328. **J. H. Oort, C. A. Muller,** Spiral structure and interstellar radio emission. S. African J. Sci. **49** 87—92. — Ref. in Phys. Abstracts (A) **56** 506.

12329. **D. Osterbrock, S. Sharpless,** The Milky Way from Sagittarius to Cepheus in the infrared. ApJ **115** 140—141, mit 2 Fig. — Wiedergabe und Beschreibung einer Infrarot-Aufnahme der Milchstraße mit der Weitwinkelkamera von Greenstein und Henyey. Micz.

* * **C. Payne-Gaposchkin,** Variable stars and galactic structure. Vgl. Ref. 11004.

12330. **W. Petri,** Über den gegenwärtigen Stand der galaktischen Forschung. Sterne **28** 110—114.

12331. **W. S. Safronow,** Die Dichte der Materie in der Galaxis in Sonnenumgebung. AJ UdSSR **31** 198—208 (russisch). — Ref. in Astr. News Letter Nr. **67** S. 13. — Die Absicht dieser Untersuchung ist eine Neubehandlung der Oortschen Methode im Lichte neuerer Beobachtungsdaten und auch im Lichte der kritischen Diskussion Schilts (vgl. AJB **50** Ref. **12346**) der Oortschen Schlüsse. Das Endergebnis ist, daß die Oortsche Bestimmung von $\partial k/\partial z$ in Sonnenumgebung eine Dichte von 6×10^{-24} gr/cm^3 ergibt, die aber einer Erhöhung um 10 bis 20% bedürfte. Die Methode des Verf. ergibt 7×10^{-24}; aber auch dieser Wert kann größer werden, wenn in der galaktischen Hauptebene eine dünne Materieschicht vorhanden ist. Die Sterne tragen 3.5×10^{-24}, das interstellare Gas etwa 3×10^{-24} und der interstellare Staub nach van de Hulst etwa 2×10^{-24} gr/cm^3 bei. Es ist aber nicht gestattet zu schließen, wie es oft getan wird, daß die maximale Dichte der interstellaren Materie 3×10^{-24} ist. Es ist auch möglich, daß in der Galaxis andere Formen der Materie existieren, wie etwa in Form von Radiosternen. Astr. News Letter

12332. **H. Schmidt,** Die räumliche Verteilung der Sterne im galaktischen System (Übersichtsbericht). Mitt. AG **1951** 15. — Ref. AG.

12333. **P. G. Schnirelman,** Über die Verteilung der B-Sterne in der Sonnenumgebung. AJ UdSSR **31** 179—197, mit 19 Abb. (russisch). — Ref. in Astr. News Letter Nr. **67** S. 13. — Die Ergebnisse werden in verschiedenen Diagrammen dargestellt, und diese werden dann in Bezug auf die Z-Koordinate diskutiert. Das Endergebnis ist in den Tafeln 9 und 10 zusammengestellt, die die Gesamtzahl N der Sterne für jede Spektralunterklasse in der Galaxis geben. Astr. News Letter

12334. **H. Shapley, A. B. Hearn,** Galactic and extragalactic studies, XXII. Extent of the galaxy in the anticenter octant. Proc. National Acad. Sci. USA **38** 839—843 = Harv Repr Nr. **367**. — 52 Haufenveränderliche niedriger galaktischer Breite in der Richtung des Antizentrums definieren die Ausdehnung des galaktischen Systems in dieser Richtung bis zu 20 kpc Abstand vom Zentrum. Sie sind nicht mehr zur galaktischen Scheibenpopulation zu rechnen. Haffner

12335. **S. Sharpless,** A study of the Orion aggregate of B stars. AJ **57** 27. — Ref. AAS.

12336. **S. Sharpless,** A study of the Orion aggregate of early-type stars. ApJ **116** 251—271, mit 8 Fig. — Ref. in Sternenwelt **5** 67. — Die Spektraltypen und Leuchtkraftklassen von 190 Mitgliedern der B-Sterngruppe im Orion wurden neu bestimmt. Scheinbare Helligkeiten und Farbenindizes wurden von den gleichen Sternen lichtelektrisch gemessen, Meß- und Reduktionsverfahren werden ausführlich beschrieben. Das Material dient zur Ableitung eines neuen Entfernungsmoduls der Gruppe, ferner einer Bestimmung der absoluten Helligkeit der O-Sterne, die zur Gruppe gehören, und einer Diskussion der anomalen Verfärbungseffekte des behandelten Feldes. Das Verhältnis zwischen totaler und selektiver Absorption ergibt sich ungewöhnlich hoch, ähnlich wie es Baade und Minkowski bereits für die Sterne des Oriontrapezes gefunden hatten. Zusammenhänge zwischen der Verfärbung der Sterne und den diffusen interstellaren Absorptionsbanden in den Spektren der Orionsterne werden erörtert. Micz.

12337. **J. Texereau,** Photographies en lumière infrarouge dans la direction du centre galactique. BSAF **66** 349—350.

12338. **B. E. Tumanjan,** Die Milchstraße. Erewan, Verlag der Staatsuniversität, 1952. 28 S. mit 9 Abb. Preis 50 Kop. (armenisch).

12339. **S. P. Wyatt jr.,** A radio model of the galaxy. AJ **57** 168—169. — Ref. AAS.

12340. Photographic Atlas of the Southern Milky Way (gal. Long. 210°—320°). With introduction. Georgetown Obs. Monograph Nr. 1, 17 Karten + 5 S.

12341. Detailed structure of the galaxy and stellar associations. Astr. News Letter Nr. **64**, 27 S. — Englische Übersetzung eines von V. Kourganoff zusammengestellten Berichts über die einschlägigen sowjetischen Arbeiten.

12342. Neue Infrarotstrahlung der Milchstraße. Fortschritte Phys. Wiss. **46** 422—425 (russisch). — Im Literaturanzeiger Nr. 79 des AJ UdSSR sind vom Verf. nur die Initialen angegeben.

12343. Hydrogen emission at wave-length 21 cm and spiral structure of the galaxy. Irish AJ **2** 108—109.

12344. En anhopning av vita stjärnor omkring P Cygni. PAT **33** 67—68.

12345. Spiral arms of the galaxy. Sky and Telescope **11** 138—139, mit 3 Fig.

12346. Die Spiralstruktur des Milchstraßensystems. Sternenwelt **4** 31. — Ref. der in AJB **50** Ref. **12305** zitierten Arbeit von Bolton und Westfold.

12347. Blaue Riesen in der Milchstraße. Sternenwelt **4** 64—65. — Ref. der in AJB **51** Ref. **12320** zitierten Arbeit von Nassau und Morgan.

* * Die Strahlung des galaktischen Wasserstoffs bei 21 cm Wellenlänge. Vgl. Ref. **12658**.

Sternassoziationen

* * **A. Blaauw,** The age and evolution of the ζ Persei group of O- and B-type stars. Vgl. Ref. **5404**.

12348. **A. Blaauw,** The evolution of expanding stellar associations; the age and origin of the Scorpio-Centaurus group. BAN **11** 414—419, mit 6 Fig. Es werden die Bahnkurven von Sternen berechnet, die mit 1 km/sec Pekuliargeschwindigkeit in der Milchstraßenebene eine Expansion nach allen Seiten beginnen. Der anfangs kreisförmige Ort dieser Sterne wird unter dem Einfluß des Feldes der rotierenden Milchstraße langgestreckt. Die Anwendung auf den Bewegungshaufen der Scorpio-Centaurus-Gruppe macht ein Alter von etwa 70 Millionen Jahren und eine mittlere Anfangsexpansionsgeschwindigkeit von 0.7 km/sec wahrscheinlich. Dieckvoss

12349. **A. I. Lebedinskij,** Sternassoziationen. DAN **84** 467—470 (russisch). — Betrachtungen qualitativer Art zur Frage 1. der O-Assoziationen in Verbindung mit den verschiedenen Typen offener Sternhaufen und 2. der Sternentwicklung in An- und Abwesenheit interstellarer Materie, insbesondere der Umwandlung von Riesen in Zwerge und umgekehrt. Loh.

12350. **B. E. Markarjan,** Revidiertes Verzeichnis der O-Assoziationen. DAN Armen. Sowjetrepublik **15** Nr. 1 S. 11—15 (russisch).

12351. **J. H. Oort,** Expanding groups of B-type stars. MN ASSA **11** 91—92, mit 3 Fig. — Kurzes Referat über die von Blaauw festgestellten Expansionsbewegungen in B-Assoziationen. Kdr.

12352. **C. Schalén,** Om s. k. stjärnassociationer. PAT **33** 41—46, mit 2 Fig. — Gemeinverständliche Darstellung der Bedeutung des Begriffes Sternassoziationen. Ra.

12353. **J. Šperger,** Sternassoziationen. Vesmír **31** 224 (tschechisch).

12354. Sternassoziationen. Sternenwelt **4** 30. — Ref. der in AJB **50** Ref. **12323,** AJB **51** Ref. **12327** zitierten Arbeiten von Woronzow-Weljaminow.

Kinematik und Dynamik

12355. **A. Alksniss, A. Mitschuliss,** Über die Raumbewegung von drei Sternen der Hauptreihe. AJ UdSSR **29** 215—218 (russisch). — Ref. in Astr. News Letter Nr. **67** S. 14. — Betrifft die Sterne BD +25° **3344,** 7 Sex, BD −1° **3474,** die alle eine große Raumgeschwindigkeit besitzen. Der dritte Stern wird sich der Sonne in 5×10^5 Jahren bis auf 0.1 pc nähern. Wegen der Unsicherheit der Eigenbewegung besteht eine, wenn auch außerordentlich niedrige Wahrscheinlichkeit von 10^{-11} für einen Zusammenstoß mit der Sonne. Loh.

12356. **J. Delhaye,** Contribution à l'étude de la distribution des vitesses stellaires. II. BA **16** 221—261, mit 14 Fig. Berichtigung S. 351. — In Fortsetzung einer früheren Arbeit (vgl. AJB **51** Ref. **12335**) werden die Eigenbewegungen derselben Sterne nach der «Methode der Dispersionen» von A. Blaauw (vgl. AJB **41** Ref. **9044** und AJB **48** Ref. **12341**) untersucht. Kap. I zeigt die Anwendung dieser Methode auf das vorliegende Material. Kap. II vergleicht die Resultate für die Geschwindigkeitsellipsoide mit den früher nach der Methode von Schwarzschild gewonnenen Ergebnissen. Während beide Methoden bei den A-Sternen gleiche Ergebnisse liefern, zeigen sich bei den F- und K-Sternen Abweichungen in den Vertexlängen, die besonders bei den F-Sternen das Fehlermaß übersteigen. In Kap. III werden diese Abweichungen diskutiert. Dazu werden die Kurven gleicher Dichte der auf die galaktische Ebene projizierten Raumgeschwindigkeitsvektoren (von de Vos van Steenwijk) gezeichnet. Während diese Kurven bei den A-Sternen kaum von Ellipsen abweichen, zeigt sich die Geschwindigkeitsverteilung bei den F- und G-Sternen und in schwächerem Maße auch bei den K-Sternen erheblich gestört. Diese Verteilungen lassen sich nicht mehr durch Ellipsen darstellen. Gli.

12357. **J. Delhaye,** Sur la déviation du vertex. CR **234** 58—60, mit 1 Fig. — Für Sterne vom Typus A, F, G und K wird die Verteilung der Raumgeschwindigkeitskomponenten, wenn die dazu senkrechte Komponente kleiner als 10 km/sec ist, dargestellt. Man erkennt bei den F- und G-Sternen, vielleicht auch bei denen vom Typus K, die Störung in der Geschwindigkeitsverteilung, welche sich vor allem zwischen $l = 350°$ und 70° bemerkbar macht; es scheint, daß der größte Teil der A-Sterne zu der störenden Population gehört. T. L.

12358. **G. E. Jerleksowa,** Bestimmung des Sonnenapex relativ zu den interstellaren Kalziumwolken. Bull. Astr. Obs. Stalinabad Nr. **5** S. 17—21 (russisch). — Seit der Strömbergschen Arbeit (vgl. AJB **27** Ref. **9007**), in der auch die Apexbewegung der Sonne aus interstellaren Ca-Linien abgeleitet wurde, hat sich das Beobachtungsmaterial vervielfacht, so daß Verf. eine Neubestimmung durchführt. Ergebnis: $A = 269^\circ\!.0$, $D = +33^\circ\!.4$, $V_\odot = 18.3$ km/sec. Loh.

12359. **G. G. Kusmin,** Die Eigenbewegungen der galaktoäquatorialen A- und K-Sterne senkrecht zur galaktischen Ebene und die dynamische Dichte der Galaxis. Publ. Astr. Obs. Tartu **32** 5—43 (russisch). — Der Untersuchung liegen die Eigenbewegungen des GC von Sternen zwischen −3° und +3° gal. Breite, bis $7^m\!.0$ und der Spektralklassen B 8—A 5 und gK 0—gK 5 zugrunde. Nach einer Diskussion der Parallaxen ergeben sich für die Geschwindigkeitsdispersionen σ_z die Werte ± 5.1 (A) bzw. ± 12.2 km/sec (gK).

Die Dispersionen ζ des Dichtegesetzes $D = D_0 \times \exp - z^2/2\,\zeta^2$ betragen $\pm$ 99 pc bzw. $\pm$ 202 pc. Wegen $-\partial^2\phi/\partial z^2 = \sigma_z^2/\zeta^2$ (ϕ = Potential) folgt dann über die Poissonsche Gleichung eine dynamische Dichte in Sonnenumgebung von $\varrho = (3.4 \pm 0.8) \times 10^{-24}$ g/cm³. Loh.

12360. **W. Lohmann,** Bestimmung der Masse des Milchstraßensystems aus den Radialgeschwindigkeiten kugelförmiger Sternhaufen. ZfA **30** 305—306. — Falls sich die Haufen in mehr als 10 kpc Entfernung vom galaktischen Zentrum in Kreisbahnen (Radius = R) bewegen und die größten Radialgeschwindigkeiten (RG) nahe die Raumgeschwindigkeit repräsentieren, kann die Masse aus $(RG)^2 \cdot R$/Gravitationskonstante berechnet werden. Aus vier Haufen ergeben sich $1.7 \times 10^{11}\,\mathfrak{M}_\odot$. Aus den RG aller Haufen folgen im Mittel $2.1 \times 10^{11}\,\mathfrak{M}_\odot$. Loh.

12361. **F. Nahon,** L'hétérogénéité de la distribution des vitesses des étoiles brillantes. BA **16** 283—320, mit 34 Fig. — In Weiterführung einer Arbeit von J. Delhaye (vgl. AJB **48** Ref. **12337**) wird die Verteilung der Raumgeschwindigkeiten von etwa 2000 Sternen heller als $6^m\!.5$ untersucht. Verf. arbeitet im galaktischen dynamischen Koordinatensystem. Die Komponente senkrecht zur galaktischen Ebene ergibt sich als unabhängig von den beiden anderen Komponenten. Die Häufigkeitsverteilung der auf die galaktische Ebene projizierten Geschwindigkeitsvektoren, unterteilt nach Spektralklassen A bis M, und ihre Verteilung längs der beiden in der galaktischen Ebene liegenden dynamischen Achsen führt zu folgenden Schlüssen: Die Geschwindigkeitsverteilung läßt sich nicht durch ein einziges Ellipsoid darstellen. Die Darstellung durch Mischung zweier ellipsoidaler Verteilungen scheint möglich. Die Struktur der «Hauptgeschwindigkeitspopulation» der Sterne F—M stimmt mit der Theorie der galaktischen Rotation überein, während die «störende Population» im Geschwindigkeitsfeld dem Ursa major-Strom benachbart ist. Zum Schluß wird die Verteilung der auf die galaktische Ebene projizierten Geschwindigkeitspunkte für die einzelnen Spektralklassen abgebildet. Gli.

12362. **P. Naur,** Unge stjerners oprindelse. NAT **1952** 84—88, mit 2 Fig. — Bericht über Blaauws Untersuchung der Eigenbewegungsverhältnisse in Perseus und Lacerta. Ra.

12363. **J. M. Newkirk,** Galactic orbits of fifty cluster type variables. Harv Bull Nr. **921** S. 15—19. — Aus Eigenbewegungen, Radialgeschwindigkeiten und photometrischen, wegen interstellarer Absorption verbesserten Entfernungen werden unter Annahme eines Newtonschen Kraftfeldes die galaktischen Bahnelemente für 50 Haufenveränderliche abgeleitet. Sieben Veränderliche zeigen retrograde Bewegung. Von den 38 Sternen mit elliptischen Bahnen besitzen über die Hälfte perigalaktische Distanzen von 0.0 bis 0.3 $R_\odot$. Loh.

12364. **A. Opolski,** Some remarks on the distribution of space velocities and kinetic energy on the Hertzsprung-Russell diagram. Ark Astr **1** 257—259. — Vgl. AJB **51** Ref. **12343**.

* * **D. E. Osterbrock,** The time of relaxation for stars in a fluctuating density field. Vgl. Ref. **4416**.

12365. **P. P. Parenago,** Über das Gravitationspotential der Galaxis. II. AJ UdSSR **29** 245—287, mit 6 Abb. (russisch). — Ref. in Astr. News Letter Nr. **67** S. 1—4. — Seinen bereits früher (vgl. AJB **50** Ref. **12315**) verwandten Ausdruck für das Potential in der galaktischen Ebene ergänzt Verf. um ein z-Glied. Über die Poissonsche Gleichung wird die galaktische Dichteverteilung ermittelt. Sie ist weniger flach als man erwarten sollte, offensichtlich deswegen, weil zwischen Materie- und Helligkeitsverteilung ein Unterschied besteht. Ein Diagramm für peri- und apogalaktische Distanzen wird entworfen. Für Sterne mit kleinen z-Geschwindigkeiten werden die Schwingungen durch die galaktische Hauptebene und für die Sonne, den Kapteynschen und den Barnardschen Stern die galaktischen Bahnen berechnet. Für die Gesamtmasse der Galaxis ergeben sich 1.8 × 10^{11} $\mathfrak{M}_\odot$. Loh.

12366. **L. Perek,** Stellar movements and streams. RH **33** 3—8, mit 3 Fig. (tschechisch).

12367. **H. M. Pillans,** Velocity distribution of K dwarf stars in the vicinity of the sun. AJ **57** 164—165. — Ref. AAS.

12368. **J. Schilt,** Tables for galactic rectangular velocity components. AJ **57** 155—156. — Hinweis auf das Vorhandensein der Daten auf Lochkarten.

12369. **K. Schütte,** Galaktozentrische Bahnelemente von 1026 Fixsternen in der nächsten Umgebung der Sonne. Anzeiger der Österreichischen Akad. Wiss. Math.-naturw. Kl. **89** 244—245. — Zusammenfassung einer anderswo (vgl. nachstehendes Ref.) ausführlich dargelegten Untersuchung unter der Annahme, daß das galaktische Gravitationsfeld durch ein Newtonsches approximiert werden kann. Loh.

12370. **K. Schütte,** Galaktozentrische Bahnelemente von 1026 Fixsternen in der nächsten Umgebung der Sonne. Sitzber. Österreich. Akad. Wiss. Math.-naturwiss. Kl. Abteilung IIa **161** 287—307, mit 3 Abb.

12371. **M. Schwarzschild,** Perigalactic and apogalactic distances of high-velocity stars. AJ **57** 57—61, mit 1 Fig. — Ref. in Sky and Telescope **11** 274, Sterne **29** 162—163. — Zur Berechnung peri- und apogalaktischer Distanzen von Schnelläufern in der galaktischen Hauptebene ohne Berücksichtigung vertikaler Bewegungen setzt Verf. bis in eine Entfernung (R) von 60% derjenigen der Sonne vom galaktischen Zentrum ein zu R^2 proportionales Potential, und außerhalb ein Newtonsches Potential an. Bei bekannten Geschwindigkeitskomponenten kann man einem Diagramm die Distanzen entnehmen. Es zeigt sich, daß nur ungewöhnliche Schnelläufer Bahnen besitzen, die in den galaktischen Kern eindringen. Am häufigsten sind Schnelläuferbahnen mit perigalaktischen Distanzen von 0.4 bis 0.6 $R_\odot$. Es gibt nur neun Objekte mit retrograden Bahnen. Loh.

12372. **T. R. Tannahill,** Star-streaming from the proper motions of the Boss General Catalogue. MN **112** 3—17, mit 1 Fig. = Glasgow Univ. Obs. Repr. Nr. **31**. — Eigenbewegungen von 22 374 Sternen des General Catalogue von B. Boss werden unter Annahme der Zweistrom-Hypothese nach der Methode von Eddington analysiert. Ähnlich wie bei älteren Untersuchungen ergibt sich für den Vertex der Ströme eine Richtung, die erheblich von der nach dem galaktischen Zentrum abweicht. Neu bestimmt wird auch der Apex der Sonnenbewegung; die Sonnengeschwindigkeit relativ zu den Sternen des General Catalogue nimmt mit fortschreitendem Spektraltyp der Bezugssterne ab; eine ähnliche Abnahme ist auch mit wachsender galaktischer Breite festzustellen. Micz.

* * Die Rotation von M 33, M 31 und der Milchstraße. Vgl. Ref. **12442**.

§ 124

Außergalaktische Nebel

* * **I. Atanasijević,** L'émission radioélectrique de la nébuleuse d'Andromède. Vgl. Ref. **12601**.

12401. **A. Beach,** New red-shifts. Leaflet ASP Nr. 267, 8 S. mit 1 Fig., 1951.

12402. **Z. Bochníček,** Radioastronomy of extragalactic nebulae. RH **33** 61—64 (tschechisch).

12403. **P. ten Bruggencate,** Spiralnebel als Sternsysteme. Naturwissenschaften **39** 121—128, mit 8 Abb. — Nach einem bei der Tagung der Astronomischen Gesellschaft in Recklinghausen am 24. August 1951 gehaltenen öffentlichen Vortrag.

12404. **P. Couderc,** L'amas local de galaxies. BSAF **66** 377—380, mit 1 Fig.

12405. **P. Couderc,** Répartition des galaxies lointaines. BSAF **66** 423—426.

12406. **G. Courtès,** Etudes de détail en lumière monochromatique H_α. Noyaux d'émission dans la nébuleuse M 51. CR **234** 506—508, mit 2 Fig. = Publ. Obs. Haute-Provence **2** Nr. 34. — Neben Studien einiger Milchstraßengebiete mit Emissionswolken am 120 cm-Spiegel des Obs. Haute-Provence unter Vorschaltung eines Interferenzfilters hat Verf. auch zahlreiche Emissionsknoten in M 51 lokalisiert. Loh.

* * **M. Dartayet, J. L. Dessy,** Studies of variables in the Magellanic Clouds. I. Twenty new faint variables in a region in the Small Cloud. Vgl. Ref. **11189**.

12407. **O. Eklöf,** De extragalaktiska stjärnsystemens rödförskjutningar och avstånd. PAT **33** 33—40, mit 6 Fig. — Gemeinverständliche Darstellung der Rotverschiebung außergalaktischer Nebel. Ra.

12408. **D. S. Evans,** Surface photometry of southern elliptical nebulae. II. MN **112** 606—613, mit 5 Fig. und 3 Tafeln = Commun. Radcliffe Obs. Nr. **20**. — Die Arbeit ist eine Fortsetzung der in MN **111** 526 (vgl. AJB **51** Ref. **12416**) mitgeteilten Oberflächenphotometrie einer Reihe hellerer elliptischer Nebel südlich von $-26°$ Deklination. Das benutzte photometrische Verfahren ist dasselbe wie in der ersten Arbeit. Aufnahmen wurden von 7 Nebeln erhalten, von denen sich 4 als echte elliptische Systeme erweisen. Diese besitzen eine Helligkeitsverteilung, die gut der nach einer vor längerer Zeit von Hubble gegebenen Formel für die radiale Helligkeitsverteilung in Nebeln entspricht. Auch das Kerngebiet eines photometrierten Spiralnebels (NGC **6744**) ist mit dieser Formel in Übereinstimmung. Verf. fügt einige Bemerkungen über Entwicklungsvorgänge in extragalaktischen Nebeln an. Micz.

* * **S. C. B. Gascoigne, G. E. Kron,** Colors and magnitudes of some star clusters in the Magellanic Clouds. Vgl. Ref. **12130**.

12409. **A. Güttler,** Wenn Weltinseln sich begegnen . . . Sternenwelt **4** 7—10, mit 4 Abb.

12410. **E. Holmberg,** On the masses and luminosities of extragalactic nebulae. Kungl. Fysiogr. Sällsk. Lund Förhandl. **22** Nr. 5, 13 S. mit 3 Fig. = Lund Medd. (1) Nr. **180**. — Ref. in Phys. Abstracts (A) **55** 755. — Es wird eine Methode entwickelt, die Masse eines extragalaktischen Systems unter der Voraussetzung zu bestimmen, daß die zu einer bestimmten Masse gehörende Leuchtkraft in erster Linie vom Verhältnis Typ I-Sterne zu Typ II-Sterne abhängt. Als Maß für dieses Verhältnis wird der Farbenindex genommen, wobei in erster Näherung der eventuell auftretende Farbenexzess vernachlässigt wird. Die gesuchte Beziehung zwischen dem Verhältnis Masse zu Leuchtkraft und dem Farbenindex basiert vorläufig nur auf den Werten der Sonnenumgebung und von NGC 224 und NGC 598, während weitere, nicht so sichere Werte anderer Objekte nur zum Vergleich herangezogen werden. Die Anwendung auf die Mitglieder der lokalen Gruppe und auf zwei weitere Gruppen gibt die Verteilung der Logarithmen der Massen und der Dichte, deren Mittelwerte für die einzelnen Systemtypen (Ir I, Sc, Sb, E + Ir II) hergeleitet und diskutiert werden. Gli.

12411. **J. B. Irwin,** The direction of rotation of the spiral nebulae. AJ **57** 15—16. — Ref. AAS. — Ref. in Sky and Telescope **11** 116, mit 1 Fig., Sterne **29** 119—120.

12412. **B. Lindblad, A. Elvius,** A diffraction corona near the centre of the spiral nebula NGC 4216. Nature **169** 1042—1043, mit 4 Fig. = Stockholms Obs. Medd. Nr. **73**. — Ref. in Irish AJ **2** 85, JBAA **63** 52—53. — Vom Spiralnebel NGC 4216 wurden Aufnahmen in verschiedenen Farben gemacht (40 Zollspiegel/Stockholm, 60 Zollspiegel/Mt. Wilson und 200 Zollspiegel/Mt. Palomar), die die Asymmetrie der Lichtverteilung um das Nebelzentrum im Gelben, Blauen und UV zeigen. Die Anwendung einer theoretischen Betrachtung über die Streuung des Kernlichtes in einer optisch dünnen Schicht führt zu einem Radius der streuenden Partikel von 0.3 μ. Weiterhin bestätigen die Beobachtungen bei NGC **4216** die Theorie Lindblads, daß sich die Spiralarme in der Rotationsrichtung öffnen. Gli.

12413. **V. McKibben Nail,** Eclipsing variable stars in the Magellanic Clouds. AJ **57** 163. — Ref. AAS.

12414. **V. McKibben Nail,** New variables and periods in the Large Magellanic Cloud. Harv Bull Nr. **921** S. 1—4. — Mitteilung der Perioden, Helligkeiten und Amplituden für 210 Veränderliche in der Großen Magellanschen Wolke. Auswertung des Materials siehe Harv Repr **359** und **360** (Ref. 12422 und Ref. 12423). Haffner

12415. **R. A. Naef,** Veränderliche, rote «Überriesen» in der Kleinen Magellanischen Wolke. Orion Schaffhausen **4** 25.

12416. **G. C. Omer jr.,** The Coma cluster of nebulae. AJ **57** 22. — Ref. AAS.

12417. **J. J. de Orús Navarro,** Las «dimensiones» de las nebulosas extragalácticas. Urania Barcelona **37** 193—200, mit 1 Fig. und 1 Tafel (mit englischer Übersetzung). — In der vom Verf. (vgl. AJB **50** Ref. 12414) in Anschluß an Chandrasekhar entwickelten Darstellung $(\beta z^2 + 1) \cdot (\beta r^2 + \beta z^2 + 1) =$ const der inneren Isophoten eines Spindelnebels erweist sich β tatsächlich für jeden Nebel als Konstante. Die Untersuchungen an NGC 3115, 4565, 4594, 5866 und 7814 lassen weiter vermuten, daß diese Konstante für alle Nebel denselben Wert um 30 kpc^{-2} hat. Daraus würde sich für diese Objekte eine neue Methode der Entfernungsbestimmung aus der Abplattung einer gemessenen Isophoten ergeben. Gü.

12418. **T. Page,** Radial velocities and masses of double galaxies. ApJ **116** 63—80, mit 7 Fig. = Contr. McDonald Obs. Nr. **204**. — Ref. in Irish AJ **2** 174, Sterne **29** 118—119, Sternenwelt **5** 24, Phys. Abstracts (A) **56** 287. — Unter der Voraussetzung, daß die Komponenten von doppelten Milchstraßensystemen Bahnbewegungen um den gemeinsamen Schwerpunkt ausführen, läßt sich aus Messungen der differentiellen Radialgeschwindigkeit einer ausreichenden Zahl von Systemen statistisch eine Massenbestimmung ausführen. Verf. hat die Spektren der beiden Komponenten mit einem lichtstarken Spektrographen kleiner Dispersion durch entsprechende Stellung des Spalts gleichzeitig aufgenommen. Als mittlere Masse eines Nebels ergaben sich $8 \times 10^{10}\,\mathfrak{M}_\odot$. Die Häufigkeitsverteilung der Massen kann infolge der geringen Zahl der untersuchten Objekte nicht zuverlässig abgeleitet werden. Es besteht jedoch hohe Wahrscheinlichkeit dafür, daß zahlreiche Nebel mehr als doppelt so viel Masse bzw. weniger als 0.1 des Mittelwertes besitzen. Es wird vermutet, daß es tatsächlich zwei Gruppen von Sternsystemen mit mittleren Massen von etwa 0.5×10^9 und $150 \times 10^9\,\mathfrak{M}_\odot$ gibt. Micz.

12419. **G. A. Schajn, W. F. Hase,** Über die Massen gasförmiger Objekte in einigen außergalaktischen Nebeln. Mitt. Astrophys. Obs. Krim **9** 13—24, mit 2 Tafeln (russisch). — Ref. in Astr. News Letter Nr. **71** S. 2, Irish

AJ 3 58. — Aus H_α-Helligkeiten wird die Elektronendichte gasförmiger Objekte in M 33 und M 31 bestimmt, und für 13 Gasnebel die Massen. Die untersuchten riesigen diffusen Gasnebel, wenigstens NGC 604 und 595 in M 33 enthalten wahrscheinlich mehr als 30 und 20 weiße Überriesen, also Sternsysteme, die den Hauptbedingungen der O-Assoziationen genügen. Jeder der riesigen Gasnebel ist ein physisches System, in dem die Sterne einerseits untereinander und andererseits mit dem Nebel genetisch verbunden sind. In den betrachteten Gasnebeln dominiert die gasförmige Materie massenmäßig viele oder einige Male über die im Nebel enthaltenen Sterne. Verf. (gekürzt)

12420. **E. Schoenberg,** Die Magellanschen Wolken. Sternenwelt **4** 37—42, mit 5 Abb. Berichtigung S. **116**. — Nach einem Vortrag von H. Shapley.

12421. **E. Schoenberg,** Probleme der extragalaktischen Nebel. Sternenwelt **4** 117—122, mit 4 Abb. — Nach einem Vortrag von W. Baade.

12422. **H. Shapley, V. McKibben Nail,** Magellanic clouds. III. Differential absorption within the large cloud. Proc. National Acad. Sci. USA **38** 281—286, mit 2 Fig. = Harv Repr Nr. **359**. — 204 Cepheiden in je zwei Feldern im Zentrum, in mittlerem Abstand und am Rand der LMC ergeben Nullpunktsdifferenzen der für jedes Feld gültigen Perioden-Leuchtkraft-Beziehung, die als lokale Absorptionsschwankungen gedeutet werden. Der Rand ist gegenüber dem Hauptkörper der Wolke um $0^m_.23$ durchsichtiger. Ursachen für individuelle Streuung: Skalenfehler der Standardsequenzen, Inhomogenität der Absorption, Tiefenerstreckung der Wolke. Haffner

12423. **H. Shapley, V. McKibben Nail,** Magellanic clouds. IV. On the period frequency anomalies. Proc. National Acad. Sci. USA **38** 286—289, mit 2 Fig. = Harv Repr Nr. **360**. — Wie in der Kleinen Magellanschen Wolke nimmt auch in der Großen Magellanschen Wolke die mittlere Periode der Cepheiden von der Mitte (5.7 Tage) zum Rand (3.4 Tage) hin ab. Die Periodenhäufigkeiten im galaktischen System und den beiden Magellanschen Wolken sind deutlich verschieden: die relative Häufigkeit der Perioden unter vier Tagen ist im galaktischen System am kleinsten, in der Kleinen Magellanschen Wolke am größten. Haffner

12424. **H. Slouka,** Collisions of galaxies. RH **33** 156—158, 180—183, 205—208, mit 1 Abb. (tschechisch).

12425. **J. Stebbins, A. E. Whitford,** Magnitudes and colors of 176 extragalactic nebulae. ApJ **115** 284—291. — Verf. setzen mit der vorliegenden Arbeit ihre lichtelektrischen Farb- und Helligkeitsmessungen an extragalaktischen Nebeln fort. Es werden jetzt Helligkeiten von 176 weiteren Objekten mit scheinbaren Helligkeiten zwischen $9^m_.2$ und $18^m_.2$ sowie die Farben von 97 davon mitgeteilt, sodaß nun insgesamt lichtelektrisch gemessene Helligkeiten und Farben von 310 bzw. 187 Nebeln verfügbar sind. Aus den Messungen geht hervor, daß die photographischen Helligkeitsangaben des Harvard-Katalogs von Shapley und Ames einer Korrektion von $-0^m_.2$ zwischen 10^m und 13^m bedürfen. Als mittlerer Farbenindex der Nebeltypen E, S0, Sa und Sb ergibt sich $+0^m_.85$, für die stärker blau gefärbten des Typs Sc folgt $+0^m_.47$. Micz.

12426. **E. Vandekerkhove,** Sur la variation de l'indice de couleur et du gradient des nébuleuses extra-galactiques. Bull. Cl. Sci. Acad. Roy. Belgique (5) **38** 478—494 = Commun. Obs. Roy. Belgique Nr. **45**. — Ref. in Phys. Abstracts (A) **56** 86. — Gewisse Sternpopulationen und die interstellare Absorption führen zu recht unterschiedlichen und bedeutenden Variationen des resultierenden Gradienten eines Nebels in Expansion. Eine Entwicklung der Riesen in Richtung zur Hauptreihe und ein Absorptionseffekt würden die Variationen des resultierenden Gradienten erklären, die Variationen des Farbenindex entsprechen und beobachtet worden sind. Verf. (gekürzt)

12427. **G. de Vaucouleurs,** La rotation des nébuleuses spirales. I. Les vitesses de rotation. II. Le sens de rotation. La Nature **80** 276—280, 303—308, mit 20 Fig.

12428. **M. A. Waschakidse,** Über einige Merkmale der außergalaktischen Nebel. AJ UdSSR **31** 171—178, mit 4 Abb. (russisch). — Ref. in Astr. News Letter Nr. **67** S. 13. — In der Arbeit wird die Abhängigkeit der Größe des Kerns von der Breite der Spirale der außergalaktischen Nebel untersucht. Diese Abhängigkeit wird in Diagrammen dargestellt. Auf Grund dieser entworfenen Diagramme wird festgestellt, daß unsere Galaxis zu den Sc-Nebeln gehört. Es wird gezeigt, daß die linearen Dimensionen der Kerne der außergalaktischen Nebel mit der Entfernung abnehmen; entsprechende Erklärungen sind angefügt. Verf. (übersetzt)

12429. **U. van Wijk,** A photoelectric magnitude sequence in the Large Magellanic Cloud. Harv Bull Nr. **921** S. 7—8, mit 1 Fig. — Blaugrößen und Farben für 16 Sterne der Großen Magellanschen Wolke zwischen der 10. und 14. Größe, gemessen mit einem Linnel-King-Photometer am 60-Zöller der Boyden Station. Nullpunkt an einen Stern der Harvard Standard Region C 4 angeschlossen. Haffner

12430. **F. Zwicky,** Luminous intergalactic matter. Publ ASP **64** 242—246, mit 1 Tafel. — Ref. in JBAA **63** 53, PAT **34** 67—69, mit 2 Fig., Phys. Abstracts (A) **56** 387, Phys. Blätter **8** 553, Sky and Telescope **12** 98. — Verf. hat seit längerer Zeit nach Sternen und Staub- und Gaswolken im intergalaktischen Raum gesucht. Mit dem 48'-Schmidt-Teleskop sind materielle Verbindungen zwischen extragalaktischen Nebeln gefunden worden. Ein Beispiel für eine Verbindung zwischen drei weit getrennten Nebeln durch schwach leuchtende Sternwolken wird beschrieben und abgebildet. Verf. weist auf einige theoretische und beobachtungsmäßige Folgen des Auftretens intergalaktischer Materie hin. O. G.

* * **F. Zwicky,** Dispersion in the large-scale distribution of galaxies. Vgl. Ref. **4143.**

12431. Les galaxies les plus proches. BSAF **66** 26. — Liste umfaßt 12 Galaxien.

12432. Les vingt galaxies les plus brillantes. BSAF **66** 40.

12433. Nuovo determinazioni della velocità radiale delle più remote nebulose extragalattiche. Coelum **20** 13—14.

12434. Are the spiral galaxies winding up or opening out ? JBAA **62** 87.

12435. Internebular highways. Obs **72** 251—252. — Abdruck aus Bulletin Nr. 22 des California Institute of Technology. — Kurzer Bericht über die von F. Zwicky (Publ ASP **64** 242, Ref. **12430**) veröffentlichte Entdeckung verbindender Materie zwischen extragalaktischen Nebeln. O. G.

12436. Rotverschiebung in den Spektren extragalaktischer Nebel. Orion Schaffhausen **3** 397.

12437. A model for spirals. Sky and Telescope **11** 162. — Ref. der Untersuchung von McVittie und Payne-Gaposchkin in MN **111** 506 (AJB **51** Ref. **12426**).

12438. Radiowellen vom Andromedanebel. Sterne **28** 34. — Ref. der in AJB **50** Ref. 12402 zitierten Arbeit.

12439. Emissionslinien in den Spektren extragalaktischer Nebel. Sterne **28** 122. — Ref. der in AJB **50** Ref. **12415** zitierten Arbeit.

12440. Radiostrahlung vom Andromedanebel. Sternenwelt **4** 29—30. — Ref. der in AJB **50** Ref. **12402** zitierten Arbeit von Brown und Hazard.

12441. Der schnellste Nebel des Jahres 1951. Sternenwelt 4 64. — Ref. der in AJB 51 Ref. 12419 zitierten Arbeit von Humason.

12442. Die Rotation von M 33, M 31 und der Milchstraße. Sternenwelt 4 65—66. — Ref. der in AJB 51 Ref. 12424 zitierten Arbeit von N. U. Mayall.

12443. Lysende intergalaktisk Stof. Urania Kopenhagen 9 133—138, mit 1 Fig. — Übersetzung des Berichtes von F. Zwicky in Publ ASP 64 242, 1952.

* * Galaxies and stellar evolution. Vgl. Ref. 5434.

* * Interstellare Materie und Statistik der Spiralnebel. Vgl. Ref. 12526.

* * Theoretische Untersuchungen über Sternsysteme siehe § 44.

§ 125

Interstellare Materie

* * Radiostrahlung der interstellaren Materie siehe § 126.

12501. **C. S. Beals,** Molecules of gas and grains of dust in interstellar space. J RAS Canada 46 41—56, mit 4 Fig. — Verf. gibt in einem Vortrag vor der R. Astr. Society of Canada zunächst eine Übersicht der beobachteten interstellaren Absorptions- und Emissionslinien atomaren und molekularen Ursprungs einschließlich der bisher nicht identifizierten. Weitere Abschnitte behandeln die Bewegung von Gas- und Staubwolken sowie die Polarisation des Lichtes durch interstellare Materie. Micz.

12502. **F. Becker, J. Meurers,** Neue Untersuchungen zum Problem der Hagenschen Wolken. Phys. Verhandlungen 3 164. — Ref. AG.

12503. **L. Binnendijk,** The space distribution of interstellar material in the Milky Way. ApJ 115 428—458, mit 12 Fig. = Repr. Sproul Obs. Nr. 78. — Ref. in Irish AJ 2 108, Postępy Astr. 2 155—156, mit 2 Fig., Sterne 29 159—161, mit 2 Abb., Urania Kraków 25 218—219. — Gegenstand der umfangreichen Untersuchung sind Fragen des Zusammenhangs zwischen der gas- und staubförmigen Komponente der interstellaren Materie. Nach Reduzierung einiger Kataloge der Intensität der interstellaren Linien H und K des Ca II, D_1 und D_2 des Na I und des λ 4430-Bands auf ein einheitliches System von Äquivalentbreiten und Bestimmung der interstellaren Verfärbung zahlreicher Sterne aus Farbenindizes von Stebbins, Huffer und Whitford wird der Verlauf von Verfärbung, Polarisation und Linienintensität mit der Entfernung für eine Reihe von Milchstraßenfeldern abgeleitet. Unter Heranziehung der Wachstumskurven wird die Dichte der Ca II- und Na I-Atome in verschiedenen Sonnenentfernungen ermittelt. Graphische Darstellungen geben die Dichteverteilung der beiden interstellaren Anteile in der Milchstraßenebene wieder. Die Intensität der Linien ist eine Funktion der Entfernung und der Rotverfärbung. Für die räumliche Verteilung der Materie werden Wolken beider Komponenten angenommen, die in einem Kontinuum stark verdünnter Gase eingebettet sind. Ein Dunstkontinuum fehlt oder ist soweit verdünnt, daß es sich der Beobachtung entzieht. Kalzium und Natrium sind gut durchmischt. Aus den Radialgeschwindigkeiten ist die galaktische Rotation nachweisbar, ferner auch Turbulenzeffekte kleiner Elemente und größerer Ströme. Micz.

12504. **A. Blaauw,** The velocity distribution of the interstellar calcium clouds. BAN 11 459—473, mit 6 Fig. — Ref. in Irish AJ 2 109. — Es werden Adams Radialgeschwindigkeitsmessungen der interstellaren Komponenten von

Ca II unter der Annahme untersucht, daß das interstellare Gas in einzelnen getrennten Wolken mit zufälligen individuellen Bewegungen auftritt. Die Sonnenbewegung relativ zum interstellaren Kalzium ergibt sich hier zu L = 19°.1 ± 1°.7 (p. e.), S · cos B = 18.6 km/sec ± 0.36. Die Untersuchung des Auflösungsvermögens zeigt, daß hier Absorptionslinien mit Geschwindigkeitsdifferenzen unter 9 km/sec nicht mehr aufgelöst werden, solche mit Differenzen über 18 km/sec dagegen stets. Im nächsten Abschnitt unterteilt Verf. die Sterne nach ihren Entfernungen und betrachtet die Verteilung der Sterne mit mehrfachen Linien am Himmel. Nun wird versucht, die beobachtete Geschwindigkeitsverteilung mit theoretischen Lösungen zu vergleichen: 1. mit einer Gaußschen Verteilung, 2. mit einer Verteilung der Form $e^{-|v|/\eta}$, wo η die mittlere Geschwindigkeit der Wolken ist, die sich zu 5 km/sec ergibt. Die 2. Annahme stellt — im Gegensatz zur 1. — die beobachtete Verteilung befriedigend dar. Pro 1000 Parsec durchschneidet der Sehstrahl 8—12 solcher Wolken. Gli.

12505. **E. K. Charadse,** Die auf Grund beobachteter Farbenexzesse berechneten Werte der Parameter a_0 und β in der Formel von P. P. Parenago für die galaktische Absorption. AJ UdSSR **29** 563—567, mit 2 Abb. (russisch). — Die Daten des Abastumanischen Katalogs der Farbenindizes von Sternen in den Kapteynschen Eichfeldern werden zur Berechnung der Parameter a_0 und β der Parenagoschen Absorptionsformel verwandt. Eine Gegenüberstellung von Beobachtungsdaten und theoretischen in der von der Entfernung abhängigen Kurve der Farbenexzesse zeigt nicht nur Übereinstimmung zwischen ihnen, sondern auch die Eignung der Parenagoschen Formel, die sich mit der Entfernung verringernde Zunahme der Absorption auszudrücken, die für hohe galaktische Breiten besonders merklich ist. Mit den auf Beobachtungen beruhenden Werten a_0 kann man die bekannte Karte von Parenago ergänzen und genauer gestalten. Verf. (übersetzt)

* * **E. K. Charadse,** Katalog der Farbenindizes von 14000 Sternen und Untersuchung der Absorption des Lichts in der Galaxis aus den Farbenexzessen der Sterne. Vgl. Ref. **9404**.

12506. **A. Colacevich,** La materia interstellare. Atti del Convegno astr. Milano-Merate Settembre **1951** S. 29—46 = Oss. astr. Capodimonte-Napoli, Collezione Miscellanea 1 Nr. 4. — Der heutige Stand der Forschung auf dem Gebiet der interstellaren Materie. F. Z.

12507. **L. Divan,** Recherches sur les spectres continus stellaires. VI. Remarques sur les propriétés absorbantes de la matière interstellaire. Ann d'Astrophys **15** 237—246, mit 3 Fig. = Contr. Inst. d'Astrophys. Paris (B) Nr. **84**. — Ref. in Phys. Abstracts (A) **56** 388. — Gradienten der spektralen Energieverteilung aus den drei Wellenlängenbereichen λ 3150—3700 Å, λ 4000—4600 Å und 4270—6330 Å verschiedener Sterne werden miteinander verglichen. Der Vergleich eines nichtverfärbten mit einem verfärbten Stern erlaubt die Bestimmung der Abhängigkeit der interstellaren Absorption von 1/λ. Die Abhängigkeit zwischen λ 3150 und 4600 Å ist linear; zwischen λ 4600 und 6500 Å nimmt die Absorption schneller ab. In erster Näherung ist das Absorptionsgesetz unabhängig von der Stellung des Sterns an der Sphäre. Micz.

12508. **L. Divan,** Etude de deux étoiles très rougies dans le Sagittaire. CR **235** 126—128, mit 1 Fig. = Contr. Inst. d'Astrophys. Paris (A) Nr. **125**. — Von den beiden interstellar stark verfärbten Sternen HD 168607 und 168625, die in einer kleinen Dunkelwolke unmittelbar bei M 17 liegen, bestimmte Verf. aus Balmersprung und λ_1 die Spektraltypen. Es ergaben sich B 8 Ia und B 5 Ia. Ersterer wurde spektralphotometrisch mit β Ori (B8 Ia), der zweite mit einem mittleren B 5-Stern verglichen und daraus die Abhängigkeit der interstellaren Absorption von der Wellenlänge abgeleitet. Beide (graphisch dargestellten) Kurven haben denselben Verlauf. Loh.

12509. **L. Divan,** Comparaison des lois de variation de l'absorption interstellaire avec la longueur d'onde dans trois régions différentes de la galaxie. CR **235** 410—411, mit 1 Fig. = Contr. Inst. d'Astrophys. Paris (A) Nr. **129.** — Ref. in Phys. Abstracts (A) **56** 17—18. — Drei interstellar stark verfärbte B-Sterne in Perseus, Sagittarius und Cygnus werden spektralphotometrisch mit unverfärbten verglichen. Falls die Absorptionskoeffizienten in allen drei Richtungen dieselben sind, kann man daraus die relativen Massen der absorbierenden Materie in Blickrichtung ableiten. Loh.

12510. **C. S. Gum,** A large H II region of galactic longitude 226°. Obs **72** 151—154, mit 1 Fig. — Verf. beschreibt ein großes H_α-Emissionsgebiet, dessen Leuchten wohl von γ Vel und ζ Pup angeregt wird, und berechnet N_H (cm^{-3}) unter verschiedenen Annahmen über die räumliche Verteilung der Gaswolken. O. G.

12511. **A. Güttler,** Leuchtende Räume zwischen den Sternen. Sternenwelt **4** 126—131, mit **4** Abb. Mit Berichtigung auf S. 196.

12512. **A. Güttler,** Über die Materie der interstellaren Körner. ZfA **31** 1—25, mit 7 Abb. = Mitt. Sternw. München **1** Nr. 5. — Nachdem van de Hulst versuchte, durch einen Vergleich der interstellaren Verfärbung mit den Ergebnissen der Mieschen Beugungstheorie sowie durch den Hinweis auf die hohe Albedo der interstellaren Körner deren wesentlich dielektrischen Charakter herzuleiten, wird hier gezeigt, daß die Verfärbung keine Entscheidung zwischen dielektrischen und metallischen Teilchen zuläßt. Dagegen schließt eine sphärische Albedo zwischen 0.3 und 0.8, wie sie von Henyey und Greenstein gefunden wurde, sowohl metallische wie auch wesentlich dielektrische Teilchen, auch solche mit der von van de Hulst angenommenen schwachen Absorption, aus und verweist auf eine starke Beteiligung absorbierender Substanzen am Aufbau der interstellaren Körner. Verf.

* * **G. H. Herbig,** Emission-line stars in galactic nebulosities. Vgl. Ref. **9528.**

12513. **J. Kleczek,** Interstellare Materie. Časopis **2** 66—73, mit 8 Fig. (tschechisch).

12514. **P. McRae Routly, L. Spitzer jr.,** A comparison of components in interstellar Sodium and Calcium. ApJ **115** 227—243, mit 3 Fig. — Für 23 Sterne werden aus Mt. Wilson-Spektrogrammen hoher Dispersion Radialgeschwindigkeiten und Äquivalentbreiten der interstellaren D-Linien des Na I, für einige Sterne auch der interstellaren H- und K-Linien des Ca II abgeleitet. In Verbindung mit älteren Messungen anderer Autoren ergibt sich, daß in vielen interstellaren Gaswolken Na und Ca zusammen mit gleicher Radialgeschwindigkeit vorkommt. In Wolken geringer Geschwindigkeit scheint Na I häufiger als Ca II zu sein, in schnell bewegten Wolken gilt das Umgekehrte. Ein älteres Ergebnis von Wilson, daß für intensive Linien die Doppler-Breiten der Ca II-Linien größer als die der Na I-Linien sind, kann bestätigt werden. Kdr.

12515. **L. W. Mirsojan,** Über das Gesetz der kosmischen Absorption. Nachr. Akad. Wiss. Armen. Sowjetrepublik **5** Nr. 6 S. 25—37 (russisch mit armenischer Zusammenfassung).

12516. **G. Münch,** Statistics of stellar color excesses. I. ApJ **116** 575—586, mit 2 Fig. — Es wird angenommen, daß die interstellare Materie aus wolkenartigen Einheiten besteht, die in der galaktischen Ebene nach dem Zufall verteilt sind. Eine beobachtete Verteilung von Farbenexzessen der Sterne eines bestimmten Entfernungsbereichs läßt sich dann eindeutig in Beziehung setzen zur Wahrscheinlichkeitsdichte der Farbenexzesse, die durch einzelne Wolken hervorgerufen werden. An Hand der theoretischen Ergebnisse wird das Beobachtungsmaterial an Farbenexzessen von Stebbins, Huffer und Whitford analysiert und versucht, daraus Mittelwert, Streuung und Schiefe der Verteilung der optischen Dicken der das interstellare Medium aufbauenden Wolken abzuleiten. Kdr.

12517. **G. Münch,** Interstellar lines in the spectrum of the high-galactic-latitude star HD 93521. Publ ASP **64** 312—315, mit 1 Fig. — Ref. in Sternenwelt **5** 67. — Spektren mit großer Dispersion zeigen vier Komponenten der interstellaren K-Linie. Eine Zusammenstellung über interstellare Linien in weniger entfernten Nachbarsternen weist auf interstellare Gasmassen von großer Ausdehnung senkrecht zur galaktischen Ebene hin. HD 93521, dessen Entfernung diskutiert wird, könnte zur Population II gehören. O. G.

* * **C. Schalén,** Spectrophotometry with a Schmidt telescope. A study of different colour-equivalents and the law of space-reddening. Vgl. Ref. **9559**.

12518. **A. S. Scharow,** Verallgemeinerung der Formel für die Absorption des Lichts im interstellaren Raum. AJ UdSSR **29** 83—85, mit 1 Abb. (russisch). — Ref. in Astr. News Letter Nr. **63** S. 5. — Unter der Annahme, daß die interstellare Materie ein galaktisches Untersystem bildet, dessen Dichte exponentiell mit R und z abfällt, leitet Verf. für einen am Sonnenort befindlichen Beobachter den Ausdruck für die entfernungs-, längen- und breitenabhängige interstellare Absorption ab. Das darin vorkommende Integral ist für Entfernungen, die klein gegen die Entfernung der Sonne vom galaktischen Zentrum sind, lösbar. Loh.

12519. **J. Schilt,** The interstellar reddening for B stars of given reduced magnitude. AJ **57** 105—108, mit 2 Fig. — Aus einer Diskussion der Farbenindizes von B-Sternen, für die photoelektrisch gemessene Werte vorliegen, wird geschlossen, daß die interstellare Rotverfärbung durch ein Cosecans-Gesetz dargestellt werden kann. Mögliche Ursachen für geringe Abweichungen werden erörtert. Micz.

12520. **L. Searle,** The motions of high-velocity interstellar clouds. ApJ **116** 650—651. — Aus einer statistischen Betrachtung der von W. S. Adams (ApJ **109** 354, AJB **49** Ref. **12501**) mitgeteilten Radialgeschwindigkeiten interstellarer Materiewolken geht hervor, daß nach Abzug der solaren Komponente die überwiegende Anzahl der großen Radialgeschwindigkeiten negativ ist. Die Geschwindigkeiten sind daher nicht nach dem Zufall verteilt; es wird vermutet, daß die Wolken zumindest in einem Teil der Fälle in einer Beziehung zu den Sternen stehen, in deren Spektren ihre Absorptionslinien beobachtet wurden. Micz.

12521. **S. Sharpless, D. Osterbrock,** The nearest H II regions. ApJ **115** 89—93, mit 5 Fig. — Mit einer Weitwinkelkamera nach Greenstein und Henyey wurde eine Durchmusterung nach H II-Regionen ausgeführt. Für alle gefundenen H II-Gebiete wurde der anregende Stern zu identifizieren versucht. In einem Katalog werden unter anderem Entfernung sowie Winkel- und linearer Durchmesser mitgeteilt. Für zwei erstmalig beobachtete Regionen mit homogener und sphärischer Struktur wird die Wasserstoffdichte berechnet. Micz.

12522. **L. Spitzer jr., J. B. Oke,** The distribution of interstellar Sodium. II. ApJ **115** 222—226. — Neudiskussion des Verhaltens der Äquivalentbreiten der interstellaren D-Linien in Abhängigkeit von der galaktischen Länge und vom Farbenexzeß. Es wird eine Variation der Äquivalentbreiten mit der galaktischen Länge festgestellt und das abweichende Ergebnis van Rhijns damit erklärt, daß dieser Na- und Ca-Linien gleichzeitig untersucht hat, Ca aber wesentlich anders im interstellaren Raum verteilt ist als Na. Eine früher gefundene Korrelation zwischen den Breiten der D-Linien und dem Farbenexzeß E_1 von Sternen gleicher Entfernung läßt sich nicht sicher bestätigen, obwohl sie wegen der zweifelsfrei nachgewiesenen Korrelation zwischen E_1 und dem Intensitätsverhältnis D_2/D_1 wahrscheinlich ist. Kdr.

12523. **L. Spitzer jr., A. Skumanich,** Internal motions within interstellar clouds. ApJ **116** 452—454. — Ref. in Sternenwelt **5** 143. — Während in den interstellaren Wolken Temperaturen von etwa 10000° zu erwarten sind, konnten in einigen Fällen aus den Profilen der interstellaren H- und K-Linie Geschwindigkeiten ermittelt werden, die einer Temperatur von 40000° entsprechen. Verf. sehen darin einen Hinweis auf das Vorkommen makroskopischer Bewegungen in den Wolken. Kdr.

12524. **W. Strohmeier,** Das Wellenlängengesetz der interstellaren Verfärbung. Phys. Verhandlungen **3** 166. — Ref. AG.

12525. Om molnstrukturen hos det interstellära mediet. PAT **33** 72—74.

12526. Interstellare Materie und Statistik der Spiralnebel. Sternenwelt **4** 63. — Ref. in der in AJB **50** Ref. **12524** zitierten Arbeit von Warwick.

12527. Starke interstellare Absorption. Sternenwelt **4** 64. — Ref. der in AJB **51** Ref. **9402** zitierten Arbeit von B. J. Bok und U. van Wijk.

Polarisation

12528. **W. A. Dombrowskij,** Untersuchung der Polarisation des Lichtes von 65 Sternen im Gebiet des Doppelsternhaufens χ und h Persei. DAN **82** 537—540, mit 1 Abb. (russisch). — Die tabulierten Ergebnisse zeigen: 1. Die Polarisationsgrade schwanken zwischen 0 und 14%. 2. Die Positionswinkel der Polarisationsebenen streuen nicht stark um den Mittelwert 114°. 3. Bei den acht mit Hiltner gemeinsamen Sternen ist der Polarisationsgrad durchschnittlich größer, die Positionswinkel stimmen überein. 4. Abhängigkeiten von Ort und Entfernung existieren nicht. Loh.

12529. **W. A. Dombrowskij,** Die Polarisation des Sternlichts. Ref. Univ. Leningrad Wiss. Session 1951/52 S. 23—24 (russisch).

12530. **T. Gold,** The alignment of galactic dust. MN **112** 215—218. — Ref. in PAT **34** 63—64 (letzter Absatz). — Wenn eine Relativbewegung des interstellaren Staubes und Gases gegeneinander besteht, können Staubteilchen von länglicher Form durch Zusammenstöße mit interstellarem Gas eine teilweise Ausrichtung erfahren. Verf. spricht dem Effekt möglicherweise Bedeutung zur Erklärung der interstellaren Polarisation zu. Kdr.

12531. **T. Gold,** Polarization of starlight. Nature **169** 322. — Verf. glaubt, die beobachtete interstellare Polarisation werde verursacht durch eine Durchdringung des dünnen galaktischen Gases von länglichen Staubpartikeln mit relativ hohen Geschwindigkeiten, wobei die Längsrichtung dieser Partikel bevorzugt in Ebenen liegen wird, die alle auch die Richtung der relativen Geschwindigkeit enthalten. Diese Theorie erfordert entgegen den magnetischen Theorien — außer der Voraussetzung länglicher Gestalt — keine weiteren Annahmen über die physikalischen Eigenschaften der Partikel. Gli.

12532. **J. L. Gossner,** Polarization measures of 293 stars in Aquila. AJ **57** 11. — Ref. AAS.

12533. **H. Haffner,** Photographische Messungen der interstellaren Polarisation. Phys. Verhandlungen **3** 164. — Ref. AG.

12534. **H. Hubenet,** De interstellaire polarisatie. Ned. T. Natuurk. 18 31—40, mit 4 Fig. = Sterrekundig Colloquium van de Nederlandse Astronomen-Club Nr. **10**.

12535. **H. Müller,** Die Polarisation des Lichtes der Sterne. Orion Schaffhausen **4** 1—9, mit 2 Abb.

12536. **E. B. Weston,** Polarization of the reflection nebula NGC 7023. AJ **57** 28. — Ref. AAS. — Ref. in Sternenwelt **4** 188.

12537. **H. Zirin,** On the polarization of starlight. Harv Bull Nr. **921** S. 26—27. — Da die magnetische Ausrichtung von interstellaren Staubpartikeln unwahrscheinlich große magnetische Feldstärken erfordert, schlägt Verf. die dynamische Wechselwirkung zwischen Gas und Staub als Ursache der Ausrichtung vor. Die Voraussetzungen seines Prozesses sind wesentlich verschieden von denjenigen bei Gold. Zwar verhindern die großen freien Weglängen des interstellaren Gases eine Senkrechtstellung der länglichen Körner gegen die Richtung des Gaswindes, doch entsteht eine Präzession um die Windrichtung. Die notwendige Form der Körner entsteht durch Scherung bei schiefen Stößen (Harv Bull **921** 19—26, Ref. **5323**). Haffner

12538. Polarization of 551 stars. Sky and Telescope **11** 162.

12539. Die Polarisation des Sternlichtes in der Milchstraße. Sterne **28** 37—38. — Ref. der in AJB **50** Ref. **12531** zitierten Arbeit.

§ 126

Radiostrahlung

* * Radiostrahlung der Sonne siehe § **65**.

12601. **I. Atanasijević,** L'émission radioélectrique de la nébuleuse d'Andromède. BSAF **66** 133—135, mit 1 Fig.

12602. **I. Atanasijević,** Mesures du rayonnement de la voie lactée sur 255 Mc/s. CR **235** 130—132 = Contr. Inst. d'Astrophys. Paris (A) Nr. **122**. — Vorläufige Mitteilung über Beobachtungen (und die Art ihrer Durchführung) mit dem 7.5 m-Radioteleskop des Instituts für Astrophysik Paris. Die hergestellten Isophoten überdecken den Bereich von 330° bis 40° und 80° bis 120° galaktischer Länge und ±30° galaktischer Breite. Bei 100°0 ist ein kleines Maximum vorhanden. Loh.

12603. **J. Bouška,** Radioastronomie. Vesmír **31** 9—12, mit 7 Abb. (tschechisch).

12604. **R. Bracewell,** Radio stars or radio nebulae? Obs **72** 27—29, mit 6 Fig. = Commonwealth Sci. Industrial Res. Organization, Australia, Division Radiophys. — Die Beobachtung endlicher Winkeldurchmesser bei einigen diskreten Radioquellen wirft die Frage auf, ob alle «Radiosterne» in Wirklichkeit «Radionebel» sind. Eine Antwort wird nicht gegeben. Labs

12605. **R. Hanbury Brown, R. C. Jennison, M. K. Das Gupta, B. Y. Mills, F. G. Smith,** Apparent angular sizes of discrete radio sources. Observations at Jodrell Bank, Manchester. Observations at Sydney. Observations at Cambridge. Nature **170** 1061—1065, mit 7 Fig. — Sydney = Commonwealth Sci. Industrial Res. Organization, Australia, Division Radiophys. — Manchester = Astr. Contr. Univ. Manchester (2) Jodrell Bank Repr. Nr. **76**. — Ref. in Phys. Abstracts (A) **56** 182, Sterne **29** 162. — Mit Interferometersystemen hohen Auflösungsvermögens wurden die Durchmesser der fünf diskreten, intensiven Radioquellen in Cyg, Cas, Tau, Vir und Cen gemessen. Für die an allen drei Stationen beobachtete Cygnus-Quelle ergab sich bei einem mittleren Durchmesser von etwa 2′ eine sehr starke Figurenasymmetrie. Die Cassiopeia-Quelle mißt etwa 4′ im Durchmesser, die übrigen nur wenig mehr. Aller Wahrscheinlichkeit nach entstammt die Radiostrahlung dieser diskreten Quellen irgendwelchen Nebeln galaktischer oder extragalaktischer Natur, deren scheinbare Durchmesser einige Zehnerpotenzen größer sind als die der Sterne. Loh.

12606. **R. Hanbury Brown, C. Hazard,** Extra-galactic radio-frequency radiation. Phil. Mag. **43** 137—152 = Astr. Contr. Univ. Manchester (2) Jodrell Bank Repr. Nr. **61.** — Ref. in Phys. Abstracts (A) **55** 390.

12607. **K. Burrows, C. G. Little,** Simultaneous observations of radio star scintillations on two widely spaced frequencies. Astr. Contr. Univ. Manchester (1) Jodrell Bank Ann. **1** 29—35, mit 4 Fig. — Ref. in Phys. Abstracts (A) **56** 951. — Die Szintillationsbeobachtungen der beiden intensiven Quellen in Cassiopeia und Cygnus wurden bei den Frequenzen 81.5 und 118.5 MHz in 15 Nächten durchgeführt. Der Korrelationskoeffizient nimmt mit wachsender Fluktuationsamplitude ab, von der Höhe der Quelle und der Fluktuationszahl pro Minute ist er unabhängig. Die Streuungen sind jedoch merklich. Mit analogen Beobachtungen in Australien bestehen Widersprüche. Loh.

12608. **W. N. Christiansen, J. V. Hindman,** A preliminary survey of 1420 Mc/s. line emission from galactic hydrogen. Australian J. Sci. Res. (A) **5** 437—455, mit 14 Fig. und 1 Tafel = Commonwealth Sci. Industrial Res. Organization, Australia, Division Radiophys. — Ref. in Phys. Abstracts (A) **56** 18. — Eine systematische Untersuchung der 21 cm-Wasserstofflinie wird über einen galaktischen Längenbereich von 270° durchgeführt. Der Bereich enthält das galaktische Zentrum und das Antizentrum. Die Strahlungsgebiete ordnen sich längs des galaktischen Äqutors an. Die maximale Strahlungstemperatur (brightness-temperature) von etwa 100° K wird in Richtung zum Antizentrum gefunden. Die Linienprofile sind in verschiedenen Gegenden voneinander recht verschieden. Doppellinien (Doppler-Effekt) finden sich zwischen 170° und 240°. Die Intensität des Linienzentrums variiert längs des galaktischen Äquators; dies hat seine Ursache entweder in einer Linienverbreiterung durch galaktische Rotation oder in verschieden starker Emission in verschiedenen Gebieten. Die letztere Interpretation wird durch das Übereinstimmen von Intensitätsmaxima und -minima für Linien- und kontinuierliche Radio-Strahlung wahrscheinlich gemacht. Labs

12609. **W. N. Christiansen, J. V. Hindman,** 21 cm. line radiation from galactic hydrogen. Obs **72** 149—151, mit 3 Fig. = Commonwealth Sci. Industrial Res. Organization, Australia, Division Radiophys. — Zusammenfassung von Ref. **12608.**

12610. **G. G. Getmanzew,** Kosmische Elektronen als Quelle der Radiostrahlung der Galaxis. DAN **83** 557—560 (russisch). — Ref. in Phys. Abstracts (A) **56** 683.

* * **A. Hewish,** The diffraction of galactic radio waves as a method of investigating the irregular structure of the ionosphere. Vgl. Ref. **7285.**

12611. **W. L. Hinsburg,** Interstellare Materie und ionosphärische Störungen, die zur Szintillation der Radiosterne führen. DAN **84** 245—248 (russisch). — Die Szintillation der Radiosterne wird auf Störungen in der Ionosphäre durch den Einfall interstellarer Materie zurückgeführt. Loh.

12612. **H. C. van de Hulst,** Radiostraling uit de wereldruimte. De continue straling van het Melkwegstelsel. Ned. T. Natuurk. **18** 145—150, mit 1 Fig. = Sterrekundig Colloquium van de Nederlandse Astronomen-Club Nr. **11.**

12613. **G. W. Hutchinson,** On the possible relation of galactic radio noise to cosmic rays. Phil. Mag. **43** 847—852. — Ref. in Phys. Abstracts (A) **55** 960.

12614. **F. D. Kahn,** On some possible mechanisms of radio stars. I. The Crab nebula. MN **112** 514—517 = Astr. Contr. Univ. Manchester (3) Nr. **6.** — Es wird geprüft, ob sich die Radiostrahlung des Crab-Nebels durch frei-freie

Übergänge von Elektronen in Ionenfeldern erklären läßt. Die Gesamtstrahlung des Nebels müßte dann aber unwahrscheinlich groß sein, so daß die Hypothese nicht angenommen werden kann. Kdr.

12615. **H. H. Klinger,** Solar and cosmic radiowaves. Experientia 8 325—364 (deutsch). — Ref. in Phys. Abstracts (A) **55** 1055.

* * **A. A. Kortschak, J. P. Terlezkij,** Electromagnetic radiation of cosmic-ray protons and galactic radio emission. Vgl. Ref. **12715**.

12616. **F. Link,** Eclipses coronales des radioétoiles. BAC **3** 6—12, mit 6 Fig. — Anwendung der photometrischen Theorie der Mondfinsternisse auf die Verfinsterung von Radiosternen durch die Sonnenkorona. Anwendung auf den Radiostern 05.01 Tauri. J. B.

12617. **F. Link,** L'éphéméride de l'éclipse coronale de la radioétoile 05.01 Tauri en 1952. UAI Circ 1355.

* * **C. G. Little, A. Maxwell,** Scintillation of radio stars during aurorae and magnetic storms. Vgl. Ref. **72161**.

12618. **B. Lovell, J. A. Clegg,** Radio Astronomy. London, Chapman and Hall, Ltd.; New York, John Wiley and Sons, Inc., 1952. 238 S. mit 120 Fig. Preis 16 s. bzw. $ 4.00. — Besprechung in ApJ **117** 240 (N. G. Roman), Endeavour **11** Nr. **44** S. 219 (H. Spencer Jones), Heelal 8 51, Irish AJ **2** 58, JBAA **62** 294—295, J RAS Canada **47** 123—124, J. British Interplanetary Soc. **11** 140, Obs **72** 162—163, Phys. Blätter **9** 521—522 (H. Siedentopf), Proc. Phys. Soc. (B) **65** 827—828, Publ ASP **64** 210—212 (D. M. Popper), Sky and Telescope **11** 174, 226—227 (P. M. Millman), **12** 18, Urania Kopenhagen **9** 89 (C. L. Janssen).

12619. **A. C. B. Lovell,** The radio astronomer's universe. The Advancement of Science 8 351—360, mit 4 Fig. = Astr. Contr. Univ. Manchester (2) Jodrell Bank Repr. Nr. **66**. — Norman Lockyer Lecture, Belfast 1951.

12620. **R. Lüst,** Linienemission der interstellaren Materie im Radiofrequenzbereich. Naturwissenschaften **39** 372—374, mit 3 Abb. — Ref. in Phys. Abstracts (A) **56** 85. — Allgemeinverständlicher Aufsatz über die 21 cm-Linie des interstellaren Wasserstoffs. Nach einem kurzen Überblick über die kontinuierliche Radiostrahlung wird die Entstehung der 21 cm-Linie erläutert. Es folgt eine Zusammenstellung der vorliegenden Beobachtungen und der ersten vorläufigen Ergebnisse über die galaktische Rotation und die Gleichgewichtstemperatur. Neckel

12621. **K. E. Machin, F. G. Smith,** Occultation of a radio star by the solar corona. Nature **170** 319—320, mit 1 Fig. — Ref. in Sternenwelt **5** 68, Sky and Telescope **12** 40, mit 1 Fig. — Die Messungen der Intensität der Taurusquelle erfolgten in mehreren Frequenzen vom 5. bis 20. Juni 1952. Über die Deutung der Beobachtungen soll später berichtet werden. Loh.

12622. **B. Y. Mills,** The distribution of the discrete sources of cosmic radio radiation. Australian J. Sci. Res. (A) **5** 266—287, mit 8 Fig. und 1 Tafel = Commonwealth Sci. Industrial Res. Organization, Australia, Division Radiophys. — Mit einer Interferenzempfangsanlage ($\lambda = 2.97$ m) werden 77 lokalisierte Radioquellen am Südhimmel von $\delta = +50°$ bis $-90°$ beobachtet. Verf. findet, daß ein Teil dieser Quellen (besonders die intensiven) eine starke Konzentration zur galaktischen Ebene zeigen (Klasse I-Quellen), während der Rest gleichmäßig an der Sphäre verteilt ist (Klasse II-Quellen). Die Frage nach dem Ursprung dieser Strahlungszentren kann noch nicht beantwortet werden. In Klasse I ist eventuell eine weitere Unterteilung in a) nebelartige und b) sternförmige Objekte notwendig. Ein Katalog der beobachteten Quellen ist der Arbeit als Anhang beigegeben. Labs

12623. **B. Y. Mills,** The positions of six discrete sources of cosmic radio radiation. Australian J. Sci. Res. (A) 5 456—463, mit 1 Fig. = Commonwealth Sci. Industrial Res. Organization, Australia, Division Radiophys. — Ref. in Phys. Abstracts (A) 56 18. — Mit einer Interferenzanordnung werden die Durchmesser von 6 starken Radioquellen ermittelt. Ergebnis: Cygnus < 10′ (extragalaktische Nebel), Centaurus = 25′ ± 3′ (NGC 5128), Virgo < 10′ (NGC 4486), Hydra < 15′ (keine Identifikation), Taurus < 10′ (Crab-Nebel), Fornax = 20′ ± 5′ (keine Identifikation). Die Empfangsapparatur wird beschrieben. Labs

12624. **C. H. Muller,** Measurement of radiations from the milky way on 1420 Mc/s. Tijdschr. Ned. Radiogenoot. 17 3—15 (niederländisch). — Ref. in Phys. Abstracts (A) 55 661.

12625. **J. H. Oort,** Radiostraling uit de wereldruimte. Ned. T. Natuurk. 18 116—118 = Sterrekundig Colloquium van de Nederlandse Astronomen-Club Nr. 11.

12626. **J. H. Oort,** Radiostraling uit de wereldruimte. De monochromatische emissie van de interstellaire waterstof. Ned. T. Natuurk. 18 151—154, mit 1 Fig. = Sterrekundig Colloquium van de Nederlandse Astronomen-Club Nr. 11.

* * **J. H. Oort,** Problems of galactic structure. Vgl. Ref. 12325.

* * **J. H. Oort, C. van de Hulst, C. A. Muller,** Spiraalstructuur van het melkwegstelsel. Vgl. Ref. 12326.

* * **J. H. Oort, C. A. Muller,** Spiral structure and interstellar radio emission. Vgl. Ref. 12327.

12627. **J. H. Piddington, H. C. Minnett,** Radio-frequency radiation from the constellation of Cygnus. Aust. J. Sci. Res. (A) 5 17—31. — Ref. in Phys. Abstracts (A) 55 494.

12628. **E. M. Purcell,** Line spectra in radio astronomy. J. Optical Soc. America 42 871—872. — Ref. Optical Soc. America.

12629. **J. J. Raimond jr.,** Radiostraling van verre waterstofwolken. Hemel en Dampkring 50 141—152, mit 6 Fig.

12630. **M. Rajl,** Radioastronomie. Fortschritte Phys. Wiss. 46 508—588 (russisch).

12631. **J. A. Ratcliffe,** Radio astronomy. Nature 169 348—350, mit 2 Fig. — Überblick über Radioteleskope, Beobachtungsergebnisse (Radiosterne, galaktische Untergrundstrahlung, extragalaktische Radiofrequenzstrahler, Radiofrequenzstrahlung der Sonne) und theoretische Deutungen. Gli.

12632. **G. Reber,** Galactic radio waves. Leaflet ASP Nr. 259, 7 S. mit 1 Fig., 1950.

12633. **M. Ryle, J. A. Ratcliffe,** Radioastronomie. Endeavour 11 Nr. 43 S. 117—125, mit 10 Abb. — Beschrieben wird der Nachweis der Radiofrequenz-Strahlung aus dem Weltraum. Bei der Bestimmung der Einfallsrichtung benutzt man Einrichtungen nach dem Muster der optischen Spiegelteleskope und Sterninterferometer. Die Aufzeichnungen der Strahlungsverteilung sprechen für das Vorhandensein zahlreicher «Radiosterne», welche örtlich begrenzte und nicht mit sichtbaren Sternen zusammenfallende Strahlungsquellen darstellen. Die gleichzeitig beobachtete diffuse Strahlung mag auf das Verschmelzen der Strahlungen einer Unzahl von Radiosternen zurückgeführt werden. Die Stärke der von der Sonne kommenden radiofrequenten Strahlung und ihr Wechsel in Bezug auf Wellenlänge werden durch ihre Herkunft von der Sonnenkorona erklärt. Verf.

12634. **I. S. Schklowskij,** Radiospektroskopie der Galaxis. AJ UdSSR **29** 144—153 (russisch). — Ref. in Astr. News Letter Nr. **67** S. 8. — Die vorliegende Arbeit ist eine Modifikation und Weiterführung einer früheren des Verf. (vgl. AJB **49** Ref. **12610**) über die Theorie der monochromatischen Radiostrahlung der Galaxis, wobei auf die niedrige Temperatur des H I Rücksicht genommen wird. Eine Abschätzung ergibt für die Masse des galaktischen Wasserstoffs nur einige Prozente der Gesamtmasse der Galaxis. Wenn das Häufigkeitsverhältnis des schweren Wasserstoffs zum leichten größer als 10^{-3} ist, sollte die der 21 cm-Linie entsprechende des Deuteriums bei 84.5 cm in Richtung des galaktischen Kerns in Absorption beobachtbar sein. Loh.

12635. **I. S. Schklowskij,** Über die Natur der Radiostrahlung der Galaxis. AJ UdSSR **29** 418—449, mit 15 Abb. (russisch). — Die galaktische Radiostrahlung besteht aus zwei Komponenten verschiedener Natur: einer gasförmigen und einer radiostellaren. Erstere dominiert bei kurzen, die zweite bei langen Wellen. Beide lassen sich voneinander trennen, wobei die Strahlung der intensivsten Radiosterne ausgeschlossen wurde. Die Gesamtzahl der Radiosterne ist von der Größenordnung 10^{13}, ihre Massen müssen daher im einzelnen sehr klein sein. Im Raum bilden sie ein kugelförmiges Untersystem, eine Art Korona des Milchstraßensystems. Loh.

12636. **I. S. Schklowskij,** Über die Natur der Strahlung der Radiosterne. DAN **85** 509—512 (russisch). — Ref. in Phys. Abstracts (A) **56** 951. — Ansichten über die Natur und Herkunft der Strahlung von Radiosternen werden kritisch analysiert. Der Alfvén-Herlofsonsche Mechanismus (AJB **50** Ref. **12702**) dürfte nur für einen Teil der Radiosterne zutreffen. Die Theorie einer erbremsten Strahlung von relativistischen Ladungsträgern in Magnetfeldern erscheint aussichtsreich. Durch die Verbindung Radiostern — (Crab) Nebel — Supernova tritt auch das Problem der Supernovae mit den Radiosternen in Beziehung. Loh.

12637. **I. S. Schklowskij,** Über die räumliche Verteilung der Quellen der galaktischen Radiostrahlung. DAN **85** 1231—1234, mit 1 Abb. (russisch). — Aus dem Verlauf der Isophoten in verschiedenen Wellenlängen der Radiostrahlung kommt Verf. zum Schluß, daß die Radiosterne ein kugelförmiges Untersystem der Galaxis bilden, dessen Dichtegradient noch geringer ist als derjenige der kurzperiodischen Cepheiden. Im galaktischen Zentrum ist die räumliche Dichte nur 2.7 mal größer als in Sonnenumgebung. Beobachtungen am Andromedanebel bestätigen dieses Bild. Die Gesamtzahl der galaktischen Radiosterne wird auf 8×10^{11} bis 3.5×10^{13} geschätzt. Sie müssen also mit Rücksicht auf die Gesamtmasse der Galaxis im einzelnen sehr kleine Massen besitzen. Loh.

12638. **I. S. Schklowskij,** Radiosterne. Priroda **41** Nr. 2 S. 26—35 (russisch). — Ins Chinesische übersetzt und erschienen in Tjanwen sjuebao (Astr. Bote) **1** Nr. 1 S. 96—109.

* * **I. S. Schklowskij, P. P. Parenago,** Identifizierung der Supernova des Jahres 369 mit einem intensiven Radiostern in Cassiopeia. Vgl. Ref. **11347**.

* * **I. S. Schklowskij, P. N. Cholopow,** Identifizierung des Nebels NGC 1316 mit dem Radiostern im Sternbild Ofen. Vgl. Ref. **12228**.

12639. **H. Siedentopf,** Kurzwellenstrahlung kosmischen Ursprungs und ihre bioklimatische Bedeutung. Angew. Meteorol. **1** 77—78, 1951. — Ref. in Phys. Ber. **32** 1118.

12640. **H. Siedentopf,** Bericht über Radioastronomie. Phys. Verhandlungen **3** 179 (Ref.).

12641. **F. G. Smith,** The determination of the position of a radio star. MN 112 497—513, mit 9 Fig. — Ein Verfahren wird beschrieben, um mit Hilfe einer Antennenanlage nach Art des Michelson-Interferometers (zwei getrennte Antennenteile mit größerem Abstand) die sphärischen Koordinaten einer diskreten Strahlungsquelle der kosmischen Hochfrequenzstrahlung zu ermitteln. Die Genauigkeit des Verfahrens wird mit der verglichen, die das Antenneninterferometer nach Lloyd, das auf der Registrierung von Interferenzerscheinungen von einem erhöhten Punkt über der Meeresoberfläche beim Auf- oder Untergang des Strahlers beruht, zu erreichen gestattet. Die gemessene Position weicht von der wahren infolge von atmosphärischen Refraktionseffekten ab: die Größe dieser Effekte wird für verschiedene Wellenlängen abgeschätzt. Die Ergebnisse können durch benachbarte Radioquellen verfälscht werden. Micz.

12642. **F. G. Smith,** The measurement of the angular diameter of radio stars. Proc. Phys. Soc. (B) **65** 971—980, mit 2 Fig. — Ref. in Phys. Abstracts (A) **56** 286. — Eine neue Methode zur Messung der Durchmesser von Radiosternen mit Hilfe einer Interferometeranordnung (Variante der Technik des Phasensprungschalters) wird beschrieben. Messungen ergeben für die Cassiopeja-Quelle (23.01) einen Winkeldurchmesser von 5′. Der exakte Wert hängt von der Helligkeitsverteilung über der Scheibe der Quelle ab. Ein von Baade in der gleichen Position gefundener Gasnebel wird von ihm ebenfalls mit etwa 5′ Durchmesser angegeben. Mehrere Messungen der Cygnus-Quelle (19.01) ergeben einen Winkeldurchmesser von ungefähr $3^1/_2$′. Labs

* * **F. G. Smith,** Ionospheric refraction of 81.5 Mc/s radio waves from radio stars. Vgl. Ref. **7293**.

12643. **W. Stanner,** Leitfaden der Funkortung. Garmisch-Partenkirchen, Elektron-Verlag, 1952. 164 S. mit 85 Abb. Preis kart. DM 8. — Besprechung in AN **281** 48 (J. Wempe).

12644. **O. Struve,** Galactic exploration by radio. Sky and Telescope **11** 214—217, mit 8 Fig.

12645. **A. Velghe,** Radioastronomie. Heelal 8 81—99, mit 13 Fig.

12646. **A. H. de Voogt,** Radio sterrenkunde in ons land. De aard van het onderzoek en enkele uitkomsten. Hemel en Dampkring **50** 209—214, mit 5 Fig.

12647. **Å. Wallenquist,** Radioastronomiska forskningar i Holland. PAT **33** 98—101, mit 3 Fig. — Gemeinverständlicher Bericht über die ersten Beobachtungen in Holland der 21 cm-Emissionslinie des interstellaren Wasserstoffs. Ra.

* * **J. P. Wild,** The radio-frequency line spectrum of atomic hydrogen and its applications in astronomy. Vgl. Ref. **6532**.

12648. **R. E. Williamson,** Limitations in measuring the distribution of galactic radiation by radio telescopes. AJ **57** 168. — Ref. AAS.

12649. **S. A. Wouthuysen,** On the excitation mechanism of the 21-cm (radio-frequency) interstellar hydrogen emission line. AJ **57** 31—32. —Ref. AAS.

12650. Eclipse coronale d'une radioétoile. DOB **5** Nr. 6 Fasc. 1, 1 S. — Vorschau.

12651. Radio stars. Irish AJ **2** 56—57.

12652. Radiostjerner. NAT **1952** 72—73.

12653. Radio stars in the northern hemisphere. Nature **169** 96. — Besprechung eines Berichtes von Ryle, Smith und Elsmore (vgl. AJB **50** Ref. **12615**).

12654. Unsichtbare Sterne. Naturwiss. Rundschau **5** 503.

12655. More on radio stars. Sky and Telescope **11** 62.

12656. Radio star distances. Sky and Telescope **11** 82.

12657. Interstellare Materie stört den kosmischen Radioempfang. Sterne **28** 34—35, mit einer Bemerkung von C. Hoffmeister. — Ref. der in AJB **50** Ref. **12614** zitierten Arbeit.

12658. Die Strahlung des galaktischen Wasserstoffs bei 21 cm Wellenlänge. Sternenwelt **4** 224.

* * Tycho Brahes nye stjerne. Vgl. Ref. **11348**.

§ 127

Kosmische Strahlung

* * Kosmische Strahlung der Sonne siehe § **65**.

12701. **A. Alichanjan, G. Marikjan,** Über die Erzeugung schneller Deuteronen in der kosmischen Strahlung. DAN **87** 191—194 (russisch). — Verf. fanden bei ihren Messungen eine Gruppe von Deuteronen, die etwa 10% der Zahl der Protonen ausmachen. Ein bedeutender Teil der Deuteronen wird von schnellen Neutronen erzeugt. Die Erzeugung von Deuteronen mit Energien von 300—450 MeV und in so großer Zahl, wie es aus den Beobachtungen hervorgeht, ist paradox und bedarf weiterer experimenteller und theoretischer Untersuchungen. Loh.

12702. **J. A. van Allen, S. F. Singer,** Apparent absence of low-energy cosmic-ray primaries. Nature **170** 62—63. — Da auf Grund einer kritischen Studie Primärteilchen niederer Energie, in erster Linie 130—560 MeV-Protonen und 520—670 MeV-α-Teilchen, weitgehend fehlen, existiert in 58° geomagnetischer Breite eine gewöhnlich als Knie bezeichnete Abflachung des primären Momentenspektrums. Loh.

12703. **N. L. Allen, J. Y. Mei, E. Pickup, L. Voyvodic,** Collision of heavy primary cosmic-ray nucleus. Phys. Rev. (2) **86** 1045—1046, mit 2 Fig. — Beschreibung eines ungewöhnlichen Zusammenstoßes eines energiereichen Kernes mit $Z = 17 \pm 3$ mit einem Kern (C, N oder O) auf einer Photoplatte, die in 26 km Höhe exponiert wurde. Es wurden 45 geladene Teilchen von relativistischer Energie, darunter vermutlich ein Kappa-Meson und ein relativistisches α-Teilchen erzeugt. Schlüter

12704. **A. D. Dainton, P. H. Fowler, D. W. Kent,** The abundance of lithium, beryllium and boron in the primary cosmic radiation. Phil. Mag. **43** 729—752. — Ref. in Phys. Abstracts (A) **55** 891, Phys. Ber. **32** 1789.

12705. **A. Daudin, J. Daudin,** Sur la variation galactique des rayons cosmiques. CR **234** 1551—1553, mit 1 Fig. — Nach Messungen auf dem Pic-du-Midi scheinen Auger-Schauer eher mit der Sternzeit als mit der Sonnenzeit zu variieren. Loh.

12706. **A. Dauvillier,** Variations et origine du rayonnement cosmique. Paris, Éditions de la Revue d'Optique Théorique et Instrumentale, 1951. 83 S. — Besprechung in Ann d'Astrophys **15** 72—73 (B. Kwal), Proc. Phys. Soc. (A) **65** 571 (H. Elliot).

* * **A. Dauvillier,** L'éruption chromosphérique et l'émission solaire de rayons cosmiques du 19 novembre 1949. Vgl. Ref. **6618**.

12707. **L. R. Davis, H. M. Caulk, C. Y. Johnson, G. J. Perlow, C. A. Schroeder,** Proportional counter measurement of primary protons and Alpha particles. Phys. Rev. (2) **87** 239—240. — Ref. Am. Phys. Soc.

12708. **E. G. Dymond,** Apparent absence of low-energy primary cosmic radiation. Nature **170** 1078. — Ref. in Phys. Abstracts (A) **56** 230. — Nach den kürzlichen Messungen von Pomerantz und McClure zu urteilen, erfolgt das Abschneiden des primären Spektrums bei 500 bis 600 MeV. Loh.

* * **G. G. Getmanzew,** Kosmische Elektronen als Quelle der Radiostrahlung der Galaxis. Vgl. Ref. **12610.**

12709. **H. Gheri, R. Steinmaurer,** Untersuchungen über die solaren Einflüsse auf den täglichen Gang der kosmischen Strahlung. Phys. Verhandlungen **3** 237—238 (Ref.).

12710. **S. Hayakawa,** Propagation of the cosmic radiation through interstellar space. Progr. theor. Phys. **8** 571—572. — Ref. in Phys. Abstracts (A) **57** 184—185.

12711. **J. Hébert,** Study of the heavy primaries in the cosmic radiation. Ann. Acfas **18** 119—120 (französisch). — Ref. in Phys. Abstracts (A) **56** 451.

* * **G. W. Hutchinson,** On the possible relation of galactic radio noise to cosmic rays. Vgl. Ref. **12613.**

12712. **Č. Jech,** Cosmic rays. RH **33** 183—185, 226—228, mit 2 Abb. (tschechisch).

12713. **M. F. Kaplon, B. Peters, H. L. Reynolds, D. M. Ritson,** The energy spectrum of primary cosmic radiation. Phys. Rev. (2) **85** 295—309, mit 15 Fig. — Mit Hilfe von Ballonaufstiegen werden durch Photoplattenmessungen Energiespektren der Primärkomponente der kosmischen Strahlung bestimmt. Es ist möglich, das Spektrum für die schweren Kerne im Energiebereich von 10^9—10^{10} eV/Nucleon und für α-Teilchen sowie für Protonen zwischen 10^{11}—10^{13} eV/Nucleon anzugeben. Für Teilchen mit einer Ladung $Z > 1$ scheint das Spektrum unabhängig von der Masse zu sein und sich nur wenig vom Spektrum der Protonen zu unterscheiden. Die chemische Zusammensetzung im Energiebereich zwischen 0.35×10^9 und 10×10^9 eV/Nucleon scheint konstant zu sein. Das integrale Energiespektrum kann durch die Formel $N(\varepsilon) = K/(1 + \varepsilon)^a$ dargestellt werden. Hierin ist ε die kinetische Energie pro Nucleon in 10^9 eV, $a = 1.07$ für Protonen und $a = 1.35$ für Teilchen mit $Z > 1$. K hat die Werte: $K = 4000$ für Protonen, $K = 400$ für He, $K = 20$ für die CNO-Gruppe und $K = 8$ Teilchen/m² sec steradian für $Z \geqq 10$. Die schweren Kerne der Primärstrahlung ($Z \approx 26$) haben ihre Elektronen vollständig verloren, bevor sie in die Erdatmosphäre eindringen. Dies stützt die Annahme, daß sie nicht von der Sonne direkt kommen können. Lüst

12714. **M. F. Kaplon, D. M. Ritson, E. P. Woodruff,** Primary flux of high energy protons and α-particles. Phys. Rev. (2) **85** 933—934. — Ref. in Phys. Ber. **32** 209—210: Mit einer «Emulsions-Nebel-Kammer» wurde der Fluß im Bereich 10^{12}—10^{13} eV untersucht. Es wurden Schauer ausgewählt, die wenigstens einen Sekundär-Elektronen-Schauer mit einer Energie größer als 3×10^{11} eV hatten. Von 14 solchen Schauern waren sechs durch Gammastrahlen und acht durch Kernereignisse verursacht. Wenn man einen isotropen Fluß annimmt, so ergibt sich aus den Messungen ein integraler primärer Fluß mit einer Energie größer als 4.5×10^{12} eV von 0.04 Teilchen pro m² pro räumlichem Winkel, pro sec am Gipfel der Atmosphäre. Thurn

12715. **M. F. Kaplon, D. M. Ritson,** Emulsion cloud-chamber observations on the interactions of high energy primary cosmic radiation.

Phys. Rev. (2) 88 386—397, mit 9 Fig. — Ref. in Phys. Abstracts (A) **56** 53. — Es wird ein Überblick über die Methode der «Emulsion cloud-chamber» — das sind Emulsionsblöcke mit einer Reihe von Absorberschichten — gegeben. Mit Hilfe von Ballonaufstiegen werden durch diese Methode Elektronenschauer untersucht. Bei Energien $\gtrsim 3 \times 10^{11}$ eV dürfte bei der Primärstrahlung die Elektronen-Photonen-Komponente höchstens 2 % von der Protonen-Komponente betragen. Das primäre Protonenspektrum wird bis zu einer Energie von 5×10^{12} erweitert. Das Verhältnis von Protonen zu α-Teilchen scheint denselben Wert wie bei niedrigeren Energien zu haben. Sehr energiereiche Schauer von Nucleonen werden ebenfalls untersucht. Das Verhältnis der neutralen Mesonen zu den geladenen Teilchen ergibt sich zu 0.5. Lüst

12716. **A. A. Kortschak, J. P. Terlezkij,** Electromagnetic radiation of cosmic-ray protons and galactic radio emission. J. Experim. Theoret. Phys. UdSSR **22** 507—509 (russisch). — Ref. in Phys. Abstracts (A) **55** 959.

12717. **D. Lal, Y. Pal, M. F. Kaplon, B. Peters,** Composition and time variation of primary cosmic radiation. Phys. Rev. (2) **86** 569—570. — Verf. untersuchten die Häufigkeitsverteilung primärer kosmischer Teilchen aus Aufnahmen in Stratosphärenballons. Danach setzt sich die primäre kosmische Strahlung aus 66 % Protonen, 26 % He-Kernen, 5 % C-, N- und O-Kernen, sowie 3 % Kernen mit $Z \geqq 10$ zusammen. Loh.

12718. **M. Morand,** Les traces isolées et les étoiles produites par les rayons cosmiques dans les émulsions sensibles et leurs applications en physique nucléaire et cosmique et en astrophysique. Ann. Obs. Astr. Mét. Toulouse **21** 14. — Ref. L'AFAS.

12719. **G. J. Perlow, L. R. Davis, C. W. Kissinger, J. D. Shipman jr.,** Rocket determination of the ionization spectrum of charged cosmic rays at $\lambda = 41°$ N. Phys. Rev. (2) 88 321—325, mit 6 Fig. — Ref. in Phys. Abstracts (A) **56** 52. — Mit Hilfe von Raketenaufstiegen werden die verschiedenen Komponenten der primären kosmischen Strahlung durch Ionisations- und Absorptionsmessungen in Blei untersucht. Die Ionisation wurde durch zwei Proportionalzählrohre bestimmt, während die Richtung und der Weg der Teilchen durch Geiger-Zählrohre definiert waren. Die Intensität aller Teilchen mit einer Reichweite $\geqq 7$ g/cm² betrug 0.079 ± 0.005 (cm² sec steradian)$^{-1}$. Von dieser muß 0.012 ± 0.002 (cm² sec steradian)$^{-1}$ der Rückstrahlung (Albedo) der Erde zugeschrieben werden, von der 75 % Elektronen und der Rest energiearme Protonen sowie α-Teilchen sein dürften. Bei den Teilchen mit großer Reichweite wurden Protonen, α-Teilchen und ein Kohlenstoffkern gefunden. Das Verhältnis von Protonen zu α-Teilchen betrug 5.3 ± 1.0. Ihre Absorption in Blei erfolgt exponentiell mit einer mittleren freien Weglänge von 440 ± 70 g/cm² Pb. Durch Extrapolation wurde die totale Primärintensität zu 0.070 ± 0.005 (cm² sec steradian)$^{-1}$ ermittelt. Lüst

12720. **M. A. Pomerantz, G. W. McClure,** The primary cosmic radiation at high latitudes. Phys. Rev. (2) **86** 536—545, mit 7 Fig. — In Fortsetzung einer früheren Arbeit wurden in etwa 50 Ballonflügen in etwa 30 km Höhe relativ energiearme Primärteilchen ($< 1.6 \times 10^9$ eV für Protonen) in 52° N und 69° N geomagnetischer Breite genauer untersucht. Während die Vertikalintensität in 69° N um 46 % höher liegt, ist die Horizontalintensität und die Zahl der in einer Ionisationskammer auftretenden Stöße gleich. Zeitliche Änderungen der Intensitäten traten nicht auf. Verf. glaubt, Schlüsse auf das allgemeine Magnetfeld der Sonne (Moment $< 6 \times 10^{22}$ Gauß cm³) und auf die Existenz interplanetarer Magnetfelder ziehen zu können. Ferner werden das untere Ende des Energiespektrums und die Anwesenheit schwerer primärer Teilchen diskutiert. Schlüter

12721. **M. A. Pomerantz, G. W. McClure,** The primary cosmic radiation at high latitudes. Phys. Rev. (2) **86** 588—589. — Ref. Am. Phys. Soc.

12722. **M. A. Pomerantz, G. W. McClure,** On the enhanced primary cosmic-ray intensity associated with solar disturbances. Phys. Rev. (2) **87** 240. — Ref. in Phys. Ber. **32** 1022: Eine Reihe von Ballonaufstiegen mit Ionisationskammern während hoher Sonnenaktivität ergaben neben erhöhter Ionisation eine Korrelation zwischen Intensitätsschwankungen und der Strahlung auf 200 MHz. Solche Zusammenhänge wiederholten sich mehrmals beim Durchgang ein und derselben speziellen Aktivitätszone durch den Zentralmeridian. Ehmert

12723. **L. Riddiford, S. T. Butler,** The origin of cosmic rays in solar or stellar disturbances. Phil. Mag. **43** 447—456. — Ref. in Phys. Abstracts (A) **55** 535.

12724. **A. Schlüter,** Erzeugung von Ultrastrahlung in stellaren elektromagnetischen Feldern. Z. Naturforschung **7a** 136—140. — Es werden Bedingungen aufgestellt, die erfüllt sein müssen, damit in einem stellaren elektrischen Feld geladene Teilchen Höhenstrahlenergie erhalten können. Das elektrische Feld soll dabei durch Induktion sich ändernder magnetischer Felder entstehen. Oberhalb einer gewissen Teilchendichte, die in einem «ungeordneten» Falle das 10^{-5}-fache der normalerweise vorhandenen Dichte beträgt, wird die Energie auf so viele Teilchen verteilt, daß keines mehr annähernd Lichtgeschwindigkeit erreicht. Es wird eine Änderung eines von Kiepenheuer vorgeschlagenen Modells diskutiert, wodurch vielleicht alle Bedingungen erfüllt werden könnten. Verf.

12725. **G. Segrè,** On the α-particles in primary cosmic radiation. Nuovo Cim. **9** 116—127 (italienisch). — Ref. in Phys. Abstracts (A) **55** 340.

12726. **Y. Sekido, T. Yagi,** Deflection of cosmic rays in the solar magnetic field. J. Geomagn. Geoelect. **2** 77—80, 1950. — Ref. in Phys. Abstracts (A) **56** 1087.

* * **S. F. Singer, F. A. Paneth,** Meteorites and cosmic rays. Vgl. Ref. **8315**.

12727. **H. J. Taylor, M. Sitaramaswami, P. N. Krishnamoorthy,** High altitude balloon experiments and measurement of the heavy primary radiation flux at the geomagnetic equator. Proc. Indian Acad. Sci. (A) **36** 41—54. — Ref. in Phys. Abstracts (A) **57** 71.

12728. **J. P. Terlezkij, A. A. Logunow,** Distribution function of cosmic particles of the primary component. J. Experim. Theor. Phys. **23** 682—685 (russisch). — Ref. in Phys. Abstracts (A) **57** 2.

12729. **S. B. Treiman,** The effect of equatorial ring currents on cosmic radiation. Phys. Rev. (2) **87** 240. — Ref. Am. Phys. Soc.

12730. **M. S. Vallarta,** The energy spectrum of primary cosmic radiation as determined from neutron intensities. Phys. Rev. (2) **85** 748. — Ref. in Phys. Ber. **31** 1413: Aus den Meßergebnissen von J. A. Simpson für die Neutronenintensität wird unter einigen Voraussetzungen das Energiespektrum der primären Protonen der kosmischen Strahlung errechnet. Der Exponent des abgeleiteten Potenzgesetzes für das Spektrum steigt mit der Energie von 1.175 auf 1.815 für Energien von 1.3 bis 14×10^9 eV. Hogrebe

12731. **H. Yagoda,** Heavy metal cosmic ray primaries. Phys. Rev. (2) **85** 720. — Ref. Am. Phys. Soc.

12732. Cosmic rays in the subway. Sky and Telescope **11** 82.

12733. Biologische Wirkungen der kosmischen Strahlung. Sternenwelt 4 108—109. — Ref. der Arbeit von J. Eugster in Weltraumfahrt **1952** 42.

12734. **Beobachtungen der kosmischen Strahlung**
Veröff. Fraunhofer-Inst. Freiburg, Sonnen-Zirkular 1951 Okt.—1952 Sept. 242 S. mit Abb.

Vierzehnter Teil

Geodäsie. Nautik

§ 130

Berichte, Höhere Geodäsie, Kartographie, Allgemeines

13001. **A. Gougenheim,** New geodetic astronomy method: The method of azimuth lines. Hydr. Rev. **29** Nr. 2 S. 28—34.

13002. **W. Kopff,** Astronomische Richtungsübertragung. Mitt. des Deutschen Vereins für Veımessungswesen **4** 18—21, mit 4 Abb.

13003. **J. Loodts,** La détermination des distances au moyen d'éclipses de soleil et d'occultations d'étoiles par la lune. Ciel et Terre **68** 200—207, mit 1 Fig. — Die Bestimmung terrestrischer Distanzen durch Beobachtungen der Kontakte bei Sonnenfinsternissen und Sternbedeckungen ist für die Geodäsie von fundamentaler Bedeutung, da man dadurch die Grundlage für ein universelles Bezugsellipsoid erhält. Nach Aufstellung der prinzipiellen Formeln ergibt sich eine geforderte Genauigkeit von 0ˢ02 bis 0ˢ03 für die Bestimmung der Kontaktmomente, um die Distanz auf etwa 30 m zu erhalten. Die Methoden von Banachiewicz, Lindblad und Atkinson werden beschrieben. Bei der Reduktion der Sternbedeckungen müssen die Unregelmäßigkeiten des Mondprofils berücksichtigt werden. T. L.

13004. **R. Roelofs,** Astronomy applied to land surveying. Vgl. AJB **51** Ref. 13008. — Weitere Besprechung in Österreichische Z. f. Vermessungswesen **39** 182—183 (K. Ledersteger).

13005. **H. U. Sandig,** Geodätische Streckenvermessungen von höchster Präzision und ihre Bedeutung für die Astronomie. Sternenwelt **4** 94—100, mit 5 Abb.

13006. **G. A. Shelnin,** Über die Struvesche Basis im Rayon des Dörfchens Simun der ESSR. Publ. Astr. Obs. Tartu **32** 45—60, mit 9 Abb. (russisch).

13007. **P. Tardi, G. Laclavère,** Traité de Géodésie. Zweite vollständig umgearbeitete Auflage. Band 1 Triangulation. 1. Halbband. Die mathematischen Grundlagen der Godäsie. Feldarbeiten. Paris, Gauthier-Villars, 1951. 17 + 387 S. — Besprechung in Österreichische Z. f. Vermessungswesen **40** 90—92.

§ 131

Erdfigur, Erdrotation, Schwerkraft, Massenverteilung

13101. **H. Berthod-Zaborowski, M. Mayot, H. Mineur,** Etude numérique du mouvement séculaire de l'axe terrestre. CR **235** 232—234, mit 1 Fig. = Contr. Inst. d'Astrophys. Paris (A) Nr. **126**. — Auf Grund früherer theoretischer Untersuchungen der Verf. wurden die Bewegungsgleichungen der Erdachse numerisch integriert und so die Werte der Schiefe der Ekliptik 150000 Jahre vorwärts und zurück erhalten. Sie schwankt in dieser Zeit zwischen 22°9′ 33″ und 24° 27′ 2″ mit einer genäherten Periode von 43000 Jahren. T. L.

13102. **D. Brouwer,** A study of the changes in the rate of rotation of the earth. AJ **57** 125—146, mit 3 Fig. — Die zur Ableitung der Fluktuationen verwendeten Beobachtungen (Sternbedeckungen und Meridiankreisbeob.) werden erneut diskutiert und zu einem System vereinigt, das im wesentlichen das der Bedeckungen ist. Die Untersuchung der differenzierten Kurve, welche der jeweiligen Rotationsgeschwindigkeit der Erde entspricht, führt zu dem Schluß, daß die Fluktuationen eher durch die Häufung kleiner Schwankungen als durch plötzliche Änderungen, wie man bisher annahm, hervorgerufen werden. Im ersten Falle entsteht aber ein unechtes quadratisches Glied, wie auch an Hand künstlicher Fluktuationskurven gezeigt werden kann. Dieser Term verursacht die Unsicherheit des Koeffizienten des von der Gezeitenreibung herrührenden echten quadratischen Gliedes, dessen Trennung von den Fluktuationen ohnehin mit prinzipiellen Schwierigkeiten verbunden ist. Auf Grund des Materials wird ein neuer Wert für die säkulare Akzeleration abgeleitet. Zum Schluß werden die geophysikalischen Probleme kurz erörtert, die sich aus der Annahme kleiner Schwankungen der Rotationsgeschwindigkeit ergeben. T. L.

13103. **D. Brouwer,** A new discussion of the changes in the earth's rate of rotation. Proc. National Acad. Sci. USA **38** 1—12, mit 2 Fig. und einer Berichtigung auf S. 280. — Die Grundlage der Untersuchung ist die Hypothese, daß die beobachteten Fluktuationen der Erdrotation durch Häufung zufälliger Schwankungen entstehen; künstliche Kurven rechtfertigen diese Annahme. Auf diese Weise wird ein «unechter» quadratischer Term verursacht, dessen Koeffizient a priori nicht von dem der säkularen Akzeleration durch die Gezeitenreibung zu trennen ist. Aus der beobachteten Mondbewegung der letzten drei Jahrhunderte und den alten Finsternisberichten werden die Bedingungsgleichungen für die parabolische Lösung aufgestellt. Das vorläufige Resultat stimmt mit dem von Newcomb nicht überein, da dessen Ansatz noch ein empirisches Glied mit 275jähriger Periode enthielt. Es ergibt sich als quadratisches Glied $(+2\overset{''}{.}2 \pm 5\overset{''}{.}5)T^2$ für die Mondlänge und $(+1\overset{''}{.}01 \pm 0\overset{''}{.}41)T^2$ für die Sonnenlänge. Die Fluktuationen können nicht durch meteorologische Ursachen erklärt werden, vielmehr beruhen sie auf Änderungen des Trägheitsmomentes der Erde. Setzt man die gefundenen Werte in die von Urey modifizierte Formel von Jeffreys ein, so deutet sich eine säkulare Abnahme des Trägheitsmomentes in Übereinstimmung mit den Feststellungen Ureys an. T. L.

13104. **J.-F. Cox,** Sur les fluctuations saisonnières de la rotation de la terre. Inst. Astr. Bruxelles (2) Nr. **73**, 2 S. — Zusammenfassung eines Vortrags, in dem die 1949/50 erschienenen Arbeiten referiert werden. Astronomisch-geodätische Ortsbestimmungen werden von den Rotationsschwankungen der Erde nicht beeinflußt, sofern sie nicht auf eine gleichförmige Zeitskala Bezug nehmen. T. L.

13105. **F. H. van den Dungen, J. F. Cox, J. van Mieghem,** Fluctuations de la rotation de la terre et séismicité. Bull. Cl. Sci. Acad. Roy. Belgique (5) **38** 607—611, mit 1 Fig. = Inst. Astr. Bruxelles (2) Nr. **79**. — Ref. in Phys. Abstracts (A) **56** 677. — Im Gegensatz zu den jahreszeitlichen Schwankungen der Erdbebenhäufigkeit und der Rotationsgeschwindigkeit der Erde ist bei den Fluktuationen 1830—1945 keine entsprechende Korrelation mit der seismischen Aktivität festzustellen. Jedoch scheint die Erdbebenhäufigkeit am stärksten zu sein, wenn die Abweichung der Rotationsgeschwindigkeit der Erde von der mittleren ihr Vorzeichen wechselt. T. L.

13106. **F. H. van den Dungen, J. F. Cox, J. van Mieghem,** Les fluctuations saisonnières de la rotation du globe terrestre et la circulation atmosphérique générale. Tellus **4** 1—7, mit 6 Fig. = Inst. Astr. Bruxelles (2) Nr. **78**. — Ref. in Phys. Abstracts (A) **55** 1049. — Zur Untersuchung der Möglichkeit, die saisonalen Schwankungen der Erdrotation auf meteorologische Ursachen zurückzuführen, wird eine Bilanz für den Fluß der Bewegungsenergie infolge der zonalen Luftströmungen in den einzelnen Monaten aufgestellt. Mit den von P. V. Starr stammenden Werten für die atmosphärische Zirkulation ergibt sich folgendes Bild: Der Impulsaustausch zwischen der Atmosphäre der Nord- und Südhalbkugel ist am schwächsten, wenn die Geschwindigkeit der Erdrotation ihr Maximum hat (August), am stärksten bei deren Minimum (Februar). Dagegen ist der Impulsaustausch zwischen der Atmosphäre und der festen Erde zu diesen Zeiten gering, während er beträchtlich ist, wenn die Geschwindigkeit der Erdrotation sich rasch ändert (Mai und November). T. L.

13107. **H. Haalck,** Gegenwärtige Probleme und Aufgaben der Physik des festen Erdkörpers. Berlin-Nikolassee, Verlag Gebr. Borntraeger, 1952. 84 S. mit 12 Abb. Preis DM 8.80. — Besprechung in Z. Naturforschung **7a** 825—826 (H. Israël).

13108. **I. Hasegawa,** The effect of the plumb line deviation on the observation of occultations by the moon. Publ. Astr. Soc. Japan **4** 128—130. — Für den Einfluß der Lotabweichung bei der Reduktion von Beobachtungen von Sternbedeckungen wird die Formel abgeleitet. Die sich aus japanischen Beobachtungen 1934—47 ergebende Lotabweichung wird mit den Resultaten von Kawabata verglichen. T. L.

13109. **E. R. R. Holmberg,** A suggested explanation of the present value of the velocity of rotation of the earth. MN Geophys. Suppl. **6** 325—330. — Ref. in Irish AJ **2** 176—177, JBAA **63** 157, Phys. Abstracts (A) **56** 953. — Ausgehend von einem von Kelvin stammenden Gedanken, daß die halbtägigen Druckschwankungen in der Atmosphäre eine Beschleunigung der Erdrotation hervorrufen müssen, wird darauf hingewiesen, daß die Übereinstimmung zwischen der augenblicklichen Rotationsperiode der Erde und der Schwingungsperiode der Atmosphäre nicht als zufällig angesehen werden darf. Die mechanische Energie, in die durch die atmosphärischen Gezeiten Sonnenwärme umgesetzt wird, wirkt dem durch die ozeanische Energiekopplung hervorgerufenen Verlust entgegen. Die dadurch eintretende Möglichkeit eines Gleichgewichts wird diskutiert, wobei das aus den Beobachtungen gefolgerte Überwiegen der Verlangsamung der Erdrotation als temporärer Effekt betrachtet werden könnte. T. L.

13110. **A. Júdice,** O problema da figura da terra. Contribuição para o seu estudo. I. O método gravimétrico. Publ. Sindicato Nacional Engenheiros Geógrafos (1) Nr. **1**, 123 S., 1948. — Die Arbeit behandelt die gravimetrischen Methoden zur Bestimmung der Erdfigur. Ausführlich wird die Stokessche Formel und die Reduktion der gravimetrischen Beobachtungen entwickelt. Den Schluß bildet die Beschreibung einer genäherten Geoidbestimmung und des Beitrags der Gravimetrie zur Bestimmung des Referenzellipsoids. T. L.

13111. **A. Júdice,** Calcul pratique de l'aplatissement de la terre et de la pesanteur équatoriale. Geofis. pura e appl. 18 107—112, 1950. — Ref. in Phys. Ber. 31 1501: Gestützt auf seine bei anderer Gelegenheit (A. Júdice, O problema da figura da Terra, Coimbra 1948) gegebene Definition des Referenzellipsoides sowie auf die von L. Tanni gegebenen Werte der mittleren isostatischen Anomalien berechnet Verf. den Äquatorwert der Schwere γe sowie die Abplattung a. Er findet $\gamma e = 978.055$ und $a = 1/296.3$, Werte also, die merklich mit denen nach der üblichen Methode der Kleinsten Quadrate gewonnenen übereinstimmen. Der Wert für die Abplattung hält sich innerhalb jener Grenzen, die A. Véronnet aus der Präzession der Erde abgeleitet hat. Hardtwig

13112. **A. Júdice,** Sobre a utilização das anomalias de Prey na determinação da figura da terra. Publ. Sindicato Nacional Engenheiros Geógrafos (1) Nr. 2, 10 S., 1951. — Nachtrag zu voranstehender Arbeit, der sich mit der Möglichkeit der Anwendung der Preyschen Anomalien bei der Stokesschen Formel befaßt. T. L.

13113. **K. Ledersteger,** Die Näherungsmethoden des astronomischen Nivellements und das Geoid im Nordteil des Meridianbogens Großenhain—Kremsmünster—Pola. Österreichische Z. f. Vermessungswesen **39** 37—45, 73—80, 108—112, mit 3 Abb., 1951. — Die Näherungsformeln von Ölander und von Prey für das astronomische Nivellement werden entwickelt. Die Ergebnisse der auf den Nordteil des Meridianbogens Großenhain—Pola angewandten Formel Ölanders zeigen gute Übereinstimmung mit den von Prey nach seiner Methode erhaltenen. Für 35 Punkte werden sodann absolute Geoidhöhen abgeleitet. T. L.

13114. **P. J. Melchior,** Sur les fluctuations à longue période de la vitesse de rotation de la terre et les caractéristiques du mouvement chandlérien du pôle. Bull. Cl. Sci. Acad. Roy. Belgique (5) **38** 1044—1050, mit 1 Fig. = Inst. Astr. Bruxelles (2) Nr. **82**. — Ref. in Phys. Abstracts (A) **56** 600. — Die Schwankungen der Periode und der Amplitude der Chandlerschen Polbewegung seit 1830 werden durch Formeln entsprechend denen von Kimura dargestellt. Aus dem Vergleich dieser Kurven mit derjenigen der Fluktuationen der Erdrotation kommt Verf. zu dem Schluß, daß die zwischen beiden Kurven von Hattori und Stoyko behauptete Korrelation nicht existiert. T. L.

13115. **J. van Mieghem,** Seasonal fluctuations of the earth's rotation and the general circulation of the atmosphere. Ber. des Deutschen Wetterdienstes US-Zone Nr. **35** S. 24—26 = Inst. Astr. Bruxelles (1) Nr. **12**.

13116. **E. Milkutat,** Eine Bemerkung zur Geoid-Undulation. Z. Naturforschung **7a** 290. — Es wird gezeigt, daß das Integral längs der Normalen über die relative scheinbare Schwerestörung an jeder Stelle ein Minimum ist. T. L.

13117. **W. Munk, R. Revelle,** On the geophysical interpretation of irregularities in the rotation of the earth. MN Geophys. Suppl. **6** 331—347, mit 1 Fig. — Verschiedene Prozesse in der Atmosphäre, den Ozeanen, der Kruste und dem Kern der Erde werden auf die Möglichkeit hin untersucht, als Ursache für die unregelmäßigen Schwankungen der Erdrotation in Betracht zu kommen. Dabei müssen die daraus resultierenden Polschwankungen mit den Ergebnissen des Breitendienstes in Einklang stehen. Die numerischen Abschätzungen ergeben, daß nur Bewegungsänderungen des flüssigen Erdkerns gegenüber der Kruste die beobachteten Fluktuationen widerspruchsfrei hervorrufen können, während die übrigen Effekte nur einen Bruchteil derselben erklären. Diese Deutung wird qualitativ und quantitativ gestützt, wenn man die Schwankungen der Westdrift des erdmagnetischen Feldes, das mit jenen Bewegungsvorgängen gekoppelt ist, mit den von Brouwer berechneten Schwankungen der Tageslänge vergleicht. T. L.

13118. **A. J. Orlow,** Die halbjährliche Schwankung der Rotationsachse der Erde. Astr Circ UdSSR Nr. 132 S. 9 (russisch).

13119. **D. W. Sagrebin,** Theorie des regularisierten Geoids. Publ. Inst. Theoret. Astr. Leningrad Nr. 1 S. 87—224, mit 6 Abb. (russisch). — Ref. in Astr. News Letter Nr. 68 S. 6.

13120. **H. Schütte,** Die Bestimmung der Abplattung der Erde aus der Schwereverteilung nach dem Schwereverzeichnis von N. F. Zhuralev. Gerlands Beiträge zur Geophysik 62 9.

13121. **N. Sekiguchi,** Effects of the viscosity of the earth's core on the rotation of the earth. Publ. Astr. Soc. Japan 4 103—114, mit 1 Fig. = Tokyo Astr. Obs. Repr. Nr. 102. — In der Arbeit wird eine Vermutung von Jeffreys genauer untersucht, wonach die beobachteten Phasenverschiebungen in den Nutationsgliedern auf den Einfluß der Viskosität des Erdkerns zurückzuführen seien. Verf. findet, daß bei einer kinematischen Viskosität $\varkappa \gg 10^{13}$ cgs der Erdkern sich wie ein fester Körper und im Fall $\varkappa \ll 10^{9}$ wie eine vollkommene Flüssigkeit verhält, Viskositätseffekte also nicht auftreten können. In dem Zwischengebiet dagegen sind Wirkungen der von Jeffreys vermuteten Art möglich. Kdr.

13122. **N. Sekiguchi,** Effects of the short period oceanic tides on the rotation of the deformable earth. Publ. Astr. Soc. Japan 4 139—143 = Tokyo Astr. Obs. Repr. Nr. 103. — Die frühere Untersuchung (AJB 51 Ref. 13132), die für die feste Erde galt, wird nun unter Berücksichtigung ihrer Deformierbarkeit durchgeführt; dabei wird Takenuchis Theorie der Verformung der Erde durch die Oberflächenmassen zugrunde gelegt. Die säkulare Akzeleration der Sonne, die damals zu groß herausgekommen war, ergibt sich jetzt in guter Übereinstimmung mit dem beobachteten Wert, während für den Mond die Abweichung noch beträchtlich ist. T. L.

13123. **I. Shongolowitsch,** Das äußere Gravitationsfeld der Erde und die mit ihm verbundenen fundamentalen Konstanten. Publ. Inst. Theoret. Astr. Leningrad Nr. 3, 126 S. mit 6 Abb. und 3 Tafeln (russisch).

13124. **J. Sivadjian,** L'aberration et la construction de Huyghens dans les expériences sur le mouvement de la Terre. Ann. Obs. Astr. Mét. Toulouse 21 6. — Ref. L'AFAS.

13125. **N. Stoyko,** L'irrégularité saisonnière de la rotation de la terre en 1952. Bull hor (E) Nr. 5 S. 177—180.

13126. **N. Stoyko,** De l'influence de l'irrégularité de la rotation terrestre sur le champ magnétique. CR 234 1798—1800. — In einer früheren Arbeit (vgl. AJB 51 Ref. 13138) war eine sehr enge Korrelation zwischen den Fluktuationen der Erdrotation und dem irdischen Magnetfeld gefunden worden. Diese Feststellung wird durch Verwendung eines vollständigeren Beobachtungsmaterials erhärtet, wobei verschiedene Kombinationen der Stationen die gleichen Ergebnisse liefern. Der entsprechende Zusammenhang ergibt sich für die Beziehung zwischen der säkularen Verlangsamung der Erdrotation und der säkularen Veränderung des irdischen Magnetfeldes. T. L.

13127. **A. Stoyko,** Sur l'irrégularité de la rotation de la terre dans les deux hémisphères. CR 234 2258—2259. — Die saisonalen Schwankungen der Erdrotation wurden bisher durch Vergleich der Uhrgänge mit den kombinierten Beobachtungen der Sternwarten der nördlichen und der südlichen Hemisphäre erhalten, wobei die ersteren das Übergewicht hatten. Eine getrennt für die Orte Buenos Aires + Rio de Janeiro, Greenwich + Paris und Washington durchgeführte Reduktion für die Zeit 1934—1949 ergibt, daß die Unterschiede zwischen Nord- und Südhalbkugel in der Amplitude und der Phase innerhalb der Fehlergrenze der Resultate bleiben. Der Unterschied des benutzten Fundamentalsystems (bis 1939 Eichelberger, ab 1940 FK3) ist nur für die Südhalbkugel von Bedeutung. T. L.

13128. **N. Stoyko,** Sur les relations entre la variation de la rotation, l'oscillation libre et les tremblements de terre. CR **234** 2550—2552, mit 1 Fig. — Die Schwankungen der Erdrotation, die Energie der in tieferen Schichten lokalisierten Erdbeben sowie die Länge und die Amplitude der Chandlerschen Periode für die Zeit von 1908 bis 1942 zeigen verhältnismäßig enge Korrelationen, die auf eine gemeinsame Ursache hindeuten. Wenn man nach E. Brown über der Zone der Tiefenbeben eine Schicht annimmt, die sich in der Nähe des kritischen Zustandes befindet, könnte dieser Zusammenhang durch eine Verlagerung des Gravitationszentrums und eine Veränderung des Trägheitsmoments der Erde erklärt werden, welche eine durch die Vorgänge im Erdinnern verursachte Volumenänderung dieser Schicht hervorruft. T. L.

* * **A. Stoyko, N. Stoyko,** L'heure définitive des signaux horaires en 1952, l'influence du déplacement du pôle et les irrégularités de rotation de la terre. Vgl. Ref. 2335.

13129. **W. Strohmeier,** Die Elliptizität des Erdäquators. Sterne **28** 162—169, mit 4 Abb. — Die Frage nach der Verschiedenheit der Äquatorachsen der Erde kann geklärt werden durch geodätische Gradmessungen, durch Schweremessungen sowie durch Analyse der Polschwankungen («freie» Periode). Die Ergebnisse dieser Beobachtungen sind zusammengestellt. Aus ihnen geht zwar hervor, daß an einer schwachen Elliptizität des Erdäquators nicht mehr gezweifelt werden kann, doch sind die quantitativen Aussagen noch recht unsicher. T. L.

13130. **I. Tzénoff,** Equilibre d'un point assujetti à se déplacer sur la surface d'un ellipsoide homogène de révolution animé d'une rotation uniforme autour de son axe et attiré suivant la loi de Newton par les éléments de l'ellipsoide. Annuaire Univ. Sofia Fac. Sci. Livre 1, **46** 1—8, 1950 (bulgarisch mit französischer Zusammenfassung). — Ref. in Math. Rev. **14** 95.

13131. **E. H. Vestine,** On variations of the geomagnetic field, fluid motions, and the rate of the earth's rotation. Proc. National Acad. Sci. USA **38** 1030—1038, mit 3 Fig. — Ref. in Phys. Abstracts (A) **56** 388. — Änderungen des Drehmomentes in der Lufthülle und den äußeren Schichten der Erde reichen zur Erklärung der Fluktuationen der Erdrotation nicht aus. Es wird daher die Möglichkeit eines Zusammenhanges mit Strömungserscheinungen im Erdinnern untersucht. Diese Bewegungen können aus der beobachteten Verlagerung des erdmagnetischen Dipols abgeleitet werden. Vor allem die Westdrift der Fließbewegung nahe der Oberfläche des Erdkerns, aber auch die nordwärts gerichtete und die radiale Komponente zeigen zwischen 1830 und 1950 Fluktuationen, die qualitativ denen der Erdrotation entsprechen, insbesondere, wenn man das Bullardsche Modell zugrunde legt. T. L.

13132. **H. Wolf,** Geoidvergleiche und absolute Lotabweichungen. Deutsche Geod. Kommission Bayer. Akad. Wiss. (A) Veröff. Nr. **5**, 24 S. mit 4 Abb.

13133. Eine neue Methode zur Bestimmung des Erdradius. Die Umschau in Wiss. und Technik **52** 375.

§ 132

Geodätische Koordinaten, Polschwankung

13201. **W. I. Anshina,** Bestimmung der geographischen Breite des Astronomischen Engelhardt-Observatoriums nach der Talcottschen Methode im Sommer 1948. Abh. Staatsuniv. Tomsk Nr. **17** S. 53—58 (russisch).

13202. **G. Becq, L. de Clerck,** Sur la discordance R—D. III. Détermination de la latitude d'Uccle et de ses variations dues au mouvement du pôle instantané autour du pôle moyen. Ann. Obs. Roy. Belgique (3) **6** 31—37, mit 1 Fig. — Aus den am Repsoldschen Meridiankreis 1934 bis 1940 durchgeführten δ-Beobachtungen (vgl. AJB **46** Ref. 1701 und AJB **50** Ref. 2104) werden nach Berücksichtigung von Biegung und Polhöhenschwankungen definitive mittlere Polhöhen abgeleitet. Sie zeigen über alle Deklinationen hinweg gute Übereinstimmung. Bei den Zirkumpolarsternen ist diese etwas besser, wenn φ mit den aus den Beobachtungen in OC und UC selbst bestimmten Deklinationen berechnet wird, anstatt mit den Deklinationen des FK3. Dasselbe zeigt sich auch beim Vergleich der beiden aus den Beobachtungen 1936/37 abgeleiteten Kurven der Polhöhenschwankungen mit der Kurve des internationalen Breitendienstes. Bo.

13203. **Z. Brkić, L. Mitić, D. Šaletić, B. Ševarlić,** Observations à la lunette zénithale (de 100 mm) du Service de latitude de l'Observatoire. Bull. Obs. Astr. Beograd **16** Nr. 1—4 S. 10—28.

13204. **H. Fabre,** La double résonance de Poincaré et les migrations des pôles terrestres. CR **234** 1667—1669. — Zur Erklärung der großen Polverschiebungen in vorgeschichtlichen Zeiten wird ein Erdmodell angenommen, das aus Schichten besteht, die verschiedene Winkelgeschwindigkeit besitzen. An Hand der Theorie der Präzession deformierbarer Körper von Poincaré (vgl. AJB **12** Ref. 2504) wird qualitativ auseinandergesetzt, wie durch Resonanz mit der Lunisolarpräzession Polverschiebungen auftreten. Böh.

13205. **E. P. Fjodorow,** Die Breitenschwankungen von Poltawa nach gleichzeitigen Beobachtungen an zwei Zenitteleskopen von 1950.9 bis 1952.2. Astr Circ UdSSR Nr. 126 S. 16—17 (russisch).

13206. **E. P. Fjodorow, E. I. Jewtuschenko,** Die lunaren halbmonatlichen Breitenschwankungen nach den Beobachtungen auf den Stationen Carloforte und Ukah von 1899 bis 1934. Astr Circ UdSSR Nr. 126 S. 19 (russisch).

13207. **E. P. Fjodorow, E. I. Jewtuschenko,** Die lunaren halbmonatlichen Breitenschwankungen nach Beobachtungen an den Stationen Carloforte und Ukah von 1899 bis 1934. DAN **85** 731—732 (russisch). — Eine gemeinsame Bearbeitung der an beiden Stationen durchgeführten Beobachtungen ergaben für die Amplitude der Nutationswelle $\Delta\varphi = 0\overset{''}{.}096 \pm 0\overset{''}{.}001$. Loh.

13208. **W. D. Forrester,** A discussion of the accuracy required in astronomic determinations for Laplace azimuth control. Trans. Amer. Geophys. Union **32** 809—812, 1951. — Ref. in Phys. Ber. **32** 605.

13209. **S. W. Gromow,** Die Beziehung astronomischer Koordinaten auf die Oberfläche des Geoids. Bote Univ. Leningrad Nr. **12** S. 53—66 (russisch).

13210. **E. I. Jewtuschenko,** Die lunare halbmonatliche Welle in den Breitenbeobachtungen auf der Station Mizusawa. Astr Circ UdSSR Nr. 132 S. 10 (russisch).

13211. **D. I. Krawzow,** Die Breitenschwankung in Kitab 1950.2—1952.0. Astr Circ UdSSR Nr. 130 S. 7—8 (russisch).

13212. **G. A. Lange, D. I. Krawzow,** Die Breitenschwankungen in Kitab 1951. Astr Circ UdSSR Nr. 123 S. 1 (russisch).

13213. **G. A. Lange, D. I. Krawzow,** Die Breitenschwankung in Kitab im ersten Quartal 1952. Astr Circ UdSSR Nr. 126 S. 15 (russisch).

13214. **G. A. Lange, D. I. Krawzow,** Die Breitenschwankung von Kitab von April bis Juli 1952. Astr Circ UdSSR Nr. 130 S. 8—9 (russisch).

13215. **E. W. Lawrentjewa,** Die Breitenschwankungen von Poltawa 1947.8—1949.6 nach Beobachtungen Talcottscher Paare. Astr Circ UdSSR Nr. 127 S. 7 (russisch).

13216. **K. Ledersteger,** New analysis of the Chandler movement. Bull. géod. Nr. **23** S. 67—71 (deutsch). — Ref. in Phys. Abstracts (A) **55** 844—845.

13217. **K. Ledersteger,** Die Azimutmessungen 1951 im Bodenseedreieck. Deutsche Geod. Kommission Bayer. Akad. Wiss. (A) Heft **3** S. 37—42.

13218. **P. J. Melchior,** Sur une nouvelle méthode d'analyse du mouvement du pôle à la surface de la terre. Bull. Cl. Sci. Acad. Roy. Belgique (5) **37** 900—907, mit 1 Fig., 1951 = Commun. Obs. Roy. Belgique Nr. **36**. — Die frühere Untersuchung (AJB **51** Ref. **13231**) wird fortgesetzt. Bestimmung der Achsen der Ellipse der jährlichen Polbewegung. Verlauf der Amplitude der Chandlerschen Periode 1900—1950 und ihre Korrelation zu den anderen Elementen der Polbewegung. Starke Abweichungen von der normalen Bewegung scheinen 1935—1940 aufgetreten zu sein. T. L.

13219. **P. J. Melchior,** Les déplacements du pôle à la surface de la terre. Ciel et Terre **68** 29—39, mit 5 Fig. — Verf. gibt einen historischen Überblick über das Problem der Bewegung der Rotationsachse der Erde auf ihrer Oberfläche. Die parallel zu den Beobachtungen der Breitenschwankungen erfolgende Entwicklung der Theorie von Euler bis zur Gegenwart wird geschildert. Besondere Erwähnung finden Geschichte, Beobachtungsmethode und Ergebnisse des Internationalen Breitendienstes; zwei Figuren veranschaulichen den Verlauf der Polhodiekurve für 1941—1951. Den Schluß bildet eine Diskussion der neueren Arbeiten, welche sich mit den möglichen geophysikalischen Ursachen der Polschwankungen beschäftigen; dabei sind besonders die Untersuchungen von Huaux, van den Dungen, Cox und van Mieghem zu erwähnen. T. L.

13220. **P. J. Melchior,** Variations d'azimut dues aux déplacements du pôle instantané de rotation observées à Uccle en 1951 et 1952. Commun. Obs. Roy. Belgique Nr. **50,** 9 S. mit 1 Tafel.

* * **P. J. Melchior,** Nouvelles recherches théoriques sur les marées de l'écorce et les variations des latitudes. Vgl. Ref. **4309.**

13221. **A. J. Orlow,** Die Polhodie 1948.9—1950.9 nach internationalen Unterlagen und nach Beobachtungen in Pulkowo. Astr Circ UdSSR Nr. 126 S. 17—18 (russisch).

13222. **A. J. Orlow,** Die Polhodie 1950.9—1952.0 nach Breitenbeobachtungen in Pulkowo und Poltawa. Astr Circ UdSSR Nr. 126 S. 18—19 (russisch).

13223. **A. J. Orlow,** Der Breitendienst der UdSSR. Astr Circ UdSSR Nr. 132 S. 6—8 (russisch). — Zusammenfassende Bearbeitung der Beobachtungen in Pulkowo, Poltawa, Kasan und Kitab von 1950.9 bis 1952.0.

13224. **A. J. Orlow,** Die Polbewegung im Jahre 1951 nach internationalen Daten. Extrapolation bis 1953.1. Astr Circ UdSSR Nr. 132 S. 8—9 (russisch).

13225. **K. M. Papworth,** The surveyour's use of astronomy. Irish AJ **2** 36—41, 89—94, mit 11 Fig. — In der Erdmessung werden geographische Länge und Breite und das Azimut wichtiger Punkte sowie die Dimensionen der Erde auf astronomischem Wege bestimmt. Hierfür werden die Prinzipien erläutert und dazu einige Grundbegriffe der sphärischen Astronomie erklärt. T. L.

13226. **N. A. Popow,** Die Breitenschwankungen in Poltawa nach Beobachtungen heller Zenitsterne im Jahre 1951. Astr Circ UdSSR Nr. 126 S. 16 (russisch).

13227. **S. W. Romanskaja, W. I. Sacharow,** Die Breitenschwankungen in Pulkowo von 1950.8—1952.1. Astr Circ UdSSR Nr. 126 S. 15 (russisch).

13228. **S. W. Romanskaja,** Vorläufige Werte der Breitenschwankungen von Pulkowo von 1948.8 bis 1950.9 nach Beobachtungen am Pulkowoer Zenitteleskop. Mitt. Astr. Hauptobs. Pulkowo **19** Nr. 1 (148) S. 138—139 (russisch). — Ref. in Astr. News Letter Nr. **68** S. 4.

* * **P. C. Schauer,** The determination of geodetic positions and distances by means of a solar eclipse. Vgl. Ref. **6211.**

13229. **P. Sollenberger,** Variation of latitude at Washington, D. C. and Richmond, Florida, 1950. AJ **56** 185—186.

13230. **P. Sollenberger,** Variation of latitude at Washington, D. C., and Richmond, Florida, 1951. AJ **57** 122.

13230a. **N. Stoyko, P. Dubois,** La deuxième opération internationale des longitudes octobre—novembre 1933. Résultats — Conclusions. Vitesse apparente de propagation des ondes radioélectriques. Paris, Bureau Central de l'Association Internationale de Géodésie, 1952. 114 S.

13231. **W. Strohmeier,** Verfahren und Ergebnisse der Azimutmessungen auf dem Wendelstein. Deutsche Geod. Kommission Bayer. Akad. Wiss. (A) Heft **3** S. 47—48.

13232. **O. Struve,** The variation of latitude. Sky and Telescope **11** 109—111, 142—144, 154, mit 6 Fig. — Die Entwicklung unserer Kenntnis über die Bewegungen des Rotationspols auf der Erdoberfläche aus der Theorie und auf Grund der beobachteten Breitenschwankungen (besonders des Internationalen Breitendienstes) ist dargestellt. Anschließend werden die geophysikalischen Ursachen der Breitenschwankungen und der Zusammenhang mit den Rotationsschwankungen der Erde erörtert. T. L.

13233. **N. A. Tschudowitschewa, A. K. Iwanowa,** Die Breitenschwankungen am Astronomischen Engelhardt-Observatorium von 1950 bis 1951. Astr Circ UdSSR Nr. 123 S. 2 (russisch).

13234. **A. S. Wassiljew,** Die Breite von Pulkowo in den Jahren 1917—1941 nach Beobachtungen am Passageninstrument im ersten Vertikal. Publ. Astr. Hauptobs. Pulkowo (2) **69**, 180 S. (russisch). — Ref. in Astr. News Letter Nr. **70** S. 1—2.

13235. **A. Young,** The contribution of the seasonal movements of air masses to the variation of latitude. Bull. Cl. Sci. Acad. Roy. Belgique (5) **38** 824—837, mit 2 Fig. — Ref. in Phys. Abstracts (A) **56** 388. — Für die

Zeit 1925—1930 werden aus den Schwankungen des Luftdruckes die Veränderungen der Trägheitsmomente der Erde berechnet und die hieraus folgenden Polschwankungen unter Berücksichtigung von Dämpfung und Resonanz abgeleitet. Aus dem Vergleich mit den beobachteten Breitenschwankungen ergibt sich, daß diese mit der Theorie übereinstimmen unter der Annahme, daß die freie Polbewegung zufälligen Störungen unterworfen ist, während die erzwungene durch die jahreszeitliche Bewegung der Luftmassen erklärt werden kann. T. L.

13236. Unions Astronomique et Géodésique-Géophysique Internationales. Bureau International de l'Heure. La Deuxième Opération Internationale des Longitudes, Octobre—Novembre 1933. Paris, 1942. S. 717—851. — Betrifft Madrid, Manille, Melbourne, Milan, Mogadiscio, Montevideo, Moscou. — Vgl. AJB **46** Ref. **9722** (Berichtigung hierzu: Lies bei Adelaïde: -9^h anstatt -19^h), AJB **51** Ref. **13249**.

§ 133

Navigation

13301. **P. Ashton,** Astrograph-time star tables for air navigation. J. Inst. Navigation **5** 377—379. — Entwurf einer Höhen-Azimut-Tafel für die Luftnavigation, deren Vorteil darin besteht, daß die Berechnung des Stundenwinkels vermieden wird. Beispiel für α Centauri. T. L.

13302. **B. J. Bok, F. W. Wright,** Basic Marine Navigation. Boston Mass., Houghton Mifflin Co., 1952. 2. Auflage. 424 S. Preis $ 6.00. — Besprechung in Sky and Telescope **11** 94.

* * **H. A. Calahan,** The Sky and the Sailor. A History of Celestial Navigation. Vgl. Ref. **1306**.

13303. **A. L. Calvé,** Cours d'Astronomie nautique. Paris, 1952. 265 S.

13304. **I. Capasso,** Navigazione, ad uso degl'Istituti Nautici e dei Naviganti. Vol. I. Milano, Hoepli, 1952. 2. erweiterte Auflage. 20 + 513 S. mit 341 Fig. und 2 Tafeln. Preis Lire 2000. — Besprechung in Coelum **20** 89—90.

13305. **S. L. Chapin,** A survey of the efforts to determine longitude at sea. Navigation Los Angeles **3** 188—192. — Erster Teil. Behandelt den Zeitabschnitt von 1660—1760. Fr.

13306. **C. Chavannier,** Diagrams for completion of Arctic Polar Chart 5965. Hydr. Rev. **29** Nr. 2 S. 35—42. — Auswertung astronomischer Beobachtungen in Polnähe. Fr.

13307. **O. C. Collins,** Astro ranges in Arctica. J. Inst. Navigation **5** 131—138.

13308. **J. W. Cox, K. R. Greenaway,** A twilight computer and planisphere for high latitude navigation. Navigation Los Angeles **3** 67—73. — Die in Polgebieten so wichtige Astronavigation ist während der langen Dämmerung nicht anwendbar. Ein Hilfsgerät, um bei Flugplanungen die Zonen der Dämmerung festzustellen, wird beschrieben. Fr.

13309. **M. Devé, R. Faure,** Navigation aérienne astronomique. Paris, Gautier-Villars, 1952. 268 S. — Besprechung in BSAF **67** 250—251.

13310. **J. Dohm,** H. O. 249 Revised. Navigation Los Angeles **3** 93—94. — Beschreibung des neu herausgegebenen Tafelwerkes Hydr. Off. Washington 249, enthaltend Höhen und Azimute von 34 Sternen. Fr.

13311. **M. Dupuy,** Paper on astronomical navigation by means of diagrams. Hydr. Rev. **29** Nr. 1 S. 72—77.

13312. **F. Flora,** Astronomica Nautica. Milano, Ulrico Hoepli, 1952. 507 S. Preis Lire 1200. — Besprechung in Mem SA It (NS) **24** 100—101 (L. Santomauro).

13313. **L. R. R. Foster,** Some recent work on polar navigation. J. Inst. Navigation **5** 12—26.

13314. **H. C. Freiesleben,** Radio position lines and the intercept method. J. Inst. Navigation **5** 125—130.

13315. **H. C. Freiesleben,** Die astronomische Navigation von heute und morgen. Sterne **28** 49—55, mit 3 Abb.

13316. **A. J. Hagger,** The accuracy of bubble sextant observations. J. Inst. Navigation **5** 380—420. — Vollständige, bisher nicht veröffentlichte Untersuchung der Genauigkeit astronomischer Beobachtungen bei der britischen Luftwaffe. Fr.

13317. **G. G. Healey,** Precise astronomical fixes. Navigation Los Angeles **3** 110—117.

13318. **J. H. Kiewiet de Jonge,** Three-star position tables for air navigation. J. Inst. Navigation **5** 69—79 = Harv Repr Nr. **357.** — Versuch einer rein rechnerischen Lösung der Ortsbestimmung aus drei Gestirnshöhen mit Berücksichtigung der Einflüsse der Versegelung auf die Lage der Standlinien und der Coriolisbeschleunigung auf die Beobachtungen. Fr.

13319. **N. J. Kondratjew,** Astronomie in der Luftfahrt. Moskau, Kriegsverlag, 1952. 128 S. mit 62 Abb. und 6 Tafeln. Preis 4 R. 60 Kop. (russisch).

13320. **T. Lyon,** Transpolar for high speed navigation. Hydr. Rev. **29** Nr. 2 S. 142—143.

13321. **J. B. Parker,** The treatment of simultaneous position date in the air. J. Inst. Navigation **5** 235—249. — Fehleruntersuchung für drei astronomische Standlinien. Fr.

13322. **M. J. Rantzen,** Little Ship Astro-Navigation. New York, Philosophical Library, 1952. 160 S. Preis $ 4.75. — Besprechung in Sky and Telescope **11** 307.

13323. **J. O. Sanders,** Polar navigation. Navigation Los Angeles **3** 104—108.

13324. **C. H. Smiley,** Note on the selection of stars for navigation. Navigation Los Angeles **3** 158—160.

13325. **O. Steppes, G. Zwiebler, W. Stein,** Fulst, Nautische Tafeln. Bremen, 1952. 20. Auflage. 213 S.

13326. **P. Tardi,** L'unification des réseaux géodésiques et les problèmes de navigation. Bull. géod. (NS) Nr. **26** S. 409.

* * **I. L. Thomsen,** Names of the navigational stars. Vgl. Ref. **645.**

13327. **A. J. Tyrrell,** Course and distance correction from an estimated position. J. Inst. Navigation **5** 39—41.

13328. The correction of astro fixes for precession. J. Inst. Navigation **5** 375—376.

§ 134

Astronautik, Raketen

13401. **W. von Braun,** Das Marsprojekt. Frankfurt am Main, Umschau-Verlag, 1952. 82 S. mit 9 Abb. Preis DM 5. — Besprechung in J. British Interplanetary Soc. **12** 88—90 (H. F. Zumpe), Phys. Blätter **9** 571—572, Weltraumfahrt **1952** 128 (H. Straßl).

13402. **W. von Braun,** Das Problem einer interplanetarischen Expedition. Universitas **7** 733—739.

* * **E. T. Byram, T. Chubb, H. Friedman, S. W. Lichtman,** Measurements of the absorption of λ 1216 Å, λ 2050 Å, and λ 8 Å solar radiation in the upper atmosphere. Vgl. Ref. **7265**.

13403. **A. de Castro Brzezicki,** Über die ebene Bewegung der Raketen. Rev. mat. Hisp.-Amer. (4) **12** 102—106 (spanisch). — Ref. in ZfMG **47** 181: Enthält einige qualitative Aspekte der Bewegung einer Rakete in einem konstanten Gravitationsfeld, wobei der Luftwiderstand berücksichtigt wird.
M. M. Peixoto (übersetzt)

13404. **H. L. Clark,** Sun follower for V_2-rockets. Electronics **23** 71—73, 1950. — Ref. in Phys. Ber. **32** 177: Eine automatische Zieleinrichtung wird beschrieben, die den in die Spitze einer V 2-Rakete eingebauten Spektrographen in die Richtung zur Sonne hält. Eine Photozelle steuert das System, das die Präzessionsbewegung und andere Schwankungen der Rakete kompensieren muß.
Macek

13405. **A. C. Clarke,** Il volo interplanetario. Milano, Verlag Sperling & Kupfer, 1952. 152 S. mit 15 Fig. und 15 Tafeln. Übersetzung aus dem Englischen. Preis Lire 1200. — Besprechung in Coelum **20** 58. — Nach einer geschichtlichen Einleitung wird die Bahn eines Körpers im Schwerefeld der Erde besprochen. Es folgen die technische Ausführung der Raumfahrtraketen, das Problem der Entweichgeschwindigkeit von der Erde, die interplanetarischen Reisen, die Raumstationen und einige sekundäre Probleme. F. Z.

13406. **A. C. Clarke,** The rocket and the future of astronomy. Occasional Notes **2** 127—136, mit 1 Fig. und 2 Tafeln. — Ref. in Phys. Abstracts (A) **56** 950, Obs **73** 121—122.

13407. **A. H. Delsemme,** Irons-nous dans la lune en 1970? Ciel et Terre **68** 137—144. — Verf. behandelt kurz die folgenden Punkte: Entweichgeschwindigkeit, Raketengleichung, V 2, Massenverhältnisse zur Erreichung des Mondes, Mehrstufenraketen und ihre Leistungen, Außenstation, Erhöhung der Geschwindigkeit des Feuergasstrahls, Atomraketen, Beschleunigungsproblem und Raumfahrt. Beim Problem der Atomrakete wird auf ein Kapitel des zweiten Bandes von «The Science and Engineering of Nuclear Power, Cambridge, Mass., Goodman, 1949» Bezug genommen. Loh.

13408. **K. A. Ehricke,** Die Grundlagen des interplanetaren Fluges. I. Teil. Forschungsreihe der Nordwestdeutschen Gesellschaft für Weltraumforschung Nr. 1, 1950. — Besprechung in Weltraumfahrt **1952** 96 (H. Schmele).

13409. **H. Gartmann,** Die Astronautik heute. Universitas **7** 65—70.

13410. **A. A. Kosmodemjanskij,** Allgemeine Theoreme über die Dynamik eines Körpers veränderlicher Masse. Abh. Staatsuniv. Moskau **152** (Mechanik **3**) 13—42, 1951 (russisch). — Ref. in Math. Rev. **14** 1025.

13411. **A. A. Kosmodemjanskij,** Vorlesungen über die Mechanik von Körpern veränderlicher Masse. Abh. Staatsuniv. Moskau **154** (Mechanik **4**) 73—180, 1951 (russisch). — Ref. in Math. Rev. **14** 1025—1026.

13412. **H. Krause,** Die Bewegung einer Außenstation in einer elliptischen, zum Erdäquator geneigten Bahn um die Erde. Weltraumfahrt **1952** 17—25. — Im folgenden werden die grundlegenden Gleichungen dargestellt, die zur Berechnung einer elliptischen, gegen den Erdäquator geneigten Bahn dienen. Es wird nicht behauptet, daß eine elliptische Bahn gegenüber einer Kreisbahn Vorteile hat. Die Kreisbahn ist aber nur ein Spezialfall, es gehören ganz genaue Bedingungen dazu, sie anzusteuern. Außerdem wird die Bahn infolge Störungen, die hauptsächlich durch die Erdabplattung bedingt sind, sowieso etwas von der Kreisform abweichen. Verf. (gekürzt)

13413. **H. Krause,** Die Bewegung einer Außenstation in einer elliptischen zum Erdäquator geneigten Bahn um die Erde. (II). Weltraumfahrt **1952** 74—79. — Die Arbeit behandelt die Projektion der elliptischen Bahn einer Außenstation auf die Erde sowie das Sichtfeld und die Beleuchtungsverhältnisse der Station. Verf.

13414. **H. G. L. Krause,** Perturbations of a satellite orbit at an altitude of 1,669 km due to the oblateness of the earth and the influence of the moon and the sun. J. British Interplanetary Soc. **11** 352.

13415. **D. F. Lawden,** The determination of minimal orbits. J. British Interplanetary Soc. **11** 216—224, mit 1 Fig. — Es wird gezeigt, wie die Überführung einer Rakete aus einer Ellipse um ein Gravitationszentrum in eine andere ähnliche, koplanare mit anderer Achsenrichtung bei einem Minimum von Treibstoffverbrauch bei Anwendung von ein, zwei Stößen ausgeführt werden kann. Böh.

13416. **D. F. Lawden,** Orbital transfer via tangential ellipses. J. British Interplanetary Soc. **11** 278—289, mit 5 Fig. — Es wird gezeigt, wie eine Rakete aus einer Ellipse in eine andere koplanare um dasselbe Anziehungszentrum über eine beide berührende übergeführt werden kann, und diejenige berührende Ellipse bestimmt, bei der der Übergang zwischen den beiden gegebenen mit dem kleinsten Treibstoffverbrauch erfolgt. Das Verfahren wird näher erläutert bei Ellipsen von kleiner Exzentrizität. Böh.

13417. **D. F. Lawden,** Inter-orbital transfer of a rocket. J. British Interplanetary Soc. **11** 321—333, mit 1 Fig. — Das Problem, eine Rakete aus einer Ellipse in eine andere koplanare um dasselbe Anziehungszentrum überzuführen bei kleinstem Treibstoffverbrauch, wird ganz allgemein aufgestellt. Die Gleichungen, die Stärke und Richtung der aufzuwendenden Impulse bestimmen, werden aufgestellt. Böh.

13418. **W. Ley, C. Bonestell,** Die Eroberung des Weltalls. Stuttgart, Franckh'sche Verlagsbuchhandlung, 1952. 118 S. mit 18 Abb. und 19 Tafeln. Preis DM 12.80. — Übersetzung aus dem Amerikanischen von F. L. Neher. — Besprechung in Phys. Blätter **9** 47 (E. Brüche), Sterne **29** 174—176 (E. Mädlow).

13419. **Q. Majorana,** Conversazione sui progetti di astronautica. Coelum **20** 33—42.

13420. **J. J. Maluquer,** A la Conquista del Espacio. Barcelona, Editorial Seix Barral S. A., 1946. 82 S. — Besprechung in Weltraumfahrt **1952** 29 (H. Kölle).

13421. **C. Mauguin,** Astronautique et relativité. A l'assaut de l'espace temps. CR **234** 1004—1007, mit einer Bemerkung S. 1329. — Ref. in Phys. Abstracts (A) **55** 591.

13422. **C. Oesterwinter,** Eine Methode interplanetarischer Ortsbestimmung. Forschungsreihe der Nordwestdeutschen Gesellschaft für Weltraumforschung e. V., Nr. 2, 1951. — Besprechung in Weltraumfahrt **1952** 63 (K. Schütte).

13423. **F. I. Ordway,** The advance of rocket science. Sky and Telescope **11** 297—298, mit 3 Fig.

13424. **J. G. Porter,** Interplanetary orbits. J. British Interplanetary Soc. **11** 206—210, mit 1 Fig. — Überblick über die Probleme, die bei einem Raketenflug von der Erde zum Mond auftreten, und Hinweis auf die Unzulänglichkeit der dabei angewandten astronomischen Daten und Methoden. Böh.

13425. **H. Preston-Thomas,** Generalized interplanetary orbits. J. British Interplanetary Soc. **11** 76—85, mit 4 Fig. — Für den Übergang einer Rakete von einer Satellitenbahn zu einem anderen Körper mit kleinem Gravitationsfeld werden in erster Näherung Flugzeit und Kraftaufwand berechnet sowohl bei Ausübung einzelner Stöße wie bei einer bahnändernden Krafteinwirkung über einen ausgedehnten Zeitraum. Böh.

13426. **M. W. Rosen,** A down-to-earth view of space flight. Sky and Telescope **12** 35—36, mit 1 Fig.

13427. **W. Schaub,** Die Flutkräfte auf der Außenstation. Weltraumfahrt **1952** 1—8, mit 5 Abb. — Die Flutkräfte auf der Außenstation verursachen Baubedingungen, die bei einer Montage an Ort und Stelle kaum eingehalten werden können. Die damit zusammenhängenden Probleme sind keineswegs eo ipso technisch beherrschbar. Es erscheint fraglich, ob die Außenstation mit verformbarer und beweglicher Materie an Bord in ihrer Bahn überhaupt auf unbegrenzte Zeit stabilisiert werden kann, da die Flutkräfte auch die Bahnexzentrizität vergrößern. Es bestehen keine grundsätzlichen Bedenken gegen einen künstlichen Satelliten an sich, wohl aber gegen einen Zusammenbau innerhalb von Roches Grenze. Wo die Natur selbst eine Lösung versuchte, ist sie gescheitert, wie das Beispiel des Saturnrings zeigt. Verf.

13428. **W. Schaub,** Gedanken eines Astronomen zur Weltraumfahrt. Weltraumfahrt **1952** 34—38, mit 1 Abb.

13429. **W. Schaub,** Möglichkeiten des Überganges aus einer Ellipsenbahn in eine Kreisbahn und umgekehrt. Weltraumfahrt **1952** 81—86, 106—111, mit 4 Abb. — Ausgehend von der Tatsache, daß die Gesamtenergie einer Kepler-Ellipse nur von der großen Halbachse abhängt, betrachtet der Verf. die einfach unendliche Schar konfokaler Ellipsen gleicher Gesamtenergie und diskutiert den Energieaufwand beim schrittweisen Einfahren einer durch Strahlruder steuerbaren Rakete aus einer Bahn in eine endlich benachbarte sowie den Gesamtaufwand bei einer erzwungenen Fahrt auf der Einhüllenden der konfokalen Schar. Schaub

13430. **L. R. Shepherd,** Interstellar flight. J. British Interplanetary Soc. **11** 149—167, mit 1 Fig.

13431. **S. F. Singer,** De dampkring onderzocht met vuurpulvoertuigen. Hemel en Dampkring **50** 161—171, mit 6 Fig.

* * **S. F. Singer,** Research in the upper atmosphere with sounding rockets and earth satellite vehicles. Vgl. Ref. 7253.

13432. **B. Thüring,** Trägheits-Kräfte im Erde-Mond-Feld. Berechnung und Konstruktion von Raumschiff-Bahnen. Weltraumfahrt **1952** 112—115, mit 4 Abb. — Verf. behandelt die Kräfte, welche auf eine Rakete im «astronautischen Bezugssystem», d. i. das System mit der Verbindungslinie Erde-Mond als natürlicher x-Achse, wirken. Da dieses System kein Inertialsystem ist, treten neben den Newtonschen Gravitationskräften noch Scheinkräfte in Erscheinung, deren Berücksichtigung wesentlich ist. Eine numerische und graphische Methode zur genäherten Ermittlung von möglichen Raketenbahnen wird kurz skizziert. Schaub

13433. **R. Tousey,** Rocket spectroscopy. J. Optical Soc. America **42** 871. — Ref. Optical Soc. America.

13434. **F. L. Whipple,** Results of rocket and meteor research. Bull. American Meteorological Soc. **33** 13—25, mit 5 Fig. = Harv Repr (2) Nr. **40**. — Ref. in Heelal **8** 67, Phys. Abstracts (A) **55** 1046, Sky and Telescope **11** 274 unter dem Titel: Micrometeorites and rockets, Sternenwelt **4** 188 unter dem Titel: Die Durchmischung der Gase der hohen Atmosphäre. — Zusammenfassender Bericht über Ergebnisse mit Raketen und von Meteoruntersuchungen. Es werden auch Angaben über die von verschiedenen Seiten beobachtete Durchmischung der Gase in den nur mit Raketen erreichbaren großen Höhen der Atmosphäre gemacht.

13435. The Artificial Satellite. Edited by L. J. Carter. Vgl. AJB **51** Ref. **13427**. — Weitere Besprechung in Hemel en Dampkring **50** 114 (J. J. Raimond jr.), Nature **170** 486, Sky and Telescope **11** 227, Weltraumfahrt **1952** 95 (H. Gartmann).

13436. Across the Space Frontier. Edited by C. Ryan. New York, The Viking Press; in England: Sidgwick & Jackson, Ltd., 1952. 14 + 147 S. mit 20 Fig. Preis $ 3.95 bzw. 21 s. — Besprechung in JBAA **63** 123—124, J RAS Canada **47** 33—34, Publ ASP **64** 324—327 (E. Pettit), Sky and Telescope **11** 307, **12** 161—162 (M. W. Rosen).

13437. Raumfahrtforschung. Von H. v. Diringshofen, R. Engel, U. T. Bödewadt, K. Hanisch, H. H. Kölle, W. Ley, H. Oberth, W. Schaub. Herausgegeben von H. Gartmann. München, Verlag R. Oldenbourg, 1952. 199 S. mit 54 Abb. Preis DM 16.50. — Besprechung in J. British Interplanetary Soc. **12** 92—94 (H. F. Zumpe), Mitt. AG **1952** 70—71 (R. Meyermann), Phys. Blätter **8** 573—574 (W. Westphal), Sterne **29** 30 (H. Straßl). — In einem Artikel von 88 Seiten (Die himmelsmechanischen Grundlagen der Raumfahrt. Das Zweikörper-Problem und die lösbaren Fälle des Dreikörper-Problems) hat W. Schaub einen Überblick gegeben, der auch für den Studierenden der Astronomie und verwandter Fächer von großem Nutzen ist. Die übrigen Artikel behandeln in streng wissenschaftlicher Weise die Möglichkeiten der Anlage einer Außenstation der Erde, der Raumfahrt überhaupt und die damit zusammenhängenden medizinischen Probleme. A. Kopff

13438. Astronautics looks ahead. Sky and Telescope **11** 83—84, mit 1 Fig.

* * Pressures, densities, and temperatures in the upper atmosphere. Vgl. Ref. **7260**.

Transskription des russischen Alphabets

(Vgl. AJB **50** Vorwort S. III)

Russisch	AJB	Math.Rev.	Astr.News Letter
а	a	a	a
б	b	b	b
в	w	v	v
г	g	g	g
д	d	d	d
е	e, je, jo	e	e
ж	sh	ž	zh, j
з	s	z	z
и	i	i	i
й	j	ĭ	i, ĭ
к	k	k	k
л	l	l	l
м	m	m	m
н	n	n	n
о	o	o	o
п	p	p	p
р	r	r	r
с	ss, s	s	ss, s
т	t	t	t
у	u	u	u
ф	f	f	f
х	ch	h	kh
ц	z	c	z, ts, tz
ч	tsch	č	ch
ш	sch	š	sh
щ	schtsch	šč	shch
ы	y	y	y, i
ь	—, j	'	—
э	e, é	è	e
ю	ju	yu	iu, yu
я	ja	ya	ia, ya

Beispiel: Зверев = Swerew (AJB) = Zverev (Math. Rev.)
= Zverev (Astr. News Letter)

Namen-Verzeichnis

Das Verzeichnis verweist unter Angabe der Seitenzahlen auf die Stellen, an denen Arbeiten und Beobachtungen der Autoren besprochen sind, hingegen nicht auf Stellen, an denen auf solche Arbeiten nur Bezug genommen oder ein Name in irgend einem Zusammenhange genannt wird. Auch sind reine Personalnotizen nicht berücksichtigt, da sie schon in § 10 alphabetisch geordnet sind.

Sach-Verzeichnis

Das Sach-Verzeichnis soll ein schnelles Aufsuchen nach einem Stichwort ermöglichen. Im allgemeinen ist bei mehreren aufeinanderfolgenden Referaten über den gleichen Gegenstand nur die erste Seite nachgewiesen. Der Benutzer hat daher auch die folgenden Seiten des betreffenden Paragraphen einzusehen.

FSC
www.fsc.org
MIX
Papier | Fördert gute Waldnutzung
FSC® C083411

Kolibri 360 GmbH
Ferdinand-Jühlke-Straße 7
99095 Erfurt, Deutschland
produktsicherheit@kolibri360.de